Scheller
Auf dem Weg zur agilen Organisation

Viel Erfolg!

Torde

25.8.17.

Auf dem Weg zur agilen Organisation

Wie Sie Ihr Unternehmen
dynamischer, flexibler und
leistungsfähiger gestalten

von

Torsten Scheller

Verlag Franz Vahlen München

Torsten Scheller war viele Jahre Produkt- und Projektmanager in verschiedenen Stufen der Wertschöpfungskette in Unternehmen – vom Start-up über KMU bis zu Konzernen. Dabei führte er unter anderem *Lean Development*, *Kaizen* und *Kontinuierliche Verbesserungsprozesse (KVP)* in Entwicklungsabteilungen ein, beriet einen Geschäftsbereich eines internationalen Konzerns bei der Strategieentwicklung im Kontext Technologien und Geschäftsmodelle und leitete einen internationalen Industrieverband.

Ihn treibt die Vision einer Welt, in der Menschen ihr Potenzial frei entfaltet leben und mit Freude an Kreativität und Unkonventionellem miteinander vernetzt zusammenarbeiten. Einen Weg dahin sieht Torsten Scheller im agilen Vorgehen. Seit 2013 macht er als selbstständiger Berater Agilität für alle verfügbar und unterstützt Organisationen aller Größen und Branchen dabei, agil ihre eigene Agilität zu entwickeln. Dabei setzt er auf systemisches Denken und Vorgehen sowie die Arbeit mit Sinn und Werten.

ISBN 978 3 8006 5271 6

© 2017 Verlag Franz Vahlen GmbH, Wilhelmstr. 9, 80801 München
Satz: Fotosatz Buck
Zweikirchener Str. 7, 84036 Kumhausen
Druck und Bindung: BELTZ Bad Langensalza GmbH
Neustädter Straße 1–4, 99947 Bad Langensalza
Umschlaggestaltung: Ralph Zimmermann – Bureau Parapluie
Gedruckt auf säurefreiem, alterungsbeständigem Papier
(hergestellt aus chlorfrei gebleichtem Zellstoff)

Meinen Eltern und meinem Bruder in tiefer Dankbarkeit gewidmet.

Was der Autor den Lesern vorab mitteilen wollte

„Noch ein Buch zu Agilität?"

„Ja."

„Ist doch alles schon bekannt!"

Warum sehen wir dann so viel schlecht eingeführte Agilität?"

„Weil wir uns zu wenig anstrengen!"

„Wirklich?"

„Ja, die Leute müssen sich mehr anstrengen, härter dranbleiben."

„Warum?"

„Sonst wird das nichts!"

„Warum?"

„Ja, weil … ich weiß nicht …"

Allem Neuen stehen zwei Dinge im Wege: *altes Verhalten* und *altes Denken*. Auch mit noch so viel Kraft, mit noch so viel Anstrengung kann man altes Denken nicht überwinden. Altes Denken kann nur durch *neues Denken* überwunden werden.

Und genau darum geht es in diesem Buch: Ich sehe, dass Menschen sich anstrengen, alles geben – und es dann trotzdem oft nicht reicht. *Die falschen Dinge richtig zu tun* oder *die richtigen Dinge falsch zu tun* führt eben leider nicht zum erhofften Erfolg, wie stark wir uns auch anstrengen. Wir müssen *die richtigen Dinge richtig tun* – und zwar mit einer gewissen Leichtigkeit. Und das gelingt uns nur durch Lernen[1,2]!

Sie sollen Ihre Arbeit so gestalten, dass Sie gerne sagen: *„Endlich Montagmorgen!"* oder *„Zu Hause soll es ein bisschen mehr wie auf der Arbeit sein!"*[3]

Unsere gemeinsame Vision soll lauten:

> *„Wir RENNEN am Morgen FREUDIG zu unserer Arbeit und ENTFALTEN KOOPERATIV unser Potenzial, um unsere KUNDEN mit herausragenden innovativen Produkten und Services ZU BEGEISTERN."*

Und genau darum geht es bei Agilität.

---

[1] Leider zucken beim Wort „Lernen" die meisten zusammen, weil sie schlechte Erinnerungen an ihre Schulzeit haben. Das ist schade, denn Lernen kann Spaß machen, insbesondere, wenn man es nicht bemerkt. Das ist der Ansatz von Serious Games.

[2] Genau dies zeigt auch die Kienbaum-Studie [Kie15] zum Thema Agilität: Die größte Differenz zwischen *Wie es sein soll* und *Wie es ist* betrifft den Punkt: *„Aus Fehlern wird nachhaltig gelernt"*.

[3] Wahrscheinlich fragen Sie sich an dieser Stelle, ob der Autor das ernst meinen kann. Lesen Sie dazu das Zitat zu Beginn des Abschnitt III.2.5!

Mit diesem Buch erhalten Sie alles, um eine agile Organisation aufzubauen und weiterzuentwickeln – sei es als Manager, als agiler Coach, Teamleiter oder Mitarbeiter.

Der Aufbau des Buches

Ich habe das Buch folgendermaßen aufgebaut:

- Zu Beginn erhalten Sie einen Beleg dafür, dass sich Agilität wirklich lohnt.
- Im Teil I wird beschrieben, in welchem Kontext wir heute agieren, was Agilität ist, woher sie kommt und warum sie notwendig wurde. Diese Darstellung ist wichtig, um zu verstehen, dass Agilität keine Managementmode, sondern ein Paradigmenwechsel ist.
- Teil II gibt Ihnen Einblick in eine agile Organisation, dem Musikportal *Spotify*.
- Der Teil III stellt detailliert das Paradigma Agilität vor: das agile Mindset, die agilen Werte und Prinzipien, agile Praktiken, Methoden und Frameworks. Dabei wird ausführlicher auf *Scrum* und *Lean Change Management* (ein agiles Change Management) eingegangen.
- In Teil IV geht der praktischen Frage nach, wie Agilität organisiert und implementiert werden kann. Abschließend erhalten Sie eine Schatzkiste voller Praktiken, Methoden und Modelle, die Ihnen helfen, Ihre individuelle Agilität aufzubauen und zu entwickeln.

Kommt bald die agile Imbissbude?

Agil ist modern! Kaufen wir demnächst unser Sandwich an einer agilen Imbissbude?

Agilität wird fälschlicherweise häufig als ein Prozess verstanden, als *„ein bisschen anderes Projektmanagement"*[4] – wie auch schon viele (Management-)Moden vorher. Dieses Mal ist es aber anders[5]!

Agilität ist ein *Mindset* – kein Prozess oder Werkzeug oder irgendetwas, das *„wir nebenbei mitmachen"*. Agilität ist zeitgemäßes Management, mehr noch: *artgerechtes* Management. Die von Frederick W. Taylor durchgeführte Trennung zwischen der eigentlichen Arbeit und dem Organisieren der Arbeit („Management") wird durch Agilität aufgehoben. Die Mitarbeiter übernehmen Management-Aufgaben, weil es nicht mehr anders geht – die Aufgaben erfordern dies. Agilität ist damit Anti-Taylorismus.

> *Agile is a different way of running the organization.*
>
> – Steve Denning

Natürlich lässt sich ein Prozess einfacher beschreiben als ein Mindset, doch ist Agilität als reine Mechanik nicht dauerhaft stabil – egal, wie sehr wir uns anstren-

---

[4] Der Autor gibt offen zu, dies ebenso zu Beginn seiner Beschäftigung mit Agilität gesehen zu haben. Insofern sind die hier getroffenen Aussagen nicht als Vorwurf zu verstehen, sondern vielmehr als Aufruf, zum Kern von Agilität vorzudringen.
[5] Auch das haben schon viele behauptet. Der Autor ist überzeugt, die Aussagen mit diesem Buch zu belegen.

gen. *Agilität ist ein Mindset*[6], beschrieben durch *vier Werte*, definiert durch *zwölf Prinzipien* und manifestiert durch *eine Vielzahl von Praktiken*, die zu *Methoden/ Frameworks/Prozessen* zusammengesetzt werden (Abbildung 1).

Und damit wird auch der Unterschied zwischen *agil sein* und *agil machen* klar: *Mindset* vs. *Cargo-Cult*[7,8], *Einstellung* vs. *Nachahmen von Methoden*.

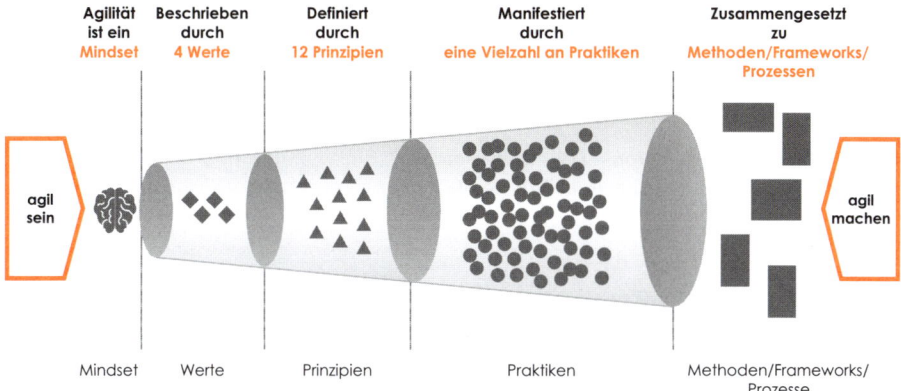

Abbildung 1: Agil sein vs. agil machen (adaptierte Darstellung nach [Den16b, Sid15])

Wenn Agilität ein Mindset ist, dann kann es auch nicht abgeschlossen werden. Die Erwartungen und Hoffnungen insbesondere von Managern gehen ja dahin, dass *„eines schönen Tages Agilität beendet sein wird und wir dann wieder alles so machen wie bisher"*. Diese Hoffnung ist leider – sogar objektiv – vergebens. Wir leben in einer VUKA-Welt[9] und die ist nicht mehr so einfach wie die Welt Mitte des 20. Jahrhunderts. Globalisierung, weltweite Vernetzung, gesättigte Märkte, technologische oder demografische Entwicklung sorgen für neue Spielregeln. An diese Situation müssen wir uns anpassen. Wir werden ab jetzt *für immer* agil sein – oder untergehen.[10]

Zwar können agile Praktiken, Tools und Methoden auch in Organisationen mit klassisch tayloristisch geprägter „Anweisungs- und Kontrollkultur" („Command & Control") eingesetzt werden, allerdings wird dies nicht auf Dauer funktionieren – wie in der Praxis auch vielerorts zu beobachten. Wirkliche Agilität erfordern andere Auffassungen davon, wie Menschen sind, wie sie sich motivieren (lassen) oder wie sie zusammenarbeiten. Aus dieser anderen inneren Haltung – dem *agilen Mindset* – heraus resultieren Handlungen und Verhaltensweisen, die zu echter Agilität führen (Abbildung 2). Der Weg zur agilen Organisation führt also zwingend zu Veränderungen des Mindsets.

---

[6] Aus der Lernpsychologie wissen wir, dass sich Neues durch mehrfache Wiederholung besser verankert, daher lesen Sie die Aussage *„Agilität ist ein Mindset"* mehrfach in diesem Vorwort.
[7] Cargo-Kult meint das Nachahmen von Verhalten, ohne den dahinterstehenden Sinn zu verstehen. Dazu ausführlicher in Abschnitt IV.2.7.
[8] Agilität wurde eine Zeitlang vorgeworfen, selbst Cargo-Kult zu sein. Derartige Vorwürfe sind mittlerweile als haltlos entlarvt, da Agilität funktioniert, siehe auch dieses Buch.
[9] VUKA-Welt beschreibt eine durch **V**olatilität, **U**nsicherheit, **K**omplexität und **A**mbiguität/ **A**mbivalenz (VUKA) gekennzeichnete Welt. Ausführlicher dazu im Teil I des Buches.
[10] Das könnte man als den dramaturgischen Höhepunkt dieses Buches verstehen.

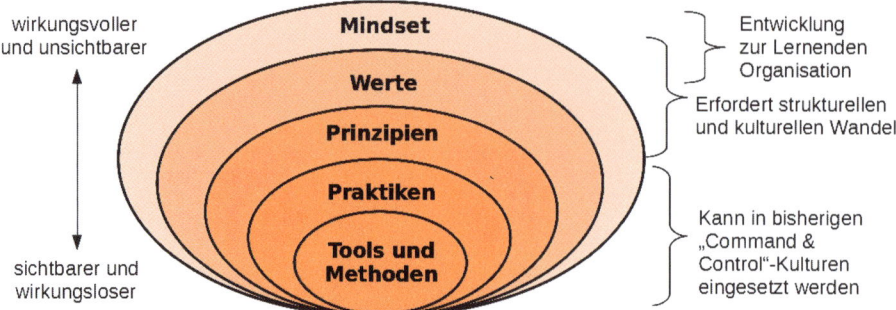

Abbildung 2: „Agile Onion – Die Agile Zwiebel": Eine nachhaltige Veränderung wird nur über die Veränderung des Mindset erreicht [AWA16, Kol16][11]

Was ist anders an Agilität?

Drehte sich bisher alles um die Organisation, egal, ob Unternehmen, Behörde oder eine Partei (Abbildung 3), dreht sich nun alles um den *Kunden* (Abbildung 4). Das ist geradezu eine *„kopernikanische Wende im Management"*[12]: In Zeiten gesättigter Märkte, austauschbarer Produkte und Leistungen wird der Kunde wirklich König, wird zur Sonne, um die alle kreisen.

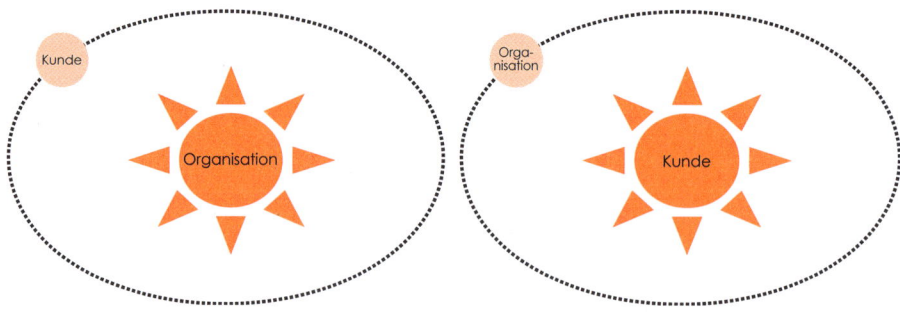

Abbildung 3: Das alte Weltbild: Alles dreht sich um die Organisation (Darstellung nach [Den16a])

Abbildung 4: Das neue Weltbild: Alles dreht sich um den Kunden (Darstellung nach [Den16a])

Bei Agilität geht es darum, den Kunden permanent zu erfreuen, ihn regelmäßig mit innovativen Produkten und Leistungen zu überraschen und ihn so zu (be)halten. Der Zweck eines Unternehmens ist die *Schaffung eines (zufriedenen) Kunden* (Peter Drucker) – *Unternehmenszweck ist damit Customer Value* (Fredmund Malik).

Damit stellen sich neue, wichtige Fragen: Wenn der Kunden im Zentrum steht, ist es dann noch angemessen, dass hochbezahlte Manager, deren Wertbeitrag (Custo-

---

[11] [AWA16] Adventure with Agile: What is Agile?http://www.adventureswithagile. com/2016/08/10/what-is-agile/
[Kol16] Kolmodin, Mia: Poster on Agile in a Nutshell – with a spice of Lean UX, http://blog.crisp. se/2016/10/09/miakolmodin/poster-on-agile-in-a-nutshell-with-a-spice-of-lean
[12] Zitat Steve Denning [Den16a].

mer Value) für den Kunden mehr als zweifelhaft ist, an der Spitze der Organisation stehen? Sollten nicht lieber diejenigen „oben" stehen, die dem Kunden die Leistung (er)bringen?

Und mit einem Mal beginnt sich ganz viel zu drehen: Teams liefern nicht mehr ihren Managern eine Leistung, sondern *ihren Kunden*. Woran sich die Frage anschließt, an wen der Manager seine Leistung eigentlich liefert? Wer ist der Kunde von Management? Die logische Antwort darauf scheint zu sein: den Mitarbeitenden und den Teams! Sie sehen, Agilität ist weit mehr als ein Stehmeeting vor einem Board.

Agilität wird nur funktionieren, wenn jeder Mitarbeitende das Mindset verinnerlicht hat und auch lebt. *Jeder muss seinen Kunden erfreuen:* die Teams den Kunden des Unternehmens, die Manager ihre Teams. Die Frage an das Management lautet: *„Gebt Ihr der Organisation, gebt Ihr den Teams genug, damit diese die Kunden permanent erfreuen?"* Die Antworten werden manche verblüffen – und manchem wehtun.

Agilität kann nicht abgeschlossen werden. Es ist ein permanentes Streben nach *„immer besser"* durch *„immer einfacher"* und *„immer weniger"*. Es ist ein Streben nach immer besserer Anpassung, nach größerer Vereinfachung, nach immer stärkerer Konzentration auf das wirklich Wichtige. Es geht darum, die *richtigen Dinge richtig* zu tun.

Sie können Agilität beobachten. Sie können sehen, wie der Stand der Agilität in einer Organisation ist. Denn es geht darum, voneinander zu lernen: Teams unterstützen sich gegenseitig, sie lernen voneinander. *Agilität ist der Weg zur Lernenden Organisation!*

Agilität sagt übrigens nicht, *„so muss es sein"*, gibt keine Pläne und Regeln vor. Agilität evolviert, entwickelt sich organisch – aus der Organisation heraus, getragen vom agilen Mindset. Dies erfordert Anstrengungen und Engagement von allen Mitarbeitenden, den Teams und dem Management – niemand hat behauptet, dass Agilität einfach ist.

Agilität ist eine andere Art, Kopfarbeit zu organisieren. Und das geht nicht *„ein bisschen"* oder *„nebenbei"* – das geht nur ganz oder gar nicht. Denn Agilität führt zwingend zu organisatorischen Veränderungen.

Wie nachhaltig die agile Transformation in Ihrer Organisation war, sehen Sie dann, wenn sich Ihre Organisation in einer Krise befindet: Fällt die Organisation wieder in das klassische *„command-and-control"* zurück oder bleibt sie agil?

Meine User Story

Kenner der Materie werden sagen, dass nicht alles in diesem Buch neu ist. Das stimmt – es war und ist auch nicht mein Anspruch. Beim Schreiben des Buches gab ich mir folgende User Story[13]:

> *Als Leser dieses Buches möchte ich Agilität verstehen,*
> *um diese selbstständig anzuwenden.*

---

[13] User Storys sind kurze und prägnante Beschreibungen des Produktes bzw. einer Produkteigenschaft aus Sicht des Kunden bzw. Nutzers und zeigen den Wert für diesen auf (siehe Abschnitt IV.3.1).

Dazu möchte ich Ihnen ein aus meiner Sicht vollständiges Set in die Hand geben, mit dem Sie Ihre Organisation durch eine agile Transformation führen. Ich vermittle Ihnen dazu das entsprechende Mindset, die passenden Werte und Prinzipien sowie die aus meiner Sicht wichtigsten Praktiken und Methoden.

Leider gibt es keine allgemeingültigen Rezepte und Baupläne für Agilität – im Kontext von „Komplexität" funktioniert das einfach nicht.[14] Was Sie bekommen, sind Ideen und Anregungen zur eigenen Vorgehensweise und Ermutigung zum eigenen Tun. Wenn Sie in kleinen Schritten mit schnellem Feedback vorgehen und dabei schnell lernen, kann nicht viel schiefgehen. Manchmal werden Sie „alte Zöpfe" abschneiden oder einen Sprung wagen müssen.

Abschließende Hinweise:

- Die Wiederholungen in dem Buch haben einen Grund: Als Leser sollen Sie an jeder Stelle einsteigen können und den Text auf Anhieb verstehen. Dies ist die Reaktion auf Forderungen von Testlesern.
- Ziel dieses Buches ist, Agilität aus dem Software- und IT-Bezug zu lösen und allgemein zugänglich zu machen. Leider lässt sich das nicht immer bei allen Formulierungen und Benennungen umsetzen. Bisher stand Agilität im Bezug zu Software und hat den Fokus auf ein Produkt. Um im allgemeinen Kontext auch Dienstleistungen in die Beschreibungen mit einzubeziehen, wird statt Produkt oder Dienstleistung der Platzhalter „{Leistung}" verwendet. Bitte fügen Sie hier gedanklich Ihr Produkt oder Ihre Dienstleistung ein.
- Begriffe, auf die an anderer Stelle im Buch – meist in Kapitel IV.3 „Ihre Schatz-kiste" – genauer eingegangen wird, sind mit einem Pfeil „→" gekennzeichnet.

Ich möchte noch einmal an unsere gemeinsame Vision erinnern:

> *„Wir RENNEN am Morgen FREUDIG zu unserer Arbeit und ENTFALTEN KOOPERATIV unser Potenzial, um unsere KUNDEN mit herausragenden innovativen Produkten und Services ZU BEGEISTERN."*

Ich lade Sie dazu ein – ob Praktikant, Sachbearbeiter, „alter Hase", Manager oder Vorstand –, Teil dieser Vision zu sein und in Ihrem Bereich das Ihre dazu beizutra-gen. Nehmen Sie die Gestaltung Ihrer Arbeitswelt selbst in die Hand! Lassen Sie uns in einen Dialog treten (beispielsweise über www.agil-werden.de oder Twitter @ agilwerden, um die Idee hinter agilem Arbeiten einem breiten Publikum zugänglich zu machen und Erfahrungen auszutauschen.

München, im April 2017 *Torsten Scheller*

PS: Alle Abbildungen aus diesem Buch sowie weiteres Material zum Download finden Sie unter www.agil-werden.de/buch.

PS II: Wenn Sie schnell nachhaltige Veränderungen erreichen wollen, beginnen Sie immer mit dem *Sinn*, mit dem *Wozu*! Ausführlicher dazu unter dem Stichwort „Sinn" im Index und insbesondere Abschnitt III.2.3.

PS III: Beachten Sie bitte immer, dass es bei Agilität es um *Menschen* geht – Menschen als *Mitarbeiter* und als *Kunden*. Bei Agilität geht es nicht um das perfekte Ausführen und Einhalten bestimmter Praktiken und Methoden – es geht um die Zusammenarbeit von und die Kommunikation zwischen erwachsenen Menschen!

---

[14] Siehe die Darstellung zu Komplexität in Abschnitt I.1.1.

Dazu sind ihnen die jeweils für sie in diesem Moment passenden Rahmenbedingungen zu geben.

Behalten Sie daher bitte immer folgende Hinweise im Hinterkopf:

- *Jeder Mensch ist einzigartig und erlebt die Welt auf seine Weise.* Wir können erst erfahren, wie ein Anderer die Welt erlebt, wenn wir uns dafür interessieren.
- *Menschen handeln stets so gut es ihnen möglich ist.* Das von ihnen gezeigte Verhalten ist ihre beste Wahl aus den ihnen zur Verfügung stehenden Möglichkeiten.
- *Hinter* jedem *Verhalten steht eine s*ubjektiv positive *Absicht* – dies ignoriert nicht mögliche negative Auswirkungen aus dem Verhalten. Wenn wir die Absicht wertschätzen, können wir das Verhalten kritisieren.
- *Menschen* haben *eine Persönlichkeit und* zeigen *ein Verhalten*: Die Persönlichkeit ist immer positiv, das Verhalten kann unpassend sein. Daher reagieren wir *immer* auf das Verhalten und kritisieren *nie* die Persönlichkeit, denn es gibt keine schlechten Menschen. Der positive Wert des Individuums bleibt konstant, die Angemessenheit des Verhaltens kann bezweifelt werden.
- Beachten Sie immer die Axiome von Paul Watzlawick [WikiMA]:
  - *Wahr ist nicht, was A gesagt hat, sondern, was B verstanden hat*: Entscheidend ist, was der andere versteht.
  - *Man kann nicht nicht kommunizieren:* Alles ist Kommunikation – Auch Abwesenheit und Schweigen.
  - *Jede Kommunikation hat einen Inhalts- und einen Beziehungsaspekt, wobei Letzterer den Ersteren bestimmt und daher eine Metakommunikation ist.* Nonverbales Verhalten beeinflusst nicht nur die Wirkung einer Botschaft, es definiert diese.

Literatur

WikiMA: Wikipedia: https://de.wikipedia.org/wiki/Metakommunikatives_Axiom

Die 7 Kernbotschaften zur agilen Organisation

1. *Die von Volatilität, Unsicherheit, Komplexität und Ambiguität/Ambivalenz (VUKA) geprägte Welt funktioniert anders als alles, was wir bisher kannten.* Hier kann es nur individuelle Lösungen geben, Erprobtes funktioniert nicht mehr – *Best Practices* sind *Past Practices.* Da Pläne nicht mehr funktionieren, müssen wir in vielen kleinen schnellen aufeinander aufbauenden Schritten – so genannten *Experimenten* – vorgehen, um schnell zu reagieren und unser Vorgehen schnell anzupassen. **Über *Experimente* findet die agile Organisation die für sie passenden Lösungen auf alle Herausforderungen.**

2. *Organisationen leiden an zu geringer Anpassungsfähigkeit.* Hohe Anpassungsfähigkeit bedeutet hohe *Überlebenschancen* in der VUKA-Welt. Sich anzupassen heißt *zu lernen.* Agilität bedeutet *schneller und strukturierter zu lernen. Agilität ist organisiertes Lernen* und bedeutet damit *höhere Anpassungsfähigkeit.* **Die agile Organisation ist eine *Lernende Organisation*** und damit *die zeitgemäße Art und Weise, Arbeit – insbesondere Kopfarbeit – zu organisieren – Agilität ist Anti-Taylorismus.*

3. *Agilität ist ein Mindset – und keine Ausführung von Praktiken und Methoden, diese entwickeln sich aus dem agilen Mindset – von selbst.*
   Das *agile Mindset* umfasst folgende Auffassungen:
   a) Mitarbeiter sind *vernünftige Erwachsene* – daher behandeln wir sie auch so.
   b) Menschen brauchen *Autonomie, Perfektionierung, Sinn* und *Zusammenarbeit,* um motiviert zu sein.
   c) Vertrauen und Verantwortung *bedingen einander* – man muss eines geben, um das andere zu erhalten.
   d) Die besten Lösungen entstehen durch *selbstorganisierte crossfunktionale Teams.* Nur *Hochleistung* formt und motiviert echte Teams.
   e) Diejenigen, die eine Handlung ausführen, brauchen auch die *Entscheidungsfreiheit darüber.* Daher legen wir die Verantwortung in ihre Hände.
   f) Neue Lösungen erfordern *neues Denken.* Deshalb denken wir lösungsfokussiert, systemisch und sinnbezogen.
   Die agile Organisation verwirklicht das *agile Mindset*.

4. *Management muss organisieren, dass die richtigen Dinge richtig getan werden.* Dazu brauchen wir
   a) die *Kunden,* um herauszufinden, *was die richtigen Dinge* sind, und
   b) die *Mitarbeiter,* um herauszufinden, *wie die Dinge richtig* getan werden.
   Die agile Organisation setzt die *richtigen Dinge richtig* um.

5. *Erst organisationsexterne Kunden geben einer Organisation einen Sinn.* Der Zweck einer Organisation ist das *permanente Erfreuen dieser Kunden.* **Die agile Organisation ist eine auf das Erfreuen *externer Kunden* ausgerichtete Organisation.**

6. *Die Struktur des Produktes muss die Struktur der Organisation bestimmen.* Um schnell Änderungen am Produkt umzusetzen, brauchen wir eine flexible Organisationsstruktur. **Die agile Organisation hat eine *minimale Struktur*.** Wir riskieren lieber Chaos als Bürokratie!

7. *Der Mensch ist ein Wesen auf der Suche nach Sinn.* Hat er diesen Sinn erkannt, setzt er all seine Kraft, Energie und Kreativität ein, um diesen zu realisieren. Daher beginnen wir immer mit dem *Sinn!* Wir brauchen immer ein *Wozu!* **Die agile Organisation ist eine auf *Sinn* ausgerichtete Organisation.**

Danksagung

An dieser Stelle möchte ich mich bei all denen bedanken, die zum Gelingen des Buches beigetragen haben.

Beim Vahlen Verlag – insbesondere bei Thomas Ammon und Dennis Brunotte – bedanke ich mich dafür, mein Buchprojekt in der vorliegenden Art und Weise herausgebracht zu haben.

Den Testlesern, insbesondere Barbara Bucksch, Sabine Canditt, Christof Caspari, Dr. Holger Dierssen, Dr. Gabriele Haller, Ole Harders, Andreas Johannsen, David Rajkay, Reiner Ritter, Ingo Sanders, Dr. Jörn Scheller, Dr. Julia Scheller, Sacha Storz, danke ich für ihr Feedback und ihre Hinweise, die das Buch an vielen Stellen verbesserten und präzisierten.

Sonja Battenberg danke ich für die Unterstützung beim Korrekturlesen.

Isabell Seeliger und pixelicious GmbH (http://www.pixel-icious.de/) danke ich für die grafische Unterstützung und Beratung.

Dr. Tanja Gabriele Baudson und Nils Bernert danke für für Hinweise um das Thema „Teams". Den Lean Professionals Gerhard Martin und Dr. Horst Neyer danke ich für die (Er-)Klärung einiger Gedanken zum Thema Lean.

Madeleine Leitner bin ich zu tiefstem Dank verpflichtet, sie brachte Entscheidendes ins Rollen, das auch zu diesem Buch führte ... Elisabeth Petershagen danke ich für die unterstützende Begleitung.

Petra Cockrell danke ich für Ihre Impulse aus der Perspektive der Praxis.

Jason Little danke ich für die Freundschaft und Zusammenarbeit bei der Entwicklung von Lean Change Management.

Tobi Gutmann, Andreas Scheerer und Fabrice Wegner brachten mit ihren Hinweisen und Anregungen an entscheidenden Stellen und Zeitpunkten das Buch weiter. Natürlich auch Du, S.Y.

Die Energie, dieses Buch zu schreiben, gaben mir die Musik von Ludovico Einaudi und Billy Idol sowie ausreichend viel Yoga. Namasté.

Inhaltsverzeichnis

Teil II. Spotify als Beispiel einer agilen Organisation

Teil III. Agilität

Teil IV. Praktische Umsetzung

Einleitung: Zum Problem heutiger Organisationen

Bisher wurden Organisationen entwickelt, die dauerhaft stabil sind. Produkte und Projekte wurden daran angepasst (Abbildung 1).

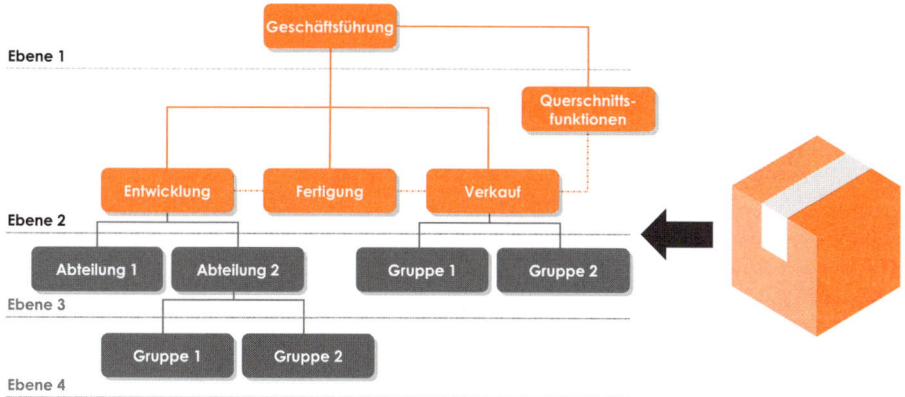

Feste Organisationsstruktur   **Produkt**

Abbildung 1: Klassische Organisation: feste Organisationsstruktur und Anpassen des Produktes an diese

Seit einiger Zeit verhindern allerdings diese festen Organisationsstrukturen, schnell und flexibel auf Kunden zu reagieren und innovativ zu sein. Den Organisationen fehlt es an Anpassungsfähigkeit.

Auch der Ansatz, in einer mehr oder weniger temporären Organisation(sstruktur) Projekte zu bearbeiten – klassisches Projektmanagement – und so flexibler zu werden, scheiterte. Drei Umstände sind dafür verantwortlich:

1. *Mit Projektmanagement wird ein zuvor aufgestellter Plan 1:1 umgesetzt.* Änderungen, Anpassungen und Reaktionen auf sich nach der Planung Ergebendes sind nicht möglich. In der VUKA-Welt zu planen ist ein extrem schwieriges und unsicheres Unterfangen. Wir wissen nicht, was als Nächstes passieren wird. Wie soll vor diesem Hintergrund sinnvoll geplant werden? Gescheiterte (Groß-) Projekte sind dann die Regel.
2. *Das Projektteam/die Projektorganisation wird nach Beendigung des Projektes aufgelöst.* Dadurch gehen wichtige Lernerfahrungen verloren, denn diese hängen immer an Personen und Gruppen und lassen sich nur äußerst schwer schriftlich transferieren.[1]

---

[1] Aus diesem Grund haben wir im Agilen *dauerhaft stabile Teams*, die immer wieder *neue Aufgaben* bearbeiten.

3. Die Projektmitarbeiter sind „in der Matrix gefangen", sie sind „Diener zweier Herren". Sie haben einen personalverantwortlichen (Linien-)Manager, der für ihre Weiterentwicklung und Gehaltserhöhungen verantwortlich ist, und einen Projektmanager, für den sie inhaltlich arbeiten. Im Zweifelsfall ist „das Hemd näher als die Hose", und schnell haben die Belange des personalverantwortlichen (Linien-)Managers Vorrang vor allem anderen.

Darüber hinaus zeigt das Gesetz von Conway seine Wirkung: Der US-amerikanische Informatiker Melvin E. Conway formulierte 1968 die Beobachtung, dass die Strukturen von Systemen durch die Kommunikationsstrukturen der sie umsetzenden Organisationen vorbestimmt sind.[2] Danach „installiert" ein Unternehmen, das ein Produkt entwickelt und baut, in dieses Produkt seine eigene Kommunikationsstruktur – und zwar die gelebte Ist-Struktur, nicht die Soll-Struktur. Das erklärt, warum in Produkten über verschiedene Produktgenerationen hinweg immer wieder dieselben Fehler und Probleme zu finden sind. An dieser Stelle gibt es ein Kommunikationsproblem in der Organisation und solange dieses nicht beseitigt ist, wird das Problem auch in zukünftigen Produkt immer wieder auftreten.

Das Gesetz von Conway macht deutlich, dass die Organisation des Unternehmens über den Erfolg der Produkte am Markt bestimmt – und damit über den Erfolg des Unternehmens! Das ist umso dramatischer, da die Geschwindigkeit der Märkte und des technischen Fortschritts in den letzten Jahren rasant zugenommen haben und wirksame Organisationsveränderungen immer noch Jahre dauern. Daher befürchte ich, dass viele klassisch aufgestellte Organisationen gar nicht mehr die Zeit haben werden, sich zu verändern – und wir spektakuläre Unternehmenspleiten erleben, die „aus dem Nichts kommen". Das ist dann kein Problem, wenn genügend neue Unternehmen entstehen, welche die Mitarbeiter dann aufnehmen und beschäftigen! Und diese neuen Unternehmen bauen wir am besten gleich als agile Organisationen auf!

Die agile Organisation

Eine zeitgemäße Reaktion auf diese Herausforderung ist, die Struktur der Organisation an die Struktur des Produktes anzupassen (Abbildung 2). Diese agile – flexible,

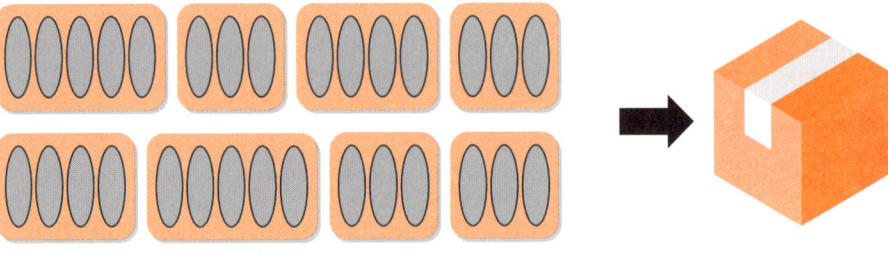

Flexible Organisationsstruktur   **Produkt**

Abbildung 2: Agile Organisation: Anpassen der Organisationsstruktur an die Struktur des Produktes

---

[2] „Ein System, das ein anderes System modelliert, baut dieses modellierte System nach seiner eigenen Kommunikationsstruktur." Ausführlicher in Abschnitt IV.1.1.

anpassungsfähige, adaptive – Organisation bedeutet eine andere Organisation von Arbeit, und zwar in selbst-organisierenden crossfunktionalen Teams, die alle Funktionen integrieren, die sie benötigen, um eine Aufgabe vollständig und selbstverantwortlich zu erledigen. Diese dauerhaft stabilen crossfunktionalen Teams werden dann entsprechend der Produktstruktur vernetzt – und zwar nur so lange, wie dies notwendig ist.

Worum geht es bei Agilität?

Aus meiner Sicht ist das zentrale Thema allen Handelns – nicht nur des wirtschaftlichen –, die *richtigen Dinge richtig*[3] zu tun. Dieses Zitat von Peter Drucker besteht aus zwei Teilen:

- *die richtigen Dinge tun* (= Effektivität) und
- *die Dinge richtig tun* (= Effizienz).

Wie finden wir heraus, was *die richtigen Dinge* sind, vor allem im Kontext eines Unternehmens? Die erste Frage dazu könnte lauten: *„Für* wen *wollen wir die richtigen Dinge tun?"* Nun, für den, der unsere Leistung abnimmt, unseren Kunden. Was wären *die richtigen Dinge für unseren Kunden*? Das können wir nicht wissen! Nur er selbst weiß es! Fragen wir ihn also! *„Wenn ich meine Kunden gefragt hätte, was sie wollen, hätten sie gesagt: Schnellere Pferde."*[4], so Henry Ford. Ein Widerspruch? Nein, denn es zeigt zunächst, dass es extrem wichtig ist, *wie und wonach* wir unseren Kunden fragen. Wir dürfen den Kunden nicht nach der gewünschten Lösung fragen, sondern nach dem *Job*, den das Produkt erledigen soll, und nach dem, was für ihn *Wert an diesem Produkt* bedeutet. Theodore Levitt, Professor an der Harvard Business School, meinte in diesem Zusammenhang: *„Die Kunden kaufen keinen ¼-Zoll-Bohrer, sie kaufen ein ¼-Zoll-Loch."*[5] Und der Job des Autos von Ford war eben nicht, ein schnelleres Pferd zu sein, sondern Personen und Güter schneller und sicherer als Pferdekutschen zu befördern.

Halten wir also fest: *Wir müssen unseren Kunden fragen, um herauszufinden, was die richtigen Dinge sind. Je früher* wir ihn in der Entwicklung unserer Produkte und Services einbeziehen, *desto geringer* ist die Gefahr, dass wir das Falsche entwickeln.

Nun müssen wir noch herausfinden, wie die Dinge *richtig getan* werden. Wer kann uns dabei helfen? Die Experten! Und zwar die *besten Experten,* die es zu diesem konkreten Tun gibt: *unsere Mitarbeiter*. Und wie können unsere Mitarbeiter herausfinden, wie sie die Dinge richtig tun? Indem sie *lernen*! Um also die *Dinge richtig* zu tun, brauchen wir unsere *Mitarbeiter* und müssen diese *lernen* lassen. Und dazu gehört es, *Fehler machen zu dürfen*.

Um die *richtigen Dinge richtig* zu tun, müssen wir *unseren Kunden* in unser Vorgehen *einbinden* und *unsere Mitarbeiter lernen lassen*. Im Kern geht es also um *Menschen* – als Kunde und Mitarbeiter – und um *Lernen*. (*Die Dinge richtig tun*, ist *Lernen erster Ordnung – Single Loop Learning. Die richtigen Dinge richtig zu tun*, ist *Lernen zweiter Ordnung – Double Loop Learning* (siehe dazu „Exkurs: Lernen strukturieren – Iterationen" in Abschnitt III.4.1)).

---

[3] Zitat Peter Druckers in der Formulierung von Fredmund Malik.
[4] Zumindest glauben viele, dass Ford dies gesagt haben soll. Belege ließen sich dafür bisher nicht finden. Interessanterweise scheint dieses Zitat in den späten 2000er-Jahren verstärkt aufgekommen und populär geworden zu sein.
[5] Naja, eigentlich will der Kunde ja ein Bild oder ein Regal aufhängen.

Und darum geht es bei Agilität:

1. *Finden Sie Ihren Kunden!*
2. *Erfreuen Sie Ihren Kunden!*
3. *Stellen Sie Ihre Organisation so auf, dass Ihre Mitarbeitenden Ihren Kunden immer wieder aufs Neue erfreuen!*

Machen Sie dabei nur die Dinge, die *für Ihren Kunden einen Wert* darstellen. Sorgen Sie dafür, dass *Ihre Mitarbeiter ihr Potenzial frei entfalten* und so Ihren Kunden immer wieder aufs Neue mit innovativen und kreativen Lösungen überraschen.

Agilität ist damit *kein Tool* zur organisationsinternen Prozessverbesserung – wie von vielen falsch verstanden und gelebt. Agilität kann nur bezogen sein auf *Menschen*:

*   auf einen *organisationsexternen Kunden,* auf jemanden, der mit *eigenem Geld* eine Leistung, ein Produkt kauft,
*   auf die *Mitarbeiter,* die tagtäglich die Leistungen für Produkte und Services erbringen, und
*   auf *das Lernen,* das aus der Vernetzung dieser beiden entsteht.

Wir müssen uns daran erinnern, wer für wen da ist: *Das System ist für die Menschen da – nicht umgekehrt.*

Agilität ist für mich die *Art und Weise,* wie wir heute Arbeit organisieren müssen, um wirtschaftlich zu überleben. Und um zu überleben, müssen Organisationen hoch anpassungsfähig sein und lernen. Die agile Organisation ist damit eine *lernende Organisation.* Gewinnstreben ist *ein Teil* einer Überlebensstrategie. Sie müssen essen, um zu überleben, aber nicht überleben, um zu essen …

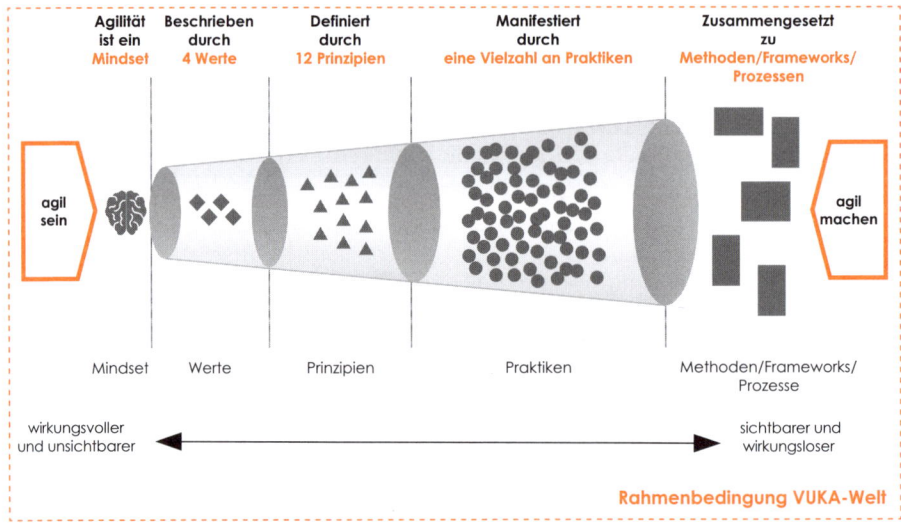

Abbildung 3: Aufbau des Buches

Abbildung 3 zeigt Ihnen den Unterschied zwischen *agil machen* – Agilität als Tool – und *agil sein* – Agilität als Mindset und gleichzeitig den Aufbau des Buches:

- In Teil I wird zunächst geklärt, in welchen Rahmenbedingungen Agilität warum notwendig ist und wie es dazu kam (Teil I).
- In Teil II erhalten Sie ein Beispiel einer agilen Organisation.
- In Teil III werden
  - das agile Mindset,
  - die agilen Werte und Prinzipien sowie
  - agile Praktiken, Methoden und Frameworks

  erläutert. Detailliert wird auf Lean Startup (Kapitel III.4.2), Scrum (Kapitel III.4.2) und Agiles Change Management – Lean Change Management (Kapitel III.4.3) eingegangen.
- In Teil IV finden Sie praktische Aspekte dargestellt sowie eine „Schatzkiste" mit Praktiken, Tools und Methoden sowie eine Darstellung zu Kanban (Kapitel IV.3.2).

Quellen:

Den16a: Denning, Steve: HBR's Embrace Of Agile, Blogeintrag auf Forbes.com vom 21.04.2016, http://www.forbes.com/sites/stevedenning/2016/04/21/hbrs-embrace-of-agile/#3316721227fe

Den16b: Denning, Steve: What's Missing In The Agile Manifesto: Mindset, Blogeintrag auf Forbes.com vom 07.06.2016, http://www.forbes.com/sites/stevedenning/2016/06/07/the-key-missing-ingredient-in-the-agile-manifesto-mindset/#152d214b6a93

Sid15: Sidky, Ahmed: The Secret to Achieving Sustainable Agility at Scale, http://de.slideshare.net/AgileNZ/ahmed-sidky-keynote-agilenz

Lohnt sich Agilität?

Doing half the work while producing twice the value[1]

– Steve Denning

Abgesehen davon, dass Agilität der *einzige* Weg ist, Kopfarbeit *artgerecht* durchzuführen, muss es sich trotzdem „rechnen" – zumindest ist dies die Erwartung der Manager. Wir machen ja Agilität – leider – nicht, damit es den Mitarbeitern besser geht, sondern damit sie effizienter und effektiver arbeiten.

Aus der IT und Softwareentwicklung liegen mittlerweile über 20 Jahre Erfahrungen mit agilen Methoden und deren Nutzen vor – mit fantastischen Resultaten.

tl;dr[2]

Agilität ist der Trick, um *mehr Wert zu schaffen, als Kosten anfallen*! Damit ist Agilität eine Gelddruckmaschine!

Für Eilige: Warum Agilität sich lohnt

Sie brauchen nur *Zahlen – Daten – Fakten* – und kein Gedöns? Bitteschön!!! Kurzversion:

Schauen wir uns die Entwicklung von Wert und Kosten (bei Projekt, Produktentwicklungen, Arbeiten …) an (Abbildung 1): Sie starten agil im Punkt X. Die Kosten steigen linear, da Sie (überwiegend) Personalkosten haben. Durch das agile Vorgehen – priorisiertes → *Product Backlog* – werden die für den Kunden wertvollsten Dinge *zuerst* entwickelt – dadurch steigt der erzeugte Wert überproportional schneller als die Kosten an (also nicht linear). In jedem Schritt der Entwicklung – den sogenannten Iterationen – nehmen so die Kosten linear und der Wert nichtlinear – am Anfang stärker, zum Ende hin immer weniger – zu. Ab dem Punkt Z machen Sie Verluste: Die Kosten übersteigen den erzeugten Wert – Sie werfen dem schlechten Geld noch gutes hinterher – normalerweise werden die Projektampeln ab hier rot.

Nach dem *Paretoprinzip* [WikiPP] und Produktstudien werden nur maximal 80 % der Produktmerkmale benutzt – und damit benötigt. Sie können also die Entwicklung im Punkt Y abbrechen, da hier die 80 % wertvollsten Produkteigenschaften bereits

---

[1] Oft wird auch Scrum-Miterfinder Jeff Sutherland mit dem Titel seines Buches über Scrum *„The Art of Doing Twice the Work in Half the Time"* zitiert, allerdings könnte dies missverstanden werden als reine Methodik zur Steigerung der Effizienz, was Agilität nicht ist. Bei Agilität geht es ganz klar um Effektivität *und* Effizienz, also darum, die *richtigen Dinge richtig* zu tun.
[2] „tl;dr" steht für „too long; didn't read" und gibt eine Zusammenfassungen in Kurzform an.

erzeugt sind – über die enge Einbeziehung Ihres Kunden haben Sie sichergestellt, dass Sie diese 80 % aus Kundensicht erfassen. Sie beenden also die Entwicklung des Produktes nach der 8. Iteration in Abbildung 1. Alles, was danach käme, ist für den Kunden *„not necessary but nice to have"*, also er würde das mitnehmen, ohne dafür bezahlen zu wollen …

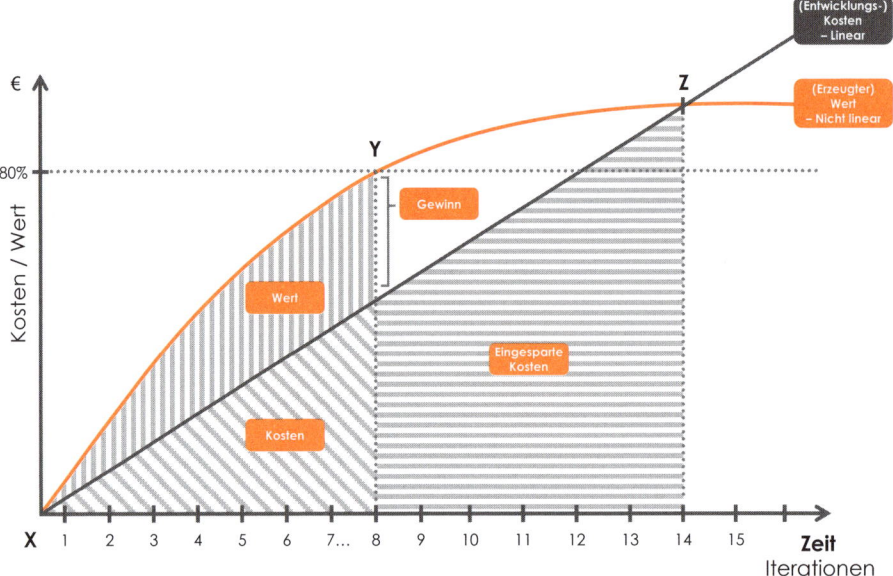

Abbildung 1: Warum Agilität sich lohnt: Mehr Wert schaffen, als Kosten anfallen

Nach dieser 8. Iteration sind Ihre Kosten immer noch deutlich geringer als der erzeugte Wert, der ja den Preis für den Kunden darstellt. Die Differenz ist Ihr Gewinn! Und die eingesparten Kosten zwischen der 8. und der 14. Iteration kommen noch dazu! Ja, Agilität ist eine Gelddruckmaschine!

Eines gleich vorweg …

Jede Veränderung fällt schwer – eine zu Agilität besonders, denn sie hat einige Eigenheiten [Coh10]:

- *Die erfolgreiche Veränderung erfolgt nicht ausschließlich von oben nach unten oder von unten nach oben, sondern enthält Elemente beider Vorgehensweisen.* Daher ist Lean Change Management so gut geeignet, weil es Veränderungen auf allen Ebenen und in allen Richtungen unterstützt.
- *Der Endzustand ist nicht vorhersehbar.* Wir agieren im Komplexen und mit Systemen, daher sind Planungen unmöglich – und sinnlos. So sehr Ihnen das Beispiel *Spotify* in diesem Buch auch gefallen mag, wenn Sie es nachbauen, werden Sie scheitern. Sie müssen Ihre eigene Agilität finden, aufbauen und permanent verbessern.

- *Agilität greift weit um sich.* Sie können versuchen, Agilität auf einen Bereich des Unternehmens zu begrenzen – und dies wird Sie viel Kraft und Anstrengungen kosten. Wenn Sie einen Teil Ihres Geschäftsmodells – und damit Ihres Unternehmens – agil machen, müssen alle anderen Bereiche nachziehen, um den vollen Vorteil und Effekt von Agilität auszuschöpfen, oder die Agilität wird in diesem Bereich nach einiger Zeit wieder zusammenfallen. Sie können nicht *„ein bisschen schwanger"* sein – entweder ganz oder gar nicht.

- *Agilität ist deutlich anders.* Sie ist anders als alles, was wir bisher gemacht haben, wie wir bisher vorgegangen sind, was bisher richtig war! Diese Umstellung, dieses Umlernen, ist für viele nicht nur ein großer Schritt – es tut auch weh! Das Blöde ist nur: Sie haben keine Alternative zu Agilität! Entweder Sie machen es jetzt – oder Sie kommen dann nicht mehr dazu, weil das Boot untergeht ... Sorry, tut mir leid.

- *Veränderungen erfolgen schneller als jemals zuvor.* In den letzten 25 bis 30 Jahren hatten wir viele Managementmoden, die alle wenig bis nichts brachten, weil sie die Arbeitsweise im Grundsatz nicht veränderten. Dies ist mit Agilität anders: Agilität ist eine grundsätzlich andere Arbeitsweise – die Arbeitsweise für Kopfarbeit. Das Fatale ist, dass die Auswirkungen der Kopfarbeit einen Prozess in Gang gesetzt haben, der einer Exponentialfunktion (Abbildung 2) entspricht: Der Anfang ist noch relativ flach, doch ab einem gewissen Punkt wird der Anstieg –

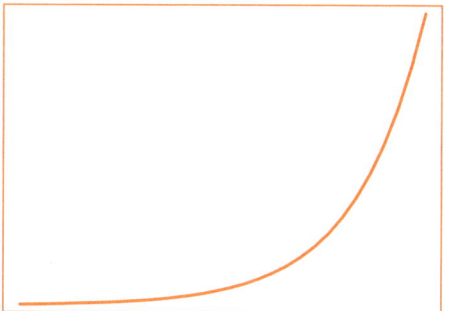

Abbildung 2: Exponentialfunktion: Der Anstieg – und damit die Veränderung – wird immer steiler

und damit die Veränderung – immer steiler. Das ist kontra-intuitiv: Wenn Sie ein Wachstum von 10 % in diesem Jahr und 10 % im nächsten Jahr haben (wollen), dann müssen Sie nächstes Jahr – bezogen auf die Werte von diesem Jahr – um 11 % (10 % von 110 %) wachsen ... Leider ist das menschliche Gehirn nur für lineares Denken gemacht ... Und übrigens: Auf ein Jahr gesehen, verändern Sie sich mehr, wenn Sie sich jeden Tag um 1 % verbessern oder einmal im Jahr um 365 %? Die Antwort ist wieder kontra-intuituv: Jeder antwortet hier, dass dies egal sei, da 365 Tage mal 1 % genau den 365 % entspricht. Leider lässt uns hier unser Gehirn im Stich: Es ist nur für lineares Denken ausgelegt und nicht für exponentielles. In der genannten Antwort fehlt der Zins- und Zinseszinseffekt: Am zweiten Tag verbessern Sie sich ja zusätzlich um das 1 %, um das Sie am Vortag besser wurden. Und am dritten Tag verbessern Sie sich um die 1 % der beiden Vortage plus die Verbesserung der Verbesserung des ersten Tages: Sie haben eine Exponentialfunktion vor sich. Genau gesehen berechnen Sie Ihre jährliche Verbesserung wie folgt: $[(100 + 0{,}01)^{365}] \times 100\,\%$ und erhalten das sensationelle Ergebnis von 3778,34 %. Wer hätte das gedacht: Mehr als 10-mal so viel wie bei einer einmaligen Verbesserung! Wie gesagt – kontra-intuituv ...[3]

---

[3] Dieses Denken wird auch an folgender „Denksportaufgabe" deutlich: Wenn ein Teich mit Seerosen am 8. Tag zugewachsen ist, wann war er halb zugewachsen, wenn sich die Fläche der Seerosen jeden Tag verdoppelt? Intuitiv sagt jeder am 4. Tag (lineares Denken) – und richtig ist am vorletzten Tag (7.), denn wenn sich die Fläche jeden Tag verdoppelt, muss diese am Tag vor dem 8. – an diesem war die Fläche komplett ausgefüllt – halb so groß gewesen sein.

Die Aussage ist also, dass die Veränderungen immer schneller und immer stärker werden.

- *Best Practices sind gefährlich.* Abgesehen davon, dass im Komplexen Best Practices nicht funktionieren, geben sie – quasi als Standard – eine trügerische Sicherheit. Sie vermitteln das Gefühl, eine Lösung gefunden zu haben … und zwar so lange, bis „*die Lösung zum Problem wird*" (Paul Watzlawick).

Gut, wenn Sie hier noch weiterlesen, dann haben Sie die Chance, die Vorteile kennenzulernen – denn Agilität lohnt sich.

Warum sich Agilität lohnt …

Die Einführung von Agilität ist also kein Sonntagnachmittagsspaziergang. Trotzdem: Es lohnt sich. Verschiedene empirisch validierte Aussagen [Coh10, Ric08] zeigen dies deutlich (Tabelle 1).

Verbesserung der … um	Geringste angegebene Verbesserung	Median der Verbesserungen	Größte angegebene Verbesserung
Kosten	10 %	26 %	70 %
Zuverlässigkeit des Einhaltens von Zeitplänen	11 %	71 %	700 %
Produktivität	14 %	122 %	712 %
Qualität	10 %	75 %	1000 %
Kundenzufriedenheit	70 %	70 %	70 %
ROI	240 %	2633 %	8852 %

Tabelle 1: Auswirkungen von Agilität auf Produktivität und Kosten [Ric08 S. 96]

Zwar stammen die in Tabelle 1 genannten Zahlen von 2008, aufgrund der Lernkurve müssen wir davon ausgehen, dass aktuelle Zahlen deutlich höher – und damit besser – sind.

Zu den einzelnen in der Tabelle 1 genannten Punkten lässt sich ausführen (vgl. auch [Coh10]):

- *Höhere Produktivität bei geringeren Kosten.* Wenn man die *richtigen Dinge* macht, und dies auch noch *richtig*, dann muss sich zwangsläufig das Verhältnis von Nutzen zu Aufwand dramatisch verbessern. Maßstab ist hier der Anspruch des Scrum-Miterfinders Jeff Sutherland [Sut14, 15] „*Doing Twice the Work in Half the Time*"[4], dass Agilität eine Verbesserung der Produktivität um mindestens den Faktor 4 darstellt (Achtung: Faktor 4 heißt NICHT 4 %, sondern das Vierfache, also „mal vier").
- *Gesteigertes Engagement und höhere Zufriedenheit der Mitarbeiter.* Wie allgemein bekannt ist, leisten zufriedenere Mitarbeiter mehr und besser – also eine

---

[4] Daher nannte er sein Buch auch *Scrum: The Art of Doing Twice the Work in Half the Time*[Sut14], Deutsch *Die Scrum-Revolution: Management mit der bahnbrechenden Methode der erfolgreichsten Unternehmen*[Sut15].

klassische Win-Win-Kooperation. Allein die andere – artgerechte – Organisation von Kopfarbeit führt dazu, dass die Tätigkeiten für die Mitarbeiter anspruchsvoller und damit interessanter werden. Wenn die Mitarbeiter sich, ihre Fähigkeiten und Kompetenzen voll einbringen können, führt das im ersten Schritt zu zufriedeneren Mitarbeitern und so zu geringeren Fehlerquoten (hier stecken auch Kosten drin!), höherer Produktivität und innovativeren Produkten – klare Wettbewerbsvorteile für das Unternehmen. Übrigens: Für *Spotify* sind 91 % Mitarbeiterzufriedenheit mit 4 % unzufriedenen Mitarbeitern nach Aussage des Head of People Operations *„völlig unbefriedigend"* … (s. Teil II).

- *Kürzere Time to Market.* Wenn von Anfang an das *richtige Ding* entwickelt wird, gibt es nicht nur weniger Fehlentwicklung (und Kosten), sondern das Produkt ist auch schneller auf dem Markt. Und da das Produkt nur das enthält, was der Kunde wirklich benötigt, was wert für ihn ist, werden Entwicklungszeit und -aufwand für nicht benötigte Funktionalität eingespart.
- *Höhere Qualität.* „Qualität muss eingebaut werden – sie kann nicht herausgeprüft werden!" Die höhere Produktivität basiert zu wesentlichen Teilen darauf, dass Fehler unmittelbar bei der Entwicklung beseitigt und nicht mehr „mitgeschleppt" werden. Das gleichmäßige Arbeitstempo agiler Teams sorgt dafür, dass Dinge zu Ende gebracht werden und nicht permanent „Feuerwehraktionen" die Arbeit unterbrechen.
- *Höhere Zufriedenheit der Stakeholder.* Die o.g. Vorteile von Agilität sowie *„der bessere Umgang mit geänderten Prioritäten"*, *„Transparenz des Projekts"* und *„Verringerung des Projektrisikos"* sind Punkte, die jeden Stakeholder zufriedener mache – wenn nicht sogar begeistern.
- *Die bisherigen Methoden funktionieren nicht mehr.* Seit Anfang der 1990er-Jahre wird immer mehr Entwicklern und Managern deutlich, dass die bisherigen planenden Ansätze für Softwareentwicklung – hier als als Beispiel für Kopfarbeit genannt – versagen. Mittlerweile setzt sich auch die Erkenntnis durch, dass noch mehr und noch detaillierteres Planen die Sache *verschlimmert. Wenn etwas nicht funktioniert, dann macht etwas anderes!* (Paul Watzlawick)

Agilität funktioniert, weil es als Grundannahme davon ausgeht, dass wir nicht alles wissen können, was passieren wird, was sich entwickeln wird, da wir im Komplexen agieren.

Das sagen Kunden zu Agilität

Vielleicht ist es am besten, Kunden, die agile Praktiken und Methoden bereits einsetzen, zu fragen, wie es ihnen damit geht und was sie davon halten. Bevor wir das jetzt selbst tun – und uns dabei irgendwelchen Verdächtigungen aussetzen –, nehmen wir eine vorhandene Umfrage: die jährliche Umfrage von VersionOne, einem Anbieter aus den USA von *„Agile Lifecycle Management Software"*, die seit 2006 durchgeführt wird. Es ist die ersten und umfangreichste Umfrage zum Thema Agilität. Nun ist die Motivation von VersionOne nicht ganz unabhängig vom Thema „Agilität" und die Freude sicherlich groß, wenn ihre Tools auf Platz eins der angewandten Tools genannt werden – dazu kann man ja die Fragen geschickt stellen …

Auch hat die Umfrage einen gewissen Vorfilter: Wem Agilität nichts sagt oder wer eine (sehr) ablehnende Meinung dazu hat, der wird weder auf die Umfrage stoßen noch an dieser teilnehmen – insofern sind die Ergebnisse nicht völlig objektiv.

Allerdings können wir davon ausgehen, dass die abgegebenen Antworten ehrlich sind und – da immer wieder auf Probleme aufmerksam gemacht wird – auch Probleme nicht verschwiegen werden.

Wenn wir uns also die Aussagen der Umfrage anschauen, dann behalten wir im Hinterkopf, dass hier eher die mit Agilität Erfolgreichen ihre Meinung abgeben.

Gründe für die Einführung von Agilität

Schauen wir uns die Ergebnisse der Umfrage aus den Jahren 2015 [Ver16] (Abbildung 3) und 2014 [Ver15] (Abbildung 4) an, dann sind diese über die letzten Umfragen relativ stabil (Mehrfachnennungen möglich, Werte für 2015):

1. 62 % nennen schnellere Produktlieferung (2014: 59 %).
2. 56 % nennen verbesserte Fähigkeiten, auf veränderte Prioritäten zu reagieren (2014: 56 %).
3. 55 % nennen gesteigerte Produktivität (2014: 53 %).
4. 47 % nennen verbesserte (Software-)Qualität (2014: 46 %).
5. 44 % nennen eine verbesserte Vorhersage der Ergebnisse (d.h. welche Funktionalität wird wann in der Software zur Verfügung stehen) (2014: 44 %).

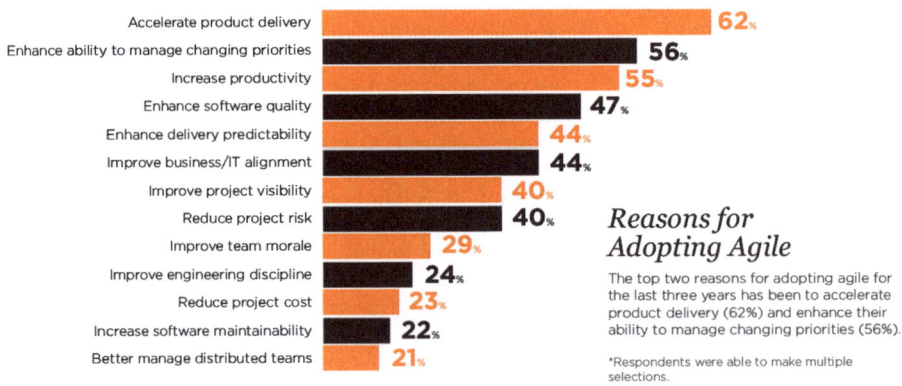

Abbildung 3: Gründe für die Einführung von Agilität: Ergebnisse der Umfrage von 2015 [Ver16]

Die Vorteile von Agilität

Als die Vorteile von Agilität nennen Kunden (Abbildung 5, Mehrfachnennungen möglich, Werte für 2015 [Ver16])

1. 87 % nennen die Fähigkeit, geänderte Prioritäten zu managen.
2. 85 % nennen eine verbesserte Produktivität des Teams.
3. 84 % nennen eine verbesserte Transparenz des Projektes.
4. 81 % nennen eine verbesserte Teammoral/-motivation.
5. 81 % nennen eine bessere Vorhersagbarkeit der Ergebnisse.
6. 80 % nennen eine kürzere Time to Market.
7. 79 % nennen eine verbesserte Qualität.
8. 78 % nennen ein reduziertes Projektrisiko.

REASONS FOR ADOPTING AGILE

Consistent with last year, most respondents adopted agile practices to accelerate product delivery (**59%**) or enhance their ability to manage changing priorities (**56%**). However, in 2014, productivity (**53%**) has moved into the top 3, outranking last year's #3 response—improved IT and business alignment.

*Respondents were able to make multiple selections.

Reason	%
Accelerate product delivery	59%
Enhance ability to manage changing priorities	56%
Increase productivity	53%
Enhance software quality	46%
Enhance delivery predictability	44%
Improve business/IT alignment	40%
Improve project visibility	40%
Reduce project risk	38%
Improve team morale	26%
Improve engineering discipline	25%
Reduce project cost	23%
Increase software maintainability	22%
Better manage distributed teams	20%

Abbildung 4: Gründe für die Einführung von Agilität: Ergebnisse der Umfrage von 2014 [Ver15]

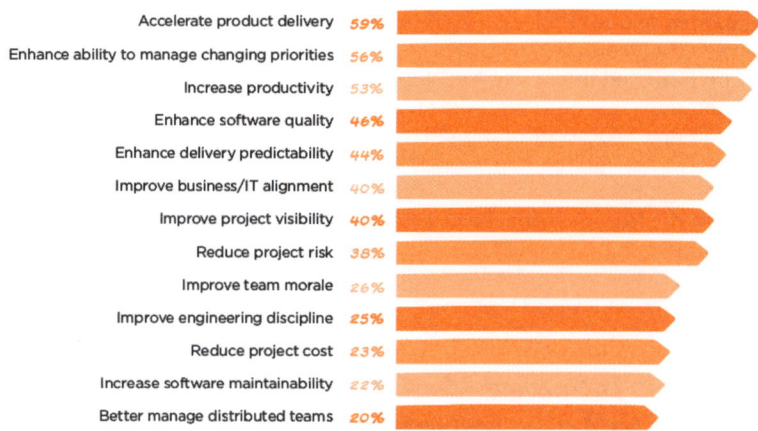

Actual Improvements from Implementing Agile

The top three benefits of adopting agile have remained steady for the past five years: manage changing priorities (87%), team productivity (85%), and project visibility (84%).

BENEFIT	GOT BETTER	NO CHANGE	GOT WORSE	DON'T KNOW
Ability to manage changing priorities	87%	3%	1%	9%
Increased team productivity	85%	3%	1%	11%
Improved project visibility	84%	3%	1%	12%
Increased team morale/motivation	81%	5%	3%	11%
Better delivery predictability	81%	6%	2%	11%
Faster time to market	80%	7%	1%	13%
Enhanced software quality	79%	6%	2%	14%
Reduced project risk	78%	6%	1%	15%
Improved business/IT alignment	77%	6%	1%	16%
Improved engineering discipline	73%	7%	2%	19%
Enhanced software maintainability	70%	8%	2%	21%
Better manage distributed teams	62%	11%	2%	25%

*Respondents were able to make multiple selections.

Abbildung 5: Die Hauptvorteile von Agile: Ergebnisse der Umfrage von 2015 [Ver16]

Woran messen Kunden die Vorteile von agilem Vorgehen?

Fragt man die Kunden, wonach sie die Vorteile von Agilität beurteilen, dann nennen sie – stabil über die Jahre – (Mehrfachnennungen möglich, Abbildung 6 zeigt Werte für 2015 [Ver16] und Abbildung 7 für 2014 [Ver15]):

1. 58 % nennen eine pünktliche Auslieferung des Produktes (2014: 58 %).
2. 48 % nennen die Produktqualität (2014: 48 %).
3. 46 % nennen Zufriedenheit des Kunden/Nutzers (2014: 44 %).
4. 46 % nennen den Geschäftswert (2014: 44 %).
5. 36 % nennen den Produktumfang (2014: 39 %).
6. 31 % nennen die Projekttransparenz (2014: 30 %).
7. 30 % nennen die Produktivität (2014: 29 %).
8. 26 % nennen die Vorhersagbarkeit (der Ergebnisse und Liefertermine) (2014: 25 %).
9. 24 % nennen Prozessverbesserungen (2014: 23 %).
10. 11 % wissen es nicht (2014: 11 %).

Abbildung 6: Vorteile von agilem Vorgehen: Ergebnisse der Umfrage von 2015 [Ver16]

Autoritätsbeweis

Brauchen Sie den Autoritätsbeweis? Ok: Jedes ernst zu nehmende Unternehmen mit technologischem Anspruch nutzt agile Praktiken und Methoden. Daumenregel: Je näher am Internet, je mehr Software, desto agiler.

Gilt der Umkehrschuss – wer keine agilen Methoden nutzt ist nicht ernst zu nehmen? Ja, klar! Die Krux an der Sache ist, dass Agilität einen so großen Wettbewerbsvorteil darstellt, dass sich viele Unternehmen – die Agilität ernsthaft betreiben – lieber nicht dazu bekennen, um ihren Wettbewerbsvorteil auszubauen. Wenn also in Ihrer Branche alle behaupten, sie würden Agilität nicht nutzen, dann haben Sie mit Sicherheit einige Lügner dabei ...

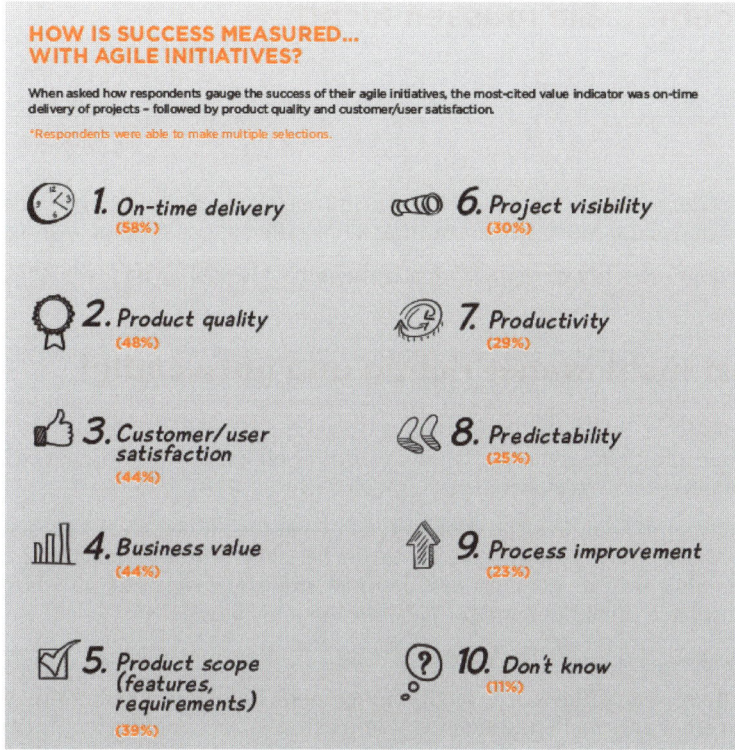

Abbildung 7: Vorteile von agilem Vorgehen: Ergebnisse der Umfrage von 2014 [Ver15]

Mittlerweile gibt es sogar Unternehmen, die so tun als ob sie Agile Methoden einsetzen – als Mittel des Personalmarketings, um attraktiv für gute Leute zu sein. Allerdings dürfte das jeder Bewerber, der mehr als die Überschriften in einem Buch über Agilität gelesen hat, relativ leicht enttarnen …

Nun: *Google, Amazon,* das FBI, *Salesforce.com* nutzen Scrum [Sut14], *Spotify* Scrum und andere Methoden. In Deutschland setzen (Liste ist ohne Anspruch auf Vollständigkeit) Allianz, Autoscout24, Axel Springer, Süddeutsche Zeitung, SAP, Telekom, Telefonica, … und Tausende kleine und mittlere Unternehmen auf Agilität.

Wenn diese Unternehmen Agilität nutzen, dann heißt das noch lange nicht, dass da alles läuft – und schon gar nicht immer bestens. Die Herausforderung bei Agilität ist, dass jedes Unternehmen *seine eigene, seine individuelle* Agilität finden muss. Wir agieren hier im Bereich Komplexität, wir agieren hier mit Systemen – jede Organisation ist ein eigenes System mit seiner eigenen Umwelt. Daher funktionieren auch Kopiervorlagen und Blaupausen nicht …

Und: Entweder Sie sind von Agilität überzeugt – dann machen Sie das! Oder Sie sind nicht überzeugt – dann lassen Sie das! Machen Sie es nicht, *„nur weil die anderen das machen".* Es hat noch nie gut geendet, sich einer Massenbewegung anzuschließen ohne nachzudenken. Entscheiden Sie sich also bewusst dafür oder dagegen und ziehen Sie Ihre Entscheidung dann konsequent durch.

Trotzdem … Sie müssen nicht!

It is not necessary to change.
Survival is not mandatory.

– W. Edwards Deming

Sie haben jetzt von den Vorteilen von Agilität gelesen und sind davon überzeugt. Und ehrlich gesagt: Sie haben zu Agilität keine Alternative. *Change – or die.*

Und: Sie sind nicht gezwungen, sich anzupassen – Überleben ist nicht Pflicht …

Agil ist nicht immer richtig und notwendig!

Es soll an dieser Stelle nochmals betont werden: *Agil ist nicht für alles und jeden!* Agil ist nur dann effektiv und effizient, wenn Sie einen VUKA[5]-Kontext bzw. einen komplexen Kontext vor sich haben.

In einfachen und komplizierten Kontexten (s. Cynefin-Modell im „Exkurs: Komplexität" in Abschnitt I.1.1), wenn also alle Anforderungen vor der Umsetzung bekannt sind und daher ein Plan gemacht und dann 1:1 umgesetzt werden kann, dann ist ein agiles Vorgehen nicht notwendig – ja sogar Verschwendung!

In chaotischen Kontexten ist Agilität sinnlos.

Unbestritten wird agiles Vorgehen in immer mehr Bereichen notwendig, da wir es heute mit einer allgemein gestiegenen Komplexität in der Umwelt von Unternehmen und in den Technologien und Produkten zu tun haben. Überprüfen Sie daher immer, ob Sie agil vorgehen, weil Sie es brauchen, oder weil es gerade Mode ist …!

Also: Wenn Sie mit Ihrem Unternehmen weder im Komplexen unterwegs sind noch (kreative) Kopfarbeit verrichten, dann legen Sie das Buch jetzt weg und freuen Sie sich, *„auf einer glücklichen Insel im Strom der Globalisierung gelandet zu sein".*

Literatur

Coh10: Cohn, Mike: Agile Softwareentwicklung – Mit Scrum zum Erfolg!, Addison-Wesley, München, 2010

Ric08: Rico, David F.; Sayani, Hasan H.; Sone, Saya: The Business Value of Agile Software Methods – Maximizing the ROI with Just-in-Time Processes and Documentation, Ross Publishing, 2008

Sut14: Sutherland, Jeff: Scrum: The Art of Doing Twice the Work in Half the Time", Random House Business, London, 2014

Sut15: „Die Scrum-Revolution: Management mit der bahnbrechenden Methode der erfolgreichsten Unternehmen", Campus Verlag, Frankfurt am Main, 2015

Ver15: VersionOne: 9th Annual State of Agile Development Survey 2014, VersionOne, 2015, online verfügbar: http://info.versionone.com/state-of-agile-report-thank-you.html

Ver16: VersionOne: 10th Annual State of Agile Development Survey 2015, VersionOne, 2016, online verfügbar: http://info.versionone.com/state-of-agile-report-thank-you.html

WikiPP: *Paretoprinzip* bei Wikipedia: https://de.wikipedia.org/wiki/Paretoprinzip

---

[5] VUKA beschreibt eine Welt, die durch Volatilität, Unsicherheit, Komplexität und Ambiguität/Ambivalenz gekennzeichnet Welt ist. Ausführlicher dazu in Teil I insbesondere Kapitel 1.

Teil I
Rahmenbedingung VUKA-Welt

In diesem Teil des Buches geht es um die Einordnung von Agilität in den zeitlich-historischen Kontext. Dazu wird zunächst in Kapitel 1 *„Willkommen in der VUKA-Welt!"* das Konzept „VUKA-Welt" erläutert und anschließend in Kapitel 2 *„Was bisher geschah"* die bisherige zeitliche Entwicklung von Arbeitstätigkeiten in der Menschheitsgeschichte dargestellt.

Unternehmen sind heute einer Vielzahl an Herausforderungen ausgesetzt. Die Situation für Unternehmen lässt sich zusammenfassen als Trilemma zwischen:

- Komplexität
  - durch Marktveränderung
  - durch technische Entwicklung
  - durch Vernetzung von Technik und Gesellschaft und den Folgen daraus
- Mitarbeitern
  - gestiegener Ausbildungsstand
  - höhere Ansprüche an die Arbeitstätigkeit
  - Suche nach Sinn und gesellschaftlicher Verantwortung
- Methodenversagen
  - im Management
  - in der Motivation
  - in der Zusammenarbeit
  - bei Arbeitsorganisation und -koordination
  - in der Art und Weise, Veränderungen herbeizuführen

Abbildung 1 zeigt das Trilemma aus Komplexität, Mitarbeitern und Methodenversagen.

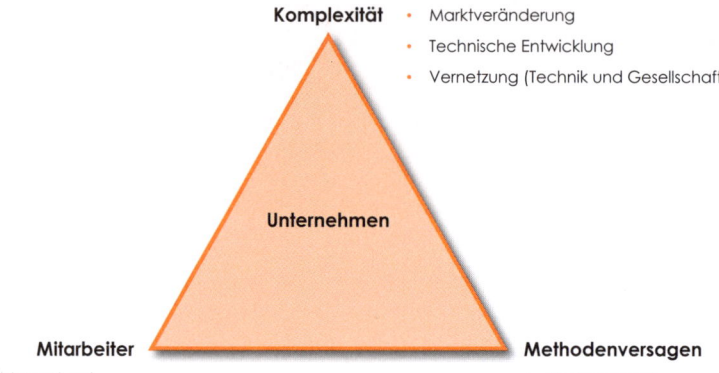

Abbildung 1: Das Trilemma aus Komplexität, Mitarbeitern und Methodenversagen

So komplex und vielschichtig dieses Problem sich darstellt, so einfach ist die Lösung: *der Komplexität adäquat begegnen*. Dies gelingt durch Selbstorganisation der Mitarbeiter, welche die von ihnen benötigten Methoden selbst entwickeln. Unternehmensleitungen und Führungskräfte müssen sich davon verabschieden, dass sie bzw. ihre Unternehmen etwas koordinieren können, das nicht zu koordinieren ist. Dieses Trilemma ist komplex! Damit ist es nicht deterministisch beschreibbar und damit nicht deterministisch lösbar: Es gibt keine analytische Problembeschreibung, für die eine Lösung geplant und dann umgesetzt werden kann. Die Lösung muss individuell, Schritt für Schritt, jeden Tag neu gefunden werden. Durch die, die das Wissen vor Ort haben. Das bedeutet Agilität.

Kapitel 1
Willkommen in der VUKA-Welt!

Die größte Gefahr in Zeiten des Umbruchs ist nicht der Umbruch
selbst – es ist das Handeln mit der Logik von gestern.

– Peter Drucker

Kapitelübersicht

Kernaussagen des Kapitels

- Die Handlungsstrategie muss zum Kontext passen – Handeln mit einer unpassenden Strategie vergrößert die Probleme. Daher müssen die Kontexte *einfach*, *kompliziert*, *komplex* und *chaotisch* klar unterschieden werden.
- Im komplexen Kontext kann nur durch Experimente vorgegangen werden. Dabei ist auf entstehende Muster zu achten.
- Ein System, das ein anderes zu beeinflussen versucht, muss eine Komplexität auf mindestens dem gleichen Niveau wie das zu beeinflussende System aufweisen *(Gesetz von Ashby)*.
- Agilität bedeutet, schnell zu lernen, flexibel zu sein und sich schnell anzupassen, um eine höhere Komplexität zu erreichen als die zu lösende Aufgabe. Damit ist Agilität die Umsetzung des Gesetzes von Ashby.

1.1 Die VUKA-Welt

Wer [den Möglichkeitssinn] besitzt, sagt beispielsweise nicht:
Hier ist dies oder das geschehen, wird geschehen, muß geschehen;
sondern er erfindet: Hier könnte, sollte oder müßte geschehen;
und wenn man ihm von irgend etwas erklärt,
daß es so sei, wie es sei, dann denkt er:
Nun, es könnte wahrscheinlich auch ganz anders sein.
So ließe sich der Möglichkeitssinn geradezu als Fähigkeit definieren,
alles, was ebensogut sein könnte, zu denken und das, was ist, nicht
wichtiger zu nehmen, als das, was nicht ist.

– Robert Musil in: *Der Mann ohne Eigenschaften* [Mus13]

Nie lagen Erfolg und Scheitern so eng beieinander wie heute: Technisch anspruchs-vollere Produkte unterliegen immer kürzeren Lebenszyklen bei gestiegenen Ent-wicklungskosten, oft hängt das Überleben eines Unternehmens von einem einzelnen Produkt ab. Ein Fehler in der Software eines Produktes kann das gesamte Unter-nehmen ruinieren. Dazu kommen sich immer schneller ändernde Kundenanforde-rungen und Wettbewerbsverhältnisse … Dies führt unternehmensintern zu immer schnelleren Änderungen der strategischen Ziele, was Manager und Mitarbeiter immer stärker verunsichert. In vielen Bereichen ist eine langfristige strategische Planung nicht mehr möglich … Die Signale sind alles andere als eindeutig und lassen jede Deutung zu. Verunsicherte Mitarbeiter fordern Klarheit, Sicherheit und Orientierung von ihren Managern – dabei wünschen diese sich selber Gleiches. Um zu zeigen, dass sie *„Herr im Hause sind und die Lage im Griff haben"*, führen sie Maßnahmen durch, deren Wirkung nicht wie erwartet ausfällt und die das Ganze noch verschlimmern … Willkommen in der VUKA-Welt!

VUKA (englisch VUCA) beschreibt eine Welt, die durch

- **V**olatilität (englisch: **v**olatility),
- **U**nsicherheit (englisch: **u**ncertainity),
- **K**omplexität (englisch: **c**omplexity) und
- **A**mbiguität/Ambivalenz (englisch **A**mbiguity),

gekennzeichnet ist. In dieser Welt gibt es keine festen Regeln, keine Gewissheiten und klar zu erkennende Zusammenhänge mehr: Alles ist möglich – sogar dessen Gegenteil. Und gleich darauf schon wieder etwas ganz anderes!

Nach dem Ende des Kalten Krieges entwickelten Mitte der 1990er-Jahre Militärex-perten am *War College* der US-Armee in Carlisle (Pennsylvania) dieses Konzept. Es sollte helfen, in einer Welt nach dem Fall des eisernen Vorhangs, nach dem Ende der Trennung in Ost und West, in Gut und Böse, nach dem Ende klarer Verhältnisse zurechtzukommen. In dieser Welt war der zukünftige Gegner nicht mehr so einfach auszumachen wie früher.

In dieser VUKA-Welt müssen wir uns – als Individuen und Organisationen – zu-rechtfinden. In dieser Welt müssen wir unser Überleben organisieren. Wie kann das aussehen?

Im Folgenden wird auf die einzelnen Komponenten der VUKA-Welt eingegangen und anschließend die sich daraus ergebende Überlebensstrategie aufgezeigt.

Auf eine Komponente wird ausführlicher eingegangen: Komplexität. In der Praxis zeigt sich immer wieder, dass Komplexität nicht erkannt oder missverstanden wird. Dadurch scheitert dann das Agieren in diesem Kontext – weil falsche Strategien wie Best Practices oder Projektmanagement eingesetzt werden. Komplexität ist im Zusammenhang mit Agilität ein zentrales Thema und Klarheit hierin absolut notwendig.

Was bedeutet Volatilität und wie wirkt sie sich aus?

Volatilität bezeichnet das Ausmaß von Schwankungen innerhalb einer kurzen Zeit-spanne, z.B. von Preisen, Kursen, Zinssätzen oder ganzer Märkte [Dud16a, WiktV]. Volatilität kennzeichnet damit Zustände, die instabil, unberechenbar und daher nicht vorhersehbar/vorhersagbar sind – keiner weiß, wann sich der Wert/Zustand in welche Richtung bewegen wird und welche Ereignisse kommen werden.

Volatilität führt zu einer Unvohersagbarkeit der Welt. Früher gab es langsame Änderungen, diese konnten beobachtet und analysiert werden. Darauf aufbauend konnte man dann vorausschauend reagieren. Dies ist heute nicht mehr möglich: *Überall ist jederzeit mit allem zu rechnen.* Damit ist es unmöglich, für jede der unzähligen Veränderungsmöglichkeiten – schon gar nicht vorausschauend – einen Reaktionsplan zu entwickeln. Auf Volatilität kann einzig schnell und flexibel reagiert werden.

Was ist Unsicherheit und wie wirkt sie sich aus?

> *I am still confused. But on a higher level.*
>
> – Enrico Fermi, ital. Physiker

Unsicherheit bezeichnet einen Zustand mangelnder Kenntnis, der Ungewissheit, der Unklarheit [WiktU], einen Zustand, der mit einem unbekanntem Risiko behaftet ist. Wir haben immer weniger Sicherheit darüber, was als Nächstes passiert. Bekanntes, bisherige Paradigmen gelten nicht mehr und es ist unklar, was nun gilt. Vorhersagen und Prognosen sind immer öfter unzuverlässig. Verschiedenes ist möglich – diese Möglichkeiten und ihre Auswirkungen können durchaus bekannt sein, unbekannt ist, welches Ereignis mit welcher Wahrscheinlichkeit eintritt. Daher können wir keine optimale oder beste Handlungsweise angeben.

Unsicherheit ist etwas anderes als Ungewissheit (Ambiguität): In der Unsicherheit sind kausale Ursache-Wirkungs-Beziehungen bekannt, allerdings nicht deren Eintrittswahrscheinlichkeiten, während in Ungewissheit (s. Abschnitt *Ambiguität*) die Ursache-Wirkungs-Beziehungen nicht hinreichend bekannt sind, da es sich um neue Phänomene handelt [Lem15].

Unsicherheit kann bewirken, dass Menschen keine Entscheidung treffen bzw. notwendige Entscheidungen nicht treffen oder Entscheidungen immer wieder verändern und an die neuen Gegebenheiten anpassen.

Unsicherheit ist Voraussetzung für Kreativität, Achtsamkeit und den verantwortungsvollen Umgang mit Risiko. Sie hilft, die richtigen Fragen zu stellen.

Sicherheit und Erfolg machen uns blind, sie lassen uns unbekannte Risiken eingehen und machen uns sogar dumm [Sch15].

Um in Unsicherheit voranzukommen und schnell zu reagieren, kann nur in kleinen aufeinander aufbauenden Schritten vorangegangen werden. Nach jedem Schritt wird dann überprüft, ob sich die Vorannahmen geändert haben, ob die Grundlagen der Entscheidung, in diese Richtung zu gehen, noch zutreffen. Entsprechend dem Ergebnis dieser Überprüfung wird der eingeschlagene Weg fortgesetzt oder korrigiert, ggf. wird eine komplett neue Richtung eingeschlagen.

Was ist Komplexität und wie wirkt sie sich aus?

> *Wenn die Anzahl der Faktoren, die einen phänomenologischen Komplex beeinflussen, zu groß wird, hilft uns die wissenschaftliche Methode meist nicht weiter. Denken wir nur an das Wetter, wo die Vorhersage für einige Tage fast unmöglich ist.*
>
> – Albert Einstein

Ein Schlagwort der heutigen Zeit ist *Komplexität*. Allgemein wird behauptet: *„Wir leben in Zeiten hoher Komplexität!"* (S. dazu Ausführungen in Kapitel 1.2.)

Und was ist „Komplexität"? Wann ist etwas *komplex* und wann nicht? Und was genau ist der Unterschied zwischen *kompliziert* und *komplex*?

Exkurs: Komplexität

Komplexität ist der Bereich der Kreativität.

– Seán D. Middleton, Künstler

Für Komplexität gibt es sehr unterschiedliche Definitionen, je nach Themengebiet (Technik, Sozialwissenschaften) und zu setzendem Schwerpunkt. Die sich mit Komplexität befassende System- und Komplexitätstheorie ist weniger eine in sich geschlossene Theorie als eine interdisziplinäre Sprache, ein Set von gemeinsamen Auffassungen. Zudem widerspräche es dem Grundgedanken der Komplexitätstheorie, endgültige und allgemein gültige Antworten und Lösungsrezepte zu bieten [Hie15].

Als *komplex* – wörtlich „verflochten, verwoben", von lateinisch *complecti* „umschlingen, umfassen, zusammenfassen" – wird etwas bezeichnet, das [Dud16c, WiktK2]

- vielschichtig, verflochten, zusammenhängend, umfassend und nicht auflösbar erscheint,
- viele verschiedene Dinge umfasst,
- aus (vielen) verschiedenen Dingen zusammengesetzt ist, die ineinandergreifen und nicht allein für sich auftreten,
- dessen Strukturen und Abhängigkeiten nicht sofort eindeutig erkennbar sind, etwas, das sehr umfassend ist.

Ein System besteht aus mehreren zusammenhängenden Elementen, die so zusammenwirken, dass sie von außen als eine Einheit gesehen werden können.

Komplexität bezeichnet das Verhalten eines Systems oder Modells, dessen (viele) Komponenten auf verschiedenste Weise miteinander interagieren können, dabei nur lokalen Regeln folgen und denen Instruktionen höherer Ebenen unbekannt sind. Komplexe Systeme verwehren sich damit Vereinfachungen und bleiben vielschichtig. [WikiK].

Komplexität bezeichnet damit „die Vielschichtigkeit; das Ineinander vieler Merkmale, die Verflochtenheit" [Dud16b, WiktK1].

Beispiele für komplexe Sachverhalte sind Gesellschaften, Organisationen (Unternehmen, Projekte, Teams, Familien), große technische Anlagen und Software sowie Systeme aus diesen (z.B. Fußballspiele, hierbei sowohl das Spiel auf dem Spielfeld als auch die „Begleiterscheinungen" durch „Fans").

Ein Spezialfall komplexer Systeme – und wichtig in Bezug auf komplexe Systeme mit Menschen – sind *komplexe adaptive Systeme*. Diese sind zusätzlich *adaptiv*, d.h., sie zeigen ein besonderes Anpassungsvermögen an ihre Umwelt und können (aus Erfahrungen) lernen.

Wie wirkt sich Komplexität aus?

Das Verhalten von komplexen Systemen – insbesondere von komplexen adaptiven Systemen – ist nur schwer voraussagbar, weil Komplexität erst durch das Zusammenwirken verschiedener Komponenten entsteht und dieses Zusammenwirken und das gegenseitige/wechselseitige Beeinflussen der Komponenten von außen nur schwer erkennbar/analysierbar sind. Wer kann schon voraussagen, wie sich das nächste Familienfest gestaltet, wie die Ergebnisse der Fußballspiele des nächsten Bundesliga-Spieltages aussehen, welches das nächste große gesellschaftliche Thema sein wird etc.

Komplexität drückt sich somit in einer „Unberechenbarkeit" von Systemen aus.

Wie kann auf Komplexität angemessen reagiert werden?

Wenn etwas *komplex* ist, können *die inneren Zusammenhänge nicht durch Analyse erkannt werden*. Denn zur Analyse der inneren Zusammenhänge muss man das System in seine Einzelteile zerlegen und sich die Beziehungen zwischen ihnen anschauen. Durch das Zerlegen geht jedoch gerade der Teil der Eigenschaften verloren, der durch die Vernetzung und das Zusammenwirken über verschiedene Stufen/Ebenen entsteht. Komplexe Zusammenhänge/Sachverhalte/Systeme entziehen sich daher einer Analyse.

Mit komplexen Zusammenhängen/Sachverhalten/Systemen muss deshalb anders umgegangen werden: *Sie können nur durch Experimente getestet werden*. Das Verhalten kann nur durch Experimente herausgefunden werden. Dazu wird ein Stimulus an das komplexe System gegeben und dessen Verhalten beobachtet. Über verschiedene Stimuli kann herausgefunden werden, wodurch das komplexe System angeregt wird, sich in die gewünschte Richtung zu bewegen/entwickeln. Und Ziel muss es dann sein, mehr von den Anregungen zu geben, bei denen das System das gewünschte Verhalten/die gewünschte Entwicklung zeigt.

Ein Modell

Nehmen wir ein Band, bei dem das linke Ende für *maximale Ordnung* und das rechte Ende für *maximale Unordnung* (Chaos) stehen (Abbildung 2). Dann haben wir im Bereich der (maximalen) Ordnung *einfache* Verhältnisse und im Bereich (maximaler) Unordnung *chaotische* Verhältnisse.

Maximal
geordnet

Maximal
ungeordnet

einfach   chaotisch

Abbildung 2: Band von Ordnung bis Unordnung (Darstellungsidee von Brian Donaldson und Shankar Sankaran in [Wil])

Wenn wir uns auf diesem Band vom linken Ende (Ordnung) in Richtung Unordnung (rechtes Ende) bewegen, wird die Ordnung langsam nachlassen bzw. die Unordnung langsam zunehmen. Ab einem Punkt hat die Relation Ordnung/Unordnung ein Maß erreicht, bei dem man nicht mehr von *einfach* sprechen kann – bis hierhin geht der Bereich der *Einfachheit* (Abbildung 3).

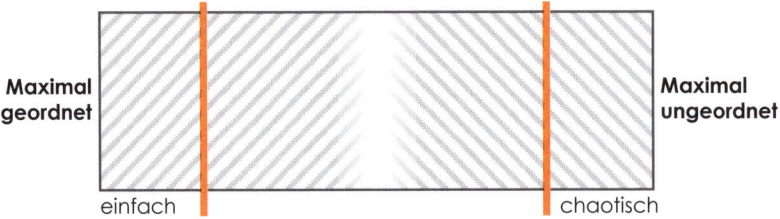

Abbildung 3: Band von Ordnung bis Unordnung: Die Bereiche einfach *und* chaotisch

Gleiches gilt von der anderen (rechten) Seite: Wenn wir uns auf diesem Band vom rechten Ende (Unordnung) in Richtung Ordnung (linkes Ende) bewegen, wird die Unordnung langsam nachlassen bzw. Ordnung langsam zunehmen. Ab einem Punkt hat die Relation Unordnung/Ordnung ein Maß erreicht, bei dem man nicht mehr von *chaotisch* sprechen kann – bis hierhin geht der Bereich des *Chaos* (Abbildung 3).

Bleibt nun der Bereich zwischen der Grenze *einfach/nicht mehr einfach* bis zu *nicht mehr chaotisch/chaotisch*. In diesem Bereich ist das linke Ende gerade *nicht mehr einfach* und das rechte *noch nicht chaotisch*. In diesem Bereich verläuft irgendwo die Grenze zwischen *geordnet* und *ungeordnet* (Abbildung 4).

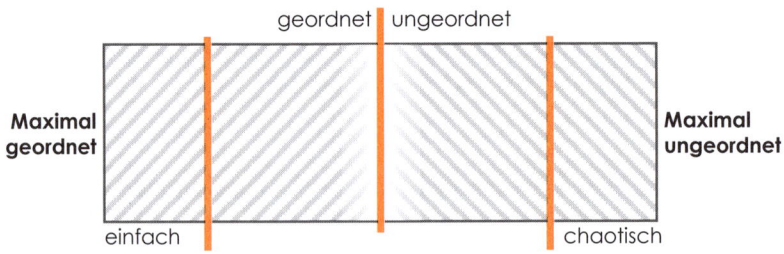

Abbildung 4: Band von Ordnung bis Unordnung: Grenze zwischen geordnet *und* ungeordnet

Mit dieser Grenze zwischen *geordnet* und *ungeordnet* erhalten wir nun zwei neue Bereiche: *Nicht mehr einfach und noch geordnet* und *nicht mehr chaotisch und noch ungeordnet* (Abbildung 5).

Den Bereich *nicht mehr einfach und noch geordnet* nennen wir *kompliziert* und den Bereich *nicht mehr chaotisch und noch ungeordnet* nennen wir *komplex* (Abbildung 6).

Diese Grenzziehungen hängen natürlich vom Beurteiler ab: Ein Professor für Physik wird andere Grenzen ziehen als eine 10-jährige Gymnasiastin. Diese Unschärfe spielt hier allerdings keine Rolle: Die Grenzziehungen und damit die Einteilung der Bereiche sollen „nach allgemeinem Verständnis" gelten, also Bereiche markieren, die für die Mehrheit der Beurteiler (eines Kulturkreises) akzeptabel ist.

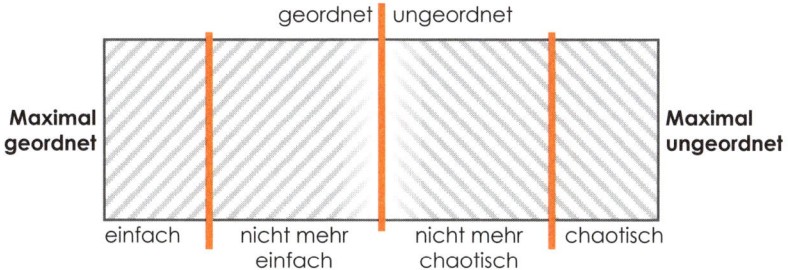

Abbildung 5: *Band von Ordnung bis Unordnung: die beiden Bereiche* nicht mehr einfach und noch geordnet *und* nicht mehr chaotisch und noch ungeordnet

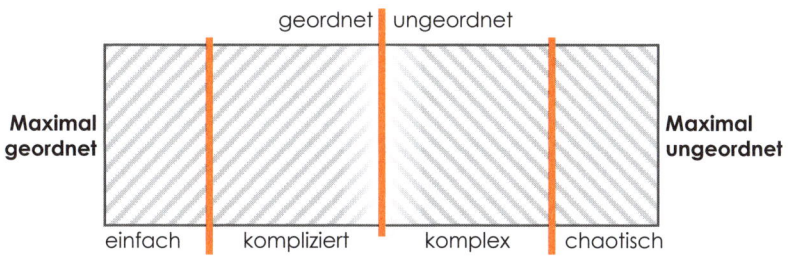

Abbildung 6: *Band von Ordnung bis Unordnung: die vier Bereiche* einfach, kompliziert, komplex *und* chaotisch

Aus unserer Erfahrung wissen wir, dass es zwischen dem Bereich *einfach* und *chaotisch* eine direkte Verbindung geben muss: Jede Struktur kann schnell zerstört werden. So kommt es nach dem Sturz eines Diktators (einfache Verhältnisse) oft zu Chaos, farbig sortierte Murmeln in einer Schachtel werden durch einfaches Schütteln durcheinandergebracht. In unserem Modell brauchen wir daher eine direkte Verbindung von einfach nach chaotisch.

Dazu biegen wir unser Band so, dass das linke Ende (*maximal geordnet*) an das rechte Ende (*maximal ungeordnet*) stößt, und erhalten einen Ring mit der Übergangskante unten (Abbildung 7 und Abbildung 8). Da dieser Übergang von *maximal einfach* nach *maximal chaotisch* oft Züge einer Katastrophe oder eines plötzlichen Kollapses hat, also nicht fließend ist wie die anderen Übergänge, bauen wir hier eine Stufe ein: Der Weg von *einfach* nach *chaotisch* ist möglich („Herunterfallen von der Stufe"), der direkte Rückweg nicht – hier ist nur der lange Weg über *komplex* und *kompliziert* zurück zu *einfach* möglich (Abbildung 8).

Durch das Biegen des Bandes zu einem Ring entsteht in der Mitte des Rings ein „Loch". Dieses stellt einen weiteren Bereich dar, hier kann man (noch) keine Aussagen bzgl. der Zuordnung treffen.

Jedes System – z.B. ein Projekt oder ein Unternehmen – lässt sich mit diesem Band beschreiben: Unter bestimmten Umständen kann es jeden Zustand – einfach, kompliziert, komplex oder chaotisch – annehmen bzw. sich aus einem in einen anderen Zustand entwickeln. Jeder Zustand erfordert eigene Handlungsstrategien (s.u.).

Mit diesem Modell ist das Cynefin-Modell hergeleitet.

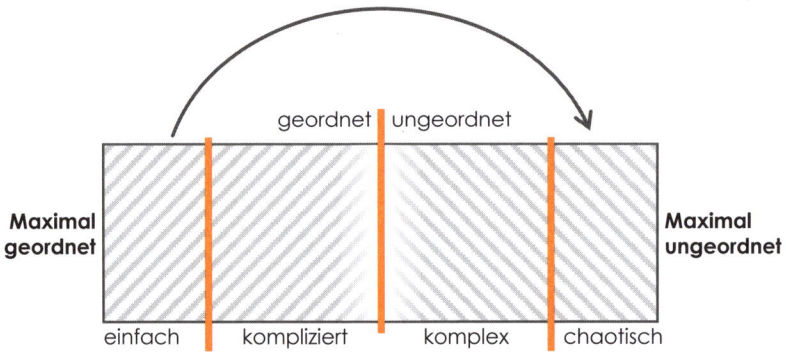

Abbildung 7: Band von Ordnung bis Unordnung: Verbinden der Kanten maximal geordnet *und* maximal ungeordnet

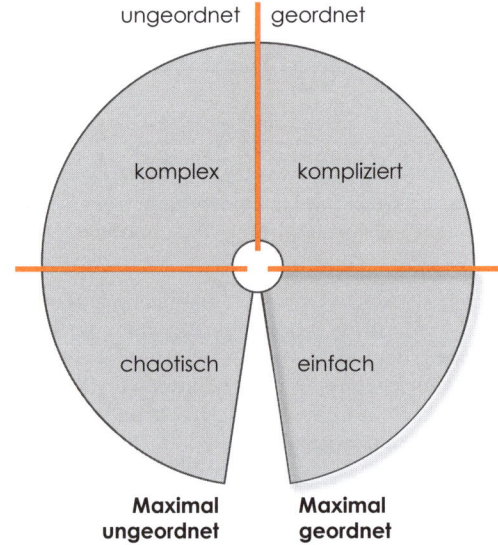

Abbildung 8: Band von Ordnung bis Unordnung: Verbinden der Enden einfach *und* chaotisch *durch Biegen des Bandes zu einem Ring*

Das Cynefin-Modell

In Abbildung 9 ist das Cynefin-Modell [WikiCF, Sno07a, 07b, 12, Bay10] (Cynefin (sprich Künéwin) ist ein altes walisisches Wort für „Lieblingsort, gewöhnlicher Aufenthaltsort, Lebensraum") mit seinen vier Hauptdomänen und einen Zwischenbereich dargestellt:

- **Einfach**: Ein einfacher Kontext ist durch einen *eindeutigen Zusammenhang zwischen Ursache und Wirkung* gekennzeichnet, der für alle Beteiligten klar erkennbar ist. Aus der Vergangenheit kann die Zukunft vollständig vorhergesagt werden. So ist ein Fahrrad in Aufbau, Funktionsweise und Benutzung/Bedienung einfach.

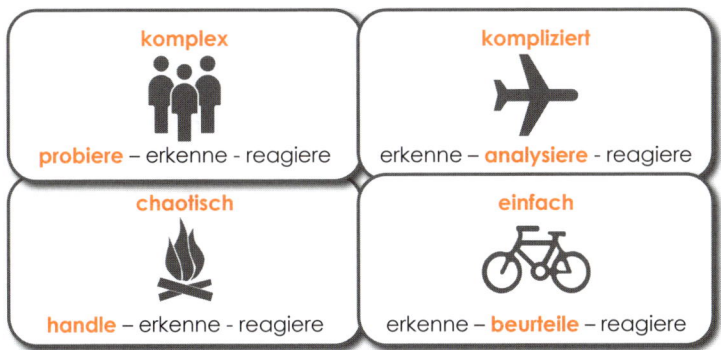

Abbildung 9: Cynefin-Modell (Darstellung nach [Bay10])

- **Kompliziert**: Im komplizierten Kontext kann es mehrere richtige Antworten geben. Der *Zusammenhang zwischen Ursache und Wirkung ist klar und nicht für alle Personen ersichtlich, da oft Fachwissen (Experten) erforderlich* ist. Kompliziert sind beispielsweise viele technische Systeme, da sie viele Elemente und Beziehungen beinhalten, die sich nur Experten erschließen. Diese Systeme (und die Zusammenhänge in ihrem Inneren) sind erkenn- und beschreibbar, ihr Verhalten ist vorhersagbar. Innerhalb eines sinnvollen Rahmens kann für große Zeiträume ihr Verhalten – mindestens von Experten – vorhergesagt werden. Um ein Flugzeug in Aufbau, Funktionsweise und Bedienung vollständig zu verstehen, braucht man das Fachwissen eines Flugzeugingenieurs (Aufbau und Funktionsweise) und eines Piloten (Bedienung).
- **Komplex**: Im komplexen Zusammenhang ist es unmöglich, richtige Antworten zu finden. Durch Experimente entstehen aufschlussreiche Muster. *Ursachen und Wirkungen sind nur teilweise bekannt und unterliegen Zeitverzögerungen, Nichtlinearitäten und Rückkopplungen.* Komplexe Systeme haben eine Geschichte und sind *nicht reversibel.* Man kann sie nicht auseinandernehmen und wieder zusammensetzen. Die *Beziehung zwischen Ursache und Wirkung kann nur im Nachhinein wahrgenommen werden, nicht im Voraus.* Komplex sind beispielsweise lebendige Systeme wie Lebewesen und Organisationen. Diese Systeme (und die Zusammenhänge in ihrem Inneren) sind nicht vollständig erkenn- und beschreibbar, ihr Verhalten ist nicht vorhersagbar. Ein Team in Aufbau, Funktionsweise und Management/Beeinflussung zu verstehen, ist abstrakt nicht möglich, sondern kann allenfalls an einem konkreten Team versucht werden.
- **Chaotisch**: Im chaotischen Kontext lassen sich *Zusammenhänge zwischen Ursache und Wirkung nicht feststellen, weil sie sich beständig ändern und keine überschaubaren Muster existieren* – nur Unruhe, eine hohe Unsicherheit und Turbulenz. Kleinste Wirkungen können große und unvorhersehbare Auswirkungen haben. Beispiele sind Katastrophen und Terroranschläge wie der vom 11.09.2001 oder der exakte Brennverlauf eines Lagerfeuers.
- **Unordnung** (Zwischenbereich in der Mitte der vier Hauptdomänen): man weiß (noch) nicht, welcher der vier Hauptdomänen ein System/Problem/eine Situation zuzuordnen ist.

Handlungsstrategien für die verschiedenen Kontexte

Das Cynefin-Modell erlaubt, verschiedene Typen von Systemen/Problemen/Situationen zu unterscheiden und den passenden Umgang damit zu finden: Jede Domäne erfordert eigene Vorgehensweisen und Strategien [WikiCF, Sno07a, 07b, 12, Bay10]:

- **Einfach**: Für einfache Systeme kann **beurteilt** werden, was zu tun ist. Sie können mit einem Kontrollansatz gesteuert werden. Da es sich um *bekanntes Wissen* handelt, können bewährte Praktiken (*best practice*) angewandt werden. Die Vorgehensweise ist *erkenne – beurteile – reagiere*.
- **Kompliziert**: Komplizierte Systeme müssen **analysiert** werden, um einen geeigneten Ansatz zu finden. Das ist die Domäne der Experten mit entsprechenden Analysetechniken. Es handelt sich um Wissen, das nicht jedem bekannt ist: *unbekanntes Wissen*. Die Vorgehensweise ist *erkenne – analysiere – reagiere*.
- **Komplex**: Komplexe Systeme oder Situationen erfordern ein **experimentelles** Vorgehen, um Einsichten zu gewinnen und praktische Ansätze zu finden. Durch Experimente entstehen aufschlussreiche Muster, aus denen Rückschlüsse für neue Experimente gezogen werden können. Die Vorgehensweise ist *probiere aus – erkenne – reagiere*.
- **Chaotisch**: Chaotische Systeme oder Situationen erfordern sofortiges **Handeln**, um in eine andere Domäne zu kommen. Die Vorgehensweise ist hier *handeln* (um Ordnung wieder herzustellen) – *erkennen* (wo noch Stabilität vorhanden ist) – *reagieren* (wo keine Stabilität vorhanden ist). Allgemein herrscht eine größere Offenheit für Innovationen und innovative Praktiken können entdeckt werden.

Der Nutzen des Cynefin-Modells liegt in der bewussten Auseinandersetzung damit, ob Situation/System/Problem und unsere Handlungsstrategien zusammenpassen. Indem es die Unterscheidung der verschiedenen Domänen explizit macht, hilft es, die geeignete Handlungsstrategie zu wählen.

Nach dem Cynefin-Modell besteht die grundsätzliche Vorgehensweise in einer Situation (/Systemen/Problemen) in folgenden Schritten [Bay10]:

1. Beobachte und erfasse System/Problem/Situation,
2. entscheide über die richtige Vorgehensweise,
3. agiere.

Die Anwendung des Cynefin-Modells führt zu einem domänengerechten Umgang mit Systemen/Problemen/Situationen.

Auf die den jeweiligen Kontexten entsprechenden Handlungsweisen wird im Abschnitt *„Überleben in der VUKA-Welt"* genauer eingegangen.

„There are known knowns … But there are also unknown unknowns"[1]

Dieses Zitat des US-amerikanischen „Philosophen" Donald Rumsfeld [WikiTAKK] ist Ausgangspunkt für ein Modell bezüglich der *Erkennbarkeit von Wissen* und des *Wissens um diese Erkennbarkeit* [vgl. WikiTAKK]:

- *Wissen* unterteilen wir in (Abbildung 10)
  - *erkennbar* – wir *können* dieses Wissen *von der Struktur her prinzipiell erfassen* – auch wenn uns dieses Wissen momentan noch unbekannt ist (*knowns*)
  - *unerkennbar* – wir *können* dieses Wissen *von der Struktur her prinzipiell nicht erfassen*, wir werden dieses nie erkennen können (*unknowns*)

---

[1] *Es gibt bekannte Bekannte … Aber es gibt auch unbekannte Unbekannte"* [WikiTAKK].

Wissen und **das** **Wissen über die** **Erkennbarkeit dieses** **Wissens**	**Wissen**	
	unerkennbar (unknowns)	erkennbar (knowns)
Wissen über die Erkennbarkeit (Metawissen) unbekannt (unknowns)	3	2
bekannt (knowns)	4	1

Abbildung 10: Klassifizierung von Wissen bzgl. dessen Erkennbarkeit *und* des Wissens um diese Erkennbarkeit (Metawissen)

- Das *Wissen um diese Erkennbarkeit* unterteilen wir in
  - *bekannt*: uns ist *bekannt,* dass dieses Wissen *erkennbar bzw. unerkennbar ist* (*known*)
  - *unbekannt*: uns ist *nicht bekannt,* dass dieses Wissen *erkennbar bzw. unerkennbar ist* (*unknown*).

Dies ergibt die vier Quadranten (Abbildung 10):

- *erkennbar* und *bekannt* (Quadrant 1): Dieses Wissen ist von der Struktur her *erkennbar* und *dies ist bekannt,* z.B. zum Allgemeinwissen gehöriges Wissen.
- *erkennbar* und *unbekannt* (Quadrant 2): Dieses Wissen ist von der Struktur her *erkennbar* und *dies ist* – zumindest den meisten (noch) – *unbekannt.* Dies trifft zu auf Wissen von Experten und Themengebiete in der Forschung.
- *unerkennbar* und *unbekannt* (Quadrant 3): Dieses Wissen ist von der Struktur her *unerkennbar* und *dies ist unbekannt. Wir wissen nicht, was wir nicht wissen – und wir können auch nicht erfahren, was wir nicht wissen.* Hier kann kein Beispiel angegeben werden – wir wissen ja nicht, was wir nicht wissen.
- *unerkennbar* und *bekannt* (Quadrant 4): Dieses Wissen ist von der Struktur her *unerkennbar* und *dies ist bekannt.* Wir wissen, dass wir uns dieses Wissen nicht erschließen können. Dies betrifft z.B. chaotische Vorgänge, wo wir wissen, dass wir uns allenfalls mit statistischen Aussagen behelfen können.

Nun legen wir dieses Modell über das *Cynefin-Modell* (Abbildung 11):

- *erkennbar* und *bekannt* – das *bekannte erkennbare Wissen* – der Kontext *einfach*: Hier ist jedem alles klar.
- *erkennbar* und *unbekannt* – das *unbekannte erkennbare Wissen* – der Kontext *kompliziert*: Hier arbeiten Spezialisten und Experten, um dieses Wissen zu erschließen.
- *unerkennbar* und *unbekannt* – das *unbekannte unerkennbare Wissen* – der Kontext *komplex*: Hier ist uns nicht klar, dass wir von der Struktur her nichts wissen können (weitere Ausführungen dazu s.u.).

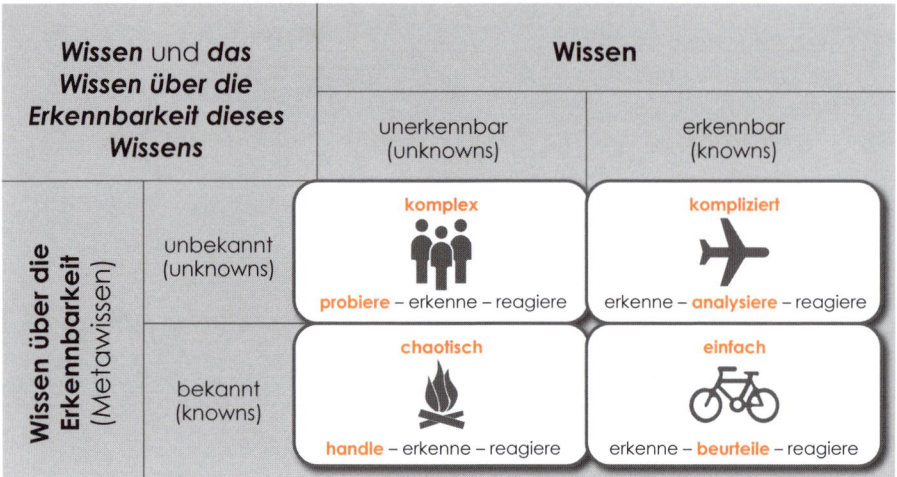

Abbildung 11: Die Klassifizierung von Wissen bzgl. dessen Erkennbarkeit und des Wissens um diese Erkennbarkeit auf das Cynefin-Modell angewandt

- *unerkennbar* und *bekannt* – das *bekannte unerkennbare Wissen* – der Kontext *chaotisch*: Hier wissen wir, dass wir Zusammenhänge, Abhängigkeiten, etc. von der Struktur her prinzipiell nicht erkennen können.

Wichtig zum Kontext *komplex* (Abbildung 11): Hier ist uns nicht klar, dass wir *von der Struktur her nichts wissen können*! Weil dieses Wissen *unerkennbar* ist und uns dieser Umstand auch noch *unbekannt* ist, laufen wir hier Gefahr, uns in unseren Fähigkeiten bzgl. Erkennbarkeit zu überschätzen. Wir haben hier einen doppelten „Blinden Fleck": Und zwar sowohl bezüglich dessen, *was wir strukturell prinzipiell nicht erkennen können* als auch *unser Wissen darüber, dass wir das strukturell prinzipiell nicht erkennen können*. Dies führt zu Fehleinschätzungen und dadurch zu falschen Handlungen! Und genau das ist die Krux am Kontext *komplex*: Hier sind wir dem ausgeliefert, was passiert und wissen um diesen Umstand nicht.

Wir halten die Welt prinzipiell für *erkennbar* und uns nur (noch) *unbekannt* – also *kompliziert*. Daher versuchen wir mit Ansätzen und Methoden aus dem Kontext *kompliziert* „Licht in das Dunkel allem uns Unbekannten" zu bringen.[2] In einer von *Einfachheit* und *Kompliziertheit* geprägten Welt waren wir damit auch sehr erfolgreich – in einer VUKA-Welt müssen wir damit aus *strukturellen Gründen* scheitern! Wir täuschen uns hier in der *Erkennbarkeit* der Welt! Und darüber hinaus bestimmen die Ansätze und Methoden, mit denen wir Erkenntnis erlangen zu versuchen, auch noch, *ob*, *was* und *wie* wir erkennen können!

Der Umstand, dass uns vom Wissen in den drei Kontexten *einfach*, *kompliziert* und *chaotisch* mindestens *eines* bekannt ist – die Erkennbarkeit bzw. das Wissen darüber – täuscht uns im Kontext *komplex*: Dies ist der einzige, in dem uns *beides* unbekannt ist. Und zudem ist uns auch dieses noch unbekannt, mindestens jedoch unklar. Komplexität und unser Wissen darüber sind *strukturell* anders als die anderen Kontexte – und genau dies führt uns in die Irre.

---

[2] Für manchen ist die Welt sogar *einfach* und er handelt dann entsprechend mit Ansätzen und Methoden aus diesem Kontext.

Sortiert man nun die Aussage von US-Verteidigungsminister Rumsfeld in Abbildung 5 ein, dann ist klar, dass seine Aussage Unsinn war: Er meinte eben nicht das *unbekannte und unerkennbare Wissen*, sondern das *unbekannte erkennbare Wissen*, denn das Wissen, was *er* nicht hatte und glaubte, nie bekommen zu können, hatten *andere* – in diesem Fall der Gegner.

So, das war nun der philosophische Höhepunkt des Buches.

Übrigens können Sie das in Abbildung 10 gezeigte Modell auch auf *inhaltliche* Aspekte von Kopfarbeit – diese ist ja *Wissens*arbeit – anwenden: Es gibt einen Bereich des Wissens, der uns unzugänglich ist. Dieses Wissen ist für uns von der Struktur her *unerkennbar* und *dies ist uns unbekannt. Wir wissen nicht, was wir nicht wissen – und wir können auch nicht erfahren, was wir nicht wissen.* Wir können uns daher nur darauf einlassen …

Stacey-Matrix

Ein weiteres Modell, um zwischen *einfach, kompliziert, komplex* und *chaotisch* zu unterscheiden, ist die Stacey-Matrix ([Sta02], Abbildung 12). Diese geht zurück auf ein Modell des Managementprofessors Ralph D. Stacey.

Diese Matrix bezieht sich auf die Klassifizierung von Aufgaben:

- Die horizontale Achse ist die WIE-Achse und bezeichnet die Bekanntheit der Durchführung, um diese Aufgabe zu erledigen. Je bekannter, also sicherer, desto näher am Nullpunkt.
- Die vertikale Achse ist die WAS-Achse und bezeichnet die Klarheit bezüglich der Anforderungen und Ziele. Wie klar sind diese? Je klarer, also stabiler, desto näher zum Nullpunkt.

Damit ergeben sich folgende Bereiche:

- *Einfache Aufgaben* sind in den Anforderungen klar und in der Durchführung bekannt.

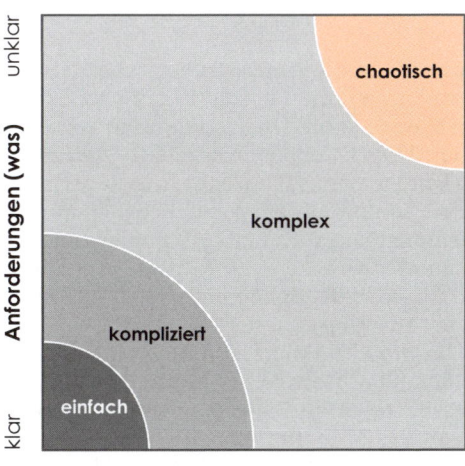

Abbildung 12: Stacey-Matrix

- *Komplizierte Aufgaben* sind in den Anforderungen nicht vollständig klar, dafür ist die Durchführung bekannt **oder** in den Anforderungen bekannt, dafür in der Durchführung unbekannt.
- *Komplexe Aufgaben* sind bei völlig unklaren Anforderungen in der Durchführung wenigstens halbwegs bekannt **oder** bei komplett unbekannter Durchführung sind wenigstens die Anforderungen halbwegs klar.
- Bei *chaotischen Aufgaben* sind die Anforderungen völlig unklar **und** die Durchführung ist vollkommen unbekannt.

Nach dieser Klassifizierung ist z.B. Change Management *komplex*, da die Durchführung eher unbekannt und die Anforderungen eher unklar sind.

Der Vollständigkeit halber sei an dieser Stelle erwähnt, dass sich Professor Stacey von dieser Darstellung mittlerweile distanziert [Sta12]. Seiner Meinung nach suggeriert sie, dass man entscheiden kann, in welcher Situation man sich befindet, und entsprechend dieser Entscheidung das „richtige Tool" wählen kann (Kontingenz-Ansatz). Dem widerspricht er mittlerweile, sein Verständnis bzgl. Organisationen habe sich verändert *„from thinking of organisations as systems to thinking about them as pattern of relationships, both good and bad, between people"*.

Kompliziert vs. komplex

Die größte Verwirrung und Unterscheidungsprobleme gibt es zwischen *kompliziert* und *komplex*, deshalb soll an dieser Stelle darauf eingegangen werden.

Kompliziert

Kompliziert ist etwas dann,

- wenn es *vollständig in Aufbau und Verhalten beschrieben* werden kann, sodass es ein Anderer 1:1 nachbauen kann,
- wenn es *in Einzelteile zerlegt* werden kann, diese *Einzelteile für sich allein funktionieren* und es hinterher *wieder zum Ganzen zusammengesetzt* werden kann,
- wenn es *vereinfacht* werden kann, *ohne dass seine Funktion verloren geht*, und
- in der Regel eine *lineare Abhängigkeit* vom Anfangs-/Ausgangswert (zumindest innerhalb eines gewissen Bereiches) besteht.

Beispiele für *kompliziert*:

- Ein Großraumflugzeug ist für die meisten Menschen (außer Piloten, Luftfahrtingenieuren, Flugzeugbauern und Physikern) ein großes Wunder, insbesondere, dass es überhaupt fliegen kann. Da das Flugzeug komplett mit Bauplänen und Handbüchern beschrieben ist und man es damit 1:1 nachbauen kann, ist es *kompliziert*. Weiterhin kann man das Flugzeuge in Teile zerlegen, die einzeln für sich genommen weiterhin funktionieren. Anschließend kann man das Flugzeug aus ihnen wieder zusammenbauen und es funktioniert wie vorher. Zudem hat das Flugzeug – in bestimmten Grenzen – eine lineare Abhängigkeit zwischen Schub und Geschwindigkeit: Wird der Schub um x% erhöht/verringert, erhöht/verringert sich die Endgeschwindigkeit um y%.
- Der Standard für das Mobilfunknetz ist mittlerweile in 10.000 Ordner beschrieben. Weil man es komplett beschreiben kann, ist es *kompliziert*, auch wenn es ein einzelner Mensch, sogar ein Experte, nicht mehr komplett verstehen kann. Weiterhin kann man das Mobilfunknetz in Teile zerlegen, die einzeln für sich genommen weiterhin funktionieren. Anschließend kann man das Mobilfunknetz

aus ihnen wieder zusammenbauen und es funktioniert wie vorher. Und man kann das Mobilfunknetz 1:1 nachbauen.

Komplex

Komplex ist etwas dann,

- wenn es *nicht möglich ist, dieses vollständig in Aufbau und Verhalten so zu beschreiben,* dass es ein Anderer 1:1 nachbauen kann,
- wenn es *nicht in Einzelteile zerlegt* werden kann, ohne dass die *Einzelteile ihre Funktion verlieren*, und es hinterher *nicht wieder zum Ganzen zusammengesetzt* werden kann, und
- wenn es *nicht vereinfacht* werden kann, *ohne dass seine Funktion verloren geht.*

Beispiele für *komplex*:

- Man kann den Aufbau einer Katze komplett beschreiben, allerdings nicht ihr Verhalten. Man kann eine Katze nicht nachbauen. Und wenn man eine Katze auseinandernimmt, dann ist sie tot. Die Einzelteile verlieren ihre Funktion und man kann die Katze nicht wieder durch Zusammenbauen der Einzelteile zum Leben erwecken.
- Organisationen sind komplexe Systeme. Sie bestehen aus Menschen, deren Verhalten nicht vorhergesagt werden kann, daher kann das Verhalten der Organisation nicht vorhergesagt und vollständig beschrieben werden.
- Ein Team mit 12 Mitgliedern kann im Verhalten nicht beschrieben werden. Es kann nicht vorhergesagt werden, wie das Team sich morgen, nächsten Mittwoch oder am 3. Dienstag im November verhalten wird. Wenn man das Team in seine 12 Einzelteile (= die 12 Mitglieder) zerlegt, dann lebt zwar jedes einzelne weiter, seine Funktionen in der Rolle als Teammitglied verliert es allerdings. Man kann das Team aus den 12 Einzelteilen wieder zusammensetzen, allerdings ist nicht sicher, ob es identisch mit dem Team vorher sein wird.
- Ein Fußballspiel ist ein gutes Beispiel für Komplexität: Die Regeln sind beschrieben und je nach vorhandenem Wissen über Fußball für den einen einfach, für den anderen kompliziert. Was im Spiel selbst passiert, wie das Ergebnis aussieht, ist nicht vorhersagbar! Das Spiel entwickelt sich aus den gegebenen Rahmenbedingungen (Regeln, Wetter, Platzbeschaffenheit, wer als Spieler zum Einsatz kommt etc.) mit einem nicht vorhersagbarem Verlauf.

Das Gesetz von Ashby

William Ross Ashby, ein Pionier in der Kybernetik, formulierte, dass *Komplexität nur mit Komplexität absorbiert werden kann.* Das heißt, um ein komplexes System unter Kontrolle zu bringen, braucht man mindestens so viel Komplexität, wie dieses hat [Mal02]. Ein komplexes System kann nur durch ein anderes komplexes System gesteuert werden, das mindestens den gleichen Grad an Komplexität hat.

Wenn eine Organisation gesteuert oder verändert werden soll, so muss dies – eine Organisation ist ein komplexes System – durch Komplexität auf mindestens gleichem Niveau erfolgen (ausführlicher zum *Gesetz von Ashby* in Kapitel IV.1.1).

Was ist Ambiguität und wie wirkt sie sich aus?

Ambiguität bedeutet Mehr- oder Doppeldeutigkeit eines Gegebenen, eines Sachverhalts, einer Lehre oder sprachlicher Ausdrücke [Dud16d, WiktA, WikiA]. Die dazu entsprechende Eigenschaft ist *ambiguos* oder *ambigue* [Dud16e, f]. Ein Beispiel zeigt Abbildung 13.

Abbildung 13: Ambiguität: Wer begeht hier Straftaten? © EvaK
https://commons.wikimedia.org/wiki/User:EvaK

Etwas kann so sein oder auch sein Gegenteil – oder etwas ganz anderes. Die Eindeutigkeit der Welt ist einer Mehrdeutigkeit gewichen: Zu allem gibt es mindestens zwei mögliche Sichtweisen – und manch Paradoxes kann gar nicht mehr aufgelöst werden.

So müssen wir Anweisungen vom Projektleiter und von unserem Chef unter „einen Hut" bringen, obwohl diese einander widersprechen. Kunden wollen immer sofort höchste Qualität zum geringsten Preis.

Unsicherheit ist etwas anderes als Ungewissheit: In der Unsicherheit (s. Abschnitt *Unsicherheit*) sind kausale Ursache-Wirkungs-Beziehungen bekannt, allerdings nicht die Eintrittswahrscheinlichkeit der Ereignisse, während in Ungewissheit die Ursache-Wirkungs-Beziehungen nicht hinreichend bekannt sind, da es sich um neue Phänomene handelt [Lem15].

Mehr Informationen einzuholen hilft hier nicht, da man nicht sicher sein kann, wie relevant die Informationen im neuen Kontext sind. Hier hilft nur, Neues auszuprobieren, zu experimentieren, wie ein Wissenschaftler zu arbeiten, mittels Experimenten Hypothesen zu testen und zu verfeinern und so die Regeln im neuen Kontext herauszufinden [Lem15].

Aufgaben: VUKA in Ihrem Leben

Das grösste Problem, das ich bei VUCA sehe, ist,
dass wir versucht sind, den Begriff in einem zu nutzen,
statt die Dimensionen individuell anzuwenden.

– Prof. Jim Lemoine [Lem15]

Die folgenden Fragen sollen Ihnen helfen, VUKA in Ihrem Leben zu entdecken:

- Wo erleben Sie Volatilität? Wie erleben Sie Volatilität? Wie reagieren Sie auf Volatilität?
- Wo erleben Sie Unsicherheit? Wie erleben Sie Unsicherheit? Wie reagieren Sie auf Unsicherheit?

- Wo erleben Sie Komplexität? Wie erleben Sie Komplexität? Wie reagieren Sie auf Komplexität? Wo erleben Sie Kompliziertheit? Wie erleben Sie Kompliziertheit? Wie reagieren Sie auf Kompliziertheit? Wie unterscheiden Sie Komplexität und Kompliziertheit?
- Wo erleben Sie Ambiguität/Ambivalenz? Wie erleben Sie Ambiguität/Ambivalenz? Wie reagieren Sie auf Ambiguität/Ambivalenz?

1.2 Überleben in der VUKA-Welt

Der Erfolg ist die Summe aller Irrtümer.

– Thomas Alva Edison

Handlungsweisen in den verschiedenen Kontexten

Die folgende Darstellung zu den Handlungsweisen in den Kontexten *Einfachheit, Kompliziertheit, Komplexität* und *Chaos* entspricht

- zum einen der geschichtlichen Entwicklung: Management musste sich – seit seiner Institutionalisierung durch Taylor u.a. – an die Veränderung der Beschaffenheit der Arbeit anpassen (s. Kapitel I.2.2) und
- zum anderen den Erkenntnissen aus dem Cynefin-Modell (Abbildung 14).

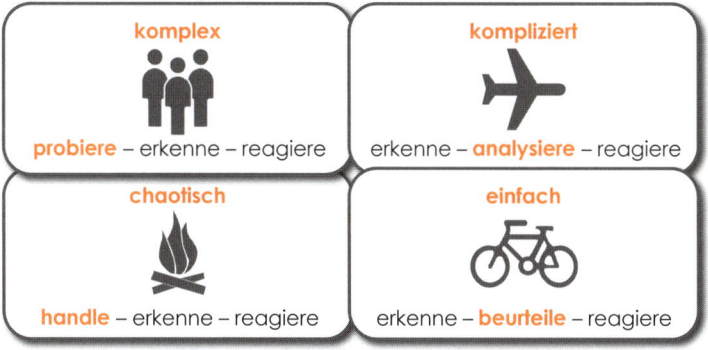

Abbildung 14: Cynefin-Modell (Darstellung nach [Bay10], Herleitung s. Exkurs: Komplexität)

Handlungsweisen im Kontext *Einfachheit*

Im klassischen Management fallen *Entscheidung* und *Ausführung der Entscheidung* auseinander: Der Manager entscheidet und die Mitarbeiter führen aus. Im Kontext von *Einfachheit* war dies sinnvoll, berechtigt – und auch *möglich*. Die Ausführenden waren in der Regel schlecht ausgebildet, eine Problemlösung oder Entscheidung konnte von ihnen nicht erwartet werden. Eine einzelne entsprechend qualifizierte Person konnte die zu lösenden Probleme und zu treffenden Entscheidungen komplett und vollständig durchdringen, zumal es bekanntes Wissen durch wiederkehrende

Muster und Ereignisse gab. Die Trennung von *Entscheidung* und *Ausführung der Entscheidung* war richtig und funktionierte erfolgreich.

Tabelle 1 zeigt die erforderlichen Handlungsweisen im Kontext *Einfachheit*.

Kennzeichnende Elemente für den Kontext *Einfachheit*	• Wiederkehrende Muster und Ereignisse • Es gibt klare Zusammenhänge zwischen Ursache und Wirkung und diese sind für alle Personen offensichtlich. Es existiert eine richtige Antwort. • Bekanntes Wissen: *„Wir wissen alles"* • (Führungs)Entscheidungen basieren auf Fakten.
Handlungsweisen	• Problem erkennen → Problem einstufen → auf das Problem reagieren • Vorhandensein angemessener Abläufe sicherstellen • Delegieren • Best Practice einsetzen • Informationen auf klare, direkte Weise vermitteln. Eine umfassende, interaktive Kommunikation ist unter Umständen nicht erforderlich.

Tabelle 1: Handlungsweisen im Kontext Einfachheit [Sno07a, b]

Im Kontext von *Einfachheit* kann auch heute noch mit klassischem Management reagiert werden. Allerdings sind einfache Kontexte heute sehr viel seltener als zu Taylors Zeiten.

Im Kontext *Einfachheit* gibt es folgende Gefahren [Sno07a, b]:

- *Sich in Sicherheit wiegen*: Selbstgefälligkeit und Bequemlichkeit (aufgrund früherer Erfolge), festgefahrene Denkweisen und zu starkes Vertrauen in Best Practices führen direkt ins Scheitern.
- *Ein veränderter Kontext wird nicht wahrgenommen*: Bisherige Lösungen scheitern, weil der Kontext sich verändert hat und sie daher nicht mehr passen.
- *Bisher erfolgreichen Vorgehensweisen* („Best Practices") wird zu stark vertraut.
- *Probleme werden falsch klassifiziert*: Komplexe Probleme werden als *einfache* Probleme behandelt. Das Lösen komplexer Probleme mit dem Lösungsvorgehen einfacher Probleme muss scheitern.

Handlungsweisen im Kontext *Kompliziertheit*

Im Kontext von *Kompliziertheit* wird es schwer(er), sachgerechte Entscheidungen zu treffen – dies ist die Domäne der Experten. Oft müssen mehrere hervorragende Optionen geprüft werden. Ein einzelner Manager kann nicht mehr das Problem und alle Entscheidungsmöglichkeiten in voller Tiefe mit allen Auswirkungen verstehen. Oft braucht es sogar Teams, um Entscheidungsmöglichkeiten zu entwerfen und vollständig zu verstehen.

Ein Ausweg ist eine stärkere Einbeziehung der Mitarbeiter in Entscheidungen. Leider verhindert dies oft das Selbstbild des Managers als „einzelkämpfender Held", der von „inkompetenten, faulen und überforderten" Mitarbeitern umgeben ist.

Tabelle 2 zeigt die erforderlichen Handlungsweisen im Kontext *Kompliziertheit*.

Kennzeichnende Elemente für den Kontext *Kompliziertheit*	• Diagnose durch Experten • Zusammenhänge zwischen Ursache und Wirkung sind erkennbar, jedoch nicht für alle Personen unmittelbar ersichtlich. • Mehrere richtige Antworten sind möglich. • Bekannte Wissenslücken: *„Wir wissen, was wir nicht wissen"* • Management basiert auf Fakten.
Handlungsweisen	• Problem erkennen → Problem analysieren (mithilfe von Experten) → auf das Problem reagieren • Expertengremien einsetzen • Widersprüchliche Ratschläge anhören

Tabelle 2: Handlungsweisen im Kontext Kompliziertheit [Sno07a, b]

Im Kontext *Kompliziertheit* gibt es folgende Gefahren [Sno07a, b]:

- Statt das Komplizierte direkt zu lösen, wird es in mehrere einfache Teile zerlegt und diese dann jeweils einzeln und getrennt gelöst. Dadurch entstehen oft perfekte Einzelteile oder Teilsysteme – die sich dann nicht zu einem Gesamtsystem zusammensetzen lassen. Vielfältige Beispiele vom Automobilbau bis zur Raumfahrtechnik lassen sich hier anführen.
- Experten können Probleme bekommen, wenn sie:
  - zu stark auf ihre eigenen Lösungen vertrauen oder an die Wirksamkeit früherer Lösungen glauben;
  - in *„Paralyse durch Analyse"* stecken bleiben: Eine Gruppe von Experten trifft keine Entscheidung, da sie sich – aufgrund festgefahrenen Denkens oder Eitelkeit – nicht auf eine gemeinsame Antwort einigen können.
  - Sichtweisen von Nichtfachleuten ignorieren

Handlungsweisen im Kontext *Komplexität*

Im Kontext *Komplexität* versagen die in *Einfachheit* und *Kompliziertheit* erprobten Methoden und Vorgehensweisen: *Komplexität lässt sich nicht zerlegen oder vereinfachen. Sie lässt sich auch nicht durch Analyse durchschauen.*

Die Ursache von Ereignissen kann allenfalls in der Rückschau verstanden werden. Daher gibt es keine richtigen – und schon gar nicht vorgefertigte, erprobte – Lösungen für Probleme. Im Kontext *Komplexität* geht es um Experimente: Ausgehend von einer Hypothese wird etwas ausprobiert, in der Reaktion werden Muster erkannt und auf erwünschte Muster wird reagiert (s. Lean Startup in Abschnitt III.4.2 und Lean Change Management in Abschnitt III.4.3). Führungskräfte müssen die Entstehung von Mustern fördern, indem sie durch Sicherheit und Vertrauen einen Rahmen geben, in dem Experimente – und das dazugehörige Scheitern – möglich sind.

Tabelle 3 zeigt die erforderlichen Handlungsweisen im Kontext *Komplexität*.

Kennzeichnende Elemente für den Kontext *Komplexität*	• Wandel und Unberechenbarkeit • Es gibt keine richtigen Antworten, allerdings entstehen aufschlussreiche Muster. • Unbekannte Wissenslücken: *„Wir wissen nicht, was wir nicht wissen."* • Antworten liegen nicht unmittelbar auf der Hand, der einzuschlagende Weg erschließt sich von selbst. • Zahlreiche Ideen müssen beachtet werden. • Lösungskonzepte müssen kreativ und innovativ sein. • Führungsentscheidungen basieren auf Mustern.
Handlungsweisen	• Etwas ausprobieren → in der Reaktion Muster erkennen → auf die Muster reagieren • Umgebungen schaffen und Experimente verwenden, die das Entstehen von Mustern zulassen • Interaktion und Kommunikation verstärken • Methoden einsetzen, die die Entwicklung von Ideen fördern: Diskussionen eröffnen (etwa durch Großgruppenmethoden), Grenzen festlegen, Attraktoren (Anziehungspunkte) schaffen, Dissens und Vielfalt fördern sowie Ausgangsbedingungen schaffen und auf entstehende Muster achten

Tabelle 3: Handlungsweisen im Kontext Komplexität [Sno07a, b]

Im Kontext *Komplexität* gibt es folgende Gefahren [Sno07a, b]:

• Der Wunsch, schnell Probleme zu lösen oder Chancen zu ergreifen, kann zu vorschnellen Lösungen führen, die sich als nicht tragfähig erweisen.
• Die Unsicherheit durch das Fehlen erprobter Lösungen muss von den Führungskräften ausgehalten werden, andernfalls können sie der Versuchung erliegen,
  – Ordnung zwangsweise wiederherzustellen,
  – zu stark zu kontrollieren und so das Entstehen von Mustern verhindern,
  – in den gewohnten Führungsstil (Befehl und Kontrolle) zurückzufallen oder
  – nach Fakten zu suchen, anstatt das Entstehen von Mustern zuzulassen.

Die Trennung zwischen *Entscheidung* und *Ausführung der Entscheidung* funktioniert im Kontext *Komplexität* nicht mehr: Statt einzelner Entscheidungen gibt es eine Folge von kleinen schnellen Entscheidungen im Ablauf des Experiments, die nur aufgrund der gesammelten Erfahrungen im Experiment kompetent getroffen werden können – von den am Experiment Beteiligten. Ohne Lernen im Experiment ist ein Entscheiden nicht sinnvoll möglich. Management muss daher aus dem Geschehen heraus erfolgen.

Handlungsweisen im Kontext *Chaos*

In Einzelfällen – z.B. in Krisen oder Notfällen – können Unternehmen mit Chaos in und um sich herum konfrontiert sein. Ein Steuern ist nicht möglich – Management versagt. Ziel muss hier ein Wiedererreichen der Steuerbarkeit sein, d.h., die Situation aus dem Chaos herauszubringen. Dazu sind die Anteile, die sich *einfach, kompliziert* oder *komplex* angehen lassen, herauszunehmen und entsprechend anzugehen.

Tabelle 4 zeigt die erforderlichen Handlungsweisen im Kontext *Chaos*.

Kennzeichnende Elemente für den Kontext *Chaos*	• Starke Unruhe, Unergründlichkeit, hohe Anspannung • Keine klaren Zusammenhänge zwischen Ursache und Wirkung. Es ist zwecklos, nach richtigen Antworten zu suchen. • Es gibt viel zu entscheiden und keine Zeit zum Überlegen. • Führungsverhalten basiert auf Mustern.
Handlungsweisen	• Handeln → erkennen → reagieren • Nach praktikablen Lösungen suchen, nicht nach richtigen Antworten • Ordnung durch sofortiges Handeln wiederherstellen (Befehl und Kontrolle) • Informationen klar und direkt vermitteln

Tabelle 4: Handlungsweisen im Kontext Chaos [Sno07a, b]

Im Kontext *Chaos* gibt es folgende Gefahren [Sno07a, b]:

• Der auf Befehl und Kontrolle basierende Führungsstil zur Beseitigung des Chaos wird länger als notwendig beibehalten.
• Führungskräfte, die in einer Krise erfolgreich waren,
  – laufen Gefahr, bei einer Änderung des Kontextes zu scheitern, wenn sie ihre Handlungsweisen nicht an den geänderten Kontext anpassen;
  – können ein übersteigertes Selbstbild entwickeln und sich als Kultfiguren verehren lassen. Dies erschwert ihre Führungsaufgaben, da dann ihre Wahrnehmung verzerrt ist und sie aus ihrem Umfeld nur noch gefilterte Informationen erhalten.

Die meisten „Führungsrezepte" orientieren sich an Beispielen für erfolgreiches Krisenmanagement. Da chaotische Situationen selten sind, werden so Lösungen aus dem Kontext *Chaos* in andere Kontexte übertragen, wo sie im besten Fall nicht funktionieren, im schlechtesten Probleme vergrößern und Schaden anrichten.

Red Queen Syndrome

Hierzulande musst du so schnell rennen, wie du kannst, wenn du am gleichen Fleck bleiben willst.

– Die Rote Königin zu Alice in
Alice hinter den Spiegeln
von Lewis Carroll

Kennen Sie das? Sie und Ihr Team strengen sich an, arbeiten härter und länger – und haben doch den Eindruck, „auf der Stelle zu treten", „sich im Kreis zu drehen" oder sogar zurückzufallen? Sie denken, Sie machen Fortschritte, dann passiert etwas und Sie müssen von vorn anfangen? Zu viel ändert sich – gleichzeitig. Sie arbeiten so hart wie nie – und machen so wenig Fortschritt wie nie?

Wahrscheinlich wurden Sie vom *Red Queen Syndrome* erwischt …

Das beschriebene Phänomen wird in der Komplexitätswissenschaft als das *Red Queen Syndrome* (auch als *Red-Queen-Hypothese*) bezeichnet [Eoy15, WikiRQH].

Es beschreibt die ewige Notwendigkeit, sich zu verändern und anzupassen, um einen einmal erreichten Status zu halten und im Vergleich zu anderen nicht zurückzufallen.

Dieses Syndrom ist überall dort anzutreffen, wo sich verändernde Anforderungen und ein komplexer Kontext zusammentreffen: in Projektmanagement, Innovation, Management, Produktentwicklung, Strategie, Kundendienst ...

Die Bezeichnung geht auf den Biologen Leigh Van Valen zurück, der beobachtete, dass das Aussterberisiko einer Organismengruppe zu einem bestimmten Zeitpunkt unabhängig von der vorhergehenden Existenzdauer dieser Gruppe ist. Eine lange Historie erfolgreicher Adaptationen nützt nichts für die Zukunft! Organismen müssen sich ständig verändern, anpassen, um ihre einmal errungene Position zu behaupten [WikiRQH].

Allgemein formuliert beschreibt das *Red Queen Syndrome*, dass sich konkurrierende Systeme ein Wettrennen liefern, bei dem sie immer auf der Stelle bleiben und rennen müssen, um diesen Gleichstand zu halten. Das System muss sich somit mindestens so schnell wie seine Umgebung weiterentwickeln, um denselben Status zu erhalten [Arn15].

Es tritt immer dann auf, wenn Störungen in einem System von den existierenden Strukturen, Regeln und Bestimmungen nicht mehr bewältigt werden können. Persönlich merkt man es am Gefühl, die Kontrolle zu verlieren, überfordert, wirkungslos und erschöpft zu sein [Eoy15].

Glenda Eoyang, Forscherin auf dem Gebiet der Komplexität menschlicher Systeme, empfiehlt zur persönlichen Bewältigung des *Red Queen Syndrome* [Eoy15]:

- *Chunk it!* Finden Sie Ähnlichkeiten und Gemeinsamkeiten verschiedener Probleme. Welche lassen sich ggf. zusammenfassen? Vielleicht haben diese gemeinsame oder ähnliche Ursachen? Dann reduzieren sich die zu lösenden Probleme.
- *Ignorieren Sie das Unerkennbare!* In der komplexen Welt von heute ist Unsicherheit Standard. Das Bekannte und das Unbekannte sind vom Unerkennbaren überschattet. Die *Red Queen* kommt zur vollen Entfaltung im Unerkennbaren und in Unsicherheit. Konzentrieren Sie sich daher auf das Bekannte und das Unbekannte.
- *Behalten Sie einen Sinn für Humor!* Die *Red Queen* kann gefährlich sein, allerdings nur, wenn Sie es zulassen. Oft ist sie völlig absurd.
- *Machen Sie sich und anderen keine Vorwürfe!* Für die Muster der *Red Queen* ist niemand schuldig! Sie sind das systemische Ergebnis, das entsteht, wenn zu viele Menschen sich mit zu vielen Dingen in zu kurzer Zeit befassen. Vorwürfe und Scham ziehen noch mehr Energie aus dem System und vermindern die Anpassungsfähigkeit von Personen und Gruppen. Lassen Sie die Vorwürfe da, wo sie hingehören – in der Systemdynamik. Und handeln Sie dann systemisch, um kohärentere und klarere Muster zu erhalten.
- *Suchen und verstärken Sie Muster!* Muster entstehen immer – sogar in der zerrissensten Gruppe. In Gegenwart der *Red Queen* verschwinden solchen Muster, sobald sie sich zu bilden beginnen. Achten Sie auf entstehende Muster und verstärken Sie diejenigen, die den Zweck am besten erfüllen. Verstärken Sie wirksame Muster und tilgen Sie destruktive.
- *Nutzen Sie* Adaptive Action! Die beste Waffe gegen die *Red Queen* ist *Adaptive Action.* Beantworten Sie die drei Fragen – und sie verlässt das Spielfeld:
  - *Was?* Beobachten Sie die Dynamik und suchen Sie nach den Mustern, welche die Unsicherheit in Ihrer aktuellen Situation verursachen.
  - *Na und?* Verstehen Sie Ihre aktuelle Situation besser und sondieren Sie Optionen und deren Auswirkungen, um voranzukommen.
  - *Und was jetzt?* Kommen Sie aus dem Gefühl, „festzuhängen", indem Sie wirkungsvolle Aktionen auf Basis der ersten beiden Schritte durchführen.

Versuch & Irrtum = Lernen durch Experimente

Wir irren uns empor!

– Odo Marquard

In einer VUKA-Welt kann nur schrittweise und aufeinander aufbauend, verbunden mit schnellem Feedback, vorgegangen werden. Dies entspricht einem Vorgehen mittels Experimenten statt Plänen. Dieses Vorgehen entspricht einem Anpassen durch Lernen!

„Woran arbeiten Sie?" wurde Herr K. Gefragt. Herr K. antwortete: „Ich habe viel Mühe, ich bereite meinen nächsten Irrtum vor."

– Bert Brecht, in *Geschichten vom Herrn Keuner*

Wie läuft natürlicherweise Lernen ab? Nehmen wir das Beispiel eines Kleinkindes, das laufen lernt. Ich habe bisher noch kein Kind gesehen, das sich einen Plan machte so nach dem Motto: *„In 20 Jahren laufe ich einen Marathon und in 30 Jahren einen Iron Man …"* Sie fangen einfach an: Ein Füßchen so, das andere so und dann … auf dem Po gelandet. Ein Versuch mit direktem Feedback. Ja, da wird vor Frust auch mal herzzerreißend geschrien, aufgegeben hat noch keines. Ein Kleinkind scheitert bis zu 16.000 Mal, bis es sicher laufen kann! Wer von uns Erwachsenen erlaubt sich bzw. wem wird erlaubt, mehr als ein paar mal zu „scheitern"?

Lernen durch Experimente bedeutet Agilität

Und genau das bedeutet Agilität: Ein „Experiment" machen und auf das unmittelbare Feedback reagieren. Der Kern von Agilität ist damit „Anpassen durch Lernen". Agilität meint Anpassungsfähigkeit. Anpassungsfähigkeit bedeutet Überlebensfähigkeit.

Wobei noch zu klären ist, was in diesem Zusammenhang „Experiment" bedeutet: Gemeint ist hier keineswegs ein chaotisches Vorgehen so nach dem Motto: „Mal dies – mal das, was mir gerade so einfällt!" Experiment meint hier, dass wir keine Garantie und Sicherheit haben, dass das von uns erwünschte und erhoffte Ergebnis auch so eintritt. Im VUKA-Kontext gibt es keine Sicherheit und Garantien. Und wenn das Ergebnis unseres Tuns unsicher und vielleicht sogar unklar ist, ist unser Vorgehen ein *Experiment*. Und um das Risiko unseres Experimentes zu begrenzen, machen wir es so klein wie möglich, damit es so kurz wie möglich dauert, wir das Ergebnis so schnell wie möglich haben und der im Zweifelsfall auftretende „Schaden" so gering wie möglich ist!

Fail fast – fail early – fail cheap! Scheitere so schnell wie möglich – scheitere so zeitig wie möglich – scheitere so billig wie möglich.

– Häufig zitierte Aussage in der Lean Startup- und agilen Community

Dabei muss betont werden: Auch Experimente werden geplant und vorbereitet! Der erste Schritt wird detailliert geplant, die weiteren weniger – je weiter in der Zukunft, desto weniger. Denn durch das Ergebnis des nächsten Schrittes können sich Änderungen ergeben, die eine zu weit vorausgehende Planung obsolet machen. Daher wäre es Verschwendung, zu weit vorauszuplanen – insbesondere in unsicheren Kontexten.

Damit ist auch klar: In sicheren Kontexten, wenn alles vorab bekannt ist und es keine Änderungen geben wird, kann am Anfang alles komplett durchgeplant werden. Hier ist ein planender Ansatz effizienter und damit einem schrittweisem – agilem – Vorgehen überlegen. Agilität ist also nicht immer notwendig.

Agilität bedeutet:

- schrittweise und aufeinander aufbauend (iterativ und inkrementell) vorgehen
- die schnelle Feedbackschleife nutzen
- In jedem Zyklus überprüfen und ggf. verbessern
  - Effektivität = *Tun wir die richtigen Dinge?*
  - Effizienz = *Tun wir die Dinge richtig?*

Mit einem derartigen Vorgehen – agilem Vorgehen – können Organisationen nicht mehr scheitern, da sie permanent eine bessere Leistung immer besser erbringen. Organisationen, die dies in ihre DNA eingebaut haben, sind agile Organisationen.

Praktische Hinweise für eine VUKA-Welt

Schober-Ehmer und Krejci [ZOE 4/15. 35] geben als Hinweise für die berufliche Praxis:

- Pragmatismus statt Prinzipientreue: Einbauen von Alternativen in Strageien.
- Aus einer festen Organisationen eine fluide und bewegliche (agile Organisation) machen.
- Unsicherheit hilft, die richtigen Fragen zu stellen. Daher ist Unsicherheit nicht das Problem, sondern die Lösung. Optionen länger offenhalten. Nicht auf Vorrat entscheiden.
- Ein komplexes Spiel mit der Komplexität spielen. Sich darüber bewusst werden, dass nicht alles kontrollierbar ist und man auf die Kompetenz seiner Mitarbeiter/innen vertrauen muss. Delegieren durch Rahmensetzen. In Komplexität mit komplexen Vorgehensweisen (z.B. agile Vorgehensweisen) agieren.
- Im Sowohl-als-auch denken: Vielfalt an Möglichkeiten erlaubt mehrdeutige (und kontextnahe) Antworten auf mehrdeutige Situationen.
- Auf eine gute Kommunikation und auf das Schaffen und Gewähren von Vertrauen achten. Menschen und Interaktionen in den Mittelpunkt stellen.

1.3 Agilität ist die Reaktion auf VUKA!

Paralyse durch Analyse ist der sichere Weg in den Untergang.

Was bedeutet agil?

Laut Duden bedeutet *agil „von großer Beweglichkeit zeugend; regsam und wendig"* [Dud16]. Als Herkunft wird das lateinische *agilis* genannt, das *„gewandt, rasch, schnell"* bedeutet.

Anfang der 1990er-Jahre wurde das Scheitern planender Ansätze in der Softwareentwicklung erkannt. Als Konsequenz daraus wurden verschiedene als *„leichtgewichtig"* bezeichnete Ansätze – im Gegensatz zu den als *„schwergewichtig"* bezeichneten klassischen planenden Ansätzen – entwickelt, die für viele *„die 'natürliche' Art, Software zu entwickeln"* [Eck11] darstellen.

Vom 11. bis 13. Februar 2001 trafen sich 17 Software-Entwicklungsmethodiker in Snowbird/Utah, um sich auf gemeinsame Werte, die für alle bis dahin als *„leichtgewichtig"* bezeichneten Methoden gelten sollten, zu einigen. Diese Werte wurden in einem Manifest (bekannt unter dem Namen „Agiles Manifest", s. Kapitel III.3) zusammengefasst. Bei der Gelegenheit beschloss man einen passenderen Namen für die Methodensammlung als das bisher verwendete *„leichtgewichtig"*. Zur Abstimmung standen u.a. die Begriffe *„agil"* und *„adaptiv"*. Dabei gewann – wie mehrere Teilnehmer übereinstimmend bestätigten – *„agil"* mit einer Stimme Vorsprung vor *„adaptiv"*.[3] Die *agilen Methoden* hießen also um ein Haar *adaptive Methoden,* was das Vorgehen fast besser beschreiben würde.

Agil, adaptiv und agile Vorgehensweise

Laut Duden [Dud15] bedeutet

- *agil:* „von großer Beweglichkeit zeugend; regsam und wendig"
- *adaptiv:* „auf Adaptation beruhend; sich anpassend; anpassungsfähig"

Eine *agile Vorgehensweise* ist damit eine *sich anpassende, bewegliche, wendige* Vorgehensweise.

In der Softwareentwicklung – und mittlerweile auch außerhalb – wird akzeptiert, dass wir die Unsicherheit und Ungewissheit, in der wir leben, annehmen und damit umgehen müssen. Im komplexen Kontext ist es nicht möglich, alles vorher zu wissen und entsprechend zu planen. Dies müssen wir akzeptieren und lernen, damit umzugehen! Agilität ist ein Ansatz zum Umgang mit dieser Unsicherheit.

Agiles Vorgehen ist in zwei Richtungen *adaptiv* [Fow05]:

- Anpassen an *Kontext und Inhalt* des zu bearbeitenden Themas – *„die richtigen Dinge tun"* – : anpassen an vorab nicht definierbare und sich ändernde (Kunden-) Anforderungen und Umgang mit dieser Unsicherheit, anpassen an Änderungen der Voraussetzungen und Vorannahmen
- Anpassen der *eigenen Vorgehensweise* – *„die Dinge richtig tun"* – : verändern und verbessern der Arbeitsschritte und Prozesse im Zeitablauf.

Als Konsequenz daraus kann es keine einheitlichen Methodiken geben: *Jedes Team wählt die für es am besten passende Methodik und verändert diese nach Erfordernissen und Notwendigkeiten.* Die Ausgangsmethodiken und Erfahrungen mit diesen

---

[3] Zu dem Zeitpunkt hatte sich mit dem Zusatz *„adaptiv"* bereits Jim Highsmith erfolgreich am Markt positioniert: Mit seinem Unternehmen *Adaptive Systems* bot er Beratung zum Thema „Adaptive Software Development" an und veröffentlichte 1999 das Buch *Adaptive Software Development: A Collaborative Approach to Managing Complex Systems.* Wie Craig Larman einmal darlegte, war die Überlegung der anderen nun, dass Jim den Markt komplett für sich haben würde, wenn statt *„leichtgewichtig"* nun *„adaptiv"* verwendet werden würde … Und so gewann „agil" …

sind veröffentlicht – es bleibt die Verantwortung jedes Anwenders, diese auf seine konkreten Anforderungen anzupassen [Fow05].

Dem Gehirn Sicherheit geben

Die wissenschaftlich Basis zu agilem Vorgehen lieferte David Rock im Jahr 2008 [Roc08] in einem Beitrag für das Neuroleadership Journal: Allein das Zerlegen eines Projektes in kleine handhabbare Teile reicht schon, um unserem Gehirn Sicherheit zu geben. Kleine überschaubare Schritte vermitteln mehr Sicherheit als ein großer unüberschaubarer Plan.

Und genau hier liegt der Ansatz von agilem Vorgehen: Statt umfassender Vorabplanung wird in kleinen Schritten vorgegangen und nach jedem Schritt das Ergebnis überprüft und die Vorgehensweise reflektiert.

Statt ein Projekt durchzuplanen und diesen Plan anschließend 1:1 umzusetzen, werden im agilen Vorgehen (kleine) Schritte geplant, umgesetzt und auf Basis des Ergebnisses und des (Kunden-)Feedbacks darauf die nächsten Schritte geplant und umgesetzt. Dieser Kreislauf erfolgt so lange, bis das Projektziel erreicht ist. Zusätzlich wird nach jedem Schritt die eigene Vorgehensweise überprüft und ggf. angepasst bzw. verbessert.

Insgesamt stellt der agile Ansatz einen radikalen Wandel im Vorgehen dar, der direkte Auswirkungen auf die Kultur eines Unternehmens hat.

1.4 Die Wurzeln von agil

Zum tieferen Verständnis, in welcher Bedeutung *agil* im Zusammenhang mit *Unternehmen* steht, führen verschiedene Ansätze, die weder als unabhängig voneinander betrachtet werden können noch von denen einer als der einzig wahre angesehen werden kann:

- das Konzept der *iterativen und inkrementellen Entwicklung (Incremental and Iterative Development)* seit Mitte der 1950er-Jahre
- das *Konzept des Organisationalen Lernens,* erstmals dargestellt im Buch *Organizational Learning* [Arg78] und seine praktische Anwendung im Buch *The Fifth Discipline: The Art and Practice of the Learning Organization* [Sen90] – deutsch *Die Fünfte Disziplin* [Sen98]
- die *Ergebnisse der Analyse besonders erfolgreicher Produkte* der späten 1970er- und frühen 1980er-Jahre im 1986 im *Harvard Business Review* erschienenen Artikel *The New New Product Development Game* [Tak86]
- das *Konzept Lean und Lean Thinking,* ausgelöst durch die Lean-Management-Welle Anfang der 1990er-Jahre mit dem Buch *The Machine that changed the World* [Wom90] – deutsch *Die zweite Revolution in der Autoindustrie* [Wom92]
- das *Konzept des agilen Wettbewerbs und der virtuellen Organisationen* aus den frühen 1990er-Jahren
- die *agilen Methoden in der Softwareentwicklung* seit Mitte der 1990er-Jahre.

Im Folgenden wird auf diese Ansätze eingegangen.

Iterative und inkrementelle Entwicklung

Dass Agilität in der Praxis entstand – und damit weder brandneu noch akademisch ist –, beweist die *iterative und inkrementelle Vorgehensweise*, die es vermutlich schon immer gegeben hat. Dokumentiert ist dieses vor allem für größere Organisationen wie z.B. IBM [Lar03, Coc08]. Basis dazu waren die Arbeiten von Walter A. Shewhart, einem US-amerikanischer Physiker, Ingenieur und Statistiker aus den 1930er-Jahren. Er arbeitete an statistischer Qualitätskontrolle und entwickelte den u.a. auch nach ihm benannten PDCA-Zyklus (s. „Exkurs: Lernen strukturieren – Iterationen" in Abschnitt III.4.1), einer zyklischen Vorgehensweise, um Probleme zu lösen.

Iterativ meint wiederholend und *inkrementell* schrittweise, aufeinander aufbauend. In einer derartigen Vorgehensweise wird das Produkt Schritt für Schritt entwickelt. Dabei bauen die einzelnen Schritte aufeinander auf, das Produkt wird so schrittweise vollständiger, bis es zum Schluss nach dem letzten Schritt komplett ist. Gleiches gilt für iterative und inkrementelle Problemlösungen etc.

Organizational Learning und The Fifth Discipline

Mezick [Mez12] nennt als Ursprung von Agilität das 1978 erschienene Buch *Organizational Learning* von Chris Argyris und Donald Schön, welches außerhalb der akademischen Welt nahezu unbeachtet blieb. Auf diesem Buch basiert das 1990 erschienene *The Fifth Discipline: The Art and Practice of the Learning Organization* [Sen90] (deutsch *Die fünfte Disziplin: Kunst und Praxis der lernenden Organisation* [Sen98]) von Peter M. Senge. Dieses machte die Ideen von Argyris und Schön im Management bekannt, indem es Eigenschaften und Charakteristika der lernenden Organisation beschrieb. Diese Organisation integriert neue Informationen schnell und verwandelt sie in Wissen der Organisation. Dieses Wissen um die Wandlung unterstützt die Fähigkeit, auf Wandel zu reagieren und sehr anpassungsfähig sowie lernfähig zu sein [Mez12].

Alle agilen Vorgehensweisen lösen das Problem des organisationalen Lernens auf der Teamebene.

Als Scrum die Welt erblickte

In der Januarausgabe 1986 des *Harvard Business Review* erschien der Artikel *The New New Product Development Game* [Tak86]. Hirotaka Takeuchi und Ikujiro Nonaka – die beide später Professoren für Wissensmanagement wurden – interessierten sich dafür, was in der Entwicklung und Markteinführung bahnbrechender und extrem erfolgreicher Produkte anders gemacht wurde als in vergleichbaren Produkten. Dazu analysierten sie die Entstehung folgender Produkte:

- der mittelgroße Kopierer FX-3500 (Fuji-Xerox, 1978)
- der kleine Kopierer PC-10 (Canon, 1982)
- der Honda „Civic 1200", ein Stadtauto 1200 ccm Motor (Honda, 1981)
- Personal Computer PC 8000 (NEC, 1979)
- der Fotoapparat AE-1, die erste Kleinbild-Spiegelreflexkamera mit Mikroprozessorsteuerung (Canon, 1976)

- der Fotoapparat AF35M, die erste Kamera mit einem aktiven Autofokussystem auf Basis einer Infrarotentfernungsmessung, auch als *Autoboy* bekannt (Canon, 1979).

Die Autoren kamen zum Ergebnis, dass der Erfolg dieser Produkte in einer anderen Zusammenarbeit bei der Entwicklung der Produkte lag. Dabei stellten sie sechs Charakteristika in den Produktentwicklungsprozessen fest [Tak86, Sch13]:

- Eingebaute Instabilität
- Selbstorganisierende Projektteams
- Überlappung in den Entwicklungsphasen
- *„Multilearning"*
- Zarte/feine Kontrolle (*„Subtle Control"*)
- Wissenstransfer in der Organisation (*„Organizational transfer of learning"*)

Damit sind bereits alle wesentlichen Merkmale genannt, die heute agile Methoden auszeichnen.

Die Autoren betonen, dass diese Elemente nur in ihrer Gesamtheit wirken:

> *Each element, by itself, does not bring about speed and flexibility. But taken as a whole, the characteristics can produce a powerful new set of dynamics that will make a difference. [Tak86]*

Die Autoren waren sich der Tragweite ihrer Entdeckung durchaus bewusst:

> *It stimulates new kinds of learning and thinking within the organization at different levels and functions. Just as important, this strategy for product development can act as an agent of change for the larger organization. [Tak86]*

Als besonders erfolgreich sahen die Autoren einen Ansatz, den sie *„the Rugby Approach down the Scrum field"* nannten, aus dem später die agile Methode Scrum modelliert wurde. Damit wurde in diesem Artikel der Name *„Scrum"* vergeben.

Lean Management und Lean Thinking

> *Jede Tätigkeit, die ohne Wertschöpfung Ressourcen verbraucht, ist Verschwendung.*
>
> – James P. Womack und Daniel-T. Jones in *Lean Thinking*

Lean wird manchmal als *„Vater der Agilität"* bezeichnet. Insbesondere in den letzten Jahren werden verstärkt Ansätze und Konzepte aus Lean in die agile Welt übernommen.

Auslöser der Lean-Management-Welle war eine von 1985 bis 1991 laufende Studie am Massachusetts Institute of Technology (MIT) über die Unterschiede in den Abläufen verschiedener Automobilhersteller. Es zeigte sich, dass einzelne erfolgreicher waren als andere und nun sollten die Ursachen dafür gefunden werden. Auf dieser Studie basierte ein 1990 erschienenes Buch, das einen Hype auslöste und die (Management-)Welt gleichzeitig nachhaltig veränderte: *The Machine That Changed the World* [Wom90] (deutsch: *Die zweite Revolution in der Autoindustrie* [Wom92]). Das Buch war das Ergebnis einer umfassenden Vergleichsstudie des MIT über die Unterschiede in den Entwicklungs- und Produktionsbedingungen der Automobilindustrie westlicher und japanischer Automobilhersteller. Die Autoren James

P. Womack, Daniel T. Jones und Daniel Roos beschrieben darin, was japanische Hersteller, insbesondere Toyota, anders als westliche Hersteller machten. Das Buch umfasst Analysen und Beschreibungen von Methoden und deren geschichtlicher Entwicklung.

Nach ersten Misserfolgen in den 1960er- und 1970er-Jahren hatten japanische Unternehmen in den 1980er-Jahren insbesondere im Automobilbau und der Elektronik weltweit große Erfolge am Markt. Ihnen gelang es, schneller bessere und kostengünstigere Produkte in höherer Qualität auf den Markt zu bringen als andere Unternehmen. Zudem lernten sie schnell – Fehler in Produkten wurden rasch abgestellt bzw. fielen durch die schnelle Produktabfolge kaum ins Gewicht.

Die Erkenntnisse über die japanischen Unternehmen und deren Methoden, insbesondere über Toyota, lösten die „Lean Production"-Welle aus. In westlichen Unternehmen, auch außerhalb der Automobilindustrie, wurde versucht, ebenfalls lean zu werden.

Gemba und Genchi Genbutsu

Lean Management betont sehr stark die Wichtigkeit des Ortes, an dem die Leistung erstellt wird, den *Ort der Wertschöpfung*. Dieser Ort (*Gemba* oder *Genba*) ist zentral für das Verständnis von Lean Management. Es ist die wichtigste Aufgabe der Manager, an diesen zu gehen und selbst zu erkennen, wie die Situation ist und welche Probleme auftreten. Dieses *„Vor Ort gehen"* wird *Genchi Genbutsu* und englisch *Gemba Walk* genannt.

Womack und Jones erkannten dieses Missverstehen von Methoden als Kern von Lean und bekennen in ihrem 1996 erschienenen Buch *Lean Thinking* [Wom96] (deutsch: *Auf dem Weg zum perfekten Unternehmen* [Wom97]) dann auch: „ … erkannten wir, dass wir eine kurze und prägnante Zusammenfassung der Prinzipien des 'schlanken Denkens' brauchten, um eine Art Nordpolarstern zu haben, einen verlässlichen Führer für das Handeln von Managern …" [Wom97, S.8]. Sie verallgemeinerten die Prinzipien von Lean Management, um die Philosophie von *Lean* herauszustellen und deutlich zu machen, dass Lean *eine Denkweise, eine Philosophie* ist.

Dieses Buch von Womack und Jones stellt den Anfang einer Bewegung dar, Lean Management aus dem Produktionsumfeld herauszuholen und als allgemeines Prinzip verfügbar zu machen.

Auf Basis der Gemeinsamkeiten in den verschiedenen o.g. Darstellungen und eigener Überlegungen werden hier folgende allgemeine Lean-Prinzipien formuliert:

- *Mache nur Tätigkeiten, die Wert schaffen!*
- *Ermächtige die „Leute vor Ort"!*
- *Reagiere unmittelbar auf Kunden!*
- *Schneller Durchlauf (Flow) basierend auf Anforderung (Pull)!*

Diese Prinzipien sind direkt in Methoden der agilen Softwareentwicklung geflossen, z.B. in Kanban.

Im weiteren Verlauf des Buches wird näher auf die einzelnen Prinzipien eingegangen („Lean Thinking" in Abschnitt III.2.5).

Konzept der agilen und virtuellen Organisationen

Aufbauend auf dem im Herbst 1991 veröffentlichten Bericht *21st Century Manufacturing Enterprise Strategy: An Industry-Led View* des Iacocca Institute der Lehigh University in Bethlehem/Pennsylvania entwarfen Goldman et al. ein Konzept für Unternehmen, mit dem diese der gesteigerten Unsicherheit am Markt begegnen können: *„Als ein umfassendes System definiert Agilität ein neues Paradigma dafür, wie man Geschäfte macht"* [Gol96 S. 34].

Den Autoren war das etwa zeitgleich entstandene Konzept VUKA offensichtlich nicht bekannt, denn sie verwenden den Begriff eines „agilen Wettbewerbs" und einer „agilen Wettbewerbsumgebung" und meinen damit das, was wir heute mit VUKA und gestiegener Komplexität bezeichnen würden. Im weiteren Verlauf dieses Abschnitts werden die Originalbegriffe aus dem Buch verwendet.

Mit ihrer Auffassung *„Agilität reflektiert eine neue Geisteshaltung in Bezug auf Herstellung, Einkauf und Verkauf, Offenheit für neue Formen der wirtschaftlicher Beziehungen und neue Maßnahmen für die Prüfung der Leistung von Unternehmen und Menschen"* stellen Goldman et al. klar, dass Agilität eben *nicht* das Befolgen und Ausführen von Methoden ist, sondern eine andere Einstellung, eine andere Art, die Dinge zu sehen und zu bewerten.

Dazu definieren sie Agilität in zwei Dimensionen:

- Für Unternehmen als die Fähigkeit, gewinnbringend in einer Wettbewerbsumgebung zu operieren, die charakterisiert ist durch sich ständig unvorhersehbar ändernde Kundenwünsche [Gol96 S. 3].
- Für Individuen als die Fähigkeit, dazu beizutragen, den Nutzen dieses Unternehmens gewinnbringend zu mehren, das als Antwort auf sich unvorhersehbar verändernde Kundenwünsche ständig seine menschlichen und technischen Ressourcen verändern muss [Gol96 S. 3].

In der Konzentration auf den Kunden und das, was für ihn Wert darstellt, ähnelt dieses Konzept sehr stark dem Ansatz von Lean: *„Agiler Wettbewerb fordert, daß die Prozesse, die Entwicklung, Produktion und Distribution von Produkten und Dienstleistungen unterstützen, auf den vom Kunden bestimmten und (an)erkannten Wert der Produkte konzentriert werden. Hier liegt ein wesentlicher Unterschied zum Aufbau eines kundenzentrierten Unternehmens."* [Gol96 S. 5]

Goldman et al. betonen: *„In einer agilen Wettbewerbsumgebung gibt es nicht* die eine *richtige Methode, ein Unternehmen zu organisieren und zu führen."* Nicht eine *einzelne* Strategie, nicht eine *einzelne* Art der Organisation oder Operation wird langfristig erfolgreich sein. Ebensowenig kann irgendeine Strategie für *alle* Kunden oder *alle* Märkte optimal sein. Die Lebenserwartung von Entscheidungen, die für ein Unternehmen zu einer bestimmten Zeit wirkungsvoll sind, wird von der Geschwindigkeit der Veränderungen in den Märkten abhängen, in denen dieses Unternehmen sich bewähren muss. Und diese Lebenserwartung wird immer weitaus kürzer sein als die, die Unternehmen heutzutage noch gewöhnt sind [Gol96 S. 5].

Die vier Dimensionen agilen Wettbewerbs [Go96 S. 61]:

1. *Mehrwert für den Kunden schaffen*: Ein agiles Unternehmen wird von seinen Kunden als ein Unternehmen wahrgenommen, das *ihnen* Mehrwert schafft, nicht nur für sich selbst. Die Leistungen des agilen Unternehmens werden durch den Kunden als Lösung seiner *individuellen* Probleme erkannt.

2. *Kooperieren, um die Wettbewerbsfähigkeit auszubauen*: Kooperation – intern oder mit anderen Unternehmen – ist die Strategie erster Wahl, um die Leistung so schnell und kostenwirksam wie möglich auf den Mark zu bringen. Dazu werden existierende Ressourcen ausgeschöpft unabhängig davon, wo diese räumlich angesiedelt sind und wer sie besitzt.

3. *Organisieren, um Wandel und Unbeständigkeit zu bewältigen*: Ein agiles Unternehmen ist so organisiert, dass es ihm möglich ist, auf der Basis von Wandel und Unbeständigkeit *erfolgreich* zu werden. Seine Struktur ist flexibel genug, um rasche Neugestaltung menschlicher und physischer Ressourcen zu erlauben. Es kann vielfältige Konfigurationen gleichzeitig unterstützen, die auf Anforderungen verschiedener Kundenkreise basieren. Es gibt nicht „die einzig richtige" Struktur für ein agiles Unternehmen. Ein agiles Unternehmen ist in einer Weise organisiert, die das Personal befähigt, alle Ressourcen auszuschöpfen, die erforderlich sind, um Marktchancen gewinnbringend zu erschließen. Das Ziel einer sehr kurzen Concept-to-Cash-Zeit impliziert innovative, flexible organisatorische Strukturen, die durch die Verteilung von Managementkompetenz schnelle Entscheidungsfindung ermöglichen. Angestellte, die motiviert sind und über ausreichendes Wissen verfügen, um Wandel und Unbeständigkeit in neue Chancen für Unternehmenswachstum umzuwandeln, sind autorisiert, dies routinemäßig und schnell zu tun.

4. *Den Einfluss von Menschen und Informationen als Hebelkraft nutzen*: In einem agilen Unternehmen pflegt das Management eine unternehmerische Firmenkultur, die den Einfluss von Menschen und Informationen als Hebelkraft für Aktivitäten nutzt. Es tut dies durch die Verteilung von Kompetenzen, indem seinem Personal die erforderlichen Ressourcen zur Verfügung gestellt werden, indem ein Klima von allgemeiner Verantwortlichkeit für Erfolg und Innovation belohnt wird. Menschen – ihr Wissen, die Fähigkeiten, über die sie verfügen, die Initiative, die sie entfalten – und Informationen sind *die* Unterscheidungfaktoren für Unternehmen in einer agilen Wettbewerbsumgebung. Weil wissensbasierte Produkte das größte Potenzial für Individualisierung bieten, sind kontinuierliche Mitarbeiterschulung und Training integraler Bestandteil agiler Unternehmen. Sie stellen eher eine Investition in künftigen wirtschaftlichen Erfolg dar als Ausgaben, die laufenden Gesamtkosten zuzuteilen sind.

Agile Methoden der Softwareentwicklung

Der schleichende Übergang von Handarbeit zur Kopfarbeit konnte in allen Industriebranchen seit den 1950er-Jahren beobachtet werden. Insbesondere eine Branche – die Software-Industrie – stellte recht frühzeitig fest, dass Kopfarbeit völlig anders zu organisieren ist als Handarbeit. Die Entwicklung von Software ist ausschließlich Kopfarbeit, ein durchgehend kreativer Prozess. Daher nimmt die Softwareindustrie eine Vorreiterrolle bei der Entwicklung von Methoden zur Zusammenarbeit von Kopfarbeitern ein – die agilen Methoden der Softwareentwicklung.

Anfang der 1990-Jahre stellte man in der Softwareentwicklung fest, dass die bisherige Herangehensweise an die Entwicklung von Software immer weniger funktionierte. Die bis dahin allgemein eingesetzten planenden Ansätze konnten zum einen die Dynamik der Kundenanforderungen immer weniger abbilden, zum anderen wurden die Softwareprojekte so groß und komplex, dass sie sich entweder nicht komplett durchplanen ließen oder aus Zeitgründen mit der Umsetzung begonnen werden musste, bevor die Planung abgeschlossen war. Aufgrund dieser Inflexibilität, dieser Schwerfälligkeit werden diese planenden Ansätze auch „schwergewichtig" genannt.

Basis agiler Methoden ist, dass sie nicht das gesamte Projekt durchplanen, sondern schrittweise vorgehen und damit einen Gegensatz zu den schwergewichtigen, weil planenden, Vorgehensweisen darstellen. Aufgrund dieses Gegensatzes wurden diese Methoden unter dem Oberbegriff *„leichtgewichtig"* (engl. *„lightweight"*) zusammengefasst. Nun kann *„lightweight"* im Englischen auch als Dünnbrettbohrer übersetzt werden, was vielleicht nicht ganz so hilfreich beim Promoten neuer Konzepte ist. Daher musste ein passenderer Name her. Wie bereits erwähnt, gewann hier *agil* mit einer Stimme Vorsprung vor *adaptiv*.

Agil sein meint also insgesamt *adaptiv, anpassungsfähig zu sein.*

Gemeinsamkeiten der Wurzeln von agil

> *Agilität ist ein Mindset, keine Ausführung von Methoden.*
> *Es ist die Wiederentdeckung des Faktors Mensch.*

Gemeinsam ist den o.g. Wurzeln von *agil* die Ausrichtung auf zwei Faktoren: *Menschen* und *Informationen*! Dabei sind Menschen

- *organisationsintern*: Organisationsmitglieder (z.B. Mitarbeiter eines Unternehmens) mit dem Fokus darauf, dass sie die Leistung der Organisation erstellen/ erbringen. Dazu gehören
  - eine stärkere Einbindung und Empowerment,
  - Anregen und Freisetzen ihres kreativen Potenzials,
  - Förderung und Unterstützung von Selbstorganisation,
- *organisationsextern*: Teil der Umwelt als
  - Empfänger der Leistung der Organisation (z.B. Kunden eines Unternehmens)
    ○ die bereit sind, für das zu bezahlen, was sie brauchen und wollen (Wert, Qualität und Vermeidung von Verschwendung), und
    ○ die notwendige Kooperation und Zusammenarbeit zeigen.
  - Wettbewerber mit der Möglichkeit zur Kooperation und Zusammenarbeit

Informationen sind

- *produktbezogen*: Wissensbasierte Produkte brauchen mehr und intensivere Informationen.
- *prozessbezogen*: bezogen auf die Vorgehensweise der Leistungserstellung
- *interaktionsbezogen*: Kommunikation zwischen Menschen innerhalb der Organisation sowie zwischen Organisationsinternen und Organisationsexternen wie Kunden und Lieferanten

Die Kunst ist nun, die Zusammenarbeit der Menschen so zu organisieren, dass die Informationen nicht nur optimal fließen, sondern aus Informationen *Wissen* wird, also diese Informationen in Wissen transformiert werden! In allen o.g. Ansätzen geht es darum, wie eine Organisation *lernen* kann!

Da es für die durch die Umwelt an eine Organisation gestellten Aufgaben und Herausforderungen keine vorgefertigten und bereits bekannten Lösungen (siehe VUKA) gibt – und auch strukturell nicht geben *kann* –, muss jede Organisation selbst durch Lernen herausfinden, wie diese konkrete Aufgabe bzw. Herausforderung bewältigt werden kann.

Und genau dies entspricht den Erfordernissen, die durch

- die Abnahme der Planbarkeit und Zunahme der Unwägbarkeit – siehe VU-KA-Welt – und
- die Verschiebung der Arbeit von Hand- zu Kopfarbeit

entstehen.

Es geht bei Agilität also darum, wie Lernen in Organisationen stattfinden kann – es geht um die lernende Organisation!

So sind die agilen Methoden aus der Softwareentwicklung erprobte Möglichkeiten, eine lernende Organisation auf Teamebene zu realisieren. Aktuell stellt sich die Herausforderung, das gesamte Unternehmen zur einer lernenden Organisation umzubauen. Tiefer wird dazu in Teil III „Agilität" eingegangen.

Und diese Agilität, diese lernende Organisation, erfordert einen anderen Umgang mit den Menschen. Auf die dafür erforderlichen Voraussetzungen wird in Kapitel III.2 eingegangen.

1.5 Klassische Vorgehensweise vs. agile Vorgehensweise

Klassische Vorgehensweise

Die klassische Vorgehensweise geht wie folgt vor: *„Wir planen zu Beginn alles bis zum Ende durch und setzen anschließend diesen Plan 1:1 um."*

Die klassische Vorgehensweise entstand in der Zeit des Taylorismus, in der Zeit der maximalen Einfachheit. Die damaligen Probleme waren entweder einfach oder kompliziert und ließen sich daher – wenigstens von Experten – in der Problemlösung planen.

Die klassische Vorgehensweise entstand zu einer Zeit, als sich (technische) Probleme in ihre Einzelteile zerlegen ließen (Kontext *einfach* bzw. *kompliziert* im Cynefin-Frameworks (s. Exkurs: Komplexität)). Ein einfaches und kompliziertes Problem lässt sich in Einzelteile zerlegen und wieder zusammensetzen, ohne dass dessen Wesen – auch in Details – verloren geht.

Diese reversible Zerlegbarkeit ermöglicht, Abhängigkeiten und Kausalitäten zu erkennen. Und genau diese Abhängigkeiten und Kausalitäten ermöglichen, einen Plan für die Lösung/Realisierung zu strukturieren und einen optimalen Lösungsweg – einen optimalen Plan – zu finden.

Die ersten so strukturierten Lösungen waren Antworten auf einfache Probleme. Schnell stellte sich heraus, dass ähnlich einfache Probleme auf einem sehr ähnlichem Weg gelöst werden konnten. Lösungen, die in einer Vielzahl funktionierten, wurden zum Quasi-Standard erhoben, zu *best practices*. Diese funktionieren so lange sehr gut, solange die Probleme wirklich sehr ähnlich sind, also auch gleiche Abhängigkeiten und Kausalitäten haben. Werden die Probleme sich nun zu unähnlich, dann wird *die Lösung zum Problem* (Paul Watzlawick).

Agile Vorgehensweise

Agile is ...
Early delivery of business value
Less bureaucracy.

– Alistair Cockburn (nach Henrik Kniberg)

Die agile Vorgehensweise läuft wie folgt ab: *„Wir planen nur den nächsten Schritt, machen diesen und basierend auf dem Ergebnis planen wir den dann folgenden Schritt. Dabei machen wir möglichst kleine schnelle Schritte."* Die agile Vorgehensweise ist damit eine *schrittweise und aufeinander aufbauende Vorgehensweise mit einer schnellen Feedbackschleife.* In der Konsequenz bedeutet agil hoch anpassungsfähig zu sein.

Das Ziel des agilen Vorgehens ist, eine Leistung oder ein Produkt so effizient und effektiv wie möglich zu erstellen. Dazu wird u.a.

- Bürokratie (z.B. Entwurfs- und Planungsaufwand) auf ein Mindestmaß reduziert,
- maximale Transparenz (z.B. in Bezug auf Produkt- und Leistungsmerkmale, Fortschritt, Probleme und Hindernisse) geschaffen,
- bestmögliche offene und klare Kommunikation intern (z.B. innerhalb des Teams, der Abteilung und des Unternehmens) sowie extern (z.B. zu Kunden) zielgerichtet verbessert,
- mit der Umsetzung so früh wie möglich begonnen, um möglichst schnell ein vorzeigbares Ergebnis zu erhalten, das der Kunde testet, um Feedback zu geben, auf dem das weitere Vorgehen aufbaut. Dadurch kann jederzeit auf Wünsche, Anforderungen und Änderungen des Kunden reagiert werden, um einerseits dessen Zufriedenheit mit dem Ergebnis zu erhöhen, andererseits die Leistung so effizient und effektiv wie möglich zu erstellen.

Damit stellt die agile Vorgehensweise einen Gegensatz zu den klassischen Vorgehensweisen dar.

Agiles Vorgehen ist ein *iterativer* und *inkrementeller* Prozess: *schrittweise* und *aufeinander aufbauend* wird ein Produkt oder eine Leistung in enger Kooperation und Einbindung des Kunden erstellt.

Die klassische und die agile Vorgehensweise im Vergleich

Vereinfacht dargestellt, funktioniert der klassische Ansatz so: Wir haben eine Lösungs-/Bearbeitungsmethode und passen das Problem/die Aufgabenstellung/Herausforderung darauf an (Tabelle 5).

Im Gegensatz dazu funktioniert der agile Ansatz genau umgekehrt: Wir haben ein Problem/eine Aufgabenstellung/Herausforderung und passen die Lösungs-/Bearbeitungsmethode darauf an (Tabelle 5).

Vorgehens-weise	Ausgangspunkt/was ist da	Reaktion/Anwendung auf den Ausgangspunkt/was angepasst wird
Klassisch	Eine (bekannte) Lösungs-/Bearbeitungsmethode	Ein unbekanntes Problem/Aufgabenstellung/Herausforderung
Agil	Ein unbekanntes Problem/Aufgabenstellung/Herausforderung	Eine zwar in der Struktur bekannte, in der direkten Umsetzung noch unbekannte Lösungs-/Bearbeitungsmethode

Tabelle 5: Gegenüberstellung klassische Vorgehensweise vs. agile Vorgehensweise

Klassisches Vorgehen – wie klassisches Projektmanagement oder klassisches Change Management – legt viel Wert auf (Vorab-)Planung in Annahme und Erwartung, dadurch Sicherheit in der Durchführung und bzgl. der Ergebnisse zu erreichen. Dies funktioniert sehr gut – in bestimmten Kontexten (s. Exkurs: Komplexität). Allerdings nur in diesen! In Kontexten hoher Unsicherheit und Nichtvorhersagbarkeit (z.B. Komplexität) und im Umgang mit komplexen adaptiven Systemen versagt dieses Vorgehen völlig.

1.6 Der Kern von Agilität – anpassen durch Lernen

Der Kern von Agilität ist Lernen, und zwar auf zwei Ebenen:

- *Kontext und Inhalt*: durch schnelles Feedback vom Kunden zu Produkt oder Leistung und
- *eigene Vorgehensweise*: Eigenreflexion des methodischen Vorgehens.

Nur durch die Rückmeldung schließt sich die Lernschleife. Je schneller die Rückmeldung erfolgt, je kürzer die Lernschleife ist, desto schneller kann gelernt werden. Daher setzen agile Methoden bewusst auf kurze Feedbackschleifen/-zyklen.

Agilität bedeutet daher *Anpassen durch schnelles Lernen.*

Auf die Frage, *wozu* wir lernen, kommen wir gleich, vorher muss noch auf die Struktur des Lernens eingegangen werden.

Abbildung 15 zeigt das Handeln einer Person. Um das Thema deutlicher darzustellen, nehmen wir an, ihre Handlungen treffen auf eine Black Box (Abbildung 16): Diese Box zeigt keinerlei Reaktionen auf die Handlungen der Person. Von außen kann die Person nicht feststellen, ob und wie ihr Handeln wirkt, welche Reaktion es hervorruft. Dessen ungeachtet handelt sie weiter. Egal was sie tut, nichts passiert. Sie wird unsicher – ihr fehlt die Rückmeldung von der Box, wie das, was sie tut, ankommt, ob das, was sie tut, etwas bewirkt.

Aktion

Abbildung 15: Handeln einer Person

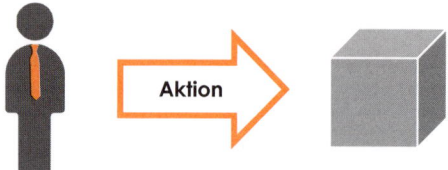

Abbildung 16: Handeln trifft auf Black Box

An diesem Problem krankt oft Management: Es findet kein oder zu wenig Feedback statt. Damit wird Management vom Geschehen abgekoppelt. Aktion und Reaktion: *Handeln braucht zur Regulation zwingend die Rückmeldung.*

Meist findet die Reaktion automatisch statt und wird daher kaum explizit wahrgenommen. Dabei bedeutet *jede Reaktion* eine Rückmeldung, also Feedback.

Abbildung 17 zeigt die Struktur von Lernen (Lernschleife): Auf eine Aktion erfolgt eine Re-Aktion (=Feedback). Der Handelnde lernt daraus durch Denkprozesse und bereitet die nächste Aktion als Re-Re-Aktion vor. Dieser Prozess setzt sich so lange fort, bis der Handelnde sein Ziel erreicht hat oder dieses ändert.

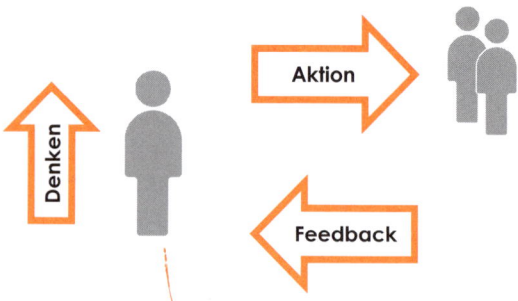

Abbildung 17: Lernen braucht Feedback

Genau diese Schleife liegt auch Zyklen wie PDCA (Plan – Do – Check – Act, Deming-Zyklus) und OODA (Observe – Orient – Decide – Act, Boyd-Zyklus) zugrunde (s. Exkurs: „Lernen strukturieren – Iterationen" in Abschnitt III.4.1).

Nun zur Frage, *wozu* wir lernen, denn Lernen ist ja kein Selbstzweck an sich. Wir betreiben Agilität im Business-Kontext, daher geht es immer um Kunden und Leistungen (Produkte oder Dienstleistungen). Und nur darauf kann das Lernen bezogen sein: Es kann nur – und muss – darum gehen, den Kunden und den Zweck, den *er* mit unserer Leistung verfolgt (s. Konzept „Jobs-to-be-Done" in Abschnitt „Lean Startup" in III.4.2), immer besser zu verstehen, um unsere Leistung immer passender zu gestalten.

Im Kern geht es also darum, den Kunden zu erfreuen und immer besser zu verstehen (= Lernen), was es dazu braucht. Und dann die eigene Organisation so aufzustellen, dass die Mitarbeitenden dies immer wieder erreichen.

1.7 Eigenschaften von Agilität

Für Goldman et al. ist Agilität eine umfassende Antwort auf die Frage, wie von Wettbewerbsanforderungen in sich rasch ändernden, kontinuierlich fragmentarischer werdenden globalen Märkten für kundenorientierte Produkte und Dienstleistungen von hoher Qualität und hoher Leistungsfähigkeit profitiert werden kann [Gol95, 96 S. 3].

Goldman et al. beschreiben die Eigenschaften von Agilität sehr klar und griffig [Gol95, 96 S. 34]:

- Agilität ist dynamisch, begrüßt Veränderungen offensiv und ist wachstumsorientiert.
- Agilität bedeutet, erfolgreich zu sein und zu gewinnen.
- Agilität ist dynamisch und unbegrenzt. Es gibt keinen Punkt, an dem ein Unternehmen oder ein Individuum die Reise zur Agilität beendet haben wird.
- Agil zu sein fordert konstante Aufmerksamkeit auf persönliche und organisatorische Leistung, Aufmerksamkeit für den Wert von Produkten und Dienstleistungen und Aufmerksamkeit für die konstante Veränderung des *Kontextes* von Kundenwünschen.
- Agilität bringt eine kontinuierliche Bereitschaft mit sich, das, was Unternehmen tun und wie sie es tun, zu verändern – manchmal: radikal zu verändern.
- Agile Unternehmen und agile Menschen sind immer bereit zu lernen, gleichgültig, welche neuen Dinge sie (kennen)lernen müssen, um von neuen Möglichkeiten zu profitieren.
- Agilität ist kontextspezifisch. ... Erfolgreiche agile Wettbewerber kennen deshalb nicht nur ihre *aktuellen* Märkte, Produktlinien, Kompetenzen und Kunden sehr gut, sie kennen auch das Potenzial für *künftige* Kunden und Märkte. ... Als Resultat sind die Implikationen agilen Wettbewerbs abhängig vom wettbewerblichen Kontext, in dem individuelle Unternehmen operieren.
- Agile Unternehmen machen sich den Wandel offensiv zu eigen. Für agile Wettbewerber – für Menschen ebenso wie Unternehmen – sind Wandel und Unbeständigkeit Quellen von Chancen, aus denen fortwährender Erfolg zu gestalten ist. Auf diese Weise ist Agilität in beispiellosem Ausmaß abhängig von der Initiative der Menschen und ihren Fähigkeiten, ihrem Wissen und ihrem Zugang zu Informationen. Die organisatorische Struktur und die administrativen Prozesse einer agilen Organisation ermöglichen schnelle und fließende Übersetzungen dieser Initiative in Geschäftsaktivitäten, die einen Mehrwert für Kunden schaffen.
- Agilität ist offensiv, indem sie Chancen für Gewinn und Wachstum *schafft*. Agile Wettbewerber haben *keine* Probleme mit Wandel und der Schaffung neuer Märkte und neuer Kunden, denn sie verstehen die Richtungen, in die sich Kundenbedürfnisse entwickeln werden. Obwohl Agilität einem Unternehmen erlaubt, schneller als in der Vergangenheit zu reagieren, liegt die Stärke eines agilen Unternehmens in der proaktiven Antizipation von Kundenbedürfnissen und der Fähigkeit, das Auftauchen neuer Märkte durch konstante Innovation zu lenken.
- Agilität ist eine umfassende Antwort auf ein Wettbewerbsumfeld, das durch Kräfte gestaltet wird, welche die Dominanz des Massenproduktionssystems unterminiert haben.

1.8 Agilität ist die Umsetzung des Gesetzes von Ashby

Als wir Scrum entwarfen, sprachen wir nicht über Lean, wir sprachen über komplexe adaptive Systeme.

– Jeff Sutherland

Wir haben festgestellt, dass unsere heutige Welt von VUKA gekennzeichnet ist. Die maßgebliche Säule von VUKA ist Komplexität. Um dieser Komplexität adäquat zu begegnen, müssen wir – entsprechend dem Gesetz von Ashby (ausführlich in Kapitel IV.1.1) – mit Vorgehensweisen agieren, die eine mindestens ebenbürtige Komplexität aufweisen.

Die agile Vorgehensweise ist genau das: *Eine komplexe Vorgehensweise!* Ein Vorgehen, das nicht einmal als Struktur auf der Metaebene beschrieben werden kann, sondern nur über Werte und Prinzipien definiert werden kann, die dann konkret in der jeweiligen Situation vor Ort umgesetzt werden müssen. Agilität fordert in hohem Maße eine Transferleistung von Abstraktem in Konkretes – Praktiken, Methoden, Strukturen – vor Ort. Und genau diese konkrete Umsetzung ergibt den durch Agilität entstehenden Wettbewerbsvorteil, da sie nicht kopiert werden kann! Jede Kopie einer komplexen Struktur muss scheitern.

Agilität erfordert

* Loslassen alles Bisherigen und Offensein für Neues,
* Loslassen von Kontrolle und Kontrollansätzen und damit ein Sich-darauf-Einlassen,
* ein Selberdenken und Mithandeln jedes einzelnen Beteiligten,
* Zulassen und Unterstützen von Selbstorganisation der Menschen – individuell, in Teams und Organisationen.

1.9 Literatur

Weiterführende Literatur

Allgemein

* Handy, Charles: Die Fortschrittsfalle – Der Zukunft neuen Sinn geben. Goldmann, 1998.
* Wohland, Gerhard; Wiemeyer, Matthias: Denkwerkzeuge der Höchstleister. Warum dynamikrobuste Unternehmen Marktdruck erzeugen, UNIBUCH Verlag, Lüneburg, 2012.

Zum Thema VUKA

* Guwak, Barbara; Strolz, Matthias: Die Vierte Kränkung – Wie wir uns in einer chaotischen Welt zurechtfinden. Goldegg-Verlag, Wien, 2012.
* Malik, Fredmund: Navigieren in Zeiten des Umbruchs – Die Welt neu denken und gestalten. Campus Verlag, Frankfurt am Main, 2015.
* Vieweg, Wolfgang: Management in Komplexität und Unsicherheit. Springer Fachmedien, Wiesbaden, 2015.

Zum Thema Komplexität

* Borgert, Stephanie: Die Irrtümer der Komplexität – Warum wir ein neues Management brauchen. Gabal Verlag, Offenbach, 2015.

- Pfläging, Niels; Hermann, Silke: Komplexithoden: Clevere Wege zur (Wieder)Belebung von Unternehmen und Arbeit in Komplexität. Redline Verlag, 2015
- Snowden, David (Dave) J.; Boone, Mary E.: A Leader's Framework for Decision Making. Harvard Business Review. November 2007, S. 69–76. 2007. Auf Deutsch: Entscheiden in chaotischen Zeiten. Harvard Business manager. Dezember 2007

Verwendete Literatur

Arn15: Arnold, Alex: Name „red queen". Online verfügbar: http://www.red-queen.ch/name-red-queen

Bay10: Bayer, Paul: Systeme verstehen mit Cynefin. Online verfügbar: http://www.wandelweb.de/blog/?p=962

Coc08: Cockburn, Alistair: Using Both Incremental and Iterative Development. STSC CrossTalk (USAF Software Technology Support Center) 21 (5), May 2008, online verfügbar: http://static1.1.sqspcdn.com/static/f/702523/9242211/1288741989673/200805-Cockburn.pdf?token=TSipSbtXsVDAUNT%2Bw5%2BLuqdwnMk%3D

Dud16a: Volatilität bei Duden: http://www.duden.de/rechtschreibung/Volatilitaet

Dud16b: *Komplexität* bei Duden: http://www.duden.de/rechtschreibung/Komplexitaet

Dud16c: *komplex* bei Duden: http://www.duden.de/rechtschreibung/komplex

Dud16d: Ambiguität bei Duden: http://www.duden.de/rechtschreibung/Ambiguitaet

Dud16e: ambiguos bei Duden: http://www.duden.de/rechtschreibung/ambiguos

Dud16f.: ambigue bei Duden: http://www.duden.de/rechtschreibung/ambigue

Eoy15: Eoyang, Glenda: The Red Queen. Blogeintrag vom 22 April 2015, online verfügbar: http://www.adaptiveaction.org/blog/201504/The-Red-Queen?ebid=10231935&ebslid=586015&upid=6281150&lid=152

Gol95: Goldman, Steven L.; Nagel, Roger N.; Preiss, Kenneth: Agile Competitors and Virtual Organization. Strategies for Enriching the Customer. Van Nostrand Reinhold, New York, 1995. deutsch: Gol96: Goldman, Steven L.; Nagel, Roger N.; Preiss, Kenneth; Warnecke, Hans-Jürgen: Agil im Wettbewerb. Die Strategie der virtuellen Organisation zum Nutzen des Kunden. Springer Verlag, Berlin, Heidelberg, New York, 1996.

Hie15: Hieronymi, Andreas; Eppler, Martin J.: Kleines Komplexitäts-ABC, OrganisationsEntwicklung – Zeitschrift für Unternehmensentwicklung und Change Management. Handelsblatt Fachmedien, 4/2015

Mal02: Malik, Fredmund: Komplexität – was ist das? Modewort oder mehr? Kybernetisches Führungswissen. Control of High Variety-Systems. www.managementkybernetik.com, verfügbar unter http://www.kybernetik.ch/dwn/komplexitaet.pdf

Mus13: Musil, Robert: Der Mann ohne Eigenschaften. Anaconda Verlag, Köln, 2013. S. 19ff.

Lar03: Larman, Craig; Basili, Victor R.: Iterative and Incremental Development: A Brief History. Computer 36 (6): 47–56. June 2003, online verfügbar: http://www.craiglarman.com/wiki/downloads/misc/history-of-iterative-larman-and-basili-ieee-computer.pdf

Lem15: Lemoine, Jim: Angemessen antworten. Ein Gespräch mit Jim Lemoine über den Einfluss von VUCA auf das Führungsverhalten. OrganisationsEntwicklung, Heft 4, 2015.

Sch15: Schober-Ehmer, Herbert; Krejci, Gerhard P.: (Selbst-)Führung bei Unsicherheit und Komplexität: Sei selbst VUCA! OrganisationsEntwicklung – Zeitschrift für Unternehmensentwicklung und Change Management. Handelsblatt Fachmedien, 4/2015

Sno07a: Snowden, David (Dave) J.; Boone, Mary E.: A Leader's Framework for Decision Making. Harvard Business Review. November 2007, S. 69–76. 2007.

Sno07b: Snowden, David (Dave) J.; Boone, Mary E.: Entscheiden in chaotischen Zeiten. Harvard Business manager. Dezember 2007, 2007.

Sno12: Snowden, David (Dave) J.: The Origins of Cynefin. Online verfügbar: http://cognitive-edge.com/uploads/articles/The_Origins_of_Cynefin-Cognitive_Edge.pdf

Sta02: Stacey Ralph D.: Strategic Management and Organisational Dynamics: The Challenge of Complexity. 4. Auflage, Financial Times / Prentice Hall, London, 2002.

Sta12: Stacey, Ralph D.: The Stacey Diagram. Appendix of Stacey, Ralph D. (2012): The Tools and Techniques of Leadership and Management. Meeting the challenge of complexity. Routledge, London, 2012.

Tak86: Takeuchi, Hirotaka; Nonaka, Ikujiro: The New New Product Development Game. Harvard Business Review, Januar 1986. Online verfügbar: https://hbr.org/1986/01/the-new-new-product-development-game

WikiA: *Ambiguität (Mehrdeutigkeit)* bei Wikipedia: https://de.wikipedia.org/wiki/Mehrdeutigkeit

WikiCF: *Cynefin-Framework* bei Wikipedia, URL: http://de.wikipedia.org/wiki/Cynefin-Framework

WikiK: *Komplexität* bei Wikipedia: https://de.wikipedia.org/wiki/Komplexit%C3%A4t

WikiRQH: *Red-Queen-Hypothese* bei Wikipedia: http://de.wikipedia.org/wiki/Red-Queen-Hypothese

WikiTAKK: *There are known knowns* bei Wikipedia: https://de.wikipedia.org/wiki/There_are_known_knowns

WiktA: Ambiguität bei Wiktionary: https://de.wiktionary.org/wiki/Ambiguit%C3%A4t

WiktK1: *Komplexität* bei Wiktionary: https://de.wiktionary.org/wiki/Komplexit%C3%A4t

WiktK2: *komplex* bei Wiktionary: https://de.wiktionary.org/wiki/komplex

WiktU: *Unsicherheit* bei Wiktionary: https://de.wiktionary.org/wiki/Unsicherheit

WiktV: *Volatilität* bei Wiktionary: https://de.wiktionary.org/wiki/Volatilit%C3%A4t

Wil: Williams, Bob: Cynefin – What is Cynefin. Online verfügbar http://users.actrix.co.nz/bobwill/Cynefindescription.pdf

Wom90: Womack, James P.; Jones, Daniel T.; Roos, Daniel: The Machine That Changed the World. The Story of Lean Production, Macmillan/Rawson Associates, New York, 1990.

Wom92: Womack, James P.; Jones, Daniel T.; Roos, Daniel: Die zweite Revolution in der Autoindustrie. Campus, Frankfurt a.M., 1992.

Wom96: Womack, James P.; Jones, Daniel T.: Lean Thinking, Simon & Schuster, New York, 1996.

Wom97: Womack, James P.; Jones, Daniel T.: Auf dem Weg zum perfekten Unternehmen. Campus, Frankfurt a.M., 1997.

Kapitel 2
Was bisher geschah

Kernaussagen des Kapitels

- Im historischen Maßstab ist die heutige Zeit völlig normal – die letzten 100 Jahre mit ihrer Einfachheit waren die Ausnahme. Die Komplexität der Tätigkeiten steigt aufgrund des technischen/technologischen Fortschritts unaufhörlich weiter.
- Seit Mitte der 1980er-Jahre sprechen wir vom Übergang von der Industrie- zur Wissensgesellschaft, von manuellen – Handarbeit – in kreativ-denkende Tätigkeiten – Kopfarbeit –, und damit der Übergang von Hardwareprodukten zu Software.
- Diese geänderte Realität erfordert eine neue – andere – Organisation der Arbeit.
- Verglichen mit den Umbrüchen in der Menschheitsgeschichte ist die heutige Zeit in ihren Auswirkungen vergleichbar mit der Zeit, als die Menschen sesshaft wurden.

Seit Anbeginn der Menschheit machten die Menschen sich das Leben einfacher. Sie wurden sesshaft, domestizierten Tiere, erfanden Werkzeuge, organisierten sich in Arbeitsteilung und schufen unvorstellbaren Reichtum.

Wie kam es dazu?

Im Folgenden wird die Veränderung der menschlichen (Arbeits-)Tätigkeiten in drei Epochen der Menschheit dargestellt:

- Die Neolithische Revolution von 12000 bis 2000 v. Chr
- Die Frühe Neuzeit im 15. und 16. Jh.
- Die industriellen Revolutionen
  - Die erste industrielle Revolution von 1770 bis 1880
  - Die zweite industrielle Revolution von 1890 bis 1925
  - Die dritte industrielle Revolution von 1950 bis 2010
  - Die vierte industrielle Revolution seit 2010

Anhand des in Abbildung 16 gezeigten Diagramms wird die Veränderung über die Zeit dargestellt. Dabei sind:

- auf der x-Achse die jeweiligen Zeitabschnitte in der Geschichte der Menschheit und

- auf der y-Achse die Beschaffenheit der (Arbeits-)Tätigkeiten dargestellt. Die Unterteilung dieser Beschaffenheit entspricht dem Band mit Kontexten des Cynefin-Modells (von Ordnung bis Unordnung, s. Abbildung 6 im Kapitel I.1).

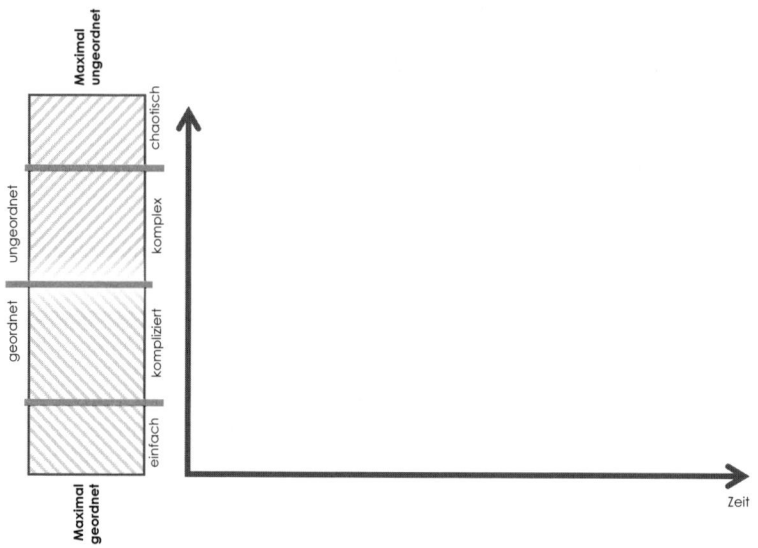

Abbildung 18: Diagramm zur Veränderung der Beschaffenheit der (Arbeits-)Tätigkeiten über die Zeit

Im weiteren Verlauf des Kapitels wird eine vereinfachte Darstellung gewählt (Abbildung 19).

Ausgangspunkt für folgende Darstellung ist die Grafik „Taylorwanne" im Buch *Denkwerkzeuge der Höchstleister. Warum dynamikrobuste Unternehmen Marktdruck erzeugen* [Woh12, Seite 20].

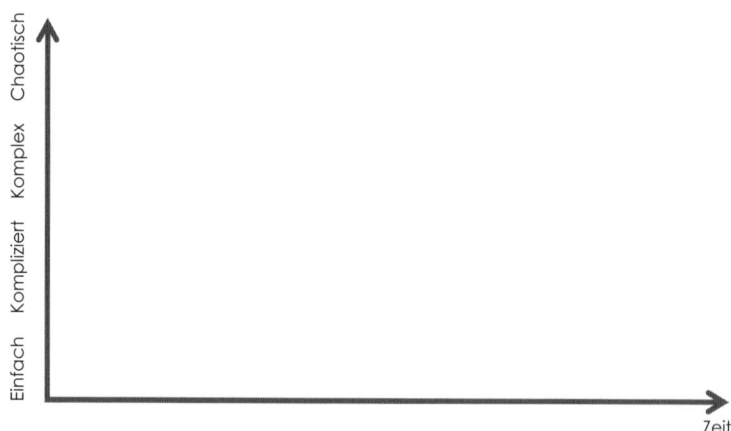

Abbildung 19: Vereinfachtes Diagramm zur Veränderung der Beschaffenheit der (Arbeits-)Tätigkeiten über die Zeit

2.1 Die Neolithische Revolution (12000 v.Chr. bis 2000 v.Chr.)

Vor ca. 15000 Jahren waren die Menschen als Jäger und Sammler [WikiJS] auf das angewiesen, was die Natur an Ernährung und Schutz hergab. Die Lebenserwartung war niedrig, die Menschen waren oft schutzlos den Angriffen wilder Tiere und fremder Horden ausgeliefert. Das Überleben war ein komplexer Vorgang und manchmal, wenn die Menschen Naturgewalten schutzlos ausgeliefert waren, sogar chaotisch.

Von ca. 12000 bis 2000 v.Chr. [WikiJSZ, WikiNL] wurden weltweit Jäger und Sammler zu Ackerbauern und Viehzüchtern. Diese Periode in der Menschheit wird als *Neolithische Revolution* [WikiNLR] bezeichnet. Die Menschen wurden sesshaft und legten Behausungen zum Schutz gegen die meisten Naturgewalten an. So entstanden Siedlungen, aus denen sich später Dörfer und Städte entwickelten. Die Menschen domestizierten Pflanzen und Tiere und legten Vorräte für eine planbare Ernährung an. Damit schufen sie die Grundlagen für die Entwicklung erster Hochkulturen.

Mit dieser Entwicklung veränderte sich die Beschaffenheit der Tätigkeiten von chaotisch zu komplex, das Überleben wurde durch Vorratshaltung und Schutz durch Siedlungen leichter.

Abbildung 20 zeigt die Erleichterung des Lebens durch die Neolithische Revolution.

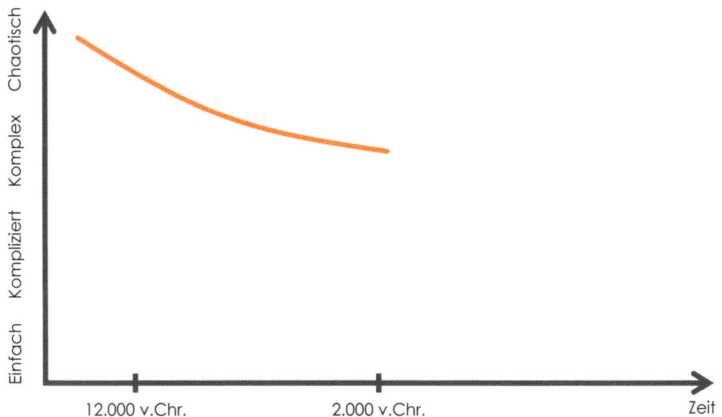

Abbildung 20: Übergang von chaotisch zu komplex durch die Neolithische Revolution

Seit dieser Zeit sinkt die Beschaffenheit der einzelnen Tätigkeiten durch Arbeitsteilung, vorher musste jeder alles können und machen. Nun kann man sich auf ein Gebiet spezialisieren und sich darauf verlassen, dass man nicht verhungert, weil die anderen a) seine Leistung nachfragen und b) ihren Teil zur Arbeitsteilung beitragen.

Die Gegenseite der Arbeitsteilung ist Vertrauen: *Man muss sich darauf verlassen können, dass die anderen ihre Leistung erbringen.* Nur dann funktioniert Arbeitsteilung – wenn jeder seinen Teil erfüllt und sich darauf verlassen kann, dass es der andere auch tut.

Seit den Anfängen der Menschheit sind Arbeitsteilung und die damit verbundene Möglichkeit zur Spezialisierung die Mittel zur Erschaffung von Überlebensmöglichkeiten und Reichtum. Verbunden ist damit immer das Vertrauen in den anderen, darauf, dass er seinen Beitrag leistet. Wo dieses Vertrauen nicht gegeben war, mussten Zwangsmittel eingesetzt werden, wie Sklaverei, Leibeigenschaft und Frondienste.

2.2 Die Frühe Neuzeit (15. bis 16. Jh.)

Im Mittelalter bildeten sich Handwerksberufe heraus. Mit Beginn der Neuzeit Ende des 15. Jahrhunderts [WikiNZ] differenzierten sich die verschiedenen Handwerke stärker aus. Musste z.B. ein Bergmann um 1400 sein Werkzeug, seine Kleidung und seine Schuhe noch selbst herstellen, übernahmen dies später Spezialisten: Werkzeugmacher, Schneider, Schuster. Durch diese Arbeitsteilung und Spezialisierung sank die Komplexität der Tätigkeit des früheren „Bergmanns", gleichzeitig entstanden bessere Produkte bei höherer Produktivität.

Zusätzlich sank die Komplexität in den einzelnen Berufen durch weitere Arbeitsteilung und Spezialisierung: Führte z.B. der Schuster anfangs alle Tätigkeiten in der Schuhherstellung selbst aus, stellte er später Gesellen ein, die jeweils einen Teil der Tätigkeiten übernahmen und sich auf diese spezialisierten, was zu höherer Produktivität und Qualität führte. Gleichzeitig nahm die Komplexität ab, die Arbeit war nun nur noch kompliziert. Der Meister gab vor, was zu machen war, die Ausführung blieb dem Gesellen überlassen [Som87a, b].

Abbildung 21 zeigt das Sinken der Komplexität der Arbeitstätigkeiten durch Zunahme der Arbeitsteilung zu Beginn der Neuzeit (15. und 16. Jh.).

Weiterhin entstanden die ersten Manufakturen [WikiM]: Hier schlossen sich entweder verschiedene Handwerke zu einem Arbeitshaus zusammen, um gemeinsam ein Produkt herzustellen (z.B. Tischler, Sattler und Schlosser für die Herstellung von Kutschen). Oder ein Handwerk wurde in Teiltätigkeiten zergliedert und diese wurden hoch spezialisiert ausgeführt (z.B. Spinner und Weber zur Tuchherstellung). Dadurch sank ebenfalls die Komplexität der Arbeitstätigkeiten.

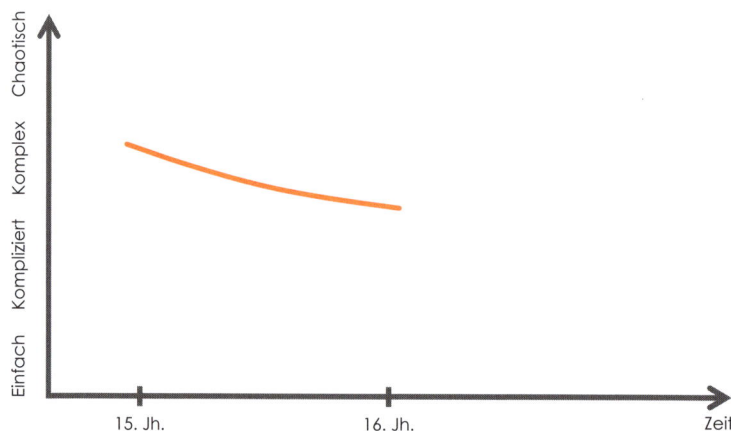

Abbildung 21: Die Komplexität *sinkt zu Beginn der Neuzeit durch Arbeitsteilung*

Durch die Herausbildung von Staaten mit der damit verbundenen Entwicklung von Gesetzen vereinfachte sich das Leben weiter, da nun definierte Regeln (für alle) galten und der Willkür der Herrschenden ein Ende gesetzt war.

2.3 Die industriellen Revolutionen (seit 1770)

In der Menschheitsgeschichte gab es bisher vier Phasen, die als „industrielle Revolutionen" bezeichnet werden (Tabelle 6).

	Zeitraum	Hauptthema	Effekt auf die Menschen [Land83 S. 301]
I.	1770–1880	Mechanisierung mit Wasser- und Dampfkraft	Ersetzen der menschlichen Geschicklichkeit und Stärke durch Maschinen und unbeseelte Kraft
II.	1890–1925	Wissenschaftliche Betriebsführung	Umwandeln des Menschen in einen Roboter, der mit seinen Maschinen fertigwerden und Schritt halten musste
III.	1950–2010	Automation und Digitalisierung	Ersetzen des Menschen durch eine denkende und handelnde Maschine
IV.	ab 2010	Intelligente technische Systeme	

Tabelle 6: Die industriellen Revolutionen

Die industriellen Revolutionen sind in ihren Auswirkungen vergleichbar mit der Neolithischen Revolution: Waren bisherige Fortschritte im Wesentlichen oberflächlicher Art – da sie keine qualitativen Änderungen und keine Verbesserungen in der Produktivität brachten – so erreichten die industriellen Revolutionen einen kumulativen und sich selbst tragenden technischen Fortschritt, dessen Auswirkungen in allen Bereichen des Wirtschaftslebens – und darüber hinaus – spürbar wurden [Lan83].

Die erste industrielle Revolution: Mechanisierung mit Wasser- und Dampfkraft (1770 bis 1880)

Um 1770 begann in England ein Prozess, der sich weltweit ausbreitete und die Welt dauerhaft verändern sollte: Die industrielle Revolution. Mit dieser wird die tief greifende und dauerhafte Umgestaltung der wirtschaftlichen und sozialen Verhältnisse, der Arbeitsbedingungen und Lebensumstände bezeichnet [WikiIR, Lan83].

Kennzeichnend für diese Epoche ist weltweit der Übergang von einer Agrar- und Handwerkswirtschaft in eine von Industrie und maschineller Produktion geprägte Wirtschaft – das Zeitalter der Maschinen begann [WikiIR, Lan83, Bor14]. Waren bisher allenfalls Wind und Wasser als Antrieb nutzbar, konnte nun an jedem Ort – mittels Dampf, später Elektrizität und Kraftmaschinen – jedes beliebige Gerät angetrieben werden. Beginnend mit Webstühlen über Transportmittel (Bahn, Schiff) war der Mechanisierung keine Grenzen gesetzt.

Abbildung 22 zeigt die Veränderung der Beschaffenheit der Arbeitstätigkeiten von komplex zu kompliziert durch die erste industrielle Revolution.

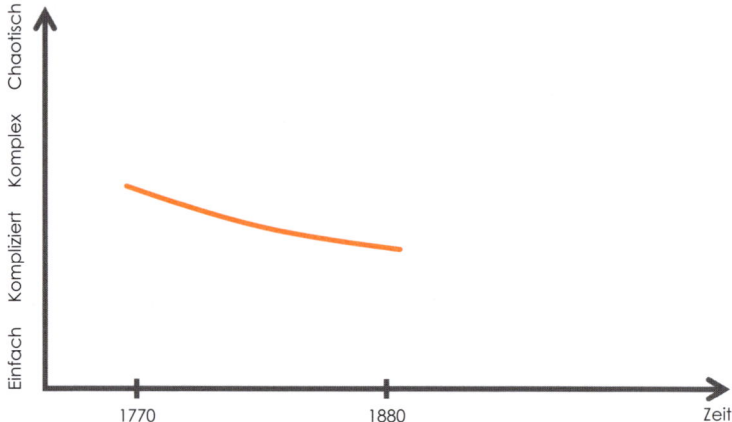

Abbildung 22: Übergang von komplex *zu* kompliziert *durch die erste industrielle Revolution*

Der Kern der industriellen Revolution ist die Entwicklung der Technik und Technologie [Bor14, Lan83]:

1. Menschliche Fähigkeiten werden durch mechanische Anlagen ersetzt: Aus Handwerk (Werkzeug) wird Industrie (Maschine).
2. Menschliche und tierische Kraft wird durch „leblose" Energie (insbesondere Dampfkraft) ersetzt.
3. Prozesse und Verfahren, insbesondere der Rohstoffverarbeitung, werden wesentlich verbessert.

Diese Entwicklung der Technik und Technologie erforderte neue Formen der Organisation [Bor14, Lan83]: die Fabriken. Der Einsatz von Maschinen war nur dann rentabel, wenn die Produktion konzentriert wurde und die produzierten Mengen entsprechend groß waren. Gleichzeitig ist die Fabrik mehr als eine größere Arbeitseinheit: Sie bildet ein Produktionssystem mit einer charakteristischen Definition der Funktionen und Verantwortlichkeiten der einzelnen Teilnehmer am Produktionsprozess. Auf der einen Seite stand der Unternehmer, der die Kapitalausrüstung zur Verfügung stellte und deren Verwendung kontrollierte, die Arbeitskräfte beschäftigte und das Endprodukt in den Markt brachte. Auf der anderen Seite stand der Arbeiter, der nur seine Arbeitskraft hatte und auf den Status eines „Handarbeiters" sank [Lan83]. Seine Tätigkeiten wurden einfacher, die Kompliziertheit nahm ab. Aspekte des Denkens und Planens, die der Handwerker noch hatte, fielen für den Arbeiter weg, dies übernahm nun der Unternehmer für alle Arbeiter.

Die zweite industrielle Revolution: wissenschaftliche Betriebsführung (1890 bis 1925)

Lag in der Anfangszeit der industriellen Revolution der Fokus auf der technischen und technologischen Entwicklung, änderte sich dies spätestens Ende des 19. Jahrhunderts. Mittlerweile wurde die Leistungsfähigkeit von Maschinen und Material durch die Maschinenbediener nicht mehr ausgeschöpft. Nun rückten Aspekte um die Maschine herum in den Vordergrund: Die Organisation der Tätigkeiten. Hierzu zählen die Einführung von *Best Practices* und *Management* durch Frederick W.

Taylor sowie die Fließbandproduktion durch Henry Ford (s. ausführlicher dazu im Abschnitt „Wie die maximale Einfachheit erreicht wurde").

Abbildung 23 zeigt den Übergang von komplizierten zu maximal einfachen Arbeitstätigkeiten durch die II. Industrielle Revolution.

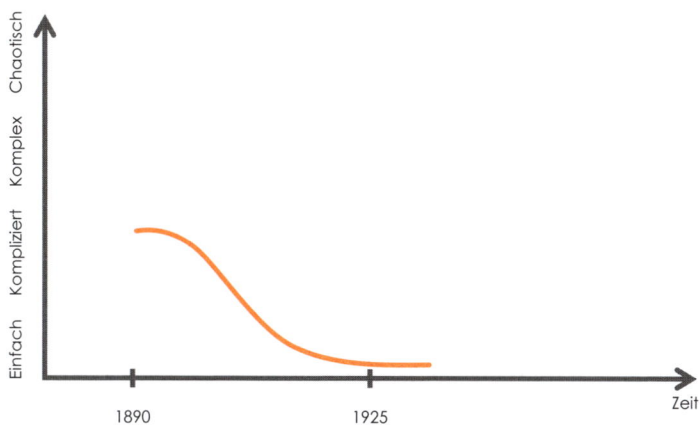

Abbildung 23: Übergang von komplizert zu maximal einfach durch die zweite industrielle Revolution

Durch die zweite industrielle Revolution – insbesondere *Taylorismus* und *Fordismus* – erreichte die Arbeit ihre maximale Einfachheit. Denken und Handeln waren nun getrennt, neue Berufe übernahmen das Denken: der Ingenieur und der Manager. Einige wenige – die Ingenieure – erdachten die Produkte und zerlegten deren Herstellung in kleinstmögliche, einfachste Schritte, für die sie Normen festlegten. Einige mehr – die Manager – überwachten die Arbeiter und die Einhaltung der Normen in der Produktion. Die meisten allerdings – die Arbeiter – hatten nun nur noch einen oder zwei Handgriffe am Fließband auszuführen. Damit war die Arbeit maximal einfach.

Damit die Handgriffe so einfach wie möglich sein konnten, waren spezielle und teure Maschinen notwendig. Diese Maschinen waren nur rentabel, wenn die hergestellte Menge so groß wie möglich war: Der Massenmarkt mit standardisierten Produkten entstand [WikiZIR].

Dieses Vorgehen brachte der Menschheit bis dahin nicht vorstellbaren unermesslichen Reichtum – und es lief auch viele Jahre gut.

Die dritte industrielle Revolution: Automation und Digitalisierung (1950 bis 2010)

Auch wenn der Mensch nur noch ein oder zwei Handgriffe am Fließband tat, blieb er doch die Fehlerquelle und sollte ersetzt werden. Nicht nur, um Personalkosten einzusparen oder ihn von schwerer körperlicher oder monotoner Arbeit zu entlasten, sondern auch, um eine gleichmäßigere und verbesserte Produktqualität bei höherer Fertigungsmenge und geringerer Fehlproduktion zu erreichen [WikiAU].

Die technischen Grundlagen dafür standen zur Verfügung: In den 1940er-Jahren wurden der Computer und der Transistor erfunden, die Kybernetik formte sich als

Wissenschaft und Basis für die Informatik heraus. Ab Mitte der 1950er-Jahre waren erste numerisch gesteuerte (NC) Werkzeugmaschinen kommerziell verfügbar, die Maschinen mit Arbeitern ersetzen konnten [WikiDR]. Seit der Erfindung des Microchip Ende der 1950er-Jahre verdoppelte sich alle 12 bis 24 Monate die Leistungsfähigkeit von Elektronik und Computertechnik (*Mooresches Gesetz* [WikiMG]).

Diese leistungsfähige Technik ermöglichte eine Automatisierung von Produktionssystemen und den ersatzlosen Wegfall früherer Arbeitsplätze in diesem Bereich.

Wurden zunächst einfache manuelle Tätigkeiten durch Automaten ersetzt, erreichte mit dem Aufkommen der Roboter in den frühen 1980er-Jahren der Ersatz auch hoch qualifizierte Tätigkeiten von Facharbeitern.

Begann die Automatisierung im Produktionsbereich, so erreichte sie spätestens in den 1990er-Jahren mit dem massenweisen Einzug der Computer die Büros. Mit dem Siegeszug der Online-Shops im Internet in den 2000er-Jahren erreichte die Automatisierung jeden Konsumenten. Und wenn wir heute eine Reklamation in einem Online-Bestellungssystem absetzen, können wir nicht sicher sein, ob unser Gegenüber ein Computer oder ein Mensch irgendwo auf der Welt ist.

Abbildung 24 zeigt die Veränderung der Arbeitstätigkeiten von maximal einfach zu komplex durch die dritte industrielle Revolution.

Zusammenfassend lässt sich festhalten, dass – zumindest in den industrialisierten Ländern – die Komplexität seit 1950 wieder zunimmt. Gründe dafür sind:

- Änderung der Marktgesetze: Die Massenmärkte stießen an ihre Grenzen, dadurch änderten sich die in ihnen geltenden Gesetze, die Märkte werden eng und dynamisch [Woh12].
- Technische Entwicklung: Computer und Elektronik liefern die Basis für intelligente Maschinen.
- Verlagerung von einfachen Tätigkeiten in Produktion und Büro/Verwaltung in „Billiglohnländer"
- Steigerung des allgemeinen Bildungsniveaus
- Verschiebung der Arbeitstätigkeit von Hand- zu Kopfarbeit. Da Kopfarbeit eine höhere Komplexität hat, nimmt die Komplexität insgesamt zu.

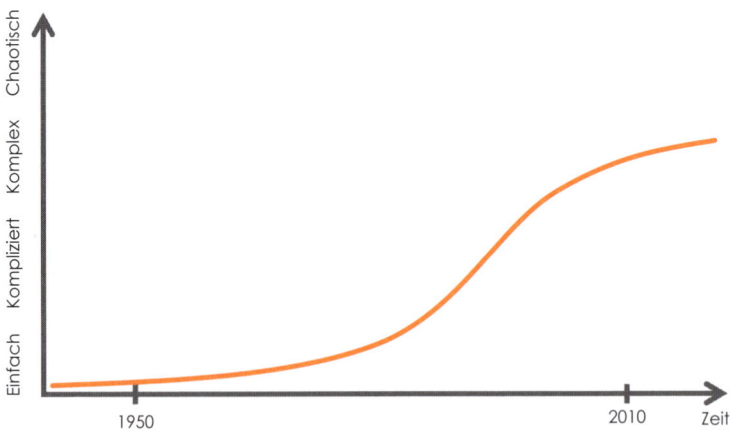

Abbildung 24: Die Komplexität *nimmt durch die dritte industrielle Revolution und Änderung der Marktgesetze wieder zu*

Abbildung 25 zeigt das Verdrängen des Menschen in der Arbeitswelt durch technische Systeme im Zusammenhang mit der dritten industriellen Revolution.

Diese Kurve zeigt die Ideallinie der Entwicklung. Unternehmen und Gesellschaften, die diese durch den technischen Fortschritt vorgegebene Ideallinie nicht mitgehen können und daher unterhalb dieser bleiben müssen, sind einem massiven Marktdruck ausgesetzt (Abbildung 26) mit der Gefahr des wirtschaftlichen Scheiterns [Woh12]. Dies ist z.B. ein Grund für den Untergang der ehemaligen sozialistischen Staaten, die in der technischen Entwicklung nicht mithalten konnten.

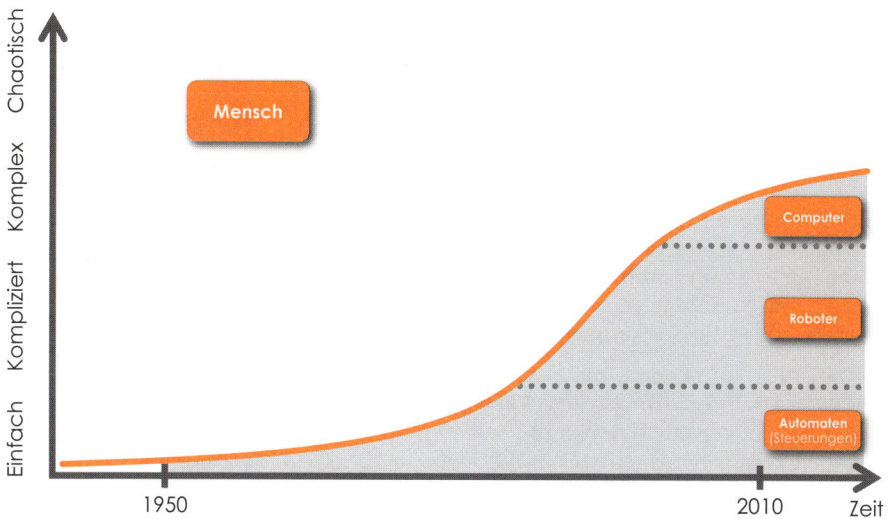

Abbildung 25: Verdrängen des Menschen durch Technologien im Zuge der dritten industriellen Revolution (Bereich menschlicher Tätigkeiten oberhalb der Kurve)

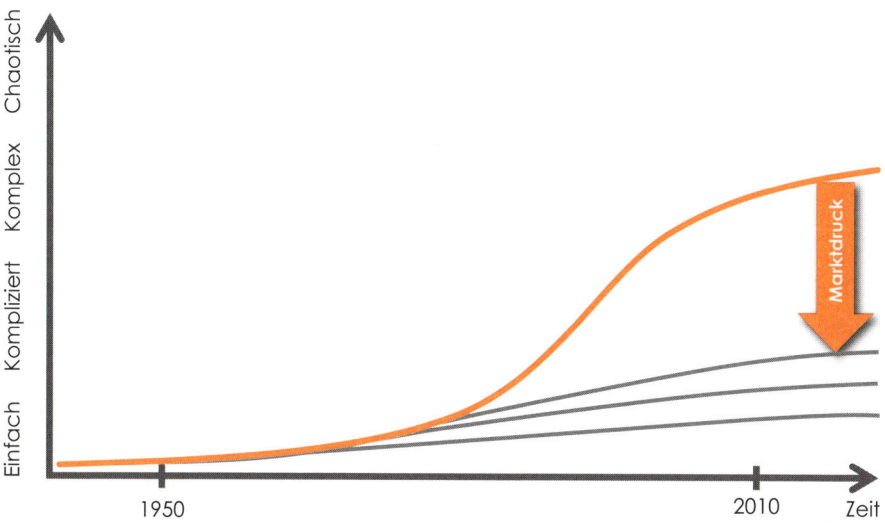

Abbildung 26: Wer unterhalb der Kurve bleibt, kommt unter Marktdruck [Woh12]

Bis in die 1960er-Jahre bestand die Erwartung, durch den technischen Fortschritt – insbesondere durch zunehmende Automatisierung – die Nachteile des Taylorismus und Fordismus beseitigen zu können. Als sich das nicht erfüllte, begann eine Auseinandersetzung mit der tayloristisch-fordistischen Organisation von Arbeit [WikiHAW, WikiHAL]. Ging es dabei zunächst in den 1970er-Jahren um Kritik an Arbeitsbedingungen und Arbeitsformen, wurde in den 1980er-Jahren mit verschiedenen Konzepten der (autonomen) Gruppenarbeit experimentiert. Anfang der 1990er-Jahre erreichte diese Auseinandersetzung mit der *Lean-Management*-Welle mit Themen wie Jobenrichment, Enthierarchisierung, Einbinden der Mitarbeiter vorläufig ihren Höhepunkt.

Die vierte industrielle Revolution: intelligente technische Systeme (seit 2010)

In der vierten industriellen Revolution durchdringen Informations- und Kommunikationstechnologien (ICT) alle (Lebens-)Bereiche und vernetzen diese. Durch Selbstoptimierung, Selbstkonfiguration, Selbstdiagnose und Kognition werden intelligente technische Systeme entstehen, die den Menschen auch in Bereichen mit hoher Komplexität komplett ersetzen. Ein weiteres Szenario geht davon aus, dass Mensch und Maschine gemeinsam die Komplexität der Aufgaben bewältigen – jeder den Teil, den er besser kann.

Beispiele für intelligente technische Systeme sind autonomes Fahren [WikiAL], Industrie 4.0 und die intelligente Fabrik mit Maschinen, die sich selbst warten und rechtzeitig, bevor ein Teil ausfällt, selbstständig den Servicemechaniker mit dem richtigen Ersatzteil bestellen [WikiI4]. Diese technischen Systeme verstärken den in den letzten 10 bis 15 Jahren zu beobachtenden Trend der Verschiebung von einfacher Kopfarbeit (Routinetätigkeiten wie Rechnungsprüfung, die mittlerweile automatisiert werden) hin zu anspruchsvollerer Kopfarbeit (wie Softwareentwicklung). Abbildung 27 zeigt die weitere Zunahme der Komplexität in den Arbeitstätigkeiten durch die vierte industrielle Revolution.

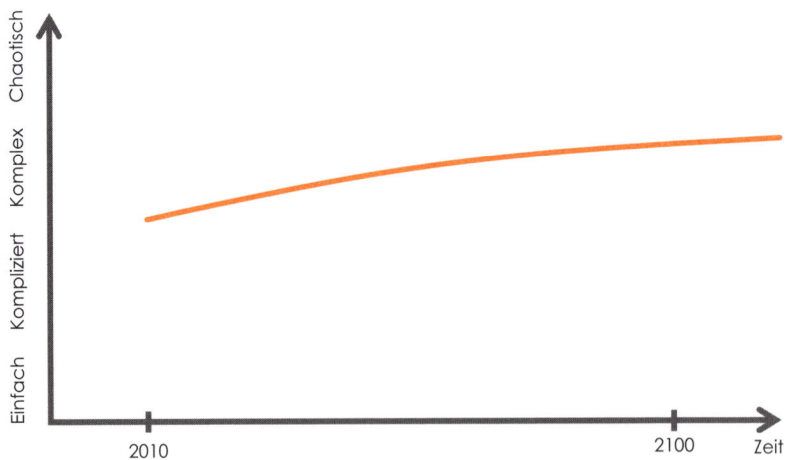

Abbildung 27: Durch die vierte industrielle Revolution nimmt die Komplexität weiter zu

Die fortschreitende Vernetzung auf Basis von Informations- und Kommunikationstechnologien wird weitere Bereiche des Lebens so stark verändern, dass Kulturwissenschaftler bereits einschätzen, dass die heutige Zeit ähnlich gravierende Veränderungen mit sich bringt wie die Neolithische Revolution.

2.4 Resümee

Fasst man die o.g. Phasen zusammen, ergibt sich Abbildung 28 mit dem Verlauf der Beschaffenheit der Arbeitstätigkeiten seit 12.000 v.Chr. bis zur Gegenwart.

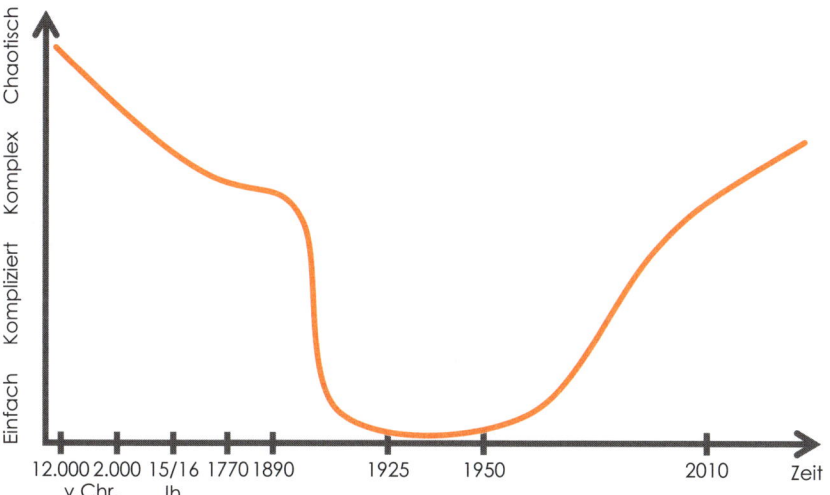

Abbildung 28: Verlauf der Beschaffenheit der Arbeitstätigkeiten seit 12000 v.Chr. bis zur Gegenwart (Idee nach Wohland [Woh12])

Abbildung 29 zeigt den Verlauf des Bereiches menschlicher Tätigkeit seit 12000 v.C. Die Technik verdrängt den Menschen zunehmend auch aus anspruchsvolleren Bereichen.

Die Phase der relativen (1900 bis 2000) und maximalen (1925 bis 1950) Einfachheit waren – historisch gesehen – absolute Ausnahmen. Komplexität, wie wir sie heute erleben, war und ist die Regel.

Durch folgende Umstände nimmt die Komplexität der Arbeitstätigkeit seit den 1950er-Jahren wieder zu:

• Verlagerung einfacher (manueller) Tätigkeiten in Billiglohnländer,
• Vernetzung von Märkten, Technologien und Unternehmen,
• Ersatz von einfachen (manuellen) Tätigkeiten durch (intelligente) technische Systeme,
• technologischer Fortschritt – insbesondere die Digitalisierung – führt zu komplexeren Arbeitsinhalten.

Die Wirtschaft hat sich verändert zu einer, die nach kreativen, nicht routinemäßigen und konzeptuellen Fähigkeiten verlangt [Pin10 S. 120].

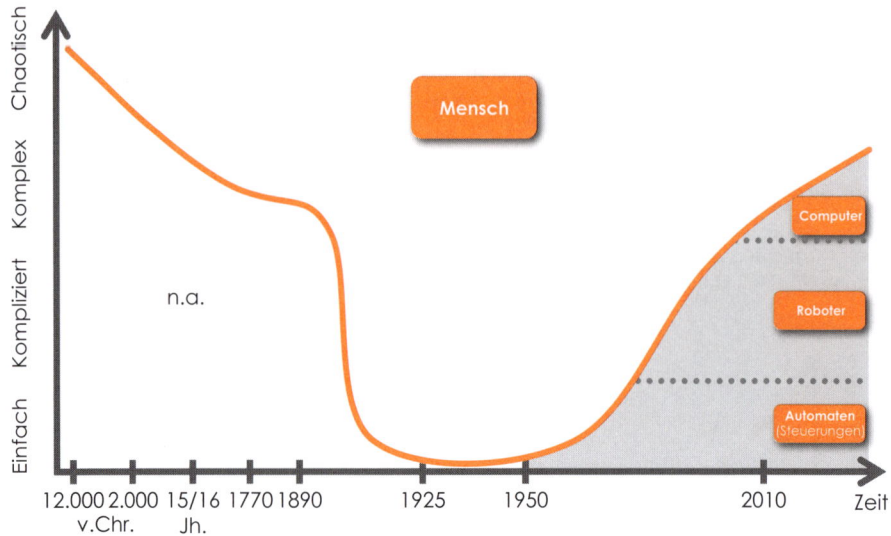

Abbildung 29: Bereiche menschlicher Tätigkeiten im Verlauf der Zeit (oberhalb der Kurve)

Aus der gestiegenen Komplexität ergeben sich folgende Konsequenzen:

- Ein anderes Management ist notwendig.
- Andere Führung der Mitarbeiter ist notwendig.
- Andere Unternehmensorganisation ist notwendig.
- Arbeit muss anders organisiert werden (z.B. agile Methoden).
- Andere Wege der Veränderung sind notwendig (Change Management).

Dieser Übergang wird bereits seit Mitte der 1980er-Jahre beschrieben: Der Übergang von der Industrie- zur Wissenschaftsgesellschaft. In der Konsequenz heißt dieser Übergang dann der Übergang von Hardware – in Handarbeit hergestellt – zu Software – in Kopfarbeit entwickelt.

2.5 Wie die maximale Einfachheit erreicht wurde

Jemand, der tagtäglich nur wenige einfache Handgriffe ausführt,
die zudem immer das gleiche oder ein ähnliches Ergebnis haben,
hat keinerlei Gelegenheit, seinen Verstand zu üben.

– Adam Smith, Wohlstand der Nationen, 1776

Mit Eisenbahn und Dampfschiffen brachte die erste industrielle Revolution Verkehrsmittel hervor, die die Welt vernetzten und Warenaustausch global ermöglichten – riesige Massenmärkte entstanden, hauptsächlich in Europa und den USA.

Gleichzeitig strömten Millionen Menschen in der Hoffnung auf ein besseres Leben in die boomenden Städte und in die USA. Sie standen als billige und ungebildete Arbeitskräfte zur Verfügung – um sie einsetzen zu können, musste Arbeit so einfach und so schnell erlernbar wie möglich sein.

Am Ende der ersten industriellen Revolution schöpften selbst qualifizierte Arbeiter die Leistungsfähigkeit von Maschinen und Material nicht mehr voll aus – Defizite in der Organisation und Koordination der Arbeit verhinderten höhere Produktivität.

In dieser Situation traten zwei Männer auf, die dies nachhaltig verändern sollten.

In diesem Abschnitt geht es darum, wie die dramatische Reduzierung der Beschaffenheit der Arbeitstätigkeiten (Abbildung 30, s. auch Abschnitt *„Die zweite industrielle Revolution: wissenschaftliche Betriebsführung (1890 bis 1925)"*) gelang.

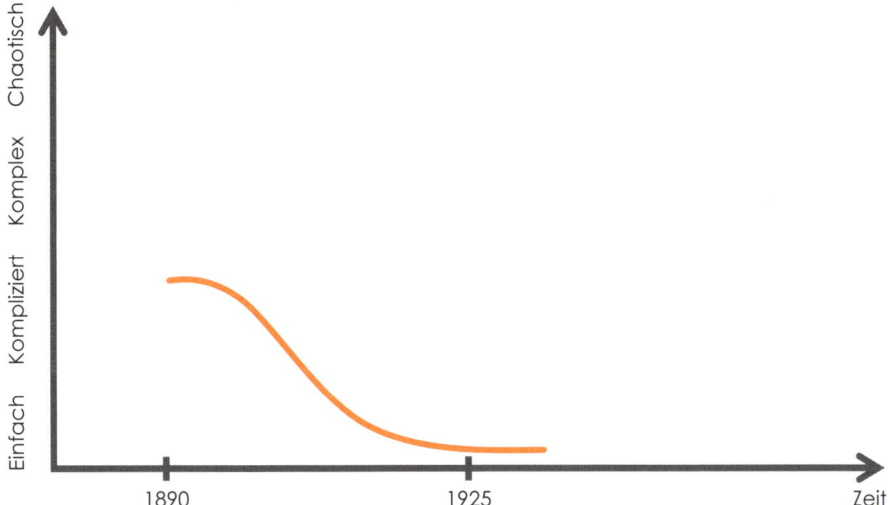

Abbildung 30: Die Beschaffenheit der Arbeitstätigkeiten verändert sich von kompliziert zu maximal einfach während der zweiten industriellen Revolution

Frederick Winslow Taylor

> *Bisher stand die „Persönlichkeit" an erster Stelle, in Zukunft wird die Organisation und das System an erste Stelle treten.*
>
> – Frederick Winslow Taylor

Frederick Winslow Taylor (1856 bis 1915), ein US-amerikanischer Ingenieur, befasste sich intensiv mit der Steigerung der Effektivität von Arbeitsabläufen. Taylor arbeitete sich schnell vom Handlanger über Werkstattschreiber, Dreher, Vorarbeiter zum Meister hoch. Neben seiner Arbeit absolvierte er ein Fernstudium zum Ingenieur – seinerzeit ein Novum [WikiFWT].

Taylor ist zweifellos eine der umstrittensten Personen der Wirtschaftsgeschichte: Für die einen der Guru, der mit seiner *Wissenschaftlichen Betriebsführung* (original *Scientific Management*, als Buch 1911 veröffentlicht) die Grundlage für ein Denken in Business-Prozessen und damit extremen Produktivitätssteigerungen schuf, für die anderen derjenige, der half, die Ausbeutung der Arbeiter zu maximieren.

Taylor wusste aus eigener Erfahrung als Arbeiter, dass Arbeiter nicht das maximal Mögliche leisteten: Einerseits waren die Arbeitsvoraussetzungen und -durchführung nicht optimal, andererseits versuchten sie, sich die Arbeit so leicht wie möglich zu machen und sich gegenseitig abzusprechen, um den Ausstoß so gering wie möglich zu halten [Heb99]. Denn die Unternehmen wussten nicht, wie viel ein Arbeiter zu leisten in der Lage war.

Dieser Grundgedanke des Taylorismus hat sich bis heute erhalten: *Die Mitarbeiter leisten nicht das Maximum* – aus welchen Gründen auch immer.

Taylor wollte daher die Produktivität der Arbeiter steigern, allerdings ohne dass diese sich mehr anstrengen mussten. Sein Ziel war,

> *das Verhältnis zwischen Arbeitserfolg und den dafür aufgewendeten Mitteln vernunftmäßiger, richtiger zu gestalten. (Herausgeber Rudolf Roesler in seinem Vorwort zur deutschen Ausgabe von Taylors* The Principles of Scientific Management *[Tay19]).*

Taylor war der Meinung, dass es immer jemanden gibt, der – aus welchen Gründen auch immer – besser (d.h. schneller) als jeder andere ist. Diesen galt es zu finden und zu analysieren, was er besser macht, und sein Vorgehen zum Standard für alle zu machen: Die Vorgehensweise der Besten wird zum Vorgehen für alle (= *Best Practice*).

Best Practice: Das Vorgehen der Besten wird zum Vorgehen für alle.

Um dies zu erreichen, führte Taylor systematische Methoden- und Zeitstudien durch, um herauszufinden, wie eine Tätigkeit am effizientesten ausgeführt werden konnte. Hatte er dies herausgefunden, definierte er es als Standard, den alle Arbeiter genau so und nur so auszuführen hatten. Das Einhalten des Standards wurde von einer neuen Gruppe von Mitarbeitern überwacht: den Managern.

Damit die Arbeiter sich auf ihre eigentlichen Tätigkeiten – die Produktion – konzentrieren konnten, musste Taylor sie von allen nichtproduktiven Tätigkeiten entlasten.

Taylor erleichterte die Tätigkeiten der Arbeiter und erhöhte gleichzeitig ihre Produktivität, indem er

1. ihnen den besten Weg zur Durchführung ihrer Tätigkeiten – *Best Practices* – an die Hand gab und
2. sie von allen planenden und koordinierenden Tätigkeiten befreite, indem er das *Management* schuf.

Taylors „wissenschaftliche Regeln"

Taylors „wissenschaftliche Regeln" zusammengefasst [Zol13]:

1. *Wähle für eine bestimmte Arbeit die geeignetste Person.*
2. *Lehre dieser Person die effizientesten Arbeitsmethoden und Bewegungen für diese Arbeit.*
3. *Belohne höhere Leistung durch höhere Bezahlung.*

Zur Unterstützung seines Systems entwickelte er ein „Differenzielles Stücklohn-System", bei dem die Arbeiter bei Erfüllen der Normen mehr, bei Unterschreiten der Norm weniger verdienten.

Taylors *„Scientific Management"* bedeutet nicht nur systematische Methoden- und Zeitstudien, sondern ist darüber hinaus Ausdruck eines neuen Leistungs- und Effizienzdenkens [Sta90, Wit24].

Der eingangs zitierte Satz wird oft als Beleg für die Menschenverachtung des Taylorismus genannt. Doch ist dieser aus dem Zusammenhang gerissen – der vollständige Absatz lautet [Tay19]:

> *Die bisher vorherrschende Auffassung ist recht klar in den Worten ausgedrückt: „Die Großen der Industrie werden geboren, nicht erzogen." Man war der Ansicht, wenn man nur den richtigen Mann fände, so könne die Art der Führung des Geschäftes ruhig ihm überlassen bleiben. In Zukunft wird man verstehen lernen, daß „erstklassige" Menschen sowohl richtig geschult als auch von der Natur dazu geschaffen sein müssen. Auch ein außergewöhnlicher Mann kann mit Hilfe des alten Systems des persönlichen Regimes nicht hoffen, mit einer Anzahl von Durchschnittsmenschen Schritt zu halten, die, entsprechend organisiert, wirksam zusammenarbeiten. Bisher stand die „Persönlichkeit" an erster Stelle, in Zukunft wird die Organisation und das System an erste Stelle treten. Daraus ist aber nicht etwa der Schluß zu ziehen, daß man keine bedeutenden Persönlichkeit mehr braucht. Im Gegenteil, die Aufgabe eines jeden guten Systems muß es sein, sich erstklassige Leute heranzuziehen, und bei systematischem Betrieb wird der beste Mann sicher und schneller in führende Stellung gelangen als je zuvor.*

Best Practices

Im Vorwort zur deutschen Ausgabe von Taylors *Scientific Management* schreibt Rudolf Roesler, der deutsche Herausgeber des Buches:

> *Taylors System besteht, kurz gesagt, in einem wissenschaftlichen Studium jeder einzelnen Arbeit, jedes Handgriffes, jeder Bewegung, so unbedeutend sie auch sein mag, in der Schaffung von Normalien für Methoden und Werkzeuge, bei deren Anwendung der Verlust an Kraft und Zeit am geringsten ist, in der Erziehung der Arbeiter zur Anwendung der neuen Methoden, so daß ihre Arbeitskraft voll ausgenutzt wird, ohne sie zu überanstrengen, und in der Erhaltung dieses Zustandes.* [Tay19]

Taylor ging es nur um die Erhöhung der Produktivität, nicht um die Steuerung eines Auftrags [Zol13]. Der Schlüssel dazu lag für ihn allein in der Optimierung und Standardisierung der Abläufe, Handgriffe und Werkzeuge.

Für ihn war die Leistung eines Arbeiters zu sehr abhängig von seinen individuellen Fähigkeiten, Wissen und Erfahrungen. Er wollte herausfinden, wie eine Tätigkeit bestmöglich ausgeführt werden kann, und dies auf alle Arbeiter übertragen. Taylor führte dazu Studien durch, wie die Besten arbeiteten und was sie anders machten.

Taylor fand eine neue Perspektive in der Sichtweise auf ein Unternehmen: *Auf die Abläufe (Prozesse) des Unternehmens*. Dazu musste er die Leistungen unabhängig von der Person, ihrer Ausbildung, ihren Begabungen machen.

Taylor schaute auf die Unternehmen aus der Prozessperspektive. Er registrierte, dass die verschiedenen Inputs zum Arbeitsprozess von verschiedenen Personen gehalten wurden, was zu Konflikten führte. Er schaute sich an, was die Arbeiter zum Prozess beitrugen: ihre physische Arbeitskraft und spezialisiertes Wissen, das sie sich in der Ausführung ihrer Tätigkeiten erwarben. Ihm war klar, dass Arbeitskraft in Massen billig verfügbar war. *Das Wissen jedoch war rar und teuer.* Seine Theorie befürwortete, dass das Wissen der verschiedenen Arbeiter in einem System gesammelt werden musste. So würde die Organisation sachkundig/wissensreich werden und nicht der einzelne Arbeiter. Dieses Wissen sollte so organisiert werden, dass es von einem Arbeiter auf einen anderen übertragen werden kann, um die Verhandlungsmacht der Arbeiter zu senken und Störungsmöglichkeiten im Betriebsablauf zu reduzieren. So transformierte er handwerkliche Produktion in Massenproduktion [MSGa].

Taylor glaubte, dass es verschiedene Wege gibt, Input in Output umzuwandeln. Er glaubte, dass es die Aufgabe des Managements sei, den besten Weg zu finden, der zu befolgen sei, und eine *Best Practice* zu erstellen. Die Arbeiter hatten diese zu befolgen, um das bestmögliche Resultat zu erhalten [MSGa].

Das Kriterium „Zeit" war für Taylor der Maßstab für die Effizienz der Ausführung einer Tätigkeit. Daher waren Zeitstudien für ihn das Mittel der Wahl: Wer für eine Tätigkeit weniger Zeit benötigte, war zwangsläufig besser. Hatten andere vor ihm (z.B. Adam Smith und Charles Babbage) in ihren Studien die jeweilige Gesamtzeit für eine Arbeit erfasst, so interessierte sich Taylor für die Zeiten einzelner Handgriffe. Daher analysierte er über die Zeiterfassung hinaus, was die schnellsten Arbeiter besser als die anderen machten. Aus diesen Erkenntnissen leitete er „Best Practices" ab, damit alle diese Spitzenleistung erreichen konnten.

Er beobachtete, dokumentierte und analysierte jede einzelne ausgeführte Aktivität. Aus diesen Daten entwickelte Taylor *Instruktionsblätter* für die Arbeiter. Diese enthielten

> *alle detaillierten Angaben für die Ausführung der Arbeit,*
> *einschließlich der Daten für die Einstellung der Maschinen und die*
> *für die Ausführung eines bestimmten Arbeitsauftrages gültige Zeit*
> *mit Angaben über die Dauer der einzelnen Arbeitsschritte*
> ([Cop23] zitiert nach [Heb99 S. 28]).

Mit diesen *Instruktionsblättern* gelangte das Wissen der Besten nun in die Hände des Unternehmens und machte es unabhängig von teuren Fachkräften: Aus dem *Handwerker* in den Unternehmen vor seiner Zeit machte Taylor den *Arbeiter* in den Unternehmen seiner Zeit. Der Arbeiter musste die Tätigkeiten nur noch gemäß den Instruktionen ausführen, ohne zu wissen, warum.

Gleichzeitig vollzog Taylor die *Trennung von Kopf- und Handarbeit*: Planung und Steuerung waren von nun an von der Ausführung der Tätigkeiten getrennt:

- Die Erfassung dieses Wissens und die Planung der Aus- und Durchführung der Tätigkeiten legte Taylor in die Hände eines Planungsbüros, in dem Ingenieure arbeiteten.
- Die Überwachung der Tätigkeiten der Arbeiter legte er in die Hände des neu geschaffenen Managements. Es gab damit erstmals Angestellte im Unternehmen, die nicht mehr selbst arbeiteten, sondern andere koordinierten.

Taylors Methoden brachten eine Revolution in der Arbeitsproduktivität, da sie Arbeit als Input optimierten sowie Bummelei und unproduktive Zeiten reduzierten [MSGa].

Management

> *Einen intelligenten Gorilla könnte man so abrichten, daß er ein*
> *mindestens ebenso tüchtiger und praktischer Verlader würde*
> *als irgendein Mensch. Und doch liegt im 'richtigen' Aufheben*
> *und Wegschaffen von Roheisen eine solche Summe von weiser*
> *Gesetzmäßigkeit, eine derartige Wissenschaft, daß es auch für die*
> *fähigsten Arbeiter unmöglich ist, ohne die Hilfe eines Gebildeteren*
> *die Grundbegriffe dieser Wissenschaft zu verstehen oder auch nur*
> *nach ihnen zu arbeiten.*
>
> – Frederick Winslow Taylor

Taylor erkannte, dass die Koordination der Tätigkeiten in den Unternehmen ineffizient war. In seinem Buch *Shop Management* schrieb er 1903 (in [Tay47] zitiert nach [Heb99 S. 34]):

> *Praktisch alle größeren Betriebe ... sind auf eine Weise*
> *organisiert, die man als die Militärische Organisation bezeichnen*
> *kann. Die Befehle des Generals werden durch die Obersten,*
> *Majore, Hauptleute, Leutnants und Unteroffiziere an die*
> *Leute weitergegeben. Auf dieselbe Art gehen in industriellen*
> *Betrieben die Befehle vom Leiter über die Abteilungsleiter, die*
> *Werkstattmeister und die Vorarbeiter zu den Ausführenden.*
> *In einem solchen Betrieb sind die Aufgaben der Meister und*
> *Vorarbeiter so umfangreich und verlangen eine derartige Menge*
> *von Spezialkenntnissen, verbunden mit einer solchen Vielfalt*
> *an natürlichen Fähigkeiten, dass nur Männer, die schon über*
> *unübliche Qualitäten verfügen und viele Jahre besonderer*
> *Ausbildung hinter sich haben, ihre Aufgaben auf befriedigende*
> *Weise bewältigen können.*

Wie bei den Arbeitern war der Erfolg der Meister – und damit des Unternehmens – zu sehr abhängig von den Fähigkeiten der einzelnen Person. Und durch Taylors System wurden die Tätigkeiten der Meister noch umfangreicher, neu kamen hinzu: Zeiterfassung, Tätigkeitsanalyse, Erstellen der Instruktionsblätter, Auswahl und Schulung der Arbeiter. Wurden bisher diese Tätigkeiten in Personalunion ausgeführt, so teilte Taylor diese nach Funktionen. Jede dieser Funktionen sollte nun jeweils von einer speziellen Person ausgeführt werden: Das Funktionsmeister-Prinzip entstand [Zol13]:

- *Gang Boss* – „Rottenführer" bzw. Verrichtungsmeister: Er achtet darauf, dass die Arbeit nach den Ausführungsbestimmungen erledigt wird, immer ein Werkstück bearbeitet wird und alle Hilfsmittel und Materialien vorhanden sind.
- *Speed Boss* – Geschwindigkeitsmeister: Er überwacht die Maschinenlaufgeschwindigkeit und kontrolliert die Arbeitsintensität.
- *Inspector* – Prüfmeister: Er ist für die Qualität und Kontrolle der Arbeitsprodukte zuständig.
- *Repair Boss* – Instandhaltungsmeister: Ihm obliegt die korrekte Wartung der Maschinen, Werkzeuge und Arbeitsplätze.
- *Shop Disciplinarian* – Aufsichtsbeamte: Er kümmert sich um die Aufrechterhaltung der nötigen Disziplin. Bei wiederholter Pflichtverletzung führt er Bestrafungen durch.

Bei dieser mehrdimensionalen Matrixorganisation ist nicht verwunderlich, dass Taylor das Funktionsmeister-Prinzip nicht durchsetzen konnte.

Was von seinen Arbeiten bleibt, ist die Trennung von Kopf- und Handarbeit: Planung und Steuerung wurden von der Ausführung der Tätigkeiten getrennt – der Beruf des Managers war erfunden. Durch die Definition neuer Ausgabenbereiche entstand Management im funktionalen Sinn. Kontrolle im Sinne von Disziplinierung und Überwachung wurde neben Planung (als Arbeitsvorbereitung) zur wichtigsten Managementaufgabe [Sta90].

Henry Ford

> *Warum muss ich jedes Mal, wenn ich zwei Hände zum Arbeiten brauche, auch noch das Gehirn mitdazunehmen?*
>
> – Henry Ford

Henry Ford (1863 bis 1947), der Gründer des Automobilkonzerns *Ford Motor Company*, entwickelte Taylors Ideen radikal weiter und maximierte die Arbeitsteilung, indem er die Tätigkeiten pro Arbeiter auf ein bis zwei Handgriffe reduzierte.

Mit diesen ein bis zwei Handgriffen war die maximale Einfachheit von Arbeitstätigkeiten erreicht! Ein bis zwei Handgriffe konnte jeder lernen, die Millionen billiger und ungelernter Arbeitskräfte konnten nun so eingesetzt werden:

> *„… daß in den Fordschen Fabriken fast die gesamte Arbeiterschaft nur aus Angelernten besteht, deren Tätigkeit nach Ford zu 80 Prozent in längstens einer Woche, davon manche schon in fünf Minuten, ‚erlernt' ist"* [Wit24 S. 60].

Allerdings taten sich neue Herausforderungen bei der Organisation der Arbeit auf:

- Es waren nun viel mehr Arbeiter notwendig als vorher, was zu einem erheblichen Koordinationsmehraufwand führte.
- Wiederholbare Handgriffe erfordern
  - ein standardisiertes Produkt mit standardisierten Bestandteilen und
  - einen standardisierten Herstellungsablauf.

Mit seinem Modell T standardisierte Ford das Produkt: Diesen gab es nur in einer Ausführung und in einer Farbe (Schwarz). Damit waren auch alle Einzelteile des Autos standardisiert.

Um den Herstellungsablauf zu standardisieren, richtete Ford die Folge der Arbeitsschritte nach dem Fließprinzip aus und führte Fließarbeit in Form der Fließbandarbeit ein[1], die bereits in den Schlachthöfen von Chicago zum Einsatz kam. Diese brachte folgende Vorteile [Pfe92, Wit24]:

- Festlegung der zeitlichen und sachlichen Abfolge der Tätigkeiten
- Transport der Arbeit an den Ort der Ausführung

---

[1] Der Begriff der *Fließarbeit* ist weiter gefasst als der Begriff der *Fließfertigung*: Erster ist auch auf Büroarbeit anwendbar, zweiter ist auf den Produktionsprozess bezogen [Pfe92]. Unter Fließarbeit im engeren Sinne ist getaktete Arbeit zu verstehen, bei der die Tätigkeiten zeitlich aufeinander abgestimmt sind und das Anlegen von Puffern möglich ist. Davon unterscheidet man die härtere Form der *Bandarbeit*, bei der die mechanischen Vorrichtungen einen Zwang zur Einhaltung des Taktes ausüben [Pfe92].

- Beschleunigung der Produktion zur Massenproduktion bei einheitlicher Qualität
- Reduktion des Aufwandes zur Kontrolle der Arbeiter und ihrer Tätigkeiten
- ein vereinfachtes Anreiz- und Bezahlungssystem, da nun alle in der gleichen Geschwindigkeit arbeiteten

Das Fließband führte nicht nur zu einer erheblichen Produktivitätssteigerung, sondern reduzierte gleichzeitig den hohen Kontrollaufwand, der im System von Taylor erforderlich war: Das Fließband vereinfachte das Management, weil es durch die Taktvorgabe die Notwendigkeit von Kontrolle der Arbeiter reduzierte [Sta90].

Fortschritt ist Fordschritt.

– Kurt Tucholsky

Die Zeit- und Bewegungsstudien von Taylor und seinen Mitarbeitern dienten nun dazu, die Tätigkeiten in zeitlich gleich lange Teile zu zerlegen, um das Fließband optimal einzusetzen. Produktivitätssteigerungen waren nun einfach durch einen schnelleren Takt, eine schnellere Laufgeschwindigkeit des Fließbandes, zu erreichen.

Das Fließband und der Ablauf waren so speziell, dass jeder Fahrzeugtyp in einer eigens für dieses Modell gebauten Fabrik gefertigt wurde [Pfe92].

Ford kämpfte in der Anfangszeit des Fließbandes mit einer hohen Fluktuation: Die Arbeiter verließen seinen Betrieb schneller, als er neue anlernen konnte. Um dies zu ändern, erhöhte er die Löhne drastisch (von 2,30 auf 5 Dollar pro Tag) und verkürzte die Arbeitszeit auf 48 Stunden pro Woche [Sta90, Wit24]. Zusammen mit

- der arbeitsorganisatorisch optimalen Anordnung von Menschen und Maschinen bei der Montage uniformer Massenprodukte und
- einer erheblichen Senkung[2] der Verkaufspreise zur Steigerung der Absatzmengen

stellt dies das dar, was als *Fordismus* bezeichnet wird [Sta90].

Fordismus: *steht für Massenproduktion, Massenkonsum, den Wohlfahrtsstaat und Wachstum. Eine gewaltige ökonomische und gesellschaftliche Umwälzung des vergangenen Jahrhunderts.*

Gert Schmidt, Soziologe [Sch13]

2.6 Auswirkungen auf heute

Obwohl die Beschaffenheit der Arbeitstätigkeiten mittlerweile wieder komplex ist (s.o. Abschnitt *„Die vierte industrielle Revolution: intelligente technische Systeme"*), leben Taylors und Fords Ideen weiter:

- Es herrscht weiterhin Trennung zwischen Entscheidung (ehemals Kopfarbeit) und Ausführung der Arbeit (ehemals Handarbeit).
- Das Management konzentriert sich immer noch zu einem Großteil auf Kontrolle und das Geben von Anweisungen.

---

[2] So halbierte Ford den Preis seines Modell T innerhalb kürzester Zeit, damit *„sich jeder seiner Arbeiter einen leisten kann"*, das Auto kostete dann ¾ des Jahreslohns eines Arbeiters bei Ford.

- Arbeit – insbesondere auch Büroarbeit – unterliegt immer noch dem vom Bearbeiter nicht beeinflussbaren Fließprinzip.

Und genau dies wird heute zum Problem, weil es nicht mehr zur Beschaffenheit der Tätigkeit passt. Die heutigen komplexen Arbeitstätigkeiten erfordern eine entsprechende Organisation der Arbeit, die völlig anders als die bisherige aus dem Taylorismus resultierende ist. Dies führt in der Konsequenz zu einer anderen Sichtweise auf die Mitarbeiter.

Als die fünf Hauptveränderungen von heute im Vergleich zu früher nennt Steve Denning [Den10, WikiSD]:

1. Veränderung des Firmenziels von *Erzeugung eines Outputs* zum *Erfreuen des Kunden*
2. Veränderung der Rolle des Managers vom *Kontrolleur* zum *Ermöglicher selbstorganisierter Teams*
3. Veränderung in der Art und Weise, wie Arbeit koordiniert wird von *Bürokratie* zu *dynamischer Kopplung*
4. Veränderung *Nutzen/Wert* zu *Werten*
5. Veränderung von *Top-down-Befehlen/Anweisungen* zu *Gesprächen*

2.7 Situation für Unternehmen heute

Aus dem Dargestellten lässt sich Folgendes zusammenfassen:

1. In den letzten 50 – insbesondere den letzten 20 – Jahren veränderte sich die Beschaffenheit der Arbeit wieder zu komplex.
2. Die heute angewandten Methoden (z.B. Best Practices, Management, Organisation) stammen aus einer Zeit, in der die Arbeit maximal einfach war und die längst vorbei ist.
3. Die Trennung von Hand- und Kopfarbeit, d.h. in Arbeit und Management, stammt aus einer Zeit, in der die Angestellten ausnahmslos einfache manuelle Tätigkeiten verrichteten. Heute verrichten die Angestellten komplexe Kopfarbeit. Die Trennung von Planung der Arbeit und deren Ausführung wird damit zum Problem.

Die Konsequenzen sind für Unternehmen, die mit der Veränderung nicht Schritt halten, brutal: Sie geraten unter massiven Marktdruck durch neue Mitbewerber, nicht anpassungsfähige Unternehmen und Kunden verschwinden eher kurzfristig als langfristig (Abbildung 31).

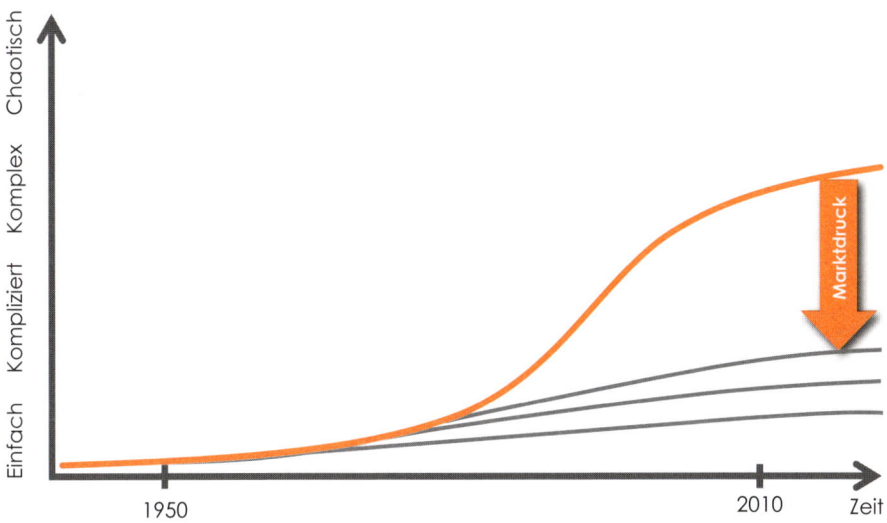

Abbildung 31: Marktdruck auf tayloristische Nachzügler [Woh12]

2.8 Literatur

Weiterführende Literatur

Zur geschichtlichen Darstellung

- Landes, David S.: Der entfesselte Prometheus. Technologischer Wandel und industrielle Entwicklung in Westeuropa von 1750 bis zur Gegenwart, dtv Deutscher Taschenbuch Verlag, München, 1983
- Sombart, Werner: Der moderne Kapitalismus. Band I. Deutscher Taschenbuch Verlag, München, (Unveränderter Nachdruck der 2., neubearbeiteten Auflage, Duncker & Humblot, München und Leipzig, 1916), 1987

Zur zukünftigen Entwicklung

- Brynjolfsson, Erik; McAfee, Andrew: Race Against the Machine: How the Digital Revolution is Accelerating Innovation, Driving Productivity, and Irreversibly Transforming Employment and the Economy. Digital Frontier Press, Lexington/Massachusetts.
- Brynjolfsson, Erik; McAfee, Andrew: Second Machine Age : Work, Progress, and Prosperity in a Time of Brilliant Technologies. Norton & Company, New York, London, 2014. Deutsche Ausgabe: The Second Machine Age: Wie die nächste digitale Revolution unser aller Leben verändern wird. Plassen Verlag ein Imprint der Börsenmedien AG, Kulmbach.
- Ford, Martin: The Lights in the Tunnel: Automation, Accelerating Technology and the Economy of the Future. Acculant Publishing, 2009.
- Kurzweil, Ray: The Singularity Is Near: When Humans Transcend Biology. Penguin Books, 2005. Deutsche Ausgabe: Menschheit 2.0: Die Singularität naht, Lola Books, Berlin, 2013.
- Spath, Dieter (Hrsg.); Ganschar, Oliver; Gerlach, Stefan; Hämmerle, Moritz; Krause, Tobias; Schlund, Sebastian: Produktionsarbeit der Zukunft – Industrie 4., Studie des Fraunhofer-Instituts für Arbeitswirtschaft und Organisation IAO, Fraunhofer Verlag, 2015, online verfügbar: http://www.produktionsarbeit.de/content/dam/produktionsarbeit/de/documents/Fraunhofer-IAO-Studie_Produktionsarbeit_der_Zukunft-Industrie_4_0.pdf

Verwendete Literatur

Bor14: Bortis, Heinrich: Die Industrielle Revolution – das Schlüsselereignis in der Wirtschaftsgeschichte. Universität Freiburg, Lehrstuhl für Wirtschaftstheorie und Wirtschaftsgeschichte. Vorlesungsskript Wirtschaftsgeschichte. Université de Fribourg – Universität Freiburg. 2014. URL: http://www.unifr.ch/withe/assets/files/Bachelor/Wirtschaftsgeschichte/Wige_IndRev1234.pdf

Cop23: Copley, Frank B.: Frederick Winslow Taylor, Father of Scientific Management, Vol I and II, Harper, New York and London

Den10: Denning, Stephen: The Leader's Guide to Radical Management. Reinventing the Workplace for the 21st Century. Jossey-Bass, 2010.

Heb99: Hebeisen, Walter: F.W. Taylor und der Taylorismus: Über das Wirken und die Lehre Taylors und die Kritik am Taylorismus. Vdf, Hochschulverlag an der ETH Zürich, 1999

MSGa: Management Study Guide: Fredrick Taylor View on Processes: http://www.managementstudyguide.com/fredrick-taylor-view-on-process.htm

Lün14: Lünendonk, Thomas; Theobaldt, Lars: Mission Zukunft: ICT 2032 – Thesen für den Weg ins Morgen. DETECON Consulting, 2014, URL: http://www.detecon.com/sites/default/files/2014_Buch_ICT_2032.pdf

Lan83: Landes, David S.: Der entfesselte Prometheus. Technologischer Wandel und industrielle Entwicklung in Westeuropa von 1750 bis zur Gegenwart, dtv Deutscher Taschenbuch Verlag, München, 1983

Pfe92: Pfeifer, Werner; Weiß, Enno: Lean Management. Grundlagen der Führung und Organisation industrieller Unternehmen. Erich Schmidt Verlag, Berlin, 1992

Sch13: Schmidt, Gert in: Hundert Jahre Fließband. Frankfurter Allgemeine Zeitung, 30.03.2013 URL: http://www.faz.net/aktuell/wirtschaft/massenproduktion-hundert-jahre-fliessband-12126094.html?printPagedArticle=true#pageIndex_2

Som87a: Sombart, Werner: Der moderne Kapitalismus. Band I. Deutscher Taschenbuch Verlag, München, (Unveränderter Nachdruck der 2., neubearbeiteten Auflage, Duncker & Humblot, München und Leipzig, 1916), 1987

Som87b: Sombart, Werner: Der moderne Kapitalismus. Band II. Deutscher Taschenbuch Verlag, München, (Unveränderter Nachdruck der 2., neubearbeiteten Auflage, Duncker & Humblot, München und Leipzig, 1916), 1987

Sta90: Staehle, Wolfgang H.: Management. Eine verhaltenswissenschaftliche Perspektive, Verlag Franz Vahlen München, 5. Auflage, 1990

Tay19: Taylor, Frederick W.: Die Grundsätze wissenschaftlicher Betriebsführung. München und Berlin, 1919, Reprint 1983

Tay47: Taylor, Frederick W.: The Principles of Scientific Management. Harper & Brothers, New York, 1947

WikiAL: Autonomes Landfahrzeug bei Wikipedia: http://de.wikipedia.org/wiki/Autonomes_Landfahrzeug

WikiAU: Automatisierung bei Wikipedia: http://de.wikipedia.org/wiki/Automatisierung

WikiDR: Digitale Revolution bei Wikipedia: http://de.wikipedia.org/wiki/Digitale_Revolution

WikiFWT: Frederick Winslow Taylor bei Wikipedia: http://de.wikipedia.org/wiki/Frederick_Winslow_Taylor

WikiHAL: Humanisierung des Arbeitslebens bei Wikipedia: http://de.wikipedia.org/wiki/Humanisierung_des_Arbeitslebens

WikiHAW: Humanisierung der Arbeitswelt bei Wikipedia: http://de.wikipedia.org/wiki/Humanisierung_der_Arbeitswelt

WikiIR: Industrielle Revolution bei Wikipedia:

WikiI4: Industrie 4.0 bei Wikipedia: http://de.wikipedia.org/wiki/Industrielle_Revolution

WikiJS: Jäger und Sammler bei Wikipedia: http://de.wikipedia.org/wiki/J%C3%A4ger_und_Sammler

WikiJSZ: Jungsteinzeit bei Wikipedia: http://de.wikipedia.org/wiki/Jungsteinzeit

WikiM: Manufaktur bei Wikipedia: http://de.wikipedia.org/wiki/Manufaktur

WikiMG: Mooresches Gesetz bei Wikipedia: http://de.wikipedia.org/wiki/Mooresches_Gesetz

WikiNL: Neolithisierung bei Wikipedia: http://de.wikipedia.org/wiki/Neolithisierung

WikiNLR: Neolithische Revolution bei Wikipedia: http://de.wikipedia.org/wiki/Neolithische_Revolution

WikiNZ: Neuzeit bei Wikipedia: http://de.wikipedia.org/wiki/Neuzeit

WikiSD: Stephen Denning bei Wikipedia: https://en.wikipedia.org/wiki/Steve_Denning

WikiZIR: Zweite Industrielle Revolution bei Wikipedia: http://de.wikipedia.org/wiki/Zweite_industrielle_Revolution

Wit24: Witte, I.M.: Taylor * Gilbreth * Ford – Gegenwartsfragen der amerikanischen und europäischen Arbeitswissenschaft. München und Berlin; Verlag von R. Oldenbourg, 1924.

Woh12: Wohland, Gerhard; Wiemeyer, Matthias: Denkwerkzeuge der Höchstleister. Warum dynamikrobuste Unternehmen Marktdruck erzeugen, UNIBUCH Verlag, Lüneburg, 2012.

Zol13: Zollondz, Hans-Dieter: Grundlagen Lean Management. Einführung in Geschichte, Begriffe, Systeme, Techniken sowie Gestaltungs- und Implementierungsansätze eines modernen Managementparadigmas. Oldenbourg Verlag München, 2013.

In diesem Teil des Buches erhalten Sie einen Einblick in eine agile Organisation: Das Musikportal *Spotify* ([Kni12, 15], zusätzlich seien die beiden Videos [Kni 14a, b] empfohlen). Da diese sich permanent weiterentwickelt, permanent anpasst, kann jede Darstellung über eine agile Organisation immer nur eine Momentaufnahme zum Zeitpunkt der Beschreibung sein. *Spotify* hatte 2016 ca. 2000 Mitarbeiter, 100 Mio. Nutzer und machte 2015 1,945 Mrd. Euro Umsatz. Damit ist *Spotify* sicherlich eine der größeren agilen Organisationen, eine Garantie fürs Überleben ist dies im schnelllebigem Internet-Business allerdings nicht.

Abbildung 1 zeigt den Struktur von *Spotify,* auf die im Folgenden detaillierter eingegangen wird.

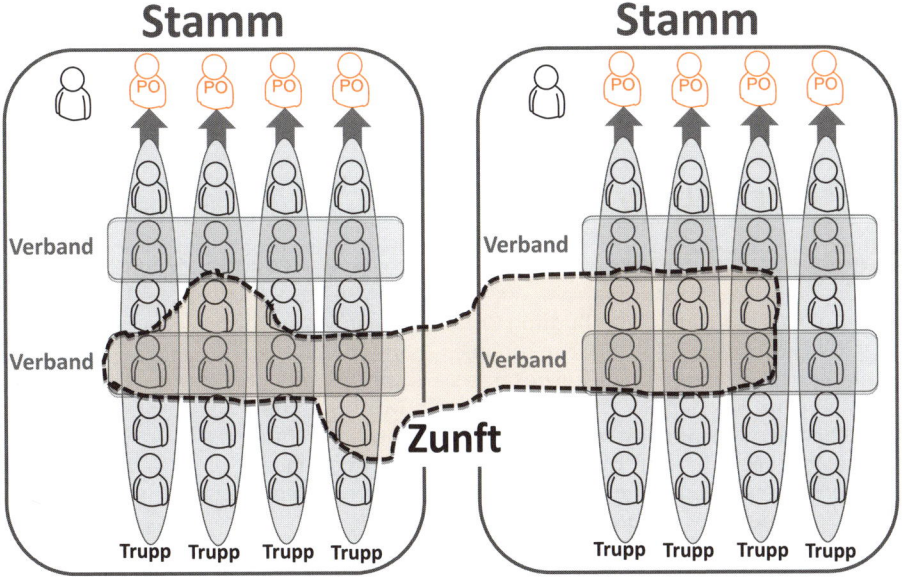

Abbildung 1: Einheiten bei Spotify im Überblick ([Kni12, 15], mit freundlicher Genehmigung von Henrik Kniberg)

Kapitel 1
Ein detailierter Blick auf ein agiles Unternehmen

Kernaussagen

- Das Wichtigste in einer Organisation sind die Menschen. Daher ist alles an ihnen auszurichten.
- Vertrauen und Verantwortung sind die Basis von Selbstorganisation.
- Stabile Teams sind die Basis einer agilen Organisation.
- Organisationseinheiten bis zu einer Größe von 100 Personen sind sehr leistungsfähig.
- Der Aufbau der Organisation muss sich am Aufbau und der Struktur des zu erstellenden Produktes richten. Vernetze dazu Teams.

1.1 Über Spotify

Die Basis: ein Trupp

Basis der Organisation (Abbildung 2) ist ein *Trupp* (engl. *Squad*). Dieser ist ein → *crossfunktionales Team* ohne Führungskraft, Manager oder Vorgesetzen – ähnlich einem Scrum-Team. Im Grunde ist jedes Team ein Mini-Startup – in einer Organisation mit über 75 Teams ist das eine echte Herausforderung! Jeder Trupp hat die Ende-zu-Ende-Verantwortung für seinen Teil am Gesamtprodukt. Der Fokus der Trupps liegt auf *Produktlieferung* und *Qualität*.

Der *Product Owner (PO)* ist der „Business-Manager" des Teams: Er ist dafür verantwortlich, dass es mehr Wert schafft, als es selbst kostet – also einen positiven *Return on Invest (ROI)* liefert. Dazu gibt er keine Anweisungen an das Team, sondern versorgt es mit den Aufgabenstellungen zuerst, deren Lösung für den Kunden den höchsten Wert darstellen. *Wie* diese Aufgabenstellung umgesetzt wird, liegt allein in der Verantwortung des Teams.

Trupp

Abbildung 2: Das Grundmodul der Organisation ist ein Trupp [Kni12, 15]

Jedes Team erhält von „seinem" Product Owner das Was es bearbeiten soll. Über die Organisation der Product Owner wird sichergestellt, dass jedes Thema nur von einem Team bearbeitet wird.

Wie bei agilen Teams üblich, sitzt es dazu in einem selbst gestaltetem Raum (→ CoLocation, Abbildung 3) und trifft eigenständig alle Entscheidungen bzgl. der Umsetzung der Arbeitsinhalte („was" es tut) und seiner Arbeitsweise („wie" es etwas tut). Ebenso steht in der Verantwortung des Teams, nach welcher agilen Methodik es vorgeht: Viele verwenden Scrum, andere Kanban und einige eine Mischung aus beidem.

Abbildung 3: Ja, da hängt ein Hai von der Decke – völlig normal. Blick in einen Team-Raum mit Lounge Area bei Spotify ([Kni12, 15], mit freundlicher Genehmigung von Henrik Kniberg)

Jedes Team hat eine langfristige Mission, z.B. einen Client für das Smartphone-Betriebssystem Android zu bauen und zu verbessern, an der Bezahl-Lösung oder den Back-End-Systemen zu arbeiten oder einzelne Elemente und Teile des Web-Music Players zu betreuen. Wie Abbildung 4 zeigt, übernehmen verschiedene Trupps die Verantwortung für verschiedene Teile des Gesamtproduktes.

Die Trupps sind angehalten, den Lean-Startup-Prinzipien (→ Lean Startup) oder iterativem Lernen (validated learning) zu folgen. Entsprechend dem agilem Vorgehen sollen sie so schnell wie möglich kleine Schritte in der Produktentwicklung machen und kleine Produktinkremente ausliefern, um schnell herauszufinden, was funktioniert und was nicht, und dann in die Richtung gehen, in der es funktioniert: „Denk es, bau es, verschicke es, verbessere es."

Da die Trupps auf Dauer bestehen und sich eingehend einem Thema/Auftrag widmen, können sich seine Mitglieder zu Experten auf den jeweiligem Gebiet entwickeln, dies gibt ihnen eine Perspektive in der persönlichen Entwicklung.

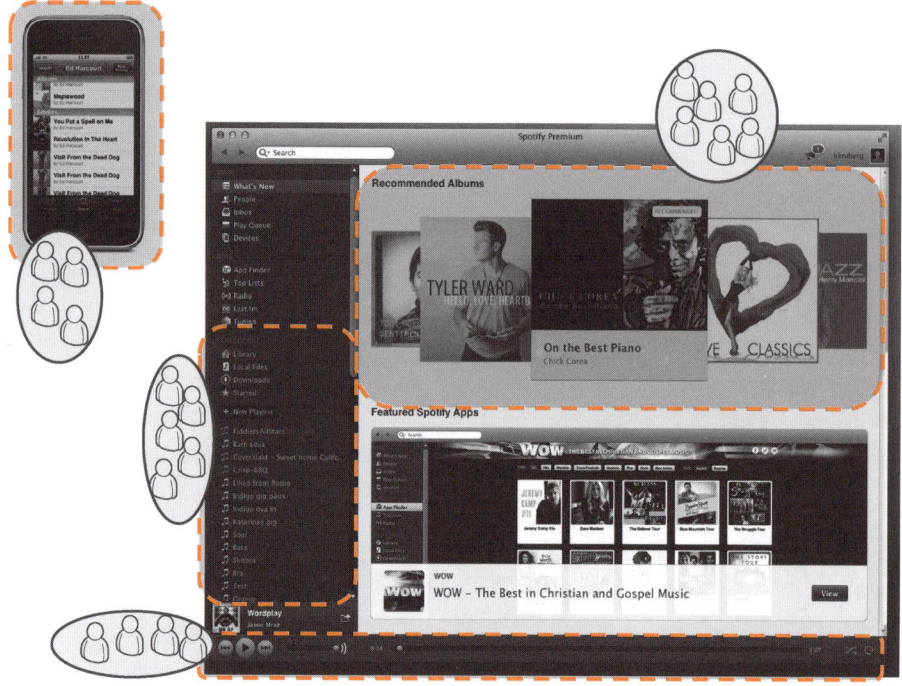

Abbildung 4: Jeder Trupp betreut einen eigenen Produktteil ([Kni12, 15], mit freundlicher Genehmigung von Henrik Kniberg)

Um Lernen und neue Ideen zu fördern, wird jeder Trupp ermutigt, etwa 10 % seiner Arbeitszeit in sogenannte *„hack days"* zu investieren. An diesen Tagen machen die Mitarbeiter, was sie wollen: Sie probieren neue Ideen, Werkzeuge und Technologien aus und tauschen sich darüber aus – viele Innovationen haben hier ihren Anfang genommen. Wie die Trupps diese *hack days* organisieren, bleibt ihnen überlassen: Einige machen alle zwei Wochen einen *hack day*, andere fassen diese zu einer *hack week* zusammen.

Die Trupps haben – wie Scrum-Teams auch – keinen formalen Leiter, jedoch einen Produktverantwortlichen (*Product Owner*) für den von ihnen betreuten Produktteil. Er ist für die Priorisierung der Aufgaben des Teams verantwortlich, allerdings nicht, *wie diese Arbeit umgesetzt wird,* dies bleibt in der Verantwortung des Trupps. Die Product Owner unterschiedlicher Trupps arbeiten zusammen und pflegen eine Übersichtsdarstellung, die aufzeigt, wohin sich das Gesamtprodukt entwickelt. Der *Product Owner* leitet aus dieser Darstellung die zukünftigen Anforderungen für den von „seinem" Team betreuten Teil ab.

Jeder Trupp hat Zugang zu einem a*gilen Coach*, der es bei der Verbesserung seiner agilen Arbeitsweise unterstützt. So führen die Coaches → *Retrospektiven* und → *Sprint Planning Meetings* durch, leisten 1:1-Coaching etc.

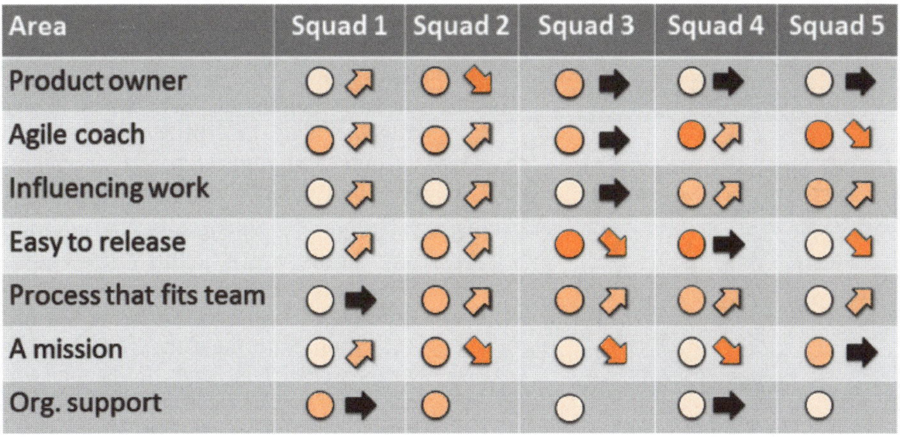

Area	Squad 1	Squad 2	Squad 3	Squad 4	Squad 5
Product owner	○ ↗	○ ↘	○ →	○ →	○ →
Agile coach	○ ↗	○ ↗	○ →	● ↗	● ↘
Influencing work	○ ↗	○ ↗	○ →	○ ↗	○ ↗
Easy to release	○ ↗	○ ↗	● ↘	● →	○ ↘
Process that fits team	○ →	○ ↗	○ ↗	○ ↗	○ ↗
A mission	○ ↗	○ ↘	○ ↘	○ ↘	○ →
Org. support	○ →	○	○	○ →	○

Abbildung 5: Auswertung der quartalsweisen Umfrage in den Trupps ([Kni12, 15] mit freundlicher Genehmigung von Henrik Kniberg)
Die Kreise zeigen den aktuellen Zustand mit Ampelfarben, die Pfeile den jeweiligen Trend. In diesem Beispiel lassen sich Muster erkennen: Drei Trupps haben Schwierigkeiten mit der Freigabe („Release") und anscheinend verbessert sich hier auch nichts – dieser Bereich braucht dringend die Aufmerksamkeit der Organisation! Trupp 4 befindet sich in einer schlechten Situation mit dem agile Coach, allerdings verbessern sich hier die Dinge schon.

Idealerweise ist jeder Trupp voll autonom im Kontakt mit seinen Stakeholdern (Anwender, Kunden, Management) und ohne möglicherweise blockierende Abhängigkeiten von anderen Trupps.

Um zielgerichtet zu verbessern, wird jeder Trupp quartalsweise bzgl. einer Liste von Punkten abgefragt (Abbildung 5 und [Kni12, 15]):

- *Product Owner*: Hat der Trupp einen engagieren Product Owner, der die Aufgaben priorisiert und sowohl Geschäftswert als auch technische Aspekte im Blick hat?
- *Agile Coach*: Hat der Trupp einen agilen Coach, der ihn dabei unterstützt, kontinuierlich besser zu werden und Hindernisse zu erkennen?
- *Beeinflussung der Arbeit*: Kann jedes Truppmitglied seine Arbeit beeinflussen, aktiv an der Planung teilnehmen und seine zu bearbeitenden Aufgaben selbst wählen? Kann jedes Truppmitglied 10 % seiner Arbeitszeit mit *hack days* verbringen?
- *Einfache Freigabe („Release")*: Kann der Trupp die Ergebnisse seiner Arbeit mit minimalem Aufwand live geben?
- *Passende Prozesse*: Fühlt der Trupp sich für seine Prozesse verantwortlich und verbessert er diese?
- *Mission*: Hat der Trupp eine klare Mission, die jeder kennt und verinnerlicht hat? Sind die Aufgaben des Teams auf diese Mission bezogen?
- *Organisatorische Unterstützung*: Weiß der Trupp, wohin er sich wenden muss, um Unterstützung bei der Lösung von Problemen – sowohl technische als auch „weiche" – zu bekommen?

Ein Stamm beherbergt die Trupps

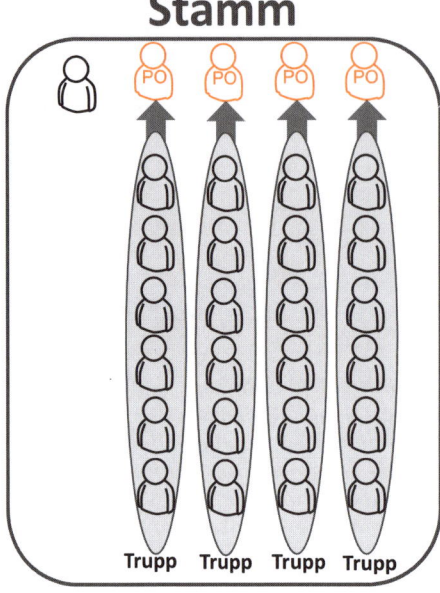

Abbildung 6: Ein Stamm beherbergt in verwandten Gebieten arbeitende Trupps ([Kni12, 15] mit freundlicher Genehmigung von Henrik Kniberg)

Alle Trupps, die in verwandten Gebieten arbeiten, z.B. dem Music Player oder der Back-End-Infrastruktur, sind zu einem *Stamm* (engl. *Tribe*) zusammengefasst (Abbildung 6).

Der Stamm kann als eine Art „*Inkubator*" für die Mini-Startup-Trupps gesehen werden. Er hat eine ziemlich große Freiheit und Autonomie. Jeder Stamm hat einen Stammesführer, der dafür verantwortlich ist, dass die Trupps seines Stamms das bestmögliche Umfeld zum Gedeihen haben. Die Trupps eines Stammes befinden sich im selben Bürobereich, üblicherweise direkt nebeneinander, und teilen sich gemeinsame Lounge Areas, um die Zusammenarbeit zwischen ihnen zu fördern.

In ihrer Größe sind die Stämme nach der → *Dunbar-Zahl* bemessen. Um Verschwendung durch Bürokratie und unnötigen Koordinationsaufwand zu vermeiden, werden die Stämme bei *Spotify* auf 100 Mitglieder begrenzt. *Spotify* schätzt, dass der Mehraufwand, der durch die Koordination von mehr als 100 Mitgliedern pro Stamm entsteht, nicht oder nur ungenügend durch deren Leistung gedeckt ist.

Regelmäßig halten die Stämme Zusammenkünfte ab: Das sind informelle Treffen, auf denen sie einander (und Gästen, die gerade da sind) zeigen, woran sie arbeiten, was sie fertiggestellt haben und was andere von dem, was sie gerade tun, lernen können. Dies umfasst live Demonstrationen neuer Software, Tools und Techniken, coole *hack day*-Projekte etc.

Die verschiedenen Stämme sind nur durch die Produktstruktur miteinander verbunden. Die Koordination der von den einzelnen Teams zu bearbeiten Produktmerkmale erfolgt über die Product Owner-Struktur.

Abhängigkeiten der Trupps untereinander

Größere Produkte führen dazu, dass verschiedene Trupps an verschiedenen Produkt-Features arbeiten und sich dadurch in Abhängigkeiten begeben (Abbildung 7). Diese Abhängigkeiten wird es immer geben. Dies ist nicht notwendigerweise schlecht – gelegentlich müssen Trupps zusammenarbeiten, um etwas wirklich Beeindruckendes zu erstellen. Wichtig ist nur, dass die Abhängigkeiten nicht zu Blockierungen führen. Als günstig hat es sich erwiesen, Abhängigkeiten nur innerhalb eines Stammes zuzulassen, da sich diese einfacher lösen und aushandeln lassen (Abbildung 8).

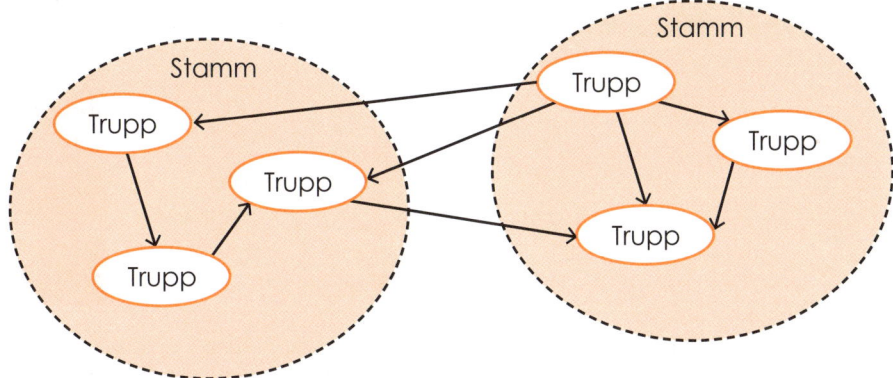

Abbildung 7: Abhängigkeiten zwischen von verschiedenen Trupps bearbeiteten Produkt-Features führen zu Abhängigkeiten zwischen diesen Trupps ([Kni12, 15] mit freundlicher Genehmigung von Henrik Kniberg)

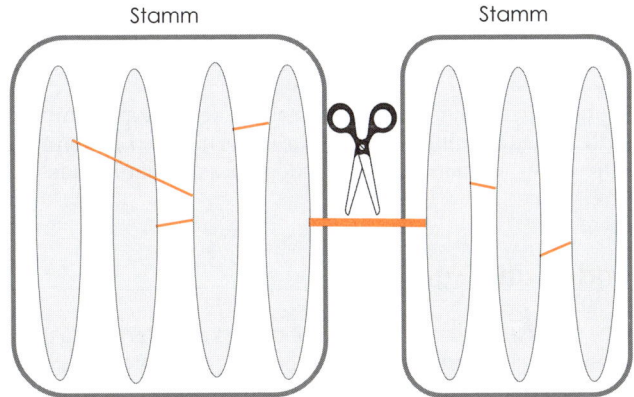

Abbildung 8: Abhängigkeiten zwischen den Stämmen sind zu beseitigen ([Kni12, 15] mit freundlicher Genehmigung von Henrik Kniberg)

Trotzdem ist es das Ziel, die Trupps so autonom wie möglich zu halten, insbesondere blockierende oder behindernde Abhängigkeiten zu minimieren. Um die Teams in ihrer Unabhängigkeit zu unterstützen, werden diese regelmäßig befragt, von welchen anderen Trupps sie abhängig sind und in welchem Umfang diese Abhängigkeiten ihre Arbeit behindern oder blockieren. Gemeinsam werden dann Lösungen gesucht, diese Abhängigkeiten zu verringern (Abbildung 9).

Insbesondere Abhängigkeiten zwischen Stämmen führen zu Re-Priorisierung von Themen, Re-Organisationen, technischen Modifikationen und Änderungen.

Diese Abfragen helfen auch, Überblick über Muster zu bekommen, nach denen die Trupps voneinander abhängen und sich z.B. bei einer zunehmenden Anzahl von Trupps die Arbeitsabläufe verlangsamen. Mit einfachen Graphen wird über die Zeit verfolgt, ob die Abhängigkeiten zu- oder abnehmen.

Weil die meisten Trupps ziemlich unabhängig voneinander sind, gibt es standardmäßig keine Strukturen zur Skalierung von Scrum (*Scrum of Scrums*). Sollte

	A	B	C	D	E
1	Squad	Depends on	Dependency	Comment	Same tribe?
2	**Music Player**				
3	Content	Ops	Slowing	Need machines, connections, help set-up things etc. Works really well in general, but at times the workload on operations causes the lead times to grow and slow us down	No
4	Content	NeXT	No problem	Storage. Not big, mostly information/communication needs to happen.	No
5	Content	BFS	No problem	Replacement service	Yes
6	Content	Team 2	No problem	Communication around next story	No
7	Content	Team 1	Future	Content ingestion	No
8	BFS	UX	Slowing	Need UX to discuss, review and provide mock-ups.	No
9	BFS	Content	No problem	Normal dependencies, sprint work.	Yes
10	BFS	Mobile	Slowing	No internal mobile developers within Squad.	No
11	BFS	Analytics	Slowing	A/B test results slowing down roll outs of features	No
12	BFS	Team 3	Blocking	Waiting for data dumps	No
13	BFS	Team 1	Future	Waiting for data dumps	No
14					

Abbildung 9: Ergebnis der Befragungen der Trupps bzgl. Abhängigkeiten von anderen Trupps und deren Auswirkungen ([Kni12, 15] mit freundlicher Genehmigung von Henrik Kniberg)

für einzelne Themen dies zeitweise notwendig sein, werden bei Bedarf derartige Strukturen temporär geschaffen.

Die Zusammenarbeit bei *Spotify* folgt den agilen Werten: *„It's an informal but effective collaboration, based on face-to-face communication rather than detailed process documentation."* [Kni12]

Wenn jeder Trupp vollständig autonom wäre und keine Kommunikation mit anderen Trupps hätte, warum sollte es dann ein Unternehmen geben? *Spotify* könnte auch in 75 kleine Unternehmen zerlegt werden – was ist der Vorteil einer größeren Organisation?

Von Verbänden und Zünften

Eine potenzielle Kehrseite der hohen Autonomie kann der Verlust von Rationalisierungseffekten sein. So kann z.B. der Tester aus Trupp A sich mit einem Problem herumschlagen, das der Tester aus Trupp B bereits letzte Woche gelöst hat. Wie können alle Tester aus allen Trupps und Stämmen ihr Wissen teilen und Methoden entwickeln, die zum Vorteil aller Trupps wären?

Dies leisten Verbände (Chapters) und Zünfte (Guilds). Sie sind der Kitt, der das Unternehmen zusammenhält und Rationalisierungseffekte ermöglicht, ohne zu viel Autonomie zu opfern.

Statt einer fixen Struktur setzt *Spotify* auf Communities (→ *Community of Practice*) in den Stämmen – dies sind die Verbände – und zwischen den Stämmen – dies sind die Zünfte. Dabei bilden sich nur die Verbindungen heraus, die notwendig sind und daher von den Kommunikationspartnern initiiert und so lange am Leben gehalten werden, wie sie es für notwendig erachten. Da der zu bearbeitende Gegenstand (das Produkt) sich ändern kann, passen sich die unterstützenden Strukturen (Verbände und Zünfte) dementsprechend an. Hier scheint auch der Geist von Lean heraus: *keine Verschwendung durch unnütze Strukturen erzeugen.*

Ein *Verband* (engl. *Chapter*, Abbildung 10) ist eine kleine Gruppe von Personen, die ähnliche Fähigkeiten haben und in ähnlichen Kompetenzfeldern desselben Stammes arbeiten, z.B. alle Tester, alle Webentwickler, alle Back-End-Betreuer. Verbände finden sich immer nur *innerhalb* eines Stammes, nie stammübergreifend.

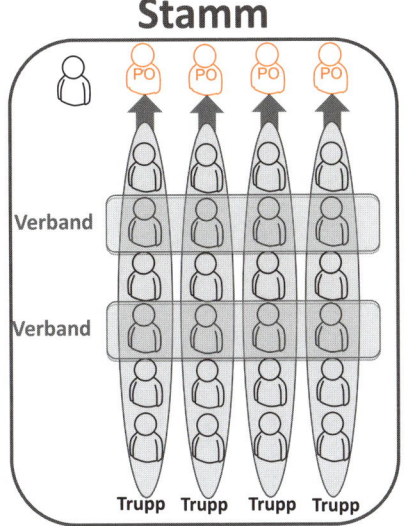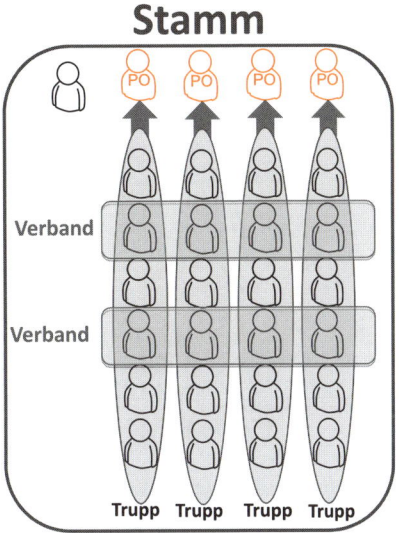

Abbildung 10: Ein Verband besteht aus Personen eines Stammes, die ähnliche Fähigkeiten haben und in ähnlichen Kompetenzfeldern arbeiten ([Kni12, 15] mit freundlicher Genehmigung von Henrik Kniberg)

Regelmäßig trifft sich jeder Verband, um Themen und Herausforderungen auf seinem Gebiet zu besprechen.

Der *Führer des Verbandes* ist Linienmanager für seine Verbandsmitglieder mit allen traditionellen Verantwortungen wie Coaching und Mentoring seiner Mitarbeiter, Personalentwicklung, Gehaltsverhandlungen etc. Allerdings ist der Führer des Verbandes auch Mitglied eines Trupps und als solcher in das Tagesgeschäft eingebunden, was ihm hilft, mit der Wirklichkeit in Kontakt zu bleiben. Die Wirklichkeit ist allerdings chaotischer als diese Beschreibung: Z.B. sind die Verbandsmitglieder nicht gleichmäßig über die Trupps verteilt, einige haben viele Web-Entwickler, andere gar keine. Die Beschreibung hier soll die grundsätzliche Idee aufzeigen. Ein Vorteil der Verbände ist, dass ein Mitarbeiter einen Trupp wechseln kann und – da er im selben Verband bleibt – sein Linienmanager dabei derselbe bleibt. Dies ermöglicht Flexibilität und Stabilität gleichzeitig.

Eine *Zunft* (engl. *Guild,* Abbildung 11) ist eine organische und umfassende *„Interessengemeinschaft"* (→ *Community of Practice*): Eine Gruppe von Personen über das gesamte Unternehmen, die Wissen, Erfahrungen, Methoden und Praktiken teilen wollen, z.B. alle Web-Entwickler, alle Tester, alle Agile Coaches. Häufig umfasst eine Zunft alle Verbände zu diesem Thema und steht gleichzeitig jedem Interessiertem offen. Eine Zunft erstreckt sich normalerweise immer über die gesamte Organisation. Kommunikation findet auf unvorhersehbaren und informellen Wegen statt. Dies unterstützen die Zünfte. Dazu nutzen sie Methoden der informellen Kommunikation, wie Mailinglisten und halbjährliche Un-Konferenzen, um sich untereinander auszutauschen und im Kontakt zu bleiben. Jeder kann jeder Zunft jederzeit beitreten oder diese verlassen.

Jede Zunft hat einen *Koordinator,* der sich nur um die Arbeit dieser Zunft kümmert.

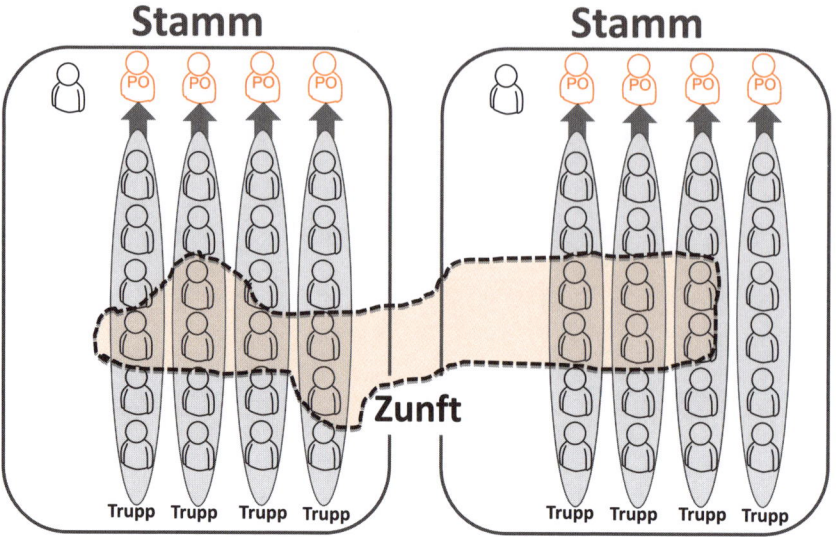

Abbildung 11: Eine Zunft umfasst stämmeübergreifend alle an einem Thema Interessierten ([Kni12, 15] mit freundlicher Genehmigung von Henrik Kniberg)

Eine Matrix – doch anders!

Klassischerweise werden in Matrixorganisationen Menschen mit ähnlichen Kompetenzen in Fach-Abteilungen zusammengefasst (und berichten an einen Fachmanager) und von dort aus Projekten zugeteilt. Dies gibt es bei *Spotify* nur im Ausnahmefall. Die Matrix hier ist ausgerichtet auf die *Auslieferung von Wert an den Kunden* (vgl. Darstellung zu Agilität in Teil III).

Die *vertikale Dimension der Matrix* bei *Spotify* ist die hauptsächliche, da in dieser die Menschen physisch gruppiert sind und sie die meiste Zeit verbringen. Dazu sind die Menschen in stabile, räumlich zusammen sitzende Trupps (→ *CoLocation*) gruppiert. In diesen arbeiten Personen mit verschiedenen Kompetenzen zusammen und organisieren sich selbst (→ *crossfunktionale Teams*), um dem Kunden ein großartiges Produkt zu liefern. In dieser Dimension der Matrix – der *„Was"*-Dimension (Abbildung 12) – erhält jedes Mitglied eines Trupps Führung vom Product Owner bzgl. *„was als Nächstes zu bearbeiten ist"*.

Die *horizontale Dimension der Matrix* umfasst das Teilen und den Austausch von Wissen, Methoden und Software-Code. Es ist Aufgabe des Führers des Verbandes, dies zu fördern und zu unterstützen. In dieser Dimension der Matrix – der *„Wie"*-Dimension (Abbildung 12) – erhält jedes Mitglied eines Trupps Richtlinien und Führung durch den Verband – durch den Verband als Gruppe und nicht den Verbandsführer als einzelnen – bzgl. *„wie es zu bearbeiten ist"*.

Diese Teilung in *„wie"* und *„was"* entspricht dem „Professor und Unternehmer"-Modell von Mary und Tom Poppendieck: Der Product Owner ist der „Unternehmer" oder der „Produkt-Champion", der darauf fokussiert, ein großartiges Produkt abzuliefern, während der Führer des Verbandes der „Professor" oder „Kompetenzführer" ist, der auf technische Exzellenz fokussiert. Zwischen beiden Rollen gibt es

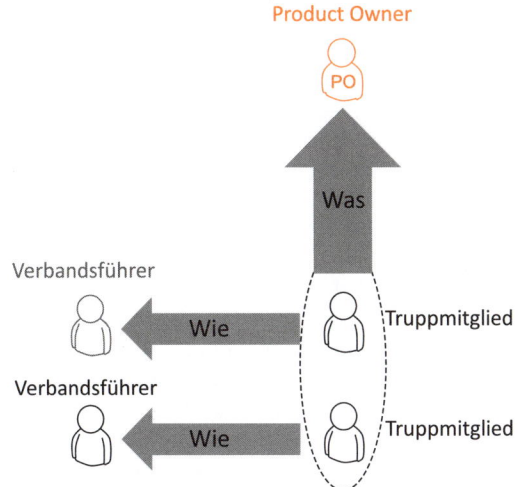

*Abbildung 12: Jedes Mitglied eines Trupps ist in einer Matrix aus „was" und „wie"
([Kni12, 15] mit freundlicher Genehmigung von Henrik Kniberg)*

eine gesunde Spannung: Der Unternehmer will Dinge beschleunigen und einsparen, der Professor will Dinge entschleunigen und korrekt gestalten. Da beide Aspekte gebraucht werden, entsteht eine produktive Beziehung.

Wie läuft es mit der Produktarchitektur?

(Das Thema *Architektur von Software* ist ein wichtiges und gleichzeitig schwieriges Thema: Einerseits bestimmt sie die Struktur des Produktes und muss daher frühzeitig festgelegt werden, andererseits muss sie auch zu einem fortgeschrittenen Entwicklungszeitpunkt noch veränderbar sein, um neue Produktmerkmale aufzunehmen.)

Spotifiys Technologie ist extrem serviceorientiert und hat dafür 100 unterschiedliche Systeme – und jedes kann individuell gewartet und betrieben werden. Dies umfasst Back-End-Services, wie das Playlist-Management, die Suche oder Bezahlsysteme, sowie Clients wie den iPad Player oder spezielle Komponenten wie das Radio oder die „Was ist neu"-Sektion des Music Players.

Im Prinzip ist es jedem Mitarbeiter gestattet, jedes System zu bearbeiten. Da die Trupps letztlich Teams für einzelne Features sind, müssen sie normalerweise verschiedene Systeme mit Updates versehen, um ihr Feature live zu schalten. Das Risiko ist dann, dass die Architektur eines Systems durcheinandergebracht wird, wenn sich niemand auf die Integrität des Systems als Ganzes konzentriert.

Um dieses Risiko zu senken, gibt es die Rolle des „Systeminhabers" (*„System Owner"*). Alle Systeme haben einen oder (bevorzugt) ein Paar als Systeminhaber. Für betriebskritische Systeme bildet ein Paar aus einem Entwickler – also eine Person mit der Entwicklerperspektive – und einem Operator – also eine Person mit der Perspektive des Betriebs – den System Owner. Der System Owner ist die Instanz, an die es sich mit allen Belangen bzgl. Technik und Architektur dieses Systems zu wenden gilt. Als Koordinator leitet er die Menschen, die in dieses System programmieren, an, damit sie sich nicht in die Quere kommen. Er fokussiert auf Dinge wie Qualität, Dokumentation, technische Schulden, Stabilität, Skalierbarkeit und den Release-Vorgang.

Der System Owner muss nicht persönlich alle Entscheidungen treffen, noch allen Programmcode schreiben oder alle Releases vornehmen. Er ist üblicherweise ein Mitglied eines Trupps oder ein Führer eines Verbandes, der weitere Verantwortlichkeiten im Tagesgeschäft hat. Allerdings wird er von Zeit zu Zeit einen *„System Owner-Tag"* durchführen und sich um das System kümmern. Im Allgemeinen wird er nicht mehr als 10 % seiner Zeit für diese Rolle aufbringen müssen, dies schwankt allerdings stark zwischen den Systemen.

Es gibt auch die Rolle des *Chefarchitekten*, der alle High-Level-Architekturthemen koordiniert, die quer über verschiedene Systeme gehen. Er überprüft die Entwicklung neuer Systeme, um sicherzustellen, dass sie keine bekannten Fehler beinhalten und auf die Architekturvision ausgerichtet sind. Er gibt lediglich Empfehlungen, Ideen und Informationen – die Entscheidung – und damit die Verantwortung – für das endgültige Design eines Systems liegt bei dem Trupp, der es baut.

1.2 … und die Ergebnisse soweit?

Spotify ist in den technischen Bereichen sehr schnell gewachsen – innerhalb der letzten Jahre von 30 auf 500 Personen (2014). Dabei hat es auch seine Erfahrungen mit Wachstumsschmerzen gemacht! Das Skalierungsmodell – mit Trupps, Stämmen, Verbänden und Zünften – wurde nach und nach über die Jahre eingeführt, z.T. gewöhnen sich die Menschen noch daran. Wie Umfragen und Retrospektiven bisher zeigen, scheint es gut zu funktionieren und bietet die Möglichkeit, in etwas „hineinzuwachsen". Trotz des schnellen Wachstums hat sich die Zufriedenheit der Beschäftigten kontinuierlich gesteigert: Bei der letzten Messung lag sie bei 94 %.

Allerdings – wie bei anderen schnell wachsenden Organisationen – liegen in den heutigen Lösungen bereits die Probleme von morgen.

1.3 Was zeigt uns das Beispiel *Spotify*?

If everything is under control, your're going too slow!

– Mario Andretti, ehemaliger US-amerikanischer
Automobilrennfahrer

Spotify zeigt eine komplett andere Unternehmenskultur als das, was wir bisher kennen. Diese inspirierende Kultur basiert auf anderen Annahmen als bisherige Unternehmenskulturen:

- *Menschenbild*: ein positives Menschenbild mit positiven Unterstellungen wie z.B. *„Menschen sind natürlicherweise Innovatoren"*
- *Vertrauen und Verantwortung*:
  - gelebtes Vertrauen statt permanenter Kontrolle
  - maximale Autonomie statt Vorgaben im Klein-Klein
- *fehlertolerante Kultur*
- *permanente Verbesserung* (Gedankengut von Lean)

- *Prinzipien sind wichtiger als Praktiken;* Agilität ist mehr als Scrum; Management ist eine Dienstleistung, kein Selbstzweck; Mitarbeiter sind wichtiger als der Chef (Servant > Master)
- kein Ausruhen, *permanent alles infrage stellen* und verbessern

Spotify skaliert über Prinzipien und nicht über Strukturen. Zwar werden neue Teams – und damit jeweils bekannte Strukturen – hinzugefügt, was wie ein → „Copy & Paste"-Skalieren verstanden werden könnte, in der Tat werden allerdings Prinzipien verfolgt.

Spotify hat für sich eine flexible Organisationsstruktur gefunden, die sich *an das Produkt* anpasst. Diese modulare Struktur – basierend auf den Modulen „Trupp mit Product Owner" als kleinste Einheit – bietet Flexibilität in jeder Richtung.

Menschenbild: Menschen sind wichtiger als alles andere!

Spotify zeigt die für agile Unternehmen typische Unternehmenskultur: *Menschen sind wichtiger als alles andere!* Und zwar Menschen als *Mitarbeiter und Kunden.* Um diese dreht sich alles.

Hi everyone,
Our employee satisfaction survey says
91% enjoy working here,
and 4% don't.

This is of course not satisfactory,
and we want to fix it.

If you're one of those unhappy 4%,
please contact us.
We're here for your sake, and nothing else.

Abbildung 13: Reaktion des Head of People Operations auf das Ergebnis von 91 % zufriedenen und 4 % unzufriedenen Mitarbeitern [Kni14 a,b]

Dass dies keine Floskeln sind, zeigt die Reaktion des den *Head of People Operations* (das sind die, die *den Mitarbeitern dienen*): Für ihn war das Ergebnis von 91 % zufriedener und 4 % unzufriedener Mitarbeiter nicht zufriedenstellend [sic!]. In seiner internen Email (Abbildung 13) an alle Mitarbeiter bat er die 4 % Unzufrieden, sich zu melden. Dies und die Bearbeitung ihrer Themen funktionierte offensichtlich, denn bei der nächsten Befragung ein halbes Jahr später lag der Wert bei 94 %! Der Mitarbeiter steht als *Mensch* wirklich mit Mittelpunkt, auch im Handeln des Managements und nicht nur der Worte.

Dieses Beispiel zeigt gleichzeitig, dass offensichtlich auch Vertrauen der Mitarbeiter in die Führungskräfte und das Unternehmen entsteht, wenn Worte und Taten zusammenfallen.

Motivation: Ausgerichtete Autonomie

Bei *Spotify* erhalten die Mitarbeiter und Teams maximale Autonomie: Sie entscheiden selbst, *was sie wie umsetzen* und *wie sie zusammenarbeiten.* Dies motiviert die Mitarbeiter extrem – und motivierte Menschen erstellen bessere Produkte (s. *Autonomy, Mastery* und *Pupose in* Abschnitt III.2.3).

Gleichzeitig erhalten die Mitarbeiter und Teams eine maximale Ausrichtung auf Vision und Mission des Unternehmens. Die Mitarbeiter sehen dadurch ein klares *Wozu* ihres Tuns, sie finden *Sinn in ihrem Tun*. Nichts motiviert mehr, als zu etwas Großem beizutragen! (s. *Motivation durch Sinn* in Abschnitt III.2.3). Und diese Ausrichtung ermöglicht es, maximale Autonomie zu geben („*Alignment enables Autonomy*", Abbildung 14). Je mehr Ausrichtung erreicht wird – z.B. durch die Vermittlung der Vision –, desto mehr Autonomie kann gleichzeitig den Mitarbeitern und Teams gegeben werden, diese Vision eigenständig zu erreichen. Aufgabe der Führungskräfte ist es, klar darzustellen, *welche* Probleme gelöst werden müssen und *wozu* – die Aufgabe der Trupps ist es, zusammenzuarbeiten, um die beste Lösung dafür zu finden. Das ist *ausgerichtete Autonomie* („*aligned autonomy*").

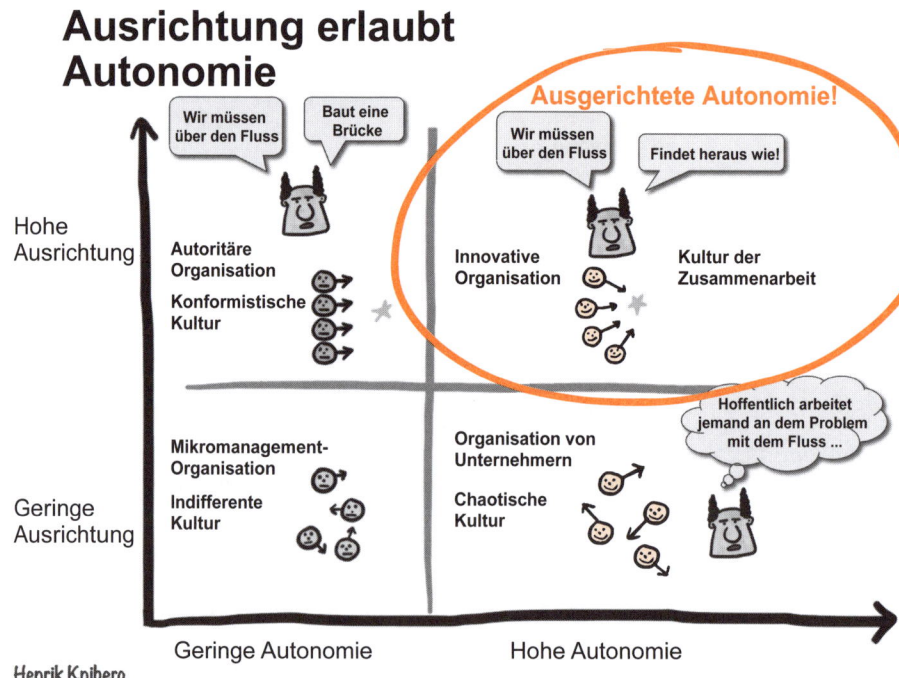

Abbildung 14: Ausrichtung ermöglicht Autonomie [Kni 14a, b]:
- Geringe Autonomie *und* geringe Ausrichtung *führen zu Mikromanagement mit einer indifferenten Kultur.*
- Geringe Autonomie *und* hohe Ausrichtung *führen zur autoritären Organisation mit einer konformistischen Kultur.*
- Hohe Autonomie *und* geringe Ausrichtung *führt zu einer Startup-/ unternehmerischen Organisation mit einer chaotischen Kultur.*
- Hohe Autonomie *und* hohe Ausrichtung *führen zu einer innovativen Organisation mit einer Kooperationskultur.*

Die dazu notwendige Perfektion im Tun (*Mastery*), im Beherrschen und Entwickeln der Vorgehensweise, der Technologien und Tools erarbeiten sich die Mitarbeiter dann gemeinsam selbst – indem sie sich gegenseitig unterstützen und voneinander lernen. Und sie können das: Denn die Grundvoraussetzungen dazu sowie ein Grundverständnis für Agilität bringen die Mitarbeiter schon bei der Einstellung mit. Ein guter Weg hierzu ist, das Team, in dem der neue Mitarbeiter arbeiten wird, den Personalauswahlprozess selbst durchführen zu lassen und sich für den Bewerber zu entscheiden, mit dem sie am liebsten zusammenarbeiten wollen. Warum sollen Manager entscheiden, wer mit wem im Team zusammenarbeitet? Wir haben es hier mit selbstständigen erwachsenen Menschen zu tun, dann behandeln wir sie auch so!

Vertrauen und Verantwortung

Bei *Spotify* wird jedem Vertrauen entgegengebracht und im Gegenzug übernimmt jeder Verantwortung für seinen Anteil am Ganzen. Die fehlertolerante – ja Fehler begrüßende – Unternehmenskultur ermöglicht dies: Es ist nicht schlimm Fehler zu machen, Fehler passieren, da man im Komplexen unterwegs ist. – Schlimm ist nur, nicht aus Fehlern zu lernen und Fehler zu vertuschen. Diese angstfreie Organisationskultur ist gleichzeitig die Basis für Innovation.

Denken in Systemen und Komplexität

Spotify ist ganz klar getragen von einem Denken in Systemen und in Komplexität. Daher wird auch gar nicht erst der Versuch gemacht, „Experten" sich Lösungen ausdenken zu lassen, die die anderen Mitarbeiter dann umsetzen (müssen) – weil klar ist, dass man im Bereich Komplexität unterwegs ist und hier Experten nichts nutzen. Stattdessen finden die Mitarbeiter in Selbstorganisation die Lösungen selbst und setzen diese um.

Selbstorganisation

Spotify vertraut auf Selbstorganisation auf verschiedenen Ebenen:

- den *Trupps* auf Teamebene
- den *Stämmen* auf „Abteilungsebene"
- den *Verbänden* innerhalb der Stämme
- den *Zünften* zwischen den Stämmen

Diese Selbstorganisation erfolgt ohne Vorgaben – sie ergibt sich einzig und allein aus der Aufgabe, welche die jeweilige Einheit zu bearbeiten hat. Die Struktur der Organisation folgt hier ganz klar der Struktur des Produktes – *Spotify* beachtet hier das *Gesetz von Conway* (s. Kapitel IV.1).

Spotify kann auch auf Selbstorganisation vertrauen, da es das entsprechende Menschenbild vertritt.

Kultur: Du bist die Kultur!

Agile at scale requires Trust at scale.

Spotifys Kultur basiert auf den agilen Werten und Prinzipien. Und wenn eine Umsetzung dieser Werte und Prinzipien die weitere Entwicklung des Unternehmens hindert, dann wird diese durch eine bessere ersetzt. *Werte und Prinzipien sind wichtiger als Praktiken!* Praktiken auszuführen, um Praktiken auszuführen, ist → *Cargo-Kult!*

Einer der Erfolgsfaktoren von *Spotify* ist die agile Kultur in der Produktentwicklung. *Spotify* startete als „Scrum"-Firma und merkte im Laufe der Zeit – und des Wachstums –, dass dies das Unternehmen nicht weiterbrachte. Daher brach man mit dem Bisherigem und machte die Ausführung der einzelnen Scrum-Artifakte optional. Eine vorgegebene Struktur mit Regeln ist ein guter Start, beide müssen gebrochen werden, wenn es sich als notwendig erweist. Agilität ist eben mehr als Scrum, die agilen Prinzipien sind wichtiger als agile Praktiken. Um den kulturellen Wandel zu unterstützen, hat *Spotify* den Scrum Master zu einem agilen Coach weiterentwickelt, um einen *„Servant Leader"* statt eines *„Process Masters"* zu bekommen.

Entwickle das Verhalten, das du sehen möchtest!

Kultur ist die Summe der Einstellungen und Verhaltensweisen sowie der Handlungen eines jeden Einzelnen im Unternehmen. Das, was die Menschen machen, wird zur Kultur, weil sie es machen und die anderen dies zulassen. Kulturwandel kann nicht verordnet werden, nicht angewiesen werden. Kultur kann nicht geplant und designt werden. *Kultur ist das, was stattfindet!* Und dies führt dann zur Aussage von *Spotify* gegenüber jedem Mitarbeiter: *Du bist die Kultur: Entwickle das Verhalten, das Du sehen möchtest (You are the culture: Model the behavior you want to see).* Und so wird das, was jeder jeden Tag macht, zur Kultur der Organisation – aus sich selbst heraus.

Und der Kern von *Spotifys* Kultur ist, dass jeder jedem vertraut und diesem unterstellt, immer sein Bestes zu geben. Und da sind wir wieder beim Menschenbild …

Kulturfokussierte Rollen

Niemand besitzt die Kultur, Kultur ist das, was stattfindet. Um dies zu unterstützen, fokussiert *Spotify* darauf:

- *People Operations*: Dies ist keine umbenannte *Human-Ressources*-Abteilung, sie hat ein völlig anderes Selbstverständnis: Sie erbringt *wirklich* Dienstleistungen für die Mitarbeiter und redet nicht nur davon im Habitus des Top-Managements. Sie ist *wirklich* für die Mitarbeiter da, kümmert sich *wirklich* um die Themen, damit die Mitarbeiter optimal arbeiten können (s. Abbildung 13). Sie hat das Selbstverständnis eines Dienstleisters.
- *Agile Coaches*: Diese unterstützen die Teams im Entwickeln ihrer agilen Arbeitsweise und bei kontinuierlichen Verbesserungen.
- *„Boot camps"* in denen neue Mitarbeiter in einer Woche zusammen Dinge bauen und die Kultur nicht nur direkt erleben, sondern selbst ausführen.
- *Storytelling*: Kultur wird über das Teilen von Geschichten von Erfolgen, Fehlern und Learnings (z.B. via Blog, Post-Mortem-Meerings, Demo oder beim Mittagessen) weitergegeben.

Gegenseitiger Respekt

Kern der Unternehmenskultur bei *Spotify* ist der Gedanke: *Wir sitzen alle im selben Boot!* Es gibt keinen Gegensatz zwischen unten und oben, vorn und hinten, rechts und links. Wir sind *ein* Unternehmen, haben *gemeinsam Erfolg* und *gemeinsam Misserfolg*. Durch die gemeinsam geteilte Unternehmensvision und -mission, gegenseitiges Vertrauen und Verantwortung wird dies ausgedrückt.

Lean Startup: *Think it – Build it – Ship it – Tweak it* – Effekt ist wichtiger als Geschwindigkeit

Das größte Risiko ist immer, das *falsche Ding* zu bauen – da hilft auch keine noch so perfekte Umsetzung. Falscher Inhalt bleibt leider falsch, auch perfekt umgesetzt. Es geht immer darum, zunächst *das Richtige* herausfinden und dieses dann *richtig zu tun!*

Um dies herauszubekommen, betreiben die Teams „*Feldforschung*": Sie können a priori nicht wissen, was das Richtige ist. Daher bauen sie *verschiedene Prototypen*, um zu messen, was die Kunden am besten annehmen. Ist das Team dann von einer Idee überzeugt, dann bauen sie diese als MVP-Produkt („*Minimum Viable Product*" oder bei *Spotify* auch „*Minimum* Lovable *Product*" genannt → *Lean Startup*). Dieses wird dann nur an einige Nutzer ausgeliefert, um deren Verhalten im Vergleich zu bisherigen oder anderen Lösungen zu messen (A/B-Test). Ziel ist, herauszufinden, ob und wie dieses Feature bei den Kunden ankommt. Und dann wird dieser Teil des Produktes so lange verbessert, bis der vom Team gewünschte Effekt eintritt. Es wird also nicht ein Produkt technisch realisiert und dann „*dem Kunden über den Zaun geworfen*" in der Annahme „*er wird damit schon zurechtkommen*". Ein Feature ist erst dann fertig, wenn es den gewünschten Effekt erreicht hat – auch wenn dies zulasten der Geschwindigkeit in Produktentwicklung und Auslieferung geht. Das Erreichen des gewünschten Effektes ist wichtiger als Geschwindigkeit, denn Effekt führt zu Wert, zu dem, was dem Kunden wert ist – schnelle Auslieferung von Falschem, weil Unbrauchbarem, nicht.

Schnell zu sein ist wichtig. Allerdings nur dann, wenn das Tun trotz Schnelligkeit auch zu der beabsichtigen Wirkung führt. Daher ist Wirkung wichtiger als Geschwindigkeit.

Innovation ist wichtiger als Vorhersagbarkeit – das Liefern von Wert ist wichtiger als Planerfüllung

> *I think of my squad as a group of volunteers that are here to work on something they are super-passionate about.*
>
> – Ein Product Owner bei Spotify

In einem so innovativen Unternehmen wie *Spotify* ist schwer vorherzusehen, wie sich das Produkt weiterentwickeln wird, was die nächsten Wows sein werden – denn dies ist nicht planbar. Dies ist für uns nur schwer auszuhalten, kommen wir doch aus einer Welt der Vorhersagbarkeit und damit der Planbarkeit. *Doch 100 % Vorhersagbarkeit bedeutet 0 % Innovation!* Wir müssen aushalten, das wir in Bezug auf Kreativität weder die Ergebnisse noch die Richtung, in der die Entwicklung geht, vorhersehen – und damit planen – *können*. Im Komplexen – und damit im Kreativen – gelten völlig andere Paradigmen. Dies anzunehmen und konstruktiv zu nutzen ist die Herausforderung. Und darauf setzt *Spotify*: Indem es eine klare Ausrichtung und maximale Autonomie („*ausgerichtete Autonomie*") gibt und darauf vertraut, dass Menschen kreativ sind und sich permanent selbst übertreffen wollen. (Achtung: Menschenbild!)

Wo kommen die Ideen her? Jeder soll 10 % seiner Arbeitszeit dafür verwenden, um zu experimentieren und zu bauen, was immer er will – dieses auch bei anderen innovativen Unternehmen wie *Google* ausgeübte Prinzip heißt bei Spotify *Hack Time*. Kommen dabei immer sinnvolle Ideen heraus? Das ist völlig egal! O-Ton: *„Wenn wir genug Ideen ausprobieren, überspringen wir das angestrebte Ziel von Zeit zu Zeit!"* Und der daraus gewonnene *Wissenszuwachs* ist wertvoller als das eigentliche Ergebnis des Hacks. Und – es macht Spaß! Der ROI von *Hack Time* lässt sich nicht exakt beziffern, es ist ein Teil der Kultur. So what …? Lässt sich in herkömmlichen Unternehmenskulturen der ROI von Parkplätzen für Führungskräfte berechnen …? Oder der eigene Aufzug in die Vorstandsetage?

Zusätzlich gibt es zweimal im Jahr eine *Spotify Hack week* unter dem Mantra *„Mach' coole Dinge real!"* mit dem Motto: *„Build whatever you want! With whoever you want! In whatever way you want!"* Dabei probieren Mitarbeiter nicht nur neue Technologien, Tools und Methoden aus, sondern auch die Zusammenarbeit mit Kollegen aus anderen Trupps und Stämmen. Dies fördert die informelle Vernetzung und Kommunikation – genau davon leben agile Organisationen! In dieser Woche entstehen interessante Ergebnisse – nicht immer sinnvoll und doch hoch kreativ! Neues entsteht, indem man es ausprobiert! Man kann es nicht planen! Den Abschluss der *Spotify Hack Week* bildet jeweils am Freitag eine öffentliche Vorführung der Ergebnisse und eine große Party. Auch hier haben wir wieder ein anderes Menschenbild als in bisherigen Unternehmen: *„Menschen sind natürliche Innovatoren, so geh ihnen aus dem Weg und lass sie Dinge ausprobieren!"*

Entsprechend den agilen Werten ist das Wichtigste *das Ausliefern von Wert an den Kunden* – auch wenn dafür Pläne „gerissen" werden müssen. Wert ist das, was den Kunden erfreut – und wofür er bezahlt.

Fehlertolerante Kultur – Fehlerkultur bei Spotify

Abbildung 15: Aussage des Gründers von Spotify zur Fehlerkultur [Kni14 a,b]

Kreativität setzt voraus, Fehler machen zu dürfen. Man muss neue Dinge, verrückte Dinge ausprobieren dürfen, ohne bei einem Scheitern bestraft zu werden. Scheitern muss völlig normal sein. Und außerdem – Scheitern ist nur dann ein Scheitern, wenn man nichts daraus lernt (→ *Lean Startup*)! Und genau das macht *Spotify*: Jeder Fehlschlag ist eine *Lernerfahrung*. Jeder Fehler wird ausgewertet, z.B. in *Post-Mortem-Meetings*: In diesen – einer → *Retrospektive* vergleichbaren – Meetings wird der Fehlschlag ausgewertet: *Was haben wir daraus gelernt? Was ändern wir?* Dabei geht es nie darum: *Wer hat den Fehler gemacht? Und was sind die Konsequenzen für ihn?*

Fehler-Tickets werden erst dann geschlossen, wenn die Lernergebnisse daraus klar sind. Denn es geht nicht darum, *einen Fehler* in einem Produkt zu beheben, sondern *den Fehler prinzipiell unmöglich zu machen: „Fix the process not just the product!"*

Auch wird Spotify-intern völlig offen und transparent mit Fehlern und den Lernergebnissen daraus umgegangen. So gibt es im internen Blog Artikel zu „Celebrate Failures" und in vielen Teams Fehlerwände, auf denen für alle sichtbar die letzten Fehler und die Lernergebnisse daraus beschrieben werden.

Die Unternehmenskultur von Spotify ist nicht nur fehlertolerant, sondern auch experimentierfreudig. Statt Entscheidungen mit rationalen Argumenten treffen zu wollen, probieren sie es einfach aus: *Brauchen wir A oder B? Lass uns beides ausprobieren und vergleichen! Sollen wir Sprint Planning Meetings machen? Lasst sie uns einige Zeit weglassen und schauen, ob wir sie vermisst haben! Sollen wir … oder … im Music Player machen? Lass uns beides machen und den Impact messen!"* Die Entscheidung wird auf Basis von realen gemessenen Daten gefällt – statt meinungsgetrieben, egogetrieben oder autoritätsgetrieben! Damit sind Entscheidungen nicht nur belastbar, sie sind auch transparent und für jeden nachvollziehbar – sie sind objektiv!

Das Vorgehen bzgl. Experimente dreht sich um folgende drei Fragen:

- *Was ist die Hypothese?*
- *Was haben wir gelernt?*
- *Was versuchen wir als Nächstes?*

Auch die *Spotify Hack Week* startete als Experiment – und ist nun Teil der Spotify-Kultur.

Natürlich dürfen Fehler nicht tödlich sein – ein Fehler darf nicht die Existenz des Unternehmens gefährden. Dazu ist sowohl die Größe des Experimentes als auch der Auswirkungsradius zu begrenzen (→ *Lean Change Management*). Auf Produktebene begrenzt *Spotify* den Auswirkungsradius von Fehlschlägen durch eine entkoppelte Architektur und schrittweise Auslieferung. Experimentelle Features bekommen nur einige wenige Nutzer angeboten, um deren Reaktion zu testen und Fehlschläge so gering wie möglich zu halten. Dies gibt den Trupps den Mut, zu experimentieren und auf diesem Weg schnell zu lernen.

Spotify ist es also wichtiger, Fehler schnell zu beseitigen – statt sie komplett zu verhindern! Und genau dieses *„Fail Fast! – Learn Fast! – Improve Fast!"* sieht *Spotify* als Strategie für dauerhaften Erfolg an. Denn: Kopieren kann diese Strategie jeder, *den Inhalt* allerdings nicht, denn die Ergebnisse sind und bleiben mit der Organisation verbunden, als explizite – und damit sichtbare und kopierbare – und als implizite – und damit nicht sichtbare, nicht kopierbare, weil unternehmenskulturrelevante – Auswirkungen.

Bekenntnis zum Unperfekten

Spotify hat – im Vergleich zu anderen – bereits viel erreicht und ruht sich nicht darauf aus. Immer wieder wird betont: *„Wir haben noch eine Menge Probleme und viel zu tun!"* Das zwingt immer wieder, *„am Boden zu bleiben"* und sich um die wichtigen Dinge zu kümmern, statt in Selbstgefälligkeit und Arroganz abzugleiten.

Kultur der kontinuierlichen Verbesserung

Wenn es keinen Wert liefert, weg damit.

– Grundlegendes Prinzip der kontinuierlichen
Verbesserung bei Spotify

Die fehlertolerante Kultur führt zu kontinuierlicher Verbesserung. Neues wird ausprobiert und gemessen, ob es besser – im Sinne von einfacher und schneller mehr Wert schaffend – als das Bisherige ist oder nicht. Nicht nur Fehler – und vor allem ihre Ursachen – werden unmittelbar beseitigt, sondern alles, was keinen Wert *für den Kunden* bringt und damit *Verschwendung* ist. Dies führt zu einer *„verschwendungsabweisenden Kultur"* – auch bekannt als Lean. Lean und Agile gehören zusammen!

Diese Verbesserungskultur erfolgt aus zwei Richtungen in der Organisation: *Sie wird von unten getrieben und von oben unterstützt.*

Jede Verbesserungsmaßnahme wird auf *Improvement Boards* öffentlich – und damit für alle nachvollziehbar – dokumentiert.

Zudem arbeiten die Teams mit einem *Definition of Awesome* genannten Konzept, bei dem sie den Idealzustand in Form einer Story oder Vision beschreiben: *„In einer perfekten Welt hätten wir …".* Daraus leiten sie dann die nächsten konkreten Schritte ab, wie sie dahin kommen. Dies hilft, Verbesserungen zu fokussieren und Fortschritt nachzuvollziehen. Natürlich ändern sich diese Beschreibungen und Visionen – das liegt in der Natur der Dinge –, sie geben als *„Nordstern"* sowohl Richtung als auch Motivation für weitere Verbesserungen. *Awesome* ist kein Platz, den man erreichen kann, es ist eine Richtung, in der die Reise geht.

Gesunde Kultur heilt defekte Prozesse

Die Kultur von *Spotify* ist nicht nur fehlertolerant, sie heilt auch defekte Prozesse. Wenn ein Prozess nicht (mehr) funktioniert, übernehmen die davon betroffenen Mitarbeiter die Verantwortung dafür, diesen zu reparieren.

Teilen statt besitzen

Spotify hat ein internes Open-source-Modell bzgl. seines Produktes: Zwar hat jeder Trupp die Verantwortung für ein technisches System, doch kann jeder Mitarbeiter in jedes System hineinarbeiten und dort Veränderungen vornehmen. Das Team, in dessen Verantwortung dieses System liegt, sieht diese Veränderungen durch und überprüft sie (*Peer code review*). Der Effekt daraus ist nicht nur eine verbesserte Qualität, sondern auch die Verbreitung von Wissen.

Das ganze technische System bei *Spotify* basiert auf einem *Selbstbedienungsmodell*: Die verschiedenen Teams stellen ihre Leistungen den anderen Teams zur Verfügung und diese „ziehen" (nehmen) sich dann das, was sie gerade brauchen. Beispielsweise stellen die Infrastruktur-Trupps ihre Leistungen den Client-App-Trupps und den Feature-Trupps zur Verfügung und die Client-App-Trupps ihre Leistungen den Feature-Trupps. Dieses „Ziehen" der Leistungen entspricht dem Gedankengut von *Lean* und schafft eine Kultur des „Ermöglichen" – und diese ist besser als ein Bedienen. Das Ganze funktioniert wie ein Buffet: *Jeder bedient sich selbst* – Dies minimiert die Notwendigkeit von Übergaben (Handoffs) und Koordination.

Und genauso gehen die Teams bei *Spotify* mit Methoden und Tools um. Hat ein Team etwas entwickelt oder entdeckt, dass für es funktioniert, wird dieses Wissen informell in den Verbänden und Zünften verteilt. Andere Trupps probieren dies aus und verbessern es. So wird das, was bei vielen Trupps funktioniert, zum Quasi-Standard, bis etwas Neues, etwas Besseres gefunden oder entwickelt wird. Diese Übernahme betrifft sowohl Praktiken, Methoden und Tools als auch Arbeitsergebnisse (Software-Code). Egoismus ist verpönt. Es geht darum, dass *„alle in einem Boot sitzen"* und nur *gemeinsam* vorankommen. Diese gegenseitige Inspiration ist besser als Standardisierung: Sie ist nicht nur schneller, sondern auch billiger, weil aufwendige und träge zentrale Tests und Verwaltung – die kreative Prozesse eher verhindern als befördern – wegfallen.

Struktur: Werde modular – beseitige Abhängigkeiten!

Mit seiner flexiblen Organisationsstruktur schafft sich *Spotify* die Fähigkeit, sich flexibel an das zu erstellende Produkt anzupassen. Hintergrund ist hier das → *Gesetz von Conway* (s. Kapitel IV.1), nachdem Unternehmen ihre interne Kommunikationsstruktur in das Produkt einbauen – und damit Kommunikationsprobleme in der Organisation zu Problemen im Produkt führen. Dies umgeht *Spotify*, indem es auf eine agile Organisation setzt (Abbildung 16).

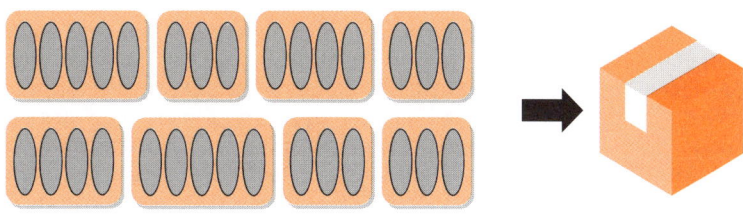

Flexible Organisationsstruktur   **Produkt**

Abbildung 16: Agile Organisation*: Die Struktur der Organisation wird an die Struktur des Produktes angepasst*

Selbstorganisation: Community statt Struktur

Think global, act local.

Der Kerntreiber bei *Spotify* sind die autonomen Trupps. Diese selbst organisierten, lose gekoppelten und stark ausgerichteten Teams sind autonom in der Umsetzung ihrer Aufgaben. Jedes Team bekommt über den Product Owner die Vision eines Programm-Features, eines Kundennutzen, und entscheidet dann selbstständig, *wie es das baut* und *wie es zusammenarbeitet*, um dieses zu bauen. Dazu gibt es „Leitplanken" für jedes Team: *Langfristige Ziele*, wie die Mission dieses Trupps und die Gesamt-Produktstrategie, und *kurzfristige Ziele*, die jedes Quartal vereinbart werden. Dabei schlagen die langfristigen die kurzfristigen, die übergeordneten die untergeordneten Ziele: *Die Spotify-Mission ist immer wichtiger als die Mission eines einzelnen Trupps.*

Das Kernprinzip dabei ist: *Seid autonom und suboptimiert nicht!* Die Herausforderung beim Geben von Autonomie besteht darin, zwar autonom, allerdings nicht suboptimimal zu werden! Autonomie darf nicht dazu führen, dass lauter optimale Teams (lokale Optima) entstehen und dadurch das Unternehmen als Ganzes dann suboptimal ist. Auch hier unterstützt wieder die Ausrichtung auf ein *gemeinsames* Ziel, eine *gemeinsame* Vision. So sehen die Teams – und jeder Einzelne –, dass sie Teil von etwas Größerem, Gemeinsamem sind. Zudem unterstützt die Vernetzung in Verbänden und Zünften sowie das *Spotify*-interne Open-Source-Modell die gegenseitige Unterstützung und so die Optimierung des Ganzen, statt lokale Egoismen zu fördern.

Lieber Chaos als Bürokratie

Um so flexibel, so agil wie möglich zu bleiben, riskiert *Spotify* lieber Chaos als Bürokratie. Die zentralen Fragen dazu sind: *Was ist die minimale Struktur, um zu verhindern, im Chaos zu versinken? Was ist die minimal notwendige Bürokratie?* In Anlehnung an das MVP – das *Minimum Viable Product* – aus Lean Startup formuliert *Spotify*: *Was ist die MVB – die Minimum Viable Bureaucracy?* Das agile Denken wird hier universell angewandt, auch auf das Unternehmen und seine Struktur – das ist wirklich agil!

Verkleinere das Produkt, statt die Organisation zu vergrößern

Mehr Mitarbeiter leisten nicht automatisch mehr (→ Brooks'sches Gesetz). Oft wird berichtet, dass die Abläufe flüssiger sind, wenn *weniger* Menschen involviert sind.

Und genau das macht *Spotify*: Es hat die technischen Voraussetzungen dafür geschaffen, dass die Teams kleine und häufige Lieferungen von Wert an den Kunden (Releases) machen können und es einfach ist, etwas auszuliefern. Weil es einfach ist, erfolgt es schneller und häufiger, was dazu führt, dass kleinere Stücke ausgeliefert werden, was die Auslieferung wiederum einfach macht. Zudem sind die Releases entkoppelt: Regelmäßig (alle ein oder zwei Wochen) gibt es sogenannte *Release Trains*, die neue Funktionalitäten aufnehmen und im Produkt zur Verfügung stehen. Da diese Veröffentlichungen regelmäßig, oft und zuverlässig erfolgen, besteht weder Hektik noch Druck, einen bestimmten Termin zu erreichen. Unfertige Funktionalitäten werden in den Release Train mit aufgenommen und über *Features Toggles* (dies sind Schalter in der Software) noch nicht freigeschaltet. Der aktuelle Code ist damit schon im Programm, für den Kunden zwar noch nicht sicht- und nutzbar, allerdings zeigt sich *„hinter den Kulissen"* schon, ob er sich mit dem bisherigem Code verträgt. So werden noch unsichtbar für den Kunden bereits unerwünschte Auswirkungen erkannt und abgestellt.

Minimiere den Bedarf an großen Projekten

Statt großer Schritte – und damit großer Projekte – geht *Spotify* den Weg der *vielen kleinen Schritte*. Dazu gehen viele Trupps parallel viele kleine Schritte und kommen als Ganzes – als Unternehmen – insgesamt schneller voran.

Doch auch *Spotify* muss hin und wieder größere Schritte gehen, wenn es sich nicht vermeiden lässt. Um bei diesen das Projekt – und die einzelnen Teams – zusammenzuhalten und die Zusammenarbeit zu verbessern, erfolgen intensiver Austausch und Koordination über:

- Visualisieren von Fortschritt (Boards, Charts, etc.)
- *Daily Sync Meeting*: ein Meeting zur täglichen Synchronisation der einzelnen Tätigkeiten und Aktionen, vergleichbar dem → *Daily Standup-Meeting*
- Wöchentliche Demos mit allen beteiligten Mitarbeitern und Stakeholdern, um zu zeigen, was der aktuelle Stand ist und um Abweichungen früh zu erkennen.

Alle diese Maßnahmen führen zu einer besseren Zusammenarbeit und reduzieren das Risiko des Scheiterns durch schnelles Feedback.

Ein weiterer Erfolgsfaktor ist eine klare Führung des Projektes durch einen *Technical Lead* und einen *Product Lead*, manchmal auch zusätzlich durch einen *Design Lead*.

Skaliere den Produktverantwortlichen

Bei *Spotify* findet – wie im Agilen insgesamt – eine Trennung zwischen Geschäftsverantwortung und Umsetzung statt. Die Produktverantwortlichen (Product Owner) tragen die Verantwortung dafür, dass die Teams die Produktmerkmale als Erstes umsetzen, die dem Kunden den höchsten Wert bieten. Die Teams tragen die Verantwortung dafür, diese Produktmerkmale so einfach und schnell wie möglich zu realisieren.

Da jeder Trupp einen eigenen Product Owner hat, wird beim Aufbau weiterer Teams die Verantwortung für das Produkt ebenfalls erweitert.

Beseitige Abhängigkeiten zwischen den einzelnen Anforderungen an das Produkt

Die Anforderungen für jedes Team müssen voneinander unabhängig sein, damit diese einzeln priorisiert und auch einzeln und unabhängig voneinander umgesetzt werden können. Dies trifft umso stärker zu, je größer die Organisation ist und je mehr Teams in die Umsetzung der Anforderungen einbezogen sind.

Beseitige Abhängigkeiten zwischen den Produktteilen/auf der Ebene der Funktionen

Die Struktur des Produktes – seine Architektur – muss so aufgebaut sein, dass verschiedene Teams *gleichzeitig* an verschiedenen Teilen arbeiten können, ohne sich in die Quere zu kommen. Dies kann z.B. auf Modulbasis geschehen. *Spotify* nutzt ein Framework, in dem das Feature jedes Teams als App läuft. Das bedeutet, Organisationsstruktur und Produktstruktur müssen zusammenpassen: *Die Produktarchitektur muss die Autonomie der Trupps unterstützen.* Dies führt gleichzeitig dazu, dass es verschiedene Trupps für die verschiedenen Teile der Architektur – und damit des Produktes – gibt: Infrastruktur-Trupps, Client-App-Trupps und Feature-Trupps, die sich jeweils auf ihren Teil des Produktes fokussieren.

Allerdings müssen auch *innerhalb* eines Moduls verschiedene Teams unabhängig voneinander an ihren jeweiligen Aufgaben arbeiten können. Dies ist eine technische Herausforderung!

Ebenso wie die organisatorische Herausforderung: eine Organisation zu schaffen, die flexibel an verschiedene Produkte angepasst werden kann. *Spotify* erreicht dies über das Organisations-Grundmodul „Trupp mit Product Owner". Mit diesem organisationalen Grundbaustein lassen sich beliebige flexible Strukturen aufbauen.

Etabliere einen kurzen, regelmäßigen Lieferzyklus

Ein schneller Lieferzyklus bedeutet schnelles Feedback. Schnelles Feedback bedeutet schnelles Lernen. Schnelles Lernen bedeutet schneller die richtigen Dinge herauszufinden …

Ein schneller regelmäßiger Lieferzyklus schließt die Lernschleife. Und um Lernen geht es bei Agilität!

Bilde zuerst starke Teams. Übertrage ihnen dann die Probleme

Spotify basiert auf den dauerhaft gebildeten Trupps. Zwar können Truppmitglieder – dies ist allerdings eher die Ausnahme als die Regel – durchaus auch zwischen Trupps wechseln. Sie verbleiben im gleichen Verband (und somit im gleichen Stamm). Damit ist jeder Mitarbeiter in ein dauerhaft stabiles Team eingebettet. Diese Stabilität gibt den notwendigen sicheren Kontext, um zu experimentieren und Neues auszuprobieren.

Lasse Teams zusammen

Eine Lehre aus dem klassischen Projektmanagement ist, die Teams auf Dauer stabil zu halten und sie nacheinander verschiedene Produkte erstellen zu lassen.

Im klassischen Projektmanagement wird nach Abschluss des Projektes das Team aufgelöst. Vielleicht treffen sich einige ehemalige Teammitglieder in neuen Projekten, vielleicht auch nicht. Zu Beginn eines neuen Projektes muss sich daher jedes Mal ein neues Team bilden – mit entsprechendem Aufwand an Zeit und Kosten. Bleibt das Team auch *nach* Abschluss eines Projektes zusammen, kann jeweils diese Teambildungsphase eingespart werden.

Ein weiteres Problem im klassischen Projektmanagement ist der Umgang mit gewonnenen Erkenntnissen bzgl. Vorgehen und Inhalt des Projektes. Diese werden strukturell nicht gesammelt, sondern gehen sehr oft verloren. So findet Lernen – und erst recht organisationales Lernen – nicht statt.

1.4 Literatur

Kni12: Kniberg, Henrik; Ivarsson, Anders: Scaling Agile @ Spotify – with Tribes, Squads, Chapters & Guilds. 2012, online verfügbar: http://blog.crisp.se/2012/11/14/henrikkniberg/scaling-agile-at-spotify Direktlink auf den Artikel: https://dl.dropboxusercontent.com/u/1018963/Articles/SpotifyScaling.pdf

Kni14a: Kniberg, Henrik: Spotify engineering culture (part 1), online: https://labs.spotify.com/2014/03/27/spotify-engineering-culture-part-1/

Kni14b: Kniberg, Henrik: Spotify engineering culture (part 2), online: https://labs.spotify.com/2014/09/20/spotify-engineering-culture-part-2/

Kni15: Kniberg, Henrik; Ivarsson, Anders: Stämme, Trupps, Verbände und Zünfte – Agiles Zusammenarbeiten beim Softwareunternehmen Spotify, in: Organisations-Entwicklung – Zeitschrift für Unternehmensentwicklung und Change Management, Handelsblatt Fachmedien GmbH, 1/2015, S. 16-23.

Agilität ist ein Ansatz, um sich in einem Kontext mit hoher Unsicherheit und permanenter Veränderung – der VUKA-Welt – immer wieder erfolgreich anzupassen und so zu überleben. Dabei ist Agilität *kein Prozess oder eine Methode – Agilität ist ein Mindset*. Dies wird immer wieder falsch verstanden – Das Ergebnis ist dann *agil machen* statt *agil sein* (Abbildung 1).

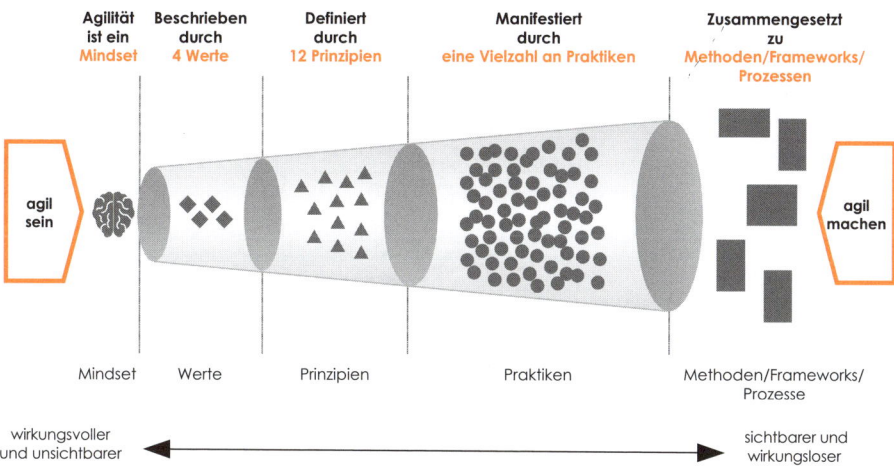

Abbildung 1: Agil sein *vs.* agil machen *(adaptierte Darstellung nach [Den16b, Sid15])*

Zwischen *agil sein* – den Mindset haben und leben – und *agil machen* – dem Ausführen von Praktiken – muss klar unterschieden werden: *Wer Praktiken ausführt, führt Praktiken aus – und ist dadurch noch nicht notwendigerweise agil!* Agil zu sein, heißt, einen agilen Mindset zu leben. Aus diesem Mindset entstehen agile Praktiken von allein – weil sie dem „gesunden Menschenverstand" entsprechen. Die Praktiken entstehen aus einem anderen Denken, aus einer anderen Haltung heraus. Denn Agilität ist etwas, das natürlicherweise entstand, weil Menschen die Begrenzungen ihres Denkens, ihrer Haltungen – und damit bisheriger Organisationen – überwanden. Lesen Sie den bereits 1986 im *Harvard Business Review* erschienenen Artikel *The New New Product Development Game* ([Tak86], s. Abschnitt I.1.4)!

Abbildung 1 zeigt den Aufbau dieses Teils des Buches: Zunächst wird der agile Mindset beschrieben, anschließend auf die agilen Werte und Prinzipien eingegangen. Eine Darstellung zu agilen Praktiken, Methoden und Frameworks schließt diesen Teil des Buches ab. Abbildung 2 zeigt eine detailliertere Struktur dieses Teils.

Vorher müssen wir klären, *wozu* wir Agilität überhaupt machen.

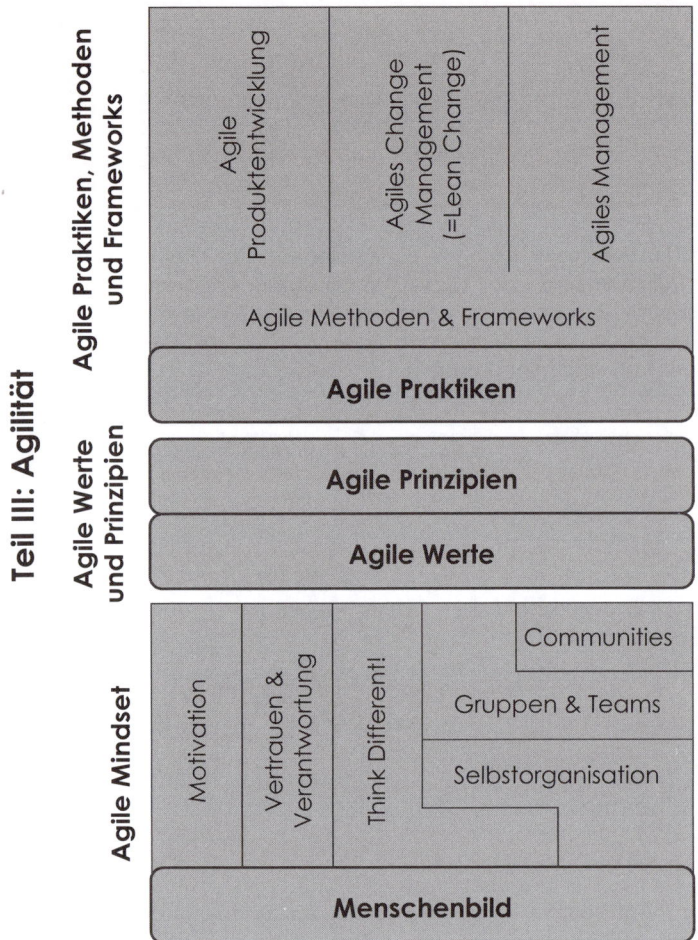

Abbildung 2: Detaillierte Struktur von Teil III

Quellen:

Den16b: Denning, Steve: What's Missing In The Agile Manifesto: Mindset, Blogeintrag auf Forbes.com vom 07.06.2016, URL: http://www.forbes.com/sites/stevedenning/2016/06/07/the-key-missing-ingredient-in-the-agile-manifesto-mindset/#152d-214b6a93

Sid15: Sidky, Ahmed: The Secret to Achieving Sustainable Agility at Scale. Online: http://de.slideshare.net/AgileNZ/ahmed-sidky-keynote-agilenz

Tak86: Takeuchi, Hirotaka; Nonaka, Ikujiro: The New New Product Development Game. Harvard Business Review, Januar 1986. Online verfügbar: https://hbr.org/1986/01/the-new-new-product-development-game

Kapitel 1
Das muss Ihnen klar sein!

Kernaussagen des Kapitels

- Agilität ist keine Methode, kein Tool oder etwas anderes, dass man anwendet. Agilität ist eine Haltung, eine Auffassung, ein *Mindset*.
- Es ist klar zu unterscheiden zwischen dem Grund – dem *Warum* – und dem Zweck, dem Sinn – dem *Wozu* – von Agilität:
  - *Warum:* VUKA-Welt (s. Kapitel I.1.1)
  - *Wozu:* Um unseren Kunden zu erfreuen (s. Kapitel III.3.4).
- Aus dem *Wozu* ergibt sich der *Sinn des Tuns* und daraus dann die Motivation für das Tun.

Bevor wir uns in die Details von Agilität stürzen, sind noch ein paar Dinge zu klären: Agilität ist gerade Mode – müssen wir deshalb jetzt alle Agilität machen? Manche scheitern bzw. sind schon an der Agilität gescheitert – ist Agilität doch nicht die (Er-)Lösung.

Um es ganz klar zu sagen: Auch wenn es momentan so verkauft wird – *Agilität ist nicht die Lösung für Alles und Jeden! Agilität ist nicht immer passend!* Agilität ist ausschließlich im Kontext *Komplexität* sinnvoll! (vgl. Cynefin-Modell im „Exkurs: Komplexität" in Kapitel I.1)

Agilität ist eine adaptive Vorgehensweise für einen Kontext mit hoher Unsicherheit – Komplexität. Ist alles bekannt und für alle klar (Kontext *einfach*), kann dies (von Experten) vorab komplett beschrieben werden (Kontext *kompliziert*) oder ist alles wirr, unübersichtlich und chaotisch (Kontext *Chaos*), dann ist Agilität nicht die passende Lösung.

Auch wenn Sie den den passenden – komplexen – Kontext für Agilität haben, ist noch nicht garantiert, dass Sie in jedem Fall damit auch erfolgreich sein werden. Agilität wird zu oft als Methode verstanden, als ein anderes *„Management unserer eigenen Prozesse"* – und genau das ist es nicht. Ich gebe offen und ehrlich zu, dies am Anfang meiner Beschäftigung mit diesem Thema auch so gesehen zu haben. Doch: Agilität ist viel mehr – *es ist ein Mindset*. Da mir das Verständnis dafür wichtig ist, gehe ich im Folgenden darauf ein.

1.1 Was Agilität ist – und was nicht

In den letzten 20 Jahren haben wir uns in unseren Organisationen intensiv um die Prozesse gekümmert, diese optimiert und verbessert. Dies wurde sehr stark durch die Management-Moden *„Business Process Reengineering"* und *„Lean Management"* Anfang der 1990er Jahre getrieben.

Diese Beschäftigung mit den eigenen Prozessen hat bei den Organisationen zu einer ego-zentrierten Sichtweise, zu einer Sichtweise nur auf sich selbst, geführt: Wir haben uns darum gekümmert, dass *unsere* Prozesse besser ablaufen und ausgelastet sind. Und bei dieser „Bauchnabel-Schau" haben wir einen vergessen: den Kunden. Durch die Betrachtung unserer *organisationsinternen* Welt haben wir den Zweck des Daseins unserer Organisation völlig aus den Augen verloren: *Organisationen sind dazu da, einen externen Kunden zu erfreuen.* Wenn Sie mal ein Problem haben (z.B. mit Ihrem DSL-Anbieter) und Sie versuchen mit dem Service in Kontakt zu kommen, wissen Sie, was ich meine. Zu oft habe ich den Eindruck, das Unternehmen läuft perfekt, solange ich als Kunde nicht störe …

Um es hier ganz klar zu betonen: *Agilität ist keine Methode, kein Tool oder etwas anderes, das man* anwendet.

Agilität ist eine Haltung, eine Auffassung, ein Mindset. Im Kern geht es dabei um drei Dinge:

1. *Findet Euren Kunden!*
2. *Erfreut Euren Kunden!*
3. *Organisiert Euch so, dass Ihr Euren Kunden permanent erfreut!*

Wie Sie sehen, ist dies völlig frei von irgendwelchen Methoden oder Praktiken. Und außerdem ist das nicht neu: Dies hat Peter Drucker vor 50, 60 Jahren bereits beschrieben. Agilität ist damit *Management*, und nicht iteratives Vorgehen oder täglich 15 Minuten stehen vor einem Board!

Wie Sie das tun, Ihren Kunden zu erfreuen, wie Sie vorgehen, wie Sie Ihre Organisation aufstellen, müssen Sie selbst herausfinden. Im Kontext *Komplexität* kann es keine Standardlösungen geben – denn im Komplexen funktionieren nur individuelle Lösungen, und genau diese ist Ihr Wettbewerbsvorteil.

Als Ideen und Inspirationen für eigene Vorgehensweisen und Strukturen – und nicht als Kopiervorlage – gibt es vielfältige erprobte Ansätze mit gute Erfahrungen, einige Methoden finden Sie in Kapitel III.4 und einige Praktiken in Kapitel IV.3). Nutzen Sie diese als Ausgangspunkt für Ihre eigene Agilität.

Warum machen wir Agilität?

Was ist anders bei Agilität, im Vergleich zu den Management-Moden der letzten 20 bis 30 Jahre? Die Frage ist also *„Warum machen wir Agilität?"*.

Wegen der VUKA-Welt und der gestiegenen Komplexität. Das ist sicherlich für jeden klar und nachvollziehbar: In den letzten 20-30 Jahren hat sich die Welt dramatisch verändert, ist dynamischer und unvorhersehbarer – eben VUKA – geworden (detaillierte Darstellung in Kapitel I.1). Und daran müssen wir auch die Art und Weise, wie wir Arbeit organisieren, anpassen. Und auch die Art und Weise, wie wir führen und managen.

VUKA ist also der *Grund*, weshalb wir Agilität heute brauchen. Zumindest hören wir das immer. Dies ist ja auch richtig – und doch nur *ein Teil* der Wahrheit.

Das interessante ist ja: Wir sehen zwei sehr ähnliche Unternehmen in der selben Branche – bei den einen funktioniert es, bei den anderen nicht. Und dann sagen wir: *„Ja die haben halt die besseren Mitarbeiter …"* (Was wir übrigens bei JEDER Management-Mode bisher so gesagt haben.) Ich denke, der Grund liegt tiefer. Und meine Dialoge und Diskussionen, die ich dazu mit Kunden und Mitstreitern führe, bestätigen mich in folgender Auffassung: *Wir müssen zwischen der Ursache,* dem Grund, *und dem Zweck,* dem Sinn, *unterscheiden.*

VUKA stellt die äußeren Rahmenbedingungen dar, in denen Organisationen heute handeln müssen. Diese Rahmenbedingungen sind der Ausgangspunkt – und nicht der Zweck oder gar das Ziel. Wenn wir argumentieren – wie ich das auch lange tat – *WEIL* wir in einer VUKA-Welt leben, dann beantworten wir die Frage nach dem *Grund*, nach der *Ursache* (*Warum* machen wir Agilität? *Weil …*).

Die Frage nach dem *WARUM* ist *„immer erfolgreich und selten hilfreich"* (Zitat Viktor Frankl), denn diese Frage führt zu den Ursachen, zu den Gründen, und damit in die Vergangenheit eines Problems – und hier lässt sich immer etwas finden. Daher ist die Suche nach dem Warum immer *erfolgreich*.

Im Komplexen gilt *„der Lösung ist es egal, wie das Problem entstanden ist"* (Zitat Steve de Shazer, s. Abschnitt III.2.5). Wenn die Lösung nichts mit der Entstehung des Problems zu tun hat, dann hilft es uns für die Lösung des Problems nichts, die *Entstehung* des Problems zu verstehen. Daher ist die Suche nach dem Warum selten *hilfreich*.

Mit einem Warum läuft man los – und dreht sich dann im Kreis, weil das Warum keinen Zweck, keinen Sinn, definiert. Daher muss die Frage nach dem Zweck, dem *Sinn,* dem *„Wozu machen wir Agilität?"* sein. Mancher mag das spitzfindig finden – mir ist an dieser Stelle Präzision extrem wichtig, weil die Motivation für Agilität davon abhängt – und damit der Erfolg unserer Bemühungen.

Wozu machen wir Agilität?

Die Frage nach dem *WOZU* hingegen führt in die Zukunft: *Wozu machen wir Agilität?* Und daraus ergibt sich der Zweck, der Sinn – und dies motiviert!

Wenn der Mensch ein Wesen auf der Suche nach Sinn ist (s. Abschnitt III.2.3), dann gilt das auch im Zusammenhang mit Agilität. Und dieser Sinn liegt eben nicht in *„Wir machen das, weil die Welt VUKA geworden ist.", „Wir machen das, weil die da oben das so beschlossen haben."* oder in *„Wir machen das, weil alle das so machen."* – also einem noch so großem *Warum* … Mit der Herde zu rennen, weil die Herde rennt oder um mit der Herde zu rennen, ist weder hilfreich noch sinnvoll noch motiviert es.

Und wie Simon Sinek [Sin14] in seinem Buch *Start with Why*[1] zeigt, starten die erfolgreichen Unternehmen immer mit einem *Wozu* (das Prinzip ist auch als *The Golden Circle* bekannt).

Wir brauchen also ein *WOZU* der Agilität. Wir müssen eine Antwort auf die Frage finden: *Wozu machen wir Agilität?*

---

[1] Titel der deutschen Ausgabe: *Frag immer erst: Warum* [sic!, ja eben nicht!: Frag immer erst: WOZU!]

Generell ist Sinn nur in Bezug auf andere Menschen denkbar (s. Abschnitt III.2.3). Und genau an dieser Stelle kommt der externe Kunde ins Spiel – er ist dieser *andere Mensch*[2]. Nur in Bezug auf diesen ist unser Tun in Organisationen sinnvoll – generell und nicht nur im Zusammenhang mit Agilität.

Agilität braucht daher zwingend einen *organisationsexternen Kunden* – über diesen bekommt das gesamte Tun einen Sinn! Denn es geht weder darum, das perfekte Produkt oder die perfekte Dienstleistung zu erstellen noch den perfekten Prozess auszuführen – es geht immer darum, einen externen Kunden zu erfreuen. Denn nur ein erfreuter Kunde ist bereit, zu zahlen, was wir verlangen. Ein perfektes Produkt bzw. eine perfekte Dienstleistung oder ein perfekter Prozess zahlen nicht – diese verwandeln sich erst durch *einen Kunden mit eigenem Geld* – also einem organisationsexternem Kunden – in Geld, das auf unser Konto fließt.

Und genau das ist auch die Krux an der permanenten Verbesserung: Es geht darum, den Kunden immer besser zu verstehen und zu bedienen, und wenn *wir* dazu besser werden müssen, dann machen wir das. Das Ziel ist eben nicht, *besser zu werden* als Selbstzweck. Ziel bleibt der externe Kunde.

Nehmen wir als Beispiel das Ziel *„Ich will ein besserer Koch werden."* Da kann jemand schon ganz gut kochen und will darin noch besser werden. Das klingt doch erst mal gut. Und dann komme ich mit der bösen Frage *„Wozu willst Du ein besserer Koch werden?"* Was steht also hinter diesem Ziel? Worum geht es eigentlich bei diesem Ziel? Und genau da wird es spannend: Es geht ja nicht darum, einfach ein besserer Koch zu sein, um ein besserer Koch zu sein. Sondern z.B. darum, (sich und) seine Gäste mit anspruchsvolleren Gerichten zu erfreuen. Und genau da dreht es sich dann! Das Ziel *„Ich will meine Gäste mit anspruchsvolleren Gerichten erfreuen."* hat eine ganz andere Qualität! Denn ob *ich* dazu ein besserer Koch werden muss, oder ob ich das gemeinsam mit 5 anderen mache und wir uns gegenseitig ergänzen, ist dann *die Frage der Umsetzung* und nicht das eigentliche Ziel.

1.2 Sie brauchen ein *Wozu*!

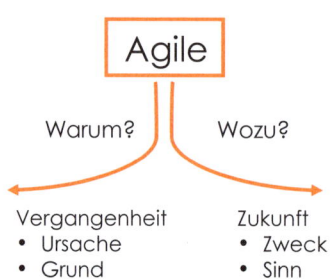

Abbildung 3: Warum und Wozu Agile? Nur die Frage nach dem Wozu führt in die Zukunft

Fassen wir das zusammen (Abbildung 3), dann wird klar: Wir brauchen ein *Wozu*, das uns in die Zukunft leitet. *Wie* und *Warum* wir das machen, sind interessante und zweitrangige Fragen.

Agilität ist also das *Wie* wir es schaffen, das *Wozu* (permanent unseren Kunden zu erfreuen) zu erreichen, wenn wir aus einem *Warum* (VUKA-Welt) kommen.

Und genau dies begegnet mir in Gesprächen mit Kunden immer wieder: Wir haben ein Warum – das Alte funktioniert nicht mehr – und kein Wozu.

---

[2] Es gibt auch Organisationen, da sind dieser *andere Mensch* und die Mitglieder der Organisation ein und dieselbe Person – und auch dort ist diese Unterscheidung zweckmäßig.

Die erste Version dieses Buches war ein Buch über Lean Change Management – ein agiles Change Management (s. Abschnitt III.4.3). Jeff Anderson, Jason Little und ich haben Lean Change Management entwickelt, *weil* klassisches Change Management nicht (mehr) funktioniert – Das ist das *Warum* zu Lean Change.

Und dann fragte ich mich nachdem *Wozu*: „Wozu *brauchen wir Lean Change?"* Und ein *Wozu* ist für mich die Agile Organisation. Dies führte dann zu dieser geänderten Version des Buches.

Kapitel 2
Das agile Mindset

Die Menschen wollen – wir müssen sie nur lassen.

Kapitelübersicht

Kernaussagen des Kapitels

- Ausgangsbasis allen Handelns sind implizite – und damit unbewusste – Vorannahmen, die oft wie sich selbst erfüllende Prophezeiungen wirken. Diese Vorannahmen wirken gleichzeitig wie Filter, durch die nur das wahrgenommen wird, was für richtig gehalten wird. Ohne geänderte Vorannahmen ist ein anderes Handeln nicht erfolgreich möglich.
- Diese Vorannahmen setzen sich zu einem Mindset zusammen.
- Agilität erfordert eine andere Auffassung bzgl. dessen, was wir darüber denken:
  - wie Menschen sind
  - wie Motivation funktioniert
  - was Vertrauen und Verantwortung ist
  - worauf wir uns beim Denken fokussieren
  - wie Menschen erfolgreich zusammenarbeiten

Warum ein anderes Mindset notwendig ist

Menschliches Handeln basiert auf inneren Einstellungen, Überzeugungen, Werten, … – diese werden allgemein als *„Mindset"* bezeichnet (Abbildung 4).

Und so basiert unser heutiges Handeln im Kontext *Arbeit* – der Einfachheit halber hier als Taylorismus bezeichnet – auf einem entsprechenden Mindset (Abbildung 5).

Wollen wir *andere* Handlungen, brauchen wir ein *anderes* Mindset! Agilität und das bisherige Mindset passen nicht zusammen – das ist der Grund für die vielen schlecht funktionierenden agilen Implementationen (Abbildung 6). Hier werden *neue* Handlungen auf einem *alten* Mindset implementiert – das kann nicht funktionieren!

Agilität erfordert zwingend das *agile Mindset* (Abbildung 7).

Auch wenn ich Sie als Leser mit diesem Kapitel vielleicht langweile – ich höre ja immer wieder „Wir wollen machen – nicht philosophieren!" – bleibt es für den Erfolg Ihrer Agilität zwingend notwendig, das Mindset ebenfalls zu verändern.

Handlungen

Mindset

Abbildung 4: Handlungen basieren
auf einem *Mindset*

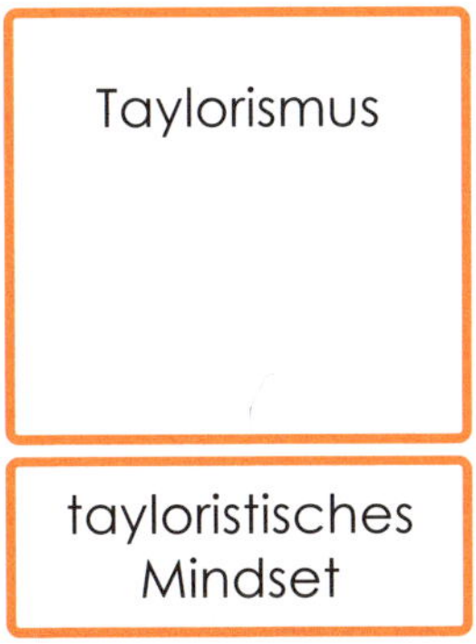

Taylorismus

tayloristisches
Mindset

Abbildung 5: Taylorismus *basiert auf
einem* tayloristischen Mindset

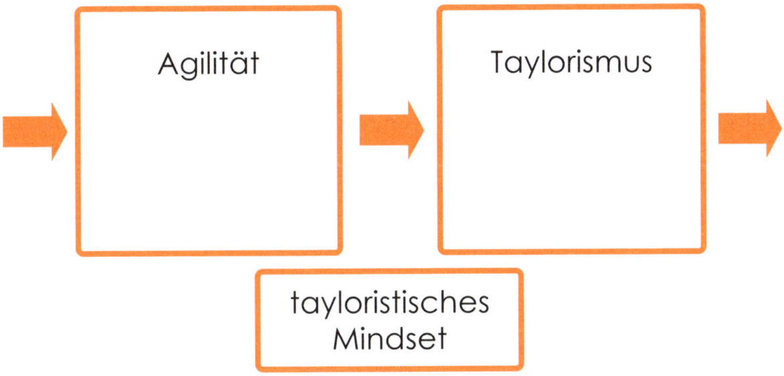

Agilität

Taylorismus

tayloristisches
Mindset

Abbildung 6: Agilität *braucht* zwingend *ein* anderes Mindset

Agilität ist die Art und Weise ist, wie wir Kopfarbeit organisieren müssen. Dazu müssen wir zunächst verstehen, wie Kopfarbeit funktioniert, welche Bedingungen sie braucht, welche Faktoren sie unterstützen und hemmen, um sie entsprechend effektiv und effizient zu organisieren.

Wichtig sind dabei die – oft nicht sichtbaren und daher nicht explizit wahrnehmbaren – Annahmen darüber, wie Menschen sind bzw. zu sein haben, darüber, was Vertrauen und Verantwortung sind, wie zu denken ist, wie Gruppen und Teams sich organisieren und funktionieren. Darum geht es in diesem Teil (Abbildung 8).

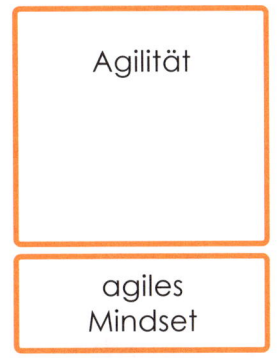

Agilität

agiles
Mindset

Abbildung 7: Agilität
erfordert das agile Mindset

Agiles Mindset

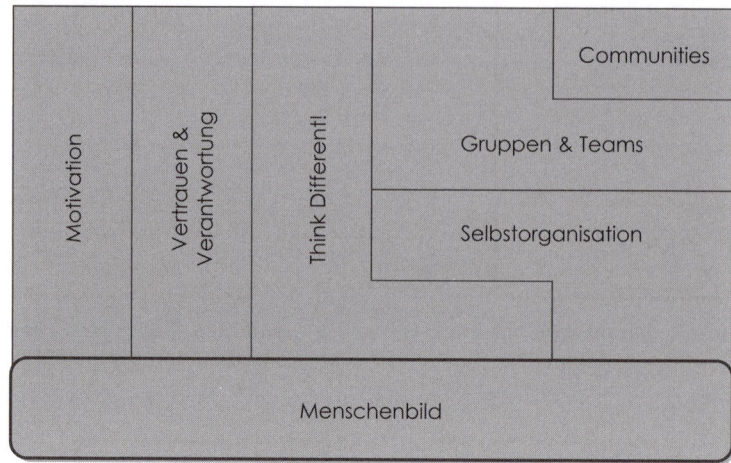

Abbildung 8: Das agile Mindset

- Kreativität findet nur im Komplexen statt – Deshalb funktioniert kreative Kopfarbeit komplett anders als Handarbeit. Daher müssen wir sie *anders organisieren und managen.*
- Die Menschen wollen – wir müssen sie nur lassen. Und ihnen die *Unterstützung geben*, die sie brauchen, um auf ihrem Gebiet Weltmeister zu sein.
- Menschen sind *aus sich selbst heraus motiviert.* Dazu müssen sie
  - *selbstbestimmt* das tun können, was sie für richtig halten,
  - das, was sie tun wollen, auch *können*,
  - in dem, was sie tun wollen, einen *Sinn erkennen*, und
  - das, was sie tun wollen, *gemeinsam* umsetzen.
- Vertrauen und Verantwortung sind die Basis aller Zusammenarbeit. Beide bedingen wechselseitig einander – *um eines zu bekommen, muss man das andere geben.*
- Zusammenhänge und Abhängigkeiten sind im Komplexen (vorab) nicht erkennbar. Um neue Lösungen zu erhalten, müssen wir anders denken. Lösungsorientiertes und *systemisches Denken* helfen, den Durchblick zu bewahren.
- Teams aus Mitgliedern mit einander ergänzenden Fähigkeiten erbringen die besten und höchsten Leistungen – wenn sie *auf ein gemeinsames Ziel ausgerichtet* sind und *jeder Einzelne Sinn für sich in diesem Ziel sieht.*

Doch zunächst noch einige Betrachtungen zu Kopfarbeit, da hierbei alles anders ist als bisher.

2.1 Kopfarbeit ist anders

Kopfarbeit ist kreative Arbeit. Um diese besser zu verstehen, müssen wir uns anschauen, wie Kreativität funktioniert, wie sie verstärkt und behindert werden kann, um Faktoren zu kennen, über die wir diese anregen können. Wenn wir die Faktoren kennen, strukturieren wir Kopfarbeit so, dass sie optimal stattfindet.

Taylor und seine Zeitgenossen gingen zu ihrer Zeit – Ende des 19./Anfang des 20. Jahrhunderts – davon aus, dass Arbeit hauptsächlich aus einfachen und uninteressanten Aufgaben besteht. Da zu diesen Zeiten einfache manuelle Tätigkeiten überwogen, hatten sie durchaus recht. Damit Menschen diese dennoch erledigten, mussten sie ihnen einerseits *„schmackhaft"* gemacht, andererseits die Ausführung der Tätigkeiten genau überwacht werden. Ihre Annahme war:

> *Wenn man eine Tätigkeit belohnt, bekommt man mehr davon.*
> *Wenn man eine Tätigkeit bestraft, bekommt man weniger davon.*
> [Pin10 S. 47]

Dieses auch als „Zuckerbrot und Peitsche" bekannte Prinzip stellt die Ausgangsbasis von Management dar. Bei Routineaufgaben – jener Arbeitsform, die das gesamte 20. Jahrhundert dominierte – funktionierte das problemlos [Pin10 S. 137].

Dazu kommt die Vorstellung, dass Arbeit nach der Gleichung [Res09 S. 21]:

$$\text{Zeit} + \text{physische Anwesenheit} = \text{Ergebnisse}$$

funktioniert. Dementsprechend musste Zeit und physische Anwesenheit kontrolliert werden – vielerorts wird das auch heute noch getan, auch im Bereich von Kopfarbeit. Heute wissen wir, dass die Gleichung nicht nur falsch ist, sondern dass Kontrolle das genaue *Gegenteil* bewirken kann. Zudem sind die Ergebnisse der Arbeit nicht proportional zur Anstrengung [Res09 S. 29].

Seit Taylors Zeiten entwickelte sich die Welt weiter, heute überwiegt Kopfarbeit, Arbeitstätigkeiten sind heute komplex (s. Kapitel I.2). Der Anteil kreativer Jobs nimmt weiter zu, der von Routinejobs – auch Routine in der Kopfarbeit – hingegen weiter ab [Pin10 S. 42].

Das Thema heute ist nicht mehr nur die Verschiebung von Hand- zu Kopfarbeit, sondern auch die Verschiebung innerhalb der Kopfarbeit von einfachen Tätigkeiten – die immer häufiger von technischen Systemen übernommen werden – zu anspruchsvolleren Tätigkeiten, die (noch) nicht von technischen Systemen übernommen werden können.

Arbeit wurde damit für viele Menschen interessanter, vielschichtiger und herausfordernder. Arbeit wird als kreativ, interessant und selbstbestimmt empfunden und nicht als langweilige, von anderen bestimmte Routine [Pin10 S. 45]. Arbeit wurde zu einem Großteil dessen, worüber Menschen sich definieren und in dem sie Erfüllung finden. Dies hat weitreichende Konsequenzen auf das, was Menschen motiviert und wie sie sich ggf. motivieren lassen.

Kopfarbeit bedeutet das Lösen von komplexen Problemen. Das erfordert einen wissbegierigen Geist sowie die Bereitschaft, auf dem Weg zu einer neuartigen Lösung neue Experimente zu wagen. Während Motivation früher das Streben nach Pflichterfüllung war, geht es heute um persönliche Leidenschaft [Pin10 S. 137] und Sinnerfüllung.

Aus Studien ist mittlerweile bekannt, dass das Bedürfnis nach intellektueller Herausforderung – dem Drang, etwas Neues und Fesselndes zu tun – noch immer die beste Prognose für Produktivität ist [Pin10 S. 145].

Allerdings funktioniert Kopfarbeit anders als Handarbeit: Sie ist keine kontinuierliche Tätigkeit – Ideen hat man nicht nur zwischen 9 und 17 Uhr – und braucht Kreativität – auch diese lässt sich nicht zeitlich steuern [Res09 S. 23].

Wenn sich die Tätigkeiten der Menschen und ihre Einstellung dazu geändert haben, hat das Auswirkungen auf die Art und Weise, wie sie motiviert sind bzw. motiviert werden können.

Kreativität

Über Kreativitätstechniken wurden bereits viele Bücher geschrieben, auch im Internet finden Sie dazu eine Menge, daher brauchen wir das hier nicht auch noch aufzurollen.

Interessanter ist vielmehr ein bisher viel zu selten betrachteter Punkt: Wie laufen kreative Prozesse von der Struktur her ab? Welche Bedingungen fördern diese, welche behindern diese? Welche Bedingungen brauchen wir, um kreativ zu sein? Unter welchen Bedingungen sind Menschen kreativ? Und was behindert Kreativität? Mit den Antworten haben wir zwei Stellschrauben, um Kreativität zu ermöglichen – mehr von dem einen, weniger von dem zweiten.

Dazu schauen wir uns am besten an, wie kreative Prozesse bei Künstlern funktionieren.

Die Struktur kreativer Prozesse

Mit Verweis auf die amerikanische Zeichenlehrerin Betty Edwards beschreibt Tony Schwartz, wie Kreativität funktioniert [Sch11]. Natürlich ist auch diese Darstellung „nur" ein Modell, das uns Einsichten gibt, wie und was wir tun können, um kreativ zu sein. Ob es wirklich so in unserem Kopf abläuft, wissen wir nicht – und ist eigentlich auch irrelevant, solange das Modell funktioniert.

Schwartz beschreibt Kreativität als einen stufenweisen, pendelnden Prozess zwischen dem analytischen und emotionalen Denken [Sch11]:

1. *Durchdringung:* Ist das Problem oder die kreative Herausforderung erst einmal definiert, folgt die erste Stufe der Kreativität als rationale Tätigkeit. Dazu ist zunächst das aufzunehmen, was bereits bekannt ist, denn jeder kreative Durchbruch baut auf dem auf, was schon da ist. So kann sich ein Maler dazu mit den Meistern seines Fachs auseinandersetzen, ein Buchautor zunächst breit und intensiv lesen, sortieren, bewerten, organisieren, skizzieren und Prioritäten setzen.
2. *Reifung:* Die zweite Stufe der Kreativität beginnt, wenn wir uns von dem Problem und der Herausforderung – und insbesondere der bisherigen Antwort darauf – lösen. Typischerweise geschieht dies, weil wir nicht in der Lage zu sein scheinen, das Problem analytisch zu lösen. Zur diese Phase gehört – oftmals unbewusst –, über Informationen zu grübeln. Körperliche Aktivitäten wie Sport können ein guter Weg sein, das emotionale Denken zu aktivieren, um neue Ideen und Lösungen zu entwickeln.
3. *Erleuchtung:* Spontane intuitive und unaufgeforderte Aha-Momente sind kennzeichnend für die dritte Stufe. Wo haben Sie Ihre besten Ideen? Vermutlich nicht an Ihrem Schreibtisch oder wenn Sie bewusst versuchen, kreativ zu sein. Vermutlich nicht zwischen 9 und 17 Uhr, sondern vielmehr nach einer Auszeit für das logische Denken und während Sie etwas anderes tun – egal ob Sport, Auto fahren oder sogar schlafen.
4. *Überprüfung:* In der letzten Stufe der Kreativität übernimmt das rationale Denken wieder das Kommando. Wir überprüfen unseren kreativen Durchbruch: der Wissenschaftler im Labor, der Maler auf der Leinwand, der Autor auf Papier.

Dieser Ablauf beschreibt die individuelle Kreativität und lässt sich ebenfalls auf Gruppen anwenden.

Festzuhalten bleibt:

- *Kreativität ist ein Prozess mit verschiedenen Phasen und Zuständen*, die weder erzwungen noch übersprungen werden können, auch nicht aus Effizienzgründen oder „weil es gerade eilt". Meinen Sie, dass Picasso eine Zielvorgabe hatte wie „5 Bilder im Wert von 2 Mio. in diesem Geschäftsjahr"?
- *Kreativität ist nicht planbar* – weder vom Ergebnis noch vom Ablauf. Wir können uns nur darauf einlassen, es gibt keine Garantie – weder für Ergebnis noch Ablauf noch für ein Ergebnis mit Wow-Effekt.
- *Kreativität kann angeregt, aber nicht erzwungen werden*: Die Anweisung „Sei kreativ!" ist ebenso paradox wie die Anweisung „Sei spontan!". Kreativität wird gefördert über Rahmenbedingungen – Ziele zu setzen gehört nicht dazu! Wie wir im Abschnitt III.2.3 noch sehen werden, kann Kreativität sehr einfach verhindert werden: durch monetäre Anreize und das Setzen von Zielen.

Dieser Prozess ist zwar linear beschrieben, wird aber selten so sauber getrennt ablaufen. Wahrscheinlicher ist eine nicht vorhersehbare Abfolge und ein Ineinandergreifen der einzelnen Stufen. Trotzdem ist es wichtig, die einzelnen Stufen zu kennen, um zu erkennen, auf welcher Stufe man gerade ist, was gerade abläuft und was wie unterstützt werden kann.

Auch dieses Buch entsteht in einem kreativen Prozess: Ich schreibe an verschiedenen Stellen des Buches, lasse Themen ruhen und mache dann mit neuen Ideen und Inspirationen weiter. Das Ergebnis – obwohl unvorhersehbar und unplanbar – halten Sie in den Händen.

Gerade in diesem Wechsel – dem Wechsel von Anspannung und Entspannung, von Rationalem und Emotionalem, von aktiven und ruhigen Phasen – liegt die Kraft für Neues, für Außergewöhnliches.

Was passiert im Kopf?

Schauen wir uns kurz an, was im Gehirn passiert: Die Vernetzung im Gehirn kann mit Wegen in einem Park verglichen werden. Irgendwann hat einer den Park mal angelegt („*designed*"), gab Wege und Wegkreuzungen vor. Und nun wandelt „der Verkehr" strikt in dieser Struktur. Neues entsteht dabei nicht: Bekannte Wege führen durch bekanntes Gelände zu bekannten Zielen. Wenn nun eines schönen Tages ein Baum auf den Weg gefallen ist oder mitten auf der Wiese eine unbekannte Blume leuchtend schön blüht, verlassen wir den Weg und machen etwas bis dahin undenkbares: Wir gehen auf die Wiese. Wir machen einen Schritt in ein neues Gebiet und hinterlassen deutlich unsere Spur: Umgeknickte Grashalme und Fußabdrücke. Doch diese ist spätestens am nächsten Tag wieder weg – nach einem einmaligem Gang auf die Wiese. Folgen andere unserem Beispiel oder gehen wir selbst immer wieder diesen Weg, etabliert sich dieser und irgendwann wird es undenkbar sein, dass es diesen nie gab … Interessant ist dabei das Gefühl, das uns begleitet, wenn wir über die Wiese gehen: Ist unser Gang von einem externen – also außerhalb unserer Entscheidungsverantwortung liegenden – Ereignis geschuldet – weil eben der Baum auf den „normalen" Weg gefallen ist –, fällt uns dies leichter als bei einer Entscheidung von innen heraus, weil wir die leuchtend schöne Blume genauer anschauen wollen. Halten wir fest: Neue Wege zu gehen fällt uns leichter, wenn die Entscheidung dazu (man kann es auch Zwang nennen) von außen kommt. Glücklicher sind wir allerdings, wenn wir selbstbestimmt neue Wege gehen …

Und genau diese Darstellung trifft auch auf unser Denken zu: Wir denken in einge-
fahrenen, erprobten Wegen und sind dadurch normalerweise blind für die leucht-
enden Blumen auf der Wiese neben uns. Kindern sind da noch offener – sie gehen
staunend durch die Welt. (Vielleicht nannte C.G. Jung es auch daher als Ziel des
Erwachsenseins, wieder so staunend wie ein Kind zu werden.) Liegt nun eines Tages ein Baum auf unserem Denkweg, sind wir verstört, manche bekommen sogar
Angst und Panik. Dies ist eine natürliche Reaktion des Gehirns: Eingeschlossen
im dunklen Schädel hat es Angst vor jeder Veränderung, vor allem Unbekannten.
Notorische Bungee-Jumper und andere Risiko-Extremisten haben – wie Studien
zeigten – kein „normales Standardhirn" und sind daher risikobereiter, wie oft auch
erfolgreiche Unternehmer.

Zurück zu unserem „Weg über die Wiese": Genauso verläuft neues Denken. Nach der
Hebbschen Regel [WikiHR] brauchen wir permanente Anregungen, damit sich neue
Verbindungen im Gehirn herausbilden, bis also „etwas passiert ist". Die Neuronen
(das sind die kleinen grauen Schaltzellen im Gehirn) brauchen permanent Anregungen, um sich neu zu verbinden, um „neue Denkwege" herauszubilden. Und genau
deshalb sind einmalige Veränderungen sinnlos: Sie hinterlassen im Gehirn keine
neuen Verbindungen. Bis neues Verhalten eintrainiert ist, dauert es. Zudem stören
ja auch noch „die alten Wege des Denkens", die permanent mit Leuchtschildern
anzeigen und Lautsprechern rufen „wo es langzugehen hat".

Bedingungen für Kreativität

Kreativität ist nur im entspannten Zustand möglich. Dies ist evolutionär auch sinnvoll. Auf der Flucht vor dem Säbelzahntiger, Feuer oder anderen Bedrohungen war
es für das Überleben erfolgreicher, Energien zu aktivieren, um schnell zu laufen
oder gut zu kämpfen. Vielleicht gab es auch den einen oder anderen, der einen
Einfall für eine tolle Erfindung hatte, ein schönes Bild im Kopf oder eine Melodie –
leider war das zum Überleben nicht so nützlich …

Das SCARF-Modell

Unter dem Begriff *Neuroleadership* fassen der Unternehmensberater David Rock
und der Neurowissenschaftler Jeffrey Schwartz die Erkenntnisse der Neurowissen-
schaften bzgl. Führung von Menschen zusammen. Ein Modell aus diesem Bereich ist
das *SCARF*-Modell mit seinen fünf Dimensionen *„Status", „Certainty", „Autonomy",
„Relatedness"* und *„Fairness"* [Roc08, ReioJa,b].

Die Hauptaussage dieses Modells ist, dass psychische Belohnungen und Bedrohungen die gleichen Reaktionen im Gehirn aktivieren wie physische (körperliche)
Belohnungen und Bedrohungen. Für das Gehirn ist es also egal, ob jemand von
seinem Chef erniedrigt oder vom Säbelzahntiger bedroht wird. Diese Erkenntnis ist
fundamental wichtig, um zu verstehen, warum Menschen in bestimmten Situationen
„so komisch" reagieren.

Obwohl sich dieses Modell vorrangig auf den Bereich „Führung von Mitarbeitern"
bezieht, kann es zu einer „artgerechten" Behandlung von Menschen verallgemeinert
werden.

Im Folgenden werden die einzelnen Dimensionen näher erläutert [Roc08, ReioJa,b].
Zu beachten ist, dass die individuelle Bandbreite der „Empfindlichkeitsskala" bzgl.
der einzelnen Dimensionen sehr schwankt – was einen Menschen bedroht bzw.
belohnt, kann bei einem anderen noch keine Reaktion hervorrufen. Zudem ist die

Reaktion des Gehirns keine Frage des Willens und des „Reiß-dich-mal-zusammen", sondern durch Gene und Erfahrungen individuell verschieden geprägt.

Status – (relativer) Status

Diese Dimension bezieht sich auf die individuelle Wahrnehmung der Position in einer Gruppe und das damit verbundene Ansehen sowie die damit verbundenen Rechte, die dieser Person von der Gruppe offiziell oder inoffiziell zugestanden werden. Status bedeutet damit die relative Wichtigkeit der Person im Vergleich zu anderen Menschen, also ihre Rangordnung und Über- oder Unterordnung im sozialen Gefüge (der Gruppe).

Erleben sich Menschen relativ wichtiger im Vergleich zu anderen, wird ihr Belohnungszentrum aktiviert und ihr Selbstwertgefühl größer. Wird jedoch ein verringerter relativer Status wahrgenommen, löst dies sofort eine Bedrohung in ihnen aus, die zu einem Rückzug führt. Schon allein beim Gedanken an ein schlechtes Abschneiden innerhalb eines zwischenmenschlichen Vergleiches werden mit Stress verbundene Hormone ausgeschüttet – welche die Lebensdauer und Gesundheit des Menschen maßgeblich beeinflussen.

Der wahrgenommene Status spielt eine wichtige Rolle in Auseinandersetzungen mit anderen Menschen. Der eigene wahrgenommene Status wird mit dem Status des anderen verglichen, was mentale Prozesse auf verschiedene Art und Weise beeinflusst. Fühlt man sich einer anderen Person überlegen, steigt der wahrgenommene Status, das Hormon Dopamin wird ausgeschüttet und löst eine Belohnungsreaktion aus. Fühlt man sich unterlegen, sinkt der wahrgenommene Status und dies löst eine als Bedrohungsreaktion aus.

Im Kontext *Arbeit* kann der wahrgenommene Status durch öffentliche Anerkennung eines Mitarbeiters erhöht werden. Die verbreitete Auffassung, eine zu häufige Anerkennung der Leistung von Mitarbeitern erhöhe den Wunsch nach ihrer Beförderung, ist nach Rock nicht gerechtfertigt: Positives Feedback und Anerkennung verringern den Wunsch nach konstanten Beförderungen.

Certainty – Sicherheit, Vorhersagbarkeit

Diese Dimension bezieht sich auf den Wunsch, Gewissheit über die Situationen und Geschehnisse der nahen Zukunft zu haben. Das Gehirn versucht, durch das Erkennen von Mustern Gewissheit über zukünftige Handlungen und Situationen zu erhalten und sich entsprechend vorzubereiten. Ungewissheit und fehlende Möglichkeiten der Vorhersage wirken wie eine Bedrohungssituation und rufen im Gehirn eine Panikreaktion hervor. Solange diese vorherrscht, können Aufmerksamkeit und Konzentration nicht auf andere Dinge gelenkt werden – dadurch kann andauernde Ungewissheiten sogar lähmend werden. Umgekehrt wird bei Erreichen von Gewissheit durch das Ausschütten von Dopamin eine Belohnungsreaktion erzeugt.

Schon durch einfache Instrumente, wie das Erstellen von Plänen, können Bedrohungsreaktionen vermieden werden – daher erstellen Menschen gerne Pläne, dumm nur, wenn diese nicht funktionieren (können). Ebenso kann durch die Unterteilung eines Vorhabens in kleinere Teilvorhaben ebenfalls Gewissheit und Vorhersagbarkeit einer Situation erreicht werden.

Autonomy – Autonomie

Diese Dimension bezieht sich auf die empfundene Kontrolle über uns und unsere Umwelt sowie das Gefühl, über Entscheidungsspielräume zu verfügen, d.h., in einer spezifischen Situation eine Wahl zwischen mehreren Optionen zu haben und diese Wahl selbstständig treffen zu können.

Eine Erhöhung der Wahrnehmung von Kontrolle führt zu einer Bedrohungsreaktion, eine Reduzierung zu einer Belohnungsreaktion. Nach Rock ist ein wahrgenommener Stressor weniger schädlich für einen Organismus, wenn man fühlt, diesen beeinflussen zu können: Dasselbe Maß an Stress kann allein durch die Einstufung der Beeinflussbarkeit unterschiedlich schädlich wirken.

Schon durch zu strenge und zu genaue Vorgaben seitens des Vorgesetzten kann eine Bedrohungsreaktion ausgelöst werden: Damit kann eine Wahrnehmung von Kontrollverlust bis zur Erfahrung von Handlungsunfähigkeit und des Gefühls von eigenem Unvermögen einhergehen. Menschen brauchen also Entscheidungsfreiheit, einen Spielraum für eigene Entscheidungen. Mitarbeiter müssen daher immer selbst entscheiden dürfen, wie sie eine Aufgabe lösen – das Vorgeben des Lösungswegs durch die Führungskraft könnte als Bedrohung wirken.

Relatedness – Verbundenheit, Zugehörigkeit

Diese Dimension bezieht sich auf das Gefühl der Zugehörigkeit zu einer Gruppe sowie die Entscheidung, ob ein Gegenüber als Freund oder Feind zu betrachten ist. Die soziale Zugehörigkeit ist in vielen Situationen ein wichtiger Treiber von Verhalten.

Der Mensch ist ein „soziales Tier", daher neigt er dazu, Gruppen zu gründen, zu denen er ein Zugehörigkeitsgefühl aufbauen kann. Denn Gruppen vermitteln Gefühle der Geborgenheit und dienen als Quelle für Anerkennung und Wertschätzung – sie sind ein Merkmal menschlicher Existenz. Empfindet ein Mensch keine sichere Bindung, erfolgt eine Bedrohungsreaktion. Daher ist jedes Zusammentreffen mit fremden Personen, zu denen keine Beziehung, Bindung oder soziale Zugehörigkeit besteht, automatisch von Bedrohungsreaktionen begleitet. Dabei spielt das Hormon Oxytocin eine wichtige Rolle – in höheren Konzentrationen wird es mit einem verstärkt anschlussorientierten Verhalten in Verbindung gebracht. Allein ein Handschlag, der Austausch der Namen oder ein kurzer „Small Talk" kann durch die Freisetzung von Oxytocin das Zugehörigkeitsgefühl erhöhen.

Vertrauen ist eng mit dem Konzept der Verbundenheit gekoppelt: Das entgegengebrachte Vertrauen erhöht sich allein dadurch, dass man sein Gegenüber seiner eigenen sozialen Gruppe zuordnet. Die Bereitschaft zu Zusammenarbeit und Transparenz bzgl. der eigenen Arbeit erhöht sich.

Fairness

Diese Dimension bezieht sich auf die Erwartung eines Menschen von einem gerechten Austausch zwischen Menschen. Fairness wird wie Status im Sinne eines Vergleichs wahrgenommen: Eine geringe und im Verhältnis zu einem anderen Menschen als fair eingestufte Belohnung wird besser bewertet als eine hohe, aber im Vergleich zu einem anderen Menschen als unfair bewertete Belohnung. Eine als ungerecht empfundene Behandlung erzeugt also eine starke Bedrohungsreaktion. Dabei wird ein Teil des Gehirns aktiviert, der in die Bewertung der Intensität von Emotionen involviert ist. Dies kann dazu führen, dass Menschen, die andere als ungerecht wahrnehmen, kein Mitleid mit deren Schmerzen fühlen und sich unter Umständen sogar belohnt fühlen, wenn diese bestraft werden.

Eine Bedrohungsreaktion durch empfundene Ungerechtigkeit kann sehr leicht ausgelöst werden. Dazu reicht es bereits, dass Mitarbeiter eine Bevorzugung beobachten und diese als ungerecht einstufen. Fehlen Grundregeln, Erwartungen und Ziele, fördert dies die wahrgenommene Ungerechtigkeit – klare Erwartungen, erhöhte Transparenz, verstärkte Kommunikation und Mitbestimmung können diese verringern, da sie einen fairen Umgang miteinander fördern.

Selbstbestimmung und Transparenz auch bei der Entlohnung kann Fairness fördern.

Kreativität braucht Sicherheit

Zwar fliegen wir Menschen zum Mond, bauen allerhand tolle Maschinen und Finanzprodukte, die keiner mehr versteht, in unserem Kopf sind wir immer noch der Höhlenmensch. Sobald wir in Angst und Panik verfallen, setzt unser logisches Denken aus und alte archaische Verhaltensmuster kommen zum Vorschein. Lösen Sie mal Feueralarm aus und Sie sehen, was ich meine. Selbst wenn Sie laut rufen „Falscher Alarm!", wird das die Panik nicht verringern. Unser Gehirn kommt relativ schnell in Panik – die Schwelle mag hier individuell verschieden sein –, auch bei kleinen Dingen: Drehen Sie Ihrer Familie mal das Internet ab (den Älteren wahlweise den Strom) und Sie sehen, was ich meine … Das Gehirn braucht Sicherheit und dazu muss alles am besten so bleiben, wie es aktuell ist – egal wie schlecht es aktuell ist. Der aktuelle Zustand hat einen Vorteil: Er gibt Sicherheit, „da weiß man, was man hat". Dies macht Veränderungen so schwer …

Um dem Gehirn die notwendige Sicherheit zu geben, ist es daher aus gehirnphysiologischer Sicht notwendig, Veränderungen in kleinen, überschaubaren Stücken zu vollziehen. Genau hier liegt der Erfolg agiler Methoden und kontinuierlicher Verbesserung: Sie geben dem Gehirn Veränderungen in kleinen Portionen und halten es dadurch im „safe mode". Das Gehirn bekommt kleine, überschaubare Veränderungen und dadurch genügend Sicherheit, um nicht in Panik zu verfallen.

Halten wir also fest: Damit sich Menschen ändern, sie neues Verhalten und anderes Denken lernen, brauchen sie über einen langen Zeitraum Anregungen dazu. Um wirkungsvoll zu sein, brauchen wir kleine Veränderungen.

Und übrigens: Sicherheit gibt man nicht, indem man davon redet, sondern indem man diese durch Taten erleben lässt.

Kreativität braucht die Herde

Woher kommen Anregungen? Wie erfolgen diese? Auch wenn wir es in der heutigen Gesellschaft nicht sehen: Der Mensch ist ein soziales „Herdentier" – immer noch. Jahrtausende lebte er in Stämmen und Familienverbänden – um zu überleben, um sich arbeitsteilig zu spezialisieren etc. Erst die Errungenschaften der Moderne – zuverlässig funktionierende, stabile Gesellschaftssysteme, Vertrauen in Geld etc. – gaben dem Menschen die Freiheit, sich aus seinen Stämmen und Familienverbänden zu lösen und Individualist zu werden. So ganz allein kommt er doch nicht aus, wie der Erfolg „sozialer Netzwerke" zeigt – die in gewisser Weise dann doch wieder ein Ersatz für die Stämme und Familienverbände sind. Der Mensch braucht den anderen Menschen und ist auf die Zusammenarbeit mit anderen angewiesen.

Kreativität braucht den Austausch – mit Gleichgesinnten, mit Andersdenkenden. Mehr dazu im Abschnitt III.2.6.

Konzentration auf EIN Thema

One moment – one man – one task

Wissenschaftliche Studien widerlegen immer wieder die landläufige Behauptung, der Mensch – insbesondere Frauen – seien multitaskingfähig. Das Gegenteil ist der Fall: *Fokussiert zu einem Zeitpunkt an einer Sache zu arbeiten bringt schneller bessere Ergebnisse hervor.* Permanente Unterbrechungen und Störungen führen zu messbar schlechteren Ergebnissen – und mehr Stress. Der Wechsel von einer Aufgabe zu einer anderen kostet uns 20 % der Kapazität des Gehirns. Wenn wir zwischen 5 Themen nur noch wechseln, dann kommen wir nicht mehr dazu, inhaltlich etwas zu bearbeiten, weil die gesamte Kapazität (5 x 20 % = 100 %) nur noch für das Umschalten zwischen den Aufgaben gebraucht wird. Daher Fokus: In jedem Augenblick bewusst bei einer Aufgabe sein und diese bearbeiten.

Das widerspricht nicht den Ausführungen zu Kreativität: In den Tiefen unseres Bewusstseins werden Aufgaben weiterbearbeitet – dies können wir weder beeinflussen noch steuern. Wenn Sie also bei einer Aufgabe nicht weiterkommen, übergeben Sie das an Ihr Gehirn und machen Sie was anderes: körperliche Betätigung, kurz aufstehen, … und konzentrieren Sie sich dann auf Ihre nächste Aufgabe. Die Neuropsychologie hat längst nachgewiesen, dass wir – unser Bewusstsein – nicht „Herr im Hause" unseres Gehirns sind, also lassen wir das sein.

Ach übrigens, falls es Ihnen hilft: Unser Gehirn ist komplex, Sie wissen schon, Pläne scheitern und so …

Wie setzen wir diese Bedingungen um?

Wenn wir die Erkenntnisse dieses Kapitels zusammenfassen, dann müssen wir Kopfarbeit so organisieren, dass der Einzelne sich in seiner Persönlichkeit in einem sicheren Kontext frei entfalten kann. Dazu lassen wir ihn in einem zeitlich dauerstabilen Kontext (z.B. einem dauerhaften Team statt einem zeitlich befristeten Projektteam). Damit die Struktur dieses Teams passt, lassen wir es die Teammitglieder selbst organisieren, ja sogar die Teams sich selbst zusammenstellen (s. Abschnitt III.2.6).

Wir ermöglichen den Mitarbeitern die Vernetzung mit anderen Gleichgesinnten außerhalb ihrer Teams in Netzwerken (z.B. → *Communities of Practice*, s. Abschnitt III.2.6).

Um den Mitarbeitern Sicherheit zu geben, führen wir Veränderungen in kleinen Schritten durch. Um dabei zu lernen, nutzen wir die schnelle Feedbackschleife. Um die Betroffenen zu Beteiligten zu machen, binden wir sie in die Veränderung nicht nur ein, sondern lassen sie diese selbst erstellen und umsetzen. Dazu steht uns Lean Change Management (s. Abschnitt III.4.3) als Methode zur Verfügung.

2.2 Menschenbild

Zuhören zu können und davon auszugehen, dass die anderen wirklich gute Absichten haben, sind meiner Meinung nach die beiden besten Eigenschaften, die ein CEO haben kann.

– Jack M. Greenberg, CEO McDonald's

Was sagt es über die Auffassung vom Menschen aus, wenn die Abteilung, die früher einmal „Personalabteilung" hieß, heute „Human Resources" genannt wird? Für „Human Resources" bieten Internet-Wörterbücher als Übersetzungen an: *Humankapital, Arbeitsreserven, Humanressourcen, Arbeitskräftereserven, personelle Mittel, personelle Ressourcen, Personal, Personalbestand.* Diese Abteilung unterscheidet sich offensichtlich von der Finanzbuchhaltung nur durch den verwalteten Gegenstand. Zudem werden Ressourcen aufgebraucht – Kapital hingegen wird investiert und hat einen Wert ...

Der Unterschied

1944 wurden im damaligen Baden und Württemberg im Abstand von ein paar Monaten zwei Jungen geboren. Beide wuchsen in einem ähnlichen Milieu auf, machten nach der mittleren Reife eine Lehre und arbeiteten u.a. im elterlichen Unternehmen. Mit 31 bzw. 29 Jahren gründeten sie jeweils ihr eigenes Unternehmen – beide mit demselben Konzept in der gleichen Branche, mit den gleichen Produkten, mit der gleichen Zielgruppe, gleichen Lage ihrer Filialen – aus betriebswirtschaftlicher Sicht sehr gleich. Beide Unternehmen entwickelten sich über die Zeit sehr gut – bis der eine spektakulär Pleite machte und der andere für seine anthroposophischen Ideen und Ansätze *„wie ein Popstar"* (Zitat „taz") gefeiert wird. Worin unterschieden sich beide?

Der eine führte sein Unternehmen *„wie einen Gutshof"* und überwachte seine Mitarbeiter streng, der andere ließ *„Lernlinge"* (so nannte er seine Lehrlinge) Unternehmensfilialen führen ...

Sie unterschieden sich in den grundlegenden Annahmen darüber, wie Menschen sind und wie man mit ihnen umgehen muss, wie Vertrauen, Verantwortung und Motivation funktionieren, wie Menschen zusammenarbeiten können und sollen ... Diese grundlegenden Annahmen bestimmten den Misserfolg des einen und den Erfolg des anderen – betriebswirtschaftlich gesehen war alles gleich, das Fundament, auf dem ihre jeweiligen Unternehmen standen, jedoch völlig unterschiedlich.

Und die gleiche Situation haben wir im Agilen – auch hier ist das Fundament grundlegend anders als in der bisherigen Arbeitsweise, ob diese nun Taylorismus 2.0 oder anders genannt wird. Genau an dieser Stelle müssen unsere Veränderungen ansetzen: Wir müssen das passende Fundament errichten. Passt dieses nicht zu der darauf aufzubauenden Organisation, fällt alles in sich zusammen – einhergehend mit tiefen Enttäuschungen der Beteiligten. Dies ist immer wieder zu beobachten, auch bei agilen Transitionen.

Fangen wir also mit dem Fundament an ...

Ach so, wer die beiden waren? Die Gründer der Dogeriemarktketten *Schlecker* und *dm* Anton Schlecker und Götz Werner.

Was ist ein Menschenbild?

> *Falls es im Leben ein großes Erfolgsgeheimnis gibt, liegt es in der Fähigkeit, sich in andere hineinzuversetzen und die Dinge mit ihren Augen zu sehen – nicht nur mit den eigenen.*
>
> – Henry Ford

Taylor und Ford hatten zu ihrer Zeit mit Menschen als potenziellen Arbeitskräften zu tun, die oft vom Land in die Stadt kamen, das städtische Leben noch nicht gewohnt waren und den ursprünglichen von Tages- und Jahreszeiten bestimmten Lebensablauf noch lebten. Oder die Einwanderer aus anderen Sprach- und Kulturkreisen waren. All dies führte bei Taylor, Ford und anderen zu einer pauschalisierten Einstellung über die Menschen und ihre Einstellung zur Arbeit: *„Die Menschen müssen das Arbeiten erst lernen und zu Pünktlichkeit, Zuverlässigkeit etc. erzogen werden."* In ihren Augen waren die Menschen nicht nur überwiegend ungebildet, sondern dumm, faul, unwillig. Dieses Bild hat sich – leider – z.T. bis heute gehalten: Auch heute noch hört man von Managern und Personalleitern diese Einstellung bzgl. Mitarbeitern, z.B. in ausländischen Niederlassungen wie in Osteuropa. Diese unbewussten Stereotype – *Unconscious Bias* – beeinflussen unsere Entscheidungen und sind eine Bremse für Vielfalt in Unternehmen.

Menschenbild

Das Menschenbild ist die Vorstellung, die jemand vom Wesen des Menschen hat [WikiMB]. Dies sind die Vorannahmen und Grundüberzeugungen, die jeder Mensch davon hat, wie andere Menschen sind, wie sie sich verhalten, was sie antreibt und motiviert. Dies sind keine absoluten oder allgemeingültigen Auffassungen, sondern geschichtlich, gesellschaftlich, politisch, kulturell etc. bedingt [Bau98]. *Das Menschenbild bestimmt, wie wir andere Menschen sehen.*

Ein Menschenbild ist immer vorhanden – bewusst oder unbewusst, explizit oder implizit.

Als Teil des Weltbildes wirkt das Menschenbild in allen Interaktionen mit anderen Menschen wie ein Filter, der bestimmte Anteile durchlässt und andere unterdrückt. Dadurch wirkt das Menschenbild wie eine sich selbst erfüllende Prophezeiung: Die Anteile, welche die Vorannahmen und Grundüberzeugungen bestätigen, werden stärker wahrgenommen als jene, die diesen widersprechen.

Entsprechend ihrer Auffassung vom Menschen agierten Taylor & Co.: Sie gaben Tätigkeiten bis ins kleinste Detail vor, ließen die Arbeiter nur wenige einfache und schnell erlernbare Handgriffe ausführen, belohnten erwünschtes und bestraften unerwünschtes Verhalten.

> *Das häufigste Vergehen im Wirtschaftsleben ist die fundamentale Missachtung der Menschenwürde.*
>
> – Reinhard K. Sprenger [Spr95 S. 221]

Wie ein Menschenbild wirkt

> *Sehen heißt nicht glauben: Glauben heißt sehen!*
> *Du siehst die Dinge nicht so, wie sie sind,*
> *sondern wie du bist.*
>
> – Eric Butterworth

Um die Bedeutung der Auswirkungen eines Menschenbildes zu verstehen, ist es wichtig, sein Wirkprinzip zu verstehen (s. Abbildung 9 und 10): Man verhält sich entsprechend dem eigenen Menschenbild im Kontakt zu anderen Menschen, diese reagieren darauf und bestätigen es dadurch. Ein Menschenbild wirkt so als selbst erfüllende Prophezeiung: Das erwartete Verhalten einer anderen Person wird durch das eigene Verhalten erzwungen [WikiSEP].

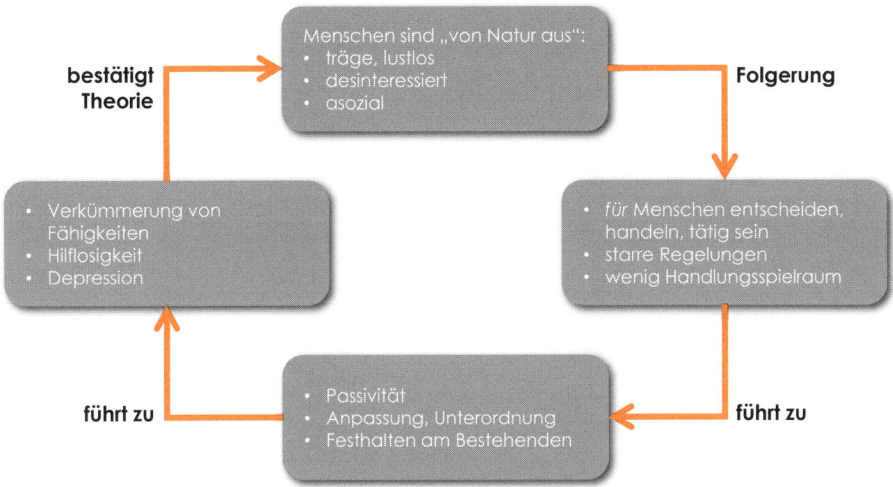

Abbildung 9: Wirkkreislauf eines negativen Menschenbildes

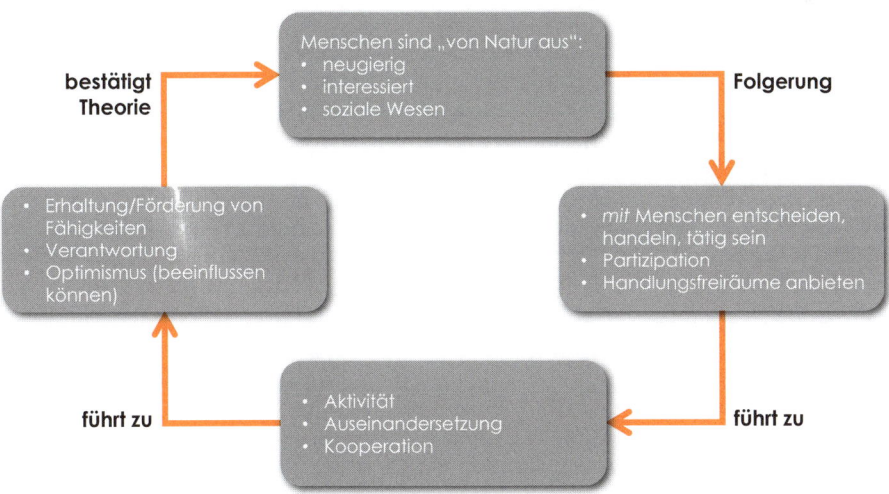

Abbildung 10: Wirkkreislauf eines positiven Menschenbildes

Das Fatale an diesem Prozess ist, dass er nicht bewusst ist. Erst wenn man sich seines Menschenbildes bewusst wird, kann man es ändern und sich entsprechend anders verhalten. Die neue Reaktion darauf unterstützt dann die Veränderung des eigenen Menschenbildes.

Sozialisation

Wenn Menschen etwas eigenartig sein sollten, könnte es daran liegen, dass sie im Prozess ihrer Sozialisation möglicherweise unpassende Erfahrungen gemacht haben – durch alles, was ihnen passiert ist, ob von ihrer Umwelt so beabsichtigt oder nicht. Kein Mensch wird so geboren, wie er heute ist – *er wurde erst dazu gemacht!*

Sozialisation (lateinisch ,*sociare*' verbinden) ist die Anpassung an gesellschaftliche Denk-, Verhaltens- und Gefühlsmuster durch Verinnerlichung von sozialen Normen. Sie umfasst sowohl absichts- und planvolle Maßnahmen (Erziehung) als auch unbeabsichtigte Einwirkungen (durch Freunde, Schule, Ausbildung, Berufstätigkeit) auf die Persönlichkeit. In der Konsequenz leitet sie das Verhalten einer Person entsprechend den im jeweiligen Umfeld geltenden Normen, Werten und Werturteilen [WikiMOT].

Theorie X – Theorie Y

Ein sehr bekanntes Menschenbild ist das aus zwei gegensätzlichen Theorien bestehende von Douglas McGregor [McG60] aus dem Jahre 1960: *Theorie X* und *Theorie Y* – eine äußerst eingängige, weil stark vereinfachende Beschreibung.

Grundlage ist McGregors Annahme, dass jede Führungsentscheidung auf einer Reihe von Annahmen über die menschliche Natur und menschliches Verhalten beruht. Als Theorie X fasste er die Annahmen der (damals) traditionellen Managementansätze zusammen und stellte ihr mit der Theorie Y ein Idealbild gegenüber [Sta90].

McGregors Theorie X und Theorie Y zusammengefasst ([Mal07 S. 259], ausführlicher in Tabelle 1):

- *Theorie X*: Der Mensch ist ein schwaches und hilfsbedürftiges Wesen, das unfähig ist, sein Leben zu gestalten und zu verantworten. Arbeit empfindet er als leid- und mühevoll und scheut sie daher. Der Mensch bedarf der „Erlösung" aus dieser Situation und muss von außen (extrinsisch) motiviert werden.
- *Theorie Y*: Der Mensch ist ein starkes und leistungsfähiges Wesen. Er arbeitet und leistet gerne und freiwillig. Er bestimmt sich und sein Leben selbst und findet gerade darin Sinn und Selbsterfüllung. Er ist von innen (intrinsisch) motiviert.

McGregor wirft den Anwendern der Theorie X vor, dass sie ihre Mitarbeiter nicht motivieren können, weil die von ihnen benutzten Organisations- und Führungsprinzipien von falschen Annahmen über die Bedürfnisse der Mitarbeiter ausgehen. Menschen würden nicht nach Befriedigung materieller, sondern sozialer und ideeller Bedürfnisse streben. Allerdings nennt McGregor keine Rahmenbedingungen, in denen sowohl die Theorie X als auch die Theorie Y jeweils ihre Berechtigungen hätten [Sta90].

McGregors Konzept ist sehr vereinfacht und pauschal – und trifft genau dadurch den wunden Punkt: Managementkonzepte und Managementhandeln bauen – und das war nicht nur McGregors Auffassung – auf zu einfachen Konzepten (wie der Theorie X) auf. Sie werden der menschlichen Komplexität damit nicht nur nicht gerecht, sondern sie wirken als selbst erfüllende Prophezeiung: als Reaktion auf Managementkonzepte und Managementhandeln verhalten die Mitarbeiter sich so, dass sie den Erwartungen entsprechen – und beweisen damit scheinbar die Annahmen. Dabei erzeugt Annahme lediglich das, was sie beweisen will.

Theorie X		Theorie Y
Menschen haben eine Abscheu vor Arbeit, finden sie langweilig und vermeiden sie nach Möglichkeit.	Verhalten	Menschen müssen zwar arbeiten und wollen sich auch für die Arbeit interessieren, Arbeit kann eine wichtige Quelle der Zufriedenheit sein, unter den richtigen Bedingungen macht Arbeit Spaß.
Deshalb müssen die Menschen kontrolliert, geführt und angereizt werden, damit sie einen produktiven Beitrag leisten.	Führung	Menschen sind in der Lage, sich selbst zu führen in Richtung auf ein Ziel, das sie akzeptieren.
Menschen vermeiden die Übernahme von Verantwortung und werden gerne geführt.	Verantwortung	Unter den richtigen Umständen suchen und übernehmen Menschen Verantwortung.
Menschen haben wenig Ehrgeiz und streben vor allem nach Sicherheit, sind hauptsächlich durch Geld und die Angst vor Jobverlust getrieben.	Motivation	Unter den richtigen Bedingungen streben Menschen danach, ihr eigenes Potenzial zu entfalten.
Nur wenige Menschen sind zu Kreativität fähig, außer wenn es darum geht, Managementregeln zu überlisten.	Kreativität	Kreativität und Einfallsreichtum sind weit verbreitet und müssen nur selten aktiviert werden.

Tabelle 1: Theorie X – Theorie Y *(eigene Zusammenstellung nach [Pfl13, Pin10, Sta90])*

Complex Man

In der Auseinandersetzung mit McGregors Theorie X – Theorie Y wies der Sozialpsychologe Edgar H. Schein 1980 mit seinem Modell des *Complex Man* auf die Komplexität des Menschen hin [Sta90 S. 176, Hau04 S149, Hof10]:

- Der Mensch ist äußerst wandlungsfähig, seine Bedürfnisse sind vielfältig und starken Änderungen unterworfen, die Dringlichkeit der Bedürfnisse unterliegt einem Wandel.
- Der Mensch ist lernfähig, er erwirbt neue Motive durch Erfahrungen, z.B. im Austausch mit anderen Menschen und Organisationen.
- Motive wirken nicht unabhängig voneinander – sie sind komplex miteinander verflochten.
- In unterschiedlichen Situation und Kontexten werden unterschiedliche Motive bedeutsam. Selbst in unterschiedlichen Situation im gleichen Kontext (z.B. einem Unternehmen) kann der Mensch unterschiedliche Motive verfolgen.
- Arbeitszufriedenheit und Arbeitsergebnisse können auf Basis unterschiedlicher Bedürfnisse und Motivationsstrukturen erreicht werden – und lassen sich nur zum Teil auf diese zurückführen.
- Menschen können auf unterschiedliche Führungsstrategien ansprechen. Eine richtige Strategie, die für alle Menschen gilt, gibt es nicht.

Neuere Ansätze gehen über *Complex Man* hinaus und berücksichtigen die im Gehirn ablaufenden Neuroprozesse, um die Komplexität der Motivstruktur sowie der Handlungs- und Entscheidungsprozesse des Menschen zu erklären (Stichwort *Neuroleadership,* u.a. Hüther, *Braindirected Man* nach Peters/Ghadiri). Das „für die

Praxis Nachteilige" an ihnen ist, dass sie nicht einfach strukturiert und damit nicht mühelos direkt einsetzbar sind.

Man könnte es auch so formulieren: Mit dem *Complex Man* (und neueren Menschenbildern) wird endlich eine mündige erwachsene Person beschrieben – im Gegensatz zu den bisherigen Menschenbildern, die den Menschen eher als unmündiges Kind oder Jugendlichen beschreiben.

Und nun? Wie weiter?

Die Konsequenz ist – wie sowohl Fredmund Malik [Mal07] als auch Reinhard Sprenger [Spr95] empfehlen –, auf Menschenbilder komplett zu verzichten und sich stattdessen mit dem einzelnen Menschen zu befassen, was diesen motiviert und interessiert. Dies ist richtig – und sehr schwer zu erreichen. Ein erster Schritt besteht darin, sich seines Menschenbildes bewusst zu werden, um es im zweiten Schritt durch ein besseres zu ersetzen (s. den folgenden Abschnitt) und sich anschließend im dritten Schritt stückweise auch von diesem zu lösen und sich mit jedem einzelnen Menschen direkt zu befassen.

Der intrinsisch motivierte Mensch

Daniel Pink schlägt ein anderes, neues Menschenbild vor [Pin10]. In Anlehnung an die Typen X und Y der Theorie X-Y von McGregor nennt er es *Typ I* – den intrinsisch motivierten Menschen. Dieser zeichnet sich durch folgende Merkmale aus:

- Er zieht seine Befriedigung aus der Tätigkeit selbst statt aus äußeren Belohnungen als Ergebnis seiner Tätigkeit. Sein Verhalten basiert auf intrinsischen Wünschen [Pin10 S. 97].
- Hauptmotivator ist die Ungezwungenheit, die Herausforderung und der Sinn des Vorhabens selbst – die Motivation kommt aus der Aufgabe. Andere Belohnungen sind hauptsächlich als eine Art Bonus willkommen [Pin10 S. 98].
- Typ-I-Verhalten ist erzeugt, nicht angeboren, da es zum Teil von universellen menschlichen Bedürfnissen herrührt – daher kann jeder ein Typ I werden [Pin10 S. 99].
- Die Leistung der I-Typen übertrifft auf lange Sicht fast immer die der X-Typen, weil sie hart arbeiten und sich auch bei Schwierigkeiten nicht von ihrem Weg abbringen lassen, weil sie das innere Verlangen haben, ihr Leben zu lenken, etwas über die Welt zu erfahren und etwas zu schaffen, das Bestand hat [Pin10 S. 99].
- Der Typ I verschmäht weder Geld noch Anerkennung: Eine angemessene und faire Entlohnung stellt für ihn bloß sicher, nicht mehr an Geld denken zu müssen und sich auf die Arbeit konzentrieren zu können. I-Typen freuen sich über Anerkennung für ihre Leistungen – weil Anerkennung eine Form von Feedback ist. Im Gegensatz zum X-Typ ist Anerkennung für sie kein Ziel an sich [Pin10 S. 99/100].
- Typ-I-Verhalten ist eine erneuerbare Energiequelle: Es baut auf intrinsischer Motivation auf, schöpft aus jenen Ressourcen, die leicht auffüllbar sind und wenig Schaden anrichten [Pin10 S. 100].
- Typ-I-Verhalten begünstigt physisches und mentales Wohlbefinden: All jene, die auf Selbstbestimmtheit und intrinsische Motivation ausgerichtet sind, haben ein höheres Selbstwertgefühl, bessere zwischenmenschliche Beziehungen und ein

größeres allgemeines Wohlbefinden als extrinsisch motivierte Menschen [Pin10 S. 100/101].

- Typ-I-Verhalten ist selbstbestimmt: Es ist dem Zweck gewidmet, in einer bedeutenden Aufgabe immer besser und besser zu werden. Es verbindet das Streben nach Vortrefflichkeit mit einem höheren Ziel – einem Ziel, das über die Person hinausgeht [Pin10 S. 101].
- Der Typ I geht davon aus, dass Menschen Verantwortung übernehmen möchten – und dass der Weg zu diesem Ziel darin besteht, ihnen Kontrolle über ihre Aufgabe, ihre Zeit, ihre Vorgehensweise und ihr Team zu gewähren [Pin10 S. 132].
- Typ-I-Verhalten hängt von drei Faktoren ab [Pin10], auf die im Abschnitt III.2.3 eingegangen wird:
  - *Selbstbestimmung* (Englisch original: *Autonomy*)
  - *Perfektionierung* (Englisch original: *Mastery*)
  - *Sinnerfüllung* (Englisch original: *Purpose*)

Steve Denning wies in einem persönlichen Gespräch mit dem Autor dieses Buches darauf hin, dass zu diesen drei Faktoren noch der Faktor *Zusammenarbeit* dazukommt. Menschen sind soziale Wesen und brauchen daher die Interaktion mit anderen.

Gehen wir nun vom Typ-I-Menschenbild aus, verändert sich – auch wenn es nur eine sich selbst erfüllende Prophezeiung wäre – alles.

2.3 Motivation

> *If you are working on something exciting that you really care about, you don't have to be pushed. The vision pulls you.*
>
> – Steve Jobs

Zwei Arten von Motivation

> *Vielleicht erzeugen wir die Probleme, die wir mit Motivation beheben wollen, durch die Art und Weise, wie wir motivieren?*

Die Motivationstheorie unterscheidet zwei Arten von Motivation mit entsprechenden Menschenbildern und Verhalten (Tabelle 2).

	Zugrunde liegendes Bestreben	Zugrunde liegendes Menschenbild	Basiert auf	Gezeigtes Verhalten basiert auf
Extrinsische Motivation = Motivation von außen	eine bestimmte Leistungen zu erbringen, um einen Vorteil (Belohnung) zu erhalten oder Nachteile (Bestrafung) zu vermeiden [WikiMB]	Theorie X	Misstrauen	der Erfahrung von Druck und Forderung bezüglich eines bestimmten Ergebnisses, das von Kräften herrührt, die außerhalb unseres Selbst wahrgenommen werden (Deci und Ryan zitiert nach [Pin10 S. 111])
Intrinsische Motivation = Motivation von innen, aus dem Menschen selbst heraus	etwas um seiner selbst willen zu tun (z.B. weil es eine Herausforderung darstellt, Spaß macht oder Interessen befriedigt) [WikiMB]	Theorie Y	Vertrauen	freier Willensentscheidung und Alternativen (Deci und Ryan zitiert nach [Pin10 S. 111])

Tabelle 2: Extrinsische *vs.* intrinsische *Motivation*

Erkenntnisse aus der Motivationsforschung

Verschiedene Untersuchungen zu Motivation haben gezeigt (Quellen sind in [Pin10] Kapitel 1 und 2 angegeben):

- Belohnung und Bestrafung können oftmals negatives Verhalten auslösen, anstatt es zu verhindern, was wiederum zum Aufkommen von Betrug, Abhängigkeit und gefährlich kurzsichtigem Denken führen kann [Pin 10 S. 48].
- Belohnungen und Bestrafungen (also extrinsische Motivation) können fatale Folgen haben [Pin10 S. 76]:
  - intrinsische Motivation auslöschen,
  - Leistung schmälern,
  - Kreativität vernichten,
  - wohlwollendes Verhalten verdrängen,
  - Betrügereien, Abkürzungen und unethisches Verhalten unterstützen,
  - abhängig machen und
  - Kurzzeitdenken fördern.
- Uninteressante Routinejobs brauchen Führung, interessante Nicht-Routinejobs sind von Selbstbestimmung abhängig [Pin10 S. 44].
- Ziele können in Unternehmen systematische Probleme verursachen – zurückzuführen auf einen eingeengten Fokus, unethisches Verhalten, erhöhte Risikobereitschaft, schlechtere Zusammenarbeit und verminderte intrinsische Motivation [Pin10 S. 67].
- Kurzfristige Belohnung verdrängt das langfristige Lernen [Pin10 S. 75].

- Belohnungen können aus (intrinsisch) motiviertem Spiel Arbeit machen ([Pin10 S. 52], siehe auch das Buch *Punished by Rewards* von Alfie Kohn).
- *„Wir haben herausgefunden, dass finanzielle Anreize … einen negativen Einfluss auf die Gesamtleistung haben können"* (Studie von vier US-Ökonomen, zitiert nach [Pin10 S. 56]).
- *„Die Ausführung einer Aufgabe lieferte intrinsische Belohnung."* Die Freude an der Aufgabe war Belohnung genug [Pin10 S. 13].
- *„Die intrinsische Motivation fördert Kreativität; kontrollierende, extrinsische Motivation schadet ihr"* (Teresa Amabile zitiert nach [Pin10 S. 43]).
- *„Die intrinsische Motivation ist bei allen ökonomischen Aktivitäten von größter Bedeutung. Es ist undenkbar, dass Menschen nur oder größtenteils durch äußere Anreize motiviert werden"* (Bruno Frey zitiert nach [Pink10 S. 40]).
- Mitarbeiter mit einer hohen intrinsischen Motivation sind die besseren Mitarbeiter [Pin10 S. 131].
- Intrinsische Motivation fördert ein besseres konzeptuelles Denken, bessere Noten, höhere Ausdauer in der Schule und beim Sport, eine größere Leistungsfähigkeit, weniger Fälle von Burn-out sowie ein besseres psychologisches Wohlbefinden (Deci und Ryan zitiert nach [Pin10 S. 111]).

Mythos Motivation

> *Grundlegende Demotivation kann nicht durch Motivation kompensiert oder gar vollständig geheilt werden.*
>
> – Rupert Lay, Managementtrainer und Jesuitenpater
> (zitiert nach [Spr95 S. 25])

Wenn ein Buch in 23 Jahren 20 Auflagen erfährt, muss man davon ausgehen, dass sein Thema einen dauerhaft wunden Punkt anspricht: *Mythos Motivation. Wege aus einer Sackgasse* von Reinhard K. Sprenger. Zusammengefasst lautet seine Botschaft: *„Alles Motivieren ist Demotivieren."*

Hier sollen nur einige pointierte Aussagen wiedergegeben werden, für detailliertere Ausführungen sei das Buch empfohlen.

- Motivierung ist und bleibt Fremdsteuerung, wie man es dreht und wendet, bleibt Manipulation … Manipulation ist mehr oder weniger heimlich (aber nicht notwendig zum Schaden des Betroffenen) erfolgte Verhaltensbeeinflussung … den Mitarbeiter auch zu seinem eigenen Nutzen zu beeinflussen. Was aber diesen Nutzen ausmacht – das entscheidet der Manipulator [Spr95 S. 20].
- Man sucht eine Tätigkeit, deren Zielsetzung man akzeptiert, deren Sinn man erkennen kann und die *sinnvoll* für das eigene Leben ist [Spr95 S. 25].
- Man geht heute relativ übereinstimmend davon aus, dass bei Handlungsentscheidungen ethische, psychosoziale und wirtschaftliche Aspekte miteinander verknüpft werden; und zwar auf jeweils sehr individuelle Weise und situativ z.T. außerordentlich unterschiedlich [Spr95 S. 30].
- Eigentlich – so die implizite Annahme – sind tendenziell alle Mitarbeiter *Betrüger*. Sie betrügen den Arbeitgeber um einen Teil der Arbeitskraft, die er bezahlt [Spr95 S. 37].
- Ursprung aller Motivierung ist eine behauptete oder beobachtete Lücke zwischen tatsächlicher und möglicher Arbeitsleistung [Spr95 S. 38].

- ... alle Rede über Motivation immer das jeweilige Menschenbild des Redners (zumeist unausgesprochen) mittransportiert, jenes Gemenge aus anthropologischen Grundannahmen, individuellen Erfahrungen und Zeitgeist, welches die persönlich und historisch unterschiedlichen Variationen des Themas bedingt. Über Motivation zu diskutieren heißt geradezu, Menschenbilder zu diskutieren [Spr95 S. 38].
- Das Vertrauen in die Leistungsbereitschaft und -fähigkeit der Mitarbeiter ist (nach einer Studie) bei Managern aller Nationalitäten vergleichsweise gering ausgeprägt [Spr95 S. 39].
- Zum Motiveren gehört wesenhaft, dass es asymmetrisch, also von oben nach unten angewendet wird [Spr95 S. 39].
- Es offenbart sich die immanente Zweideutigkeit der Motivierung, die ihrerseits nur plausibel wird, wenn sie mit einem Bein auf der Seite des Leidens steht, gegen das sie zu kämpfen scheint [Spr95 S. 39/40].
- Wenn Führungskräfte ihre Mitarbeiter für dumm, antriebslos und unselbstständig halten, dann verhalten sich diese auch so. Mindestens aber lassen die Wahrnehmungsfilter gar kein anderes Urteil zu [Spr95 S. 40].
- Dem pessimistischen Menschenbild aber entspricht, dass die losgelassene Menschennatur hier und jetzt keinen Optimismus, kein Vertrauen verdiene ... Dieses Denken ignoriert, wie der Mensch *wird*, was er sozial *ist* ... Dieses Denken ignoriert, dass sich über die hochvernetzten Prozesse die misstrauische Prognose immer selbst erfüllt ... In einem Wort: *Alles Motivieren ist Demotivieren* [Spr95 S. 41-43].
- Zusammengefasst sieht das Menschenbild der Motivation also etwa so aus:
  - Menschen sind tendenziell Leistungsverweigerer
  - Menschen sind hierarchisch gestaffelte Bedürfnisbündel
  - Menschen sind Reiz-Reaktions-Maschinen [Spr95 S. 49].
- Belohnen ist *nicht* das beste Mittel der Leistungssteigerung [Spr95 S. 67].
- *Den größten demotivierenden Einfluss auf Mitarbeiter übt der direkte Vorgesetzte aus* ... Das Problem ist also zunächst nicht die unzureichende Motivation der Mitarbeiter, sondern das demotivierende Verhalten vieler Führungskräfte [Spr95 S. 172].
- *Die Führungskraft sollte weniger ein „Bewirker" sein als ein „Ermöglicher"* [Spr95 S. 200].
- Als besonders demotivierend wird das Fehlen individueller Freiräume, das Fehlen der Leistungs*möglichkeit* wahrgenommen [Spr95 S. 203].
- Es muß endlich begriffen werden, daß *jeder sich die Aufgabe sucht, die ihn persönlich weiterbringt*, sonst ist er schon einen Schritt in die innere Kündigung gegangen [Spr95 S. 210].

Motivationstheorien sind sich selbst erfüllende Prophezeiungen

Auch Motivation basiert auf einem Menschenbild – implizit und explizit. Entsprechend diesem Menschenbild denkt und handelt der Manager – bewusst und unbewusst, explizit und implizit. Die Mitarbeiter reagieren entsprechend darauf und bestätigen so den Manager in seinem Menschenbild.

Es bleibt daher die Frage, ob Motivation nicht eigentlich die Probleme zu lösen versucht, die sie selbst erzeugt.

Wie Motivation gelingt

*Management bedeutet vielmehr, Bedingungen zu schaffen,
damit Menschen ihre beste Leistung erbringen können.*

– Jeff Gunther, Unternehmer (zitiert nach [Pin10 S. 106])

Viele der zum Thema „Motivation" erschienenen Bücher gehen implizit und (mehr oder weniger) unbewusst von einem Menschenbild aus, das der Theorie X entspricht: Der Mensch ist dumm und faul und muss zu seinem Glück gezwungen werden. Entsprechend sind die getroffenen Vorschläge zu Vorgehensweisen, Mitteln und Methoden – ähnlich dem Prinzip „Zuckerbrot und Peitsche".

Wirkliche Motivation kommt von innen, entsteht aus dem Menschen heraus. Jeder Mensch ist anders, hat seine eigenen Erfahrungen gemacht, ist seinen eigenen Weg bis hierhin gegangen. Er hat daher seine eigene Innenwelt, aus der sich seine Motivation speist. Die Motivation jedes Menschen ist individuell und speziell – allgemeine Ratschläge und Tipps funktionieren nicht.

Motivation gelingt – und zwar anders, als wir bisher dachten.

Dieses Kapitel basiert u.a. auf dem Buch *Drive. Was sie wirklich motiviert* von Daniel H. Pink [Pin10], dem Buch *Bessere Ergebnisse durch selbstbestimmtes Arbeiten* von Cali Ressler und Jody Thompson [Res09] und den Konzepten von Viktor Frankl.

Was der intrinsisch motivierte Menschen braucht

Im Abschnitt „Menschenbild" hatten wir den intrinsisch motivierten Menschen – Typ I – kennengelernt. Sein Verhalten hängt von vier Faktoren ab [Pin10], auf im Folgenden eingegangen wird:

* *Selbstbestimmung* (Englisch original: *Autonomy*)
* *Perfektionierung* (Englisch original: *Mastery*)
* *Sinnerfüllung* (Englisch original: *Purpose*)
* *Zusammenarbeit* (Englisch *collaboration*).

Selbstbestimmung (Autonomy)

*Ich sehe das Ganze viel mehr als Partnerschaft zwischen mir und
den Mitarbeitern. Sie sind keine Ressourcen. Sie sind Partner.*

– Jeff Gunther, Unternehmer (zitiert nach [Pin10 S. 108])

Das Ergebnis der manuellen Tätigkeiten früherer Zeiten war hauptsächlich davon abhängig, wie lange jemand täglich am Fließband arbeitete. Aus dieser Zeit stammt die Denkweise, dass Anwesenheitszeit am Arbeitsplatz für Quantität (und Qualität) des Arbeitsergebnisses ausschlaggebend ist. Leider ist das bei Kopfarbeit nicht so: Manche sind nachts am produktivsten – andere sehr früh am Morgen, manche im ruhigen Zimmer in ihrer Wohnung – andere in ihrem Lieblingscafé. Anwesenheit an einem Arbeitsplatz in einem Büro irgendwo in der Stadt hindert möglicherweise diese Menschen daran, ihr Bestes zu geben. Daher muss statt Anwesenheit das Ergebnis der Arbeit zählen. (Vermutlich ist ein Hauptgrund für die notwendige Anwesenheit an Arbeitsplätzen, dass auf diese Weise einfach und bequem Kontrolle ausgeübt werden kann. Kontrolle und Kopfarbeit schließen sich gegenseitig aus, s.o.)

Laut Duden meint Selbstbestimmung „Unabhängigkeit des bzw. der Einzelnen von jeder Art der Fremdbestimmung" [Dud1]. Selbstbestimmung im Kontext *Arbeit* meint, die Freiheit zu haben, selbst zu bestimmen, *was wie wann wo* und *mit wem* ich (be)arbeite.

> *Die Kunst liegt darin, seine Grenzen abzustecken.*
> *Das ist Selbstbestimmung, die ich am meisten schätze.*
> *Die Freiheit, meine Grenzen selbst bestimmen zu können.*
>
> – Seth Godin (zitiert nach [Pin10 S. 117])

Das Gegenteil von Selbstbestimmung ist Kontrolle: *Kontrolle führt zu Pflichterfüllung – Selbstbestimmung führt zu Engagement* [Pin10 S. 136].

Selbstbestimmung bedeutet nicht Unabhängigkeit und Individualismus. Selbstbestimmung meint Handeln aufgrund von Wahlmöglichkeiten. Man kann gleichzeitig selbstbestimmt und auch glücklich voneinander abhängig sein. Selbstbestimmung scheint ein eher menschliches als ein westliches Konzept zu sein – sie stellt etwas dar, das Menschen suchen und das ihre Lebensqualität verbessert [Pin10 S. 111].

Ein höheres Maß an Selbstbestimmung muss nicht zwangsläufig weniger Verantwortung bedeuten. Menschen müssen für ihre Arbeit verantwortlich sein und es gibt verschiedene Möglichkeiten, dies zu erreichen – je nach Menschenbild [Pin10 S. 132]:

- Das Menschenbild nach Typ X geht davon aus, dass Menschen sich bei zu viel Freiheit drücken, dass Selbstbestimmung ein Weg ist, um Verantwortung zu meiden.
- Das Menschenbild nach Typ I geht davon aus, dass Menschen Verantwortung übernehmen wollen. Und dass sie dazu die Kontrolle über ihre Aufgabe, ihre Zeit, ihre Vorgehensweise und ihr Team brauchen.

Auch hier bestimmen wieder die Annahmen das Ergebnis.

> *Studien haben gezeigt, dass wahrgenomme Kontrolle ein*
> *wichtiger Bestandteil der Zufriedenheit jedes Einzelnen ist.*
> *Worüber jedoch Menschen Kontrolle haben möchten,*
> *ist in der Tat sehr unterschiedlich ... Unterschiedliche*
> *Menschen haben unterschiedliche Bedürfnisse, deshalb*
> *wäre es am besten, den Arbeitgeber herausfinden*
> *zu lassen, was dem einzelnen Mitarbeiter wichtig ist*
>
> – Tony Hsieh, Geschäftsführer von Zappos
> (zitiert nach [Pin10 S. 133])

Ein Konzept, das nicht nur den Mitarbeitern maximale Selbstbestimmung gibt, sondern dem Unternehmen gleichzeitig mehr und bessere Ergebnisse liefert, bietet *ROWE (Results-Only Work Environment)* [Res09, Pin10 S. 105 ff.]. Statt Anwesenheit zählen Ergebnisse – und nur Ergebnisse. *Wie wann* und *wo* der Mitarbeiter seine Leistung erbringt, ist egal, solange das Ergebnis stimmt. Die allereinfachste Definition eines Results-Only Work Environment lautet [Res09 S. 66]:

Jeder kann tun und lassen, was er will und wann er will, solange die Arbeit getan wird.

Da dem ROWE-Konzept ein Typ-I-Menschenbild zugrunde liegt, basiert Widerspruch zu diesem Konzept (und der Definition) einzig und allein darauf, dass man einem anderen Menschenbild anhängt. Dies ist kein Vorwurf, sondern zeigt nur, wie tief wir noch in alten, nicht mehr zeitgemäßen Vorstellungen stecken.

Zudem lohnt sich Selbstbestimmung für Unternehmen: Firmen, die auf Selbstbestimmung setzten, hatten in einer Studie eine vier mal höhere Wachstumsrate und erwirtschafteten ein Drittel mehr Umsatz als kontrollorientierte Firmen [Pin10 S. 112].

Wie Beispiele aus der Praxis zeigen, braucht Typ-I-Verhalten die Selbstbestimmung über folgende vier Bereiche [Pin10 S. 115]:

- *Aufgabe:* was Menschen tun,
- *Zeit:* wann sie es tun,
- *Vorgehensweise:* wie sie es tun
- *Team:* mit wem sie es tun.

Aufgabe

Selbstbestimmung bzgl. *Aufgabe* meint die Freiheit darüber, selbst zu entscheiden, *was* man macht, seinen Ideen nachgehen und diese zu Projekten zu entwickeln.

Derartige Autonomiemaßnahmen haben sich in vielen Bereichen bewährt – und bieten eine vielversprechende Quelle für Innovationen und sogar für institutionelle Reformen. Sie sind in einer Wirtschaft, die nach kreativen, nicht routinemäßigen und konzeptuellen Fähigkeiten verlangt, unbedingt notwendig [Pin10 S. 120].

> *Stellen Sie gute Mitarbeiter ein und lassen Sie sie in Ruhe arbeiten.*
>
> – William McKnight, Präsident und Vorsitzender von 3M
> (zitiert nach [Pin10 S. 116])

Einige sehr innovative Unternehmen gestehen ihren Mitarbeitern 20 % der Arbeitszeit für eigene Ideen zu – 20 % der gesamten Arbeitszeit und nicht nur einen Tag im Monat wie der „FedEx-Day". Motivation für dieses Vorgehen ist die Erfahrung, dass viele Produkte (wie die „Post-it-Sticker" von 3M) und Services (wie das E-Mail-Angebot „Google Gmail", der Nachrichtenaggregator „Google News", der Landkartendienst „Google Maps" oder der Anzeigendienst „Google AdSense", der mittlerweile ein Viertel zu Googles Umsatz beiträgt) nicht aus regulären, offiziellen und geplanten Projekten entstanden, sondern aus „Privatideen" von Mitarbeitern. Neu ist diese Idee nicht: Schon 1995 schreibt Reinhard K. Sprenger [Spr95 S. 209] über 3M:

> *Mittlerweile allseits bekannt dürfte ja auch die Tatsache sein,*
> *dass diese Firma ihren Forschern einen frei verfügbaren*
> *Zeitanteil von bis zu 25 % einräumt, um ihrer Experimentierfreude*
> *freien Lauf zu lassen: 'Spielwiese' für die eigene Motivation.*

Darüber hinaus wurde bei jenen Mitarbeitern, die von ihren Vorgesetzten „beim selbstständigen Arbeiten" unterstützt wurden, eine höhere Arbeitszufriedenheit festgestellt. Die Vorgesetzten betrachteten Sachverhalte auch aus der Perspektive der Mitarbeiter, gaben hilfreiches Feedback und Informationen. Sie ließen ihnen freie Hand bezüglich der Vorgangsweise und des Zeitplans und ermutigten sie zu neuen Projekten. Die daraus resultierende größere Zufriedenheit der Mitarbeiter führte wiederum zu besseren Leistungen [Pin10 S. 112].

Selbstbestimmung über eine Tätigkeit ist einer der wichtigsten Aspekte intrinsischer Motivation hinsichtlich Arbeit [Pin10 S. 119].

> *Sie bestimmen, was sie machen wollen.*
>
> – George Nelson, Designchef bei *Herman Miller* (zitiert nach [Pin10 S. 120])

Zeit

Selbstbestimmung bzgl. *Zeit* meint die Freiheit darüber, selbst entscheiden zu können, *wann* gearbeitet, *was wann* bearbeitet und *wie lange* etwas bearbeitet wird.

> *In der Vergangenheit wurde Arbeit primär durch Zeiteinsatz definiert, das Ergebnis war von sekundärer Bedeutung. Wir müssen dieses Modell ändern, ganz egal, um welche Branche es sich handelt.*
>
> – Cali Ressler, Unternehmensberaterin und eine der beiden Erfinderinnen des ROWE-Konzeptes [Res09] (zitiert nach [Pin10 S. 125])

Aus der Zeit überwiegend manueller Tätigkeiten resultiert die Kontrolle nach Anwesenheit und Vorgabe von Zeitzielen. Untersuchungen ergaben, dass Anwälte sich mehr auf den (Zeit-)Einsatz als das Ergebnis für den Kunden konzentrieren, wenn man ihnen ein Zeitziel vorgibt (z.B. 2000 abrechenbare Stunden pro Jahr) [Pin10 S. 122].

> *What gets messured, gets managed.*
>
> – Peter Drucker

Wenn Belohnungen auf Zeit basieren, dann ist Zeit genau das, was Firmen bekommen. Ziele dieser Art können Schaden anrichten, wie intrinsische Motivation vernichten, Eigeninitiative untergraben und unethisches Verhalten hervorrufen [Pin10 S. 122].

Bei kreativen Tätigkeiten – also Tätigkeiten, wie denen eines Rechtsanwaltes, die nicht routinemäßigen Arbeiten entsprechen – gibt es keine einheitlichen und vorhersagbaren Verbindungen zwischen der Zeit, die jemand braucht, und dem Ergebnis, was er produziert [Pin10 S. 123].

Auch hier bestimmt das Menschenbild wieder das Ergebnis: Wenn wir davon ausgehen, dass Menschen grundsätzlich gute Arbeit leisten *wollen* – also intrinsisch motiviert sind –, dann sollten sie den Freiraum bekommen, den sie brauchen, um sich voll auf die Arbeit selbst zu konzentrieren und nicht auf die Zeit, die sie dafür benötigen [Pin10 S. 123]. Zudem ist es ohne Souveränität über seine Zeit beinahe unmöglich, über sein Leben selbst zu bestimmen [Pin10 S. 124].

Vorgehensweise

Selbstbestimmung bzgl. *Vorgehensweise* meint die Freiheit darüber, selbst zu entscheiden, *wie* man das Ziel erreicht, bzw. eine Aufgabe so zu erledigen, *wie* man es für richtig hält [Pin10 S. 126].

Statt Vorgaben und Regeln, was wie zu erledigen ist, erhalten die Mitarbeiter die Möglichkeit, ihre Tätigkeiten so zu erledigen, wie sie es selbst für richtig erachten.

Jene Männer und Frauen, denen wir Autorität und
Verantwortung übertragen, möchten, wenn sie gut sind,
ihre Arbeit auf ihre eigene Art und Weise erledigen.

– William McKnight, Präsident und Vorsitzender von 3M
(zitiert nach [Pin10 S. 116])

So überlässt es z.B. *Zappos,* ein Online-Schuhhändler, der mittlerweile zu Amazon gehört, es seinen Mitarbeitern, wie sie ihre Aufgabe, die Kunden gut zu bedienen, erfüllen. Es erfolgen keine Überwachung von Kundengesprächen oder von Dialogvorgaben. Das Ergebnis ist eine minimale Personalfluktuation und ein Platz unter den Top Ten der besten amerikanischen Unternehmen bzgl. Kundenzufriedenheit.

Team

Selbstbestimmung bzgl. *Team* meint die Freiheit darüber, selbst zu entscheiden, *mit wem* man zusammenarbeitet. Dies ist z.B. einer der Gründe, warum sich Menschen selbstständig machen [Pin10 S. 128].

Wie Unternehmen dies umsetzen, zeigen zwei Beispiele [Pin10 S. 129]:

- *Whole Foods:* Neue Mitarbeiter arbeiten 30 Tage in ihrem zukünftig potenziellem Team und die Teammitglieder entscheiden dann gemeinsam, ob die Person übernommen wird.
- *W.L. Gore & Associates:* Wer ein Team leiten möchte, muss jene Personen mitbringen, die gerne für sie oder ihn arbeiten möchten.

Zahlreiche Studien belegen, dass Mitarbeiter, die in selbst zusammengestellten Team arbeiten, zufriedener sind als Mitarbeiter traditioneller Teams [Pin10 S. 131].

Perfektionierung (Mastery)

Perfektionierung ist das Streben, bei einer Sache, die einem wichtig ist, immer besser zu werden [Pin10 S. 136].

Das Lösen von komplexen Problemen erfordert einen wissbegierigen Geist und die Bereitschaft, auf seinem Weg zu einer neuartigen Lösung Experimente zu wagen. Während Motivation früher das Streben nach Pflichterfüllung war, sucht Motivation heute persönliche Leidenschaft. Denn nur mit Leidenschaft kann Perfektionierung erfolgen. Perfektionierung, ein wichtiger, oftmals ruhender Teil unserer Motivation, ist in der heutigen Wirtschaftswelt wesentlich, will man Erfolg haben [Pin10 S. 137].

Das Streben nach Perfektion unterscheidet Herausragendes vom Mittelmaß. So rät auch Seth Godin [God10], entweder eine „Quick-and-Dirty"-Lösung zu liefern oder nach Perfektion zu streben. Dies basiert auf der Erkenntnis, dass die auffallendste Eigenschaft des modernen Berufslebens das Fehlen von Engagement und die Vernachlässigung von Perfektionierung ist [Pin10 S. 137].

Beim Streben nach Perfektion geht es um das immer besser werdende Ergebnis, doch der eigentliche Gewinn liegt beim Strebenden: im Erleben von Selbsterfüllung (Flow). Damit ist die Tätigkeit *selbst* ihre Belohnung [Pin10 S. 139]. In diesem Zustand der Selbsterfüllung (Flow) steht das, was eine Person tun muss, und das, was sie tun kann, im perfekten Einklang [Pin10 S. 141]. Dieses Gleichgewicht erzeugt ein derartiges Ausmaß an Konzentration und Zufriedenheit, dass es mit Leichtigkeit andere alltägliche Erfahrungen übertrifft und die Wahrnehmung von Ort, Zeit und sich selbst auflöst [Pin10 S. 142].

Man muss nicht sehen, was jemand gerade tut,
um zu erkennen, was seine Berufung ist.
Man muss einfach nur seine Augen beobachten:
Ein Koch, der eine Soße zusammenmischt,
ein Chirurg, der den ersten Schnitt ansetzt,
ein Angestellter, der einen Lieferschein ausfüllt.
Sie alle besitzen denselben andächtigen Gesichtsausdruck,
sie alle vergessen sich selbst in ihrer Aufgabe.
Wie wunderschön er ist, dieser auf den Gegenstand fokussierte Blick.

– W. H. Auden (zitiert nach [Pin10 S. 135])

Um das Streben nach Perfektionierung ihrer Mitarbeiter zu unterstützen, wenden erfolgreiche Unternehmen zwei Taktiken an [Pin10 S. 146/147]:

1. *„Goldlöckchen-Aufgaben"*: Dies sind Aufgaben, die weder zu schwer noch zu leicht sind. Menschen sind häufig frustriert durch die Differenz zwischen dem, was sie *tun müssen*, und dem, was sie *tun können*:
   – Angst entsteht, wenn das, was sie tun müssen, ihre Fähigkeiten übersteigt.
   – Langeweile entsteht, wenn das, was sie tun müssen, ihre Fähigkeiten nicht genügend fordert.
   Wunderbares kann entstehen, wenn beides perfekt zusammenpasst. Das ist die Essenz von Flow.
2. *Arbeit in Spiel umwandeln*: Den Mitarbeitern die Freiheit gewähren, ihre Arbeit so zu erledigen, dass auch die einfachste Tätigkeit von einem Hauch von Flow umgeben ist. So übernahmen Reinigungskräfte freiwillig zusätzliche, für sie interessante Aufgaben. Sie steigerten dadurch ihre Zufriedenheit und sahen sich selbst und ihre Fähigkeiten aufgewertet. Nach einer Neuordnung der Bereiche ihrer Aufgaben erledigten sie diese spielerischer und identifizierten sich besser mit ihrer Arbeit und waren zufriedener.

Drei Gesetze der Perfektionierung

Flow ist eine Voraussetzung für das Streben nach Perfektionierung – und noch keine Garantie. Dieses Streben entwickelt sich über einen längeren Zeitraum (Monate oder Jahre), während Flow unmittelbar im Moment entsteht – beide haben einen unterschiedlichen Zeithorizont. Die Frage ist daher, wie wir Flow in das Streben nach mehr Tiefe und Dauer integrieren können [Pin10 S. 147].

Perfektionierung basiert auf drei Grundsätzen:

- Perfektionierung ist eine Denkweise.
- Perfektionierung ist eine Qual.
- Perfektionierung ist eine Asymptote.

Perfektionierung ist eine Denkweise

Finden Sie für sich selbst heraus, worin Sie wirklich gut sein
wollen, seien Sie sich des Umstandes bewusst,
dass Sie nie wirklich zufrieden mit dem sein werden,
was Sie erreicht haben, und akzeptieren Sie diese Tatsache.

– Robert B. Reich, ehemaliger amerikanischer Arbeitsminister
(zitiert nach [Pin10 S. 149])

Das Streben nach Perfektion entsteht im Kopf. Das, woran Menschen glauben, ist die Grundlage dessen, was sie tatsächlich erreichen. Unser Glaube an uns selbst und das Wesen unserer Fähigkeiten („unsere Selbsttheorien") bestimmen, wie wir unsere Erfahrungen interpretieren und die Grenzen dessen abstecken, was wir erreichen. Dem liegt die Auffassung zugrunde, dass Können formbar ist, dass eine erhöhte Anstrengung automatisch zu einer besseren Leistung führt. [Pin10 S. 148/149].

Ein derartiges Streben stellt letztendlich ein Lernziel dar: Man will immer mehr über etwas lernen, immer besser in etwas werden. Letztendlich ist das Ziel das Lernen selbst, ohne dass man dabei beweisen muss, wie klug man ist [Pin10 S. 150]. In einer derartigen Denkweise sind Rückschläge Feedback und keine Niederlagen: Man weiß, dass auf dem Weg zur Perfektion Rückschläge unumgänglich sind und sie als Hinweis gelten, wie etwas nicht funktioniert [Pin10 S. 151].

Typ-I-Verhalten zieht Lernziele den Leistungszielen vor und sieht jegliche Art von Anstrengung als einen Weg, die Leistung von etwas Entscheidendem zu steigern [Pin10 S. 152].

Perfektionierung ist eine Qual

Viele Charakterzüge, von denen man einst annahm,
sie würden ein angeborenes Talent widerspiegeln,
sind genau genommen das Ergebnis intensiver Übung
über einen Zeitraum von mindestens zehn Jahren.

– Anders Ericsson, Psychologe (zitiert nach [Pin10 S. 153])

Perfektionierung erfordert Anstrengung über einen langen Zeitraum, tut oft weh und macht keinen Spaß. Wie im Sprichwort aus Großmutters Zeiten „Ohne Fleiß kein Preis" trainieren Sportler, Feuerwehrleute, Musiker und Astronauten Routinehandgriffe immer und immer wieder, um besser und besser zu werden und so Sicherheit darin zu bekommen.

Auf zwei Arten kommt Flow hier ins Spiel [Pin10 S. 154]:

- Wenn man weiß, was genau einen in den Flowzustand versetzt, weiß man, welchen Aktivitäten man seine Zeit wie intensiv widmen sollte, um den gewünschten Erfolg zu erreichen. Diese Momente des Flow sind es, die Menschen schwierige Situationen auf dem Weg zu Spitzenleistungen meistern lassen.
- Perfektionierung ist oft Schinderei mit kleinen Erfolgen und vielleicht einigen Flow-Erlebnissen, die motivieren und zu weiteren Fortschritten führen. Hier heißt es weiter und weiter zu machen, dann allerdings schon auf einem etwas höheren Niveau. Das ist anstrengend und nicht das Problem – sondern die Lösung.

Anstrengung ist eines jener Dinge, die dem Leben einen Sinn geben.
Anstrengung bedeutet, dass man sich um etwas bemüht,
was einem so wichtig ist, dass man dafür bereit ist, zu arbeiten.
Es wäre schon ein sehr armseliges Dasein, wenn man
die Dinge nicht schätzen könnte und nicht bereit wäre,
dafür eine Anstrengung zu unternehmen.

– Carol Dweck, Psychologin (zitiert nach [Pin10 S. 154])

Perfektionierung ist eine Asymptote

Es gibt keinen Grund mehr, länger daran zu glauben, dass nur
unwichtiges „Spiel" Spaß machen kann, während das ernste
Geschäft des Lebens als Bürde getragen werden muss.
Wenn wir erst einmal erkannt haben, dass die Grenzen
zwischen Beruf und Spiel nur künstlich sind, können wir
die Dinge in die Hand nehmen und den schwierigen
Versuch starten, das Leben lebenswerter zu machen.

– Mihaly Csikszentmihalyi, Psychologe, Entdecker von Flow
(zitiert nach [Pin10 S. 157])

Perfektionierung kann nie vollständig erreicht werden, man kann sich ihr nur annähern wie an eine Asymptote (Abbildung 11). Diese Asymptote der Perfektion ist
daher auch eine Quelle der Frustration – man kann sie trotz aller Anstrengungen
nie erreichen. Und genau darin besteht der Reiz: im Versuch, nicht in der Durchführung. Perfektion ist gerade deshalb so anziehend, weil man sie nie hundertprozentig
erfassen kann [Pin10 S. 156].

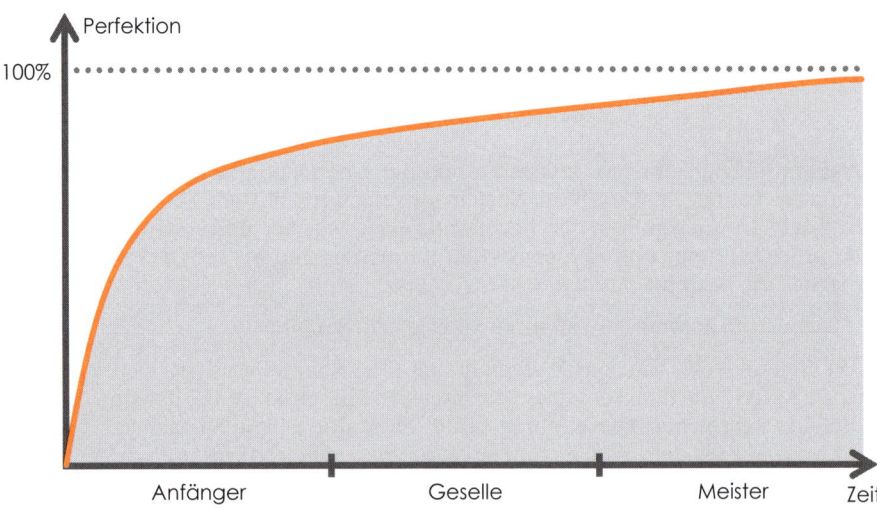

Abbildung 11: Die Asymptote der Perfektion und die Stufen der Meisterschaft [God10]

Beim Annähern an die Asymptote der Perfektion erlebt man Fortschritt verschieden: Am Anfang lernt man als „Anfänger" sehr viel und schnell. Als „Geselle" ist
man schon weiter, entsprechend geringer fällt der Fortschritt aus. Den geringsten

Fortschritt erreicht der „Meister", dafür kommt er der Perfektion am nächsten [God10]. Auch in diesem Streben lässt sich Flow erreichen.

Shu – Ha – Ri
Shu Ha Ri bezeichnet den asiatischen Weg des Lernens, die Entwicklung vom Anfänger (Shu) über den Gesellen (Ha) zum Meister (Ri).

Abbildung 12: Shu Ha Ri: Anfänger (Shu) – Geselle (Ha) – Meister (Ri)

Während der Anfänger durch Imitieren, Nachmachen und Kopieren am meisten lernt, beginnt der Geselle, Hintergründe der Techniken und Formen zu erfragen. Erst dem Meister ist es aufgrund seiner Erfahrungen und Lehre möglich, sich von einem übergeordneten Standpunkt aus vom Bisherigen zu lösen und seinen eigenen Weg zu gehen [KNH]. In der agilen Software-Entwicklung wird dieser Weg oft als der Weg wahrer Agilität beschrieben.

Sinnerfüllung (Purpose)

> *Immer mehr Menschen verfügen heute über die Mittel zum Leben,*
> *aber über keinen Sinn, für den sie leben.*
>
> – Viktor Frankl

In Kapitel 9 „Sinn" seines Buches *Unsere kreative Zukunft: Warum und wie wir unser Rechtshirnpotenzial entwickeln müssen* [Pin08] stellte Daniel Pink wesentliche Aspekte der Arbeit von Viktor Frankl vor und ließ sie daher in Kapitel 6 „Sinnerfüllung" seines Buches *Drive* [Pin10] weg. Insofern ist erstgenanntes Kapitel als Ergänzung zu den Ausführungen in *Drive* [Pin10] zu sehen. Laut einer persönliche Mitteilung von Daniel Pink an den Autor ist Frankls *Man's Search for Meaning* (deutsch: *... trotzdem Ja zum Leben sagen* [Fra07]) eines seiner Lieblingsbücher.

> *Sinnerfüllung liefert die Aktivierungsenergie für unser Leben.*
>
> – Mihaly Csikszentmihalyi, Psychologe (zitiert nach [Pin10 S. 164])

Wer ein Wozu hat, erträgt jedes Wie

> *Wenn du ein Schiff bauen willst, dann trommle nicht*
> *Männer zusammen, um Holz zu beschaffen, Aufgaben*
> *zu vergeben und die Arbeit einzuteilen, sondern lehre*
> *die Männer die Sehnsucht nach dem weiten, endlosen Meer.*
>
> – Antoine de Saint-Exupery

Viktor Frankl, der einer österreichischen jüdischen Beamtenfamilie entstammte, überlebte als Einziger seiner Familie verschiedene Konzentrationslager. Seine Erfahrungen in diesen Lagern beschrieb er im Buch"... *trotzdem Ja zum Leben sagen*" [Fra07], in dem er zeigte, dass es selbst unter extremsten inhumanen Bedingungen möglich ist, Sinn im Leben zu finden: *Wer ein Wozu hat, erträgt jedes Wie*. Frankls

Wozu in dieser Zeit war, von den Grausamkeiten und Bedingungen in diesen Lagern zu berichten, er schreibt, dass er überleben wollte, um davon zu berichten. Dies war sein Sinn im Leben in dieser Zeit [Sch14].

> *Was der Mensch ist, das ist er durch*
> *die Sache, die er zur seinen macht.*
>
> – Karl Jaspers (zitiert nach [Spr95 S. 219])

Für Viktor Frankl ist der Mensch ein *Wesen auf der Suche nach Sinn*. Der Mensch will Sinn in seiner Existenz finden und diesen realisieren. Sinn ist damit das zentrale Thema für den Menschen. Der Mensch will wissen, *wozu* er auf der Welt ist. Dies unterscheidet ihn vom Tier [Sch14].

Untersuchungen haben ergeben, dass zutiefst motivierte Menschen ihre Bedürfnisse mit Motiven, die über ihre eigene Person hinausgehen, verknüpfen [Pin10 S. 163, Fra76, Sche14].

Um Selbstbestimmung und Perfektionierung im Tun zu verbinden, braucht es den Sinn [Pin10 S. 163].

> *Man kann kein wahrhaft großartiges Leben führen,*
> *ohne zu fühlen, dass man selbst zu etwas Größerem*
> *und Dauerhafterem gehört, als man selbst ist.*
>
> – Mihaly Csikszentmihalyi, Psychologe (zitiert nach [Pin10 S. 174])

In verschiedenen Studien berichteten immer wieder diejenigen mit Sinnzielen von einer höheren Zufriedenheit und einem besseren subjektiven Wohlbefinden [Pin10 S. 174]. Wenn z.B. Ärzte nur einen Tag in der Woche sich mit dem beschäftigen konnten, was ihnen bei ihrer Arbeit am wichtigsten war (z.B. Patientenbetreuung, Forschung oder Sozialdienst), reduzierte sich ihre physische und psychische Erschöpfung drastisch. Die o.g. „20%-Zeit" ermöglicht Sinn ([Pin10 S. 173], s.a. die Ausführungen bei „Aufgabe"). Menschen nutzen die Macht der Selbstbestimmung zur Sinnmaximierung [Pin10 S. 171]. So arbeiten Erfinder und Forscher oft hart bis spät in die Nacht hinein – nicht nur wegen des Profits und Ruhms, sondern auch mit einem bestimmen Sinn vor Augen [Pin10 S. 176]. Denn Zufriedenheit hängt nicht nur davon ab, Ziele zu haben, sondern die *richtigen* Ziele zu haben [Pin10 S. 175].

Der Trend zu Genossenschaften und neuen Unternehmensformen, wie Netzwerken und Gemeinwohl-Unternehmen, speist sich auch daraus, dass eine neue Generation von Wirtschaftsleuten mit der gleichen Intensität nach Sinn sucht, wie ihre Vorgänger in den traditionellen Unternehmen nach Profit streben. Ziel dieser Unternehmen ist, nach Sinn und einem sinnvollen Beitrag zur Gesellschaft zu streben und Gewinn dafür nur als Katalysator zu nutzen, nicht als eigentliche Zielsetzung [Pin10 S. 167].

Praktische Hinweise zu Sinn

> *Glück ist das Nebenprodukt sinnvollen Tuns.*
>
> – Aristoteles

Nach Frankl muss einiges in Bezug auf Sinn beachtet werden (für detailliertere Ausführungen dazu wird auf [Pin08, Sch14] sowie die dort angegebene Literatur von und über Viktor Frankl verwiesen):

- *Sinn kann nicht gegeben werden, sondern muss gefunden werden:* Frankl meint damit, dass der Sinn schon in der Welt ist, vergleichbar mit der Form eines Gegenstandes. Es ist die Aufgabe des Menschen, diese Form (Sinn) zu erkennen, *zu finden.*
- *Sinn muss gefunden und kann nicht erzeugt werden:* Sinn ist bereits in der Welt, er kann nicht erzeugt, geschaffen werden, er kann nur gefunden werden.
- *Sinn muss nicht nur, sondern kann auch gefunden werden:* Sinn kann entdeckt werden, der Mensch ist als geistiges Wesen dazu in der Lage. Dabei hilft ihm sein Gewissen.

Frankl sagt nicht, dass es den EINEN Sinn gibt für ALLE Menschen. Damit sind seine Aussagen frei von jeglicher Ideologie und Religiosität. Er sagt auch nicht, dass es den einen Sinn im Leben eines Menschen geben MUSS, obgleich dies möglich sein kann. Sinn begegnet uns vielmehr tausendfach, in jeder Situation. Und es ist unsere Verantwortung für unser Leben, diesen Sinn wahrzunehmen. Gleichzeitig haben wir die Freiheit, einen erkannten Sinn zu realisieren oder auch nicht. Wir sind dem Sinn nicht ausgeliefert, wir können uns bewusst dagegen entscheiden, ihn zu realisieren.

Reinhard K. Sprenger betont: „Die Führungskraft kann lediglich die *Bedingungen der Möglichkeit* individueller Sinnfindung (und damit optimaler Leistungsentfaltung) schaffen" [Spr95 S. 199]. Den Sinn selbst vorzugeben wäre nicht nur anmaßend, sondern erweitert den Führungsbegriff in einen Bereich, in dem Verantwortung auch über das nicht zu Verantwortende (z.B. Leistungsbereitschaft) übernommen wird [Spr95 S. 199].

> *Wer sein eigenes Leben als sinnlos empfindet,*
> *der ist nicht nur unglücklich,*
> *sondern auch kaum lebensfähig.*
>
> – Albert Einstein

Weiterhin stellt Sprenger die Notwendigkeit der Vollständigkeit einer Tätigkeit dar – nur wenn eine Tätigkeit folgende Elemente enthält, DEMOTIVIERT sie nicht (gekürzt, vollständige Darstellung [Spr95 S. 199]):

- *Planen und ausführen können:* Aufgaben als geschlossene Einheit von Anfang bis Ende bearbeiten.
- *Gestalten können:* Menschen wollen sich und ihre Umwelt durch ihre Arbeit verändern.
- *Produktiv sein:* günstiges Verhältnis von Aufwand und Ergebnis.
- *Interaktiv sein:* vielfältige soziale Kontakte am Arbeitsplatz, wahrgenommen werden, Austausch und Zusammenarbeit.
- *Sinnvoll tätig sein:* Sinn erwächst aus dem von der Umwelt anerkannten Werk und im Dienst an der Gemeinschaft. Arbeit ist damit immer *„Arbeit für andere"* – der Adressat der Arbeit muss für den Einzelnen ebenso erkennbar sein wie der Nutzen, den die Arbeitsleistung für diesen stiftet.

Aufgabe der Führungskräfte ist es, die Rahmenbedingungen für o.g. Elemente zu schaffen, insbesondere, *Arbeit als Arbeit für andere* erlebbar zu machen.

Zusammenarbeit

Zusammenkunft ist ein Anfang.
Zusammenhalt ist ein Fortschritt.
Zusammenarbeit ist der Erfolg.

– Henry Ford

Der Mensch ist nicht nur ein *psychisches,* sondern auch ein *soziales* Wesen. Während die ersten drei Faktoren zur Motivation (Selbstbestimmung, Perfektionierung und Sinnerfüllung) den Menschen als psychisches Wesen in seinem Einzelsein betrachten, braucht der Mensch als soziales Wesen auch die Interaktion und den Austausch mit anderen. Gerade Arbeitsteilung und die arbeitsteilige Gesellschaft bauen darauf, dass Menschen individuell das Beste leisten und dieses dann mit anderen teilen und tauschen.

So vertritt denn auch Joachim Bauer in seinem Buch *Prinzip Menschlichkeit: Warum wir von Natur aus kooperieren* [Bau08] die These, dass der Mensch nicht in erster Linie auf Konkurrenz und Egoismus eingestellt ist. Vielmehr lägen im Streben nach Zuwendung und Wertschätzung von anderen Menschen seine Motive zum Handeln. Denn in verschieden Studien wurde gezeigt, dass das Motivationssystem im Gehirn auf *„soziale Gemeinschaft und gelingende Beziehungen mit anderen Individuen"* aus ist, wobei es dabei um *„alle Formen sozialen Zusammenwirkens"* geht. Somit ist der Kern aller Motivation, *„zwischenmenschliche Anerkennung, Wertschätzung, Zuwendung oder Zuneigung zu finden und zu geben"* [Bau08, MZ13].

Wir sind – aus neurobiologischer Sicht – auf soziale Resonanz
und Kooperation angelegte Wesen. [Bau08, MZ13]

Das Modell des Menschen als *„zweckrationaler Entscheider"* sei falsch,

weil es den im Menschen verankerten Wunsch, vertrauensvoll
zu agieren und gute Beziehungen zu gestalten, außer Acht lässt
[Bau08, MZ13].

Was tun?

Sie fragen sich vielleicht nach all den Erkenntnissen, was Sie jetzt konkret tun können.

Belohnen Sie Anstrengungen – nicht das Ergebnis!

Carol Dweck [Dwe09] beschreibt anhand vieler Studien und Beispiele, dass es mittel- und langfristig erfolgreicher ist, sich auf den *Prozess* und nicht auf das Ergebnis zu konzentrieren und entsprechend die *Anstrengungen* und nicht das Ergebnis zu belohnen. Durch die Konzentration auf Anstrengungen kommt man in die Asymptote der Perfektion und wird permanent besser. Bei einer Konzentration auf das Ergebnis kann Betrug und Täuschung provoziert und motiviert werden.

Defizite sind änderbar!

Carol Dweck [Dwe09] beschreibt ebenfalls, dass Defizite nicht unabänderlich sind. Wenn Sie oder Ihr Team etwas nicht können – dann können Sie es allenfalls NOCH nicht! Wenn Sie keinen Erfolg haben, haben Sie NOCH keinen Erfolg!

Der Unterschied ist einfach der, dass durch die Erweiterung um das Wörtchen *„noch"* die Zeitkomponente in die Aussage eingebaut wird und damit die Konzentration vom Ergebnis *„etwas nicht"* auf den Prozess *„etwas* noch *nicht"* gelenkt wird.

Der Manager als Gärtner

Eine Idee ist das Verständnis eines Managers als Gärtner [App10]: Er stellt sicher, dass die Pflanzen die Bedingungen haben, die sie brauchen, um zu gedeihen. Helfen beim Wachsen kann er nicht – ziehen an den Pflanzen bringt nichts. Dieses Modell verdeutlicht den systemischen Kontext von Management (s. Abschnitt III.2.5).

Weitere praktische Hinweise erhalten Sie in den Büchern von Jurgen Appelo *Management 3.0* [App10] und *Management 3.0 #Workout* [App14] sowie in einem Management 3.0-Workshop.

2.4 Vertrauen und Verantwortung

Neue Konzepte zur Organisation der Zusammenarbeit im Unternehmen basieren alle auf einem vertrauens- und verantwortungsvollen Miteinander der Beteiligten. Ohne Vertrauen zu- und untereinander und Verantwortung sind kreative Lösungen komplexer Herausforderungen nicht denkbar.

Wenn Kopfarbeit nicht überwacht werden kann – aus strukturellen Gründen – und nicht kontrolliert werden darf – um Motivation nicht zu zerstören –, dann müssen sich Manager und das Unternehmen darauf verlassen, dass die Teams ihre Aufgaben erledigen. Die Teams andererseits müssen sich darauf verlassen, dass das Wort der Manager gilt und sie zugesagte Unterstützung auch bekommen. Und im Team muss jeder jedem vertrauen, dass er seine Aufgaben erledigt. All dies berührt den wichtigen Themenkomplex „Vertrauen und Verantwortung".

Vertrauen und Verantwortung sind in gewisser Weise wie die zwei Seiten einer Medaille: Nur wer Verantwortung übernimmt, dem kann auch vertraut werden. Und nur wem vertraut wird, dem kann auch Verantwortung übergeben werden. Und nur wer vertraut, kann auch Verantwortung übergeben.

Verantwortung ist die Rückseite von Vertrauen: Nur dort, wo Verantwortung übernommen wird, kann Vertrauen entstehen. Verantwortung – gegenüber anderen und sich selbst – ist damit nicht nur die Basis einer effizienten Zusammenarbeit, sondern auch eines gesunden Zusammenlebens.

Vertrauen

Immer habe ich nach dem Grundsatz gehandelt:
Lieber Geld verlieren als Vertrauen. Die Unantastbarkeit
meiner Versprechungen, der Glaube an den
Wert meiner Ware und an mein Wort standen
mir stets höher als ein vorübergehender Gewinn.

– Robert Bosch

Ein zentrales Element im menschlichen Leben – und damit auch im *Kontext* Arbeiten – ist Vertrauen: Es ist die Grundlage für ein gesellschaftliches Miteinander – und damit auch für Zusammenarbeit. Immer dort, wo Erfahrung und Wissen fehlen, muss dieses durch Vertrauen ersetzt werden, um handlungsfähig zu bleiben.

Vertrauen ist der Klebstoff der Gesellschaft – nur mit Vertrauen sind Liebe, Freundschaft, Führung und wirtschaftliches Handeln möglich. Wie Manfred Spitzer sagt:

> *Vertrauen hält eine Gesellschaft zusammen. Vertrauen ist sozialer Kitt, der dafür sorgt, dass wir unseren Alltag bewältigen. Was auch immer zwei oder mehr Menschen gemeinsam vorhaben, es setzt gegenseitiges Vertrauen voraus.* [Spi06]

Durch Vertrauen entsteht Sicherheit. Es ermöglicht ein Gemeinschaftsgefühl, auf dem Zusammenleben – und zusammenarbeiten – gelingt [Sim13].

Unternehmen scheitern heute nicht daran, dass sie die eine oder andere Methode nicht perfekt genug anwenden, sie scheitern an mangelndem Vertrauen: *Jede Methode muss scheitern, wenn die Grundlagen für eine Zusammenarbeit nicht gegeben sind.* Da Agilität maßgeblich auf Vertrauen – innerhalb eines Teams, in und zwischen Teams und zum Management – setzt, soll auf Vertrauen hier näher eingegangen werden.

Warum Vertrauen so wichtig ist

> *Nichts kann einen Menschen mehr stärken als das Vertrauen, das man ihm entgegenbringt.*
>
> – Adolf von Harnack, protestantischer Theologe

Nach Managementberater Reinhard K. Sprenger ist *„Vertrauen das Thema der Zukunft"*: Durch *„globalisierte, schnelle Märkte, flexible Arbeitsstrukturen und virtuelle Organisationsformen … (ist) der Bedarf an Vertrauen … dramatisch gestiegen"* [Spr02 S. 11]. Weiter hebt Sprenger hervor [Spr02 S. 13]:

- *Erstens ist Vertrauen das Erste (und in gewisser Weise auch das Einzige), worauf es im Unternehmen ankommt;*
- *zweitens ist es die Basis der Mitarbeiterführung und führt*
- *drittens zu Werten, die ohne Vertrauen ungehoben bleiben.*

Und kommt zur Feststellung [Spr02 S. 16 ff.]:

> *Von Vertrauen wird geredet, wenn es vermisst wird. Seine Erscheinungsweise ist die Nichtexistenz. Man übertreibt nicht, wenn man feststellt: Je mehr über Vertrauen gesprochen wird, desto schlechter ist die Lage. Das Auftauchen von Vertrauen ist ein untrügliches Zeichen der Krise.*

Denn Vertrauen ist grundlegend [Zitate Spr02 S. 25 ff.]:

- *… weil es flexible Organisationen ermöglicht: … je virtueller unsere Welt ist, desto wichtiger wird Vertrauen als Organisationsprinzip … Vertrauen ermöglicht koordiniertes Handeln zwischen Partnern, die sich unbekannt sind und bleiben. Es ist Ersatz für ein Wissen über den Anderen und seine Motive … Der Bedarf an Vertrauen steigt rapide, während die traditionellen Quellen versiegen.*
- *… weil es Reorganisation ermöglicht: … Mitarbeiter tragen die Veränderungen mit, wenn die Reorganisationsvorhaben nicht primär zu ihrem Schaden sind … Einer der größten Fehler der Unternehmensleitungen ist es anzunehmen, dass nach zum Teil traumatischen Arbeitsplatzereignissen wie Entlassungen, Restruk-*

turierungen oder Mergern das Vertrauen sich von alleine wieder einstellt. Das ist einfach unrealistisch.
* ... weil es Kunden bindet: ... Vertrauen verkauft ... Unternehmen verkaufen keine Produkte, sie verkaufen Vertrauen ... Eine Marke ist kristallisiertes Vertrauen ... Jeder Mitarbeiter kann eine Vertrauensbrücke bilden, die Kunden an das Unternehmen bindet. Aus Kundensicht arbeitet er nicht für das Unternehmen – vielmehr ist er das Unternehmen ... Je wichtiger das Vertrauen der Kunden in die Leistung des Unternehmens ist, desto vorrangiger sind also die dezentralen, die vorgelagerten Prozesse der Organisation. Und nicht die Zentrale.

Was Vertrauen ist

So grundlegend Vertrauen ist, so schwierig ist es allgemein zu definieren. Simon [Sim13] schreibt:

> *Ein Gefühl von Vertrauen stellt sich ein, wenn ein Mensch das Verhalten eines anderen insofern richtig einschätzt, als dieser die Verletzbarkeit seines Gegenübers nicht ausnutzt, obwohl er es könnte, wobei er dies aufgrund gemeinsamer Vorstellungen oder moralischer Werte aber nicht tut. Man tritt als Vertrauender also in Vorleistung.*

Petermann [Pet13] listet u.a. folgende Definitionen auf (Quellenangaben in [Pet13 S. 15/16]):

* Vertrauen resultiert aus bisheriger Erfahrung und der Hoffnung auf das Gute im Menschen.
* Vertrauen reduziert die Komplexität menschlichen Handelns, erweitert zugleich die Möglichkeiten des Erlebens und Handelns und gibt Sicherheit.
* Vertrauen hängt von frühkindlichen Erfahrungen, vor allem von der Qualität der Mutter-Kind-Beziehung ab. Unnötige Versagungen, Drohungen und persönliche Unzuverlässigkeit verhindern Vertrauen.
* Vertrauen basiert auf der Erwartung einer Person oder einer Gruppe, sich auf ein mündlich oder schriftlich gegebenes – positives oder negatives – Versprechen einer anderen Person bzw. Gruppe verlassen zu können.
* Zwischenmenschliches Vertrauen bewirkt, dass man sich in einer riskanten Situation auf Informationen einer anderen Person über schwer abschätzbare Tatbestände und deren Konsequenzen verlässt.
* Vertrauen ist der Glaube, dass der andere für einen irgendwann das tut, was man für ihn getan hat.

Als gemeinsamer Nenner lässt sich festhalten:

1. Vertrauen baut auf bisherigen Erfahrungen mit und Erwartungen an Menschen auf (vgl. Menschenbild).
2. Vertrauen ist mit Nähe zu der Person, der vertraut wird, verbunden und ermöglicht so ein anderes Verhalten. Durch Vertrauen sind wir mehr wir selbst.
3. Vertrauen erleichtert zukünftige Handlungen und ermöglicht gemeinsame Handlungen bei reduziertem Koordinationsaufwand.
4. Vertrauen reduziert Ungewissheit und Risiko und damit Komplexität – Vertrauen macht die Welt einfacher für uns.

Wie verschiedene Studien zeigten [Sim13], ist Vertrauen nicht bedingungslos – es ist mit der Erwartung an eine Gegenleistung verknüpft. Offenbar hat Vertrauen viel damit zu tun, dass eine Gegenleistung antizipiert wird, das Gehirn kalkuliert *„Wie* *du mir, so ich dir."* [Sim13]. Wird diese Gegenleistung nicht erbracht, ist Vertrauen schnell zerstört – Aufbauen hingegen lässt sich Vertrauen nur langsam.

Für den Soziologen Niklas Luhmann ist Vertrauen ein *„Mechanismus zur Reduktion sozialer Komplexität"*. Die Idee dahinter ist, dass ich mir das Leben viel einfacher machen kann, wenn ich vertraue. Zwar besteht das Risiko des Vertrauensmissbrauchs, allerdings wiegen die Vorteile dies auf.

Woraus Vertrauen besteht

Für Stephen M.R. Covey [Cov09] besteht Vertrauen aus „5 Wellen", vergleichbar den Wasserwellen, die entstehen, wenn man einen Stein ins Wasser wirft. Dabei sieht er den Handelnden an der Stelle, an der der Stein im Wasser versank. Die entstehenden Wellen bezeichnet Covey von innen nach außen:

1. Welle: *Selbstvertrauen*
2. Welle: *Beziehungsvertrauen*
3. Welle: *Organisationsvertrauen*
4. Welle: *Marktvertrauen*
5. Welle: *Gesellschaftsvertrauen*

Für Covey kann man bei sich selbst mit der Herstellung von Vertrauen anfangen (1. und 2. Welle), das weitere Vertrauen baut dann darauf auf und breitet sich entsprechend aus.

Vertrauen und Menschenbild

Für Sprenger hat Vertrauen sehr viel mit dem Menschenbild (s.o.) zu tun, denn [Spr02 S.66]:

> *Ich bin bereit, auf die Kontrolle eines anderen*
> *zu verzichten, weil ich erwarte, dass der andere*
> *kompetent, integer und wohlwollend ist.*

Vertrauen erwägt zwar den Verrat – und glaubt nicht an ihn: *„Verrat ist möglich, aber unwahrscheinlich."* Vertrauen ist damit *„die Erwartung, dass kooperatives Handeln nicht ausgebeutet wird"* und macht *„uns unter der Bedingung von Kooperation und Unsicherheit handlungsfähig"* (alle Zitate [Spr02 S.66]).

Vertrauen lässt sich nach Luhmann unterscheiden nach *persönlichem Vertrauen* und *Systemvertrauen* [Luh09]. *Persönliches Vertrauen* umfasst das Vertrauen in ein Individuum und lässt sich vereinfacht formulieren: *„Vertrauenswürdig ist, wer bei dem bleibt, was er bewusst oder unbewusst über sich selbst mitgeteilt hat"* [Luh09, S.48]. *Systemvertrauen* umfasst das Vertrauen in ein soziales System (z.B. in eine Organisation), dass dieses sich entsprechend seinen kulturellen Regeln verlässlich verhält. Da diese Erwartung durch die Mitglieder dieses Systems erzeugt wird, ist persönliches Vertrauen die Voraussetzung für Systemvertrauen [Lon13, Luh09].

Sprenger [Spr02 S.40] unterscheidet bei persönlichem Vertrauen im Kontext *Arbeit* zwischen *„horizontalem Vertrauen der Mitarbeiter untereinander"* und *„vertikalem Vertrauen zwischen Führungskräften und Mitarbeitern"*.

Wie weiter? Werden Sie vertrauensvoll!

*Wenn man glaubt, das Problem ist immer nur das Problem der
anderen, dann ist gerade dieser Gedanke das Problem.*

– Stephen R. Covey, Management-Autor

Im Kontext *Arbeit* ist fehlendes Vertrauen bzw. Vertrauensverlust nicht nur eine persönliche psychische Belastung für jeden Beteiligten, sondern hat wirtschaftliche Folgen für Unternehmen. Vertrauen ist also wesentlich für den Erfolg einer Organisation. Gleichwohl kann es schwer verordnet, sondern nur vorgelebt werden.

Der Erfolg von Unternehmen hängt immer stärker von Kreativität und Innovation ab. Vertrauen als Voraussetzung für Kreativität und Innovation wird daher zunehmend wichtiger: Nur in einem sicheren, vertrauensvollem Rahmen kann experimentiert und Unkonventionelles zugelassen werden.

Sprenger gibt folgende Anregungen, um des Vertrauens anderer würdig zu werden [Spr02 S.85]:

- Um Vertrauen werben!
- Geradlinig sein!
- Fehler zugeben!
- Echt sein!
- Meinen, was man sagt – und so handeln!
- Versprechen halten!
- Vertrauen leihen!

Für Sprenger ist Vertrauen mit der eigenen Verwundbarkeit verbunden: *„Aktives Vertrauen ist mithin ‚akzeptierte Verwundbarkeit‘"*[Spr02 S.101] und wird dadurch zu *„einer Wette auf den Gewinn durch Vertrauen mit dem Risiko des Verlustes"* [Spr02 S.101]. Zur Verwundbarkeit er gibt folgende Hinweise:

- Vertrauen Sie darauf, dass die Menschen einen
  eigenen Qualitätsanspruch an sich und ihre Arbeit haben.
- Schaffen Sie die Zeiterfassungssysteme ab.
- Nehmen Sie Kundenorientierung ernst.
- Prüfen Sie vorher, vertrauen Sie nachher.
- Stellen Sie sich Ihren Mitarbeitern zur Wahl.

Stephen M.R. Covey [Cov09] geht davon aus, dass eine Veränderung unseres Verhaltens die Vertrauensprobleme löst, die wir selbst verursacht haben. Er nennt als Vertrauensregeln:

- Ehrlich sein
- Respekt zeigen
- Transparenz schaffen
- Fehler wiedergutmachen
- Loyal sein
- Ergebnisse liefern
- Sich verbessern
- Sich der Realität stellen
- Erwartungen klären
- Verantwortung übernehmen
- Erst zuhören
- Versprechen halten
- Anderen Vertrauen schenken.

Simon [Sim13] weist auf einen interessanten Unterschied zwischen Männern und Frauen in Bezug auf die Voraussetzungen für Vertrauen hin: Während Männern meist die Zugehörigkeit zu einer Gruppe als guter Grund für Vertrauen genügt, benötigen Frauen zusätzlich einen persönlichen Aspekt, eine Beziehungsebene. Für Männer sind es eher die symbolischen Bindungen, die eine Basis schaffen, während Frauen eine wenn auch noch so lose persönliche Beziehung als Vertrauensgrundlage bevorzugen. Diese unterschiedlichen Voraussetzungen gilt es zu berücksichtigen.

Verantwortung

Wenn du etwas weißt und etwas tun kannst,
damit etwas geschieht oder nicht geschieht,
dann hast du „Verantwortung".

– Weisheit

Verantwortung ist die Rückseite von Vertrauen. Nur dort, wo Verantwortung übernommen wird, kann Vertrauen entstehen. Verantwortung – gegenüber anderen und sich selbst – ist damit nicht nur die Basis einer effizienten Zusammenarbeit, sondern auch eines gesunden Zusammenlebens.

Nur wer Verantwortung für sich selbst übernimmt, kann sein Leben eigenständig führen und organisierten. Nur wenn Teammitglieder Verantwortung dafür übernehmen, was wie warum wozu im Team passiert, können sie als selbstbestimmtes Team agieren. Dazu muss das Management ihnen die Verantwortung für die Ergebnisse des Teams und die Geschehnisse im Team übertragen. Und nur wenn alle in der Organisation die zu ihrer Rolle gehörende Verantwortung übernehmen, funktioniert die Organisation.

Was ist Verantwortung?

Im Wort *„Verantwortung"* steckt das Wort *„Antwort"*: *Verantwortung* zu haben, heißt *Antworten* auf (eigenes oder fremdes) Handeln geben zu können. Dieses Handeln ist selbstbestimmt, da der Mensch immer die Wahl hat, zu handeln oder nicht zu handeln – selbst bei Befehlen: Er steht dann vor der Wahl, seiner Verantwortung gerecht zu werden oder sich dieser zu entziehen. Das Einzige, was er nicht kann, ist, sich selbst aus der Verantwortung zu entlassen.

Damit bedeutet Verantwortung, die Folgen für eigene oder fremde Handlungen zu tragen und gegenüber einer Instanz für sein Handeln zur Rechenschaft gezogen werden zu können. Diese Instanz kann eine Autorität oder auch der Handelnde selbst sein.

Verantwortung kann aus zwei Richtungen entstehen

- *extrinsisch* durch Zuschreiben von Verantwortung (Verantwortungsattribution) und
- *intrinsisch* als Einstellung, die verantwortliches Handeln hervorruft.

Verantwortung als Zuschreibung

Verantwortung (Abbildung 13) bezeichnet die Zuschreibung einer Pflicht zu einem handelnden *Subjekt* (Person oder Personengruppe) gegenüber einem *Objekt* (einer (anderen) Person oder Personengruppe, einem Sachgegenstand, einer Handlung) durch eine *Instanz* (z.B. eine Autorität). Das *Subjekt* ist dieser *Instanz* rechenschaftspflichtig und unterliegt ihr bzgl. der Folgen seines Handelns gegenüber dem *Objekt* (z.B. durch Lob oder Tadel, Belohnung oder Bestrafung durch die Instanz). Die Beziehung zwischen *Subjekt* und *Instanz* wird von den Handlungen des *Subjektes* gegenüber dem *Objekt* bestimmt [WikiVER].

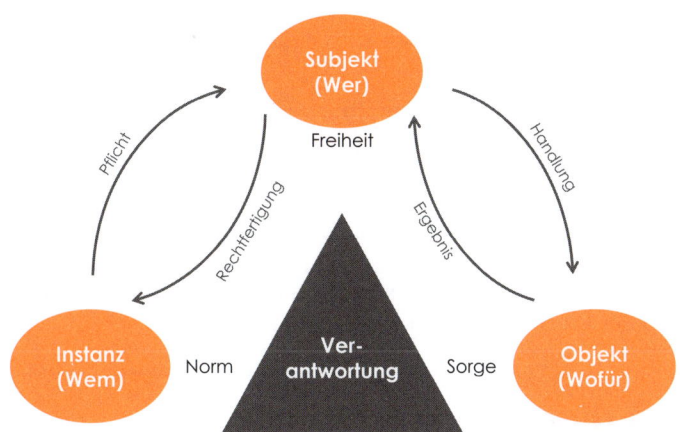

Abbildung 13: Beziehungen im Modell „Verantwortung" (nach [WikiVER])

Die Übernahme der Pflicht gegenüber dem Objekt durch das Subjekt entlastet die Instanz von der Kontrolle der Handlungen des Subjektes – und gibt dadurch gleichzeitig dem Subjekt Freiheit in seinen Handlungen.

Die Übernahme der Pflicht gegenüber dem Objekt setzt voraus, dass das Subjekt in der Lage ist, diese Pflicht auch zu erfüllen. Es braucht die dafür notwendigen Kenntnisse und Fähigkeiten sowie einen sicheren Rahmen, um diese auch einzusetzen.

Erst durch diese Übertragung der Verantwortung auf andere werden Gesellschaften und Organisationen möglich, da erst dadurch Arbeitsteilung möglich wird. Wenn jeder seiner Verantwortung nachkommt, kann Spezialisierung entstehen.

Verantwortung als Eigenschaft

Werden die inneren Werte und Einstellungen eines Menschen zur Instanz im zuvor genannten Modell, dann entsteht Verantwortung aus dem Menschen heraus als eine Eigenschaft. Sein Handeln ist einer inneren Verpflichtung rechenschaftsschuldig, was als Ausdruck persönlicher Reife verstanden werden kann.

Konsequenzen fehlender Verantwortungsübernahme

Aus der Erläuterung, was Verantwortung ist, ergeben sich die Konsequenzen für fehlende Verantwortungsübernahme. Wird die Pflicht durch das Subjekt nicht angenommen, muss die Instanz die Handlungen des Subjektes stärker kontrollieren – da Vertrauen in das Subjekt nicht entstehen kann. Dadurch schränkt sich die Handlungsfreiheit des Subjektes ein – im Grenzfall wird die Pflicht gegenüber dem Objekt direkt von der Instanz übernommen und das Subjekt verliert seine Bedeutung in dieser Beziehung. Muss die Instanz die Pflicht gegenüber zu vielen Objekten übernehmen, sinkt ihre Effizienz. Beispiel: Übernimmt das Management die Ausführung der Arbeiten selbst, besteht keine Notwendigkeit nach Mitarbeitern, gleichzeitig kommt das Management seinen eigentlichen Aufgaben nicht mehr nach.

Wie kann Verantwortungsübernahme erreicht werden?

Verantwortung setzt erforderliche Fähigkeiten und Kenntnisse voraus. Daher muss das Subjekt zunächst in die Lage versetzt werden, der Pflicht gegenüber dem Objekt überhaupt nachkommen zu können. Erst wenn das Subjekt überhaupt in der Lage ist, seine Pflicht in Handlungen umzusetzen, kann es die dazu notwendige Bereitschaft entwickeln.

Beispiel: Mitarbeiter können erst dann die Verantwortung für das Ergebnis eines Arbeitsschrittes übernehmen, wenn sie die für die Ausführung dieses Arbeitsschrittes notwendigen Tätigkeiten sicher beherrschen bzw. die Möglichkeit haben, diese zu erlernen.

Das handelnde Subjekt muss einen Sinn in der Pflicht erkennen, um eigenverantwortlich zu agieren. Wäre dieser Sinn nicht gegeben, führt das Subjekt lediglich einen Befehl aus und die Verantwortung verbleibt bei der Instanz. Daher muss die Übertragung der Pflicht zwingend einen Sinn aufzeigen.

2.5 Think different! – Denk anders!

An alle, die anders denken:
Die Rebellen, die Idealisten, die Visionäre, die Querdenker,
die, die sich in kein Schema pressen lassen, die, die Dinge anders sehen.
Sie beugen sich keinen Regeln und sie haben keinen Respekt vor dem Status quo.
Wir können sie zitieren, ihnen widersprechen, sie bewundern oder ablehnen.
Das Einzige, was wir nicht können, ist, sie zu ignorieren,
weil sie Dinge verändern, weil sie die Menschheit weiterbringen.
Und während einige sie für verrückt halten, sehen wir in ihnen Genies.
Denn die, die verrückt genug sind zu denken,
sie könnten die Welt verändern,
sind die, die es tun.

– „Think different"-Werbekampagne von Apple aus dem Jahr 1997
[WikiTD]

Verschiedene Arten des Denkens

Linear-kausales Denken

Einfaches Denken in *Ursache-Wirkungs-Ketten* ist uns vertraut:

> Wenn *A* zu *B* führt und
> *B* zu *C* dann
> führt *A* zu *C* .

In dieser linear-kausalen Denkweise gibt es immer *eine* Ursache die zu *einer* und *nur einer* Wirkung führt.

Diese Denkweise ist uns so vertraut, dass wir sie standardmäßig anwenden und für den Normalfall halten – dabei ist lineare Kausalität ein *Sonderfall,* insbesondere in einer komplexen Welt!

Problemorientiertes Denken

Linear-kausales Denken ist die Basis für die problemorientierte Denkweise. Wenn *A* zu *B* führt, dann führt eine *Ursache* zu einem *Problem.* Um das Problem zu lösen, muss die Ursache beseitigt werden. Und um die Ursache zu beseitigen, muss man sie kennen und verstehen. Dazu analysiert und zerlegt man das Problem in seine Teile und sucht nach Ursache-Wirkungs-Ketten. Es wird danach gesucht, was *war* und warum es so *war.* Daher ist Problemorientierung ausschließlich rückwärtsgewandt.

Lösungsfokussiertes Denken

> *Wer wagt, selbst zu denken, der wird auch selber handeln.*
>
> – Bettina von Arnim

Die traditionelle analytische – problemorientierte – Sichtweise bewegt sich im Problemraum und geht davon aus, dass ein besseres Verstehen des Problems zu einer besseren Lösung führt.

Im Gegensatz dazu bewegt sich lösungsorientiertes Denken im Lösungsraum des anzustrebenden zukünftigen Zustands. Grundlage dieses Denkens ist, dass es *„der Lösung egal ist, wie das Problem entstanden ist".* Diese Sichtweise geht auf die lösungsorientierte Kurztherapie [WikiLOKT] von Steve de Shazer und Insoo Kim Berg zurück.

Die zentrale Rolle nimmt dabei die „Wunderfrage" ein:

Stellen Sie sich vor, heute Nacht – während Sie schlafen – kommt eine gute Fee und löst Ihr Problem. Da Sie schliefen, haben Sie dies leider nicht mitbekommen – Sie wissen also nicht, dass Ihr Problem gelöst ist.

Woran würden Sie morgen früh feststellen, dass Ihr Problem gelöst ist? Was wäre anders? Was würden Sie als Erstes bemerken?

Diese Frage bringt die Menschen dazu, über *Ziele* nachzudenken statt über Hindernisse und Probleme oder warum die Veränderung nicht klappt.

Hier liegt auch der Unterschied zwischen einer *Veränderung* und einer *Transformation* [Lit14]:

- Eine *Veränderung* braucht den gegenwärtigen Problemzustand als Ausgangspunkt für eine Verbesserung.
- Eine *Transformation* zielt auf einen zukünftigen angestrebten Zustand. Dabei ist der Ausgangspunkt egal – von jedem Ausgangspunkt kann dieser zukünftige angestrebte Zustand erreicht werden.

Die Lösungsfokussierung geht davon aus, dass [WikiLOKT]:

1. positive Veränderungen in komplexen Situationen auf Basis kleiner Schritte geschehen;
2. für diese Schritte nur wenige Informationen über das, was bisher schon etwas besser funktionierte, genügen (Paretoprinzip);
3. bei Analysen nicht die Frage *„Wie ist es – wie kam es dazu?"*, sondern die Frage *„Was macht den Unterschied zwischen besser/schlechter aus?"* ins Zentrum rückt;
4. anstelle des *„theoretisch umfassend Verstehenwollens"* das konkrete Handeln in kleinen Schritten tritt;
5. von allen Beteiligten angenommen wird, dass sie interessiert an positiven Veränderungen sind.

Die drei Grundprinzipien der Lösungsfokussierung

Die drei Grundprinzipien der Lösungsfokussierung sind [WikiLOKT]:

1. *Repariere nicht, was nicht kaputt ist!*
2. *Finde heraus, was gut funktioniert und passt – und mache mehr davon!*
3. *Wenn etwas trotz vieler Anstrengungen nicht gut genug funktioniert und passt – dann höre damit auf und versuche etwas anderes!*

Die sechs Merksätze zur lösungsfokussierten „Einfachheit"

Die sechs Merksätze zur lösungsfokussierten *„Einfachheit"* sind [WikiLOKT]:

1. *Lösungen statt Probleme*: „Nicht das Problemverständnis vertiefen, sondern erkunden, wie es ist, wenn es besser ist."
2. *Interaktion statt isolierter Individualität*: „Unser Verhalten entwickelt sich in der Interaktion mit anderen. In der Lösungsfokussierten Arbeit wird nicht über Meinungen, Glaubenssätze oder Werte diskutiert, sondern über beobachtbares Handeln."
3. *Beachte und nutze das, was da ist – nicht das Fehlende*: „Nicht die Lücke zwischen 'Ist' und 'Soll' ermitteln, sondern das, was – wenn auch nur selten – heute bereits etwas besser ist."
4. *Die Chancen im Gestern, Heute und Morgen sehen*: „Chancen in der Zukunft und im Heute zu überlegen, ist ein vertrauter Gedanke. Eher unüblich ist es, auch im 'Gestern' bewusst das zu erkunden, was sich früher bereits als Chance zeigte – um auch das zu nutzen."
5. *Einfache Sprache*: „Statt langer, komplizierter, abstrakter und beeindruckend klingender Worte einfache Alltagsworte benutzen."
6. *Jede Situation als speziell sehen – keine schlecht passende allgemeine Theorie darüber stülpen*: „Offen und neugierig sich jedes Mal von Neuem positiv überraschen lassen."

Systemdenken

Systemdenken ist „kontextbezogen", und das ist das Gegenteil von analytischem Denken. Analyse heißt, dass etwas auseinandergenommen wird, um es zu verstehen – Systemdenken heißt, dass etwas in den Kontext eines größeren Ganzen gestellt wird.

– Fritjof Capra

Während man Mitte/Ende des 20. Jahrhunderts noch davon ausging, eine einheitliche Systemtheorie definieren zu können, geht man heute davon aus, dass es verschiedene Theorien über Systeme geben muss, da sich je nach Schwerpunkt der Betrachtung ein anderer Blickwinkel ergibt. Einige Vertreter und deren Ansätze – die z.T. aufeinander aufbauen – sind:

- Niklas Luhmann: Soziologische Systemtheorie
- Gregory Bateson: Soziale Systeme als Systeme handelnder Personen
- Ludwig von Bertalanffy: Allgemeine Systemtheorie
- Stafford Beer: Managementkybernetik (Anwendung der Kybernetik auf das Management komplexer Organisationen)
- Heinz von Foerster: Systemtheorie 2. Ordnung (Kybernetik zweiter Ordnung), Selbst-Organisation, rekursive Systemtheorie
- John H. Holland, Murray Gell-Mann, Harold Morowitz, W. Brian Arthur: Komplexe adaptive Systeme

und weitere wie Fritjof Capra, Ilya Prigogine und Otomar Hájek.

In einer oft zitierten Fabel von den sechs Blinden und dem Elefanten beschreiben sechs Gelehrte etwas, das keiner von ihnen je (vollständig) sah. Und da jeder einen anderen Teil des Ganzen wahrnahm, können sie sich ausgiebig und unendlich streiten, wer denn nun recht hat.

Diese Fabel steht für die Wahrnehmung verschiedener Aspekte eines Ganzen und dass sich das Gesamtsystem nicht aus einem Detail erschließt: *Nur wer das Ganze sieht, versteht auch das Detail!*

Ein Beispiel

Ein kleines Beispiel: Sie kommen abends nach Hause, betätigen den Lichtschalter im Wohnzimmer und schalten so das Licht an. Dass dies funktioniert, ist für Sie nicht überraschend – sondern trivial. Hier drücken – da Lampe an. Der Stromkreis im Wohnzimmer ist ein einfaches System: Eine Lampe, ein Schalter, ein paar Leitungen und „Strom aus der Wand (Steckdose)".

Beobachten Sie mal, wie ein Kleinkind von 1,5 bis 2 Jahren diesen Vorgang entdeckt! Für dieses ist es „Magie": Ich drücke hier und dort geht das Licht an. Und immer wieder, solange ich das mache. Kleinkinder können stundenlang staunend im Sekundentakt den Schalter betätigen und sich wundern, dass dies immer wieder funktioniert. (Es sei denn, die Lampe geht kaputt oder ein Erwachsener verdirbt ihnen den Spaß, weil er an ihre Einsicht appelliert: „Nun hör endlich auf, das Licht funktioniert und wird auch weiterhin funktionieren.")

Für den Elektriker, der die Elektroinstallation in dem Haus, in dem Sie wohnen, durchgeführt hat, ist das Ganze schon komplizierter: Er muss jede Menge Vorschriften einhalten, die richtige Sicherung anschließen (vgl. Abschnitt I.1.1: da vollständig definiert werden kann – und auch wurde –, was wie getan werden muss, ist dies *kompliziert*).

Aus Sicht der Stadtwerke wird es dann komplex: Ein kompliziertes technisches System, das von komplexen Systemen (Menschen sind komplexe Systeme) beeinflusst wird, ergibt ein komplexes System. Es ist nicht vollständig vorhersagbar, wie viel Strom die Verbraucher am ersten Weihnachtsfeiertag kommenden Jahres um 10:47 Uhr verbrauchen werden. Auf Basis von *Erfahrungswerten* gibt es bestimmte *Wahrscheinlichkeiten,* allerdings keine Gewissheit! Die Stadtwerke können das System mit Anreizen versuchen, zu beeinflussen (z.B. billigerem Nachtstrom), letztendlich final steuern können sie das System „Stromnetz der Stadt" nicht.

Noch komplexer wird das Stromnetz aus Sicht der überregionalen Netzversorger (auf Landes-, Bundes- oder Europa-Ebene): viele vernetzte Städte und Ballungszentren (vernetzte komplexe Systeme). Dieses Gesamtsystem befindet sich permanent an der Kante zwischen Komplexität und Chaos (s. Abschnitt I.1.1). Hier kann nur noch reagiert werden, um das System nicht ins Chaos stürzen zu lassen.

Diese verschiedenen Aspekte sind *verschiedene Sichten* auf ein und dasselbe System (Stromnetz). Je nach Perspektive und Absicht der jeweils Beteiligten (das sind jeweils „Beobachter") ergibt sich ein anderes (Teil-)Bild und anderes Verständnis: Während das Kleinkind fasziniert „Magie" beobachtet, ein Erwachsener aufgrund von Einfachheit alles übersieht, ist ein Elektriker an Vorschriften gebunden und ein Netzüberwacher bei den Stadtwerken/Netzbetreibern den „Aktionen des Netzes" ausgeliefert.

Systeme funktionieren anders

Eine Betrachtung von Systemen geht davon aus, dass die *innere Struktur* des Systems das Verhalten hervorruft. Statt auf Teile wird daher auf *Beziehungen zwischen den Teilen* geachtet. So besteht z.B. für Luhmann eine Organisation nicht aus Menschen (das wären Teile), sondern aus Kommunikationen (das sind die Beziehungen zwischen den Teilen, wobei Luhmann den Begriff Kommunikation sehr weit fasst).

Diese Struktur eines Systems erzeugt sein „Eigenleben": Der Aufbau und die Beziehungen zwischen den Teilen erzeugen das Verhalten des Systems.

In Systemen gehen Wechselbeziehungen über viele Elemente. Ein A führt dann nicht nur direkt zu B (dies wäre linear-kausal (s.o.)), sondern wirkt auch auf ein K, ein T und ein bisschen auf X und Y. Und auch B wirkt auf X und Y und ein bisschen auf K und T ... Zudem gibt es nicht nur Aktion/Reaktion, sondern viele Bedingungen, die einwirken. Diese Bedingungen können aus dem System selbst kommen oder aus der Umwelt des Systems.

Systeme entwickeln oft eine Dynamik über die Zeit, sie besitzen eine zeitliche Komponente: Systeme können sich über die Zeit verändern. So kann die Wirkung A auf B zur Folge haben, dass der Einfluss von A auf B abnimmt, bis A nicht mehr auf B wirkt.

Weil nicht alle Abhängigkeiten und Wirkungsketten (klar) erkennbar sind, lässt sich das System u.U. nicht vollständig (im Sinne einer Bauanleitung) beschreiben – das System ist dann *komplex* (s. Abschnitt I.1.1).

Entscheidend zum Verstehen eines Systems und seines Verhaltens ist die *Perspektive* (s.o. Beispiele Elefant und Stromnetz). Um das System in seiner Gesamtheit zu erfassen, wird ein ständiger Perspektivwechsel zur zentralen Frage: *Welche Perspektive brauche ich, um das System zu verstehen?* Ein Wechsel zwischen einer Gesamtbetrachtung und einer Betrachtung von Details ist notwendig.

An der Perspektive hängt auch das Erklärungs- und Beschreibungsmodell des Systems. Auch hier gibt es verschiedene Ansätze: Während das Kleinkind die Erklärung in „Magie" sucht, der Erwachsene in Trivialität, haben Elektriker und Stadtwerke umfassendere Modelle. Jedes dieser Modelle dient einem anderen Zweck – und ist das „einzig richtige" für den jeweils Handelnden. Als Stadtwerke ein Stromnetz mit dem Modell-Ansatz „Magie" steuern zu wollen, ist vielleicht nicht ganz so passend. Die gesamte Komplexität der Energieerzeugung und -verteilung beim Betätigen des Lichtschalters berücksichtigen zu wollen, ist etwas übertrieben. Das Modell, sein Zweck und die Perspektive müssen also zusammenpassen.

Wenn man sich ausschließlich auf den Ausschnitt des Systems fokussiert, den man gerade vor sich hat (s.o. Beispiele Elefant und Stromnetz), sieht man nicht das gesamte System. Wenn man diesen Teil optimiert, erreicht man für sich eine Verbesserung. Diese kann dann allerdings – auf längere Sicht – zu einem Problem des Gesamtsystems führen, von dem man dann selbst auch in voller Härte betroffen ist. So führte z.B. das Quartalsabschluss-Denken zur Finanzkrise 2008, weil nicht mehr in längeren Zeiträumen und größeren Zusammenhängen gedacht wurde. Die dadurch entstehenden langfristigen Schäden (= Kosten) übersteigen die kurzfristigen Gewinne bei Weitem.

Organisationen sind Systeme

Organisationen sind Systeme – mit allen Konsequenzen. Überdies sind Organisationen sogar *komplexe adaptive Systeme* [WikiKAS], dabei meint:

- *System* eine Gesamtheit von Elementen, die so aufeinander bezogen oder miteinander verbunden sind und in einer Weise interagieren, dass sie als eine aufgaben-, sinn- oder zweckgebundene Einheit angesehen werden können
- *komplex* aus mehreren zusammenhängenden Elementen bestehend und deterministisch nicht beschreibbar
- *adaptiv* ein besonderes Anpassungsvermögen an die Umwelt mit der Möglichkeit, (aus Erfahrung) zu lernen.

Eine Organisation ist damit ein lernfähiges „nicht leicht zu durchschauendes Etwas": Wenn man *hier* etwas ändert (z.B. den Einkauf optimiert), dann brechen *woanders* (z.B. in der Produktion) Probleme auf. Und die Wirkungen aus den letzten Veränderungsprojekten sind mittlerweile verschwunden … Insgesamt scheinen Organisationen „widerspenstige" Systeme zu sein.

Wie ein System ändern?

> *Man hat ein System so lange nicht verstanden,*
> *bis man versucht, es zu verändern.*
>
> – Kurt Lewin (zitiert nach Ed Schein)

Das durch die Struktur des Systems hervorgerufene „Eigenleben" eines Systems ist nicht direkt zugänglich und damit auch nicht direkt veränderbar. Zwar kann die Struktur des Systems verändert werden, um das Verhalten des Systems zu verändern. Ob dies allerdings zu der gewünschten Veränderung im Verhalten des

Systems führt, ist unsicher, da keine kausalen „Wirkungsketten" erkannt und angegeben werden können. Dies macht gezielte Änderungen schwierig bis unmöglich.

Zudem haben Systeme einen „eingebauten Stabilitätsmechanismus", der dafür sorgt, dass das System nicht auseinanderfällt. Dieser „Mechanismus" sorgt gleichzeitig dafür, dass das System sich gegen Störungen jeder Art „wehrt".

Allerdings verändern sich Systeme von selbst, um ihr Bestehen zu sichern: Sie reagieren auf Reize/Anregungen aus ihrer Umwelt, um sich anzupassen. Eine Anpassung erfolgt allerdings nur im Rahmen der Möglichkeiten des Systems. Ist eine Anpassung nicht (mehr) möglich – z.B. weil diese außerhalb der Möglichkeiten des Systems läge –, gehen Systeme unter, sie zerfallen, sie sterben.

Diese Fähigkeit von Systemen, sich anzupassen, kann zur zielgerichteten Veränderung genutzt werden. Dazu wird das System einer gezielt hervorgerufenen „Störung" (Intervention) ausgesetzt in der Hoffnung und Erwartung, dass diese eine Veränderung in der gewünschten Richtung bewirkt. Es gibt allerdings keine Garantie, dass das Gewünschte auch eintritt! *Jeder Veränderungsversuch ist ein Experiment!* Keine noch so tief gehende Analyse bringt ein Mehr an Sicherheit. Die Kunst besteht dann darin, das *passende* Experiment zu finden – dazu braucht man Wissen über das System.

Wer kennt das System am besten? – Das System selbst! Warum dann also nicht das System selbst die Experimente entwickeln und umsetzen lassen? Die Veränderung also von *innen aus dem System selbst* kommen lassen? Durch den „eingebauten Stabilitätsmechanismus" wäre dann gewährleistet, dass die Veränderung nur so groß ist, wie das System verträgt – die Veränderung also nicht den Bestand des Systems gefährdet.

Konsequenzen

Bei Organisationen haben wir Zugang zu den Elementen (den Menschen) und der Struktur (ihren Beziehungen zueinander). Wobei Struktur die *gelebte* Ist-Struktur meint und das davon oft abweichende Organigramm die Soll-Struktur.

Daraus ergibt sich, dass sich Organisationen nicht gezielt verändern lassen. Allenfalls kann mittels Anregungen das System „gestört" werden, um eine Anpassung zu initiieren. Diese „Störung"/Anregung kann von innen aus dem System heraus oder aus der Umwelt des Systems kommen, wobei eine Anregung von innen heraus eine höhere Wahrscheinlichkeit für Treffsicherheit/Erfolg hat.

Gesucht ist dann ein Verfahren, das Organisationen in die Lage versetzt, sich selbst über Experimente zu verändern. Das Ziel ist dann eine anpassungsfähige, adaptive Organisation.

Symptomträger

Solange man Helden und Schuldige braucht,
um eine Situation zu erklären,
hat man sie noch nicht verstanden.

– Gerhard Wohland

Die systemische Auffassung sieht das System (z.B. ein Unternehmen) als Ressource, auf der das einzelne Mitglied sowohl seine Fähigkeiten und Stärken als auch Schwächen und Probleme entwickeln kann. Zeigt ein Mitglied des Systems Auffälligkeiten, so wird der Betreffende als *Symptomträger* für das Gesamtsystem betrachtet. Diese Auffälligkeiten können sich in Konflikten oder immer wiederkehrenden Problemen zeigen. Dies ist kein individuelles persönliches Problem: Es gibt im System ein Problem, das sich allerdings nicht offen zeigt, sondern am Symptomträger zutage tritt – er zeigt es stellvertretend für das System [WikiSY, WikiST].

Man kann Symptomträger als notorische Querulanten und Störer abtun – oder wertschätzend als Signalgeber betrachten. Auch hier entscheidet wieder das Menschenbild (s. Abschnitt III.2.2)!

Hinter dem Verhalten der Symptomträger steht keine persönliche Absicht – das System erzeugt dieses Verhalten! Probleme werden dort zuerst wahrgenommen, wo die Antennen passen. Symptomträger sind daher Frühindikatoren – wenn die Probleme für jeden erkennbar sind, ist es meist zu spät. Manches Unternehmen hätte überlebt, wenn die Frühindikatoren ernst genommen worden wären.

Kommen Sie daher mit Querdenkern und Störern in einer wertschätzenden Haltung ins Gespräch und versuchen Sie, diese zu verstehen und herauszufinden, wo das *System* ein Problem haben könnte.

Das Beste, was man für ein System machen kann, ist, die Syptomträger „zu nutzen": Im Prinzip haben alle Mitarbeiter mal etwas, was sie stört, oder Hinweise, was besser gemacht werden könnte. Nur trauen sie sich nicht, dies offen kundzutun. Genau hier kommt der Symptomträger ins Spiel: Wird er vom System offiziell zum Symptomträger „ernannt", für jeden und alle klar und deutlich seine Rolle und Funktion beschrieben und – natürlich – „unter Naturschutz" gestellt, also von jeglichen negativen Konsequenzen seines Verhaltens als Symptomträger befreit, dann kann er als „Sammelstelle" für Feedback an das System agieren und sowohl die Entwicklung des Systems weiterbringen als auch die Stabilität des Systems erhöhen.

Lean Thinking

> *Lean is a Mindset – a mental model of „how the world works."*
>
> – Mary Poppendieck [Pop14, S. 3]

Ausgangspunkt für Lean Thinking ist die Lean-Management-Welle Anfang der 1990-Jahre (s. Abschnitt I.1.4). An deren Auswirkungen erkannten die beiden Autoren Womack und Jones das Missverstehen von Methoden als Kern von Lean und bekannten

> *... erkannten wir, dass wir eine kurze und prägnante Zusammenfassung der Prinzipien des „schlanken Denkens" brauchten, um eine Art Nordpolarstern zu haben, einen verlässlichen Führer für das Handeln von Managern ... [Wom97, S. 8].*

Daher verallgemeinerten sie im Buch *Lean Thinking* [Wom96,97] die Prinzipien von Lean Management, um die Philosophie von *Lean* herauszustellen und deutlich zu machen, dass Lean *eine Denkweise, eine Philosophie* ist.

Damit stellt dieses Buch von Womack und Jones den Anfang einer Bewegung dar, Lean Management aus dem Produktionsumfeld herauszuholen und als allgemeines Prinzip verfügbar zu machen.

Womack und Jones nennen im Buch die *„fünf Schlüsselprinzipien des schlanken Denkens"* [Wom97, Hervorhebungen im Originaltext]:

- genaue Spezifikationen des *Wertes* durch das spezifische Produkt
- Identifikation des *Wertschöpfungsstroms* für jedes Produkt
- *Flow* des Wertes ohne Unterbrechungen
- *Pull* des Wertes durch den Kunden beim Produzenten
- Streben nach *Perfektion*

Ob Lean Thinking nun eine in sich schlüssige wissenschaftliche Theorie ist oder nicht (vgl. [Kos04]), ist nicht die Frage – und war vermutlich auch nie Anspruch von Womack und Jones. Ihnen ging es darum, die *Lean*-Philosophie in universellen Prinzipien zu formulieren.

Womack und Kollegen waren in ihrer MIT-Studie dem prinzipiellen Problem bei der Analyse von Vorgehensweisen (*Modelling*) aufgesessen: Sie konnten nur das analysieren und beschreiben, was sie sahen bzw. was ihnen erzählt wurde. Sie konnten sich nur mit dem Sichtbaren, den Methoden und Techniken befassen. Unsichtbares, wie Werte und Kultur, musste ihnen so entgehen.

Methoden und Techniken sind immer in eine Kultur eingebettet, in ein Werte- und Moralsystem, in einen philosophischen Kontext. All diese impliziten Anteile wirken auf die Anwender der Methoden und Techniken, spannen einen Rahmen, in dem sie sich bewegen, und bringen die Methoden erst hervor. Den Anwendern selbst bleiben diese impliziten Anteile unbewusst, weil diese für sie den normalen, natürlichen Kontext bilden, in dem sie sich bewegen. Die Tiefen der hinter den Methoden stehenden Philosophie sowie implizite Anteile wie mentale Strategien und Einstellungen – von Roger Dannenhauer „Geistes-Haltung" genannt [Dan12] –, kulturelle Aspekte und systemische Zusammenhänge mussten Womack und Kollegen so verborgen bleiben. Insofern stellt ihr Buch von 1990 lediglich eine Zusammenstellung der Beschreibung von Methoden dar.

Mittlerweile beweisen viele nichtjapanische Unternehmen, die erfolgreich Lean praktizieren, sowie viele japanische Unternehmen, die es nicht schaffen, Lean erfolgreich zu praktizieren, dass Lean unabhängig von der japanischen Kultur ist. Zwar entstand das Vorbild aller Lean-Systeme – das *Toyota Production System* – in Japan und die Gründe und Situation dafür waren einzigartig – was das Kopieren entsprechend schwierig macht –, allerdings ist Lean nicht abhängig von der japanischen Kultur. Bisher wurde zu stark auf das „Was", auf die Lean-Methoden und -Tools geschaut und zu wenig auf das „Wozu", auf den Sinn und die Absicht. Die wichtige Frage ist: *„Welche Kultur muss ich schaffen, damit Lean funktioniert ...?"*

Allgemeine Prinzipien von Lean

Die o.g. impliziten Anteile sind nicht direkt zugänglich und können nur durch Interpretation und Beschreibungsversuche sichtbar gemacht werden. Dementsprechend gibt es keine allgemeinen Lean-Prinzipien. So definiert dann auch jeder Autor eigene Prinzipien (vgl. [Bös03], [Bun95], [Pfe92], [Soh93], [Gor13a]), z.T. entwickeln Autoren ihre Prinzipien über die Zeit weiter (vgl. Poppendieck [Pop02, 03, 07, 14]).

Auf Basis der Gemeinsamkeiten in den verschiedenen Darstellungen und eigenen Überlegungen werden hier folgende allgemeine Lean-Prinzipien formuliert:

- *Mache nur Tätigkeiten, die Wert schaffen!*
- *Ermächtige die „Leute vor Ort"!*
- *Reagiere unmittelbar auf Kunden!*
- *Schneller Durchlauf (Flow) basierend auf Anforderung (Pull)!*

Im Weiteren soll auf die einzelnen Prinzipien eingegangen werden.

Mache nur Tätigkeiten, die Wert schaffen!

Womack und Jones formulierten:

> *Der entscheidende Ausgangspunkt des schlanken Ansatzes* [d.h. Lean Thinking T.S.] *ist der Wert. Die Wertschöpfung kann nur vom Endverbraucher her definiert werden. Und es ist mehr als sinnvoll, wenn sie über ein spezifisches Produkt definiert wird (Produkt oder Dienstleistung und oft beides zugleich), welches den Bedarf des Kunden zu einem bestimmten Preis befriedigt.* [Wom97, S. 16]

Damit sind zwei Aspekte – Wert und Kunde – genannt und ihr Zusammenhang beschrieben: Nur derjenige, der die Leistung, das Produkt, erhält – der Kunde –, kann deren Wert bestimmen. Nur was für den Kunden Wert bedeutet/darstellt, was ihm *„etwas wert ist"*, wird er auch bezahlen.

Alle Tätigkeiten sind also daraufhin zu bewerten, inwieweit sie für einen (End-) Kunden einen Wert erzeugen. Diese Bewertung fällt bei Tätigkeiten mit direktem Bezug leicht, bei indirektem Bezug schwerer:

- Ein Programmierer, der eine gute Software schnell und effizient erstellt, erschafft zweifellos direkt einen Wert für einen Kunden. Und der Wert ist umso höher, je schneller er programmiert und je weniger Fehler die fertige Software enthält bzw. je weniger Fehlerbeseitigungszyklen – und damit Zeit – er braucht.
- Eine Assistentin, die dem Programmierer den Rücken freihält und ihn mit ausreichend Kaffee, Cola und Pizza versorgt, schafft für den Kunden keinen direkt sichtbaren Wert.

In der Konsequenz wurden Assistentenstellen abgebaut, was dazu führte, dass der Programmierer eine ihn schlechter versorgende Umgebung hatte, was seine Programmierkünste beeinflusste, da er sich jetzt um – für ihn und den Kunden – unwichtige und damit wertlose Tätigkeiten – wie Kaffee kochen, Cola holen und Pizza bestellen – kümmern musste. Tätigkeiten mit indirektem Kundenbezug hinsichtlich Wertschöpfung zu bewerten ist – wie dargestellt – schwierig. Gleichwohl sind diese Tätigkeiten wichtig und haben einen direkten Einfluss auf die Erschaffung von Wert (Wertschöpfung).

Der (End-)Kunde bestimmt nicht nur, was Wert darstellt, er bezahlt ihn auch.

Nur das, was der (End-)Kunde bereit ist, als Wert zu akzeptieren (und damit auch zu bezahlen), stellt letzten Endes wirklich Wert dar. Alles, was er nicht akzeptiert, sei es, weil die Qualität zu schlecht ist oder es an seinen Bedürfnissen vorbeigeht, ist Verschwendung.

Damit ist auch deutlich, warum Wartezeiten (Warten auf den Chef, warten auf Zuarbeit, warten auf Entscheidungen) und Wiederholungen (unklare Vorgaben erfordern eine erneute Bearbeitung, Projektneustart aufgrund (strategischer/personeller/...) Änderungen im Management) Verschwendung sind.

Für die Bewertung von Tätigkeiten gibt es eine einfache Regel in der Lean-Welt: *„Wenn du sie bei gleichem Endergebnis für den Kunden weglassen kannst, dann erzeugt sie keinen Wert!"* Damit sind indirekte Tätigkeiten wie Support- und Assistenzfunktionen erfasst.

Tabelle 3 listet die Verschwendungsarten auf [Gor13a, Gor13b, Ima97, Kos13, Ohn93].

Verschwendungsart	Beschreibung im Kontext Produktion [Gor13a]	Anwendung auf Kopfarbeit
Überproduktion	Herstellung von Produkten, für die kein Auftrag vorliegt	Entwicklung und Unterhaltung von Produktfeatures/Services, die trotz Test am Kunden von diesem abgelehnt werden
Warten	Wartezeit von Mitarbeitern	Wartezeit von Mitarbeitern
Transport	Transporte von Material	Zu viele E-Mails, Beschaffen von Informationen, die eigentlich zur Verfügung stehen sollten
Zu starke Bearbeitung (Überbearbeitung)	Arbeitsvorgänge, die aufgrund der äußeren Umstände sehr lange dauern oder umständlich sind	Entwicklung am Produkt, obwohl es fertig ist, alles beinhält, was der Kunde braucht
Lagerbestand	Nicht benötigte Halb- oder Fertigprodukte	Entwicklung und Verfeinerung von Konzepten auf Vorrat
Bewegungen der Arbeiter	Bewegungen der Mitarbeiter, um Werkzeug und Material zu holen oder mehrfach dasselbe Werkzeug aufzunehmen und abzulegen	Zu viele Meetings und Ad-hoc-Aktionen
Herstellung defekter Teile und Produkte	Produktion von Ausschuss oder Fehler am Produkt erst nach Abschluss des Fertigungsprozesses zu beheben	Auslieferung fehlerhafter Produkte/Services
Fähigkeiten der Mitarbeiter nicht nutzen	Kreativität der Mitarbeiter nicht nutzen, um Unternehmensprozesse zu verbessern und damit den Wert des Produktes zu erhöhen	Kreativität der Mitarbeiter nicht nutzen, um Unternehmensprozesse zu verbessern und damit den Wert des Produktes/Services zu erhöhen

Tabelle 3: Verschwendungsarten [Gor13a, Gor13b, Ima97, Kos13, Ohn93]

Ermächtige die „Leute vor Ort"!

Womack, Jones und Ross erkannten als Hauptorganisationsmerkmal einer wirklich schlanken Fabrik:

> *Sie überträgt ein Maximum an Aufgaben und Verantwortlichkeiten auf jene Arbeiter, die am Band tatsächliche Wertschöpfung am Auto erbringen ...* [Wom92, S. 103].

So ist jeder Mitarbeiter am Fertigungsband ermächtigt, bei einem Problem oder Fehler dieses anzuhalten und damit die gesamte Produktionslinie zu stoppen. Und zwar ohne Rücksprache mit einem Vorgesetzten oder Manager! Der Mitarbeiter trägt damit die Verantwortung für das Produkt, dessen Qualität und den gesamten Ablauf. *Um die Qualität des Produktes wird sich an dem Ort gekümmert, an dem es entsteht.* Und Manager und Vorgesetzte kümmern sich vor Ort gemeinsam mit den Mitarbeitern um die Abstellung des Problems bzw. Fehlers.

Nur die *„Leute vor Ort"* haben die Kompetenz, zu entscheiden, welche Tätigkeit Wert erzeugt und was sie brauchen, um Werte zu erzeugen. Nur sie haben den Einblick in Details und Zusammenhänge ihrer Tätigkeiten und deren Auswirkungen auf den Wert des Produktes. Daher brauchen sie die Freiheit, zu entscheiden, was für die Erstellung von Wert sinnvoll und notwendig ist.

Um den Einzelnen zu unterstützen und ist es hilfreich, auf Teams zu setzen.

Die Lean-Philosophie setzt eine Auffassung der Mitarbeiter nach der Theory Y von McGregor [Pfe92,S.55] bzw. Typ-I (s. Abschnitt III.2.2) voraus.

Reagiere unmittelbar auf Kunden!

Wenn der Kunde bestimmt, was Wert darstellt, dann sind seine Bedürfnisse und Anforderungen das Maß, an dem die Wertschöpfung ausgerichtet werden muss. Alles andere wäre Verschwendung! Seine Anforderungen und Reaktionen haben somit höchste Priorität, weil durch sie bestimmt wird, was Wert darstellt und was nicht.

Schneller Durchlauf (Flow) basierend auf Anforderung (Pull)!

Lean Production setzt nicht auf Massenproduktion, sondern auf die schnelle Herstellung eines Produktes ohne Wartezeiten – d.h., die Durchlaufzeit wird minimiert, also die Zeit, die es vom Einbringen des ersten Bleches in die erste Maschine braucht, bis das fertige Produkt vom Band rollt. Während Massenproduktion die Belange des Herstellers optimiert, werden hier sämtliche Verschwendungen (z.B. durch Wartezeiten des Materials in Zwischenlagern) eliminiert und das Produkt optimal hergestellt. Dies wird als *„One piece flow"* bezeichnet.

Und um Verschwendung (z.B. durch das Lagern von Zwischenprodukten) zu vermeiden, wird erst dann produziert, wenn der Kunde bestellt – also keine Produktion auf Vorrat. Und innerhalb der Herstellungskette produziert eine Stelle erst dann, wenn die in der Wertschöpfungskette nachgelagerte Stelle die eigene Leistung/das eigene Produkt anfordert. Dies meint das *Pull-Prinzip*.

Da Wartezeiten Verschwendung darstellen, soll ein Auftrag bzw. ein Produkt so schnell wie möglich durch die Wertschöpfungskette fließen. Dabei ist das Pull-Prinzip entscheidend, da hierdurch Wartezeiten und Vorrat (eine weitere Verschwendung) vermieden wird.

Pull-Prinzip

Das Pull-Prinzip basiert auf einer ausschließlichen Nachfrage-Orientierung. Etwas wird erst dann produziert, wenn es die nachfolgende Stelle – also der Kunde – anfordert.

2.6 Selbstorganisation, Gruppen und Teams

Kaufen Sie einen Kasten Bier, bestellen Sie Pizza und laden Sie Ihre Freunde ein. Was dann passiert, ist *Selbstorganisation* – selbst wenn Sie eine Agenda vorgeben. Selbstorganisation findet immer statt – ob wir es wollen oder nicht, ob wir es nutzen oder nicht.

Der weitere Verlauf Ihrer Party hängt von den *Rahmenbedingungen* ab: Wer kommt – und wer nicht? Wie verschieden sind Ihre Freunde? Kennen die Freunde sich untereinander? Sind alle aus dem Fußballverein oder über das Leben angesammelt? Nur Männer – oder auch Frauen? Oder Pärchen? Wo findet das Ganze statt? Haben

Sie ein Einfamilienhaus in der Einöde, wo Sie auf Nachbarn keine Rücksicht nehmen müssen, oder ein Ein-Zimmer-Appartment in einem Hochhaus in der Innenstadt und lernen alle Ihre Nachbarn für eine Abschlussprüfung am nächsten Tag? Schlafen Ihre Kinder im Nachbarzimmer? Oder die Schwiegermutter? Auch spielt die zeitliche Perspektive eine Rolle: Ist die Party spätestens Morgen früh vorbei und sehen Sie die Leute vielleicht erst in ein paar Wochen wieder? Oder morgen? Oder fliegen Sie mit dieser Truppe die nächsten 5 Jahre zum Mars?

Sie sehen: Die *Rahmenbedingungen* bestimmen, was passiert!

Wird jede Party im wilden Chaos enden? Sehr wahrscheinlich nicht – es sind vernünftige Erwachsene. Obwohl, auch das hängt von den Rahmenbedingungen ab … Interessanterweise gehen wir im Kontext *Unternehmen* eher als im privaten Kontext davon aus, dass das Schlimmste passiert …

Selbstorganisation

Erinnern Sie sich an den Abschnitt „Systemdenken" im Abschnitt III.2.5 „Think different!". Genau dieses Denken brauchen wir jetzt, denn Selbstorganisation ist das bestimmende Element für agile Teams und Unternehmen.

Denken und Handeln in Selbstorganisation beruht auf dem Anerkennen evolutionärer Prozesse: Die Entwicklung erfolgt aus sich selbst heraus, aus dem System heraus, ohne ein gegebenes Ziel zu verfolgen – Evolution ist ziellos. Der Zweck evolutionärer Prozesse ist eine noch bessere Anpassung an die gegebenen Rahmenbedingungen – die Umwelt des Systems.

Im Gegensatz dazu steht der konstruierende Ansatz, bei dem eine zentrale Instanz das System gestaltet, kontrolliert und steuert – über Prozesse der Anweisung und Befolgung.

Selbstorganisation ist weder gut noch schlecht – sie ist als Realität in Organisationen zu akzeptieren. Selbstorganisation tritt immer auf – auch in streng hierarchischen Organisationen. Nur dort möglicherweise nicht in der gewünschten Art und Weise.

Durch die in Selbstorganisation enthaltenen Rückkopplungen können Systeme lernen, sich zu stabilisieren sowie zu erneuern und umzustrukturieren – Systeme erhalten und erhöhen ihr Potenzial, entwicklungs- und anpassungsfähig – und damit überlebensfähig – zu bleiben und sich damit langfristig positiv zu entwickeln [Göb98, Pro87].

Evolutionäre Entwicklung

Was passiert, passiert – weil es passiert.

– nach Niklas Luhmann

Unsere heutige Gesellschaft ist in den letzten 150 Jahre entstanden – auch die Art unserer Organisationen. In der Zeit davor haben in Organisationen die meisten Menschen das Gleiche getan: marschieren und aufeinander schießen, Steine brechen, transportieren und stapeln, gemeinsam beten, … In diesen Organisationen gab es sehr viele „Arbeiter" und nur wenige Spezialisten wie Offiziere, Baumeister und Priester. Dadurch war die Kommunikation innerhalb einer Organisation sehr einfach: Es war nicht notwendig, dass der Einzelne viel wusste – Es genügten wenige Anweisungen, damit die Organisation funktionierte [Mal09, Sch13].

Durch die Industrialisierung entstand der Bedarf nach einem neuen Organisationstyp: Lesen und Schreiben wurden nun zu einer Voraussetzung selbst für einfachere Tätigkeiten. Durch hoch spezialisierte Arbeitsteilung machten nun immer weniger Menschen das Gleiche – jeder ist auf etwas anderes spezialisiert und „spricht seine eigene Sprache". Für den neuen Organisationstyp werden Kommunikation und Wissen zu einem wesentlichen – und unsichtbaren – Merkmal. Unsere heutige Gesellschaft baut darauf auf [Mal09, Sch13].

Die Welt, in der wir heute leben, ist zwar durch menschliches Handeln entstanden, allerdings nicht durch das konstruierende Handeln einer zentralen Instanz, sondern durch evolutionäre Prozesse – durch Entwicklung aus sich selbst heraus. Niemand hat vor 150 Jahren die heutige Gesellschaft vorhersehen und entwickeln – oder gar planen – können. Sie hat sich evolutionär aus sich selbst heraus entwickelt. Lief dabei immer alles richtig? Sicher nicht. So bedurfte es zweier Weltkriege und unendlichen Leids, bis bestimmte Grundwerte allgemein akzeptiert und verankert wurden. Und es gilt, an diese immer wieder zu erinnern und diese immer wieder hoch zu halten [Mal09, Sch13].

Als Folge der Evolution nimmt die Komplexität immer weiter zu: So wie bei den Lebewesen vom Einzeller bis zum Menschen die Komplexität zunahm, so nahm sie auch in der Gesellschaft und in der Art und Weise der Organisation von Arbeit zu. Diese Zunahme der Komplexität ist die Voraussetzung für eine Zunahme der Regulierungsfähigkeit, der Anpassungsfähigkeit, der Reaktionsfähigkeit auf Veränderungen z.B. in der Umwelt [Mal09, Sch13].

Der „Mechanismus" der Evolution ist der Garant dafür, dass sich entwickelt, was „passt": Was sich bewährt, bleibt erhalten, was sich nicht bewährt, wird durch Passenderes ersetzt [Göb98]. Dieses Vorgehen entspricht einem Vorgehen entsprechend *Versuch und Irrtum*! Wie im Tierreich Arten aussterben, die sich nicht mehr anpassen (können), so gehen Organisationen unter, die nicht mehr in der Lage sind, sich zu verändern und anzupassen.

Emergenz

Emergenz (lat. Emergere, „auftauchen", „herauskommen", „emporsteigen") bezeichnet das Herausbilden neuer Eigenschaften oder Strukturen eines Systems infolge des *Zusammenspiels der Elemente dieses Systems*. Diese Eigenschaften/Strukturen lassen sich nicht auf Eigenschaften der einzelnen Elemente zurückführen, die diese isoliert zeigen. Ein Beispiel dafür ist der bekannte Spruch *„Das Ganze ist mehr als die Summe seiner Teile."* Emergente Phänomene sind weit verbreitet, z.B. in der Physik, Chemie, Biologie, Psychologie oder Soziologie. Zum Beispiel sehen einige Philosophen das Bewusstsein als eine emergente Eigenschaft des Gehirns an [WikiEm].

Bei der Eliminierung von Eigenschaften spricht man – analog zur Ausbildung von Eigenschaften – von *Submergenz*.

Selbstorganisation

Selbstorganisation bezeichnet (in der Systemtheorie) eine Form der Entwicklung eines Systems. Dabei gehen die Einflüsse (u.a. auf Form und Struktur des Systems) von den sich zu diesem System organisierenden Elementen selbst aus. Bei Selbstorganisation gibt es keine Institution, keine Zentrale, keinen Chef oder Berater, der sagt, was jetzt wie zu organisieren ist und abzulaufen hat. Es ist die „Intelligenz" der Elemente, die „innere Energie" des Systems, das die Entwicklung des Systems steuert. Die Organisation des Systems erfolgt von innen aus diesem selbst heraus – im Gegensatz zur Gestaltung des Systems von außen durch andere. Ohne (erkennbare) äußere steuernde Elemente werden höhere strukturelle Ordnungen erreicht [WikiSO].

Es kann zwischen *autogener* und *autonomer* Selbstorganisation unterschieden werden [Göb98, WikiSOBW]:

- *Autogene Selbstorganisation – Ordnung entsteht „von selbst"*: Ordnung entsteht aufgrund der Eigendynamik komplexer dynamischer Systeme von selbst, es liegt kein bewusster Gestaltungsakt zugrunde. Dabei gibt es zwei Möglichkeiten:
  - Die immanente Rationalität selbstorganisierender Prozesse führt zu wünschbaren Ergebnissen, eine Gestaltung ist nicht notwendig. Grundsatz: *Respektiere die Selbstorganisation!*
  - Durch selbstorganisierende Prozesse entstehen unerwünschte, schädliche Muster, die man beeinflussen möchte. Grundsatz: *Kanalisiere die Selbstorganisation!*
- *Autonome Selbstorganisation – Ordnung entsteht „selbstbestimmt"*: Ordnung wird als Ergebnis absichtlicher und geplanter Gestaltungshandlungen betrachtet. Voraussetzung ist, dass die Mitglieder oder Gruppen genügend Handlungsspielraum erhalten, um selbst an der sie betreffenden Ordnung mitwirken zu können.
  - Bei entsprechendem Handlungsspielraum können alle Organisationsmitglieder selbst an der sie betreffenden Ordnung mitwirken. Die entstehende Ordnung wird dadurch den Bedürfnissen der Betroffenen besser angepasst und effizienter. Grundsatz: *Kreiere die Selbstorganisation!*

Damit ist klar: *Selbstorganisation muss sowohl zugelassen als auch gestaltet werden!* Die Gestaltung erfolgt dabei nicht über ein Designen, ein Strukturieren, sondern über das *Setzen von Rahmenbedingungen*, von „Leitplanken", innerhalb derer dann Selbstorganisation zugelassen wird.

Rückkopplung

Rückkopplung (auch Rückmeldung oder Feedback) bezeichnet eine Struktur in Systemen, bei der ein Teil der Ausgangsgröße direkt oder modifiziert auf den Eingang des Systems zurückgeführt wird (Abbildung 14, [WikiRK]). Die rückgeführte Ausgangsgröße wirkt über eine (mathematische) Operation (z.B. Addition oder Subtraktion) auf die Eingangsgröße.

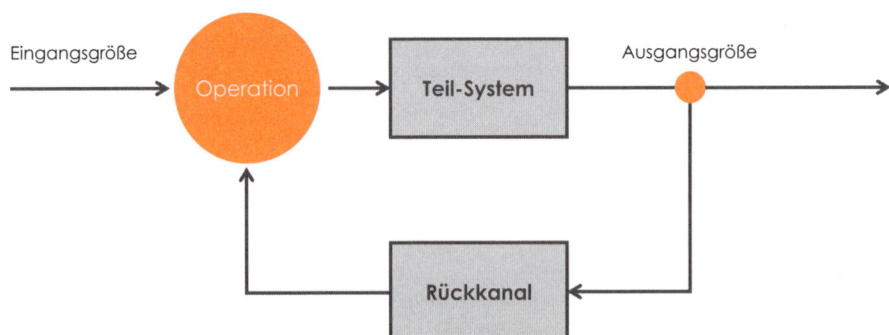

Abbildung 14: Allgemeine Struktur einer Rückkopplung: *Die Ausgangsgröße wirkt über eine (mathematische) Operation auf die Eingangsgröße*

Rückkopplungen können auch innerhalb des Systems oder in Teilen des Systems erfolgen.

Für Rückkopplungen gibt es zwei Möglichkeiten:

- *Positive Rückkopplung* oder *Mitkopplung*: Die Ausgangsgröße wirkt *verstärkend* auf die Eingangsgröße – und damit auf sich selbst. Diese Selbstverstärkung kann u.U. zur Zerstörung des Systems führen (Abbildung 15 [WikiPRK]).

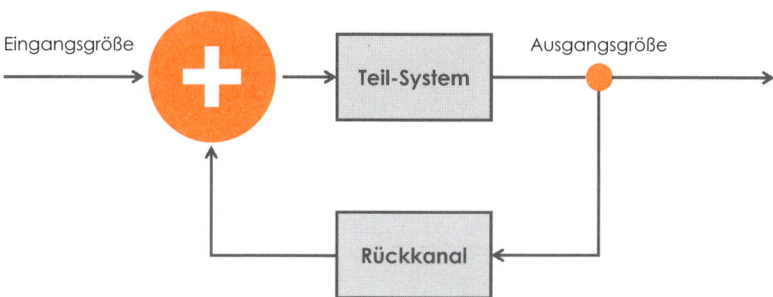

Abbildung 15: Allgemeine Struktur einer positiven Rückkopplung *oder* Mitkopplung: *Die Ausgangsgröße wirkt über eine verstärkende (mathematische) Operation (z.B. Addition) auf die Eingangsgröße*

- *Negative Rückkopplung* oder *Gegenkopplung*: Die Ausgangsgröße wirkt *verringernd/dämpfend* auf die Eingangsgröße – und damit auf sich selbst. Diese Art der Rückkopplung kann u.U. zu Gleichgewichtszuständen (innerhalb zulässiger Grenzen) eines Systems führen und z.B. Wachstum auf natürliche Weise beschränken (Abbildung 16 [WikiNRK]).

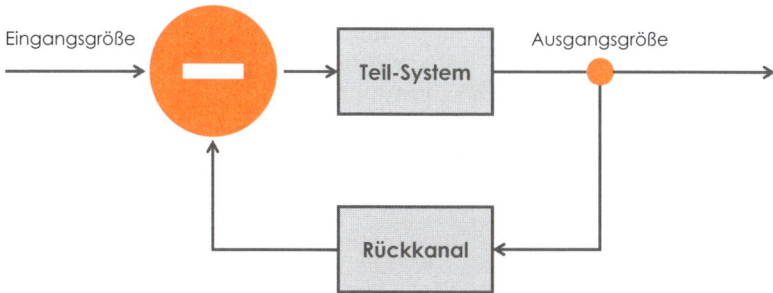

Abbildung 16: Allgemeine Struktur einer negativen Rückkopplung *oder* Gegenkopplung: *Die Ausgangsgröße wirkt über eine abschwächende (mathematische) Operation (z.B. Subtraktion) auf die Eingangsgröße*

Beispiele für positive Rückkopplungen [WikiPRK]:

- *Lawineneffekt*: Ein kleiner Impuls führt dazu, dass ein Teilchen (z.B. ein rollender Schneeball) immer mehr gleiche Teilchen mitnimmt, die dann ihrerseits wieder mehr Teilchen mitnehmen. So entstehen Schnee-Lawinen, Laser und atomare Kernspaltung.

- *Zinsen*: Je größer ein zu verzinsendes Vermögen ist, umso schneller wächst es. Dabei handelt es sich um ein exponentielles Wachstum, da auch die Zinsen verzinst werden (Zinseszinseffekt).

Beispiele für negative Rückkoppelungen [WikiNRK]:

- *Räuber-Beute-Beziehungen* [WikiRBB]: Die Population des Räubers nimmt so lange zu, bis die Beute seltener wird. Dadurch finden weniger Räuber ausreichend Nahrung, die Räuber-Population geht zurück und die Beute-Population kann sich erholen. Durch die erholte Beute-Population gibt es wieder mehr Beute für die Räuber, was dazu führt, dass ihre Population wieder zunimmt. In gesunden Ökosystemen wird sich so ein Gleichgewicht zwischen Räubern und ihrer Beute einstellen.
- *Temperaturregler* [WikiTR]: Beim Erreichen einer vorgegebenen Temperatur regeln diese die Energiezufuhr (Warmwasser, Strom, Öl, Gas, Dampf) herunter und beim Unterschreiten einer vorgebenen Temperatur wieder herauf. Dadurch wird eine – mehr oder weniger – konstante Temperatur erreicht.

Interessant – und was hat Rückkopplung mit evolutionären Prozessen, Emergenz und Selbstorganisation zu tun? Sehr viel! Erst durch Rückkopplung entsteht eine Struktur, in der sich Effekte verstärken oder auslöschen. *Erst durch Rückkopplung ist das System in der Lage, Fehlentwicklungen zu korrigieren! Erst durch Rückkopplung entsteht Stabilität!* Erst durch Rückkopplung – Feedback – können wir Menschen lernen. Daher ist es so extrem wichtig, schnell Rückmeldung zu erhalten. Je schneller wir Rückmeldung erhalten, desto schneller können wir auf Fehlentwicklungen reagieren und desto kleiner können unsere Schritte in unserem Vorgehen – *Versuch und Irrtum* – sein! Feedback muss immer unmittelbar erfolgen!

Übrigens: Rückkopplung bezieht sich darauf, dass *überhaupt* etwas zurückkommt. Im Rückkanal kann die Ausgangsgröße beliebig verändert werden. Rückkopplung ist ein strukturelles Phänomen, es kommt hier auf die Struktur an, nicht so sehr darauf, was in den einzelnen „Boxen" genau passiert.

Und noch was: Die Rückkopplungsschleife darf nicht zu groß werden, da sonst u.U. zu große zeitliche Verzögerungen in der Rückmeldung eintreten, was die Reaktionsfähigkeit verlangsamt. Das ist z.B. ein Problem zu großer Organisationen: Der Vorstand beschließt etwas, und bis dieser Beschluss *„durch die Hierarchie durch ist"* und zu konkreten Aktionen auf Arbeitsebene führt, hat sich die Welt weiterentwickelt und der Beschluss ist so aktuell – und passend !!! – wie die Tageszeitung von heute vor einem Jahr … Abgesehen davon, dass zu große Organisationen daran kranken, dass Beschlüsse in der Hierarchie auf jeder Ebene „geheilt" – (um)interpretiert – werden: *„Die meinen das nicht so …, sondern so …"* Und im Rückkanal werden die Ergebnisse „optimiert", sodass der Vorstand eine Theaterinszenierung erlebt, ohne sich dessen bewusst zu sein … Lösung? Gemba-Walk (s. Abschnitt I.1.4)!

Struktur, Selbstorganisation und Stabilität

Wenn Ihr keine Probleme mehr habt, fangt eine Beziehung an.

– Johann Kluczny

Wie Sie gesehen haben, ist Selbstorganisation ein strukturelles Phänomen. Und ob Sie wollen oder nicht: Selbstorganisation findet immer statt, selbst in rigiden Organisationen wie Armeen (z.B. EK-Bewegungen [WikiEK]).

Insofern ist es sinnvoll, diese Selbstorganisation durch das Setzen der passenden Rahmenbedingungen vorteilhaft für die Organisation zu nutzen. Was die passenden Rahmenbedingungen für Ihre Organisation sind, müssen Sie – am besten über Experimente (s. Abschnitt III.4.3) – selbst heraus finden. Denn wo sich Menschen organisieren, entsteht immer Komplexität: Denken Sie an Beziehungen, Familienfeste, Kinderparties etc.

Gruppen und Teams

Eine *Gruppe* begnügt sich mit der Summe der *„individuellen Bestleistungen"*, während einem Team dies nicht reicht. Ein *Team* strebt nach einem *gemeinsamen Arbeitsprodukt*, das eine *gemeinsame Anstrengung* erfordert. In einem Team ist die Leistung *„mehr als die Summe der Einzelleistungen"*, in einer Gruppe nicht. Damit wird die erbrachte Leistung zum Messkriterium für Effektivität und Effizienz der sozialen Interaktionen eines *„Zusammenschlusses von mehreren Personen"*.

So wichtig es ist, effektive und effiziente Gruppen und Teams aufzusetzen, vergessen Sie bei den folgenden Betrachtungen nie, dass Menschen immer Individuen bleiben! (Abbildung 17).

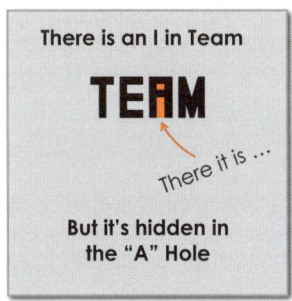

Abbildung 17: Auch Gruppen- und Teammitglieder bleiben Individuen!

Was ist eine Gruppe?

Als *(soziale) Gruppe* wird in der Soziologie und der Psychologie eine Ansammlung von mindestens drei Personen bezeichnet, die über eine längere Zeitspanne in direkter Interaktion zueinander stehen und durch ein Wir-Gefühl verbunden sind. Die Größe einer Gruppe wird – insbesondere in der Sozialpsychologie – nicht begrenzt, allgemein unterscheidet man zwischen Phänomenen in kleineren (max. 25 Mitglieder) und in großen Gruppen.

Eine (soziale) Gruppe kann als eine *Ansammlung von Individuen* definiert werden, die

- sich selber als Mitglieder dieser Gruppe wahrnehmen,
- sich der Gruppe zugehörig fühlen, ein gewisses Maß an emotionaler Bindung an diese zeigen,
- von der Gruppe nicht zurückgewiesen werden,
- ein gewisses gemeinsames Einverständnis über ihre Mitgliedschaft und die Beurteilung der Gruppe zeigen.

Die Gruppe definiert sich also dadurch, dass ihre Mitglieder alle untereinander in einer sozialen Beziehung zueinander stehen, jeder sich der anderen Mitglieder bewusst ist und zwischen allen Mitgliedern soziale Interaktion möglich ist – und so ein Wir-Gefühl entsteht. Dieses Wir-Gefühl ist ein wesentlicher Faktor für den Erhalt und Bestand einer Gruppe, denn dieses Gruppengefühl gründet in Gefühlen von Zugehörigkeit und Zusammengehörigkeit. Dadurch ist eine Gruppe grundsätzlich in der Größe begrenzt, um die für ihren Bestand nötigen Interaktionen aufrechtzuerhalten.

Ein wichtiges Merkmal ist die Überschaubarkeit der Gruppe – sowohl für die Mitglieder als auch für Außenstehende. Dadurch unterscheidet sich auch die Gruppe von der Organisation, die sehr viel mehr Mitglieder und eine viel komplexere Sozialstruktur haben kann.

Rollen in einer Gruppe

In jeder Gruppe gibt es situativ verschiedene Rollen, die alle ihre Funktionen haben und keine besser oder schlechter als eine andere ist. Normalerweise werden diese Rollen von den Gruppenmitgliedern selbst bestimmt und unbewusst eingenommen. In der Gruppendynamik werden folgende Rollen beschrieben ([Gen10], s. Rangdynamisches Positionsmodell von Raoul Schindler):

- *Alpha – der Anführer*: gibt Sicherheit und Orientierung
- *Beta – die Spezialisten*: unabhängig, sorgen für Ideen und Veränderbarkeit
- *Gamma – die Arbeiter*: schwimmen mit, festigen den Gruppenzusammenhalt
- *Omega – der Sündenbock*: repräsentiert das Defizit der Gruppe

Was ist ein Team?

Das *Team* (altengl.: team, Familie, Gespann, Gruppe, Nachkommenschaft) bezeichnet einen Zusammenschluss mehrerer Personen zur Lösung einer *gemeinsamen Aufgabe* oder zur Erreichung eines *gemeinsamen Zieles*. Im Unterschied zu einer Gruppe, in der jeder individuelle Aufgaben und Ziele verfolgt, arbeitet ein Team *gemeinsam* an einer Aufgabe oder einem Ziel.

Mabey und Caird definieren Hauptkriterien für Teams [WikiT]:

- Ein Team hat mindestens zwei Mitglieder.
- Mit ihren jeweiligen Fähigkeiten und den daraus entstehenden gegenseitigen Abhängigkeiten tragen die Mitglieder zur Erreichung der Teamziele bei.
- Das Team hat eine Teamidentität, die sich von den individuellen Identitäten der Mitglieder unterscheidet.
- Das Team hat Kommunikationspfade sowohl innerhalb des Teams als auch zur Außenwelt entwickelt.
- Die Struktur des Teams ist aufgaben- und zielorientiert beschrieben.
- Ein Team überprüft periodisch seine Effizienz.

Abbildung 18 zeigt die Rahmenbedingungen für Teams.

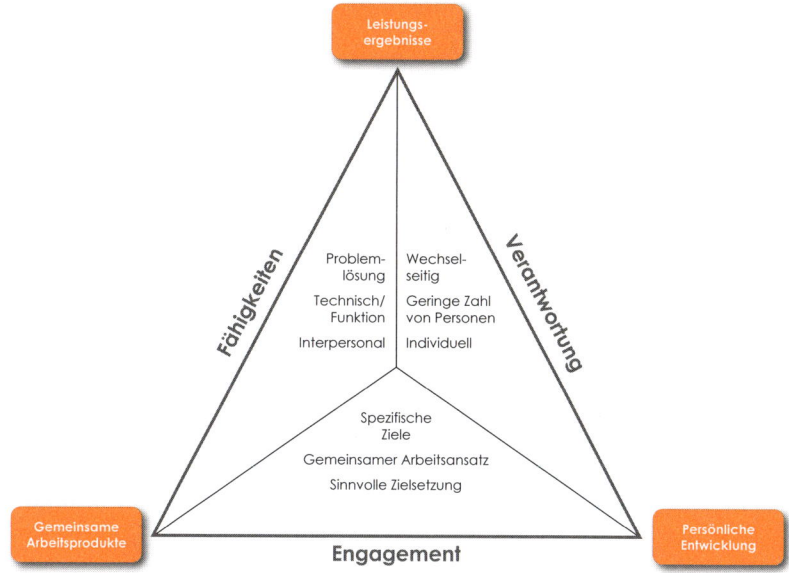

Abbildung 18: Rahmenbedingungen für Teams [Kat98]

Ein Team ist eine (meist zeitliche begrenzte) komplexe Struktur zur interdisziplinären Bearbeitung eines komplexen Themas. In diesem Sinne ist ein Team eine Gruppe von Mitarbeitern, die für einen geschlossenen Arbeitsgang verantwortlich ist und die das Ergebnis ihrer Arbeit als Produkt oder Dienstleistung an einen internen oder externen Empfänger liefert [WikiT].

Vergleichbar zu Gruppen können verschiedene Dimensionen festgemacht werden [WikiT]:

- *Erlebnis-Dimension*: Die Teammitglieder empfinden das Team als eine Gemeinschaft Gleichgesinnter, die stark über (positive) Gefühle miteinander verbunden sind.
- *Aufgaben-Dimension*: Der Zusammenhalt wird über eine gemeinsame sachlich-fachliche Aufgabenstellung und Herausforderung geschaffen.
- *Image-Dimension*: Durch die Verbundenheit im Team kommt es zu einer positiven Bewertung der anderen Teammitglieder: Wer im Team ist, wird als beliebt wahrgenommen.
- *Sinn-Dimension*: Durch eine klare Aufgabenstellung mit einer deutlichen und dringenden Notwendigkeit der Lösung (z.B. Krisen) kommen sehr gut funktionierende Teams sehr schnell zusammen – die Krise gibt dem Team über die Aufgabenstellung (*„Bewältigung der Krise"*) einen Sinn. Ist die Krise vorbei, entfällt der Sinn und das Team löst sich auf.
- *Prozess-Dimension*: Durch das im Vordergrund stehende Interesse an der Aufgabenstellung treten individuelle Motive, Befindlichkeiten und Egoismen in den Hintergrund, was Kommunikation und Zusammenarbeit – insbesondere auch zwischen verschiedenen Teilen einer Organisation – erleichtert.
- *Ergebnis-Dimension*: Durch den in der gemeinsamen Aufgabe und dem gemeinsamen Arbeiten im Team (auch individuell) erfüllten Sinn können herausragende

Ergebnisse erreicht werden. Die Summe der Teamleistung ist dann mehr als die Summe der Einzelleistungen.

Im Gegensatz zur Gruppe sind im Team der Zusammenhalt und der wechselseitige Bezug stärker ausgeprägt.

Da die Teammitglieder durch ihre Zusammenarbeit einander – wenn auch nur für eine begrenzte Zeitdauer – unausweichlich ausgesetzt sind, darf Fachkompetenz nicht das einzige Auswahlkriterium sein. Insbesondere zwischenmenschliche Aspekte, wie Sympathie, sind zu berücksichtigen. Daher hat es sich bewährt, Teams sich alleine zusammenstellen zu lassen, das Team selbst entscheiden zu lassen, wer dazugehören soll und wer nicht. Moderierte Verfahren wie → MINDPRACTICE® bieten dabei wertvolle Unterstützung.

Lebenszyklus eines Teams nach Tuckman

Der US-amerikanische Psychologe Bruce Tuckman entwickelte 1965 ein Modell mit 4 Phasen – *forming, storming, norming* und *performing* – bzgl. der Entwicklung von Teams, das 1977 um die Phase *adjourning* erweitert wurde. Dabei bedeuten die Phasen im Einzelnen [WikiPMT, WTT]:

1. *Forming* – Kontakt – die Einstiegs- und Findungsphase: Zunächst herrscht bei den Teammitgliedern Unsicherheit und Verwirrung, sie müssen sich miteinander bekannt machen und ihre Zugehörigkeit zum Team absichern. Zudem gilt es, seine Rolle im Team zu finden, vielleicht sogar zu erkämpfen (s. Abschnitt „Rollen in einer Gruppe"). Die Beziehungen der Teammitglieder untereinander sind noch nicht vollständig klar. Das Team wendet sich seinem Auftrag zu, definiert dazu erste Ziele und Regeln, findet heraus, welche Informationen benötigt werden und wie es an diese kommt. In dieser Phase erbringt das Team noch keine Leistung.
2. *Storming* – Konflikt – die Auseinandersetzungs- und Streitphase: In dieser Phase kommt es häufig zu Unstimmigkeiten und Auseinandersetzungen bzgl.
    – der Prioritäten von Aufgaben, wenn Teammitglieder verschiedene Ziele verfolgen,
    – der Führungsrolle und des Status des Einzelnen im Team,
    die zu Spannungen zwischen den Teammitgliedern führen. In diesen Konflikten kommt die Persönlichkeit des Einzelnen und seine Bereitschaft, sich dem Team unterzuordnen, zum Ausdruck. Zwar erfolgen erste Abstimmungen über die Organisation des Teams, trotzdem können die Beziehungen der Teammitglieder untereinander noch konfliktbeladen bis feindselig sein, insbesondere wenn die Anforderungen des Auftrags nicht zu den eigenen persönlichen Zielen passen. Die Leistung des Teams ist gering.
3. *Norming* – Kontrakt – die Regelungs- und Übereinkommensphase: In dieser Phase haben die Teammitglieder ihre Rollen gefunden, sie akzeptieren das Team und die Eigenarten der anderen Teammitglieder und beginnen zu kooperieren – das Team wird eine Einheit. Die Normen und Regeln des Teams werden diskutiert oder durch stillschweigende Übereinkunft gefunden und eingehalten. Die Beziehungen sind harmonischer, die gegenseitige Akzeptanz steigt und das Team wendet sich seiner Aufgabe zu. Dazu teilen die Teammitglieder offen Informationen und ihre Interpretationen dazu. Das Team beginnt, Leistung zu zeigen.
4. *Performing* – Kooperation – die Arbeits- und Leistungsphase: In dieser Phase sind die zwischenmenschlichen Beziehungen geklärt. Das Team handelt geschlossen als Einheit und orientiert sich am gemeinsamen Ziel. Die Teammit-

glieder bringen sich voll ein und unterstützen sich gegenseitig – Anerkennung, Akzeptanz und Wertschätzung prägen die Zusammenarbeit. Die Rollen im Team können flexibel zwischen Personen wechseln. Das Team geht offen miteinander um, kooperiert und unterstützt sich gegenseitig. Das Team zeigt Leistung.

5. *Adjourning* – die Auflösungsphase: Nicht jedes Team kommt in diese Phase – insbesondere temporäre Teams (z.B. Projektteams) treten in diese ein. Die Aufgabe ist erfüllt, das Ziel erreicht. Die Beziehungen zwischen den Teammitgliedern lockern sich, das Team löst sich auch formal auf. Unter Umständen kann in dieser Phase Trauer auftreten.

Dem Modell von Tuckman lag ursprünglich die Beschreibung zweier Entwicklungsverläufe zugrunde:

- die sozioemotionale Entwicklung
- die aufgabenbezogene Entwicklung

Beide wurden zusammengefasst, da sie gleichzeitig ablaufen und zusammenhängen.

Auch wenn der Ablauf in diesem Modell linear beschrieben ist, die Phasen sauber getrennt nacheinander folgen, wird dies in der Praxis nicht unbedingt so linear ablaufen. So ist vorstellbar, dass Teams zwischen zwei aufeinanderfolgenden Phasen pendeln, dass durch den Austausch von Teammitgliedern die Gruppe „wieder von vorne anfängt" etc.

Die wichtige Aussage des Modells von Tuckman ist: *Lasst die Teams stabil!* Sind Teams nicht stabil, findet also (häufig) ein Austausch von Teammitgliedern statt, fängt das Team immer wieder neu in der Forming-Phase an und kommt zu selten oder gar nicht in die Perfoming-Phase – es ist dann nur mit sich selbst beschäftigt. Aus diesem Grund werden im Agilen generell dauerhaft stabile Teams angestrebt.

Bedingungen für leistungsstarke Teams

Teams werden nicht um ihrer selbst willen gegründet, sondern um *eine Aufgabe, welche die Zusammenarbeit verschiedener Personen erfordert,* zu organisieren – Sinn und Zweck eines Teams ist also das Erbringen einer Leistung und nicht, sich wohlzufühlen. Daher bringen auch „Team Building Events" wie „Klettern im Hochseil-Garten" wenig, weil der Transfer in den Arbeitsalltag zu schwierig ist. Wie Forschung und Praxis zeigen, ist immer noch die Aufgabe und die Motivation durch den Sinn der Aufgabe der beste Weg zu Hochleistungsteams (s.u.)

Bedingungen für Teameffektivität

Nach Hackman ([Hac02], Abbildung 19) können Führungskräfte über folgende Aspekte die Wahrscheinlichkeit erhöhen, dass Teams dauerhaft gute Leistungen erbringen [Hac02]:

- ein echtes Team statt einer Gruppe
- eine überzeugende Vision
- eine Struktur der Ermöglichung
- ein unterstützender organisationaler Kontext
- Coaching durch Experten

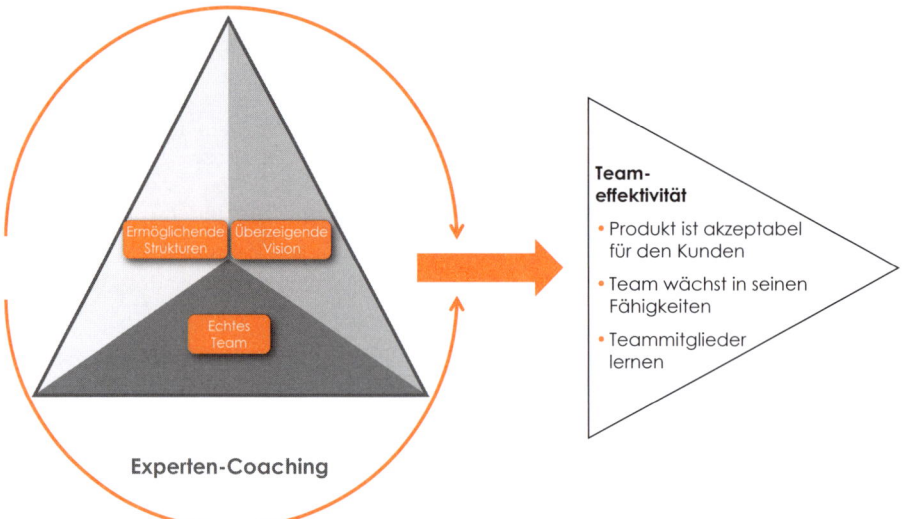

Abbildung 19: Die Bedingungen für Teameffektivität [Hac02]

Die vier Stufen des Selbstmanagements eines Teams

Ein Team muss nicht nur die Verantwortung für seine Arbeitsergebnisse tragen, sondern auch die Möglichkeit haben, selbstbestimmt zu entscheiden, *wie* die Aufgabe gelöst wird. Darüber hinaus muss das Team die Freiheit haben, sich selbstbestimmt zu organisieren und selbstbestimmt Entscheidungen in den es selbst betreffenden Belangen zu fällen.

Hackman ([Hac02], Abbildung 20) sieht vier Dimensionen in Bezug auf die Entscheidungsfreiheit eines Teams. Dementsprechend ergeben sich vier Stufen von Teams [Hac02]:

1. *Managergeführtes Team*: Das Team führt nur Aufgaben aus, alle anderen Aufgaben und Entscheidungen obliegen dem Teammanager. Diese Teams entsprechen eher Arbeits-Gruppen. Beispiel: Teams im tayloristischen Sinne in der Produktion.
2. *Selbstmanagendes Team*: Das Team führt die Aufgaben aus und überwacht und steuert den Arbeitsprozess und -fortschritt. Team und organsiationaler Kontext sowie die Gesamtrichtung wird vom Management vorgegeben. Beispiel: Teams in der Kundenbetreuung.
3. *Selbstdesignendes Team*: Das Team macht und entscheidet alles selbst bis auf die Gesamtrichtung, die es vom Management vorgegeben bekommt. Beispiele: Task-Forces, agile und Scrum-Teams.
4. *Selbstverwaltendes Team*: Das Team macht und entscheidet alles selbst. Beispiele sind Vorstandsteams in Unternehmen.

Keine der vier genannten Stufen ist besser oder schlechter als eine andere. Es geht darum, die für die Aufgabe und Situation passende Stufe zu finden und das Team entsprechend aufzusetzen. Zu viel Freiheit in der Entscheidung kann ein Team auch überfordern. Es gilt, immer die passenden Rahmenbedingungen im jeweiligen Kontext zu finden.

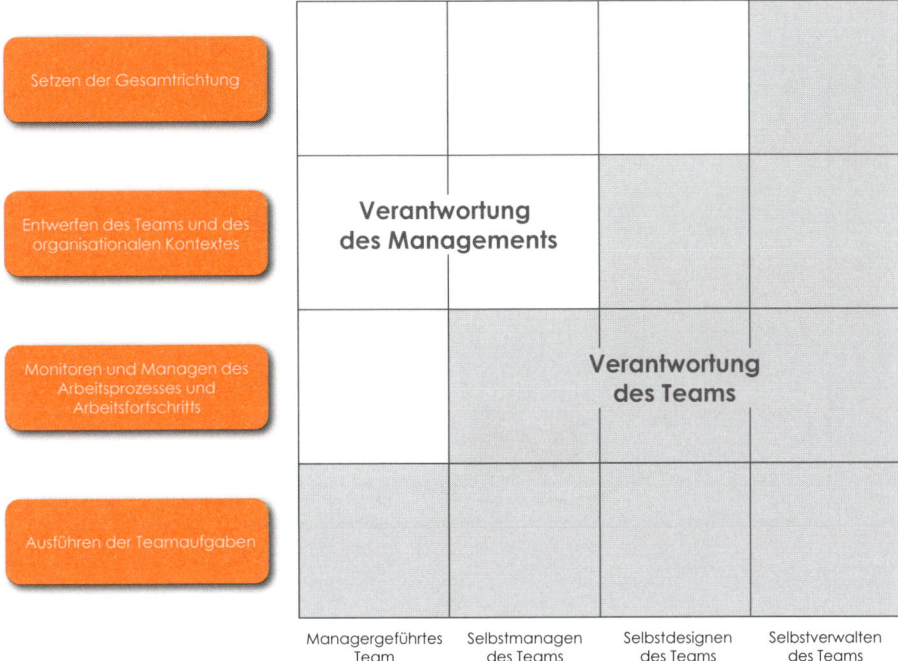

Abbildung 20: Die Autoritätsmatrix – die vier Stufen des Selbstmanagements eines Teams [Hac02]

Die verschiedenen Stufen eines Teams auf dem Weg zum Hochleistungsteam

> *Leistung, nicht Teambildung, kann ein potentielles Team oder ein Pseudo-Team retten – gleichgültig, wie sehr es sich festgefahren hat.*

> – Jon R. Katzenbach und Douglas K. Smith [Kat98]

Katzenbach und Smith [Kat98] betonen den Leistungsaspekt für die Entwicklung eines Teams. Ihre „Teamleistungskurve" (Abbildung 21) zeigt, dass die Leistung eines Teams davon abhängt, welchen grundlegenden Arbeitsansatz es wählt und wie effektiv es diesen Ansatz umsetzt [Kat98]:

- *Arbeitsgruppen* begnügen sich mit der Summe der „individuellen Bestleistungen". Es bestehen keine wesentlichen zusätzlichen Leistungserfordernisse oder -chancen.
- *Pseudo-Teams* scheuen sich, die Risiken des Konflikts, der gemeinsamen Arbeitsergebnisse und des kollektiven Handelns zu tragen. Sie legen kein Augenmerk auf eine kollektive Leistung und streben diese nicht wirklich an.
- *Potenzielle Teams* nehmen die Risiken auf sich, um höhere Leistungen zu erbringen. Sie versuchen wirklich, ihre Leistungskraft zu verbessern. Wenn sie die Rahmenbedingungen nicht diszipliniert einhalten, können sie stecken bleiben. Auch braucht es meist eine größere Klarheit über den Existenzzweck, die Ziele und die angestrebten Arbeitsergebnisse und z.T. mehr Disziplin bei der Erarbeitung des gemeinsamen Arbeitsansatzes.

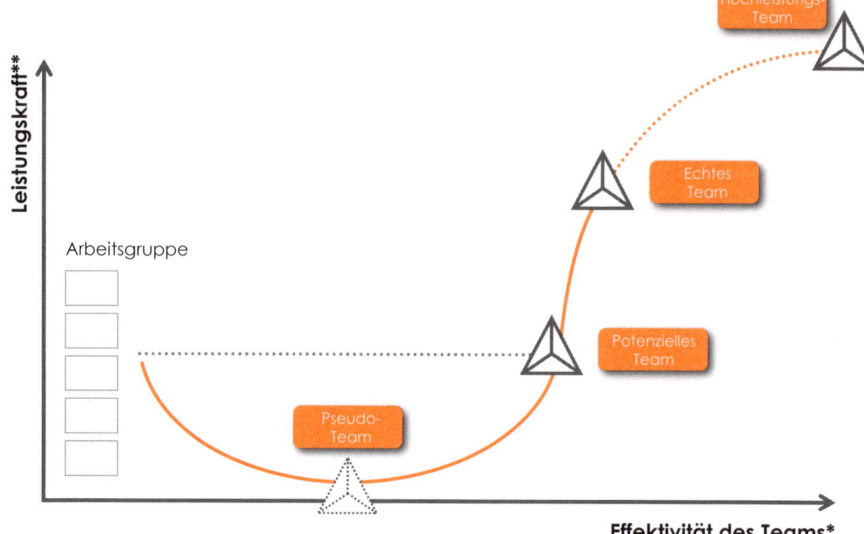

*Ausmaß der genutzten Ressourcen
**Wirksamkeit der Leistung

Abbildung 21: Die Teamleistungskurve [Kat98]

- In *echten Team* arbeiten Personen mit einander ergänzenden Fähigkeiten, die sich alle gleichermaßen für eine gemeinsame Sache, gemeinsame Ziele und einen gemeinsamen Arbeitsansatz engagieren und sich gegenseitig zur Verantwortung ziehen.
- *Hochleistungsteams*: Ein echtes Team, dessen Mitglieder sich darüber hinaus auch besonders stark für die persönliche Entwicklung und den Erfolg der anderen Teammitglieder einsetzen.

Abbildung 21 zeigt den weiten Bereich der Leistungsmöglichkeiten eines Teams. Es ist an den Teams und ihrer Umwelt, das den Teams innewohnende Leistungspotenzial auch voll auszuschöpfen.

Tabelle 4 stellt Merkmale der verschiedenen Teams einander gegenüber.

Auch hier ist die wichtige Aussage wieder: *Lasst die Teams stabil!* Sind Teams nicht stabil, findet also (häufig) ein Austausch von Teammitgliedern statt, muss das Team sich immer wieder neu finden, ist zu sehr mit sich selbst beschäftigt und kommt nicht in die Leistungsphase. Aus diesem Grund werden im Agilen generell dauerhaft stabile Teams angestrebt.

Arbeitsgruppe	Pseudo-Team	Potenzielles Team	Echtes Team	Hochleistungsteam
• Deckung von Existenzzweck der Gruppe mit Unternehmensphilosophie • Kein Bedarf für deutliche Leistungssteigerung • eher leiterorientiert • Interaktionen zum Informationsaustausch, zur Entscheidungsfindung dienen primär den Individualleistungen • positionsbezogene Einzelverantwortung und individuelle Arbeitsprodukte • Erfüllung der Leistungsanforderungen im Rahmen individueller Fähigkeiten und Verantwortlichkeiten • Sich-Begnügen mit der Summe der individuellen Bestleistungen	• trotz Möglichkeit von Leistungssteigerung durch bessere Zusammenarbeit kein ernsthaftest Bemühen der Gruppe um eine Gemeinschaftsleistung • kein Interesse an Definition gemeinsamer Ziele und Suche nach gemeinsamen Wegen • Gesamtleistung von Pseudo-Teams geringer als die Summe der Einzelleistungen/des Gesamtpotenzials der einzelnen Mitglieder (wegen gegenseitiger Beeinträchtigung) • schwächste Leistungskraft von allen Gruppen	• Vorhandensein erhöhter Leistungsanforderungen/deutlicher Bedarf nach Leistungsverbesserung • wirkliches Bemühen der Gruppe um gemeinsame Verbesserung der Leistungskraft/Leistungssteigerung, Klarheit der Ziele, des gemeinsamen Vorgehens und der angestrebten Arbeitsergebnisse • noch keine gemeinschaftliche Teamverantwortung für die Arbeitsergebnisse entwickelt	• Unternehmen/Management mit hohen Leistungsmaßstäben als günstiger Nährboden • eher leistungsorientiert spezifischer, durch das Team definierter Existenzzweck • Personen mit sich komplementär ergänzenden Fähigkeiten • Einzel-und komplementäre Verantwortlichkeit • Verpflichtungsgefühl/Engagement für eine gemeinsame Sache, gemeinsame (Leistungs-) Ziele und gemeinsamen Arbeitsansatz • kollektive Arbeitsprodukte • gegenseitiges zur Verantwortung Ziehen • persönliches Wachstum	• überschaubare Anzahl von Mitgliedern • verbindlich vereinbarte Vorgehensweise und gemeinsames Verständnis der Einzel- und Gesamtverantwortung • über die Leistungskriterien eines echten Teams hinaus: hohes Maß an persönlichem Engagement der Mitglieder untereinander für die persönliche Entwicklung, das Wachstum und den Erfolg der anderen Mitglieder • vergleichsweise größte Leistung

Tabelle 4: Merkmale von Arbeitsgruppen und Entwicklungsgrade von Teams [Kat98]

Minderung der Leistung des Einzelnen in Gruppen

Im Zusammenhang mit Teams wird oft befürchtet, dass sich – zumindest einige – Teammitglieder mit ihrer Leistung zurückhalten, sich schonen und sich so auf Kosten der anderen ausruhen. Auch diese Befürchtung zeigt die Bedeutung des Menschenbildes – und sagt mehr über denjenigen aus, der die Befürchtung äußert, als über den Inhalt der Befürchtung.

Social Loafing – soziales Faulenzen

Soziales Faulenzen (engl. *social loafing*) meint die Minderung der individuellen Anstrengung in Anwesenheit anderer [Str96].

Forscher fanden in Studien (z.B. [Kar93]) heraus, dass der Effekt des sozialen Faulenzens immer dann auftritt, wenn der Beitrag des Einzelnen zum Gesamtergebnis unklar ist – unabhängig davon, ob es sich um eine körperliche oder eine geistige Anstrengung handelt. Zudem ist dieser offensichtlich kulturell beeinflusst: Er tritt bei Männern stärker als bei Frauen und in westlichen stärker als in östlichen Kulturen auf. Insgesamt gilt es als gesichert, dass Menschen in Gruppen sich mit ihrer Leistung zurückhalten – und dies durchaus unbewusst. (Wobei hier auf den generellen Aspekt der unbewussten Beeinflussung eines Experimentes durch den Leiter des Experimentes (*Rosenthal-Effekt*, *Versuchsleiter(erwartungs)effekt* oder *Versuchsleiter-Artefakt*) hingewiesen werden muss. Derartige Untersuchungen können immer auch als unbewusste, sich selbsterfüllende Prophezeiungen wirken, bei der das bewiesen wird, was bewiesen werden soll (vgl. die Darstellung zur Wirkung eines Menschenbildes in Abschnitt „Menschenbild").

Unklar ist, warum soziales Faulenzen auftritt. Erklärungsversuche, wie das *Collective Effort Model* (Integratives Modell individueller Anstrengung bei kollektiven Aufgaben) von Karau und Williams [Kar93], gehen in die Richtung, dass für den Einzelnen die Wertigkeit und Klarheit des Ergebnisses bestimmend sind. Demnach ergibt sich die Motivation eines Teammitgliedes [Bra07]:

$$\textit{Motivation = Erwartung x Instrumentalität x Wertigkeit des Ergebnisses}$$

wobei

- *Erwartung* der Grad bedeutet, zu dem erwartet wird, dass große Anstrengung auch zu einer guten Leistung und einem guten Ergebnis führt.
- *Instrumentalität* der Grad, zu dem erwartet wird, dass eine gute Leistung auch zu einem entsprechenden Ergebnis und einer entsprechenden Belohnung führt.
- *Wertigkeit des Ergebnisses* der Grad, zu dem erwartet wird, dass ein Ergebnis als wichtig und wünschenswert wahrgenommen wird.

Auch hier wird wieder deutlich (vgl. Abschnitt „Motivation"), dass

- der eigene Beitrag zur Gesamtleistung für jeden Einzelnen sichtbar sein muss, der eigene Beitrag muss identifizierbar und einzigartig sein,
- der eigene Beitrag einen Sinn für das Gesamtergebnis ergeben muss und
- das Gesamtergebnis einen Sinn für den Einzelnen haben muss.

Der Kontext der Betrachtung – Agilität und selbstorganisierende Teams, die komplexe Aufgaben lösen – unterstützt die Motivation des Einzelnen und erfordert keine aufgabenbezogenen Maßnahmen (vgl. [Bra07]): Die durch das Team zu bearbeitenden Aufgaben sind sowohl komplex als auch herausfordernd und durch → *crossfunktionale Teams* ist der Expertenstatus jedes Einzelnen im Team gegeben.

Dies lässt erwarten, dass soziales Faulenzen in agilen Teams kaum auftritt – was in der Praxis auch bestätigt wird. Allenfalls in nicht-funktionierenden Teams und agilen Implementationen ist dies ein Thema.

Keine Sündenböcke, sondern nicht funktionierende Systeme!

Auch hier ist wieder das Denken entscheidend: Tritt soziales Faulenzen auf, ist dies ein Problem des Teams – das Team funktioniert nicht. Hier hilft uns wieder systemisches Denken: dass, was passiert passiert, weil das System es zulässt bzw. hervorbringt! Statt einen Sündenbock zu suchen, muss die Gesamtsituation betrachtet werden. Erinnern Sie sich: *„Wer Helden und Schuldige braucht, um eine Situation zu erklären, hat sie noch nicht verstanden."* (Gerhard Wohland)

Aus Angst vor sozialem Faulenzen messen die Unternehmen/das Management die Leistungen der einzelnen Teammitglieder – und zerstören damit sowohl den Teamgedanken, die Teammotivation als auch die Motivation des Einzelnen! Geschickter wäre es, systemisch zu denken und dieses Thema den Teams selbst zu überlassen. Vielleicht ist es für ein Team okay, einen „Minderleister" dabei zu haben, wenn dieser z.B. für ein gutes Klima im Team sorgt. Wir haben es hier mit einem System zu tun! Und außerdem haben wir es hier mit erwachsenen Menschen (→ *Menschenbild*) zu tun, die Probleme unter sich selbstständig lösen können! Dazu brauchen die Teams einen Rahmen, in dem sie ungestört unter sich sein und Probleme lösen können (dies bietet die → *Retrospektive*).

Soziales Faulenzen oder Ausnutzen der anderen Teammitglieder sind Symptome dysfunktionaler Systeme. Es läuft hier Grundsätzliches falsch: fehlendes Vertrauen, fehlende Verantwortung, negatives Menschenbild … was auch immer. Finden Sie es heraus! Sicherlich ist es einfacher, einen Sündenbock an den Pranger zu stellen, als eine wirkliche Lösung anzuregen – Sie können Systeme nicht reparieren, Sie können diese nur zum Selbstreparieren anregen! Spielen Sie mit dem System! Finden Sie heraus, was es braucht, um leistungsfähig zu werden!

Selbstorganisation und Teams

Ein *selbstorganisiertes Team* ist ein Team, das sich so organisiert, dass es die anstehenden Aufgaben optimal bearbeitet. Dazu verteilt es Führungsverantwortung und Rollen situativ so, dass es eine optimale Passung zwischen der zu bewältigen Aufgabe und den einzelnen Personen erreicht [Gen10].

In einem gesunden Team können die Mitglieder ihre Rollen (s. Abschnitt „Rollen in einer Gruppe") wechseln. Dies kann durch teamexterne Umstände – z.B. verschiedene zu lösende Aufgaben mit unterschiedlichen Anforderungsprofilen – oder durch teaminterne Umstände – z.B. können Rollen sehr kraftraubend sein – geschehen.

Eine zu starre Rollenverteilung in einer Gruppe schränkt diese zu sehr im flexiblen Umgang mit wechselnden Aufgaben ein – insbesondere wenn diese von außen vorgeben wird. Die Folgen können von Minderleistung der Gruppe über Konflikte bis zur Selbstauflösung der Gruppe reichen.

Selbstorganisation findet immer statt, auch in straff hierarchischen Organisationen – sie lässt sich nicht verhindern! Daher ist es vielleicht geschickter, sie zu nutzen, statt sie zu bekämpfen.

Selbstorganisation bedeutet nicht, dass jeder immer überall mitredet oder mitentscheidet. Sie bedeutet, dass die Gruppe selbstbestimmt festlegt, wie Entscheidungen getroffen werden. Auch hier werden nicht immer alle Gruppenmitglieder glücklich und zufrieden sein. Ein selbstorganisiertes Team hat die Freiheit und die Möglichkeiten, sich jederzeit so zu organisieren, wie es gerade am besten passt, um Rollen, Arbeitsteilung etc. optimal zu verteilen [Gen10].

Auch ist es ein Mythos, das in selbstorganisierenden Teams alles „Friede, Freude, Eierkuchen" ist, dass es keine Konflikte gibt und alle glücklich sind. Weit gefehlt! Der Zweck eines Teams – auch eines selbstorganisierenden Teams – ist immer die Lösung der ihm übertragenen Aufgaben und nicht die Beglückung der einzelnen Teammitglieder. Auch selbstorganisierende Teams haben Konflikte, und sie sind in der Lage, diese effektiv und effizient zu lösen. Konflikte sind pe se nichts schlechtes – sie sorgen dafür, dass das Team sich weiterentwickelt, auch wenn dies manchmal mit Schmerzen verbunden ist [Gen10].

Selbstorganisation ist die einzig adäquate Organisationsform im Kontext *Komplexität*

> ... the only possibility of transcending the capacity of individual minds is to rely on those super personal, self-organizing forces which create sponaneous orders.
>
> – Friedrich A. von Hayek

Das bestimmende Element agiler Organisationen ist Selbstorganisation. Dieses basiert auf dem Anerkennen evolutionärer und emergenter Gestaltungsprozesse und -kräfte, die immer in einem System vorhanden sind. Im Gegensatz dazu steht das konstruierende Modell: Bei diesem gestaltet, kontrolliert und steuert eine zentrale Instanz das System [Sch13].

Die Herausforderung für die Transformation zu selbstorganisierenden Organisationen besteht darin, dass bisher das konstruierende Modell der Standard war – und wir es daher gewohnt sind: Eine Zentrale gestaltet, gibt vor, kontrolliert und steuert die Organisation und sorgt so dafür, dass „nichts aus dem Ruder läuft". In einfachen und komplizierten Kontexten und deren Aufgaben mag dies auch heute noch wunderbar funktionieren – nur sind heute leider die wenigsten Organisationen noch in diesen beiden Kontexten unterwegs, sondern im Komplexen. Und hier versagen eben die bisherigen erprobten Handlungsweisen, die *„Best Practices"*.

Selbstorganisation erfordert auf jeder Ebene – vom Einzelnen über das Team, die Abteilung bis hin zur Unternehmensleitung – ein Aufbrechen tradierter Verhaltensmuster, ein Zulassen persönlicher Unsicherheiten und ein permanentes Lernen neuer Herangehens- und Verhaltensweisen.

Immer wieder ist zu beobachten, dass dabei das Abgeben von Steuerungsmacht – (Mikro)Management – auf jeder Ebene die größte Herausforderung bedeutet [Sch13]. Mit dieser muss ein Vertrauen in das System, in evolutionäre Prozesse gekoppelt sein – verbunden mit der Verantwortung für nicht Beeinflussbares. Eltern, die ihr halbwüchsiges Kind zum ersten Mal alleine auf eine Party gehen lassen, wissen, worum es geht ...

Die losgelassene Steuerungsmacht muss ersetzt werden durch adäquates systemisches Handeln: Dies bedeutet insbesondere das Setzen von Rahmenbedingungen („Leitplanken"), in denen Selbstorganisation stattfinden kann, und das Ausrichten („Alignement") der Organisation auf ein gemeinsames Ziel. Erinnern Sie sich: Menschen müssen einen Sinn in ihrem Tun erkennen, wollen Teil von etwas sein, das größer ist als sie selbst (siehe Abschnitt „Motivation"). Die Menschen wollen – wir müssen sie nur lassen (siehe Abschnitt „Menschenbild").

So lohnend Selbstorganisation und die herausragenden Ergebnisse sind, die sie hervorbringt, so schwer ist es, das gegenwärtige System von Control & Command zu verlassen.

Führt Selbstorganisation ins Chaos?

> Never doubt that a small group of thoughtfull citizens can change the world. Indeed, it is the only thing that ever has.
>
> – Margaret Mead

Selbstorganisation führt dann nicht ins Chaos, wenn die Rahmenbedingungen, die „Leitplanken" passend gesetzt sind, die Organisation über einen Sinn ausgerichtet ist und über schnelles Feedback gelernt wird. Welche Rahmenbedingungen die passenden für Ihre Organisation sind? Dies können Sie nur selbst herausfinden! Welcher Sinn für Ihre Organisation der passende ist? Dies können Sie nur selbst herausfinden! Wie Sie dies herausfinden? Über schnelles Lernen via *Versuch und Irrtum* mit schnellem Feedback! Im Komplexen gibt es nur individuelle Lösungen. Diese müssen wir in einem komplexen Vorgehen (vgl. dazu die Ausführungen zum *Gesetz von Ashby* in Kapitel IV.1.1) herausfinden.

Wie Gruppen und Teams besser werden

> My model for business is The Beatles. They were four guys who kept each other kind of negative tendencies in check. They balanced each other and the total was greater than the sum of the parts. That's how I see business: great things in business are never done by one person, they're done by a team of people.
>
> – Steve Jobs

Ist es für das Fällen einer Entscheidung besser, einen Experten oder eine Gruppe von Nichtexperten zu fragen? Findet ein Experte eine bessere Lösung als eine Gruppe?

In seinem Buch *Die Weisheit der Vielen. Warum Gruppen klüger sind als Einzelne* [Sur07] untersucht James Surowiecki anhand vieler Studien und Beispiele folgende These: *Unter den richtigen Umständen sind Gruppen bemerkenswert intelligent – und oft klüger als die Gescheitesten in ihrer Mitte* [Sur07 S.10]. Surowiecki betrachtet dabei drei Bereiche von Gruppenentscheidungen:

1. *Kognition*: eine Lösungen finden bzw. auswählen
2. *Koordination*: Verhalten der Mitglieder einer Gruppe koordinieren
3. *Kooperation*: Mitglieder der Gesellschaft halten zusammen.

Für den Kontext dieses Buches ist hauptsächlich der erste Bereich interessant.

In den folgenden Abschnitten wird Bezug auf *Gruppen* genommen. Alle Aussagen gelten ebenso für *Teams*, die eine spezielle Art von Gruppen darstellen (vgl. S.171).

Haben Gruppen immer recht?

Sir Francis Galton, ein britischer Naturforscher und Schriftsteller und ein Cousin von Charles Darwin, besuchte 1906 eine westenglische Nutztiermesse, bei der ein Schätz-Wettbewerb über das Gewicht eines Ochsen stattfand. 787 Personen – Experten und Laien – gaben ihren Tipp ab. Um seine These zu beweisen, dass die Masse einfach dumm sei, wertete Galton diese Tipps statistisch aus. Doch seine These erwies sich als falsch: Der arithmetische Mittelwert aller Schätzungen betrug 1197 englische Pfund und kam damit fast auf das tatsächliche Gewicht mit 1198 englischen Pfund [Sur07, WikiFG].

Ein anderes Beispiel beschreibt die Suche nach einem untergegangenem U-Boot der US-Marine im Jahr 1968. Statt Experten zu befragen, wo nach dem U-Boot zu suchen sei, entschied ein Marineoffizier, eine Gruppe von Männern mit einem breiten Spektrum an Kenntnissen zu befragen: Mathematiker, U-Boot-Experten, Bergungsspezialisten. Und statt sie eine gemeinsame Antwort finden zu lassen, bat er jeden Einzelnen um seine Meinung. Diese Meinungen setzte er wie ein Puzzle-Spiel mit Methoden der Wahrscheinlichkeitsrechnung zusammen und erhielt einen Ort, in dessen Nähe (75 m) das U-Boot schließlich gefunden wurde. Nicht die Aussage eines Einzelnen führte zum Ziel, sondern das Zusammensetzen der verschiedenen Meinungen [Sur07].

Gruppen können mit ihrer Meinung auch grandios scheitern:

- Bei der Invasion in der Schweinebucht auf Kuba 1962 wurden in einer Landungsoperation Truppen abgesetzt, die einen Volksaufstand auf Kuba anzetteln sollten. Unter den an der Planung beteiligten Personen gab es niemanden, der den Erfolg dieser Aktion bezweifelte. Die Aktion scheiterte komplett, die über 1000 Gefangenen konnten erst nach Jahren heimkehren [WikiIS].
- Beim Start der Raumfähre Columbia am 16.01.2003 wurde durch ein herabfallendes Schaumstoffteil eine Hitzekachel der Raumfähre beschädigt. Eine Expertengruppe kam zum Urteil, dass die Beschädigung nicht gravierend und eine Landung sicher sei. Eine fatale Einschätzung …
- Die Weltwirtschaftskrise 2008 hat keiner der Experten kommen sehen, jeder verließ sich auf das Urteil von Kollegen und stellte deren Meinung über eigene Zweifel.
- Nach Unfällen oder Straftaten greift oft keiner der Zuschauer ein, da jeder davon ausgeht, dass andere eingreifen werden.

Gruppen sind nicht per se besser – unter bestimmten Umständen können sie sehr effektiv sein. Darauf weist der streitbare Jaron Lanier hin: *„Das Kollektiv kann immer dann Klugheit beweisen, wenn es nicht die eigenen Fragestellungen definiert; wenn die Wertigkeit einer Frage mit einem schlichten Endergebnis wie einem Zahlenwert festgelegt werden kann; und wenn das Informationssystem, welches das Kollektiv mit Fakten versorgt, einem System der Qualitätskontrolle unterliegt, das sich in einem hohen Maße auf Individuen stützt. Wenn nur eine dieser Vorgaben wegfällt, wird das Kollektiv unzuverlässig. Ein Individuum entwickelt dagegen ein Höchstmaß an Dummheit, wenn es mit umfangreichen Machtfunktionen ausgestattet und gleichzeitig von den Folgen seiner Handlungen abgeschirmt wird"* [Lan10]. Er mahnt: *„Ein Kollektiv auf Autopilot kann ein grausamer Idiot sein, wie uns die Ausbrüche maoistisch, faschistisch oder religiös geprägter Schwarmgeister immer wieder vorgeführt haben. Es gibt keinen Grund, warum solche gesellschaftlichen Katastrophen in Zukunft nicht auch unter dem Deckmantel technologischer Utopien* *passieren könnten"* [Lan10]. Es gilt daher, Rahmenbedingungen zu schaffen, in denen Gruppen effektiv und effizient sind.

Gunter Dueck [Due15b] meint, dass *Schwarmintelligenz* nur in wechselnden „Schwärmen" funktioniert. Dies sei nicht die Weisheit einer großen Masse, sondern die Weisheit eines speziellen Teams, das sich genau für einen bestimmten Zweck zusammengefunden hat. Ist dieser erfüllt, gehen alle wieder ihrer Wege. Für einen neuen Zweck findet sich ein neues Team. Zudem hat niemand Nebeninteressen – es geht ausschließlich darum, diesen einen Zweck zu erfüllen. Dann habe jeweils dieser Schwarm oder dieses spezielle Team *Schwarmintelligenz*. Solche Ein-Problem-Teams können wahrhaft Großes leisten, da die Mitglieder gleiche oder ähnliche Motivation teilen und gleichen Sinn sehen – sonst wären sie nicht in das Team eingetreten. In der Unternehmenswirklichkeit funktioniere dies nicht, weil immer dieselben Leute aufeinandertreffen – egal um welches Problem es geht [Due15b].

Eine Forschergruppe um Prof. Thomas Malone vom Massachusetts Institute of Technology (MIT) fand in einer Studie [Woo10] heraus, dass es so etwas wie *kollektive Intelligenz* gibt. Allerdings hängt diese nur schwach von der durchschnittlichen und maximalen Intelligenz der Gruppenmitglieder ab. Dafür stark von

- der sozialen Sensibilität, dem sozialen Wahrnehmungsvermögen der Gruppenmitglieder,
- einer gleichmäßigen Verteilung der Redeanteile, und
- dem Anteil an Frauen in der Gruppe.

Kriterien für gute Gruppenentscheidungen

Nur unter bestimmten Bedingungen treffen Gruppen bessere Entscheidungen und finden bessere Lösungen als Experten auf diesem Gebiet. Es bedarf also bestimmter Bedingungen, damit eine Gruppe eine ideale Lösung findet bzw. Entscheidung trifft [Sur07], nämlich:

- Diversität,
- Unabhängigkeit und
- Dezentralisierung,

die im Folgenden beschrieben werden.

Auf weitere Bedingungen für erfolgreiche Gruppen wird in den Abschnitten „Rockbands" (S. 193) und „Schwarmdummheit" (S. 195) eingegangen.

Diversität

Am besten funktioniert ein System, wenn es so viele Optionen wie möglich zulässt – dies gilt auch für Meinungen. Für Gruppen bedeutet das, je verschiedenartiger, vielfältiger, also heterogener eine Gruppe zusammengesetzt ist, desto bessere Ergebnisse bringt sie hervor. Dies heißt dann, dass eine größere Gruppe – die Wahrscheinlichkeit für verschiedenartige Meinungen ist dann höher – bessere Ergebnisse hervorbringt als eine kleine Gruppe. Ob große Gruppen funktionieren oder nicht, ist dabei keine Frage der Gruppengröße, sondern der eingesetzten Methoden.

Diversität ist in verschiedenen Aspekten notwendig [Vaš11 S. 82]:

- bzgl. der Fähigkeiten der Gruppenmitglieder
- bzgl. der Vielfalt der Meinungen
- bzgl. der Vielfalt der Perspektiven.

Crossfunktionales Team aus „T-Shaped Professionals"

Agilität braucht crossfunktionale Teams. Dies sind Gruppen aus sogenannten „T-Shaped Professionals". Ein „T-Shaped Professional" (Abbildung 22) vereint die Stärken eines Generalisten und eines Spezialisten: breites Fachwissen (der Querbalken des T) und tiefes Spezialwissen auf einem Gebiet (der Längsbalken des T). Ein Team aus verschiedenen „T-Shaped Professionals" (Abbildung 23) hat folgende Vorteile:

- *Aufgrund des breiten Fachwissens* (Querbalken) aller Teammitglieder können sie sich über alle Themen bis zu einer gewissen Tiefe unterhalten und Probleme, Fragen und Sachverhalte verstehen.
- *Aufgrund des verschiedenen Spezialwissens* (Längsbalken) jedes einzelnen Teammitglieds können alle Themen – jeweils von einem oder mehreren – in der Tiefe bearbeitet werden.

Da diese Teams verschiedene Funktionen der Bearbeitung des Arbeitsthemas abdecken, werden sie auch *crossfunktionale Teams* genannt.

Der Vorteil dieser Teams besteht in

- *wechselseitigem Lernen*: Die Teammitglieder lernen voneinander und entwickeln sich so weiter. Zudem werden die Experten eines speziellen Themas durch die Nichtexperten immer wieder aufgefordert, ihr Wissen darzustellen und zu überdenken – so wird das „Einspinnen" und Abkoppeln von Experten von der Realität verhindert.
- *Das gesamte Team hat die Verantwortung für alles, was es erstellt.* Es gibt kein Denken nach dem Motto *„Ich bin nur für das verantwortlich, was auf meinem Schreibtisch passiert".* Das Team als Ganzes muss eine Leistung liefern! Dies fördert und fordert gegenseitiges Vertrauen und Verantwortungsübernahme.

Abbildung 22: T-Shaped Professional *mit breitem Fachwissen und tiefem Spezialwissen auf einem Gebiet*

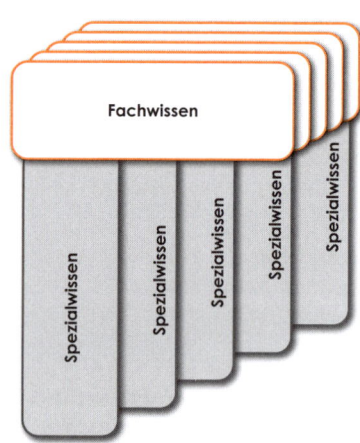

Abbildung 23: Ein crossfunktionales Team *aus „T-Shaped Professionals" vereint die Vorteile von Generalisten und Spezialisten*

Kreatives Feld

Der Wissenschaftler Olaf-Axel Burow [Bur99, 14] meint, dass Genies über besondere Begabungen verfügen und sie gleichzeitig ein Anregungs-/Unterstützerfeld benötigen und dass Kreativität ein Effekt des jeweiligen Feldes ist, und führt als Beispiele an [Bur99, 14]:

- Comedian Harmonists: Harry Frommermann und seine fünf Bandmitglieder
- Beatles: John Lennon und Mc Cartney
- Apple: Steve Jobs und Stephen Wozniak
- Microsoft: Bill Gates und Paul Allen

Als weitere Beispiele können Google mit Sergey Brin und Larry Page sowie SAP mit seinen Gründern Claus Wellenreuther, Hans-Werner Hector, Klaus Tschira, Dietmar Hopp und Hasso Plattner genannt werden.

Burow schreibt dazu [Bur99, S. 123]:

Das kreative Feld zeichnet sich durch den Zusammenschluss von Persönlichkeiten mit stark unterschiedlich ausgeprägten Fähigkeiten aus, die eine gemeinsam geteilte Vision verbindet: Zwei (oder mehr) unverwechselbare Egos, die sich trotz ihrer Verschiedenheit ihres gemeinsamen Grundes bewusst sind, versuchen in einem wechselseitigen Lernprozess ihr kreatives Potenzial gegenseitig hervorzulocken, zu erweitern und zu entfalten. Die wesentlichen Elemente des kreativen Schaffens, nämlich die begabte Persönlichkeit, ein kreativer Schaffensprozess und das Produkt, werden durch die Struktur des Feldes in besonderer Weise organisiert.

Zentrale Schlüsselkonzepte, die zur Ausbildung eines keativen Feldes beitragen, sind [Bur99, S. 123]:

- eine dialogische Beziehungsstruktur
- ein gemeinsames Interesse
- eine Vielfalt unterschiedlicher Fähigkeitsprofile
- eine Konzentration auf die Entfaltung der gemeinsamen Kreativität
- eine gleichberechtigte Teilhabe, ohne Bevormundung durch „Experten"
- ein kreativitätsfördemdes soziales und ökologisches Umfeld.

Allein die Zusammensetzung einer Gruppe aus unterschiedlichen Personen führt zu besseren Lösungen von Problemen. Dabei ist allerdings *Erkenntnisvielfalt* wichtig – verschiedenartige uninformierte Menschen finden keine bessere Lösung als ein Experte. Wichtige Entscheidungen sollten lieber einer Gruppe aus verschiedenartigen Personen mit unterschiedlichem Wissensstand anvertraut werden als einem oder zwei – wie auch immer intelligenten – Menschen [Sur07 S. 57/58].

Experten

Das führt zur Frage nach dem Wert von Experten: Verschiedene Studien zeigten, dass Urteile von Experten weder in sich stimmig sind noch sich mit den Auffassungen anderer Experten desselben Gebiets decken – *„Konsens unter Experten ist ebenso wahrscheinlich wie Dissens"* [Sur07 S. 61]. *„Fachwissen und -kompetenz werden in vielen Zusammenhängen überbewertet"* [Sur07 S. 59]. Auch sind sich Experten interessanterweise ihrer Fähigkeiten nicht sicherer als gewöhnliche Menschen [Sur07 S. 63].

In einer Studie über Schachspieler resümierten Wissenschaftler, dass Sachverstand und fachmännisches Können geradezu *„spektakulär eng begrenzt"* sind (W.G. Chase, [Sur07 S.59]). Zudem gibt es *„keine ernsthafte Bestätigung dafür, dass irgendjemand in Bezug auf so allgemeine, umfassende Dinge wie „Entscheidungsfindung" oder „Strategie" überhaupt zum Fachexperten werden kann"* [Sur07 S.59].

Erklärungen, warum wir trotzdem Experten suchen, gehen dahin, dass wir [Sur07 S.64]

- *der Entscheidung einer Gruppe misstrauen,* weil diese nach Durchschnittsbildung und Kompromiss aussieht,
- *„Helden" suchen,* weil wir annehmen, wahre Intelligenz sei nur Individuen gegeben und man muss nur die richtige Person finden, und
- uns *„vom Zufall hinters Licht führen lassen"* (Nassim Taleb, zitiert nach [Sur07 S.64]): Wenn genügend viele Menschen Entscheidungen treffen, wird es – allein aus statistischen Gründen – einige geben, die eine beeindruckende Bilanz vorzeigen. Dies beeindruckt uns, und weil das Gehirn nicht in Wahrscheinlichkeiten denken kann, schreiben wir es den persönlichen Eigenschaften der jeweiligen Person zu.

Experten sind also auch „nur Menschen", vielleicht mit ein bisschen mehr Glück …

Für das Finden einer guten Entscheidung oder Lösung ist eine Vielfalt des Erkennens notwendig. Individuelles Urteilen ist – selbst bei Experten – unzureichend präzise und konsistent. Gruppen mit hoher Diversität sind hier überlegen, denn [Sur07 S.65]

- sie haben eine Vielfalt an Aspekten, Ansichten und Meinungen,
- erfassen so Probleme auf neue Art und Weise und
- haben dadurch einen größeren Rahmen möglicher Lösungen.

Allerdings sind auch Gruppen nicht frei von Problemen: *Alles, was ihrer Diversität entgegen läuft, verschlechtert ihre Ergebnisse.* Zwei wesentliche Themen dazu sind Konformität und Gruppendenken (s.u.).

Generell lässt sich festhalten, dass es umso schwieriger wird, ein gutes Ergebnis bzw. eine gute Lösung zu finden, je kleiner die Gruppe ist und je stärker ihre Mitglieder „ausgerichtet" sind, also gleich denken.

Konformität

Besteht die Gruppe bereits länger und hat alle gruppendynamischen Prozesse bereits hinter sich – wie oft bei Teams der Fall –, überwiegt Konformität: Jeder kennt seine Rolle, weiß, wie er sich in der Gruppe verhalten muss, was von ihm erwartet wird, was er von den anderen jeweils erwarten kann und welche Tabus es gibt. Dadurch passt man sich an und Informationen werden gefiltert, die Vielfalt der Meinungen nimmt – aus Selbstschutz und Rücksichtnahme auf die anderen – ab.

Der Preis, den Gruppen für Homogenität – und damit Konfliktfreiheit – zahlen, ist der spürbare Druck zur Konformität auf ihre Mitglieder [Sur07 S.67].

Dieser Druck muss nicht explizit aufgebaut werden – es reicht bereits die Erwartung und Befürchtung, dass dieser erfolgt. Der dadurch entstehende *Reputationsdruck* [Sun15] lässt Mitglieder der Gruppe mit ihrer Meinung von vornherein *„hinter dem Berg halten"* oder *„ihr Fähnchen in den Wind hängen"*, weil sie befürchten, von anderen – insbesondere von Teamkollegen mit Autorität oder Macht – abgewertet zu werden.

Gruppendenken

Im Gegensatz zur Konformität – die ein weitgehend bewusster, absichtsvoller Prozess ist – stellt Gruppendenken ein Phänomen dar, dem homogene Gruppen – vor allem kleine homogene Gruppen – unbewusst zum Opfer fallen [WikiGT].

Der Sozial- und Forschungspsychologe Irving L. Janis erforschte gruppendynamische Prozesse und entdeckte dabei ein Phänomen, dass er *„Gruppendenken"* nannte und definierte als *„Denkmodus, in den Personen verfallen, wenn sie Mitglied einer hoch kohäsiven* [zusammenhaltenden, T.S.] *Gruppe sind, wenn das Bemühen der Gruppenmitglieder um Einmütigkeit, ihre Motivation, alternative Wege realistisch zu bewerten, übertönt"* ([Jan82], zitiert nach [Vaš11 S. 126]).

Ein klassisches Beispiel ist die bereits o.g. Invasion in der Schweinebucht [WikiIS]: Die für Planung und Entscheidungen verantwortliche Gruppe bestand ausschließlich aus Personen der Kennedy-Regierung, die gleich dachten und gleiche Überzeugungen teilten – sie waren sich zu ähnlich. Zudem unterdrückten sie interne kritische Meinungen und holten keine Meinungen von außerhalb der Gruppe – wie z.B. von der CIA oder der Kuba-Abteilung des Außenministeriums – ein. So wurden sämtliche Aspekte, die gegen einen Erfolg sprachen, ausgeblendet und unterdrückt. Und so scheiterte die Aktion komplett. Janis schrieb: *„Die Gruppe vertraute auf Kennedy, und Kennedy vertraute auf den Geheimdienst und die Militärs"* ([Jan82], zitiert nach [Vaš11 S. 126]) und zitiert den damaligen Präsidentenberater Arthur Schlesinger: *„Unsere Besprechungen fanden in einer eigentümlichen Atmosphäre stillschweigender angenommener Übereinstimmung statt ... aufgrund der Umstände, unter denen die Diskussionen stattfanden, hat niemand den ganzen Unsinn abgeblasen ... Wenn sich auch nur einer der Berater gegen das Abenteuer ausgesprochen hätte, so glaube ich, Präsident Kennedy hätte die Aktion abgeblasen. Aber niemand sprach dagegen."* ([Jan82], zitiert nach [Vaš11 S. 126])

Ähnlich in vielen Unternehmen: Weil nur ein bestimmter Menschentyp befördert wird, sind sich die Manager – nicht nur in den Entscheidungsgremien – in Unternehmen zu ähnlich und treffen falsche Entscheidungen – mit fatalen Folgen für Mitarbeiter, Aktionäre und Gesellschaft. Nichts ist für den Erfolg eines Unternehmens schädlicher als gleich denkende Manager.

Sind sich Entscheidungsträger bzgl. ihrer Mentalität, Grundüberzeugungen, Auffassungen etc. einander zu ähnlich, werden sie leicht Opfer des Gruppendenkens – *weil sie zu gleichgerichtet denken, sinkt die Diversität der Gruppe* [Sur07 S. 65].

Der entscheidende Punkt beim Gruppendenken ist nicht, dass es abweichende Meinungen zensiert, sondern sie unwahrscheinlich erscheinen lässt. Selbst wenn nur der Anschein eines Konsenses besteht, bewirkt der Zusammenhalt der Gruppe, dass dieser Anschein als Realität wahrgenommen wird, und sämtliche Einwände und Zweifel der Gruppenmitglieder werden zerstreut – und je stärker die Mitglieder Grundeinstellungen teilen, desto intensiver ist dieser Effekt [Sur07 S. 66].

Janins fand einige „Symptome", die auf Gruppendenken hindeuten ([Jan82], zitiert nach [Vaš11 S. 127-8]):

- *Illusion der Unverwundbarkeit*: Die Gruppe geht von einem übertriebenen Optimismus aus.
- *Glaube, hohe moralische Standards zu vertreten*: Die Entscheidungsträger gingen immer davon aus, auf der Seite der „Guten" zu stehen.
- *Kollektive Rationalisierung*: Die Gruppe versucht, eine Entscheidung rational zu rechtfertigen, obwohl dahinter eigentlich andere Motive stehen.

- *Gemeinsame Stereotype*: Die Gruppe entwickelt eine stereotype Sicht auf Außenstehende und Gegner.
- *Selbstzensur*: Die Mitglieder der Gruppe unterdrücken ihre Zweifel und Bedenken, um den Konsens nicht zu gefährden.
- *Illusion der Einstimmigkeit*: Die Mitglieder der Gruppe gehen davon aus, dass ohnehin alle einer Meinung sind – obwohl nie alle Mitglieder befragt wurden.
- *Konformitätsdruck*: Die Gruppe übt Druck auf Mitglieder aus, die den „Konsens" infrage stellen.
- *Selbst ernannte Gesinnungswächter*: Einige Gruppenmitglieder übernehmen die Aufgabe, die Gruppe vor abweichenden Meinungen zu schützen, indem sie z.B. nur Informationen weiterleiten, welche die Gruppenmeinung weiter unterstützen.

Maßnahmen gegen Konformität und Gruppendenken

Thomas Vašek [Vaš11 S. 126] weist darauf hin, dass Dissens das Gegengift zu Konformität sei: Bereits ein Abweichler genügt, um Konformität zu brechen. Gibt es in einer Gruppe einen Opponenten, welcher der Mehrheitsmeinung widerspricht, dann sinkt die Wahrscheinlichkeit für konformistisches Verhalten. Dazu reicht es aus:

- einen *Advocatus Diaboli* [WikiAD,4] oder den schwarzen Denkhut nach De Bono [WikiDB] anzuwenden.
- Jedes Mitglied der Gruppe dazu bringen, sich auf seine Meinung festzulegen, ggf. anonym.
- Menschen mit hohem Selbstvertrauen zu Mitgliedern der Gruppe zu machen, da diese sich in Gruppen weniger konformistisch verhalten.
- Klare Verantwortlichkeiten festlegen: Wer sich vor der Gruppe für sein Urteil verantworten muss, schwimmt seltener mit dem Strom.

Unabhängigkeit

> *... je größer der Einfluss, den wir aufeinander*
> *ausüben, desto höher die Aussicht, dass wir das*
> *Gleiche glauben und die gleichen Fehler begehen.*
>
> – James Surowiecki [Sur07 S. 72]

Die gescheitesten Gruppen bestehen aus Personen, die nicht nur unterschiedliche Perspektiven, Meinungen und Ansichten einbringen, sondern die auch in der Lage sind, voneinander unabhängig *zu bleiben*. Und es ist gar nicht leicht, diese Unabhängigkeit im Denkens zu erreichen [Sur07 S. 71].

Der Mensch ist ein soziales Wesen und Lernen ist ein sozialer Prozess. Beides führt dazu, dass Menschen nicht nur durch ihre soziale Umgebung beeinflusst werden, sondern auch durch das Lernen – mit wem wir lernen, von wem wir lernen etc. Dadurch werden die Einstellungen, Grundüberzeugungen beeinflusst – sie gleichen sich an.

Die Unabhängigkeit im Urteilen ist aus zwei Gründen wichtig [Sur07 S. 70/71]:

- Eine Wechselbeziehung mit anderen reduziert individuelle Fehler – solange nicht alle in der gleichen Richtung denken, bleiben Fehler einzelner Personen ohne großen Einfluss auf die kollektive Entscheidung der Gruppe.
- Voneinander unabhängige Menschen verfügen sehr wahrscheinlich auch über verschiedene Informationen.

Im Weiteren werden zwei Gruppenphänome betrachtet, bei denen die Unabhängigkeit der Gruppenmitglieder fehlt: *Herdendenken* und *Informationskaskaden*. Für optimale Gruppenentscheidungen ist es in beiden Fällen am besten, gleichzeitig und anonym abzustimmen.

Herdendenken

Die Weltweisheit lehrt, dass es dem eigenen
Ruf eher dient, konventionell zu scheitern,
als auf unkonventionelle Weise Erfolg zu haben.

– John Maynard Keynes in seinem Werk *The General Theory of Employment, Interest and Money* (zitiert nach [Sur07 S.82])

Gruppenentscheidungen dürfen nicht idealisiert werden: Bei einem Experiment [Sur07, Mil69] sollten eine oder mehrere Personen (Initiatoren) auf ein Signal hin an einer Straßenecke einer belebten Straße in New York stehen bleiben und zu einem Hochhaus hochschauen. Gemessen wurde, wie viele Passanten dieses Verhalten nachmachen: Konnte ein Initiator über 40 % der Passanten anregen, es ihm gleichzutun, so können zwei fast 60 % und fünf bereits 80 % dazu veranlassen, ebenfalls hochzuschauen [Mil69].

In dieser Situation unterliegt das Verhalten keiner Konformität (Gruppendruck), da hier weder Strafe noch Tadel erfolgen, wenn die Passanten es nicht zeigen. Vielmehr geht es um einen *„sozialen Beweis"* [Sur 07 S.73]: Die Passanten schauen ebenfalls nach oben, weil sie – vernünftigerweise – annehmen, dass es einen Grund dafür gibt, wenn so viele Menschen nach oben schauen. Daher steigt auch die Anzahl der Passanten, die nach oben schauen mit der Anzahl der Initiatoren. Und jeder, der ebenfalls nach oben schaut, *„beweist"*, dass es da etwas zu sehen gibt.

Die herrschende Meinung ist also, in einer ungewissen Situation am besten einfach mitzumachen – was an sich nicht unvernünftig ist. Wird diese Strategie allerdings von zu vielen eingeschlagen, ist sie eben nicht mehr vernünftig und die Gruppe nicht länger gescheit [Sur07 S.72/73].

Derartiges Herdenverhalten zeigt sich auch immer wieder bei Spekulationsblasen – wenn alle etwas kaufen, dann muss da doch was dran sein. Ebenso immer wieder der Hype um bestimmte Managementmethoden: *„Wenn alle diese Methode übernehmen, muss da was dran sein, dann müssen wir das auch machen."* Und falls es eine rationale Rechtfertigung für das Verhalten gibt, fällt diese oft so aus: *„Die Masse kann nicht irren – und falls doch, stehen wir nicht schlechter da als die anderen, wenn wir mitmachen. Sollte es richtig sein und wir sind nicht dabei, haben wir alleine den Schaden ..."*

Informationskaskaden

Ein Schlüssel zu erfolgreichen Gruppenentscheidungen
liegt darin, die Menschen zu bewegen,
weniger auf das zu hören, was die anderen sagen.

– James Surowiecki [Sur07 S.99]

Ein weiteres Gruppenphänomen betrifft *Informationskaskaden*: Diese entstehen, wenn Informationen über die Entscheidungen anderer ein stärkeres Gewicht als den eigenen Informationen gegeben wird und man daher der Entscheidung der anderen folgt [WikiIC]. Obwohl Aussagen über die Entscheidungen anderer keine neuen Informationen bringen, erscheint es rational, sich nach ihnen statt nach der eigenen Meinung zu richten.

Im Unterschied zum Herdenverhalten – dem zeitgleichen Entscheiden – handelt es sich bei Informationskaskaden um nacheinander folgende Entscheidungen.

Informationskaskaden sind überall zu treffen, wenn auch nicht immer leicht zu erkennen: So können Arbeitgeber in ihrem Einstellungsverhalten einer Informationskaskade auf Basis des bisherigen Lebenslaufs eines Bewerbers unterliegen [Küb00] – mit weitreichenden Konsequenzen für die Bewerber: *„Das bedeutet, dass Arbeiter, die zu Anfang ihres Berufslebens bei Bewerbungen erfolgreich waren, auch später erfolgreich sein werden, Arbeitslosigkeit zu Anfang dafür Arbeitslosigkeit in späteren Jahren automatisch nach sich ziehen kann"* [Küb00]. Den Entscheidungen bisheriger Arbeitgeber wird dann mehr als dem eigenen Urteil vertraut.

Diese Nachahmungen sind in gewissem Sinne eine rationale Reaktion auf die Grenzen unseres Erkennens: *Wir ahmen nach, um unser Risiko zu minimieren*, denn *„der andere könnte ja mehr wissen als wir"* [Sur07 S. 91].

Allerdings macht Surowiecki auch Hoffnung: *„Je gewichtiger eine Entscheidung, desto unwahrscheinlicher die durchschlagende Wirkung einer Informationskaskade … Je gravierender eine Entscheidung, desto wahrscheinlicher ist es, dass das kollektive Urteil einer Gruppe sich als richtig erweist"* [Sur07 S. 96/97].

Auch ist nicht jede Form des Nachahmens schädlich: Studien haben gezeigt, dass intelligentes Nachmachen – eigenständiges Lernen statt bloßem Nachahmen – nützlich sein kann, um gute Ideen schneller zu verbreiten.

> *Wenn Leute einfach bloß andere nachmachen – ohne die Konsequenzen zu beachten –, leidet das Gemeinwohl der Gruppe. Intelligentes Imitieren kann der Gruppe nutzen, indem es für eine raschere Verbreitung guter Ideen sorgt. Sklavisches Nachmachen aber wirkt sich schädlich aus.*
>
> – James Surowiecki [Sur07 S. 93]

Dezentralisierung

> *Lokales Wissen ist gut.*
>
> – James Surowiecki [Sur07 S. 112]

1991 programmierte der Finne Linus Torvalds seine eigene Version des Computerbetriebssystems *UNIX*, nannte es *Linux* und stelle es mit der Bemerkung ins Internet, jeder könne es verbessern und zur Entwicklung beitragen, solange es allen zugutekommt. Über die Jahre entwickelte sich Linux immer weiter und ist mittlerweile in einigen Bereichen ((Internet-)Server, DSL-Router, und – als *Android* – auf Smartphones und Tablet-Computern) das am meisten verwendete Betriebssystem.

Die Entwicklung von Linux verlief völlig dezentral – es gab und gibt keine formale Organisation, welche die Entwicklung koordiniert oder beeinflusst. Diese Dezentralisierung garantiert größte Diversität. Um trotzdem die Qualität des Linux-Systems zu erhalten und verbessern, sichtet ein Team um Linus Torvalds jede Änderung und bündelt diese zu neuen Versionen. Dies ist entscheidend für den Erfolg von Linux: Ein dezentralisiertes System braucht ein Mittel, das die verteilten Informationen aller in diesem System sammelt, um intelligente Ergebnisse zu erschaffen [Sur07 S. 109]. Im o.g. Beispiel über den Schätz-Wettbewerb erfolgte die Bündelung durch das Sammeln und Auswerten der Stimmzettel. Vor den Anschlägen am 11.September 2001 hatten die verschiedenen Geheimdienste Informationen, allerdings fehlte ein Mittel, alle Erkenntnisse zusammenzuführen und so *„die kollektive Weisheit anzuzapfen"* [Sur07 S. 114].

Dezentralisierung bietet Vorteile für Entscheidungsfindung und Problemlösung:

- *Sie fördert Spezialisierung und wird von dieser unterstützt*: Spezialisierung macht Menschen produktiver und effizienter. Gleichzeitig fördert sie die Vielfalt von Informationen und Meinungen insgesamt, auch wenn sie die Interessen des Einzelnen verengt [Sur07 S.105].
- *Sie ist entscheidend für das sogenannte „stille Wissen"*: Wissen, dass nicht in Worten ausgedrückt und anderen mitgeteilt werden kann, weil es einer bestimmten Region, Stellung oder Erfahrung eigen – und dennoch von hoher Bedeutung – ist [Sur07 S.106].
- *Sie ist mit diesem stillen Wissen verbunden*: Je näher jemand einem Problem steht, desto wahrscheinlicher kann er eine gute Lösung dafür finden [Sur07 S.106].
- *Durch lokales Wissen* werden nicht nur vor Ort die richtigen Entscheidungen getroffen, sondern kann auch das Vorgehen der Gesamtorganisation verbessert werden [Sur07 S.112].

Die besondere Stärke der Dezentralisierung besteht darin, dass sie Menschen zu Unabhängigkeit und Spezialisierung ermutigt und darin unterstützt – und es ihnen gleichzeitig ermöglicht, ihre Bemühungen zur Bewältigung schwieriger Aufgaben zu koordinieren [Sur07 S.106].

„Die intelligente Gruppe"

Cass R. Sunstein und Reid Hastie geben in ihrem bemerkenswerten Artikel *Die intelligente Gruppe* [Sun15] Hinweise, wie Gruppen zu besseren Entscheidungen kommen. Der Weg dahin ist, dafür zu sorgen, dass die Gruppe alle Informationen zusammenträgt, über die ihre Mitglieder verfügen, und sich dabei nicht durch gegenseitige Fehlinterpretationen und Reputationsdruck aus dem Konzept bringen lässt. Sunstein und Hastie geben dazu folgende Strategien an [Sun15]:

- *Bringen Sie den Anführer zum Schweigen!* Denn Führungspersönlichkeiten können andere Personen dominieren und in die Selbstzensur drängen, dadurch werden u.U. wichtige Aspekte nicht eingebracht.
- *„Primen" Sie Ihr Team für kritisches Denken!* Werden die Mitglieder einer Gruppe vor einer Diskussion dazu angespornt, ihre Meinung – selbst wenn diese noch so „exotisch" ist – unbedingt einzubringen, dann führt dies zu mehr Mut zur Offenheit.
- *Belohnen Sie Gruppenerfolge!* Menschen halten sich in Gruppen oft zurück, weil sie davon überzeugt sind, für ihre Beiträge nicht angemessen belohnt zu werden. Die Belohnung des Gruppenerfolges löst dies, da jeder weiß, dass er mit individuellem Wissen nur gewinnen kann, wenn die Gruppe davon profitiert. Zusätzlich werden durch die Identifikation mit dem Gruppenerfolg auch abweichende Meinungen eingebracht.
- *Weisen Sie individuelle Rollen zu!* Wird in einer Gruppe jedem Mitglied öffentlich eine Rolle entsprechend seinen Stärken und Kompetenzen zugewiesen, steigt die Wahrscheinlichkeit erfolgreichen Zusammenarbeitens, da jeder weiß, dass jeder andere einen wertvollen Beitrag leistet. Damit das innerhalb der Gruppe verteilte Wissen besser fließt, muss schon vor Beginn des Entscheidungsprozesses klar sein, dass jedem Mitglied der Gruppe eine ganz bestimmte Funktion zukommt.

- *Ernennen Sie einen „Advocatus Diaboli"!* Erhalten einzelne Mitglieder der Gruppe diese Rolle, nehmen sie also einen Standpunkt ein, welcher der allgemeinen Gruppenmeinung widerspricht, entgehen sie dem normalerweise ausgeübten sozialen Druck, da deutlich ist, dass hier eine Rolle gespielt wird. Klar muss allerdings sein, dass es einen Unterschied zwischen echtem Widerspruch und der rein formellen Erfüllung einer Rolle gibt. Eventuell können sich „sowieso immer kritische Geister" für die Rolle eines *„Advocatus Diaboli"* melden oder zu dieser ernannt werden, dann fallen echter Widerspruch und Rollenausführung vorteilhaft zusammen.
- *Schüren Sie den Wettbewerb!* Ähnlich zur Rolle des „Advocatus Diaboli", jedoch effektiver ist es, eine Gruppe in zwei im Wettbewerb stehende Teams zu unterteilen. Dabei arbeitet im ersten Durchgang jedes Team an einer eigenen Lösung und stellt diese anschließend vor. Im zweiten Durchgang wird die Lösung des jeweils anderen Teams durch fundierte und überzeugende Kritik auseinandergenommen und Schwachstellen werden aufgedeckt. Anschließend integrieren beide Teams gemeinsam ihre Lösungen und Kritiken zu einer Gruppenlösung.

Eine Kombination der Vorzüge individueller Entscheidungsprozesse und sozialem Lernen stellt die *Delphi-Methode* [Sun15] dar: Im ersten Durchgang geben dabei die Gruppenmitglieder zunächst anonym ihre Stimme ab bzw. formulieren eine Einschätzung der Situation. Erst in den folgenden Runden wird öffentlich abgestimmt. Die einzige Vorgabe ist dabei, dass sie in den Folgerunden nicht wesentlich von ihrer ersten Meinung abweichen dürfen. Dieser Vorgang wird so lange wiederholt – ggf. mit Gruppendiskussionen dazwischen –, bis die Gruppe eine gemeinsame Einschätzung gefunden hat. Eine einfachere und leichter durchführbare Variante besteht darin, dass die Teilnehmer ihr endgültiges Urteil anonym abgeben – und zwar erst nach einer Diskussion in der Gruppe. Durch die Anonymität sind die Mitglieder vor Reputationsdruck geschützt, sodass sie ihre Meinungen eher frei äußern.

Gruppenkultur

Ein wichtiges Thema ist die Kultur in Gruppen. In seinem Buch *Die Weichmacher. Das süße Gift der Harmoniekultur* legt Thomas Vašek [Vaš11] dar, dass Innovation aus Dissens, aus Konflikten entsteht und Harmonie Problemlösungen verhindert. Dies gilt auch für Gruppen.

Fehlender Dissens kann Teams in die Irre führen:

- In *unsicheren Situationen* lassen sich Teams leicht beeinflussen und in die Irre führen. Dazu muss nur ein Einzelner den Eindruck erwecken, dass er von der Sache mehr Ahnung hat als die anderen. Er dominiert dann die Gruppe und ihre Entscheidungen.
- *„Gruppen verstärken ihre Festlegung auf einen falschen Kurs mit höherer Wahrscheinlichkeit als Individuen – und zwar umso mehr, je stärker sich die einzelnen Mitglieder mit ihrer Gruppe identifizieren"* (Cass R. Sunstein, zitiert nach [Vaš11 S.81]). Diese Tendenz ist umso stärker, je harmoniebedürftiger die Teammitglieder sind.
- Ein Team, in dem *niemand nach der Wahrheit sucht,* in dem sich alle nur strategisch verhalten und jeder Angst hat, sich vor dem Vorgesetzten zu blamieren, wird kaum vernünftige Entscheidungen treffen.
- *Egoismus*: Ein einzelnes Mitglied hat Informationen, die nur ihm bekannt sind. Es lohnt sich für ihn nicht, der Gruppe diese Informationen bekannt zu machen. Das Team trifft aufgrund dieser Informationen vielleicht eine bessere Entscheidung.

Doch das Teammitglied, das sein Wissen enthüllt hat, zieht daraus oft keinen großen Gewinn – den Gewinn streicht das Team ein [Vaš11 S.82].

- *Brainwriting* [WikiBW] statt Brainstorming [WikiBS] durchführen: In Studien wurde festgestellt, dass Brainstorming nur halb so viele Ideen brachte, als wenn jeder für sich brainstormte. Das Zuhören, wenn andere ihre Ideen äußern, blockiert die eigene Kreativität [Vaš11 S.83]. Daher ist Brainwriting besser, da die Phasen Ideenfindung und Vorstellen der Ideen getrennt sind. Noch effektiver wird Brainwriting, wenn es in mehreren Zyklen nacheinander ausgeführt wird (zur Durchführung von Brainwriting s. Abschnitt IV.3.1).
- Wenn die *Leistungsnormen sehr niedrig* sind, kann ein starker Zusammenhalt dazu führen, dass alle Gruppenmitglieder weniger leisten, als sie eigentlich könnten. Oft sind „eingespielte" Teams in Wahrheit nur noch „unproduktive Kuschelvereine" [Vaš11 S.85]. Bei Teams mit einer solchen „kollektivistischen" Kultur steht das Wir im Vordergrund. Wer sich mit seiner Gruppe identifiziert, strengt sich zwar mehr an als ein Individualist, der sich nur an seinen eigenen Interessen orientiert. Allerdings haben „kollektivistische" Werte auch empfindliche negative Auswirkungen[Vaš11 S.88]: *„Unsere Resultate zeigen, dass kollektivistische Werte den Funken, der für Gruppenkreativität notwendig ist, auslöschen können. Außerdem haben wir herausgefunden, dass Kreativitätshindernisse in kollektivistischen Gruppen nicht einfach überwunden werden können, indem man Kreativität einfordert."* ([Gon06], zitiert nach [Vaš11 S.89])
- Thomas Vašek [Vaš11 S.92] weist darauf hin, dass *Harmoniesucht* im Team zu schlechten Entscheidungen, übersteigertem Wir-Gefühl und zu gefährlichem Gruppendenken mit oft desaströsen Folgen führt. Starke Teams brauchen daher starke Leute – Leute mit einer eigenen Meinung, die auch widersprechen.

Rockbands

Als Beispiel für erfolgreiche Selbstorganisation von Hochleistungsteams untersuchte Ulrich Spieß in seiner Dissertation Rockbands [Spi00]. Diese finden sich üblicherweise selbst zusammen, nicht alle Zusammenstellungen funktionieren, und wenn, dann können sie über lange Zeit sehr erfolgreich werden.

Der Wissenschaftler Olaf-Axel Burow fasst in einem Aufsatz [Bur02] die Ergebnisse der o.g. Dissertation unter dem Aspekt des erfolgreichen Gründens und Leistens einer Gruppe wie folgt zusammen [Bur02]:

1. *Selbstorganisation*: Voraussetzung ist eine Gruppe von Personen, die aus freien Stücken zum Zweck des gemeinsamen Musizierens zusammenkommt. Der soziale Zusammenschluss kann nur durch die Mitglieder selbst erfolgen.
2. *Überschaubare Gruppengröße*: Die Gruppengröße muss überschaubar sein. Die Obergrenze legen psychosoziale Bedingungen fest:
   - Es muss sichergestellt sein, dass durch die unvorhersehbaren Wechselbeziehungen sich bestimmte Synergieeffekte einstellen.
   - Es muss die Unverbindlichkeit eines unüberschaubaren Sozialverbandes vermieden werden.
3. *Gleichberechtigung und demokratische Entscheidungsstrukturen*: Die Gruppe muss eine nicht hierarchische Struktur besitzen. Notwendig sind
   - Kooperation aller Mitglieder,
   - Gleichberechtigung und
   - demokratische Entscheidungsstrukturen,
   wobei diesen verschieden große Spielräume zukommen können.

4. *Zeitaufwendiger Selbstselektionsprozess*: Es muss ein bestimmter, in der Regel sehr zeitaufwendiger Entwicklungs- und Auswahlprozess stattgefunden haben, in dem sich die verschiedenen Mitglieder in der letztlich gültigen Formation zusammengefunden haben.

5. *Gefühl der Zusammengehörigkeit bzw. „Gruppengeist"*: Ein Gefühl der Zusammengehörigkeit ist erforderlich, das von einem gemeinsamen Erfahrungshintergrund bis zu einem gemeinsamen Gruppengeist reichen kann.

6. *Arbeitsteilung und gleiche Belohnung*: Voraussetzung einerseits ist eine gleichmäßige Teilung von Arbeit und andererseits Bezahlung und Ruhm.

7. *Gegenseitige Herausforderung und Anregung*: Für alle Gruppenmitglieder sollte sich durch die gemeinsame Arbeit eine wechselseitige Beförderung und eine Entwicklung ihrer Fähigkeiten erreichen lassen.

8. *Gewinner-Gewinner-Spiel:* Alle profitieren voneinander. Der Zusammenschluss sollte sich durch Großzügigkeit zwischen den Mitgliedern im Hinblick auf die Fragen der Autorenschaft und der Verteilung der Tantiemen auszeichnen. Dies dürfte eine entscheidende Voraussetzung für die Erhaltung der Arbeitsbedingungen aller Beteiligten sein. Da Rockmusik nur als Gruppenergebnis denkbar ist, ist es auch logisch, alle Mitglieder an den Ausschüttungen des Erfolges zu beteiligen, um die Kontinuität des Arbeitszusammenhangs nicht zu gefährden.

Diese von Burow genannten Merkmale kann man nun gezielt unterstützen, um Teams zu kreativen Hochleistungsteams zu entwickeln.

Die 5 Dysfunktionen eines Teams

Patrick Lencioni beschreibt in seinem Buch *Die 5 Dysfunktionen eines Teams* [Len14] anhand einer Fabel, warum Teams oft nicht funktionieren und was dagegen getan werden kann. Einzelne Aspekte wurden bereits in diesem Kapitel genannt, das hierarchische Modell von Lencioni stellt diese in eine Beziehung zueinander (Abbildung 24).

Wenn *Vertrauen* die Basis von allem ist (s. Abschnitt III.2.4 „Vertrauen und Verantwortung"), dann ist fehlendes Vertrauen die Basis aller Probleme (Ebene 1): Schwächen und Fehler werden voreinander verborgen, es wird nach eigener Unverwundbarkeit gestrebt und permanent versucht, sich abzusichern.

Neues entsteht durch *Konflikte*, Harmonie lässt alles so, wie es ist (Ebene 2): Kontroverse Themen kommen nicht auf den Tisch, Probleme werden nicht angegangen, auch persönliche Konflikte werden unterdrückt.

Ohne *Engagement* (Ebene 3) für ein gemeinsames Ziel wird dieses nicht zustande kommen. Ohne ein „Ja" zu gemeinsamen Entscheidungen werden diese nie umgesetzt. Engagement heißt auch, sich für das Gemeinsame einzubringen, auch wenn die eigene Idee nicht ausgewählt wurde.

Ohne *Verantwortung* (Ebene 4) sind Ziele nicht zu erreichen, Resultate nicht zu erzielen. Mit fehlender Verantwortung bleibt das Team im Ungefähren, Verbesserung und Lernen finden nicht statt.

Ohne *Ergebnisorientierung* (Ebene 5) für das Team macht jeder das, was ihm gefällt und für ihn am meisten Ruhm bringt. Ohne Resultatorientierung stagniert das Team. Das Team wurde gegründet, um gemeinsam Resultate zu erzielen.

Abbildung 24: Die 5 Dysfunktionen eines Teams

Basis für das gesamte Modell, also noch unter fehlendem Vertrauen (Ebene 1), ist das zugrunde liegende Menschenbild. Auch hier zeigt sich wieder, dass auf einem negativem Menschenbild nur schwer Erfolge wachsen können.

Schwarmdummheit

In seinem Buch *Schwarmdumm – So blöd sind wir nur gemeinsam* beschreibt *Gunter Dueck* [Due15a], dass Gruppen unter Druck Unsinn erzeugen, obwohl sie aus guten Menschen mit besten Absichten bestehen.

Seine These ist, dass in modernen Organisationen jeder nur seinen winzigen Ausschnitt und niemand mehr das Ganze sieht (vgl. Ausführungen zum systemischen Denken in Abschnitt III.2.5). Diese „Teilblinden" können nicht verstehen, was ein Unternehmen zu Erfolgen führt. Viele Unternehmen scheitern daher oder können sich nicht schnell genug an Veränderungen anpassen. Aus intelligenten Einzelnen entsteht Dummheit im Schwarm.

Dueck macht folgende Gründe für „Schwarmdummheit" aus [Due15a, Sch15]:

- *Zu hohe Ziele*: Durch zu hohe Auslastung entsteht Überlastung mit Fehlern, Terminverschiebungen und Ärger als Folgen: Obwohl mehr gearbeitet wird, wird nicht mehr erreicht. Nur Kurzfristerfolge zählen – das nächste Quartal, der nächste Meilenstein – Nachhaltiges wird ausgeblendet. Unternehmen zeigen eine „wahnhafte Auslastungsmaximierung", bei der das Innovative und Kreative untergeht.
- *Zu viel Druck*: Unter Druck werden Menschen zu Opportunisten: Es geht nur noch darum, die eigene Haut zu retten, das eigentliche Ziel der Arbeit wird aus den Augen verloren. Mitarbeiter arbeiten nicht mehr für Kunden, sondern nur

noch für die Kontrollen der Chefs. Dabei vernachlässigen sie ihre Intelligenz und Bildung, weil sie nur noch versuchen, im täglichen Überlebenskampf zu bestehen.

- *Tagesgeschäft verdrängt Exzellenz*: Der Sinn für Exzellenz und herausragende Qualität geht durch die Fixierung auf schnelle Ziele verloren. Ohne Sehnsucht nach Erstklassigem werden Unternehmen zweitklassig, drittklassig, d.h. dumm. Statt das große Ganze zu sehen und dadurch genial einfaches Exzellentes zu erschaffen, schauen alle nur darauf, ob ihre Arbeit im Vergleich zu anderen „in Ordnung" ist. Es geht nicht um das gemeinsame Ziel, sondern nur noch, gut zu arbeiten.
- *Fokus auf das Nächstliegende*: Unternehmen konzentrieren sich nur auf das Nächstliegende, z.B. Kostensenkung, alles andere vernachlässigen sie. Das Management klammert sich an Allheilmethoden, wenn eine nicht wirkt, geht es sofort zur nächsten.
- *Das Problem ist nicht Faulheit*: Manager sehen überall nur Faulheit. Geistige Arbeit erfordert tiefe Konzentration – dies wird von Managern nicht verstanden. Zudem können sie nicht einschätzen, ob jemand Fortschritte in seiner Arbeit macht oder nicht. Sie fordern einfach nur mehr Leistung und erzeugen damit nur noch mehr Stress.
- *Fokus auf Kennzahlen*: Es zählen nur gute Zahlen, nicht, ob gute Ergebnisse dahinterstehen. Entsprechend „kreativ" wird mit den Zahlen umgegangen, um Ergebnisse *„zu liefern"*. In Unternehmen wird „tricksen, täuschen und tarnen" zur Hauptbeschäftigung.
- *Konzentration auf Effizienz*: Unternehmen verharren im täglichen Prozessdenken, „sie optimieren sich zu Tode". Bei jeder Aktion wird sofort nach Kosten und Nutzen gefragt. Innovationen entstehen dadurch nicht, da diese Verschwendung bedeuten könnten: In eine Idee zu investieren heißt immer auch, dass diese scheitern kann, sich am Ende als Flop herausstellt und die Investition verloren ist.
- *Zu viel Kontrolle macht dumm*: Durch Überwachung und Kontrolle werden intelligente Mitarbeiter hyperaggressiv. In der permanenten Öffentlichkeit des Unternehmens gehorchen sie nur noch den Erwartungen des Chefs – Innovation, Verantwortung, Kreativität und Nachhaltigkeit werden dadurch vernachlässigt. Manche Mitarbeiter werden neurotisch, energielos und inaktiv, andere werden zaghaft und depressiv. Sie fangen an, das Unternehmen zu hassen.

Dueck liefert Ansätze und keine Lösungen, wie Organisationen wieder klüger werden. Zunächst plädiert er für eine klare Vision – sowohl für Gesellschaft als auch Organisationen –, die jedem Einzelnen Sinn vermittelt.

Als Ideal für Unternehmen stellt er sich Freiwilligen-Organisationen – wie Open-Source-Teams und *Wikipedia* – vor, in denen die Menschen mitarbeiten, weil es ihnen Sinn gibt.

> *Freiwillige kommen aus eigenen Stücken, um etwas zu bewegen oder um irgendwo zu helfen. Sie setzen sich hohe Ziele, sind aber nicht gezwungen, sie zu erreichen. Sie wollen nicht unter Druck und Hast arbeiten. Sie nehmen sich Zeit. Das Ergebnis der Arbeit soll sie befriedigen, ihre freiwillige Arbeit soll ihnen Freude bereiten. Opportunisten haben keinen Platz unter den Freiwilligen, Trickserei gibt es nicht, braucht man ja auch nicht.* [Due15a S.323]

Dueck träumt von Managern, die ihre Mitarbeiter wie Freiwillige führen und zu First-Class-Qualität bringen:

Es ist eine große Kunst, Freiwillige so für ein Ziel zu erwärmen,
dass sie wirklich für First-Class-Qualität brennen und dann auch
nicht so schwankende Arbeitszeiten haben. Bei großen Visionen ist
es leichter, alle auf wundervolle Arbeit einzuschwören.
[Due15a S. 324]

Selbstorganisierendes Lernen – Communities of Practice

Weltweit arbeitet eine schnell wachsende Zahl mehrerer Tausend
Programmierer mit Linux, einem Betriebssystem, dessen
Quellcode für jedermann frei zugänglich ist. Erfahrungen mit Linux
und Verbesserungen für das Produkt werden in Diskussionsforen
im Internet ausgetauscht. Die Community hilft sich gegenseitig.
Informationen, die innerhalb der eigenen Organisation zur
Entlassung führen würden ("Emergency! Wir müssen morgen
ans Netz und nichts funktioniert: bitte helft!"), fließen frei übers
Netz. Hilfeleistungen, für die auf dem Programmiermarkt schnell
fünfstellige Beträge anfallen, werden innerhalb der Linux-
Community „geschenkt". Jeder ist auf jeden angewiesen;
wenn Linux zum Standard wird, profitieren alle. Erstaunlich:
Die Mehrheit der Software-Entwickler kennt sich nicht persönlich
und kommuniziert nur über das Internet. [Nor04, S. 13/14]

Das Beispiel der Linux-Community zeigt, dass Lernen (in diesem Fall durch Teilnahme an Communities of Practice) ein soziales Phänomen ist und nicht nur der Empfang von Sachwissen oder Informationen (vgl. dazu die Auffassung von Lave und Wenger [Lav91, Wen00]).

Den größten Teil des individuellen Wissenserwerbs macht diese informelle Form des Lernens aus. Dieses Lernen voneinander, von Experten und Kollegen, findet permanent am Arbeitsplatz statt. Dabei kann jeder von jedem lernen, der Austausch folgt nicht der Hierarchie [Rei11].

Was sind Communities of Practice (CoP)?

Wenger [13] definiert *Communities of Practice* als

… Gruppen von Menschen, die ein Interesse oder eine
Leidenschaft für etwas, was sie tun, teilen und durch
regelmäßiges Interagieren lernen, es besser zu tun.

Dazu müssen drei Bedingungen erfüllt sein [Wen13, Rei11]:

* *Domain*: ein gemeinsames Interesse an einem bestimmten Thema oder Wissensbereich.
* *Community*: Die Mitglieder bauen Beziehungen zueinander auf, um Informationen zu teilen, sich zu helfen und voneinander zu lernen.
* *Practice*: Die Mitglieder sind Praktiker. Sie entwickeln ein gemeinsames Repertoire an Ressourcen (Erfahrungen, Geschichten, Tools und Lösungswege für bekannte Probleme) für eine gemeinsame Praxis.

Communities of Practice

Communities of Practice sind über einen längeren Zeitraum bestehende Personengruppen, die Interesse an einem gemeinsamen Thema haben und Wissen gemeinsam aufbauen und austauschen wollen. Die Teilnahme ist freiwillig und persönlich. Communities of Practice sind um spezifische Inhalte gruppiert [Nor00, zitiert in der Version in Nor04]. Communities of Practice verzahnen individuelles Lernen und Weiterentwicklung der einbettenden sozialen Gemeinschaft [WikiCoP].

Communities of Practice sind Zusammenschlüsse von Menschen, die an einem Thema interessiert sind. Diese werden informell zusammengehalten durch das Interesse an einem Thema und dem Teilen von Erfahrungen. Beispiele sind

- die Guilds („Zünfte") bei *Spotify* (s. Teil II),
- die impressionistischen Maler, die sich in Cafés und Studios trafen, um ihren Mal-Stil zu diskutieren und weiterzuentwickeln [Wen13],
- Service-Mechaniker, die sich über Tricks und Kniffe bei der Reparatur von Geräten austauschen [Nor00],
- Ingenieure, die an einer neuen Technologie interessiert sind,
- Softwareentwickler, die eine bestimmte agile Methode anwenden wollen,
- Manager, die sich für das Thema „Lernende Organisation" interessieren.

Ein Automobilhersteller operiert seit 1992 mit sogenannten *Tech Clubs*, die Probleme einer Fahrzeugplattform-Struktur reflektieren. Sie sind informelle Gruppen, rund um Disziplinen wie Elektronik oder Chassis organisiert, die Verantwortung für die Weiterentwicklung von relevantem Wissen, Innovation, neuen Fähigkeiten übernehmen. Sie haben die Grundlage und den Erfolg der sogenannten *Engineering Books of Knowledge* geschaffen, wesentlich zur Verkürzung der Entwicklungszeiten (eine Gruppe von 60 auf 30 Monate) und zur Senkung der Entwicklungskosten beigetragen. Diese Tech Clubs haben sich durch verschiedene Phasen hindurch entwickelt: In den ersten Jahren trafen sich Supervisoren, um Probleme bezüglich bestimmter Teile, Lieferanten oder neuer Technologien zu besprechen. In einer zweiten Phase suchten sie die Lernprozesse weiterzutragen, indem alle Ingenieure eines bestimmten Bereichs eingeladen wurden, dazu Vertreter des Einkaufs, der wissenschaftlichen Labors etc. In einer späteren Phase übernahmen die Tech Clubs mehr Verantwortung, überprüften Pläne für Produkte und Prozesse und hielten wesentliches Wissen auf einer Datenbank fest. Heute soll diese Form des Wissensaustauschs und der Wissensgenerierung weltweit multipliziert und gefördert werden. Das Unternehmen sucht jedoch noch nach Möglichkeiten, diese Wissensgemeinschaften länderübergreifend zu unterstützen [Nor00].

Für North, Romhardt und Probst [Nor00] ist eine Community of Practice (Wissensgemeinschaft) in der Idealvorstellung eine Gemeinschaft von Menschen, die

- ein Thema durchdringen wollen,
- sich alle als Lehrer und Schüler verstehen,
- sich einem Thema ganz öffnen,
- die wahren Überzeugungen und Erfahrungen äußern,
- offen über Fehler und Misserfolge reden,
- genügend Raum und Zeit für das Teilen dieser Erfahrung zur Verfügung haben,
- sich gegenseitig schützen,
- nicht an bestehenden Konzepten festhalten, sondern bereit sind, alles neu zu überdenken,

- einander zuhören und versuchen, ein gegenseitiges Verständnis zu erreichen,
- nicht mit ihrem Wissen in wirtschaftlichen Wettbewerb treten wollen.

Motivation zur Teilnahme an einer CoP

Bliss et al. [Bli06] unterscheiden drei Motive für die Teilnahme an einer Community of Practice:

- *thematisches Anliegen, eine Problemstellung*: sich mit anderen austauschen, um eine Lösung zu finden bzw. zu entwickeln.
- *Austauschen mit bzw. treffen von Gleichgesinnten*: das „Beteiligtsein" an einem gemeinschaftlichen Austausch.
- *Zuhören*: etwas „mitkriegen", „dabei sein" wollen.

Struktur einer CoP

CoPs sind unabhängig von bestehenden Organisationsstrukturen und werden unterschieden in [WiP]

- *interessenbezogen*: Mitarbeiter nehmen – unabhängig von ihrer Funktion in der Organisation – aufgrund ihres Interesses an einem Thema teil, z.B. zu agilen Methoden.
- *funktionsbezogen*: Nur Mitarbeiter mit einer bestimmten Funktion nehmen teil, z.B. alle Programmierer, um sich zu einem Thema auszutauschen.

Innerhalb einer CoP bleibt die hierarchische Ordnung der einzelnen Mitglieder unberücksichtigt, um den zwanglosen Charakter einer solchen Wissensgemeinschaft zu erhalten [WiP].

Eine CoP (s. Abbildung 25) besteht aus:

- *einer Kerngruppe*: Zu dieser gehören der *Koordinator*, die Initiatoren der CoP und Mitglieder, die zusätzlich zur inhaltlichen Arbeit zur Organisation und Koordination der CoP beitragen.
- *aktiven Mitgliedern*: Diese tragen inhaltlich aktiv zur CoP bei, allerdings ohne Beitrag zu Organisation und Koordination der CoP.
- *peripher Beteiligten (auch Assoziierte genannt)*: Diese liefern keinen aktiven inhaltlichen Beitrag zur CoP, nehmen nur passiv teil, um inhaltliche Themen „mitzubekommen", oder sie leisten Services (Webseite etc.).

Der Erfolg der CoP hängt von einer motivierten Kerngruppe und hinreichend vielen aktiven Mitgliedern ab.

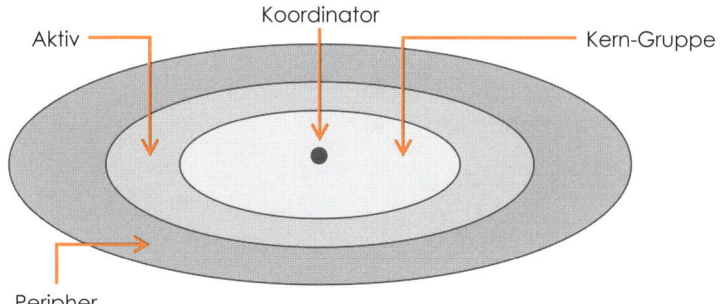

Abbildung 25: Struktur einer Community of Practice [WiP, Wen02, Suk02]

Die CoP selbst bzw. die Organisation, zu der die CoP gehört, können Mitgliedschaft und Zugang zur CoP aus folgenden Gründen limitieren [WiP]:

- *Erhöhen des Gruppenzusammenhalts*: Dadurch wird ein Wir-Gefühl geschaffen, welches die Neigung verstärkt, sein Wissen zur Verfügung zu stellen. Bei steigender Anzahl von Mitgliedern sinkt dieses Gefühl allerdings und es kann das Trittbrettfahrerproblem („mehr nehmen als geben") auftreten.
- *Zugang als Anerkennung*: Anerkennung als Motivationsfaktor kann dazu führen, dass Mitglieder eher dazu bereit sind, ihr Wissen zu teilen. So kann beispielsweise die Aufnahme nur auf Vorschlag bereits aktiver Mitglieder erfolgen oder wenn durch Veröffentlichungen gezeigt wurde, dass man bereit ist, sein Wissen zu teilen.
- *Zugang für Externe*: Einbinden von Kunden und Lieferanten als (Kunden)Service oder (Kunden)Bindungsinstrument.
- *Kontrolle von Trittbrettfahrern*: Um ein Ausnutzen der CoP zu verhindern, können durch namentliche Erfassung sowie die Möglichkeit der Nachvollziehbarkeit der Beiträge Mitglieder identifiziert werden, die selber kein Wissen bereitstellen und fremdes nutzen. In der Konsequenz werden die Mitglieder versuchen, aktiv etwas beizutragen.

Rollen in einer CoP

In einer CoP gibt es folgende Rollen (Abbildung 26, [WiP, Suk02]):

- *Initiator(en)*: meist die ersten Mitglieder informeller Netzwerke, die diese in CoPs umwandeln. Sie schaffen Akzeptanz nach außen und sind oft zu Beginn auch *Koordinatoren/Moderatoren*. Die Rolle ist vergleichbar mit der eines Fachpromotors, der sich persönlich stark für (s)eine Sache einsetzt und so andere motiviert.
- *aktive und assoziierte Mitglieder*: die angestrebte Struktur der CoP bestimmt die Art der Mitgliedschaft:
  - In für jeden offenen Communities unterscheidet die Aktivität der Teilnahme zwischen aktiv beitragenden und passiv teilnehmenden Mitgliedern.
  - In zugangslimitierten Communities (s.o.) unterscheidet der Zugang zum Wissen der Community (aktive Mitglieder) und Nichtzugang (assoziierte Mitglieder).

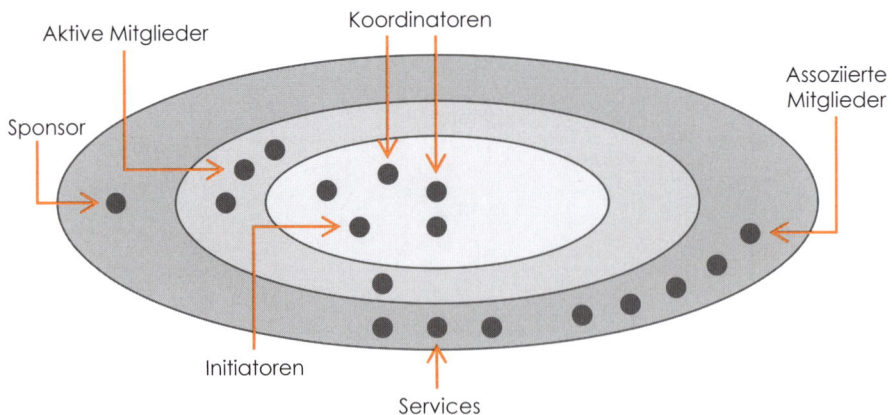

Abbildung 26: Rollen in einer Community of Practice [WiP, Suk02]

- *Koordinatoren/Moderatoren*: Diese permanent oder temporär vergebene Rolle nimmt üblicherweise folgende Aufgaben wahr:
  - Erster Ansprechpartner für Wissenssuchende
  - Initiator von Community-Aktivitäten
  - Zulassung neuer Mitglieder
- *Sponsor*: Dieser erfüllt drei Funktionen:
  - *Als Mitglied der Geschäftsleitung oder Managements* verdeutlicht er den Mitgliedern der CoP, dass ihre Aktivitäten in der Community anerkannt und als wichtig und wertvoll für das Unternehmen eingeschätzt werden.
  - *Er hat ein gewisses Interesse am Fachgebiet* und nimmt (sporadisch) an Aktivitäten der CoP teil. Dies stärkt das Selbstbewusstsein der Community und aktiviert die Mitglieder, ihr Wissen bereitzustellen, da sie sehen, dass ihr Engagement von einem Mitglied des Managements wahrgenommen wird.
  - *Bereitstellung von Ressourcen* für die Community (Finanzmittel, EDV-Leistungen, Unterstützung durch Serviceleistungen des Unternehmens).
- *Services*: Serviceeinheiten des Unternehmens stellen ihre Dienste (z.B. Bereitstellung von (Online-)Infrastruktur) der Community zur Verfügung. Die Finanzierung dieser Serviceleistung erfolgt über die Community oder den Sponsor (Unternehmensleitung).

Entwicklungsstadien einer CoP

Eine CoP als ein Werkzeug des Wissensmanagements, um Wissen zu fördern und transparent zu verteilen, muss im alltäglichen Unternehmensgeschehen verankert sein.

Die Entwicklungsstadien einer CoP zeigt Abbildung 27: Eine CoP entsteht durch Gründung aus dem Bedarf nach (speziellem) Wissen oder durch Umwandeln eines bestehenden informellen Netzwerkes. Anschließend beginnt die Phase der CoP mit Definieren von Aufbau und Struktur. Eine CoP kann beendet werden durch

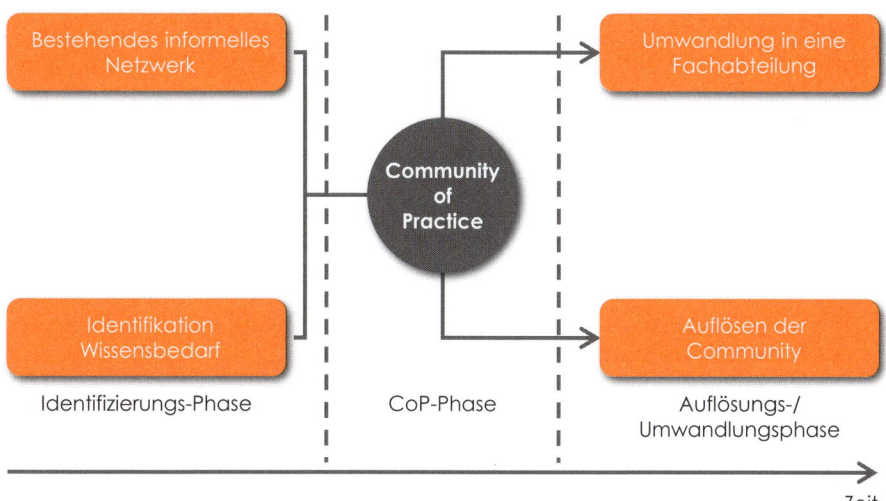

Abbildung 27: Entwicklungsstadien einer Community of Practice [WiP, Suk02]

- *Umwandeln in eine Fachabteilung*: wenn der Wissensbedarf langfristig bestehen bleibt und von (strategischem) Interesse für das Unternehmen ist.
- *Auflösen*: wenn der Bedarf an diesem (speziellen) Wissen nicht mehr besteht bzw. es allgemein verfügbar geworden ist.

Erfolgs- und Misserfolgsfaktoren für CoPs

Für den selbstständigen Erhalt einer CoP ist das schnelle Erreichen einer kritischen Masse ein entscheidender Faktor [Rei11]. Auch muss die Community permanent gepflegt werden, sonst löst sie sich auf. Für den stabilen Erhalt ist es notwendig, dass bei den Mitgliedern stärker das Geben, das Beitragen als das Nehmen ausgeprägt ist [Rei11].

Ebenso ist die Größe einer CoP entscheidend: Je größer sie wird, desto unübersichtlicher und zeitaufwendiger wird sie [Rei11].

Erfolgsfaktoren für den Aufbau einer CoP [WiP]:

1. Oft sind Communities bereits im Unternehmen vorhanden. Diese gilt es zu identifizieren und zu fördern.
2. Vertrauen ist die Voraussetzung für eine Community. Persönliche Treffen können dazu beitragen, ein Vertrauensverhältnis innerhalb der Community aufzubauen. Durch Transparenz kann das Vertrauen innerhalb und von außerhalb in die Community gestärkt werden. Dieses externe Vertrauen kann z.B. durch den Einsatz von Wissenskarten erreicht werden, da sich das Wissen so schneller im Unternehmen ausbreiten kann.
3. Klare Definition des Themengebietes jeder einzelnen Community, um eine Fokussierung auf ein Thema zu erreichen und „information overload" zu vermeiden.
4. Die bearbeiteten Themengebiete müssen mit den Unternehmenszielen, den zentralen Prozessen und/oder Abteilungen und/oder Produkten in Zusammenhang stehen.
5. Eine unterstützende Infrastruktur (z.B. Besprechungsräume, Video- und Audiokonferenz-Equipment, Foren und Wikis im firmeninternen Intranet) sowie Suchfunktion und Verzeichnis häufig gestellter Fragen (FAQ) in einer (elektronischen) Community.
6. Der Community sollte ein Koordinator/Moderator vorstehen. Dabei ist die Rolle des Koordinators von der Community selbst zu bestimmen: Soll er in erster Linie die Community organisieren, Probleme lösen oder in Diskussionen (lenkend) eingreifen dürfen? Ist er verantwortlich für die Sortierung der häufig gestellten Fragen und das Ablegen der Beiträge?
7. Jede Community sollte Spielregeln aufstellen, welche die Kommunikation innerhalb der Community erleichtern (Beispiel Usnet-Netiquette http://www.faqs.org/faqs/de-newusers/netiquette/index.html).
8. Bestehen innerhalb der Organisation noch weitere Wissensnetzwerke, so sollten diese miteinander verbunden werden, z.B. durch gemeinsame Treffen oder dem firmeninternen Intranet.
9. Abhängig von der Struktur (verteilte Standorte, Anzahl der Mitglieder, Anzahl der persönlichen Treffen etc.) und dem Themengebiet der Community sind Aufbau und Betrieb einer Community mit finanziellem und zeitlichem Aufwand verbunden. Dies muss bei den Planungen zum Start einer Community berücksichtigt werden und entsprechende Mittel müssen bereitgestellt werden.

2.7 Literatur

Weiterführende Literatur

Zum Thema Menschenbild

- McGregor, Douglas: The Human Side of the Enterprise, McGraw-Hill, 1960.

Zum Thema Motivation

- Appelo, Jurgen: Management 3.0: Leading Agile Developers, Developing Agile Leaders. Addison Wesley, Boston, 2010.
- Appelo, Jurgen: Management 3.0 #Workout: Games, Tools & Practices to Engage People, Improve Work, and Delight Clients, Happy Melly Express, online verfügbar: http://management30.com/about/list/
- Pink, Daniel H.: Unsere kreative Zukunft: Warum und wie wir unser Rechtshirnpotenzial entwickeln müssen. Riemann Verlag, München, 2008.
- Pink, Daniel H.: Drive. Was Sie wirklich motiviert. Ecowin Verlag, Salzburg, 2010.
- Frankl, Viktor E.: Der Mensch auf der Suche nach Sinn, Herder Verlag, Freiburg, 1976
- Frankl, Viktor E.: ... trotzdem Ja zum Leben sagen. Ein Psychologe erlebt das Konzentrationslager. 28. Auflage, Deutscher Taschenbuch Verlag, München, 2007.
- Ressler, Cali; Thompson, Jody: Bessere Ergebnisse durch selbstbestimmtes Arbeiten. Erfolgreich mit dem ROWE-Konzept. Campus Verlag, Frankfurt/Main, 2009.
- Sprenger, Reinhard K.: Mythos Motivation. Wege aus einer Sackgasse. 9. Auflage, Campus Verlag. Frankfurt/New York, 1995.

Zum Thema Selbstbild

- Dweck, Carol: Selbstbild: Wie unser Denken Erfolge oder Niederlagen bewirkt. 4. Auflage, Piper Taschenbuch, 2009.

Zum Thema Sinn

- Frankl, Viktor E.: Der Mensch auf der Suche nach Sinn, Herder Verlag, Freiburg, 1976
- Frankl, Viktor E.: ... trotzdem Ja zum Leben sagen. Ein Psychologe erlebt das Konzentrationslager. 28. Auflage, Deutscher Taschenbuch Verlag, München, 2007.
- Schnell, Tatjana: Psychologe des Lebenssinns. Springer-Verlag, Heidelberg 2016.

Zum Thema Vertrauen

- Covey, Stephen M.R.; Merrill, Rebecca R.: Schnelligkeit durch Vertrauen. Die unterschätzte ökonomische Macht. GABAL Verlag, Offenbach, 2009.
- Longmuß, Jörg; Spanner-Ulmer, Birgit; Kullmann, Gerhard; Bullinger, Angelika C. (Hrsg.) : Das Konzept Systemvertrauen. Vertrauen als Grundlage von Zusammenarbeit und wirtschaftlichem Erfolg. Verlag aw&I Wissenschaft und Praxis, Technische Universität Chemnitz, 2013, URL: https://www.tu-chemnitz.de/mb/ArbeitsWiss/neu/stabiflex/sites/default/files/Dokumente/das_konzept_systemvertrauen.pdf
- Luhmann, Niklas: Vertrauen. Ein Mechanismus der Reduktion sozialer Komplexität. 4. Auflage 2000, Nachdruck 2009, Lucius & Lucius Verlagsgesellschaft, Stuttgart, 2000.
- Petermann, Franz: Psychologie des Vertrauens. 4., überarbeitete Auflage, Hogrefe Verlag, Göttingen, 2013.
- Hartmann, Martin: Die Praxis des Vertrauens. Suhrkamp Verlag, Berlin, 2011.
- Sprenger, Reinhard K.: Vertrauen führt. Worauf es im Unternehmen wirklich ankommt. Campus Verlag, Frankfurt/Main, 2002

Zum Thema Denken allgemein

- Zum Thema Denken allgemein ist das Werk von Edward de Bono zu nennen.

Zum Thema Problemlösendes Denken

- Funke, Joachim: Problemlösendes Denken. Kohlhammer Verlag. Stuttgart. 2003.

Zum Thema Ganzheitliches Denken

- Gomez, Peter; Probst, Gilbert: Die Praxis des ganzheitlichen Problemlösens. Vernetzt denken. Unternehmerisch handeln. Persönlich überzeugen. 3., unveränderte Auflage, Haupt Verlag, Bern, 2004.
- Gomez, Peter; Probst, Gilbert: Vernetzt Denken im Management. Die Orientierung Nr. 89, Schweizerische Volksbank, Bern, 1988.
- Probst, Gilbert J.B.; Gomez, Peter: Vernetztes Denken. Unternehmen ganzheitlich führen. Gabler Verlag, Wiesbaden, 1989.

Zum Thema Denken in Systemen

- Ackoff, Russell L.: Systems Thinking for Curious Managers. Triarchy Press, 2010
- Dörner, Dietrich: Die Logik des Mißlingens. Strategisches Denken in komplexen Situationen. Rowohlt Taschenbuch. Reinbek bei Hamburg, 1989.
- Meadows, Donella H.: Die Grenzen des Denkens. Wie wir sie mit Systemen erkennen und überwinden können. oekom Verlag, München, 2010.
- O'Connor, Joseph; McDermott, Ian: Die Lösung lauert überall. Systemisches Denken verstehen & nutzen. VAK Verlag, 1998.
- Senge, Peter M.: Die Fünfte Disziplin. 5. Auflage, Klett-Cotta, Stuttgart, 1998.
- Weinberg, Gerald M.: An Introduction to General Systems Thinking. Silver Anniversary Edition. Dorset House Publishing, 2001.
- Wohland, Gerhard; Wiemeyer, Matthias: Denkwerkzeuge der Höchstleister. Warum dynamikrobuste Unternehmen Marktdruck erzeugen, UNIBUCH Verlag, Lüneburg, 2012.

Zum Thema Entscheiden in Gruppen

- Dueck, Gunter: schwarmdumm – So blöd sind wir nur gemeinsam. Campus, Frankfurt/ Main, 2015.
- Surowiecki, James: Die Weisheit der Vielen. Warum Gruppen klüger sind als Einzelne, 2. Auflage, Wilhelm Goldmann Verlag, München.
- Vašek, Thomas: Die Weichmacher. Das süße Gift der Harmoniekultur. Carl Hanser Verlag, München, 2011.

Zum Thema Organisation

- O'Reilly III, Charles A.; Pfeffer, Jeffrey: Hidden Value – How great Companies Achieve Extraordinary Results with Ordinary People, Harvard Business School Press, Boston, 2000.

Zum Thema Teams

- Fisher, Kimbal: Leading Self-Direkted Work Teams – A Guide to Developing New Team Leadership Skills, McGraw-Hill, New York, 2000.
- Hackmann, J. Richard: Leading Teams – Setting the Stage for Great Performance, Harvard Business School Press, Boston, 2002.
- Hackman, J. Richard (Editor): Groups That Work (and Those That Don't) – Creating Conditions for Effective Teamwork, Jossey-Bass, San Francisco, 1990.
- Osburn, Jack D.; Moran, Linda: The New Self-Directed Work Teams – Mastering the Challenge, McGraw-Hill, New York, 2000.
- Osburn, Jack D.; Moran, Linda; Musselwhite, Ed; Zenger, John H.: New Self-Directed Work Teams – The New American Challenge, McGraw-Hill, New York, 1990.

Verwendete Literatur

App10: Appelo, Jurgen: Management 3.0: Leading Agile Developers, Developing Agile Leaders. Addison Wesley, Boston, 2010.

App14: Appelo, Jurgen: Management 3.0 #Workout: Games, Tools & Practices to Engage People, Improve Work, and Delight Clients, Happy Melly Express, online verfügbar: http://management30.com/about/list/

Bau08: Bauer, Joachim: Prinzip Menschlichkeit: Warum wir von Natur aus kooperieren. Heyne, München 2008.

Bau98: Baumgart, Erdmute, Bücheler, Heike: Lexikon Wissenswertes zur Erwachsenenbildung. Hermann Luchterhand Verlag, Köln, 1998.

Bli06: Bliss, Friederike R.; Johanning, Anja; Schicke, Hildegard: Communities of Practice – Ein Zugang zu sozialer Wissensgenerierung, Deutsches Institut für Erwachsenenbildung, online verfügbar: http://www.die-bonn.de/esprid/dokumente/doc-2006/bliss06_01.pdf

Bur02: Burow, Olaf-Axel: Die Band – ein Modell erfolgreicher Gruppenarbeit. PÄDAGOGIK, 54 (2002) 1, Beltz Verlag, 2002, URL: http://www.olaf-axel-burow.de/images/stories/pdf/dieband.pdf bzw. http://www.uni-kassel.de/fb1/burow/aob/burow_texte/die_band.pdf

Bur99: Burow, Olaf-Axel: Die Individualisierungsfalle. Kreativität gibt es nur im Plural. Klett-Cotta, Stuttgart, 1999.

Cov09: Covey, Stephen M.R.; Merrill, Rebecca R.: Schnelligkeit durch Vertrauen. Die unterschätzte ökonomische Macht. GABAL Verlag, Offenbach, 2009.

Dud1: Selbstbestimmung bei Duden: http://www.duden.de/rechtschreibung/Selbstbestimmung

Due15a: Dueck, Gunter: schwarmdumm – So blöd sind wir nur gemeinsam. Campus, Frankfurt/Main, 2015.

Due15b: Dueck, Gunter: Blöd sind wir nur gemeinsam. Beitrag auf e-fellows.net am 09.02.2015, URL: http://www.e-fellows.net/Karriere/Aktuelles-zu-Beruf-und-Karriere/Mythos-Schwarmintelligenz

Dwe09: Dweck, Carol: Selbstbild: Wie unser Denken Erfolge oder Niederlagen bewirkt. 4. Auflage, Piper Taschenbuch, 2009.

Fra76: Frankl, Viktor E.: Der Mensch auf der Suche nach Sinn, Herder Verlag, Freiburg, 1976

Fra07: Frankl, Viktor E.: … trotzdem Ja zum Leben sagen. Ein Psychologe erlebt das Konzentrationslager. 28. Auflage, Deutscher Taschenbuch Verlag, München, 2007.

Gen10: Gentsch, Jan: Selbstorganisation und Scrum – kein Mythos, Blogeintrag auf oose.de vom 30.11.2010, online: http://www.oose.de/blogpost/selbstorganisation-und-scrum-kein-mythos/

God10: Godin, Seth: The myth of preparation. Seth's Blog. URL: http://sethgodin.typepad.com/seths_blog/2010/09/the-myth-of-preparation.html

Gon06: Goncalo, J.A.; Staw, B.M.: Individualism-collectivism and group creativity. Journal of *Organizational Behavior and Human Decision Processes, 100, 96-109,* Elsevier, *2006.*

Hac02: Hackmann, J. Richard: Leading Teams – Setting the Stage for Great Performance, Harvard Business School Press, Boston, 2002.

Hau04: Hauser, Peter; Brauchlin, Emil: Integriertes Management in der Praxis. Die Umsetzung des St. Galler Erfolgskonzeptes. Campus Verlag, Frankfurt/Main, 2004.

Hof10: Hofmann, Eva: Skript: VO Wirtschaftspsychologie I (Wahlfachmodul) 200151, WS2010/11 URL: http://psychologie.univie.ac.at/fileadmin/user_upload/inst_wirt_bild/downloads/VO_Wirts_I_WFM/Wirtschaftspsychologie_I_E3_WS10-11.pdf

Jan82: Janis, Irving L.: Groupthink: Psychological Studies of Policy Decisions and Fiascoes. 2. Auflage, Houghton Mifflin Verlag, 1982.

KNH: SHU – HA – RI – Die asiatische Lernmethode. Karate Nordhausen, ohne Jahr, online verfügbar: http://www.karate-nordhausen.de/KARATE/SHUHARI.pdf

Kar93: Karau, Steven J.; Williams, Kipling D.: Social Loafing: A Meta-Analytic Review and Theoretical Integration, Journal of Personality and Social Psychology, Vol. 65, No. 4, 681–706, 1993.

Küb00: Kübler, Dorothea: Rationales Herdenverhalten und Stigma der Arbeitslosigkeit: Soziales Lernen bei Einstellungsentscheidungen. e-Journal Industrielle Beziehungen, 7. Jg., Heft 4, 2000, Rainer Hampp Verlag, Mering, 2000.

Lan10: Lanier, Jaron: Digitaler Maoismus. Kollektivismus im Internet, Weisheit der Massen, Fortschritt der Communities? Alles Trugschlüsse. Süddeutsche Zeitung, 10.05.

2010, URL: http://www.sueddeutsche.de/kultur/2.220/das-so-genannte-web-digitaler-maoismus-1.434613

(original: DIGITAL MAOISM: The Hazards of the New Online Collectivism. Edge, 29.05.2006. URL: http://edge.org/print/node/21205)

Lav91: Lave, Jean; Wenger, Etienne: Situated Learning. Legitimate peripheral participation. Cambridge University Press, 1991

Len14: Lencioni, Patrick M.: Die 5 Dysfunktionen eines Teams. Wiley-VCH Verlag, 2014 (original: The Five Dysfunctions of a Team. John Wiley & Sons. 2002.)

Lon13: Longmuß, Jörg; Spanner-Ulmer, Birgit; Kullmann, Gerhard; Bullinger, Angelika C. (Hrsg.) : Das Konzept Systemvertrauen. Vertrauen als Grundlage von Zusammenarbeit und wirtschaftlichem Erfolg. Verlag aw&I Wissenschaft und Praxis, Technische Universität Chemnitz, 2013, URL: https://www.tu-chemnitz.de/mb/ArbeitsWiss/neu/stabiflex/sites/default/files/Dokumente/das_konzept_systemvertrauen.pdf

Luh09: Luhmann, Niklas: Vertrauen. Ein Mechanismus der Reduktion sozialer Komplexität. 4. Auflage 2000, Nachdruck 2009, Lucius & Lucius Verlagsgesellschaft, Stuttgart, 2000.

Mil69: Milgram, Stanley; Bickman, Leonard; Berkowitz, Lawrence: Note on the Drawing Power of Crowds of Different Size. Journal of Personality and Social Psychology, Vol. 13, No. 2, 79-82, 1969

MZ13: Kooperation motiviert uns: Zusammenarbeit macht Menschen glücklicher. Mitteldeutsche Zeitung. Online verfügbar: http://www.mz-web.de/karriere/-zusammenarbeit-gehirn-gluecklich-botenstoffe-kooperieren-hilfe,20651404,23410848.html#plx856701820

Mal07: Malik, Fredmund: Management. Das A und O des Handwerks, Campus Verlag, Frankfurt/New York, 2007

McG60: McGregor, Douglas: The Human Side of the Enterprise, McGraw-Hill, 1960.

Nor00: North, Klaus; Romhardt, Kai; Probst, Gilbert: Wissensgemeinschaften – Keimzellen lebendigen Wissensmanagements. io-Management, Juni 2000.

Nor04: North, Klaus; Franz, Michael; Lembke, Gerald: Wissenserzeugung und -austausch in Wissensgemeinschaften – Communities of Practice. QUEM-report, Heft 85, Arbeitsgemeinschaft Betriebliche Weiterbildungsforschung e. V./Projekt Qualifikations-Entwicklungs-Management, Berlin, 2004.

Pet13: Petermann, Franz: Psychologie des Vertrauens. 4., überarbeitete Auflage, Hogrefe Verlag, Göttingen, 2013.

Pfl13: Pfläging, Niels: Organisation für Komplexität. Wie Arbeit wieder lebendig wird – und Höchstleistung entsteht. BetaCodexPublishing, BoD – Books on Demand, Norderstedt, 2013

Pin08: Pink, Daniel H.: Unsere kreative Zukunft: Warum und wie wir unser Rechtshirnpotenzial entwickeln müssen. Riemann Verlag, München, 2008.

Pin10: Pink, Daniel H.: Drive. Was Sie wirklich motiviert. Ecowin Verlag, Salzburg, 2010.

Rei11: Reimann, Sascha: Gemeinsam schlauer. Communities of Practice. Trainingaktuell, Mai 2011, online verfügbar: http://www.weiterbildungsblog.de/wp-content/uploads/2011/05/gemeinsam_schlauer_2011_05.pdf

ReioJa: Reinhardt, Rüdiger: Das SCARF-Modell, Artikel auf effektive-fuehrung.de, ohne Jahresangabe, online: http://www.effektive-fuehrung.de/neuroleadership/forschungsergebnisse/scarf-modell-1/

ReioJb: Reinhardt, Rüdiger: Organisationale Rahmenbedingungen – das SCARF-Modell, Artikel auf neuroleadership-online.de, online: http://www.neuroleadership-online.de/organisation.html

Res09: Ressler, Cali und Thompson, Jody: Bessere Ergebnisse durch selbstbestimmtes Arbeiten. Erfolgreich mit dem ROWE-Konzept. Campus Verlag, Frankfurt/Main, 2009.

Roc08: Rock, David: SCARF: a brain-based model for collaborating with and influencing others, NeuroLeadership journal, issue one 2008, Online verfügbar: http://www.yourbrain-at-work.com/files/NLJ_SCARFUS.pdf

Sch14: Scheller, Torsten: Sinn nach Viktor Frankl (1): Worum es geht. Blogeintrag vom 03.02.2014: http://www.agil-werden.de/sinn-nach-frankl-worum-es-geht/

Sch15: Schmiechen, Frank: Dümmer als die Polizei erlaubt. Blogeintrag auf gruenderszene.de vom 16. Februar 2015, URL: http://www.gruenderszene.de/allgemein/dumm-sind-wir-selber

Sch11: Schwartz, Tony: Wie Kreativität funktioniert. Blog des Harvard Business manager, Eintrag vom 25. November 2011, online http://www.harvardbusinessmanager.de/blogs/a-799688-druck.html

Sim13: Simon, Claus Peter: Woher kommt die Liebe? All unsere klugen Gefühle – von Angst bis Vertrauen, Piper, München, 2013

Spi00: Spieß, Ulrich: Rockbands. Ein Modell der künstlerischen Kooperation in Kleingruppen. Ulrich Spieß Verlag, Wuppertal, 2000.

Spi06: Spitzer, Manfred: Gott-Gen und Grossmutterneuron: Geschichten von Gehirnforschung und Gesellschaft, Schattauern Stuttgart, 2006

Spr02: Sprenger, Reinhard K.: Vertrauen führt. Worauf es im Unternehmen wirklich ankommt. Campus Verlag, Frankfurt/Main, 2002

Spr95: Sprenger, Reinhard K.: Mythos Motivation. Wege aus einer Sackgasse. 9. Auflage, Campus Verlag, Frankfurt/Main, 1995.

Sta90: Staehle, Wolfgang H.: Management. Eine verhaltenswissenschaftliche Perspektive, Verlag Franz Vahlen München, 5. Auflage, 1990

Suk02: Sukowski, Oliver: Der Einfluss der Kommunikationsbeziehungen auf die Effizienz des Wissenstransfers – Ein Ansatz auf Basis der Neuen Institutionenökonomie, Dissertation, Universität St. Gallen, online verfügbar: http://www1.unisg.ch/www/edis.nsf/SysLkpByIdentifier/2737/$FILE/dis2737.pdf

Sun15: Sunstein, Cass R.; Hastie, Reid: Die intelligente Gruppe. Harvard Business manager, manager magazin Verlagsgesellschaft, Hamburg, Februar 2015.

Sur07: Surowiecki, James: Die Weisheit der Vielen. Warum Gruppen klüger sind als Einzelne, 2. Auflage, Wilhelm Goldmann Verlag, München.

Vaš11: Vašek, Thomas: Die Weichmacher. Das süße Gift der Harmoniekultur. Carl Hanser Verlag, München, 2011.

Wen00: Wenger, Etienne; Snyder, William M.: Communities of Practice: The Organizational Frontier. Harvard Business Review, January–February 2000

Wen02: Wenger, Etienne; McDermott, Richard; Snyder, William M.: Cultivating Communities of Practice. Harvard Business Review Press, 2002

Wen13: Wenger, Etienne: Communities of Practice – a brief introduction, online verfügbar: http://wenger-trayner.com/wp-content/uploads/2013/10/06-Brief-introduction-to-communities-of-practice.pdf

WikiAD: Advocatus Diaboli bei Wikipedia: http://de.wikipedia.org/wiki/Advocatus_Diaboli

WikiBS: Brainstorming bei Wikipedia: http://de.wikipedia.org/wiki/Brainstorming

WikiBW: Brainwriting bei Wikipedia: http://de.wikipedia.org/wiki/Brainwriting

WikiCoP: Community of Practice bei Wikipedia: http://de.wikipedia.org/wiki/Community_of_Practice

WikiDB: Denkhüte von De Bono bei Wikipedia: http://de.wikipedia.org/wiki/Denkh%C3%BCte_von_De_Bono

WikiEK: Entlassungskandidat bei Wikipedia: https://de.wikipedia.org/wiki/Entlassungskandidat

WikiFG: Francis Galton bei Wikipedia: http://de.wikipedia.org/wiki/Francis_Galton

WikiGT: Dem Groupthink vorbeugen bei Wikipedia: http://de.wikipedia.org/wiki/Gruppendenken#Dem_Groupthink_vorbeugen

WikiHR: Hebbsche Regel bei Wikipedia: https://de.wikipedia.org/wiki/Hebbsche_Lernregel

WikiIC: Informationscascade bei Wikiludia: http://wikiludia.mathematik.uni-muenchen.de/wiki/index.php?title=Informationscascade

WikiIS: Invasion in der Schweinebucht bei Wikipedia: http://de.wikipedia.org/wiki/Invasion_in_der_Schweinebucht

WikiKAS: Komplexes adaptives System bei Wikipedia: http://de.wikipedia.org/wiki/Komplexes_adaptives_System

WikiLOKT: *Lösungsorientierte Kurztherapie* bei Wikipedia: http://de.wikipedia.org/wiki/L%C3%B6sungsorientierte_Kurztherapie

WikiMOT: *Motivation* bei Wikipedia: http://de.wikipedia.org/wiki/Motivation

WikiMB: *Menschenbild* bei Wikipedia: http://de.wikipedia.org/wiki/Menschenbild

WikiSEP: *Selbsterfüllende Prophezeiung* bei Wikipedia: http://de.wikipedia.org/wiki/Selbsterf%C3%BCllende_Prophezeiung

WikiST: *Systemische Therapie* bei Wikipedia, URL: http://de.wikipedia.org/wiki/Systemische_Therapie

WikiSY: *Symptomträger* bei Wikipedia, URL: http://de.wikipedia.org/wiki/Symptomtr%C3%A4ger

WikiT: *Team* bei Wikipedia, URL: https://de.wikipedia.org/wiki/Team

WikiTD: *Think different* bei Wikipedia: http://de.wikipedia.org/wiki/Think_Different

WikiVER: *Verantwortung* bei Wikipedia, https://de.Wikipedia.org/WikiVER/Verantwortung

WiP: WiPro: Communities of Practice. Online verfügbar: http://app.wipro-forum.de/method/19/, insbesondere Artikel http://app.wipro-forum.de/file/11/COP.pdf

Wom90: Womack, James P.; Jones, Daniel T.; Roos, Daniel: The Machine That Changed the World. The Story of Lean Production, Macmillan/Rawson Associates, New York, 1990

Wom92: Womack, James P.; Jones, Daniel T.; Roos, Daniel: Die zweite Revolution in der Autoindustrie. Campus, Frankfurt a.M, 1992

Wom96: Womack, James P.; Jones, Daniel T.: Lean Thinking. Simon & Schuster, New York , 1996

Wom97: Womack, James P.; Jones, Daniel T.: Auf dem Weg zum perfekten Unternehmen. Campus, Frankfurt a.M, 1997

Woo10: Woolley Anita W.; Chabris, Christopher F.; Pentland, Alex; Hashmi, Nada; Malone, Thomas W.: Evidence for a Collective Intelligence Factor in the Performance of Human Groups. Science Magazine, American Association for the Advancement of Science, 29 October 2010. Vol. 330 no. 6004 pp. 686-688 DOI: 10.1126/science.1193147

Kapitel 3
Agile Werte und Prinzipien

Kernaussagen des Kapitels

- Bei Agilität geht es im Kern um Menschen und um Lernen. Es geht darum, die *richtigen Dinge richtig* zu tun: Ziel ist die permanente Erfreuung des Kunden. Dazu ist die eigene Organisation so aufzustellen, dass die Mitarbeiter permanent in der Lage sind, dies immer wieder zu erreichen.
- Das einzige Kriterium ist die permanente Erfreuung des Kunden, ihn permanent positiv zu überraschen und den Sinn seiner Bedürfnisse mit hoch innovativen und hoch qualitativen Lösungen zu erfüllen.
- Agilität besteht aus den drei Komponenten
  - maximale Transparenz,
  - bestmögliche klare Kommunikation und
  - schrittweises und aufeinander aufbauendes – iteratives und inkrementelles – Vorgehen.

Agilität ist seit vielen Jahren Standard in der IT und Softwareentwicklung, die Praktiken, Methoden und Vorgehensweisen sind erprobt. Doch warum scheitern dann die meisten Unternehmen an und mit Agilität? Warum bleiben fast alle hinter ihren Möglichkeiten zurück? Offensichtlich reicht das perfekte Ausführen von Praktiken, Methoden und Vorgehensweisen nicht aus … Und was unterscheidet diejenigen, die erfolgreich sind, von denen, die es nicht sind? Dies führt zu der Frage, was Agilität eigentlich ist. Wann ist etwas agil? Und wann nicht? Was muss man (anders) machen (als bisher), um agil zu werden?

Wir leben heute in einer VUKA-Welt. In dieser können *komplexe Probleme nur mit komplexen Lösungen angegangen werden*, im Komplexen kann es keine deterministischen Lösungen, keine vorgefertigten Lösungen geben. (s. „Exkurs: Komplexität" in Kapitel I.1). Und genau das ist Agilität: *Ein Ansatz, der Komplexität (u.a. durch Selbstorganisation, Emergenz und Experimente) nutzt, um komplexe Probleme und Fragestellungen zu lösen.*

Und damit ist Agilität auch so komplett anders als unsere bisherigen Lösungsansätze/Vorgehensweisen. Es ist durch die inhärent notwendige Komplexität kein vorab beschreibbarer, designbarer Ansatz, keine Bauanleitung, keine Blaupause. Agilität kann nur über Eigenschaften definiert und spezifiziert werden, die jeder für sich konkret umsetzen muss: *die agilen Werte*. Sie sind als Beschreibung von Eigenschaften das Fundament für Agilität. Darauf bauen die *agilen Prinzipien* auf, die als Handlungsgrundsätze Erläuterungen und Hilfestellungen für die Umsetzung geben. Mit beiden ist Agilität bereits vollständig beschrieben. Alles Weitere baut dann darauf auf: die agilen Praktiken, die agilen Methoden und Frameworks und die agilen Prozesse.

Damit ist auch klar: *Ohne eine ausreichende Implementierung der agilen Werte fällt alles in sich zusammen!* Die agilen Werte können durch nichts ersetzt werden.

Im Einzelnen:

- *Agile Werte* geben als *normative Werte* den Rahmen agilen Handels vor.
- *Agile Prinzipien* bilden *Handlungsgrundsätze.*
- *Agile Praktiken* sind *konkret in sich geschlossene agile Handlungen/Handlungsweisen,* die einzeln und unabhängig voneinander ausgeführt werden können und eigenständig funktionieren. Sie stellen damit die Bausteine für agile Methoden und Frameworks dar.
- *Agile Methoden und Frameworks* sind aus agilen Praktiken zusammengesetzte *vollständige Handlungsrahmen* zur Umsetzung einer einzelnen Unternehmensfunktion (z.B. Produktentwicklung).
- *Agile Prozesse* sind aus agilen Methoden und Frameworks zusammengesetzte *durchgehende Handlungsabläufe* zur Umsetzung einer kompletten Unternehmensfunktion (z.B. von der Produktidee bis zur -entwicklung).

Diese Einteilung – insbesondere die Unterscheidung von *Praktiken, Methoden, Frameworks* und *Prozessen* ist in der agilen Community leider nicht eindeutig (Tabelle 5). Im Sinne einer strukturellen Klarheit wird in diesem Buch der englischen originalen Intention gefolgt. Sie sollten diese Unklarheit kennen, um bei der Lektüre anderer Bücher nicht verwirrt zu werden.

	deutsche Wikipedia-Seite „Agile Softwareentwicklung"	englische Wikipedia-Seite „Agile software development"
Paarprogrammierung, Story-Cards	*„Agile Methode"*	*„Agile Practice"*
Scrum, „Extreme programming (XP)	*„Agiler Prozess"*	*„Agile Method"*

Tabelle 5: Die Zuordnung einzelner agiler Themen ist nicht eindeutig

Im 2001 verabschiedeten 17 Experten der Softwareentwicklungsmethodik das *Agile Manifest.* In diesem sind die agilen Werte und die agilen Prinzipien definiert.

Bei dem beschriebenen Treffen 2001 in Utah wurde das *Manifest für agile Softwareentwicklung* [Man01] formuliert (s.o.). Diese Erklärung – die darin angegebenen Werte und Prinzipien – bildet die Basis für Agilität, für agiles Vorgehen, agile Methoden und agile Prinzipien. Kern dieser Erklärung ist der Fokus auf

- Menschen – Mitarbeiter und Kunden,
- Ergebnisse für Menschen – Kunden,
- Umgang mit Menschen: Flexibilität und Offenheit.

Agilität ist damit universell: Sie stellt eine *andere Art und Weise* dar, wie wir (zusammen) arbeiten, wie wir uns organisieren und wie wir uns (gemeinsam) verändern. In der Konsequenz ist Agilität ein *Kulturwandel* und stellt einen radikalen Bruch mit Althergebrachtem – insbesondere dem Taylorismus – dar. Agilität ist damit Anti-Taylorismus.

Agiles Vorgehen bedeutet einen Wandel in der Kultur! Und genau daran scheitern die meisten! *Allein das Anwenden agiler Methoden macht noch nicht agil!* Erst eine Veränderung der zugrunde liegenden Werte und Ansichten führt eine wirkliche Veränderung – und damit ein anderes Herangehen – herbei. Dies betrifft nicht nur die agilen Werte, sondern auch deren Grundlagen und Voraussetzungen wie Menschenbild, Vertrauen und Verantwortung etc. (s. Teil „Das agile Mindset" in Kapitel III.2).

Agiles Vorgehen bedeutet einen Wandel in der Kultur, weil das Anwenden agiler Methoden nicht ausreicht. Jedes Teammitglied, jeder Mitarbeiter muss seine Einstellung zum Vorgehen, zum Kunden und zu seinen Kollegen entsprechend den agilen Werten verändern.

Die Veränderung zu agilem Vorgehen bedeutet für die meisten von uns eine Veränderung der (inneren) Einstellung – zu anderen Menschen, zu „richtigem" Vorgehen, zu dem, was als *richtig* betrachtet wird.

3.1 Die richtigen Dinge richtig tun

Bei *Agilität* geht es darum,

- die *richtigen Dinge* tun (= Effektivität) und
- die *Dinge richtig* tun (= Effizienz).

Durch das enge Einbeziehen des *Kunden* wird sichergestellt, dass immer nur *die richtigen Dinge* getan werden. Durch das enge Einbeziehen der *Beteiligten* (= betroffene Mitarbeiter) wird sichergestellt, dass die *Dinge richtig* getan werden (Abbildung 28). Agilität ist also Lernen auf zwei Ebenen: Effektivität und Effizienz (s. *Double Loop Learning* im „Exkurs: Lernen strukturieren – Iterationen" in Abschnitt III.4.1).

```
    die richtigen Dinge        tun  =>  Kunde
  + die            Dinge richtig tun  =>  Mitarbeiter + Lernen
    die richtigen Dinge richtig tun  =>  Menschen + Lernen
```

Abbildung 28: Die richtigen Dinge richtig tun

Und Agilität kann daher nur funktionieren, wenn gelernt wird: *mit dem Kunden* und *mit den Mitarbeitern.*

Agilität kann nur *mit* dem organisationsexternen Kunden, von dem man erfährt, welches die *richtigen Dinge* sind, funktionieren! Man muss nicht nur die Dinge richtig machen, sondern auch die *richtigen Dinge* machen. Dazu muss man den Kunden einbeziehen! Einfacher ist es, nur die *Dinge richtig* zu machen. Das ist Selbstbeschäftigung. *Agilität braucht den direkten Kundenbezug!* Agilität ist kein Tool zur organisationsinternen Prozessverbesserung – wie von vielen falsch verstanden und gelebt. Agilität kann nur bezogen sein auf einen organisationsexternen Kunden, auf jemandem, der mit eigenem Geld eine Leistung, ein Produkt kauft. Und um den Kunden zu treffen, muss man *„raus gehen aus dem Unternehmen"* (s. Lean Startup in Abschnitt III.4.2).

Dieser Kunde muss zwingend organisationsextern sein, weil nur er eigenes Geld hat, um unser Produkt, unsere Leistung zu kaufen. Nur von einem organisationsexternem Kunden kann Geld in die Organisation kommen! Oft wird argumentiert: *„wir bauen hier ein tolles CRM-System für unseren Kunden, die Kundenverwaltung."* Mit diesem organisationsinternem Kunden wird man sicher ein tolles CRM-System bauen, keine Frage – nur kommt damit kein neues Geld in das Unternehmen. Und ein echter – ein organisations*externer* – Kunde zahlt kein Geld, weil unser Unternehmen ein tolles CRM-System hat, sondern weil unser Unternehmen ihm tolle Produkte und Dienstleistungen bietet, die ihn begeistern, die einmalig am Markt sind. Und das, was Sie für Ihren organisations*internen* Kunden bauen, muss letztendlich dazu führen, den organisations*externen* Kunden zu begeistern!

Und Agilität kann nur *mit* den Mitarbeitern funktionieren! Sie sind die Spezialisten auf dem Gebiet, auf dem sie tagtäglich arbeiten. Kein noch so schlauer Manager kann alle Probleme besser kennen! Daher müssen die Mitarbeiter in das agile Vorgehen nicht nur einbezogen werden, *sie müssen dieses selbst ausführen!* Dazu brauchen wir den agilen Mitarbeiter! (s. Abschnitt IV.1.6).

3.2 Das Allgemeine Agile Manifest

Vom 11. bis 13. Februar 2001 trafen sich 17 Software-Entwicklungsmethodiker in Snowbird/Utah, um sich auf gemeinsame Werte, die für alle bis dahin als „leichtgewichtig" bezeichneten Methoden gelten sollten, zu einigen. Diese Werte wurden im *„Agilen Manifest"* zusammengefasst (s. [Man01a,b] und Abschnitt IV.3.5).

Das Agile Manifest beschreibt *„agil sein"* über vier Wertepaare und definiert es mit 12 Praktiken. Dabei wurden die Punkte, die den Verfassern wichtiger waren, genauer/enger/präziser definiert und Punkte, die weniger wichtig waren, vager/offener.

Damit ist klar: *Wer agil sein will, muss die vier Wertepaare und die 12 Praktiken leben.* Das klingt leichter, als es ist. Damit ist auch klar, dass Agilität eine Philosophie ist und nicht das Ausführen spezieller Praktiken. Die Praktiken unterstützen ein durch die Philosophie hervorgerufenes anderes Verhalten, ersetzen allerdings eine Auseinandersetzung mit den Werten und Praktiken nicht.

Allgemeine Werte des Agilen Manifestes

Wir erschließen bessere Wege, {Leistung}[1] anzubieten, indem wir es selbst tun und anderen dabei helfen. Durch diese Tätigkeit haben wir diese Werte zu schätzen gelernt:

> Individuen und Interaktionen mehr als Prozesse und Werkzeuge
> Funktionierende {Leistung} mehr als umfassende Dokumentation
> Zusammenarbeit mit dem Kunden mehr als Vertragsverhandlung
> Reagieren auf Veränderung mehr als das Befolgen eines Plans

Das heißt, obwohl wir die Werte auf der rechten Seite wichtig finden, schätzen wir die Werte auf der linken Seite höher ein.

---

[1] Ziel dieses Buches ist, Agilität aus dem Software- und IT-Bezug zu lösen und allgemein verfügbar zu machen. Leider lässt sich dies nicht immer in allen Formulierungen und Benennungen umsetzen. Bisher stand Agilität im Bezug zu Software und hat den Fokus auf ein Produkt. Um im allgemeinen Kontext auch Dienstleistungen in die Beschreibungen mit einzubeziehen, wird statt Produkt/Dienstleistung der Platzhalter „{Leistung}" verwendet. Bitte fügen Sie hier gedanklich Ihr Produkt, Ihre Dienstleistung ein.

{Leistung} bezeichnet dabei die *eigene Leistung,* die ein Produkt oder eine Dienstleistung sein kann.

Das vollständige Manifest in der Originalversion ist in Abschnitt IV.3.5 angegeben.

Allgemeine agile Prinzipien

Die 12 Prinzipien des Agilen Manifestes werden wie folgt verallgemeinert:

1. Unsere höchste Priorität ist es, den Kunden durch frühe und kontinuierliche Auslieferung wertvoller {Leistung} zufriedenzustellen.
2. Heiße Anforderungsänderungen selbst spät in der Entwicklung willkommen. Agile Prozesse nutzen Veränderungen zum Wettbewerbsvorteil des Kunden.
3. Liefere funktionierende {Leistung} regelmäßig innerhalb weniger Wochen oder Monate und bevorzuge dabei die kürzere Zeitspanne.
4. Fachexperten und Entwickler müssen während des Projektes täglich zusammenarbeiten.
5. Organisiere Arbeit rund um motivierte Individuen. Gib ihnen das Umfeld und die Unterstützung, die sie benötigen, und vertraue darauf, dass sie die Aufgabe erledigen.
6. Die effizienteste und effektivste Methode, Informationen an und innerhalb eines Entwicklungsteams zu übermitteln, ist im Gespräch von Angesicht zu Angesicht.
7. Funktionierende {Leistung} ist das wichtigste Fortschrittsmaß.
8. Agile Prozesse fördern nachhaltige Entwicklung. Die Auftraggeber, Entwickler und Benutzer sollten ein gleichmäßiges Tempo auf unbegrenzte Zeit halten können.
9. Ständiges Augenmerk auf technische Exzellenz und gutes Design fördert Agilität.
10. Einfachheit – die Kunst, die Menge nicht getaner Arbeit zu maximieren – ist essenziell.
11. Die besten Architekturen, Anforderungen und Entwürfe entstehen durch selbstorganisierte Teams.
12. In regelmäßigen Abständen reflektiert das Team, wie es effektiver werden kann, und passt sein Verhalten entsprechend an.

Erläuterungen zu entsprechenden Umformulierungen werden in der Besprechung des jeweiligen Prinzips gegeben (s.u.).

3.3 Allgemeine agile Werte

Die *agilen Werte* – formuliert im *Manifest für agile Softwareentwicklung* – bilden das Fundament für Agilität [WikiAS]. Im Folgenden werden die Werte erläutert und Fehlinterpretationen dargestellt. Weitere Ausführungen zu den agilen Werten sind u.a. in Larry Apke *Understanding The Agile Manifesto. A Brief & Bold Guide to Agile* [Apk15] zu finden.

Die Werte des Agilen Manifestes sind auf die Softwareentwicklung bezogen, da sie von Experten aus diesem Bereich definiert wurden. Dies stellt keine Einschränkung dar, da sie relativ leicht auf andere Bereiche der Kopfarbeit übertragen werden können.

Genereller Aufbau der Werte

Im agilen Manifest sind vier Paare mit je zwei Werten dargestellt. Das Agile Manifest sagt nicht, das etwas besser oder schlechter ist als etwas anderes. Es sagt, dass beide Seiten, beide Werte wichtig sind und erfüllt sein müssen. Und wenn beide Werte erfüllt sind, dann werden die jeweils auf der *linken Seite* genannten Werte höher geschätzt, d.h., bei gleichmäßiger Erfüllung der Werte wird die linke Seite bevorzugt.

Die Darstellung der agilen Werte beginnt mit der Aussage: *„Wir erschließen bessere Wege, Software zu entwickeln, indem wir es selbst tun und anderen dabei helfen. Durch diese Tätigkeit haben wir diese Werte zu schätzen gelernt: …"* Hier sprechen Praktiker. Sie haben das, was sie hier „predigen", selbst angewandt, selbst umgesetzt und streben danach, es immer besser umzusetzen/zu erfüllen. Es geht hier um empirisch gewonnenes Wissen – aus der Praxis für die Praxis.

Die agilen Werte fokussieren auf drei Themen

* *Menschen*
* *Produkt*
* *Anpassungsfähigkeit,*

auf die im Folgenden näher eingegangen wird.

Fokus Menschen

Individuen und Interaktionen haben Vorrang
vor Prozessen und Werkzeugen.

Der erste agile Wert betont zwei Komplexe:

* *„Individuen und Interaktionen"* und
* *„Prozesse und Werkzeuge"*

und meint mit

* *Individuen*: intern die eigenen Mitarbeiter und extern die Kunden, und zwar mit ihren individuellen Bedürfnissen;
* *Interaktionen*: das wechselseitige Miteinander dieser Menschen;
* *Prozessen*: die Gesamtheit der Vorgänge im Unternehmen (zur Erstellung/Erbringung der Leistung für den Kunden);
* *Werkzeugen*: alles, was in diesen Prozessen eingesetzt wird, wie Maschinen, Computer, Software, …, um die Leistung zu erstellen.

Die Basis dieses Wertes sind *„Prozesse und Werkzeuge"*. Diese müssen funktionieren und quasi von selbst laufen, damit die Leistung für den Kunden erbracht werden kann. Wenn sie nicht funktionieren, nicht von selbst laufen, muss dies angegangen werden! Die Leistungserstellung für den Kunden muss reibungslos ablaufen! Die Prozesse müssen so gut sein und quasi automatisch ablaufen, dass sie keine bzw. wenig Aufmerksamkeit für einen reibungslosen Ablauf benötigen. Ist dies gegeben, kann das Augenmerk auf eine kontinuierliche Verbesserung gelegt werden.

Gleichzeitig muss man sich *den Individuen* und *der Interaktionen zwischen ihnen* zuwenden. Werden diese beiden vernachlässigt, funktioniert nicht nur Agilität nicht, sondern die Leistungserstellung für den Kunden erfolgt nicht optimal. Es sind immer Menschen, die eine Leistung erbringen! Und Menschen sind eben keine Ressourcen, die keine Bedürfnisse haben und beliebig verschoben werden können. Hier spielen zeitgemäße Auffassungen von Menschenbild, Vertrauen und Verantwortung sowie Motivation eine Rolle. Und für das Zusammenarbeiten der Menschen müssen die dafür benötigten Voraussetzungen und Rahmenbedingungen geschaffen werden.

Es sind eben immer Menschen, welche die Prozesse ausführen und die Werkzeuge bedienen/benutzen. Die Aussage ist an dieser Stelle auch ganz klar, dass die Prozesse und Werkzeuge für den Menschen da sind und nicht der Mensch für die Prozesse und Werkzeuge! Falls Menschen und Prozesse nicht zusammenpassen, müssen eben *letztere* angepasst werden. Gerade dies stellt einen Bruch mit bisherigen – aus dem Taylorismus und Fordismus stammenden – Auffassungen dar!

Gleichzeitig zeigt sich hier ein Bruch mit Bisherigem: In den Unternehmen war der Fokus bisher auf die *eigenen* Prozesse, auf deren Einhaltung und Optimierung gerichtet. Es ging bisher darum, die eigene „Maschine" Unternehmen zu optimieren und die Menschen daran anzupassen. Im Bereich manueller Tätigkeiten („Handarbeit") mag dies vielleicht noch funktioniert haben, im Bereich denkender Tätigkeiten („Kopfarbeit") funktioniert das eben nicht mehr. Dies wurde zuerst in der Softwareentwicklung feststellt, denn die Entwicklung von Software ist ausschließlich Kopfarbeit. Insofern übernimmt die Softwareindustrie eine Vorreiterrolle für die „neue Art zu arbeiten".

In der Softwareentwicklung sehen wir ganz klar: Wenn die „Prozesse und Werkzeuge" nicht funktionieren, dann kann keine gute Software entstehen und damit Wert für den Kunden nicht optimal (d.h. schnell und kostengünstig) geschaffen werden. Prozesse müssen quasi automatisch ablaufen und keine bzw. wenig Aufmerksamkeit benötigen, damit man sich den „Menschen und Interaktionen" zuwenden kann.

Bedeutung: In der voragilen Auffassung standen *Prozesse und Werkzeuge* über *den Individuen und Interaktionen*. Dies kam aus dem durch den Taylorismus und Fordismus geprägten Verständnis des Unternehmens als Maschine, die es zu optimieren gilt, und dem die Menschen sich zu unterwerfen haben.

Fehlinterpretation: Dieser agile Wert wird oft missverstanden als *„Individuen und Interaktionen STATT Prozesse und Werkzeuge"* – was dann (als Interpretation von Agilität) als *„Anleitung zum Chaos"* interpretiert wird. Dies widerspricht allerdings der klaren Aussage im Agilen Manifest: *„Das heißt, obwohl wir die Werte auf der rechten Seite wichtig finden, schätzen wir die Werte auf der linken Seite höher ein."*

Zusammenfassung: Agilität bedeutet, dass wertgeschätzte Menschen miteinander so interagieren, wie sie es selbst für richtig erachten, um mit funktionierenden Prozessen und Werkzeugen Leistungen für andere Menschen – ihre Kunden – zu erbringen.

Zusammenarbeit mit dem Kunden hat Vorrang vor Vertragsverhandlungen

Dieser agile Wert betont die zwei Komplexe

* *„Zusammenarbeit mit dem Kunden"* und
* *„Vertragsverhandlungen"*

und meint mit

- *Kunde*: die Menschen, welche die erbrachte Leistung empfangen (dies kann auch interne Kunden meinen, z.B. eine in der Wertschöpfungskette nachfolgende Abteilung)
- *Zusammenarbeit mit dem Kunden*: Interaktionen und Kooperation mit diesen Menschen
- *Vertragsverhandlungen*: die Verhandlungen über eine zu erbringende Leistung mit dem Abschluss einer (schriftlichen) Vereinbarung

Bedeutung: Ein Vertrag kann nur die *Basis*, die Grundlage für die Zusammenarbeit sein!

Eine Leistung kann – im Verständnis von Agilität – nur durch die *Zusammenarbeit von Menschen* entstehen: Menschen aufseiten des Leistungserstellers und Menschen aufseiten des Kunden. Kunden sind immer Menschen – Menschen sind soziale Wesen und wollen einen dementsprechenden „artgerechten" Umgang. Eine Zusammenarbeit kann nur in einer wertschätzenden Art und Weise erfolgreich sein.

Nur der Kunde kann definieren, was für ihn den Wert der Leistung darstellt und so (s)eine Zahlungsbereitschaft auslöst. Daher muss er von Anfang an eingebunden sein, um direkt mit ihm die Leistung zu entwickeln und zu erstellen – und so teure Fehlentwicklungen in {Leistung} oder Funktionen, die er nicht braucht oder die ihm nichts wert sind und die er daher nicht bezahlt, zu vermeiden.

Hier ist gleichzeitig implizit definiert, dass das Team zu *jedem* Zeitpunkt immer nur an *einer {Leistung}* für *einen Kunden* arbeitet. Genau diese Fokussierung ermöglicht eine Konzentration und ein kontinuierliches Arbeiten an einem Thema, um dieses so schnell wie möglich und so gut wie möglich abzuschließen. Aus Untersuchungen ist bekannt, dass der Wechsel zwischen zwei Arbeitsthemen ca. 20 % der Arbeitskapazität eines Menschen braucht. Bei einem Wechsel zwischen 5 Themen würde dann inhaltlich nicht mehr gearbeitet werden können, da die komplette Arbeitskapazität für die Themenwechsel benötigt wird (5 x 20 % = 100 %).

Ein Vertrag mit dem Kunden gibt lediglich die *Rahmenbedingungen der Zusammenarbeit* vor und definiert die Verfahrensweise, falls Unstimmigkeiten nicht von Angesicht zu Angesicht gelöst werden (können).

Die Komplexität der Zusammenarbeit und die Komplexität der Leistungserstellung können nicht – auch nicht in einem noch so umfangreichen – Vertrag abgebildet werden. Ein Vertrag kann die Zusammenarbeit zwischen Menschen weder ersetzten noch definieren noch gestalten. Und außerdem – auch ein Vertrag ist das Ergebnis der Zusammenarbeit zwischen Vertretern des Kunden und des Leistungserstellers.

Es gibt genügend Beispiele aus der Praxis, in denen die {Leistung} bereits ausgeliefert wurde, während gleichzeitig die Vertragsverhandlungen noch liefen. Offensichtlich hatten die Vertragsverhandlungen dort den Bereich effektiven Handelns schon vor langer Zeit verlassen und stellten nun Verschwendung dar.

Fehlinterpretation: Wird dieser Wert missverstanden als „*Zusammenarbeit mit dem Kunden* STATT *Vertragsverhandlungen*", fehlt im Notfall die „sichernde Leine", die Klarheit und Berechenbarkeit der Konsequenzen bietet. Agilität ist kein Chaos, Agilität bedeutet *Flexibilität in einem definierten Rahmen*. Und zu diesem Rahmen gehören vorab definierte Exit-Kriterien, Notfall- und Rettungspläne.

Zusammenfassung: Agilität bedeutet, dass Menschen wertschätzend miteinander interagieren – auch über Organisationsgrenzen hinaus. Falls sie Themen nicht von

Angesicht zu Angesicht klären können, haben sie vorher eine Vereinbarung – einen Vertrag – zum Umgang mit derartigen Fällen geschlossen.

Fokus {Leistung}: Funktionierende {Leistung} hat Vorrang vor ausgedehnter Dokumentation

Der dritte agile Wert betont

- *„Funktionierende Leistung"* und
- *„Dokumentation"*

und meint mit

- *funktionierender {Leistung}*: funktionierende Produkte bzw. Dienstleistungen
- *Dokumentation*: jede Darstellung über {Leistung}, die bei der Entwicklung von der Idee bis zur auslieferbaren {Leistung} entsteht.

Bedeutung: Dokumentation ist wichtig, um nachzuvollziehen, *was wann warum wie* gemacht wurde, um im Servicefall die {Leistung} zu warten, um die {Leistung} später weiterzuentwickeln, um aus der {Leistung} andere {Leistung}en abzuzweigen, um Teile der {Leistung} in/für andere {Leistung}en wiederzuverwenden etc.

Allerdings: *Kunden kaufen {Leistung}, keine Dokumentationen!* Eine funktionierende {Leistung} ist durch nichts zu ersetzen! Auch nicht durch eine noch so umfangreiche Dokumentation!

Bisher werden Dokumentationen oft erstellt, um sich für den Fall abzusichern, dass etwas schiefgeht und ein Schuldiger gesucht wird. Das ist allerdings keine Leistung, die einen Wert für einen Kunden darstellt – und für die er bezahlt. Dies ist Ausdruck einer dysfunktionalen Organisation, einer Organisation, in der Vertrauen und Verantwortung nicht gelebt werden. Zwangsläufig muss eine derartige Organisation dann ineffizient sein …

Fehlinterpretation: Eine Auffassung *„ Funktionierende {Leistung} STATT Dokumentation"* bedeutet verschwendete Entwicklung! Eine {Leistung}, die nicht wartbar, nicht pflegbar ist, ist Verschwendung, da nur ein aufwendiger – und damit teurer – Analyseprozess eine Fehlerbehebung ermöglicht, wenn nicht eine Neuentwicklung der {Leistung} sogar schneller geht und billiger wird. Nicht zu dokumentieren zeugt von fehlendem Respekt gegenüber der eigenen Leistung und der Leistung anderer. So cool und piratenmäßig dies sein kann – es ist nicht professionell!

Zusammenfassung: Kunden kaufen {Leistungen} und keine Dokumentationen! Die Dokumentation muss der {Leistung} dienen und darf weder Selbstzweck noch Absicherung sein. Fehlende Dokumentation mag zwar cool sein, ist allerdings unprofessionell.

Fokus Anpassungsfähigkeit: Reagieren auf Veränderung hat Vorrang vor strikter Planverfolgung

Der vierte agile Wert betont

- *„Reagieren auf Veränderung"* und
- *„strikte Planverfolgung"*

und meint mit

- *Reagieren auf Veränderung*: das Zulassen von „Störungen", von Neuem, dieses aufnehmen, anschauen und in die weitere Vorgehensweise einzubauen.
- *strikter Planverfolgung*: die sture Umsetzung eines vorab festgelegten Plans, ohne (sich ergebende notwendige) Anpassungen vorzunehmen.

Bedeutung: Das klassische Vorgehen erstellt einen Plan und setzt diesen anschließend 1:1 um. Dies war im Kontext *kompliziert* möglich, da dort *vorab* alles bekannt und analysierbar war und damit eine Lösung – zumindest von Experten – entwickelt werden konnte. Im Kontext *Komplexität* geht dies nicht mehr. Kein Plan – auch nicht von Super-Experten – kann im Komplexen funktionieren, da sich nicht nur in der Zeit zwischen Planung und Ausführung der Sachverhalt selbst verändert haben kann, sondern auch *durch* die Umsetzungsschritte des Planes. Durch emergente und selbstorganisierende Prozesse können neue Aspekte entstehen bzw. Veränderungen eintreten.

Und genau hier greift Agilität: Durch seine Anpassungsfähigkeit im *Vorgehen* selbst werden die durch die vorangegangenen Schritte eingetretenen bzw. sogar erzeugten (emergenten) Ergebnisse und Reaktionen aufgenommen und in das weitere Vorgehen integriert. In diesem Sinne ist Agilität ein adaptives Vorgehen: *Es passt sich an das an, was da ist, was geschieht.* Dies ist für uns Menschen ungewohnt und macht uns unsicher, manchen auch Angst. Als Reaktion erleben wir, dass – um dieser Unsicherheit zu begegnen – (noch) mehr und (noch) ausführlicher geplant wird. Das hilft uns nicht weiter: *Wenn etwas nicht funktioniert, dann tue etwas anderes, statt mehr desselben!* Und genau das meint dieser Wert: Wir nehmen das auf, was ist, und machen damit weiter.

Fehlinterpretation: Oft wird dieser Wert – ausgelegt als *„Eingehen auf Änderungen* STATT *Planverfolgung"* – für ein chaotisches Vorgehen von Agilität verstanden: *„Jeder macht, was er will, keiner macht was er soll, und alle machen mit."* Agilität ist kein unkontrolliertes, plan- und zielloses Handeln in den Tag hinein. Agilität heißt ganz klar, zu planen! Allerdings eben nicht komplett bis zum Ende durch, sondern im Nahbereich – den nächsten Schritt – ausführlicher und je weiter in der Zukunft liegend, desto vager, desto weniger. In der Gewissheit, dass wir nicht wissen können, was die Zukunft bringt, dass wir nicht wissen können, was das Ergebnis (und mögliche unbeabsichtigte Seiteneffekte) des nächsten Schrittes sein wird. Und in diesem unsicheren Kontext eine vollständige Planung zu versuchen wäre Verschwendung!

Zusammenfassung: Wir nehmen das auf, was ist, was geschieht, und bauen es in unser weiteres Vorgehen ein. Wir machen damit weiter, statt unseren noch so genialen vorab definierten Plan unverändert umzusetzen.

3.4 Allgemeine agile Prinzipien

Ein *agiles Prinzip* ist ein Leitsatz für die agile Arbeit [WikiAS]. Es ergänzt die agilen Werte und gibt Hilfestellungen im praktischen Tun. Gleichzeitig ist es so offen formuliert, dass genügend Freiheit für die individuelle Umsetzung entsteht. Auch hier gilt wieder: kein Rezept, keine Bauanleitung, sondern eine Anregung zum bewussten Entwickeln der eigenen Agilität, des eigenen Vorgehens.

Die Herausgeber des Agilen Manifestes haben in den agilen Prinzipien die Punkte, die ihnen besonders wichtig sind und die aus ihrer Sicht exakt eingehalten werden sollen, präziser/strenger formuliert und andere, ihnen nicht ganz so wichtige Punkte, eher vage/weicher formuliert.

Im Folgenden werden die 12 Prinzipien des Agilen Manifestes [Man01b] sowie deren Verallgemeinerung als *Radical Management* [Den10] erläutert.

Die im Agilen Manifest formulierten agilen Prinzipien orientieren sich an der Tätigkeit eines Teams und sind als Ansprache an ein Team formuliert. Im Gegensatz dazu ist die Formulierung des *Radical Management* stärker an das Management adressiert.

Die 12 Prinzipien des Agilen Manifestes

Die 12 Prinzipien des Agilen Manifestes geben Hinweise und Anregungen, was zu tun ist, um agil zu sein. Diese Anregungen sind sehr nah an den Tätigkeiten eines ((Software-)Entwicklungs-)Teams formuliert. Verallgemeinerungen auf andere Bereiche der Kopfarbeit sind leicht zu formulieren.

Weitere Ausführungen zu den agilen Prinzipien sind u.a. in Larry Apke *Unterstanding The Agile Manifesto. A Brief & Bold Guide to Agile* [Apk15] zu finden.

Prinzip #1: Unsere höchste Priorität ist es, den Kunden durch frühe und kontinuierliche Auslieferung wertvoller {Leistung} zufriedenzustellen.

Dieses Prinzip betont:

- *„Unsere höchste Priorität"* ist das, worum wir uns vorrangig kümmern, das, was für uns die Aufgabe Nr. 1 darstellt.
- *„Kunden … zufriedenzustellen"*: Es geht um einen außerhalb unseres Teams/ unserer Organisation stehenden Menschen, für den wir handeln, der uns wichtig ist, der Ziel und Maßstab unserer Handlungen ist. Hier ist wieder implizit eingebaut, zu *einem* Zeitpunkt nur *einen* Kunden und damit *eine* {Leistung}, an der man arbeitet, zu haben.
- *„frühe und kontinuierliche Auslieferung"*: Es geht um eine Lieferung an den Kunden so früh wie möglich, sogar noch als Konzept, um an seiner Reaktion und aus seinem Feedback zu lernen. Und es geht darum, permanent immer wieder den Kunden mit einer neuen Version der {Leistung} zu versorgen, um immer wieder zu prüfen, ob diese seinen Vorstellungen und Erwartungen entspricht, und möglichst nah an diesen zu entwickeln. Wie oft „kontinuierlich" meint, muss das Team für sich selbst definieren.
- *„wertvolle Leistungen"*: Das Einzige, was zählt, ist eine funktionierende {Leistung} (s.o. Wert *„Funktionierende {Leistung} hat Vorrang vor ausgedehnter Dokumentation"*). Und diese von uns gelieferte {Leistung} ist „wertvoll", sie bietet unserem Kunden einen Wert. Das heißt dann auch, dass wir nichts entwickeln, was keinen Wert für den Kunden darstellt und daher Verschwendung bedeutet. Was genau „wertvolle Leistungen" und was „Wert" bedeutet, muss das Team in der Interaktion mit seinem Kunden eigenständig herausfinden. Wertvolle Leistungen meint an der Stelle auch, dass die wichtigsten {Leistung}smerkmale, d.h. diejenigen, die für den Kunden den höchsten Wert darstellen und auf die als Letzte verzichtet werden kann, als Erste realisiert werden müssen. Anschließend

werden die dann in der Wichtigkeit folgenden {Leistung}smerkmale umgesetzt usw. Und zwar so lange, bis die {Leistung} alle Funktionen enthält, die dem Kunden so wichtig sind, dass er bereit ist, dafür zu bezahlen. „Not-necessary-but-nice-to-have"-Funktionen, also Funktionen, die der Kunde gerne mitnimmt, für die er allerdings nicht bereit ist, zu bezahlen, werden nicht umgesetzt, werden nicht realisiert! Verschiedene Studien haben gezeigt, dass zwischen 65 % und 80 % aller Funktionen eines (Software-)Produktes nicht genutzt werden. Deren Entwicklung ist Verschwendung, denn sie stellen keinen Wert für den Kunden dar – sonst würden sie ja genutzt (und auch bezahlt) werden.

Zusammenfassung: Für uns als Team ist es das Allerwichtigste, unseren Kunden so früh wie möglich und dann kontinuierlich immer wieder durch für ihn wertvolle {Leistung} zufriedenzustellen.

Prinzip #2: Heiße Anforderungsänderungen selbst spät in der Entwicklung willkommen. Agile Prozesse nutzen Veränderungen zum Wettbewerbsvorteil des Kunden.

Dieses Prinzip betont:

- „*Anforderungsänderungen*": Änderungen in den Anforderungen an die {Leistung}. Klassischerweise werden die Spezifikationen vorab festgelegt und dann umgesetzt. Agil ist, auch Änderungen an den Spezifikationen der {Leistung} zu erlauben, auf Neues einzugehen.
- „*… spät in der Entwicklung …*": Je weiter fortgeschritten ein Entwicklungsprozess ist, also „später in der Entwicklung", desto mehr ist bereits fertig und desto aufwendiger sind Änderungen. Beim Bau der 5. Etage eines sechsstöckigen Hauses ist der Bau schon relativ weit fortgeschritten. Zu diesem Zeitpunkt eine Änderung zu einem dreistöckigen oder gar einem einstöckigem Haus im Bungalow-Stil zu machen, ist aufwendig – allerdings nicht unmöglich. Die Kunst besteht darin, beim Bauen von vornherein derartige Änderungen zu ermöglichen, indem die Architektur etc. entsprechend gestaltet werden – dies ist bei Software verhältnismäßig einfach. Die Kunst ist, beispielsweise durch *Rapid Prototyping* mittels 3D-Drucker, dies auch für Hardwareentwicklung ermöglichen.
- „*Agile Prozesse nutzen Veränderungen zum Wettbewerbsvorteil des Kunden*": Zentraler Punkt von Agilität ist, den Kunden zufriedenzustellen. Und am zufriedensten ist der Kunde, der seinerseits Wettbewerbsvorteile ausspielen kann und dadurch seine Marktposition halten oder sogar ausbauen kann. Denn das *Überleben unserer* Organisation hängt vom *Überleben unserer Kunden* ab! Wenn unsere Kunden aufgrund schlechter Leistungen von uns zu überhöhten Preisen pleitegehen, bekommen wir ein Problem! Daher ist unser Ziel, unsere Kunden so wettbewerbsfähig zu halten, so gut wir können.

Zusammenfassung: Wir freuen uns über Änderungen in den Anforderungen unserer {Leistung} – auch wenn die Entwicklung schon sehr fortgeschritten ist. Denn diese Änderungen führen dazu, dass unser Kunde wettbewerbsfähig bleibt – mit der Konsequenz, dass dieser uns als Kunde lange erhalten bleibt und wir lange mit ihm zusammenarbeiten werden.

Prinzip #3: Liefere funktionierende {Leistung} regelmäßig innerhalb weniger Wochen oder Monate und bevorzuge dabei die kürzere Zeitspanne.

Dieses Prinzip betont:

- *„funktionierende {Leistungen}"*: Auch hier wieder die Betonung auf eine nutzbare {Leistung} (vgl. die Darstellung zum agilen Wert *„Funktionierende Leistung hat Vorrang vor ausgedehnter Dokumentation"*). Das Einzige, was unserem Kunden etwas nutzt, ist eine funktionierende und nutzbare {Leistung}, egal wie fortgeschritten die Entwicklung ist. Wichtig ist an dieser Stelle, zu betonen, dass die an den Kunden gelieferte {Leistung} wirklich nutzbar im Sinne von einsatzfähig ist. Das heißt jede gelieferte Vorab-{Leistung} (im agilem Umfeld *„Produktinkrement"* genannt) muss funktionieren! Und zwar in *allen* Funktionen, die sie anbietet. Alle Features, alle Merkmale, welche die {Leistung} mitbringt, müssen wirklich funktionieren. Es gibt dabei keine „Wir-tun-mal-so-als-ob"- oder „Später-sieht-das-eh-ganz-anders-aus-Funktionen." Das was da ist, ist echt und bleibt dann auch so!
- *„Liefere … regelmäßig innerhalb weniger Wochen oder Monate …"*: Dieser Teil beinhält zwei Aussagen:
  - *„regelmäßig"*, d.h. kontinuierlich immer wieder, und
  - *„innerhalb weniger Wochen oder Monate"*, d.h. in kurzen Abständen, dies bedeutet dann jeweils kleinere {Leistung}sfortschritte, die der Kunde bekommt. Eine regelmäßige Lieferung der entstehenden {Leistung} – sogenannte „{Leistung}sinkremente" – ist wichtig, um mit der Entwicklung nahe am Kunden zu bleiben, sein Feedback aufzunehmen und *richtigen* Dinge zu entwickeln.
- *„ … bevorzuge dabei die kürzere Zeitspanne"*: Da wir schnell lernen wollen, was der Kunde braucht, was ihm wichtig ist, ob wir die {Leistung} in der in seinem Sinne richtigen Richtung entwickeln, müssen wir nah am Kunden bleiben und schnelles Feedback von ihm einholen – je schneller, desto besser. Je schneller wir Feedback bekommen, desto schneller können wir Fehlentwicklungen korrigieren und wieder die richtigen Dinge machen. Gleichzeitig können wir kleinere Schritte machen – d.h., Fehlentwicklungen – und damit deren Kosten – werden auch kleiner. Und es ist unsere Verantwortung, herauszufinden, welches für uns die optimale Zeitspanne ist. Im Zweifel ist schnelleres Lernen (durch kürzere/kleinere Schritte) besser als langsameres Lernen (durch größere Schritte).

Zusammenfassung: Wir liefern regelmäßig unserem Kunden eine funktionierende {Leistung}. Wir liefern so schnell und so oft, wie wir dies für sinnvoll erachten, um die {Leistung} so schnell wie möglich so gut wie möglich und so nah wie möglich am Kunden zu erstellen.

Prinzip #4: Fachexperten und Entwickler müssen täglich zusammenarbeiten.

Vollständig lautet dieses Prinzip *„Fachexperten und Entwickler müssen während des Projektes täglich zusammenarbeiten."* Der Teilsatz *„während des Projektes"* kann entfallen: Sie müssen immer zusammenarbeiten, nicht nur in Projekten. Zur Thematik „Projekt" und Agilität wird im nachfolgenden Prinzip näher eingegangen.

Im englischem Original steht *„Business people and developers"*, dies wurde von Betreibern der Webseite http://agilemanifesto.org/ mit *Fachexperten* übersetzt. In dieser Übersetzung dürfen diejenigen nicht vergessen werden, welche die nicht fachlichen Themen rund um die {Leistung} verantworten, wie Vertrieb, Marketing etc. Die folgenden Aussagen schließen sie mit ein.

Dieses Prinzip betont:

- *„Fachexperten und Entwickler"*: Es gibt Experten zu jedem Fachthema. Ihr Wissen ist unersetzbar und muss daher direkt genutzt werden. Ein Entwickler kann und muss auch nicht alles wissen. Er muss „nur" jemanden kennen, der es weiß. Diese Interaktion (Zusammenarbeit, s. agiler Wert *„Individuen und Interaktion vor Prozessen und Werkzeugen)"* muss auf Augenhöhe erfolgen. Das heißt, der Experte ist nicht besser, nur weil er spezielles Wissen in einer bestimmten Domäne hat. Er berät – und coached – den Entwickler zu (s)einem dedizierten Thema. Die Entscheidung – und damit auch die Verantwortung – für die Lösung bleibt beim Entwickler. Er muss dem Kunden Rede und Antwort für die gefundene Lösung stehen – er ist und bleibt in der direkten Verantwortung gegenüber dem Kunden. Dass der Experte dem Entwickler gegenüber die Verantwortung trägt, sollte klar sein. In der Praxis funktioniert dieses Prinzip sehr gut, z.B. beim Musikportal *Spotify*.
- *„müssen ... täglich zusammenarbeiten"*: Experte und Entwickler arbeiten täglich zusammen – zum beiderseitigem Nutzen. Der Experte kann sein Wissen an der Praxis überprüfen, anpassen und ausbauen, der Entwickler erweitert sein Wissen und kann sich zum Experten entwickeln (s. Modell „Shu – Ha – Ri" in Abschnitt III.2.3).

Zusammenfassung: Fachexperten und Entwickler arbeiten jeden Tag auf Augenhöhe vertrauensvoll zusammen und finden gemeinsam die beste Lösung für den Kunden.

Prinzip #5: Organisiere Arbeit rund um motivierte Individuen. Gib ihnen das Umfeld und die Unterstützung, die sie benötigen, und vertraue darauf, dass sie die Aufgabe erledigen.

Im Original heißt es *„Errichte Projekte rund um motivierte Individuen"* (*„Build projects around motivated individuals."*): Diese Formulierung kann in die Irre führen, da Agilität den Fokus auf *Produkte* und nicht auf *Projekte* legt. Der Unterschied:

- *„auf Produkte"*: Ausrichtung auf die Belange des Kunden, auf das, was er als Leistung von uns erhält und was für ihn Wert darstellt.
- *„auf Projekte"*: Ausrichtung auf die Belange der leistungserbringenden Organisation, Optimierung und Auslastung ihrer Prozessen.

Nun könnte hier auch *„Errichte Produkte ..."* stehen. Um auch jenen einen Bezug zu Agilität zu geben, die keine direkten Produkte erstellen, wird zunächst die Formulierung *„Organisiere Arbeit ..."* bevorzugt. Im Laufe der Weiterentwicklung der eigenen Agilität muss dann auch diskutiert werden, für wen die eigene Leistung ein Produkt darstellt und was daran für wen welchen Wert hat. Es muss also im Laufe der Zeit eine Sichtweise auf *„Meine Leistung als Produkt"* erreicht werden und dann zur Formulierung *„Errichte Produkte ..."* übergegangen werden.

Dieses Prinzip betont:

- *„Organisiere Arbeit rund um motivierte Individuen."* In diesem Prinzip geht es um den einzelnen Menschen – das Individuum. Es hat keinen Zweck und damit auch keinen Wert, ihm eine Aufgabe zu übertragen, wenn er dazu nicht motiviert ist. Sollte Motivation fehlen, so ist zuerst dies anzugehen (s. Hinweise dazu in *„Wie*

Motivation gelingt" in Abschnitt III.2.3). Dieses Prinzip bezieht sich auf den Wert *„Individuen und Interaktionen haben Vorrang vor Prozessen und Werkzeugen"* und drückt aus, dass es immer um den konkreten Einzelnen geht, den wir vor uns haben. Menschen sind eben keine beliebig ausbeutbare Ressource, sie sind *konkrete Wesen mit konkreten Bedürfnissen* (s. Darstellung zu „Menschenbild" in Abschnitt III.2.2). Und auf beides müssen wir Bezug nehmen. Erst wenn es den Individuen gut geht, ihre Bedürfnisse erfüllt und sie damit leistungsbereit und leistungsfähig sind, ist es überhaupt möglich, sie mit Aufgaben zu betrauen. Dass der Mitarbeiter auch die notwendigen Kompetenzen, Fertigkeiten und Fähigkeiten braucht, um seine Aufgaben zu erledigen, sollte klar sein – denn fehlen diese, kann sich Motivation nicht einstellen.

- *„Gib ihnen das Umfeld und die Unterstützung, die sie benötigen ..."*: Menschen – und jedes einzelne Individuum – brauchen konkrete Rahmenbedingungen, in denen sie handlungs- und leistungsfähig sind. Diese Rahmenbedingungen können – und werden es sehr wahrscheinlich auch – sehr unterschiedlich sein. Es gibt eben 8 Milliarden Individuen und keine Kategorien wie „die Entwickler" etc. Daher werden sich die Rahmenbedingungen jeweils unterscheiden. Werden die Menschen hier „abgeholt", wird auf ihre konkreten Bedürfnisse eingegangen und werden diese so gut es geht erfüllt, dann überraschen sie uns immer mit ihrer Kreativität, Leistungsbereitschaft und Leistungsfähigkeit. Da Menschen auch Autonomie brauchen (s. Abschnitt III.2.3), kann hier sehr gut auf Selbstorganisation gebaut werden, indem wir den Menschen die Ressourcen und Freiheiten geben, sich die Bedingungen selbst zu schaffen, die sie brauchen, um produktiv zu sein. Büros müssen nicht wie Legebatterien aussehen – das interessiert nicht

Abbildung 29: So sehen „Büros" bei Spotify aus ...

nur den Kunden nicht, sondern es schafft auch keinen Mehrwert für ihn – es geht auch besser (Abbildung 29).

- *„ … vertraue darauf, dass sie die Aufgabe erledigen"*: Agilität lebt sehr stark von zwei Voraussetzungen, die miteinander verknüpft sind – ja sogar die beiden Seiten derselben Medaille darstellen: *Vertrauen und Verantwortung* (s. Abschnitt III.2.4). Und zwar jeweils *in sich* als auch *in andere* und *für sich selbst* als auch *für andere*.

Dass hoch spezialisierte Teams nicht mit Mikromanagement geführt werden können, ist klar. Und auch „normale" Teams sind Spezialisten auf ihrem Gebiet, ja vielleicht sogar hoch spezialisiert auf „ihrem kleinen Gebiet". Es ist schon seit einiger Zeit nicht mehr möglich – und von diesem auch nicht gewollt –, dass ein Manager alle Details und Einzelheiten der Tätigkeiten eines Teams so gut versteht und durchdringt wie das ganze Team selbst. Dann erkennen wir das an und lassen das! Und vertrauen dem Team, dass es die unter den gegebenen Bedingungen beste Lösung finden wird. Das Team wird – normalerweise – keine Sabotage betreiben, denn auch der Job jedes einzelne Teammitglieds hängt vom Erfolg der {Leistung} ab! Teams werden nie ihre Arbeitsplätze gefährden. Dass Teamleistungen besser als die Lösungen Einzelner – sogar von Experten – sind, ist bekannt (s. Abschnitt III.2.6). Wir können Teams vertrauen! Auf der Gegenseite werden das Team und jeder Einzelne im Team sehr klar die Verantwortung spüren, die sie tragen. Und sie werden dieser Verantwortung nachkommen, wenn diese zu einem für jeden Einzelnen individuell sinnvollen Ziel führt (s. Darstellung zu *Motivation durch Sinn* in Abschnitt III.2.3). *Die Menschen wollen – wir müssen sie nur lassen!*

Zusammenfassung: Die Menschen wollen – man muss sie nur lassen! Gib ihnen das Umfeld, die Rahmenbedingungen und die Unterstützung, die sie benötigen, um ihre Leistung zu erbringen. Und vertraue ihnen, sie werden ihrer Verantwortung nachkommen.

Prinzip #6: Die effizienteste und effektivste Methode, Informationen an und innerhalb eines Entwicklungsteams zu übermitteln, ist im Gespräch von Angesicht zu Angesicht.

Dieses Prinzip bezieht sich auf den Wert *„Individuen und Interaktionen haben Vorrang vor Prozessen und Werkzeugen"*. Menschen sind soziale Wesen. Menschen wollen mit Menschen reden. (Auch wenn nicht jeder Entwickler vielleicht diesen Eindruck macht, vielleicht will er nicht mit *jedem* reden.) Kommunikation besteht zu mindestens 70 % aus nonverbalen Anteilen – dies ist in verschiedenen Studien nachgewiesen worden. Diese geht bei allen Kommunikationsformen – außer der von Angesicht zu Angesicht – verloren! Menschen sind eben keine Computer, die ausschließlich den Inhalt dekodieren. Menschen sind emotionale Wesen, die denken können (Emotionen werden im Gehirn deutlich schneller verarbeitet als Gedanken) – und genau diese emotionale (nonverbale) Komponente ist nur in der Kommunikation von Angesicht zu Angesicht gegeben. Daher ist diese Kommunikationsform durch nichts zu ersetzen.

Prinzip #7: Funktionierende {Leistung} ist das wichtigste Fortschrittsmaß.

Dieses Prinzip betont zwei Aspekte:

- *„Funktionierende {Leistung}"*: Ausführungen dazu s.o., jedes an den Kunden übergebene {Leistung}sinkrement muss vollständig nutzbar sein.
- *„wichtigste Fortschrittsmaß"*: Permanentes Messen ist einer der zentralen Aspekte in Agilität (s. Ausführungen zu Messkriterien im „Exkurs: messen und Messkriterien" in Abschnitt III.4.1). Fortschritt kann sich nur daran zeigen, wie der Wert für den Kunden in unserer Leistung zunimmt. Daher kann nur die {Leistung} das Maß aller Dinge sein. Nur an deren Vervollständigung und der Zunahme an Wert zeigen wir, dass die Zeit und Ressourcen, die wir für die Entwicklung der {Leistung} aufwenden, sinnvoll investiert und keine Verschwendung waren.

Zusammenfassung: Nur eine {Leistung}, die immer vollständiger die Kundenanforderungen erfüllt, zeigt uns, dass wir uns auf das Ziel hin bewegen.

Prinzip #8: Agile Prozesse fördern nachhaltige Entwicklung. Die Auftraggeber, Entwickler und Benutzer sollten ein gleichmäßiges Tempo auf unbegrenzte Zeit halten können.

The only way to go fast is to go well.

– Bob Martin, Experte für Softwarequalität

Dieses Prinzip betont:

- *„Agile Prozesse fördern nachhaltige Entwicklung."* Agilität ist nichts, das „mal schnell für eine Feuerwehraktion" eingesetzt werden kann – es ist ein grundlegender Paradigmenwechsel. Seine gesamte Wirkkraft entfaltet Agilität daher auch nicht sofort, sondern im Laufe der Zeit. Agilität ist keine Schmerztablette, sondern eine Lebensumstellung! Das heißt, die Organisation wird kontinuierlich und stetig besser. Die durch Agilität angestoßenen Veränderungen sind grundsätzlicher Art – sie verbessern die Anpassungsfähigkeit der Organisation und damit deren Überlebensfähigkeit so lange, wie man agil ist! Im Umkehrschluss gilt natürlich, dass alles, was nicht nachhaltig ist, nicht agil sein kann. Dies ist eine normative Vorgabe.
- *„Die Auftraggeber, Entwickler und Benutzer sollten ein gleichmäßiges Tempo auf unbegrenzte Zeit halten können."* Ein zunehmendes Problem der heutigen Zeit ist das Ausbrennen von Mitarbeitern. Durch Anstrengungen und Überstunden wird versucht, nicht funktionierende Paradigmen und Prozesse zu kompensieren. Das kann nicht gut gehen – schon gar nicht auf Dauer. Menschen sind eben keine Maschinen, die es gilt, noch besser auszulasten. Durch eine veränderte – eben agile – Art der Organisation der Arbeit und der Zusammenarbeit wird eine Arbeitsgeschwindigkeit erreicht, die dauerhaft durchhaltbar, die dauerhaft gesund ist. Auch hier geht es wieder um die Individuen und ihre Bedürfnisse.

Dieses Prinzip geht auf die Balance zwischen Geschwindigkeit und Qualität ein. Es nutzt nichts, schnell eine {Leistung} auszuliefern und gleichzeitig technische Schulden anzuhäufen – dies ist *projektzentriertes* Denken. Agilität ist *produktzentriertes* Denken: Es geht darum, nachhaltig die beste {Leistung} für den Kunden zu erstellen, und nicht, die eigenen Belange zu optimieren, die eigene Prozesse einzuhalten und optimal auszuführen. Agilität heißt auch, die eigenen Prozesse anzupassen, wenn diese nicht zum besten Ergebnis führen. Diese Eigenverantwortung ist es auch, was Agilität ausmacht: Es gibt eben keine standardisierten und unternehmensweit einheitlich gültigen Prozesse, sondern nur für jedes Team individuell optimale Prozesse. Regt sich hier Widerstand, ist noch einmal über den Wert *„Individuen und Interaktionen haben Vorrang vor Prozessen und Werkzeugen"* nachzudenken …

Zusammenfassung: Nur eine nachhaltige Entwicklung kann auch agil sein. Die richtige Arbeitsgeschwindigkeit ist die, die alle Beteiligten unbegrenzt dauerhaft durchhalten. Die richtigen Prozesse sind die, die dem Team helfen, optimal seine Leistung zu erbringen.

Prinzip #9: Ständiges Augenmerk auf technische Exzellenz und gutes Design fördert Agilität.

Dieses Prinzip appelliert daran, permanent die technisch beste Lösung anzustreben – und zwar sowohl in dem, was inhaltlich erstellt wird, als auch in der Vorgehensweise, also in der Art und Weise, wie diese Lösung erstellt wird. Beides führt zu einer nachhaltig wettbewerbsfähigen {Leistung} für den Kunden und zur eigenen kontinuierlichen Verbesserung der Vorgehensweise und Lösungsansätze.

Zum Verständnis:

- *„Ständiges Augenmerk auf … Exzellenz"* bedeutet, an der eigenen Exzellenz zu arbeiten. Dies erfordert, permanent zu lernen und besser zu werden. Technische Exzellenz bedeutet auch, auftretende Probleme wirklich nachhaltig zu lösen und nicht nur einen *„Workaround"* zu schaffen, der die aktuell auftretenden Symptome behebt, den Fehler nicht an der Wurzel packt, sondern nur verdeckt und in die Zukunft verschiebt – dieses *„Pflasterkleben"* ist keine nachhaltige Lösung. Derartige Lösungen bauen „technische Schulden" (*technical debts*) auf, die unter Garantie irgendwann einmal fällig werden und teuer bezahlt werden müssen. So hatte ein ehemaliger deutscher Hersteller von Mobiltelefonen derartige technische Schulden aufgebaut, dass von einer Generation von Mobiltelefonen zur nächsten 80 % der Software komplett neu geschrieben werden mussten. (Der damalige Vergleichswert bei Wettbewerbern lag bei 20 %.) Dies führte dazu, dass die Entwicklung zu lange dauerte (und zu teuer war), dadurch die Mobiltelefone zu spät auf den Markt kamen und das Zeitfenster einer optimalen Vermarktung immer verpassten. Da der am Markt erzielbare Endkundenpreis durch den Wettbewerb mit vergleichbaren Geräten vorgegeben war, konnten die entstehenden Kosten nicht mehr gedeckt werden, was letztendlich zur Pleite des Unternehmens und zum Verlust von mehreren Tausend Arbeitsplätzen führte. Technische Schulden müssen eben irgendwann bezahlt werden …
- *„Gutes Design"* bezieht sich auf die Struktur der {Leistung}. Diese muss nachhaltig sein, muss Wartung und Pflege sowie eine Weiterentwicklung der {Leistung} ermöglichen. Alles andere wäre Verschwendung! Bei jeder {Leistung} „das Rad neu zu erfinden" ist Verschwendung! Dieses Prinzip definiert nicht, was „gut" bedeutet. Dies muss jeder für sich herausfinden – und dann permanent weiterentwickeln. Was heute gut ist, kann morgen schon überholt sein. Auch hier geht es darum, kontinuierlich besser zu werden.

Zusammenfassung: Agilität wird durch technische, ehrliche und exzellente Lösungen gefördert.

Prinzip #10: Einfachheit – die Kunst, die Menge nicht getaner Arbeit zu maximieren – ist essenziell.

Dieses Prinzip – das durchaus Zen-Charakter hat – betont, sich auf die wesentlichen Aspekte zu konzentrieren, darauf, was vom Kunden genutzt wird und daher Wert für ihn darstellt. Aus verschiedenen Studien ist bekannt, dass nur ca. 20 % der Funktionen eines Produktes (meist Software) auch wirklich genutzt werden – und somit einen Wert für den Kunden darstellen. Ungenutzte {Leistung}sfunktionen sind wertlos – und damit Verschwendung. Agilität bedeutet, sich darauf zu konzentrieren, was der Kunde wirklich nutzt und was er wirklich braucht und *„Overengineering"* zu vermeiden. Wie bekommt man raus, was der Kunde will und braucht? Nur durch direkten Kontakt mit ihm! Dazu erhält der Kunde regelmäßig weiterentwickelte {Leistung}sinkremente, die jeweils die Funktionen, die umgesetzt sind, voll und final funktionierend bieten. Und bei dieser Umsetzung beginnt man mit den für den Kunden wichtigsten Funktionen. Wie bekommt man das raus? *„Individuen und Interaktionen …"* Indem der Kunde diese Funktionen priorisiert! Agilität setzt also auch einen agilen Kunden voraus! Im agilen Vorgehen trägt der Kunde die Verantwortung dafür, zu wissen, was er will, und seine Anforderungen in eine priorisierte Reihenfolge zu bringen. Diese Reihenfolge kann – darf – und wird sich auch während der {Leistung}sentwicklung ändern und es werden neue Wünsche an Funktionen dazukommen. Agil sein, heißt, hierauf flexibel zu reagieren.

Zusammenfassung: Die Kunst besteht darin, nur das zu tun, was notwendig ist, nur das zu erstellen, was gebraucht – und damit auch bezahlt – wird. Um dies zu wissen, muss man eng am Kunden sein.

Prinzip #11: Die besten Strukturen, Anforderungen und Entwürfe entstehen durch selbstorganisierte Teams.

Original lautet dieses Prinzip: *„Die besten Architekturen, Anforderungen und Entwürfe entstehen durch selbstorganisierte Teams."* Dabei bezieht sich „Architektur" auf die Struktur der Software, die entwickelt wird. Um dieses Prinzip so allgemein wie möglich zu formulieren, wird hier „Struktur" statt „Architektur" verwendet, auch in seiner Mehrdeutigkeit, die sich auf Strukturen der Teamorganisation u.Ä. beziehen kann.

Dieses Prinzip betont den Aspekt der Selbstorganisation – ein zentrales Thema im Agilen. Agilität geht von mündigen, vernünftigen erwachsenen Menschen aus, von Menschen, die Verantwortung für ihr Leben übernehmen, von Menschen, die vertrauenswürdig sind (s. Abschnitte III.2.2 und III.2.4). Und diese finden nicht nur die passenden Lösungen für die {Leistung}, sondern auch die für sie passende Art und Weise der Zusammenarbeit. Menschen brauchen die Freiheit, sich so zu organisieren, wie sie es mögen und für richtig halten.

Zusammenfassung: Dieses Prinzip stellt heraus, dass die beste Lösung dann entsteht, wenn Menschen sich und ihre Arbeit selbst organisieren.

Prinzip #12: In regelmäßigen Abständen reflektiert das Team, wie es effektiver werden kann, und passt sein Verhalten entsprechend an.

Dieses Prinzip spricht die kontinuierliche Verbesserung der Vorgehensweise des Teams an. Um besser zu werden, um zu lernen, wie die Dinge *richtig* gemacht werden, muss die Feedbackschleife geschlossen werden (s. „Exkurs: Lernen strukturieren – Iterationen" in Abschnitt III.4.1). Dazu muss das eigene Vorgehen reflektiert werden. Erst diese Reflexion des eigenen Tuns ermöglicht es, zu verstehen, was wie funktioniert in dem, was wir machen, und wie es besser gemacht werden kann.

„In regelmäßigen Abständen" bedeutet, immer und immer wieder, hier muss man permanent dranbleiben, darf sich nicht „auf seinen Lorbeeren ausruhen". Wie oft diese Reflexionen erfolgen sollen, muss das Team selbst entscheiden. Oft ergibt sich die Häufigkeit durch Rahmenbedingungen, z.B. die Sequenz der Iteration: Bei einen Scrum Sprint in der Länge von 14 Tagen ergeben sich ebenfalls alle 14 Tage Retrospektiven.

Zusammenfassung: Dieses Prinzip stellt heraus, dass permanente Verbesserung in den Arbeitszyklus eingebaut werden muss.

Radikal Management – die sieben Prinzipien kontinuierlicher Innovation, tiefer Jobzufriedenheit und Kundenerfreuung

Steve Denning verallgemeinerte in seinem Buch *The Leader's Guide to Radical Management* [Den10] die 12 agilen Prinzipien mit Fokus auf Management. Im Gegensatz dazu orientieren sich die agilen Prinzipien in der Formulierung des Agilen Manifestes (s. Abschnitt „Die 12 Prinzipien des Agilen Manifestes") an der Tätigkeit eines Teams, sind als Ansprache an ein Team formuliert.

Zentrales Ziel ist bei Denning, den *Kunden zu erfreuen* („Delight Clients"). Dazu arbeiten wir in *kundengetriebenen Iterationen* und *liefern in jeder Iteration Wert an den Kunden*. Um dieses komplexe Ziel zu erreichen, brauchen wir ein komplexes Vorgehen (s. „Exkurs: Komplexität" in Kapitel I.1 und „Das Gesetz von Ashby" in Abschnitt IV.1.1). Dies erreichen wir durch *selbstorganisierte Teams, kontinuierliche Selbstverbesserung, radikale Transparenz* und *interaktive Kommunikation*. Dies sind die 7 Prinzipien von Denning, die im Folgenden vorgestellt und erläutert werden. Zusätzlich werden zu jedem Prinzip Praktiken angegeben.

Die Ausführungen in diesem Abschnitt basieren auf Steve Dennings Buch [Den10]; für eine tiefere und detailliertere Auseinandersetzung sei die Lektüre empfohlen.

Prinzip #1: Kunden erfreuen: Fokussiere die Arbeit darauf, den Kunden zu erfreuen

Zum 40. Geburtstag des VW Golf schrieb der Spiegel [Spi16]:

> *Kein geringerer als Porsche-Enkel Ferdinand Piëch erhielt bei Porsche den Auftrag, einen Versuchsträger zu bauen. Die Vorgaben: Das Auto sollte sportlich, komfortabel, fahrsicher, geräumig und kompakt sein. Der Ingenieur dachte zuerst mal an die gute alte Porsche-Tradition: Leistung ist durch nichts zu ersetzen. Er installierte beim EA266 einen wassergekühlten 1,6-Liter-Unterflur-Mittelmotor mit 100 PS, der den Prototypen knapp 190 km/h schnell laufen ließ – zum Entsetzen der Wolfsburger Verantwortlichen. Denn der Käfer-Nachfolger sollte vor allem preiswert und praktisch sein. Der VW-Vorstand stoppte das Projekt.*

Diese Darstellung zeigt den immer noch typischen Ansatz in der Produktentwicklung: Große Kinder – Ingenieure – wollen sich austoben und zeigen, was sie Tolles können. (Da der Autor u.a. auch Ingenieur ist, kann er dies sehr gut einschätzen.)

In diesem Prinzip geht es um den *Sinn der Arbeit*. Wie verschiedene wissenschaftliche Untersuchungen zeigen, ist Sinn immer nur *in Bezug auf andere Menschen* denkbar (Frankl [Fra76], Gergen [Ger94]). Wenn Sinn nur auf andere Menschen bezogen vorstellbar ist, dann muss dies auch auf Arbeitstätigkeiten zutreffen. Der Sinn von Arbeit und von Arbeitstätigkeiten muss sich also auf jemanden anders als den Arbeitenden beziehen: *den Kunden*.

Apropos Kunde: Wer ist das eigentlich? Ein Kunde ist jemand, der mit *eigenem* Geld ein Produkt oder eine Leistung bezahlt.

War das Ziel bisheriger Arbeitstätigkeiten ein Produkt und/oder Service, geht es nun – die Wettbewerbsregeln haben sich geändert, es gibt überwiegend nur noch Verdrängungswettbewerb – um den *Kunden als Menschen*. Damit ändert sich auch das Primärziel von Organisationen: von *Dingen* zu *Menschen*.

Gleichzeitig veränderte sich die Masse der Tätigkeiten von Hand- zu Kopfarbeit – mit gravierenden Folgen für Management: Kopfarbeit ist komplett anders! Anders zu managen – falls das überhaupt geht –, anders zu führen, anders zu motivieren.

Im Gegensatz zur Handarbeit kann die für Kopfarbeit notwendige Initiative, Kreativität und Leidenschaft nicht angeordnet werden, sie ist – nach Gary Hamel [Ham07, 08] – wie *ein Geschenk an die Organisation* zu sehen, zu dem sich die Mitarbeiter tagtäglich entscheiden. Und um dieses Geschenk zu bekommen, müssen die Organisationen *mehr* als nur Geld bieten – einen *Sinn*, der die Mitarbeiter anspricht, sie intrinsisch motiviert. Und andere Menschen – Kunden – zu erfreuen ist von Natur aus motivierend.

Peter Drucker definierte 1973 in seinem Buch *Management* [Dru73, 09] den Zweck eines Unternehmens:

> *Sein Zweck muss außerhalb des Unternehmens liegen; er muss in der Gesellschaft liegen, da ein Wirtschaftsunternehmen ein Organ der Gesellschaft ist. Es gibt nur eine gültige Definition des Unternehmenszwecks: einen Kunden zu schaffen. ... Es ist der Kunde, der entscheidet, was ein Unternehmen ist. Es ist der Kunde allein, dessen Bereitschaft, für eine Ware oder eine Dienstleistung zu zahlen, wirtschaftliche Ressourcen in Wohlstand umwandelt, Sachen in Waren. Und was der Kunde kauft und als einen Wert ansieht, ist niemals ein Produkt. Es ist immer Nützlichkeit, das heißt, was ein Produkt oder eine Dienstleistung ihm bietet.*

Wir arbeiten also immer für einen Kunden. Und die Bedeutung unserer Arbeit liegt dann in der Bewertung *durch den Kunden*. Der Sinn unserer Arbeit kann nur sein, diesen Kunden zu erfreuen.

Der Erfolg der Erfreuung des Kundens kann mit dessen Weiterempfehlungsrate, wie z.B. dem → *Net Promoter Score* (*NPS*, s. Abschnitt IV.3.1), gemessen werden.

Praktiken zu diesem Prinzip

In seinem Buch gibt Denning folgende Hinweise für Praktiken zu diesem Prinzip [Den10 S.86-88]:

1. Identifiziere deinen primären Kunden.

2. Erfreue deinen primären Kunden, indem du seine unerkannten Wünsche erfüllst.
3. Strebe nach dem einfachsten Ding, das erfreut.
4. Erkunde Möglichkeiten nach höherem Erfreuen durch weniger anbieten.
5. Erkunde mehr Alternativen.
6. Verzögere Entscheidungen bis zum letztverantwortbaren Moment.
7. Vermeide mechanische Ansätze.
8. Fokussiere auf Menschen, nicht Dinge.
9. Gib den Menschen, die die Arbeit erledigen, eine freie Sicht auf die Menschen, für welche die Arbeit erbracht wird – die Kunden.

Prinzip #2: Erledigt die Arbeit in selbstorganisierten Teams

Das vollständige Prinzip lautet [Den10, S. 95]]: *„Ein komplexes Problem, wie Wege zu erkunden, den Kunden zu beglücken, wird am besten durch eine kognitiv diverse Gruppe von Menschen gelöst, denen die Verantwortung übertragen wird, das Problem selbst zu lösen, sich selbst zu organisieren und zusammenarbeiten, um dieses Problem zu lösen.“*

Die heutigen komplexen Arbeitsthemen in der Kopfarbeit können nicht mehr von einem noch so genialen Experten alleine bearbeitet werden, es braucht unterschiedliche Menschen, Menschen mit verschiedenen „Talenten“ (s. Darstellung zu Diversität in Abschnitt III.2.6) und die durch die Interaktion zwischen ihnen entstehende Kreativität. Dies können nur funktionierende Teams leisten, Teams, die sich selbst so organisieren, wie sie es für richtig halten und brauchen, die selbst entscheiden, was zu tun ist, und die dies dann selbst umsetzen – selbstorganisierte Teams (s. Abschnitt III.2.6).

Praktiken zu diesem Prinzip

In seinem Buch gibt Denning folgende Hinweise für Praktiken zu diesem Prinzip [Den10 S. 110-114]:

1. Artikuliere einen überzeugenden Zweck bzgl. „Erfreue den Kunden“.
2. Kommuniziere durchgehend eine leidenschaftliche Überzeugung im Wert dieses Zwecks.
3. Übergib die Macht an das Team zur Erfüllung des Teamzwecks.
4. Mach die Übergabe der Macht an das Team abhängig von der Akzeptanz des Teams, zu liefern.
5. Erkenne die Beiträge der Menschen, welche die Arbeit erledigen, an.
6. Stelle sicher, dass die Belohnung/Entlohnung als fair empfunden wird.
7. Nutze konsequent Tools und Techniken, die selbstorganisierte Teams erzeugen und erhalten.

Prinzip #3: Erledigt die Arbeit in kundengetriebenen Iterationen

Wenn der Kunde im Fokus aller Arbeitstätigkeiten steht, dann bestimmt er nicht nur, *was* die {Leistung} ausmacht, sondern auch, *wie* diese entsteht, also deren Entwicklung. Um nah an den – sich durchaus während der {Leistung}sentwicklung auch ändernden – Kundenanforderungen zu sein, müssen wir *schrittweise* (iterativ) vorgehen und unsere Leistung *Stück für Stück* (inkrementell) aufbauen. Dabei binden wir den Kunden nicht nur (passiv) ein, sondern *er* bestimmt, wie groß diese Schritte (und damit diese Stücke) sind und, wie lange die Iterationen dauern! Wir richten uns in Inhalt *und* Erstellungsweise unserer Leistung *komplett nach dem Kunden.*

Und wir richten auch jeden einzelnen unserer internen Arbeitsabläufe auf dessen jeweiligen Kunden aus: den nachfolgenden Arbeitsschritt. So entsteht ein System, bei dem der nachfolgende Arbeitsschritt als Kunde die Leistung des vorangegangenen Arbeitsschrittes anfordert, d.h. „zieht". Damit ist ein „Pull"-System entstanden, vergleichbar dem Toyota-System. Wir produzieren nicht mehr auf Vorrat, sondern auf Anforderung durch den Kunden unseres Arbeitsschrittes. Dadurch vermeiden wir „Lagerung" und „Rosten" unserer Arbeit (ja, auch die Ergebnisse der Kopfarbeit – wie Software – können „rosten", d.h. durch „Lagerung" (= Warten auf die weitere Bearbeitung) an Wert verlieren), und können auch schneller und direkter auf unseren Kunden reagieren. Und diese Kette setzt sich fort bis zum Endkunden. Unser Ziel ist also nicht mehr die optimale Auslastung unserer *eigenen Prozesse und Anlagen*, sondern die *minimal mögliche Durchlaufzeit eines einzelnen Auftrags durch unsere Organisation*. Ist diese Zeit minimal, dann liefern wir nicht nur schnellstmöglich, haben nicht nur kaum Kapitalbildung in angefangenen und halbfertigen {Leistung} en, sondern sind auch in der Lage, den maximal möglichen Output zu erzeugen.

Durch die Konzentration auf den Kunden erreichen wir zudem die Motivation der Mitarbeiter (Tabelle 6): Dies ist der Unterschied zwischen *Sinn bei der Arbeit* (meaning at work) und *Sinn an der Arbeit* (meaning in work):

- *Sinn bei der Arbeit* bezieht sich auf die Mission der Organisation
- *Sinn an der Arbeit* bezieht sich auf die spezifischen Arbeitstätigkeiten.

Das Ziel muss sein, jeden Mitarbeiter sowohl *Sinn bei der Arbeit* als auch *Sinn an der Arbeit* erkennen zu lassen (Tabelle 6).

		Sinn an der Arbeit (meaning in work)		Ziel
		gering	hoch	
Sinn bei der Arbeit (meaning at work)	hoch	Die Person liebt die Organisation, ist allerdings nicht inspiriert durch das, was sie jeden Tag macht.	Die Person liebt die Organisation und liebt das, was sie jeden Tag macht.	
	gering	Die Person glaubt nicht an die Organisation und ist nicht inspiriert durch das, was sie jeden Tag macht.	Die Person glaubt nicht an die Organisation, liebt allerdings das, was sie jeden Tag macht.	

Tabelle 6: Der Unterschied zwischen Sinn bei der Arbeit *und* Sinn an der Arbeit *[aus Den10, nach Con07]*

Der Vollständigkeit halber sei noch angemerkt, dass kundengetriebene Iterationen ein komplexes Vorgehen sind und damit nur in komplexen Kontexten sinnvoll sind. Für die Kontexte *einfach, kompliziert* und *chaotisch* muss ein geeigneteres Vorgehen gefunden werden (vgl. Kapitel I.1).

Zudem setzen kundengetriebene Iterationen natürlich die Unterstützung durch den Kunden voraus – dies wird nicht immer möglich oder gegeben sein, da diese ja durchaus einen Mehraufwand für ihn darstellt. Wird diese Unterstützung nicht gegeben, dann muss ein geeigneteres Vorgehen gefunden werden. Agilität setzt also immer einen *agilen Kunden* voraus. Das bedeutet, dass dieser fähig, willens und in der Lage ist, einen agilen Lieferanten zu unterstützen, dass dieser auch bereit und in der Lage ist, die durch Agilität entstehende höhere Verantwortung zu tragen.

Praktiken zu diesem Prinzip

In seinem Buch gibt Denning folgende Hinweise für Praktiken zu diesem Prinzip [Den10 S. 132-139]:

1. Fokussiere auf die Stakeholder und was Wert für sie darstellt.
2. Identifiziere die Hauptleistungsziele für die Haupt-Stakeholder.
3. Überlege, wie mehr Wert schneller oder billiger erzeugt/geliefert werden kann.
4. Entscheide so spät wie verantwortbar möglich, welche Arbeit in die Iteration aufgenommen wird.
5. Habe einen Kunden oder einen Kunden(stell)vertreter dabei, wenn die Prioritäten für die Iteration entschieden werden.
6. Stelle sicher, dass das Team, das die Arbeit erledigt, weiß, wer für den Kunden spricht.
7. Erkläre die Ziele jeder Iteration genau, bevor die Iteration beginnt.
8. Definiere die Ziele jeder Iteration in Form von User Storys.
9. Behandle die User Story als Beginn, nicht als Ende der Konversation.
10. Halte die User Story einfach und zeichnet sie auf/haltet sie formlos fest.
11. Hänge die User Story am Arbeitsplatz aus.
12. Sei vorbereitet, die User Storys mit dem Kunden oder seinem (Stell-)Vertreter zu diskutieren.
13. Finde mehr über die Welt des Kunden heraus.
14. Nimm Testkriterien in die User Story mit auf, um festzustellen, wann die Story vollständig erfüllt ist.
15. Biete Coaching an, um gute Teampraktiken zu unterstützen.

Prinzip #4: Liefert Kundenwert in jeder Iteration

Wenn der Kunde bestimmt, *was die {Leistung} ist* und *was Wert an/in dieser darstellt*, wenn er *bestimmt, wie und wie schnell* diese {Leistung} erstellt wird, dann muss er in jeder Iteration Wert geliefert bekommen, um die von ihm geforderten Aussagen liefern zu können. Und um ihm in jeder Iteration Wert liefern zu können, müssen wir unsere eigene Organisation „auf Vordermann" bringen …

Heute besteht das Problem vieler Unternehmen darin, dass sie sich zu sehr „um sich selbst drehen", dass sie zu sehr mit sich selbst und der Optimierung ihrer *eigenen egoistischen* Belange beschäftigt sind – und der Kunde dabei nur stört. Wie oft habe ich gehört „ … *nächsten Monat ist Geschäftsjahresabschluss – damit die Zahlen stimmen, sind keine Kundenreklamationen mehr anzunehmen* …" Unser Geschäft könnte so gut laufen – wenn dieser blöde Kunde nicht wäre!

Organisationen sind heute leider nicht so strukturiert, dass sie mit ihrer {Leistung} den Kunden bestmöglich erfreuen, sondern dass sie ihre *eigenen* Belange bestmöglich optimieren.

Das Erforschen der Bedürfnisse des Kunden ist der zentrale Punkt allen agilen Vorgehens – dies setzt die agile Organisation um. In der Struktur ist das Herausfinden dessen, was der Kunde will und was Wert für ihn darstellt, inhärent eingebaut. In jeder Iteration werden die zu diesem Zeitpunkt dem Kunden wichtigsten Merkmale in die {Leistung} eingebracht. Mit diesem *{Leistung}sinkrement* genannten Produkt erhält er Stück für Stück eine {Leistung}, die immer besser, immer vollständiger wird.

Um dies zu gewährleisten, muss das Entwicklungsteam direkt mit dem Kunden zusammenarbeiten – nur so kann gegenseitige Verantwortung und Vertrauen aufgebaut werden, nur so können Entscheidungen direkt und kompetent getroffen werden. Nur so kann der Sinn des eigenen Tuns, der Beitrag der eigenen Arbeit zur Erfreuung des Kunden, durch jedes einzelne Teammitglied erlebt werden.

Agile Organisationen sind nicht nach Hierarchien oder Funktionen aufgebaut, die Arbeit wird in crossfunktionalen Teams erledigt (s. Darstellung zu „T-Shaped Teams" in Abschnitt III.2.6).

Die Vorteile dieser Teams:

- *Wechselseitiges Lernen*: Die Teammitglieder lernen voneinander und entwickeln sich so weiter. Zudem werden die Experten eines speziellen Themas durch die Nichtexperten immer wieder aufgefordert, ihr Wissen darzustellen und zu überdenken – so wird das „Einspinnen" und Abkoppeln von Experten von der Realität (s. Darstellung zu „Gruppendenken" in Abschnitt III.2.6) verhindert.
- *Kollektive Verantwortungsübernahme*: Das gesamte Team hat die Verantwortung für alles, was es erstellt. Es gibt kein Denken nach dem Motto: „Ich bin nur für das verantwortlich, was auf meinem Schreibtisch passiert." Das Team als Ganzes muss eine Leistung liefern! Dies fordert und fördert gegenseitiges Vertrauen und Verantwortungsübernahme.

Durch Fokussierung auf *Wert für den Kunden* und insbesondere darauf, diesen Wert so schnell wie möglich an den Kunden zu liefern, wird *Zeit* zum entscheidenden Kriterium – und nicht mehr Kosten. Derjenige, der dem Kunden am schnellsten den besten Wert liefert, gewinnt (alles). Denn die Spielregeln im Mark haben sich geändert: Heute im Zeitalter der Internet-Ökonomie gilt *„The winner takes all"* – es gibt nur einen Gewinner in jedem Markt: Es gibt nur *ein* Google, *ein* Facebook, *ein* Twitter, *ein* Amazon ... Und durch die Fokussierung auf die minimal mögliche Zeit zur Leistungserstellung wird automatisch Verschwendung vermieden und damit werden die Kosten ebenfalls minimiert! Dies zeigen die Lehren aus *Lean Mangement*: Indem das Leistungsvermögen des Gesamtsystems darauf ausgerichtet wurde, dem Kunden schneller Wert zu liefern, sanken die Gesamtkosten aus eigenem Antrieb! Das ultimative Ziel ist, den Kunden mehr und schneller zu erfreuen! Indem wir uns darauf konzentrieren, was der Kunde wirklich will und wie dies schneller zu ihm gebracht werden kann, erreichen wir eine höhere Geschwindigkeit bei besserer Qualität zu geringeren Kosten! [Den10]

Zusammenfassung: Bei Agilität liegt der Fokus darauf, diejenigen Tätigkeiten zu maximieren, die Wert für den Kunden schaffen, und diejenigen zu eliminieren, die dies nicht tun.

Praktiken zu diesem Prinzip

In seinem Buch gibt Denning folgende Hinweise für Praktiken zu diesem Prinzip [Den10 S. 156-163]:

1. Fokussiere darauf, die wichtigste Arbeit zuerst zu beenden.
2. Stelle sicher, dass die User Storys bereit sind, bearbeitet zu werden, und bereite die Bearbeitung vor, bevor begonnen wird, an diesen zu arbeiten.
3. Lass das Team selbst (ab)schätzen, wie lange die Bearbeitung dauern wird.
4. Gib dem Team selbst die Verantwortung dafür, wie viel Arbeit in einer Iteration getan werden kann.
5. Lass das Team selbst entscheiden, wie die Arbeit in jeder Iteration gemacht werden soll.
6. Ermutige zu offener Kommunikation innerhalb des Teams.

7. Identifiziere und beseitige systematisch Behinderungen, um die Arbeit fertig-gestellt zu bekommen.
8. Unterbrich' das Team nicht in einer Iteration.
9. Lass das Team in einer dauerhaft durchhaltbaren Art und Weise arbeiten.
10. Behebe Probleme, sobald sie identifiziert sind.
11. Miss Fortschritt anhand des an den Kunden gelieferten Wertes.
12. Hole am Ende jeder Iteration Feedback vom Kunden oder seinem (Stell-)Vertreter ein.
13. Ermittle die Arbeitsgeschwindigkeit des Teams.
14. Führe Retrospektiven am Ende jeder Iteration durch, um zu reflektieren, was in dieser Iteration gelernt wurde und wie die nächste Iteration verbessert werden kann.

Prinzip #5: Radikale Transparenz: Offen sein bzgl. Hindernissen zur Verbesserung

We have to pay more attention to truth than to authority.

– Steve Denning

Das komplexe Ziel, einen Kunden zu erfreuen, in einer VUKA-Welt umzusetzen, ist nicht einfach – es ist die einzige Chance, als Organisation zu überleben. Und Agilität ist eine Möglichkeit, mit Komplexität umzugehen und so diese Chance zu nutzen.

Im komplexen Kontext kann nur über Experimente vorgegangen werden – und Experimente können scheitern und einige Experimente werden scheitern! Und Scheitern wird öfter auftreten!

Zu scheitern ist kein Drama – sondern eine Lernchance! Das Problem ist also nicht das Scheitern an sich, sondern, dass Scheitern (durch die Organisationskultur) eben nicht zugelassen wird und daher Fehler vertuscht werden. *Der einzige Fehler, der in Bezug auf Experimente gemacht werden kann, ist* KEINE *Experimente zu machen!!!*

Es gibt mehr Leute, die kapitulieren, als solche, die scheitern.

– Henry Ford

Wie oft fällt ein Kind, bis es stabil laufen kann? Experten sagen bis zu 16.000 Mal! Wer darf heute in Unternehmen ungestraft einen Fehler machen geschweige denn mehr als einmal scheitern???

Wenn wir schon scheitern, dann muss unser Ziel sein, so früh und so schnell wie möglich zu scheitern – denn dann ist es noch am billigsten, weil wenig Arbeit getan wurde und Korrekturen einfacher, leichter und schneller möglich sind. Und da wir aus jedem Fehler lernen, können wir ruhig öfter scheitern!

Um Fehlentwicklungen schnell zu erkennen, müssen wir schnelle und kurze Feedbackschleifen mit unserem Kunden haben. Dies bedeutet dann kurze Iterationen. Und in jeder Iteration ein kleines (Leistung)sinkrement dem Kunden zu liefern, da Abweichungen von seinen Vorstellungen bzgl. unserer Leistung so schnell korrigiert werden können und wenig Zeit und Aufwand in die Fehlentwicklung gesteckt wurden. *Fail early – fail often – fail cheap!*

Ein Misserfolg ist lediglich die Möglichkeit,
schlauer von Neuem zu beginnen.

– Henry Ford

Agilität akzeptiert die Unvermeidlichkeit von Fehlern und schafft daher Strukturen, um den (möglichen) entstehenden Schaden aus Fehlern zu minimieren und schnell aus Fehlern zu lernen, um Fortschritt Richtung Ziel zu erreichen.

Um aus Fehlern lernen zu können, müssen diese nicht nur gemacht werden (dürfen), sondern auch schonungslos offengelegt werden. Diese *radikale Transparenz* hilft, Probleme und Behinderungen unmittelbar zu erkennen und zu beseitigen. Fehler sind heute systemimmanent und kontext-immanent – und kein persönliches Versagen!

Das komplexe Ziel, den Kunden zu erfreuen, erfordert eine totale Offenheit in Bezug auf Behinderungen, die dabei auftreten. Sollten die Diskussionen dabei von taktischen Erwägungen und politischen Rücksichtnahmen bestimmt werden oder die Mitarbeiter einander und dem Management nur das erzählen, was diese hören wollen oder nur so viel erzählen, wie sie müssen, ist keine echte Verbesserung möglich, weil die wahren Fehler und deren Ursachen nicht (vollständig) aufgedeckt werden. Daher ist eine totale Offenheit notwendig [Den10]:

* innerhalb des Teams,
* vom Team gegenüber dem Management und
* vom Management gegenüber dem Team.

Um radikale Transparenz zu unterstützen, haben sich folgende Praktiken bewährt [Den10]:

* *Daily Standup Meetings*: Jeden Tag hält jedes Team ein kurzes Meeting im Stehen vor seinem Team-Board ab, bei dem jedes Mitglied folgende Fragen beantwortet:
    – *Was habe ich gestern getan?*
    – *Was werde ich heute tun?*
    – *Welchen Behinderungen sehe ich mich ausgesetzt? Wobei brauche ich Unterstützung?*
    (Im Abschnitt IV.3.1 finden Sie eine ausführliche Darstellung zum → *Daily Standup Meeting*.)
* *Identifizieren und Beseitigen von Behinderungen*: Die Mitarbeiter müssen ermuntert werden, jede Behinderung sichtbar zu machen und anzusprechen und entsprechende Lösungen dazu anzugehen.
* *Einfache, für jeden sichtbare visuelle Darstellungen*: Diese Darstellungen dienen als allgegenwärtige Informationsanzeigen *(Information Radiators)*. Darauf wird festgehalten, was fertiggestellt ist, woran gearbeitet wird und was als Nächstes zu tun ist. Dadurch gibt es keinen Bedarf an Fortschrittsreports, alles ist jederzeit für jedermann sichtbar.

Diese drei Praktiken garantieren noch keine Transparenz – sie machen Transparenz einfacher möglich und das Verdecken von Problemen schwieriger.

Agilität ist ein offenes System, das auf die Ermittlung der Wahrheit angewiesen ist, was den Kunden erfreut und welche Behinderungen es auf dem Weg dahin gibt. Agilität heißt, die Arbeitsstätte so zu sehen, wie sie ist, und nicht, wie wir sie gerne hätten, und alles dafür zu tun, das diese besser wird.

Praktiken zu diesem Prinzip

In seinem Buch gibt Denning folgende Hinweise für Praktiken zu diesem Prinzip [Den10 S. 177-181]:

1. Lass das Team selbst (ab)schätzen, wie viel Zeit die Bearbeitung braucht.
2. Lass das Team selbst entscheiden, wie viel Arbeit übernommen werden soll.
3. Erfasse die Arbeitsgeschwindigkeit des Teams nach jeder Iteration.
4. Lass die Teammitglieder tagtäglich in Kontakt bleiben.
5. Führe Retrospektiven am Ende jeder Iteration durch.
6. Nutze formlose visuelle Fortschrittsdarstellungen.
7. Liefere Wert an den Kunden am Ende jeder Iteration.
8. Identifiziere systematisch Behinderungen in den Daily Standup Meetings.
9. Setze Prioritäten für die Arbeit zu Beginn jeder Iteration.
10. Geh und schau (*„Go & See"*), was am Arbeitsplatz und im Markt los ist (s. Gemba in Abschnitt I.1.4).
11. Richte freie Sicht vom Team zum Kunden ein.
12. Hilf, systematisch Behinderungen zu beseitigen.
13. Akzeptiere doppelte Übernahme von Verantwortung.

Prinzip #6: Schafft einen Kontext für kontinuierliche Selbstverbesserung durch das Team selbst

Normalerweise wurden bisher Mitarbeiter, die auf Probleme aufmerksam machten, dafür bestraft: entweder als Nestbeschmutzer oder Querulant, *„… der nicht sieht, wie toll unser Unternehmen ist …",* oder sie werden mit der *Initiativ-Strafe* belegt, dass derjenige, der eine Initiative vorschlägt, diese auch umsetzen = ausbaden muss. Dies sind zwar erprobte Verfahren, um Wohlgefälligkeit und Lakaientum zu erreichen, nur nutzt dies den Unternehmen meist nichts: 4 der 5 Arbeitgeber, bei denen ich war, sind heute pleite, da hat es auch nichts geholfen, mich als *„Whistleblower"* zu brandmarken und als Ersten bei der nächstbesten Gelegenheit zu entlassen …

Wir brauchen die Intelligenz der Gruppe, wir brauchen die Augen und Hirne aller Mitarbeiter, um Probleme und Verbesserungsmöglichkeiten zu entdecken (s. Prinzip #5 „Radikale Transparenz"). Und es muss möglich sein, diese offen anzusprechen, auch OHNE gleich eine Lösung zu haben. So werden im Toyota-System die Mitarbeiter allein dafür belohnt, Probleme anzusprechen.

Die Idee hinter kontinuierlicher Verbesserung ist relativ einfach: Taiichi Ohno, der „Erfinder des Toyota-Systems" entdeckte 1955, dass es für das Unternehmen teurer ist, Probleme nicht *sofort* zu beheben. So kam er auf die Idee, den Arbeitern am Fließband bei Toyota die Verantwortung für die Qualität ihrer Arbeit zu geben und sie jederzeit beim Auftreten des kleinsten Problems das Band sofort stoppen zu lassen, um das Problem gemeinsam zu beheben. Qualität war in seiner Auffassung die Verantwortung *jedes Einzelnen* und nicht die von Aufsehern [Den10].

Agilität setzt auf *kontinuierliche Verbesserung* und *die Verantwortung jedes Einzelnen für das Gesamtergebnis* [Den10]:

- *Kontinuierliche Verbesserung* meint – im Gegensatz zu traditionellem Management –, dass es kein „gut genug" gibt, das eine gewisse Anzahl an Fehlern akzeptiert und toleriert sowie eine Anzahl an Standardprodukten für ausreichend hält, um Kundenanforderungen „schon irgendwie zu treffen". *Kontinuierliche Verbesserung* bedeutet, dass alle, die gesamte Belegschaft eines Unternehmens, daran arbeiten und dafür verantwortlich sind, bessere Wege zu finden, den Kunden schneller zu erfreuen – mit einer höheren Qualität, besseren und sichereren {Leistung}en, kontinuierlich sinkenden Kosten und einer endlosen {Leistung}svielfalt.

- *Die Verantwortung jedes Einzelnen für das Gesamtergebnis* meint, dass jeder Mitarbeiter verantwortlich dafür ist, die Ursachen von Problemen zu finden und abzustellen. Dadurch verbessert sich das Unternehmen schneller als durch traditionelles Management, wo die Verantwortung für die Qualität bei Managern liegt, die fernab vom Geschehen sind.

Toyota entwickelte, basierend auf diesen beiden Prinzipien, eine Unternehmenskultur, die herausragende Ergebnisse brachte: fehlerfreie Autos zu einem angemessenem Preis.

Das Toyota-System (Abbildung 30) – in der Lean-Welt wird dieses oft als Haus dargestellt – baut auf zwei Säulen [Den10, Toy]: *„kontinuierliche Verbesserung"* und *„Respekt für die Menschen"*. Die Basis

- für *„kontinuierliche Verbesserung"* sind:
  - *„Herausforderung"*,
  - *„Kaizen"* (kontinuierliche Suche nach Verbesserungen) und
  - *„Geh & Sieh"* (Genchi Genbustsu, *„gehe vor Ort und schaue selbst, was los ist"*) sowie
- für *„Respekt für die Menschen"* sind:
  - auf *„Respekt"* und
  - *„Teamwork"*.

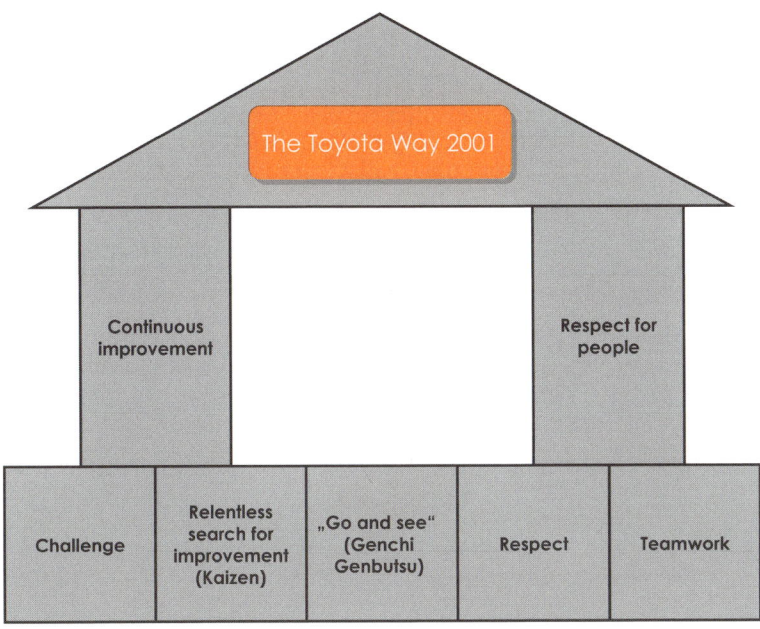

Abbildung 30: Aufbau des Toyota Way 2001 *[Den10]*

An dieser Darstellung über den *Toyota Way* ist interessant, was sie zeigt und was fehlt: Die als *„Toyota-Praktiken"* benannten Methoden aus Taiichi Ohnos *Toyota Production System* wie *„Verringerung des Lagerbestandes"*, *„Pull-Systeme"*, *„Just-in-Time-Systeme"*, *„Verbesserung des Produktionsflusses"* oder *„automatische Erkennung von Abweichungen"* fehlen. Das heißt nicht, dass diese nun unwichtig sind – sie sind lediglich *die Konsequenzen* aus den wichtigeren High-level Prinzipien des Toyota Way. Dies zeigt, dass der Toyota Way keine bessere Anwendung bisher bekannter Techniken ist, sondern eine komplett andere Philosophie – *ein anderer Mindset*. Statt – im besten Sinne Taylors – d*as System wichtiger als die Menschen* zu nehmen, sind bei *Toyota die Menschen wichtiger als das System*, ist der Respekt für die Menschen der Antreiber für die kontinuierliche Verbesserung bei Toyota [Den10].

Damit wird auch klar, dass die „Mechanik" der kontinuierlichen Verbesserung in einem traditionellen Managementrahmen nicht funktionieren kann: Ohne Respekt für die Mitarbeiter liegen die Anstrengungen für Verbesserungen bei den Managern – und sie sind die Letzten, die von einem Problem erfahren und dieses herausfinden können. Wenn Probleme dem Management bekannt werden, ist es bereits sehr teuer, diese abzustellen! Zudem hat das Management weniger Augen und weniger Köpfe, um Lösungen zu finden [Den10].

Die Verantwortung für Qualität ist den *Mitarbeitern vor Ort* zu übergeben, dorthin, wo die {Leistung} – und damit die Qualität – entsteht. Probleme werden auf der niedrigst möglichen Ebene gelöst. Die Verantwortung liegt bei den Menschen, bei jedem festgestellten Fehler die Aufmerksamkeit auf das Problem zu lenken [Den10].

Wenn der *„Respekt für den Menschen"* fehlt, dann stürzt das Toyota Haus ein (Abbildung 31). Diese Lektion musste auch Toyota lernen: 2010 kamen Probleme mit Autos von Toyota ans Tageslicht und waren Gegenstand zahlreicher staatlicher Untersuchungen und Congress-Anhörungen in den USA. Was war geschehen? Autos von Toyota hatten technische Probleme, z.B. beschleunigten sie unbeabsichtigt vom Fahrer. Die Sicherheit (und damit die Qualität) der Fahrzeuge hatte nachgelassen.

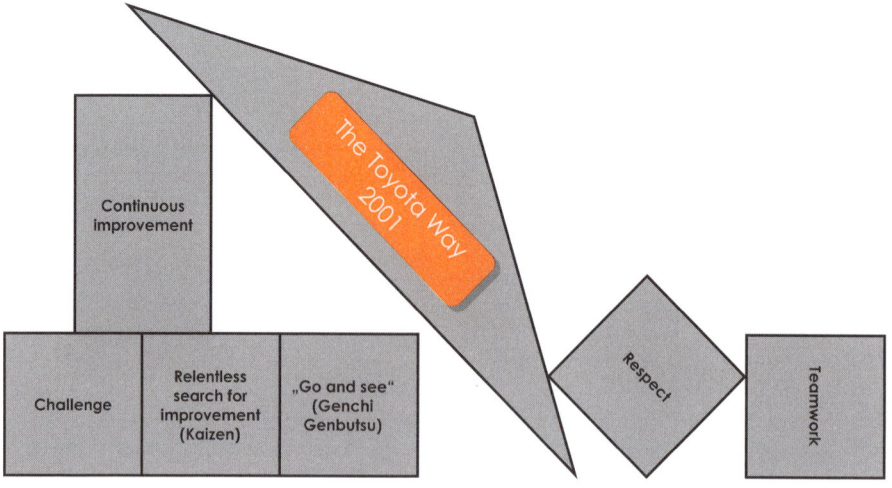

Abbildung 31: Verletzung des Toyota Way*: Folgen fehlenden „Respekts für die Menschen" [Den10]*

Zudem machte Toyota in der Aufarbeitung der Thematik kein gutes Bild ... Es fehlte der Respekt für die Menschen! [Den10]

Was können wir daraus lernen [Den10]?

- *Kontinuierliche Selbstverbesserung erfordert ein bestimmtes Mindset*: Kontinuierliche Selbstverbesserung ist nicht die mechanische Ausführung irgendwelcher Praktiken, sondern eine Haltung und das Leben von Werten. Es beruht auf der Erkenntnis, dass das sofortige Beseitigen von Problemen bei deren Auftreten auf lange Sicht der kostengünstigste Weg ist. Und dieser kann nur funktionieren, wenn die gesamte Organisation darauf ausgerichtet ist.
- *Kontinuierliche Selbstverbesserung ist fragil*: Das Beispiel von Toyota zeigt, dass trotz jahrzehntelangem Leben der Haltung und der Werte *kontinuierliche Selbstverbesserung* verschwinden kann und altes Verhalten wieder hervortreten kann. Und wenn es bei Toyota passieren kann, kann es überall passieren ...
- *Kommunikation ist entscheidend*: Es muss nicht nur kontinuierlich verbessert werden, sondern dies auch den Kunden mitgeteilt werden. Fehler und Probleme werden immer auftreten, diese proaktiv den Kunden mitzuteilen, kann sowohl die Marke als auch das Vertrauen in das Unternehmen verbessern und stärken. Das Unternehmen muss darauf vorbereitet sein, diese prompt, entschlossen und verbindlich zu kommunizieren.
- *Kontinuierliche Selbstverbesserung ist eine Top-Management-Verantwortung*: Produktivitätsgewinne durch *kontinuierliche Selbstverbesserung* geschehen auf der untersten Ebene einer Organisation, wo die Arbeit getan wird. Die Basis dafür wird an der Spitze gelegt. *Kontinuierliche Selbstverbesserung* ist eine high-level strategische Angelegenheit und kein low-level operatives Problem. Es beginnt damit, dass das Top-Management die gesamte Organisation darauf ausrichtet, den Kunden zu erfreuen und jedem im Unternehmen freie Sicht auf darauf zu geben, was sein Beitrag zu diesem Ziel ist. Es geht damit weiter, dass die Arbeit in selbstorganisierten Teams erledigt wird und die Teams damit unterstützt werden, was auch immer sie brauchen, um dieses Ziel zu erreichen. Die Verantwortung dafür, dass all das geschieht, liegt an der Spitzes der Organisation. Falls das Top-Management jedoch das Unternehmen darauf ausgerichtet haben sollte, dass Produkte und Services einer bestimmten Qualität effizient erstellt werden mit einer Top-down-Kommunikation, die den Leuten mitteilt, was zu tun ist, dann wird Bürokratie alles infizieren, was in dieser Organisation geschieht.

Zusammenfassung: Kontinuierliche Verbesserung ist eine Frage der Haltung und der gelebten Werte. Auch nach jahrzehntelangem Leben von Haltung und Werten sind Rückschläge möglich.

Praktiken zu diesem Prinzip

In seinem Buch gibt Denning folgende Hinweise für Praktiken zu diesem Prinzip [Den10 S. 204-205]:

1. Gib dem Team eine freie Sicht auf den Kunden.
2. Gib dem Team die Möglichkeit, sich zu übertreffen.
3. Richte die Interessen des Teams mit denen der Organisation aus.
4. Erfasse die Arbeitsgeschwindigkeit des Teams.
5. Erfasse die Grundursache von Problemen.
6. Beseitige systematisch Behinderungen in der Arbeit des Teams.
7. Teile verbesserte Praktiken, statt diese von oben durchzusetzen.
8. Fördere die Bildung von Communities of Practice (s. Abschnitt III.2.6).

9. Bleib systematisch offen für Ideen von außen.
10. Mach dir das Bedürfnis nach kontinuierlicher Verbesserung zu eigen.

Prinzip#7: Kommuniziert durch interaktive Kommunikation

Die moderne Organisation kann keine Organisation der „Bosse" und „Untergebenen" mehr sein. Sie muß zu einem Team von Partnern werden.

– Peter Drucker

Sozialforscher ([Den10] u.a. [Ari09;Fis92,04,05; Has94]) formulierten, dass Menschen in drei verschiedenen Welten agieren:

*   Die Welt der *sozialen Normen* entspricht unserer sozialen Natur und unserem Bedürfnis nach Gemeinschaft.
*   In der Welt der *Rangordnungen der Autoritäten* werden Vorgesetzte, die das Recht zur Anweisung und Kontrolle der Untergebenen haben, akzeptiert.
*   Die Welt der *Marktpreise* basiert auf Austausch auf Basis von Geld.

Einzelheiten zu den drei verschiedenen Welten zeigt Tabelle 7.

	Soziale Normen	Rangordnungen der Autoritäten	Marktpreise
Arbeit	Jeder bringt ein, was er kann, ohne seinen Input zu zählen/aufzulisten; Aufgaben sind die kollektive Verantwortung der Gruppe	Vorgesetzte ordnen die Arbeit der Untergebenen an und kontrollieren diese und das Arbeitsergebnis	Arbeit gegen Gehalt/ Lohn kalkuliert auf der Basis von Zeiteinheiten oder Ergebnis
Wie Entscheidungen entstehen	Gruppen suchen Konsens, Einheit, Sinn der Gruppe	Vorgesetzte fällen/ treffen Entscheidungen per autoritärer Anordnung oder per Dekret/Erlass	Der Markt entscheidet, geleitet von Angebot und Nachfrage.
Stärken	Energie, Enthusiasmus	Entschlossenheit	Objektivität, Sachlichkeit
Schwächen	Schwierigkeiten, ein Ergebnis zu erreichen	Unflexibel, mangelnde Mitwirkung	Mangel an Zusammenarbeit
Beispiele	Familien, Gemeinschaften, Sportteams, Hochleistungsteams	Militär, hierarchische Bürokratien	Gewerkschaften, Aktienmärkte, Rohstoffhandel, Warenhandel

Tabelle 7: Typen sozialer Beziehungen ([Fis92] nach [Den10]

Solange diese Welten sauber getrennt bleiben, ist alles in Ordnung:

*   Gemeinschaften und Familien funktionieren auf Basis der sozialen Normen sehr gut.
*   In der tayloristischen Welt funktioniert das Prinzip der Autoritäten sehr gut, da übertragbare standardisierbare Handarbeit angewiesen werden kann.
*   Rein auf Geld und Preisen basierende Märkte funktionieren optimal.

Sobald die Welten jedoch vermischt werden, entstehen Probleme, z.B. [Den10]:

- wenn in Familien Autoritäten oder Austauschbeziehungen auf Basis von Geld und Preisen dominieren,
- wenn Unternehmen und die Autoritäten in ihnen durch Marktkräfte gezwungen werden, in Not- und Krisenzeiten weniger sozial zu sein und soziale Normen abzubauen.
- Unternehmen wissen mittlerweile, dass kreative (Hoch-)Leistungen nur in der Welt der sozialen Normen entstehen. Daher versuchen sie, diese künstlich zu erzeugen und lassen gleichzeitig „Rangordnungen der Autoritäten" in Kraft und heizen den Wettbewerb über „Marktpreise" an.

Manager müssen heute mit allen drei Welten umgehen – und sind in diesem Trilemma gefangen – [Den10]:

- Sie können die „Sozialen Normen" nicht ignorieren, da die Mitarbeiter ihre Kreativität, ihre Energie, ihren Einfallsreichtum freiwillig einbringen müssen, damit die Organisation ihre Leistung erbringen kann.
- Sie können „Rangordnungen der Autoritäten" nicht ignorieren, da jemand die rechtliche Verantwortung im Namen der Organisation übernehmen muss.
- Sie können „Marktpreise" nicht ignorieren, da die Gehaltssysteme darauf aufbauen.
- Sie können zu den Mitarbeitern nicht in einem Moment Freunde und Familie sein, in einem anderen autoritär oder verhandelnd, je nachdem, was angebrachter wäre.

Insbesondere ist die Welt der sozialen Normen sehr fragil: Allein die Andeutung, dass Autoritäten oder Marktkräfte/-preise ins Spiel kommen, reicht aus, um die Geselligkeit und Wärme der sozialen Beziehungen zu zerstören. Allein schon an Geld zu denken reicht aus, dass Menschen weniger hilfsbereit werden [Den10]. Hier zeigt sich einmal mehr der zerstörende Charakter monetärer und materieller Anreize (vgl. Zerstörung der Motivation durch Geld im Konzept von Dan Pink in Abschnitt III.2.3).

Diese drei Welten und die Probleme mit ihnen sind zu berücksichtigen, wenn es um Kommunikation geht. Kommunikationsprobleme entstehen, wenn Kontexte/Welten vermischt werden.

Die natürliche Kommunikation, wie sie die Menschen über Jahrtausende praktizierten, läuft völlig anders als die heutige in Organisationen: Menschen hatten verschiedene Ränge (Stammesanführer, Medizinmann etc.) und waren *gleichwürdig*. Auf dieser Basis tauschten sie Geschichten am Lagerfeuer aus, brachten ihre Ideen und Beobachtungen in Besprechungen und Diskussionen ein etc. Natürlicherweise denken Menschen in Geschichten, träumen in Geschichten, planen in Geschichten, entscheiden in Geschichten. In Geschichten zu kommunizieren ist deutlich einfacher, sowohl für den Erzähler als auch für den Zuhörer [Den10].

Es gab nicht die Attitüde „Ich bin der Chef und sage, wo es langgeht!", sondern: „Ich habe eine Idee, lasst uns was daraus machen!" Und diese Kommunikationsform ist heute noch außerhalb hierarchischer Organisationen lebendig, z.B. bei den Gründern eines Start-ups oder den Initiatoren gesellschaftlicher Bewegungen. Hier ist der Sinn der Aufgabe das verbindende Element und nicht Geld. Und dieser Sinn wird über Storytelling vermittelt, über das Vermitteln und Teilen von Ideen, Gedanken und Standpunkten. Die Interaktion ist ein Gespräch, kein Mitteilen, kein Übermitteln einer Nachricht. Daraus erwächst Authentizität.

Authentizität bedeutet, dass Worte, Überzeugungen und Handeln konsistent sind. Durch die Klarheit, wer wer ist und wofür er steht, entstehen Verständnis und Respekt. Da sie achtsam dafür sind, wie die Welt ist, sind ihre Ideen stichhaltig. Da sie auf gleicher Höhe mit den Menschen sind, zu denen sie sprechen, wird ihnen vertraut. Und da ihre Aktionen konsistent mit ihren Werten sind, werden ihre Werte ansteckend – und andere sind begeistert, diese zu teilen. Da sie der Welt zuhören, hört die Welt ihnen zu. Da sie offen für Innovationen sind, passieren glückliche Zufälle. Und da sie Sinn in die Arbeitswelt bringen, sind sie in der Lage, überlegene Ergebnisse zu produzieren [Den10].

Das Grundlegende auf allen Ebenen ist zu wissen, wie man sich mit anderen verbindet, wie man andere versteht, sich dem stellt, was ist, und bereit sein, die Konsequenzen der eigenen Handlungen zu tragen. Und zu handeln, wenn eine Diskrepanz auftritt zwischen dem, was Organisationen sagen und wie sie handeln [Den10].

Ein Gespräch, eine Unterhaltung, eine Konversation ist ein Dialog zwischen zwei Menschen. Die Beziehung zwischen Sprecher und Zuhörer ist symmetrisch. Die Kommunikation basiert auf der Annahme, dass Sprecher und Zuhörer sich abwechseln. Und genau dies ist in heutigen Organisationen oft nicht gegeben: Der Sprecher steht häufig hierarchisch über dem Zuhörer. Im radikalen Management ignoriert der Sprecher diese Differenzen in Status und Hierarchie und spricht von Mensch zu Mensch, der radikale Manager überwindet die Barrieren, die Menschen trennen [Den10].

Da Sprecher und Zuhörer die Story gemeinsam hören und (er)leben, ist darin weder Unterwerfung noch Rebellion enthalten. Es ist eine gemeinsam geteilte Erfahrung, an dem die Zuhörer aktiv teilnehmen. Die normale Reaktion ist weder Akzeptanz noch Ablehnung, sondern das Erzählen einer anderen Geschichte. Eine Geschichte ist weder wahr noch falsch – sie ist einfach. Und dadurch ist Storytelling naturgemäß kollaborativ [Den10].

Es geht nicht darum, Begrenzungen und Steuerung abzuschaffen – sondern darum, herauszufinden, *wo* diese *wie* zu setzen sind. In einigen Bereichen müssen diese vielleicht weiter und offener, in anderen vielleicht enger, strenger und strukturierter sein als bisher. Es beharrt auf dem Ziel der Erfreuung des Kunden, auf selbstorganisierten Teams, auf dem Setzen von Prioritäten vor dem Beginn der Bearbeitung, auf iterativen Strukturen der Bearbeitung, auf der Teamverantwortung dafür, was gemacht (ausgeführt) wird, für das Liefern von Wert am Ende jeder Iteration und für die Verantwortung des Ergebnisses. Es beharrt auf diesen Elementen, um einen offenen Raum zu schaffen, in dem selbstorganisierte Teams gedeihen können. Es nutzt Strukturen und Begrenzungen um den Virus der Bürokratie von der Arbeit abzuhalten [Den10]. Der lebende Teil der Organisation koexistiert also mit den Strukturen, da diese die Kreativität ermöglichen. 26 Buchstaben, 12 Töne, drei Grundfarben, etwas über 100 chemische Elemente, eine Handvoll elementarer Teilchen … reichen aus, um die Welt und die Kreativität in ihr zu erschaffen. Diese rigide Struktur aus wenigen Elementen schafft die Welt um uns herum. Ohne Struktur kann Kreativität auf nichts aufbauen. Ziel muss daher sein, Strukturen zu schaffen, die Kreativität ermöglichen [Den10].

Es geht also darum, die richtigen Strukturen zu finden, die Grenzen richtig zu setzen. Auch hier hilft agiles Vorgehen: Etwas ausprobieren (ein Experiment machen), schauen, was wie funktioniert, und davon ausgehend zu verbessern. Und mehr von dem zu machen, was funktioniert.

Die erzählerische Darstellung in der Kommunikation ist außerordentlich wichtig für die Herausforderung, in einigen Bereichen rigide und in anderen offen und kreativ zu sein. Und mit einem Mal wird die Aufgabe, Menschen komplizierte neue Ideen näherzubringen durchführbar [Den10].

Storytelling lässt sich in die zu MINDPRACTICE® gehörende Formel *EP3* integrieren:

1. *Entscheidung*
2. *Position*
3. *Präsentation*
4. *Palaver/Plaudern* (Austausch).

Dies meint folgendes Vorgehen:

1. Ich/wir treffen eine Entscheidung.
2. Ich/wir positionieren mich/uns zu dieser Entscheidung.
3. Ich/wir präsentieren dazu, wie wir zu dieser Entscheidung gekommen sind.
4. Wir palavern/plaudern über die Entscheidung und das Thema.

Anschließend können wir eine neue/bessere Entscheidung treffen und uns wieder dazu positionieren … Das Vorgehen hier ist durchaus zyklisch zu verstehen, bis wir entweder eine Entscheidung gefunden haben, die alle mittragen (dies wäre dann ein Konsens), oder die alle zumindest akzeptieren, zu der sie keine wesentlichen Bedenken haben (dies wäre dann ein Konsent).

Die Formel EP3 kann auch umgekehrt angewandt werden:

1. *Palaver/Plaudern* (Austausch)
2. *Präsentation*
3. *Position*
4. *Entscheidung*

und meint dann folgendes Vorgehen:

1. Wir palavern/plaudern über das Thema.
2. Ich/wir präsentieren das Thema und mögliche Entscheidungen dazu.
3. Ich/wir positionieren mich/uns zu den möglichen Entscheidungen.
4. Ich/wir treffen eine Entscheidung.

Ziel ist der Austausch miteinander auf Augenhöhe, um das gegenseitige Verständnis zu ermöglichen und darauf aufbauend gemeinsam die bestmögliche Entscheidung zu finden.

Praktiken zu diesem Prinzip

In seinem Buch gibt Denning folgende Hinweise für Praktiken zu diesem Prinzip [Den10 S.219-222]:

1. Nutze authentisches Storytelling um die Leidenschaft nach Erfreuung des Kunden zu wecken.
2. Fokussiere die Ziele des Teams auf User Storys.
3. Nutze User Storys als Auslöser für Konversationen.
4. Nutze Storys um Teams auf die Erreichung von Hochleistungen zu fokussieren.
5. Nutze Storys, um den Teammitgliedern zu helfen, zu verstehen, wer sie sind.
6. Nutze Storys, um in der Gruppe *Philia*[2] anzuregen.

---

[2] *Philia* bezeichnet die gegenseitige Freundesliebe.

7. Stimuliere das Muskelgedächtnis von Hochleistungsteams.
8. Erzähle Sprungbrett-Storys von anderen Hochleistungsteams.
9. Praktiziere genaues Zuhören der Storys des anderen.
10. Gib Anerkennung für das Identifizieren von Behinderungen.

3.5 Manifesto for Software Craftsmanship

Die *Software Craftsmanship*-Bewegung (dt.: *Software-Handwerkskunst*) ergänzt die o.g. Darstellung mit einem eigenen Manifest. In diesem wird metaphorisch auf das Lehrmodell der mittelalterlichen Handwerkskünste in Europa Bezug genommen [WikiSWC]. Darin wird betont, dass neben den bereits im Agilen Manifest definierten Werten weitere Werte unverzichtbar sind [MSC]:

Nicht nur funktionierende Software ist wichtig, sondern auch *gut gefertigte*.

Nicht nur auf Veränderung reagieren, sondern *stets Mehrwert zu schaffen*.

Nicht nur Individuen und Interaktionen, sondern auch *eine Gemeinschaft aus Experten*.

Nicht nur Zusammenarbeit mit dem Kunden, sondern auch *produktive Partnerschaften*.

Das vollständige Manifest ist im vierten Teil in Kapitel 3.3. („Ihre Schatzkiste") angegeben.

3.6 Literatur

Weiterführende Literatur

Allgemeiner Einstieg in Agilität

* Ein empfehlenswertes, gut zu lesendes Buch zum Einstieg in die agile Welt am Beispiel der Methode Scrum ist *Geschichten vom Scrum: Von Sprints, Retrospektiven und agilen Werten* von Holger Koschek (dpunkt.verlag, 2., überarb. Auflage, Heidelberg, 2013). Anhand eines Märchens wird Agilität und Scrum dargestellt. Dieses Buch ist auch für Jugendliche sehr gut verständlich.

Agile Werte

* Apke, Larry: Understanding The Agile Manifesto – A Brief & bold Guide to Agile, Lulu Publishing, 2015.
* Howard, Ken; Rogers, Barry: Individuals ans Interaction – An Agile Guide, Addison-Wesley, Boston, 2011.
* Gower, Bob: Agile Business – A Leaders's Guide to Harnessing Complexity, Rally Software, Boulder, 2013.
* Meyer, Bertrand: Agile! – The Good, the Hype and the Ugly. Springer, 2014.
* Meyer, Pamela: The Agility Shift – Creating Agile and Effective Leaders, Teams, and Organizations, Bibliomotion, Brookline, 2015.
* Moreira, Mario E.: Being Agile – Your Roadmap to Scucessful Adoption of Agile, apress, 2013.
* Hoogendoorn, Sander: Das kleine Agile-Buch. Pearson, München, 2012.

Verwendete Literatur

Apk15: Apke, Larry: Understanding The Agile Manifesto. A Brief & Bold Guide to Agile. Lulu Publishing, o.O., 2015.

Ari09: Ariely, Dan: Predictably Irrational – The Hidden Forces That Shape Our Decisions. Harper, revised and expanded Edition, 2009.

Con07: Conley, Chip: Peak: Peak: How Great Companies Get Their Mojo from Maslow. Jossey-Bass, San Francisco, 2007.

Den10: Denning, Stephen: The Leader's Guide to Radical Management. Reinventing the Workplace for the 21st Century. Jossey-Bass, 2010.

Dru73: Drucker, Peter: Management: Tasks, Responsibilities, Practices. Heinemann Professional Publishing, London, 1988, deutsch: Dru09: Drucker, Peter: Management. Das Standardwerk komplett überarbeitet und erweitert. Campus, Frankfurt am Main, 2009

Fis92: Fiske, Alan: The Four Elementary Forms of Sociality: Framework for a Unified Theory of Social Relations. Psychological Review , 1992, Vol. 99, No. 4, 689-723. Online verfügbar: http://www.sscnet.ucla.edu/anthro/faculty/fiske/pubs/Fiske_Four_Elementary_Forms_Sociality_1992.pdf

Ger94: Gergen, Kenneth; Ernst, Heiko: Sinn ist nur als Ergebnis von Beziehungen denkbar. Psychologie heute Jg. 21, 1994, Nr. 10, S. 34-38 (1994).

Ham07: Hamel, Gary: The Future of Management. Harvard Business School Press, Boston, 2007, deutsch: Ham08: Hamel, Gary: Das Ende des Managements. Unternehmensführung im 21. Jahrhundert. Econ, Berlin, 2008.

Has94: Haslam, Nick: Categories of social relationship. Online verfügbar: http://www.sscnet.ucla.edu/anthro/faculty/fiske/RM_PDFs/Haslam_Categories_Relationship_1994.pdf

Lit14: Little, Jason: Lean Change Management – Innovative Practices for Managing Organizational Change. Happy Melly Express, 2014.

Man01a: Manifest für Agile Softwareentwicklung, URL: http://agilemanifesto.org/iso/de/

Man01b: Prinzipien hinter dem Agilen Manifest, URL: http://agilemanifesto.org/iso/de/principles.html

MSC: Manifesto for Software Craftsmanship: URL: http://manifesto.softwarecraftsmanship.org/#/de

Spi16: Spiegel: Golf – Der Nachfolger des VW Käfer rettete vor 40 Jahren Volkswagen-Konzern, online verfügbar: http://www.spiegel.de/auto/aktuell/golf-nachfolger-des-vw-kaefer-rettete-vor-40-jahren-volkswagen-a-977192.html

Sut14: Sutherland, Jeff: Scrum: The Art of Doing Twice the Work in Half the Time", Random House Business, London, 2014

Sut15: „Die Scrum-Revolution: Management mit der bahnbrechenden Methode der erfolgreichsten Unternehmen", Campus Verlag, Frankfurt am Main, 2015

Toy: Corporate Philosophy – Toyota Way 2001 – Sharing the Toyota Way Values, online verfügbar: http://www.toyota-global.com/company/history_of_toyota/75years/data/conditions/philosophy/toyotaway2001.html

WikiSWC: Software Craftsmanship bei Wikipedia: *https://de.wikipedia.org/wiki/Software_Craftsmanship*

Kapitel 4
Agile Praktiken, Methoden und Frameworks

Kernaussagen des Kapitels

- *„Weniger Falsch"* ist das neue *Richtig*: In der VUKA-Welt kann nicht nach Perfektion, sondern nur nach Passung gestrebt werden.
- Dazu muss in einem *schrittweise und aufeinander aufbauenden* – iterativen und inkrementellen – Vorgehen über *Experimente mit schnellem Feedback* herausgefunden werden:
  - Was der Kunde braucht und wofür er bereit ist, zu bezahlen: Die passende Produkt- und Geschäftsidee wird direkt am Kunden entwickelt. Sein Feedback ist der einzige Maßstab! Dabei sind seine Bedürfnisse zu erforschen und nicht seine technischen Anforderungen – sonst baut man am Ende schnellere Pferde[1]. Dinge zu entwickeln, die der Kunde nicht bezahlt, ist Verschwendung.
  - Welche Veränderung passt: Dazu entwerfen und testen die von der Veränderung betroffenen Mitarbeiter diese selbst und und setzen sie anschließend selbstständig um.
- Agilität basiert auf dem *regelmäßigen Reflektieren und Verbessern* der eigenen Vorgehensweise.
- *Alles ist Feedback!* Es gibt (z.B. bei Veränderungen) keinen Widerstand – es gibt immer nur Feedback. Feedback, das uns nicht gefällt, bewerten wir negativ und nennen dies „Widerstand".
- Unser Vorgehen kann immer nur ein *Experiment* sein, da wir keine Garantie haben, dass das, was wir beabsichtigen, auch eintritt.
- Veränderungen durch Experimente: Veränderungen sind Experimente, da wir nur von Hypothesen ausgehen können und die Ergebnisse nicht garantiert sind.
- Die Veränderung wird schon vor der Durchführung mit den Beteiligten getestet.
- Vorgehen mit maximaler Transparenz schaffen – alles aushängen bzw. für jeden zugänglich machen.
- Vertrauensvoller Umgang miteinander, basierend auf einem positiven Menschenbild.

---

[1] S. Abschnitt „Worum geht es bei Agilität?" in der Einleitung zu diesem Buch.

4.1 Agile Praktiken

Agile Praktiken sind aus den agilen Prinzipien resultierende, bereits erprobte agile Handlungsweisen. Sie können sowohl einzeln eingesetzt als auch als agile „Bausteine" verstanden und zum Zusammensetzen agiler Methoden verwendet werden.

In *„Ihrer Schatzkiste"* werden in Abschnitt IV.3.1 einige agile Praktiken für den Start Ihrer eigenen Agilität beschrieben. Für tiefer gehende Darstellungen und zusätzliche Praktiken seien die einschlägige Literatur oder eine Internetsuche empfohlen.

In der seit 2006 jährlich durchgeführten Umfrage von *VersionOne* zum Stand der Agilität gaben die Anwender in der Umfrage 2015 an, am häufigen Daily Standups und priorisierte Backlogs einzusetzen (Abbildung 32 und Abbildung 33). Gleichzei-

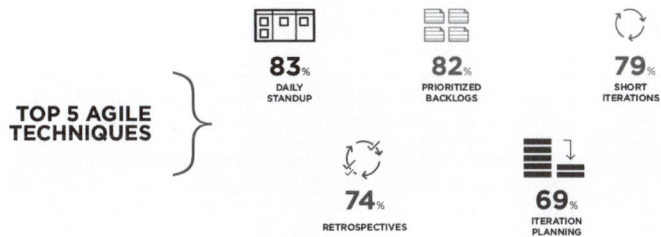

Abbildung 32: Top 5 der eingesetzten agilen Praktiken [Ver16]

Abbildung 33: Ergebnis der VersionOne-Umfrage bzgl. eingesetzter agiler Praktiken [Ver16]

tig sehen Sie, dass nicht alle agilen Praktiken gleich stark eingesetzt werden – jeder nutzt das, was für ihn in der aktuellen Situation am besten passt. Hier wird eine Entwicklungsperspektive sichtbar: Nach und nach werden weitere Praktiken eingesetzt, man löst sich von bisherigen Praktiken und entwickelt eigene.

Einige Praktiken, die Ihnen für den Start in Ihre Agilität nützlich sein können, sind Abschnitt IV.3.1 angegeben. Den Überblick dazu gibt Tabelle 8. Damit alle praktisch nützlichen Dinge zusammen in einem Teil zu finden sind, wurden diese dort zusammen mit den anderen nützlichen Dingen aufgelistet.

Name	Kurzbeschreibung	S.
Backlog	Priorisierte Auflistung von Themen	482
Boards	Visuelle Darstellungen	483
Brainwriting	Methode zum Entwickeln von Ideen	483
Burn-down-/up-Charts	Visuelle Darstellung zur Fortschrittsanzeige	484
Check-in	Start-Ritual für Meetings	487
CoLocation	Das komplette → *crossfunktionale Team* sitzt zusammen in einem Raum.	488
Crossfunktionales Team	Team, das alle Funktionen abdeckt, die es braucht, um seine Aufgaben zu erledigen	488
Daily Standups	Tägliches 15-Minuten-Meeting im Stehen vor dem → *Board* zum Update und zum Synchronisieren des → *crossfunktionalen Teams*	489
Definition of Done (DoD)	Festlegung, wann etwas als fertig/erledigt betrachtet wird	490
Dot Voting	Verfahren zum Priorisieren (Abstimmung über die Wichtigkeit) von Themen	490
Happiness Index	Tool zum Messen der Zufriedenheit von Beteiligten und Betroffenen	490
Impediment Backlog	→ *Backlog* zur priorisierten Auflistung von Blockierungen	493
Kanban-Board	→ *Board* zur Visualisierung des Bearbeitungsflusses („*Workflow*")	493
Lean Procrastination	Bewusstes Aufschieben von Entscheidungen bis zum spätestverantwortbaren Moment	494
Mad – Sad – Glad	Startritual für Meetings	494
Mob Working	Das gesamte → *crossfunktionale Team* arbeitet gleichzeitig an *einem* Thema in *einem* Raum vor *einem* Computer mit *einer* Tastatur.	494
Net Promoter Score	Modell zur Messung des Erfolgs auf Basis von Empfehlungsraten	495
Pair Working	Zwei Teammitglieder bearbeiten zusammen und gleichzeitig ein Thema.	496
Planning	Planung der nächsten Schritte	497
Product Backlog	→ *Backlog* für alle Eigenschaften, die ein Produkt bekommen/haben soll	497

Name	Kurzbeschreibung	S.
Retrospektive	Meeting, in dem das methodische Vorgehen – insbesondere in der gerade abgelaufenen Iteration (→ *Sprint*) – reflektiert wird	497
Review	Meeting, in dem die Ergebnisse der inhaltlichen Bearbeitung in der gerade abgelaufenen Iteration (→ *Sprint*) – meist mit direktem Feedback vom Kunden – überprüft werden	498
Sprint	Eine Iteration als → *Timebox*, in der ein oder mehrere Themen aus dem → *Sprint Backlog* erledigt werden	499
Sprint Backlog	→ *Backlog* bzgl. der in diesem Sprint zu erledigenden Themen	499
Sprint Planning	Planungsmeeting, in dem die in diesem → *Sprint* zu bearbeitenden Themen aus dem → *Product Backlog* geplant und in das → *Sprint Backlog* abgeleitet werden	499
Story Card	visuelle Repräsentation einer → *User Story*	500
Story Point	Größe eines zu bearbeitenden Themas	500
The Insights Door	→ *Board* zum Visualisieren des aktuellen Stands von Einsichten	501
Timebox	Eine Timebox ist ein festes Zeitfenster, in dem Themen bearbeitet werden. Nach Ablauf der Zeit wird die Bearbeitung beendet, unabhängig davon, ob das Thema abgeschlossen wurde oder nicht	502
Testgetriebene Entwicklung	Entwicklung gegen Test(spezifikation)	502
Use Case	Beschreibung der Interaktion des Anwenders mit dem Produkt	503
User Story	Beschreibung des Nutzens des Produktes aus Sicht des Anwenders	504
User Story Mapping	Mapping von User Story und Arbeitsfluss des Anwenders	505
Velocity	(Messen der) Bearbeitungsgeschwindigkeit	505
Velocity Tracking	Visuelle Darstellung der Veränderung der → *Velocity* über die Zeit	506

Tabelle 8: Liste der in Kapitel IV.3 „Ihre Schatzkiste" vorgestellten agilen Praktiken

Exkurs: Lernen strukturieren – Iterationen

Mit den in Kapitel III.3 dargestellten agilen Werten und Prinzipien haben Sie bereits alles, um Ihre eigene, für Ihre Organisation passende Agilität aufzubauen. Um Ihnen Ihren Start zu erleichtern, erfolgt hier noch eine kurze Darstellung zu Iterationen, da diese ein wesentliches Merkmal von agilem Vorgehen sind.

Die beiden agilen Prinzipien (Agiles Manifest #3 *„Liefere funktionierende (Leistung) regelmäßig innerhalb weniger Wochen oder Monate und bevorzuge dabei die kürzere Zeitspanne."* und Radical Management #3 *„Erledigt die Arbeit in kundengetriebenen Iterationen"*) besagen, dass Sie in *Iterationen* vorgehen sollen – und nicht, wie genau diese Iterationen aussehen sollen. Dies ist absichtlich so offen formuliert, um Ihnen die Freiheit zu geben, verschiedene iterative Vorgehensweisen anzuwenden.

Was sind Iterationen?

Allgemein beschreibt *Iteration* (von lat. Iterare, wiederholen) den Prozess mehrfachen Wiederholens gleicher oder ähnlicher Handlungen zur Annäherung an eine Lösung oder ein Ziel. Erstmals wurde dieser Begriff in der Mathematik verwendet, um sich an eine Lösung anzunähern, die sich nicht in geschlossener Form berechnen lässt, z.B. bei der Kepler-Gleichung oder für die Berechnung der Oberflächenform einer asphärischen Linse [WikiIT].

Heute ist der Begriff in verschiedenen Bereichen mit ähnlicher Bedeutung in Gebrauch und beschränkt sich meist auf das Wiederholen. Im Agilen allerdings wird – dies wurde aus der Informatik übernommen – sowohl *der Prozess der Wiederholung* als auch *das Wiederholte selbst* als Iteration bezeichnet [WikiIT].

Wozu Iterationen?

Kann eine Lösung nicht direkt bestimmt werden, muss man sich ihr schrittweise annähern, indem man das Vorgehen wiederholt und die Ergebnisse des letzten oder mehrerer vorangegangener Schritte(s) als Ausgangswerte für den jeweils nächsten Schritt nimmt. Durch das wiederkehrende Durchlaufen des Zyklus lernt man das Problem/die Aufgabenstellung immer besser zu verstehen und so eine immer bessere – passendere – Lösung zu finden.

Im Kontext VUKA – insbesondere im Kontext *Komplexität* – ist mit Ungewissheiten, Unvorhersehbarem und Überraschungen umzugehen. Der Verlauf von Projekten oder die Wirkung von Handlungen sind meist nicht vorhersagbar – daher müssen Pläne versagen. Die einzige Chance, erfolgreich in diesem Kontext zu sein, ist, schrittweise und aufeinander aufbauend – iterativ und inkrementell – vorzugehen und so über die Situation und passende Lösungen zu lernen. Man plant immer nur den nächsten Schritt, setzt diesen um und, basierend auf dem erhaltenen Ergebnis, plant man den folgenden Schritt, geht diesen usw. Die zu bearbeitenden Themen und Inhalte sowie ihre Reihenfolge entwickeln sich erst im Laufe des Vorgehens – wir haben es hier mit emergenten Prozessen zu tun.

Zur Ausrichtung in diesem Vorgehen braucht es eine Vision als „Nordstern". Diese gibt die grundsätzliche Zielstellung, den Zweck, den Sinn, des Vorgehens an.

Vorteil von Iterationen

Zu große Schritte und zu viel Veränderung auf einmal versetzt das Gehirn in Panik. David Rock 2008 [Roc08] beschrieb in einem Beitrag für das *Neuroleadership Journal,* dass allein das Zerlegen eines Projektes in kleine handhabbare Teile schon reicht, um unserem Gehirn Sicherheit zu geben. Kleine überschaubare Schritte geben unserem Gehirn also mehr Sicherheit als ein großer unüberschaubarer Plan. Daher ist ein iteratives Vorgehen – insbesondere bzgl. Veränderungen – planenden Ansätzen überlegen. Weitere Ausführungen zu iterativen Veränderungen s. Abschnitt III.4.3 „Agiles Change Management – Lean Change Management".

Beispiele für iterative Zyklen

Im Folgenden werden zwei iterative Zyklen vorgestellt. Aufgrund seiner einfacheren Struktur wird der *PDCA-Zyklus* deutlich häufiger eingesetzt.

Der PDCA-Zyklus

Der *Plan – Do – Check – Act-(PDCA)*-Zyklus, auch als *Demingkreis, Deming-Rad, Shewhart Cycle* bezeichnet, ist ein iteratives Vorgehen in vier Schritten, das seine Ursprünge in der Qualitätssicherung hat (Abbildung 34, [WikiH, I, Bay09a,b]).

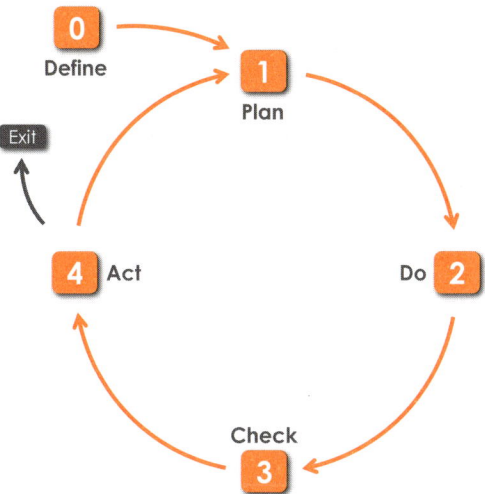

Abbildung 34: Der PDCA-Zyklus

Als Erstes wird auf Basis von Werten und Vorannahmen ein *Ziel* definiert (Punkt 0: *Define – Definiere*). Daraus ergeben sich dann die folgenden Schritte, um sich in Richtung Ziel zu bewegen.

1. *Plan – Planen*: Plane den nächsten Schritt.
2. *Do – Tun*: Mache den nächsten Schritt.
3. *Check – Überprüfen*: Überprüfe das Ergebnis des Schrittes.
4. *Act – Handeln*: Handle basierend auf der Differenz zwischen *Ziel* und *Ergebnis*, dieses „Handeln" entspricht einem Entscheiden zwischen
   – bleibe im Zyklus und gehe zur Planung des nächsten Schrittes oder
   – *Exit* – verlasse den Zyklus und tue etwas anderes.

Der PDCA-Zyklus ist im Agilen der Standardzyklus für Iterationen.

Der OODA-Zyklus

Der *Observe – Orient – Decide – Act-(OODA)*-Zyklus wurde vom Militärstrategen John Boyd als Informationsstrategiekonzept definiert (Abbildung 31, [WikiOODA]). Es stellt eine Entscheidungsschleife dar, die bei neuen Ereignissen immer wieder durchlaufen wird.

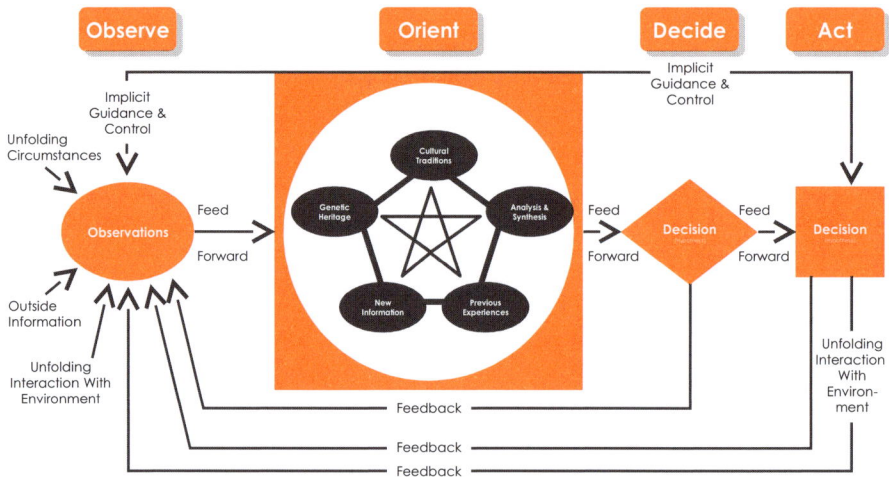

Abbildung 35: Der Observe – Orient – Decide – Act-(OODA)-Zyklus *von John Boyd*
[WikiOODA]

Dabei stehen dabei die einzelnen Schritte für

1. *Observe – beobachten*: Beobachte das System.
2. *Orient – orientieren*: Orientiere dich im System anhand der Beobachtungen und Wahrnehmungen.
3. *Decide – entscheiden*: Entscheide auf Basis der Orientierung im System.
4. *Act – handeln*: Handle entsprechend der Entscheidung und überprüfe das Ergebnis.

Der OODA-Zyklus wird eher selten im Agilen eingesetzt.

Lernen verschiedener Ordnungen

Ein Punkt ist noch zu Iterationen genauer zu betrachten: Wie findet hierbei *Lernen* statt?

Schauen wir uns dazu noch einmal den PDCA-Zyklus an (Abbildung 34): Im Ablauf des Zyklus wird das Ergebnis des Tuns in Richtung Ziel immer wieder überprüft, allerdings nicht, ob das *richtige Ziel* angestrebt wird! Man macht die *Dinge richtig* – bzw. immer *richtiger* – und überprüft nicht, ob es die *richtigen Dinge* sind! Von der Struktur her kann in diesem Zyklus nicht erkannt werden, ob das Ziel und/ oder die Vorannahmen, Werte etc., die zur Definition dieses Zieles führten, richtig oder falsch sind. Wird festgestellt, dass die Iterationen nicht zum Ziel führen, muss daher der Zyklus verlassen werden. In der Praxis folgen darauf oft Ablehnen von Verantwortung, Schuldzuweisungen, Zynismus etc.

Chris Argyris und Don Schön [Arg78, 96] nennen diesen Ablauf *Single Loop Learning* (Abbildung 36).

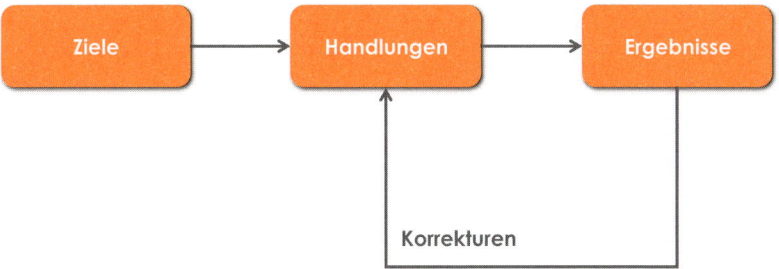

Abbildung 36: Lernen erster Ordnung – Single Loop Learning: *Die Ergebnisse führen zu Veränderungen bei den Handlungen, nicht bei den Zielen [Pro94 nach Arg78]*

Um zum richtigen Ziel zu kommen, also die *richtigen Dinge* zu machen, ist es zusätzlich notwendig, das Ziel anzupassen: Chris Argyris und Don Schön [Arg78, 96] nennen dies *Double Loop Learning* (Abbildung 37).

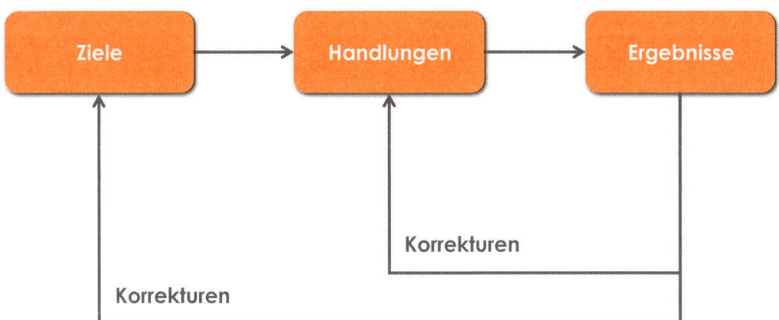

Abbildung 37: Lernen zweiter Ordnung – Double Loop Learning: *Die Ergebnisse führen zu Veränderungen bei Handlungen UND Zielen [Pro94 nach Arg78]*

Der Ablauf von → *Scrum* entspricht dem *Double Loop Learning* (s. Abschnitt III.4.2): In der *Retrospektive* wird das Vorgehen – die Handlungen – reflektiert und verbessert und im *Review* wird mit dem Kunden geklärt, ob das richtige Ziel – der Inhalt – angesteuert wird.

In Organisationen werden oft Fehler ignoriert oder nicht diskutiert – diese Nicht-Diskutierbarkeit ist oft nicht klar und wird nicht thematisiert. In dem Ihnen nun klar wurde, wie Lernen erster und zweiter Ordnung funktioniert, wird Ihnen klar, wie *Lernen* selbst funktioniert, welche „blinden Flecken" Sie und Ihre Organisation bisher hatten. Möglicherweise haben Sie beides daher nicht gelernt und Fehler wiederholt. Mit dieser Erkenntnis haben Sie gleichzeitig eine neue Ebene des Lernens erreicht: *Lernen über den Prozess des Lernens*. Mit dem Erreichen dieser Ebene des Lernens können Sie die Struktur des Lernens in Ihrer Organisation diskutieren, entwerfen und implementieren [Pro94].

Chris Argyris und Don Schön [Arg78, 96] nennen dies *Prozesslernen* (Abbildung 38).

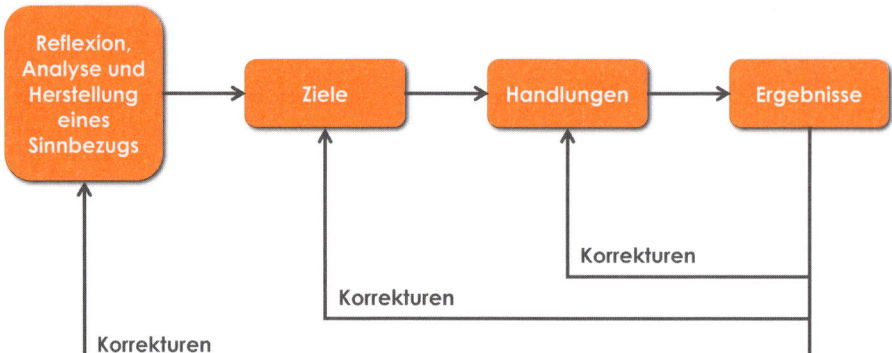

Abbildung 38: Prozesslernen: *Die Ergebnisse führen zu Veränderungen auf allen drei Ebenen: Handlungen, Ziele und Ebene des Lernprozesses[Pro94 nach Arg78]*

Der PDC3A-Zyklus

Als Erkenntnis aus den verschieden Ordnungen des Lernens ergibt sich ein iterativer Zyklus, der alle drei Ebenen berücksichtigt: der *Plan – Do – Triple Check – Act* (PDC3A)-Zyklus (Abbildung 39).

Die in Abbildung 35 dargestellte Struktur muss vom Prinzip her erreicht werden, nicht in einem einzigen Ablauf. Hier kann z.B. um Scrum – das die Ebenen Handlungen und Ziele sehr gut abbildet – ein Rahmen gelegt werden, in dem regelmäßig – nicht zu oft, vielleicht zwei mal pro Jahr – reflektiert wird, ob die Gesamtstruktur noch passt und was ggf. verbessert werden kann.

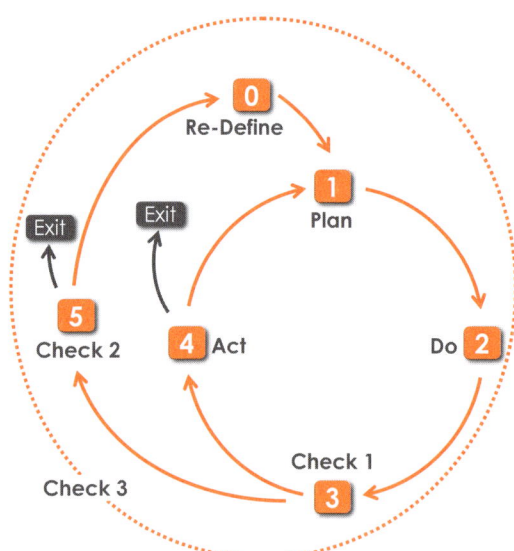

Abbildung 39: Der Plan – Do – Triple Check – Act (PDC3A)-Zyklus: *Alle drei Ebenen – Handlungen, Ziele und Lernprozeß – werden überprüft und angepasst*

Exkurs: messen und Messkriterien

To measure is to know.

– James Clerk Maxwell

Allgemeines zu messen und Messkriterien

Im Agilen wird viel gemessen, um Transparenz zu fördern, Probleme aufzudecken und Veränderungen – insbesondere Fortschritte auf das Ziel hin – sichtbar zu machen. Nur durch Messergebnisse/Messdaten wird der *wahre* Stand sichtbar gemacht und können Trends frühzeitig erkannt und diese verstärkt oder ihnen entgegengewirkt werden.

Beim Messen gibt es allerdings einiges zu berücksichtigen, darauf wird in diesem Abschnitt eingegangen.

Generell darf das Messen einer Leistung nie dazu verwendet werden, einzelne Mitarbeiter oder Teams zu bewerten oder zu vergleichen! Sobald dies auch nur ansatzweise vermutet wird, ist das Ergebnis Demotivation! Dann werden Messergebnisse gefälscht, um besser dazustehen und sich abzusichern. Leistungsmessungen dürfen einzig und allein dem Team selbst dienen, damit es festzustellen kann, ob es besser wird, ob der Kunde besser erfreut wird.

Messen und Motivation

What gets measured, gets managed.

– Peter Drucker

Messungen entfalten ihren Sinn nur für denjenigen, der diese durchführt. Im tayloristischem System wird gemessen, um *zu bewerten* – und darauf aufbauend zu belohnen und zu bestrafen. Dass das Ganze nicht motivieren kann, sollte klar sein (vgl. Darstellung zu Motivation in Abschnitt III.2.3). Der Effekt ist, dass die Bewerteten dann Tricks und Möglichkeiten finden, zu betrügen und die Werte in ihrem Sinne zu beeinflussen – und so Messungen ad absurdum führen. Daher funktionieren Messungen zur Bewertung nicht – und schon gar nicht bei Kopfarbeit.

Statt also Messungen von oben „durchzudrücken", ist es besser, die Mitarbeiter selbst den Sinn und Nutzen von Messungen erkennen zu lassen, ihnen den Vorteil und Nutzen aufzuzeigen, wenn sie messen. Einen Beitrag zu etwas zu leisten, das größer ist als man selbst, zu etwas, das Sinn hat, motiviert (vgl. Abschnitt III.2.3).

Messkriterien

You cannot control what you cannot measure.

– Tom DeMarco

Um sich verbessern zu können, muss man seinen aktuellen Stand kennen. Dabei geht es nicht um wissenschaftliche Exaktheit, sondern darum, *objektiv qualifiziertes Feedback* zu erhalten – und zwar am besten in quantitativen Größen.

Der Erfolg agilen Vorgehens muss überprüft werden – durch Messen. Erst durch Messen kann Fortschritt objektiv festgestellt werden.

Es gibt zwei Kategorien von Messungen:

1. *Bezogen auf objektive Faktoren*: Die Messgrößen können mit objektiven Maßstäben bestimmt werden, wie
   – Geschwindigkeit der Bearbeitung (→ *Velocity, → Velocity Tracking*),
   – Fortschritt der Entwicklung (→ *Burn-down/up-Chart*),
   – Fehlerraten
2. *Bezogen auf subjektive Faktoren*: Die Messgrößen können nur mit subjektiven Maßstäben bestimmt werden, wie
   – die Zufriedenheit des Kunden mit der Leistung/dem Produkt (→ *Net Promoter Score (NPS)*),
   – das Befinden und die Zufriedenheit der Mitarbeiter (→ *Happyness Index*).

Um die richtigen Messkriterien für Kategorie 1 zu finden, sind zwei Fragen nützlich:

1. Wie können wir überprüfen, ob unser Produkt, unsere Idee, unser Vorgehen erfolgreich war?
2. Wie können wir Fortschritt in Bezug auf das beabsichtigte Ziel, den Kunden zu erfreuen, feststellen?

Tabelle 9 zeigt Messmetriken und Messzeitpunkte für Kategorie 1.

Messmetriken	Messzeitpunkte
• Produktivität • An den Kunden ausgelieferter Wert • Qualität • Nachhaltigkeit	• Jeden Monat • Jede Iteration • Jede Woche • Jeden Tag

Tabelle 9: Messmetriken und Messzeitpunkte für Kategorie 1

Während das Messen von Größen der Kategorie 1 bereits bekannt und erprobt ist, fällt Messen in Kategorie 2 bisher schwerer: Die einmal jährlich halbherzig durchgeführte „Abfrage zur Mitarbeiterzufriedenheit" wirkt in vielen Unternehmen eher hilf- und ratlos als ernst zu nehmend – und hat zudem oft Alibifunktion. Hierbei fehlt:

• *Die Glaubwürdigkeit*, dass die Ergebnisse jemanden interessieren oder irgendeine Auswirkung haben (außer vielleicht, dass enttäuschte Manager ihre Mitarbeiter anpöbeln, weil sie den Teil ihres Bonus nicht bekommen, der mit der Zufriedenheit ihrer „Untergebenen" zusammenhängt).
• *Der Zusammenhang zwischen Ereignissen und Messung*: Es wird nicht unmittelbar nach Ereignissen (z.B. Unternehmensübernahme, Fusion, Entlassungswellen), sondern irgendwann (meist zum Ende des Geschäftsjahres) abgefragt.
• *Der persönliche Bezug und der Glaube an die Ernsthaftigkeit der Messung*: „Egal was ich eintrage, es interessiert ja eh keinen und ändern tut sich ja auch nichts."

Die Krux am Messen in der Kategorie 2 ist, dass Menschen sich bedroht fühlen, sobald sie sich „gemessen" fühlen [Lit14]. Dies ist eine normale Reaktion. Obwohl die Absicht hinter dem Messen gut ist, zerstört es Vertrauen und Glaubwürdigkeit. Menschen wollen Sicherheit haben und selbst agieren. Daher ist es besser, die Betroffenen direkt zu fragen:

• Habt ihr das erreicht, was ihr erhofft/erwartet/gewünscht/gedacht habt?
• Hat die letzte Veränderung für euch etwas verbessert oder euch zufriedener gemacht?

Diese Messungen müssen permanent und kontinuierlich erfolgen, um Auswirkungen einzelner Veränderungen und Tendenzen feststellen zu können. Geeignete Methoden dazu sind der → *Happiness Index* oder der → *Net-Promoter-Score* (s. Kapitel IV.3).

Wenn Sie bei einer Messung keine Ergebnisse erhalten sollten, dann ist das ein Ergebnis! Es ist einfach Feedback: *Die Messung hat nicht funktioniert!* Schlägt beispielsweise der *Happiness Index* fehl, weil keiner antwortet, dann *ist das Feedback!* Und eine fantastische Gelegenheit, in den Austausch, ins Gespräch mit den Betroffenen zu kommen. Eine Hypothese könnte sein, dass bisher Vertrauen und Offenheit für eine Messung fehlen. Dies sind wichtige Einsichten, denen nachgegangen werden muss.

Sie sollten nie eine Messung abbrechen, weil Ihnen das Ergebnis nicht gefällt! Es sind Unternehmen bekannt, in denen die Messung des *Happiness Index* abgebrochen wurde, weil dem Abteilungsmanager die Werte zu negativ waren. Allein dies hat mehr zerstört, als es auch noch so negative Messwerte je hätten können! Das negative Ergebnis des *Happiness Index* hätte der Auslöser für einen Dialog zwischen Abteilungsmanager und Mitarbeitern über die Gründe sein können – vermutlich hätte allein das schon viel verbessert.

Wenn Sie messen, dann bleiben Sie konsequent! Wenn Ihnen Messwerte nicht gefallen, fragen Sie nach! Zur Not anonym!

Beachten Sie immer, dass – egal was und wie Sie messen – Messen immer das Verhalten beeinflusst, dies ist als *Beobachtereffekt* (auch *Hawthorne-Effekt* [WikiL]) bekannt. Wie das o.g. Zitat von Peter Drucker zeigt: Was gemessen wird, darauf richtet sich die Aufmerksamkeit und in der Folge davon wird verbessert – sowohl absichtlich als auch unabsichtlich. Wenn Sie Bugs (Fehler) in Software messen, kann es passieren, dass die Fehlerrate allein dadurch sinkt, weil Fehler zu Funktionen erklärt werden: *„It's not a bug – it's a feature!"*

Wählen Sie daher Messkriterien, die am wenigsten direkt oder indirekt, absichtlich oder unabsichtlich manipuliert werden können – und überprüfen Sie die Art und Weise der Messung immer wieder.

Es gibt sicherlich – je nach Unternehmenskontext – bessere Messungen als die genannten (z.B. der *Happiness Index*). Benutzen Sie die Konzepte, die zu Ihrer Organisation passen. Die hier vorgestellten Konzepte sind Vorschläge und Ideen für den Ausgangspunkt Ihrer *Veränderungsreise*. Und bedenken Sie immer: *Auch Messungen sind Experimente!*

Vorlaufindikatoren (Leading Indicators)

Vorlaufindikatoren (auch Frühindikatoren, vorlaufende Indikatoren oder vorauseilende Indikatoren) geben Hinweise auf die *zukünftige Entwicklung*. Diese Messkriterien sind hilfreich, um Fortschritt auf ein Ziel hin anzuzeigen.

Einige Beispiele für Vorlaufindikatoren [Lit14]:

- → *Happiness Index*: Die Zufriedenheit der Mitarbeiter ist wichtig! Studien haben gezeigt, dass zufriedenere Mitarbeiter weniger gestresst sind und daher Ergebnisse von höherer Qualität erzeugen.
- *Show up rate*: Die Anzahl der Teilnehmer an → *Lean Coffees* und → *„Lunch and Learn"*-Veranstaltungen ist ein Indikator für das Interesse an einem Thema und die Bereitschaft, dazu beizutragen (Statistiken über die Anzahl der Mitarbeiter

aus verschiedenen Teams oder Abteilungen zeigen, wo welches Thema von Interesse ist).

Vorlaufindikatoren können eine nachhaltige Wirkung entfalten: Durch das Team gefundene eigene Fehler (Vorlaufindikator) können zu weniger Fehlern im Produkt (z.B. Software) und damit zu weniger Serviceaufwand führen (Nachlaufindikator).

Nachlaufindikatoren (Lagging Indicators)

Nachlaufindikatoren (auch Spätindikatoren, nachlaufende Indikatoren oder nachhinkende Indikatoren) zeigen eine *Entwicklung in der Vergangenheit* an, z.B. die Ergebnisse einer Veränderung, und sind meist einfacher als Vorlaufindikatoren zu identifizieren.

Nachlaufende Indikatoren dürfen nicht zur Beurteilung von Menschen eingesetzt werden. Die Herausforderung bei nachlaufenden Indikatoren besteht darin, diese NICHT für Performance Reviews und Boni zu verwenden!

Einige Beispiele für Nachlaufindikatoren [Lit14]:

- → *Net Promoter Score* für:
  - Zufriedenheit der Kunden mit Produkt/Service/Unternehmen
  - Zufriedenheit der Mitarbeiter mit Produkt/Service/Unternehmen
  - Empfehlungsrate für Berater, Coaches und Trainer
- Fehlerrate im ausgelieferten Produkt
- Serviceaufwand pro Produkttyp

Vorsicht beim Vergleichen von Messwerten verschiedener Teams!

Werden *absolute* Messerwerte verwendet, um Teams zu vergleichen und zu bewerten, dann hat man Agilität wirksam zerstört. Wettbewerb und wettbewerbsorientiertes Denken zerstören Kreativität (s. Abschnitt III.2.3), Vertrauen und das Arbeiten an einer gemeinsamen Sache. Werden Teams über ihre Messwerte miteinander verglichen, werden sie Mittel und Wege finden, diese besser aussehen zu lassen – auf Kosten des Produktes und des Kunden.

Teams über *relative* Werte miteinander zu vergleichen, also öffentlich darzustellen, dass das Kriterium XYZ bei Team A um 25 % besser geworden ist, bei Team B um 15 % und bei Team C um 20 %, funktioniert. Diese relativen Verbesserungen[2] sagen nichts über die absoluten Messwerte aus und haben daher keinen Leistungsbewertungscharakter. Im Gegenteil, sie können den Austausch und das voneinander Lernen auf Basis eines „Wie macht ihr das?" fördern. Bei einem relativen Vergleich haben auch anfänglich schwächere Teams eine Chance, motivationsunterstützende Anerkennung zu bekommen. Ein Beispiel wird im Abschnitt „Velocity Tracking" in Kapitel 3 des vierten Teils dieses Buches angegeben.

4.2 Agile Methoden und Frameworks

Mit den *agilen Praktiken* als „Bausteine" lassen sich *agile Methoden und Frameworks* zusammensetzen. Ursprünglich war der Weg genau umgekehrt: Aus agilen Methoden wurden einzelne Praktiken herausgelöst und einzeln oder in anderen Kontexten angewandt.

---

[2] Ein relativer Wert eines Messkriteriums bezieht sich auf eine Veränderung dieses Kriteriums bezüglich eines vergangenen Wertes – das Ergebnis ist eine prozentuale Veränderung.

Der komplette „Fluss" agiler Methoden zur Entwicklung von Produkten und Dienstleistungen besteht aus:

1. *Design Thinking* zum Generieren neuer Ideen
2. *Lean Startup* zum Entwickeln und Evaluieren von Produktideen und zugehörigen Geschäftsmodellen
3. *Agile Methoden* zur Produktentwicklung:
   - Adaptive Software Development (ASD)
   - Crystal Clear Methods
   - Disciplined Agile Delivery (DAD)
   - Dynamic Systems Development Method (DSDM)
   - Extreme Programming (XP)
   - Feature Driven Development (FDD)
   - Lean Software Development (LSD)
   - Scrum
4. *Kanban* zur Steuerung der agilen Produktentwicklung
5. *Kanban* in Service und Product Life Cylce Management

Es würde den Rahmen dieses Buches sprengen, alle Methoden im Detail vorzustellen, zumal diese in vielen Büchern bereits ausführlich dargestellt wurden. Daher konzentrieren wir uns hier auf die aktuell bekanntesten und verbreitetsten:

- *Lean Startup* zur Entwicklung von Produktideen und des dazugehörigen Geschäftsmodells
- *Scrum* als Beispiel eines agilen Frameworks. Aktuell ist *Scrum* das populärste von diesen – da auch außerhalb der Produktentwicklung sehr gut einsetzbar. Nachfolgend wird daher am Beispiel von Scrum gezeigt, wie eine komplette agile Vorgehensweise aufgebaut werden kann.
- *Kanban* ist in Abschnitt IV.3.2 dargestellt.

Agilität kann auch auf Themen jenseits der Entwicklung von Produkten und Dienstleistungen angewandt werden. Hier gilt es, die agilen Werte und Prinzipien entsprechend anzuwenden. *Lean Change Management* – ein *agiles Change Management* – zeigt, dass Agilität auch auf Change Management angewandt werden kann. Da es im deutschsprachigen Raum bisher nicht beschrieben ist, wird in diesem Buch ausführlich darauf eingegangen.

Lean Startup

Unsere Lösung – Ihr Problem
– Leuchtreklame zu DDR-Zeiten auf der
Zentrale des VEB robotron in Dresden

In der guten alten Zeit Ende des 19. Jahrhunderts hatte ein Mann eine Idee für ein Produkt. Und da er sich gute Geschäfte mit diesem Produkt versprach, beschloss er, ein Unternehmen zu gründen, um das Produkt herzustellen. Dazu erstellte er ein Konzept für das Produkt und plante die Umsetzung – Entwicklung und Herstellung des Produktes. Dazu zerlegte er den Plan in Teile und legte fest, wann was wie von wem zu machen war. Die Herstellung begann mit dem ersten festgelegten Schritt und ging Schritt für Schritt bis zum letzten vor. Schlussendlich war das Produkt fertig, die Kunden kauften es, anfangs direkt, später über Händler. Und für den Mann – er war nun Unternehmer – zahlte sich seine Investition in diese Produktidee aus.

Kurz, das Vorgehen des Unternehmers war einfach: Er hatte eine Idee, machte daraus einen Plan, der in Teilen zerlegt umgesetzt wurde (Abbildung 40). Da meist die Nachfrage größer als das Angebot war, bestand ziemliche Gewissheit, dass die Kunden das Produkt – oft mangels Alternative – kaufen werden. Denn sie hatten das zu nehmen, was es gab, wie es Henry Ford ausdrückte: *„Jeder Kunde kann ein Auto in jeder gewünschten Farbe haben, so lange es schwarz ist.“* Optimiert wurden allein die Belange des Herstellers, die des Kunden spielten keine Rolle. Die Wahrscheinlichkeit des Erfolgs einer Idee, eines Produktes, war größer als die seines Scheiterns. Dies gab ausreichend Sicherheit für einen Unternehmer, etwas zu wagen.

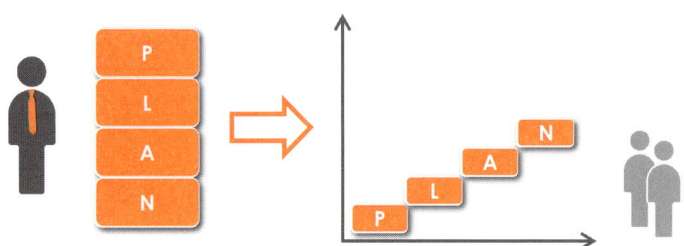

Abbildung 40: Klassisches Planvolles Vorgehen

Auch war es nur eine Frage des Aufwands, die damals eingesetzten Technologien – wie Mechanik und Elektrik – zu beherrschen. Je mehr und genauer man sich mit diesen befasste, desto besser verstand man sie. Die daraus entstehenden Produkte waren allenfalls kompliziert, es war nur eine Frage des Aufwands, diese zu verstehen und zum Funktionieren zu bringen. Ein „Mehr an Ingenieuren und Technikern“ war daher der entscheidende Wettbewerbsvorteil und etliche Unternehmen sind – z.B. im Automobilbau – nach den Anfangsjahren vom Markt verschwunden, weil sie den notwendigen Aufbau eines „Mehr an …“ nicht finanzieren konnten.

Nennen wir diese Zeit, von Ende des 19. Jahrhunderts bis Mitte/Ende des 20. Jahrhunderts, die Zeit des *„Wir machen ein Produkt und die Kunden werden kommen“*-Konzepts. Es war die Zeit der *maximalen Einfachheit* (s. Kapitel I.2).

Die Welt hat sich geändert

Das o.g. Vorgehen funktioniert heute nicht mehr! Durch folgende drei Entwicklungen veränderte sich die Welt (ausführlicher s. Teil I):

- *Globalisierung und internationaler Wettbewerb* veränderten Marktsituationen hin zu schnellerem und dynamischerem Wettbewerb mit neuen Marktregeln.
- *Anspruchsvollere Technologien* – wie Computer und Software – führten zu komplexen Produkten und erforderten dadurch einen aufwendigeren, komplexen Entwicklungsprozess.
- *Höherer Bildungsstandard* und *allgemeiner Wohlstand* führten zu anspruchsvolleren Menschen als Mitarbeiter und Kunden.

Diese drei Entwicklungen – und insbesondere die Vernetzungen zwischen ihnen – führen zum Hauptproblem im Management der heutigen Zeit: eine rasant und massiv gestiegene Unsicherheit auf allen Ebenen!

Für einen Unternehmer ist heute das Scheitern eines neuen Produktes und dessen Geschäftsmodells generell wahrscheinlicher als dessen Erfolg – durch diese gestiegene Unsicherheit. Zusätzlich gerät bei einem Misserfolg eines Produktes oft das gesamte Unternehmen in Schieflage, nicht nur bei Start-ups.

Die Kernfrage ist daher: *Wie mit dieser gestiegenen Unsicherheit umgehen?* Gesucht ist eine Vorgehensweise, die mit der Unsicherheit umgehen kann und so das Risiko verringert.

Die Situation von Start-ups

Im Vergleich zu bestehenden Unternehmen haben es Start-ups besonders schwer: Sie agieren in maximaler Unsicherheit. Es ist völlig offen, ob

- der angenommene Markt überhaupt existiert, und wenn, ob er jemals die angenommene Größe erreicht,
- der Bedarf nach dem Produkt/Service besteht, und wenn, ob dieser die angenommene Zahlungsbereitschaft auslöst,
- das Geschäftsmodell funktioniert,
- das Produkt/der Service sich (technisch) realisieren lässt.

All dies sind Vermutungen, Hoffnungen und Wünsche. Oft kommt zusätzlich noch die Frage nach der Finanzierung des Start-ups dazu.

Start-ups sind daher darauf angewiesen, so wenig wie möglich Zeit und Geld zu verschwenden und so schnell wie möglich Erfolge zu erzielen. Etliche Start-ups sind gescheitert, weil sie zu viel Zeit und Geld in eine gute Idee gesteckt haben – und mit dem falschen Produkt rausgekommen sind.

In der Start-up-Szene wird bisher – weil von Risikokapitalgebern so gefordert – planerisch vorgegangen: Der Entrepreneur schreibt einen Business-Plan – ein statischer Vorab-Plan – in einer forschungsähnlichen Arbeitsweise am Schreibtisch „im stillen Kämmerlein". Bevor er mit der Produktentwicklung beginnt, trifft er Aussagen zur Größe der Geschäftsmöglichkeit, zum zu lösenden Problem, zur angebotenen Lösung sowie zu Umsätzen, Gewinnen und Cashflows der nächsten fünf Jahre. Steve Blank, der erfolgreich einige Unternehmen gegründet hat, meint dazu [Bla13]: „*Außer Venture Capitalists und der ehemaligen Sowjetunion fordert niemand 5-Jahres-Pläne, um das komplett Unbekannte vorauszuplanen.*" Entsprechend beträgt die Erfolgsrate bei Start-ups nur 25 % [Bla13].

Das Lean Startup-Prinzip

> *Der Trick eines erfolgreichen Start-ups besteht darin,*
> *das Produkt fertig zu haben, bevor das Geld alle ist.*
>
> – Eric Ries

Eric Ries war in den Jahren 2001 bis 2008 an Gründung und Aufbau verschiedener Internet-Start-ups in den USA beteiligt und sammelte Erfahrungen in der Entwicklung von Geschäftsmodellen. Wie Ries zugibt, scheiterten einige dieser Unternehmen, weil das Geld ausging, bevor das Produkt fertig war.

Steve Blank, der zwischenzeitlich an der Universität in Berkeley Vorlesungen zu Unternehmertum hielt, war einer der Investoren eines Start-ups, in dessen Geschäftsleitung Eric Ries war. Blank bestand im Gegenzug zur Finanzierung darauf, dass die Geschäftsleitung an seinen Vorlesungen als Gasthörer teilnahm. Dadurch kam Ries mit den Ideen von Blank in Kontakt, u.a. dem Testen von echten Produktfunktionen an echten Kunden und dem Messen von Kunden-Feedback.

Dies und seine Erfahrungen fasste Ries in seinem 2011 erschienenen Buch *The Lean Startup: How Constant Innovation Creates Radically Successful Businesses*. [Rie11] (deutsch: *Lean Startup: Schnell, risikolos und erfolgreich Unternehmen gründen* [Rie14]) zusammen. Mit diesem Buch leitete er eine *„kopernikanische Wende"* ein: Statt umfangreicher (Vorab-)Planung ist das unmittelbare Feedback auf Hypothesen Ausgangspunkt für die nächsten Ideen und Schritte. Durch dieses iterative und inkrementelle Vorgehen wird schnell Klarheit über die Chancen der Produktidee (und damit der Geschäftsidee) erreicht: *Lean Startup bedeutet den expliziten Umgang mit der Unsicherheit bei der Produkt- und Geschäftsmodellentwicklung.* Lean Startup hilft, die Ungewissheit – und damit das Risiko – systematisch zu verringern.

Von Anfang an werden echte Kunden und Nutzer in die Produkt- und Geschäftsmodellentwicklung einbezogen. Dadurch ist nicht nur sichergestellt, dass das Produkt nur das enthält, was der Kunde bereit ist, zu bezahlen, sondern auch, dass Geld verdient wird. Und hier unterscheidet sich Lean Startup von bisherigen Ansätzen: *Der Kunde ist nicht nur einbezogen, wenn es um Merkmale des Produktes geht, sondern auch, wenn es um das Geschäftsmodell geht:* Durch sein Verhalten in den Tests bestimmt er die Art und Weise, wie mit dem Produkt Geld verdient wird.

Dadurch erreicht Lean Startup sein Ziel, so einfach, schnell und billig wie möglich herauszufinden, ob eine Produkt- und Geschäftsmodellidee funktioniert oder nicht. Je früher in der Entwicklung von Produkt und Geschäftsmodell ein Nichtfunktionieren erkannt wird, desto weniger Geld und Zeit sind verloren, desto weniger Verschwendung ist entstanden. Daher nannte Ries das Prinzip auch *Lean* Startup (s.u.).

Wie Lean Startup funktioniert

Fail fast – fail early – fail cheap!

Das Geschäftsmodell als die Art und Weise, wie mit einem neuen Produkt Geld verdient werden soll, baut auf einer Reihe von Vorannahmen und Hypothesen auf: Diese bringen Unsicherheit in das Geschäftsmodell. Zudem ist auch das Produkt noch nicht entwickelt, was weitere Unsicherheit bedeutet.

Im Kern geht es bei Lean Startup darum, *diese Unsicherheit durch Lernen zu beseitigen*. Und gelernt wird am besten an jenen, die letztendlich das Produkt kaufen und anwenden – echte Kunden und Nutzer. Es geht also darum, durch *das Verhalten echter Kunden und Nutzer zu lernen*.

Der Lean Startup Zyklus (Abbildung 41) veranschaulicht dieses Lernen: Es wird etwas gebaut, mit dem gemessen und daraus gelernt wird. Eine Abfolge von „Bauen" – „Messen" – „Lernen" bedeutet einen Durchlauf des Zyklus.

Im ersten Schritt (Abbildung 42) wird ein *minimales Produkt* gebaut. Mit diesem sollen Hypothesen über Produkt, Kunden und Geschäftsmodell anhand genauer Messkriterien getestet werden. Es enthält daher nur die Produktmerkmale, die notwendig sind, um diese Hypothesen zu testen. Das Produkt muss weder perfekt noch schön sein – es kann durchaus nur auf dem Papier existieren!

Im zweiten Schritt (Abbildung 43) wird dieses minimale Produkt an *echten Kunden* in Interviews und Beobachtungen getestet. Dort, wo echte Kunden das Produkt kaufen oder anwenden werden.

Im dritten Schritt (Abbildung 44) werden die Messkriterien ausgewertet und die Ergebnisse mit den Hypothesen verglichen – dies bedeutet *lernen*. Daraus ergeben sich Erkenntnisse und neue Hypothesen – beides führt zu einem neuen Testprodukt. Der Kreislauf beginnt von Neuem.

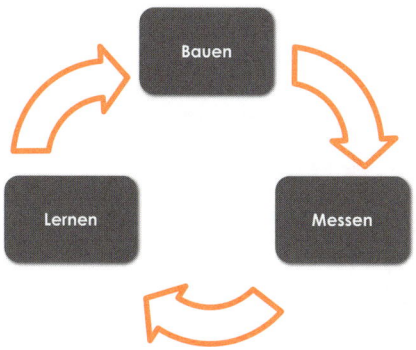

Abbildung 41: Der Lean Startup *Zyklus*

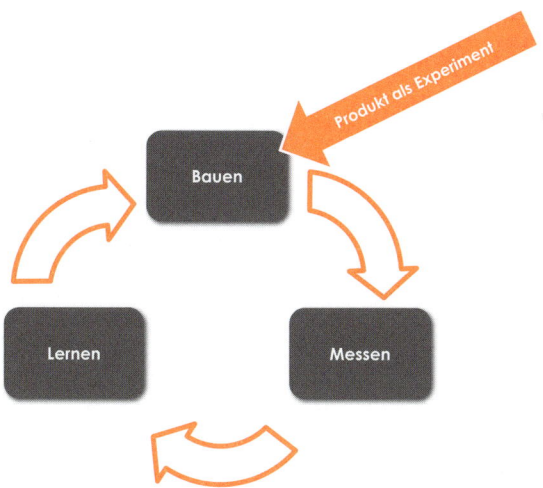

Abbildung 42: Schritt 1 – Bauen: das minimale Produkt *als Experiment*

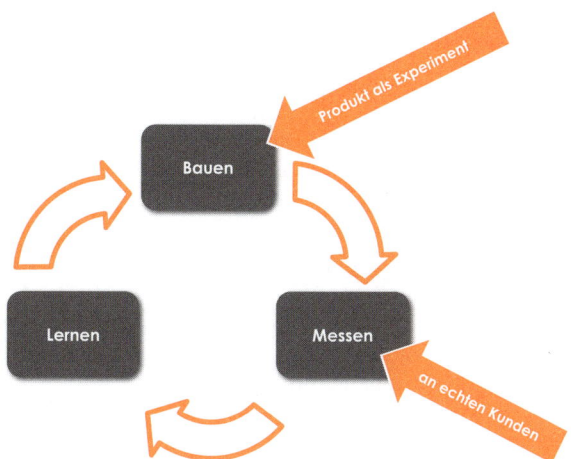

Abbildung 43: Schritt 2 – Messen: *an echten Kunden*

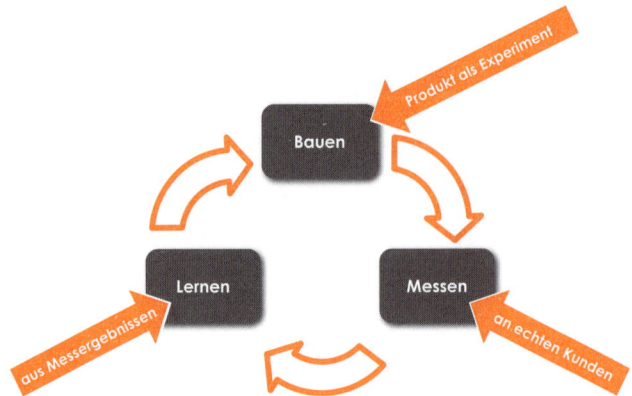

Abbildung 44: Schritt 3 – Lernen: *aus den Messergebnissen*

Das Ergebnis eines Durchlaufs des Zyklus ist nicht sicher: Ausgehend von Vorannahmen und Hypothesen wird etwas gebaut, mit dem gemessen wird. In der Messung beweist sich, ob die Vorannahmen und Hypothesen richtig oder falsch waren. Egal, was eintritt, man hat etwas gelernt. Wenn man sich bzgl. des Ergebnisses eines Durchlaufes sicher wäre, bräuchte man den Durchlauf nicht zu machen – dies wäre dann Verschwendung.

Man lernt mehr aus Misserfolgen als aus Erfolgen.

Ein Durchlauf ist ein *Experiment* mit potenziell offenem Ausgang. Die Auffassung als Experiment beinhält die Möglichkeit des Scheiterns, d.h., die eingangs getroffenen Vorannahmen und Hypothesen wären dann falsch gewesen. *Ein gescheitertes Experiment wird als wichtige Lernerfahrung aufgefasst:* Man hat gelernt, was falsch war und daher nicht funktionierte. Dies ist oft wertvoller als eine Bestätigung.

Feiert Misserfolge!

Lean Startup bedeutet also Lernen durch Experimente im Kontext Produkt- und Geschäftsmodellentwicklung.

Die Grundidee von Lean Startup ist nun, diese Experimente, den Zyklus, so schnell wie möglich zu durchlaufen. Dabei geht es nicht darum, die einzelnen Schritte so schnell wie möglich durchzuführen, sondern den kompletten Durchlauf. Es nutzt also z.B. nichts, schnell irgendetwas zu bauen, mit dem dann nichts gemessen werden kann – dies wäre Verschwendung. Daher werden die Experimente in entgegengesetzter Richtung geplant: Ausgehend von „Was wollen wir lernen?" über „Was müssen wir dazu messen?" zu „Was müssen wir dafür bauen?" erhält man das passende minimale Produkt.

Den Gedanken der *Lean*-Philosophie entspricht, mit wenig Aufwand schnell zu lernen, d.h., schnell kleine Experimente durchzuführen. In der Anfangsphase geschieht das Überprüfen der Annahmen am einfachsten über Interviews (Hinweise hierzu gibt Ash Maurya in seinem Buch *Running Lean*). Später werden schrittweise vervollständigte Produktversionen eingesetzt.

Diese Produktversionen werden als möglichst minimale Produkte ausgeführt, das *Minimum Viable Product* (MVP). Es enthält nur die Merkmale, die man überprüfen will. Dies kann auch bedeuten, dass das Produkt nur auf Papier „vorgeführt" wird.

Es geht nicht darum, etwas Schönes zu zeigen, sondern *eine Annahme zu testen*. Zu testen, ob Kunden das, was man testen will, annehmen.

Bevor man seine Annahmen durch ein Experiment validiert, muss man sich über das erwartete Ergebnis klar werden: *Es muss vor dem Experiment definiert werden, was man als Ergebnis erwartet und wie man es messen will.* Dies führt zu der o.g. Planung *Lernen => Messen => Bauen*.

Business Model Canvas

Mit dem *Business Model Canvas* hat Alexander Osterwalder [Ost 04, 10] ein Tool vorgestellt, mit dem systematisch und vollständig eine Geschäftsidee entwickelt und in der Umsetzung gesteuert werden kann. Auf einer Seite fasst der Canvas alle Aspekte zusammen:

* *das Angebot*: was das Produkt/der Service bietet
* *die Marktseite*: Kunden und der Zugang zu ihnen
* *die Gewinn-Verlust-Rechnung*: Kostenstruktur und Einnahmequellen
* *die Infrastruktur*: notwendige Aktivitäten, Ressourcen und Partner

Da die Struktur eines Business-Modells immer gleich ist, es immer auf denselben Bausteinen und Beziehungen zwischen diesen beruht und sich jeweils „nur deren Inhalt" ändert, lassen sich Business-Modelle mit einem Standard Canvas entwickeln.

Die Idee eines Canvas wurde auf andere Themen, u.a. auf Projekt- und Produktmanagement, angewandt und entsprechende Darstellungen entwickelt.

Weitere Ausführungen dazu in Abschnitt IV.3.2.

Um alle Hypothesen vollständig zu erfassen, zu strukturieren und zu beschreiben, hat sich der *Business Model Canvas* bewährt. Dieser Canvas ist kein fester Plan, sondern ein Arbeitsdokument, falsche Annahmen sollen durch bessere ersetzt werden.

„*Jobs-to-be-Done*"-Ansatz von Clayton Christensen

Clayton Christensen, Professor für Betriebswirtschaft an der Harvard Business School, geht davon aus, dass Kunden keine Produkte um ihrer selbst willen kaufen, sondern weil dieses Produkt einen „Job" erledigen soll, wie Theodore Levitt sagte: „*Kunden wollen keinen ¼ Zoll Bohrer, sie wollen ein ¼ Zoll Loch.*"

Als berühmtes Beispiel untersuchte Christensen, warum sich in einem bestimmten Schnellrestaurant an einem Highway nach Los Angeles in den Morgenstunden Milchshakes besonders gut verkauften. Als Ergebnis kam heraus, dass Pendler sie als Frühstück kaufen, weil sie diese mit einem Strohhalm einhändig beim Fahren konsumieren können, ohne sich zu vollzukrümeln, und bis zum Mittagessen satt bleiben.

Bei der Entwicklung eines Produktes muss genau dieser Job für das Produkt herausgefunden werden.

PS: Kunden wollen eigentlich auch kein ¼ Zoll Loch, sie wollen ein Bild aufhängen …

Da die Annahmen an echten Kunden und Nutzern überprüft werden müssen, muss man das Gebäude verlassen, um diese zu treffen. Genau dies meint Steve Blank, wenn er sagt *„Get out of the building!"*: Man kann seine Annahmen nicht durch Nachdenken und Philosophieren überprüfen! *Echte Kunden und Nutzer müssen so früh wie möglich mit den Ideen und Annahmen konfrontiert werden und so Feedback eingeholt werden.* Nur im Dialog mit diesen erfährt man, welche Aufgaben ein Produkt erfüllen muss und was die Kunden bereit sind, als Lösung zu akzeptieren.

Abbildung 45 zeigt die Struktur von Lean Startup: Das Gebaute wird echten Kunden gegeben und deren Verhalten gemessen. Daraus lernen die Produkt- und Geschäftsmodellentwickler, um etwas Passenderes zu bauen. Damit beginnt der Kreislauf von Neuem.

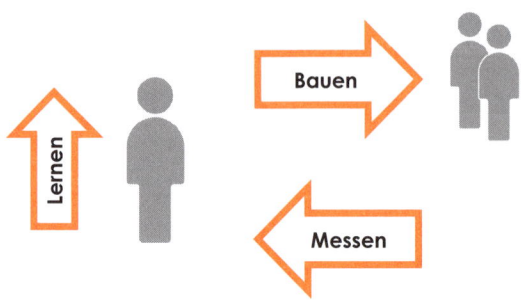

Abbildung 45: Die Struktur von Lean Startup

Lean Startup legt Wert darauf, zuerst herauszufinden, was die Kunden wirklich wollen, d.h., so lange zu lernen, bis nur bestätigte Annahmen vorhanden sind. Das Maß für Fortschritt ist bei Lean Startup daher Lernen und nicht die Anzahl umgesetzter Kundenanforderungen, da den Kunden ihre Anforderungen noch nicht klar sind. Dies unterscheidet Lean Startup von anderen Prinzipien. Der Lernfortschritt wird z.B. an den Veränderungen im Business Modell Canvas deutlich.

Lean Startup ist also die Kombination aus iterativer und inkrementeller Produkt- und Geschäftsmodellentwicklung und schnellem Kunden-Feedback. Dadurch kann frühzeitig auf Fehlentwicklungen reagiert werden.

Durch Lean Startup wird die Produktentwicklung effizienter und effektiver, da schneller herausgefunden wird, wie ein auf dem Markt erfolgreiches Produkt funktioniert.

Die drei Schlüsselprinzipien des Lean Startup-Prinzips

Steve Blank nennt als die *drei Schlüsselprinzipien des Lean Startup-Prinzips* [Bla13]:

- *Ausgangspunkt sind immer Hypothesen*: Die Entrepreneure akzeptieren, dass sie zunächst nur eine Reihe ungetesteter Hypothesen haben, die auf Vermutungen basieren. Diese Hypothesen werden in einem *Business Model Canvas* (s.o.) zusammengefasst.
- *„Get out of the building!"*: Die Entrepreneure müssen „das Gebäude verlassen", um echte potenzielle Nutzer, Kunden und Partner zu treffen und mit ihnen die Hypothesen des Business-Modells zu überprüfen. Mit den Antworten kommen sie zurück, überarbeiten ihre Hypothesen und gehen anschließend wieder raus,

um erneut Feedback einzuholen. Dieser Kreislauf (s.o. *Lean Startup Zyklus*) wird so lange durchlaufen, bis alle Annahmen validiert sind und das Geschäftsmodell mit jedem beliebigen Kunden aus der Zielgruppe funktioniert. Danach muss es nur noch skaliert, „in die Breite gebracht" werden.

• *iterative und inkrementelle Entwicklung des Produktes:* Um Verschwendung von Zeit und Geld zu vermeiden – dies ist der Bezug zur *Lean*-Philosophie –, wird im Gegensatz zur herkömmlichen Vorgehensweise das Produkt iterativ und inkrementell entwickelt. Es wird mit minimalem Aufwand jeweils nur das entwickelt, was gebraucht wird, um die jeweiligen Hypothesen zu testen (s.o. *Lean Startup Zyklus*). Diese Zwischenstufen des Produktes werden das *Minimum Viable Product (MVP)* genannt, ein Produkt, das – neben den Realisierungen für die neu zu testenden Hypothesen – die Realisierungen der bereits bestätigten Hypothesen sammelt. Wenn alle Hypothesen validiert sind, enthält das MVP alle notwendigen Produktfunktionen.

Lean Startup lässt sich kurz zusammenfassen: *Entwickle Produkt und Geschäftsidee iterativ und inkrementell in schnellem Feedback direkt mit echten Kunden zuerst auf Papier, bevor du es baust.*

Wo Lean Startup angewandt werden kann

Das Lean Startup-Prinzip bezeichnet ein Vorgehen für neue, innovative Produkte. Daher kann es auch außerhalb von Start-ups angewandt werden – überall dort, wo innovative Produkte entstehen sollen. Also explizit nicht nur in Unternehmensgründungen, sondern auch in etablierten Unternehmen. Innovativ meint hier, dass das Geschäftsmodell in irgendeiner Form neu und damit unsicher ist, sei es, um mit einem neuen Produkt einen neuen Markt zu erschließen oder ein neues Produkt in einen existierenden Mark zu bringen.

Die Auffassung des Vorgehens als Experiment – insbesondere das damit eingeschlossene potenzielle Scheitern – erfordert eine Unternehmenskultur, die *„Fehler machen"* und Scheitern nicht nur zulässt, sondern unterstützt und fördert (s. Abschnitt III.2.4). In Start-ups ist dies in der Regel gegeben, in etablierten Unternehmen eher nicht. Lean Startup bedeutet daher für diese auch einen Kulturwandel!

Wie Lean ist Lean Startup?

Jede Tätigkeit, die ohne Wertschöpfung
Ressourcen verbraucht, ist Verschwendung.

– James P. Womack und Daniel-T. Jones, *Lean Thinking*

Bei Methoden wie *Lean Management* und *Lean Production* geht es um die Vermeidung von Verschwendung.

Viele Tätigkeiten, wie sie traditionell bei Startups durchgeführt werden, wie die Erstellung von Plänen, Durchführen von Kundenumfragen etc., sind aus Sicht der Philosophie des Lean-Ansatzes Verschwendung, da sie für den Kunden des Produktes keinen Wert darstellen. Ein Kunde will ein Produkt kaufen, ihn interessieren die Pläne etc. für das Produkt nicht!

Es ist ein Verdienst des Lean Startup Prinzips, eine echte *Lean*-Philosophie in den Bereich der Produktentwicklung gebracht zu haben.

Ries verweist darauf, dass Lean Startup den Prinzipien des *Lean Thinking* entspricht (Tabelle 10). Er entschied sich daher für die Bezeichnung *Lean*, da es am besten die

Vermeidung von Verschwendung ausdrücke. Im Kern gehe es darum, die Aktivitäten zu erhöhen, die Wert bringen, und jene, die Verschwendung darstellen, zu eliminieren, sowie eine kurze Durchlaufzeit zu erreichen. Ries ist der Überzeugung, dass Lean Startup zu dramatisch geringeren Entwicklungskosten, schnellerer Time to Market und höherer Produktqualität führt [Rie08].

Lean Thinking (s. „Lean Thinking" in Abschnitt III.2.5)	Lean Startup
Mache nur Tätigkeiten, die Wert schaffen!	Plane so wenig wie möglich, baue echte, einfache Produkte und teste mit diesen so viel wie möglich an echten Kunden und Nutzern.
Ermächtige die „Leute vor Ort"!	Diejenigen, die die Produkte entwickeln, entwickeln auch das Geschäftsmodell mit allen Konsequenzen.
Reagiere unmittelbar auf Kunden!	Aus den Reaktionen echter Kunden und Nutzer wird direkt gelernt und Produkt und Geschäftsmodell werden verbessert.
Schneller Durchlauf (Flow), basierend auf Anforderung (Pull)!	Schneller Durchlauf des Lean Startup Zyklus, durch Ausgangspunkt *„Was wollen wir lernen?"* über *„Was müssen wir dazu messen?"* zu *„Was müssen wir dafür bauen?"*

Tabelle 10: Der Vergleich zeigt: Lean Startup *entspricht den Prinzipien des* Lean Thinking.

Lean Startup bedeutet Lernen

Lean Startup stellt vom Prinzip her Lernen dar: *Mache eine Aktion, beobachte die Reaktion, denke darüber nach und mach mit einer neuen Aktion weiter* (Abbildung 46). Eric Ries war dies bewusst, er nannte dies *Validated Learning* [WikiVL].

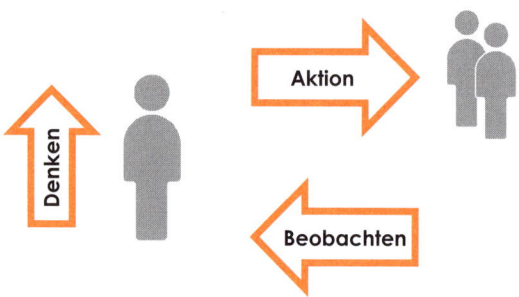

Abbildung 46: Die Struktur von Lernen

Der Knackpunkt dabei ist, dass man schnelle Durchläufe des Zyklus erreicht, um schnell zu lernen. Denn dann ist der Ausgangspunkt egal. Dahinter steht das systemische Verständnis, dass das Ergebnis unabhängig vom Ausgangspunkt ist und nur durch das entsteht, was zwischen Ausgangs- und Endpunkt passiert. Man kann es so formulieren: *Es ist egal, wo du beginnst, wenn du nur schnell genug iterierst.* Das Ergebnis emergiert – es entsteht, während man den Weg geht (s. „Emergenz" auf S. 167).

Scrum

Die offiziellen und aktuellen Definitionen und Erläuterungen zu Scrum sind in *Der Scrum Guide – Der gültige Leitfaden für Scrum: Die Spielregeln.* [DSG13d, e] zu finden.

Scrum-Werte

Wie alle agile Methoden erfüllt Scrum die agilen Werte (s.u.). Zusätzlich hat es eigene Werte mit folgender Bedeutung [Drä13]:

- *Selbstverpflichtung (Commitment)*: Das Team erklärt den unbedingten Willen, das Ziel mit allen zur Verfügung stehenden Mitteln zu erreichen. Wichtig ist hierbei der *freiwillige Charakter,* dadurch wird das Erreichen der Ziele zur „Ehrensache" [Drä13, Ver13]. Die Intention dieses Wertes geht in Richtung *„dedication"* (Hingabe) [Ver13].

  Oft wurde – und wird auch noch – dieser Wert aus altem tayloristischen Denken falsch verstanden: Es ist keine „Unterschrift mit Blut"! Es wurde falsch als „Erwartung, dass alles geliefert wird" interpretiert, als festgeschrieber Vertrag: *„Although it was always intended as an indication that the team would do the maximum possible effort in the Sprint and be completely transparent about progress"* [Ver13]. In der VUKA-Welt sind Verpflichtungen bzgl. des Umfangs unmöglich [Ver13]!

  Um diese Missverständnisse abzustellen, wurde ab Scrum Guide 2011ff. [DSG13d, e] *„Commitment"* mit *„Forecast"* ersetzt.
- *Fokus*: Jeder konzentriert sich auf *eine Aufgabe zu einem Zeitpunkt,* da sonst die Aufmerksamkeit leidet und durch Aufgabenwechsel Zeit und Energie verschwendet werden.
- *Offenheit* (an dieser Stelle wird oft auch *Transparenz* genannt): Dieser Wert meint den schonungslos offenen Umgang mit allen Informationen (z.B. gelebt im *Daily Standup*) und dem aktuellem Stand (z.B. angezeigt im → *Burn-down/up-Chart*).
- *Respekt*: Dieser Wert bezieht sich auf den Umgang im Team und gegenüber den Stakeholdern. Nur mit Respekt füreinander wird jeder für jeden einstehen, jeden unterstützen und auch seine eigenen Aufgaben bestmöglich erfüllen.
- *Mut*: Offenheit und radikale Transparenz brauchen Mut, dies zu leben. Jeder in Scrum muss Probleme und Unangenehmes offenbaren, um das Team voranzubringen und den Kunden mit der bestmöglichen Leistung zu erfreuen. Dazu gehört, Probleme offen anzusprechen und zu beseitigen sowie die Umsetzung auch unpopulärer Kundenanforderungen durchzusetzen.

Neben diesen werden mitunter auch weitere genannt [Rub14]: Ehrlichkeit, Vertrauen, Verantwortungsbewusstsein, Zusammenarbeit.

Andere agile Methoden bringen ebenfalls eigene Werte mit, z.B. *Extreme Programming (XP)*: Kommunikation, Feedback, Einfachheit, Mut, Respekt [WikiXP].

Aufbau von Scrum

Abbildung 46 zeigt den Aufbau von Scrum: Im → *Product Backlog* werden die Anforderungen des Kunden an das Produkt gesammelt. Zu Beginn einer Iteration – diese heißt in Scrum → *Sprint* – werden die Product Backlog Items mit dem höchsten Wert für den Kunden beplant und in das → *Sprint Backlog* übernommen. Im Sprint wird das Sprint Backlog abgearbeitet. Zum Ende des Sprints liegt das, was in diesem Sprint erarbeitet wurde, als Produkt (das s.g. *Produktinkrement*) vor. Zu diesem gibt es Feedback vom Kunden, welches in das Product Backlog einfließt, um das Produkt zu verbessern (und zu vervollständigen).

Abbildung 46: Aufbau von Scrum

Daneben gibt es noch → *Backlogs* für die eigene Arbeit der einzelnen Rollen (s.u.), so hat z.B. der *Scrum Master* zur Verwaltung der Blockierungen und Behinderungen, die das Team daran hindern, effektiv und effizient zu arbeiten, ein → *Impediment Backlog,* und das Team ein Backlog, um Aufgaben für das Team und einzelne Teammitglieder zu verwalten.

Rollen in Scrum

In Scrum gibt es standardmäßig folgende (Kern-)Rollen [Drä13, Glo12, 13] (Abbildung 47):

- *Product Owner*: Er ist der *„Business Manager"* des Teams: er ist dafür verantwortlich, dass es mehr Wert schafft, als es selbst kostet – er verantwortet den *Return on Invest (ROI)* des Scrum-Teams und sorgt dafür, dass dieser immer positiv ist. Dies erreicht er nicht über Anweisungen an das Team, sondern über das *„Was"* des Produktes. Dazu erstellt, pflegt und priorisiert er gemeinsam mit dem → *Nutzer* die Produktanforderungen als Items des → *Product Backlogs*. Die Priorisierung der Items erfolgt nach Wert für den Nutzer/Kunden: Die für ihn am wertvollsten sind am wichtigsten und haben daher die höchste Priorität, denn für sie zahlt der Kunde auch am meisten. Das Team muss diese als Erste umsetzen, um möglichst schnell möglichst viel Wert zu schaffen. Die Steuerung des Teams erfolgt also über den Inhalt der Arbeit und nicht über Anweisungen! *Wie* diese Aufgabenstellung umgesetzt wird, liegt allein in der Verantwortung des Teams. Weiterhin steht der Product Owner dem Team bei der Umsetzung der Items in die {Leistung} zur Klärung von Fragen unmittelbar zur Verfügung und nimmt das Produkt am Ende des Sprints im → *Sprint Review* ab. Er ist damit das Bindeglied zwischen dem Team und den Stakeholdern des Produktes (→ *Kunde,* → *Nutzer,* → *Manager,* s.u.). Die Rolle des Product Owner ist eine Vollzeittätigkeit, auch wenn dieser üblicherweise *„nur"* für ein Team zuständig ist.
- *Scrum Master*: Dieser ist als *„Methoden-Wächter"* dafür verantwortlich, dass das → *Team* arbeitsfähig bleibt und Scrum korrekt anwendet. Dazu gehört, Behinderungen (*„Impediments"*, gepflegt in seinem → *Impediments Backlog*) zu beseitigen, das Team in der Ausführung von Scrum zu unterstützen und ggf. zu

motivieren, Störungen vom Team fernzuhalten. Er ist *nicht* verantwortlich für die Lieferung des Produktes, dies obliegt allein dem Team! Die Rolle des Scrum Masters ist eine Vollzeittätigkeit, auch wenn dieser üblicherweise „nur" für ein Team zuständig ist.

- *Team*: Dies sind diejenigen, welche die Leistung/das Produkt erbringen/erstellen, das Entwicklungsteam. In der Regel wird dies ein → *crossfunktionales Team* sein. Es ist allein verantwortlich für die Umsetzung der Kundenanforderungen an das Produkt (das „*Wie*"), also für die Lieferung und Qualität des Produktes!

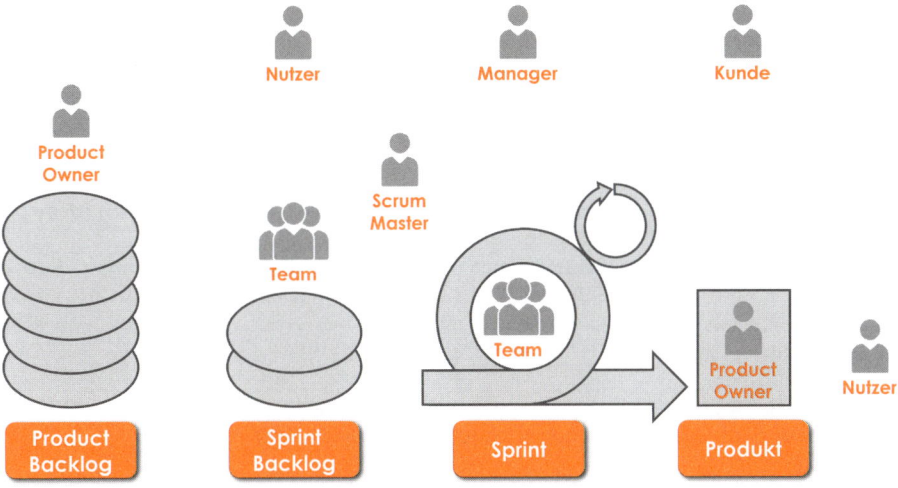

Abbildung 47: Rollen in Scrum

Product Owner, Scrum Master und (Entwicklungs-)Team werden oft auch als *Scrum Team* bezeichnet.

Boris Gloger [Glo12, 13] definierte drei weitere Rollen für Scrum (Abbildung 44):

- *Manager*: Seine Aufgabe ist „*Fix the Company!*" (Jeff Sutherland). Er stellt alle Voraussetzungen für die Arbeit bereit, schafft Strukturen, gibt Sicherheit und erzeugt Stabilität. Gemeinsam mit dem → *Scrum Master* arbeitet er kontinuierlich an der Verbesserung der Organisation sowie von Strukturen und Richtlinien.
- *Nutzer*: Dieser wendet das Produkt an, ist also derjenige, der damit „zurechtkommen" muss. Er ist nicht notwendigerweise auch derjenige, der dafür bezahlt, wenn Sie z.B. an Kinderspielzeug denken, dann sind die Kinder die Nutzer. Der Nutzer muss dem Team zur Klärung von Fragen und für Feedback zur Verfügung stehen.
- *Kunde*: Dieser beauftragt das Produkt, definiert dessen Anforderungen, wählt es aus und bezahlt es. Er muss nicht notwendigerweise das Produkt auch selbst einsetzen. Wenn Sie z.B. an Kinderspielzeug denken, dann sind die Eltern die Kunden. Der Kunde muss notwendigerweise organisationsextern sein. Er kann einen Vertreter in der Organisation haben, der – geleitet von einer Vision – ein Produkt definiert und entwickeln lässt, wie dies z.B. Steve Jobs für das *iPhone* und Henry Ford für das *Ford Modell T („Tin Lizzie")* taten.

Die im klassischen Projektmanagement vorhandene Rolle des Projektleiters gibt es in Scrum nicht. Dessen Funktionen *Verantwortung für das Produkt* hat der *Product Owner* und *Verantwortung für das Team* hat der *Scrum Master*. Durch diese Trennung wird eine bessere Fokussierung auf *teamexterne* und *teaminterne* Belange erreicht und die Rollenkonflikte des Projektleiters werden sichtbar als Konflikte zwischen *Product Owner* und *Scrum Master* und können nun wirklich gelöst werden.

Meetings in Scrum

In Scrum gibt es folgende Meetings [Drä13, Glo12, 13] (Abbildung 48):

- *Product Backlog Estimation*: In diesem Schätz-Meeting werden die einzelnen Kundenanforderungen an das Produkt bearbeitet:
  - Die Teammitglieder lernen die Product Backlog Items kennen. Dazu stellen der Product Owner und der Nutzer die Anforderungen an das Produkt vor. Es hat sich bewährt, bei dieser Gelegenheit das Team die → *User Storys* selbst schreiben zu lassen, dann erreicht es ein tieferes Verständnis.
  - Gegebenenfalls werden bereits vorhandene Storys aufgeteilt und (so) Ideen zu neuen Produkteigenschaften generiert.
  - Die Teammitglieder schätzen den Umfang der User Storys in → *Story Points*. Dabei schätzt nur das Team! Denn nur dieses hat Erfahrungen in dem, was es bisher an Umfang schätzte und sich dann als wirklich erforderlich herausstellte.
  - Teilnehmer:
    ○ Pflicht: Team, Scrum Master, Product Owner, Nutzer
    ○ auf Einladung: Manager, Kunde
  - Ergebnis:
    ○ geschätztes Product Backlog
    ○ ggf. kleinere Product Backlog Items
    ○ evtl. eine Liste von Storys, die noch eingehender betrachtet werden müssen
- *Sprint Planning*: Jeder → *Sprint* startet mit einer zweistufigen Sprintplanung:
  - *Sprint Planning 1*: In diesem Meeting analysiert das Team die am höchsten priorisierten Product Backlog Items daraufhin, *was* der Nutzer funktional wirklich will. Ziel dieses Meetings ist, dass das Team ein tiefes Verständnis von den wichtigsten (= für den Kunden wertvollsten) Produktanforderungen hat und entscheiden kann, wie viele Product Backlog Items es im Sprint fer-

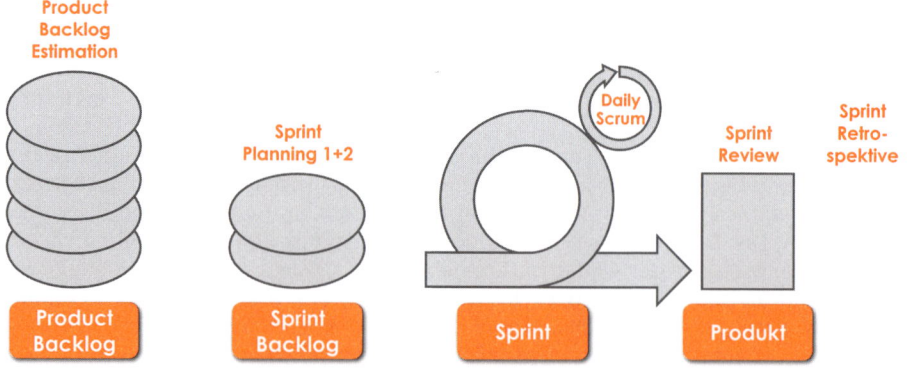

Abbildung 48: Meetings in Scrum

tigstellen kann. Gleichzeitig wird festgelegt, wie diese Produktanforderungen jeweils getestet werden (*User Acceptance Test*). Ergebnis des Meetings ist das *Selected Product Backlog*, das alle *Product Backlog Items* enthält, die das Team in diesem Sprint bearbeiten will.

- o Teilnehmer:
  - – Pflicht: Team, Scrum Master, Product Owner, Nutzer
  - – auf Einladung: Manager, Kunde
- o Ergebnis:
  - – Selected Product Backlog
  - – Anforderungen an jedes Item des Selected Product Backlog
  - – User Acceptance Test für jedes Item des Selected Product Backlog
- – *Sprint Planning 2*: In diesem Meeting designt das Team eine Lösung dafür, *wie* die im *Selected Product Backlog* gelisteten Produktanforderungen implementiert/realisiert werden. Dazu schneidet es die User Storys in kleinere Teile, die von maximal einer Person an maximal einem Tag umgesetzt werden können (Dies hat Sicherheitsgründe: Sollte eine Person an einem Tag ausfallen, muss nur maximal die Arbeit von diesem einen Tag erneut erledigt werden.) Dabei designt nur das Team die Lösungen! Experten und andere Personen dürfen bei Notwendigkeit beratend hinzugezogen werden, die Entscheidung verbleibt jedoch einzig und allein beim Team – denn nur dieses ist für die Umsetzung/ Realisierung verantwortlich.
  - o Teilnehmer:
    - – Pflicht: Team, Scrum Master
    - – auf Einladung: Product Owner, Nutzer, Manager, Kunde
  - o Ergebnis:
    - – das *Sprint Backlog*, das alle in diesem Sprint zu erledigenden Aufgaben in der dazu notwendigen Reihenfolge auflistet.
    - – Design der für die Umsetzung der User Storys
    - – Beschreibungen, Zeichnungen, Diagramme
    - – Das Team versteht, wie die Sprint Backlog Items umgesetzt werden.
    - – Aufgaben für das Team und einzelne Teammitglieder als Einträge im Team Backlog
- • *Daily Scrum*: Dies ist ein → *Daily Standup*. Das Team plant und koordiniert seine Aktivitäten für diesen Tag, identifiziert Hindernisse, aktualisiert das → *Board* und Charts (→ *Burn-down/up-Charts*) etc.
  - – Teilnehmer:
    - o Pflicht: Team, Scrum Master
    - o auf Einladung: Product Owner, Nutzer, Manager, Kunde
  - – Ergebnis:
    - o Jeder hat einen klaren Überblick darüber, *wer was* macht.
    - o Behinderungen und Blockierungen als Einträge im *Impediment Backlog* des Scrum Master
    - o aktualisierte Boards und Charts
    - o Aufgaben für das Team und einzelne Teammitglieder als Einträge im Team Backlog
- • *Sprint Review*: In diesem Meeting zeigt das Team die Ergebnisse des aktuellen Sprints. Dazu erhält der Nutzer das Produkt bzw. das Team führt ihm dieses vor. Gemeinsam identifizieren sie, wie das Produkt noch besser werden kann. Damit schließt dieses Meeting die Lernschleife bzgl. des Produktes. Da dieses Meeting öffentlich ist, kann jeder – auch Organisationsmitglieder, die nicht in die Entwicklung einbezogen sind – das Produkt ausprobieren und hilfreiches Feedback geben.

- Teilnehmer:
    - Pflicht: Team, Scrum Master, Product Owner, Nutzer
    - auf Einladung: Manager, Kunde, da dieses Meeting öffentlich ist, gerne auch andere
- Ergebnis:
    - Feedback vom Nutzer mit Auswirkungen auf das Product Backlog
    - Feedback vom Team mit Auswirkungen auf das Product Backlog
    - Behinderungen und Blockierungen als Einträge im Impediment Backlog des Scrum Master
    - Neue Einträge für das Product Backlog
    - Aufgaben für das Team und einzelne Teammitglieder als Einträge im Team Backlog

- *Sprint Retrospektive*: Dies ist eine → *Retrospektive*. In dieser identifiziert das Team Verbesserungsmöglichkeiten im methodischen Vorgehen, um zu lernen und noch effizienter und effektiver Ergebnisse zu erreichen. Damit schließt dieses Meeting die Lernschleife bzgl. des Vorgehens.
    - Teilnehmer:
        - Pflicht: Team, evtl. Scrum Master (dieses ist das einzige Meeting, bei dem das Team unter sich bleiben sollte)
        - auf Einladung: Product Owner, Nutzer, Manager, Kunde
    - Ergebnis:
        - Behinderungen und Blockierungen als Einträge im Impediment Backlog des Scrum Master
        - Aufgaben für das Team und einzelne Teammitglieder als Einträge im Team Backlog

Wie Scrum funktioniert

Zusammengefasst, wie *Scrum* im Einzelnen funktioniert: Der *Product Owner* pflegt alle Produktanforderungen, die er mit dem *Nutzer* erarbeitet, in das *Product Backlog* ein. Beide arbeiten permanent daran, dieses aktuell und priorisiert zu halten. Im regelmäßig stattfindenden *Backlog Estimation Meeting* lernt das Team die Produktanforderungen kennen.

Aus dem *Product Backlog* übernimmt das *Team* zu Beginn des *Sprints* (so heißt die Iteration) so viele Produktanforderungen von oben (also die am höchsten priorisierten), wie es der Meinung ist, in diesem Sprint zu schaffen. Diese Anforderungen werden im *Sprint Planning Meeting* beplant und in Teile zerlegt, die maximal so groß sind, dass sie an einem Tag von einer Person abschließend bearbeitet werden können. Diese „Tagesaufgaben" bilden in ihrer logischen Reihenfolge das *Sprint Backlog*.

Das *Team* arbeitet im *Sprint* das *Sprint Backlog* ab. Um sich zu synchronisieren, abzustimmen und über den aktuellen Stand auszutauschen, trifft sich das Team täglich zum *Daily Scrum Meeting* im Stehen vor dem Teamboard. Dieses kurzen Meeting schafft Transparenz über den aktuellen Stand sowie über Behinderungen und Probleme (Impediments), denen sich das Team ausgesetzt sieht. Die Beseitigung dieser Behinderungen und Probleme ist Aufgabe des *Scrum Master*.

Der *Sprint* wird mit dem *Sprint Review Meeting* und dem *Sprint Retrospektive Meeting* beendet. Im *Review* zeigt das Team das Produkt und bekommt vom Nutzer Feedback für dessen Verbesserung. In der *Retrospektive* reflektiert und verbessert das Team sein Vorgehen.

Frisch gestärkt geht es in den nächsten Sprint ...

Die Produktentwicklung ist beendet, wenn das Budget aufgebraucht ist oder der Kunde vorher die Entwicklung abbricht, weil das Produkt schon gut genug ist (vgl. Kapitel „Lohnt sich Agilität?" am Beginn dieses Buches).

Warum Scrum funktioniert

Wird Scrum „nach Lehrbuch" ausgeführt, funktioniert es sehr gut, weil sowohl überprüft wird, ob die *richtigen Dinge* getan werden – diese Überprüfung bzgl. der Kundenanforderungen erfolgt im → *Review* –, als auch, ob die *Dinge richtig* getan werden – diese Überprüfung bzgl. der Vorgehensweise erfolgt in der → *Retrospektive*. Scrum ist damit gelebtes *Double Loop Learning* (s. „Exkurs: Lernen strukturieren – Iterationen" in Abschnitt III.4.1).

In der Praxis ist leider oft zu beobachten, dass Teile nur unzureichend ausgeführt bzw. sogar komplett weggelassen werden, weil – wie oft bzgl. Retrospektiven behauptet – *„sie nichts bringen"*. Scrum funktioniert nicht, wenn die Lernschleife bzgl. des Vorgehens – die *Dinge richtig* tun – nicht geschlossen ist! Ebenso funktioniert Scrum nicht, wenn der organisationsexterne Kunde nicht einbezogen ist, weil dann die Lernschleife bzgl. der inhaltlichen Themen – die *richtigen Dinge* tun – nicht geschlossen ist. *Scrum braucht beide Lernschleifen, um zu funktionieren!*

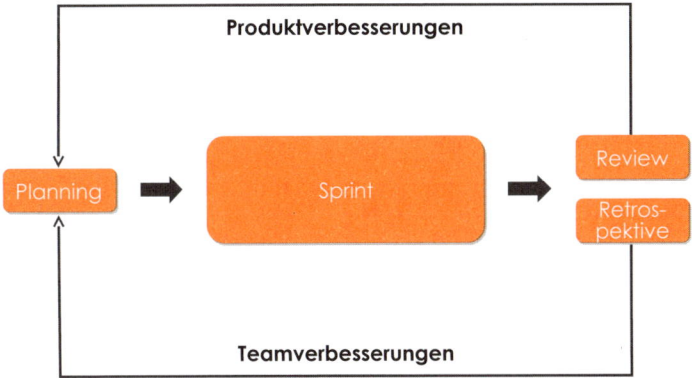

Abbildung 49: Die zwei Regelkreise der kontinuierlichen Verbesserung in Scrum[Mat11]: Scrum ist Double Loop Learning: *Es wird sowohl überprüft, ob die* richtigen Dinge *getan werden (Überprüfung im Review), als auch, ob die* Dinge richtig *getan werden (Überprüfung in der Retrospektive)*

So erfüllt Scrum die agilen Werte

Individuen und Interaktionen haben Vorrang vor Prozessen und Werkzeugen

Scrum ist so aufgebaut, dass Menschen direkt mit Menschen interagieren: in Meetings, in der täglichen Zusammenarbeit, im selbstorganisierten Team etc. Als Framework gibt Scrum eine Struktur (mit Meetings und Rollen) vor – und keine Prozesse oder zu verwendenden Werkzeuge.

Zusammenarbeit mit dem Kunden hat Vorrang vor Vertragsverhandlungen
In Scrum arbeitet der Product Owner mit dem Nutzer – dieser entspricht dem „Kunden" – zusammen, um dessen Anforderungen an die {Leistung} in das Product Backlog aufzunehmen und dieses immer aktuell und priorisiert zu halten.

Das Team arbeitet mit dem Nutzer zusammen, um zu verstehen, wie dieser die {Leistung} einsetzen will, welche Absicht er mit der {Leistung} verfolgt.

In Scrum selbst sind keine Vertragsverhandlungen eingebaut oder vorgesehen.

Funktionierende {Leistung} hat Vorrang vor ausgedehnter Dokumentation
In Scrum steht die Entwicklung wertvoller {Leistung} für den Nutzer ganz klar im Fokus: Er erhält nach jedem Sprint eine immer besser werdende {Leistung}. Er erhält eine echte {Leistung} – und keinen Prototypen! Er erhält eine {Leistung}, die er wirklich nutzen kann. Und er kann nach jedem Sprint die Entwicklung beenden, wenn die {Leistung} für ihn vollständig ist.

Eingehen auf Änderungen hat Vorrang vor strikter Planverfolgung
Das Product Backlog zeigt immer den aktuellen Stand der Kundenanforderungen an die {Leistung}. In jedem Sprint werden jeweils die wichtigsten davon bearbeitet und in echte und finale Eigenschaften der {Leistung} umgesetzt. Die Planung der Anforderungen an die {Leistung} ist damit dynamisch! Sogar im letzten Sprint kann noch alles geändert werden!

4.3 Agiles Change Management – Lean Change Management

If you want to teach people a new way of thinking,
don't bother trying to teach them.
Instead, give them a tool,
the use of which will lead to new ways of thinking.

– Buckminster Fuller

In diesem Kapitel des Buches wird *Lean Change Management* im Detail vorgestellt. Erweiterungen im Ablauf und für Veränderungsinitiativen werden im Abschnitt „Erweiterungen" dargestellt.

Lean Change Management basiert im Wesentlichen auf der Durchführung von *kleinen Veränderungen als Experimente*. Statt wie im klassischen Vorgehen einen Plan zu erstellen und diesen zu befolgen, wird die Veränderung Stück für Stück beim Umsetzen entwickelt.

Wir kommen aus einer Phase, in der maximale Einfachheit herrschte. Wir versuchen daher – ohne Rücksicht auf die Änderung des Kontextes –, immer wieder einfache Lösungen umzusetzen. Und wenn etwas nicht funktioniert, dann strengen wir uns noch mehr an, versuchen mit noch mehr Kraft, die Lösung doch noch zu erreichen („*Lösung erster Ordnung*"). Dabei wäre es geschickter – wenn etwas nicht funktioniert –, einfach etwas anderes machen („*Lösung zweiter Ordnung*").

Fassen wir die in den bisherigen Kapiteln gemachten Aussagen zusammen:

- Wir leben heute im Kontext *Komplexität*: Sowohl die Beschaffenheit der Arbeitstätigkeiten als auch das Umfeld, in dem Unternehmen agieren, sind komplex.

Dies wird voraussichtlich auch so bleiben, die Komplexität wird sogar eher weiter zunehmen (s. Kapitel I.1).

- In der vergangenen Phase der maximalen *Einfachheit* entstanden Konzepte und Methoden für Management und Change Management sowie das jeweils zugehörige Menschenbild (s. Kapitel I.2).
- Das in dieser Phase der maximalen *Einfachheit* entstandene, heute vorherrschende Menschenbild bildet die Grundlage für die Zusammenarbeit in Unternehmen. Dieses Menschenbild verhindert Vertrauen und verunmöglicht Motivation (s. Abschnitte III.2.2, 3 und 4).
- Da sich der Kontext geändert hat, funktionieren Konzepte und Methoden für Management und Change Management nicht mehr (s. Kapitel I.1).
- Das zum Kontext *Komplexität* passende Denken kommt aus der System- und Komplexitätstheorie (s. Kapitel I.1. und *„Systemdenken"* in Abschnitt III.2.5).
- Ein anderes Menschenbild und die sich daraus ergebenden Konsequenzen motivieren Menschen (s. *„Wie Motivation gelingt"* in Abschnitt III.2.3).
- Gruppen sind Experten überlegen, insbesondere Gruppen, die die zu lösenden Probleme hautnah und direkt erleben (s. Abschnitt III.2.6).
- Lean Management ist eine Denkweise (s. *„Lean Thinking"* in Abschnitt III.2.5).
- Nur Experimente führen im komplexen Umfeld zum Ziel (s. *„Lean Startup"* in Abschnitt III.4.2).

Diese Bausteine setzen wir nun zu Lean Change Management zusammen:

- Veränderungen sind Experimente, da der Ausgang nicht garantiert ist.
- Wir brauchen ein Vorgehen, bei dem Experimente es uns ermöglichen, schnell zu lernen, um neue, passendere Experimente zu machen.
- Um dabei effizient zu sein, erzeugen wir so wenig wie möglich Verschwendung.
- Da Gruppen, die mit dem Problem tagtäglich vor Ort konfrontiert sind, bessere Ergebnisse als Experten erreichen, lassen wir die Betroffenen die Lösung selbst finden und machen sie so zu Beteiligten – weil Menschen in der Lage sind, zu lernen und Probleme selbstständig zu lösen.
- Wir haben gar keine andere Chance, als alle Mitarbeiter in die Lösungsfindung einzubeziehen, um das Überleben der Unternehmen in einer komplexen Umwelt sicherzustellen.

Wie wir eingangs gesehen haben, funktioniert das Umsetzen vorab erstellter Pläne im Kontext VUKA nicht. Im VUKA-Kontext kann nur schrittweise über Experimente vorgegangen werden (s. Kapitel I.1).

Dies ist auch auf Change Management anzuwenden: *Auch hier ist agil vorzugehen.*

Also machen wir auch im Change Management keinen Plan und setzen diesen dann 1:1 um, sondern wir planen den nächsten Schritt, setzen diesen um und planen auf Basis des erhaltenen Ergebnisses den dann folgenden Schritt. Wir bauen also die Ergebnisse und Erkenntnisse, die wir in einen Veränderungsschritt erhalten, in den nächsten Schritt ein – und erhalten so ein hochadaptives Verfahren.

Auch hier durchlaufen wir wieder einen Zyklus bestehend aus den vier Phasen: *Plan – Do – Check – Act* (s. Exkurs: Lernen strukturieren – Iterationen" im Kapitel 4.1 der dritte Teil dieses Buches).

Wie ich zu Lean Change Management kam ...

*Viele von den Leuten in den Fabriken wussten längst, was falsch
läuft, die waren froh, daß sie endlich mal jemand fragte.*

– ein Unternehmensberater über seine Erfahrungen aus einem
Reengineering-Prozess bei Union Carbide Anfang der 1990er Jahre

Als Mitarbeiter erlebt man schon seit vielen Jahren permanent Umbrüche in Unternehmen, Umorganisationen, Übernahmen, Fusionen ... Wir werden erst in einiger Zeit feststellen, was uns dabei – implizit – vermittelt wurde, was wir dadurch gelernt haben, was dies aus uns gemacht hat ...

Im Jahre 2004 arbeitete ich bei *Siemens Mobile Phones* und es lief wieder ein großes Change-Projekt zur Umorganisation. Da ich gerade meine privat motivierte und bezahlte Ausbildung zum Kommunikations- und Verhaltenstrainer und -Coach abgeschlossen hatte, dachte ich, es sei eine gute Idee, meine Kenntnisse und Erfahrungen in dieses Projekt einzubringen. Daher schrieb ich folgende Email an den CEO von Siemens Mobile Phones:

-------- Nachricht --------
Betreff: Mitarbeit am Change Projekt "MP 2004"
Datum: Dienstag, 18. Mai 2004 08:28:03 +0200
   Von: Scheller Torsten ICM MP EMEA GER
    An: ... ICM MP

```
Sehr geehrter Herr ... (CEO Siemens Mobile Phones),

vor zwei Wochen habe ich meine Ausbildung zum Kommunikations- und
Verhaltenstrainer und -Coach abgeschlossen.
Meine erworbenen Kompetenzen und Erfahrungen möchte ich gerne in das Change-
Projekt "MP 2004" einbringen.
Welche Möglichkeiten der Mitarbeit gibt es für mich?

Vielen Dank und freundliche Grüße,
Torsten Scheller
```

Schon nach einer Woche erhielt ich folgende Antwort:

-------- Nachricht --------
Betreff: Aw: Mitarbeit am Change Projekt "MP 2004"
Datum: Dienstag, 25. Mai 2004 11:23:45 +0200
   Von: ... ICM MP
    An: Scheller Torsten ICM MP EMEA GER

```
Sehr geehrter Herr Scheller,

vielen Dank für Ihr Interesse am Change-Projekt.

In Anerkennung und Würdigung Ihres Interesses und Ihrer Bereitschaft erhalten
Sie in den nächsten Tagen mit der Hauspost zwei Kino-Gutscheine.

Mit freundlichen Grüßen,
... (CEO Siemens Mobile Phones)
```

Nun muss ich fairerweise ergänzen, dass zusätzlich je zwei Gutscheine für Softdrinks und Popcorn dabei waren – es war also das 20 €-Paket ...

Wenn wir so mit (engagierten) Mitarbeitern umgehen, warum wundern wir uns über die Erfolgsrate von 30 % bei Change-Projekten [Oni11]? Nach diesen und anderen Erfahrungen erscheinen mir die 30 % als reichlich optimistisch, ich vermute da eher einen Kommafehler …

Seit dieser Zeit treibt mich die Frage um, was möglich wäre, wenn wir die Mitarbeiter das tun lassen würden, was sie für richtig halten, für richtig erkennen. Was wäre möglich, wenn jeder sich seinen Fähigkeiten entsprechend entfalten könnte?[3] …

Seit 2005 befasse ich mich mit dem Thema Agilität und agile Methoden und bin davon überzeugt, dass diese eine Antwort auf meine Fragen sind. Enttäuschend war für mich, immer wieder zu sehen und erleben, dass die Einführung von Agilität und agilen Methoden in der Mehrzahl scheitert oder zumindest unter den Möglichkeiten bleibt. Vielleicht liegt es ja daran, *wie* diese Einführung vollzogen wird …

Basierend auf der Idee eines schrittweisen und aufeinander aufbauendem (iterativ und inkrementell) Vorgehens auch im Change Management – also die Anwendung von Lean Startup auf Change Management mit der Veränderung als Produkt –, entwickelte ich gemeinsam mit Jason Little 2013/2014 *„Lean Change Management"*.

Im Mai 2014 veranstalteten wir dann gemeinsam die ersten – inzwischen legendären – Workshops in München.

So gut das Buch von Jason [Lit14] ist, so hat es doch leider ein Manko: Es richtet sich an Leute aus der IT und Softwareentwicklung und setzt entsprechendes Wissen voraus. Für meine Zielgruppe – die Leute außerhalb der IT – musste ich daher etwas weiter ausholen, was zu den Teilen I, II und III führte – die sicherlich auch für manchen innerhalb der IT wichtig und interessant sind.

Warum klassisches Change Management scheitern muss

> *Je planmäßiger die Menschen vorgehen,*
> *desto wirksamer vermag sie der Zufall zu treffen.*
>
> – Friedrich Dürrenmatt

Klassisches Change Management hält jede Veränderung in Inhalt, Ablauf und Ergebnis für vorab planbar. Zudem geht es – wie klassisches Management – davon aus, dass es immer einen Experten gibt, der die Lösung kennt bzw. erarbeiten kann und diese umsetzt – es hält den Kontext für *kompliziert*, dabei ist dieser *komplex*! Allein auf dieser Verwechslung beruhen alle Probleme! (s. Kapitel I.1.)

Veränderung von Change Management im Verlauf der Zeit

Der US-amerikanische Forscher zu Organisationsentwicklung Marvin R. Weisbord zeigt die Veränderung von Change Management über die Zeit (Abbildung 47 [Wei12], vgl. Darstellung zur die Veränderung der Beschaffenheit der Arbeitstätigkeiten in Kapitel I.2). Durch Veränderung des Kontextes von *einfach* über *kompliziert* zu *komplex* musste auch die *Art und Weise der Veränderung* angepasst werden: Während im Kontext *Einfachheit* jeder Probleme lösen konnte (dieser Bereich ist in

---

[3] Dass dies gut gehen kann, zeigen verschiedene Beispiele erfolgreicher Unternehmen, s. Artikel *First, Let's Fire All the Managers* von Management-Guru Gary Hamel (https://hbr.org/2011/12/first-lets-fire-all-the-managers).

Abbildung 50 nicht dargestellt), wurde es im Kontext *Kompliziertheit* zunehmend notwendig, Experten zur Problemlösung einzubeziehen. Mit Erreichen des Kontext *Komplexität* in den 1980er-Jahren wurden Organisationen als Systeme aufgefasst und als solche verändert – zunächst von Experten. Und heute ist es notwendig, dass alle am System arbeiten und es verändern.

Unternehmen agieren heute im Kontext *Komplexität* und sind dieser massiv ausgesetzt. Dies erfordert ein anderes Change Management – ein Change Management, bei dem alle Mitarbeiter an der Veränderung der Organisation mitarbeiten.

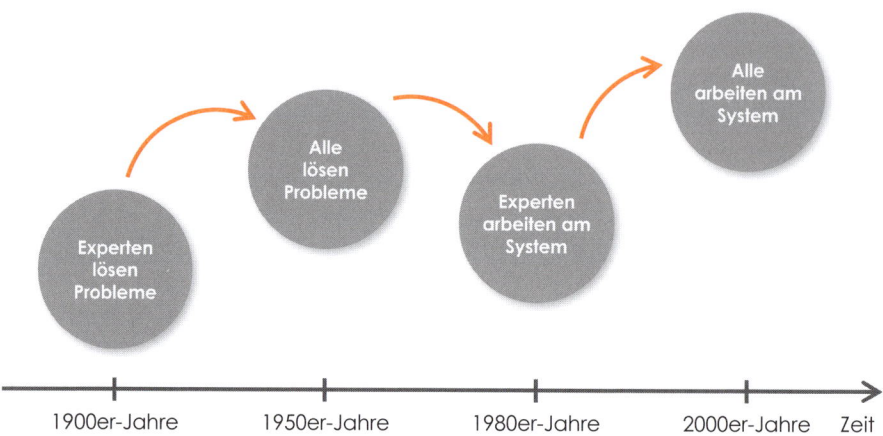

Abbildung 50: Von der Lösung von Problemen zur Arbeit am System – Entwicklung von Change Management nach Marvin Weisbord ([Wei12], Darstellung nach [Pfl13])

Klassisches Vorgehen beim Change Management

Klassisch geht Change Management wie folgt vor (Abbildung 51): Ein Experte entwirft einen Plan, der anschließend Stück für Stück umgesetzt wird. Die Betroffenen werden in der Regel weder in die Planung noch die Durchführung einbezogen und erleben die Veränderung daher wie ein „Gottesurteil", als etwas, das „über sie kommt und gegen das sie sich nicht wehren können". Entsprechend gering ist die Erfolgsquote von Change Management: Nur 30 % aller begonnenen Veränderungsprojekte werden innerhalb der geplanten Zeit, des geplanten Budgets bzw. des geplanten Umfangs abgeschlossen [Oni11]. Neben der Verschwendung von Ressourcen bedeutet dies vor allem Enttäuschung bei den Betroffenen.

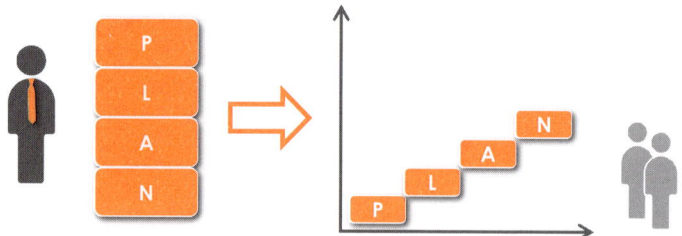

Abbildung 51: Klassisches Vorgehen beim Change Management:
Ein Experte entwirft einen Plan, der dann Stück für Stück umgesetzt wird

In aller Regel sind Lösungen und Entscheidungen von Experten schlechter als jene von (internen) Gruppen. Dies trifft insbesondere dann zu, wenn die Gruppen Wissen und Erfahrungen sammeln konnten durch die tägliche Auseinandersetzung mit den Problemen vor Ort (s. Abschnitt III.2.6).

Zudem ist das – zumindest implizit vorhandene – hierarchische Menschenbild des klassischen Change Managements fragwürdig: Ein „Experte" bestimmt, was mit und an Betroffenen passiert. Wenn man es positiv formulieren wollte, dann werden die Betroffenen als unmündige Statisten gesehen. In der Praxis fällt das Urteil über die Betroffenen härter aus: „Widerständler, die es zu brechen gilt", „dumpfe Verschiebungsmasse" u.Ä. Entsprechend lauten die Titel der Ratgeberbücher dann auch z.B. *Unternehmenswandel gegen Widerstände.* Auch hier wirkt das Menschenbild wieder als selbsterfüllende Prophezeiung (s. Abschnitt III.2.2).

Aus Sicht der Experten sind *die Betroffenen* das Problem: Die Veränderung muss besser kommuniziert, Widerstand früher gebrochen werden. Ihr eigenes Vorgehen und ihre Vorannahmen – wie ihr Menschenbild oder ihr Verständnis davon, wie Veränderung geschieht bzw. geschehen soll – stellen die Experten nicht infrage.

Das Problem beim Change Management

Kein Plan überlebt den ersten Feindkontakt.

– General Moltke d.Ä.

Warum und woran scheitert der klassische Ansatz des Change Management? Einen Teil trägt sicherlich das implizit angenommene Menschenbild dazu bei (s.o.), einen Großteil das praktizierte Vorgehen selbst.

Wie oben geschildert, erstellt klassischerweise ein Experte einen Plan über die durchzuführende Veränderung. Was passiert, wenn dieser Plan auf die Organisation trifft (Abbildung 52)?

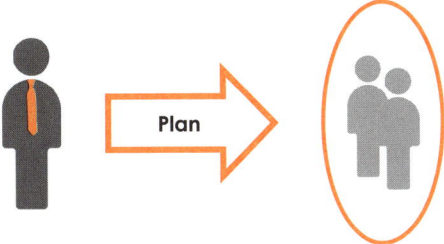

Abbildung 52: Der Plan des Experten trifft auf die Organisation

Dazu ist zunächst zu klären, als was eine Organisation aufgefasst wird. Das Verständnis einer Organisation als *System* („*Etwas, das aus Einzelteilen besteht, die in Beziehung zueinander stehen und von außen als Einheit aufgefasst werden kann.*") ist heute Standard, in verfeinerter Form wird eine Organisation als *komplexes adaptives System* verstanden. Grob beschrieben ist dieses ein lern- und anpassungsfähiges System, das deterministisch nicht beschrieben werden kann. Was passiert nun, wenn ein Plan auf ein *komplexes adaptives System* trifft?

Der Plan wirkt wie eine Störung und ruft eine Reaktion der Organisation hervor, wobei sie

- *bei einer Störung unterhalb der Wahrnehmungsschwelle diese ignoriert*: Der Plan wird nicht zur Kenntnis genommen und einfach ignoriert.
- *bei einer Störung im Bereich zwischen Wahrnehmungsschwelle und Panikschwelle diese als Anregung aufnimmt und darauf reagiert*: Der Plan „funktioniert", er wird angenommen und die Organisation reagiert – allerdings wie *sie* es für richtig hält.
- *bei Störung oberhalb der Panikschwelle diese bekämpft*: Um das eigene Überleben zu sichern, wird der Plan in einer heftigen Reaktion bekämpft.

Da das System Organisation nicht deterministisch beschrieben werden kann, können die Grenzen *Wahrnehmungsschwelle* und *Panikschwelle* nicht bestimmt werden, schon gar nicht *vorher*! Aus dem, was passiert, kann allenfalls *hinterher* eingeschätzt werden, in welche Kategorie die Störung gehörte.

Der Plan des Experten „stört" also die Organisation und diese reagiert darauf – mit einer Anpassung (Abbildung 53).

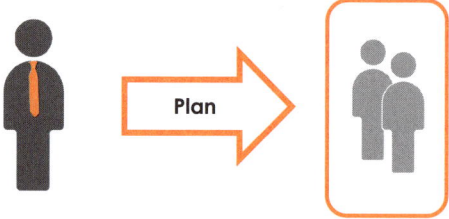

Abbildung 53: Die Organisation reagiert auf den Plan des Experten – sie verändert sich (vgl. die zu Abbildung 49 veränderte Form der Organisation)

Der Plan hat damit (s)eine Wirkung entfaltet und eine Reaktion der Organisation erreicht – nur leider oft nicht in der *geplanten,* der *erwünschten* Richtung. Die Organisation reagiert auf den Plan, wie es für *sie* am besten passt.

Es gibt keinen Widerstand – nur Feedback

Die Reaktion der Organisation ist *Feedback* auf den Plan in seiner Wirkung als Störung (Abbildung 54).

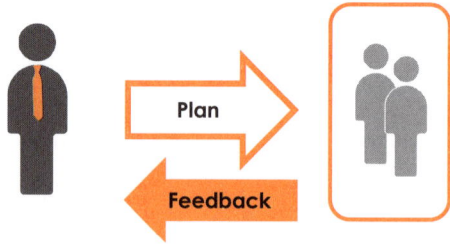

Abbildung 54: Die Reaktion der Organisation ist Feedback *für den Experten*

Dieses Feedback ist per se weder gut noch schlecht – es ist einfach eine Rückmeldung: *Die Organisation zeigt, wie es ihr möglich ist, auf den Plan zu reagieren.*

Falls die Reaktion der Organisation nicht in der von ihm gewünschten Richtung ist, bewertet der Experte dieses Feedback als negativ und nennt es „Widerstand". Es bleibt – neutral betrachtet – Feedback, allein die Bewertung des Beurteilenden macht es zu *„Widerstand".*

Die Reaktion des Experten auf „Feedback in unerwünschter Richtung" ist dann mehr Anstrengung mit Kraft, um den ursprünglichen Plan „durchzudrücken", diesen noch zu retten. Dies erzeugt neuen „Widerstand" – eine negative, sich selbst verstärkende Spirale kommt ins Laufen …

Veränderungen sind Experimente

Hier hilft ein Verändern der Sichtweise: Wenn im Vorgehen prinzipiell ein Scheitern möglich ist, wenn Verlauf und Ergebnis des Vorgehens nicht garantiert sind, dann ist das Vorgehen eher Versuch und Irrtum als das Umsetzen eines Planes: Es ist ein *Experiment.* Es wird von einer Idee ausgegangen und ein Versuch gestartet, über eine Veränderung ein Ziel zu erreichen. Dabei gibt es mehrere Möglichkeiten, „danebenzuliegen": Es können

- die Idee,
- die Veränderung und
- das gewünschte Ergebnis (Ziel)

jeweils nicht zur Organisation passen und damit ein Scheitern hervorrufen. Wird Veränderung als *Experiment* aufgefasst, ist Scheitern als Möglichkeit einkalkuliert (Abbildung 55).

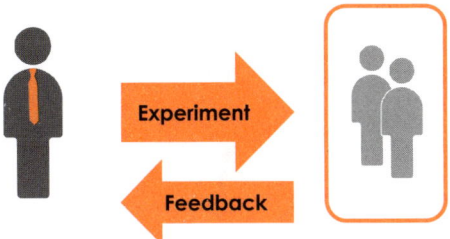

Abbildung 55: Der Plan des Experten ist ein Experiment

Im Kontext *Experiment* stellt Feedback etwas sehr Wertvolles dar: Es ist das Ergebnis des Experiments, aus dem gelernt werden kann. *Damit gibt es kein Scheitern mehr, da man in jedem Fall* – auch wenn das Experiment misslingt – *etwas lernt.* Und mit dem, was man gelernt hat, geht man in ein neues Experiment.

Für erfolgreiches Change Management ist eine Vorgehensweise gesucht, in der *durch Experimente gelernt* wird, um anschließend „passendere" Experimente zu machen.

Warum partizipatives Change Management keine Lösung ist

Partizipation meint *Beteiligung der Mitarbeiter an der Veränderung.* Diese ist in verschiedenen Stufen möglich [Ber13]:

1. *Die Betroffenen werden informiert*: Dies ist lediglich Information, keine Kommunikation.
2. *Die Betroffenen werden nach ihrer Meinung zum Ist-Zustand, zur geplanten Veränderung und zu Lösungsideen befragt*: Erst durch den Rückfluss von Informationen und das entstehende gegenseitige Verstehen entsteht Kommunikation.
3. *Die Betroffenen arbeiten an der Veränderung aktiv mit*: Erst dies ist Partizipation im eigentlichen Sinne.
4. *Die Betroffenen entscheiden (mit)*: Damit ist eine maximale Beteiligung an der Veränderung gegeben.

Die Vorteile von Partizipation werden gesehen in [Lau10]:

- Erhöhen der Motivation der Beteiligten
- Verringern von Widerständen
- Herstellen einer gleichen Wissensbasis
- Nutzen des dezentralen Wissens

In der Literatur empfohlene Konzepte zu Partizipation reichen von Gruppendiskussionsformaten (wie *Open Space, Zukunftskonferenzen, World-Café*) über Gruppenmoderation[Lau10] und Mitarbeiterbefragung[Lau10]) bis zu echten Beiträgen.

Als Beispiel für Partizipation auf Stufe 3 sei hier das Modell von Rosemann und Gleser [Ros99] dargestellt (Abbildung 56).

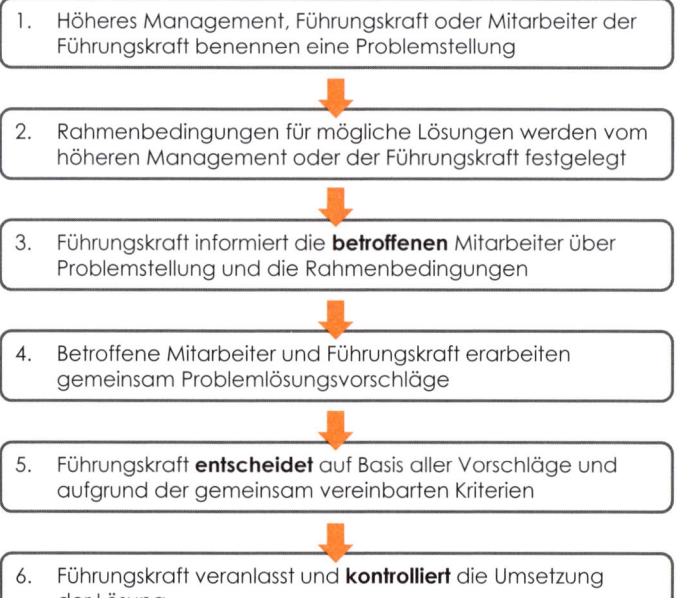

Abbildung 56: Partizipatives Change Management *nach Rosemann und Gleser* [Ros99]

Leider liegt auch diesem Konzept ein hierarchisches Menschenbild zugrunde: Das Management bzw. seine Vertreter definieren das Problem, geben den Lösungsrahmen vor und informieren die Betroffenen. Diese arbeiten an Problemlösungsvorschlägen mit. Die Entscheidung darüber, welcher Vorschlag umgesetzt wird, die Veranlassung der Umsetzung und die Kontrolle über die Umsetzung obliegt der Führungskraft – die „Einbeziehung der Betroffenen" hat allenfalls Alibi-Charakter ...

Es stellt sich die Frage, woher das Management das Wissen und die Kompetenz hat,

- das wirkliche Problem richtig zu definieren,
- den passenden Lösungsrahmen zu definieren,
- die passende Lösung zu erkennen und
- die richtige Umsetzung einzuschätzen,

ist es doch in der Regel nicht direkt den auftretenden Problemen ausgesetzt.

Also auch hier entscheidet und kontrolliert ein Experte – der Manager – auch hier liegt wieder (implizit) das Menschenbild eines unmündigen Mitarbeiters zugrunde.

Untersuchungen und Erfahrungen zeigen, dass die beste Lösung von denjenigen gefunden wird, die sich vor Ort täglich mit dem Problem auseinandersetzen müssen (s. Abschnitt III.2.6).

So wertvoll das Wissen der Mitarbeiter gesehen wird – wenn es denn überhaupt erkannt wird –, so recht wird ihnen nicht vertraut, (selbständig) Wertvolles im Sinne des Unternehmens zu erstellen und umzusetzen – ohne Kontrolle durch Führungskräfte und Experten. Mitarbeiter, die im Privaten mündige und selbstständige Erwachsene sind, werden im Unternehmen nicht als solche behandelt ...

Partizipation ist daher nicht nur für Berger et al. [Ber13] *„allzuoft nur ein Lippenbekenntnis"*, denn wirkliche aktive Beteiligung der Betroffenen bedeutet, dass sie [Ber13]:

- an der Aufgaben- bzw. Problemstellung mitarbeiten,
- die Notwendigkeit der Veränderung erkennen und einsehen,
- den Nutzen der Veränderung für sich und die Organisation erkennen,
- an Entscheidungen mitwirken.

Und dies ist eben meist nicht gegeben.

Exkurs: Was Sie über Veränderungen wissen sollten

Bevor Lean Change Management vorgestellt werden soll, muss auf generelle Symptome bei Veränderungen hingewiesen werden, um auf „unliebsame Überraschungen" vorbereitet zu sein.

Veränderungen von Organisationen sind immer Veränderungen von Systemen, im konkreten Fall von lern- und anpassungsfähigen Systemen *(komplexe adaptive Systeme)*. Diese Lern- und Anpassungsfähigkeit eines Systems ist der Grund für „unvorhergesehene" – weil unvorhersehbare – Schwierigkeiten. Gleichwohl gibt es – basierend auf Erfahrungswerten – einen typischen Ablauf von Veränderungen. Dieser wird im Folgenden vorgestellt.

Das Veränderungsmodell von Virginia Satir

Virginia Satir (1916 bis 1988) – eine der bedeutendsten Familientherapeuten und oft als „Mutter der Familientherapie" bezeichnet [WikiVS] – entwarf im Zusammenhang mit ihren Arbeiten ein Veränderungsmodell (Abbildung 54), das allgemeingültig ist [Sat00, Mos02].

Nach Virginia Satir ist Veränderung ein *Prozess* mit folgenden Phasen (Abbildung 57) [Sat00]:

1. *Status quo*: Innerhalb des aktuellen Zustands taucht die Notwendigkeit oder das Bedürfnis nach einer Veränderung auf. Irgendetwas funktioniert nicht mehr wie bisher.
2. *Einführen eines fremden Elements*: Diese Notwendigkeit/dieses Bedürfnis wird gegenüber einem systemexternen Element (z.B. Berater oder Therapeut) artikuliert. Dieses löst die Veränderung aus.
3. *Chaos*: Das System stürzt vom *Status quo* in einen *Zustand des Ungleichgewichts*. Hier ist das Neue noch nicht klar, manchmal sogar bedrohlich. Alte Regeln und Strukturen gelten nicht mehr, neue sind noch nicht etabliert (daher auch *Chaos* im Sinne des Cynefin-Modells, s. „Exkurs: Komplexität" in Kapitel I.1). Gleichzeitig geht dies mit einer Abnahme der Leistungsfähigkeit einher. Zwar wird das Neue ausprobiert, werden Erfahrungen damit gesammelt – allerdings ist noch zu viel unbekannt und unsicher, was kurzzeitig zu manchmal besseren, manchmal schlechteren Leistungen führt. Das „Tal des Chaos" hat Höhen und Tiefen.
4. *Integration*: Langsam wird das Neue bekannter, werden neue Lernerfahrungen integriert, werden die Vorteile des Neuen erlebbar und es bildet sich eine neue Sicherheit aus – Ein neuer Seinszustand entwickelt sich.
5. *Übung*: Durch Übung und Anwenden des Neuen wird der neue Zustand gestärkt. Die Vorteile des Neuen werden zunehmend zum Standard.
6. *Neuer Status quo*: Der neue Seinszustand hat sich etabliert und gilt nun als gewohnt.

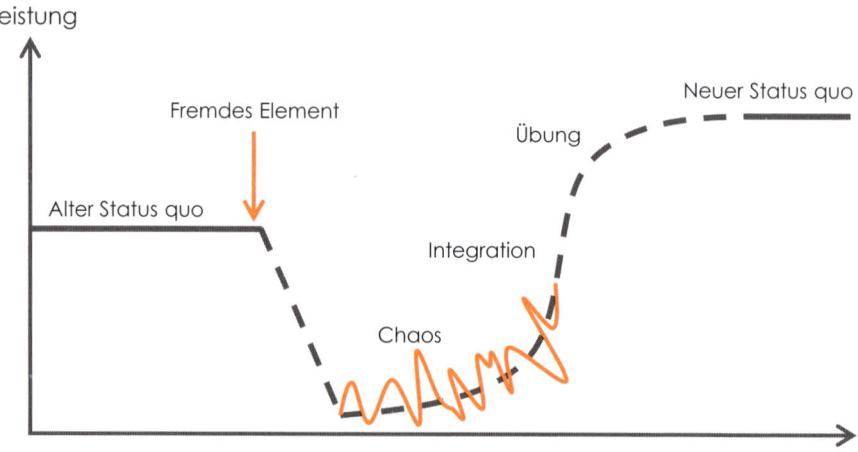

Abbildung 57: Satir-Modell *der Veränderung [Darstellung nach Jag00]*

Der *neue Status quo* wird (mit der Zeit) zu einem *alten Status quo* und der oben beschriebene Ablauf beginnt von Neuem – das Modell von Virginia Satir ist also durchaus als Zyklus zu verstehen.

Der Vollständigkeit halber sei darauf hingewiesen, dass die durch das *„fremde Element"* hervorgerufene Störung des *„Status quo"* des Systems auch eine Reaktion durch das System hervorrufen kann, die gemeinhin als *Widerstand* und *Ablehnung* bekannt ist (Abbildung 58). Dies ist lediglich *Feedback auf die Störung* durch das *„fremde Element"* (vgl. Darstellung dazu im Abschnitt „Das Problem beim Change Management"). Die Störung wirkt auf das System so bedrohlich, dass es diese aus reinem Selbstschutz und Selbsterhaltungsbestreben ablehnen und bekämpfen muss. Hier gilt es, eine kleinere, passendere Störung zu finden, bei der das System bereit ist, die Veränderung mitzumachen.

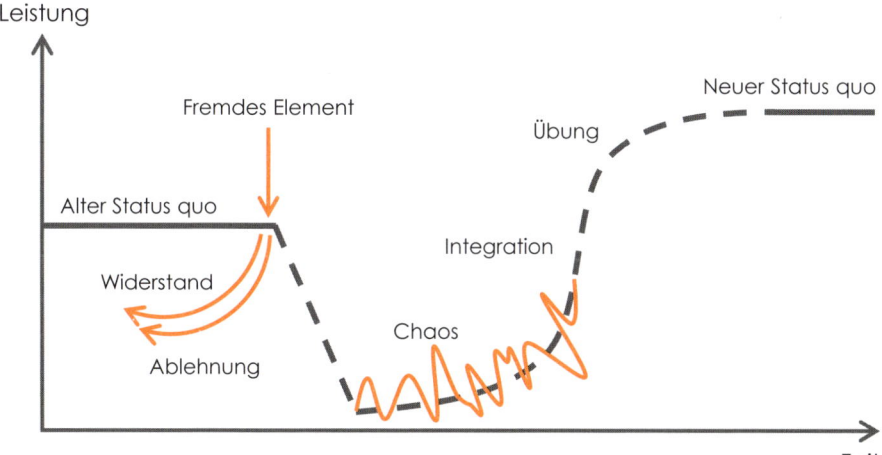

Abbildung 58: Vollständiges Satir-Modell der Veränderung [Darstellung nach Jag00]

Bezug zu Organisationen

Virginia Satir hatte das Verständnis von einer Familie als *komplexes System*. Auch bei Symptomen nur an einem Familienmitglied müssen *alle* Familienmitglieder *mit ihren Beziehungen untereinander* in die Veränderung einbezogen werden. Insofern ist dieses Modell sehr gut auch auf Organisationen anwendbar.

Auch Veränderungen in Organisationen laufen nach o.g. Phasen ab. Jede Veränderung wird also zunächst zu einem Leistungsabfall und gewissem Maß an Unruhe („Chaos") führen! Erst allmählich legt sich die Unruhe, wird das Neue integriert und die Leistung sich erholen.

Rechnen Sie also damit, dass nach *jeder* Veränderung – auch mit Lean Change Management – die Leistung zunächst abfällt und „Chaos" ausbricht.

Die Funktion eines „Veränderungsbegleiters"

Der Veränderungsprozess nach Satir wird so – oder sehr ähnlich – immer und unter allen Umständen ablaufen. Trotzdem ist die Rolle des Veränderungsbegleiters extrem wichtig.

Ein guter Veränderungsbegleiter kennt das Modell und kann abschätzen, in welcher Phase sich sein „Veränderungsschützling" befindet. Um diesem ein unnötiges Verbleiben „im Leidenszustand des Chaos" zu ersparen, wird ein guter Veränderungsbegleiter seinen Klienten schnell durch dieses „Tal des Chaos" führen.

Gleichwohl – *gehen muss diesen Weg der Klient selbst!* Genau hier scheitern die meisten Veränderungen, da der Klient die Selbstveränderung nicht durchführt und vom Berater erwartet, dass dieser das für ihn tut. Das kann nicht funktionieren! Die inneren und äußeren Veränderungsprozesse muss jeder für sich selbst durchmachen – auch Organisationen.

Das Standard-Veränderungsmodell von Kurt Lewin

Es soll an dieser Stelle noch auf ein weiteres Modell und vor allem seine falsche Interpretation hingewiesen werden, da gerade dieses die Standardauffassung in Bezug auf Veränderungen darstellt.

Das am weitesten verbreitete Modell von Veränderung – das *„3-Phasen-Modell"* von Kurt Lewin – ist ursprünglich ein Modell zur Umerziehung der Deutschen nach dem Zweiten Weltkrieg gewesen. Lewin emigrierte 1933 aus Deutschland in die USA und war anschließend Professor für Psychologie an verschiedenen Universitäten. 1943 untersuchte er im Artikel *The Special Case of Germany* die Frage eines kulturellen Veränderungsprozesses bei Individuen und Nationen. Seine Frage war, wie die Deutschen nach dem Krieg zur Demokratie gebracht werden können. Lewin war der Meinung, dass dies durch Umerziehung geschehen sollte: Menschen müssten manchmal „zum Glück" – in dem Fall Demokratie – gezwungen werden [Wiki3PM, Lew1].

Dieses einfache Modell bezieht sich also ursprünglich auf soziale Veränderungen in einer Gesellschaft und muss aus seinem historischen Kontext – und aus der Sicht eines Betroffenen – verstanden werden [Wiki3PM, Lew1].

Lewin erwartete keinen sich selbst vollziehenden Prozess, da die Veränderung *Systeme von Werten und Ansichten* sowohl Einzelner als auch von Gruppen betraf. Daher müsste der Wandel geführt werden, wenn auch in einer Atmosphäre von Freiheit und Spontanität – gewaltsame Methoden lehnte Lewin ab [Wiki3PM, Lew1].

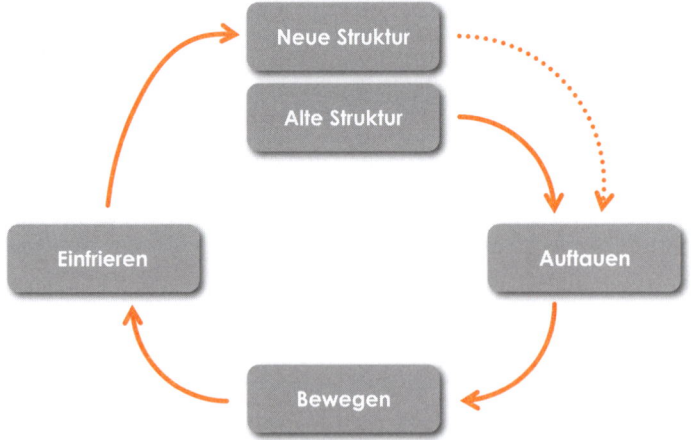

Abbildung 59: 3-Phasen-Modell *von Lewin als zirkulärer Prozess*

Für Lewin sollte der Veränderungsprozess in der Gruppe stattfinden, da dieser dann aufgrund der Gruppendynamik effizienter verlief. Der Wandel sollte schrittweise zirkulär – inkrementell und iterativ – vorsichgehen (Abbildung 59). Dazu war zunächst der aktuelle Zustand (die *„alte Struktur"*) *„aufzutauen"*, d.h., Problem- und Veränderungsbewusstsein zu schaffen und die Veränderung vorzubereiten. Im Schritt *„Bewegen"* ist die Veränderung durchzuführen und anschließend im Schritt *„Einfrieren"* zu verankern und zu stabilisieren. Der nun aktuelle Zustand (die *„neue Struktur"*) ist dann Ausgangspunkt für weitere Veränderungen, die wieder mit *„Auftauen"* dieses Zustandes beginnen.

Um die Menschen mitzunehmen und sie nicht zu überfordern, wollte Lewin einen stufenweisen und aufeinander aufbauenden Prozess statt einer Veränderung in einem großen Schritt.

Lewin hatte für den Prozess (implizit) ein durchaus hierarchisches Menschenbild: Der durch den Prozess Führende weiß, was für die Geführten richtig, wichtig und notwendig ist. Er weiß, was die Geführten lernen und verändern müssen, und er führt sie zum von außen vorgegebenen, klar definierten Ziel.

Dieses Modell ist im Change Management – allerdings in einer sehr vereinfachten linearen Form – so weit verbreitet, dass es als Standard angesehen werden kann (Abbildung 60). In dieser linearen Form werden die Schritte *„Auftauen"*, *„Bewegen"* und *„Einfrieren"* jeweils nur einmal durchlaufen. Damit wird Lewins Ansatz einer *schrittweisen Veränderung* zu einer *Veränderung in einem Schritt*. Die notwendigen Veränderungsschritte werden dadurch so groß, dass sie die Betroffenen überfordern (können).

Auftauen
- Vorbereiten der Veränderung
- Bereitschaft für den Wandel schaffen
- Pläne mitteilen
- Veränderungs-bewusstsein initiieren

Bewegen
- Durchführen der Veränderung
- Überwachen des Prozesses
- Widerständler überzeugen

Einfrieren
- Stabilisieren und Abschließen der Veränderung
- Das neue Verhalten wird zum Status quo

Abbildung 60: 3-Phasen-Modell *von Lewin als linearer Prozess*

Zur großen Popularität dieses Modells verhalf nicht nur seine Einfachheit, sondern auch das implizit enthaltene Menschenbild: Die zu Verändernden brauchen die Hilfe eines über ihnen stehenden, wissenden Experten. Dieser allein weiß, welche Veränderung notwendig ist, wie diese erreicht wird und wie diese durchzuführen ist – und natürlich führt er durch die Veränderung. Dieses Menschenbild entspricht dem Selbstbild und Selbstverständnis vieler „Veränderungsexperten".

Eine Übung zu Lean Change

In diesem Kapitel werden Sie eine Erfahrung mit Lean Change machen. Sie können dieses Kapitel überspringen und gleich zur Darstellung von Lean Change in den folgenden Kapiteln gehen. Allerdings erreichen Sie mit der Erfahrung aus dieser Übung ein tieferes Verständnis von Lean Change.

Zunächst ist es wichtig, Ihnen Vertraulichkeit zu zusichern: Alles was Sie in diesem Kapitel er- und bearbeiten, bleibt nur bei Ihnen, es sei denn, Sie zeigen es jemand anderem. Sie können also so offen sein, wie Sie sich selbst gegenüber wollen und können. Es ist allein Ihre Entscheidung, diese Chance zu nutzen!

Sie werden anhand eines Beispiels durch diese Übung geleitet. Dieses Beispiel ist frei erfunden und soll nur den Ablauf verdeutlichen. Zusammenhänge mit lebenden Personen wären zufällig.

In den mit „**Aktion**" gekennzeichneten Punkten sind jeweils Handlungen von Ihnen erforderlich.

Schritt 1: Vorbereitung

Sie brauchen zur Durchführung der Übung nur einen Stift und das Arbeitsblatt am Ende dieses Kapitels. Sie finden dieses auch unter www.agil-werden/buch zum ausdrucken.

Zunächst brauchen Sie ein Thema für Ihre Veränderung: Dies kann eine Herausforderung oder eine Chance sein. Im Folgenden wird dies einfach „Thema" genannt. Hierzu ein Tipp: Nehmen Sie ein einfaches Thema, damit Sie sich auf den Prozess konzentrieren können.

Aktion: Beschreiben Sie im Feld „Ausgangssituation" in einem Satz eine Situation, die immer wieder auftritt und geändert werden soll! (Manche nennen das auch „Problem" …)

Beispiel: *Immer wenn Tante Erna und Onkel Fritz auf Familienfeiern aufeinandertreffen, streiten sie sich.*

Schritt 2: Hypothesen zum Thema

Im nächsten Schritt geht es darum, Hypothesen über das Thema zu bilden: Was genau ist das Thema am Thema? Was passiert kurz davor? Für wen könnte das Thema nützlich sein? Und wie genau?

Aktion: Schreiben Sie in Feld „1. Einsichten" spontan, was Ihnen zu Ihrem Thema einfällt, warum es so ist, wie es ist, und warum es so bleibt, wie es ist. Und wem dieses Thema nutzt.

Beispiel: *Tante Erna ist die große Schwester von Onkel Fritz und will ihren kleinen Bruder immer noch erziehen. Sie sieht das als ihre Aufgabe an.*

Schritt 3: Ideen zur Veränderung

In nächsten Schritt geht es darum, Ideen zu entwickeln, wie das Thema verändert werden könnte. *Was* könnte *wie* anders gemacht werden, damit das Thema nicht mehr auftritt?

Hinweis: Hier geht es noch nicht um Realisierbarkeit Ihrer Ideen, sondern um → *Brainwriting*[4] zu Veränderungsideen ohne jede Wertung und Einschätzung! Generieren Sie viele Ideen! Und je verrückter Ihre Ideen sind, desto besser!

Aktion: Tragen Sie in Feld „2. Optionen" Ihre Ideen ein! Sie brauchen mindestens vier Ideen.

---

[4] Zur Durchführung von Brainwriting s. Abschnitt IV.3.1.

Beispiel:

A: Onkel Fritz bekommt ein Lätzchen umgebunden und Tante Erna füttert ihn.

B: Wenn Tante Erna und Onkel Fritz sich streiten, stellen sich alle anderen im Kreis um sie herum und feuern sie an.

C: Tante Erna und Onkel Fritz sollen die Rollen tauschen, jeder spielt den anderen.

D: Immer wenn Tante Erna und Onkel Fritz sich streiten, ignorieren alle anderen die beiden und tun so, als wären die beiden nicht da.

Schritt 4: Nur vier Optionen

Falls Sie mehr als vier Optionen haben, wählen Sie die vier aus, die Ihnen spontan am besten gefallen. Mit diesen werden wir weiterarbeiten. Die verbleibenden Optionen heben Sie auf, vielleicht brauchen Sie diese noch.

Aktion: Wählen Sie die vier Aktionen aus, die Ihnen spontan am besten gefallen.

Schritt 5: Klassifizieren der Optionen

Da Sie eine effiziente ungefährliche Option brauchen – also eine, bei der Sie mit *wenig Aufwand und geringem Risiko viel erreichen* – müssen Sie nun Ihre vier Optionen nach *Nutzen in Bezug zum Aufwand* und nach *Risiko in Bezug zum Aufwand* klassifizieren. Auch hier werden Sie schrittweise durch das Verfahren geführt.

Schritt 5a: Aufwand eintragen

Aktion: Tragen Sie in das Diagramm neben „2. Optionen" (Abbildung 61) Ihre Optionen A bis D entsprechend dem von Ihnen geschätzten Aufwand auf der Achse „Aufwand" ein. Es geht hier nicht um Exaktheit und absolute Werte, sondern um die Verhältnisse Ihrer vier Optionen zu einander: Welche Option verursacht mehr/weniger Aufwand als welche andere Option?

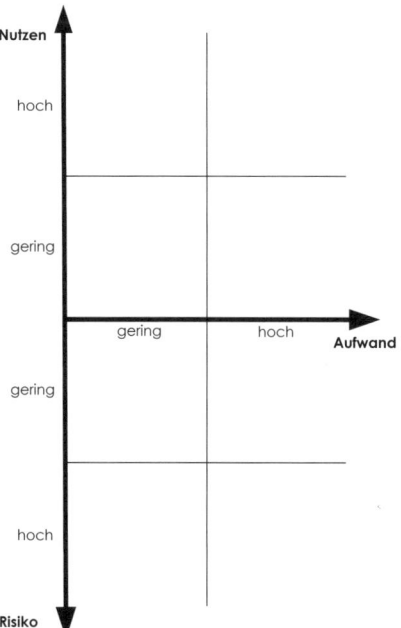

Abbildung 61: Diagramm für die Klassifizierung der Optionen

In Abbildung 62 sehen Sie das Ergebnis für das Beispiel.

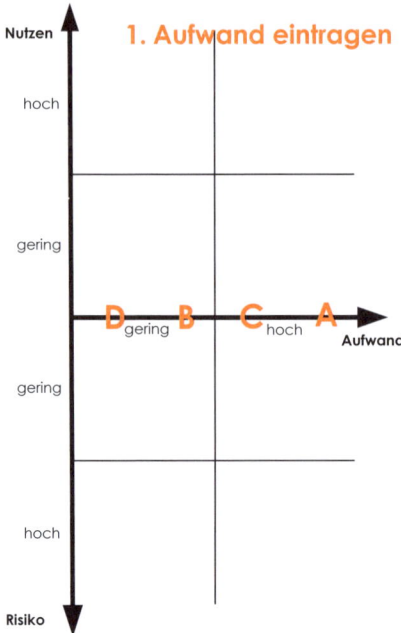

Abbildung 62: Die eingetragenen Aufwände der Optionen A bis D

Schritt 5b: Nutzen eintragen

Aktion: Als Nächstes tragen Sie Ihre Optionen A bis D entsprechend dem von Ihnen geschätzten Nutzen auf der Achse „Nutzen" ein. Auch hier geht es wieder um relative Bezüge: Welche Option liefert einen höheren/geringeren Nutzen als welche andere Option?

Das Ergebnis für das Beispiel sehen Sie in Abbildung 63.

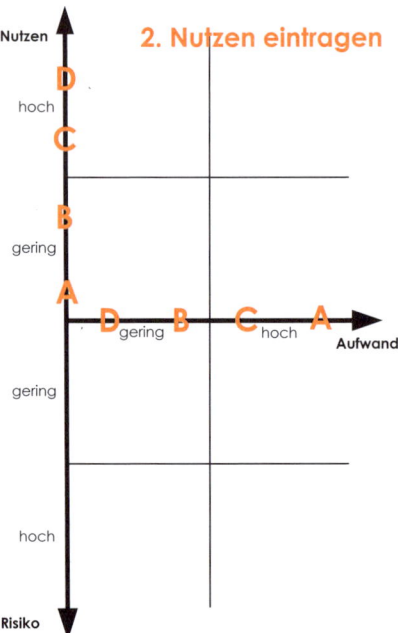

Abbildung 63: Der eingetragene Nutzen der Optionen A bis D

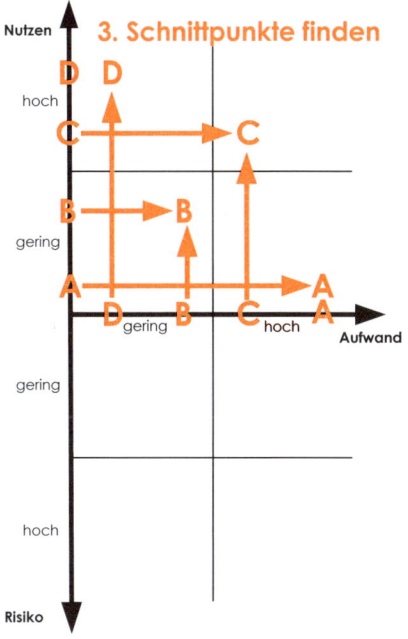

Schritt 5c: Schnittpunkte zwischen Aufwand und Nutzen finden

Aktion: Finden Sie nun die Schnittpunkte gleicher Buchstaben und tragen Sie dort den jeweiligen Buchstaben ein (s. Beispiel in Abbildung 64).

Abbildung 64: Die Schnittpunkte gleicher Buchstaben finden

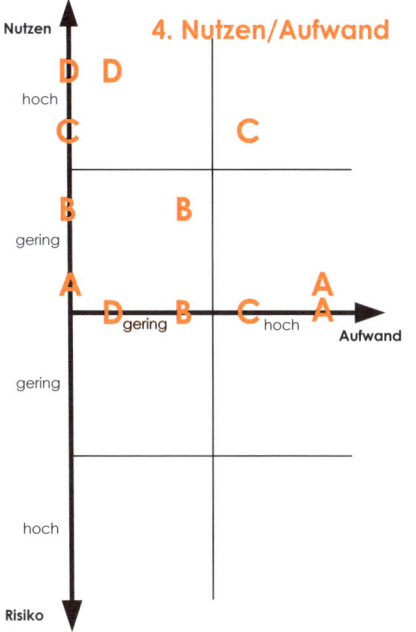

Ergebnis Schritte 5a-c: Die Nutzen/Aufwand-Klassifikation

Als Ergebnis haben Sie die Klassifizierung Ihrer vier Optionen A bis D nach Nutzen und Aufwand, wie in Abbildung 65 für das Beispiel dargestellt.

Abbildung 65: Ergebnis der Klassifizierung nach Nutzen und Aufwand

Schritt 5d: Risiko eintragen

Vergleichbar zum Vorgehen für die Klassifikation nach Nutzen/Aufwand wird nun nach Risiko und Aufwand klassifiziert.

Aktion: Tragen Sie dazu Ihre Optionen A bis D entsprechend dem geschätzten Risiko auf der Achse „Risiko"[5] ein. Auch hier geht es wieder um relative Bezüge: Welche Option hat ein höheres/geringeres Risiko als welche andere Option?

In Abbildung 66 sehen Sie die Risikoeinschätzung für das Beispiel.

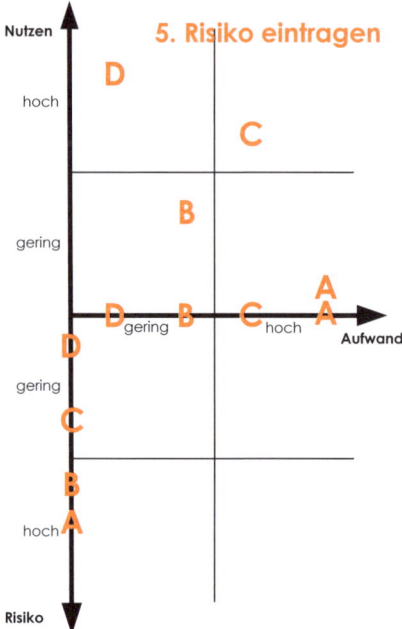

Abbildung 66: Einschätzung des Risikos für die Optionen A bis D

Schritt 5e: Schnittpunkte zwischen Aufwand und Risiko finden

Aktion: Finden Sie nun die Schnittpunkte gleicher Buchstaben A bis D der Achsen Risiko und Aufwand und tragen Sie dort den jeweiligen Buchstaben ein (s. Beispiel in Abbildung 67).

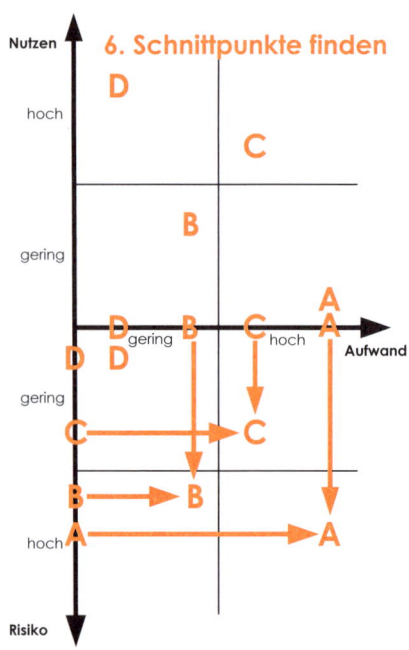

Abbildung 67: Die Schnittpunkte gleicher Buchstaben der Achsen Risiko und Aufwand finden

---

[5] Risiko bezieht sich hier auf die Gefährlichkeit der Option in der Umsetzung und/oder falls sie scheitert.

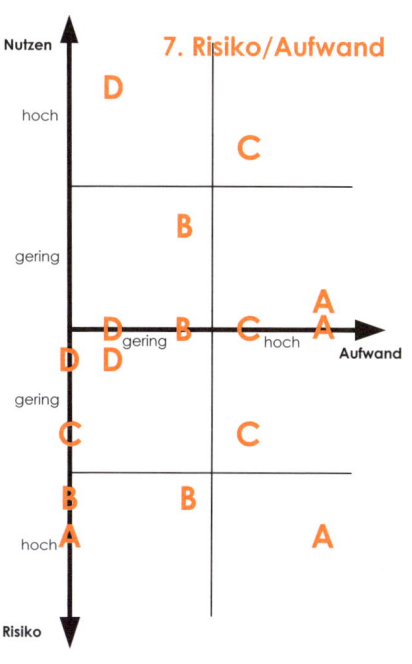

Ergebnis Schritte 5d-e: Risiko/Aufwand-Klassifikation

Als Ergebnis haben Sie nun die Risiko/Aufwand-Klassifizierung Ihrer Optionen A bis D (s. Abbildung 68 für das Beispiel).

Abbildung 68: Ergebnis der Klassifizierung nach Risiko und Aufwand

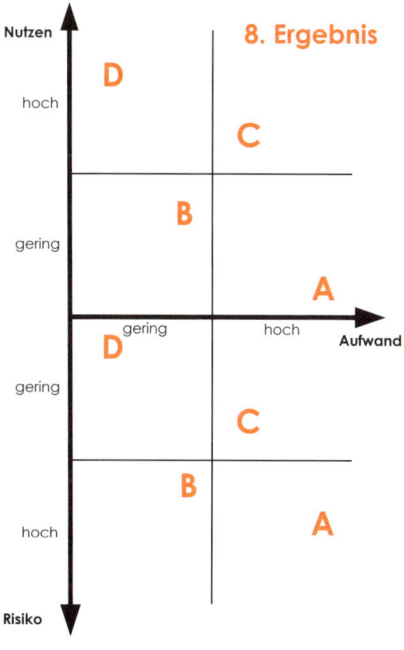

Ergebnis Schritt 5: Klassifikation der Optionen nach Nutzen/Aufwand und Risiko/Aufwand

Als Gesamtergebnis haben Sie nun die Nutzen/Aufwand- und Risiko/Aufwand-Klassifizierung Ihrer Optionen A bis D (s. Abbildung 69 für das Beispiel).

Abbildung 69: Gesamtergebnis Nutzen/Aufwand- und Risiko/Aufwand-Klassifizierung

Schritt 6: Auswahl einer Option

Aktion: Da Sie eine effiziente, ungefährliche Option haben wollen, also eine Option,
die einen *hohen Nutzen bei geringem Aufwand* und *gleichzeitig ein geringes Risiko*
hat, wählen Sie nun eine Option, die in den
entsprechenden Quadranten „hoher Nutzen und geringer Aufwand" und „geringes
Risiko und geringer Aufwand" liegt. In Abbildung 70 sehen Sie die Darstellung für das
Beispiel.

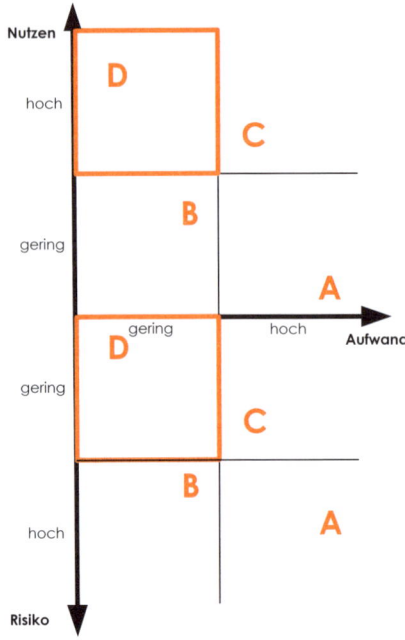

*Abbildung 70: Eine Option mit hohem
Nutzen bei geringem Risiko und geringem
Aufwand wählen*

Aktion: Wählen Sie nun Ihre Option aus und tragen Sie diese links unten auf dem
Arbeitsblatt ein.

Im Beispiel wurde die Option D *„Immer wenn Tante Erna und Onkel Fritz sich streiten, ignorieren alle anderen die beiden und tun so, als wären die beiden nicht da"*
gewählt.

Anmerkung: Es kann bei Ihnen passieren, dass sie nicht ein so klares Ergebnis
wie in Abbildung 70 erhalten. Dies ist nicht tragisch, die Klassifizierung soll Ihnen
lediglich Anhaltspunkte für einen Vergleich der Optionen liefern. Ausgangspunkt
waren Ihre spontanen Einschätzungen. Diese sind nicht absolut. Daher können Sie
hier auch eine Option wählen, die einen etwas geringeren Nutzen und ein etwas
höheres Risiko und/oder Aufwand hat, wenn Ihnen diese Option mehr zusagt und
sie „ein besseres Gefühl" dabei haben.

Letztendlich sollen Sie eine Option finden, die etwas bringt (also einen Nutzen hat),
nicht allzu risikovoll ist (Sie sollten die Durchführung der Option unbeschadet
überleben können) und die einen vertretbaren Aufwand erfordert.

Schritt 7: Option als Experiment durchführen

Nun geht es daran, Ihre Option umzusetzen. Da das Ergebnis nicht garantiert ist,
ist dies ein *Experiment*.

Schritt 7a: Vorbereitung des Experiments

Aktion: Tragen Sie auf dem Arbeitsblatt unter „3. Experiment" in „3a Vorbereitung" ein, was Sie vorbereiten müssen, was Sie brauchen, wen Sie ggf. informieren
müssen etc.

An dieser Stelle könnten Sie feststellen, dass Ihre Option aufwendiger ist, als Sie dachten. Nun können Sie sich entscheiden, ob Sie diese Option trotzdem umsetzen oder mit dieser Erkenntnis Ihre Klassifizierung beginnend bei Schritt 5 noch einmal durchführen wollen.

Für das Beispiel ist vorzubereiten: *Alle Teilnehmer der nächsten Familienfeier vorab informieren, dass, wenn Tante Erna und Onkel Fritz sich streiten, alle anderen die beiden ignorieren und so tun sollen, als wären die beiden nicht da.*

Nun brauchen Sie noch (zwei) Messkriterien, an denen Sie feststellen können, ob Sie Fortschritte in Richtung Lösung des Themas machen und woran Sie Ihren Erfolg feststellen, also sehen, dass Ihr Thema gelöst ist. Messkriterien sollen objektiv sein, also etwas, das ein unbeteiligter Beobachter von außen feststellen könnte.

Aktion: Tragen Sie Ihre Messkriterien ein.

Im Beispiel wird als Fortschrittskriterium definiert, dass die beiden nachfragen, warum alle sie ignorieren, und als Erfolgskriterium, dass die beiden eine Versöhnungsparty geben.

Aktion: Legen Sie fest, wann und wo Sie Ihr Experiment durchführen, und tragen Sie dies im Arbeitsblatt unter 3b „Wann" und „Wo" ein.

Schritt 7b: Durchführung des Experiments

Aktion: An dem unter 3b bei „Wann" angegebenen Zeitpunkt und dem unter „Wo" angegebenen Ort führen Sie nun das Experiment durch!

Im Beispiel geschieht dies auf der nächsten Familienfeier …

Schritt 7c: Auswertung des Experiments

Nachdem Sie Ihr Experiment durchgeführt haben, müssen Sie dieses auswerten, um zu sehen, ob Sie erfolgreich waren. Was hat funktioniert? Was nicht? Tragen Sie dies in Ihr Arbeitsblatt ein.

Aktion: Werten Sie unter „3c Auswertung" aus, was funktioniert hat und was nicht. Werten Sie Ihre unter 3a definierten Erfolgs- und Fortschrittskriterien aus!

Auch wenn das Experiment nach Ihrer Einschätzung gescheitert ist, so haben Sie doch etwas gewonnen: neue Einsichten und ein tieferes Verständnis über das Thema. Halten Sie dies schriftlich auf Ihrem Arbeitsblatt fest: Welche Einsichten haben Sie gewonnen? Wie können Sie Ihr Vorgehen verbessern? Was können Sie weiter so machen? Was könnte besser passen?

Aktion: Tragen Sie Ihre gewonnenen Einsichten ein!

Schritt 8: Abgleich mit dem Ziel

Wenn Sie Ihr Ziel nicht erreicht haben, dann starten Sie mit den gewonnenen Einsichten neu bei Schritt 2! So kommen Sie schrittweise und aufeinander aufbauend zur Lösung!

Viel Erfolg!

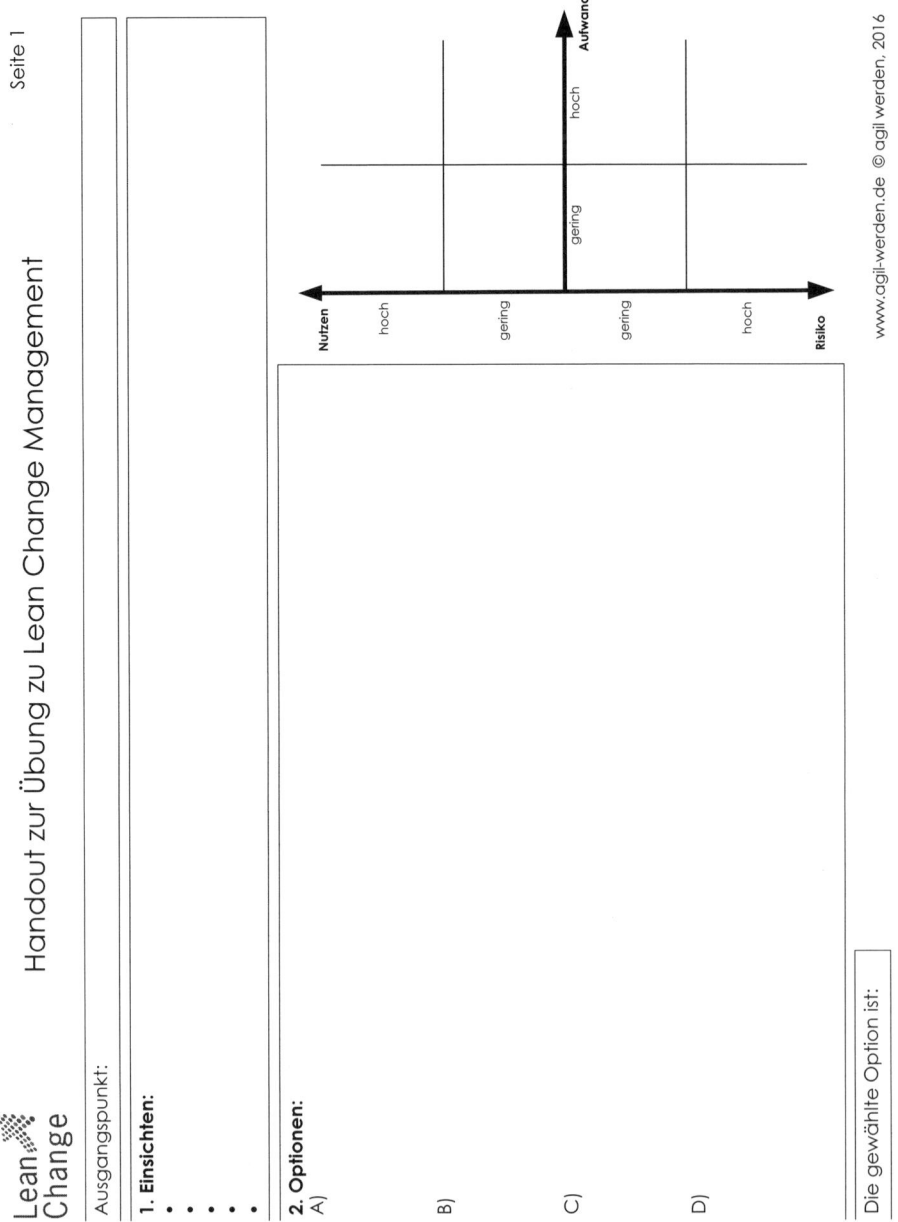

Abbildung 71: Handout Seite 1

Seite 1

Handout zur Übung zu Lean Change Management

Lean Change

Ausgangspunkt:

1. Einsichten:
· · · · · ·

2. Optionen:
A)

B)

C)

D)

Nutzen
hoch
gering
Aufwand
gering
hoch
gering
hoch
Risiko

Die gewählte Option ist:

www.agil-werden.de © © agil werden, 2016

Lean
Change

Handout zur Übung zu Lean Change Management

Seite 2

3. Experiment:

a) Vorbereitung:

-
-
-
-

Messkriterien:

- Woran messen Sie den Erfolg Ihres Experiments?
- Woran messen Sie den Fortschritt in Richtung Ziel durch Ihr Experiment?

b) Durchführung: Wann: Wo:

c) Auswertung:

-
-
-
-

Messkriterien:

- Erfolg Ihres Experiments:
- Fortschritt in Richtung Ziel:

Gewonnene Einsichten:

-
-
-

www.agil-werden.de © agil werden, 2016

Abbildung 72: Handout Seite 2

Der Lean Change Zyklus

Nach Bekanntwerden des *Lean Startup-Prinzips* (s. Abschnitt III.4.2) entstand die Idee, dieses Prinzip auf andere Themenbereiche anzuwenden, u.a. auf Change Management [And13, Lit13].

Herleiten des Lean Change Zyklus

Ausgangspunkt ist der *Lean Startup Zyklus* (Abbildung 73): Es werden Produkte gebaut, welche die minimalen Anforderungen an das zu entwickelnde fertige Produkt erfüllen. Dieses wird an echten Kunden getestet und deren Reaktion gemessen. Aus diesen Messergebnissen wird gelernt, um ein neues Produkt zu bauen, das die Anforderungen des Kunden besser, vollständiger erfüllt, welches dann wieder an echten Kunden getestet wird (s. Abschnitt III.4.2).

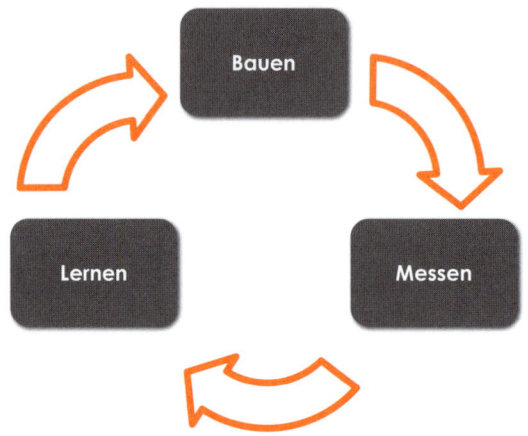

Abbildung 73: Der Lean Startup *Zyklus*

Diesen Lean Startup Zyklus nehmen wir nun und bauen daraus den *Lean Change Zyklus* (Abbildung 74), indem wir das Prinzip auf Change Management anwenden: Wir nehmen eine Veränderung – einen Change – als Produkt.

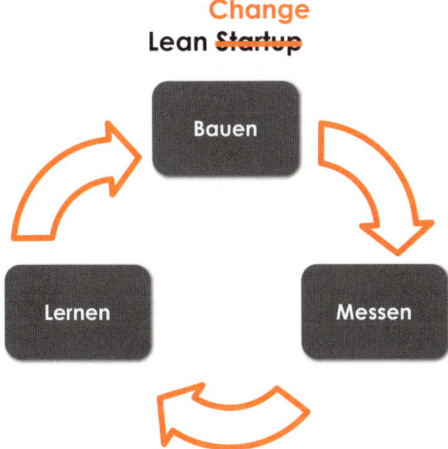

Abbildung 74: Der Lean Change *Zyklus: Ausgangspunkt ist der Lean Startup Zyklus*

Im ersten Schritt bauen wir eine Veränderung als Experiment (Abbildung 75): Da wir noch nicht wissen können, wie die Lösung aussieht (Kontext *Komplexität*), kann die umzusetzende Veränderung vom Charakter her nur *ein Experiment* sein – da ein Scheitern prinzipiell möglich ist.

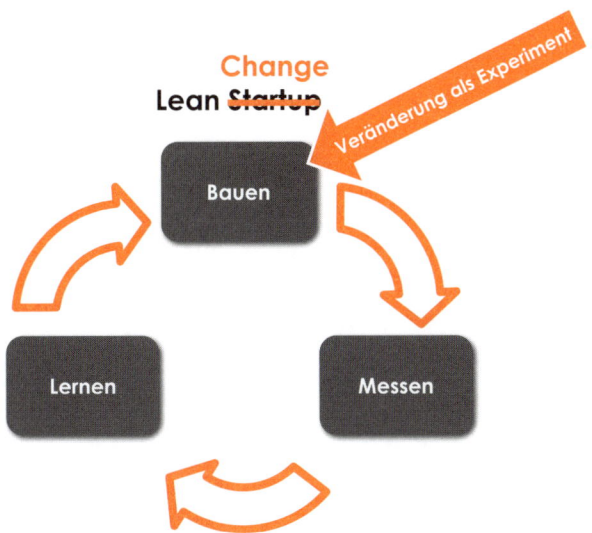

Abbildung 75: Der Lean Change *Zyklus: Wir bauen eine Veränderung als Experiment*

Unsere Veränderung trifft als Experiment nun auf diejenigen, welche die Veränderung betrifft (Abbildung 76). An ihrer Reaktion messen wir, wie passend unsere Veränderung war.

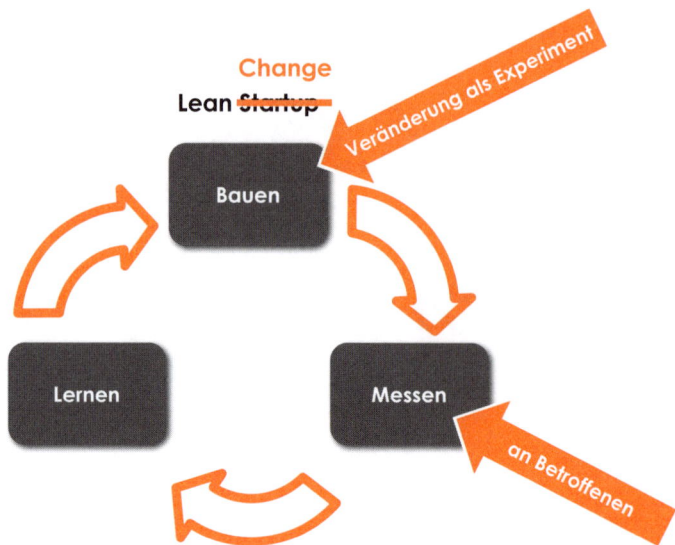

Abbildung 76: Der Lean Change Zyklus: Wenn das Experiment auf diejenigen trifft, welche die Veränderung betrifft, dann messen wir deren Reaktion

Aus dem Feedback der Betroffenen (es gibt keinen Widerstand!) lernen wir über unser Experiment (Abbildung 77) – was hat funktioniert, was können wir besser machen, was haben wir gelernt? Mit diesen Erkenntnissen gehen wir in eine neue Runde und bauen ein besseres, ein passenderes Experiment.

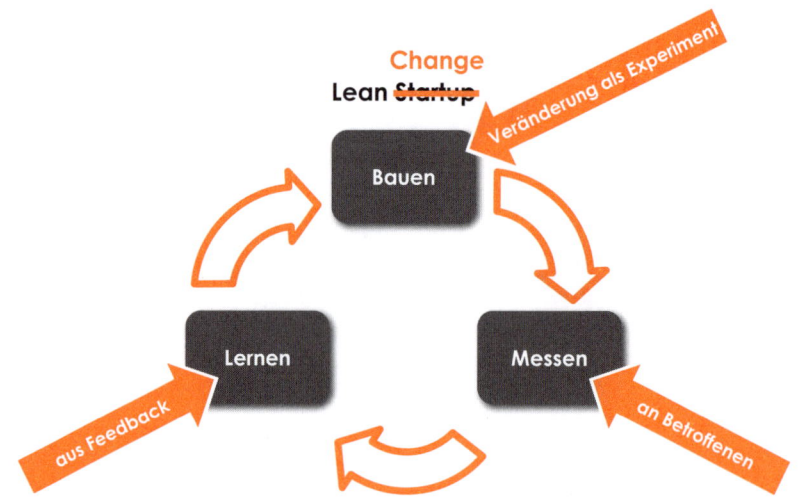

Abbildung 77: Der Lean Change Zyklus: Lernen aus dem Feedback der Betroffenen

Damit erhalten wir den Lean Change Zyklus (vorläufige Version in Abbildung 78, die finale Version in Abbildung 80), die nur aus Darstellungsgründen um 90° gedreht wird, damit die Einsichten – die den Startpunkt des Vorgehens darstellen – oben stehen (Abbildung 79).

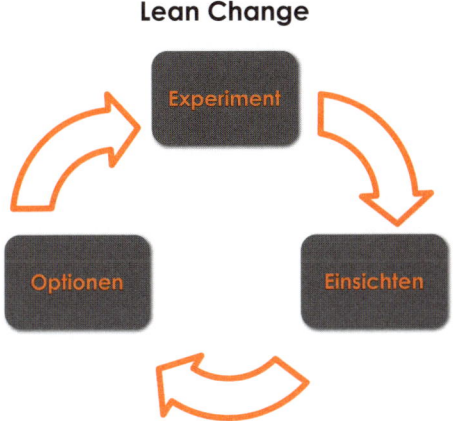

Abbildung 78: Der vorläufige Lean Change Zyklus: Experiment – Einsichten – Optionen

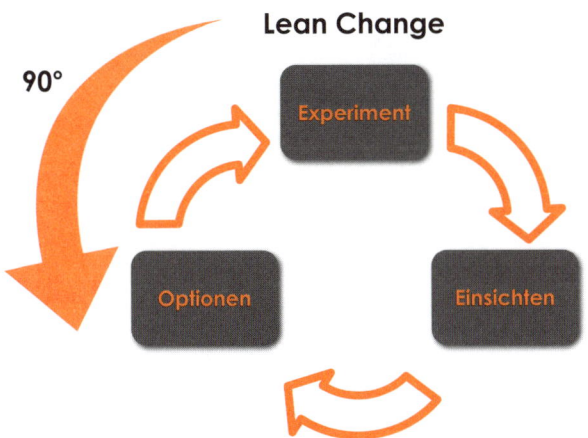

Abbildung 79: Der Lean Change Zyklus: Drehung um 90°

Der Sub-Zyklus zu den Experimenten

In jedem Durchlauf des Lean Change Zyklus wird eine (kleine) Veränderung umgesetzt. Dazu startet der Lean Change Zyklus mit *Einsichten*: Das sind Annahmen, Ideen, Vermutungen darüber, was zu ändern ist, was in der Organisation abläuft, was wie bisher funktioniert und was nicht. Dies sind zunächst Hypothesen, denn es gibt keinen Beweis dafür, dass es wirklich so ist.

Auf Basis dieser Hypothesen werden *Optionen* entwickelt, *was wie* verändert werden könnte. Zunächst geht es darum, möglichst viele verschiedene Optionen zu bekommen – es geht noch nicht um Realisierbarkeit, sondern darum, möglichst viele Ideen zu sammeln.

Im Anschluss werden diese Ideen klassifiziert, z.B. nach Nutzen und Risiko bezüglich Aufwand. Da es darum geht, mit möglichst wenig Aufwand möglichst viel zu erreichen, wird nach Optionen gesucht, die einen hohen Wert bei geringen Kosten und Risiko liefern. Um Optionen umfassend zu bewerten (z.B. bzgl. Nutzen/Risiko/Kosten), ist der Einsatz verschiedener Klassifizierungsmethoden sinnvoll. Anschließend wird eine Option ausgewählt und als *Experiment* umgesetzt.

Da wir nur von Hypothesen ausgehen können, haben wir keine Garantie, dass das Gewünschte auch erreicht wird. Daher kann die Umsetzung der Option nur als *Experiment* angesehen werden.

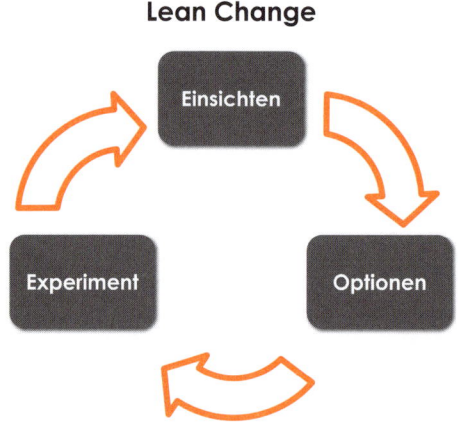

Abbildung 80: Der finale Lean Change *Zyklus:* Einsichten – Optionen – Experiment

Zum *Experiment* gibt es einen Sub-Zyklus (Abbildung 81):

- In *Vorbereiten* wird die gewählte Option zu einem Experiment aufgebaut. Dazu wird die Option in Aufgaben zerlegt und Messgrößen werden definiert, anhand deren Fortschritt und Erfolg gemessen werden.
- In *Umsetzen* wird das Experiment durchgeführt, d.h., die eigentliche Veränderung findet hier statt, indem die Aufgaben erledigt werden.
- In *Auswerten* werden anhand der in *Vorbereiten* definierten Messgrößen Fortschritt und Erfolg der Veränderung gemessen und aus den Ergebnissen neue *Einsichten* gewonnen. Mit diesen beginnt der Lean Change Zyklus von neuem.

Abbildung 78 zeigt den kompletten Lean Change Zyklus mit Sub-Zyklus.

Zum Lean Change Zyklus ist zu bemerken, dass dieser den Ablauf zwar in strukturierter und linearer Form darstellt und beschreibt, eine Veränderung aber nicht derartig linear ablaufen wird. Das Vorgehen kann als „Dance with the System" beschrieben werden: Die generelle Vorgehensweise ist definiert, je nach Reaktion des Systems ist in den einzelnen Schritten situativ zu reagieren und vorzugehen.

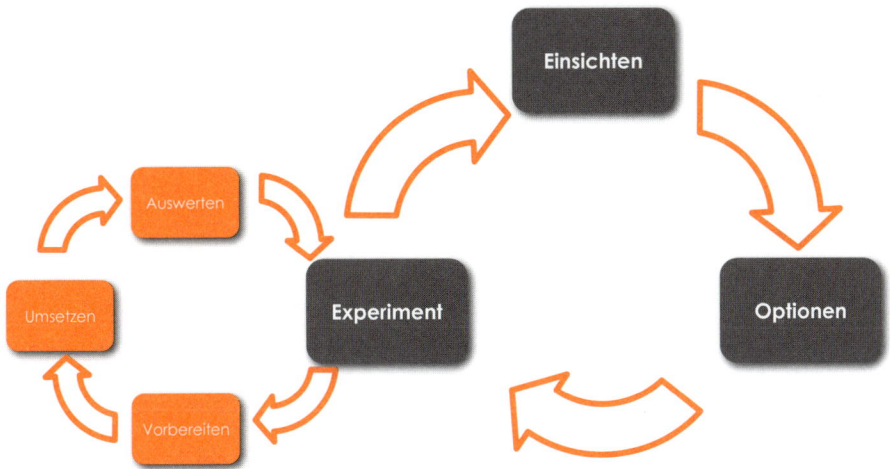

Abbildung 81: Der Lean Change Zyklus mit Sub-Zyklus zu den Experimenten

Bemerkungen zur Übung

Den Lean Change Zyklus sind Sie in der Übung bereits durchlaufen:

- In Schritt 2 haben Sie *Einsichten* zu Ihrem Problem formuliert.
- In Schritt 3 haben Sie *Optionen* entworfen, die Sie in den Schritten 4 und 5 klassifiziert und aus denen Sie in Schritt 6 eine zur Durchführung ausgewählt haben.
- In Schritt 7 haben Sie das *Experiment* vorbereitet, durchgeführt und ausgewertet.
- In Schritt 8 überprüften Sie die Zielerreichung und starteten mit den gewonnenen Einsichten ggf. in einen neuen Zyklus.

Die Schlüsselprinzipien von Lean Change Management

Werden die drei Lean Startup-Schlüsselprinzipien (s. Abschnitt III.4.2) auf Change Management angewandt, ergeben sich daraus die *drei Schlüsselprinzipien des Lean Change Managements*:

- *Ausgangspunkt sind immer Hypothesen*: Die Beteiligten akzeptieren, dass sie immer nur von Hypothesen ausgehen können – nicht nur zu Beginn der Veränderung, sondern auch in deren Verlauf. Es gibt keine durch Planung erreichbare Sicherheit, da sich menschliches Verhalten – in diesem Fall die Reaktion auf Veränderung – nicht voraussagen und damit nicht planen lässt. Die Hypothesen werden in einem *Lean Change Canvas* (s. Abschnitt IV.3.2) zusammengefasst.
- *„Get out of the planning room!"*: Change Agents müssen „ihr Planungszimmer verlassen", um die von der Veränderung Betroffenen zu treffen. Nur wenn diese mitgenommen und zu Beteiligten werden, kann die Veränderung erfolgreich sein. Der beste Erfolg ist zu erwarten, wenn die Betroffenen die Veränderung selbst erstellen, durchführen und steuern – und so zu Beteiligten werden.
- *Agile Entwicklung der Veränderung*: Um Verschwendung von Zeit und Geld zu vermeiden – daher *Lean* Change –, wird im Gegensatz zu einer planenden Vorgehensweise die Veränderung *iterativ und inkrementell* – eben agil – entwickelt. Es wird mit minimalem Aufwand jeweils nur das verändert, was gebraucht wird,

um die jeweiligen Hypothesen zu testen. Auf diese Weise wird die Veränderung Stück für Stück in der von den Beteiligten gewünschten Geschwindigkeit herbeigeführt.

Die Idee von Lean Change ist also:

Wir verändern iterativ und inkrementell. Noch vor der Umsetzung testen wir die Veränderungsschritte mit den von der Veränderung Betroffenen. Wir validieren also kleine Veränderungen, wenn diese noch auf dem Papier sind. Und um noch erfolgreicher zu sein, lassen wir die Betroffenen die Veränderung selbst erstellen, durchführen und steuern!

Damit findet ein radikaler Wandel im Change-Management-Vorgehen statt:

1. Iteratives und inkrementelles Vorgehen statt allumfassender Vorab-Planung
2. Betroffene werden zu Beteiligten, indem sie die Veränderung selbst entwerfen, diese vor der Umsetzung an sich auf Akzeptanz testen und anschließend umsetzen.
3. Die Veränderung wird von den Beteiligten Stück für Stück entwickelt und in der von ihnen gewählten Geschwindigkeit umgesetzt.

Im Gegensatz zu einem planenden Change-Management-Ansatz findet (1.) keine Vorab-Planung statt, sondern die Veränderung wird iterativ und inkrementell entwickelt und umgesetzt: Die in einem Veränderungsschritt gewonnenen Erkenntnisse werden aufgenommen und fließen direkt in die Entwicklung des nächsten Schrittes ein. Je nach gemessenem Erfolg der vorangegangenen Schritte werden die nächsten Schritte geplant und umgesetzt. Abweichungen im Ergebnis eines Schrittes vom Erwarteten lösen einen Lernprozess aus. Widerstand wird gleichzeitig als nützliches Feedback verstanden, und die dem Widerstand zugrunde liegenden Themen werden in die nächsten Schritte integriert.

Betroffene werden zu Beteiligten (2.), indem sie ihre schon bei der Entwicklung der Veränderung auftretenden Reaktionen aufnehmen und die Veränderung gemeinsam so gestalten, dass die hinter den Reaktionen stehenden Themen integriert sind. Die Beteiligten gestalten nicht nur die Veränderung – sowohl in Inhalt als auch Umfang –, sondern setzen sie auch selbst um. Dazu wird (3.) die Veränderungsmaßnahme in Teilen entwickelt, die so groß sind, wie die Beteiligten selbst wählen. Damit bestimmen sie nicht nur, *was* und *wie* geändert wird, sondern auch *wie schnell*.

Das Lean Change-Prinzip lässt sich kurz zusammenfassen: *Die Beteiligten entwickeln die Veränderung iterativ und inkrementell und testen diese noch auf dem Papier, bevor sie diese selbst umsetzen.*

So wie das Lean Startup-Prinzip von Unternehmensgründern und Produktentwicklern selbstständig angewandt wird, wird auch Lean Change in Organisationen eigenständig angewandt: Lean Change hat das Ziel, Organisationen unabhängig von externen Beratern und Coaches zu machen. Dazu werden in der Organisation *Lean Change Agents* ausgebildet, welche die an der Veränderung Beteiligten anleiten und zu *Change Champions* ausbilden. Diese führen dann gemeinsam als Team selbstständig die Veränderung durch und stoßen später eigenständig weitere Veränderungen an.

Lean Change ist selbst ein Experiment

Lean Change Management basiert auf der Durchführung von kleinen Veränderungen als Experimente. Statt wie im klassischen Vorgehen einen Plan zu erstellen und diesen dann umzusetzen, wird die Veränderung Stück für Stück beim Umsetzen entwickelt.

Dies gilt auch für das Vorgehen von Lean Change selbst: Lean Change ist keine Handlungsanweisung, die 1:1 umgesetzt wird. *Lean Change ist selbst ein Experiment!* In diesem Buch lernen Sie die Grundlagen kennen und erhalten eine Struktur, mit der Sie starten können. So wie Sie Ihre Veränderungen inhaltlich Stück für Stück (weiter) entwickeln und umsetzen, müssen Sie auch Ihre Vorgehensweise Stück für Stück (weiter) entwickeln und anpassen. Die Experimente sind nicht nur inhaltlich individuell, sondern auch in Bezug auf Struktur und Vorgehensweise – dies ist agiles Vorgehen!

Agiles Vorgehen heißt, Schritt-für-Schritt vorzugehen: *Einen Schritt machen, das Ergebnis messen und mit dem abgleichen, was (vom Kunden) gewünscht ist und darauf aufbauend den nächsten Schritt machen. Und dies sowohl inhaltlich als auch methodisch!*

Agil vorzugehen bedeutet also auch, permanent die eigene Vorgehensweise zu überprüfen, diese zu verbessern und an die Gegebenheiten anzupassen!

Grundannahmen von Lean Change Management

Menschenbild in Lean Change

Lean Change gibt kein spezielles Menschenbild vor. Wir gehen einfach davon aus, dass wir es mit erwachsenen, vernünftigen und mündigen Menschen zu tun haben (s. Abschnitt III.2.2 und 3). Wenn wir von Typ-I-Verhalten ausgehen, dann sind Menschen vier Faktoren in ihrer Arbeit wichtig (s. Abschnitt III.2.2 un 3):

- *Selbstbestimmung*
- *Perfektionierung*
- *Sinnerfüllung*
- *Zusammenarbeit*

Jede Verletzung dieser vier Faktoren führt bei den davon Betroffenen zu einer Reaktion abhängig von ihren bisherigen Erfahrungen. Diese Erfahrungen können wir zwar nicht ändern, wir können aber für neue Erfahrungen sorgen, indem wir herausfinden, was der Person in der konkreten Situation wichtig ist, was aktuell verletzend ist, und dies abstellen.

Unser Ziel muss eine vertrauensvolle Atmosphäre sein, in der Verletzungen der vier Faktoren offen kommuniziert werden und zu Verbesserungen führen, die letztendlich Mitarbeitern und Unternehmen nutzen.

Werte

Lean Change gibt keine speziellen Werte vor. Wir gehen einfach davon aus, dass Menschen, die Typ-I-Verhalten zeigen, die entsprechenden Werte leben, einander fair, vertrauensvoll, wohlwollend, transparent und mit einem offenen Geist begegnen.

Wer in Lean Change alles einzubeziehen ist

All mankind is divided into three classes:
those that are immovable,
those that are movable,
and those that move.

– Benjamin Franklin

Bei Lean Change Management gibt es nur *Beteiligte*: Diejenigen, die als Betroffene die Veränderungen entwerfen, testen und umsetzen, und das Management, das die Betroffenen in jeder Hinsicht unterstützen muss. Es gibt keinen Gegensatz zwischen „denen" und „uns" – es gibt nur ein Wir.

Betroffene

Unabhängig von ihrer konkreten Rolle bei Veränderungen können Betroffene entsprechend ihrer Einstellung zu dieser spezifischen Veränderung – bzw. auch zu Veränderungen allgemein – in drei Gruppen eingeteilt werden:

- *Beweger*: Sie sind motiviert, die Veränderung selbst durchzuführen oder diese aktiv zu unterstützen. Diese können Change Agents oder Teil des Change Netzwerkes werden.
- *Bewegbare*: Sie halten die Veränderung für eine gute Idee, sind aber noch nicht so weit, diese selbst durchzuführen.
- *Unbewegbare*: Sie sind skeptisch und/oder (aktiv) gegen (diese) Veränderung.

Diese Einteilung soll erleichtern, die Menschen „dort abzuholen, wo sie stehen" und mit passenden Aktionen anzusprechen. Während z.B. ein Beweger keine weitere Motivation braucht, kann diese für einen Bewegbaren hilfreich sein, bei einem Unbewegbaren jedoch Schaden anrichten. Und auch hier gilt: *Es gibt keinen Widerstand – nur Feedback!* Ein Unbewegbarer kann wertvolle Hinweise auf Umstände geben, welche die anderen vielleicht übersehen (haben) und an denen eine Veränderung scheitern könnte – dies ist wichtiges, wertvolles Feedback!

Beweger

Beweger zeichnen sich dadurch aus, dass sie was verändern wollen, dass sie „am liebsten gleich loslegen würden". Durch eine hohe Eigenmotivation streben sie Veränderungen (meist in Richtung eigener Ziele bzw. als richtig eingeschätzter Ziele) auch ohne Anstöße von außen an. Sie brauchen daher u.U. Ausrichtung und Führung auf das gemeinsame Ziel der Organisation.

Bewegbare

Bewegbare sind durchaus zu Veränderungen bereit, allerdings fehlt ihnen noch etwas, um „los zu laufen". Sobald sie einen Sinn in der Veränderung sehen, werden auch sie mit Leidenschaft und Überzeugung an der Veränderung arbeiten. (Für weitere Hinweise s. Abschnitt III.2.3, insbesondere die Ausführungen zu Motivation durch Sinn.)

Unbewegbare

Für *Unbewegbare* kann es subjektiv sinnvoller sein, im aktuellen Zustand zu bleiben, statt eine Veränderung anzustreben. Dies wird oft als „Widerstand" bezeichnet.

Dabei ist es ein natürlicher Schutzmechanismus, der individuell verschieden stark ausgeprägt ist: Zu viel Veränderung versetzt das Gehirn in Panik. David Rock 2008 [Roc08] beschrieb in einem Beitrag für das Neuroleadership Journal, dass allein das Zerlegen eines Projektes in kleine handhabbare Teile schon reicht, um unserem Gehirn Sicherheit zu geben. Kleine überschaubare Schritte geben unserem Gehirn mehr Sicherheit als ein großer unüberschaubarer Plan. Wenn die Veränderungen also klein genug sind, geben sie Sicherheit. Das ist eine der Grundideen von Lean Change Management.

Gleichzeitig ist immer *der Sinn der Veränderung* darzustellen – insbesondere der individuelle persönliche Sinn. Hat man diesen gefunden, ist man kein *Unbewegbarer* mehr. (Für weitere Hinweise s. Abschnitt III.2.3, insbesondere die Ausführungen zu Motivation durch Sinn.)

Management

Management ist heute Change Management.

Da Veränderungen ein klares Managementthema sind, muss das Management die Veränderungen und die Veränderungsteams unterstützen. In größeren Unternehmen und bei größeren Veränderungen (Veränderungsinitiativen) muss es jeweils im Management und in der Unternehmensleitung ein Team geben, dass die Veränderung taktisch (Management) und strategisch (Unternehmensleitung) unterstützt.

Während die Veränderung selbstgesteuert durch die Mitarbeiter vor Ort erfolgt, brauchen sie Unterstützung und „Rückendeckung". Dies betrifft insbesondere

- Beseitigung von Hindernissen,
- Entscheidungen, die aufgrund des Unternehmenskodex Managern vorbehalten sind,
- Versorgung mit Ressourcen
  - Zeit: anteilige Arbeitszeit von Mitarbeitern zur Unterstützung des Veränderungsteams oder Mitarbeiter komplett zur Unterstützung abstellen
  - finanzielle Mittel
- Motivation, Anerkennung und Feedback

Es muss klar sein: Veränderungen können nur gemeinsam gelingen! Den Gegensatz Mitarbeiter – Management gibt es nicht! Während es zwar Unternehmen mit Mitarbeitern und ohne Manager gibt, gibt es keine mit Managern und ohne Mitarbeiter!

Es geht darum, sich gegenseitig zu ergänzen: Während Mitarbeiter oft aufgrund stärkerer Kontakte nach außerhalb des Unternehmens einen besseren Einblick in die Umwelt haben, haben Manager oft einen umfassenderen Einblick nach innen und in unternehmensinterne Zusammenhänge. Beides muss zu einem Gesamtbild zusammenfließen, um richtige, passende und umfassende Einsichten zu gewinnen, die dann Ausgangspunkt für bessere, passendere Experimente sind.

Rollen im Lean Change Management

Bei Lean Change gibt es verschiedene Rollen, die unterschiedliche Personen aus unterschiedlichen Positionen im Unternehmen einbeziehen:

1. *Change Agent*: jemand, der aufgrund seiner Erfahrung und Ausbildung in der Lage ist, Veränderungsteams anzuleiten und Veränderungen zu unterstützen.

2. *Veränderungsteam*: diejenigen, die die Veränderung herbeiführen, es besteht aus den Beteiligten, hierbei ist auf eine Meinungsvielfalt zu achten, insbesondere sollten *Bewegbare* (s.o.) und *Unbewegbare* (s.o.) vertreten sein!
3. *Stakeholder*: jemand, der ein persönliches Interesse an der Veränderung hat, aber nicht direkt involviert ist, z.B. ein Manager oder Mitglied der Unternehmensleitung.
4. *(Executive) Sponsor*: ein Mitglied des Managements oder der Unternehmensleitung, der die Veränderung voll unterstützt, aber nicht der direkte Vorgesetzte ist.
5. Im *Change Netzwerk* treffen sich Change Agents und Beweger zu Austausch und gegenseitiger Unterstützung.

Change Agent

Change Agents haben eine Ausbildung in Lean Change Management erhalten und sind so in der Lage, selbstständig Veränderungen zu initiieren und zu unterstützen. Change Agents kommen aus den Reihen der *Beweger* und sind meist Mitarbeiter der Sach- und Fachebene. Offizielle „Veränderungsverantwortliche" können auch Change Agents sein, allerdings reicht oft deren Anzahl und zeitliche Verfügbarkeit nicht aus, um Lean Change Management in der notwendigen Breite in der Organisation zu betreiben. Zudem können systemische Aspekte wie „Stallgeruch" eine Wirksamkeit dieser Change Agents untergraben.

Je nach Größe der Veränderungen kann der Einsatz von Change Agents oder -Teams sinnvoll sein. Diese unterstützen und coachen alle Beteiligten (Mitarbeiter, Management und Unternehmensleitung) methodisch, die eigentliche „Veränderungsarbeit" verbleibt bei den Beteiligten.

Veränderungsteam

Die Veränderungen führt das Veränderungsteam durch. Dieses formiert sich je nachdem, wo die Veränderung notwendig ist:

* Bei Veränderungen nur *innerhalb* eines Teams bilden die im Team Beteiligten bzw. das gesamte Team das Veränderungs-Team.
* Bei Veränderungen *zwischen* Teams bilden Mitarbeiter, die direkt von der Veränderung betroffen sind, das Veränderungs-Team.

Das Veränderungsteam kann von einem → *Change Agent* methodisch angeleitet, unterstützt und gecoacht werden.

Unterstützung erfährt das Veränderungsteam von den → *Stakeholdern* der betreffenden Veränderung sowie vom *Sponsor*.

Die Beweger verschiedener Veränderungsteams können sich zu einem unternehmensinternen → *Change Netzwerk* zusammenschließen, um sich gegenseitig zu unterstützen und Erfahrungen auszutauschen.

Stakeholder

Stakeholder haben ein persönliches Interesse an der Veränderung, sind aber nicht direkt involviert. So ist ein Bereichsleiter daran interessiert, dass sein Bereich effizienter und effektiver wird, direkt dazu beitragen kann er nur bedingt und indirekt. Er kann Unterstützung und Anerkennung geben sowie immer wieder den Sinn und die Notwendigkeit von Veränderungen herausstellen und so – wenn auch indirekt und eher generell – unterstützen.

(Executive) Sponsor

Jedes Veränderungsprojekt – egal ob Veränderungsinitiative oder kontinuierliche Verbesserung – braucht einen Sponsor. Für den Erfolg von Lean Change Management ist es wichtig, mit einem *Executive Sponsor* ein Mitglied der Unternehmensleitung (oder dem höheren Management) einen Paten zu haben. Dieser ist Ansprechpartner und Vermittler über Hierarchiegrenzen hinweg und steht persönlich für den Erfolg der Veränderungen!

Bei Veränderungsinitiativen treibt er auf der Ebene der Unternehmensleitung die Veränderung voran und sorgt dafür, dass alle Bereiche des Unternehmens zusammenarbeiten. Dazu informiert er sich unangemeldet vor Ort, nimmt an Meetings teil, um den „Puls der Veränderung" live zu spüren und mitzubekommen, wie der aktuelle Stand ist, wo es Probleme gibt etc. (s. *Genchi Genbutsu* in Abschnitt I.1.4). Der Sponsor „beschützt" das Veränderungsprojekt „von oben" und „räumt Steine aus dem Weg".

Die Rolle des Sponsors hat durchaus symbolischen Charakter: Es wird klar und deutlich gezeigt, dass das Unternehmen hinter der Veränderung steht. Wer Probleme damit hat, dass eine Veränderung stattfindet, hat im Sponsor seinen Ansprechpartner.

Der Sponsor fungiert auch als Auftraggeber der Veränderung. Er unterstützt alles um die Veränderung herum, damit das Team sich auf die eigentliche Veränderung konzentrieren kann. Und er veranlasst auch die Party nach erfolgreichem Abschluss der Veränderung.

Change Netzwerk

Ein Change Netzwerk stellt eine „*Communitiy of Practice*" (s. Abschnitt III.2.6) dar, in der sich → *Change Agents* und Beweger treffen, um sich auszutauschen und gegenseitig zu unterstützen. Indem Lernerfahrungen, „Dos & Don'ts" und erfolgreiche Vorgehensmuster gesammelt werden, können zukünftige Veränderungen schneller, leichter und besser erfolgen sowie neue Beweger und Change Agents schnell wirksam werden.

Beispiel

Nehmen wir an, Sie arbeiten in einem Team mit sechs anderen Menschen zusammen. Sie bearbeiten Vorgänge, z.B. in einer Bank oder Versicherung, die Sie von einer vorgelagerten Abteilung bekommen und an eine nachgelagerte Abteilung weiterreichen. Ihnen ist vor einiger Zeit aufgefallen, dass der Ablauf mittlerweile zu umständlich und aufwendig geworden ist – das würden Sie gerne ändern. Mit einigen Ihrer Teamkollegen haben Sie Ihre Beobachtung in der Kaffeeküche nebenbei besprochen, diese nervt der Umstand ebenfalls. Eine perfekte Situation für Lean Change!

Wen müssen Sie nun einbeziehen? Ihre Änderungsidee würde alle Kollegen in Ihrem Team betreffen, da Sie alle die gleichen Tätigkeiten verrichten. Damit sind alle in Ihrem Team „Betroffene", und da sie an der Veränderung mitarbeiten, sind sie *Beteiligte*.

Sofern Ihre vorgelagerte Abteilung (Ihr „Lieferant") und Ihre nachgelagerte Abteilung (Ihr „Kunde") von der Veränderung betroffen sind, müssen ihre Vertreter ebenfalls als *Beteiligte* einbezogen werden.

Gemeinsam mit Ihren Teamkollegen werden Sie Veränderungsideen generieren, Veränderungen vorbereiten und durchführen. Dazu brauchen Sie Unterstützung. Zunächst von Ihrem Team-Manager. Dieser muss Ihnen Ressourcen zur Verfügung stellen (z.B. Meeting-Zeit, in der Sie Ihre Veränderung besprechen, Zeit für die Durchführung der Veränderung freigeben etc.).

Vielleicht muss an der Computersoftware, mit der Sie arbeiten, etwas geändert werden, dann brauchen Sie Unterstützung aus der IT-Abteilung. Vielleicht muss ein Formular geändert werden, dann ist die dafür verantwortliche Stelle mit einzubeziehen.

Sortieren wir nun

- Beteiligte:
  - *Beweger*: derjenige, der die Veränderung initiiert, also Sie,
  - *Bewegbare* und *Unbewegbare*: Ihre Teamkollegen und ggf. Kollegen aus den vor- und nachgelagerten Teams, je nach deren Einstellung zur Veränderung.
- Aus Ihren Beteiligten wird nun das *Veränderungsteam*. Da Ihre Arbeitsgruppe nicht zu groß ist, könnten – so sie denn wollten – alle Kollegen mitmachen. Bei der Teamgröße ist darauf zu achten, dass der Koordinationsaufwand für das Veränderungsteam kleiner als der Aufwand für die eigentliche Veränderung bleibt – das ist *lean*!
- *Change Agent*: Bei kleineren Veränderungen und kontinuierlicher Verbesserung brauchen Sie evtl. keinen Change Agent. Allerdings ist es immer besser, einen „methodischen Anschub" zu bekommen und dann selbstständig weiterzumachen. Zudem werden Sie wahrscheinlich ab und zu jemanden brauchen, der „Ihnen mal über die Schulter schaut" und Ihnen Tipps gibt.
- Ein *Stakeholder* ist auf alle Fälle Ihr Teammanager, evtl. gibt es weitere, wie Ihr Abteilungsmanager, wenn die Veränderung größeren Nutzen bringt.
- Initiativen hilft es immer, wenn es „Rückendeckung von oben" gibt. Auch kontinuierliche Verbesserung kann leichter bewerkstelligt weden, wenn es in der Unternehmensleitung oder dem höheren Management jemanden gibt – einen *Sponsor* –, dem diese wirklich am Herzen liegt und sie daher tatkräftig unterstützt.
- Wenn Ihre Veränderungsinitiative bekannt wird, gibt es immer Menschen, die Sie dabei unterstützen – entweder weil sie es selbst wollen oder weil sie per Funktion dies müssen (z.B. IT bei Softwareänderung).

Wie Betroffene zu Beteiligten werden

Das Ausgangsprinzip für Lean Change ist Lean Startup. Im Folgenden soll ein wichtiger Unterschied dargestellt werden: *Im Lean Change gehören diejenigen, an denen die Veränderung vorab getestet wird und die die Veränderung direkt erleben, zum System dazu!*

Bei Lean Startup wird an Kunden gemessen, die *extern* sind: Sie gehören nicht zu denjenigen, die Lean Startup machen, sie sind außerhalb des Lean Startup Systems (Abbildung 82).

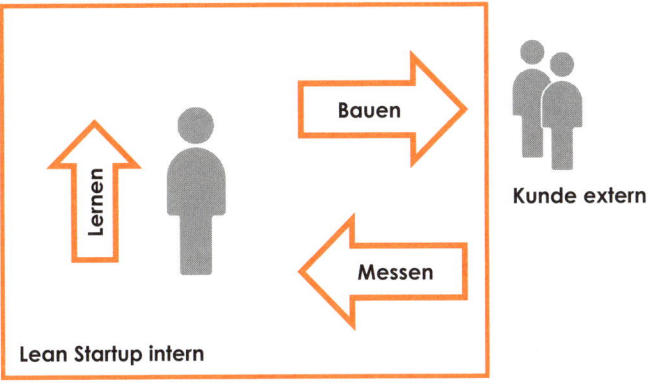

Abbildung 82: Lean Startup: *Der Kunde ist extern*

Im Gegensatz dazu gehören die Betroffenen einer Veränderung zum System, das Lean Change durchführt (Abbildung 83).

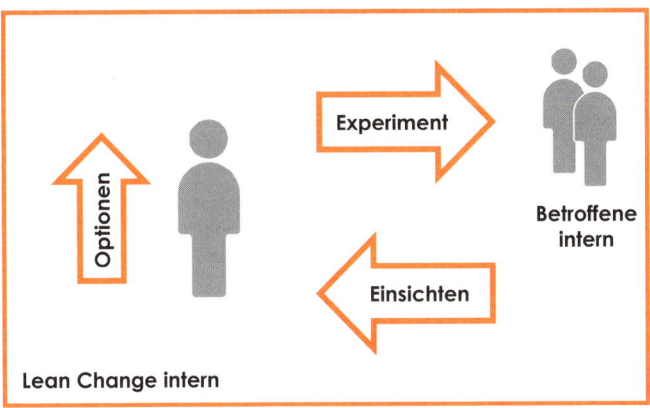

Abbildung 83: Lean Change: *Betroffene sind intern*

Wobei sich hier die Frage nach „Betroffenen" stellt (Abbildung 84). Die Idee von Lean Change ist es ja gerade, diejenigen, denen die Veränderungen bisher „übergestülpt" wurden, voll in die Veränderungen zu integrieren, ja sie die Veränderungen sogar selbst durchführen zu lassen! Es gibt also in Lean Change keine Betroffenen, *es gibt nur Beteiligte!* (Abbildung 85)

Alle, die von der Veränderung betroffen sind, erstellen diese gemeinsam. Dadurch testen sie ihre Ideen gleichzeitig an sich selbst. Ideen, die für sie selbst nicht akzeptabel sind, werden gleich verworfen. Nur Ideen, die diese erste Überprüfung überstehen, haben überhaupt eine Chance, realisiert zu werden. Dadurch wird Verschwendung vermieden: In Veränderungen, die nicht einmal als Idee überleben, wird nicht weiter investiert – das ist *lean*!

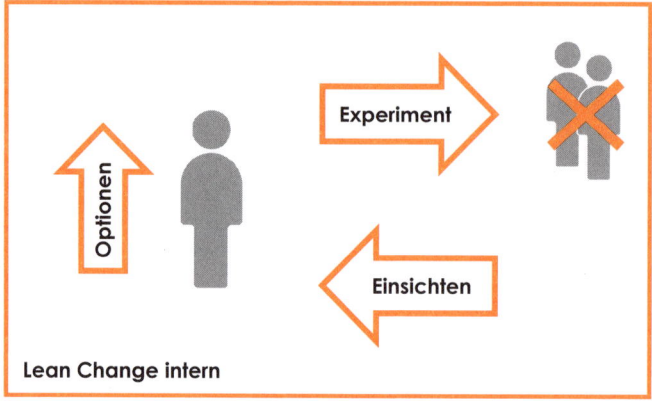

Abbildung 84: Lean Change: *Gibt es Betroffene?*

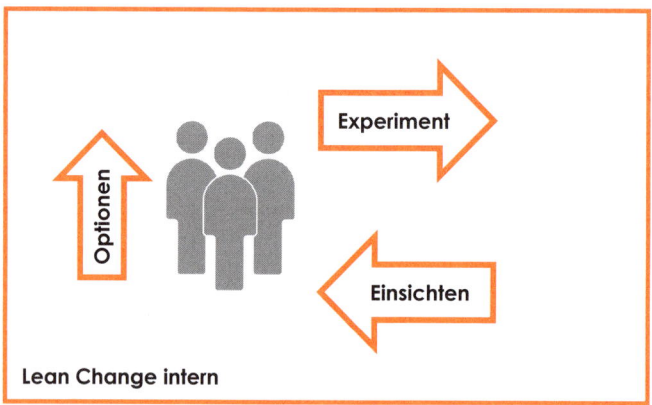

Abbildung 85: Lean Change: *Es gibt nur Beteiligte! Alle entwerfen die Veränderung!*

Nachdem eine Veränderung als Experiment vorbereitet wurde, wird dieses durchgeführt. Von den Beteiligten selbst! Sie erleben die Auswirkungen ihrer Veränderung an sich selbst (Abbildung 86). Dadurch lernen sie für weitere Lean Change Zyklen in dieser oder späteren Veränderungen.

Nach der Durchführung des Experimentes werten alle Beteiligten gemeinsam dieses aus (Abbildung 87). Sie überprüfen ihre Ausgangshypothesen anhand der Messergebnisse, lernen daraus und gewinnen so neue Einsichten, mit denen sie ggf. in einen neuen Lean Change Zyklus gehen.

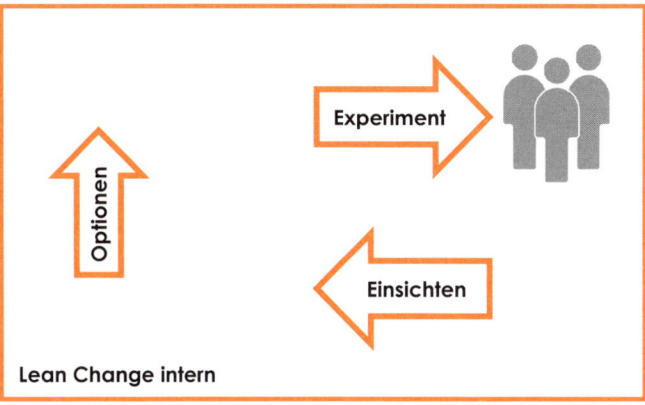

Abbildung 86: Lean Change: *Es gibt nur Beteiligte! Alle führen die Veränderung durch – an sich selbst!*

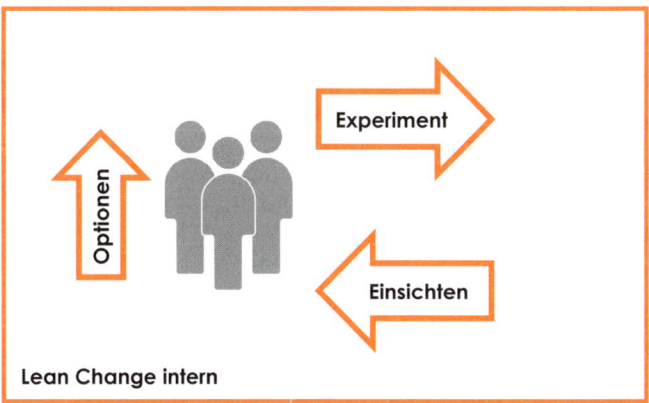

Abbildung 87: Lean Change: *Es gibt nur Beteiligte! Alle werten anschließend das Experiment gemeinsam aus!*

Ablauf von Lean Change Management

Vorbemerkung

Im Folgenden wird Lean Change Management in einem Ablauf ähnlich dem der agilen Methode *Scrum* vorgestellt. Dies soll lediglich Anregung und Ausgangspunkt für einen eigenen Ablauf sein.

Wie in den bisherigen Ausführungen deutlich geworden sein sollte, kann es im Kontext *Komplexität* keine standardisierten Vorgehensweisen und einfache Rezepte (*Best Practices*) geben (s. „Exkurs: Komplexität" in Kapitel I.1). Ebenso wird ein allzu planvolles Vorgehen scheitern.

Was bleibt, ist die Möglichkeit, Experimente durchzuführen – auch bei der Einführung von Lean Change Management: Führen Sie Lean Change mittels Lean Change (quasi rekursiv) ein. Finden Sie den für Ihre Organisation passenden Ablauf von Lean Change Management. Der hier dargestellte soll lediglich Anregungen geben.

Lean Change Management basiert – wie agiles Vorgehen allgemein – auf Selbstorganisation und Selbstverantwortung. Menschen sind dazu in der Lage – wenn man sie lässt. Jeder Versuch von Kontrolle, Beeinflussung und Steuerung demotiviert und untergräbt sowohl Selbstorganisation als auch Selbstverantwortung (s. Abschnitt III.2.3) und bringt Veränderungen damit zum Scheitern.

Zentraler Punkt ist die Vermittlung von Sinn. Wenn Menschen den Sinn einer Veränderung verstehen, sind sie nicht nur motiviert, sondern geben auch ihr Äußerstes, um diese Veränderung zum Erfolg werden zu lassen. (Weiteres zum Thema s. Abschnitt III.2.3 und das Modell *Kotter 8 Schritte* in Abschnitt IV.3.3)

Bei allem, was Sie in und mit Lean Change tun, ist maximale Transparenz extrem wichtig. Vermeiden Sie von Anfang an den Eindruck eines „Geheimbundes" oder einer „Geheimoperation". Denn erstens wird dieses nie geheim bleiben und zweitens führt es nur zu unnötigem Widerstand. Und dieser führt dann dazu, dass Sie mehr Anstrengungen aufwenden müssen als notwendig – und das ist nicht *lean*!

Man kann über alles reden, nur nicht über eine Stunde.

– Werner Gilde

Es hat sich bewährt,

1. alle Meetings öffentlich zu halten: Machen Sie Ihre Meetings bekannt, indem Sie am Schwarzen Brett o.Ä. dazu informieren. Informieren Sie so, wie es in Ihrem Unternehmen üblich ist. Laden Sie alle zu allen Meetings (außer den Retrospektiven, s. Abschnitt IV.3.1) ein. (Keine Angst: Es wird sowieso kaum jemand kommen, und wer kommt, ist Ihnen wahrscheinlich wohlgesinnt und könnte Sie aus einer Ecke unterstützen, an die Sie vielleicht bisher nicht dachten.)
2. alle Meetings so kurz und knapp wie möglich zu halten: Kurze Meetings sind effektiv und effizient – das ist *lean*!
3. alle Ergebnisse aller Meetings transparent zu machen: Hängen Sie dazu die Ergebnisse Ihrer Meetings (z.B. den → *Lean Change Canvas*) an einem für alle Kollegen und Mitarbeiter in ihrer Organisation zugänglichem Ort bzw. stark frequentiertem Ort gut sichtbar aus. (Auch hier wieder: Keine falsche Scheu! Vermutlich werden Sie auf mehr Zuspruch, Interesse und Nachahmung als Widerstand treffen!)

Vielleicht halten Sie sich für angreifbar, wenn Sie alles transparent machen. Vielleicht fürchten Sie, „schlafende Hunde zu wecken". Diese werden spätestens dann kommen, wenn Ihre Veränderung ruchbar wird, dann sind diese zusätzlich sauer, weil sie es zu spät erfahren haben, und Sie sind mit größerem Widerstand konfrontiert als notwendig. Sie haben die offizielle Erlaubnis zu Ihrer Veränderung vom Unternehmen. Wem das nicht passt, der muss sich an den Sponsor oder Ihren Manager wenden. Dafür sind diese schließlich da!

Abbildung 88 zeigt die Ausführung des Lean Change Zyklus: Vorbereiten und Planen der Veränderungen als Experimente, Durchführen der Experimente und Lernen.

„Planung/Update Change Canvas" besteht aus den Schritten (Meetings) „Einsichten" und „Optionen". Die Retrospektive dient dem Lernen und Verbessern des eigenen Vorgehens.

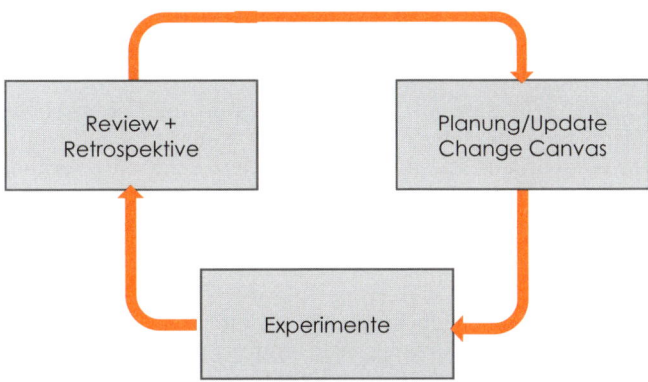

Abbildung 88: Ausführung des Lean Change *Zyklus: Vorbereiten und Planen der Veränderungen als Experimente, Durchführen der Experimente und Lernen*

Abbildung 89 zeigt den Ablauf von Lean Change Management im Detail. Außer den beiden Retrospektiven sind alle Meetings für jeden offen. Insbesondere Sponsor und Manager sind willkommen, zu unterstützen, und nicht, zu kontrollieren oder zu steuern.

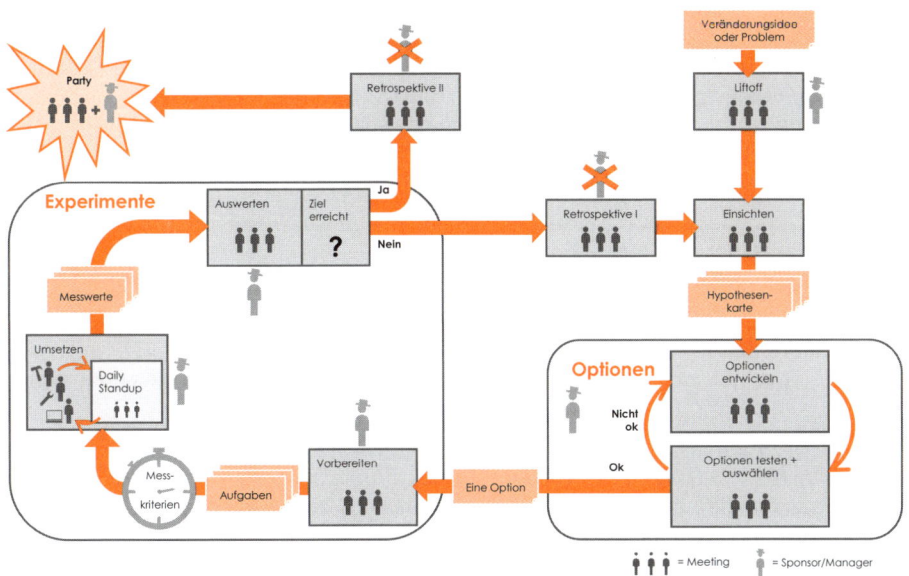

Abbildung 89: Ablauf von Lean Change Management

Im Folgenden geht es um den generellen Ablauf von Lean Change Management. Einzelheiten und Details zu den Meetings sind im Abschnitt IV.2.5 zu finden.

Vorbereitung

Es gibt zwei Auslöser, Lean Change praktizieren zu wollen:

1. *Kontinuierliche Verbesserung* – „Veränderung von unten": Ein Problem soll gelöst werden oder eine Verbesserungsidee umgesetzt werden – meist von Mitarbeitern festgestellt/eingebracht, die damit konfrontiert sind, z.B. Veränderung eines Schrittes im Prozess der Bearbeitung eines Kundenauftrags.
2. eine *Veränderungsinitiative* – „Veränderung von oben": Eine Veränderung wird proaktiv von der Unternehmensleitung initiiert, z.B. „Transformation zu einem agilen Unternehmen".

Im grundsätzlichen Ablauf sind beide gleich, sie unterscheiden sich in Größe, Fokus, Aufmerksamkeit und Unterstützung. Während im 1. Fall positive Auswirkungen für die Mitarbeiter, ihre Motivation und Zufriedenheit schneller und leichter zu erreichen sind, ist im 2. Fall aufgrund der Unterstützung durch das Management vieles leichter umzusetzen. Im Folgenden wird der Ablauf für kontinuierliche Verbesserung dargestellt.

Vorbereitung zur kontinuierlichen Verbesserung

Es gibt immer etwas zu verbessern – meist sind auch schon Ideen vorhanden, *wie* – aber es fehlten „offizielle Erlaubnis" und Unterstützung dazu. Ist beides nicht zu bekommen, wird es schwierig: Entweder man lässt es oder es läuft auf ein „U-Boot" hinaus (s. dazu Abschnitt IV.2.6).

Nehmen wir o.g. Beispiel: Sie arbeiten z.B. in einer Bank oder Versicherung in einem Team mit sechs anderen Menschen zusammen. Sie bearbeiten Vorgänge, bei denen Ihnen vor einiger Zeit aufgefallen ist, dass diese einfacher gestaltet werden können. Mit einigen Ihrer Teamkollegen haben Sie das schon mal besprochen, diese sehen das ebenso. Und nun wollen Sie die Veränderung angehen.

Veränderungen brauchen immer persönliches Engagement. Damit ein Thema erfolgreich angegangen wird, braucht es jemanden, der dieses antreibt. In diesem Fall sind Sie das! Oder Sie finden jemanden, der für Sie diese Idee voranbringt.

Das ist zugleich die erste Hürde: *die Prüfung auf Ernsthaftigkeit*. Sind Sie bereit, für die Lösung des von Ihnen erkannten Problems zusätzliche Aufgaben zu übernehmen, andere anzutreiben, das Thema in schwierigen Diskussionen allein durchzusetzen, Ärger in Kauf zu nehmen? Wenn nicht, dann lassen Sie es gleich an dieser Stelle.

Gut, Sie brennen also für dieses Problem? Dann sind Sie ab jetzt für Ihr Problem verantwortlich. Das heißt nicht, dass Sie alles alleine machen müssen. Sie sind jetzt derjenige, der die Lösung vorantreibt, zu Meetings einlädt, der Aufgaben verteilt etc. Sie sind jetzt der „Projektleiter" für die Lösung Ihres Problems.

Sie sollten geschickt vorgehen und auf Erfahrungen bauen, z.B. auf die ersten Schritte aus dem *Kotter 8-Schritte-Modell* (s. Abschnitt IV.3.3): Erzeugen Sie ein *Gefühl der Dringlichkeit* und suchen Sie sich Verbündete und Unterstützer. Dies sind zugleich weitere Tests, ob das Problem ein Problem ist oder nicht. Wenn Sie es nicht schaffen, andere davon zu überzeugen, dass das, was Sie als Problem empfinden, tatsächlich eines ist und dass dieses auch noch *dringend* gelöst werden muss, dann werden Sie die Veränderung nicht erreichen. Wenn andere Ihre Einschätzung, insbesondere der Dringlichkeit, teilen, dann ist Ihr Problem wahrscheinlich wirklich eines.

Denken Sie immer an unser Modell mit dem Elefanten und seinem Reiter! Der Elefant braucht den Schmerz der Dringlichkeit, dann gibt es kein Halten mehr (s. Abschnitt IV.2.3).

Je nachdem, wie Ihr Manager generell zu Veränderungen steht, sollten Sie diesen früher oder später einbeziehen. Es kann nützlich sein, wenn jedes Teammitglied ihm von dem Problem und dessen Dringlichkeit erzählt. Das kann aber auch nach hinten losgehen, nämlich wenn Ihr Manager eine „Verschwörung gegen sich" vermutet – dann sollten Sie diesen früher einbeziehen. Sie kennen ihn besser, beraten Sie sich mit Ihren Teamkollegen. Manche Veränderung beschleunigte es enorm, wenn die Idee dazu vom Manager kam. Zumindest, wenn dieser das dachte ...

Sie brauchen auf alle Fälle Ihren Vorgesetzten für die formale Erlaubnis, die Veränderung durchzuführen, und zur Unterstützung derselben. Wenn Sie dies haben, können Sie offiziell loslegen. (U-Boote und inoffizielle Vorgehensweisen werden in Abschnitt IV.2.6 behandelt.)

Lift-off

Eine erfolgreiche Veränderung braucht einen gelungenen Start! Was hier verpatzt wird, ist nur schwer mit viel Aufwand wieder reinzuholen.

Im Lift-off-Meeting geht es um die Ausrichtung der Beteiligten auf die Veränderung. Ziel ist, ein gemeinsames Verständnis über den zu verändernden Sachverhalt, über Sinn und Ziel der Veränderung zu erreichen. Hier ist sorgsam vorzugehen, damit „alle in die gleiche Richtung laufen" und spätere Meetings nicht in grundsätzliche Diskussionen ausufern.

Eine generell sehr gute Möglichkeit, um gemeinsame Themen zu starten, ist → MINDPRACTICE® (s. Abschnitt IV.3.3).

Einsichten-Meeting

Im Einsichten-Meeting treffen sich alle Beteiligten, um ihre Ideen, Hypothesen, Ansichten und Einschätzungen zur geplanten Veränderung zu sammeln. Dabei geht es hauptsächlich um den Zielzustand:

- Was ist im Zielzustand anders als heute?
- Was erwarten wir uns vom Zielzustand?
- Was muss sich verändern, um den Zielzustand zu erreichen?
- Was hält uns im heutigen Zustand?
- Wenn wir den Zielzustand erreicht haben, woran würden wir das erkennen? Was wäre dann anders?

In größeren Gruppen können diese Fragen in Zweier- oder Dreiergruppen bearbeitet und die Ergebnisse anschließend zusammengetragen werden.

Zum Sammeln von Einsichten (Daten) können auch Methoden eingesetzt werden (s. Abbildung 90).

Tragen Sie alles zusammen, was Sie brauchen, um die Veränderung vollständig zu verstehen. Fokussieren Sie sich dabei auf den *Zielzustand*, auf die Lösung, nicht auf das Problem und dessen Entstehung, denn: *Der Lösung ist es egal, wie das Problem entstanden ist!*

Das Ergebnis des Meetings ist eine Vielzahl von Einsichten. Zunächst geht es darum, die vorhandenen Hypothesen aller Beteiligten zu sammeln. Mit diesen

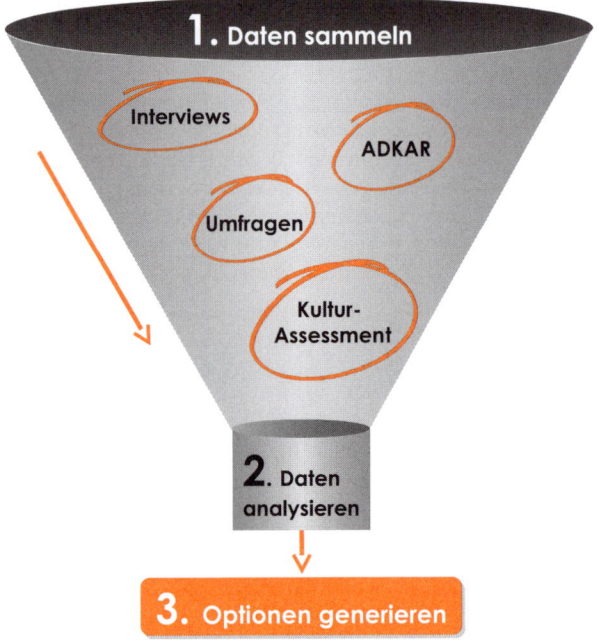

Abbildung 90: Einsichten sammeln und auswerten

Einsichten geht es ins Optionen-Meeting. Zum Formulieren bieten sich die → *Hypothesen-Karten* an (s. Seite 533).

Da derjenige, der die Veränderungsidee bzw. das Problem einbrachte, in diesem Meeting anwesend ist, kann er permanent überprüfen, ob das Team sein Anliegen richtig verstanden hat und ggf. korrigierend eingreifen. Sollten die Abweichungen im Verständnis zu groß sein, ist es ratsam, den Prozess erneut mit einem *Lift-off*-Meeting zu starten.

Optionen-Meeting

Die auf den Hypothesen-Karten gesammelten Hypothesen müssen nun zu Optionen entwickelt werden, *wie* verändert werden könnte. Dies erfolgt in zwei Schritten:

1. Entwickeln von Optionen
2. Testen dieser Optionen mit den Beteiligten

Bereits an dieser Stelle werden Veränderungsoptionen auf ihre Akzeptanz getestet (Schritt 2). Nur die Optionen, die von den Beteiligten überhaupt akzeptiert werden (können), werden weiterverfolgt. Wenn Optionen nicht einmal als Idee auf dem Papier akzeptiert werden, scheitern sie garantiert in der Umsetzung! Nur die Optionen weiterzuverfolgen, die schon auf Papier akzeptiert werden – das ist *lean*!

Entwickeln von Optionen

Aus den Hypothesen entwickelt das Team Ideen zur Umsetzung: die Optionen. In diesem kreativen Prozess werden Aktionen ausgedacht, wie – auch schrittweise – die formulierte Veränderung erreicht werden kann. Dieser Prozess kann vergleichbar einem → *Brainwriting* (s. Abschnitt IV.3.1) durchgeführt werden. Es geht dabei noch nicht um Realisierbarkeit, sondern erst mal nur um Ideen.

Manchmal ist man „betriebsblind", wenn man direkt vor dem Problem sitzt und tagtäglich mit diesem konfrontiert ist. Deshalb kann es helfen, zum Entwickeln von Optionen Menschen dazu zu holen, die weit weg von dem Problem sind, keine Ahnung von dem Problem haben, dafür aber kreative Einfälle haben und innovative Ideen beisteuern.

An dieser Stelle entscheidet das Veränderungsteam, wie groß die Veränderungs-schritte sein sollen, d.h., wie schnell sie vorgehen wollen. Da sie die Schritte an sich selbst erleben werden, also „selbst ausbaden werden", ist das Team hier in maximaler Verantwortung für sich selbst. Zur Veränderung selbst gibt es keine Alternative (dies hätte im *Lift-off*-Meeting geklärt werden müssen bzw. der Betreffende kann sich mit seinen Fragen und Bedenken jederzeit an den Sponsor wenden), hier ist nur noch die Frage nach dem *Wie*.

Mit der Frage nach der Größe eines Veränderungsschrittes ist fair umzugehen: Wie beim Wandern bestimmt der Langsamste das Tempo. Es nutzt nichts, jemanden zu überfordern oder gar zu überrumpeln – dies ist kein wertschätzender Umgang und erzeugt nur Widerstand. Am Anfang müssen alle erst einmal Vertrauen aufbauen – auch in sich selbst. Keine Panik – die größten Skeptiker am Anfang waren oft die größten Antreiber am Ende! Jeder braucht seine Zeit, um Vertrauen zu fassen. Wenn Sie zu schnell vorgehen, „überrumpeln" und überfordern Sie die Menschen wie im klassischen Change-Management-Ansatz (s. Abschnitt „Warum klassisches Change Management scheitern muss").

Auch braucht ein neues Veränderungsteam einige Durchläufe durch den Lean Change Zyklus, um Erfahrungen über die passende Größe eines Veränderungsschrittes zu sammeln. Es ist empfehlenswert, zu Beginn des Einsatzes von Lean Change mit kleineren Schritten und Veränderungen zu beginnen, um Erfahrungen im Vorgehen zu sammeln und kontinuierlich besser zu werden. Nach einigen Durchläufen des Lean Change Zyklus werden Veränderungsteams mutiger.

Testen von Optionen und Auswahl einer Option zur Umsetzung

Nach der Entwicklung von Optionen werden diese besprochen. Jeder Betroffene kann seine Bedenken und Meinung dazu äußern. Wichtig ist hier, dass wirklich alle Bedenken gehört werden, damit die Veränderung bestmöglich verlaufen kann und alle Aspekte berücksichtigt sind.

Je nachdem, wie erfahren das Team ist, kann das Erstellen und Testen der Optionen auch in einem Meeting stattfinden. Wichtig ist, diese beiden Phasen getrennt zu halten, damit der kreative Prozess beim Erstellen der Optionen nicht durch Bewertungen beeinflusst und behindert wird (vgl. Problem beim Brainstorming).

Sind genügend Optionen zur Auswahl, werden diese mit einem Auswahlverfahren (z.B. das Verfahren in der Übung in Abschnitt „Eine Übung zu Lean Change") klassifiziert. Auch wenn es bereits eine favorisierte Optionen gibt, sollte eine Klassifizierung durchgeführt werden, damit keine Optionen, die in Risiken und Aufwand günstiger sind, übersehen werden.

Mit dieser ausgewählten Option geht es zur Umsetzung ins Experiment.

Experiment

Die gewählte Option muss nun zu einem Experiment ausgebaut werden. Dazu wird sie in Aufgaben zerlegt, die jeweils einzeln umgesetzt werden. Ebenfalls werden Kriterien zur Messung von Fortschritt und Erfolg definiert. Nach der Umsetzung wird anhand dieser Messwerte ausgewertet.

Das Experiment kann mit einem Umsetzungsboard im Stil eines → *Kanban-Boards* (s. Abschnitt IV.3.2) gesteuert werden.

Vorbereiten

Zunächst muss die Option als Experiment vorbereitet werden. Dazu ist zu prüfen, wessen Unterstützung notwendig ist (z.B. Experten oder Spezialisten).

Die Option wird in die notwendigen Teilschritte zerlegt, die gleichzeitig Aufgaben für einzelne Teammitglieder oder kleinere Gruppen von Teammitgliedern darstellen. Die Reihenfolge der Abarbeitung der Aufgaben ergibt sich aus den Abhängigkeiten zwischen ihnen, ggf. können Aufgaben parallel bearbeitet werden.

Um den Erfolg der Umsetzung beurteilen zu können, werden Kriterien für Fortschritt und Erfolg aus den Aufgaben abgeleitet:

* Woran kann festgestellt werden, dass dieser Teilschritt (Aufgabe) erfolgreich war?
* Woran kann festgestellt werden, dass dieser Teilschritt (Aufgabe) uns dem Ziel näher gebracht hat?

Diese Kriterien müssen so objektiv wie möglich sein, z.B. indem sie sich auf objektiv messbare Größen (wie Produktivität oder Qualität) beziehen.

Kommt ein Umsetzungsboard zum Einsatz, wird es in diesem Meeting aufgesetzt. Die Aufgaben werden dann bereits bei der Durchsprache auf Haftnotizen geschrieben und in die Spalte *Aufgaben* des Board geklebt (Abbildung 91). Die Verwendung eines Umsetzungs-Board ist in Abschnitt IV.3.2 beschrieben.

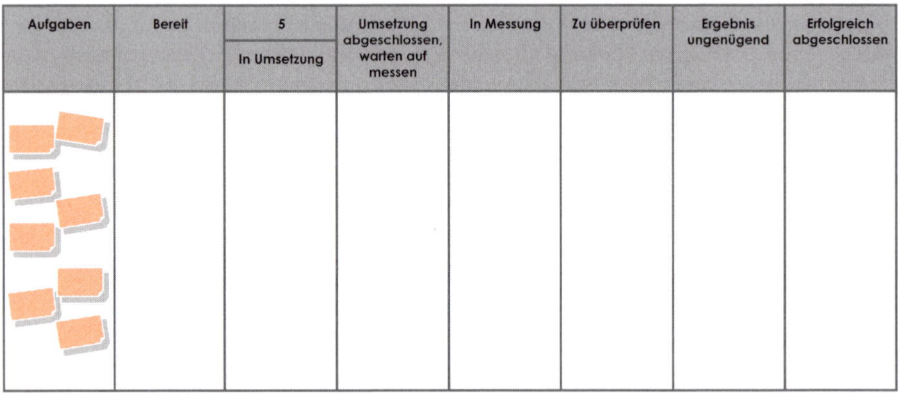

Aufgaben	Bereit	5 In Umsetzung	Umsetzung abgeschlossen, warten auf messen	In Messung	Zu überprüfen	Ergebnis ungenügend	Erfolgreich abgeschlossen

Abbildung 91: Umsetzungsboard: Aufgaben sind aufgehängt

Umsetzen

Nun werden die Teilschritte/Aufgaben durchgeführt. Zur Koordination und Synchronisation der einzelnen Schritte sowie zum Informationsaustausch findet täglich ein kurzes 15-minütiges „Meeting im Stehen", das → *Daily Standup*, statt. Wenn ein Umsetzungsboard verwendet wird, findet das Daily Standup am besten direkt vor diesem statt.

Um die Umsetzung zu koordinieren und sich gegenseitig zu unterstützen, haben sich Daily Standup Meetings (wie aus der agilen Methode Scrum bekannt) bewährt. Das Daily Standup ist ein formloser Jour fixe im Stehen von max. 15 Minuten, am besten vor dem Umsetzungsboard. Jeder berichtet kurz:

- was er am Vortag gemacht/umgesetzt hat,
- was er an diesem Tag machen/umsetzen wird,
- wobei er Unterstützung braucht.

In diesem Meeting gibt es keine Diskussionen! Kurze Nachfragen zum Verständnis sind erlaubt, für die Klärung von Themen werden Extrameetings angesetzt, in denen sich nur die an den jeweiligen Themen Beteiligten treffen. Es geht darum, immer effizient und effektiv zu sein und keinen warten zu lassen, der nicht involviert ist – das ist *lean*.

Wenn eine Aufgabe einen neuen Zustand erreicht – weil z.B. die Vorbereitung oder Bearbeitung abgeschlossen wurden –, wird die entsprechend zugehörige Haftnotiz in die nächste Spalte gehängt (Abbildung 92). Aufgaben, die – aus welchen Gründen auch immer – nicht weiter bearbeitet werden können, werden mit farbigen Haftnotizen mit dem Vermerk „blockiert" markiert und es wird gezielt daran gearbeitet, diese Blockierung aufzuheben. Unter Umständen kann hierzu die Unterstützung von Management oder Sponsor notwendig sein.

Haben alle Aufgaben den Zustand „zu überprüfen" erreicht, ist die Umsetzung dieser Option abgeschlossen und sie kann nun ausgewertet werden.

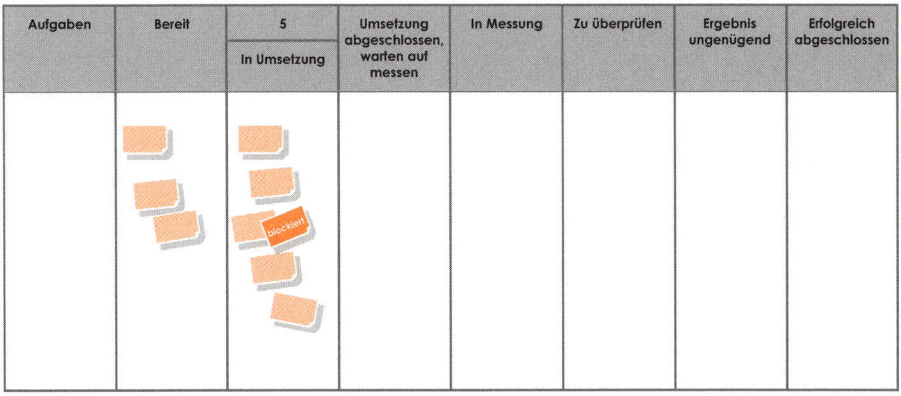

Aufgaben	Bereit	5 In Umsetzung	Umsetzung abgeschlossen, warten auf messen	In Messung	Zu überprüfen	Ergebnis ungenügend	Erfolgreich abgeschlossen

Abbildung 92: Umsetzungsboard: 5 Aufgaben sind in Umsetzung und 3 warten
darauf, bearbeitet zu werden

Auswerten

Im Meeting *Auswerten* wird die Veränderung (das Experiment) inhaltlich ausgewertet. Dazu überprüft das Veränderungsteam anhand der im Meeting *Vorbereitung* definierten Kriterien Fortschritt und Erfolg. Bei dieser Überprüfung kann sich herausstellen, dass einige Ergebnisse ungenügend sind (s. Abbildung 93). Dies kann an falschen Hypothesen, einer mangelhaften Umsetzung oder anderem liegen. Dies ist wichtiges Feedback, das wichtige Einsichten für die nächsten Veränderungsschritte liefert!

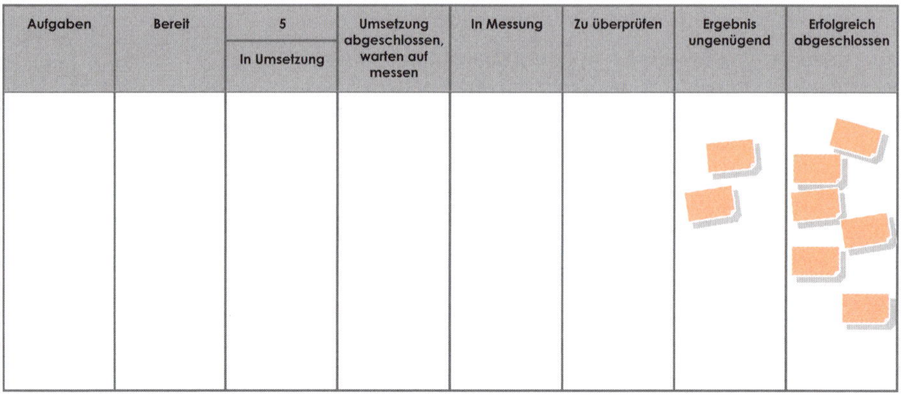

Aufgaben	Bereit	5	Umsetzung abgeschlossen, warten auf messen	In Messung	Zu überprüfen	Ergebnis ungenügend	Erfolgreich abgeschlossen
		In Umsetzung					

Abbildung 93: Umsetzungsboard: Ausgewertete Aufgaben

Auf Basis dieser Messdaten werden die im Einsichten-Meeting definierten Hypothesen überprüft. Welche Annahmen waren richtig? Welche falsch? Wichtig ist bei der Überprüfung der Hypothesen, dass nur der *Inhalt* überprüft wird. Wer welche Hypothese eingebracht hat und ob diese sich dann als richtig oder falsch herausgestellt hat, ist egal. Wer einmal eine sich als richtig herausstellende Hypothese geäußert hat, kann das nächste Mal falschliegen! Es ist unbedingt zu vermeiden, dass sich interne „Experten" herausbilden, deren Meinung einen höheren Wert als die von anderen hat. Experten liegen genauso oft falsch wie andere Menschen (s. Abschnitt III.2.6).

In diesem Meeting wird nicht das Vorgehen reflektiert – das erfolgt in den Retrospektiven.

Zum Schluss des Auswerte-Meetings wird überprüft, ob das große Veränderungsziel erreicht ist. Wenn nicht, geht es mit den gewonnenen Einsichten nach der *Retrospektive I* in einen neuen Durchlauf des Lean Change Zyklus. Wenn ja, dann geht es nach der *Retrospektive II* zur Party!

Retrospektiven

Nachdem im *Auswerte-Meeting* die Veränderung (das Experiment) inhaltlich ausgewertet wurde, wird in der Retrospektive die Feedbackschleife auf der methodischen Ebene (der Vorgehensweise) geschlossen, um zu lernen und im Vorgehen besser zu werden (vgl. „Exkurs: Lernen strukturieren – Iterationen" auf Seite 251).

In der *Retrospektive I* wird das Vorgehen im *aktuellen Durchlauf des Lean Change Zyklus* (aktuelles Experiment) ausgewertet und überprüft. In der *Retrospektive II* wird das gesamte Vorgehen in dieser Veränderung ausgewertet und überprüft.

In Retrospektiven wird reflektiert und vom Team ausgewertet, was gut lief und was besser gemacht werden kann. Damit ist die Retrospektive das wichtigste Meeting in Lean Change, denn hier findet die Verbesserung der eigenen Vorgehensweise statt! Agiles Vorgehen heißt, sein Vorgehen permanent zu verbessern, um Verschwendung zu vermeiden – das ist *lean*!

Leider werden Retrospektiven bei vielen, die agile Methoden einsetzen, weggelassen – oft werden sie als Zeitverschwendung angesehen. Das ist schade, denn genau hier findet Lernen und Verbesserung statt!

Lernen braucht unbedingt eine Feedbackschleife (s. Abbildung 94), am besten eine kurze, schnelle Feedbackschleife. Diese Schleife wird mit der Retrospektive geschlossen.

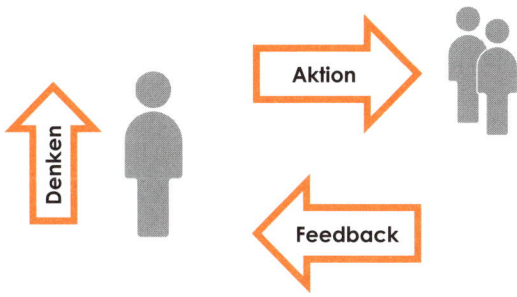

Abbildung 94: Lernen braucht Feedback

In Retrospektiven muss eine geschützte Atmosphäre herrschen, damit genügend Sicherheit und Vertrauen herrscht. Nur dann kommen wirklich alle Themen schonungslos auf den Tisch. Daher ist zur Retrospektive ausschließlich das Veränderungsteam zugelassen, kein Management, keine Gäste oder Zuschauer/Zuhörer. Auch der Sponsor muss draußen bleiben!

Retrospektive I

In der *Retrospektive I* wertet das Team sein eigenes Vorgehen im *aktuellen Durchlauf* des Lean Change Zyklus aus, reflektiert, was gut lief und weiter so gemacht werden soll sowie was schlecht lief und verbessert/anders gemacht werden soll. Dazu werden die Aktionen in diesem Lean Change Zyklus auf Design, Durchführung und Ergebnisse überprüft.

Retrospektive II

In der *Retrospektive II* wird zum *Abschluss der Veränderung* das Vorgehen in dieser Veränderung ausgewertet und überprüft. Hier werden nicht einzelne Durchläufe des Lean Change Zyklus ausgewertet (dies findet in der *Retrospektive I* in jedem Zyklus statt), sondern der generelle Ablauf der aktuellen Veränderung. Der Fokus liegt hier also nicht in einzelnen Aktivitäten und Experimenten, sondern im generellem Ablauf, z.B. wie gut wurde im Lift-off-Meeting das Team vorbereitet und „eingeschworen", wie gut war die Unterstützung durch Stakeholder und Sponsor.

Es geht darum, zu lernen, wie die nächsten Veränderungen besser, leichter und einfacher erreicht werden können – das ist *lean*!

Party

Ist die Veränderung abgeschlossen, ist eine Party fällig! Diese hat natürlich einen offiziellen Rahmen, bei dem sich der Sponsor bei jedem für seine Initiative, Anstrengungen und Fehler bedankt, besondere Erfolge und Misserfolge herausstellt. Hier geht es darum, die Initiativen, Anstrengungen und Fehler (diese sind Lernmöglichkeiten) positiv herauszustellen und anzuerkennen.

Die positive Wirkung von Feiern – insbesondere wenn diese zu einer Tradition führen – darf nicht unterschätzt werden: Die Firma *Adobe Systems* aus dem Silicon Valley feierte z.B. in den 1980er-Jahren jede Auslieferung einer neuen Version ihrer Software mit einer riesigen Wasserpistolen-Schlacht zwischen Innen- und Außendienst auf ihrem Firmengelände mit anschließendem gemeinsamen Essen. Dabei löste sich nicht nur der Stress der vorangegangenen Wochen, auch das Zusammengehörigkeitsgefühl verstärkte sich [Cri92].

Natürlich darf auch zwischendurch gefeiert werden: der eine oder andere Erfolg, der eine oder andere Misserfolg.

Bug Beer

In einem mittelständischen Unternehmen der Softwarebranche werden u.a. Fehler in der Software (englisch „Bug") mit einem „Bug Beer" gefeiert. Findet jemand einen (gravierenden) Fehler, z.B. einen logischen Fehler bei der Datenbehandlung, so ist derjenige, der für diesen Softwareteil verantwortlich ist, zu einer Runde Bier für alle Teamkollegen zum Feierabend verpflichtet – auch wenn man selbst für den Fehler verantwortlich ist. Die Runde trifft sich zum Arbeitsende im Arbeitsraum des Teams und bespricht in lockerer Atmosphäre, was zu dem Fehler führte, wie dieser das nächste Mal vermieden werden kann, was alle daraus gelernt haben. Es geht nicht darum, den Fehlerverursacher bloßzustellen, sondern in lockerer Atmosphäre daraus *zu lernen*. Sicherlich ist etwas Witz und Spott dabei, allerdings keine Schuldzuweisungen. Und da jeder mal Fehler macht und daher eine Runde „Bug Beer" ausgibt, gleicht sich das Ganze aus und keiner steht als unfähig da.

Und wenn es einige Zeit keine „Bug Beers" mehr gab, gibt entweder der Teamleiter oder das Unternehmen eine Runde aus, um zu diskutieren, ob vielleicht die Qualität der Tests nachgelassen hat – Fehler zwar noch da sind, nur nicht mehr entdeckt werden.

Diese Runden schaffen eine Atmosphäre der Offenheit, eigene Fehler zu zugeben und andere um Hilfe und Unterstützung zu bitten.

In diesen Runden wurden auch Defizite im Wissen und Können entdeckt – und zugegeben –, die Anlass für Weiterbildungen und Schulungen einzelner oder des Teams waren.

Das zugrunde liegende Menschenbild spielt auch hier eine wesentliche Rolle!

Erweiterungen im Lean Change Management

Die bisherige grundlegende Darstellung von Lean Change bezog sich auf den Fall *kontinuierliche Verbesserung*. Dies wird nun erweitert auf

- das Durchführen mehrerer Experimente in einem Lean Change Zyklus und
- den Ablauf von *Veränderungsinitiativen* und *Veränderungsinitiativen durch kontinuierliche Verbesserung.*

Durchführen mehrerer Experimente

Nach einiger Zeit werden die Veränderungsteams genügend Erfahrungen haben, um in einem Durchlauf des Lean Change Zyklus mehrere Experimente durchzuführen. Dazu nehmen sie aus dem Optionen-Meeting *mehrere* ausgewählte Optionen in den Teil „Experimente" mit.

Es ist darauf zu achten, dass nicht zu viele Experimente umsetzt werden, ohne die neu gewonnenen Einsichten zu berücksichtigen. Des Weiteren soll der Abstand zwischen zwei *Retrospektiven I* nicht zu groß sein (z.B. max. 4 Wochen).

Mehrere Experimente nacheinander durchführen

Mit mehreren Optionen wird in den Teil *„Experimente"* gegangen und die Folge der Meetings *Vorbereiten – Umsetzen – Auswerten* zu einem eigenen Sub-Kreislauf/-Zyklus geschlossen (Abbildung 95). In jedem Durchlauf dieses Sub-Kreislaufs/-Zyklus wird nun *eine* Option als Experiment umgesetzt, bis alle Optionen abgearbeitet sind. Dann geht der „große" Lean Change Zyklus mit den Retrospektiven weiter.

Im Meeting *Vorbereiten* wird das erste Experiment vorbereitet, anschließend umgesetzt und ausgewertet. Solange noch Optionen vorhanden sind, die in Experimente umgesetzt werden können, folgt nach dem Meeting *Auswerten* ein neues Meeting *Vorbereiten*, in dem ein neues Experiment vorbereitet wird.

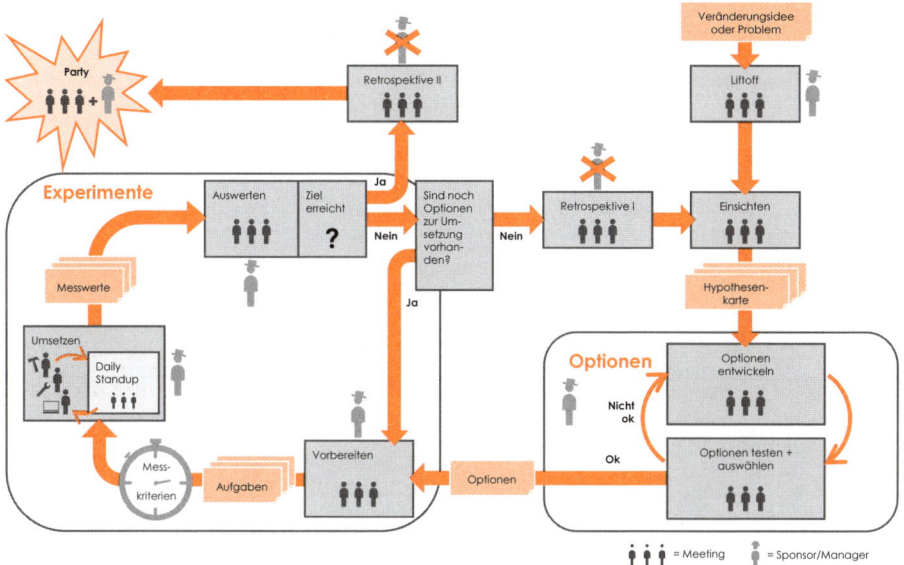

Abbildung 95: Erweiterung des Lean Change Ablaufes: Mehrere Experimente

Mit dieser Meetingfolge *Vorbereiten – Umsetzen – Auswerten – Vorbereiten – Umsetzen – Auswerten – Vorbereiten – Umsetzen – Auswerten* … ist der Sub-Kreislauf/-Zyklus der Experimente geschlossen.

Wenn alle Optionen umgesetzt sind, geht es weiter mit *Retrospektive I* oder *II*.

Mehrere Experimente gleichzeitig durchführen

Sehr erfahrene Teams werden auch mehrere voneinander unabhängige Experimente *gleichzeitig parallel* umsetzen. Dabei ist darauf zu achten, dass die Experimente wirklich voneinander unabhängig sind, d.h. kein Experiment die Ergebnisse eines anderen als Voraussetzung braucht.

Es ist dabei darauf zu achten, dass man sich nicht zu viel auf einmal vornimmt und dann nichts richtig umgesetzt wird. Viele kleine Schritte nacheinander sind manchmal besser als ein großer.

Sub-Kreislauf/-Zyklus der Experimente gleichzeitig zum Lean Change Zyklus durchlaufen

Das Vorgehen in Lean Change ist zwar als lineare Abfolge beschrieben, muss aber nicht so ausgeführt werden.

Sehr erfahrene Teams haben gute Erfahrungen damit gemacht, permanent Experimente umzusetzen und gleichzeitig dazu – in dem Rhythmus, den sie brauchten – den „großen" Lean Change Zyklus zu durchlaufen. Wenn z.B. der Vorrat an Optionen absehbar zu Ende ging, wurde – parallel zu den laufenden Experimenten – der Lean Change Zyklus weiter durchlaufen (*Retrospektive I, Einsichten-Meeting, Optionen-Meeting*), um den Vorrat an Optionen aufzufüllen.

Hier ist es am besten, sich schrittweise an die geeignete Vorgehensweise heran zu tasten – auch die Vorgehensweise von Lean Change ist ein Experiment! *Solange inhaltlich Fortschritt und Erfolg gemessen wird und die eigene Vorgehensweise in Retrospektiven verbessert wird, ist man auf dem richtigen Weg!*

Veränderungsinitiativen

Veränderungen sind und bleiben Experimente – unabhängig von der Ebene

Die Steuerung und Unterstützung von *Veränderungsinitiativen* verläuft nach dem gleichen Prinzip wie die Umsetzung der Veränderung (Abbildung 96). Der Unterschied liegt im Fokus der Experimente, die gemacht werden (Abbildung 97). Experimente auf

- *operativer* Ebene ändern die direkten Abläufe, Prozesse etc.,
- *taktischer* Ebene unterstützen die Umsetzung auf operativer Ebene durch Beseitigung von Hindernissen, Bereitstellen von Ressourcen etc.,
- *strategischer* Ebene überprüfen die Strategie, unterstützen die taktischen und operativen Ebenen (z.B. über Aufträge zur Veränderung, Kommunikation über Ziele und Sinn der Veränderung, Aufrechterhalten der Stimmung und Motivation im Unternehmen).

Veränderungen sind auch auf taktischer und strategischer Ebene *Experimente* – wenn auch mit anderem Fokus und Inhalten. Auf diesen Ebenen geht es darum, die Veränderungsteams arbeitsfähig und motiviert zu halten, sie mit den benötigten

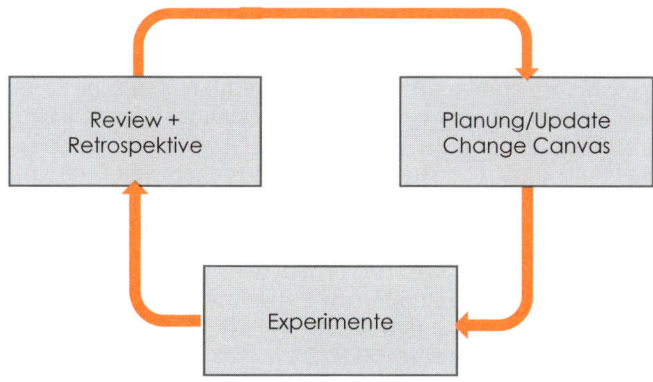

Abbildung 96: Genereller Ablauf

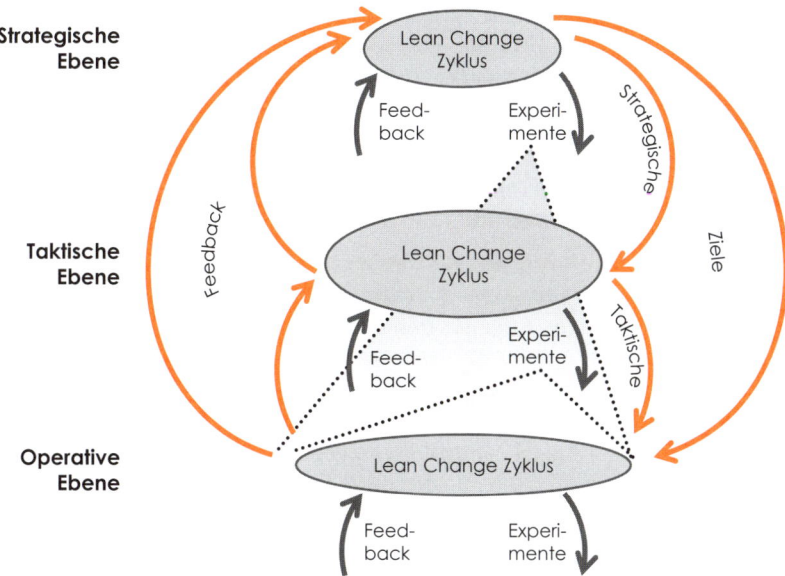

Abbildung 97: Verzahnung der Experimente der verschiedenen Ebenen

Ressourcen zu versorgen, ihnen Hindernisse aus dem Weg zu räumen sowie die Veränderung strategisch und taktisch zu steuern.

Wichtig ist, dass die Experimente auf diesen Ebenen immer *Gemba* (den Ort der Wertschöpfung und die Mitarbeiter dort) einbeziehen. Nur dort können Hypothesen über die Veränderung überprüft werden. *„Get out of the Meetingroom"* (s. Abschnitt III.4.2) und *Genchi Genbutsu* (s. Abschnitt I.1.4) muss erreicht werden, um

- eigene Hypothesen/Ideen direkt vor Ort mit den Betroffenen zu überprüfen und so neue Erkenntnisse zu gewinnen, um die Veränderungsinitiative voranzubringen,
- Transparenz zu schaffen durch Diskussion mit den Betroffenen vor Ort am *Gemba.*

- Feedback und Informationen direkt selbstständig vor Ort zu gewinnen statt mit „stiller Post" durch die Hierarchie.

Auf Ebene der Unternehmensleitung geht es um strategische Entscheidungen. Permanentes Feedback ist notwendig, um Abweichungen vom Ziel zu erfassen. Es geht darum, zu erkennen, ob die Ergebnisse der konkret laufenden Aktionen der Veränderungsteams in den „Leitplanken" der vorgegebenen Strategie liegen oder nicht. Abweichungen müssen offen diskutiert werden:

- Zeigen die Ergebnisse im Sinne von Feedback aus der Organisation, dass die „Leitplanken" falsch sind? Dass die vorgegebene Strategie falsch ist?
- Ist unsere Strategie richtig, nur sind die Experimente, welche die Veränderungs-teams machen, falsch oder laufen falsch? Weil die Mitarbeiter nicht qualifiziert genug sind? (Achtung: Menschenbild!!!)

Bei der Frage, irrt der Markt oder die Unternehmensleitung, wird die zweite Mög-lichkeit fast nie in Betracht gezogen, obwohl sie die wahrscheinlichere ist. Wenn wir den Ansatz verfolgen, dass alles, was wir tun, Experimente sind, auch die Entschei-dungen, die wir treffen, und dass diese Entscheidungen ein Verfallsdatum besitzen, dann fällt es leichter, Entscheidungen zu korrigieren. Denn der Markt – als Teil der uns umgebenden Realität – irrt nie!

Feedback aus der Organisation ist überlebensnotwendig, um bei Abweichungen nachzusteuern, um das Ziel doch noch zu erreichen bzw. das Ziel zu ändern.

Die Steuerung dieser Experimente erfolgt über den *taktischen* und den *strategi-schen Change Canvas* (s. Abschnitt IV.3.2).

Lean Change Management auf taktischer und strategischer Ebene

Planung/Update Change Canvas: Das Erstellen und Überprüfen der Canvas er-folgt wie auf der operativen Ebene in den Meetings *Einsichten* und *Optionen*. Diese Meetings laufen wie im Abschnitt Meetings beschrieben ab.

Sinnvoll sind monatliche Überprüfungen und Updates der Change Canvas, um Ab-weichungen schnell zu erfassen und Verschwendung durch „in die falsche Richtung laufen" zu vermeiden – das ist *lean!* Diese Überprüfungen können auch parallel zu den Experimenten ablaufen, wie in Abschnitt Experimente (s.o.) beschrieben.

Experimente: Experimente laufen auf taktischer und strategischer Ebene ab wie auf der operativen Ebene beschrieben (s. Abschnitt Experimente). Der Unterschied ist der *Inhalt der Experimente*, die ihre Wirkungen auch auf anderen Ebenen ent-falten müssen. Mögliche Experimente wären

- Informationsveranstaltungen z.B. → *Lean Coffee* (s. Abschnitt IV.3.3),
- Teilnahme an → *Daily Standups*,
- Mitmachen bei Umsetzungen von Experimenten auf operativer Ebene,
- Partys für die Mitarbeiter der taktischen und operativen Ebenen.

Retrospektive: Auch auf taktischer und strategischer Ebene muss die Vorgehens-weise überprüft und verbessert werden. Dies erfolgt in der Retrospektive, die iden-tisch zur *Retrospektive I* auf operativer Ebene ist (s. Abschnitt Meetings).

Änderungen im Ablauf auf operativer Ebene

Bei *Veränderungsinitiativen* ergibt sich ein modifizierter Start des Lean Change Zyklus, der weitere Ablauf ist wie oben beschrieben incl. Erweiterungsmöglichkei-ten (Abbildung 98).

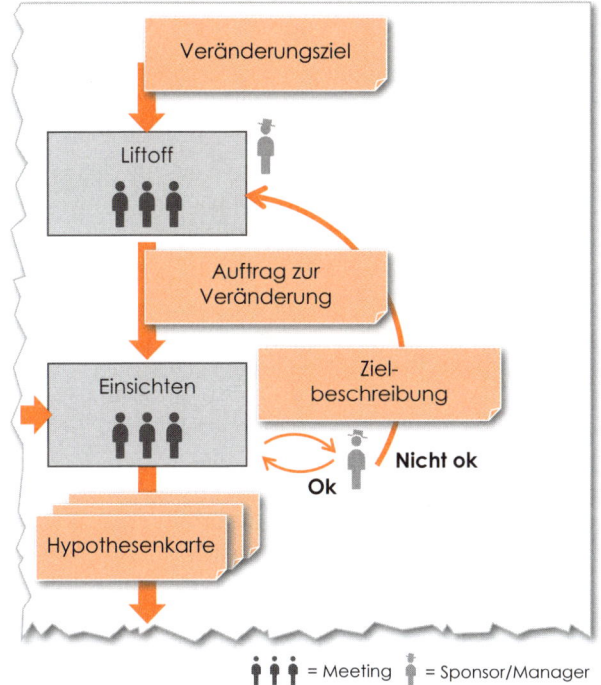

Abbildung 98: Modifizierter Start bei Veränderungsinitiativen

Mit der Entscheidung der Unternehmensleitung, eine Veränderungsinitiative zu starten, liegt ein Veränderungsziel vor. Damit ist klar, *was* zu erreichen ist, die Frage dreht sich „nur noch" darum, *wie*. Meist bestehen bereits klare Vorstellungen, was zu tun ist und „dass es nur noch umzusetzen" ist. Dies kann eine fatale Einschätzung sein! *Veränderungen sind und bleiben Experimente mit unsicherem Ausgang!*

Der Vorteil einer Veränderungsinitiative ist die klare Verpflichtung der Unternehmensleitung zum Veränderungsziel und die damit verbundene formale Unterstützung.

Das *Lift-off*-Meeting startet mit dem Veränderungsziel. Der Sponsor der Veränderungsinitiative diskutiert mit dem Veränderungsteam:

- Sinn und Ziel dieser Veränderungsinitiative
- ihre Bedeutung für die Organisation
- Rahmen dieser Veränderungsinitiative

Mit dem *Lift-off*-Meeting startet der Sponsor die Initiative offiziell und ernennt den Projektleiter. Weiterhin stellt er für alle Teilnehmer klar dar, *wozu* die Veränderung gut ist. Es geht hier darum, dass alle den Sinn und Zweck der Veränderung erkennen und verstehen. Sollte dies nicht gelingen, ist ein Scheitern der Initiative programmiert! Der Weg dahin können ausgedehnte – bis fast ausufernde – Diskussionen sein. Die Zeit dafür muss genommen werden, sie zahlt sich mit Zins und Zinseszins zurück.

Neben Sinn und Zweck werden Ressourcen fixiert und der gewünschte Zeitplan erläutert.

Das Ergebnis des Lift-off-Meetings ist ein → *Auftrag zur Veränderung*, in dem wesentliche Punkte und Vereinbarungen schriftlich festgehalten werden. Mit diesem Auftrag wird die Veränderungsinitiative gesteuert („Führen mit Auftrag").

Das Lift-off-Meeting wird mit dem Unterzeichnen des offiziellen Auftrags zur Veränderung abgeschlossen. Damit hat sich der Sponsor im Namen des Unternehmens zur Unterstützung des Veränderungsteams verpflichtet.

Mit dem „Auftrag zur Veränderung" geht es in das Einsichten-Meeting.

Das Einsichten-Meeting läuft wie o.g. ab mit einer Erweiterung: Um sicherzugehen, dass das Team das Ziel richtig und vollständig erfasst hat, fasst es zum Abschluss des Einsichten-Meetings das Ziel aus seiner Sicht schriftlich zusammen. Diese Zusammenfassung wird dem Sponsor vorgestellt. Ist aus seiner Sicht das Ziel richtig und vollständig erfasst, geht es mit dem Optionen-Meeting weiter. Falls nicht, ist ein neues Lift-off-Meeting notwendig, um dem Team zu helfen, das Ziel richtig und vollständig zu verstehen.

Dabei geht es nicht darum, mit dem Sponsor zu diskutieren oder Einsichten darzulegen, sondern darum, *ob das Team das Ziel richtig verstanden hat.* So wird frühzeitig ein mögliches Abweichen des Teams erkannt und ggf. korrigiert. An dieser Stelle wird klar, ob Sinn und Zweck der Veränderung beim Team angekommen sind oder diese vielleicht sogar unsinnig ist. Es kann an dieser Stelle klar werden, dass eine Veränderung wie gewünscht nicht sinnvoll ist. Dann kann eine Zielkorrektur vorgenommen werden, bevor größere Kosten und Aufwände entstehen.

4.4 Agile Prozesse

Mit *agilen Praktiken, Methoden und Frameworks* als „Bausteine" können *agile Prozesse* aufgebaut werden. Dabei können die einzelnen Teams unterschiedliche agile Praktiken, Methoden und Frameworks einsetzen. *Die Organisation erfolgt dabei ausschließlich über das Produkt!!!* Dazu werden ebenfalls agile Methoden und Frameworks wie Scrum oder Kanban eingesetzt. Die Teams erhalten dazu die Items für ihr Product Backlog aus einem übergeordnetem Backlog und liefern ihr Teilprodukt zur Integration in das Gesamtprodukt (Abbildung 99).

Ziel ist und bleibt, die *richtigen Dinge richtig zu tun* und effektiv und effizient eine {Leistung} für den Kunden zu erstellen und dabei menschliche Aspekte zu berücksichtigen.

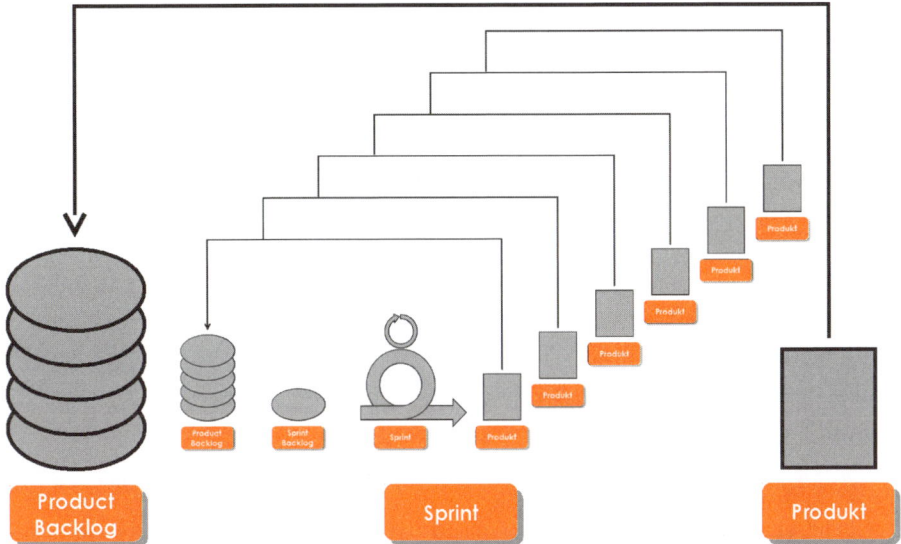

Abbildung 99: Beispiel eines agilen Prozesses als „Scrum of Scrums"

4.5 Literatur

Weiterführende Literatur

Lean Startup

- Ash Maurya: Running Lean: Iterate from Plan A to a Plan That Works, auch auf Deutsch: Running Lean – Das How-to für erfolgreiche Innovationen
- Eric Ries: The Lean Startup: How Constant Innovation Creates Radically Successful Businesses, auch auf Deutsch: Lean Startup: Schnell, risikolos und erfolgreich Unternehmen gründen
- Steve Blank: The Startup Owner's Manual: The Step-By-Step Guide for Building a Great Company, auch auf Deutsch: Das Handbuch für Startups – die deutsche Ausgabe von „The Startup Owner's Manual
- Steve Blank: The Four Steps to the Epiphany: Successful Strategies for Products That Win
- http://www.slideshare.net/startuplessonslearned/eric-ries-the-lean-startup-google-tech-talk

Scrum

- Ein empfehlenswertes, gut zu lesendes Buch zum Einstieg in die agile Welt am Beispiel der Methode Scrum ist „Geschichten vom Scrum: Von Sprints, Retrospektiven und agilen Werten" von Holger Koschek (dpunkt.verlag, 2., überarb. Auflage, Heidelberg, 2013). Anhand eines Märchens wird Agilität und Scrum dargestellt. Dieses Buch ist auch für Jugendliche gut verständlich.
- Sutherland, Jeff: Die Scrum Revolution – Management mit der bahnbrechenden Methode der erfolgreichsten Unternehmen, Campus, Frankfurt, 2015. Englisches Original: Sutherland, Jeff: Scrum – The Art of Doing Twice the Work in Half the Time, Crown Business, New York, 2014.
- Schwaber, Ken: Scrum im Unternehmen. Microsoft Press, Unterschleißheim, 2008. (deutsche Übersetzung von The Enterprise and Scrum)

- Röpstorff, Sven; Wiechmann, Robert: Scrum in der Praxis – Erfahrungen, Problemfelder und Erfolgsfaktoren, dpunkt, Heidelberg, 2012.
- Mathis, Christoph; Wintersteiger, Andreas: Agile Developer Skills – Effektives Arbeiten in einem Scrum-Team, entwickler.press bei Software & Support Media GmbH, Frankfurt am Main, 2011.
- Saddington, Peter: The Agile Pocket Guide – A Quick Start to Making Your Business Agile Using Scrum and Beyond, John Wiley & Sons, Hoboken, 2013.
- Hoogendoorn, Sander: Das kleine Agile-Buch. Pearson, München, 2012.
- Wirdemann, Ralf: Scrum mit User Stories, Hanser, München, 2011.
- Gloger, Boris: Scrum – Produkte zuverlässig und schnell entwickeln, Hanser, München, 2009.
- Gloger, Boris: Scrum Checklist 2012 – Die Scrum Checklist – Basiswissen Scrum – Rollen. Artefakte. Alle Meetings.

Agile Methoden allgemein

- Meyer, Bertrand: Agile! – The Good, the Hype and the Ugly. Springer, 2014.

Lean Produktentwicklung

- Ward, Allen C.; Sobek II, Durward K.: Lean Product and Process Development, Lean Enterprise Institute, Cambridge, 2014.
- Reinertsen, Donald G.: The Principles of Product Development Flow: Second Generation Lean Product Development, Celeritas Publishing, Redondo Beach, 2009.

Verwendete Literatur

Arg78: Argyris, Chris; Schön, Donald A.: Organizational Learning: A Theory of Action Perspective. Addison-Wesley, Reading/Massachusetts, 1978

Arg96: Argyris, Chris; Schön, Donald A.: Organizational Learning II – Theory, Method, and Practice. Addison-Wesley, Reading/Massachusetts, 1996

Bay09a: Bayer, Paul: *Zwei Lernschleifen*, Artikel im Blog wandelweb.de vom 8. November 2009, online verfügbar http://www.wandelweb.de/blog/?p=348

Bay09b: Bayer, Paul: *PDCA und Selbstregulation*, Artikel im Blog wandelweb.de vom 4. Dezember 2009, online verfügbar http://www.wandelweb.de/blog/?p=489

Ber13: Berger, Michael; Chalupsky, Jutta; Hartmann, Frank: Change Management – (Über-)Leben in Organisationen. 7. bearbeitete Auflage, Verlag Dr. Götz Schmidt, Gießen, 2013.

Bla13: Blank, Steve: Why the Lean Start-Up Changes Everything. Harvard Business Review, May 2013

Cri92: Cringely, Robert X.: Unternehmen Zufall. Wie die Jungs vom Silicon Valley die Milliarden scheffeln, die Konkurrenz bekriegen und trotzdem keine Frau bekommen. Addison-Wesley Longman, München, 1992.

Drä13: Dräther, Rolf; Koschek, Holger; Sahling, Carsten: Scrum – kurz & gut. O'Reilly, Köln, 2013.

DSG13d: Der Scrum Guide – Der gültige Leitfaden für Scrum: Die Spielregeln. Scrum. Org und ScrumInc., 2013, online verfügbar: http://www.scrumguides.org/docs/scrumguide/v1/scrum-guide-us.pdf

DSG13e: The Scrum Guide – The Definitive Guide to Scrum: The Rules of the Game. Scrum.Org und ScrumInc., 2013, online verfügbar: http://www.scrumguides.org/docs/scrumguide/v1/scrum-guide-us.pdf

Glo12: Gloger, Boris: Scrum Checklist 2012 – Die Scrum Checklist – Basiswissen Scrum – Rollen. Artefakte. Alle Meetings. bor!sgloger consulting, Wien, 2012.

Glo13: Gloger, Boris: Scrum – Produkte zuverlässig und schnell entwickeln. Hanser Fachbuch, München, 4., überarbeitete Auflage, 2013.

Jag00: Jager, Peter de: The Virginia Satir Change Process Model, online verfügbar unter http://www.technobility.com/docs/article017.htm und http://www.technobility.com/pdfs/mct0103.pdf

Lau10: Lauer, Thomas: Change Management. Grundlagen und Erfolgsfaktoren. Springer-Verlag, Berlin, Heidelberg, 2010.

Lew1: *3-Phasen-Modell – Definition und Erklärung* bei Kurt-Lewin.de, URL: http://www.kurt-lewin.de/3-phasen-modell.shtml

Lit14: Little, Jason: Lean Change Management – Innovative Practices for Managing Organizational Change. Happy Melly Express, 2014.

Mat11: Mathis, Christoph; Wintersteiger, Andreas: Agile Developer Skills – Effektives Arbeiten in einem Scrum-Team, entwickler.press bei Software & Support Media GmbH, Frankfurt am Main, 2011.

Mos02: Moskau, Gaby; Müller, Gerd F. (Hrsg.): Virginia Satir – Wege zum Wachstum: Ein Handbuch für therapeutische Arbeit mit Einzelnen, Paaren, Familien und Gruppen. Junfermann Verlag, Paderborn, 1992, 3. Auflage 2002.

Oni11: Onirik: Cracking the Change Code, URL: http://www.onirik.com.au/industry/cracking-the-code-of-change/

Pfl13: Pfläging, Niels: Organisation für Komplexität. Wie Arbeit wieder lebendig wird – und Höchstleistung entsteht. BetaCodexPublishing, BoD – Books on Demand, Norderstedt, 2013

Pro94: Probst, Gilbert J.B.; Büchel, Bettina S.T.: Organisationales Lernen – Wettbewerbsvorteil der Zukunft, Gabler, Wiesbaden, 1994.

Rie08: Ries, Eric: Lessons Learned: The lean Startup. Blogeintrag vom 08.09.2008, URL http://www.startuplessonslearned.com/2008/09/lean-startup.html

Rie11: Ries, Eric: The Lean Startup: How Constant Innovation Creates Radically Successful Businesses. Portfolio Penguin, 2011.

Rie14: Ries, Eric: Lean Startup: Schnell, risikolos und erfolgreich Unternehmen gründen. Redline Verlag. München, 2014

Roc08: Rock, David: SCARF: a brain-based model for collaborating with and influencing others. NeuroLeadership journal. Ausgabe 1/2008, online verfügbar: http://www.scarf360.com/files/SCARF-NeuroleadershipArticle.pdf

Ros99: Rosemann, Bernhard; Gleser, Christian: Partizipatives Change Management . Eine Methode zur Mitarbeiterbeteiligung bei Veränderungsprozessen in Unternehmen. zfo – Zeitschrift Führung + Organisation, Schäffer-Poeschel Verlag, Stuttgart, Heft 3, 1999.

Rub14: Rubin, Kenneth S.: Essential Scrum. Umfassendes Scrum-Wissen aus der Praxis. Mitp, Heidelberg, 2014.

Sat00: Satir, Virginia; Banmen, John; Gerber, Jane; Gomori, Maria: Das Satir-Modell. Familientherapie und ihre Erweiterung. Junfermann Verlag, Paderborn, 1995, 2. Auflage, 2000.

Ver13: Verheyen, Gunther: Scrum Values. Blogeintrag vom 17. Februar 2013, online verfügbar: https://www.capgemini.com/blog/capping-it-off/2013/02/scrum-values

Wei12: Weisbord, Marvin R.: Productive Workplaces: Dignity, Meaning, and Community in the 21st Century. 3rd Edition, 25 Year Anniversary edition, Jossey-Bass – Wiley, San Francisco, 2012.

WikiH: *Demingkreis* bei Wikipedia: https://de.wikipedia.org/wiki/Demingkreis

WikiIT: *Iteration* bei Wikipedia: https://de.wikipedia.org/wiki/Iteration

WikiOODA: *OODA loop* bei Wikipedia: https://en.wikipedia.org/wiki/OODA_loop

Wiki3PM: *3-Phasen-Modell von Lewin* bei Wikipedia: http://de.wikipedia.org/wiki/3-Phasen-Modell_von_Lewin

WikiVS: *Virginia Satir* bei Wikipedia: https://de.wikipedia.org/wiki/Virginia_Satir

WikiVL: Validated learning bei Wikipedia: *http://en.wikipedia.org/wiki/Validated_learning*

Teil IV
Praktische Umsetzung

In diesem Teil des Buches erhalten Sie Hinweise und Tipps zur Gestaltung Ihrer agilen Organisation, zu Ihrem Vorgehen auf dem Weg zur agilen Organisation und nützliche Praktiken und Tools.

An dieser Stelle sei noch einmal betont: Pläne und Best Practices funktionieren dort nicht, wo Sie Agilität brauchen: In der VUKA-Welt und insbesondere im Kontext *Komplexität*. (Daher bekommen Sie auch keine Pläne und Best Practices angegeben.)

Umgekehrt gilt natürlich auch: *Wenn Pläne und Best Practices bei Ihnen funktionieren, dann brauchen Sie keine Agilität.* Denn dann sind Sie im Kontext *einfach* oder kompliziert (s. Kapitel I.1) – und dort ist Agilität nicht notwendig, ja sogar ineffizient. Wenn Pläne funktionieren, dann ist das viel effizienter als schrittweise vorzugehen. Dann machen Sie bitte Pläne und gehen danach vor!

Agilität passt also nur im Kontext *Komplexität* – im Bereich der Kreativität.

Kapitel 1
Form follows function – Agilität organisieren

*The purpose of an organization
is to enable ordinary human beings
to do extraordinary things.*

— Peter Drucker

Kapitelübersicht

Kernaussagen des Kapitels

- Agilität in das gesamte Unternehmen zu bringen – agile Skalierung genannt – ist noch unsicherer als Agilität im Kleinen. Sie können noch weniger wissen, was passieren wird und wohin das Ganze geht. Sie haben es mit noch komplexeren Herausforderungen zu tun, mit Komplexität einer noch höheren Dimension als im Kleinen. Genau diese Unsicherheit – und die dahinterstehenden Ängste – bedienen die vorgefertigten Ansätze für agile Frameworks, die letztlich alle versuchen, über einen vorgegebenen Plan die Hoffnung zu verkaufen, dass die Agilisierung gelingt. Und Pläne im Komplexen funktionieren nicht.
- Das Skalieren von Agilität in die Organisation ist die falsche Lösung: Bisher haben wir eine *fixe Organisationsstruktur und passen die Struktur unserer Produkte/ Projekte/Leistungen darauf an* – das funktioniert nicht mehr. Agil sein heißt: Wir müssen die *Struktur unserer Organisation an die Struktur der Produkte/Projekte/ Leistungen anpassen*! Wir dürfen nicht die Struktur der Organisation skalieren, sondern müssen dies über die Struktur der Produkte/Projekte/Leistungen erreichen.

Nachdem nun klar ist, was Agilität ist, stellen sich u.a. folgende Fragen: *Wie organisieren wir das? Wie muss eine Organisation sein, damit sie agil ist – und auch bleibt? Wie müssen wir unsere Organisation strukturieren?*

Der Kern der Fragen ist: Was ist eine agile Organisation? Die Antwort darauf ist einfach: *Eine agile Organisation ist eine Organisation, die die agilen Werte und Prinzipien lebt.* Das heißt: Jede Organisation – und damit auch jede Organisationsstruktur –, die dies erfüllt, *ist agil.*

Das mag vielleicht ein wenig nach einem Taschenspielertrick klingen, ist es aber nicht. Denn auch hier gilt wieder: Im Kontext *Komplexität* gibt es keine Lösung, die für alle gelten kann. Jeder muss die Struktur seiner *eigenen* Agilität finden.

Eine agile Organisation ist eine *lernende* Organisation: Sie lernt, was die *richtigen Dinge* sind und wie sie diese *immer besser richtig tut*. In einer sich permanent verändernden Welt (VUKA) ist dies die einzige Möglichkeit, sich anzupassen und so zu überleben. Und dieses Lernen ist eben individuell für jede Organisation.

Diese lernende Organisation funktioniert – richtig gemacht – im kleinen – auf Team- und Abteilungsebene und in Organisationen, die in dieser Größe bleiben – sehr gut. Hier liegen mittlerweile über 25 Jahre Erfahrungen vor, unter den Stichworten *Agile* und *lernende Organisation* gibt es viel Literatur und Internetbeiträge.

Die Herausforderung ist nun, dies auf größere Bereiche bis ganze Unternehmen auszudehnen und so die Vorteile agilen Arbeitens in ganzer Breite zu erhalten. Dabei betreten wir Neuland. Bisher haben wir Organisation über – standardisierte – Strukturen aufgebaut. Bei austauschbaren Handlungen des einzelnen Tätigen – manuelle Arbeit – war dies möglich, da der einzelne Mensch nicht als Individuum mit seiner Kreativität benötigt wurde.

In Größen bis 150 Personen können bekannte Strukturen – wie *Scrum of Scrums* – gut funktionieren – richtig gemacht. Darüber hinaus wird es allerdings schwierig – dies könnte, darauf deutet die *Dunbar-Zahl* (die für Menschen passende Organisationsgröße umfasst maximal 150 Personen, s.u.) hin, eher ein generelles Problem als ein Versagen der agilen Methoden sein. Die Herausforderung ist nun: Wie bauen wir agile Organisationen jenseits der Dunbar-Zahl auf? Dieses „*In-die-Größe-Bringen*", auch skalieren genannt, stellt aktuell die Herausforderung in der agilen Community dar – wobei dies vielleicht eine Pseudoherausforderung ist. Denn die Dunbar-Zahl zeigt, dass von den Voraussetzungen, die der Mensch hat, die Anzahl seiner möglichen Beziehungen zu anderen Menschen auf 150 begrenzt ist. Wir müssen uns daher von der Idee verabschieden, große Konzerne komplett agil zu machen, sondern müssen Organisationsbausteine mit maximal 150 Personen aufbauen, die autonom lebensfähig sind und dann je nach Bedarf und Produktstruktur flexibel temporär vernetzt werden.

Dass vorgefertigte Ansätze in einer VUKA-Welt nicht funktionieren können, sollte eigentlich klar sein – trotzdem boomen die Angebote dafür, denn sie bedienen ein Bedürfnis: *Sie nehmen es einem ab, nachzudenken und sich mit den eigenen Verhältnissen auseinanderzusetzen, etwas auszuprobieren und dabei Fehler zu machen und zu scheitern.* Dies ist eher ein kulturelles Problem als ein Problem der fehlenden richtigen Lösungen. Wir wurden eben nicht dazu erzogen, Fehler zu machen, Neues auszuprobieren, sondern einen Plan zu machen, alle Eventualitäten zu durchdenken, durchzuspielen und einzubeziehen – dies ist weder agil noch funktioniert es!

Über die agile Organisation lassen sich soweit vier Dinge formulieren:

1. *Es gibt keine agile Standardorganisation!* Es gibt allenfalls bereits erprobte Prinzipien, die allerdings keine Kopiervorlage darstellen! Jede Organisation ist einzigartig und anders, ist ein eigenes komplexes „Universum" mit eigenen Rahmenbedingungen etc. Standardorganisationen, wie sie im Bereich Handarbeit möglich waren, funktionieren im Bereich Kopfarbeit nicht. Jede Organisation muss über *Experimente* für sich herausfinden, was funktioniert und was nicht. Und dann mehr von dem machen, was funktioniert.
2. *Die Einführung von Agilität in klassisch aufgebaute Organisationen führt zwingend zu einer Organisationsänderung!* Klassisch aufgebaute Organisationen mit *Command & Control* und Agilität passen nicht zusammen! Daher wird es bei der Einführung von Agilität, z.B. durch → *crossfunktionale Teams*, zwingend Strukturänderungen in der Organisation geben. Jede Behauptung, dies sei ohne

Änderungen möglich, zeigt *Cargo-Kult* (s. Abschnitt IV.2.7) und entlarvt das Nichtverstehen von Agilität! Schade um die Bemühungen ...

3. *Eine agile Organisation stellt einen Wettbewerbsvorteil dar – doch nur für denjenigen, der diese Organisationsstruktur für sich gefunden hat!* Nachmachen ist zwecklos, das funktioniert im Komplexen nicht! Es muss immer eine den eigenen Gegebenheiten passende Organisationskultur gefunden werden – kopieren ist zwecklos. (Deshalb gehen agile Organisationen auch sehr offen bzgl. ihrer Struktur um, s. Beispiel *Spotify*.)

4. *Eine agile Organisation ist eine lernende Organisation.* Es geht darum, Lernen zu organisieren und sich so an Veränderungen anzupassen.

Auch hierbei ist es wieder sinnvoll, Agilität auf sich selbst anzuwenden: Alle Kriterien für Agilität – die agilen Werte und Prinzipien – müssen auch auf die *Organisation von Agilität* und den Weg dorthin – die Veränderung – angewendet werden. Das heißt, Inhalt und Form, Inhalt und Struktur müssen zueinanderpassen. Daher ist es ein Widerspruch, über Pläne zu versuchen, Agilität zu erreichen – und vorgegebene Strukturen für die eigene Agilität anwenden zu wollen. So wie Agilität über Werte und Prinzipien definiert ist – und nicht über Praktiken und Methoden –, kann eine agile Organisation nur über *Eigenschaften* definiert werden und nicht über Strukturen, Hierarchien und Organigramme – und schon gar nicht vorgegebene. Erinnern Sie sich an den Unterschied zwischen Kompliziertheit und Komplexität: *Strukturen, Hierarchien und Organigramme sind im Bereich Kompliziertheit, Agilität und Organisationen sind im Bereich Komplexität.* Das sind verschiedene Welten!!!

1.1 Vorab ein paar Betrachtungen zu Organisationen

Organisationen gelten als Merkmal der modernen Gesellschaft, da sie die Komplexität, der jeder Einzelne ausgesetzt ist, durch Arbeits- und Funktionsteilung reduzieren. Gleichzeitig bieten sie dadurch einen Entfaltungsraum für den Einzelnen, in dem sie ihm Spezialisierung ermöglichen und fördern. Dazu braucht es Vertrauen in und Verantwortung durch Organisationen.

Nicht nur die Gesellschaft als Ganzes ist darauf angewiesen, dass ihre Organisationen funktionieren – jeder Einzelne ist dies! Nur dauerhaft funktionierende Organisationen können auch dauerhaft Komplexität reduzieren!

Was ist eine Organisation?

Eine Organisation ist eine soziale Struktur, die aus dem planmäßigen und zielorientierten Zusammenwirken von Menschen entsteht, sich zur Umwelt abgrenzt und – als korporativer oder kollektiver Akteur – mit anderen Akteuren interagieren kann [WikiO]. Diese soziale Struktur verfolgt einen Zweck, der durch den Einzelnen nicht erreicht werden könnte. Daher schließt sich dieser mit anderen zusammen, um in Arbeitsteilung gemeinsam den Zweck zu verfolgen und ein (selbst-)gesetztes Ziel zu erreichen. Organisationen brauchen daher zwingend einen Zweck, einen Sinn, ein Wozu ihres Bestehens.

Merkmale einer Organisation

Mitgliedschaft: Organisationen entscheiden selbst über die *Zugehörigkeit*, den Ein- und Austritt von Personen und durch die Bedingungen zur Mitgliedschaft, wer Organisationsmitglied wird, ist und bleibt. Den Mitgliedern ist dadurch auch bekannt und bewusst, dass sie die Organisation zu verlassen haben, wenn sie sich diesen Bedingungen nicht (mehr) unterwerfen [WikiO].

Zweck der Organisation: Organisationen konstituieren sich zu einem *Zweck*, an dem sie dann ihre Entscheidungen ausrichten und an dem sich die Organisation strukturiert. Der Zweck fokussiert die Aufmerksamkeit der Organisation auf die wichtig erscheinenden Aspekte und blendet alles andere aus [WikiO]. Sobald der Zweck erfüllt ist, verliert die Organisation ihre selbst definierte Daseinsberechtigung. Sie kann sich dann einen neuen Zweck suchen (und sich entsprechend umorganisieren) oder auflösen.

Strukturverhältnisse: Organisationen sind durch *interne Strukturen* gekennzeichnet, die klassischerweise als Hierarchien ausgeprägt sind und eine „Einsortierung" der Mitglieder vorgeben. Diese Strukturen ermöglichen Entscheidungsfindung und -durchsetzung und stellen gleichzeitig die Kommunikationswege dar.

Diese Strukturverhältnisse können zum Hemmschuh der Entwicklung einer Organisation werden, wenn sie die Anpassungsfähigkeit der Organisation an (schnellere) Veränderungen in der Umwelt der Organisation verhindern, z.B. durch zu langsame zentrale Entscheidungen. Die Struktur muss eine Veränderung der Organisation, eine Anpassung der Organisation an Veränderungen in ihrer Umwelt nicht nur ermöglichen, sondern erzwingen.

Die Herausforderung für Organisationen besteht zunehmend darin, die passende Struktur für ein Agieren in ihrer spezifischen Umwelt zu finden.

Das Gesetz von Conway: Die Organisationsstruktur bestimmt den Erfolg – des Produktes!

Traditionell haben wir eine feste Organisationsstruktur und passen das Produkt – insbesondere die Struktur des Produktes – darauf an (Abbildung 1). So weit – so gut. Wo ist das Problem? Warum soll die Organisationsstruktur so wichtig sein? Letztendlich kaufen die Kunden doch die Produkte des Unternehmens und nicht die Struktur des Unternehmens?

Hier hilft uns eine vom US-amerikanischen Informatiker Melvin Edward Conway 1968 gemachte – und daher nach ihm als *Das Gesetz von Conway* benannte – Beobachtung ([Con68], zitiert nach [WikiGC]):

> *Organisationen, die Systeme entwerfen, [...] sind auf Entwürfe festgelegt, welche die Kommunikationsstrukturen dieser Organisationen abbilden.*

Vereinfacht ausgedrückt meint das: *„Ein Unternehmen, das ein Produkt entwickelt, strukturiert dieses nach seiner eigenen Kommunikationsstruktur."* Dabei geht es um die gelebte, um die *Ist*-Kommunikationsstruktur, nicht die geplante, die *Soll*-Kommunikationsstruktur, das Organigramm. Ein Unternehmen baut also ein Produkt nach *seiner Kommunikationsstruktur!* Dies erklärt, warum es manche Unternehmen nie schaffen, strukturelle Probleme in ihren Produkten zu beseitigen – In jeder neu-

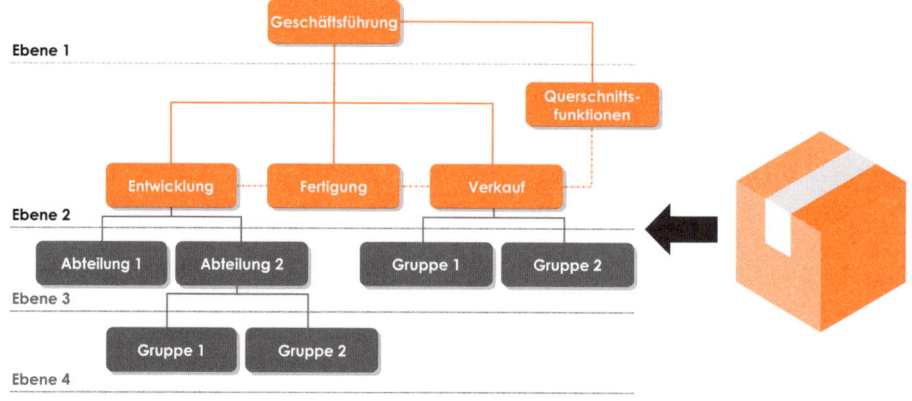

Feste Organisationsstruktur   **Produkt**

Abbildung 1: Traditionelle Organisation: *Die Struktur des Produktes wird an die Struktur der Organisation angepasst – mit allen bekannten Problemen, s. Gesetz von Conway (Bild nach Wikipedia: https://de.wikipedia.org/wiki/Organigramm)*

en Produktgeneration sind dieselben Fehler wieder drin. Hier würde niemand auf die Idee kommen, den Fehler in der *Organisationsstruktur* zu suchen ...

Ein Beispiel: Nehmen wir einen traditionellen deutschen Automobilhersteller. Dieser ist gegliedert in die Bereiche Motor, Antriebsstrang, Fahrwerk, Karosserie ... Entsprechend ist sein Produkt, ein Automobil, dann gegliedert in Motor, Antriebsstrang, Fahrwerk, Karosserie ... So weit – so gut. Erste Probleme mit dieser Struktur zeigten sich, als Software Einzug ins das Produkt hielt – und diese strukturübergreifend war: Da musste nun die Motorsoftware mit der Antriebsstrangsoftware, der Fahrwerkssoftware und anderen als *eine Software* zusammenspielen – und es dauerte eine Weile, bis dieses gelang. Und heute stehen die Automobilhersteller vor einer neuen Herausforderung: dem Elektroauto. Das führt zur Frage: Warum fährt ein Elektroauto von *Tesla* weiter als alle anderen? Schauen wir uns dazu an, wie das Unternehmen *Tesla* aufgestellt ist. Wer steht hinter Tesla? Elon Musk. Was ist die Kernkompetenz von *Elon Musk*? Software. Er hat bereits als 12-Jähriger ein Computer-Videospiel in *BASIC* programmiert und an das Magazin *PC and Office Technology* für 500 Dollar verkauft [WikiEM]. Später verdiente er seine ersten Millionen mit den Softwarefirmen *Zip2, X.com* und *PayPal*. Dementsprechend ist Tesla aufgestellt wie ein Softwareunternehmen. Denn ein Elektroauto besteht zu 80 % aus Software. Die Hardware können Sie notfalls zukaufen, die Kunst liegt nicht in der Batterie, sondern im Batteriemanagement – und das ist Software! Jeder Chinese, der Elektrotechnik studiert hat, kann einen Elektromotor ansteuern. Die Kunst liegt in der Software: Energierückgewinnung beim Bremsen, Batteriemanagement etc. Und der Trend geht ja weiter in Richtung autonomes Fahren – alles Software. Sie kommen da nicht weit, wenn Sie Ihre Organisation in Mechanikkomponenten wie Motor, Antriebsstrang, Fahrwerk, Karosserie ... gliedern!

Wenn die Organisationsstruktur die Produktstruktur bestimmt, dann bestimmt die Organisationsstruktur damit den Erfolg des Produktes – und damit den Erfolg des Unternehmens.

Bisher haben wir *feste Organisationsstrukturen* und *passen die Projekte und Produkte daran an*. Entsprechend haben diese Produkte systematisch strukturelle Fehler eingebaut, wenn es Probleme in der Kommunikationsstruktur gibt. Bei einfachen und komplizierten Produkten kann dies entweder hingenommen oder aufwendig über Service und Fehlersuche beseitigt werden.

Für komplexe Produkte – und sobald Software, und erst recht vernetzte Software, in ein Produkt Einzug hält, wird dieses komplex – brauchen wir eine *flexible Organisationsstruktur*, die wir *jeweils an die Struktur des Produktes anpassen*. Jedes Produkt hat eine *eigene* Struktur und dieses müssen wir über eine *daran angepasste Organisationsstruktur* erreichen. Wir brauchen daher in den Organisationen Bausteine, die wir flexibel so vernetzen, wie es die Produktstruktur erfordert – siehe *Spotify* (Abbildung 2).

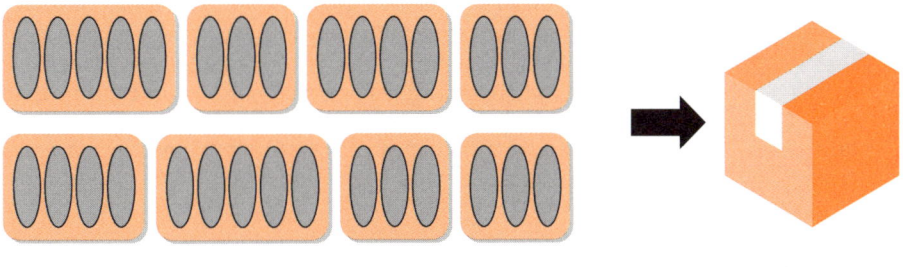

Flexible Organisationsstruktur   **Produkt**

Abbildung 2: Agile Organisation: *Die Struktur der Organisation wird an die Struktur des Produktes angepasst*

Form follows function!: Die Organisationsstruktur muss der Erstellung des Produktes dienen!

Die Daseinsberechtigung einer Organisation ist ihr Zweck. Der Erreichung dieses Zweckes muss alles untergeordnet sein. Die Organisationsstruktur muss darauf ausgerichtet sein, diesen Zweck der Organisation zu erreichen, zu ermöglichen, dass die Organisation ihre Leistung optimal erbringen kann. Leider drehen sich heute Organisationen zu sehr um sich, mehr um sich als um die Erbringung der Leistung für den Kunden. So ist der Zweck einer Deutschen Bahn, Personen und Güter schnell, sicher und kostengünstig von A nach B zu bringen (dies ist die Leistung für einen externen Kunden) – und nicht, an die Börse zu gehen (egoistischer Zweck)! Der Zweck einer Deutschen Bank ist die Versorgung von Unternehmen, Land und Leuten mit Krediten (dies ist die Leistung für einen externen Kunden) – und nicht, 25 % Rendite zu erwirtschaften (egoistischer Zweck)! Der Zweck eines Deutschen Energieversorgers ist die Versorgung des Landes mit Energie (dies ist die Leistung für einen externen Kunden) – und nicht das Ausschütten von Dividenden an die Aktionäre (egoistischer Zweck) und das Überlassen der Kosten für Umweltschäden, Rückbau etc. der Allgemeinheit.

Ebenso dient eine Organisationsstruktur nicht dem Einzelnen dazu, aufzusteigen, um mehr Geld zu bekommen, und das *Peter-Prinzip*, wonach *„jeder so lange aufsteigt, bis der den Grad seiner maximalen Inkompetenz erreicht hat"*, bestmöglich zu erfüllen.

Organisationen sind für ihre Kunden da! Die Organisationsstruktur ist dazu da, die Erfreuung dieser Kunden bestmöglich und schnellstmöglich zu leisten.

Genau dies zeigt *Spotify*: Die ganze Organisation ist nur dazu da, das bestmögliche Musikportal zu sein. Die Organisationsstruktur ist nur darauf ausgerichtet, dies so effizient und effektiv wie möglich zu erreichen (Detailierte Ausführungen zu *Spotify* s. Teil II).

Die *Dunbar-Zahl*: Die Organisation muss sich an den Menschen anpassen!

Anfang der 1990er-Jahre untersuchte der britische Psychologe Robin Dunbar den Zusammenhang zwischen der Größe des Neocortex – einem speziellen Teil des Gehirns – von Säugetieren und der Gruppengröße, in denen diese leben. Für den Menschen fand er eine maximale Gruppengröße von 150 – die *Dunbar-Zahl* oder *Dunbar's Number* [WikiRD, WikiDZ]. Diese definiert die maximale Anzahl an Menschen, mit denen eine Person soziale Beziehungen unterhalten kann, und stimmt laut Dunbar mit Beobachtungen an realen menschlichen Gemeinschaften überein. So bestand schon bei den Römern die kleinste militärische Einheit, eine Zenturie, aus 100 Mann [WikiZ]. Auch in heutigen Armeen ist dies eine übliche Größe militärischer Grundeinheiten. Manche Unternehmen, wie *W. L. Gore & Associates*, achten darauf, dass eine Unternehmenseinheit nicht größer als 150 Mitarbeiter wird, und wenn sie auf diese Größe zusteuert, sich rechtzeitig teilt. Auch funktioniert *„Scrum of Scums"*, also das Skalieren von Scrum-Teams mittels Scrum bis 150 Personen sehr gut.

Wenn das Gehirn des Menschen nur eine maximale Gruppengröße zulässt, dann ist dies die maximale Größe einer Grund-Organisationseinheit. Die Frage ist nun, wie bauen wir Organisationen mit mehr als 150 Personen auf? Und größere Organisationen sind dann aus solchen „Grundbausteinen" zusammenzusetzen. Nun kann man einwenden, dass Abteilungen heute schon in etwa in dieser Größenordnung liegen. Das stimmt, allerdings ist eine Abteilung für sich allein nicht überlebensfähig – im Gegensatz zu einer gleich großen militärischen Einheit, die auf sich gestellt Aufträge eigenständig erfüllen kann. Eine Abteilung alleine liefert eben nicht eine Leistung oder ein Produkt an einen externen Kunden. Mitarbeiter einer Abteilung haben oft „Außenbeziehungen" zu Mitarbeitern anderer Unternehmenseinheiten und dadurch wird die Dunbar-Zahl überschritten. Ziel muss also sein, Organisationseinheiten aufzustellen, die eigenständig überlebensfähig sind und gleichzeitig die Dunbar-Zahl nicht überschreiten.

„Federations of Companies"

Der erste Ansatz ist: *Wir bauen kleine, völlig eigenständig überlebensfähige Organisationen mit maximal 150 Personen.* Diese Organisationen leben als eigene Firmen und haben alle Funktionen, die sie dafür brauchen, wie ein eigenes Finanzwesen etc. Für Produkte, bei denen wir mehr als 150 Personen brauchen, vernetzen wir dann jeweils solche 150-Personen-Einheiten, und zwar nur so lange, wie es notwendig ist, dieses Produkt zu entwickeln. Anschließend löst sich dieser Zusammenschluss wieder auf und neue Zusammenschlüsse entstehen für neue Produkte. Der einzelne Mitarbeiter bleibt damit in einer festen Organisation, die ihm Sicherheit und Beständigkeit gibt. Gleichzeitig haben wir maximale Flexibilität im Aufbau größerer Organisationen/Strukturen.

Jeff Sutherland, einer der beiden „Scrum-Erfinder", nennt dieses Modell *„Federations of Companies"*. In der Biologie finden sich Beispiele dafür, wie sich relativ einfache Organismen zu größeren Verbänden organisieren, z.B. Korallenriffe als komplexe maritime Ökosysteme [WikiKR].

Diesen Weg geht *Spotify*, indem es eine maximale Größe von 100 Personen im größten „Organisationsbaustein" zulässt. Für die Erstellung der *Spotify*-Produkte werden diese und die in ihnen enthaltenen Untereinheiten vernetzt.

„Team of Teams"

Einen anderen Weg Organisationen mit mehr Mitgliedern als die Dunbar-Zahl aufzubauen, beschreibt General Stanley McChrystal [McC15]. Dieser kommandierte mit dem *Joint Special Operations Command* (JSOC) der *ISAF* in Afghanistan sowie der *US Forces Afghanistan* einen Großteil der Operationen von Spezialtruppen im Irak und in Afghanistan. Mit dem Al-Kaida-Netzwerk hatte er einen VUKA-Gegner, für dessen Bekämpfung die Strukturen seiner Streitkräfte nicht ausgelegt waren. Gleichzeitig musste er verschiedene Streitkräfte und Dienste *„unter einen Hut bringen"* und sie gemeinsam auf ein äußeres Ziel ausrichten, damit diese *„gemeinsam einen Krieg gewinnen statt nur die anderen Einheiten zu übertreffen"* [McC15]).

Sowohl klassische Kommandostrukturen (Abbildung 3a) als auch das Kommando von Teams (Abbildung 3b) funktionieren in diesem Fall nicht, denn sie erfordern eine zentrale Instanz, die den Überblick hat sowie die Lösung kennt, plant und vorgibt.

McChrystal beschreibt Netzwerke als Lösung ([McC15], Abbildung 3c): Keiner der 7000 Soldaten musste alle anderen kennen, damit die einzelnen Aktionen erfolgreich sind. Es reichte, wenn er *einige* in den anderen Teilen der Streitkräfte kannte. Die 150 Personen entsprechend der Dunbar-Zahl waren nicht in der *eigenen* Einheit versammelt, sondern *über alle anderen Einheiten* verteilt. So entstand eine nicht

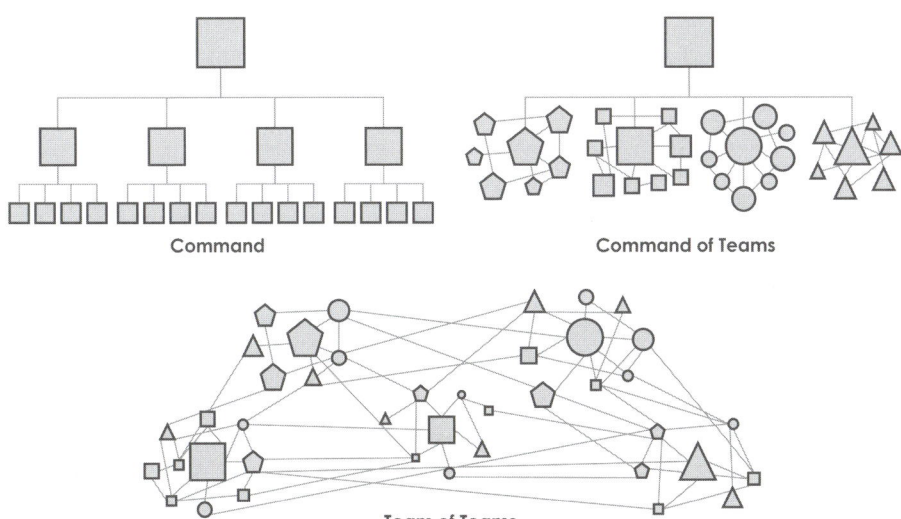

Command

Command of Teams

Team of Teams

Abbildung 3: a) Klassische Kommando-Struktur, b) Kommando von Teams, c) Netzwerk – Team of Teams [McC]

planbare Vernetzung der Teams untereinander. Diese dynamische Vernetzung sorgte schließlich dafür, dass bei jedem Einsatz immer jemand auf jemanden aus einer anderen Einheit traf, mit dem er vernetzt war, und so immer Menschen aufeinander trafen, die einander vertrauten.

Das Gesetz von Brooks: Produktivität und die Anzahl der Mitarbeiter

Divide et impera
Diviser pour régner
Teile, um zu beherrschen

– zugeschriebenen Ludwig XI., französischer König
von 1461 bis 1483

Was passiert, wenn wir zu einem Projekt zusätzliches Personal dazugeben? Es geht dann schneller! Das ist zumindest die allgemeine betriebswirtschaftliche Auffassung. Ein Beispiel: Etwas dauert 9 Monate mit einer Person. Das macht dann 9 Mann-Monate (politisch korrekt und geschlechtsneutral müsste es eigentlich *Personen-Monate* heißen ...). Wenn wir diese 9 Mann-Monate nun auf 9 Personen verteilen, dann dauert das Ganze nur einen Monat. Wenn nach dieser Logik eine Schwangerschaft bei einer Frau 9 Monate dauert, dann können 9 Frauen gemeinsam in einem Monat das gleiche Ergebnis hervorbringen. Natürlich nicht! Bestimmte Aufgaben haben Abhängigkeiten voneinander, haben eine sequenzielle Struktur und *können* daher nur nacheinander erledigt werden, egal wie viele Personen wir involvieren! *Parallelisieren – und damit auf mehrere Personen verteilen – lassen sich nur strukturell voneinander unabhängige Aufgaben.*

Weiterhin müssen wir beachten, dass ab einem gewissen vorab nicht definierbaren und projektindividuellen Punkt jeder zusätzlich hinzugefügte Mitarbeiter mehr Kosten verursacht, als er Nutzen bringt – die Mehrleistung durch ihn deckt nicht den zusätzliche Kommunikations- und Koordinationsaufwand! Und damit kommen wir zum von Frederick P. Brooks formulierten *Gesetz von Brooks* [Bro87]:

Der Einsatz zusätzlicher Arbeitskräfte bei bereits verzögerten Softwareprojekten verzögert diese nur noch mehr.

Dieses Gesetz bezieht sich auf Softwareentwicklung – und lässt sich damit auf Kopfarbeit verallgemeinern. Hier sehen wir wieder einen deutlichen Unterschied zwischen Hand- und Kopfarbeit: Beim Schaufeln von Sand auf einen LKW bringen zusätzliche Arbeitskräfte – bis zu einem gewissen Punkt, ab dem sich alle gegenseitig im Weg sehen und behindern – eine Beschleunigung, bei Kopfarbeit nicht!

Wenn also ein Projekt mit Kopfarbeitern „*schiefliegt*", dann fügen Sie nicht mehr Leute hinzu, sondern gehen Sie in die Analyse, woran es liegt. Oft liegt die Ursache nicht dort, wo das Problem auftritt: Wenn eine Entwicklungsabteilung zu langsam ist, werden – als typische Reaktion – oft *noch mehr Entwickler* eingestellt, denn es wird ja zu wenig entwickelt. Und dann kommt nicht mehr raus, sondern weniger, weil die Leute mehr mit sich und untereinander beschäftigt sind als mit den Arbeiten. Und selbst wenn sie dann mal optimal zusammenarbeiten, kommt nicht mehr raus: Weil der Engpass gar nicht *die Entwickler* waren, sondern z.B. *die Tester*, die permanent zu 150 % ausgelastet sind ... Derartige Engpässe treten sehr schön und deutlich zutage, wenn mit → *Kanban-Boards* und WIP-Limits (Work-in-Progress-

Limits) auf Leitungsebene gearbeitet wird, da dann schnell transparent wird, wo sich die Arbeit „staut".

Das Gesetz von Ashby: Raffinierte Steuerung

> *Um ein System unter Kontrolle zu bringen, benötigt man mindestens so viel Varietät (oder Komplexität), wie das System selbst hat.*
>
> [Mal02]

Eine der zentralen Erkenntnisse der Kybernetik formuliert das Gesetz von William Ross Ashby: *Um ein komplexes System zu steuern, muss das steuernde System mindestens den gleichen Grad an Komplexität aufweisen wie das zu steuernde System.* Allgemeinverständlich ausgedrückt: Wenn wir komplexe Aufgaben lösen wollen, komplexe Produkte entwickeln wollen, dann brauchen wir dazu eine Organisation, die mindestens genauso komplex wie die zu lösende Aufgabe ist. Nur dann, wenn sich die Organisation flexibler verhält als die Aufgabenstellung, wenn die Organisation sich an die Aufgabe anpassen kann und diese quasi absorbieren kann, dann ist die Organisation in der Lage, die Aufgabe zu lösen. Dies mag kontra-intuitiv klingen. Wir müssen lernen, zu akzeptieren, dass wir mit unserem Verstand nicht alles erfassen können – auch dieser kann nur Umstände erfassen, die eine geringere Komplexität haben als er selbst.

Fazit aus Ashbys Law: *Wir brauchen eine Organisationsstruktur, die komplexer ist als die Aufgaben, die zu lösen sind.*

Ashby formulierte noch ein weiteres Gesetz, das für uns wichtig ist: *„Every good regulator of a system must be a model of that system."* Für uns angewendet bedeutet das: Wenn unsere Organisation die komplexe Aufgabe lösen soll, dann muss die Organisation ein Modell der Aufgabe sein. Das heißt die Organisation muss *entsprechend der Aufgabe* strukturiert sein – und nicht umgekehrt! Und genau hier schließt sich der Kreis: genau dies sagt das *Gesetz von Conway*. Wie wir es auch drehen und wenden – wir brauchen eine komplexe, anpassungsfähige Organisation.

Larmans Gesetze: Ändere immer zuerst die Struktur

> *Attempting to change an organization's culture is a folly, it always fails. Peoples' behavior (the culture) is a product of the system; when you change the system peoples' behavior changes.*
>
> – John Seddon, Systems-Thinker/Advocate (zitiert nach [Lar])

Craig Larman weist darauf hin, dass organisationaler Wandel hart ist und dass man am besten *zuerst die Struktur der Organisation verändert*. Basierend auf seiner jahrzehntelangen Beobachtung von Organisationen formuliert er folgende vier „Gesetze" [Lar]:

1. Organisationen sind implizit darauf optimiert, Veränderungen am Status quo zu verhindern. Besonders Mittel- und Top-Management, Spezialistenpositionen und Machtstrukturen tragen dazu bei.
2. Als Begleiterscheinung zu (1.): Jede Veränderungsinitiative wird reduziert auf das Umdefinieren oder Überladen der Terminologie, sodass das Neue das Gleiche meint wie der Status quo.

3. Als Begleiterscheinung zu (1.): Jede signifikante Veränderungsinitiative wird verspottet als „puristisch", „theoretisch" und „nur lokalen Bedürfnissen entsprechend" – was von den Schwächen des Status quo ablenken soll.

4. Kultur folgt Struktur: Wenn Sie wirklich die Kultur verändern wollen, müssen Sie mit der Veränderung der Struktur beginnen, denn die Kultur ändert sich sonst nicht. Daher sind auch gedankliche Konstrukte wie organisationales Lernen von sich alleine heraus nicht sehr einflussreich und dauerhaft in der Praxis. Daher haben Systeme wie → Scrum (das einen starken Fokus auf strukturelle Veränderungen zu Beginn hat) schneller einen Einfluss auf die Kultur.

Mit Larmans Gesetzen wird klar, womit wir bei einer agilen Transition beginnen müssen: *Mit der Veränderung der Organisationsstruktur!* Und dabei können wir nicht *„ein bisschen schwanger sein".* Erinnern Sie sich an den spanischen Konquistador Hernán Cortés: Um seinen Leuten nach der Landung in Südamerika *„den Weg nach vorne zu ebnen",* ließ er alle Schiffe versenken. Damit war klar: Es gibt nur einen Weg – nach vorn!

Veränderungen müssen entschlossen angegangen werden! Es „ein bisschen zu versuchen" ist der sichere Weg zum Scheitern. Angst ist ein schlechter Berater! Es muss allen klar sein, dass ein „Weiter so" mit dem bisherigen nicht mehr funktioniert – sonst bräuchte man ja keine Veränderung! Seien Sie mutig – und freuen Sie sich auf das Neue!

1.2 Was macht eine agile Organisation aus?

Eigenschaften agiler Organisationen

Was macht eine agile Organisation aus? Wann ist eine Organisation agil – und wann nicht? Es gibt verschiedene Ansätze, über Tests (z.B. Jeff Sutherlands *Nokia-Test* (vgl. [Sut11])) oder *Reifegrad-Modelle*, einen Maßstab zu definieren, mit dem der Grad der Agilität in einer Organisation bestimmt werden soll. Diese Ansätze gehen jedoch in die falsche Richtung: Sie überprüfen die An- oder Abwesenheit bestimmter agiler *Praktiken* – und nicht, wie gut die agilen Werte und Prinzipien erfüllt werden. Beispielsweise bekommen Teams, die kurze feste Iterationen durchführen, die volle Punktzahl, während Teams, die keine (festen) Iterationen anwenden, keine Punktzahlen bekommen – damit werden Teams, die → *Kanban* anwenden und einen kontinuierlichen Fluss (*Continuous Flow*) anstreben, schlechter bewertet als Teams, die → *Scrum* mit kurzen Sprints anwenden. Messbare Artefakte (z.B. Sprintlänge) werden höher bewertet als nicht messbare Umstände wie Selbstorganisation und Kundenfokus eines Teams ... Die An- oder Abwesenheit von Praktiken bzw. ihr „korrektes" Ausführen zeigt nur an, *ob* eine agile Methode „korrekt" ausgeführt wird oder nicht – es zeigt noch nicht einmal an, ob die Methode aufgrund lokaler Besonderheiten angepasst oder weiterentwickelt wurde. Agile Unternehmen wie *Spotify* (s. Teil II) und andere würden nach derartigen Messungen sehr schlecht abschneiden, weil sie die *Shu*-Stufe (→ *Shu – Ha – Ri* – Modell) der reinen Ausführung agiler Praktiken und Methoden hinter sich gelassen haben und ihre eigene Agilität entwickelt haben – und diese ist mit vorgegebenen Maßstäben nicht zu erfassen [Col12, 15].

Praktiken können immer nur eine Momentaufnahme der Entwicklung der eigenen Agilität darstellen. Auch kann man Praktiken via → *Cargo-Kult* perfekt ausführen, ohne den dahinterstehenden Sinn verstanden zu haben.

Der Ansatz, Agilität über den Grad der Ausführung von Praktiken bestimmen zu wollen, steht im klaren Gegensatz zum Wert *„Individuen und Interaktionen haben Vorrang vor Prozessen und Werkzeugen"* des Agilen Manifestes!

Wir brauchen eine Beschreibung über *Eigenschaften,* die agile Organisationen zeigen.

Ein Modell agiler Organisationen

Abbildung 4 [Col12, 15] zeigt ein Modell agiler Organisationen mit fünf Säulen auf einem gemeinsamen Fundament. Dieses Modell ist die Essenz der gemeinsamen Eigenschaften vieler verschiedener agiler Organisationen aller Größenklassen.

In diesem Modell besteht die agile Organisation aus fünf Säulen [Col12, 15],

- *Offene Kommunikation,*
- *Lernen durch Experimente,*
- *Handwerkliches Können,*
- *Katalytische Führung* und
- *Langfristiges, ergebnisorientiertes Controlling*

auf dem gemeinsamen Fundament *Systemisches Denken.*

Im Folgenden wird auf die einzelnen Säulen eingegangen [Col12, 15], die Darstellung zum *Systemischen Denken* finden Sie in Abschnitt III.2.5.

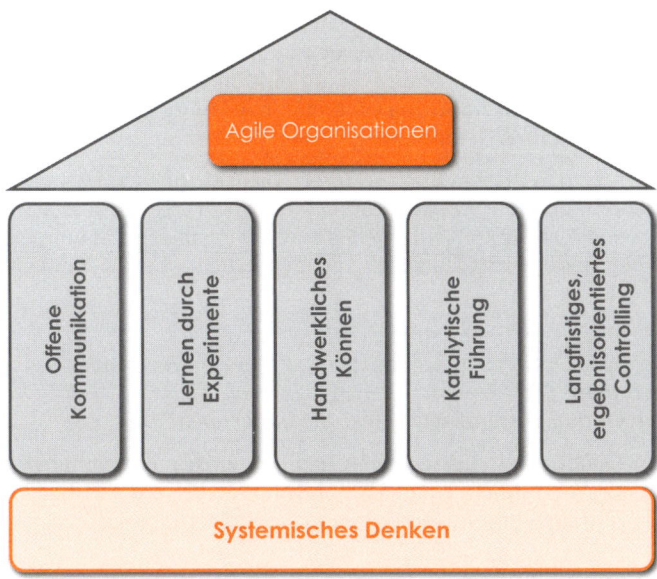

Abbildung 4: Ein Modell agiler Organisationen: Fünf Säulen auf einem Fundament [Col12, 15]

Offene Kommunikation

Agile Organisationen agieren im Komplexen – unvorhersehbare Ereignisse sind daher eher die Regel als die Ausnahme. Dies muss die interne Kommunikation abbilden (können). Es braucht Kommunikationskanäle, die schnell, effektiv und effizient Informationen verteilen.

Dabei ist die Herausforderung, dass es beiden Seiten der Kommunikation – Sender und Empfänger – gar nicht bewusst *sein kann*, dass sie über Informationen verfügen, die der jeweils andere (jetzt gerade) braucht.

Alles, was Kommunikation fördert und Transparenz schafft, kann passend sein – auch hier gilt es wieder, auszuprobieren, was passt und was nicht passt. In kleinen Organisationen und -seinheiten können Kaffeeküchen, Kicker- und Lounge-Bereiche Ideen sein, in größeren oder verteilt arbeitenden Organisationen Wikis und interne Blogs. Agile Artefakte wie physische Taskboards, Burnup-Charts, Open Spaces, Lean Cafés oder Retrospektiven können hilfreich sein.

Wichtiger als das Medium der Kommunikation ist die Kommunikationskultur: *Es muss möglich sein, über Fehler und Probleme* – auch die eigenen! – *offen zu reden.* Andernfalls wird Politik betrieben und die wahren Probleme kommen nicht (rechtzeitig) ans Licht.

Lernen durch Experimente

Da Organisationen komplexe adaptive Systeme sind, funktionieren Pläne für Veränderungen nicht (s. Ausführungen zu Lean Change Management in Abschnitt III.4.3): Statt großer Veränderungsprogramme muss über viele kleine Experimente auf allen Ebenen in der Organisation vorgegangen werden. Dabei muss immer auch sichergestellt werden, dass nicht zu viel auf einmal verändert wird, um die Organisation nicht in ihrem Bestand zu gefährden bzw. in einen → *Change Burnout* zu treiben (s. Abschnitt IV.2.7).

Wie schon mehrfach in diesem Buch erläutert, basiert agiles Vorgehen – wie evolutionäres Vorgehen – auf dem Ansatz „Versuch & Irrtum". Es muss nicht nur offen geredet werden, sondern Unkonventionelles auch ausprobiert und umgesetzt werden. Wertvoll ist hierzu der Ansatz bzgl. Experimente aus → *Lean Change Management* (s. Abschnitt III.4.3):

- Entwickelt Ideen – *Optionen* – (zur Veränderung)
- Diskutiert diese *Optionen* (und überprüft auf diese Weise ihren Sinn und ob alle diese mittragen)
- Wählt eine *Option* aus und setzt diese als *Experiment* um

Über offenen Dialog und Diskussionen bzgl. Ideen für Experimente wird deren Sinn, Akzeptanz, Verträglichkeit und Unterstützung durch die Mitarbeiter getestet. Ideen, die hier durchfallen, waren vermutlich nicht so passend …

Handwerkliches Können

Agilität erfordert Können, erfordert, „sein Handwerk zu beherrschen". Dabei ist jeder Einzelne für sich selbst verantwortlich, mit seinem Wissen und Können auf der „Höhe der Zeit" zu bleiben. Die agile Organisation setzt den agilen Mitarbeiter voraus (s. Abschnitt IV.1.6): Sie kann sich nur dann permanent anpassen und verändern, wenn sich auch jeder einzelne Mitarbeiter anpasst und verändert – „Gestorben mit 30 – beerdigt mit 70" ist keine passende Überlebensstrategie in einer VUKA-Welt!

Agile Organisationen unterstützen daher die persönliche Weiterentwicklung ihrer Mitarbeiter:

- *formal* über Trainings, Coachings etc. und
- *informell* über wechselseitiges Lernen der Mitarbeiter untereinander (s.B. über Netzwerke und Communitys wie → *„Communities of Practice"* (s. Abschnitte III.2.6 und IV.2.6).

Katalytische Führung

Katalytische Führung meint einen Führungsstil, der über eine „dienende Führung" hinausgeht: Die Führungskraft ist der „Katalysator" dafür, dass die Organisation in der Lage ist, Probleme selbst zu lösen – und dies dann auch tut. Die Aufgabe des Managements ist nicht mehr, Vorgaben zu machen und deren Einhaltung zu überprüfen, sondern *Katalysator für Selbstorganisation zu sein und die passenden Rahmenbedingungen für Selbstorganisation zu setzen.*

Führung folgt nicht mehr (ausschließlich) der formalen Hierarchie – denn diese gibt es oftmals nicht mehr –, sondern informellen Strukturen. Sie ermöglicht über das Bereitstellen geeigneter Rahmenbedingungen die Selbstentwicklung von Organisation und jedem einzelnen Mitarbeiter (s. Abschnitt IV.1.6).

Langfristiges, ergebnisorientiertes Controlling

Gouvernance und *Controlling* halten die Organisation zusammen – und können die Organisation an ihrer Entfaltung hindern. Anhand zweier Faktoren kann festgestellt werden, wie hilfreich sie sind [Col12, 15]: *Langfristigkeit* und *Ergebnisorientierung.*

Wenn wir nur über Experimente vorgehen können, dann lassen sich keine Jahresziele vereinbaren. Ein quartalsweise orientiertes Controlling mit seinem Druck auf kurzfristige Ergebnisse wird jede agile Transition im Keim ersticken – Agilität braucht Zeit, um zu greifen, um seine Wirksamkeit zu entfalten. Dies führt zu einem anderen Controlling-Ansatz: *einem Controlling in Bezug auf verwertbare Ergebnisse statt zuvor aufgestellte Pläne.* Statt den Projektfortschritt gegen Meilenstein-Pläne und das Einhalten von Budgets zu überprüfen, erfolgt ein Messen der groben Ergebnisvorgaben, wie „bis Jahresende Break-Even erreichen" oder „innerhalb der nächsten zwei Jahre ein bestimmtes Marktsegment besetzen". Dieses Controlling-Verständnis entspricht dem *Beyond-Budgeting*-Konzept [Pfl03].

Wie Spotify das Modell der agilen Organisation erfüllt

Systemisches Denken: Über systemisches Denken bei *Spotify* wird explizit nichts ausgesagt. Allerdings ist klar: Ohne ein Verständnis der Organisation als komplexes adaptives System, ohne ein Verständnis emergenter evolutionärer Prozesse wäre *Spotify* heute nicht dort, wo es ist. Gerade dieses Wissen, dieses Verstehen und dessen Umsetzung ist ein nichtkopierbarer Wettbewerbsvorteil.

Offene Kommunikation: Die offene Kommunikation wird klar beschrieben, auch der offene Umgang mit eigenen Fehlern und dem daraus Gelernten, s. Fehlerboards und Lessons-Learnt-Meetings.

Lernen durch Experimente: Wie beschrieben, versteht *Spotify* jeden Entwicklungsschritt – bzgl. Produkt *und* Organisation – als Experiment. Dies zeigt sich in der nicht nur fehlertoleranten, sondern sogar Fehler begrüßenden Kultur, die in der Aussage des Spotify-Gründers Daniel Ek deutlich wird: *„We aim to make mistakes faster than anyone else."*

Handwerkliches Können: Handwerkliches Können zeigt sich ganz klar in der Beschreibung zum Vorgehen bei der Produkt- und Organisationsentwicklung.

Katalytische Führung: Über die Führung wird explizit nicht viel ausgesagt, allerdings wird sichtbar, dass bei *Spotity* die geeigneten Rahmenbedingungen herrschen, um selbstorganisiert Aufgaben und Probleme zu lösen und die Organisation weiterzuentwickeln.

Langfristiges, ergebnisorientiertes Controlling: Über das Controlling bei Spotify wird explizit nichts ausgesagt. Allerdings ist davon auszugehen, dass ein die Agilität einschränkendes Controlling entweder *Spotify* nicht dahin gebracht hätte, wo es heute ist, oder von *Spotifys* Kultur der Veränderung entsprechend angepasst worden wäre.

1.3 Was macht eine agile Organisationskultur aus?

Culture eats Agile for Breakfast.

In Anlehnung an das bekannte Zitat von Peter Drucker *„Culture eats Strategy for Breakfast!"* lässt sich formulieren, dass die Kultur auch die Agilität frisst, wenn beides nicht zusammenpasst. Jede noch so ausgetüftelte Strategie oder Veränderung wird von der Kultur der Organisation aufgefressen werden, wenn sie diese nicht annehmen will – oder kann.

Bestehende Organisationen – dies zeigt die Praxis agiler Transitionen/Transformationen immer wieder – erweisen sich als äußerst robust gegen Veränderungen und gegen alles Neue – selbst wenn diese erhofft, willkommen, erwünscht, ersehnt sind. Denn es ist nicht nur eine Frage des Wollens, sondern auch des Könnens, des *Ist-es-uns-möglich*. Um dies zu verstehen, müssen wir zunächst herausfinden, was „Organisationskultur" eigentlich ist und wie sie funktioniert. Darauf aufbauend können wir Veränderungen angehen.

Ach übrigens: *„Culture eats everything for Breakfast!"*. Egal, was Sie machen, Sie kommen an der Kultur Ihrer Organisation nicht vorbei. Und diese wird alles vernichten, was zu ihr nicht kompatibel ist.

Exkurs: Was ist Organisationskultur?

Paralyse durch Analyse ist der sichere Weg in den Untergang.

In grober Vereinfachung von Niklas Luhmanns Auffassung über Organisationen kann man formulieren, dass *Organisationen das sind, was in ihnen abläuft,* – also ihre Kultur und nicht ihre Struktur. Organisationen unterscheiden sich nicht so sehr darin, *wie sie aufgebaut sind* und *was sie machen*, sondern *wie sie es machen*. Zwei Unternehmen in derselben Branche unterscheiden sich darin, *wie* sie am Markt agieren. Und genau in diesem Unterschied liegt der Grund für den Erfolg des einen im Vergleich zum anderen. Auch hier gibt es kein *richtig* und kein *falsch*, nur ein *passend* oder *nicht passend,* und zwar jeweils zu *einem gegebenen spezifischen Zeitpunkt in der gegebenen spezifischen Situation.* Was heute passend ist, kann morgen schon unpassend sein und umgekehrt. So ist nun mal die VUKA-Welt: unberechenbar (und) aufregend. Und genau daher funktionieren Standardlösungen nicht: Was heute für den einen passend ist, kann morgen für einen anderen passend sein oder auch nicht. Es kann morgen auch unpassend für den sein, für den es heute noch passend war. Wir wissen es nicht – und werden es nie wissen können – aus strukturellen Gründen. *Verschwenden wir daher keine Zeit auf die Analyse von Nichterkennbarem.* Wir müssen akzeptieren – auch wenn dies eine Kränkung für die Krone der Schöpfung, den Homo sapiens ist –, dass wir nicht alles erkennen können.

Drei Modelle zu Organisationskultur

> *Ihrem Wesen nach sind alle Modelle falsch –*
> *und einige sind nützlich.*
>
> – George E. P. Box, britischer Professor für Statistik

Was ist *„Organisationskultur"*? Was ist Kultur? Vereinfacht formuliert: *„Kultur ist das, was stattfindet. Weil es die einen machen – und die anderen zulassen."*

Und die Langversion? Ist es, *„die Sammlung von Traditionen, Werten, Regeln, Glaubenssätzen und Haltungen, die einen durchgehenden Kontext für alles bilden, was wir in dieser Organisation tun und denken"* [Mar85]? Ist es *„das Betriebssystem des Unternehmens"*[Hof10]? Oder ist es *„das, was auf der Hinterbühne passiert"* [Woh12]?

Doch Vorsicht: Die drei nachfolgend dargestellten Modelle sind *Erklärungsversuche,* wie Kultur verstanden werden kann – sie sind keine Wahrheiten, dass *Kultur dies ist.* Behalten Sie immer im Kopf: *Alle Modelle sind falsch – und einige sind nützlich.*

Die Organisation als Maschine

Die klassisch-tayloristische Sicht auf eine Organisation ist die einer Maschine: Die gesamte Organisation ist eine riesige Maschine, in der es viele Zahnräder gibt – viel mehr kleine als größere. Und nur wenn alle „in der Spur bleiben", sich an den vorgegebenen Plan halten und den ihnen zugewiesenen Platz einnehmen, dann funktioniert die Maschine. Und ein kleines Zahnrad muss sich natürlich öfter drehen als ein größeres – dies zeigt das naturgegebene hierarchische Verständnis ... Gleichzeitig vermittelt dieses Modell die Austauschbarkeit und Ersetzbarkeit aller Teile.

In diesem Modell gibt es keinen (oder nur wenig) Platz für „Weiches" – die Maschine funktioniert hart, allein dadurch, dass die Zahnräder ineinander greifen. Dabei entstehende „Reibungen" resultieren allein aus der Mechanik und sind notwendig für den Betrieb der Maschine: Zahnräder können nur mit Reibung ineinander greifen ...

Insgesamt funktioniert die Maschine – zumindest in *einfachen* Kontexten.

Modernere Varianten dieser Auffassungen – wie die von Hofstede [Hof10] – verstehen die Organisation als Computer und die Organisationskultur als dessen Betriebssystem. Diese Auffassungen sind zwar ein deutlicher Fortschritt gegenüber der o.g. „tayloristischen Mechanik", da sie nun explizit weiche Faktoren vorsehen, allerdings suggerieren diese gleichzeitig einen leichten und einfachen Austausch der Software „Kultur" einfach per update oder upgrade – oder einfach der Installation eines anderen Betriebssystems.

Drei Ebenen und ein Eisberg

Basierend auf seiner Definition von Kultur als *„gemeinsame unausgesprochene Annahmen, die eine Gruppe bei der Bewältigung externer Aufgaben und beim Umgang mit internen Beziehungen erlernt hat"* [Sch03] entwickelte Edgar H. Schein sein Modell der „drei Ebenen der Kultur" (Kulturebenen-Modell, Abbildung 5).

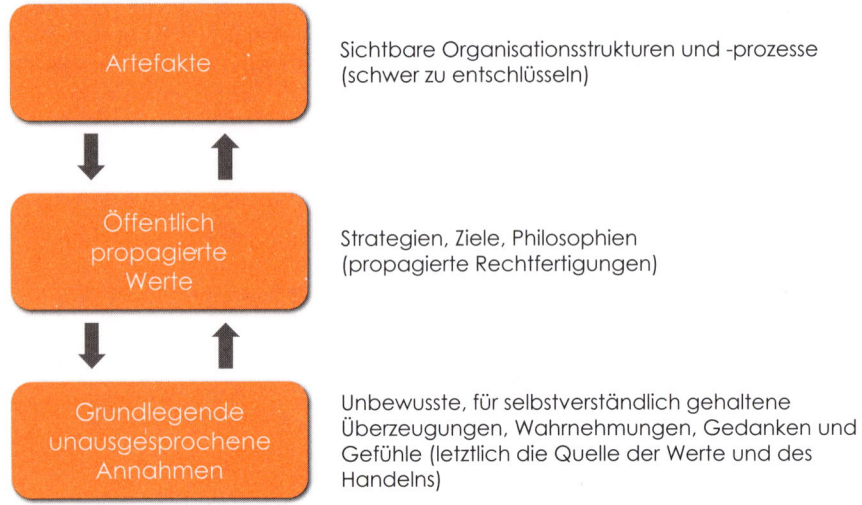

Abbildung 5: Die drei Ebenen der Unternehmenskultur [Sch03]

Die oberste Ebene stellen alle sichtbaren *„Artefakte"* dar, z.B. die sichtbaren Organisationsstrukturen und -prozesse, Meetings, Verhalten der Mitarbeiter untereinander und Organisationsexternen gegenüber. Die Elemente dieser Ebene sind sehr klar und haben unmittelbare emotionale Auswirkungen. *Allerdings ist nicht klar, was das alles bedeutet.* Man kann nicht sagen, warum die Mitarbeiter sich gerade so verhalten und nicht anders. Beobachtung reicht hier nicht aus, um die Kultur zu entschlüsseln: Insider müssen in Interviews dazu befragt werden, was man gesehen und gespürt hat. Dies führt als nächstes zu den öffentlichen Werten [Sch03].

Auf der Ebene der *„öffentlich propagierten Werte"* wird gefragt, warum etwas so ist, wie es ist, z.B. warum die Bürotüren immer offen oder geschlossen sind, warum es Parkplätze für Führungskräfte gibt, warum es einen extra Aufzug für den Vorstand gibt, warum es ein Vorstandskasino gibt etc. Diese öffentlichen Werte – also Werte, *„an die die Organisation glauben möchte"* – können auch explizit in organisationsin- und -externen Darstellungen fixiert sein. Verstehen kann man eine Organisation auf dieser Ebene (noch) nicht. Denn oft werden Widersprüche sichtbar – zwischen den Werten untereinander und zwischen den Werten und den Artefakten – *das offene Verhalten wird von einer tieferen Denk- und Wahrnehmungsebene gesteuert* [Sch03].

Um diese tiefere Ebene – *die grundlegenden unausgesprochenen Annahmen* – zu verstehen, muss man in die Geschichte der Organisation gehen. Welche Annahmen, Überzeugungen und Werte der Gründer und bedeutenden Leiter haben die Organisation in seiner Vergangenheit erfolgreich gemacht? Organisation werden von Einzelnen oder Gruppen gegründet und initiiert, die ihren Mitarbeitern zunächst ihre Annahmen, Überzeugungen und Werte aufoktroyieren. Sind die Leistungen der Organisation am Markt erfolgreich, dann werden die Annahmen, Überzeugungen und Werte allgemein und selbstverständlich – und zu den unausgesprochenen Annahmen darüber, *„wie die Welt ist und wie Erfolg geht"* [Sch03].

Zwar waren diese ursprünglich auf die Gründer und Leiter beschränkt, übernommen – und damit selbstverständlich – wurden sie erst dadurch, dass die Mitarbeiter diese für *„richtig"* halten, weil sie zum Erfolg der Organisation führen. Sie sind das Ergebnis eines *gemeinsamen Lernprozesses* und damit die *Essenz der Organisationskultur.*

Und um diese Organisationskultur wirklich zu verstehen, muss man diese Annahmen, Überzeugungen und Werte herausfinden, sie *„aufspüren"* [Sch03]. Das kann durchaus einen erforschenden Charakter annehmen, denn sie sind den Mitarbeitern nicht (mehr) explizit bewusst, weil mittlerweile selbstverständlich.

Der kleine, sichtbare Teil der Kultur – Artefakte und öffentlich propagierte Werte – geht also auf einen größeren, nicht sichtbaren, nicht direkt zugänglichen Teil zurück – wie bei einem Eisberg, dessen größerer Teil ebenfalls unsichtbar unter der Wasseroberfläche schwimmt. Daher wird dieses Modell oft auch als *Eisberg-Modell* dargestellt (Abbildung 6).

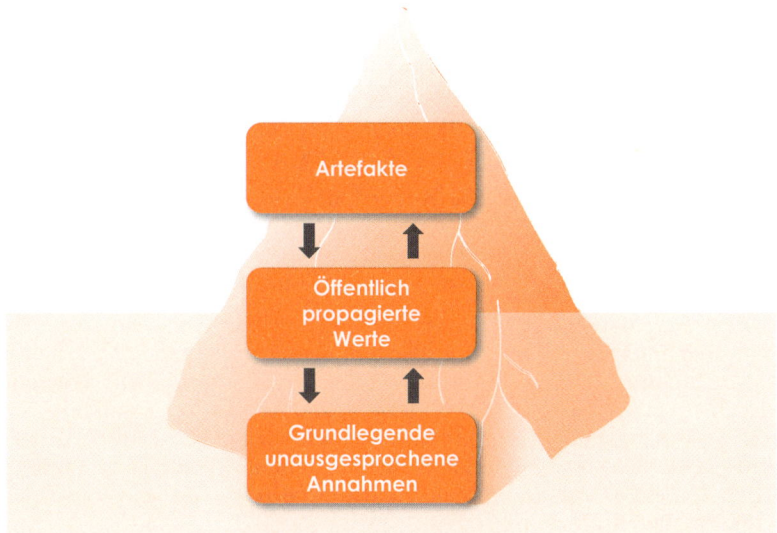

Abbildung 6: Die drei Ebenen der Unternehmenskultur, dargestellt als Eisberg-Modell

Schein zeigt mit seinem Modell, dass *das direkt Sichtbare nicht das eigentlich Wesentliche ist* und *das eigentlich Wesentliche nicht sichtbar ist* – und damit nicht (direkt) zugänglich und auch nicht (direkt) gestaltbar. Gleichzeitig deutet dieses Modell an, dass es Verknüpfungen zwischen sichtbaren und unsichtbaren Anteilen gibt. Diese führen zu einem hierarchischen Aufbau seines Modells, wobei – entgegen normalen Hierarchiemodellen – der wichtigere, der bestimmende Teil unten angesiedelt ist. Diese Beziehungen zwischen Sichtbarem und Wesentlichem stellt das nächste Modell noch deutlicher heraus.

Theater: Vorderbühne – Hinterbühne

Auf den amerikanischen Soziologen Erving Goffman geht ein Modell zurück, dass auf zwei miteinander verknüpften Orten basiert [WikiVH]:

- der *Vorderbühne* als Ort des „offiziellen", des für alle sichtbaren Geschehens
- der *Hinterbühne* als Ort des „inoffiziellen", nur für Eingeweihte und Beteiligte sichtbaren Geschehens

Erst durch Betrachtung der Hinterbühne kann das gesamte Geschehen verstanden und klar werden, was wie und wodurch zustande kommt.

Ein Beispiel dafür ist ein Restaurant [WikiVH]: Im Gastraum – der Vorderbühne – servieren die Kellner die Speisen, die in der Küche – der Hinterbühne – entstehen. Eine Diskussion über die Machtfrage, *„wer Koch und wer Kellner ist"*, ist sinnlos und überflüssig – beide bedürfen einander, keiner kann ohne den anderen funktionieren, es bedarf beider für die Leistung für den Kunden.

Dieses Modell wendet Gerhard Wohland auf Organisationskultur an [Woh12]: Hinter *Sichtbarem* (z.B. Verhalten) steht *Unsichtbares* (z.B. Werte). Das Sichtbare ist die Vorderbühne und das Unsichtbare die Hinterbühne – und beide sind miteinander verknüpft. Wie genau diese Verknüpfungen zwischen Sichtbarem und Unsichtbarem sind, ist kann nicht aufgedeckt werden. Es gibt hier keine kausalen Zusammenhänge – man kann von *„Kraftfeldern"* [Woh12] sprechen.

Auch kann das Unsichtbare nicht aus dem Sichtbaren abgeleitet werden: Aus dem Verhalten kann nicht auf die Werte geschlossen werden. Menschen können sich so verhalten, als ob sie bestimmte Werte hätten – dann würden sie heucheln und lügen – und sie können sich (mit schlechtem Gewissen) gegen ihre Werte verhalten [Woh12]. Die Hinterbühne ist also nicht zugänglich.

Und genau hier liegt die Krux: Die Hinterbühne „erzeugt" das, was auf der Vorderbühne passiert, in einer *unbekannten – und unerkennbaren – und damit nicht zugänglichen Art und Weise.* Zudem erzeugt sie das Geschehen nicht nur, sie stabilisiert es auch und schützt das Ganze gegen Veränderungen.

Genau diese Stabilisierung kann zum Problem werden, wenn sich das „Theater" verändern und anpassen muss. Von außen eingebrachte Veränderungen der Vorderbühne verschwinden recht schnell, weil die Hinterbühne das Bisherige gegen das Neue durchsetzt und schützt, um die Szenerie stabil zu halten. Denn das „Theater" würde ja auseinanderfallen, wenn der Einfluss von außen auf die Vorderbühne stärker wäre als der von innen, d.h. hinten. Aus demselben Grund kann sich die Vorderbühne nicht eigenständig ohne die Hinterbühne verändern – sie braucht die Unterstützung der Hinterbühne dazu.

Dauerhaft stabile Veränderungen müssen also *über die Hinterbühne erfolgen* und können durch Veränderungen *auf der Vorderbühne unterstützt* werden – und da sind wir in der Systemtheorie und bei systemischem Vorgehen gelandet (s. Abschnitt III.2.5 „Systemdenken").

In diesem Modell ist *Kultur die Kopplung von Verhalten und Werten.* Diese Kopplung ist strukturell: Verhalten und Werte – Vorderbühne und Hinterbühne – *existieren gleichzeitig und nicht nacheinander* wie bei Scheins *Kulturebenen-Modell.* Und diese Kopplung ist nicht kausal: *Es kann weder vom Verhalten auf die Werte noch von den Werten auf das Verhalten geschlossen werden* [Woh12].

Diese Beziehung, die Kopplung zwischen Verhalten und Werten, beschreibt Wohland [Woh12] mit dem Modell einer Landschaft (dies sind die Werte), in der das Verhalten stattfindet. Die Landschaft ist als Ergebnis der Vergangenheit der Kontext für die Zukunft. Und wie eine Landschaft weder bestimmte Wege festlegt noch alle Wege erlaubt, bestimmen auch die Werte nicht das Verhalten. In einer gegebenen Landschaft der Werte ist ein bestimmtes Verhalten möglich, vielleicht sogar leichter möglich und damit wahrscheinlicher, und ein anderes Verhalten eher unmöglich und damit unwahrscheinlicher. Jede Veränderung der Landschaft *kann* ein anderes Verhalten hervorrufen, *muss* allerdings nicht. Und eine *spezifische* Veränderung der Landschaft *muss* nicht ein *spezifisches* Verhalten hervorrufen, *kann* es allerdings. Daher funktionieren Pläne nicht – sondern nur Experimente. Wir können nur etwas versuchen und schauen, was passiert und was das Ergebnis ist. Und dann wieder etwas anderes versuchen … Und am wirkungsvollsten werden wir sein, wenn wir – vergleichbar der Evolution – permanent viele kleine Mikroexperimente in alle Richtungen machen und in die Richtung weitergehen, in der das Erwünschte liegt. Nur so bleiben wir anpassungsfähig – und damit überlebensfähig.

Das „richtige" Modell bestimmt Ihr Verhalten!

Entscheiden Sie sich für das *„richtige"* – besser gesagt *passende* – Modell und handeln Sie entsprechend!

Die drei oben aufgelisteten Modelle sind sicher alle falsch – und je nach Sichtweise nützlich. Wenn Sie sich für das Modell entscheiden, das – für Sie – wahr ist und an das Sie glauben (wollen), dann werden Sie auch danach handeln. Nur beachten Sie: *Es ist ein Modell und nicht die Wirklichkeit. Und was wahr ist, definieren Sie für sich. Und was für Sie wahr ist, ist nur für Sie wahr und niemanden anders!*

Verstehen Sie Modelle nicht als *Beschreibungen*, wie die Dinge wirklich sind, sondern als Versuch, dem Wirrwarr, das wir vor uns haben, *eine Struktur zu geben*. Und wir erzeugen die Struktur! Diese ist nicht objektiv da! Diese ist zutiefst subjektiv! Und zwar dadurch, dass ein Beobachter das beschreibt, was für *ihn* wahr ist, und sie so erschafft!

> *Wahrheit ist die Erfindung eines Lügners.*
>
> – Heinz von Foerster

Denken Sie immer daran: *Es gibt keine an sich wahren Modelle!*

Zudem gibt es zu den verschiedenen Entwicklungsstufen von Organisationen unterschiedliche Modelle. Einen Einblick hierzu gibt das Modell von Laloux (s. u. Abschnitt „Das Kultur-Modell von Laloux").

Veränderung der Organisationskultur: Herausforderung oder Utopie?

Für jede Veränderung ist es wichtig, den Ausgangspunkt zu kennen, also zu wissen, wo man steht, um von dort aus Kurs auf das Ziel zu nehmen. Je nachdem, wo „Sie gerade stehen", können Kurs und die daraus resultierenden Schritte unterschiedlich sein.

Zum Klassifizieren von Organisationskulturen gibt es verschiedene Modelle. In der agilen Welt wird häufig das Kulturmodell von William E. Schneider [Sch94], auch *Schneider Kulturmatrix* genannt, verwendet.

Kulturmodell nach Schneider

William E. Schneider [Sch94] baut sein Modell zwischen zwei senkrecht aufeinander stehenden Achsen auf (Abbildung 7, [Sch94, Cai, All12]):

- *Inhalt* (vertikale Achse): *Worauf richtet die Organisation ihre Aufmerksamkeit?* Die beiden Endpunkte der Achse sind die *Möglichkeiten,* die sich bietenden Chancen und die *Realität,* das aktuell Gegebene.
- *Prozess* (horizontale Achse): *Wie trifft die Organisation Entscheidungen und (Be-) Wertungen?* Die beiden Endpunkte der Achse sind Bezug auf das *Unternehmen* (das System) und Bezug auf den *Menschen* (das Individuum).

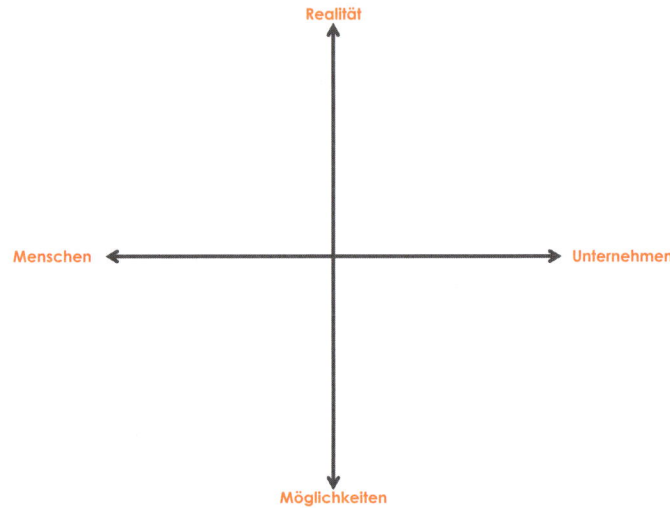

Abbildung 7: Kulturmodell nach Schneider: *Die vertikale Achse gibt den Bezug der Kultur und die horizontale Achse gibt die Ausrichtung der Kultur an*

Durch diese beiden Achsen ergeben sich vier Quadranten, denen unterschiedliche Kulturen mit unterschiedlichen Eigenschaften zugeordnet werden (Abbildung 8, [Sch94, Cai, All12]):

- Schwerpunkt auf Realität und ausgerichtet auf das Unternehmen: *Kontrolle*
- Schwerpunkt auf Realität und ausgerichtet auf den Menschen: *Zusammenarbeit*
- Schwerpunkt auf Möglichkeiten und ausgerichtet auf das Unternehmen: *Kompetenz*
- Schwerpunkt auf Möglichkeiten und ausgerichtet auf den Menschen: *Vervollkommnung*

Schneider betont, dass diese vier Kulturen selten in Reinform auftreten, meist gibt es eine dominierende Kultur, die durch die Nachbarquadranten beeinflusst wird. Da Kultur immer auf eine Gruppe bezogen ist, wird es innerhalb einer Organisation auch eine Bandbreite der Ausprägung von spezifischen Merkmalen einer Kultur geben bis hin zu verschiedenen Kulturen nebeneinander. Diese Parallelkulturen sind häufig Ursache für Probleme in der Organisation [Sch94, Cai, All12].

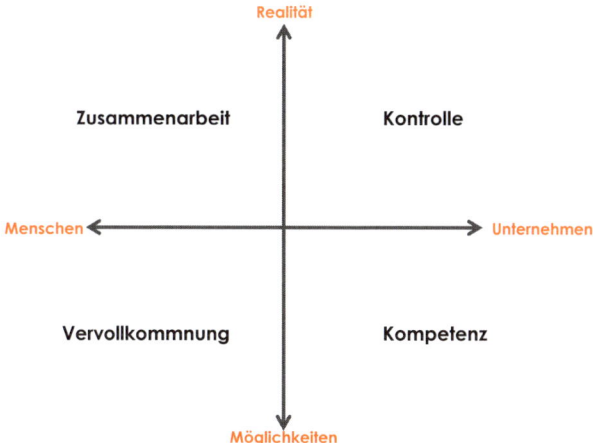

Abbildung 8: Kulturmodell nach Schneider: Zuordnung verschiedener Kulturen

Im Modell sich diagonal gegenüberstehende Kulturen haben in beiden Dimensionen jeweils entgegengesetzte Ausrichtungen, diese führen zu Konflikten zwischen ihnen. Ein direkter Wandel von der einen in die andere ist daher nicht möglich, der Weg muss über einen der beiden gemeinsamen Nachbarquadranten gehen. Dazu ist zu entscheiden, welche Dimension zuerst verändert werden soll: *Inhalt* oder *Prozess*. Hier ist über Experimente (Versuch & Irrtum) herauszufinden, in welcher Richtung die Organisation eher bereit ist, sich zu bewegen. Veränderung kann nur von innen aus der Organisation heraus kommen (s. „Systemdenken" in Abschnitt III.2.5)

Mit einem Fragebogen kann die Kultur der eigenen Organisation bestimmt werden [Sch94: 18ff.].

Im folgenden werden die einzelnen Kulturen näher beschrieben [Sch94, Cai, All12].

Kultur der Kontrolle

> *Everyone at P&G is like a hand in a bucket of water – when the*
> *hand is removed, the water closes in and there is no trace.*
>
> – Aussage eines Managers [Sch94: 31]

Die Vorlage für die Kultur der Kontrolle ist das *Militär*: Der Einzelne zählt nichts, das Unternehmen alles. *Das Ziel ist die einheitliche Organisation als Maschine.* Je besser jedes „Zahnrädchen Mensch" funktioniert, desto besser erreicht die Organisation ihre Ziele.

Vorhersagbarkeit ist wichtiger als Chancen: Im Vordergrund steht das, was jetzt ist, und nicht das, was sein könnte.

Diese Kultur ist kennzeichnend für klassische Konzerne: Autorität definiert sich über die Position innerhalb der Hierarchie – über je mehr Menschen jemand Macht hat, desto höher ist sein Rang. Der Informationsfluss läuft durch die Hierarchie von oben nach unten. Von unten nach oben wird nur das berichtet, was die Vorgesetzten erwarten und hören wollen – Zurückhalten und Verbergen von Informationen ist Teil der Kultur.

In diesem Klima finden Innovationen praktisch nicht statt, Marktmacht wird über die Übernahme anderer Unternehmen erreicht.

Kultur der Zusammenarbeit

Die Vorlage für die Kultur der Zusammenarbeit ist die *Familie*: Alle arbeiten gemeinsam für ein Ziel, bringen sich mit ihrer Individualität ein und leisten zusammen mit den anderen Mitgliedern des Teams Herausragendes. Dabei wird der Kunde als Teil des Teams gesehen und eng einbezogen. Es gibt wenig hierarchische Struktur. Autorität entsteht durch Beitrag. Informationen fließen schnell dahin, wo sie benötigt werden. *Das Ergebnis zählt* und alle Ideen und Konzepte, die zum gewünschten Ergebnis führen, werden verwendet. Eigeninitiative ist ausgeprägt und wird geschätzt. Ein zentraler Wert ist Vertrauen.

Mit partizipativ getroffenen und gemeinsam getragenen Entscheidungen ist dies die demokratischste von allen Kulturen.

Die Zusammenarbeitskultur ist insbesondere in interdisziplinären Arbeitsfeldern anzutreffen, die durch hohe Geschwindigkeit und Komplexität gekennzeichnet sind.

Kultur der Kompetenz

Die Vorlage für die Kultur der Kompetenz ist die *Universität*. Es geht um *Expertise, Wissenszuwachs, Exzellenz, Meisterschaft und das Erreichen von Zielen*. Die Beziehungen der Mitarbeiter sind eher unpersönlich und über die jeweiligen Aufgaben definiert. Expertise verleiht Autorität, Kompetenz muss bewiesen und demonstriert werden. Sach-Argumente und überzeugende Fakten zählen, Menschen werden Konzepten und Theorien untergeordnet.

Die Kompetenzkultur ist auf die Zukunft hin orientiert. Dabei haben strategische Überlegungen einen hohen Stellenwert und die daraus abgeleiteten Handlungen werden konsequent ausgeführt.

Kultur der Vervollkommnung

Die Vorlage für die Kultur der Vervollkommnung ist die *religiöse Gemeinschaft*. Es geht um die persönliche Entwicklung, das Freisetzen des persönlichen Potenzials. *Ziel ist das Erreichen einer höheren Ebene für Menschen und Organisation. Zentrales Thema ist Sinn.* Die Organisation funktioniert über die Verpflichtung auf gemeinsame Werte, die Orientierung geben. Ethisches Verhalten ist wichtig, es gibt nur wenige Regeln. Persönliche, kollegiale und interaktive Beziehungen mit offener und direkter Kommunikation. Mitarbeiter handeln selbstbestimmt und haben dazu große persönliche Freiräume. Organisationen haben oft Netzwerkstrukturen, dezentrale Strukturen mit minimaler Autorität.

Da Veränderung für diese Kultur Lernen und Entwicklung und daher Fortschritt bedeutet, kann sie am besten von allen vier Kulturen mit Veränderungen umgehen. Was sein könnte, ist wichtiger, als was ist.

Agilität und das Schneider Kulturmodell

Die spannende Frage ist nun, wie lässt sich Agilität im Schneider Kulturmodell einordnen. Dies ergibt dann eine mögliche „Ziel"-Kultur, ohne hiermit definieren zu wollen, wo alle Organisationen „hin müssen". Jede Organisation muss ihre eigene Agilität als Ausdruck ihrer eigenen Kultur finden! Und dafür lassen sich weder Vorgaben für den Weg dahin noch über das Ziel machen.

Agilität baut auf einer Kultur der Zusammenarbeit auf – im Kleinen Zusammenarbeit im Team und mit dem Kunden, im Großen vernetzt über das gesamte Unternehmen entsprechen der Produktstruktur.

Die agilen Werte im Schneider Kulturmodell

Trägt man die agilen Werte (s. Kapitel III.3) in das Schneider Kulturmodell ein, so stellt man fest, dass die Kulturen „Zusammenarbeit" und „Kompetenz" angesprochen werden (Abbildung 9). Auf den möglichen Konflikt zwischen Anteilen in den diagonal gegenüberliegenden Quadranten „Zusammenarbeit" und „Kompetenz" wird weiter unten eingegangen.

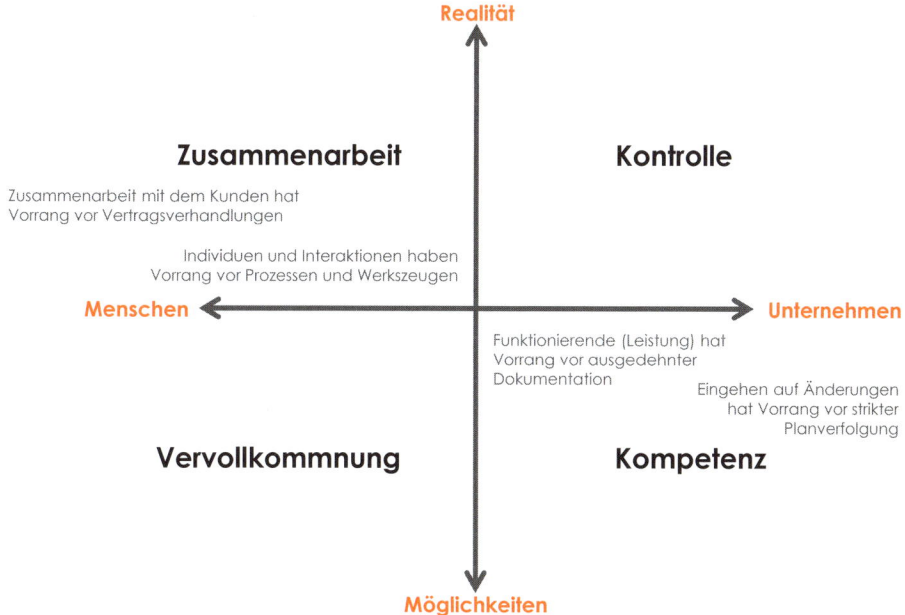

Abbildung 9: Agile Werte, eingetragen im Schneider Kulturmodell

Die agilen Prinzipien im Schneider Kulturmodell

Trägt man die agilen Prinzipien (s. Kapitel III.3) in das Schneider Kulturmodell ein, so stellt man fest, dass alle Kulturen außer der „Kontrollkultur" angesprochen werden (Abbildung 10). Auf den möglichen Konflikt zwischen Anteilen in den diagonal gegenüberliegenden Quadranten „Zusammenarbeit" und „Kompetenz" wird weiter unten eingegangen.

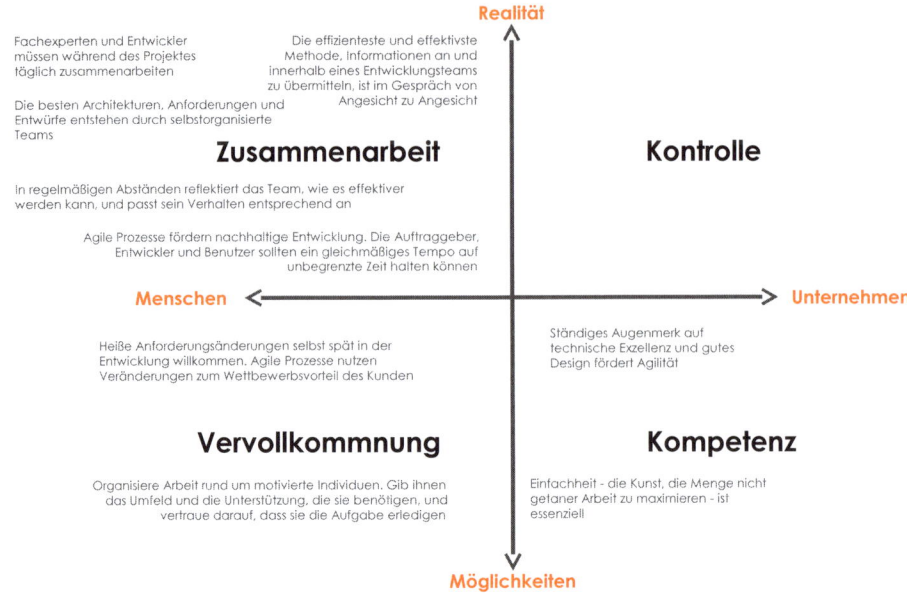

Abbildung 10: Agile Prinzipien, eingetragen im Schneider Kulturmodell

Die Werte des Manifesto for Software Craftsmanship im Schneider Kultur-Modell

Werden die Werte des Manifesto for Software Craftsmanship (s. Abschnitt IV.3.6) in das Schneider Kulturmodell eingetragen, so lässt sich feststellen, dass die „Kompetenzkultur" angesprochen wird (Abbildung 11).

Zum Konflikt zwischen den Kulturen „Zusammenarbeit" und „Kompetenz"

Zunächst ist festzuhalten, dass die o.g. Zuordnungen der Werte und Prinzipien in das Schneider Kulturmodell (m)einer subjektiven Einschätzung unterliegt. Es ließe sich also diskutieren, ob die Einordnung so oder vielleicht anders erfolgen sollte.

Vom Prinzip her wird es dabei bleiben, dass auch die Kompetenzkultur angesprochen wird, die diagonal zur Zusammenarbeitskultur liegt. Ein Blick auf die Einordnung des Software Craftsmanship in das Schneider Kulturmodell (Abbildung 11) löst den Widerspruch: Ein Teil der agilen Werte adressiert die Kultur der Software Craftsmanship-Bewegung, die stärker auf Kompetenz und „handwerkliches Können" ausgerichtet ist. *Die agile Kultur ist also keine scharf abgrenzbare Kultur*, sondern eher eine Sammlung verschiedener kultureller Aspekte, die eine klare Richtung angibt: *„Alles außer Kontrollkultur!"*

Fasst man das o.G. zusammen, so lässt sich feststellen (Abbildung 12), *„dass Agilität primär von einer Kultur der Zusammenarbeit ausgeht mit sekundärem Bezug zur Kultur der Vervollkommnung"* [Sah12]. Die „Software Craftsmanship"-Bewegung entspricht einer Kompetenzkultur und – der Vollständigkeit halber hier mit angegeben – Kanban einer Kontrollkultur (dies ergibt sich, wenn die Werte von Kanban in

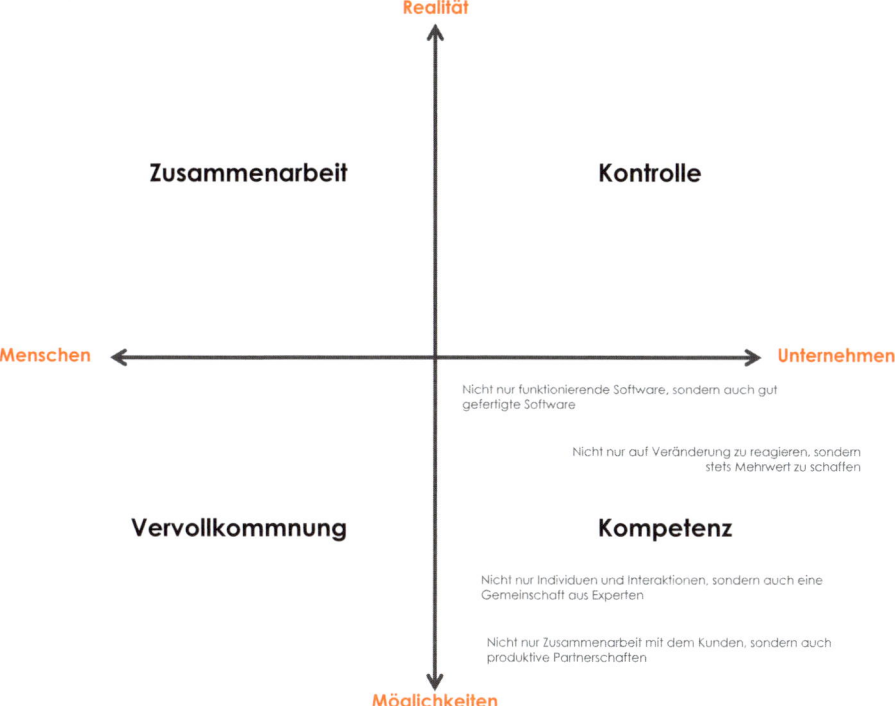

Abbildung 11: Die Werte des Manifesto for Software Craftsmanship, eingetragen im Schneider Kulturmodell

das Schneider Kultur-Modell eingetragen werden. Dies ist auch insofern plausibel, als dass Kanban die bestehenden Prozesse zunächst nicht verändert und „nur" Transparenz schafft).

Mögliches Vorgehen zur Einführung von Agilität

Je nachdem, welches die aktuelle Kultur der Organisation entsprechend dem Schneider Kulturmodell ist, kann dann vorgegangen werden (vgl. Abbildung 12):

- *Kontrollkultur*: Da Kanban diese Kultur bedient, ist eine Einführung von Kanban sinnvoll. Nachdem Probleme sichtbar werden, können diese gezielt angegangen werden. Ist das Ziel mehr Agilität, so können Themen mit Bezug zu „Zusammenarbeit" vorrangig in Angriff genommen werden. Soll zuerst Kompetenz aufgebaut werden, ist der Weg in Richtung „Software Craftsmanship" zu bevorzugen. Nach und nach erfolgen – basierend auf regelmäßigen Retrospektiven – immer mehr Veränderungen in Richtung Agilität.
- *Kompetenzkultur*: Da die „Software Craftsmanship"-Bewegung diese Kultur bedient, ist eine Orientierung an dieser Bewegung sinnvoll. Nach und nach können Aspekte der „Vervollkommnung" der einzelnen Mitarbeiter stärker sowie ihre Zusammenarbeit berücksichtigt werden.
- *Zusammenarbeitskultur*: Hier können die agilen Werte und Prinzipien direkt umgesetzt werden.
- *Kultur der Vervollkommnung*: Hier können ebenfalls die agilen Werte und Prinzipien direkt umgesetzt werden.

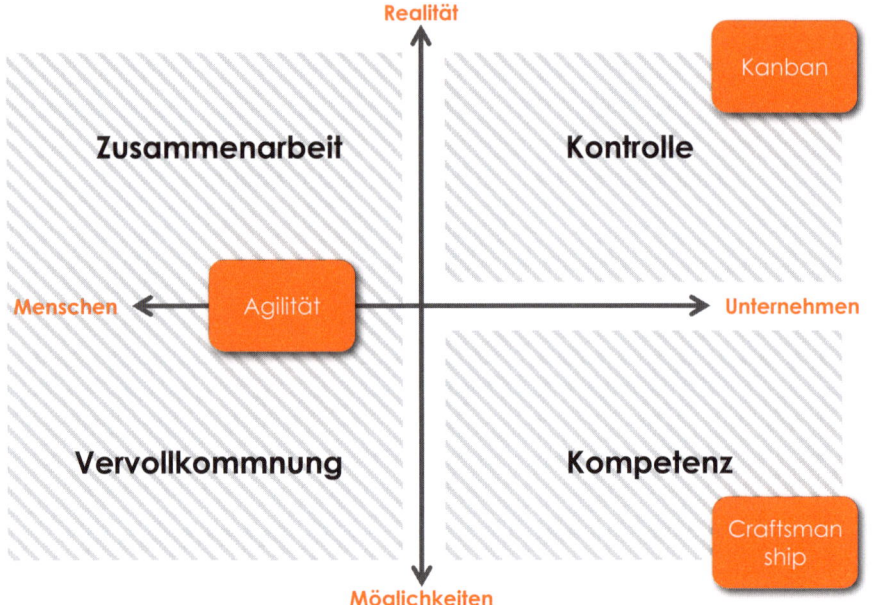

Abbildung 12: Die verschiedenen Konzepte, eingetragen im Schneider Kulturmodell

Das Kulturmodell von Laloux

> *Eine Organisation kann sich nicht weiterentwickeln als die Entwicklungsebene, auf der sich die Führungskräfte befinden.*
>
> – Frederic Laloux

Ein viel beachtetes Modell zur Entwicklung von Organisationen lieferte Frederic Laloux in seinem Buch *Reinventing Organizations. Ein Leitfaden zur Gestaltung sinnstiftender Formen der Zusammenarbeit* [Lal15]. Laloux entwickelte aus verschiedenen Modellen anderer, u.a. von Clare Graves, Robert Kegan, Ken Wilber, ein evolutionäres Modell mit sieben sehr unterschiedlichen Paradigmen, denen jeweils Farben zugeordnet werden ([Lal15], Tabelle 1):

1. *Das reaktive Paradigma* (Infrarot): Zusammenleben der Menschen in kleinen Familiengruppen in der Zeit von 100.000 bis 50.000 v.Chr, Nahrungssuche ist die Grundlage des Überlebens. Es gibt keine Arbeitsteilung und keine Hierarchie.
2. *Das magische Paradigma* (Magenta): Vor etwa 15.000 Jahren entwickelten sich aus Familiengruppen Stämme mit wenigen Hundert Menschen, es gibt noch keine Organisationen, begrenzte Aufgabenteilung, wobei die Älteren einen besonderen Status und ein gewisses Maß an Autorität besitzen.
3. *Das tribale impulsive Paradigma* (Rot): Vor etwa 10.000 Jahren entwickelten sich die ersten Stammesfürstentümer und damit die ersten Organisationen. Beispiele heute sind Straßengangs und Mafiaclans, ein Gleichnis sind Wolfsrudel: Der Alphawolf übt wenn nötig seine Macht aus, um seinen Status im Rudel zu erhalten. In dieser Welt ist Macht die Währung: *Wenn ich mächtiger bin als du, dann kann ich einfordern, dass meine Bedürfnisse erfüllt werden; wenn du mächtiger bist als ich, dann ordne ich mich dir unter und hoffe, dass du für mich sorgst.*

4. *Das traditionelle konformistische Paradigma* (Bernstein): Etwa 4000 v.Chr. vollzog sich der Übergang zu Staaten und Zivilisationen, Autorität wird mit einer Rolle verbunden, nicht mehr mit einer mächtigen Person, Stabilität in der Machtstruktur, es gibt formelle Titel, feste Hierarchien und Organigramme, Gleichnis: Eine gute Organisation wird wie eine Armee geführt: In der rigiden Hierarchie muss es eine eindeutige Befehlskette, formale Prozesse und klare Regeln geben, womit festlegt wird, wer welche Aufgabe hat. Kontrolle durch Institutionen und Bürokratie, Organisationen können kurz- und langfristig planen, es entstehen stabile Organisationsstrukturen, Prozesse werden erfunden, dadurch können Erfahrungen der Vergangenheit in der Zukunft wiederholt werden. Beispiele sind die meisten Regierungsorganisationen, öffentliche Schulen, religiöse Institutionen und das Militär.

5. *Das moderne leistungsorientierte Paradigma* (Orange): Prozesse und Projekte stehen im Mittelpunkt, Pyramide als Grundstruktur der Organisation mit geöffneten Grenzen einer funktionalen und hierarchischen Aufteilung, um Kommunikation zu beschleunigen und Innovation zu unterstützen. *Management nach Zielvorgaben*, Sichtweise der Organisation als Maschine, rationale Sichtweise auf Organisation und Menschen mit Budgets und Zielvorgaben. Beispiele sind globale Unternehmen.

6. *Das postmoderne pluralistische Paradigma* (Grün): hohe Sensibilität für die Gefühle der Menschen, Fairness, Gleichheit, Harmonie, Gemeinschaft, Kooperation und Konsens sind wichtig, die Standpunkte aller werden berücksichtigt mit dem Ziel eines Konsens; Empowerment der Mitarbeiter durch Abgeben von Entscheidungen an sie und Manager als *Servant Leader*, die ihren Mitarbeitern dienen; stark werteorientierte Kultur und inspirierende Sinnausrichtung; Integration verschiedener Interessengruppen: Kunden, Zulieferer, Mitarbeiter, Management, Eigentümer/Investoren/Aktionäre, lokale Gemeinschaften, die Gesellschaft als Ganzes und die Umwelt haben alle berechtigte Interessen, die in Einklang gebracht werden müssen, *Metapher der Familie für das Unternehmen.*

7. *Das integrale evolutionäre Paradigma* (Petrol): ein ganzheitliches (holistisches) Verständnis in Bezug auf Mensch und Organisation setzt sich durch, *die Entfaltung des Menschen wird zum zentralen Paradigma*; Rationalität ist nur ein Teil für Weisheit. Denken in Paradoxien: Das einfache Entweder-oder-Denken wird durch das komplexere Sowohl-als-auch-Denken abgelöst; holistische Formen des Wissens werden erschlossen. Ganzheitlichkeit des Einzelnen, in der Beziehung zu anderen und in der Verbundenheit mit dem Leben und der Natur.

Der jeweiligen Stufe werden Organisationsformen als auch Entwicklungsstufen des menschlichen Bewusstseins zugeordnet. Daher kann eine Organisation nicht „weiter sein", als das Bewusstsein derer, die sie leiten und damit maßgeblich für ihre Gestaltung einflussreich und verantwortlich sind.

Laloux betont, dass jedes Paradigma seine guten Seiten hat, einen Kontext, in dem es angemessen ist.

Der Vorteil des Modells von Laloux ist, dass es eine Vision, eine Richtung vorgibt, in der die Entwicklung geht, nicht nur den Stand, wo man ist (vgl. Kulturmodell von Schneider). Auch hier sei wieder betont: *Alle Modelle sind falsch – und einige nützlich!*

	Beispiel heute	Wichtige Durch-brüche	Bestimmende Methapher
Tribale impulsive Organisationen (Rot) Ständige Machtausübung durch den Anführer, um den Gehorsam der Untergebenen zu sichern. Angst hält die Organisation zusammen. Sehr reaktiv, kurzfristiger Fokus. Gedeiht in chaotischen Umgebungen.	• Mafia • Straßengangs • Stammesmilizen	• Arbeitsteilung • Befehlsautorität	• Wolfsrudel
Traditionelle konformistische Organisationen (Berstein) Stark formalisierte Rollen innerhalb einer hierarchischen Pyramide, Anweisung und Kontrolle von oben nach unten (was und wie), Stabilität ist der höchste Wert und wird durch exakte Prozesse gesichert, die Zukunft ist die Wiederholung der Vergangenheit.	• Katholische Kirche • Militär • die meisten Regierungsbehörden • das öffentliche Schulsystem	• formale Rollen (stabile und skalierbare Hierarchien) • Prozesse (langfristige Perspektiven)	• Armee
Moderne leistungsorientierte Organisationen Das Ziel ist, besser zu sein als die Konkurrenz, Profite zu erwirtschaften und zu expandieren. Durch Innovationen kann man an der Spitze blieben. Management durch Zielvorgaben (Anweisung und Kontrolle bei dem, was getan wird; Freiheit bei dem, wie es getan wird)	• multinationale Unternehmen • Privatschulen (Charterschulen)	• Innovation • Verlässlichkeit • Leistungsprinzip	• Maschine
Postmoderne pluralistische Organisationen (Grün) Innerhalb der klassischen Pyramidenstruktur, Fokus auf Kultur und Empowerment, um eine herausragende Motivation der Mitarbeiter zu erreichen	• kundenorientierte Organisationen (z.B. Southwest Airlines, Ben & Jerry's, ...)	• Empowerment • werteorientierte Kultur • Berücksichtigung aller Interessengruppen (Stakeholder-Modell)	• Familie
Integrale evolutionäre Organisationen (Petrol)	?	?	?

Tabelle 1: Übersicht über die verschieden Entwicklungsstufen im Modell von Laloux [Lal15]

Folgende Eigenschaften werden bei Organisationen des integralen evolutionären Paradigmas (Petrol) gesehen [Lal15, Hec14]:

- Die Grundstruktur sind sich selbst verwaltende und organisierende Teams mit 7±2 Personen.
- Diese Teams kümmern sich eigenständig um die Belange ihrer Mitglieder, wie Einstellungen, Gehaltshöhe und Beurteilung/Feedback.
- Es gibt kein mittleres Management, sondern meist „nur" Coaches oder auf Zeit bzw. für ein bestimmtes Projekt gewählte Führungskräfte.
- Es herrscht eine hohe Transparenz bei allen wichtigen Informationen.
- Alle Entscheidungsprozesse sind radikal vereinfacht. Mitarbeiter treffen Entscheidungen nach einem Konsultationsprozess selbst.
- „Wir sind alle erwachsen": Vertrauen statt Kontrolle ist ein wesentliches Grundprinzip.
- Meist haben die Organisationen einen expliziten Wertekodex, den die Mitarbeiter erarbeitet haben und den sie neuen Kollegen vermitteln.
- Wichtige Trainingsthemen sind Umgang miteinander und Konfliktlösung.

Diese Beschreibung ist damit sehr nahe an dem, was wir bei agilen Organisationen bereits sehen. Dies ist sicherlich mit ein Grund für die starke positive Resonanz für Modell und Buch von Laloux, insbesondere innerhalb der agilen Community.

Wie können Sie die Kultur verändern?

Entsprechend dem Modell (s.o.), an das Sie *glauben*, werden Sie vorgehen. Für moderne Organisationen in der VUKA-Welt erscheint das „Vorderbühne – Hinterbühne"-Modell am besten geeignet – es bleibt trotzdem Ihre bewusste Entscheidung.

Wenn Pläne nicht funktionieren können – wegen der VUKA-Umwelt außen und der systemischen Thematik der Organisation innen –, dann lassen wir das und gehen ohne großen Masterplan vor. Indem wir agil vorgehen, basierend auf den agilen Werten und dem agilen Mindset, planen wir einen Schritt und gehen diesen. Und auf Basis des Ergebnisses planen und gehen wir den nächsten Schritt … und fassen dabei jeden Schritt als Experiment auf, d.h. wir halten ein „Scheitern" – im Sinne eines unerwarteten Ausgangs/Ergebnisses – für möglich und vielleicht für wahrscheinlicher als den erwarteten Ausgang, da wir eben nicht alle Einflüsse (er)kennen können. Damit sind wir bei agilen Veränderungen und agilem Change Management (s. Abschnitt III.4.3).

Das Fehlen eines Masterplans ist kein Opportunismus, es ist Realismus: Wozu einen Plan machen, wenn klar ist, dass *kein Plan funktionieren kann.*

Ein Beispiel für agiles Vorgehen zur Kulturveränderung ist → *Culture Hacking*, ein systemisches Vorgehen, bei dem mittels Experimenten die Kultur angeregt wird, sich zu verändern (s. Abschnitt IV.3.3).

Was Sie tun können

Erinnern Sie sich an die Aussage von Dan Pink dazu, was ein Mensch braucht, um motiviert zu sein (s. Abschnitt III.2.3):

- *Autonomie* – die Freiheit, das zu tun, was ich für richtig halte
- *Perfektionierung* – das, was ich für richtig halte, auch mindestens gut können
- *Sinnerfüllung* – Wozu mache ich das?
- *Zusammenarbeit* – mit anderen gemeinsam an einer Aufgabe arbeiten

Diese Punkte muss Ihre Organisation jedem Organisationsmitglied jeden Tag liefern. Was können Sie dafür tun? *Autonomie* können Sie relativ leicht „per Anweisung" verordnen, Sie müssen das dann halt auch leben. *Perfektionierung* bekommen Sie über Trainigs etc. hin (beachten Sie dazu die Aussagen im Abschnitt „Agilität erfordert …" in diesem Teil des Buches). *Sinnerfüllung* bekommen Sie über die Vermittlung vom Sinn der Organisation und deren Leistungen für einen Kunden. Zu diesen Themen gibt Ihnen dieses Buch und die darin enthaltenen weiterführenden Hinweise genügend Ideen. *Zusammenarbeit* erreichen Sie über Selbstorganisation.

Zur Bedeutung von Sinn habe ich in diesem Buch an verschiedenen Stellen bereits hingewiesen (s. Abschnitt III.2.3 bzgl. Motivation durch Sinn, Abschnitt IV.2.4 bzgl. Sinn und dauerhaft nachhaltige Veränderungen und Kapitel III.3 zu Sinn für Ihren Kunden).

> *Wer ein Wozu hat, erträgt jedes Wie.*
>
> – nach Viktor E. Frankl

An dieser Stelle noch ein Aspekt von Sinn in Bezug auf die Organisationskultur: *Sinn erreicht Ausrichtung* (Abbildung 13). Erst durch die Vermittlung vom Sinn dessen, was Sie wie tun, also dem *Wozu von dem, was Sie wie tun,* erreichen Sie, dass Ihre Mitarbeiter – und auch Führungskräfte – nicht nur bereit sind, die *richtigen Dinge* richtig zu tun, sondern dass sie das auch *wirklich tun.* Der Sinn spricht die Menschen als *Menschen* an und berührt sie in ihrer Humanität, in ihrem Mensch(lich)-Sein. Denken Sie immer an Frankl, der als verfolgter Jude viele Konzentrationslager nur deshalb überlebte, weil er Zeugnis von den Zuständen ablegen wollte, weil er nachfolgenden Generationen davon berichten wollte, damit diese daraus lernen und zur Humanität zurückkehren (s. Abschnitt III.2.3 bzgl. Motivation durch Sinn).

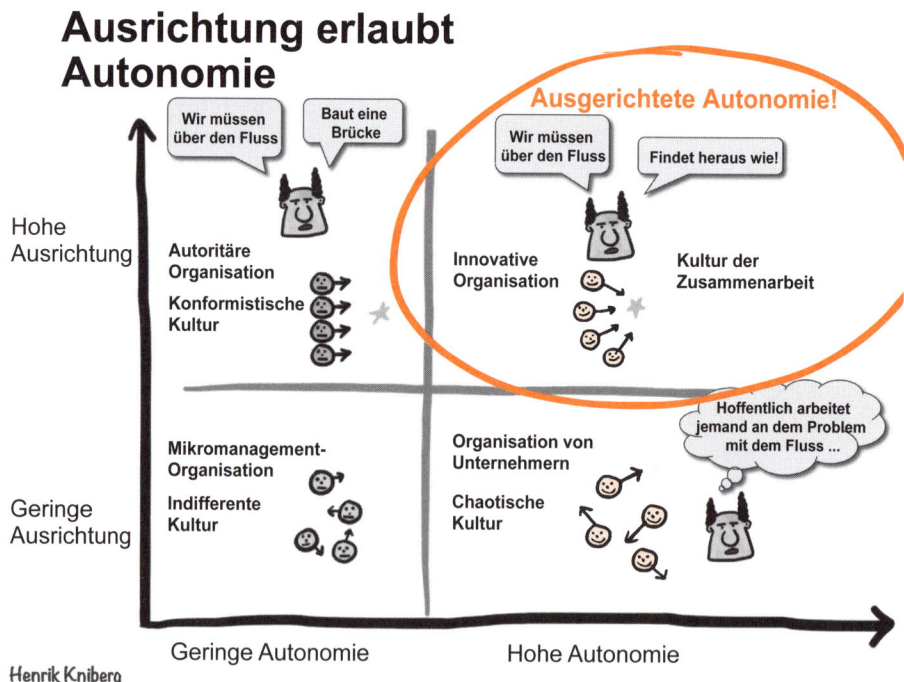

Abbildung 13: Sinn erreicht Ausrichtung

Wir hatten festgestellt, dass *die Kultur der Struktur folgt* (s. dazu auch Abschnitt „Larmans Gesetze"). Daher ist die direkte Gestaltung der und Einflussnahme auf die Kultur schwierig – je nachdem, wie wir Kultur auffassen, welches Modell Sie von Organisationskultur haben. Und egal welches Modell Sie favorisieren – Sie kommen nicht um eigene Experimente, um ein eigenes agiles Vorgehen zur Kulturveränderung herum!

Nach den Ausführungen zu Agilität ist klar, dass in einer agilen *Organisationskultur agile Werte und Prinzipien* (s. Kapitel III.3) *gelebt werden*. Das heißt, jede Organisationskultur, die dies erfüllt, ist agil. Auch hier gilt wieder: Im Kontext *Komplexität* gibt es keine Lösung, die für alle gelten kann. Jeder muss die Struktur seiner eigenen Agilität finden.

Damit ist auch klar, was Agilität eigentlich ist: *Es ist ein Wandel in der Art und Weise, wie wir Arbeit organisieren, wie wir im Kontext Arbeit miteinander umgehen. Ein Wandel in der Kultur der Organisation!*

Agilität bedeutet Kulturwandel – Agilität ist ein Kulturwandel

Agilität ist ein großer Kulturwandel, der nicht als dieser daherkommt – und daher unterschätzt wird. Agilität mag nach „ein bisschen anderem Projektmanagement" aussehen, als etwas wirken, das wir „zusätzlich nebenbei mal mit machen". In Wirklichkeit ist es eine *komplett andere Kultur,* wie wir miteinander umgehen, wie wir Arbeit organisieren. Wie wir mit Kunden und Mitarbeitern umgehen, wie wir mit materiellen und immateriellen Ressourcen umgehen. Wie wir Selbstentstehendes zulassen und fördern.

Es ist eine andere Auffassung von Management: *Management als Dienstleistung.* Als Dienstleistung am Mitarbeiter (*Servant Leadership*) mit der Sichtweise des Managers als Gärtner: Er schafft die Rahmenbedingungen, wachsen müssen die Pflanzen selbst. Und manche Pflanzen brauchen andere Rahmenbedingungen als andere. Mehr Sonne, mehr Wasser … Die Aufgabe eines agilen Managers ist es dann, dies zu erkennen und bereitzustellen. *Damit fängt Management mit Agilität erst an!*

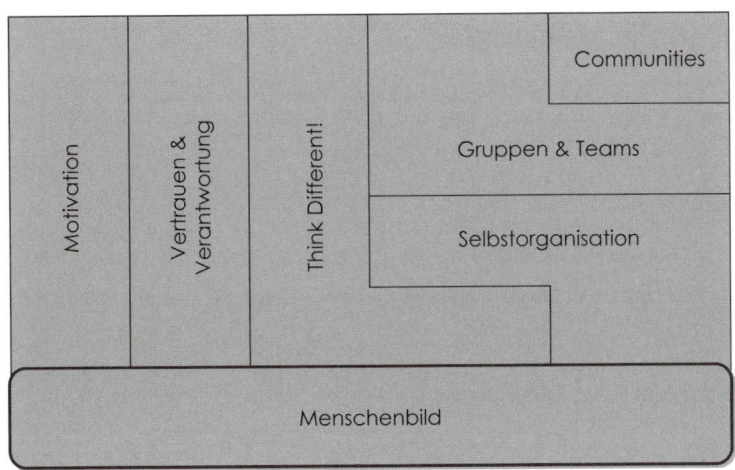

Abbildung 14: Die agile Kultur basiert auf einem anderen Mindset als bisherige Organisationskulturen

Agilität bedeutet eine andere Auffassung von Führung, eine Führung über Sinn: *A sense of higher purpose and vision* [Mez12].

All dies setzt einen anderen Mindset voraus (Abbildung 14).

Damit ist auch klar, woran wir scheitern (können): Wenn wir Agilität lediglich auf der Methodenebene, auf der Vorderbühne, einführen, und der „Unterbau", die Hinterbühne, nicht dazu passt, dann werden wir scheitern – es geht gar nicht anders! Auch wenn wir uns noch so sehr anstrengen, noch so positive Motive verfolgen.

Und genau dies zeigt sich in den vielen leider gescheiterten, „zurückgerollten" agilen Transitionen/Transformationen. Dies ist nicht die Schuld von irgendjemandem, sondern das Versagen von strukturell unpassendem Vorgehen und dazu noch – getrieben durch kurzfristiges Erfolgsdenken und Erfolgs-Reporting im strukturell alten Denken – viel zu schnell.

Das passende Vorgehen zur Einführung von Agilität kann eher mit dem englischen „play around" beschrieben werden: *„Spiel damit mal rum", „Probiere mal was aus."*

Kann man eine agile Unternehmenskultur erschaffen? Nein – man kann sie unterstützen.

1.4 Skalieren – Wie bringen wir Agilität in die gesamte Organisation?

Das Beispiel *Spotify* zeigt, wie Agilität erfolgreich „in die Breite über ein ganzes Unternehmen" gebracht wird: *Über Prinzipien, nicht über Strukturen!*

Auch beim Aufbau und Weiterentwickeln einer Organisation ist ein agiles Vorgehen notwendig: *Direkter Bezug zum Kunden und schnelles Lernen.* Wird eine Struktur hinderlich – bei *Spotify* war es die reine Scrum-Organisation –, dann lassen Sie das weg, was keinen Wert bringt, und gehen Sie in die Richtung dessen, was Wert bringt. Und lernen Sie schnell!

Nur ein „Copy & Paste"?

> *95 % of the problems in business are system driven and only 5 % are people driven.*
>
> – W. Edward Deming

Skalieren meint, das, was im Kleinen funktioniert, ins Große zu bringen. So skalieren z.B. Startups ihr Geschäftsmodell, um zu wachsen und „groß" zu werden.

Prinzipiell kann in zwei Richtungen skaliert werden[ita]:

- *Vertikale Skalierung*: Mehr Teams machen das, was heute schon ein Team macht. Mehr Teams verantworten den gleichen Anteil an der Wertschöpfungskette. Dies entspricht einem *Parallelisieren von Teams*.
- *Horizontale Skalierung*: Das Team verantwortet zunehmend mehr Anteile an der Wertschöpfungskette. Dies entspricht einem *Job-Enlargement* des Teams.

Wie kann eine Organisation skalieren? Nehmen wir als Beispiel die Feuerwehr [Ram16]: So schnell und flexibel, wie ein einzelner Löschtrupp (Abbildung 15) ein

kleines Feuer löscht, soll auch ein großes Feuer gelöscht werden. Die Feuerwehr skaliert ihre Einsätze entsprechend der
Schwere und Heftigkeit des Feuers. Je schwerer und je heftiger,
desto mehr Feuerwehrleute und Fahrzeuge kommen zum Einsatz. Und wenn das nicht reicht, werden andere Brandwachen
und das THW hinzugezogen. Dieser Ansatz kann als *„Copy &
Paste"* bezeichnet werden: Es wird einfach *mehr einer schon
bestehenden und funktionierenden Struktur* – ein Löschtrupp
– *hinzugefügt,* um eine größere Struktur zu formen – natürlich
unter einem größeren Kommunikations- und Koordinationsaufwand, dies ist der klassische Fall einer vertikalen Skalierung.

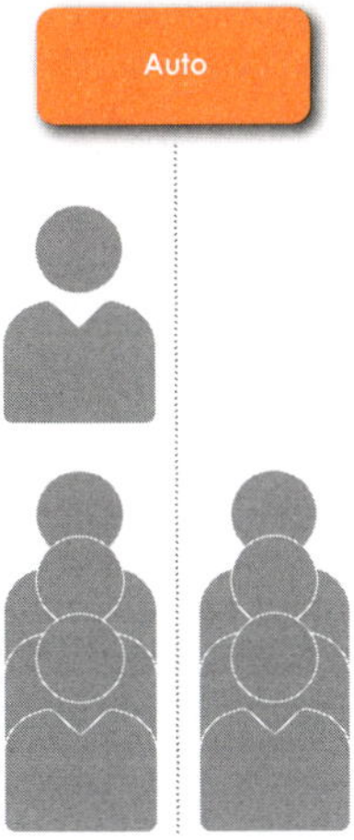

Doch Vorsicht! Feuerwehr ist Handarbeit! Kopfarbeit funktioniert anders!

Dieses „Copy & Paste" wird auch im Bereich Kopfarbeit – ja
sogar im Agilen – durch das Hinzufügen von noch mehr Teams
versucht – und scheitert ebenso oft, wie es versucht wird.

*Abbildung 15:
Ein Feuerwehr-
Löschtrupp*

In unserem Beispiel mit der Feuerwehr werden *Strukturen kopiert und eingefügt,* es findet eine *Skalierung über Strukturen*
statt. Das funktioniert, weil keine kreative Arbeit zu leisten ist,
sondern trainierbare – und trainierte – Abläufe abgespult werden. Es geht nicht
darum, jedes Mal einen neuen kreativen Weg der Feuerbekämpfung zu finden,
sondern erprobte – und damit bereits bekannte – Handlungen schnell auszuführen.

Vertikales Skalieren ist die Art und Weise, wie Organisationen bisher wachsen:
Bestehende Team- und Abteilungsstrukturen werden kopiert und der gestiegene
Koordinationsaufwand soll mit mehr „Management-Aufbau" bewältigt werden. Im
Bereich von Kopfarbeit, insbesondere kreativer Kopfarbeit wie Forschungs- und
Entwicklungstätigkeiten, funktioniert dies nur begrenzt.

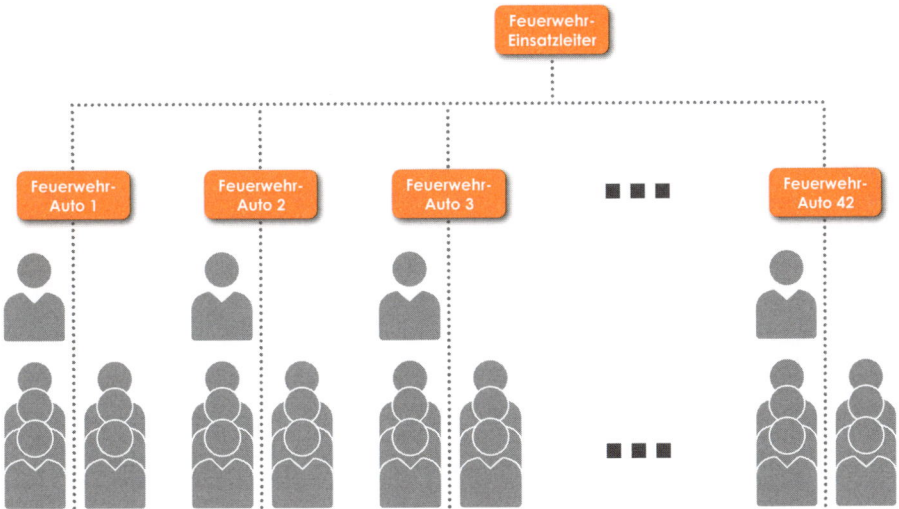

*Abbildung 16: Skalieren bei der Feuerwehr: Größere Organisation durch „Copy &
Paste" von Löschzügen (Organsisationsteilen)*

Agilität – als Beispiel für Kopfarbeit – in einer Organisation „in die Breite zu bringen" ist eine Herausforderung:

- Die Organisationsstruktur ist nur dann sinnvoll, wenn sie das Erfüllen der agilen
  Werte und Prinzipien nicht nur unterstützt, sondern fördert. Durch die Organisation muss Agilität leichter erreichbar werden, denn es stehen mehr Ressourcen
  zur Verfügung.
- Die Organisation muss es dem einzelnen Team erleichtern, Wert für den Kunden
  zu schaffen und so den Kunden zu erfreuen. Durch neue Teams entstehen Ab-
  hängigkeiten zwischen den Teams und zwischen denen durch sie bearbeiteten
  Themen. Die Organisation muss diese Abhängigkeiten beseitigen.
- Die Selbstorganisation von Teams muss durch die Organisation unterstützt und
  nicht behindert werden. Gleichzeitig müssen auch übergeordnete Strukturen
  selbstorganisierend sein.
- Die Organisation muss das Arbeiten in Iterationen erleichtern, nicht behindern.
  Die gesamte Organisation muss in Iterationen arbeiten und in jeder Iteration
  Wert liefern.
- Radikale Transparenz und interaktive Kommunikation müssen in der Organisation genauso möglich sein und unterstützt werden wie auf kleiner Ebene im Team.
- Die Organisation muss kontinuierliche Selbstverbesserung der Teams und den
  ihnen übergeordneten Strukturen nicht nur ermöglichen und unterstützen,
  sondern erzwingen. Nur dieses Lernen durch Selbstverbesserung hält die Organisation zusammen und bringt sie auf den Weg zur lernenden Organisation.

Insgesamt darf die Organisation das einzelne agile Team nicht mehr „kosten", als
sie diesem Team Nutzen bietet. Und der oben beschriebene „Copy & Paste"-Ansatz
leistet dazu nichts. Da Kopfarbeit anders als Handarbeit funktioniert, ist Skalieren
ist kein „Copy & Paste" von Strukturen.

Abbildung 17 zeigt die Herausforderung beim agilen Skalieren [Ram16]: Auf der
horizontalen Achse geht es um *„Struktur und Prozesse"*. Skalieren in dieser Richtung

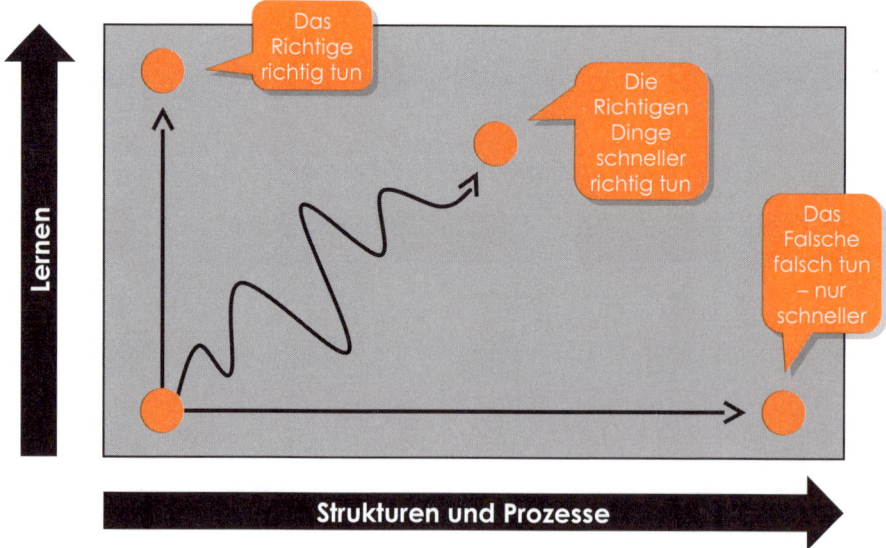

*Abbildung 17: Die Herausforderung beim agilen Skalieren: Gleichzeitig Lernen UND
Struktur und Prozesse verbessern [Ram16]*

bedeutet, mehr von dem zu bekommen, was man momentan hat, und das auch noch schneller. Allerdings: Wenn man bisher die falschen Dinge falsch gemacht hat, dann bekommt man sie jetzt *schneller – nicht richtiger.*

Die *vertikale Achse* bezieht sich auf das Lernen: Skalieren in dieser Richtung bedeutet, zu lernen, wie die agilen Werte und Praktiken noch besser angewandt werden können, wie die Vorgehensweise noch weiter verbessert werden kann, wie der Kunde noch besser verstanden werden kann und ihm noch besser und schneller mit weniger Aufwand Wert geliefert werden kann, wie die Organisation verbessert werden kann etc. Man macht die richtigen Dinge immer richtiger. Allerdings: Lernen braucht Zeit und Anstrengungen. Und so dauert es, bis der Kunde etwas geliefert bekommt.

Um schnell die *richtigen Ding richtig zu tun und an den Kunden zu liefern*, muss in beiden Achsen *gleichzeitig* skaliert werden. Die Kunst ist also, sowohl in *„Struktur und Prozessen"* zu wachsen als auch gleichzeitig zu lernen.

Prinzipien für eine erfolgreiche Skalierung

Mittlerweile setzt sich die Erkenntnis durch, dass es *Prinzipien statt Strukturen* braucht, um Agilität in eine komplette Organisation zu bringen. Ein sehr gutes allgemeines Konzept bietet dazu das *„ScALeD Agile Lean Development"* (http://scaledprinciples.org), dessen Prinzipien im folgenden angegeben sind ([ScA15], übernommen von http://scaledprinciples.org):

Begeisterte Kunden
Begeisterte Kunden sind der Garant für jedes Unternehmen, langfristig zu wachsen. Die Aufgabe der Produktentwicklung ist es, die Grundlage für dieses Wachstum zu schaffen.

Definiere, was Wert bedeutet und schafft
Das gemeinsame Verständnis über die wertschöpfenden Elemente muss gerade in einer skalierten Produktorganisation bei allen Mitarbeitern vorhanden sein. Leitbilder helfen dabei, die strategischen Ziele zu erreichen. Ein klares Wertverständnis gibt gemeinsame Orientierung.

Produziere kleine, lieferbare Inkremente
Inkremente bauen aufeinander auf und beinhalten stets den Nutzen und die Funktionalität der vorherigen Inkremente. Daher eignen sie sich ausgezeichnet zur Herstellung und Messung von Mehrwert. Ein lieferbares Inkrement eines Produktes hat somit qualitativ alle Eigenschaften, die man zur Auslieferung braucht, wobei die Produktorganisation Stück für Stück die fehlenden funktionalen und nicht-funktionalen Eigenschaften ergänzt. Im Idealfall kann der Wert eines Inkrements sofort in Nutzen für den Kunden umgesetzt werden. Doch auch wenn das nicht möglich ist, bieten kleine, lieferbare Inkremente die Basis für die kontinuierliche Verbesserung des Produkts, sie minimieren Risiken und reduzieren Komplexität.

Zufriedene produktive Mitarbeiter
In der Produktentwicklung stellen Mitarbeiter das größte Potenzial für Verbesserungen dar. Zufriedene Mitarbeiter sorgen für höhere Produktivität. Deshalb ist es wichtig, eine Arbeitsumgebung zu schaffen, die eine hohe Mitarbeiterzufriedenheit sicherstellt.

Bilde eigenständige, funktionsübergreifende Teams

Teams sind die effektivste Form zur Organisation komplexer Arbeit. Die Grundsätze der Interaktion von Individuen innerhalb eines Teams gelten auch auf der Ebene mehrerer Teams. Teams müssen in der Lage sein, sich untereinander eigenständig und ohne künstliche Hindernisse zu verständigen. Die Aufgabe des Unternehmens ist es, die dafür erforderlichen Ziele, Strukturen, Freiräume und Unterstützung bereitzustellen.

Bevollmächtige und befähige die Mitarbeiter

Mitarbeiter brauchen nicht nur technische Fertigkeiten, sondern auch die Fähigkeit zum autonomen Arbeiten und gegenseitigen Führen. Nur dann können Teams die Freiheiten, die ihnen gegeben werden, auch sinnvoll zum Wohle der Organisation und des Kunden nutzen. Sie brauchen auch die Bevollmächtigung, eigenständig und selbstorganisiert zu arbeiten.

Globale Optimierung

Bei der agilen Skalierung ist eine Aufteilung des Produktes in (möglichst lose gekoppelte) Komponenten unumgänglich. Eine rein lokale Optimierung der Komponenten führt in der Regel auf der Ebene der Gesamt-Wertschöpfungskette zu einer Sub-Optimierung. Daher muss sichergestellt werden, dass immer die Gesamt-Wertschöpfungskette im Blick behalten wird.

Schaffe Transparenz in alle Richtungen

Alle Mitwirkenden haben Einblick in alle Informationen, die sie benötigen, um sinnvolle Entscheidungen zur Optimierung der Gesamtsituation zu treffen. Das betrifft insbesondere die Ziele, Gegebenheiten, Entscheidungen und den aktuellen Stand. Dabei reicht es nicht aus, diese Informationen bloß zu sammeln oder statisch bereitzustellen. Der dynamische Austausch von relevanten Informationen ist eine der Grundvoraussetzungen für kontinuierliche Verbesserung.

Bevorzuge den persönlichen Kontakt

Der persönliche, direkte Kontakt bietet die höchste Bandbreite für den Austausch von Wissen, Fertigkeiten, Zielen, Bedürfnissen, Bedenken. Oftmals werden implizite Informationen erst im direkten Kontakt sichtbar. Persönlicher Kontakt ist nicht nur innerhalb eines Teams wichtig, sondern auch zwischen Teams und mit dem Rest der Organisation.

Schaffe Flow & Rhythmus

Flow und Rhythmus über die gesamte Wertschöpfungskette sind eine wichtige Voraussetzung für hochperformante Teams. Diese florieren auf der Basis von klaren Zielen, intensiver Synchronisation und schnellen (oder vermiedenen) Übergaben.

Unterstützende Führung

Führungskräfte haben in einer agilen Umgebung eine wichtige Rolle als Lehrer und Enabler. Als Führungskraft dient man dabei dem Unternehmen und den Mitarbeitern, indem man jeweils das Beste unternimmt, um den Erfolg – die Wertschöpfung – des Gesamtunternehmens zu unterstützen.

Setze Ziele und Rahmenbedingungen

Führungskräfte setzen Ziele und Rahmenbedingungen. Sie schaffen Freiraum für das agile Arbeiten, indem bürokratische Hürden beseitigt, starre Strukturen aufgelöst und die Mitarbeiter sukzessive ermächtigt werden. Als Führungskraft dient man dabei dem Unternehmen und den Mitarbeitern, indem man jeweils das Beste unternimmt, um den Erfolg – die Wertschöpfung – des Gesamtunternehmens zu unterstützen.

Dezentralisiere Kontrollstrukturen
Selbstorganisation und Eigenverantwortung funktionieren nicht nur innerhalb eines Entwicklungsteams, sondern auch zwischen den Teams. Lange Entscheidungswege verbrauchen wertvolle Entwicklungszeit. Daher muss ein Großteil der Entscheidungen dort getroffen werden können, wo die Arbeit erledigt wird. Für die Koordination mehrerer Teams ist keine hierarchische Steuerungsinstanz notwendig. Sie folgt stattdessen den Prinzipien der Transparenz, der direkten Kommunikation, der globalen Optimierung der Wertschöpfung und der Überprüfung und Anpassung.

Kultiviere den Wandel und wandle die Kultur
Bei der Transition eines Unternehmens – bei der Einführung und dem Ausbau agiler Denk- und Vorgehensweisen – sollte allen Beteiligten die Philosophie, wesentliche Zielsetzungen und die eigene Rolle bei diesem Wandel klar sein. Die Aufgabe der strategischen Führung ist hierbei, mit gutem Beispiel voran zu gehen, und den Kulturwandel somit beständig voranzubringen.

Kontinuierliche Verbesserung
Ein Kernelement von Agilität ist die kontinuierliche Verbesserung, welche auf allen Ebenen und in allen Bereichen der Organisation stattfindet. Kontinuierliche Verbesserung lässt sich durch wiederholte Inspektion und Anpassung herstellen. Die Ergebnisse aus der Inspektion sollten kurze Wege gehen und die Anpassungen schnell umgesetzt werden.

Überprüfe das Produkt und passe es an
Die häufige Inspektion des Gesamtproduktes und die Adaption der weiteren Planung ermöglichen eine schnelle Anpassung an aktuelle und geänderte Bedürfnisse der Kunden. Dies muss auch und gerade in skalierten Umgebungen gewährleistet sein.

Überprüfe den Entwicklungsprozess und passe ihn an
So wie der Prozess innerhalb des Teams den Teammitgliedern gehört, gehört der teamübergreifende Prozess den Teams selbst. Die Teams reflektieren gemeinsam, was in ihrer Zusammenarbeit gut und weniger gut funktioniert, leiten daraus passende Verbesserungsmaßnahmen ab und setzen diese um.

Überprüfe die Organisation und passe sie an
Verbesserung einer agilen Organisation ist nicht eine einmalige Umstellung, sondern ein iterativer Prozess. Vom ersten Tag der Einführung an werden regelmäßig Überprüfungs- und Anpassungsschritte vorgenommen. Dafür wird der aktuelle Zustand überprüft, neue Gelegenheiten und Herausforderungen identifiziert und Verbesserungsziele bewertet und eingeordnet.

Warum es keine Einheitslösung für alle Unternehmen geben kann

Bei Agilität geht es um Lernen – und Lernen ist immer individuell. Jeder bringt unterschiedliche Voraussetzungen und Fähigkeiten mit. Daher scheitern Ansätze, Lernen zu standardisieren, das beste Beispiel dafür ist das Schulsystem …

Warum Frameworks nicht funktionieren

Frameworks, eines davon ist das *Scaled Agile Framework™* (SAFe, Abb. 18), sind von Beratern vorgefertigte und vordefinierte standardisierte Pläne, wie Agilität in einer Organisation eingeführt und strukturiert – bis hin zur Organisationsstruktur – wird. Abgesehen davon, dass Pläne im Komplexen nicht funktionieren können, ist es auch *unagil*! Wir erinnern uns an das *Agile Manifest*? (s. Abschnitt III.3)

> *... Durch diese Tätigkeit haben wir diese Werte zu schätzen gelernt:*
>
> *Individuen und Interaktionen mehr als Prozesse und Werkzeuge*
>
> *...*
>
> *Reagieren auf Veränderung mehr als das Befolgen eines Plans*
>
> *Das heißt, obwohl wir die Werte auf der rechten Seite wichtig finden, schätzen wir die Werte auf der linken Seite höher ein.*

Pläne zu verfolgten und Standardansätze (*Best Practices*) ist nicht agil! Agil bedeutet, konkret auf das Spezifische zu reagieren, was in diesem Moment in dieser spezifischen Situation gegeben ist. Und das erfordert ein Reagieren im *Hier und Jetzt*, und das lässt sich nun mal nicht planen.

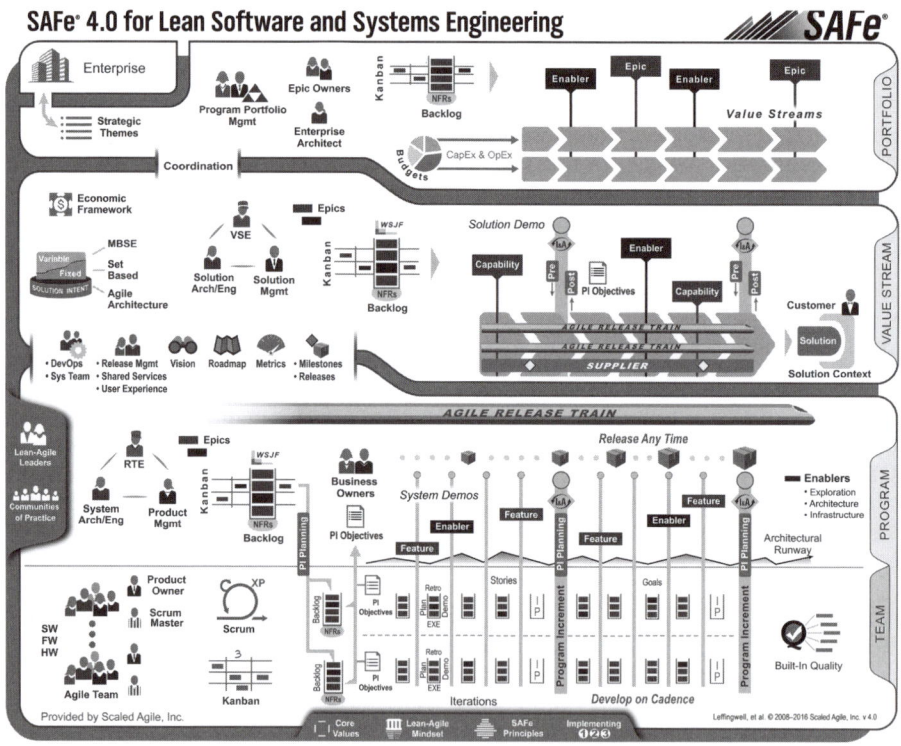

Abbildung 18: Das Scaled Agile Framework™ (SAFe, [SAF16])

Warum Frameworks trotzdem nützlich sein können

Nun, nachdem die verschiedenen Frameworks schon mal in der Welt sind und angepriesen werden, dann können wir sie doch – vorsichtig – nutzen. Nicht als *Kopiervorlage,* sondern als *Ausgangspunkt für eigene Ideen.* Wir können das, was uns aktuell anwendbar erscheint, weil es zu dem passt, was wir gerade vorfinden, nutzen – als Startpunkt für die eigene agile Entwicklung. Von diesem Startpunkt aus entwickeln wir dann unsere eigene Agilität, indem wir das, was funktioniert und Wert bringt, beibehalten und weiterentwickeln, und das, was keinen Wert bringt, weglassen. Und dieses permanent überprüfen. Vergessen Sie Pläne und *„in Beton gegossene Strukturen"* – die Welt ist VUKA, volatil, alles ist permanent im Fluss! Bis Sie ein neues Organigramm von der Geschäftsleitung abgesegnet bekommen, ist es bereits veraltet.

Agilität auf den verschiedenen Ebenen

> *Fragt nicht, was ihr für eure Organisation tun könnt,*
> *fragt, was eure Organisation für euch tun kann.*
>
> – Abwandlung eines bekannten Spruchs

Agilität erfordert mehr als nur andere Organisationsstrukturen: Sie erfordert agile Mitarbeiter, die in Teams agil miteinander arbeiten und sich so zu einer agilen Organisation zusammen tun.

Agilität auf persönlicher Ebene

> *Wenn du kein Wow rein gibst, kommt auch keines raus.*
>
> – Thorsten Wickertsheim

Agilität erfordert den *agilen Mitarbeiter*! Dies erfordert u.a. von jedem einzelnen Mitarbeiter:

* Verantwortung zu übernehmen für sich und sein Tun;
* Vertrauen in sich und sein Tun zu entwickeln;
* Vertrauen in andere und deren Tun zu entwickeln;
* den Sinn in seinem Leben zu suchen und finden und so zu handeln, dass dieser Sinn realisiert wird. Dies wird dafür sorgen, dass man motiviert ist, Großartiges zu leisten.
* die Chancen einer VUKA-Welt anzunehmen und Veränderungen anzustreben, die es anderen und einem selbst ermöglichen, den jeweils eigenen Sinn zu verwirklichen;
* sich auf Selbstorganisation einzulassen, neugierig zu bleiben, wie Neues entstehen kann, insbesondere wenn andere Menschen beteiligt sind;
* lösungsorientiert zu denken.

Dies sind sicherlich große Veränderungen für den einen oder anderen – und die einzige Chance, in einer VUKA-Welt zu überleben.

Agilität auf Teamebene

Agile Mitarbeitern vernetzen sich zu agilen Teams, in denen jeder gleichrangig und gleichwürdig ist – *One Man, one Vote!* Ob Lehrling oder „alter Hase" – jede Ansicht zählt, jede Meinung zählt. Gerade in dieser Vielfältigkeit der Personen liegen die Chancen auf neue, außergewöhnliche Lösungen. Statt „Wir machen jetzt alles ganz anders!" und „Das haben wir schon immer so gemacht!" kommen wir in einen echten Dialog, der sich aus Neugier und Erfahrungen sowie aus für alle Unbekanntem speist und ein außergewöhnliches Miteinander ermöglicht, das außergewöhnliche Leistungen hervorbringt.

Agilität auf Organisationsebene

Agile Teams vernetzen sich zu agilen Organisationen. Denken Sie an Spotify, denken Sie an vernetzte Organisationen auf Basis von *Federation of Companies* oder *Team of Teams*.

Denken Sie bei agilen Organisationen eher an Schleimpilze (https://de.wikipedia.org/wiki/Schleimpilze) als an die Kommunistische Partei Chinas!

1.5 Agiles Management

> *Die Ideologie der Führung und des Managements, die den großen Organisationen heute zugrunde liegt, begrenzt den Erfolg dieser Organisationen genauso wie die Ideologie des Feudalismus den wirtschaften Erfolg im 16. und 17. Jahrhundert.*
>
> – Gary Hamel

Als Ausgangspunkt die Ergebnisse der bisherigen Kapitel zusammengefasst:

- Management entstand zum Zeitpunkt der maximalen Einfachheit von Arbeitstätigkeiten (Anfang 20. Jhr.) durch die Trennung von Kopf- und Handarbeit: Der industrielle Handwerker wurde zum Arbeiter, indem ihm planende und denkende Tätigkeiten abgenommen und auf Spezialisten verlagert wurden.
- Management und viele Managementmethoden entstanden zu einem Zeitpunkt, zu dem ausschließlich einfache manuelle Arbeitstätigkeiten zu verrichten waren.
- Heute überwiegt Kopfarbeit, die Zeit der ausschließlich manuellen Tätigkeiten ist vorbei. Die Komplexität der Arbeitstätigkeiten hat ein Niveau vergleichbar vor der ersten industriellen Revolution erreicht.
- Technischer Fortschritt und Ausbildungsniveau der Menschen steigen weiter.
- Unternehmen müssen sich heute permanent neu erfinden! Vorbei sind die Zeiten einer stabilen und langsamen Welt – wie im Großteil des 20. Jhr. –, in der sie bleiben konnten, wie sie sind.

Im Agilen müssen wir anders managen. Nicht mehr managen im Sinne von *Command & Control*, sondern über das Erleben von Sinn, indem Rahmenbedingungen so gesetzt werden, dass die Mitarbeiter auch im Kontext *Arbeit* Mensch sein und sich entfalten können.

Über agiles Management allein lassen sich Dutzende Bücher schreiben. Erste interessante Ansätze sind mit Management 3.0 [App10, 14] gegeben.

Agilität ist die Vorgehensweise für den Kontext *Komplexität* – agiles Management ist daher Management im Kontext *Komplexität* (s. „Handlungsweisen im Kontext *Komplexität*" in Abschnitt I.1.2). Die von Frederick W. Taylor durchgeführte Trennung zwischen der eigentlichen Arbeit und dem Organisieren der Arbeit („Management") wird durch Agilität aufgehoben: *Die Mitarbeiter übernehmen Management-Aufgaben. Weil es nicht mehr anders geht – die Aufgaben erfordern dies.*

Wenden wir Agilität nun auf Management an, dann geht es dabei um die Erfreuung des Kunden von Management, das Organisieren der Mitarbeiter von Management und ihres Lernens in einem iterativen Ablauf.

Dazu betrachten wir im Folgenden:

- Wer ist der Kunde von Management?
- Wer sind die Mitarbeiter von Management?
- Wie kann eine iterative Struktur für Management aussehen?

Exkurs: Management

Was ist Management?

> *Management bedeutet, ein System unter Kontrolle zu bringen und unter Kontrolle zu halten.*
>
> – Fredmund Malik (wobei Kontrolle dem Englischen *to control* im Sinne von *regeln, regulieren, steuern, lenken* entspricht [Mal07]

Die Herkunft des Wortes *Management* ist nicht sicher geklärt: Vermutlich leitet es sich vom lateinischen *manus agere* – an der Hand führen – ab. Eine andere Herkunft soll *mansionem agere* sein, das wäre derjenige, der für einen Eigentümer ein Haus bestellt – ein Hausverwalter [Sta90, WikiM]. Das italienische *maneggiare* bedeutet *handhaben, hantieren, umgehen, wirtschaften, zureiten, manövrieren, manipulieren,* was ungefähr den Rahmen der Bedeutung von Management aufspannt.

Wenn ein Manager jemand ist, der für einen Eigentümer etwas verwaltet, dann umfasst sein Tun – Management – sämtliche dazu notwendigen Tätigkeiten.

In diesem Sinn fasst Malik [Mal07] Management als *„die Transformation von Ressourcen in Nutzen"* auf und: *„Erst durch Management werden Ressourcen in Resultate transformiert."* (Alle Zitate [Mal07])

Funktionen von Management

Für Taylor bestand Management im Wesentlichen aus Kontrolle und Planung. Henri Fayol, ein französischer Bergbauingenieur, ordnete 1917 folgende universelle, in allen Organisationen nachweisbare Funktionen dem Management zu [WikiHF]:

1. *Vorschau und Planung*
2. *Organisation*
3. *Leitung*
4. *Koordination*
5. *Kontrolle*

Als wesentliche Erweiterung kam 1945 durch Herbert Simon die Funktion *Entscheidung* dazu [Sta90]. Weitere Modifizierungen und Erweiterungen brachten Luther Gulick, Lyndall F. Urwick und andere [Sta90].

Management ist damit beschrieben als *„alles um die eigentlichen Arbeitstätigkeiten herum"*. Für gute Arbeitsergebnisse ist damit ein gutes und funktionierendes Management notwendig.

Die Bedeutung von Management

Für Fredmund Malik [Mal07] ist Management *die wichtigste Funktion in der Gesellschaft*. Malik weiter: *„Es liegt am Management, ob eine Gesellschaft funktioniert oder nicht. Erst durch Management werden Ressourcen in Resultate transformiert."* (Alle Zitate [Mal07])

Die Frage ist, ob Management diesem Anspruch gerecht wird: Nach Gary Hamel ist *„Management eine Technologie, sein zentrales Ethos Kontrolle und sein Hauptwerkzeug extrinsische Motivation"* – damit harmoniert es nicht mit den kreativen Fähigkeiten, von denen unsere Zukunft abhängt ([Ham 07, Pin10 S. 108], s. Kapitel III.2).

Management, Menschenbild und Motivation

> *Behandle deine Mitarbeitenden wie Erwachsene, dann verhalten sie sich auch so. Je mehr Freiheiten du ihnen gibst, desto produktiver, zufriedener und innovativer werden sie.*
>
> – Ricardo Semler [Sem93]

Management basiert auf dem Menschenbild der *Theorie X* (s. Abschnitt III.2.2). Dieses geht davon aus, dass Menschen dumm, faul und träge sind und daher Belohnung oder Bestrafung brauchen. Und sind Menschen einmal in Bewegung gekommen, brauchen sie Führung und kommen ohne einen strengen und vertrauenswürdigen Führer vom Weg ab [Pin10 S. 109].

Wenn ein Menschenbild als sich selbsterfüllende Prophezeihung wirkt (s. Abschnitt III.2.2), *reagiert* Management dann vielleicht nicht auf den gedachten Zustand der Trägheit, sondern *erzeugt* diesen [Pin10 S. 110]? *Ist Management vielleicht nicht die Lösung, sondern das Problem* [Pin10 S. 113]?

Wirtschaftliche Leistung hängt heutzutage von anderen Dingen als früher ab. Sie braucht die Kreativität und den Einfallsreichtum der menschlichen Natur und muss beidem erlauben, an die Oberfläche zu kommen. Statt Kontrolle muss alles Menschenmögliche versucht werden, den tief sitzenden Sinn für Selbstbestimmung wieder zu erwecken. Diese angeborene Fähigkeit ist das Herzstück von Motivation und Typ I-Verhalten ([Pin10 S. 110], s. Abschnitt III.2.3).

Wenn Management von einem modernen Menschenbild wie dem *Complex Man* ausgeht, ergeben sich weitreichende Konsequenzen [Sta90 S. 176, Hau04 S. 149, Hof10]:

- Jeder Mitarbeiter ist individuell – es gibt keine generellen Lösungen für Motivation. Lösungen sind für jeweils konkrete Situationen und Personen zu finden. Führung muss jeweils zu Situation und Gegenüber passen.
- Es gibt keine generell richtige Organisationsstruktur.
- Manager müssen Diagnostiker von Situationen sein, sie müssen Unterschiede erkennen und ihr Verhalten situationsgemäß variieren.

Management und Selbstorganisation

> *Der Schlüssel zu einem erfolgreichen Unternehmen liegt darin, dass es auf allen Ebenen eigenständig handelnde Führungskräfte gibt.*
>
> – Chan Kim und Reneé Mauborgne

Unternehmen agieren heute im Kontext *Komplexität*. In diesem gibt keine richtigen Antworten, die Lösung muss gesucht werden (s.o. „Handlungsweisen im Kontext *Komplexität*" in Abschnitt I.1.2). Dies gilt auch für die Struktur und Regeln des Unternehmens selbst.

In der Systemtheorie wird als *Selbstorganisation* eine Form der Systementwicklung bezeichnet. Dabei gehen die gestaltenden Einflüsse von den Elementen des sich organisierenden Systems selbst aus. Es gibt also keine Vorgabe von Struktur oder Regeln, diese entstehen von selbst, sie *emergieren*. Ohne äußere steuernde Elemente erreichen Selbstorganisationprozesse höhere strukturelle Ordnungen ([WikiSO], s. „Systemdenken" in Abschnitt III.2.5).

Selbstorganisation meint nicht – wie oft missverstanden – Anarchie. Auch hier wirkt wieder das Menschenbild: Ein Menschenbild mit dummen, faulen und trägen Menschen (Theorie X) erzeugt andere Erwartungen als ein Menschenbild von kompetenten, klugen und vertrauenswürdigen Menschen. Hier wirkt das Menschenbild wieder als sich selbsterfüllende *Prophezeiung* – in beiden Richtungen.

Dass Selbstorganisation funktioniert, beweisen Unternehmen wie *Semco* [Sem93, WikiSE], *Premium-Cola* [WikiPC] oder *The Morning Star Company* [WikiMS]. Diese setzen konsequent auf Selbstorganisation und sind damit wirtschaftlich so erfolgreich, dass sie ihr Wachstum *bremsen* müssen! Studien bestätigen, dass dies kein Zufall ist (Quellenangaben s. [Pin10 S. 112]): *Firmen, die auf Selbstbestimmung setzten, erreichten eine viermal höhere Wachstumsrate und erwirtschafteten ein Drittel mehr Umsatz als kontrollorientierte Firmen.*

Was unterscheidet diese Unternehmen von normalen Unternehmen?

- *Partizipation statt Hierarchien*
  - Statt pyramidenförmig aufgebauten Hierarchien gibt es Strukturen, die Netzwerken oder konzentrischen Kreisen entsprechen.
  - Das Organisieren des gesamten Betriebsablaufes liegt in den Händen der Mitarbeiter, beispielsweise:
    - Auswählen und Einstellen neuer Mitarbeiter
    - Beschaffen von Maschinen, Rohstoffen und Ausgangsmaterial
    - Auswählen von Lieferanten
    - Definieren von Abläufen
- *Vertrauen statt Kontrolle*
  - Jeder Mitarbeiter ist voll für seine Handlungen, Entscheidungen und Ergebnisse seiner Arbeit verantwortlich. Jeder Mitarbeiter darf Investitionen tätigen (z.B. bis 25.000 US-$ bei *The Morning Star Company*).
  - Umgang auf „*Augenhöhe*" (Zitat Uwe Lübbermann, Gründer von *Premium-Cola*): Lieferanten, Mitarbeiter und Kunden arbeiten fair und vertrauensvoll zusammen.
  - „*Gebraucht Euren gesunden Menschenverstand*" statt Vorschriften (*Semco* [Sem93, WikiSE])
- *Mitbestimmung statt autoritärer Führung*
  - Information und Abstimmungen per E-Mail. Nur wenn alle zustimmen, gilt ein Beschluss.
  - Mitarbeiter bestimmen
    - ihr eigenes Gehalt, das öffentlich am schwarzen Brett aushängt,
    - die Verwendung von Gewinnen,
    - die Unternehmensstrategie und so die weitere Entwicklung des Unternehmens.

Letztendlich unterscheiden sich diese Unternehmen von anderen durch das *Menschenbild*, das sie aktiv leben: *„Statt unsere Mitarbeiter wie Kleinkinder zu behandeln, um die man sich kümmern muss, gehen wir mit ihnen wie mit Erwachsenen um, die imstande sind, Entscheidungen hinsichtlich ihrer Arbeit selbständig zu treffen."* [Sem93].

So groß auch die Begeisterung für die genannten Unternehmen ist – Nachahmer gibt es bisher leider nur selten.

Wer ist der Kunde von Management[1]?

What is the task of Management? Fix the company!

– Jeff Sutherland

Wir haben nichts anderes beseitigt als das blinde, irrational autoritäre Gehabe, das sich produktivitätsmindernd auswirkt.

– Ricardo Semler [Sem93]

Wie bei allen agilen Anwendungen geht es darum, *einen Kunden zu erfreuen. Die Frage ist nun:* Wer ist der Kunde von Management?

Der Kunde von Management sind die Mitarbeiter des Unternehmens. Management erbringt für sie eine Leistung – die Leistung der Koordination und Organisation der Arbeit. Genau das hat ja Frederick W. Taylor gemacht: Er erfand das Management, indem er den Arbeitern ihre arbeitsorgansisierenden und -koordinierenden Tätigkeiten wegnahm.

Für wen erbringt Management eine Leistung? Im traditionellem Denken würde man sagen: für die Eigentümer. Management organisiert und verwaltet das Unternehmen im Auftrag der Eigentümer. Den Wahrheitsgehalt dieser Aussage und den Erfolg dieser Bemühungen sehen wir in den letzten Jahren – insbesondere seit der und durch die Finanzkrise 2008 – immer deutlicher: *Hier ist Management zum Selbstzweck geworden.* Zudem ist der klare Trend zu erkennen, dass sich das Kapital der Reichen immer stärker an den Finanzmärkten konzentriert, da hier schneller höhere Renditen erreicht werden können, ohne den Umweg über die reale Wirtschaft mit realen Produkte mit dem damit verbundenem Risiko zu gehen …

Wenn wir im Sinne eines agilen Managements den *Mitarbeiter als Kunden sehen*, dann wird Management zu einer Dienstleistung am Mitarbeiter. Damit bekommt es wieder einen Sinn: *Management sorgt dafür, dass die Mitarbeiter ihre Arbeit erledigen können.* Wie der teamunterstützende Manager einer Schweizer Softwarefirma sagte: *„Ich mache hier all die Aufgaben, zu denen kein anderer Lust hat. – Genau das ist meine Aufgabe: Dafür zu sorgen, dass das Team sich seinen eigentlichen Aufgaben widmen kann."* Und wie ist Ihre Reaktion darauf? Was denken Sie gerade? Schauen Sie da mal genau hin! Vielleicht steht hinter Ihrer Reaktion eine Angst? Finden Sie heraus, welche …

Die Aufgabe von agilem Management ist es also, seine Kunden – die Mitarbeiter – permanent zu erfreuen. Aber nicht im Sinne eines „Happy Managements", eines

---

[1] Der Begriff „Management" ist an dieser Stelle doppeldeutig: Er kann sowohl die *Funktion* Management meinen als auch den *Teil der Organisation*, der diese Funktion ausübt – das Management. Die Darstellung in diesem Abschnitt bezieht sich eher auf die Funktion.

„Feel good Managements"! Sondern in dem Sinne, dass die Mitarbeiter sich der Erbringung ihrer Leistung, der Erledigung ihrer Aufgaben, dem, was für sie an ihrer Arbeit Sinn macht, widmen können.

Wer sind die Mitarbeiter von Management?

Wenn also die Mitarbeiter des Unternehmens die Kunden von Management sind, dann sind die Manager selbst die Mitarbeiter von Management. Alle, die in der Managementstruktur arbeiten, sind damit die Mitarbeiter von Management.

Wie kann eine iterative Struktur für Management aussehen?

Sämtliche in diesem Buch genannten Werte, Prinzipien, Praktiken und Methoden sind allgemeingültig – und damit auch im Management einsetzbar.

Nehmen Sie → *Lean Startup*, um Ihre Managementideen zu testen. Nehmen Sie → *Scrum* und seine Artefakte aus Abschnitt III.4.2, um Ihre Managementideen umzusetzen. Nehmen Sie → *Lean Change Management* aus Abschnitt III.4.3, um Veränderungen zu initiieren, zu unterstützen und umzusetzen. Nehmen Sie die → *agilen Werte und Prinzipien* aus Kapitel III.3. um den Grad Ihrer Agilität im Management zu bestimmen und zu verbessern. Nehmen Sie die → *7 Prinzipien des Radical Management* aus Abschnitt III.3.4, um agiles Management zu praktizieren. Nehmen Sie die für Sie passenden → *agilen Praktiken* aus Ihrer Schatzkiste (s. Abschnitt IV.3.1) ...

Wenden Sie alles aus diesem Buch auf Ihre Managementtätigkeit an.

1.6 Agilität erfordert ...

Die Menschen wollen – wir müssen sie nur lassen.

Wenn es bei Agilität um „*Menschen und Lernen*" geht, dann müssen wir die Menschen dabei unterstützen, Agilität entwickeln und leben zu können. Agilität ist ziemlich weit von dem weg, wie die meisten heutzutage arbeiten. Es ist für viele ein ziemlich großer Schritt. Nichtsdestotrotz ist er notwendig, um zu überleben – persönlich und als Organisation.

Agilität braucht daher:

- den agilen Mitarbeiter,
- die agile Führungskraft,
- den agilen Geschäftsführer/Vorstand und
- den agilen Kunden.

Nur mit diesen *gemeinsam und zusammen* kann Agilität gelingen. Dies erfordert gegenseitiges Feedback und gegenseitige Unterstützung. Den Gegensatz *ich – Du* gibt es im Agilen nicht, es gibt nur ein *Wir gemeinsam*!

Eine Organisation ist nur dann entwicklungs- und veränderungsfähig, wenn *ihre Mitglieder selbst entwicklungs- und veränderungsfähig sind*. Und dies betrifft Mitarbeiter, Führungskräfte und Geschäftsleitung gleichermaßen: „*Gestorben mit 30 – beerdigt mit 70*" ist keine passende Überlebensstrategie in einer VUKA-Welt!

Erinnern Sie sich an die Aussage von Dan Pink darüber, was ein Mensch braucht, um motiviert zu sein (s. Abschnitt III.2.3):

- *Autonomie* – die Freiheit, das zu tun, was ich für richtig halte
- *Perfektionierung* – das, was ich für richtig halte, auch mindestens gut können
- *Sinnerfüllung* – Wozu mache ich das?
- *Zusammenarbeit* – mit anderen gemeinsam an einer Aufgabe arbeiten.

Neben der Autonomie, die wir den Mitarbeitern und Führungskräften geben müssen, neben der Ausrichtung durch Sinn, müssen wir die Leute auch in die Lage versetzen, das zu können, was wir von ihnen verlangen – alles andere wäre unfair.

Agilität basiert auf Können, erfordert *Perfektionierung, „sein Handwerk zu beherrschen"* – und ist doch mehr als die korrekte Ausführung agiler Praktiken und Methoden. *Agilität ist eine Haltung:*

- Sie basiert auf *lebenslangem Lernen und hoher Wertschätzung für Aus- und Weiterbildung.* Dabei ist jeder Einzelne für sich selbst verantwortlich, mit seinem Wissen und Können auf der „Höhe der Zeit" zu bleiben, um selbst wettbewerbsfähig zu bleiben.
- Sie basiert auf einem *offenem Geist, der neugierig bleibt*, der Neues ausprobiert und daraus lernt.
- Sie basiert auf „Rückgrat", für seine Überzeugungen einzutreten und diese mit anderen zu teilen.

Agilität braucht als Grundlagen einen anderen Unterbau als die bisherige Art und Weise, wie wir arbeiten und Arbeit organisierten (s. Kapitel III.2):

- ein positives *Menschenbild*
- *Vertrauen* in sich und andere
- *Verantwortung* für sich und andere
- Verständnis für
  - den Umgang mit Systemen
  - das Handeln in Komplexität
  - Emergenz, Evolution und Selbstorganisation
  - VUKA und die Unplanbarkeit der Zukunft
  - die Individualität des einzelnen Menschen
  - Bedeutung und Funktionsweise von Lernen
- Offenheit, Respekt, Mut
- Das Einhalten von Zusagen, den Fokus auf ein Thema, Offenheit, Transparenz für alle Arbeitsthemen, Respekt dem anderen gegenüber, Mut (s. die Werte von Scrum in Abschnitt III.4.2)
- Soft Skills, Teamfähigkeit.

Es gibt – und kann auch nicht geben, wenn wir sowohl dem Kontext VUKA als auch der Individualität jedes Einzelnen gerecht werden wollen – keinen Standard für Mitarbeiter, Führungskräfte und Vorstände/Geschäftsführer, wie dies in den Zeiten maximaler Einfachheit möglich war (s. Kapitel I.2). *Jeder Einzelne ist in seiner Individualität anzunehmen.* Das ist die Voraussetzung für seine Einzigartigkeit und die einzigartigen Möglichkeiten, die nur er uns eröffnet.

In diesem Sinne ist Agilität der *Beginn menschenwürdigen Arbeitens*: Jeder entfaltet sein Potenzial und bringt sich voll ein mit seinen Stärken und seinen Schwächen. Dabei entwickelt sich jeder – ob Mitarbeiter, Führungskraft oder Vorstand/Geschäftsführer – nach dem schon mehrfach in diesem Buch zitierten *Shu – Ha*

– *Ri*-Modell (s. Abschnitt III.2.3), um individuelle Perfektionierung in seinem Sein und Tun zu finden.

Die Entwicklung der Organisation zu Agilität setzt sowohl eine Entwicklung ihrer Organisationsmitglieder voraus als auch dass sie diese nach sich zieht. Eine Organisation kann sich nur so weit entwickeln, wie ihre Führungskräfte entwickelt sind [Lal15].

Einen interessanten Leitfaden – auch und gerade zu der sich aus der Organisationsentwicklung ergebenden persönlichen Entwicklung – bietet Frederic Laloux mit seinem Buch *Reinventing Organizations. Ein Leitfaden zur Gestaltung sinnstiftender Formen der Zusammenarbeit* [Lal15]. Dieses Buch stieß auf sehr große Resonanz sowohl in der agilen Community als auch in der New-Work-Bewegung insgesamt.

... den agilen Mitarbeiter!

Mitarbeiter müssen in die Lage versetzt werden, Agilität selbstbestimmt zu leben. Dies bedeutet nicht nur, agile Methoden und Praktiken anzuwenden – dies würde nur bedeuten, *agil zu machen*. *Agil zu sein* erfordert mehr! Es erfordert, die agilen Werte und Prinzipien zu leben und darin permanent besser zu werden. Dies ist eine Sache der Haltung, der Einstellung, neudeutsch *Mindset Issue*. Dies wird zu oft übersehen! Mitarbeiter bekommen Schulungen, Trainings und Coachings in Scrum und anderen agilen Methoden. Sie wenden es dann auch – mehr oder weniger erfolgreich – eine Weile an. Sie kommen allerdings nicht in den Bereich der permanenten Verbesserung – und bleiben so unter den Möglichkeiten und Chancen von Agilität. In der Konsequenz wird dann Agilität als „auch nicht so besonders" bewertet – *falsch gemacht heißt nicht, dass das Konzept auch falsch ist.*

Dies haben wir bisher unterschätzt: Wir haben Mitarbeiter auf der Verhaltensebene „umgeschult", ihre innere Haltung, ihre Werte und Einstellungen, folgen dem nur sehr langsam (vgl. Darstellung zur Dilts-Pyramide in Abschnitt IV.2.4). Wir müssen sie den Sinn und Zweck von Agilität erkennen lassen, dazu müssen sie Erfahrungen – das bedeutet meist Fehler – machen, aus denen sie erkennen können, wie Agilität funktioniert, was anders ist, welche (Grund-)Annahmen gelten.

Agile Teams sind immer crossfunktionale Teams. Damit diese funktionieren, brauchen sie den *T-Shaped Professional* (s. Abschnitte III.2.6 und IV.3.1). Der agile Mitarbeiter ist also ein Generalist über einen weiten Themenbereich und Spezialist in einer Domäne. Auf dem Weg zu seiner individuellen *„Perfektionierung"* (s. Dan Pink *Mastery*) müssen wir ihn unterstützen.

... die agile Führungskraft!

Ich mache hier das, wozu kein anderer Lust hat:

Meetings besuchen,
Probleme lösen,
den Chef ruhigstellen

...

– Aussage einer agilen Führungskraft eines
mittelständischen Softwareunternehmens

In den modernen Ansätzen zu Management und Leadership, die mit dem bisherigen *wirklich* brechen, gibt der neue Manager keine Arbeitsanweisungen mehr und kontrolliert auch nicht die Ausführung der Tätigkeiten – dies geschieht in Selbstorganisation von alleine. Er bringt die Organisation als Ganzes voran, indem er die Bedingungen dafür schafft, dass Selbstorganisation zielführend stattfindet. Seine Aufgabe ist *„fix the Company"* (Zitat Jeff Sutherland), er löst die Probleme, die seine Mitarbeiter daran hindern, ihre Aufgaben zu erfüllen und Höchstleistungen zu erbringen.

Die agile Führungskraft ist Gärtner und Ermöglicher:

- Als *Gärtner* schafft sie die Rahmenbedingungen, welche die Organisation und jeder einzelne braucht, um *„zu voller Blüte zu kommen"*, um seine Aufgaben bestmöglich zu erfüllen und Höchstleistungen zu erbringen. Er schafft für jeden die optimalen (Arbeits-)Bedingungen: mehr Sonne für die einen, mehr Feuchtigkeit für die anderen, er sorgt dafür, dass Schädlinge auf natürliche Art und Weise begrenzt werden, düngt, wo notwendig … So wie der Gärtner nicht am Gras zieht, damit es schneller wächst, oder einem Apfelbaum eine persönliche Zielvorgabe von 100t Äpfeln bis zum Quartalsende macht, lässt auch die agile Führungskraft ihre Mitarbeiter mit Derartigem in Ruhe. Und freut sich dann daran, dass „ihre" Mitarbeiter den Kunden immer wieder mit kreativen außergewöhnlichen Höchstleistungen überraschen.
- Als *Ermöglicher* ist der agile Manager der „Katalysator", der die Organisation in die Lage versetzt, Probleme selbst zu lösen. Er findet die passenden Rahmenbedingungen, damit „seine" Mitarbeiter selbstständig und eigenverantwortlich die Dinge angehen. Und er hält es aus, wenn die Mitarbeiter Fehler machen, um zu lernen.

Dazu muss die Führungskraft sowohl ein tiefes Verständnis für systemisches Denken und Handeln (s. Abschnitt III.2.5) als auch psychologisches Gespür und Coachingfähigkeiten mitbringen. Sie versteht die Zusammenhänge in Bezug auf Motivation und die Bedeutung von Sinn (s. Abschnitt III.2.3).

Übrigens ist es schon lange meine Auffassung: *Nur wer Kinder hat, sollte Führungskraft werden!* Eltern bringen einfach bestimmte wertvolle Erfahrungen mit, die anderweitig nur schwer zu erreichen sind![2]

... den agilen Vorstand/Geschäftsführer!

Jeder hat das Recht, seine Firma vor die Wand zu fahren.

Als agiler Geschäftsführer/Vorstand müssen Sie die Rahmenbedingungen dafür schaffen, dass Ihre Mitarbeiter und Führungskräfte die Agilität der Organisation voranbringen können. Das heißt dann auch, dass Sie loslassen müssen – auch wenn Sie der Eigner des Unternehmens sind – und „Ihre Leute machen lassen müssen".

Sie müssen den Sinn der Organisation nach innen und außen vermitteln – immer wieder. Machen Sie dazu die Einzigartigkeit Ihrer Organisation und deren Leistung

---

[2] Oh, wie freue ich mich hier auf Widerspruch!!! … Insbesondere von Kinderlosen! Ja, auch in Vereinen und Trainingsgruppen lassen sich diese Fähigkeiten erwerben. Allerdings haben dort sowohl Sie als auch die Teilnehmer immer die Möglichkeit der Flucht, die Sie in Familien normalerweise nicht haben. Und dieser Ausweg aus der Unvermeidlichkeit ändert einiges.

immer wieder klar (s. Abschnitt III.2.3 und Abschnitt IV.2.4) und die Bedeutung dieser für Ihren Kunden (s. Kapitel III.3).

Nehmen Sie sich ein Beispiel an Ricardo Semler[WikiRS], einem brasilianischem Unternehmer, der es zuließ, dass seine Mitarbeiter ihn in seinem *eigenen* Unternehmen als Geschäftsführer abwählten, weil ein anderer diesen Job besser konnte!

... den agilen Kunden!

Agilität geht nur gemeinsam mit dem Kunden! Der Kunde muss mindestens zu den → *Reviews* dem Team für Feedback zum Produkt zur Verfügung stehen. Dies erfordert ein Umdenken – auch auf Kundenseite! Ja, der Kunde ist König – und hat als dieser bestimmte Rechte *und bestimmte Pflichten*!

Wenn Sie Ihren Kunden nicht zu Agilität bewegen können – dann ist dies möglicherweise nicht mehr der passende Kunde für Sie! Wenn der Kunde Sie an der Entwicklung Ihrer Organisation hindert, dann gibt es nur zwei Möglichkeiten: Sie trennen sich oder Sie gehen gemeinsam unter!

Es ist nicht nur unfair, es ist für Sie als Lieferant nahezu tödlich, wenn Ihr Kunde seine Probleme und die Probleme in *seiner Organisation* an Sie auslagert. Sie müssen mit Ihrer Organisation eigenständig anpassungsfähig bleiben und sich von allen „Mühlsteinen um Ihren Hals" befreien.

... mehr als nur Trainings zu Methoden und Praktiken!

Das Folgende können Sie gerne als Kritik an der agilen Szene auffassen – ich kann damit sehr gut leben! Wir machen sehr viel Training zur agilen „Mechanik" (dies entspricht den Ebenen *Verhalten* und *Fähigkeiten und Strategien* der Dilts-Pyramide in Abschnitt IV.2.4): Techniken und Methoden, Scrum Master, Product Owner, ... Wir machen etwas Training zu Softskills. Das ist alles gut, wichtig und richtig. – Und doch reicht es nicht! Das hat alles zu wenig Effekt auf Werte und Einstellungen, auf das Selbstbild, auf den Sinn (s. die entsprechenden Ebenen der Dilts-Pyramide in Abschnitt IV.2.4). Wie in der Darstellung zur Dilts-Pyramide in Abschnitt IV.2.4 beschrieben, reicht dies nicht für eine nachhaltige und dauerhafte Veränderung. Wir müssen an die Grundlagen, an den Unterbau von Agilität ran (s. Anfang dieses Kapitels).

1.7 Literatur

Weiterführende Literatur

Kultur der kontinuierlichen Verbesserung – Kaizen

- Miller, Jon; Wroblewski, Mike; Villafuerte, Jaime: Creating a Kaizen Culture – Align the Organization, Achieve Breakthrough Results, and Sustain the Gains, McGraw-Hill Education, New York, 2014.
- Swaney III, Paul W.: Cultural Kaizen – The Story of How Simple Concepts can Transform an Organizations Cultre, Engagement and Bottom-Line, 2012.
- Mezick, Daniel: The Culture Game – Tools for the Agile Manager, 2012.

Skalieren allgemein

- Foegen, Malte; Kaczmarek, Christian: Organisation in einer Digitalen Zeit – Ein Buch für die Gestaltung von reaktionsfähigen und schlanken Organisationen mit Hilfe von Scales Agile & Lean Mustern, wibas, 2015.

Skalieren über Prinzipien

- Larman, Craig; Vodde, Bas: Practices for Scaling Lean & Agile Development – Large, Multisite, and Offshore Product Development with Large-Scale Scrum, Addison-Wesley, Boston, 2010.
- Larman, Craig; Vodde, Bas: Scaling Lean & Agile Development – Thinking and Organizational Tools for Large-Scale Scrum, Pearson, 2011
- Gloger, Boris; Margetich, Jürgen: Das Scrum-Prinzip – Agile Organisationen aufbauen und gestalten, Schäfer-Poeschel, Stuttgart, 2014.

Agilität in Organisationen allgemein

- Mezick, Daniel: The Culture Game – Tools for the Agile Manager, 2012.

Zur Lernenden Organisation

- Lembke, Gerald: Die Lernende Organisation – als Grundlage einer entwicklungsfähigen Unternehmung, Techum, Marburg, 2004.
- Kline, Peter; Saunders, Bernard: Zehn Schritte zur Lernenden Organisation – Das Praxisbuch, Junfermann, Paderborn, 1997.
- Senge, Peter M.: Die Fünfte Disziplin – Kunst und Praxis der lernenden Organisation, Schäffer-Poeschel, Stuttgart, verschiedene Auflagen.
- Senge, Peter M.; Kleiner, Art; Smith, Bryan; Roberts, Charlotte; Ross, Rick: Das Fieldbook zur Fünften Disziplin, Schäffer-Poeschel, Stuttgart, verschiedene Auflagen.
- Senge, Peter M.; Kleiner, Art; Roberts, Charlotte; Ross, Rick; Roth, George; Smith, Bryan: The Dance of Change – Die 10 Herausforderungen tiefgreifender Veränderungen in Organisationen. Signum-Verlag, Wien, 2000.

Zu modernen Organisationsformen

- Laloux, Frederic: Reinventing Organisations. Ein Leitfaden zur Gestaltung sinnstiftender Formen der Zusammenarbeit. Verlag Franz Vahlen, München, 2015. Original: Reinventing Organisations. A Guide to Creating Organisations Inspired by the Next Stage of Human Consciousness. Nelson Parker, Brussels, 2014.

Zu modernem Management

- Boos, Frank; Mitterer, Gerald: Einführung in das systemische Management. Carl-Auer Verlag; Heidelberg, 2014.
- Semmler, Ricardo: Das Semco System. Management ohne Manager. Wilhelm Heyne Verlag, München, 1993.
- Snowden, David J.; Boone, Mary E.: Entscheiden in chaotischen Zeiten. Harvard Business manager, Heft 12/2007, manager magazin Verlagsgesellschaft mbH, Hamburg, 2007.

Verwendete Literatur

All12: *Die balancierte Organisationskultur*, Artikel auf allesagil.net, URL: https://allesagil.net/2012/08/19/die-balancierte-organisationskultur/

App10: Appelo, Jurgen: Management 3.0: Leading Agile Developers, Developing Agile Leaders. Addison Wesley, Boston, 2010.

App14: Appelo, Jurgen: Management 3.0 #Workout: Games, Tools & Practices to Engage People, Improve Work, and Delight Clients, Happy Melly Express, online verfügbar: http://management30.com/about/list/

Bro87: Brooks, Frederick P.: Vom Mythos des Mann-Monats. Essays über Software-Engineering. Addison-Wesley, Bonn, 1987.

Cai: *Unternehmenskultur nach Schneider,* Artikel auf caimito.net URL: http://www.cai-mito.net/de/kbase/culture-schneider.html

Col12: Coldewey, Jens: Was heisst hier eigentlich „Agil"? Kennzeichen agiler Organisationen, OBJEKTspektrum, SIGS DATACOM, Ausgabe 05/2012, S. 14-19.

Col15: Coldewey, Jens: Was heisst hier „agil"? In: Scherber, Stefan; Lang, Michael (Hrsg.): Agile Führung. Vom agilen Projekt zur agilen Unternehmen. Symposion, 2015.

Con68: Conway, Melvin E.: How Do Committees Invent?. In: F. D. Thompson Publications, Inc. (Hrsg.): *Datamation.* 14, Nr. 5, April 1968, S. 28–31, online verfügbar: http://www.melconway.com/Home/pdf/committees.pdf http://www.melconway.com/Home/Committees_Paper.html http://www.melconway.com/research/committees.html

Hec14: Heck, Andrea: Demokratie im Unternehmen: Frederic Laloux' Buch „Reinventing Organizations", Blogeintrag auf https://agileandrea.com vom 05.11.2014, URL: https://agileandrea.com/2014/11/05/demokratie-im-unternehmen-frederic-laloux-buch-reinventing-organizations/

Hof10: Hofstede, G. & Hofstede, G.: Cultures and Organizations – Software of the Mind: Intercultural Cooperation and Its Importance for Survival. McGraw-Hill. 2010.

Lal15: Laloux, Frederic: Reinventing Organizations. Ein Leitfaden zur Gestaltung sinnstiftender Formen der Zusammenarbeit. Franz Vahlen, München, 2015.

Lar: Larman, Craig: Larman's Laws of Organizational Behavior, online: http://www.craiglarman.com/wiki/index.php?title=Larman%27s_Laws_of_Organizational_Behavior

Mal02: Malik, Fredmund: Komplexität – was ist das? – Modewort oder mehr? Kybernetisches Führungswissen – Control of High Variety-Systems, Cwarel Isaf Institute, 2002, online verfügbar: http://www.kybernetik.ch/dwn/Komplexitaet.pdf

Mal07: Malik, Fredmund: Management. Das A und O des Handwerks. Campus Verlag, Frankfurt / Main, 2007.

Mar85: Marshall, Judi; McLean, Adrian: Exploring Organisation Culture as a Route to Organisational Change, in Hammond V. (ed), Current Research in Management, Francis Pinter, London. S. 2-20, 1985.

McC15: McChrystal, General Stanley: Team of Teams: New Rules of Engagement for a Complex World. Penguin, New York, 2015.

Mez12: Mezick, Daniel: The Culture Game – Tools for the Agile Manager. Revision 2.1, Daniel Mezick

Pfl03: Pfläging, Niels: Beyond Budgeting, Better Budgeting: Ohne feste Budgets zielorientiert führen und erfolgreich steuern, Haufe-Mediengruppe, 2003.

Pin10: Pink, Daniel H.: Drive. Was Sie wirklich motiviert. Ecowin Verlag, Salzburg, 2010.

Ram16: Ramos, Cesario: Scale your product NOT your Scrum. Scrum.org Whitepapers, 11.02.2016, online verfügbar: https://www.scrum.org/About/All-Articles/articleType/ArticleView/articleId/987/Scale-Your-Product-NOT-Your-Scrum Direktlink: https://www.scrum.org/Portals/0/Documents/Community%20Work/ScaleYourProduct_CesarioRamos.pdf

WikiRS: *Ricardo Semler* bei Wikipedia: https://de.wikipedia.org/wiki/Ricardo_Semler

SAF16: Das Scaled Agile Framework®, online http://www.scaledagileframework.com/ Direktlink http://www.scaledagileframework.com/posters/

Sah12: Sahota, Michael: An Agile Adoption and Transformation Survival Guide. URL: https://www.infoq.com/minibooks/agile-adoption-transformation

ScA15: ScALeD Agile Lean Development – Die Prinzipien, online http://scaledprinciples.org/de

Sch94: Schneider, William E.: The Reengineering Alternative – A Plan for Making Your Current Culture Work. Irwin Professional Publishing, Burr Ridge, IL, 1994.

Sem93: Semmler, Ricardo: Das Semco System. Management ohne Manager. Wilhelm Heyne Verlag, München, 1993.

Sta90: Staehle, Wolfgang H.: Management. Eine verhaltenswissenschaftliche Perspektive, Verlag Franz Vahlen München, 5. Auflage, 1990

Sut11: J. Sutherland, Nokia Test, siehe: http://www.scruminc.com/wp-content/uploads/2015/12/Nokia-Test-CSM-slides.pdf

WikiDZ: *Dunbar-Zahl* bei Wikipedia: https://de.wikipedia.org/wiki/Dunbar-Zahl

WikiEM: *Elon Musk* bei Wikipedia: https://en.wikipedia.org/wiki/Elon_Musk

WikiGC: *Gesetz von Conway* bei Wikipedia: https://de.wikipedia.org/wiki/Gesetz_von_ Conway

WikiHF: Henri Fayol bei Wikipedia, URL: http://de.wikipedia.org/wiki/Henri_Fayol

WikiKR: *Korallenriff* bei Wikipedia: https://de.wikipedia.org/wiki/Korallenriff

WikiM: *Management* bei Wikipedia, URL: http://de.wikipedia.org/wiki/Management

WikiMS: *The Morning Star Company* bei Wikipedia, URL: http://en.wikipedia.org/wiki/ The_Morning_Star_Company

WikiO: *Organisation* bei Wikipedia: https://de.wikipedia.org/wiki/Organisation

WikiPC: *Premium-Cola* bei Wikipedia, URL: http://en.wikipedia.org/wiki/Premium-Cola

WikiSE: *Das Semco System* bei Wikipedia, URL: http://de.wikipedia.org/wiki/Das_Semco_System

WikiSO: *Selbstorganisation* bei Wikipedia: URL: http://de.wikipedia.org/wiki/Selbstorganisation

WikiRD: *Robin Dunbar* bei Wikipedia: https://de.wikipedia.org/wiki/Robin_Dunbar :

WikiVH: *Vorderbühne/Hinterbühne* bei Wikipedia: https://de.wikipedia.org/wiki/Erving_Goffman#Vorderb.C3.BChne.2FHinterb.C3.BChne

WikiZ: *Zenturie* bei Wikipedia: https://de.wikipedia.org/wiki/Zenturie

Woh12: Wohland, Gerhard; Wiemeyer, Matthias: Denkwerkzeuge der Höchstleister. Warum dynamikrobuste Unternehmen Marktdruck erzeugen, UNIBUCH Verlag, Lüneburg, 2012.

Kapitel 2
Los geht's! – Agilität implementieren

Selber denken macht schlau.
Selber ausprobieren führt zum Ziel.

Kapitelübersicht

Kernaussagen des Kapitels

- Um Veränderungen zu erreichen, muss sowohl die rationale als auch die emotionale Seite des Menschen angesprochen werden.
- Für dauerhafte Veränderungen müssen sich auch Werte, Glaubenssätze, Selbstbild und Sinn ändern.
- Solange inhaltlich Fortschritt und Erfolg gemessen wird und die eigene Vorgehensweise in Retrospektiven verbessert wird, ist man auf dem richtigen Weg!
- Viele „Probleme", die bei der Einführung und Weiterentwicklung von Agilität auftreten, klingen eher nach Ausreden als nach (unbehebbaren) Behinderungen.
- Agilität funktioniert nur mit ausreichender Selbstorganisation der Teams.

In der Einleitung hatte ich ja geschrieben, dass ich Agilität verdeckt angewandt habe, weil es offiziell nicht ging. Vielleicht ist es für Sie interessant, was ich damals – noch ohne allzu tiefe Kenntnis von Agilität – eher intuitiv getan habe.

Vorweg vielleicht noch eine Bemerkung: Was Sie immer tun können, ist, *die Leute zu ermächtigen*! Wenn ich jemandem eine Aufgabe übergeben habe, dann immer mit der klaren Ansage, dass ich keine Idee davon habe, wie das umzusetzen sei, und dass ich der Person komplett vertraue, dass sie das Richtige machen wird. Und wissen Sie was? Nur selten wurde ich dabei enttäuscht, und wenn, dann wäre ich sehr wahrscheinlich auch gescheitert, weil zum Beispiel bestimmte Informationen fehlten oder sich in den Rahmenbedingungen etwas änderte.

Typisch beim Übertragen von Aufgaben ist ja das Rückdelegieren dieser an den Auftraggeber – jemand hat eine Meinung, wie er diese Aufgabe am besten erledigen könnte, traut sich aber aufgrund seiner Erfahrungen nicht, dies auch so zu tun. Hier haben wir alle – über den Prozess der Sozialisation – ganze Arbeit geleistet, dass Menschen so werden ...

Bei jedem Versuch einer Rückdelegation an mich stellte ich mich immer dumm nach dem Motto „Ich habe keine Ahnung und davon eine ganze Menge ..." – Zwar hatte ich durch mein Elektrotechnik-Studium und mehrjährige Arbeitserfahrung schon etwas Ahnung und auch „ein Gefühl dafür, was wie funktionieren könnte", manchmal aber auch wirklich keine Ahnung oder keine Zeit, mich so eingehend damit zu befassen, dass ich zu einem fundiertem Urteil gelangen könnte. Stattdessen fragte ich: „… was würdest du denn tun … ?" Und glauben Sie mir – da kam immer etwas Vernünftiges! Und egal was da kam, ich bestätigte dies mit einem „… das klingt gut, mach's doch so!" Natürlich immer verbunden mit viel Anerkennung auf den nonverbalen Ebene. Schön war die Reaktion darauf – allein dafür hätte es sich schon gelohnt, dies so zu tun: Strahlende Augen und ein stolzes, manchmal etwas überraschtes Gesicht. Der schöne Effekt war, obwohl – oder gerade weil? – ich immer weniger gefragt wurde, wurden Ergebnisse und Zufriedenheit der Mitarbeiter immer besser. Und der Vorteil auf meiner Seite war, dass ich immer umfangreichere Aufgaben übertragen konnte.

Wahrscheinlich hat auch meine Absicherung der Leute beigetragen: *„Wenn es erfolgreich ist, dann ist es Deins. Wenn es schief geht, ist es Meins – Es ist* meine *Verantwortung, dafür zu sorgen, dass du die Rahmenbedingungen dafür hast, diese Aufgabe erfolgreich zu erledigen!"*[3]

Nun zur Geschichte meines verdeckten Einsatzes von Agilität …

Wie ich Agilität verdeckt anwendete

Ich war Produktmanager in der Zentrale (*„Headquarter"*) eines Unternehmens mittlerer Größe der Elektronikbranche. Auf gut Deutsch: Hier in Deutschland saßen die teuren Manager, im nahen osteuropäischem Ausland wurde das Geld verdient, dort saß die Entwicklung, Produktion etc.

Das Unternehmen hatte eine über 40-jährige Vorgeschichte mit Konzernvergangenheit und häufigeren Eigentümerwechseln mit vielen „Transitionen". In einer dieser Transitionen muss das Unternehmen stecken geblieben sein – es gehörte offensichtlich zu den 35 % passiv-aggressiven Unternehmen mit der entsprechenden Kultur: Alle duzten sich – und spielten Gutshof: Der Geschäftsführer war der Gutsherr und alle anderen die Knechte. Unter der netten Oberfläche (und unter dem Meetingtisch) wurde dann der Knecht an seiner schmerzhaftesten Stelle getreten, vom Gutsherrn und höhergestellten Knechten …

Dazu kam das „kulturelle" Gefälle innerhalb des Unternehmens (O-Ton der HR-Leiterin): „Den … (Einwohnern dieses nahen osteuropäischen Landes) … müssen wir das Arbeiten erst beibringen!" (Die Aussage stammt aus dem 21. Jahrhundert!)

… in diesem Kontext hatte ich nun die Aufgabe, mit einem externen Dienstleister aus diesem nahen osteuropäischen Land und Kollegen aus der Entwicklung von dort „mal eben schnell" ein Produkt zu entwickeln. Gut dachte ich, da spiele ich mal → *Product Owner,* probiere das mal aus und definiere aus Sicht des Kunden die Anforderungen an dieses Produkt. Dies war für mich relativ einfach, da ich keinerlei technische Vorgaben machen wollte, sondern rein über → *User Stories* definierte, was der Anwender erwartete.

In meiner Erwartung – *ich arbeite mit Erwachsenen zusammen und daher behandle ich diese auch so* – schickte ich die priorisierten Anforderungen an meine Kollegen und wir gingen in einer Webkonferenz die Liste durch. … leider hatte ich nicht mit „meinem Management" gerechnet: „Du musst da hinfahren und die überwachen, das geht sonst schief." (Aus „Kostengründen" durften wir kleinen Manager nicht

---

[3] Neudeutsch: *„I cover YOUR ass!"*

fliegen, da saßen wir dann 7 Stunden für die einfache Strecke im Auto ... Der Zeit-aufwand war egal, wir waren ja „eh-da"-Kosten: „Du bist ja eh da ...")

Trotz meiner Argumentation, ich sei „doch kein Kindergärtner und wenn ich einer hätte werden wollen, dann wäre ich jetzt nicht hier", musste ich mich beugen und hinfahren ...

Mittlerweile hatte sich noch ein zweites gleichartiges Produkt aufgetan und mit der Ansage „Da du ja eh an dem anderen dran bist, machst du das gleich mit ..." bekam ich das auch noch verordnet. Daher waren nun zwei Tage Meeting vor Ort angesetzt: der Dienstleister mit zwei Personen, fünf Entwickler und ich – 16 Mannstunden!

Da ich gegenüber dem Dienstleister die „faktische" Hierarchie nicht betonen wollte, ließ ich meine Kollegen das Meeting eröffnen und leiten. Ich stellte die Idee vor, den Nutzen und das zu erstellende „Erlebnis aus Kundensicht" und betonte, dass ich keine Ahnung habe, wie man das realisieren könnte (ich stellte mich also dumm, s.o.). Dann überließ ich meinen Kollegen das Meeting ...

Aus meiner eigenen Erfahrung als Entwickler wusste ich, dass Entwickler von sich aus coole Dinge bauen wollen. Das hat durchaus den Charakter eines ernsthaften Spieles, wie es das Englische *„to play around"* beschreibt. Daher wollte ich die Kol-legen machen lassen – ich hatte wirkliches Vertrauen in die Jungs.

Die Diskussion zwischen Entwicklern und Dienstleister lief aus Respekt zu mir auf Englisch, wobei sich beide Seiten schon etwas schwer damit taten. Daher sagte ich ihnen nach ca. 45 Minuten, dass sie in ihrer Landessprache sprechen sollten, weil das schneller ginge. Was sie dann auch taten, allerdings fasste der Leiter der Entwicklungsgruppe mir alle 5 Minuten den Stand auf Englisch zusammen. Nach dem dritten Mal versicherte ich ihm, dass ich ihm und seinen Kollegen voll vertraue, ich selber ja keine Ahnung davon hätte, sie sollen mal machen, die Übersetzungen kosten ja auch Zeit. Mit den staunenden Augen eines Kindes fuhr er fort, fing trotz meiner Worte noch zwei mal mit Zusammenfassungen an, die ich mit „I trust you!" unterbrach.

Zur nonverbalen Unterstützung meiner Worte rutschte ich im Laufe des Meetings mit meinem Stuhl Stück für Stück immer weiter nach hinten und zog mich so aus dem Geschehen heraus ...

Nach einem landestypisch ausgiebigen Mittagessen setzten wir uns noch kurz zusammen und jeder fasste seine Aufgaben zusammen. Dabei verabredeten wir kleine Schritte mit schnellem Feedback mit der Begründung, „um Zeit zu sparen und Fehlentwicklungen zu vermeiden". (Denn die Entwickler waren „permanent unter Wasser" ...) Und ich dankte allen Beteiligten, versicherte ihnen, dass ich ihnen vertraue und dass sie die beste Lösung finden. Wir waren sehr locker nach einem ¾ Tag fertig, das waren dann 37,5 % der geplanten Gesamtzeit ... *„Doing twice the Job in half the Time"* ...

Schon vom ersten Entwurf – also dem Ergebnis der *ersten* Iteration – waren die Damen und Herren Kollegen Manager hier in Deutschland extrem überrascht: „Eine solche Qualität hätte man bei vorangegangenen Produkten nicht einmal im finalen Produkt erreicht." Auf meine Frage „Wollt Ihr wissen, wie das geht?" hieß es nur „Nein! Ab jetzt machst du alle diese Produkte!" – Irgendwie hatte ich das komische Gefühl, Motivation funktioniert anders ...

Ohne Kenntnis des Artikel von Takeuchi und Nonaka über Scrum[4] – diesen lernte ich erst bei meiner Ausbildung zum Scrum Master und Product Owner später in jenem Jahr kennen – tat ich genau das, was diese schon 1986 beschrieben:

- *Bringe in einem Raum die Leute zusammen, die alle Funktionen abdecken, die es braucht, um das Produkt erfolgreich zu entwickeln und in den Markt zu bringen!*
- *Gib den Leuten eine klare Vision des Produktes!*
- *Mach den Leuten klar, dass nur ein sehr begrenztes Budget und noch weniger Zeit zur Verfügung steht!*
- *Verlass den Raum!*
- *Lass die Leute in Ruhe!*
- *Beseitige die Probleme, mit denen Sie zu dir kommen!*

Sie sehen, Sie müssen keinerlei „Mechanik" machen, um agil zu sein. *Agilität ist ein „Mindset Issue", sie beginnt im unserem Kopf!*

Denken Sie immer daran: *Die Menschen wollen – wir müssen sie nur lassen.*

2.1 Work Rules bei Google

Im Abschnitt IV.3.4 finden Sie die *„Work Rules bei Google"*. Schauen Sie sich diese genau an. Zum Start Ihrer Reise zu mehr Agilität können Sie diese ja erst mal komplett übernehmen, im Laufe der Zeit werden Ihnen vielleicht Verbesserungen und Konkretisierungen in Bezug auf Ihre Organisation einfallen.

Es sollte Sie jetzt nicht (mehr) verwundern, dass der erste Punkt *„Der Arbeit einen Sinn geben"* lautet. Falls doch, gehen Sie zurück zu den Ausführungen bzgl. Motivation durch Sinn in Abschnitt III.2.3. Wenn Sie bis hierhin nicht verstanden haben, dass *der Mensch ein Wesen auf der Suche nach Sinn ist*, verfällt der Autor in eine tiefe Sinnkrise ...

Die anderen 9 Punkte können durchaus kontrovers diskutiert werden – und stehen vielleicht auch im Widerspruch zu einigen in diesem Buch getroffenen Aussagen. Doch hey – that's VUKA: Bei Google funktioniert's, was keine Garantie für Nachahmer ist. Schauen Sie sich an, was woanders wie funktioniert und machen Sie Ihre eigenen Experimente. Selber denken macht schlau. Selber ausprobieren führt zum Ziel.

2.2 „Nun sag, wie hast du's mit der Agilität?"[5]

Stellen Sie jedem, der Ihnen was von Agilität erzählt, die Gretchenfrage: *„Wie hältst du es selber mit der Agilität?"* Von einem Ratgeber, der nicht selbst das anwendet, was er empfiehlt oder gar predigt, ist nicht viel zu halten: „Walk what you talk and talk what you walk!" und „Eat your own dog food!" ...

---

[4] Takeuchi, Hirotaka; Nonaka, Ikujiro: *The New New Product Development Game.* Harvard Business Review, Januar 1986. Online verfügbar: https://hbr.org/1986/01/the-new-new-product-development-game (s. Abschnitt I.1.4).
[5] In Anlehnung an die Gretchenfrage *„Nun sag, wie hast du's mit der Religion?"* in *Faust I* (Kapitel 19, Vers 3415) von Johann Wolfgang von Goethe.

Das Agile Manifest ist das zentrale Dokument, in dem definiert ist, was *agil* bedeutet und wie Agilität umgesetzt wird. Trotzdem ist es vielen – auch ernsthaften – Anwendern agiler Methoden weitgehend unbekannt – oder wird ignoriert. Das ist schade, denn es ist die einzig mögliche Definition – über Werte und Prinzipien – im Komplexen.

Wenn Ihnen jemand etwas über Agilität erzählen will – zum Beispiel um Ihnen etwas zu verkaufen –, empfehle ich Ihnen folgenden Test:

1. Fragen Sie ihn nach dem Agilen Manifest! Jeder, der sich mit Agilität ernsthaft auseinandergesetzt hat, wird Ihnen dazu – zumindest teilweise – das erzählen, was Sie in diesem Buch lesen. Sollten Sie keine oder eine wirre Antwort erhalten, dann haben Sie sehr wahrscheinlich einen Scharlatan oder Bullshit-Quirler vor sich. Was Sie dann zu tun haben, sollte Ihnen klar sein …
2. Haben Sie eine einigermaßen sinnvolle Antwort erhalten, dann fragen Sie ihn, wie er das Agile Manifest – die agilen Werte und Prinzipien – in seiner eigenen Vorgehensweise umsetzt! Wer Agilität ernsthaft betreibt, geht auch in seinem Tun agil vor. Wer einen Plan macht, um Ihnen Agilität beizubringen, zeigt, dass er das Thema nicht vollständig durchdrungen hat: „Sie predigten öffentlich Wasser – und tranken heimlich Wein …"
3. Hat Ihr Gesprächspartner es bis hierhin geschafft: Gratulation! Sehr wahrscheinlich weiß er, wovon er redet. Trotzdem: *Nutzen Sie ihn als Coach, nicht als Berater!* Begeben Sie sich nicht in seine Abhängigkeit! *Sie müssen Agilität selbst umsetzen und leben, Ihre Agilität muss auch noch funktionieren und sich weiterentwickeln, wenn der Berater Sie verlassen hat!*

Denken Sie immer an die „Goldene Regel": *Wer das Gold hat, bestimmt die Regeln.* Und wer hat das Gold – oder heute das Geld –: *Sie, der Kunde.*

2.3 Wie Veränderung gelingt – ein Modell zu Veränderungen

Der Geist ist willig, doch das Fleisch ist schwach.

Bevor Sie Ideen erhalten, wie Sie in Ihrer Organisation vorgehen können, um Agilität einzuführen oder zu verbessern, noch schnell ein Modell zu Veränderungen und Menschen. Wie alle Modelle ist dieses falsch – und doch nützlich. Vergessen Sie nicht, dass die Menschen *nicht so sind*, sondern diese Beschreibung eine Hilfestellung für *Sie* ist, zu verstehen, was los ist.

Der Mensch ist ein denkendes *und* fühlendes Wesen. Da Emotionen im Gehirn immer schneller als das Denken sind, ist der Mensch eigentlich *ein fühlendes Wesen, das denken kann.*

Für eine erfolgreiche Veränderung braucht es beide Seiten, die emotionale und die rationale, und sie müssen beide angesprochen werden. Gleichzeitig müssen die Voraussetzungen für die Veränderung gegeben sein.

Das in diesem Kapitel vorgestellte einfache Modell erklärt beide Seiten und ihr Zusammenspiel. Es stammt aus dem Buch *Switch. Veränderungen wagen und dadurch gewinnen* von Chip und Dan Heath [Hea11].

Der Elefant und sein Reiter

Was wie Faulheit aussieht, kann Erschöpfung sein.
Was wie Widerstand aussieht, kann mangelnde Klarheit sein.
Was wie ein Problem der Menschen aussieht,
kann ein Situationsproblem sein.

– Chip und Dan Heath

Chip und Dan Heath verwenden in ihrem Buch ein Modell von Jonathan Haidt, einem Psychologen und Professor für *Ethical Leadership* an der *New York University*. Haidt beschreibt in seinem Buch *The Happyness Hypothesis* (Deutsch: *Die Glückshypothese*) den Menschen als Modell mit einem Elefanten und seinem Reiter [Hea11 S. 15]: Der Elefant steht für die emotionale Seite, der Reiter für die rationale Seite. Der Reiter scheint den Elefanten zu führen, doch er ist kleiner und schwächer als dieser. Daher gewinnt jedes Mal der Elefant, wenn sich beide uneins sind: Der Reiter scheitert, weil er es nicht schafft, den Elefanten auf dem Weg zu halten und an das Ziel zu führen [Hea11 S. 16].

Die Schwäche des Elefanten steht für unsere emotionale, instinktive Seite: Er ist faul und übermütig – und zieht kurzfristigen Lohn (eine Süßigkeit) einem langfristigen Gewinn (schlank sein) vor [Hea11 S. 15].

Veränderungen erfordern kurzfristige Opfer für langfristige Gewinne und so wird sich der Elefant immer gegen den Reiter durchsetzen. Das Bedürfnis des Elefanten nach sofortiger Befriedigung steht im Gegensatz zur Stärke des Reiters, langfristig zu denken und zu planen [Hea11 S. 16].

Nun steht der Elefant nicht nur für unsere Schwächen, eine Belohnung sofort und nicht später zu erhalten, er hat auch Stärken: Unsere Emotionen – Liebe, Mitgefühl, Verständnis und Loyalität [Hea11 S. 16]. Noch wichtiger ist, dass er es ist, der Veränderungen durchsetzt. Um ein Ziel zu erreichen, braucht es die Energie, die Kraft und den Elan des Elefanten. Denn der Reiter hat eine große Schwäche: Er neigt dazu, zu viel zu analysieren und nachzudenken, er tritt auf der Stelle und legt nicht los [Hea11 S. 16].

Wir brauchen also *beide*: den Reiter und den Elefanten:

* Den Reiter für die Planung und die Richtung und
* den Elefanten für die Umsetzung.

Entsprechend müssen wir sowohl Reiter als auch Elefant ansprechen.

Was passiert, wenn sich Reiter und Elefant uneins über den Weg sind? Der Reiter kann einen Machtkampf mit dem Elefanten nicht gewinnen, er ist zu schwach und irgendwann erschöpft [Hea11 S. 17]. Ergebnisse verschiedener Studien zeigen, dass Selbstkontrolle – also der Versuch der Steuerung durch den Reiter – eine sich erschöpfende Ressource ist. *Was wie Faulheit aussieht, kann Erschöpfung sein* [Hea11 S. 19-23].

Dem Elefanten kann die Motivation fehlen, loszugehen. Zwar kann er sich eine Zeit lang vom Reiter antreiben lassen, dies wird nicht von Dauer sein und überdies den Reiter erschöpfen. Werden jedoch die Gefühle angesprochen, ist der Elefant sofort motiviert und läuft los [Hea11 S. 23].

Nun ist es nicht nur so, dass der Elefant Schwächen hat, auch der Reiter ist nicht frei davon. Er ist manchmal ein Analytiker, der auf der Stelle tritt und auch nicht weiß, welcher der richtige Weg ist: *Was wie Widerstand aussieht, kann mangelnde Klarheit sein.* In einer Studie stellten Forscher fest, dass Menschen sich eher ändern, wenn das neue, von ihnen erwartete Verhalten klar und deutlich ist [Hea11 S. 24].

Nun kann es passieren, dass Reiter und Elefant sich einig sind, ein gemeinsames Ziel haben und losgehen wollen. Doch dummerweise steht genau vor ihnen eine kilometerbreite unüberwindbar hohe Felswand. Dann werden sie – trotz gemeinsamen Wollens – das Ziel nicht erreichen: *Was wie ein Problem der Menschen aussieht, kann ein Situationsproblem sein.* Wenn zum Beispiel der Forderung nach besserer Ernährung kein entsprechendes Angebot gegenübersteht.

Praktische Hinweise

Chip und Dan Heath geben folgende Hinweise (Abbildung 19; [Hea11 S. 27]):

- *Weisen Sie dem Reiter die Richtung!* Was wie Widerstand aussieht, ist oft mangelnde Klarheit. Sorgen Sie daher für kristallklare Anweisungen.
- *Locken Sie den Elefanten!* Was wie Faulheit aussieht, ist oft Erschöpfung. Der Reiter kann sich nicht sehr lange mit Gewalt durchsetzen. Daher ist es wichtig, dass Sie die emotionale Seite der Menschen ansprechen – bringen Sie den Elefanten auf den richtigen Weg und sorgen Sie dafür, dass er kooperiert.
- *Ebnen Sie den Weg!* Was wie ein Problem aussieht, das den Menschen betrifft, ist oft ein Situationsproblem. Die Situation – einschließlich ihrer Umgebung – ist der Weg. Wenn Sie den Weg aufzeigen, werden Veränderungen wahrscheinlicher, egal was mit Reiter und Elefant passiert.

Die Autoren Heath betonen, dass dieses Modell kein Allheilmittel darstellt, da es unvollständig ist und andere an der Veränderung Beteiligte ihre eigenen Bedürfnisse und Vorstellungen haben. Ihr Modell wird Veränderung nicht unbedingt einfacher, doch zumindest *leichter* machen: Es ist ein Rahmen, der einfach zu merken und flexibel genug ist, um ihn in verschiedenen Situationen anzuwenden.

Abbildung 19: Der Elefant, sein Reiter und der gemeinsame Weg

In den weiteren Kapiteln ihres Buches gehen Chip und Dan Heath auf Einzelheiten ein.

Das Persönlichkeitsmodell *Inneres Team* nach Friedemann Schulz von Thun stellt das menschliche Innenleben anhand der Metapher eines Teams und seines Leiters dar [Sch98, WikiIT]. Um eine erfolgreiche Veränderung zu erreichen, müssen die Ansprüche, Bedürfnisse und Wünsche der einzelnen Teammitglieder und ihres Leiters bedient werden.

2.4 Noch ein Modell, ein anderes …

Mit dem folgenden Modell möchte ich herausstellen, warum mir die Werte und Prinzipien des Agilen Manifestes so wichtig sind. Dieses Modell hat mir sehr deutlich klargemacht, warum Veränderungen nur auf der Verhaltensebene scheitern müssen und warum es das *Wozu*, den Sinn eines anderen Verhaltens, braucht.

Das Modell ist auch als *Dilts-Pyramide, Dilts-Modell* oder *Die logischen Ebenen nach Dilts* bekannt. In der Darstellung basiert auf einem Blogeintrag [Sch14] und orientiert sich an [Stu].

Die Dilts-Pyramide

Robert Dilts entwickelte dieses Modell der Veränderung Mitte der 1980er-Jahre. Es liefert Informationen darüber, wo ein Problem, ein Ziel etc. angesiedelt ist, und trägt so zur Lösungsfindung bei.

Für die Erklärung des Modells verwende ich die Betrachtung einer einzelnen Person, anschließend erweitere ich dies.

Die Basis der Pyramide (Abbildung 20) ist *der Kontext/die Umwelt*: Jedes Verhalten ist in einen Raum-Zeit-Kontext eingebettet. Die Umwelt wirkt auf die Person, die Phänomene der Umwelt sind mit den Sinnen erfahrbar. Mit den Fragen „Wo?", „Wann?", „Wer?", „Mit wem?" kann die Umwelt erfragt werden.

In diesem Kontext zeigt die Person ein beobachtbares *Verhalten*. Die Frage dazu ist „Was": „Was (genau) wird getan?" Und: „Was könnte jemand von außen (an der Person) beobachten?"

Abbildung 20: Die Dilts-Pyramide

Während Kontext und Verhalten von *außen* beobachtbar sind, sind es die folgenden Ebenen nicht mehr. Die *Fähigkeiten* und *Strategien* stellen ein *internes Verhalten* (Ralf Stumpf) dar, das ein von *außen beobachtbares Verhalten* ermöglicht und hervorruft. Fähigkeiten sind damit nicht direkt sichtbar. Die Frage dazu ist „Wie?": „Wie führt jemand Tätigkeiten aus?" Und: „Welche inneren Prozesse, Strategien und Programme laufen ab?"

Werte, Glaubenssätze und *Filter* liegen unserem Verhalten bewusst oder unbewusst zugrunde. Menschen setzen ihre Fähigkeiten *nur dann* in Verhalten um, wenn die Werte und Glaubenssätze dies erlauben. Die Fragen für Werte sind „Wofür?" und „Was ist wichtig?", für Glaubenssätze „Warum?", „Welche Bedeutung hat das?" und „Wie ist der Zusammenhang?" und für Filter „Worauf achtest du?".

Die nächste Ebene betrifft *das Selbstbild/die Identität.* Hier geht es um das zentrale Modell *über sich selbst.* Die Fragen dazu sind „Wer bist du?", „Was, glaubst du, denken andere über dich, wenn du das machst?", „Was würdest du von jemandem denken, der das macht?" und „Was denkt man über jemanden, der so was macht?".

Die oberste Ebene, bei [Stu] und anderen Darstellungen mit *Zugehörigkeit, Spiritualität, Mission und* Vision bezeichnet, fasse ich mit *Sinn* im Sinne von Viktor Frankl zusammen (s. Ausführungen zu Motivation durch Sinn in Abschnitt III.2.3). Hier geht es um Vorstellungen, Gedanken und Glauben der Menschen über das, was ihre Individualität überschreitet. Dabei geht es um die Frage „Wozu" im Sinne von: „Wer ein Wozu hat, erträgt jedes Wie."

Eine Zusammenfassung der Merkmale der Ebenen gibt Tabelle 2 an.

Kontext/-Umwelt	Jedes Verhalten ist in einen Raum-Zeit-Kontext eingebettet.
	Wo? Wann? Wer? Mit wem?
Verhalten	Beobachtbares Verhalten, konkretes Handeln, alle Aktionen und Reaktionen
	Was? Was tust du? Was (genau) wird getan? Was könnte jemand von außen beobachten?
Fähigkeiten, Strategien	stellen ein inneres *Verhalten* dar, das ein von außen beobachtbares *Verhalten* ermöglicht
	Wie? Wie führst du die Tätigkeiten aus? Welche inneren Prozesse, Strategien und Programme laufen ab?
Werte, Glaubenssätze, Filter	Werte: Ideale, Ziele, Motivatoren; Unterscheidung „hin-zu"/"mehr von" und „weg-von"/"weniger von"
	Wofür? Was ist wichtig? Was hast du davon? Wofür tust du das? Was bringt es dir? oder: Was würde dir fehlen, wenn du es nicht tätest?
	Glaubenssätze sind Überzeugungen und Leit-Ideen, die Menschen für wahr halten und als Grundlage ihres alltäglichen Handelns anwenden. Sie sind Interpretationen und Verallgemeinerungen aus früheren Erfahrungen, individuelle Theorien, warum etwas so und nicht anders ist.
	Warum? Welche Bedeutung hat das? Wie ist der Zusammenhang?
	Filter sortieren unsere Wahrnehmung und unser Denken, lange bevor diese unser Bewusstsein erreichen.
	Worauf achtest du?

Selbstbild/ Identität	Die Vorstellungen, die Menschen von sich als ganze Person in ihrem Verhalten, in ihren Fähigkeiten und in ihren Überzeugungen meist unbewusst mitkonstruieren. Es sind die tiefsten zentralen Werte und Aufgaben – die Mission im eigenen Leben.
	Wer bist du? Was, glaubst du, denken andere über dich, wenn du das machst? Was würdest du von jemandem denken, der das macht? Was denkt man über jemanden, der so was macht?
Sinn	Die Bedeutung für das Ganze, das Übergeordnete.
	Wozu? Wozu ist das gut? Wozu sind wir hier? Welche Bedeutung hat dein Tun für andere? Welche Auswirkungen hat dein Leben auf die Welt?

Tabelle 2: Zusammenfassung der Ebenen der Dilts-Pyramide

Nach diesem hierarchischen Modell ist eine Problemlösung i.d.R. auf der *nächsthöheren* Ebene möglich – zumindest leichter und nachhaltiger erreichbar.

Eine Ebene organisiert die Informationen der darunter liegenden Ebene, somit führen Veränderungen auf einer Ebene zu Veränderungen auf der nächsttieferen Ebene. Allerdings hat jede Ebene spezifische Regeln für Veränderung.

Dieses Modell macht Aspekte transparent, die bei Veränderungen/Zielen/Problemen normalerweise unberücksichtigt bleiben und diese dadurch in ihrem Erfolg gefährden (können).

Ein Beispiel

Kontext: Dieses Buch über Agilität.

Verhalten: Ich beschreibe die Dilts-Pyramide.

Fähigkeiten: Dazu gehe ich schrittweise vor, fasse Verschiedenes zusammen, vereinfache und lasse weg.

Werte: Es ist mir wichtig, dass andere dieses Modell kennen, um es einzusetzen.

Selbstbild: Ich bin ein Vernetzer zwischen verschiedenen Themengebieten und bringe diese zusammen („Connecting the dots").

Sinn: Wenn dieses Modell eingesetzt wird, können stabile positive Veränderungen bewirkt werden.

Anwendungen der Dilts-Pyramide

Robert Dilts entwickelte dieses Modell für die Anwendung bei persönlichen Veränderungen. Damit beginne ich hier die Darstellung und erweitere die Anwendung auf Teams und Organisationen/Unternehmen.

Anwendung auf eine Person

Ich habe ein Ziel

Wenn ich ein Ziel erreichen möchte, ist es wichtig, vorher zu prüfen, ob dieses Ziel in mein bisheriges System passt. Es könnte durchaus sein, dass dieses Ziel Auswirkung auf mich hat, die ich momentan nicht wahrnehme, oder mein bisheriges System das neue Ziel sabotiert. Dazu gehe ich mit dem Ziel die Ebenen durch, indem ich mir die Fragen der jeweiligen Ebene bezogen auf das Ziel stelle.

Beispiel: Mein Ziel ist, auf dem Agile Community Event *XYZ* einen Vortrag über die Dilts-Pyramide zu halten.

Ebene Umwelt: Wo? Wann? Wer? Mit wem?

Wann und wo kann ich das Thema auf dem Agile Community Event *XYZ* vorstellen? Klären mit dem Veranstalter.

Ebene Verhalten: Was? Was tust du? Was (genau) wird getan? Was könnte jemand von außen beobachten?

Ich erzähle etwas über die Dilts-Pyramide. Ich male am Flipchart. Ich beantworte Fragen und gehe auf Einwände ein etc.

Ebene Fähigkeiten, Strategien: Wie? Wie führst du die Tätigkeiten aus? Welche inneren Prozesse, Strategien und Programme laufen ab?

Ich brauche Präsentationsfähigkeiten, um das Thema darzustellen. Ich muss das Thema in der Vorbereitung so strukturieren, dass es verständlich wird, dazu werde ich vereinfachen, zusammenfassen und weglassen. Ich werde den Vortrag im Kopf durchgehen und mir vorstellen, wie dieser ablaufen könnte.

Ebene Werte, Glaubenssätze, Filter

Werte: Wofür? Was ist wichtig? Was hast du davon? Wofür tust du das? Was bringt es dir? Oder: Was würde dir fehlen, wenn du es nicht tätest?

Ich habe viel gelernt bei den Treffen des Agile Community Event *XYZ* in den in vergangenen 2 Jahren und möchte etwas zurückgeben. Ich möchte auf ein interessantes Modell aufmerksam machen. Momentan entwickle ich einen Workshop zum Thema „Führen durch Sinn" und möchte testen, ob es Interesse für dieses Thema gibt.

Glaubenssätze: Warum? Welche Bedeutung hat das? Wie ist der Zusammenhang?

Meine Glaubenssätze bezüglich des Themas sind: Du sollst nicht nur nehmen! Gib' auch was zurück! Dieses Modell ist zu wichtig, um unbekannt zu bleiben!

Filter: Worauf achtest du?

Mir sind Beispiele aus meinen Erfahrungen oder aus dem agilen Kontext eingefallen.

Ebene Selbstbild/Identität: Wer bist du? Was, glaubst du, denken andere über dich, wenn du das machst? Was würdest du von jemandem denken, der das macht? Was denkt man über jemanden, der so was macht?

Ich bin ein Mitglied der Agilen Community in München. Ich bin ein Vernetzer verschiedener Themen und bringe so Verschiedenes zusammen, damit Neues entsteht.

Ebene Sinn: Wozu? Wozu ist das gut? Wozu sind wir hier? Welche Bedeutung hat dein Tun für andere? Welche Auswirkungen hat dein Leben auf die Welt?

Ich möchte, dass andere Menschen einfacher und leichter erfolgreiche Veränderungen erreichen! Ich erlebe es immer wieder, dass Menschen sich anstrengen, ihr Bestes geben und die Veränderung dann trotzdem scheitert und so Hoffnungen enttäuscht werden.

Ich habe ein Problem

Grundsätzlich ist ein Problem „ein Ziel, das auf dem Kopf steht." Etwas ist nicht so, wie es sein sollte und wird dadurch zum Problem. Also gehe ich mit dem Problem durch die Ebenen (wie unter „Ich habe ein Ziel" weiter oben beschrieben) und stelle so die Ebene fest, auf der es hakt.

Ich coache eine andere Person

Klassischerweise wird die Dilts-Pyramide in der Einzelarbeit angewandt: Der Coachee wird durch die einzelnen Ebenen geführt und beantwortet dabei die Fragen der jeweiligen Ebene. Wenn dem Coachee zu seinem Thema alles klar ist, findet er auf allen Ebenen widerspruchsfreie Antworten. Bei Widersprüchen in den Antworten oder wenn sich Konflikte zwischen Ebenen zeigen, geht man ins Detail. Ein Konflikt auf einer Ebene kann nach Dilts i.d.R. auf der nächsthöheren Ebene gelöst werden, d.h., ein Wertekonflikt ist auf der Ebene *Selbstbild/Identität* lösbar. Es kann auch sein, dass sich ein Problem im Verhalten zeigt, die Ursache einige Ebenen höher im Sinn liegt.

Zum Vorgehen im Einzelnen: Die Bezeichnungen der einzelnen Ebenen werden je auf eine Moderationskarte geschrieben und vom Coach zusammen mit dem Coachee auf den Boden vor dem Coachee so hingelegt, dass die Ebene *Kontext* direkt vor dem Coachee liegt und die Ebene *Sinn* am weitesten von ihm weg. Das Vorgehen ist nun, dass der Coach die Fragen der jeweiligen Ebene stellt und der Coachee diese (für sich) beantwortet. Der Coachee muss die Antwort nicht laut geben, die Antwort ist für ihn und nicht für den Coach wichtig. Der Coachee schreitet so die vor ihm „liegende" Pyramide hinauf. In den Fragen kann auch Bezug auf bereits zurückgelegte Ebenen genommen werden. Die Ebenen werden hinauf und wieder hinab gegangen, sodass der Coachee zum Schluss wieder vor der Ebene *Kontext* steht. (Kleiner Tipp: Die Moderationskarten neben die Flächen legen, wo der Coachee hintritt, damit er nicht auf die Karten tritt. Man kann zum Anfang ein Probeabschreiten der Pyramide machen und so die Abstände der jeweiligen Ebene (dies entspricht den Abständen der Moderationskärtchen und sollte jeweils ein Schritt sein) festlegen und ggf. justieren. Der Coach sollte auf den Raum der Pyramide achten und nicht darin rumlaufen, dies ist der Raum des Coachees. Am besten ist es, wenn der Coach seitlich vom Coachee steht und ihn begleitet.)

Mir ist es wichtig, an dieser Stelle zu betonen, dass das Coachen von Untergebenen schwierig ist, da der Abhängigkeitskontext immer latent dabei ist. Besser ist das Coachen von Gleichrangigen (Peers). Ein Scrum Master coacht und lässt sich besser von einem anderen Scrum Master coachen und nicht von einem Teammitglied oder „seinem" Product Owner. Das Coaching wird dann offener und erfolgreicher sein, als wenn die Beziehung durch die Aufgabenstellung des Jobs mitspielt.

Anwendung auf ein Team

Selbstgestellte Aufgabe

Ein Team stellt sich selbst eine Aufgabe/nimmt sich selbst ein Ziel vor, z.B. wir führen eine agile Praktik ein. Dazu stellt jedes Teammitglied seine Pyramide zu dieser Aufgabe auf, wie schon beschrieben. Anschließend trifft sich das Team und diskutiert das Thema Ebene für Ebene durch. Dazu stellt jeder seine Position zu dieser Ebene vor und dann diskutiert die Gruppe gemeinsam. Ziel ist, eine Pyramide für das Team aufzustellen. Wenn diese stimmig für alle Teammitglieder ist, kann die Umsetzung begonnen werden.

Herangetragene Aufgabe

Ein Teamexterner (z.B. Vorgesetzter, Scrum Master etc.) möchte, dass das Team eine Aufgabe übernimmt/ein Ziel erfüllt, z.B. eine agile Praktik einzuführen. Dazu kündigt der Auftraggeber das Thema an und bittet die Gruppe, ihre Pyramide zu erstellen (Vorgehen wie beschrieben). Der Auftraggeber erstellt seine Pyramide. In einem gemeinsamen Termin stellen der Auftraggeber und ein Teamvertreter ihre jeweiligen Pyramiden vor, Team und Auftraggeber diskutieren gemeinsam darüber. Eine Erweiterung wäre es, wenn vor dem gemeinsamen Termin sowohl Team als auch Auftraggeber je eine Pyramide über die „Gegenseite" aufstellen, indem sie eintragen, was sie denken, was die andere Seite ausfüllen wird. Diese müssen nicht unbedingt vorgestellt werden, sie dienen eher zum Abgleich von Selbstaussage und Erwartungen der „Gegenseite".

Bildung eines Teams

Die Dilts-Pyramide kann auch für Teams eingesetzt werden. Wenn z.B. ein Team neu zusammengestellt wird, ist es immer wieder eine Herausforderung, die anderen besser kennenzulernen. Hier kann die Dilts-Pyramide im Team helfen: Dazu können sich die Teammitglieder z.B. in einem großen Kreis aufstellen und jeder legt die Kärtchen mit den Bezeichnungen der Ebenen vor sich in Richtung Kreismittelpunkt hin, d.h., die Ebene *Kontext* liegt direkt vor ihm, die Ebene *Sinn* am weitesten von ihm weg. Die Schritte und Fragen sind die gleichen wie bei der Einzelarbeit: Jeder schreitet seine Pyramide ab, während ein Coach die entsprechenden Fragen, die sich auf das gemeinsame Thema beziehen, für alle vorliest. Jeder Teilnehmer schreibt zu jeder Ebene seine Antwort auf die Fragen in einem Satz auf ein Blatt Papier. (Hinweis: Deutlich schreiben, die anderen werden das dann lesen.)

Wenn alle wieder vor ihrer Ebene *Kontext* stehen, wird z.B. im Uhrzeigersinn gewechselt, also jeder tritt vor die Pyramide seines linken Nachbarn. Dann schreitet jeder die Pyramide eines anderen in „dessen Schuhen" ab und bekommt so einen Eindruck, was für diesen wichtig ist. Nun wird weiter gewechselt, bis jeder die Pyramide von jedem durchlaufen hat. Auf diese Weise wird die Welt eines anderen aus dessen Sicht erlebt und so Verständnis für den anderen geschaffen.

Anwendung auf eine Organisation/Unternehmen

Das Vorgehen entspricht dem von „Selbstgestellte Aufgabe" bzw. „Herangetragene Aufgabe": Der Vorgesetzte praktiziert mit seinen untergebenen Führungskräften entsprechend. Und diese wiederum, bis das Verfahren auf Teamebene angekommen ist. Dann wird entsprechend „Herangetragene Aufgabe" verfahren.

Das Vorgehen ist spätestens in der Anwendung auf eine Organisation/Unternehmen aufwändig, ermöglicht allerdings gegenseitiges Verstehen und Verstandenwerden, indem es Transparenz schafft, um Vertrauen zu gewinnen.

Insbesondere bei Organisationen und Unternehmen ist es wichtig, die Ebenen Sinn, Selbstbild/Identität, Ebene Werte, Glaubenssätze, Filter zu diskutieren, und zwar in dieser Reihenfolge. Diese Ebenen zu bearbeiten ist eine Führungsaufgabe! Zuerst den Sinn herausstellen, denn wenn dieser erkannt ist, ergibt sich alles Weitere von alleine!

Anwenden der Dilts-Pyramide auf die Entwicklung der Organisationskultur

Auch auf die Unternehmenskultur kann die Dilts-Pyramide sehr gut angewandt werden:

- *Kontext/Umwelt* ist die Umwelt, in der die Organisation agiert.
- *Verhalten* ist das, was die Organisation nach innen und außen zeigt.
- *Fähigkeiten und Strategien* sind das, was die Organisation kann und wie sie dazu vorgeht.

- *Werte* ist das, was der Organisation wichtig und richtig ist. *Glaubenssätze* sind das, was die Organisation glaubt und für richtig hält. *Filter* sind das, worauf die Organisation achtet und worauf nicht.
- *Selbstbild/Identität* ist das, wofür sich die Organisation hält.
- *Sinn* ist das, wozu die Organisation da ist.

Und damit wird klar, warum Veränderungen einer Zwischenebene – z.B. der Werte – so schwer fallen: Wenn die neuen Werte nicht zu der aktuellen Identität passen, werden sie abgelehnt, damit die Identität stabil bleibt.

Der Königsweg ist also auch hier wieder, mit dem Sinn zu beginnen:

1. *Sinn*: Wozu ist diese Organisation da? Für wen erbringt sie welche Leistung? Für wen macht diese Organisation einen Unterschied?
2. *Selbstbild/Identität*: Als wer sieht sich diese Organisation, wenn sie die unter 1.) genannte Leistung erbringt? Wer ist diese Organisation beim Erbringen der unter 1.) genannten Leistung?
3. *Werte*: Was muss der Organisation wichtig sein, um der unter 2.) Genannte zu sein und um die unter 1.) genannte Leistung zu erbringen?
   Glaubenssätze: Woran muss die Organisation glauben, um der unter 2.) Genannte zu sein und um die unter 1.) genannte Leistung zu erbringen?
   Filter: Worauf muss die Organisation achten – und worauf nicht –, um der unter 2.) Genannte zu sein und um die unter 1.) genannte Leistung zu erbringen?
4. *Fähigkeiten und Strategien*: Was muss die Organisation können, um die unter 1.) genannte Leistung zu erbringen? Wie muss sie dabei vorgehen (können)?
5. *Verhalten*: Wie muss sich die Organisation verhalten, was muss sie tun, um die unter 1.) genannte Leistung zu erbringen? Wie muss sie sich verhalten, um der unter 2.) Genannte zu sein?
6. *Kontext/Umwelt*: In welchem Kontext, in welcher Umwelt muss die Organisation agieren, um die unter 1.) genannte Leistung zu erbringen.

Auch hier ist beim Sinn ausschließlich der Kunde – der Empfänger der Leistung der Organisation – im Fokus! Nur in Bezug auf diesen hat die Organisation eine Daseinsberechtigung! Nur für diesen ist die Organisation da! Jahrelang wurde uns erzählt,

- dass der Sinn der Deutschen Bahn darin liegt, an die Börse zu gehen. Aus meiner Sicht ist der Sinn der Deutschen Bahn, Personen und Güter sicher, schnell und preisgünstig von A nach B zu transportieren.
- dass der Sinn der Deutschen Bank darin liegt, 25 % Eigenkapitalrendite zu erzielen. Aus meiner Sicht ist der Sinn der Deutschen Bank, Land und Leute mit Krediten zu versorgen.

Auch an dieser Stelle wird wieder deutlich: *Sinn ist immer nur in Bezug auf andere Menschen denkbar!* (Vgl. die Ausführungen zu Motivation durch Sinn in Abschnitt III.2.3, insbesondere der Verweis auf das Werk Viktor Frankls).

Immer zuerst vom Sinn auszugehen entspricht auch dem Konzept *Start with Why* (deutsch: *Frag immer erst: Warum*, auch als *The Golden Circle* bekannt) von Simon Sinek [Sin14], wobei es hier sprachlich korrekter heißen müsste: „*Frag immer erst: Wozu*", denn die Frage nach *warum* führt zur Ursache, zum Grund – und damit auf vergangenheitsbezogene Themen. Die Frage nach dem Wozu führt dagegen in die Zukunft. Viktor Frankl selbst warnte an dieser Stelle: „*Die Frage nach dem Warum ist immer erfolgreich und selten hilfreich.*", da sie den Grund, die Ursache zu finden versucht und nicht den Sinn. Fragen Sie sich daher immer „*Wozu?*".

Sinek fand heraus, dass erfolgreiche Unternehmen und Führungskräfte eine bestimmte Fragenreihenfolge in ihrem Vorgehen verfolgen

1. *Wozu?*
2. *Was?*
3. *Wie?*

und sich nur dadurch von den weniger erfolgreichen unterscheiden. Also auch diese beginnen mit dem Sinn!

Zuordnung verschiedener Formate zur Dilts-Pyramide

Zunächst soll die Arbeit mit Einzelpersonen betrachtet werden (linke Seite in Abbildung 21). Hier kann auf allen Ebenen Coaching durchgeführt werden. Für klinische Fälle haben wir Verhaltenstherapie für die Ebenen *Verhalten* und *Fähigkeiten*, Analytische Therapie für die Ebenen *Werte* und *Selbstbild* und Logotherapie für die Ebene *Sinn*. Für die Einzelarbeit sind somit alle Ebenen für leichte und schwere Fälle abgedeckt.

In der Gruppenarbeit sieht es etwas anders aus (rechte Seite in Abbildung 21): für die Ebenen *Verhalten* und *Fähigkeiten* haben wir Schulungen und Trainings. Für die höheren Ebenen *Werte, Selbstbild* und *Sinn* haben wir – soweit ich weiß – bisher keine Formate zur Verfügung. Und genau diese Lücke füllen → MINDPRACTICE® und *Temenos*[6] [Tem].

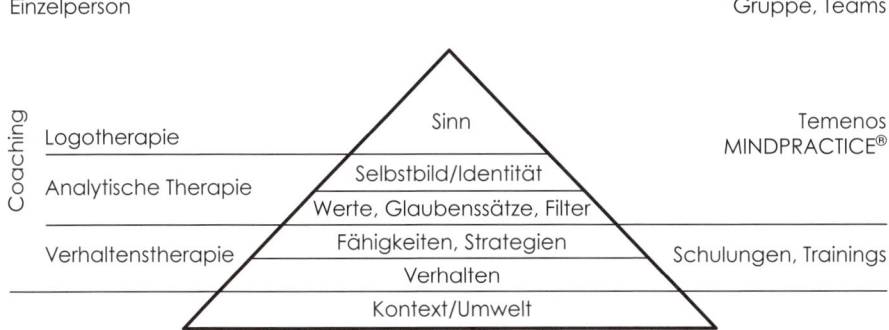

Abbildung 21: Zuordnung verschiedener Verfahren zu den Ebenen der Dilts-Pyramide

Warum wir Verfahren zur Gruppen-Bearbeitung der Ebenen Werte, Glaubenssätze, Filter, Selbstbild/Identität und Sinn brauchen

MINDPRACTICE® und *Temenos* schließen eine Lücke in der Arbeit mit Gruppen: Die Arbeit an den Themen der höheren Ebenen der Dilts-Pyramide – *Werte, Selbstbild* und *Sinn*. Beides sind Workshop-Formate, die Vertrauen schaffen und so einen geschützten Raum für sensible Themen bieten. Dabei bringen diese – im Gegensatz zu klassischen Workshops und Trainings – kaum eigene Strukturen und keinerlei Inhalt mit. Damit erhalten die Teilnehmer die Chance, komplett Ihre Themen (= Inhalt des

---

[6] Temenos ist ein geschützter Raum, der Vertrauen schafft, um in Selbstorganisation über die Inhalte der höheren Ebenen zu sprechen und gemeinsam Neues zu erarbeiten.

Workshops) mitzubringen und vertrauensvoll zu bearbeiten und weiterzuentwickeln. Das allein ist für einen Workshop schon mal ungewöhnlich. Normalerweise steht einer vorne und weiß sehr viel mehr als die anderen, die im Raum sitzen und ihm zuhören. Am Ende sind die vielen etwas schlauer, das Gefälle bleibt. Bei Trainingsmaßnahmen auf den Ebenen *Verhalten* und *Fähigkeiten* mag das sinnvoll und ausreichend sein, da es hier meist um das Lernen von etwas geht, das einem – dem Trainer – bereits bekannt ist. Für die Ebenen *Werte*, *Selbstbild* und *Sinn* reicht das nicht aus: Hier ist Neues zu entwickeln, das zu einem komplexen adaptiven System – einem Menschen bzw. einer Gruppe – passt. Und hier brauchen wir geeignete Formate, um dies in Gruppen entwickeln zu können.

Worin wir uns irren

Unser Problem ist doch: Im Unternehmens-*Kontext* wollen wir agiles *Verhalten* haben. Tritt dies nicht wie gewünscht auf, schulen wir agiles *Verhalten* und agile *Fähigkeiten*. Weil das *Verhalten* dann immer noch nicht-agil ist, schulen wir *mehr* agiles *Verhalten* und *mehr* agile *Fähigkeiten*. Das kann nicht funktionieren, solange *Werte*, *Selbstbild* und *Sinn* nicht zu agilem *Verhalten* passen. Hier müssen wir ansetzen, an den höheren Ebenen der Dilts-Pyramide! Mit geeigneten Workshop-Formaten wie *MINDPRACTICE*® und *Temenos*.

PS: In diesem Zusammenhang ist mir auch aufgefallen, dass *Form und Inhalt* der Workshops zusammenpassen müssen: Das Management 3.0-Training, das vom Inhalt durchaus die höheren Ebenen *Werte*, *Selbstbild* und *Sinn* bedient, in der Form wie ein klassischer Workshop (also auf Ebene *Verhalten* und *Fähigkeiten*) aufgebaut und abgehalten wird. Dies anzugleichen ist doch eine schöne Herausforderung …

Management vs. Leadership

Wo kann man *Management* und *Leadership* in der Dilts-Pyramide verorten und was ist der Unterschied zwischen beiden?

Management, zumindest in der bisher praktizierten Form, setzt auf *explizite Verhaltenskontrolle und -sanktionierung*. Es geht darum, konkrete Handlungen und Verhalten auszulösen und zu steuern. Die Gemanagten sind dabei ganz tayloristisch nur Ausführende, der Manager ist der Denkende. Dies entspricht dem Verständnis von „verwalten", der ursprüngliche Bedeutung von managen. Manchmal geht es auch um Erweiterung des Fähigkeitenpotenzials der Gemanagten, allerdings nie soweit, dass diese frei in Entscheidungen werden. Management beschränkt sich damit auf die Ebenen *Verhalten* und *Fähigkeiten* (Abbildung 22).

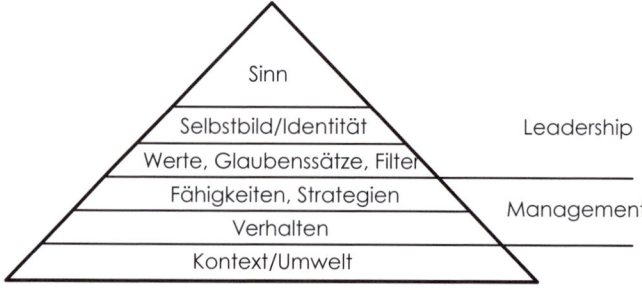

Abbildung 22: Managment *vs.* Leadership *in Bezug auf die Ebenen der Dilts-Pyramiede*

Im Gegensatz dazu zielt *Leadership/Führung* darauf, Menschen Ziele zu vermitteln und sie auf diese Ziele auszurichten, sie zu inspirieren und anzuregen, selbstständig und eigenverantwortlich zu handeln. Planung und Durchführung dieser Handlungen liegen ganz im Ermessen der Geführten selbst. Leadership spricht damit die Ebenen *Sinn*, *Identität* und *Werte* an (Abbildung 22).

Da Führung nur dann geschehen kann, wenn die Geführten auch Führung zulassen, ist dies ein systemischer Vorgang. Management ist dies nicht, da Managen/Verwalten immer den Aspekt des Zwangs als ultima ratio beinhält.

Mit dieser Differenzierung ist auch klar, warum der Versuch, Menschen managen zu wollen, langfristig scheitern muss: Wenn sie keinen Sinn in dem ihnen aufgezwungenem Verhalten sehen, wenn ihr Selbstbild und ihre Werte dabei verletzt werden, dann ist auf Verhaltensebene – zumindest langfristig – kein Wohlgefallen zu erwarten. Wir brauchen also mehr *Leadership*.

Woran die Einführung von Agilität scheitert (gilt auch für andere Veränderungen)

Nehmen wir die Dilts-Pyramide (Abbildung 23) für ein Unternehmen. Es passt sich seiner Umwelt (dem Kontext) an, indem es

- sein *Verhalten*,
- seine *Fähigkeiten*, Strategien,
- seine *Werte, Glaubenssätze, Filter*,
- sein *Selbstbild* und
- den *Sinn*

auf den Kontext ausrichtet. Das Unternehmen ist damit so erfolgreich, dass es überlebt. Denn wäre die Anpassung unpassend, würde es unweigerlich untergehen.

Nun ändert sich die Umwelt. Meist nicht plötzlich, sondern eher schleichend und zunächst unbemerkt. Irgendwann bemerkt jemand etwas und das Bewusstsein, etwas zu ändern wächst, bis dann Anpassungsveränderungen unausweichlich sind. Nehmen wir an, die Unternehmensleitung beschließt, dass das Unternehmen nun agil werden soll. Wie genau sieht das aus? Nun, dass *Verhalten* soll sich ändern. Und zwar soll es jetzt agil sein. Damit die Mitarbeiter das auch können, erhalten sie Schulungen und machen Workshops dazu. Allerdings zeigt sich das Ergebnis als nicht agil genug, also gibt es mehr Schulung, gerne auch der *Fähigkeiten*. Und natürlich steigt der Druck, wodurch die Schulungen in „Druckbetankungen" ausarten. Und irgendwie wird das Unternehmen nicht so richtig agil, dies führt zu mehr Druck

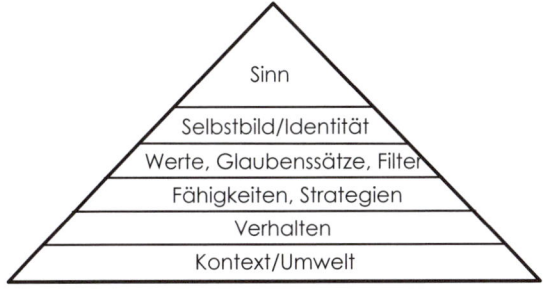

Abbildung 23: Die Dilts-Pyramide

und dieser zu mehr Frust und die Abwärtsspirale ist eingeleitet … Zudem bekommt man in der heutigen hochdynamischen und hochkomplexen Welt nicht immer die Zeit, die man braucht oder gerne hätte.

Was lief schief? Die höheren Ebenen *Werte*, *Glaubenssätze* und *Sinn* verblieben im alten Zustand und wurden nicht mit verändert. Da die höheren Ebenen die unteren beeinflussen, kam agiles Verhalten nicht in Umfang und Qualität zustande, wie es notwendig gewesen wäre.

Bei jeder Veränderung ist also daran zu denken, mindestens zu überprüfen, ob alle Ebenen bzgl. des gewünschten Zustandes nach der Veränderung passen und ob sie diese Veränderung und den neuen Zustand unterstützen. Sehr oft tun sie dies nicht und sabotieren damit die Veränderungen der tieferen Ebenen. Daher müssen die höheren Ebenen mit verändert werden. Erinnern Sie sich an die Aussage zu Beginn von Kapitel III.2, dass *andere* Handlungen ein *anderes* Mindset erfordern.

Eine Veränderung ohne die Ebenen *Werte*, *Glaubenssätze* und *Sinn* ist eine Anpassung, mit diesen eine Transformation. Wir machen zu oft Anpassungen, wo Transformationen nötig wären.

Agil sein vs. agil machen

Der Standardansatz um Agilität einzuführen, ist die Einführung agiler Methoden und Tools. (Und da wir in postmodernen Zeiten leben, darf das Tool gerne ein web-basiertes Onlinetool sein.) Diese Methoden und Tools werden ein Teil der Umwelt/ des Kontextes und erfordern so ein bestimmtes Verhalten. Damit muss sich das Verhalten entsprechend anpassen. Um die Methoden richtig anzuwenden, werden oft auch Fähigkeiten trainiert. Die Methoden und Tools sprechen damit direkt die Ebenen *Verhalten* und *Fähigkeiten* an.

Nun sind die Ebenen *Werte*, *Identität* und *Sinn* noch im alten Zustand und passen daher nicht zum neuen Verhalten. Damit unterstützen und stabilisieren sie die Verhaltensänderung nicht. Somit kann die Verhaltensänderung nicht dauerhaft sein. Und genau das erleben wir: Nach der Einführung von Methoden und Tools verläuft sich die Veränderung und bestenfalls wird irgendwann ein Mischzustand „alt + neu" erreicht. Da die Leistungsfähigkeit wie vor der Änderung, vielleicht ein paar Prozent besser, ist, wird dies nicht zum Problem. Das Thema *Agilität* ist dann verbrannt, weil „nichts bringt". Es gibt die Aussage von Jeff Sutherland (einer der „Erfinder" der agilen Methode Scrum), dass nur 15 % der Scrum-Implementationen die mind. 400 % Produktivitätssteigerung erreichen, die das Ziel sein sollten. Die meisten Implementationen blieben unter ihren Möglichkeiten.

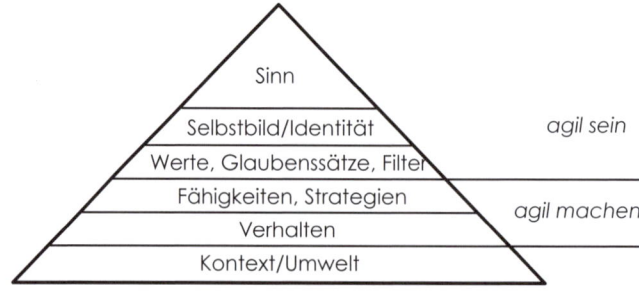

Abbildung 24: agil sein vs. agil machen

Agil sein erfordert also mehr als nur agile Methoden und Tools. Es erfordert einen anderen Mindset und daher eine andere Herangehensweise bei der Einführung, die größere Veränderungen mit sich bringt. Es lohnt sich!

Dilts-Pyramide und Unternehmenshierarchie

Wie sieht es denn aus, wenn wir die Dilts-Pyramide und Unternehmenshierarchie nebeneinander stellen?

Die Dilts-Pyramide wird hier auf ein Unternehmen bezogen, d.h. alle Ebenen sind in Bezug auf das Unternehmen zu verstehen (Abbildung 25).

- *Kontext/Umwelt* ist der Markt, in dem das Unternehmen operiert und dessen Kunden.
- Das *Verhalten* bezieht sich darauf, was das Unternehmen nach außen hin sichtbar tut. Hierfür sind – in der Ausführung – die Mitarbeiter der Sach- und Fachebene zuständig.
- *Fähigkeiten und Strategien* meint das, was das Unternehmen können muss, um das Verhalten zu zeigen. Hierfür wäre das Mittelmanagement zuständig.
- *Werte* meint die im Unternehmen gelebten und nach innen und außen vertretenen Ideale und Ziele. Hierfür wäre das Mittelmanagement zuständig.
- *Glaubenssätze* sind Überzeugungen über das, was richtig und falsch ist, und Leit-Ideen. Hierfür wäre das Mittelmanagement zuständig.
- *Filter* meint das, worauf das Unternehmen achtet, was es wahrnimmt und was nicht. Hierfür wäre das Mittelmanagement zuständig.
- *Selbstbild/Identität* sind das, was das Unternehmen über sich selbst denkt. Und was es denkt, dass andere über es denken. Hierfür wäre die Unternehmensleitung zuständig.
- *Sinn* meint: Wozu gibt es dieses Unternehmen? Welche Bedeutung hat das Unternehmen für andere? Welche Auswirkungen hat das Unternehmen auf die Welt? Hierfür wäre die Unternehmensleitung zuständig.

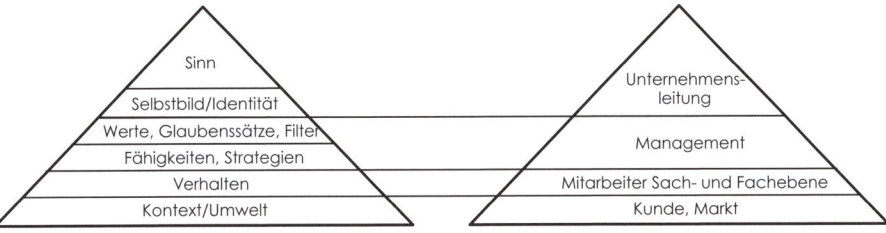

Abbildung 25: Dilts-Pyramide vs. Unternehmenshierarchie

Wer erfüllt (im Allgemeinen) seine Zuständigkeit? Wer nicht?

- *Kunden und Markt*: sind da und leisten – unabhängig vom Unternehmen – ihren Teil.
- *Mitarbeiter der Sach- und Fachebene*: diese leisten ihre Aufgaben. Festzustellen wäre dies, wenn die Mitarbeiter des Unternehmens alle zusammen mal eine Woche nicht zur Arbeit gehen würden.
- *Mittelmanagement*: hier wird es spannend. Nach meiner Erfahrung kümmert sich diese Ebene zu sehr um Verhaltenskontrolle, etwas um die Entwicklung von Fä-

higkeiten und Strategien und fast gar nicht um Werte, Glaubenssätze und Filter. Dabei ist dies ein großer Hebel, um beachtliche Verbesserungen zu erreichen.

- *Unternehmensleitung*: Nach meiner Erfahrung findet auch hier keine – zumindest keine bewusste – Formung von Selbstbild/Identität und Sinngebung statt. Stattdessen auch hier überwiegend Kontrolle von Zahlen und Verhalten.

Es fehlt an Führung! Führung muss Sinn geben, Identität stiften, Werte vermitteln, Überzeugungen aufbauen und ggf. korrigieren, Wahrnehmung schärfen etc. Dies wird überwiegend nicht geleistet. Der von mir vor einiger Zeit intuitiv formulierte Satz: „Führung findet praktisch nicht statt." lässt sich durch das Nebeneinanderstellen von Dilts-Pyramide und Unternehmenshierarchie klar belegen.

2.5 Wie Sie vorgehen können

Wenn du regelmäßig auslieferst und
regelmäßig Retrospektiven machst, bist du agil.

– Alistair Cockburn

Dass es keinen Plan, keinen richtigen Weg – schon gar nicht einen vorgegebenen Weg, auch nicht „basierend auf Best Practices" – geben kann, sollte Ihnen mittlerweile klar sein.

Sie können nur über Experimente herausfinden, was in Ihrer Organisation funktioniert und was nicht. Bedenken Sie dabei immer, dass das, was heute funktioniert dies morgen schon nicht (mehr) kann, da sie im Komplexen unterwegs sind und es mit komplexen adaptiven Systemen zu tun haben.

Die eingangs zitierte Aussage von Alistair Cockburn trifft zu:

1. Über *regelmäßiges Ausliefern* kommen Sie in einen kontinuierlichen Fluss (*continuous flow*) in der Entwicklung und Erstellung Ihres Produktes/Ihrer Leistung, d.h. Sie fangen regelmäßig mit neuen Themen/Features an und bringen diese regelmäßig zu Ende. Und dazwischen liefern Sie Ihrem Kunden regelmäßig das weiterentwickelte Produkt, um schnell Feedback von ihm zu bekommen.
2. Über *regelmäßige Retrospektiven* kommen Sie in die kontinuierliche Verbesserung – Sie werden permanent besser.

Starten Sie mit dem Wozu!

Wie Sie sicherlich im Verlaufe des Buches gemerkt haben, ist für mich – entsprechend dem Konzept von Viktor Frankl – der Mensch ein Wesen auf der Suche nach Sinn. Beginnen Sie daher mit *allem*, was Sie tun, mit dem *Wozu*! Dabei ist es egal, ob es um Ihre eigenen Themen geht oder ob Sie eine Gruppe oder ein Team zu etwas bewegen wollen. Stellen Sie immer dar, wozu das, was Sie erreichen wollen, da ist, was der Zweck, der Sinn ist. Und beachten Sie dazu das in Abschnitt III.2.3 zu Motivation durch Sinn dargestellte.

Machen Sie keinen Plan! Obwohl …

Pläne sind nichts, Planung ist alles.

– Dwight D. Eisenhower

Meine Meinung bzgl. Plänen kennen Sie bereits. Trotzdem folgender Hinweis: *Planen kann Ihnen helfen, die Themen und Punkte zu durchdenken und zu strukturieren.* Moment – erst mal nur einen Plan machen! Stellen Sie gemeinsam mit Ihren Mitstreitern einen Plan auf, wie Sie agil werden könn(t)en. Führen Sie einen Dialog darüber, diskutieren Sie, wenn notwendig, streiten Sie! Und wenn Sie den Plan fertig haben, dann legen Sie diesen zur Seite und gehen Sie Schritt-für-Schritt vor. Das Erstellen des Planes bringt Ihnen Klarheit, das sture Abarbeiten des Planes raubt Ihnen die Möglichkeit, flexibel zu reagieren. Fangen Sie also mit dem ersten Punkt auf Ihrem Plan an und schmeißen Sie diesen dann weg …

By failing to prepare, you are preparing to fail.

– Benjamin Franklin

Was Sie schon mal machen können, bevor es richtig los geht …

Bevor Sie mit konkreten Aktionen loslegen, können Sie schon einiges tun, zur Vorbereitung und als Test, wie weit Ihre Organisation schon bereit ist, in Richtung Agilität aufzubrechen.

Dazu ein paar Gedanken:

* *Starten Sie in Ihrem Unternehmen einen Dialog zu Agilität*: Veranstalten Sie z.B. ein → *Lean Coffee* und finden Sie so heraus, wer schon etwas weiß – vielleicht auch schon heimlich als U-Boot etwas anwendet. Gemeinsam mit diesen Kollegen können Sie nun eine „Koalition der Willigen" schmieden und so schneller eine kritische Masse im Unternehmen erreichen (vgl. Modell *Kotter 8 Schritte* in Abschnitt IV.3.3, insbesondere das „Aufbauen einer Führungskoalition").
* *Nutzen Sie Wissen und Erfahrung Ihrer IT und/oder Softwareentwicklung*: In vielen Unternehmen ist die IT bzw. Softwareentwicklung schon agil unterwegs – Dies ist eine fantastische Gelegenheit, mit diesen Kollegen ins Gespräch zu kommen und deren Erfahrungen zu nutzen. Gleichzeitig können deren agile Bestrebungen unterstützt werden, da diese nun eine größere Aufmerksamkeit und möglicherweise größere Unterstützung erfahren.
* *Bilden Sie Netzwerke in und zwischen Ihren Unternehmen*: Tauschen Sie sich mit anderen aus – über Unternehmensgrenzen hinweg und auch innerhalb der selben Branche mit Mitwerbern. Agilität ist immer individuell, daher brauchen Sie keine Angst zu haben, dass jemand etwas kopiert von Ihren Ideen. Im Gegenteil: Teilen Sie Ideen und Erfahrungen und lernen Sie gegenseitig voneinander. Da jedes Unternehmen anders ist, funktioniert ein Kopieren nicht, daher können Sie offen mit Ihren Erfahrungen und Ideen umgehen. *Jeder muss seine eigene Agilität finden!*
* *Bereiten Sie Mitarbeiter und Führungskräfte vor*: Agilität ist ein großer Bruch und erfordert in vielen Bereichen ein um- und andersdenken. Bereiten Sie die Leute in Ihrem Unternehmen darauf vor, dass die ruhigen Jahre vorbei sind:

It's VUKA time! Machen Sie ihnen klar: Entweder wir verändern uns oder wir werden verändert. Ein „Weiter so" gibt es nicht!

- *Starten Sie eigene kleine Experimente*: Probieren Sie mal was aus! Spielen Sie mal mit einigen agilen Praktiken (s. Kapitel IV.3.1). Nutzen Sie ein → *Kanban Board* für Ihre persönlichen Angelegenheiten und Planungen. Sammeln Sie Erfahrungen im Kleinen, bevor es im Großen losgeht.

Coaching statt Beratung!

Auch Ratschläge sind Schläge.

Beratung im Agilen sehe ich kritisch. Ja, zu einzelnen Methoden kann dies sinnvoll sein. Ich erwarte, dass Sie von einem Coaching mehr haben.

Wenn ich als Coach zu Ihnen in Ihr Unternehmen komme, dann habe ich keine Ahnung, wie Ihre ganz konkrete Organisation als System funktioniert. Das kann ich auch gar nicht, dazu müsste ich vielleicht 3–5 Jahre in Ihrer Organisation arbeiten, um das System zu erleben und so gut es geht „zu verstehen". Kein „Superschlau-Berater" der Welt kann Ihre Organisation besser kennen als Sie, die Mitarbeiter der Organisation. Daher nutze ich lieber *Ihr Wissen* und *meine Ideen, Tools und Erfahrungen als Coach* und GEMEINSAM bringen wir Ihre Organisation voran. Und mein persönliches Streben als Coach ist es, mich so schnell wie möglich überflüssig zu machen (dafür schlafe ich zu gerne in meinem eigenen Bett).[7] Also: *Sie müssen es selbst tun!* Sie müssen die Agilität Ihrer Organisation entwickeln und voranbringen. Dabei können Sie sich coachen lassen und auch mal einen Rat von einem Berater annehmen, wenn dieser Rat zu dem passt, was sie vorhaben – es ist und bleibt Ihre Entscheidung, von wem Sie welchen Rat annehmen.

Vielleicht noch zwei Bemerkungen:

1. Meine Beobachtung ist, dass die Unternehmen, die Ihre Agilität „in der eigenen Hand" haben, die das Thema selbst treiben, selbst umsetzen und sich in einzelnen Punkten Unterstützung und Beratung dazu holen, diejenigen sind, bei denen die Agilität mittelfristig besser (bzw. *überhaupt noch* [sic!]) funktioniert. Alle, die sich nur haben „beglücken" lassen, scheitern mittelfristig!
2. Meine Erfahrung mit Beratung ist: Sie funktioniert nicht! Zumindest nicht im Kontext *Komplexität*, im Zusammenhang mit Organisationsentwicklung oder -veränderung (erinnern Sie sich, nur 30 % der Veränderungsprojekte werden innerhalb der geplanten Zeit, des geplanten Budgets bzw. des geplanten Umfangs erfolgreich abgeschlossen – nach meiner Erfahrung liegt da ein Komma-Fehler vor …

Vielleicht dazu eine Geschichte: Im Jahre 2002 kam ein Beratungsunternehmen zu uns in die Firma. Die Herren malten ein neues Organigramm, trugen sich in einige Kästen ein und sagten: „So machen wir das jetzt!" Die eine Hälfte der Belegschaft rannte gleich los, um dieses umzusetzen. Die andere Hälfte – die Ingenieure – blieben stehen und fragten: „Warum sollen wir das so tun?". Die Herren Berater schauten sich – beginnend zu schwitzen – erst ratlos an, dann auf ihren „Vortänzer". Und dieser ergriff nun das Wort: „Wisst Ihr, vor zwei Jahren haben wir das Nokia erzählt, letztes Jahr haben wir das Motorola erzählt und nun seit halt Ihr dran."

---

[7] Über die modernen Medien (Telefon, Videokonferenz etc.) stehe ich Ihnen natürlich gerne rund um die Uhr zur Verfügung.

(Moment, lachen Sie noch nicht, der Witz kommt erst noch!) Welches der genannten Unternehmen gibt es heute noch? – Richtig! Die Unternehmensberatung! (So, jetzt dürfen Sie lachen!) Soviel zu meinen Erfahrungen mit Beratern … Vielleicht verstehen Sie jetzt, warum ich einen coachenden Ansatz besser finde …

Ideen, wie Sie vorgehen können

Der vernünftige Mensch passt sich der Welt an;
er unvernünftige besteht auf dem Versuch, die Welt sich anzupassen.
Deshalb hängt aller Fortschritt vom unvernünftigen Menschen ab.

– George Bernard Shaw

Egal was Sie wie verändern, ob Sie schrittweise oder in einem Big-Bang vorgehen: *Reflektieren Sie regelmäßig mit allen Mitarbeitern, wie Sie die agilen Werte und Prinzipien noch besser einhalten!!!* Nur Anhand der im Agilen Manifest niedergeschriebenen Werte und Prinzipien können Sie feststellen, ob Sie in der richtigen Richtung unterwegs sind und ob Sie an den richtigen „Schrauben drehen". Das Agile Manifest ist aus meiner Sich zu stark unterbewertet: Es ist Maßstab und Richtschnur für die weitere Entwicklung der eigenen Agilität.

Fassen Sie Ihre gewünschte Veränderung hin zu (mehr) Agilität als ein *„Spielen mit dem System Organisation"* auf. Sie können nicht planen, wie der Ablauf Ihrer agilen Transition sein wird, weil Sie nicht wissen, was passieren wird. Gehen Sie daher spielerisch mit der Veränderung um: Indem Sie etwas ausprobieren (ein Experiment machen), regen Sie das System Organisation an, Sie (ver)stören es. Und dann – mal sehen, was passiert. Entweder es passiert nichts – gut, dann war Ihre Anregung unterkritisch, kein Problem. Oder es passiert was – gut, dann schauen Sie, wohin die Entwicklung geht und wie Sie Gewünschtes unterstützen können. (Unerwünschtes zu verhindern kann Sie wie eine große Steinkugel überrollen, verstärken Sie daher lieber das Positive.) Das System wird Ihnen nicht „um die Ohren fliegen", das wäre sehr unwahrscheinlich, Sie haben Ihr Experiment ja mit Ihren Mitstreitern an sich selbst getestet, daher werden Sie ohnehin nur Vernünftiges umsetzen (s. Abschnitt III.4.3).

Was würde ich tun? Wie würde ich vorgehen? Ein paar Ideen … Es gibt drei Möglichkeiten:

- *Schritt-für-Schritt-Vorgehen*: Sie führen agile Praktiken Schritt-für-Schritt, immer eine nach der anderen ein. Immer wenn eine Praktik stabil funktioniert, führen Sie zusätzlich eine weitere ein.
- *Big-Bang-Vorgehen*: Sie machen einen Workshop, in dem Sie mit Ihren Mitstreitern besprechen, was Sie ab jetzt wie agil machen. Anschließend führen Sie alles, was Sie auf dem Workshop beschlossen haben, auf einmal ein. Und verbessern dann kontinuierlich.
- *Spielen mit dem System*: Sie nutzen ein komplexes (und kreatives) Verfahren wie → MINDPRACTICE®, um Ihr System anzuregen, agil zu werden. Sie lassen das System selbst herausfinden, wie es Agilität erreichen kann. Was wann wie genau passieren wird, können Sie vorab nicht wissen.

Egal welche Möglichkeit Sie wählen – Reflektieren Sie regelmäßig mit Ihren Mitstreitern gemeinsam, wie Sie die Agilen Werte und Prinzipien (s. Kapitel III.3) noch besser umsetzen können. Dies unterstützt Sie dabei, sich in Richtung echter Agilität zu entwickeln.

Und denken Sie immer daran: *Agilität ist ein Weg, kein Ziel.* Sie werden nie final sagen können: „So, jetzt sind wir agil und lassen alles so, wie es ist." Wie die Natur müssen Sie und Ihre Organisation sich permanent verändern und immer wieder anpassen an das, was ist.

Schritt-für-Schritt-Vorgehen

One step at a time.

Dieses Vorgehen folgt einem „minimal-invasivem" Ansatz: Sie ändern immer gerade so viel, wie für alle Beteiligten verträglich ist – Stück-für-Stück wird Ihre Organisation agiler. Sie müssen nur darauf achten, auftretende Behinderungen und Probleme zu beseitigen – Diese existieren meist schon eine lange Zeit, erst durch die Einführung von Agilität werden diese sichtbar.

Mögliche Schritte für Ihr Vorgehen:

1. Machen Sie als Erstes ein → *Lean Coffee.* Damit testen Sie, wer sich für das Thema interessiert, Sie sehen, ob Sie alleine sind oder nicht. Alle, die kommen, können potenzielle Mitstreiter für ihre Koalition werden (vgl. Modell *Kotter 8 Schritte* in Abschnitt IV.3.3). Stellen Sie Ihr Anliegen vor und diskutieren Sie dieses (ergebnis)offen. Vermitteln Sie die Dringlichkeit aus Ihrer Sicht (vgl. Modell *Kotter 8 Schritte* in Abschnitt IV.3.3). Und stellen Sie den Sinn der Veränderung heraus (vgl. Darstellung zu Sinn Abschnitt III.2.3). Und vereinbaren Sie die nächsten konkreten Schritte – dies kann auch ein erneutes Lean Coffee sein – und halten Sie diese fest.
2. Machen Sie → *Daily Standups.* Und zwar täglich! Agilität ist eine andere Art und Weise, wie wir Arbeit organisieren – und dazu gehört auch eine andere Kommunikation. Und das Schaffen von → *Radikaler Transparenz.* Daily Standups fördern beides.
3. Machen Sie → *Retrospektiven,* z.B. alle 2 Wochen. Reflektieren Sie im Team gemeinsam, was Sie gut machen und was wie verbessert werden kann. Halten Sie Aktionen fest: *Wer* macht *was* bis *wann?* Und überprüfen Sie diese Aktionen. Über den Stand der Aktionen kann sich das Team im Daily Standup austauschen.
4. Machen Sie → *Reviews,* z.B. alle 2 Wochen. Zeigen Sie Ihrem Kunden Ihre Leistung/Ihr Produkt. Lassen Sie sich von ihm Feedback geben, was er gut findet und wovon er mehr braucht. Aus diesem Feedback bekommen Sie die nächsten Work-Items für Ihr → *Product Backlog.*
5. Machen Sie → *Plannings,* z.B. alle 2 Wochen direkt nach den Reviews. Planen Sie, welche Aufgaben Sie im Team bis zum nächsten Review machen werden, was Sie dazu vorbereiten müssen etc. Weisen Sie noch keine Aufgaben zu – es kann immer jemand kurzfristig ausfallen. Wer was macht kann dann jeden Tag im Daily Standup besprochen werden.

… wenn Sie dies machen, werden Sie agil und machen im Prinzip → *Scrum:* Sie machen Sprints, werden durch Reviews und Retrospektiven sowohl in dem *was* Sie tun als auch *wie* Sie es tun besser und synchronisieren Ihr Tun im Team täglich in Daily Standups. Alles weitere wird sich ergeben – Sie werden feststellen, dass Sie vielleicht hier ein → *Board,* da ein → *Burn-Up-Chart* brauchen. Dann probieren Sie es aus. Holen Sie sich Anregungen aus „Ihrer Schatzkiste" in Kapitel IV.3, was Sie mal ausprobieren könnten. Spielen Sie mit dem System …

Machen Sie die Schritte langsam – Rom wurde auch nicht an einem Tag gebaut. Gehen Sie erst dann zum nächsten Schritt über, wenn die Aktionen des aktuellen Schrittes wirksam sind, stabil funktionieren (d.h. auch ohne Sie) und Sie und Ihr Team beginnen, sich zu langweilen. Meist wird das nicht unter 2-4 Wochen passieren.

Wenn Sie mehr Struktur in Ihrem Vorgehen brauchen, dann kann Ihnen → *Lean Change Management* den dafür passenden Rahmen geben.

Big-Bang-Vorgehen

In diesem Ansatz führen Sie alles, was Sie für Ihre Agilität meinen zu brauchen, auf einmal ein. Wenn Sie z.B. → *Scrum* einführen wollen, dann führen Sie alle Artefakte von Scrum (→ *Product Backlog*, → *Sprint Planning*, → *Sprint Backlog*, → *Crossfunktionale Teams*, → *Scrum Master*, → *Product Owner*, → *Daily Standups*, → *Reviews*, → *Retrospektiven*) auf einmal ein. Und dann verbessern Sie alles kontinuierlich.

Dieser Ansatz folgt → *Larmans Gesetze* des Verhaltens von Organisationen (s. Abschnitt IV.1.1), der empfiehlt, als erstes die Struktur der Organisation zu verändern.

Spielen mit dem System

Ein ganz anderer Ansatz folgt dem *Gesetz von Ashby* (s. „Exkurs: Komplexität" in Kapitel I.1 und Abschnitt IV.1.1): *Komplexität erfordert einen komplexen Umgang mit ihr.* Um Ihre Organisation (ein komplexes adaptives System) zu verändern, nutzen Sie ein komplexes – und daher unplanbares – Vorgehen. Dazu regen Sie z.B. mit → *MINDPRACTICE*® die Organisation so an, dass sie von selbst Wege und Mittel findet, agil zu werden. Die Organisation erzeugt von sich aus einen Sog („*Pull*") in Richtung Agilität, den Sie mit den passenden Praktiken, Tools und Aktionen nur noch zu unterstützen brauchen. Das ist echtes systemisches Vorgehen! ... Ich habe nicht gesagt, dass das leicht ist!

Entwickeln Sie Ihre eigene Agilität

Das Bessere ist der Feind des Guten.

– François-Marie Arouet, bekannt als Voltaire

Ihre Agilität wird nichts absolutes und fest definierbares sein. Was Ihnen heute nutzt, kann Sie morgen schon an der Weiterentwicklung hindern. Was heute nicht funktioniert, kann morgen schon funktionieren. Daher werden Sie immer überprüfen müssen, ob das, was Sie aktuell tun, noch (gut) funktioniert (messen Sie am besten dazu). Selbst wenn es (gut) funktioniert, kann es immer sein, dass etwas anderes noch besser funktioniert – daher werden Sie immer Neues ausprobieren müssen.

Ihre Agilität wird sich entwickeln – halten Sie dazu von Zeit zu Zeit Rückschau und feiern Sie die Entwicklung Ihrer Organisation. Der Fortschritt ist eben nur in der Rückschau festzustellen und diesen zu feiern, macht stolz auf Geleistetes und motiviert für Zukünftiges.

An dieser Stelle sollen zwei Modelle für die Entwicklung Ihrer Agilität vorgestellt werden: das schon mehrfach angesprochene *Shu – Ha – Ri*-Modell und *Agile Fluency*.

Das Shu – Ha – Ri-Modell

In Abschnitt III.2.3 haben Sie das *Shu – Ha – Ri*-Modell kennen gelernt. Hier noch einmal kurz eine Zusammenfassung.

Aus den asiatischen Kampfkünsten stammt das Konzept für den Weg zur Meisterschaft:

- Der Lehrling – *Shu* – muss die Regeln kennenlernen, sich diesen unterwerfen und diese streng nach Vorgabe ausführen.
- Der Geselle – *Ha* – lernt, sich die Regeln anzupassen, diese zu verändern und zu brechen.
- Der Meister – *Ri* – löst sich von den erlernten Regeln, schafft neue und gründet seine eigene Schule.

Dieses Modell wird oft auch zur Beschreibung der Entwicklung von Agilität in einer Organisation verwendet:

- *Shu*: Man führt Agilität „streng nach Lehrbuch" ein, unterwirft sich den Regeln und verändert seine Organisation so, dass die Regeln exakt und perfekt eingehalten und umgesetzt werden. Den dabei entstehenden Schmerz muss man aushalten und durch diesen hindurchgehen.
- *Ha*: Nach einiger Zeit (!!!) der exakten und perfekten Ausführung der Regeln (!!!) löst man sich von diesen, zuerst an den Stellen, wo die Regeln mittlerweile hinderlich wurden. Um die Regeln zu verbessern, bricht man diese und verändert sie. Man probiert (vorsichtig) Neues aus und lernt, was wo besser funktioniert als die bisherigen Regeln.
- *Ri*: Durch das fortwährende Verändern der Regeln bekommt man immer mehr Erfahrung und Sicherheit. Gleichzeitig entwickelt man sich immer weiter weg von dem, wo man herkommt, und geht seinen eigenen Weg. Die Erfahrung und Sicherheit erlauben es einem, auch radikalere Schritte zu gehen, man traut sich Sprünge und Brüche mit dem Bisherigen zu. Man entwickelt seinen eigenen Stil von Agilität.

Bei der Entwicklung Ihrer Agilität werden Sie also verschiedene Stufen durchlaufen – Abkürzungen gibt es nicht: *Das Ziel ist explizit nicht, möglichst schnell auf die Ri-Stufe zu kommen.* Das Ziel muss immer sein, seine Agilität noch besser, noch passender zu gestalten. *Der Weg ist das Ziel!*

Agile Fluency™

In der Praxis wurde eine Abfolge verschiedener Entwicklungsstufen der Agilität einer Organisation beobachtet und daraus das *Agile Fluency™ Modell* [Lar12, 16] formuliert. Dabei fokussiert jede Stufe auf ein bestimmtes Thema. Die Stufen bauen aufeinander auf und sind jeweils Voraussetzung für die Entwicklung zur folgenden Stufe. Veränderungen im Team, z.B. Austausch von Mitgliedern, können dazu führen, dass das Team um eine oder mehrere Stufen zurückfällt und die Entwicklung erneut durchläuft.

Das *Agile Fluency™ Modell* beschreibt folgende vier Stufen, die Teams und ihre Organisation auf ihrem Weg zu Agilität durchlaufen (Abbildung 26):

- *Focus on Value* – Fokussiere auf Wert für den Kunden
- *Deliver Value* – Liefere Wert an den Kunden
- *Optimize Value* – Optimiere die Wertschöpfung/Erstellung von Wert
- *Optimize for Systems* – Optimiere das System

Fluency meint dabei, wie das Team unter Druck arbeitet: *Fluency* ist das, was routinemäßig angewandt wird, wenn man „andere Dinge im Kopf hat". Etwas entspannt im Training anzuwenden ist etwas völlig anderes als unter Stress im Arbeitsalltag.

Das *Agile Fluency™ Modell* betrachtet die *Fluency* eines Teams und nicht die individuelle oder organisationale. Denn Agilität basiert auf dem Bemühen und den Anstrengungen eines Teams und der Erfolg von Agilität in der ganzen Organisation hängt von der *Fluency* der einzelnen Teams ab.

Die Team *Fluency* hängt von mehr als nur den Fähigkeiten der einzelnen Teammitglieder ab: von der Organisationskultur, den Managementstrukturen und vielem

Der Weg eines Teams durch *Agile Fluency*

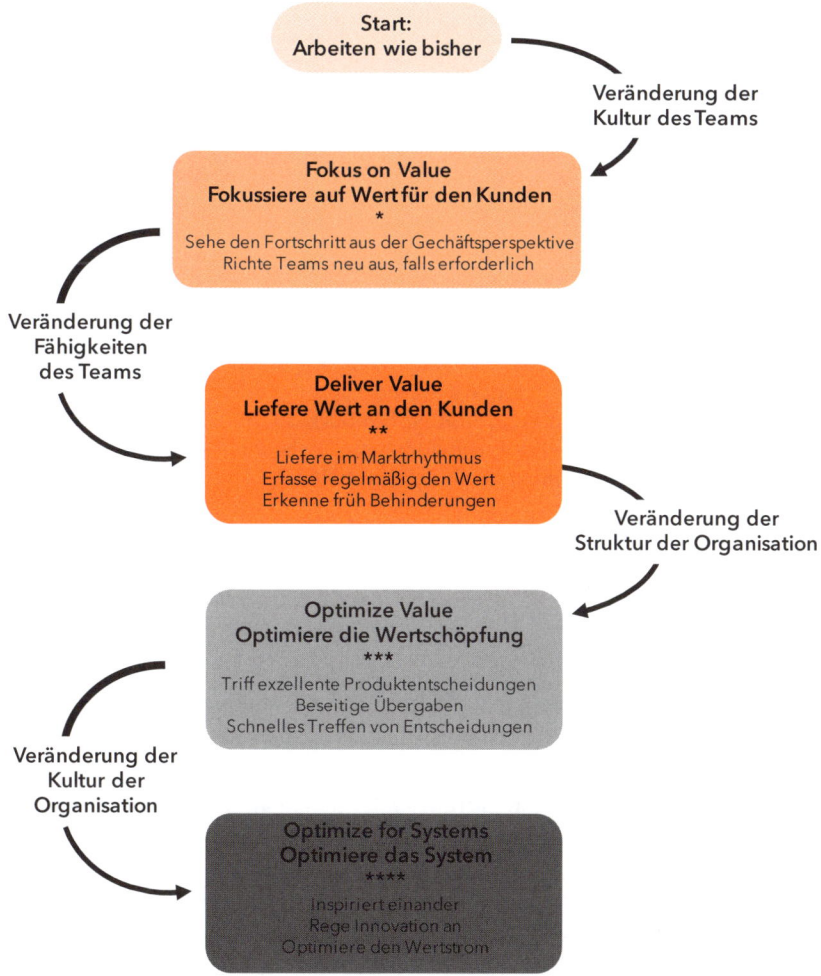

© 2012 James Shore und Diana Larsen

Abbildung 26: Agile Fluency: *Stufen der Entwicklung von Agilität [Lar16]*

anderem. Es ist daher ein Fehler, einzelne Mitarbeiter für eine geringe *Fluency* des Teams zu beschuldigen oder anzunehmen, dass einzelne hoch qualifizierte Mitarbeiter eine hohe *Fluency* des Teams garantieren. *Sie haben es mit einem System zu tun!* Und da gibt es viele unsichtbare Einflüsse und Zusammenhänge!

Ein Team startet als „Sammlung von Individuen mit komplementären (technischen) Fähigkeiten" – den Voraussetzungen für ein → *crossfunktionales Team.* Indem das Team agile Praktiken anwendet, erfährt seine Kultur eine Veränderung: Von der *Planung bzgl. technischer Details des Produktes* zur *Betrachtung des Wertes für den Kunden, des Kundennutzen, des Business* – der Fokus verschiebt sich auf Wert *Fluency* (Stufe: *Focus on Value*).

Mit der Zeit werden die agilen Praktiken immer besser beherrscht und das Team beginnt, *Wert zu liefern* (Stufe: *Deliver Value*).

Nach einiger Zeit stößt das Team an Grenzen, es braucht mehr Fähigkeiten, um Marktanforderungen besser zu verstehen und zu adressieren. Dies führt zu einer Veränderung der Organisationsstruktur, das Team bekommt mehr Verantwortung für das Business und kann so den *Wert für den Kunden optimieren* (Stufe: *Optimize Value*).

Diese Veränderungen führen mit der Zeit zu einer veränderten Organisationskultur. Diese ist nun darauf ausgerichtet, das *gesamte System Organisation zu optimieren* (Stufe: *Optimize for Systems*).

Dieses Modell zeigt den Weg von der Entwicklung eines einzelnen Teams hin zu einer sich selbst verbessernden Organisation. Dies geht einher mit gravierenden Veränderungen in der Organisationsstruktur und mit Auswirkungen auf die Organisationskultur.

Auch in diesem Modell wird wieder deutlich, dass es für *Agilität kein Ziel gibt, keinen erreichbaren Endzustand. Agilität ist die permanente Anpassung der eigenen Vorgehensweise an die Umstände, die durch die Umwelt an die Organisation herangetragen werden. Bei Agilität ist der Weg das Ziel!*

Die Einführung von Agilität führt zwingend zu organisatorischen Veränderungen

Vielleicht stellen Sie fest, dass Sie nicht alle Funktionen, die Sie zur Erstellung der Leistung/Produktes Ihres Teams brauchen, auch in Ihrem Team haben. Das ist völlig normal! Daher gibt es im Agilen → *crossfunktionale Teams.* Sie werden Ihr Team verändern müssen, wenn Ihre Organisation weiterkommen will.

Die Einführung von Agilität führt *zwingend* zu organisatorischen Veränderungen. Agilität „so nebenbei" oder „obendrauf" mitzumachen, funktioniert nicht! Wenn Ihre Organisation schon perfekt aufgestellt wäre, bräuchten Sie Agilität nicht.

Die noch aus den tayloristischen Konzepten stammende Organisation unserer Unternehmen, der Aufbau, die Hierarchie, passen nicht zu Kopfarbeit, passen nicht in eine VUKA-Welt – genau deshalb brauchen wir eine andere Art und Weise der Zusammenarbeit in Unternehmen, eine andere Art und Weise, wie wir Arbeit organisieren. Auch wenn diese organisatorischen Veränderungen schmerzhaft sind, glauben Sie mir, der Untergang Ihres Unternehmens ist viel schmerzhafter!

Halten Sie den Schmerz aus!

Zu einer erfolgreichen Veränderung gehören zwei Dinge:
der Schmerz und die Einsicht.

– Spruch von Ärzten und Therapeuten

Zwangsläufig werden Sie – wie bei jeder Veränderung – an den Punkt kommen, wo es wehtut. Genau das ist der Punkt, an dem sich „die Spreu vom Weizen trennt" – an diesem Punkt entscheidet sich die Ernsthaftigkeit Ihres Tuns. Sind Sie ein „Schönwettersegler" oder meinen Sie es ernst? Es geht darum, ob Sie bei auftretenden Problemen und Behinderungen diese angehen, diese beseitigen, die damit möglicherweise verbundenen Unannehmlichkeiten („Schmerzen") in Kauf nehmen oder nicht … Sie kennen das wahrscheinlich aus Ihrem privaten Umfeld: Es gibt immer Leute, die sich bei jedem auftretenden Problem abwenden und in einen Ersatz flüchten, selbst wenn dieser schädlicher ist … Eine Strategie für ein wahrhaft erfolgreiches Leben ist das nicht.

If it hurts, do it more often.

– Spruch im Agilen

Sie müssen „durch den Schmerz durch" – und glauben Sie mir: Die Angst vor dem Schmerz ist meist größer als der Schmerz selbst. Und wenn Sie da durch sind – genießen Sie diesen Augenblick, dieses Gefühl. Wenn Sie es richtig machen, werden Sie süchtig danach werden …

Übrigens: Wie Martin Fowler [Fow11] in einem Artikel schreibt, wird der Schmerz *nur größer, je länger Sie warten*, er verzinst sich quasi …

Wenn Sie wollen und offiziell nicht dürfen …

Nicht „nein" ist „ja".

Wollen und nicht dürfen, ist schwierig – wobei Sie bei dem „nicht dürfen" unterscheiden müssen zwischen „explizit verboten" und „nicht explizit erlaubt" … Spielen Sie mit diesem Unterschied!

Schauen Sie sich das Thema durch die Brille *„Menschen handeln immer bestmöglich"* an. Bei einem Verbot oder Nichterlauben geht es nicht um Sie! Es ist vielmehr eine Selbstaussage von demjenigen, der diese traf, über sich selbst. Wir können an dieser Stelle nur mutmaßen, was bei dem anderen dahintersteht: sehr wahrscheinlich Ängste und Befürchtungen und andere intrapsychische Themen, Angst vor Machtverlust, Unsicherheit über das Kommende und Angst vor dem Ungewissen. Statt Vorwürfe o.ä. zu formulieren, finden Sie lieber heraus, was der andere braucht, um es Ihnen doch zu erlauben. Nicht im Sinne eines „Was muss ICH tun, damit ich darf?", sondern, *was muss an der Gesamtsituation anders sein, damit es möglich wird*. Sehen Sie das Ganze systemisch (s. Abschnitt III.2.5)! Es hängt viel mehr von den Umständen ab, als Sie denken …

Natürlich können Sie mit einem „U-Boot" starten wie in der Einleitung zu diesem Teil beschrieben, allerdings führt dies nicht zwangsläufig dazu, dass Sie die Erlaubnis doch bekommen – das kann auch „nach hinten losgehen".

Da gute und motivierte Mitarbeiter immer gefragt sind, kann es eine sinnvolle Alternative sein, sich einen neuen Job zu suchen, wo Sie dürfen!

Beseitigen Sie Hindernisse!

The walls are there, to keep the OTHERS out!

– Randy Pausch, ehem. Prof. für Informatik

Sie werden immer wieder an Behinderungen, Limitierungen etc. in Ihrer agilen Transition kommen. Sie werden immer auf Menschen treffen, die Ihnen sagen:

- „... das geht nicht ...“
- „... das haben wir noch nie so gemacht ...“
- „... das haben wir schon immer so gemacht ...“
- „... da kann ja jeder kommen ...“
- ...

Sie kennen diese Sprüche, mit denen versucht wird, alles Neue abzuwehren und zu verhindern. Das ist völlig normal. *Sehen Sie dies als Prüfung für die Ernsthaftigkeit Ihres Tuns an!*

Ich habe die o.g. Sprüche gehört, als ich 1997 bis 2000 mit WLAN-Geräten zu Firmen gegangen bin, die in Unternehmen Netzwerkverkabelungen installierten ... Redet heute noch jemand über verkabelte Netzwerke???

Lernen ist Erfahrung. Alles andere ist einfach nur Information.

– Albert Einstein

Sehen Sie „Widerstand“ als Feedback (s. Abschnitt III.4.3) – und zwar als *Feedback, dass Ihnen nicht gefällt*. Und berücksichtigen Sie dabei Folgendes: Dieses Feedback ist keine Aussage über *Sie und Ihr Tun*, es ist eine Selbstaussage von demjenigen, der Ihnen das sagt. *Es ist eine Aussage über sich, kommen seine Ängste und Probleme mit Ihrem Tun*. Bedenken Sie: *Menschen handeln immer bestmöglich, handeln immer so gut sie können, immer im Rahmen ihrer Möglichkeiten.* Und derjenige, der Ihnen dieses Feedback gibt, kann auf Ihr Tun, Ihre Worte nicht anders reagieren als so ... Wenn Sie dieser Idee nachgehen, werden Sie tiefe Empathie für den anderen spüren. Er meint mit seinem Feedback immer sich selbst. Unterstützen Sie ihn dabei, über sich selbst hinauszuwachsen.

Wege zur Selbstorganisation

Gary Hamel, einer der einflussreichsten Managementdenker, gibt in seinem bemerkenswertem Artikel *Schafft die Manager ab!* ([Ham12], englisch: *First, Let's Fire All The Managers!*) folgende Schritte auf dem Weg zur Selbstorganisation an [Ham12]:

1. Bitten Sie jeden in Ihrer Organisation darum, seine persönliche Aufgabe schriftlich darzulegen. Stellen Sie dazu die Fragen: *„Welchen Wert wollen Sie für Ihre Kollegen schaffen?“* und *„Welche Probleme wollen Sie für Ihre Kollegen lösen?“* Fordern Sie die Leute auf, dabei nicht in Aktivitäten zu denken, sondern in erzielten Ergebnissen. Wenn von jedem ein oder zwei Sätze dazu vorliegen, teilen Sie die Mitarbeiter in kleine Gruppen ein, in denen über die Aufgabenbeschreibung

aller Mitglieder diskutiert wird. Im Laufe dieses Prozesses können Sie damit beginnen, den Fokus von regelbasiertem Gehorsam auf Verantwortlichkeit auf der Grundlage von Vereinbarungen unter Kollegen zu verschieben.

2. Suchen Sie nach kleinen Schritten, den Beschäftigten mehr Autonomie zu geben. Fragen Sie nach Abläufen, die die Mitarbeiter daran hindern, ihre Aufgaben zu erfüllen. Wenn Sie die ärgerlichsten davon gefunden haben, schaffen Sie diese teilweise ab und beobachten Sie, was das auslöst. Herrschaft lässt sich durchaus zurückfahren, und wenn Sie ernsthaft an Selbstorganisation interessiert sind, können Sie das Schritt für Schritt tun.

3. Händigen sie jedem Team eine eigene Gewinn-und-Verlust-Rechnung aus. Um ihre Freiheit umsichtig zu nutzen, müssen die Mitarbeiter die Folgen ihrer Entscheidungen kalkulieren können. Der Weg zur Selbstorganisation ist gepflastert mit Informationen.

4. Sie müssen Methoden finden, die Unterscheidung zwischen Managern und Untergebenen aufzuheben. Wenn Sie selbst Manager sind, können Sie hierfür zunächst Ihre Zusagen gegenüber dem Team auflisten. Bitten Sie jeden, der für Sie arbeitet, die Liste zu kommentieren. Um ein Netz aus gegenseitigen Verpflichtungen zu schaffen, ist es entscheidend, dass Führungskräfte gegenüber den Geführten mehr Rechenschaft ablegen als früher. Für traditionelle Unternehmen ist der Weg zur Selbstorganisation lang und beschwerlich. Doch die Erfahrungen von *Morning Star* und *W. L. Gore*, einem weiteren Unternehmen mit diesem Ansatz, zeigen, dass sich die Mühe lohnt. Denn am Ende des Weges steht eine Organisation, die hocheffektiv und zutiefst human ist.

Frameworks

Aktuell bekommen Sie an jeder Straßenecke ein Framework für „den garantierten Erfolg der Einführung von Agilität" angeboten – Pläne halt ... Schauen Sie sich das ruhig an. Diese können ein guter Ausgangspunkt für *eigene Überlegungen* und *eigene Strukturen* sein. Doch vergessen Sie nie: *Diese vorgefertigten Strukturen sollen eine (trügerische!) Sicherheit (vor)geben, sollen etwas garantieren, was nicht zu garantieren ist.* Diese Frameworks bedienen das menschliche Bedürfnis nach (trügerischer) Sicherheit. Sie beschreiben eine Struktur – und damit Kompliziertheit. Agilität ist im Komplexen angesiedelt (s. Kapitel I.1). *Frameworks für Agilität bedeuten, mit komplizierten Vorgehensweisen im Komplexen zu agieren – Das kann nicht funktionieren!*

Denken Sie an komplexe Systeme! Niemand kann Ihnen in Bezug auf komplexe Systeme etwas garantieren oder versprechen. Wer kann Ihnen garantieren, dass ... Ihre Katze nicht .../ ... auf dem nächsten Familienfest ... passiert/ ... die nächste Teamsitzung ... ?

Und außerdem: Denken Sie an den agilen Wert: *„Eingehen auf Änderungen hat Vorrang vor strikter Planverfolgung"*! Frameworks sind Pläne! ...

Lean Change Management

Arten der Veränderung mit Lean Change

Drei Ebenen im Unternehmen

Wie im Management allgemein werden auch im Lean Change Management drei Ebenen im Unternehmen unterschieden (Abbildung 27):

- die *operative*
- die *taktische* und
- die *strategische* Ebene.

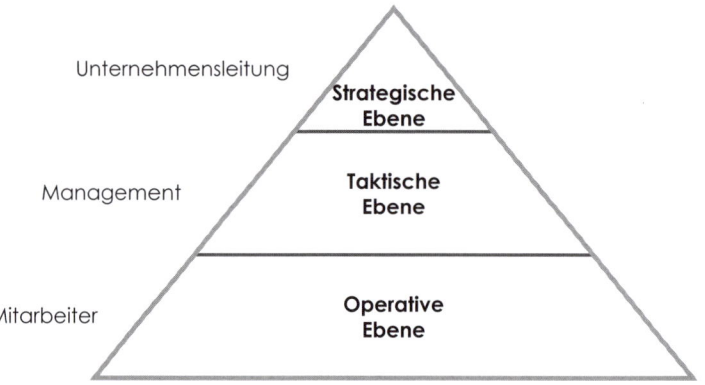

Abbildung 27: Die Ebenen von Lean-Change-Management im Unternehmen

Je nach Art der Veränderung – *kontinuierliche Verbesserung, Veränderungsinitiativen* und *Veränderungsinitiativen durch kontinuierliche Verbesserung* – ergeben sich folgende Unterschiede:

- *Kontinuierliche Verbesserung* erfolgt ausschließlich auf operativer Ebene mit Unterstützung der taktischen Ebene.
- *Veränderungsinitiativen* werden inhaltlich von der strategischen Ebene initiiert und – sowohl von dieser als auch der taktischen Ebene unterstützt – auf der operativen Ebene umgesetzt.
- *Veränderungsinitiativen durch kontinuierliche Verbesserung* werden von der strategischen Ebene initiiert, von der taktischen Ebene unterstützt und durch *kontinuierliche Verbesserung* auf der operativen Ebene umgesetzt.

Kontinuierliche Verbesserung

Kaizen

Kaizen (Abbildung 28) bedeutet „Veränderung zum Besseren" und bezeichnet das Streben nach unendlich andauernder kontinuierlicher Verbesserung. Es ist sowohl eine japanische Lebens- und Arbeitsphilosophie als auch ein methodisches Konzept. Die unendliche Verbesserung erfolgt in einer kontinuierlichen schrittweisen punktuellen Perfektionierung oder Optimierung, z.B. eines Produktes oder Prozesses [WikiK].

Abbildung 28: Kaizen setzt sich aus Kai = „Veränderung, Wandel" und Zen = „zum Besseren" zusammen

Kontinuierliche Verbesserung meint „permanente Verbesserung in kleinen Schritten": Hier geht es darum, die (kleinen) Dinge, die im täglichen Tun auffallen, zu verbessern, um die Arbeit zu erleichtern und Verschwendung zu verringern (vgl. Kaizen).

Die Philosophie dahinter geht davon aus, das alles im Fluss ist und der momentane Zustand nur temporär ist. Alles ist zu hinterfragen, warum es so ist und ob es perfekt ist, so wie es ist. Und über alles nachzudenken, wie es besser wäre. Dies erfordert Achtsamkeit: Mit offenen staunenden Augen entdecken, wo etwas nicht perfekt ist, woran Menschen sich gewöhnt haben. Zu erkennen, was die eigentliche Funktion ist und herauszufinden, wie diese besser erreicht werden kann.

Kontinuierliche Verbesserung bedeutet „kleine Veränderungen von unten", also „Evolution von unten": Mitarbeitern fallen in ihrer täglichen Arbeit Dinge und Umstände auf, die besser sein könnten, die ihnen die Arbeit erleichtern oder die Einsparungen bringen würden. Statt darüber nur zu maulen, verändern sie diese. Und statt die Mitarbeiter zur Hinnahme und Akzeptanz dieser Unzulänglichkeiten zu zwingen, unterstützt das Management sie dabei!

Kontinuierliche Verbesserung ist nicht auf ein zu erreichendes Ziel gerichtet. Es geht darum, Perfektion anzustreben (vgl. Darstellung zu Perfektionierung im Abschnitt III.2.3) und das „Hier und Jetzt" zu verbessern. Es geht darum, einen Schritt zu machen, einen konkreten Sachverhalt zu verbessern, um besser zu werden. Und anschließend den nächsten Schritt zu machen, wieder etwas zu verbessern. Und dann den nächsten Schritt ...

Bei der kontinuierlichen Verbesserung gibt es keine inhaltlichen Vorgaben – weder vom Management noch von der Unternehmensleitung. So schwer es diesen auch fallen wird: *Beide Ebenen unterstützen lediglich die Veränderungsaktionen.* Jegliche inhaltliche Vorgabe oder Einmischung demotiviert die Mitarbeiter und bringt sämtliche Veränderungsaktionen in kürzester Zeit zum Erliegen.

Die Umsetzung der *Kontinuierlichen Verbesserung* erfolgt selbstorganisiert und selbstständig wie in Abschnitt III.4.3 beschrieben. Diese ist lediglich zu unterstützen.

Die Unterstützung läuft darauf hinaus – wie bei allen agilen Vorgehensweisen und Methoden –, alles dafür zu tun, dass das Team leistungsfähig bleibt und seine selbst gesetzten Ziele erreicht. Insofern gleicht Lean Change Management anderen agilen Vorgehensweisen.

Die Unterstützung bei *kontinuierlicher Verbesserung* erfolgt mit Methoden des Managements.

Kontinuierliche Verbesserung geht von jedem Mitarbeiter im Unternehmen aus, dem etwas auffällt und der es zu seiner Sache macht, dies zu verbessern.

Der Mitarbeiter, der eine Veränderung anstößt und selbst umsetzt, gehört – unabhängig von seiner hierarchischen Position im Unternehmen – damit zur „operativen Ebene" von Lean Change: Diese führt die Verbesserungen durch. Im Normalfall wird dies ein Mitarbeiter der Sach- und Fachebene sein. Er braucht dazu möglicherweise Unterstützung für Ressourcen, Entscheidungen, Erlaubnisse von der ihm übergeordneten Managerebene. Diese Managerebene ist damit die unterstützende taktische Ebene von Lean Change. Abbildung 29 zeigt die Struktur der kontinuierlichen Verbesserung.

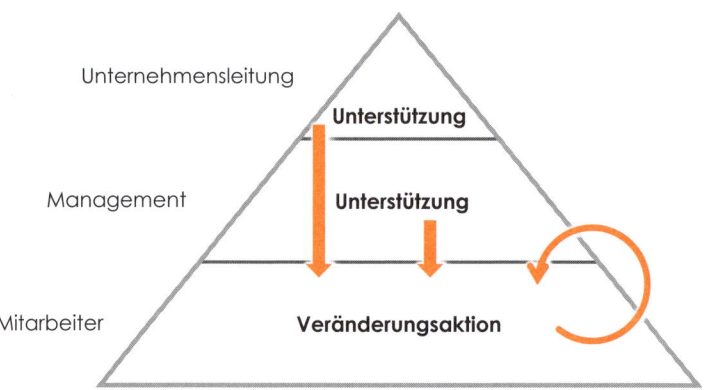

Abbildung 29: Struktur der kontinuierlichen Verbesserung im Unternehmen

Daher ist sehr klar zu unterscheiden zwischen kontinuierlicher Verbesserung „von unten" und Veränderungsinitiativen „von oben".

Nehmen wir o. g. Beispiel: Sie arbeiten z.B. in einer Bank oder Versicherung in einem Team mit sechs anderen Menschen zusammen. Sie bearbeiten Vorgänge, bei denen Ihnen vor einiger Zeit aufgefallen ist, dass diese einfacher für Sie gestaltet werden können. Mit einigen Ihrer Team-Kollegen haben Sie das schon mal besprochen, diese sehen das ebenso. Und nun wollen Sie Lean Change einsetzen.

Erfolg braucht immer persönliches Engagement. Damit ein Thema erfolgreich angegangen wird, braucht es immer jemanden, der dieses treibt. In diesem Fall sind Sie das!

Das ist zugleich die erste Hürde: die Prüfung auf Ernsthaftigkeit. Sind Sie bereit, für die Lösung des von Ihnen erkannten Problems zusätzliche Aufgaben zu übernehmen, andere anzutreiben, das Thema in schwierigen Diskussionen allein durchzusetzen, Ärger in Kauf zu nehmen? Wenn nicht, dann lassen Sie es gleich an dieser Stelle.

Gut, Sie brennen also für dieses Problem? Dann sind Sie ab jetzt für Ihr Problem verantwortlich. Das heißt nicht, dass Sie alles alleine machen müssen. Sie sind jetzt derjenige, der die Lösung vorantreibt, zu Meetings einlädt, der Aufgaben verteilt etc. Sie sind jetzt der Projektleiter für die Lösung Ihres Problems.

Gehen Sie geschickt vor und bauen Sie auf Erfahrungen. Zum Beispiel auf die ersten Schritte aus dem *Kotter 8-Schritte-Modell*: Erzeugen Sie ein Gefühl der Dringlichkeit und suchen Sie sich Verbündete und Unterstützer. Dies sind zugleich weitere Tests, ob Ihr Problem ein Problem ist oder nicht. Wenn Sie es nicht schaffen, andere davon zu überzeugen, dass das, was Sie als Problem empfinden, tatsächlich eines ist und dass dieses auch noch DRINGEND gelöst werden muss, dann werden Sie die Veränderung nicht erreichen. Wenn andere Ihre Einschätzung, insbesondere der Dringlichkeit, teilen, dann ist Ihr Problem wahrscheinlich wirklich eines.

Denken Sie immer an unser Modell mit dem Elefanten und seinem Reiter! Der Elefant braucht den Schmerz der Dringlichkeit, dann gibt es kein Halten mehr.

Je nachdem, wie Ihr Manager generell zu Veränderungen steht, sollten Sie diesen früher oder später einbeziehen. Es kann nützlich sein, wenn jedes Teammitglied ihm von dem Problem und dessen Dringlichkeit erzählt. Das kann auch nach hinten losgehen, wenn Ihr Manager dann eine „Verschwörung gegen sich" vermutet – dann sollten Sie ihn früher einbeziehen. Sie kennen ihn besser, beraten Sie sich ggf. mit Teamkollegen. Manche Veränderung beschleunigt es enorm, wenn die Idee dazu vom Manager kommt – zumindest wenn er das denkt ...

Sie brauchen auf alle Fälle Ihren Vorgesetzten für die formale Erlaubnis, die Veränderung durchzuführen, und zur Unterstützung derselben. Wenn Sie dies haben, können Sie offiziell loslegen. Fehlt beides und ist es nicht zu bekommen, wird es schwierig: Entweder Sie lassen es oder es läuft auf ein „U-Boot" hinaus (s. Abschnitt IV.2.6). Sie können auch den Lean Change Sponsor in Ihrem Unternehmen darauf ansprechen.

Veränderungsinitiativen

Veränderungsinitiativen unterscheiden sich von *kontinuierlicher Verbesserung* dadurch, dass sie von der Unternehmensleitung initiiert werden. Aus welchen Gründen auch immer hat die Unternehmensleitung beschlossen, eine Veränderungsinitiative zu starten. Daraus ergibt sich der Vorteil einer klaren Verpflichtung der Unternehmensleitung und der damit verbundenen formalen Unterstützung.

Diese „großen Veränderungen von oben" – „Revolutionen von oben" – bekommen dadurch ein Ziel. Meist geht es dabei um größere Veränderungen im Unternehmen, z.B. eine Neuausrichtung des Unternehmens oder eine Transformation zu einem agilen Unternehmen.

Damit ist klar, *was* zu erreichen ist, die Frage dreht sich „nur noch" darum, *wie*. Meist bestehen bei den Entscheidern bereits klare Vorstellungen, wie vorzugehen ist, es „nur noch umzusetzen ist". Das kann eine Einschätzung mit fatalen Folgen sein. *Veränderungen sind und bleiben Experimente mit unsicherem Ausgang!*

Das Veränderungsziel wird auf der strategischen Ebene formuliert. Aus diesem leitet sich das taktische Vorgehen ab (taktische Ebene), das auf der operativen Ebene zu konkreten Aktionen führt. Abbildung 30 zeigt die Struktur der Veränderungsinitiative.

Im Unterschied zur kontinuierlichen Verbesserung sind sowohl die strategische als auch die taktische Ebene über Feedbackschleifen *inhaltlich* eingebunden und können so nachsteuern.

Wie bei der kontinuierlichen Verbesserung ist es auch hier wichtig, dass der operativen Ebene keine inhaltlichen Vorgaben gemacht werden. Soll z.B. das strategische Ziel umgesetzt werden, dass das Unternehmen agil werden soll, kann dies auf der

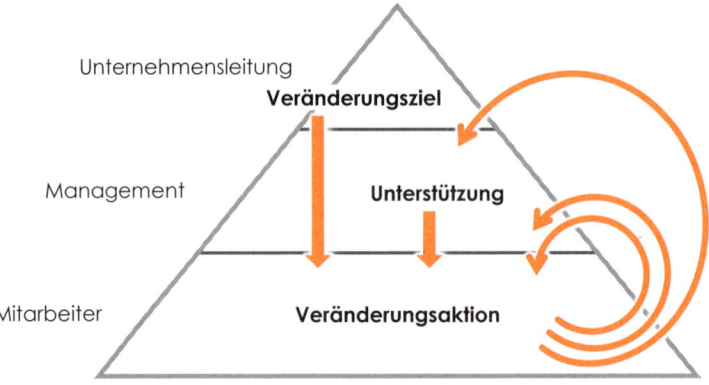

Abbildung 30: Struktur der Veränderungsinitiativen

taktischen Ebene zur Entscheidung führen, Scrum einzusetzen. Die Umsetzung auf Teamebene, wie Scrum organisiert wird und wer welche Rolle übernimmt, ist der operativen Ebene zu überlassen. Lean Change funktioniert nicht, wenn den Mitarbeitern konkrete Vorgaben gemacht werden, was sie erreichen sollen. Die Mitarbeiter schaffen das schon! (S. Abschnitte III.2.2 und 3)

Veränderungsinitiativen durch kontinuierliche Verbesserung

Die Kombination aus *Veränderungsinitiative und kontinuierlicher Verbesserung sind Veränderungsinitiativen durch kontinuierliche Verbesserung*: „große Veränderungen durch kleine Veränderungen von unten" – „Revolution durch Evolution" (Abbildung 31). Der Unterschied zu Veränderungsinitiativen besteht in einer größeren Freiheit in der Umsetzung auf der operativen Ebene. Zwar gibt die strategische Ebene ein Ziel vor, das auf der taktischen Ebene entsprechend heruntergebrochen wird. Allerdings halten sich sowohl strategische als auch taktische Ebenen im Vergleich zu Veränderungsinitiativen in den Zielvorgaben stärker zurück, was zu kleineren Schritten auf der operativen Ebene, einer „gesteuerten kontinuierlichen Verbesserung" führt.

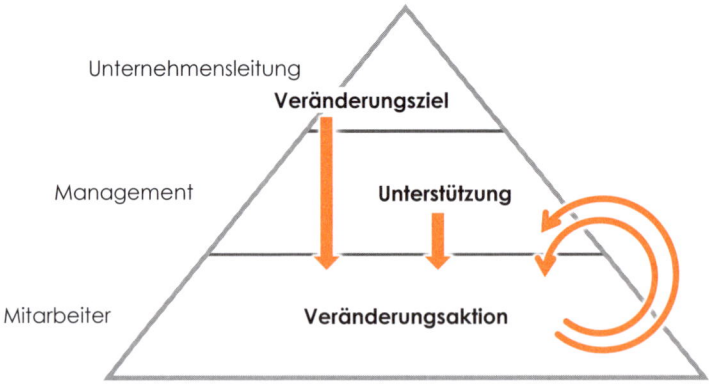

Abbildung 31: Struktur der Veränderungsinitiativen durch kontinuierliche Verbesserung

Veränderungen brauchen Unterstützung! Sowohl *kontinuierliche Veränderung* als auch *Veränderungsinitiativen* brauchen Unterstützung aus dem Management.

Veränderungsinitiativen werden darüber hinaus durch die Vorgabe von strategischen Zielen durch das Management oder die Unternehmensleitung gesteuert.

In sehr großen Unternehmen wird standardmäßig das Management unterstützen und die Unternehmensleitung steuern. In kleineren kann beides zusammenfallen.

Wie beginnen?

Um sich erst einmal mit der Vorgehensweise von Lean Change Management vertraut zu machen, kann ein erster Durchlauf des Lean-Change-Zyklus als „Trockenlauf" gemacht werden. Dabei ist das inhaltliche Thema Lean Change selbst – *man macht Lean Change mit dem Inhalt Lean Change.*

Man probiert das Vorgehen, die Meetings und Tools aus und sammelt so erste Erfahrungen in der Anwendung. Im zweiten Durchlauf ist der Ablauf schon bekannt und man kann sich voll auf Veränderungen konzentrieren. Ebenso gut ist es möglich, den „Trockenlauf" so lange durchzuführen, bis Lean Change als Methode etabliert ist, und erst dann auf inhaltliche Themen umzustellen.

Ablauf und Meetings in Lean Change

Im Folgenden werden die Meetings und der Ablauf von Lean Change Management vorgestellt. Dies soll lediglich Anregung und Ausgangspunkt für die Entwicklung eines eigenen Ablaufs sein. Wie in den bisherigen Ausführungen deutlich geworden sein sollte, kann es im Kontext *Komplexität* keine standardisierten Vorgehensweisen und einfachen Rezepte („Best Practices") geben. Ebenso wird ein allzu planvolles Vorgehen scheitern.

Was bleibt, ist die Möglichkeit, Experimente durchzuführen – auch bei der Einführung von Lean Change Management: Führen Sie Lean Change mittels Lean Change (quasi rekursiv) ein. Finden Sie den für Ihre Organisation passenden Ablauf von Lean Change Management!

Im weiteren Verlauf dieses Abschnittes erfahren Sie, dass

- Lean Change Management mit dem Lift-off-Meeting startet,
- bei der Planung und beim Update des Lean-Change-Zyklus die Einsichten- und Optionen-Meetings zentral sind,
- sich die Retrospektiven auf Feedback konzentrieren und dem Lernen und Verbessern dienen,
- der erfolgreiche Abschluss einer Veränderung gefeiert werden muss.

Grundlagen und Voraussetzungen

Schaffen Sie maximale Transparenz!

Bei allem, was Sie in und mit Lean Change tun, ist maximale Transparenz extrem wichtig. Vermeiden Sie von Anfang an den Eindruck eines „Geheimbundes" oder einer „Geheimoperation". Denn erstens wird dieses nie geheim bleiben und zweitens führt dies nur zu unnötigem Widerstand. Und dieser führt dann dazu, dass Sie mehr Anstrengungen aufwenden müssen als notwendig.

- Es hat sich bewährt, alle Meetings öffentlich zu halten: Machen Sie Ihre Meetings bekannt, indem Sie am Schwarzen Brett, über Aushänge o.ä. dazu informieren. Informieren Sie so, wie es in Ihrem Unternehmen üblich ist. Laden Sie alle dazu ein. (Keine Angst: Es wird sowieso kaum jemand kommen, und wer kommt, ist

Ihnen wahrscheinlich wohlgesinnt und könnte Sie aus einer Ecke unterstützen, an die Sie vielleicht bisher nicht dachten. Und wenn doch mal jemand kommt, der Krawall macht, können Sie ihn immer noch aus dem Meeting rausschmeißen)

- Hängen Sie die Ergebnisse Ihrer Meetings (z.B. den Lean Change Canvas) an einem für alle zugänglichem Ort bzw. stark frequentiertem Ort aus. (Auch hier wieder: Keine falsche Scheu! Vermutlich werden Sie auf mehr Zuspruch, Interesse und Nachahmung als Widerstand treffen!) Vielleicht halten Sie sich für angreifbar, wenn Sie alles transparent machen.

An dieser Stelle greift auch die Verantwortung von Management und Unternehmensleitung: *Beide haben die Veränderung* – und insbesondere das Veränderungsteam – *vor Angriffen zu schützen und Behinderungen aus dem Weg zu räumen.* Durch den Sponsor aus der Unternehmensleitung gibt es jemanden, der persönlich für die Veränderung steht. Er – und nicht das Veränderungsteam – ist Ansprechpartner für all jene, die ein grundsätzliches Problem mit dieser Veränderung haben. Das Wie einer Veränderung muss mit dem Veränderungsteam besprochen werden, das Ob mit dem Sponsor!

Meetings

Man kann über alles reden, nur nicht über eine Stunde.

Werner Gilde

Halten Sie alle Meetings so kurz und knapp wie möglich. Kurze Meetings sind effektiv und effizient.

Machen Sie eine *Stehung* statt einer *Sitzung*! Das beschleunigt den Ablauf des Meetings enorm.

Vielleicht fürchten Sie, „schlafende Hunde zu wecken". Diese werden spätestens dann kommen, wenn Ihre Veränderung ruchbar wird, dann sind diese zusätzlich sauer, weil sie es zu spät erfahren haben. Und Sie sind mit einem größerem Widerstand konfrontiert als notwendig. Sie haben die offizielle Erlaubnis zu Ihrer Veränderung von Ihrem Manager. Wem das nicht passt, der muss sich an diesen – an Ihren Manager – wenden. Schließlich wird er auch dafür bezahlt! In jedem Meeting werden sich Einsichten ergeben. Diese sind unmittelbar aufzuschreiben und am Change Canvas zu sammeln. Ebenfalls werden sich in den Meetings besonders engagierte und interessierte Mitarbeiter zeigen. Sie können Beweger/Anwender (s. Abschnitt „Wer ist alles einzubeziehen") und Teil des unternehmensinternen Change-Agent-Netzwerkes werden.

Selbstorganisation und Selbstverantwortung durch die Vermittlung von Sinn

Lean Change Management basiert – wie agiles Vorgehen allgemein – auf Selbstorganisation und Selbstverantwortung. Menschen sind dazu in der Lage, wenn man sie lässt. Jeder Versuch von Kontrolle, Beeinflussung und Steuerung demotiviert und untergräbt sowohl Selbstorganisation als auch Selbstverantwortung (s. Abschnitt III.2.3) und bringt Veränderungen damit zum Scheitern.

Zentraler Punkt ist die Vermittlung von Sinn. Wenn die Menschen den Sinn einer Veränderung sehen, sind sie nicht nur motiviert, sondern geben auch ihr Äußerstes, um diese Veränderung zum Erfolg werden zu lassen.

Ablauf von Lean Change Management

Der Ablauf von Lean Change Management ist für alle drei Einsatzfälle gleich

- kontinuierliche Verbesserung,
- Veränderungsinitiativen und
- die Kombination aus beiden: Veränderungsinitiativen durch kontinuierliche Verbesserung.

Im Folgenden werden der generelle Ablauf und mögliche Erweiterungen dargestellt.

Abbildung 32 zeigt den generellen Ablauf von Lean Change Management: Nach Planung und Update des Change Canvas werden die Experimente aufgebaut, durchgeführt und ausgewertet. In der Retrospektive wird das Vorgehen reflektiert und verbessert. Mit den dort und im Experiment gewonnenen Erkenntnissen startet ein neuer Zyklus.

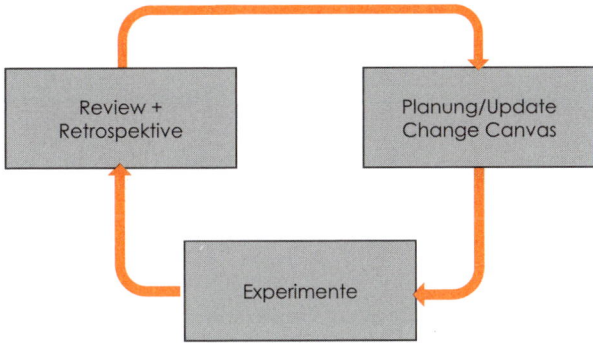

Abbildung 32: Genereller Ablauf der Meetings

Abbildung 33 zeigt den Ablauf von Lean Change Management mit folgenden Meetings im Detail:

- *Liftoff*: Start von Lean Change mit Veränderungsidee oder Problem
- *Einsichten*: Formulieren von Einsichten u.a. auf Hypothesen-Karten
- *Optionen*: Entwickeln, Testen, Klassifizieren und Auswählen von Optionen
- *Experimente*:
  - *Vorbereiten*:
    - Zerlegen der ausgewählten Option in einzelne Aufgaben
    - Definieren von Messkriterien
  - Umsetzen der Aufgaben mit Koordination im *Daily Standup*
  - *Auswerten* der Aufgaben und Überprüfen, ob Ziel erreicht
- Wenn Ziel erreicht:
  - *Retrospektive II*: Reflektieren des gesamten Vorgehens in dieser Veränderung
  - *Party*: Feiern der erfolgreichen Veränderung
- Wenn Ziel nicht erreicht:
  - *Retrospektive I*: Reflektieren des Vorgehens in diesem Durchlauf
- Mit den gewonnenen Einsichten und Verbesserungen startet der nächste Durchlauf wieder mit dem Einsichten-Meeting.

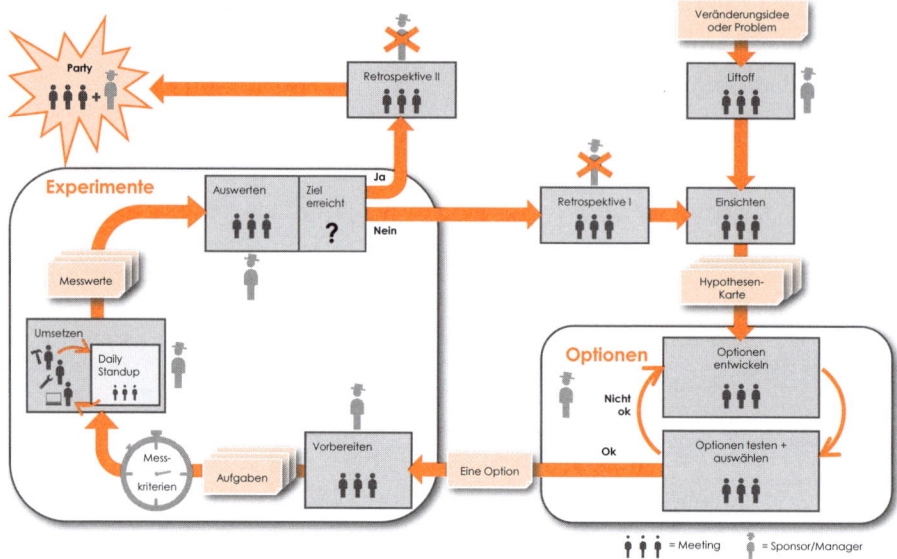

Abbildung 33: Ablauf von Lean Change Management

Das Liftoff-Meeting: Ein erfolgreicher Start

Worum geht's?

Eine erfolgreiche Veränderung braucht einen gelungenen Start! Was hier verpatzt wird, ist nur schwer und mit viel Aufwand wieder reinzuholen.

Um Erwartungen, Hoffnungen und Ängste bzgl. einer Veränderung von vornherein transparent zu machen, wird im Liftoff-Meeting die Veränderungsidee bzw. das zu lösende Problem offen besprochen. Es geht um eine Klärung des Veränderungsziels bzw. des zu lösenden Problems.

Ziel des Liftoff-Meeting ist die Ausrichtung der Beteiligten auf die Veränderung, indem ein gemeinsames Verständnis über den zu verändernden Sachverhalt, über Sinn und Ziel der Veränderung erreicht wird. Hier ist sorgsam vorzugehen, damit „alle in die gleiche Richtung laufen" und spätere Meetings nicht in grundsätzliche Diskussionen ausufern.

Sinn der Veränderung

> *Wer ein Wozu hat, erträgt jedes Wie.*
>
> – Viktor E. Frankl

Zentraler Punkt des Liftoff-Meetings ist die Darstellung der Dringlichkeit und Notwendigkeit der Veränderung. Durch diese sehen die Beteiligten den Sinn, den sie brauchen, um die Veränderung zu akzeptieren und erfolgreich umzusetzen.

Dazu werden die von der Veränderung Betroffenen auf die Veränderung „eingeschworen". Der Initiator der Veränderungsidee (bei einer Veränderungsinitiative z.B. die Unternehmensleitung und bei kontinuierlicher Verbesserung der initiierende Mitarbeiter) legt dazu dar:

- das *Warum* der Veränderung:
  - Warum ist diese Veränderung notwendig?
  - Warum ist das, was geändert werden soll, ein Problem?
  - Was passiert, wenn wir diese Veränderung nicht machen?
- das *Wozu* der Veränderung:
  - Wozu diese Veränderung?
  - Wozu soll es anders werden?
  - Was wird anders sein?
  - Welche Hoffnungen und Erwartungen verbinden sich mit der Veränderung?
  - Was ist die Alternative zur Veränderung?

Denken Sie an das Modell des Elefanten, seines Reiters und deren gemeinsamen Weges! Sprechen Sie die Emotionen der Betroffenen an! Zeigen Sie den Weg auf! Stellen Sie klar, dass Sie alle gemeinsam (Betroffene, Initiator und Sponsor) den Weg gehen! Dass Sie keinen zurücklassen. Dass jeder sich einbringen kann mit seinen Bedenken, Ängsten und Sorgen. Und dass es genau darauf ankommt, diese sowohl zu äußern als auch wertschätzend damit umzugehen.

Betroffene zu Beteiligten machen

Im Liftoff-Meeting ist klar herauszustellen, dass die von der Veränderung Betroffenen ab jetzt Beteiligte an der Veränderung sind! Statt einer passiven Duldungshaltung wird eine aktive Teilnahme – nach besten Möglichkeiten jedes Einzelnen – erwartet. Jeder bringt sich so ein, wie es ihm möglich ist, und dabei wird er von allen unterstützt.

Neu & gut: Veränderungen als Experimente

Neues ist ungewohnt und wird daher als „ungut" wahrgenommen. Gut ist meist das Bekannte, das Bewährte, trotz seiner Probleme.

Die Auffassung einer Veränderung als Experiment ist für die meisten Unternehmen neu und stößt daher bisweilen auf Skepsis oder sogar Ablehnung. Zwar waren die Ergebnisse der meisten bisherigen Veränderungsinitiativen ebenfalls nicht vorhersehbar, durch die Vorabplanung gab es eine – wenn auch trügerische – Sicherheit, dass man planen kann, was passieren und „rauskommen" wird. Veränderungen sind immer – insbesondere im Kontext *Komplexität* und komplexe Systeme – ungewiss, damit muss umgegangen werden.

Es gibt nur Feedback

Experimente scheitern *nie* – sie geben immer *Feedback*!

Alles, was passiert, ist Feedback!

Es kann daher helfen – auch im Sinne einer Gewöhnung an die Idee von Veränderungen als Experiment –, vorab einen Rahmen zu spannen, in dem das Veränderungsexperiment stattfinden soll, um fehlendes Vertrauen zu kompensieren. Scheitert das Experiment, ist der Schaden begrenzt. (Wobei Experimente ja nie scheitern – sie geben immer Feedback!) Bei zunehmendem Verständnis für und im Umgang mit Lean Change entfallen derartige Begrenzungen, da das Vertrauen in sich und seine Kollegen und Mitarbeiter steigt.

Vorgehen

Sowohl Commitments als auch Limitierungen und Begrenzungen sind festzuhalten. Dies ist gleichzeitig eine Prüfung der Ernsthaftigkeit des Wunsches nach Veränderung: Wenn die benötigten Ressourcen nicht zugesagt werden (können), dann ist ein Scheitern der Veränderung wahrscheinlich. Dann sollte diese gar nicht erst begonnen werden.

Das Liftoff-Meeting kann auch als → *Lean Coffee* (s. Abschnitt IV.3.3) ausgeführt werden, um diejenigen zu finden, die die Veränderungsidee unterstützen und im Veränderungsteam mitarbeiten könnten.

Je nach Kultur in Ihrer Organisation kann es helfen, den Liftoff zu feiern bzw. feierlich zu zelebrieren. Sorgen Sie für positive Emotionen in Verbindung mit der geplanten Veränderung.

Für den erfolgreichen Start kann das Buch *Liftoff: Launching Agile Teams & Projects* von Diana Larsen und Ainsley Nies empfohlen werden.

Das Einsichten-Meeting: Einsichten sammeln und verdichten

Worum geht's?

Im Einsichten-Meeting treffen sich alle Beteiligten, um ihre Ideen, Hypothesen, Ansichten und Einschätzungen zur geplanten Veränderung zu sammeln. Dabei geht es hauptsächlich um den Zielzustand:

- Was ist im Zielzustand anders als heute?
- Wenn wir den Zielzustand erreicht haben, woran würden wir das erkennen?
- Was erwarten wir uns vom Zielzustand?
- Was hält uns im heutigen Zustand?
- Was muss anders werden, um den Zielzustand zu erreichen?

In größeren Gruppen können diese Fragen in Zweier- oder Dreier-Gruppen bearbeitet werden und die Ergebnisse anschließend zusammengetragen werden.

Im Einsichten-Meetings soll alles geäußert werden, was die Beteiligten bzgl. der Veränderung denken: Hoffnungen, Bedenken, Ängste, negative Erwartungen … alles soll auf den Tisch kommen und wertschätzend aufgenommen werden. Nichts soll verschwiegen werden! Dies erfordert Mut und Vertrauen von allen.

Vorgehen

Um Einsichten zu sammeln, laden Sie alle Betroffenen – und wer sonst noch kommen will – zu einem Meeting ein. Es sollte klar sein, dass nur die, die mit dem Problem/ der Veränderung konfrontiert sind, diese direkt erleben, aussagefähig zum Problem/Veränderung sind. Es gibt zwar immer Menschen – manchmal gehören auch Chefs dazu –, die immer alles besser wissen und überall mitreden. In Lean Change allerdings nicht: *Hier darf nur mitreden, wer direkt betroffen ist und zur Lösung beiträgt.*

Tragen Sie alles zusammen, was Sie brauchen, um die Veränderung vollständig zu verstehen. Fokussieren Sie sich dabei auf den *Zielzustand*, auf die Lösung, nicht so sehr auf das Problem und dessen Entstehung, denn: *Der Lösung ist es egal, wie das Problem entstanden ist!*

Zunächst geht es darum, die vorhandenen Hypothesen zum Problem von allen Betroffenen zu sammeln und zu gruppieren. Hypothesen, die so oder ähnlich von jedem genannt werden, haben eine höhere Wahrscheinlichkeit, wahr zu sein als

Hypothesen, die nur eine Nennung haben. Gleichwohl ist jede Hypothese wertvoll. Zunächst werden die offensichtlichen Dinge angegangen.

Sie werden bessere Ergebnisse bekommen, wenn Sie → *Brainwriting* statt *Brainstorming* (s. Abschnitt IV.3.1) machen. Und da Denken ein Prozess ist, der nicht auf Knopfdruck gestartet werden kann, hat es sich bewährt, mit dem Ideensammeln bereits vor dem Meeting zu beginnen. Geben Sie dazu in der Einladung „Hausaufgaben" auf. Jeder Teilnehmer soll sich vorab Gedanken machen, diese aufschreiben und mitbringen. Erfahrungsgemäß machen sich die Teilnehmer meist zwar Gedanken, schreiben diese allerdings nicht auf. Starten Sie daher Ihr Meeting am besten mit fünf Minuten Zeit zum Aufschreiben seiner mitgebrachten Gedanken (z.B. auf Haftnotizen, um diese dann sichtbar für alle aufhängen zu können).

Im weiteren Verlauf des Meetings kann jeder sich neu ergebende Einsichten und Ideen aufschreiben und einbringen.

Das Ergebnis des Meetings ist eine Vielzahl von Einsichten. Zunächst geht es darum, die vorhandenen Hypothesen aller Beteiligten zu sammeln. Mit diesen Einsichten geht es ins Optionen-Meeting. Zum Formulieren bieten sich die → *Hypothesen-Karten* an (s. Abschnitt IV.3.2).

Da derjenige, der die Veränderungsidee bzw. das Problem einbrachte, in diesem Meeting anwesend ist, kann er permanent überprüfen, ob das Team sein Anliegen richtig verstanden hat, und ggf. korrigierend eingreifen und Missverständnisse direkt ausräumen. Sollten die Abweichungen im Verständnis zu groß sein, ist es ratsam, den Prozess erneut mit einem Liftoff-Meeting zu starten.

Um die Einsichten zu sammeln, wird ein → *Change Canvas* (mindestens in Flipchart-Größe) aufgehängt und die gewonnenen Einsichten auf Haftnotizen oder → *Hypothesen-Karten* (s. Abschnitt IV.3.2) geschrieben und an den Canvas gehängt. Dazu stellt jeder seine Hypothesen und Ansichten zum Problem vor. Verständnisfragen von anderen Teilnehmern sind erlaubt, allerdings vorerst keine Diskussionen.

Das Sammeln von Einsichten ist nicht auf das Einsichten-Meeting beschränkt: Sammeln Sie jede im Verlauf eines Change Zyklus aufkommende Einsicht an „Visual Management Tools" wie → *(Kanban)Boards* (s. Abschnitt IV.3.2) oder → *Blueboards* (s. Abschnitt IV.3.2). Halten Sie auch diese Boards für alle zugänglich, damit sich jeder informieren kann. Fotografieren Sie diese Tools/Boards, um auch aus dem zeitlichen Verlauf der Veränderung Daten und Einsichten zu gewinnen.

Anschließend gruppieren Sie die Themen. Vermutlich werden sich dabei einige Themengruppen ergeben. Fokussieren Sie sich auf die mit den meisten Nennungen, denn diese scheinen die wichtigsten für die Beteiligten zu sein. Heben Sie die restlichen Themengruppen (bzw. deren Haftnotizen) für spätere Lean Change Zyklen auf.

Verdichten Sie nun jede der Themengruppen. Diskutieren Sie dazu in der Gruppe! Entfernen Sie Haftnotizen mit Doppelnennungen und gleichen Inhalten. Ziel ist, jede Themengruppe so exakt und kurz wie möglich zu erfassen.

Achten Sie dabei auf die Zeit! Stellen Sie sich dazu den Kurzzeitwecker/die Eieruhr/ starten Sie die Kurzzeitwecker-App auf dem Smartphone. Fangen Sie mit fünf Minuten an. Wenn Sie nach Ablauf dieser Zeit mehr Zeit brauchen, dann nochmal drei Minuten. Sollten Sie feststellen, dass diese Zeit für Sie zu kurz ist, können Sie gerne auch mehr Zeit investieren. Denken Sie daran, Sie müssen alle wichtigen Themen durchbringen. Begrenzen Sie daher die Gesamtzeit des Meetings! Falls die Zeit um ist, setzen Sie ein neues Meeting an. Es bringt die Zeitplanung Ihrer

Kollegen durcheinander, wenn Meetings länger dauern als geplant – das ist nicht nur unfair, es ist auch nicht lean. Vielleicht stellen Sie gemeinsam nach zehn Minuten Diskussionszeit fest, dass das diskutierte Thema umfassender ist als erwartet und eingehender diskutiert werden muss. Setzen Sie dann für dieses eine Thema ein extra Meeting an, in dem es ausschließlich um dieses Thema geht. Und machen Sie hier im Einsichten-Meeting mit der nächsten Themengruppe weiter.

Tragen Sie zum Abschluss Ihre Ergebnisse in den Lean Change Canvas ein und hängen Sie öffentlich aus (s.o.). Hypothesen können Sie auf → *Hypothesen-Karten* (s. Abschnitt IV.3.2) schreiben und ebenfalls aushängen.

Um sicherzugehen, dass die Beteiligten die Veränderung und den zu erreichenden Zielzustand inhaltlich richtig und vom Umfang her vollständig erfasst haben, formulieren Sie als letzten Schritt im Einsichten-Meeting die Veränderung und den Zielzustand aus Ihrer Sicht. Diese Darstellung wird abgeglichen:

- *Bei einer Veränderungsinitiative mit dem Sponsor*: Mit dem Sponsor ist nach dem Meeting durch zwei oder drei Beteiligte direkt zu klären, ob Ziel und Umfang der Initiative richtig erfasst wurden.
- *Bei kontinuierlicher Verbesserung mit dem Initiator der Verbesserung*: Der Initiator ist als Beteiligter direkt im Meeting dabei, er kann unmittelbar sein Feedback geben, ob die Verbesserung richtig und vollständig erfasst wurde.

Bei diesem Abgleich werden keine Einsichten vorgestellt oder diskutiert, es geht ausschließlich um die „Formulierung der Veränderung und des Zielzustandes aus Sicht des Veränderungsteams" und darum, ob das Team die Veränderung und den zu erreichenden Zielzustand inhaltlich richtig und vom Umfang her vollständig erfasst hat.

Falls das Ziel falsch oder nicht ausreichend genug verstanden wurde, ist ein neues Liftoff-Meeting angeraten, um die offenen Punkte zu klären. Dieses frühzeitige Korrigieren von Abweichungen verhindert Verschwendung.

Methoden zum Sammeln von Einsichten

Zum Sammeln von Einsichten (Daten) können bereits bewährte Praktiken und Methoden eingesetzt werden, wie z.B. (Abbildung 34, (s. Kapitel IV.3)):

- Praktiken (s. Abschnitt IV.3.1):
  - Boards und Canvases zur einfachen Visualisierung
  - Lean Coffee – eine Struktur für unstrukturierte Meetings
  - Retrospektiven
  - The Insights Door
  - Umfragen
- Methoden (s. Abschnitt IV.3.3):
  - 7-S-Modell von McKinsey
  - ADKAR®-Modell
  - Culture Hacking
  - Die 12 Gallup-Fragen
  - Kotter 8 Schritte
  - Perspective Mapping
  - Schneider Kulturmodell (s. Abschnitt IV.1.3)

Abbildung 34: Einsichten sammeln und auswerten

Aufwendigere Verfahren sind nur dann sinnvoll eingesetzt, wenn eine sorgfältige Auswertung erfolgt.

Praxistipp

Darüber hinaus kann es eine gute Idee sein, den Change Canvas immer mal wieder alleine, mit ein paar Beteiligten oder im ganzen Veränderungsteam durchzusehen, da sich Sichtweisen und Einschätzungen ändern und sich dadurch Änderungen in den Experimenten ergeben können.

Oder auch mit bisher Unbeteiligten, um neue und andere Ansichten aufzunehmen.

Mit folgenden Fragen kann die Vollständigkeit und Plausibilität der Eintragungen im Change Canvas überprüft werden:

- *Welche Punkte haben wir bisher nicht berücksichtigt?*
- *Was sind unsere Annahmen/Hypothesen bzgl. der Strategie?*
- *Was ist unsere riskanteste Annahme?*
- *Wie oft sollten wir diese Strategie überprüfen?*
- *Wie sammeln wir Feedback von den Mitarbeitern?*
- *Welche anderen wichtigen Informationen sollten auf den Canvas?*

Optionen-Meeting: Option entwickeln, bewerten, testen und auswählen

Die auf den Hypothesen-Karten gesammelten Einsichten müssen nun zu Optionen entwickelt werden, was wie verändert werden könnte. Dies erfolgt in drei Schritten:

1. Entwickeln von Optionen
2. Testen dieser Optionen mit den Beteiligten
3. Auswahl einer Option zur Umsetzung

Bereits an dieser Stelle werden Veränderungsoptionen auf ihre Akzeptanz getestet (Schritt 2). Nur die Optionen, die von den Beteiligten überhaupt akzeptiert werden (können), werden weiterverfolgt. Wenn Optionen nicht einmal als Idee auf dem Papier akzeptiert werden, scheitern sie garantiert in der Umsetzung!

Nicht weiter verfolgte Optionen werden gesammelt, denn auch zu wissen, was (noch) nicht geht, sind Einsichten! Eventuell ergibt sich später Gelegenheit, diese Optionen doch noch zu berücksichtigen. Und in der Rückschau zu betrachten, welche Ideen man mal hatte, kann nicht nur sehr lustig, sondern auch sehr lehrreich sein.

Die Frage, ob Optionen erst getestet und dann bewertet oder erst bewertet und dann getestet werden sollen, ist eher philosophischer Natur. (In der Praxis wird sich beides vermischen.) Finden Sie heraus, was bei Ihnen in Ihrer Organisationskultur am besten funktioniert. Wichtig ist, dass sowohl alle Beteiligten Ihr Votum abgeben als auch die Optionen nach (objektiven) Kriterien klassifiziert werden, um die subjektive Sicht jedes Einzelnen und die objektive Sicht von Methoden zu erfassen.

Mit der ausgewählten Option geht es zur Umsetzung ins Experiment.

Entwickeln von Optionen

Aus den Hypothesen entwickelt das Team Ideen zur Umsetzung: die Optionen. In diesem kreativen Prozess werden Aktionen ausgedacht, wie – auch schrittweise – die formulierte Veränderung erreicht werden kann. Dieser Prozess kann vergleichbar einem → *Brainwriting* (s. Abschnitt IV.3.1) durchgeführt werden. Dabei geht es erst einmal nur um Ideen, was wie verändert werden könnte. Dies ist ein kreativer Prozess, da darf man ruhig auch „mal etwas rummspinnen". Es geht noch nicht um die Realisierbarkeit oder Bewertung von Optionen.

Überlegen und diskutieren Sie gemeinsam im Team, wie Sie die Veränderungen auf den Hypothesen-Karten umsetzen können. Finden Sie viele verschiedene Möglichkeiten! Seien Sie kreativ und „spinnen Sie rum". Hier geht es weder um Realisierbarkeit noch um Bewertung. Schreiben Sie Ihre Ideen auf Haftnotizen und sammeln Sie diese am Flipchart/Whiteboard.

Ziel ist, genügend Optionen zu haben, um auswählen zu können. Erstellen Sie dazu mindestens fünf Optionen.

Vorsicht vor „Betriebsblindheit"

Wenn man direkt vor einem Problem sitzt und tagtäglich mit diesem konfrontiert ist, ist man manchmal „betriebsblind". Deshalb kann es helfen, zum Entwickeln von Optionen jemanden dazuzuholen, der weit weg von dem Problem ist, keine Ahnung von dem Problem hat, dafür kreative Einfälle hat und innovative Ideen beisteuern kann.

Größe eines Veränderungsschrittes

An dieser Stelle entscheidet das Veränderungsteam, wie groß die Veränderungsschritte sein sollen, d.h., wie schnell sie vorgehen wollen. Da sie die Schritte an sich selbst erleben werden, also „selbst ausbaden werden", ist das Team hier in maximaler Verantwortung für sich selbst. Zur Veränderung selbst gibt es keine Alternative (dies hätte im Liftoff-Meeting geklärt werden müssen bzw. der Betreffende kann sich mit seinen Fragen und Bedenken jederzeit an den Sponsor wenden), hier ist nur noch die Frage nach dem Wie.

Mit der Frage nach der Größe eines Veränderungsschrittes ist fair umzugehen: Wie beim Wandern bestimmt der Langsamste das Tempo. Es nutzt nichts, jemanden zu überfordern oder gar zu überrumpeln – das ist kein wertschätzender Umgang und erzeugt nur Widerstand. Am Anfang müssen alle erst einmal Vertrauen aufbauen, auch in sich selbst. Keine Panik – die größten Skeptiker am Anfang waren oft die größten Antreiber am Ende! Jeder braucht seine Zeit, um Vertrauen zu fassen. Wenn Sie zu schnell vorgehen, „überrumpeln" und überfordern Sie die Menschen wie im klassischen Change-Management-Ansatz (s. Abschnitt III.4.3).

Auch braucht das Veränderungsteam einige Durchläufe durch den Lean Change Zyklus, um Erfahrungen über die Größe eines Veränderungsschrittes zu sammeln. Es ist empfehlenswert, zu Beginn des Einsatzes von Lean Change mit kleineren Schritten und Veränderungen zu beginnen, um Erfahrungen im Vorgehen zu sammeln und kontinuierlich besser zu werden. Nach einigen Durchläufen des Lean Change Zyklus werden Veränderungsteams mutiger.

Testen von Optionen
Nach der Entwicklung von Optionen werden diese besprochen. Dazu liest einer oder der jeweilige „Erfinder" oder „Pate" der Option diese für alle noch einmal vor und erläutert kurz, was wie gemacht werden könnte. Jeder Betroffene kann seine Bedenken und Meinung dazu äußern. Wichtig ist hier, dass wirklich alle Bedenken gehört werden, damit die Veränderung bestmöglich verlaufen kann und alle Aspekte berücksichtigt sind.

Je nachdem, wie erfahren das Team ist, kann das Testen und Bewerten der Optionen auch in einem Meeting stattfinden. *Wichtig ist, das Erstellen von Optionen von deren Bewertung und Test klar zu trennen, da sonst der kreative Prozess beim Erstellen der Optionen beeinflusst und behindert wird.*

Ein schnelles Verfahren zum Test ist z.B. → *Dot-Voting* (s. Abschnitt IV.3.1).

Sie können auch jede Option einzeln ausdiskutieren und abstimmen, bis Sie entweder einen *Konsens* (alle stimmen zu) oder einen *Konsent* (alle schwerwiegenden Bedenken sind integriert) erreichen oder bei *Fist to Five* mehr als 2 Finger angezeigt bekommen [Oes14].

Optionen, die beim Test „durchfallen" werden trotzdem gesammelt.

Sind genügend Optionen zur Auswahl, werden diese mit einem Auswahlverfahren (s. z.B. das Verfahren in der Übung in Abschnitt III.4.3) klassifiziert. Auch wenn es bereits eine favorisierte Option gibt, sollte eine Klassifizierung durchgeführt werden, damit keine Optionen, die in Risiken und Aufwand günstiger sind, übersehen werden.

Bewertung der Optionen
Optionen haben bestimmte Eigenschaften, nach denen klassifiziert werden kann [Lit14]:

- *Nutzen/Wert*: Was ist das erwartete Ergebnis dieser Option? Übersteigt es die Kosten/Aufwand?
- *Kosten/Aufwand*: Welcher Aufwand oder welche Investition ist notwendig, um diese Option umzusetzen?
- *Risiko*: Wie stark verstört diese Option die Organisation? Wie viel Unruhe erzeugt diese Option? Wie gefährlich wäre ein Scheitern dieser Option?

Der Nutzen/Wert einer Option kann als *Return on Investment (ROI)* dieser Option verstanden, allerdings nicht immer monetarisiert werden. Manche Optionen tragen „nur" dazu bei, dass die Stimmung und Zufriedenheit der Mitarbeiter steigen – das kann entsprechend gemessen werden (s. → *Happiness Index* und → *NPS* im (s. Abschnitt IV.3.1). Messbare finanzielle Ergebnisse erfolgen oft zeitversetzt und sind dann nicht direkt kausal zuordenbar (vgl. nachlaufende Indikatoren (s. „Exkurs: messen und Messkriterien" in Abschnitt III.4.1).

Die Kosten einer Option sind mit dem Aufwand verbunden, der entsteht, um diese Option umzusetzen. Dies umfasst nicht nur monetäre Kosten, sondern auch [Lit14]:

- *Zeit für die Umsetzung dieser Option*: Das Experiment muss geplant, vorbereitet, umgesetzt und auswertet werden – dies kostet Zeit.
- *Entwicklung neuer Fähigkeiten*: Kosten und Zeit für Schulungen und Kosten für Coaches
- *Abfall der Produktivität*: Neue Fähigkeiten und Fertigkeiten brauchen ihre Zeit, um routiniert angewendet zu werden und Nutzen zu bringen. In der Zwischenzeit leisten die Betroffenen oft weniger als vorher – dies hat Auswirkungen auf das Unternehmen.

Die Bezeichnung Kosten hilft den Stakeholdern zu verstehen, dass alle Aktionen die Organisation etwas kosten [Lit14].

Das Risiko einer Option bezieht sich auf das, was passieren kann, wenn diese Option schiefläuft. Insbesondere wenn der Veränderungsschritt zu groß ist, kann das Risiko unabsehbar und überproportional steigen (wg. Kontext *Komplexität*). Daher ist es eher angeraten, schneller überschaubare Schritte zu gehen.

Zudem muss bei der Riskobetrachtung immer berücksichtigt werden, dass es *auch ein Risiko darstellt, nichts zu tun, alles so weiterlaufen zu lassen wie bisher.* Oft ist dieses Risiko real höher als subjektiv eingeschätzt. Daher ist das Risiko einer Option mit dem Risiko, nichts zu tun, zu vergleichen.

Bei Optionen mit hohen Kosten kann mit Visualisierungsmethoden gearbeitet werden, um diese besser zu verstehen und ggf. auf ein Sinken der Kosten zu wirken (z. B. → *Blast Radius* und *Diagramm der Einfluss-Sphäre* [Lit14]).

Einfache Möglichkeiten zur Klassifizierung zeigen Abbildung 35 und Abbildung 36 (die bereits aus der Übung bekannte Klassifizierung (Durchführung s. dort) und das → *Board zur Bewertung von Optionen* (s. Abschnitt IV.3.2).

Zusätzlich [Lit14]:

- können die Optionen farbig (z.B. mit roten Haftnotizen) gekennzeichnet werden, bei denen das Risiko insgesamt zu hoch ist, z.B. weil sie (zu) viel Unruhe/Störung in der Organisation erzeugen,
- sollten Optionen, bei denen einer oder mehrere Teilnehmer des Meetings Bedenken (durchaus auch basierend auf „schlechtem Bauchgefühl") hat, offen diskutiert und ggf. zurückgestellt und für spätere Lean Change Durchläufe/Zyklen zu dieser Veränderung aufgehoben werden,
- sollten die Optionen mit dem Sponsor oder Vertretern des Managements durchgegangen und deren Meinung als Einsichten aufgenommen werden (ggf. führt dies zu einer Veränderung der Bewertung der Optionen).

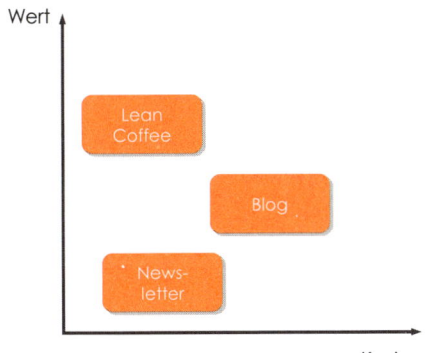

Abbildung 35: Klassifizierung von Optionen: Wert vs. Kosten

Andere Kriterien zur Bewertung von Optionen können sein [Lit14]:

- Bringt diese Option schnelle Gewinne (s. 6. Schritt Kotter (s. Abschnitt IV.3.3))?
- Hilft diese Option, die Dringlichkeit zu erhöhen (s. 1. Schritt Kotter (s. Abschnitt IV.3.3))?
- Wenn diese Option eine Veränderung der Strategie bedeutet, wie wird sich das auf die anderen 6 Dimensionen des McKinsey 7S-Modells auswirken (s. Abschnitt IV.3.3)?
- Erhöht diese Option die Sensibilisierung für einen Wandel („Awareness of the need for change" des ADKAR®-Modell (s. Abschnitt IV.3.3))?

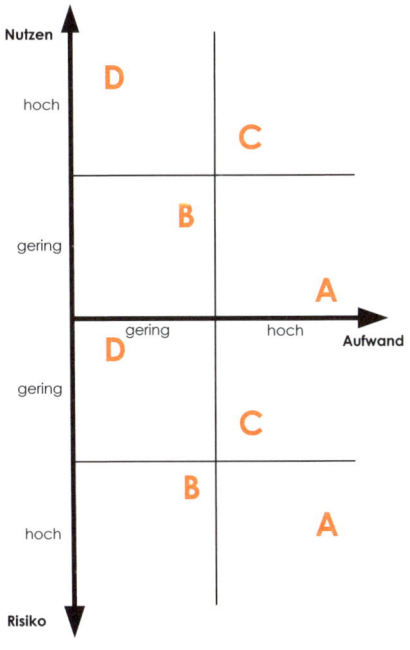

Darüber hinaus können auch andere – eigene – Kriterien verwendet werden. Bei der Klassifizierung geht es lediglich darum, die verschiedenen Optionen miteinander zu vergleichen und diejenige auszuwählen, die *bei geringstem Aufwand und Risiko den besten Nutzen bringt.*

Abbildung 36: Diagramm zur Klassifizierung nach Nutzen, Risiko und Aufwand

Auswahl einer Option zur Umsetzung

In der Regel wird eine Option gesucht, die bei geringem Aufwand und geringem Risiko einen maximalen Nutzen bringt. Manchmal kann es allerdings notwendig sein, Optionen umzusetzen, die diese Kriterien nicht erfüllen, um andere Optionen vorzubereiten oder weil dies die einzig momentan möglichen Optionen sind.

Mit der ausgewählten Option geht es ins Experiment.

Experiment

Die Option muss nun in ein Experiment umgewandelt und anschließend umgesetzt werden. Hierbei können sich neue Einsichten ergeben, die eine Veränderung der Option/des Experiments erfordern. Dies ist alles möglich, solange Einigkeit im Veränderungsteam dazu erreicht werden kann. Es geht nicht darum, stur etwas Geplantes umzusetzen, sondern agil auf neue Erkenntnisse zu reagieren, diese einzubauen und etwas Besseres, etwas Passenderes als das Geplante zu machen.

Vorbereiten des Experiments

Um die ausgewählte Option in ein Experiment umzuwandeln, wird diese in Teilschritte zerlegt, die jeweils eine umsetzbare Aufgabe darstellen. Jede Aufgabe wird von mindestens einer Person ausgeführt – günstig sind z.B. „Tandems" (jeweils zwei Personen), da so gegenseitige Unterstützung und Motivation sowie Reflexionen und Diskussionen möglich sind. Die Zuordnung von Aufgaben zu Personen kann nach einem für die jeweilige Organisationskultur passenden Verfahren erfolgen. Dabei sind Verfahren mit freiwilliger Übernahme der Verantwortung für eine Aufgabe erwartungsgemäß erfolgreicher.

Der Prozess beim Erstellen von Experimenten kann wie folgt ablaufen [Lit14]:

- Wie könnte das Experiment aussehen? Was ist wann wie und von wem zu tun?
- Wer würde davon betroffen bzw. beeinflusst sein?
- Was ist der Nutzen des Experiments?
- Wie kann der Erfolg des Experiments überprüft/gemessen werden?

Der Erfolg der Experimente muss überprüft werden – durch Messen. Um die richtigen Messkriterien zu finden, sind zwei Fragen nützlich [Lit14]:

1. Wie können wir überprüfen, ob das Experiment erfolgreich war?
2. Wie können wir Fortschritt in Bezug auf das beabsichtigte Ziel feststellen?

Mit der zweiten Frage kann bereits vor Durchführung des Experiments an den Betroffenen geprüft werden, wie diese auf das Experiment reagieren. Eine negative Reaktion der Betroffenen kann anzeigen, dass das Experiment (momentan) vielleicht besser nicht durchgeführt wird – *Experimente müssen nicht falsch sein, es kann einfach noch nicht der passende Zeitpunkt für dieses eine Experiment aufgekommen sein.*

Umsetzen des Experiments

Die einzelnen Aufgaben werden von den jeweils dafür zuständigen Teammitgliedern ausgeführt. Um sich im Team auf dem Laufenden zu halten und ggf. gegenseitig zu unterstützen, finden → *Daily Standup Meetings* (s. Abschnitt IV.3.1) statt.

Die mit der Umsetzung der jeweiligen Aufgaben betrauten Personen arbeiten selbstständig an diesen. Zur gegenseitigen Information und Synchronisation haben sich Daily Standup Meetings bewährt. Diese sind eine aus Scrum übernommene Praktik. Die Idee ist, sich gegenseitig über ein kurzes tägliches Update auf dem Laufenden zu halten, um Probleme frühzeitig erkennen und zu beheben. Gleichzeitig ist eine gegenseitige Unterstützung und Motivation möglich.

Durch die täglichen Daily Standup Meetings schließen sich kurze *Feedbackschleifen*. Vom Prinzip her ist in den Daily Standups eine *Mini-Retrospektive* bzgl. des Zeitraums seit dem letzten Standup eingebaut. So können Abweichungen und Störungen schnell aufgenommen und entsprechend reagiert sowie gleichzeitig bei der Ausführung der Experimente gelernt werden. Das verringert den Aufwand für Aktionen, die nicht mehr sinnvoll oder notwendig sind – und damit Verschwendung.

Je nachdem, wie ruhig oder chaotisch die Veränderung läuft, können die Daily Standups auch seltener als jeden Tag stattfinden, z.B. zwei oder drei mal die Woche. Hier gibt es keine generelle Regel, dies ist vor Ort auszuprobieren. Im Zweifelsfall ist es besser, *öfter* Daily Standups durchzuführen als zu selten, damit die Feedbackschleifen klein sind und schnell reagiert werden kann.

Auswerten des Experiments
Anhand der vorliegenden Messwerte wird das Experiment inhaltlich ausgewertet.

Update-Runde
Jeder bringt die Messwerte zu der von ihm durchgeführten Aufgabe mit und stellt diese in 3 min (streng zeitlimitiert, → *Timebox*) dem Team vor. Wurde diese Aufgabe erfolgreich abgeschlossen, wird die Haftnotiz am Umsetzungsboard mit dieser Aufgabe in das Feld „Erledigt" gehängt.

Aufgaben, die nicht abgeschlossen wurden/werden konnten bzw. deren Messergebnisse auf einen Fehlschlag deuten lassen, werden nach der Update-Runde besprochen.

Gescheiterte/nicht abgeschlossene Aufgaben/Experimente
Bei Aufgaben, die nicht abgeschlossen werden konnten bzw. gescheitert sind, ist genau zu analysieren, worauf dies zurückzuführen ist. Diese Erkenntnisse sind wichtige Einsichten! Die nicht abgeschlossene bzw. gescheiterte Aufgabe wird nicht nachgebessert! Mit den gewonnenen Einsichten wird in jedem Fall ein neuer Lean Change Zyklus gestartet.

Auftrag zur Veränderung erfüllt?
Am Ende des Auswerte-Meetings wird überprüft, ob der *Auftrag zur Veränderung* erfüllt wurde. Wenn ja, geht es mit der Retrospektive II weiter, wenn nicht, mit der Retrospektive I.

Retrospektiven
Retrospektiven müssen auf verschiedenen Ebenen durchgeführt werden:

- Team
- Abteilung
- Unternehmen

und dabei sowohl den aktuellen Durchlauf des Lean Change Zyklus (*Retrospektive I*) als auch die gesamte Veränderung (*Retrospektive II*) betreffen. Die einzige Regel dabei ist, dass ausschließlich diejenigen teilnehmen, die an der Veränderung direkt beteiligt sind. Kein Sponsor, kein Manager, keine Gäste!

Die nachfolgende Darstellung für Retrospektiven auf Teamebene gilt entsprechend für die anderen Ebenen.

Retrospektive I
Die *Retrospektive I* schließt die Feedbackschleife des Lean Change Zyklus auf der methodischen Ebene und ermöglicht, sein Vorgehen zu verbessern. Damit ist die Retrospektive wichtigste Meeting in Lean Change – wie im Agilen generell –, denn hier findet die Verbesserung der Vorgehensweise statt!

Zu einer agilen Vorgehensweise gehört immer auch eine Überprüfung des Vorgehens und eine entsprechende Verbesserung. Ziel ist es, sein Vorgehen flexibel und adaptiv zu halten und an die gegebenen Notwendigkeiten anzupassen: *Die Notwendigkeiten/Gegebenheiten können wir nicht ändern, was wir ändern können, ist unser Umgehen damit und unser Vorgehen diesbezüglich.* Das starre Anwenden einer Methode ist nicht agil!

Vorgehen

In der Retrospektive reflektiert das Team folgende Fragen bzgl. des aktuellen Lean Change Zyklus:

1. Was funktioniert?
2. Was muss verbessert werden?

Sie betreffen u.a.

- das Vorgehen im Veränderungsprozess,
- die Zusammenarbeit im Team,
- die Zusammenarbeit mit Stakeholdern, etc.

Es werden *sämtliche Themen, die nicht die inhaltliche Veränderung betreffen,* besprochen. Werden Themen entdeckt, welche die generelle Vorgehensweise betreffen und daher besser für die *Retrospektive II* geeignet sind, werden diese aufgenommen und zum Abschluss der Veränderung in der *Retrospektive II* besprochen.

Aus den Ergebnissen der Retrospektive ergeben sich Verbesserungen im Vorgehen. Diese können und sollen zu Änderungen an allen Bestandteilen von Lean Change führen! – Das ist *lean!*

Retrospektive II

Die *Retrospektive II* schließt die Veränderung ab und erfasst Verbesserungen, welche die generelle Vorgehensweise betreffen.

Vorgehen

In der Retrospektive reflektiert das Team folgende Fragen bzgl. des generellen Vorgehens in dieser Veränderung:

1. Was hat funktioniert?
2. Was muss verbessert werden?

Dabei geht es um generelle Themen um das Team herum sowie Empfehlungen dieses Teams an folgende Teams. Lernerfahrungen und Verbesserungen sollen gesammelt werden, um die nächste Veränderungsinitiative oder Problemlösung besser unterstützen und durchführen zu können. – Das ist *lean!*

Party

Der Abschluss einer Veränderung oder das Erreichen von Zwischenergebnissen kann in jeder Art und Weise gefeiert werden. Wichtig ist, dass es stattfindet und dass genügend Möglichkeiten zum informellen Informationsaustausch (Feedback!) über Hierarchiegrenzen hinweg gegeben sind.

Natürlich sollen/dürfen/müssen auch Zwischenergebnisse und Fehlschläge gefeiert werden!

2.6 Praktische Hinweise

In diesem Teil des Kapitel sollen Ihnen einige grundsätzliche Hinweise für die Umsetzung gegeben werden.

Dabei beziehen sich die Hinweise sowohl darauf, wie Sie agil in Ihrer Tätigkeit vorgehen, als auch darauf, wie Sie agil werden, sich agil verändern – also auf Inhalt

(Agilität) und Form (Einführung und Verbesserung der Agilität). Alle Aussagen treffen also sowohl auf Ihre Einführung von Agilität als auch auf Ihre Einführung von Agilem Change Management (Lean Change Management) zu.

Wie in den bisherigen Ausführungen deutlich geworden sein sollte, kann es im Kontext *Komplexität* keine standardisierten Vorgehensweisen und einfachen Rezepte *(Best Practices)* geben (s. „Exkurs: Komplexität" in Kapitel I.1). Ebenso wird ein allzu planvolles Vorgehen scheitern.

Machen Sie nicht zu viel Struktur! Vorgegebene Struktur führt zu Kompliziertheit, Sie sind im Komplexen unterwegs, da können Sie keine Struktur vorgeben, da können Sie nur Rahmenbedingungen setzen, in denen sich eine Struktur emergent entwickelt.

Was bleibt, ist die Möglichkeit, Experimente durchzuführen – auch bei der Einführung von Lean Change Management.

Ask the Team

Agilität baut auf selbstorganisierende Teams. Dieses komplexe Vorgehen ist die einzige Chance, die wir haben, um komplexe Themen und Aufgabenstellungen zu bearbeiten (vgl. die Darstellungen zum *Gesetz von Ashby* in den Abschnitten I.1.1 und IV.1.1). Dieses selbstorganisierende Team muss alle Rechte und Möglichkeiten haben, das, was es für richtig hält, auch zu tun. Ist dies nicht gegeben – fehlt also Vertrauen –, wird dieses Team und damit Agilität nicht funktionieren. Ja, es ist ein Lernprozess, Teams, ihre Mitglieder und die sie unterstützende Umwelt in ihrem Unternehmen müssen das lernen und sich schrittweise dahin bewegen – Eine andere Chance haben sie nicht.

Daher fragen wir das Team, was es wie tun wird – und lassen es dies selbstbestimmt tun.

Inspect & Adapt

Bei Agilität geht es um kontinuierliches Verbessern auf Basis kontinuierlichen Lernens. Um zu verbessern, müssen wir vor Ort gehen und genau inspizieren und anschauen, was los ist, was passiert (s. *Gemba-Walk* in Abschnitt I.1.4). Darauf aufbauend adaptieren wir unser Vorgehen, passen es an, und machen damit weiter, um es wieder zu inspizieren und anzupassen. Voraussetzung dafür ist *radikale Transparenz*: Um das Gesamtbild zu bekommen, müssen wir schonungslos alles offenlegen, alle Daten bekommen etc. Dabei geht es *nie* um einen Schuldigen, es geht um die Fakten und Tatsachen, um daraus zu lernen.

Daher inspizieren wir vor Ort die Auswirkungen unseres Handels schonungslos und passen unser Vorgehen an.

Treat People as Adults

In der Arbeitswelt heute leben wir von der Struktur her gesehen eine Eltern-Kind-Beziehung zwischen Manager und Mitarbeiter. Okay, viele werden jetzt aufschreien und sagen „Ich nicht". Gut, Sie behandeln Ihre Mitarbeiter vielleicht wie pubertierende Jugendliche …

Das Grundproblem ist, dass wir einander *nicht auf Augenhöhe* begegnen. Dies kommt noch aus der Zeit des Taylorismus, in der der Manager höher gebildet war als die ungelernten Arbeiter und damit mehr wert war. Heute – mit Wissensarbeitern – ist das nicht mehr so. Arbeitsthemen können oft nicht mehr von Einzelnen überblickt werden, daher zerlegen wir Themen und lassen mehrere Teams daran arbeiten. Gleichzeitig haben wir den Anspruch, dass ein Manager – der schon jahrelang weit weg ist von den Sachfragen des Tagesgeschäfts – eine kompetente Entscheidung treffen soll. Das kann nicht funktionieren!

Unsere Mitarbeiter sind in der Lage, verantwortungsvoll ihr Privatleben zu organisieren und durchzuführen: Sie drücken die Kosten ihres Hausbaus um 30 Prozent, sie sind Vorstände in Vereinen mit z.T. großen Budgets etc. Nur im Kontext *Arbeit* behandeln wir sie wie unmündige kleine Kinder …

Daher behandeln wir die Mitarbeiter wie Erwachsene – weil sie das sind!

Learn fast using Feedback

Bei Agilität geht es um Lernen. Lernen braucht Feedback. Mit schnellem Feedback können wir schneller lernen (s. „Exkurs Lernen struktuieren – Iterationen" in Abschnitt III.4.1).

Daher streben wir unmittelbares Feedback an.

Fail fast – fail early – fail cheap

Im Kontext *Komplexität* können wir nur Experimente machen. Kleine Experimente sind sicherer als große Experimente. Wenn wir scheitern, dann lasst uns möglichst früh in unserem Experiment scheitern, weil dann der möglicherweise entstehende Schaden geringer ist als bei einem späten Scheitern. Und je früher wir scheitern, desto schneller lernen wir, was funktioniert und was nicht.

Daher streben wir an, möglichst schnell und früh zu scheitern – weil das billiger ist.

Sinn

Agilität lebt davon, dass die Beteiligten Sinn in einem iterativen und inkrementellen Vorgehen sehen. Dazu brauchen sie ein klares *Wozu* von Agilität. Machen Sie dies von Anfang an klar! Agilität wird nicht um seiner selbst willen betrieben, sondern hat eine *Notwendigkeit, eine Ursache* – das *Warum*, die Gründe –, und einen *Sinn* – das *Wozu*, den Zweck.

Überprüfen Sie zwischendurch immer wieder, ob der Sinn

a)   noch von allen Beteiligten erkannt wird und
b)   der Sinn der Veränderung zu (mehr) Agilität noch vorhanden ist. Durch verschiedene Ereignisse und Vorgänge kann der Sinn der Veränderung nicht mehr gegeben sein, dann wäre jede weitere Fortführung der Veränderung Verschwendung.

Dieser Sinn, den jeder Beteiligte und jedes einzelne Veränderungsteam braucht, muss in Übereinstimmung mit dem Sinn und der Vision des Unternehmens/der

Organisation stehen. Erst dann ergibt sich der Gesamtzusammenhang. Daher brauchen Sie:

1. *Eine klare Vision für das Unternehmen/die Organisation*: Wozu ist das Unternehmen/die Organisation da? Wozu gibt es dieses Unternehmen/diese Organisation? Was ist die Leistung für welchen Kunden? Worin besteht unser Beitrag zur Gesellschaft?
2. *Eine klare Vision für jede Abteilung*: Wozu ist diese Abteilung da? Was ist die Leistung dieser Abteilung für welchen Kunden? Worin besteht der Beitrag dieser Abteilung zur Vision des Unternehmens?
3. *Eine klare Vision für jedes Team*: Wozu ist dieses Team da? Was ist die Leistung dieses Teams für welchen Kunden? Was ist der Beitrag dieses Teams zur Vision der Abteilung? Worin besteht der Beitrag dieses Team zur Vision des Unternehmens?

Daraus leitet sich von selbst

4. *eine klare Vision für jeden Einzelnen im Unternehmen ab*: Wozu bin ich da? Was ist meine Leistung für welchen Kunden? Worin besteht mein Beitrag zur Vision meines Teams? Wie sieht mein Beitrag zur Vision meiner Abteilung aus? Worin besteht mein Beitrag zur Vision meines Unternehmens?

Wenn dieser Zusammenhang allen im Unternehmen klar ist, folgen daraus die richtigen Ziele und die richtigen Aktionen.

Nicht „nein" ist „ja"! Bitte um Vergebung statt um Erlaubnis!

Vieles trauen wir uns nicht, obwohl es explizit nicht verboten ist. In „vorauseilendem Gehorsam" zensieren wir uns selbst, um nur nicht „anzuecken".

Ein Vorbild für uns können hier Kinder sein: Sie machen alles, was nicht explizit verboten ist. Denn alles, was nicht explizit verboten ist, ist erlaubt! Nehmen wir sie uns zum Vorbild und trauen uns mal wieder etwas!

Selbstorganisation

Agilität lebt von der Selbstorganisation der einzelnen Teams. Diese Teams müssen frei in ihren Entscheidungen und Handlungen bzgl. der notwendigen Veränderungen sein. Sie müssen diese selbst entscheiden und verantworten. Sollte dies nicht gegeben sein, wird Agilität komplett scheitern!

Unterstützen Sie als Manager/Mitglied der Unternehmensleitung das Entstehen von Selbstorganisation, indem Sie die für Ihre Organisation passenden Rahmenbedingungen schaffen. Das ist die Aufgabe von Management im agilen Kontext! Anregungen und Hilfestellung dazu gibt u.a. Management 3.0 [App10, App14].

Als Teammitglied übernehmen Sie Verantwortung und Initiative! Trauen Sie sich etwas! Und denken Sie immer daran: „Nicht *nein* ist *ja*!", d.h. „Alles, was *nicht verboten* ist, ist *erlaubt*!".

Starten Sie kraftvoll!

Ein verpatzter Start ist nicht zu reparieren. Das *Liftoff*-Meeting ist daher eines der wichtigen Meetings – investieren Sie in dieses Meeting, es lohnt sich! So kann z.B.

* in größeren Organisationen ein existierendes Abteilungsmeeting dazu verwendet werden, um Agilität zu starten. Der Sponsor präsentiert dabei anhand seines strategischen Change Canvas die Veränderungsinitiative hin zu Agilität.
* in kleineren Organisationen in einem Ein-Tages-Workshop mit einem Moderationsverfahren für Großgruppen Idee, Ziel und Sinn der Veränderung hin zu Agilität erarbeitet werden.

Eine sehr gute Möglichkeit für den Start ist *MINDPRACTICE*®, ein moderierter Gruppendialog zum kreativen Bearbeiten von Themen. MINDPRACTICE® – das Vorspiel, bevor das Eigentliche beginnt – vereint u.a. Brainstorming, Gruppendynamik und spielerische Elemente. Mehr dazu in Abschnitt IV.3.3.

Machen Sie Fortschritt sichtbar!

Machen Sie Entwicklung und Fortschritt – insbesondere auch auf methodischer Ebene – für jeden sichtbar! Neue Methoden „verlaufen im Sande", wenn sie nicht weiter gepflegt und weiterentwickelt werden. Daher:

* Diskutieren und erläutern Sie, *was* Sie *warum* ändern.
* Versehen Sie Canvases und Boards immer mit einer *fortlaufenden Versionsnummer*. Wenn Sie beides weiterentwickeln und sich die Versionsnummern erhöhen, wird sichtbar, dass auch Tools und Vorgehen sich verändern und weiterentwickeln.

Überprüfen Sie zwischendurch – gemeinsam!

Sie sollten neben den Meetings im formalisiertem Ablauf (s. Abschnitt IV.4.3) regelmäßige (z.B. wöchentliche) informelle Meetings zum Austausch, Feedback-Sammeln, Ideen-Generieren etc. durchführen. Hierzu eignet sich → *Lean Coffee* (s. Abschnitt IV.3.3) sehr gut. Veranstalten Sie wöchentlich ein *Lean Coffee* als Jour fixe, das für alle im Unternehmen offen ist und bei dem alle Themen rund um die Veränderungen eingebracht werden können. Das fördert auch die Vernetzung innerhalb Ihrer Organisation. Auch dies ist wieder ein komplexes Vorgehen, Sie können vorab nicht wissen und planen, was passiert (vgl. die Darstellungen zum *Gesetz von Ashby* in den Abschnitten I.1.1 und IV.1.1).

Schaffen Sie maximale Transparenz!

Bei allem, was Sie tun, ist maximale Transparenz extrem wichtig. Vermeiden Sie von Anfang an den Eindruck eines „Geheimbundes" oder einer „Geheimoperation". Denn erstens wird dieses nie geheim bleiben und zweitens führt es nur zu unnötigem negativen Feedback, auch Widerstand genannt. Und dies führt dann dazu, dass Sie mehr Anstrengungen aufwenden müssen als notwendig!

Es hat sich bewährt:

1. *Alle Meetings öffentlich zu halten*: Machen Sie Ihre Meetings bekannt, indem Sie am Schwarzen Brett o.ä. dazu informieren. Informieren Sie so, wie es in Ihrem Unternehmen üblich ist. Laden Sie alle dazu ein. (Keine Angst: Es wird sowieso kaum jemand kommen, und wer kommt, ist Ihnen wahrscheinlich wohlgesinnt und könnte Sie aus einer Ecke unterstützen, an die Sie vielleicht bisher nicht dachten. Und wenn doch mal jemand kommt, der Krawall macht, können Sie ihn immer noch aus dem Meeting rausschmeißen – bedenken Sie vorher, dass dieser „Krawall" nützliches und wertvolles Feedback sein kann, dahinter können sich unberücksichtigte Bedürfnisse oder Ängste verstecken).
2. *Hängen Sie die Ergebnisse Ihrer Meetings (z.B. den → Lean Change Canvas) an einem für alle zugänglichen Ort bzw. stark frequentierten Ort auf.* (Auch hier wieder: Keine falsche Scheu! Vermutlich werden Sie auf mehr Zuspruch, Interesse und Nachahmung als Widerstand treffen! Zugleich demonstrieren Sie Fortschritt und Transparenz.)

Vielleicht halten Sie sich für angreifbar, wenn Sie alles transparent machen. Vielleicht fürchten Sie, „schlafende Hunde zu wecken". Diese werden spätestens sowieso kommen, wenn Ihre Veränderung ruchbar wird, dann sind diese zusätzlich sauer, weil sie davon zu spät erfahren haben, und Sie sind mit einem größerem Widerstand konfrontiert als notwendig. Sie haben die offizielle Erlaubnis zu Ihrer Veränderung von Ihrem Manager. Wem das nicht passt, der muss sich an diesen – an Ihren Manager – wenden. Schließlich wird er dafür bezahlt!

Finden Sie Beweger auf jeder Ebene des Unternehmens!

Menschen arbeiten leichter mit jemandem auf gleicher Ebene zusammen als mit externen Beratern, dedizierten Change Managern oder jemandem von einer höheren Ebene. Und sie machen leichter mit, wenn sie sehen, dass ein Kollege auf gleicher Ebene es ebenfalls tut (Denken Sie an das Modell mit dem Elefanten aus Abschnitt IV.2.3!). Daher brauchen Sie

- auf jeder Ebene – Mitarbeiter, Management, Unternehmensleitung – und
- in jeder Abteilung/jedem Team

Menschen, die als *Beweger* die Veränderung anführen können, die vielleicht selbst sogar in Lean Change Management (z.B. als Lean Change Agents) ausgebildet sind.

Gründen Sie unternehmensintere Netzwerke!

Zur gegenseitigen Unterstützung in (unternehmensweiten) Transitionen ist ein Netzwerk – z.B. als strukurloses Netzwerk oder als → *Community of Practice* – sinnvoll. Folgende Hinweise dazu [Lit14]:

- Machen Sie jedem Mitglied des Netzwerkes klar, dass es zusätzliche Arbeit bedeutet, im Netzwerk zu sein.
- Die Mitgliedschaft muss exklusiv sein, um für die richtigen Personen attraktiv zu sein.
- Geben Sie den *Bewegern* in einem Change Agent Netzwerk Unterstützung, Training und einige Autonomie – sie mögen zwar die Motivation haben, Veränderun-

gen selbstständig durchzuführen, allerdings fehlen ihnen noch die Erfahrungen und notwendigen Qualifikationen.

Vernetzung entsteht sowieso in Organisationen, selbst in den hierarchischsten. Nutzen Sie daher derartige Bestrebungen für positive Veränderungen.

Bauen Sie Ihren eigenen Veränderungsprozess auf!

Mit folgenden Schritten kann ein eigener Veränderungsprozess aufgebaut werden [Lit14]:

1. Schaffen Sie einen für alle zugänglichen Platz, an dem Sie Ihre → *Canvases* und → *Boards* sichtbar machen.
2. Entscheiden Sie, wie oft Sie die folgenden aufgelisteten Meetings durchführen wollen:
   - *Daily Standups der Veränderungsteams*: täglich, jeden 2. Tag, 2-mal die Woche. Empfehlenswert ist mindestens 1-mal die Woche – dann sind es keine *Dailys* mehr.
   - *Retrospektiven im Veränderungsteam*: in jedem Durchlauf des Lean Change Zyklus, alle 14 Tage, alle 4 Wochen. Empfehlenswert ist mindestens 1-mal im Monat.
   - *Planung/Update Refresh des Change Canvas*: in jedem Durchlauf des Lean Change Zyklus, alle 14 Tage, alle 4 Wochen. Empfehlenswert ist mindestens 1-mal im Monat.
   - → *Lean Coffees zum Diskutieren und Sammeln von Feedback und Verstärken der Ausrichtung der Mitarbeiter im Unternehmen*: regelmäßig alle 2 bis maximal 4 Wochen, empfehlenswert ist eher häufiger als seltener. Auch wenn das Interesse/die Teilnehmeranzahl abnimmt, trotzdem dauerhaft veranstalten.
3. Beenden Sie den Einsatz von Status Reports! Das wird zwar schwierig werden, doch es lohnt sich. Bringen Sie alle Beteiligten, Führungskräfte und Sponsoren in ein Meeting und diskutieren Sie dort den Stand der Veränderung.

Das ist die Basis für Ihren Veränderungsprozess. Details werden sich mit der Zeit entwickeln, wenn Sie lernen, wie Ihre Organisation auf Veränderung reagiert. *Vermeiden Sie zu viel Prozess und zu viel Struktur – nicht nur am Anfang! Setzen Sie nur so viel Prozess und Struktur auf, wie nötig ist, um Interaktionen zwischen den Beteiligten sowie zu Führungskräften und Sponsoren anzustoßen.*

Kommunizieren Sie im direkten Gespräch!

Zur Kommunikation ist das direkte Gespräch besser als Newsletter oder E-Mail-Kampagnen! *Menschen wollen mit Menschen reden!*

Erinnern Sie sich immer am die beiden Prinzipien:

1. *Sie können nicht steuern, wie Menschen auf Veränderungen reagieren!*
2. *Menschen unterstützen eine Veränderung stärker, wenn sie in deren Entwicklung einbezogen sind.*

Start sooner and smaller!

Um schnell zu lernen, ist schnelles Feedback notwendig! Halten Sie daher die Durchlaufzeiten Ihrer Veränderungszyklen (bei Lean Change auch die Experimente-Unterzyklen) so kurz wie möglich! Indem Sie kleine, kurze Schritte gehen und Optionen entwickeln, die innerhalb einer Woche umzusetzen sind. Und zerlegen Sie die Experimente in Aufgaben, die innerhalb weniger Tage durchzuführen sind!

Hören Sie auf Ihr Bauchgefühl!

Das Thema „Messen und Messkriterien" kann nach „Rocket Surgery" (ein Mix aus den beiden bekannten Metaphern „Rocket Science" und „Brain Surgery") – nach hoher Wissenschaft – klingen. Muss es nicht sein! *Halten Sie es immer so einfach wie möglich!*

Uns wenn Sie bei einer Option, einem Experiment oder etwas anderem ein schlechtes Bauchgefühl haben, dann hören Sie auf dieses Gefühl! Keine noch so überlegene intellektuelle Beweisführung wird Ihnen das nehmen können. Wir Menschen sind vermutlich viel weniger rational, als wir allgemein annehmen – oder hoffen. *Gefühle gehören zu den Menschen! Nehmen Sie daher jedes „Bauchgrummeln" ernst!*

Beziehen Sie die Menschen ein!

Menschen wollen einbezogen sein! Wenn Sie Menschen einbeziehen und sie mitmachen lassen, werden Sie nicht nur großartige Ideen sehen, sondern auch viel weniger Widerstand und Ablehnung erleben. Denken Sie daran: *Die Menschen wollen – wir müssen sie nur lassen!*

Graben Sie tiefer!

Wenn Sie in Ihren Gesprächen z.B. über Veränderungsoptionen hören: „Das funktioniert hier nicht(, weil …)!", gehen Sie hier in die Tiefe und erforschen Sie die Gründe! Finden Sie heraus, was dahintersteckt! Finden Sie heraus, *warum* das hier nicht funktionieren soll/kann! Finden Sie auch heraus, *wozu* das nicht funktionieren kann! *Es muss also einen Sinn dahinter geben, dass das nicht funktionieren (soll) – finden Sie diesen heraus!* Dieses Verständnis kann Ihnen helfen, Experimente zu entwickeln, die weniger disruptiv sind. Und Sie erfahren die wahren (Hinter) Gründe!

Erwerben Sie Soft Skills!

Menschen sind keine Maschinen! Dann gehen Sie auch mit ihnen nicht so um, als wären Sie welche! Besuchen Sie ein Kommunikationstraining, damit Sie besser verstanden werden!

Ein Management 3.0-Training kann Ihrer Einstellung zu Management ein „Update verpassen".

Interessante Hinweise zum Durchführen von Veränderungen gibt das Buch *Facilitating Change* [Beu13].

Weitere Hinweise erhalten Sie auch im Blog www.agil-werden.de, z.B. unter den Stichworten „Veränderungen", „Change Management" und „Dilts-Pyramide".

Agilität in die Breite bringen

Seit 2006 führt *VersionOne*, ein Anbieter aus den USA von *Agile Lifecycle Management Software*, jährlich eine weltweite Umfrage zum Stand von Agilität durch. In der Umfrage im Jahr 2015 wurden folgende Tipps für ein erfolgreiches Skalieren von Agilität, also ein erfolgreiches Einführung von Agilität im gesamten Unternehmen, genannt (Abbildung 37, [Ver16]):

- 43 %: konsistente Prozesse und Praktiken
- 40 %: die Einführung eines gemeinsamen Tools über alle Teams
- 40 %: Agile Berater oder Trainer
- 37 %: Sponsoring (Unterstützen) durch die Unternehmensleitung
- 35 %: interne agile Unterstützungsteams

Berücksichtigt werden muss hierbei, auf welcher Stufe des *Shu – Ha – Ri*-Modells (s. Abschnitt III.2.3) sich die Unternehmen befinden. Vergleichen Sie diese Aussagen mit den Aussagen über *Spotify* (s. Teil II)! Die in Abbildung 37 getroffenen Aussagen sind nützlich für die *Shu-* und *Ha-*Ebene. *Spotify* – auf der *Ri-*Ebene – geht hingegen seinen eigenen Weg, indem es den Teams überlässt, welche Prozesse und Praktiken sie anwenden, und auch keine internen agilen Unterstützungsteams hat.

Top 5 Tips for Success with Scaling Agile

Consistent process and practices (43%), implementation of a common tool across teams (40%), and agile consultants or trainers (40%) were cited as the top three tips for successfully scaling agile.

43 %
CONSISTENT PROCESS AND PRACTICES

40 %
IMPLEMENTATION OF A COMMON TOOL ACROSS TEAMS

40 %
AGILE CONSULTANTS OR TRAINERS

37 %
EXECUTIVE SPONSORSHIP

35 %
INTERNAL AGILE SUPPORT TEAM

Other important factors included: externally attended classes or workshops, company-provided training program, online training and webinars, and full-time internal coaches.

*Respondents were able to make multiple selections.

Abbildung 37: Top 5 Tipps, um Agilität erfolgreich im gesamten Unternehmen einzuführen [Ver16]

Statistische Aussagen sind immer interessant – sie ersetzen allerdings nicht das eigene Denken und Urteilen. An dieser Stelle sei noch einmal ausdrücklich vor dem Lemming-Effekt gewarnt!

Communities of Practice

Wie baut man eine *Community of Practice (CoP)* auf? Zunächst gilt es, Gleichgesinnte zu finden. Dazu eignet sich z.B. ein → *Lean Coffee*. In diesem Meeting werden Ziel und Zweck der Community besprochen und das weitere Vorgehen (Workshops, Vernetzung etc.) festgelegt. Besonders wichtig ist dabei, das *Wozu*, den Sinn und Zweck der CoP herauszuarbeiten. Die CoP wird nur mit einem klaren *Wozu*, mit klarem Sinn und Zweck, erfolgreich sein können.

Da durch die CoP – wenn sie während der Arbeitszeit stattfindet – Ressourcen des Unternehmens gebunden werden, ist eine Information des Managements bzw. der Geschäftsleitung notwendig. Aus den Reihen des Managements bzw. der Geschäftsleitung ist ein Sponsor der CoP notwendig, der diese schützt, damit die CoP kein „Reporting" leisten muss bzw. Aufträge erhält – beides würde eine CoP zerstören, da sie auf freiwilliger Initiative beruht.

Praktische Hinweise für den Aufbau einer CoP

Karboul und Hummer [Kar05] geben folgende Hinweise für den Aufbau und das erfolgreiche Betreiben einer CoP:

- Suche immer nach Verbündeten – es gibt im Unternehmen mehr, als man zunächst denkt. Die Suche nach Vorhandenem zahlt sich in jedem Fall aus, u.a. mit folgenden Vorteilen:
  1. Man spart Zeit und Geld, weil man über Vergangenes – mit allen dazugehörigen Höhen und Tiefen – auf dem Laufenden ist.
  2. Man kann dadurch besser „andocken", bestimmte Begriffe und Prozessbezeichnungen sind bekannt und bereits akzeptiert.
  3. Die Kraft der Initiative wird um ein Vielfaches verstärkt, weil es Multiplikatoren gibt, die das Thema vorantreiben.
- Der Erfolg entscheidet sich oft schon zu Beginn bei der Festlegung von Sinn und Zweck der Community. Ein klar definierter Zweck und herausfordernde, realistische Ziele legen den Grundstein für eine potenzialreiche Community:
  1. Eine Community sollte ihre Mitglieder bei ihrer jeweiligen Tätigkeit unterstützen, indem sie Erfahrungs- und Wissensaustausch ermöglicht.
  2. Das Ziel sollte gemeinsames Lernen sein, nicht die Lösung diverser Probleme im Unternehmen.
  3. Eine Community muss sich davor schützen, Aufgaben von außen zugeschrieben zu bekommen, z.B. als „Gremium zur Qualitätssicherung" bzw. als „Bereitsteller für operative Kapazitäten" gesehen zu werden – sowohl durch Außenstehende als auch durch ihre eigenen Mitglieder.
- Eine Community steht und fällt mit dem Koordinator/Moderator, der nicht nur Begeisterung für das Thema, sondern auch viel Know-how und das entsprechende „Standing" innerhalb der Organisation mitbringen sollte.
- Die Community muss für ihre Mitglieder und die Organisation insgesamt einen deutlichen Nutzen bieten. Dieser Mehrwert muss aus der Community selbst kommen, damit eine gemeinsame Vision von Zweck und Nutzen der Community entsteht.
- Der Koordinator/Moderator einer Community muss auf unterschiedliche Interessen und Situationen sensibel eingehen und entsprechend reagieren. Es ist wichtig, dass er einen gewissen Überblick über die Stimmung und Situation der einzelnen Mitglieder bzw. Bereiche hat, um seine Steuerungsmöglichkeiten zu erhöhen.

- Die Kerngruppe der Community muss eine hohe sichtbare Energie für das Vorhaben entfalten. Sie gibt der Community Kraft und Motivation.
- Die Mitglieder der Community müssen häufig genug involviert sein und miteinander zu tun haben, um untereinander enge Beziehungen aufzubauen.

Kritische Erfolgsfaktoren für die Entwicklung einer Community of Practice [Kar05]

1. Die Community muss für ihre Mitglieder und die Organisation insgesamt einen deutlichen Nutzen bieten.
2. Die Leader/Moderatoren der Community müssen auf unterschiedliche Interessen und Situationen sensibel reagieren.
3. Die Kerngruppe der Community muss eine hohe sichtbare Energie für das Vorhaben entfalten.
4. Die Mitglieder müssen häufig genug involviert sein und miteinander zu tun haben, um untereinander enge Beziehungen aufzubauen.
5. Versuche nicht, alle Antworten selbst zu finden, nutze die Community.

Checkliste zum Start einer Community of Practice [Kar05]

- Definition des Aufgabengebiets, mit dem sich die Community auseinandersetzen soll:
  - Bestimmung des (Erfahrungs-)Wissens, das für einen Wettbewerbsvorsprung von besonderer Bedeutung ist
  - Mapping der Anforderungen und der besonderen Wissensaspekte
- Auswahl und Zusammenbringen der geeigneten Community-Mitglieder:
  - Identifikation der Experten
  - Kontaktaufnahme und Gespräch mit anerkannten Experten und potenziellen Mitgliedern der Community
  - Identifikation der Leader und der Kerngruppe
  - Planung und Durchführung von Treffen, um die Teilnehmer tatsächlich zusammenzubringen
  - Beim ersten Workshop: Arbeit an Grundsätzlichem wie gemeinsames Anliegen, Rollen, Erwartungen, Kooperationsregeln und Frequenz der gemeinsamen Aktivitäten
- Anleitung und Unterstützung der Sponsoren und Leader der Community, um ihnen zu helfen, die Anforderungen an eine wirkungsvolle Entwicklung der Community zu verstehen

Voraussetzungen für den erfolgreichen Start von Communities of Practice [Kar05]

- Ist das Aufgabengebiet der Community klar definiert?
- Welches (Erfahrungs-)Wissen ist für die Aufgabe von besonderer Bedeutung?
- Welche Experten gibt es in und außerhalb der Organisation zu diesem Thema?
- Gibt es bereits bestehende Kontakte?
- Welche Personen kommen als Leader bzw. Kerngruppe der Community infrage?
- Ist Raum für die Arbeit an Grundsätzlichem wie gemeinsames Anliegen, Rollen, Erwartungen, Kooperationsregeln und Frequenz der gemeinsamen Aktivitäten vorhanden? Gibt es einen Kick- off-Workshop?

Erfolgskritische Faktoren für Communities of Practice [Kar05]

- Gibt es Gelegenheiten, um sich über Rollen, Bilder, Vorurteile und unterschiedliche Standpunkte auszutauschen? Ist genug Offenheit und Vertrauen innerhalb der Community vorhanden, um aus Unterschieden zu lernen?
- Ist die Frequenz der gemeinsamen Aktivitäten hoch genug, sodass die Mitglieder der Community untereinander enge Beziehungen aufbauen können?
- Gibt es eine Kerngruppe, die stark genug ist, um der Community Kraft und Energie zu geben?
- Werden die Sponsoren und Leader der Community wirksam unterstützt und angeleitet?
- Bringt der Moderator genug Begeisterung, Know-how und Standing für das Thema mit?

2.7 Woran Sie scheitern können

Alle sagten: Das geht nicht.
Dann kam einer, der wusste das nicht und hat's einfach gemacht.

Nicht alle Probleme und Behinderungen, die durch die Einführung von Agilität auftreten, sind auch durch Agilität verursacht! Viele Probleme schlummern seit Jahren in Ihrer Organisation und werden erst sichtbar durch die radikale Transparenz, die Agilität fordert, braucht und verursacht. Diese Probleme und Behinderungen hemmen die Weiterentwicklung Ihrer Organisation vermutlich schon seit Langem! Alle weiterhin nichtgelösten Probleme und Behinderungen fallen Ihnen mit Sicherheit irgendwann in der Zukunft auf die Füße. Gehen Sie also daran, diese endlich zu beseitigen! Dabei geht es immer um *Sachthemen*, nie um *Persönlichkeiten*. Erinnern Sie sich daran: *Menschen handeln immer im Rahmen ihrer Möglichkeiten, sie handeln immer so gut sie können.* Gehen Sie bei Veränderungen systemisch vor: Finden Sie einen Kontext und Rahmenbedingungen, in denen die anderen das von Ihnen gewünschte Verhalten von alleine zeigen.

Obwohl Agilität vom Prinzip her sehr gut funktioniert, große Steigerungen in Leistung und Mitarbeiterzufriedenheit nachweisbar sind und sowohl Mitarbeiter als auch Management und Unternehmensleitungen große Hoffnungen hegen, bleiben viele agile Implementationen oft hinter ihren Möglichkeiten zurück:

- *Leistungspotenziale werden nicht ausgeschöpft/erreicht:* Maßstab ist hier die Aussage des Scrum-Entwicklers Jeff Sutherland, dass „[Agilität] (*Scrum) erst bei 400 % Leistungssteigerung beginnt" – „Doing twice the job in half the time".*
- *Agile Implementationen sind nicht mittelfrist-stabil:* Es ist flächendeckend zu beobachten, dass Implementationen von → *Scrum* spätestens nach vier bis fünf Jahren zurückrollen, an Leistungsfähigkeit verlieren. Bei → *Kanban* ist dies sogar noch schneller zu beobachten, meist nach zwei bis drei Jahren.

Oft wird Agilität als ein „ein bisschen anders aussehendes Projektmanagement" falsch verstanden und nicht erkannt, dass es einen Bruch mit unserer Managementtradition und unserem Umgang mit Mitarbeitern darstellt – *Agilität ist ein komplett anderer Ansatz, wie wir zusammen arbeiten! Agilität ist Anti-Taylorismus!*

Im Folgenden wird auf einige Gründe für die sichtbaren Probleme eingegangen.

Woran die Einführung von Agilität in der Praxis scheitert

VersionOne, ein Anbieter aus den USA von *Agile Lifecycle Management Software*, führt seit 2006 jährlich eine weltweite Umfrage zum Stand von Agilität durch. In der Umfrage von 2015 wurden folgende Gründe für ein Scheitern der Einführung von Agilität genannt (Abbildung 38, [Ver16]):

Hauptgründe für das Scheitern agiler Projekte

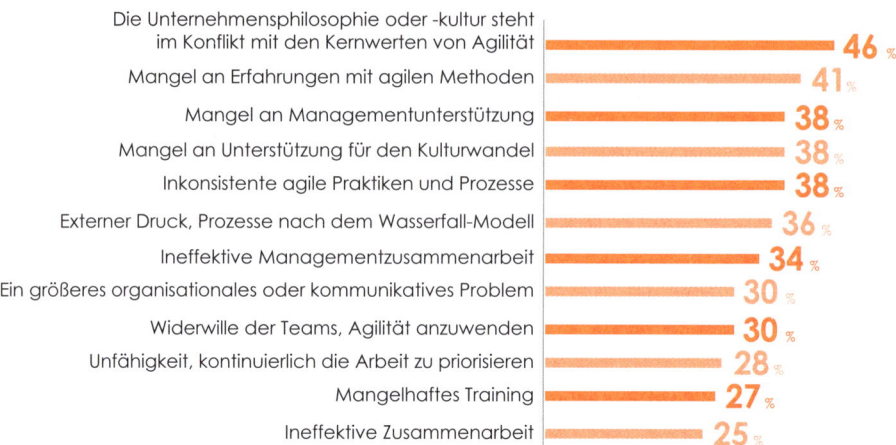

Abbildung 38: Woran die Einführung von Agilität in der Praxis scheitert [Ver16]

Nur 5 % gaben an, es nicht zu wissen – offensichtlich ist sehr vielen klar, woran sie scheitern.

Im Folgenden gehe ich auf die o.g. Gründe ein, wobei dies nur (m)eine Interpretation und (m)eine ganz subjektive Meinung ist.

Die Unternehmensphilosophie oder -kultur steht im Konflikt mit den Kernwerten von Agilität

Ja, Agilität ist so ganz anders! Agilität ist disruptiv: *Sie ist der Bruch mit der bisherigen Art und Weise, wie wir zusammenarbeiten und Arbeit organisieren – der aus dem Taylorismus resultierenden Organisation.* Agilität steht daher zwangsläufig im Konflikt mit traditionellen Unternehmensphilosophien und -kulturen.

Sie müssen sich entscheiden: Wollen Sie Ihre bestehende Unternehmensphilosophie und -kultur behalten oder wollen Sie Agilität leben? Beides gleichzeitig geht nicht! Einen Tod müssen Sie sterben! Ich sage explizit nicht, dass Sie Agilität machen müssen – es ist Ihre Entscheidung und Ihre Verantwortung. Ich sage nur, dass Sie mit dem Bestehenden zukünftig immer mehr Probleme in der VUKA-Welt bekommen werden.

Wenn Sie also funktionierende Agilität erreichen wollen, müssen Sie konsequent mit dem Bisherigen brechen.

Mangel an Erfahrungen mit agilen Methoden

Ja, mit allem Neuen hat man keine Erfahrungen – das ist nun mal so. Wenn man Erfahrungen hätte, wäre es ja nicht mehr neu ... Das Problem sind nicht so sehr die fehlenden Erfahrungen, sondern der Umgang mit den Erfahrungen, die man macht: *Wenn etwas nicht funktioniert – dann macht etwas anderes!*

Hinter diesem Grund steht vermutlich der Anspruch auf Garantie und Sicherheit: „Garantiere mir, dass Agilität auf Anhieb funktioniert!" Das wird nicht funktionieren. *Agilität ist immer individuell – und genau deshalb ein nicht kopierbarer Wettbewerbsvorteil.*

Mangel an Managementunterstützung

Große Veränderungen – und die Einführung von Agilität ist eine solche – müssen von oben *und* von unten angegangen werden. *Wenn Ihr Management eine Veränderung nicht unterstützt, dann lassen Sie es – es kann nicht funktionieren.* Sie brauchen zwingend die Unterstützung Ihres Management.

Interessant ist, was hinter der fehlenden Unterstützung steht: Ängste, Sorgen ... *Agilität ist eine sehr große Veränderung, die mit einer großen Verunsicherung vieler Betroffener einhergehen kann.* Ja, es kann passieren, dass Jobs im Management wegfallen. Ja, es kann passieren, dass auch Manager umlernen müssen. Die Frage ist: *Was ist die Alternative?* Führt ein „Weiter so" in eine sichere Zukunft? Bietet uns ein klein bisschen Veränderung hier und da eine sichere Perspektive? – Ich habe da meine Zweifel! Und aus darwinistisch-evolutionärer Sicht so einige Bedenken ... Daher bin ich der festen Überzeugung, dass wir in den nächsten Jahren spektakuläre Pleiten sehen werden, die „völlig unvorhergesehen aus dem Nichts gekommen" sind. Auch bin ich fest davon überzeugt, dass nicht alle Organisationen überleben werden – auch von denen, die Agilität einführen, werden einige dabei sein. Unternehmenspleiten sind an sich auch kein Problem – sie sind Teil einer darwinistisch-evolutionären Auslese. Ein Problem haben wir als Gesellschaft nur dann, wenn nicht genügend neue Unternehmen entstehen!

Mangel an Unterstützung für den Kulturwandel

Wie lange dauert es, eine Organisationskultur zu verändern? 10 Jahre! Wie lange dauert es mit Tools, eine Organisationskultur zu verändern? 10 Jahre! Bestimmte Prozesse dauern ihre Zeit. Sie ziehen ja auch nicht am Rasen oder ihren Kindern, damit diese schneller wachsen, oder?

Eine Organisationskultur kann nur von innen heraus in vielen kleinen Schritten verändert werden – indem viele Menschen jeden Tag ein kleines Ding ein bisschen besser machen ...

Kulturwandel braucht seine Zeit. *Die Kultur folgt der Struktur* (s. *Larmans Gesetze des Verhaltens von Organisationen* in Abschnitt IV.1.1).

Eine Idee: *Machen Sie den Kulturwandel zur Kultur!* Etablieren Sie Lean Change Management in der DNA Ihrer Kultur. Betrachten Sie die Veränderung der Organisationskultur nicht von außen, quasi als Projekt, das Sie irgendwann mal abschließen können, sondern von innen aus der Kultur heraus, als Fähigkeit, sich als Kultur selbst zu verändern.

Ziel ist eine agile Organisationskultur: Das ist eine Organisationskultur, die sich selbst verändert und an ihre Umwelt anpasst.

… und übrigens: Auch mit ganz viel Unterstützung haben Kulturwandel in der Vergangenheit nicht immer geklappt, denken Sie an Mao Zedongs „Kulturrevolution" …

Inkonsistente agile Praktiken und Prozesse

Mir ist nicht ganz klar, was hier gemeint ist. Vermutlich hat man „Cherry-Picking" oder „Rosinen-picken" gemacht, also versucht, von allem das Beste zu nehmen, und wundert sich dann, dass das nicht zusammenpasst. Das ist etwa so, als wenn Sie von jeder Torte nur den Belag essen und sich dann beschweren, dass Ihnen schlecht ist … Sie können nicht nur die Ihnen angenehmen Praktiken übernehmen und die mühsamen außer Acht lassen.

Die verschiedenen Praktiken und Prozesse sind z.T. in voneinander abhängig: Ein → *Sprint Backlog* entfaltet erst durch ein → *Sprint Planning* seine komplette Wirkung.

Zudem wird die Einführung verschiedener Praktiken zu Problemen führen – dies liegt nicht an den Praktiken – sie machen Probleme nur sichtbar. *Veränderungen sind immer unangenehm, weil sie den bequemen Status quo (ver)stören* (s. „Das Veränderungsmodell von Virginia Satir" in Abschnitt III.4.3).

Externer Druck, traditionelle (tayloristische) Prozesse (wie Entwicklung nach dem Wasserfall-Modell) auszuführen

Agilität erfordert den agilen Kunden: Der Kunde muss willens, fähig und in der Lage sein, bei Ihrer Agilität mitzumachen. Wenn er nach traditioneller Art Ihr Produkt am Ende der Entwicklung fordert und sich bis dahin „dünn" macht, dann können Sie nur sehr schwer agil arbeiten – Sie brauchen zwingend den Kunden dazu. Sollte dem Kunden die Einsicht fehlen, kooperativ mit Ihnen zusammenzuarbeiten, dann sollten Sie ernsthaft überlegen, ob dieser Kunde der für Sie passende Kunde ist … Sollte dieser Kunde unternehmensintern sein, dann haben Sie die fantastische Möglichkeit, Agilität als Unternehmensphilosophie zu diskutieren – Sie sitzen gemeinsam in einem Boot. Und denken Sie immer daran, der echte Kunde ist außerhalb Ihrer Organisation und hat eigenes Geld!

Ineffektive Managementzusammenarbeit

Hier gilt das bereits zu Management Geschriebene: *Management muss Sie unterstützen – sonst lassen Sie das besser!* Sollte das Management eine eigene Agenda verfolgen, dann sprechen Sie das an: Entweder es gibt einen Beschluss, gemeinsam Agilität einzuführen – oder nicht. Gibt es diesen, dann müssen ihn auch alle umsetzen.

Ein größeres organisationales oder kommunikatives Problem

Na, das klingt ja auch nach einer schönen Ausrede: „Irgendwas war uns im Weg, deshalb …" Wie schon geschrieben, werden durch die Einführung von Agilität Probleme sichtbar – allerdings gab es diese schon vorher. Und vermutlich hindern diese Probleme noch viel mehr als nur die Einführung von Agilität.

Und ja, die Standard-Ausrede Nr. 1: „Unsere Veränderung ist gescheitert, weil sie zu schlecht kommuniziert wurde!" Das ist Unsinn – Wenn Sie abnehmen wollen, dann müssen Sie etwas *anders machen* als bisher, mehr darüber zu kommunizieren hilft

Ihnen nicht! Veränderungen scheitern nicht, weil man zu wenig darüber redet – *sie scheitern, weil man etwas falsch macht!* Machen Sie Lean Change und lassen Sie die Betroffenen sich selbst verändern! (s. Abschnitt III.4.3)

Wenn Sie wirklich „ein größeres organisationales oder kommunikatives Problem" haben, dann haben Sie in Wirklichkeit *ein Managementproblem!*

Widerwille der Teams, Agilität anzuwenden

Diese Aussage klingt für mich sehr wertend – und wie ein vorgeschobener Grund. Erinnern Sie sich an den Hinweis im dem Abschnitt IV.2.3? *„Was wie ein Problem der Menschen aussieht, kann ein Situationsproblem sein."* So richtig kann – und will – ich mir nicht vorstellen, dass Menschen nicht selbstbestimmt arbeiten wollen.

Vielleicht müsste man in diesem Kontext fragen, was die Antwortenden unter „Agilität" verstehen und was sie wie genau umsetzen. Es wird ja auch viel Unsinn unter dem Label „Agilität" betrieben. Und wenn das dann auch noch gegen ein Management durchgesetzt werden soll ... „Warum soll ich mir das antun, ist doch nicht meine Firma. Einen Job woanders finde ich immer." (s. a. Ausführungen in den folgenden Abschnitten, insbesondere „Die Erbringer der Leistung nehmen nicht an der Verteilung des Gewinns durch die Produktivitätsverbesserungen teil")

Sollte es doch ein „Motivationsproblem" sein, dann wäre zu überprüfen, welches Menschenbild man dort voneinander hat. Und ob überhaupt ein Sinn darin gesehen wird, agil zu werden (s. Abschnitt III.2.2 und 3).

Unfähigkeit, kontinuierlich die Arbeit zu priorisieren

Richtig! Ohne Priorisieren der Work-Items funktioniert Agilität nicht. Man muss immer ganz klar wissen, was dem Kunden am wichtigsten ist, und die Work-Items in eine entsprechende Reihenfolge bringen, um die wichtigsten Items als Erstes zu bearbeiten.

Es kann gut sein, dass das Management hier immer wieder „dazwischenfunkt". Es kann sein, dass der Kunde nicht weiß, was er eigentlich will. Priorisieren lässt sich relativ schnell erlernen, das sollte nicht das Problem sein.

Gehen Sie bei solchen „Problemen" den Dingen auf den Grund! Fragen Sie nach! Ein gute Technik kann dabei das aus dem Lean Management bekannte „5-mal-Warum"-Fragen sein. Und fragen Sie bitte nicht nur fünfmal „Warum"! Die Idee dieser Technik ist, den wahren Ursachen auf den Grund zu gehen. Und wenn Sie dazu 10, 100 oder 1000 mal „warum" fragen müssen, dann tun Sie das!

Mangelhaftes Training

Diesen Punkt verstehe ich nicht! Wenn das Training mangelhaft ist, dann trainiert halt mehr und besser! Das klingt für mich sehr nach einer Ausrede ...

Sie können Agilität nicht perfekt (an)trainieren, die Fertigkeiten entstehen und entwickeln sich im Anwenden, im täglichen Tun. Und wenn dann Fehler passieren, dann passieren halt Fehler – und diese haben nichts mit mangelhafter Ausbildung/ Training zu tun. Im Komplexen können Sie nur Experimente machen und diese können scheitern.

Besser als Trainings ist es ohnehin, voneinander zu lernen. Machen Sie dazu → *pairworking* oder noch viel besser → *mob working* (s. Kapitel IV.3). Auch werden Sie nicht vermeiden können, dass Sie eigene agile Praktiken und Methoden entwickeln werden/müssen. Und diese kann Ihnen kein Trainer (an)trainieren.

Ineffektive Zusammenarbeit

Richtig! *Agilität erfordert eine effektive Zusammenarbeit:* Im Team, mit anderen Teams und Abteilungen und besonders auch mit dem Kunden! Ohne diese geht es nicht!

Die Aussage klingt auch wieder nach einer Ausrede: *Wenn ihr nicht effektiv zusammenarbeitet, dann findet heraus, woran es liegt.* Macht Retrospektiven im Team! Und auch mit anderen Teams zusammen! Und wenn es mit dem Kunden nicht klappt, dann macht Retros mit den Kunden. Sich hinzustellen und zu sagen: „Wir arbeiten nicht effektiv zusammen", wirkt schon sehr hilflos. *Wenn etwas nicht funktioniert, dann ändert das!* Und lasst euch davon nicht aufhalten!

Barrieren für eine weitere Einführung von Agilität

Der VersionOne-Umfrage von 2015 wurden ettliche Barrieren für eine weitere Einführung von Agilität genannt (Abbildung 39, [Ver16]):

Barrieren für eine weitere Einführung von Agilität

%	Barriere
55 %	Fähigkeit, die Organisationskultur zu verändern
42 %	Genereller Widerstand der Organisation gegen Veränderungen
40 %	Vorher vorhandene rigide Frameworks (z.B. Wasserfall)
39 %	Nicht genügend Personal mit der erforderlichen agilen Erfahrung
38 %	Managementunterstützung
28 %	Verfügbarkeit Geschäft/Nutzer/Kunden
27 %	Bedenken über einen Verlust von Kontrolle durch das Management
25 %	Bedenken des Managements bzgl. fehlender Vorausplanung
18 %	Vertrauen/Zuversicht in das Skalieren agiler Methodik
18 %	Bedenken bzgl. der Fähigkeit, Agilität zu skalieren
17 %	Keine Barrieren
15 %	Wahrgenommene Zeit und Kosten für die Transition
14 %	Unterstützung des Entwicklungsteams
13 %	Unterstützung des Entwicklungsteams

Abbildung 39: Barrieren für eine weitere Einführung von Agilität [Ver16]

Im Folgenden gehe ich auf die o.g. Gründe ein, wobei dies – wie schon oben geschrieben – nur (m)eine Interpretation und (m)eine ganz subjektive Meinung ist.

Fähigkeit, die Organisationskultur zu verändern

Wie ich schon an anderer Stelle schrieb: *Wie lange dauert ein Kulturwandel? 10 Jahre! Wie lange dauert ein Kulturwandel mit Tools? 10 Jahre! …*

Eine Organisationskultur zu verändern kann nur von innen heraus in vielen kleinen Schritten passieren – indem viele Menschen jeden Tag ein kleines Ding ein bisschen besser machen …

Hier gilt es, eine Organisation nicht zu überfordern und mit quartalsweisem Denken (und den dahinterstehenden Bonus-Erwartungen) zu brechen. *Es dauert 10 Jahre ... und entsprechend dem Veränderungsmodell von Virginia Satir (s. Abschnitt III.4.3) werden Sie die ersten 1,5 bis 2,5 Jahre erst mal Verschlechterungen sehen in der Leistungsfähigkeit und in anderen „Key Performance Indicators".* Agilität ist keine Lösung „um die Ziele dieses Jahr doch noch zu erreichen, um den Bonus zu bekommen" – *Agilität ist auf Dauer angelegt.*

Genereller Widerstand der Organisation gegen Veränderungen

It is not necessary to change.
Survival is not mandatory.

– W. Edwards Deming

Wenn man „Widerstand" als „unerwünschtes Feedback" auffasst (s. Abschnitt III.4.3), dann muss man mal genau schauen, was in den Organisationen, die diesen Punkt genannt haben, abgelaufen ist.

Sicherlich ist es leichter, „auf der grünen Wiese" ein neues Unternehmen aufzubauen, als ein bestehendes zu (ver)ändern. Auch müssen wir akzeptieren, dass es Organisationen gibt, die nicht zu (ver)ändern sind – dies entspricht evolutionärem und systemischem Denken. Würden heute die Dinosaurier aussterben, gäbe es garantiert Menschen, die das zu verhindern versuchen würden ...

Wenn es mit einem endlichem Aufwand nicht gelingt, Organisationen zu ändern, dann muss es legitim sein, diese scheitern und untergehen zu lassen – Nutzen wir unsere Energie darauf, neue Organisationen aufzustellen, die von Grund auf richtig funktionieren!

Vorher vorhandene rigide Frameworks

Dies ist eine Interessante Aussage: Nichtagile (z.B. Wasserfall) Frameworks hindern uns an der weiteren Einführung von Agilität! Wer hätte das gedacht?!?! Agilität heißt ja gerade, *die bereits vorhandenen rigiden Frameworks zu überwinden.* Um im Bild von Henry Ford mit den schnelleren Pferden[8] zu bleiben: *Agilität macht nicht die Pferde schneller – Agilität ist das Auto!*

Nicht genügend Personal mit der notwendigen/erforderlichen agilen Erfahrung

Auch eine schöne Ausrede: „Wenn wir nur die richtigen Leute hätten, wäre unser Unternehmen Marktführer/nicht pleite gegangen/ ..." Diese Aussage ist an Verachtung kaum zu überbieten. Wir haben nun mal die Menschen, die wir haben.

Natürlich können die Leute nicht 100 Jahre Erfahrung in Agilität haben, wie sie es mit dem Taylorismus haben – Agilität gibt es erst seitAnfang der 2000er-Jahre (zumindest in der Breite verfügbar).

Wenn die Leute nicht genügend Erfahrungen haben – dann lasst sie die Erfahrungen machen! Dann macht kleine Schritte – und diese kontinuierlich! Und nutzt so den Zinseszinseffekt (s. Kapitel „Lohnt sich Agilität?") und macht Lean Change Management (s. Abschnitt III.4.3).

---

[8] S. Einleitung.

Managementunterstützung

Richtig! So große Veränderungen wie eine agile Transition erfordern die volle Unterstützung und Aufmerksamkeit des gesamten Unternehmens und damit auch des Managements.

Veränderungen dieser Art gehen nur GLEICHZEITIG von oben und unten. Wenn Sie von oben keine Unterstützung bekommen, dann lassen Sie es lieber! Sie werden nicht weit kommen!

Management bedeutet heute *Change Management*: das Initiieren, Unterstützen und Voranbringen von Veränderungen. Management muss dafür sorgen, dass die Organisation „funktioniert". Daher muss Lean Change Management aus der „Linie" kommen, aus dem Linienmangement.

Verfügbarkeit Geschäft/Nutzer/Kunden

Richtig! Agilität geht nur mit einem Kunden, einem Nutzer – und dieser muss organisationsextern sein und eigenes Geld haben.

Folgende Aussage wird oft von internen Dienstleistern getroffen: „Wir haben keinen Kunden, wir entwickeln das CRM-System für die Auftragsabwicklung." Aha – und? Nun könnte die Auftragsabwicklung der Kunde sein, allerdings hatten wir ja in Kapitel III.3 festgestellt, dass der Kunde organisationsextern sein und eigenes Geld haben muss, daher kann die Auftragsabwicklung nicht der Kunde sein. Wie wäre es denn mit demjenigen, der in der Auftragsabwicklung anruft, weil er eine Versicherung, einen Bausparvertrag oder was auch immer abschließen will? Er ist organisationsextern und er hat eigenes Geld – Er IST der Kunde! Und zwar euer GEMEINSAMER Kunde.

Die Trennung in *wir Entwickler* und *ihr Auftragsabwicklung* ist falsch! Ihr sitzt im selben Boot! Derjenige, der die {Leistung} Eures Unternehmens kauft, ist Euer *gemeinsamer* Kunde. An ihm müsst Ihr Euer CRM-System ausrichten. „Er hat doch gar keine Erwartungen an das CRM-System!" Richtig – hat er *direkt* nicht. Er erwartet nur, dass der Mitarbeiter in der Auftragsabwicklung sofort ALLE relevanten Daten sichtbar hat, dass dieser nicht in verschiedenen Programmen und Systemen nachschauen muss. Der Kunde erwartet nicht, dass er, wenn er EINEN Vertrag über DSL, Festnetz- und Mobiltelefon bei EINEM Unternehmen abgeschlossen hat, sich an drei verschiedene Stellen und Ansprechpartner wenden muss. Begehen Sie mal die Frechheit, Ihren Telekommunikationsanbieter zu wechseln und versuchen Sie dann mal, ihre bestehenden Telefonnummern mitzunehmen, dann werden Sie verstehen, was ich meine. Und das ist nicht nur ein Problem von Ex-Monopolisten ...

„*Know your customer!*" – *Kennt euren Kunden!* Wenn ihr keinen Kunden habt, habt Ihr ein Problem: *Dann ist eure Arbeit zu 100 % Verschwendung!*

Bedenken über einen Verlust von Kontrolle durch das Management

Ja, hier hängt das Management noch voll in der „guten alten Zeit" des Taylorismus, wo oben gedacht und unten gemacht wurde. AUFWACHEN !!! Diese Zeiten sind vorbei!!! *It's VUKA-Time!!!*

Vermutlich – wir können es nicht wissen – steckt hier die Angst dahinter, als Manager überflüssig zu werden und umsonst die letzten Jahre gebuckelt, geschmeichelt und geleckt zu haben ... *Egal – It's VUKA-Time!!!*

Ja, Selbstorganisation entzieht sich Steuerung und Kontrolle. Und sie ist die einzig adäquate Organisationsform im Komplexen.

Hinter der Angst vor Kontroll- und Einflussverlust steht vermutlich auch die Angst, dass die Mitarbeiter sich emanzipieren und auf Augenhöhe mit den Managern kommen. Strukturell sind wir ja in der Arbeitswelt seit Taylor in einer *Eltern-(Klein) Kind-Beziehung*: Der Erwachsene sagt, was wie wann zu tun ist und das Kind folgt bedingungslos diesen Anweisungen. Solange das Kind sehr klein ist und ihm wesentliche (Lebens)Erfahrungen fehlen, mag das ja funktionieren. Wenn der Erwachsene seinen Umgang mit dem Kind, seine Ansprache an das Kind der Entwicklung des Kindes nicht anpasst, wird er spätestens in der Pubertät des Kindes sein blaues Wunder erleben. Das ist der klassische Fall von Papa Generaldirektor, der zu Hause seinen schwindenden Einfluss erlebt …

Die Arbeitswelt ist keine Eltern-Kind-Beziehung (mehr). Wir müssen lernen, uns auf Augenhöhe zu begegnen, und und akzeptieren, dass wir aufgrund verschiedener Veranlagungen, Fähigkeiten und Erfahrungen verschiedene Tätigkeiten machen – von denen keine besser oder schlechter, höher oder tiefer als eine andere ist. (Über die Entlohnung gemessen an der Wertschöpfung müssen wir dann nochmal gesondert reden.) Wir wir sitzen in EINEM Boot – alle in der Organisation müssen an einem Strang ziehen – und dabei bitte auch alle am selben Ende in dieselbe Richtung.

Bedenken des Managements bzgl. fehlender Vorausplanung

Auch sehr schön, hier gilt viel von dem zur vorangegangenen Frage gesagtem.

Wir erleben, dass Planung immer weniger funktioniert. Und was machen wir da? Wir planen noch mehr, noch genauer, noch umfangreicher, um die Unsicherheit zu besiegen. Das ist eine Lösung 1. Ordnung: *Mehr desselben. Wenn etwas nicht funktioniert, dann sollten wir besser etwas anderes machen,* das ist dann die Lösung 2. Ordnung. Wenn Planung vom Prinzip her nicht funktionieren kann, dann akzeptieren wir dies und lassen die Planung und gehen anders – z.B. agil – vor (s. Kapitel I.1).

Vertrauen/Zuversicht in das Skalieren agiler Methodik

Das ist sicherlich ein wichtiger Punkt: Wie bekommen wir es hin, das, was im Kleinen – also auf Team- und Abteilungsebene – funktioniert, auf ein gesamtes Unternehmen auszuweiten? Dies ist notwendig: Wenn Sie eine agile Entwicklung haben und der Rest Ihres Unternehmens weiter Taylorismus betreibt, werden Sie nicht weit kommen und irgendwann wird Ihre Entwicklung austrocknen und die Leute werden gehen.

Die Krux an der agilen Skalierung ist, dass diese noch unsicherer ist als Agilität im Kleinen. Sie können noch weniger wissen, was passiert und wohin das Ganze geht, weil Sie es mit Komplexität einer höheren Dimension zu tun haben. Genau diese Unsicherheit – und die dahinterstehenden Ängste – bedienen ja die Ansätze der agilen Frameworks, die letztlich versuchen, über einen Plan Hoffnung zu verkaufen. Und Pläne im Komplexen, … Sie wissen schon.

Die spannende Frage ist dabei, ob agiles Skalieren nicht die falsche Lösung ist: Bisher haben wir eine fixe Organisationsstruktur und passen die Struktur unserer Produkte/Projekte/Leistungen darauf an –, funktioniert nicht mehr (s. *Gesetz von Convey* in Abschnitt IV.1.1). *Wir müssen die Struktur unserer Organisation an die Produkte/Projekte/Leistungen anpassen!* Wir dürfen nicht in der Struktur der Organisation skalieren, sondern müssen dies über die Struktur der Produkte/Projekte/Leistungen erreichen. Als Beispiel dafür ist *Spotify* beschrieben (s. Teil II).

Bedenken bzgl. der Fähigkeit, Agilität zu skalieren

Hier gilt weitgehend was zur vorherigen Frage Gesagte.

Die Frage ist: *Wenn ihr eure Agilität in eurer Organisation nicht skalieren könnt, wer soll es dann können?* Die Wir-können-alles-Berater? Die kommen mit einem Standardplan …

Nein, hinter dieser Frage steht vermutlich – ich kann es nicht wissen – mangelndes Vertrauen in die eigenen Fähigkeiten. Vielleicht hat man in der Vergangenheit zu viel gedankenlos übernommen oder sich von Beratern aufschwatzen lassen. Und nun muss man selber denken … Das ist eine wunderbare Chance, über sich selbst hinauszuwachsen!

Wahrgenommene Zeit und Kosten für die Transition

Es ist sicherlich ein Argument, dass die Einführung von Agilität Zeit und Geld kostet, das nicht alles auf Anhieb klappen wird und Fehlschläge auch Zeit und Geld kosten. Und welche Alternative haben Sie? Nichts zu tun kann noch teurer werden, es kann Sie das Unternehmen und damit Ihren Job kosten. Und wenn Sie Manager sind, dann ist Ihre Reputation im Markt auch angeschlagen. Wenn Sie zwischen zwei Übeln wählen müssen, die beide Geld und Zeit kosten, dann wählen Sie, solange Sie die Möglichkeit dazu noch haben.

Unterstützung des Entwicklungsteams

Hier ist nicht ganz klar, was gemeint ist. Vermutlich geht es darum, dass das Entwicklungsteam zu wenig Unterstützung bekommt und dies die weitere Entfaltung der Agilität behindert. In diesem Falle gilt das oben zu Aspekten fehlender Managementunterstützung Geschriebene.

Regulatorische Einschränkungen

Hinter der Aussage „Bei uns geht Agilität nicht – wir müssen gesetzliche Vorgaben einhalten!" kann man sich natürlich gut verstecken. Jeder muss „gesetzliche Vorgaben" einhalten … *Dann macht Agilität halt so, dass Ihr die Vorgaben einhaltet!*

Interessanterweise gibt es immer Unternehmen, die Agilität trotzdem machen, *Scrum* in der Medizintechnik oder im Bankenwesen sind Beispiele dafür. Die Aussage klingt also eher wie eine Ausrede …

Vielleicht lässt sich nicht *überall alles sofort* umsetzen – das will ich gar nicht bestreiten. Einzelne Elemente, und sei es nur, um Transparenz zu schaffen oder schnell zu lernen, können immer umgesetzt/eingesetzt werden bei gleichzeitigem Einhalten der „gesetzlichen Vorgaben".

Weitere Gründe

Das Wozu – der Sinn – ist zu wenig klar

Wenn der Mensch *ein Wesen auf der Suche nach Sinn* ist und Sie mit dem Sinn anfangen sollten, dann ist dies auch der erste Punkt, an dem Sie scheitern können. Wenn Ihre Kollegen und Mitarbeitenden einen Sinn in der Veränderung zu Agilität sehen, dann werden sie *jedes* Problem lösen! Dann gibt es keine Limitierungen, dann gibt es keine Ausreden. Die Menschen wollen – wir müssen sie nur lassen!

Grundlegende Betrachtungen: Der enttäuschte Mensch

Agilität wird oft nur auf der Verhaltensebene eingeführt, als eine Mechanik, „wie die Dinge neuerdings zu machen sind". Damit wird Agilität in die Tradition der Managementkonzepte der letzten 25 bis 30 Jahre gestellt: „Wir machen jetzt mal was, das unsere Kennzahlen in den nächsten zwei bis drei Quartalen verbessert … und dann kommt ja eh was Neues bzw. ich bin hier weg und habe einen neuen Job …" Die Beliebigkeit der Konzepte der letzten zwei bis drei Jahrzehnte, ihre Kurz- und Schnelligkeit, dieses „schnell eine neue Sau durchs Dorf treiben", hat dazu geführt, dass die Menschen einerseits müde und ausgebrannt sind von den permanenten Veränderungen und „Umstrukturierungen" und andererseits nicht mehr an neue, bessere Managementkonzepte glauben. Und auch nicht an eine Verbesserung und eine aktive Gestaltung ihrer Arbeitswelt.

Die Mitarbeiter sind enttäuscht und handeln entsprechend ihren Möglichkeiten bestmöglich: Die Alten gehen in die innere Resignation und finden ihre Erfüllung im Privaten, die Jungen – die Generation Y – zieht weiter, um eines Tages enttäuscht festzustellen, dass es woanders nicht besser, sondern nur *anders* ist: *„Same shit – different place"* trösten sie dann die Alten schulterklopfend …

Angst vor der Freiheit

In Diskussionen, Trainings, Workshops etc. erlebe ich es immer wieder, dass Agilität den Menschen Angst macht. Deutlich wird dies z.B. an Aussagen und Forderungen nach Struktur. Gefordert werden u.a. klare Rezepte und Baupläne, verbunden mit einer Garantie auf Nichtscheitern, ein „Wie kann ich alles ändern ohne mich und mein Tun zu verändern". *Die Menschen wurden nicht so geboren – wie wurden dazu erzogen* (s. „Sozialisation" in Abschnitt III.2.2).

Diese Aussagen und Forderungen sind Ausdruck einer Angst aufgrund tiefer Verunsicherung. Dem können wir nur mit Empathie begegnen – alles andere wäre Gewalt. Für die Betroffenen ist die Angst Realität, da hilft kein „Reiß dich zusammen"! So wie wir Zootiere nicht über Nacht in der Wildnis aussetzen können, sondern – wenn es überhaupt geht – erst langsam an die Wildnis gewöhnen müssen, müssen wir auch unseren Kollegen und Mitarbeitern ermöglichen, mit der neuen Situation zurechtzukommen. Für viele ist das nicht (mehr) möglich, die Quote von 20 % der Mitarbeiter, die ein Unternehmen während einer agilen Transformation verlassen, beweist dies.

Dies ist keine Aussage über Unfähigkeit, Unwilligkeit o.ä. der Menschen, es zeigt vielmehr ihre *Hilflosigkeit*, in die sie durch Sozialisierung (Erziehung, Schule, Ausbildung etc.) gebracht wurden … Agilität ist eben mehr als nur ein „ein bisschen anderes Projektmanagement" – es ist die artgerechte Organisation von Arbeit heute. Diese flächendeckend umzusetzen ist eine Aufgabe, die Zeit braucht.

Verstehen Sie daher die Aussagen und Forderungen ihrer Kollegen und Mitarbeiter als *Selbstoffenbarungen*, als Aussagen über eigene Ängste und die Hilflosigkeit, mit diesen umzugehen. Wertschätzen Sie diese Aussagen! Integrieren Sie die Menschen, lassen Sie sie die notwendigen Veränderungen selbst entwerfen und umsetzen. Erinnern Sie sich an die Aussagen von David Rock 2008 ([Roc08, u.a. in Kapitel I.1), dass kleine überschaubare Schritte unserem Gehirn mehr Sicherheit geben als ein großer unüberschaubarer Plan – und erst recht, wenn ich diese Schritte selbst entwerfe und umsetzen. Genau dies ist die Grundlage für Lean Change Management.

„Wir gestalten uns die passende Kultur!"

Kultur ist, was passiert.

Immer wieder wird im Sinne eines *Kultur-Design-Ansatzes* versucht, eine Zielkultur zu definieren und diese dann einzuführen. Als Zielzustand wird die Organisationskultur erfolgreicher Unternehmen genommen und daraus werden entsprechende Maßnahmen abgeleitet, aus denen sich dann Meilensteine und Messwerte für den Erfolg wie „Erhöhung der Mitarbeiterzufriedenheit um 15 % pro Jahr" ergeben. In der Umsetzung werden dann Kickertische aufstellt und Happy-Wohlfühl-Events zelebriert ... Und die Wirkung?

Organisationskultur kann nicht gezielt hervorgerufen werden – sie ist das *Ergebnis von dem, was passiert*, quasi als „Kondensat der Ereignisse in der Organisation" zu verstehen. Wenn die Organisationskultur das *Ergebnis vom Tun* in der Organisation ist, dann müssen wir *andere Dinge tun* und *die Dinge anders tun*, wenn wir eine andere Organisationskultur haben wollen.

Der Grundfehler ist hierbei ein Denken in Mechanik und Kausalitäten („Wenn ich das mache, bekomme ich dieses Ergebnis.", s. „Linear-kausales Denken" in Abschnitt III.2.5) und die Erwartung schneller Ergebnisse. Eine Organisation ist ein System – und keine technische Maschine. „System" meint nicht *technisches System* wie eine Maschine, sondern *dass die Dinge irgendwie miteinander verwoben sind, ohne dass klare Ursache-Wirkungs-Ketten erkennbar sind*. Und wenn das so ist, dann ist der Output und das Verhalten eines solchen Systems nicht gezielt hervorrufbar – *das System kann allenfalls angeregt werden, sich in eine gewünschte Richtung zu entwickeln*.

Hier bestimmt wieder das Modell das Denken: Kultur ist *keine* Maschine, sie ist *weder* der Eisberg *noch* das Theater – dies sind lediglich *Versuche*, Kultur zu beschreiben. Und erinnern Sie sich: *Alle Modelle sind falsch – und einige nützlich!*

Wenn wir eine bestimmte Organisationskultur anstreben, dann müssen wir andere Dinge und die Dinge anders in der Organisation tun – Kulturdesign ist nicht möglich!

Und ach übrigens: Wenn Sie zu sehr „Wir gestalten uns die passende Kultur!" machen, dann erhalten Sie „Wir gestalten uns die passende Kultur!" als Kultur! Kultur ist, was geschieht. Und wenn zu viel Kultur-Design geschieht, dass wird dies zur Kultur.

Der agile Mindset ist ungenügend vorhanden

A fool with a tool is still a fool.

– Ein im Agilen oft zitierter Spruch

Der beobachtbare Teil von Agilität sind die Praktiken und Methoden. Diese sind auch leicht zu übernehmen und anzuwenden. Allerdings sind sie Ausdruck einer inneren Einstellung, eines Mindset – und dieser ist nicht zu beobachten. Und genau dieser führt zu dem *anderen* Verhalten: *Verhalten ist immer das Resultat innerer Vorgänge*. Wird nur das äußerlich sichtbare Verhalten geändert und nicht die inneren Vorgänge und die ihnen zugrunde liegenden Faktoren, kann dieses äußere Verhalten nicht stabil sein (vgl. Abschnitt IV.2.4).

Ohne Frage, es ist schwierig für uns, nach vielen Jahren der Arbeitstätigkeit aus diesem Erfahrungsschatz auszubrechen, anders zu denken und dann anders zu handeln. Der gesamte Sozialisierungsprozess seit unserer Geburt hat uns ja gerade nicht auf eine VUKA-Welt vorbereitet, die Agilität erfordert. Vermutlich ist es – wie alle großen Veränderungen – eine Generationenfrage/dauert es – wie alle großen Veränderungen – eine Generation, bis das Neue der neue Standard ist. Auch der Taylorismus brauchte seine Zeit, um sich durchzusetzen.

Die agilen Werte und Prinzipien werden ungenügend berücksichtigt

Agile Methoden und Praktiken basieren auf den agilen Werten und den agilen Prinzipien. Ja, von den agilen Werten haben die meisten schon etwas gehört, sie vielleicht auch schon mal gelesen, doch die stören nur. Wir wollen MACHEN!!! Wir wollen nicht philosophieren und denken, das ist uns zu anstrengend – wir wollen handeln! Ja, und dann versucht man, wie ein Kleinkind „das Eckige in das Runde zu klopfen".

Das Resultat ist fast überall zu sehen: *Cargo-Kult!*

Cargo-Kult

Cargo-Kult meint das Nachahmen von Verhalten, ohne den dahinterliegenden Sinn zu verstehen.

Als Beispiel wird das Verhalten der Ureinwohner aus Melanesien nach dem Zweiten Weltkrieg genannt, als die amerikanische Armee, die die Inseln während des Krieges besetzt hatte, abgezogen war. Die Armee-Angehörigen wurden von den Ureinwohnern als Götter angesehen, da sie aus der Luft kamen, aus der Luft versorgt wurden und weder arbeiten noch jagen mussten. Und die Götter hatten so viel Überfluss, dass sie die Ureinwohner mitversorgen konnten. Durch symbolische Handlungen, wie Leucht- und Signalfeuer an von ihnen angelegten Landeplätzen, Aufbau von Sendeanlagen und sogar Flugzeugattrappen aus Bambus, wollten die Ureinwohner die Götter wieder anlocken und ihre Versorgung mit (westlichen) Gütern sicherstellen.

In der agilen Welt wird dieses Beispiel immer wieder dazu herangezogen, um die Gefahr aufzuzeigen, die entsteht, wenn Methoden mechanisch angewandt werden, ohne den dahinterstehenden Sinn zu berücksichtigen. Oft werden Methoden abgewandelt, um sie bequemer anwenden zu können und die notwendigen Veränderungen in Interaktion und Kommunikation der Organisation geringer zu halten – und den oft damit verbundenen Schmerz zu umgehen. Gleichzeitig wird der Erfolg der Methode verhindert, wenn das zugrunde liegende Prinzip verletzt und seine Wirksamkeit nicht (mehr) erreicht wird. Man kann und muss Methoden anpassen – allerdings erst in der Stufe *Ha* (s. *Shu – Ha – Ri*-Prinzip in Abschnitt III.2.3). Als Anfänger (Ebene *Shu*) muss man sich den Regeln und Prinzipien unterwerfen und diese nach Vorgabe anwenden. Ab der Ebene *Ha* kann man die Regeln und Prinzipien brechen und verändern, indem man den Sinn, die Absicht, die Funktion und das strukturelle Prinzip der Methode versteht und beibehält und am Ergebnis seinen Erfolg misst. Wenn das Ergebnis keinen Mehrwert darstellt, es nicht besser als vorher ist, dann funktioniert die Methode nicht (mehr) [Sch13].

Abbildung 40: Cargo-Kult: *Flugzeug aus Bambus (Quelle: https://mlhoefer.files.*
wordpress.com/2013/05/cargoplane.jpg)

Die Grenzen zum Cargo-Kult sind fließend und vielfältig: Da werden bei auftretenden Blockierungen einfach die WIP-Limits auf einem Kanban-Board erhöht, statt
die Blockierungen zu lösen. Aufgedeckte Probleme werden mit der Begründung
„Das ist nun mal so bei uns" abgetan statt angegangen. Bestehendes Verhalten wird
mit „Das haben wir schon immer so gemacht" zur „Best Practice" erklärt ...

Agilität macht Probleme radikal transparent, Probleme, die vermutlich schon lange
bessere {Leistungen} verhindern. Diese anzugehen ist die Aufgabe aller für das
Unternehmen Verantwortlichen. *„Fix the Company!"*

„Die Stückliste ist das Backlog."

Diese Aussage zeugt von einem völlig falschem Verständnis der agilen Methoden.
Es sollte klar sein: Der Kunde fordert keine „Kurbelwelle" oder „Pleullager", sondern
einen *Motor, der ... und ...* (Eigenschaften aus Nutzersicht). In einem Backlog stehen
NIE technische Anforderungen oder Produktteile, sondern Anforderungen an die
{Leistung} aus Sicht des Kunden formuliert in einer → *User Story.*

Außerdem: Wann haben Sie eine Stückliste? Wenn die Entwicklung abgeschlossen
ist bzw. das Produkt durchgeplant wurde. Und gerade das ist ja *nicht* agil!

Die agilen Praktiken werden ungenügend (genau) ausgeführt

Agile Methoden sind ernsthaftes Handwerk – auch wenn sie oft mit einer spielerischen Leichtigkeit daherkommen. Sie erfordern Klarheit im Tun und Präzision in
dem, was man tut.

„Wir machen Dailys [→ *Daily Standups*] – einmal die Woche." Jede Methode und
Praktik hat ihre Struktur und ihren Sinn. Nur nachzuahmen wäre → *Cargo-Kult.*
Dailys, die nicht daily stattfinden, sind keine Dailys mehr!

Verbesserungen werden nicht realisiert – Lernen findet nicht statt

Seine Kraft entfaltet Agilität erst über das permanente Lernen und Verbessern –
das erfordert ein schonungsloses Reflektieren von dem, *was* und *wie* man es tut: →
Reviews für das *Was* und → *Retrospektiven* für das *Wie.*

Leider werden Retrospektiven zu oft weggelassen oder zu schlecht ausgeführt, „weil uns das jetzt nichts bringt". Das ist wie in der Parabel mit dem Holzfäller im Wald, der mit seiner stumpfen Säge hektisch sägt und keine Zeit hat, diese zu schärfen ... Es ist Ihre Entscheidung!

Den Nutzen von Agilität werden Sie nicht in diesem Quartal sehen. Auch nicht (unbedingt) in diesem Geschäftsjahr. *Es ist eine Investition in die Überlebensfähigkeit Ihrer Organisation – und damit eine Investition in die Zukunft.*

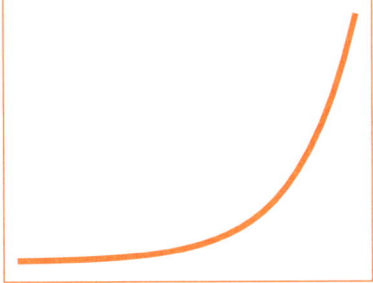

Abbildung 41: Allen natürlichen Prozessen liegt eine Exponentialfunktion zugrunde – wenig Fortschritt am Anfang und explosionsartig zunehmend im weiteren Verlauf

Wie alle natürlichen Prozesse unterliegt auch die Einführung von Agilität der Exponentialfunktion (Abbildung 41). D.h. Sie sehen am Anfang wenig Fortschritt, ja normalerweise sogar eine Verschlechterung (s. Ausführungen zum *Satir-Modell* in Abschnitt III.4.3) – insbesondere bei der Einführung von Agilität, die einen radikalen Bruch mit dem darstellt, das heute „Standard" ist.

Das Unternehmen hat die Agilität nicht selbst in der Hand – „Wasch mich und mach mich nicht nass"

Auch für Agilität gibt es eine Beraterindustrie – und es gibt heute keine klassische Beratung, die nicht auch Agilität anbietet. Allerdings darf bezweifelt werden, wie wirklich agil die „Wir können alles"-Beratungen ihre Kunden machen.

In der Praxis zeigen die Unternehmen, die ihre Agilität und die Veränderung dahin selbst in der Hand halten, die ihre Veränderungen selbst entwerfen, diskutieren und durchführen und sich dazu punktuell Unterstützung holen – und diese dann sehr kritisch reflektieren und sich nichts „aufschwatzen" lassen – die nachhaltigsten und stabilsten Veränderungen hin zu (mehr) Agilität. Alle beratergetriebenen Transitionen bleiben oder fallen (mit der Zeit) hinter ihre Möglichkeiten zurück.

Sie müssen die Transformation Ihrer Organisation selber in der Hand behalten. Es bleibt die Verantwortung aller in der Organisation, diese zu verändern und zu gestalten. Diese Verantwortung kann nicht outgesourct werden.

Daher verfechte ich einen coachenden Ansatz: Unterstützung auf Augenhöhe zum eigenständigen Suchen, Finden und Umsetzen der eigenen Lösung– statt Beratung „so macht man das" ... Und denken Sie an die Aussage von Peter Drucker: *„Was gemessen wird – wird gemanagt."* – Berater messen die Anzahl ihrer Beratungstage ...

Die Erbringer der Leistung nehmen nicht an der Verteilung des Gewinns durch die Produktivitätsverbesserungen teil

In diesem Abschnitt werden einige Aspekte der Auswirkungen von Agilität dargestellt. Da wir es grundsätzlich mit Systemen/einem komplexen Kontext zu tun haben, gibt es auch hier Rückwirkungen, die Agilität stützen oder untergraben können.

„Mit agil wird die Ausbeutung erhöht!"

Mit diesem Agil wird nur unsere Ausbeutung erhöht.

– Originalaussage eines Mitfünfzigers, Mitarbeiters einer Bank,
in der Agilität eingeführt wurde

Wenn Sie Agilität richtig betreiben, werden Sie eine massive Erhöhung der Produktivität erreichen – wir reden hier von Faktoren und nicht von ein paar Prozentpunkten. (Erinnern Sie sich an Jeff Sutherlands Aussage mit den 400 %!)

Sie werden unweigerlich in folgende Situation kommen (Abbildung 42): Sie beschließen zu einem Zeitpunkt A, dass Ihre Organisation agil werden soll, und führen Agilität ein. Dabei ist es völlig unerheblich, welche agile Methode eingeführt wird, wichtig ist nur, dass diese zu einer Verbesserung der Produktivität führt – gerade das ist ja das Ziel von Agilität. Die durchschnittlichen Werte für Gehalt, Arbeitszeit und Produktivität normieren wir der Einfachheit halber an dieser Stelle auf 100 %.

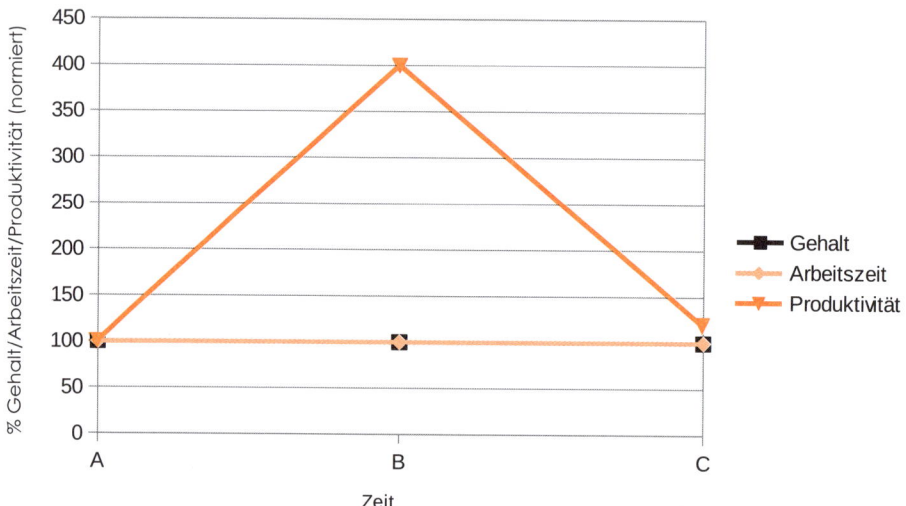

Abbildung 42: Zeitliche Entwicklung der Faktoren Gehalt, Arbeitszeit und Produktivität nach der Einführung von Agilität zum Zeitpunkt A und „wahrnehmen der Situation" zum Zeitpunkt B (Darstellung normiert auf 100 % bzgl. der Werte zum Zeitpunkt A)

Wenn Ihre Organisation ins Lernen und Verbessern kommt, also alles richtig macht, haben Sie zu einem späteren Zeitpunkt B mindestens die bereits zitierte Marke von 400 % Produktivität erreicht.

Also alles gut? Mitnichten, wie sich gleich zeigen wird: Die Werte für Gehalt und Arbeitszeit haben sich nicht verändert (außer vielleicht den üblichen (tariflichen) Gehaltssteigerungen, diese lassen wir hier der Einfachheit halber mal weg)! Was passiert dann?

Die Agilität – und damit die Produktivität – bricht zusammen und fällt auf einen Wert etwas über dem Startwert zum Zeitpunkt A – wollen wir großzügig sein und sagen 120 %. Das ist immer noch besser als der Ausgangswert von 100 % zum Zeitpunkt *A*, doch eben sehr weit unter den Möglichkeiten, die Agilität bietet. Das Fazit ist dann „Na diese Agilität bringt auch nicht viel ..." Das ist sehr schade, denn es zeigt eben nicht, dass Agilität nicht funktioniert – es zeigt nur, dass man *es richtig machen und auch „Seiteneffekte" berücksichtigen muss*!

Grund dieser Entwicklung ist, dass die Produktivitätsverbesserungen nicht bei denen kommen, die sie erbringen. Und das wirkt auf die Motivation: Wenn Sie heute viermal so viel schaffen wie vor einiger Zeit, doch immer noch dasselbe Gehalt haben und immer noch dieselbe Anzahl von Stunden arbeiten, dann werden Sie dadurch vermutlich nicht sonderlich motiviert werden, dies auch weiterhin zu machen ... Ja, Arbeiten im Agilen macht mehr Spaß, ist motivierender und befriedigender – doch ist der Mensch eben auch Egoist und hat Hunger ...

> *Erst kommt das Fressen, dann kommt die Moral.*
>
> – Jenny in *Die Dreigroschenoper* von Bert Brecht

Es liegt an Ihnen, ein besseres Szenario als in Abbildung 42 zu finden und dieses in einer passenden Lösung umzusetzen.

Es gibt keine Standardlösung für dieses Problem, keine Lösung, die vorgegeben und übernommen werden kann. Denken Sie daran, Sie sind im Kontext VUKA! Hier kann lediglich das Problem aufgezeigt werden.

Als Ideen – und Startpunkt für eigene Experimente – seien hier zwei Konzepte angegebenen:

- *Result Only Work Environment* (ROWE [Res09, WikiROWE]): In diesem Konzept werden die Mitarbeiter nicht für Arbeitsstunden, sondern ausschließlich für erbrachte Arbeitsergebnisse (*Results*, Resultate) bezahlt. *Wann, wo* und *wie* sie diese Resultate erzielen, bleibt ihnen selbst überlassen – solange sie diese erbringen. Es wird darauf gesetzt, dass Teams ihre Arbeit eigenverantwortlich und selbstorganisierend erbringen und Themen wie telefonische Verfügbarkeiten für Kunden-Hotlines, Urlaubsplanung und -vertretung selbst regeln. Technisch ist es schon lange möglich, Kundenanrufe weltweit an jeden beliebigen Ort weiterzuleiten. Callcenter müssen nicht wie „Hühnerställe" organisiert sein ...
  ROWE fordert von Managern viel ab: Was denken Sie darüber, wie „Ihre" Mitarbeiter sind und sich verhalten werden? (s. Abschnitt III.2.2) Sind die Menschen dumm, faul und gefräßig und wollen sich nur um die Arbeit drücken oder suchen Menschen Sinn in ihrem Tun? ROWE scheint für Manager ein größerer Schritt zu sein als für Mitarbeiter ...
- *Gehaltsfestlegung durch die Mitarbeiter selbst*: Einige Unternehmen haben bereits gute Erfahrungen damit gemacht, ihre Mitarbeiter selbst ihr Gehalt definieren zu lassen. (Beispiele finden sich in Filmen wie *Mein wunderbarer Arbeitsplatz* und *AUGENHÖHEwege*, z.B. die Firma *Elbdudler*, die auch an andere Stelle genannt wird [Ast14,Vol14].)

Letztendlich hilft es auch hier nur, eigene Experimente zu starten und basierend auf den Ergebnissen zu lernen und sich weiterzuentwickeln.

„Mir gehört der Prozess nicht!"

In die gleiche Kerbe schlägt das Argument, dass „einem der Prozess nicht gehört" und dass man daher die Früchte seiner Anstrengungen nicht erntet.

Sicherlich werden Organisationen durch Agilität anpassungsfähiger und damit robuster gegen die Unwägbarkeiten der VUKA-Welt. Doch sich nur anzustrengen, damit das Unternehmen überlebt und man seinen Job behält – wobei das ja inzwischen auch keine Garantie mehr ist –, motiviert eben nicht auf Dauer.

„Mir gehört das Unternehmen nicht!"

> *Das Unternehmen gehört mir nicht, ich kann jeden Tag*
> *hier rausfliegen – warum soll ich mich engagieren?*
>
> – Originalaussage eines Mitarbeiters

Die hier zitierte Aussage eines Mitarbeiters mag hart klingen – sie ist das Ergebnis der Sozialisierung, die dieser Mitarbeiter erfahren musste. Menschen werden nicht so geboren – sie werden dazu erzogen. Erinnern Sie sich an die Aussagen in Kapitel III.3!

Die Erfahrungen, die Arbeitnehmer in den letzten Jahrzehnten gemacht haben, haben ihr Vertrauen in Arbeitgeber und Unternehmen erschüttert – selbst Hochqualifizierte sind in gut laufenden Unternehmen nicht vor Entlassungen geschützt, sei es, weil der Bereich verkauft oder stillgelegt wird, sei es, weil ihre Arbeit an Billiglohnstandorte „verlagert" wird, sei es, dass sie billigeren Arbeitnehmern Platz machen müssen. Dieser Loyalitätsverlust ist ja auch ein Thema, das der „Generation Y" nachgesagt wird. Dabei ist dieses Verhalten nur *die Reaktion auf gemachte Erfahrungen ... auf die Erfahrungen der letzten Jahrzehnte.* Hier hilft systemisches Denken (s. Abschnitt III.2.5) weiter: *Alles führt zu einer Reaktion, auch wenn wir dies aufgrund einer sehr großen Zeitschleife erst in Jahrzehnten sehen.*

Und genau das fällt Unternehmen nun „auf die Füße": Warum sollen sich Mitarbeiter für Verbesserungen „ins Zeug legen", sich vielleicht unbeliebt machen und Strafpunkte sammeln, die nur ihren Listenplatz auf der schwarzen Liste der Entlassungskandidaten verbessern ... ? Ein zunehmender Egoismus ist das Resultat.

Wenn Sie mit Ihrer Organisation erfolgreich agil werden wollen, dann müssen Sie die Erfahrungen der letzten Jahrzehnte durch bessere ersetzen. Sie müssen es den Mitarbeitern ermöglichen, wieder Vertrauen in Arbeitgeber zu schöpfen, Sinn darin zu sehen, dass ihre Organisation agil wird, und selbst persönlichen Nutzen daraus ziehen lassen.

„There is no such thing as a free lunch", oder wie N. Gregory Mankiw beschrieb: *„Um eine Sache zu bekommen, die wir mögen, müssen wir üblicherweise eine andere Sache aufgeben, die wir mögen. Entscheidungen zu treffen bedeutet, Ziele gegeneinander abzuwägen."*

Agilität ist eben nicht ein „ein bisschen anders aussehendes Projektmanagement", es ist ein Bruch mit unserer Managementtradition und unseren Umgang mit Menschen – *Es ist Anti-Taylorismus!*

Wie Ihre Organisation trotzdem agil wird

Selbstorganisation entsteht von alleine – immer und unter allen Umständen. Bisher – im tayloristischen System – haben wir versucht, dies mit Macht zu unterbinden. Wäre es nicht schlauer, die Prozesse, die ohnehin stattfinden, aktiv zu nutzen? Ihnen Voraussetzungen und Rahmenbedingungen dafür zu geben, dass sie in der beabsichtigten Weise stattfinden? *Nutzen wir Selbstorganisation, statt sie zu bekämpfen!*

Die Organisationen, die ihre „Agilisierung" selbst in die Hand nehmen, zeigen die besten Erfolge. Sie lassen sich nicht von Beratern „beglücken", sondern gehen eigenverantwortlich vor und ziehen nur bei Bedarf – und nur dann – Berater, Trainer und Coaches hinzu und übernehmen deren Meinung nicht blind, sondern setzen sich kritisch mit dieser auseinander und übernehmen nur das, was passt.

Fehlermöglichkeiten in Lean Change Management

In Lean Change Management gibt es neben den bereits genannten allgemeinen Problemen und Fehlermöglichkeiten bzgl. Teams und Teamentscheidungen (s. Abschnitt III.2.6) sowie Problemen bei gruppendynamischen Prozessen einige spezifische Fehlermöglichkeiten, auf die hier hingewiesen werden soll.

Sinn

Menschen brauchen einen Sinn in ihrem Tun. Daher ist es wichtig, dass die Beteiligten Sinn in der Veränderung sehen, dass sie ein *Wozu* der Veränderung haben. Sollte dieser im Liftoff-Meeting von den Beteiligten nicht klar genug erkannt werden, wird jede Veränderung scheitern! Zudem muss der Sinn über die Dauer der gesamten Veränderung erhalten bleiben, d.h., auch zwischendurch ist durch Gespräche immer wieder zu überprüfen, ob der Sinn

a) von allen Beteiligten noch erkannt und geteilt wird und
b) der Sinn der Veränderung noch vorhanden ist. Durch verschiedene Ereignisse und Vorgänge kann der Sinn der Veränderung nicht mehr gegeben sein, dann wäre jede weitere Fortführung der Veränderung Verschwendung.

Der Sinn muss im Zusammenhang mit der Vision des Unternehmens stehen (s. Abschnitt IV.2.6).

Selbstorganisation

Lean Change Management baut – wie agiles Vorgehen allgemein und alle agilen Methoden – auf Selbstorganisation auf. Das heißt die Teams, die die Veränderungen erstellen, testen und durchführen, müssen frei in ihren Entscheidungen und Handlungen sein. Sie müssen selbst entscheiden und verantworten, was sie zu tun für richtig halten. Alles andere untergräbt nicht nur die Motivation (s. Abschnitt III.2.3), sondern lässt Lean Change Management als systemische Intervention komplett scheitern. Im Kontext *Komplexität* ist es nicht möglich, (zentral) zu steuern. Hier funktionieren nur Experimente in der gesamten Breite der Organisation (s. „Exkurs: Komplexität" in Kapitel I.1 und „Systemdenken" in Abschnitt III.2.5).

Selbstorganisation bedeutet nicht, „es laufen zu lassen und das Beste zu hoffen", sondern die Rahmenbedingungen aktiv so zu gestalten, dass sich die Wahrscheinlichkeit sinnvoller Organisationsprozesse erhöht – ohne die Kontrolle darüber zu haben [Sch10]. Anregungen und Hilfestellung dazu gibt u.a. Management 3.0 [App10, App14].

Lean Change Management passt nicht zur Unternehmenskultur

Die Auffassung des Vorgehens als *Experiment* – insbesondere das damit eingeschlossene potenzielle Scheitern – erfordert eine Unternehmenskultur, die „Fehler machen" und Scheitern nicht nur zulässt, sondern sogar unterstützt und fördert. In der Regel ist dies heute in etablierten Unternehmen mit ihrer auf Sicherheit und Stabilität ausgerichteten Unternehmenskultur nicht gegeben. Lean Change – wie Agilität allgemein – bedeutet daher für diese einen großen Kulturwandel!

Veränderungen – ob mit oder ohne Lean Change Management – stören die bisherige Unternehmenskultur massiv, daher „wehrt sie sich".

Lean Change Management als selbstgesteuerte Veränderung auf Basis von Feedback ist für manche neu, für manche fremd, für andere vielleicht sogar bedrohlich. Dabei geht es nicht nur um explizite verbale Äußerungen („Wo kommen wir denn hin, wenn die Mitarbeiter hier verändern, was und wie sie wollen?"), sondern um die Passung zu impliziten und unbewussten Anteilen der Kultur. Kulturen besitzen einen „eingebauten Selbstschutzmechanismus", der alles, was als zu neu, zu fremd, zu bedrohlich erscheint, abwehrt, um die bestehende Kultur zu schützen. Daran scheitern Veränderungen, z.B. Transformationen einem agilen Unternehmen, immer wieder.

Mit klarer Unterstützung der Unternehmensleitung können hier zunächst in kleinen Veränderungen Erfahrungen mit Lean Change gesammelt werden, um Vertrauen in die Vorgehensweise und die Beteiligten zu schaffen. Oft besteht keine Alternative zu Veränderungen, doch werden sie, je später sie kommen, umso heftiger ausfallen müssen.

Veränderung nicht als Experiment zu betrachten

Wichtig ist das Verständnis von *Veränderung als Experiment*. Wenn wir von Hypothesen ausgehen müssen, ist das Ergebnis nicht planbar. Es geht darum, durch Experimente zu versuchen, eine Veränderung in die gewünschte Richtung anzuregen – *aus systemischer Sicht verändert sich das System von alleine, man kann nur über Anregungen versuchen, dies in die gewünschte Richtung zu lenken.*

Da planvolles Vorgehen bisher allgemein üblich war, sind wir es gewohnt. Experimentelles Vorgehen ist ein sehr deutlicher Gegensatz dazu. Aus Gewohnheit und aus dem (unbewussten) Bestreben nach Sicherheit verfallen wir immer wieder in alte Muster – in diesem Fall planvolles Vorgehen – zurück. Derartige „Rückfälle" sollten spätestens in der *Retrospektive I* auffallen.

Da wir immer nur von Annahmen (Hypothesen) ausgehen können, gibt es keine Sicherheit. Ein Vorgehen ohne die Sicherheit, das Ergebnis so wie gewünscht zu erzielen, ist und bleibt ein *Experiment*.

Fehlende Verbesserung des eigenen Vorgehens

Wesentliche Grundlagen allen agilen Vorgehens sind die permanente Anpassung des eigenen Vorgehens an die Gegebenheiten und die permanente Verbesserung. Die dazu notwendige Reflexion des eigenen Vorgehens findet in der Retrospektive statt. Wird die Retrospektive zu schlecht durchgeführt oder sogar weggelassen, fehlt das Feedback, um aus dem eigenen Vorgehen zu lernen. Wie bereits beschrieben (s. *Retrospektive I* in Abschnitt III.4.3), ist die Retrospektive – wie im Agilen allgemein – das wichtigste Meeting in Lean Change Management.

Zu wenig oder falsches Messen und Vergleichen von absoluten Messwerten verschiedener Teams

Um die Wirkung einer Veränderung festzustellen, muss gemessen werden! *Messen liefert das Feedback über die Wirksamkeit der Veränderung.* Messergebnisse geben Veränderungsteams Feedback, doch dürfen diese nie dazu verwendet werden, verschiedene Teams miteinander zu vergleichen! Vergleiche zwischen Teams zerstören die Motivation! Die eigenen Messwerte dürfen daher nur dem jeweiligen Team zugänglich sein! Und: Niemals einzelne Teammitglieder messen! Niemals Messwerte zu Bewertung und Incentivierung von Mitarbeitern und Managern verwenden!

Veränderung und Messkriterium müssen zusammenpassen: Die Veränderung muss direkt am Messkriterium ablesbar sein, muss direkt auf das Messkriterium wirken.

Eigentlich kann man nicht zu viel messen. Das Einzige, was bei zu vielen Messkriterien passieren kann, ist, dass diese redundant – und damit irrelevant – sind.

Empfehlenswert ist immer eine inhaltliche Messung der Veränderung, auch Weitermessen bereits abgeschlossener Veränderungen und das Messen der Stimmung der Mitarbeiter. Wenn beides steigt, ist man auf dem richtigem Weg.

Richtig messen heißt, an sich selbst messen im Vergleich zu den Werten in der eigenen Vergangenheit. Zum Beispiel wie haben sich Teamleistung, -stimmung etc. verändert im betrachteten Zeitraum? Wo geht der Trend hin, wenn alles so bleibt, wie es momentan ist?

Falsch messen hieße, Messwerte verschiedener Teams MITEINANDER zu vergleichen. Der dadurch entstehende Wettbewerb zerstört jede Motivation (s. Abschnitt III.2.3 und „Management 3.0" [App10, 14]).

Ausbrennen von Veränderungsteam und Organisation – *Change Burnout*

Sowohl Veränderungsteams als auch Organisationen können einen Burnout erleiden, wenn zu viele Veränderungen zu schnell durchgeführt werden (*Change Burnout,* Abbildung 43).

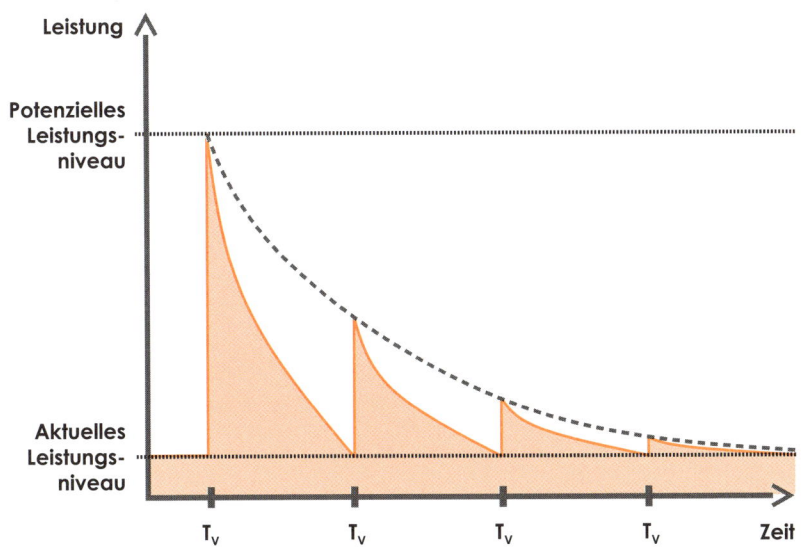

Abbildung 43: Change Burnout: *Ausbrennen der Organisation durch zu viele Veränderungen (in den Zeitpunkten T_V finden Veränderungen statt, die mit zunehmender Anzahl immer weniger Effekt hervorrufen)*

Stehen große Veränderungen an, dann sind klare Schnitte und dazu entsprechend große Schritte notwendig: Neben der kontinuierlichen Verbesserung im Kaizen gibt es *Kaikaku*, das größere Sprünge, größere Veränderungen bedeutet. Zu viele schnelle kleine Schritte können sowohl die Veränderungsteams als auch die Organisationen überfordern.

Die Entscheidung zwischen klaren Schnitten und vielen kleinen Schritten muss wohlüberlegt getroffen werden. Statt ausschließlich strategischer Überlegungen kann Dialog und Diskussion darüber mit Mitarbeitern aller Ebenen des Unternehmens mehr Klarheit bringen. *Nutzen Sie das im Unternehmen vorhandene Wissen aller Mitarbeiter* (s. Ausführungen zu Team-Entscheidungen in Abschnitt III.2.6).

Es kann allerdings auch möglich sein, dass die Organisation bereits vor der Veränderung ausgebrannt war und dies nicht erkannt wurde. Hilfestellung zum Erkennen und Beheben gibt das Konzept des *Organizational Burnout* [Gre12].

Überfordern der Organisation durch zu schnell zu viel Veränderung

Findet zu viel Veränderung zu schnell statt, kann dies die Organisation überfordern. Im Unterschied zum *Change Burnout* kommt hier die Organisation den Veränderungen nicht hinterher. Veränderungen brauchen Zeit, um „sich zu setzen". Organisationen brauchen nach größeren Veränderungen Zeit, um die für ihren weiteren Bestand notwendige Sicherheit wieder aufzubauen, indem sie die Veränderung integrieren.

Jede Organisation hat ihre eigene Geschwindigkeit: Vergleichbar einem Schiff, das eine – durch seine Rumpflänge physikalisch festgelegte – maximale Geschwindigkeit fahren kann: *die Rumpfgeschwindigkeit* [WikiRG]. Wird diese überschritten, kommt das Schiff ins Surfen, dies kann „zu unkontrollierbarem Fahrverhalten, Kentern und vor allem Wasseraufnahme und damit zum Sinken" [WikiRG] führen.

Nicht alle Betroffenen werden eingebunden

Wichtig ist, alle von der Veränderung Betroffen und die dazu gehörenden Führungskräfte in den Prozess einzubinden. Dabei geht es darum, in einem fairen Dialog eine umfassende Sicht auf die Veränderung zu bekommen, wirklich alle Aspekte zu erfassen, diese – soweit möglich – kennenzulernen, zu verstehen und zu berücksichtigen. Erst Transparenz und Offenheit bzgl. der eigenen Perspektiven und Anliegen sowie Wertschätzung und Verständnis für die jeweiligen Anliegen und Perspektiven der anderen ermöglichen qualitativ bessere und erfolgreichere Veränderungen – da diese dann auf gegenseitigem Vertrauen basieren.

Management unterstützt nicht genug

Die Hauptaufgabe des Management ist, das Unternehmen lebensfähig zu halten. Dazu gehört die Fähigkeit des Unternehmens, sich permanent an eine sich ändernde Umwelt anzupassen.

Veränderungen – ob groß oder klein – brauchen die Unterstützung des Managements bei

* Entscheidungen,
* der Beseitigung von Hindernissen,
* der Versorgung mit Ressourcen,
* Schutz derjenigen, welche die Veränderung durchführen,

- Anerkennung der Leistungen und Unterstützung derjenigen, welche die Veränderung durchführen.

Der Erfolg von Veränderungen hängt davon ab, wie das Management sich zu diesen stellt – offen und verdeckt. Fehlende Unterstützung untergräbt jede Veränderung.

Die von Führungskräften oft geäußerte Erwartung, die Mitarbeiter „mögen eine erfolgreiche Veränderung sicherstellen", kann nicht akzeptiert werden! *Veränderungen sind Experimente ohne Garantien!*

Management versucht, die Veränderung zu steuern/kontrollieren/ beeinflussen

Agiles Vorgehen basiert auf Selbstorganisation und Selbstverantwortung. Menschen sind dazu in der Lage – wenn man sie lässt (s. Abschnitt III.2.3). Kontrolle, Beeinflussung und Steuerung untergraben sowohl Selbstorganisation als auch Selbstverantwortung – in der Konsequenz scheitern Veränderungen.

Eine Herausforderung für Führungskräfte und Beteiligte stellt die fehlende Planbarkeit des Vorgehens dar: Es können weder Zeitplan/Ablauf noch Budgets und Ergebnisse geplant werden. Dies kollidiert mit den Planungssystemen, wie sie heute in den meisten Unternehmen Praxis sind. So lassen z.B. die trägen Budgetierungssysteme mit jährlichen Planungen keine kurzfristigen Bedarfe durch ungeplante Aktivitäten zu. Beschränkungen dieser Art können durch Konzepte wie *Beyond Budgeting* [Pfl11, Hop03] gelöst werden.

Lean Change erfordert Vertrauen – von Führungskräften in die Fähigkeit der Mitarbeiter, von den Mitarbeitern in ihre eigenen Fähigkeiten und zu den Führungskräften. Nicht für jede Führungskraft ist es leicht, zuzulassen, dass nicht jede Veränderung gleich beim ersten Ansatz gelingt, dass nicht alles fehlerfrei abläuft, dass Mitarbeiter Fehler machen, die man selbst vorhergesehen hat – [sic! Eltern kennen das]. Und genau das ist der Weg: *Mitarbeiter lernen durch Experimente und werden kontinuierlich besser.* Gleichzeitig trauen sie sich selbst etwas (zu) und übernehmen dafür selbst Verantwortung. *Lean Change ist ein wechselseitiger Lernprozess – zum Nutzen aller.*

Stakeholder und Unternehmensleitung sind in den Veränderungsprozess nicht (genug) eingebunden

Bei Veränderungen muss immer klar sein, dass diese von allen Seiten des Unternehmens unterstützt werden. Zögerliche oder halbherzige Unterstützung entzieht jeder Veränderung die Legitimität!

Darüber hinaus müssen sich Management und Unternehmensleitung auch inhaltlich dafür interessieren, was wo an Veränderungen gerade läuft – *interessieren, ohne zu kontrollieren, zu bevormunden, zu steuern oder Einfluss nehmen zu wollen.* Echtes Interesse mit dem Angebot, jederzeit bei Bedarf zu unterstützen, stärkt jede Veränderung.

Auch vonseiten der Veränderungsteams sind Management und Unternehmensleitung einzubinden – dies ist eine wechselseitige Angelegenheit.

Stakeholder und Unternehmensleitung sind mit einem Feedback-getriebenen Ansatz zur Veränderung nicht einverstanden

Bisher war es in Management und Change Management üblich, dass Experten Pläne machen und diese anschließend umgesetzt werden. Dies funktioniert in einfachen und komplizierten Kontexten – und nicht in komplexen. Sowohl Organisationen als auch die sie umgebende Umwelt sind heute komplex, hier fand eine Änderung des Kontextes statt (s. Kapitel I.1). Das erfordert eine andere Herangehensweise sowohl für Management und Change Management – Experimente (s. Kapitel I.1). Immer noch Pläne (z.B. über Zeitverlauf und Budget einer Veränderung) zu machen oder zu fordern ist nicht nur sinnlos, sondern auch gefährlich, da man sich *in einer vermeintlichen Sicherheit wiegt, die es nicht gibt – und auch nicht geben kann.* Die Umstände in und um Organisationen sind komplex – dies ist nicht zu ändern, sondern anzunehmen und adäquat damit umzugehen.

Eine Frist setzen, bis wann die Veränderung abgeschlossen sein muss

Fristen funktionieren bei planbaren Zielen – doch Veränderungen sind nicht planbar! Für Veränderungen trotzdem Fristen zu setzen untergräbt die Entwicklung der Veränderung. Es wird dann auf dieses Messkriterium „Termin" hin optimiert. Erinnern Sie sich an die Aussage von Peter Drucker: *„Was gemessen wird, wird gemanagt!"* Es wird eine Zielerfüllung angezeigt, ohne eine wirksame Veränderung erreicht zu haben. Das Ziel muss eine wirksame Veränderung sein – nicht das Erreichen von Zielen (um damit einen Bonus abzugreifen).

Eine Lösung kann sein, Fristen als *Ziele* zu behandeln und für diese kürzere Zeithorizonte zu verwenden. Anregungen dazu gibt Verne Harnish in seinem Buch *Mastering the Rockefeller Habits* [Har02].

2.8 Literatur

Empfohlene Literatur

- Larsen, Diana; Nies, Ainsley: Liftoff: Launching Agile Teams & Projects. Onyx Neon Press, Hillsboro/OR, 2011.

Verwendete Literatur

App10: Appelo, Jurgen: Management 3.0: Leading Agile Developers, Developing Agile Leaders. Addison Wesley, Boston, 2010.

App14: Appelo, Jurgen: Management 3.0 #Workout: Games, Tools & Practices to Engage People, Improve Work, and Delight Clients, Happy Melly Express, online verfügbar: http://management30.com/about/list/

Ast14: Astheimer, Sven: Wähl dir deinen Chef – Mehr Demokratie im Unternehmen wagen – was nach Sonntagsrede klingt, ist tatsächlich möglich. Arbeitszeit, Gehalt und sogar Vorgesetzte bestimmen Mitarbeiter heute selbst. Kann das gut gehen? In: Frankfurter Allgemeine Zeitung, Beruf & Chance, 08.10.2014, online verfügbar: http://www.faz.net/-gyl-7umwf

Beu13: Beutelschmidt, Karin; Franke, Renate; Püttmann, Markus; Zuber, Barbara: Facilitating Change. Mehr als Change Management: Beteiligung in Veränderungsprozessen optimal gestalten. Beltz Verlag, Weinheim und Basel, 2013.

Fow11: Fowler, Martin: FrequencyReducesDifficulty, URL: http://martinfowler.com/bliki/FrequencyReducesDifficulty.html

Ham12: Hamel, Gary: Schafft die Manager ab! Harvard Business manager, Januar 2012, S. 22-36

Hea11: Heath, Chip; Heath Dan: Switch. Veränderungen wagen und dadurch gewinnen. Scherz Verlag, Frankfurt.

Kar05: Karboul, Amel; Hummer, Cornelia: Communities of Practice und Innovation. Ein Beitrag zur Wertschöpfung durch interne Unternehmensfunktionen, in: Boos, Frank; Heitger Barbara (Hrsg.): Wertschöpfung im Unternehmen: Wie innovative interne Dienstleister die Wettbewerbsfähigkeit steigern. Gabler Verlag, 2005, online verfügbar: http://www.change-leadership.net/wp-content/uploads/karboul-hummer-communities-of-practice-and-innovation.pdf

Lar12: Larsen, Diana; Shore, James: Your Path through Agile Fluency – A Brief Guide to Success with Agile, 2012, online: http://martinfowler.com/articles/agileFluency.html

Lar16: Larsen, Diana; Shore, James: The Agile Fluency™ Model – How Agile Teams Typically Progress as they Develop New Capabilities, online: http://www.agilefluency.org/model.php

Lit14: Little, Jason: Lean Change Management – Innovative Practices for Managing Organizational Change. Happy Melly Express, 2014.

Oes14: Oestereich, Bernd: Entscheidungen in der Gruppe mit „Fist to Five". Blogeintrag auf oose.de, URL: http://www.oose.de/blogpost/entscheidungen-in-der-gruppe-mit-fist-of-five/

Res09: Ressler, Cali und Thompson, Jody: Bessere Ergebnisse durch selbstbestimmtes Arbeiten. Erfolgreich mit dem ROWE-Konzept. Campus Verlag, Frankfurt/Main, 2009

Roc08: Rock, David: SCARF: a brain-based model for collaborating with and influencing others. NeuroLeadership journal. Ausgabe 1/2008, online verfügbar: http://www.scarf360.com/files/SCARF-NeuroleadershipArticle.pdf

Sch13: Scheller, Torsten: Cargo-Kult, Blogeintrag vom 26.11.2013, online verfügbar: http://www.agil-werden.de/cargo-kult/

Sch14: Scheller, Torsten: Dilts-Pyramide bei agil-werden.de, online: http://www.agil-werden.de/themen-archiv/dilts-pyramide/

Sch98: Schulz von Thun, Friedemann : Miteinander reden 3 – Das 'innere Team' und situationsgerechte Kommunikation. Rowohlt, Reinbek 1998

Sin14: Sinek, Simon: Frag immer erst: warum – Wie Topfirmen und Führungskräfte zum Erfolg inspirieren. Redline, München, 2014. Englisches Original: Start With Why – How Great Leaders Inspire Everyone To Take Action, Portfolio Penguin, London, 2011.

Stu: Stumpf, Ralf: Logische Ebenen bei NLPedia, online: http://nlpportal.org/nlpedia/wiki/Logische_Ebenen

Tem: Temenos, online: http://www.trustartist.com/project/temenos/

Vol14: Volmer, Lars: Warum meine Mitarbeiter ihr Gehalt selbst bestimmen dürfen. Im Blog von „The Huffington Post", Eintrag vom 16.05.2014, online verfügbar: http://www.huffingtonpost.de/lars-vollmer/warum-gehalter-keine-chefsache-sein-durfen_b_5335446.html

WikiIT: Inneres Team bei Wikipedia: https://de.wikipedia.org/wiki/Inneres_Team

WikiK: Kaizen bei Wikipedia: https://de.wikipedia.org/wiki/Kaizen

WikiRG: Rumpfgeschwindigkeit bei Wikipedia: https://de.wikipedia.org/wiki/Rumpfgeschwindigkeit

WikiROWE: Results-Only Work Environment bei Wikipedia, online https://de.wikipedia.org/wiki/Results-Only_Work_Environment

Ver16: VersionOne: 10th Annual State of Agile Development Survey 2015, VersionOne, 2016, online verfügbar: http://info.versionone.com/state-of-agile-report-thank-you.html

Kapitel 3
Ihre Schatzkiste

In diesem Kapitel erhalten Sie Praktiken und Tools sowie Methoden und Modelle an die Hand, mit denen Sie starten können, ihre eigene Agilität aufzubauen. Dies können naturgemäß nur einige ausgewählte sein, von denen ich annehme, dass sie Ihnen am ehesten nützlich sein werden.

Probieren Sie Neues aus und modifizieren Sie die Praktiken, Tools und Methoden! Machen Sie mehr von dem, was funktioniert! Freuen Sie sich, wenn etwas nicht funktioniert – Sie haben dann etwas gelernt!

Viel Erfolg!

PS: Sollten Sie weitere nützliche Praktiken, Tools und Methoden finden, die Sie gerne mit anderen Lesern teilen wollen, können Sie diese gerne unter www.agil-werden. de/buch oder unter „#agilwerden" posten.

3.1 Praktiken

In diesem Kapitel lernen Sie agile und andere Praktiken kennen. Agile Praktiken sind aus den agilen Prinzipien resultierende, bereits erprobte agile Handlungsweisen. Sie können sowohl einzeln eingesetzt als auch als „Bausteine" verstanden und zum Zusammensetzen agiler Methoden verwendet werden. Alle Praktiken können in der agilen Produktentwicklung, im agilen Change Management/Lean Change und im agilen Management eingesetzt werden.

Die im Folgenden vorgestellten Praktiken sind sinnvoll für einen Start in die eigene Agilität. Für tiefer gehende Darstellungen und zusätzliche Praktiken sei die einschlägige Literatur oder eine Internetsuche empfohlen.

Übersicht: Was ist was und wozu gut?

In der folgenden Übersicht sind alle hier erläuterten agilen Praktiken aufgelistet und ihre Einsatzmöglichkeiten angegeben.

Name	Kurzbeschreibung	S.
Backlog	Priorisierte Auflistung von Themen	482
Boards	Visuelle Darstellungen	483
Brainwriting	Methode zum Entwickeln von Ideen	483
Burn-down-/up-Charts[9]	Visuelle Darstellung zur Fortschrittsanzeige	484
Check-in	Start-Ritual für Meetings	487
CoLocation	Das komplette → *crossfunktionale Team* sitzt zusammen in einem Raum.	488
Crossfunktionales Team	Team, das alle Funktionen abdeckt, die es braucht, um seine Aufgaben zu erledigen	488
Daily Standups	Tägliches 15-Minuten-Meeting im Stehen vor dem → *Board* zum Update und zur Synchronisation des → *crossfunktionalen Teams*	489
Definition of Done (DoD)	Festlegung, wann etwas als fertig/erledigt betrachtet wird	490
Dot Voting	Verfahren zum Priorisieren (Abstimmung über die Wichtigkeit) von Themen	490
Happiness Index	Tool zum Messen der Zufriedenheit von Beteiligten und Betroffenen	490
Impediment Backlog	→ *Backlog* zur priorisierten Auflistung von Blockierungen	493
Kanban-Board	→ *Board* zur Visualisierung des Bearbeitungsflusses („*Workflow*")	493
Lean Procrastination	Bewusstes Aufschieben von Entscheidungen bis zum spätestverantwortbaren Moment	494
Mad – Sad – Glad	Startritual für Meetings	494
Mob Working	Das gesamte → *crossfunktionale Team* arbeitet gleichzeitig an *einem* Thema in *einem* Raum vor *einem* Computer mit *einer* Tastatur.	494
Net Promoter Score[10]	Modell zur Messung des Erfolgs auf Basis von Empfehlungsraten	495
Pair Working	Zwei Teammitglieder bearbeiten zusammen und gleichzeitig ein Thema.	496
Planning	Planung der nächsten Schritte	497
Product Backlog	→ *Backlog* für alle Eigenschaften, die ein Produkt bekommen/haben soll	497
Retrospektive	Meeting, in dem das methodische Vorgehen – insbesondere in der gerade abgelaufenen Iteration (→ *Sprint*) – reflektiert wird	497

---

[9] Wenn *Burn-down-/up-Charts* in Lean Change benötigt werden, ist die Veränderung sehr wahrscheinlich zu groß.

[10] Der *Net Promoter Score* ist zwar keine direkt agile Praktik – und trotzdem sehr nützlich.

Name	Kurzbeschreibung	S.
Review	Meeting, in dem die Ergebnisse der inhaltlichen Bearbeitung in der gerade abgelaufenen Iteration (→ *Sprint*) – meist direkt mit dem Kunden – überprüft werden	498
Sprint	Eine Iteration als → *Timebox*, in der ein oder mehrere Themen aus dem → *Sprint Backlog* erledigt werden	499
Sprint Backlog	→ *Backlog* bzgl. der in diesem Sprint zu erledigenden Themen	499
Sprint Planning	Planungsmeeting, in dem die in diesem → *Sprint* zu bearbeitenden Themen aus dem → *Product Backlog* geplant und in das → *Sprint Backlog* abgeleitet werden	499
Story Card	visuelle Repräsentation einer → *User Story*	500
Story Point	Größe eines zu bearbeitenden Themas	500
The Insights Door	→ *Board* zum Visualisieren des aktuellen Stands der Einsichten	501
Timebox	Eine Timebox ist ein festes Zeitfenster, in dem Themen bearbeitet werden. Nach Ablauf der Zeit wird die Bearbeitung beendet, unabhängig davon, ob das Thema abgeschlossen wurde oder nicht.	502
Testgetriebene Entwicklung	Entwicklung gegen Test(spezifikation)	502
Use Case	Beschreibung der Interaktion des Anwenders mit dem Produkt	503
User Story	Beschreibung des Nutzens des Produktes aus Sicht des Anwenders	504
User Story Mapping	Mapping von User Story und Arbeitsfluss des Anwenders	505
Velocity	(Messen der) Bearbeitungsgeschwindigkeit	505
Velocity Tracking	Visuelle Darstellung der Veränderung der → *Velocity* über die Zeit	506

Backlog

Ein *Backlog* ist eine priorisierte Auflistung von Themen, z.B. von Anforderungen an eine {Leistung} (→ *Product Backlog*) oder die zu bearbeitenden Themen in einem →*Sprint* (→ *Sprint Backlog*).

Backlog Items werden nach dem *MoSCoW-Prinzip* priorisiert [WikiMoSCoW]:

- *Mo – Must have:* eine Muss-Anforderung – *muss* unbedingt umgesetzt werden
- *S – Should have:* eine Sollte-Anforderung – *sollte* umgesetzt werden, wenn alle Muss-Anforderungen erfüllt sind
- *Co – Could have:* eine Kann-Anforderung – *kann* umgesetzt werden, wenn alle Sollte-Anforderungen erfüllt sind
- *W – Won't have:* eine Wird-diesmal-nicht-umgesetzt-Anforderung – wird für die Zukunft vorgemerkt

Boards

Boards sind visuelle Darstellungen an für alle leicht zugänglichen Stellen und dienen als *Information Radiators* der Schaffung von Transparenz, Klarheit und Übersicht.

Für die Darstellungsform gibt es keine Vorgaben. Alles, was hilft, das Ziel der Darstellung zu erreichen, ist sinnvoll. Auch hier gilt es, zu experimentieren, um herauszufinden, was am besten passt, und zu verbessern.

Boards können z.B. folgende Elemente enthalten:

* Anzeige des aktuellen Standes der Bearbeitung in Form eines → *Kanban-Board*
* Auflistung der zu erstellenden {Leistung}seigenschaften in Form von → *Backlogs* (wie → *Product Backlog* und → *Sprint Backlog*) und → *Story Cards*
* Messungen (wie → *Velocity Tracking*) und Fortschrittsanzeigen (wie→ *Burndown-/up-Charts*)
* Messungen zum → *Happiness Index* und zum → *Net Promoter Score (NPS)*

Für detailliertere Ausführungen zu Boards s. Abschnitt IV.3.2.

Brainwriting

Brainwriting [WikiBW] ist eine dem Brainstorming [WikiBS] ähnliche Vorgehensweise, besteht allerdings aus zwei getrennten Phasen:

* *Generieren und Sammeln von Ideen:* In dieser Phase werden Ideen generiert und gesammelt. Sie besteht aus zwei Teilen
  – *Individuelle Phase*: Jeder Teilnehmer sammelt für sich in Ruhe seine Ideen und Gedanken und schreibt diese z.B. auf Moderationskarten oder Haftnotizen.
  – *Gruppenphase*: Die Teilnehmer stellen ihre Ideen einander vor und hängen ihre Karten an ein Board oder Flipchart.
  In dieser Phase findet keinerlei Bewertung von Ideen und Gedanken statt!
* *Diskussion der Ideen*: Die Gruppe diskutiert gemeinsam über die eingebrachten Ideen.

Dabei wird jede Phase in einer → *Timebox* durchgeführt.

Die Gruppenphase kann anonymisiert werden, indem die Karten von allen Teilnehmer eingesammelt und ohne Zuordnung des Ideengebers am Board oder Flipchart aufgehängt werden.

Brainwriting entfaltet eine besonders starke Wirkung, wenn die o.g. Phasen mehrfach nacheinander durchlaufen werden und durch die zyklische Wiederholung Ideen weiterentwickelt werden.

Vorteile von Brainwriting gegenüber Brainstorming sind [WikiBW]:

* Durch das Aufschreiben auf Karten gehen keine Ideen in der Diskussion unter.
* Das Verfahren ist selbstdokumentierend. Mit Fotos des Boards/Flipcharts kann die zeitliche Entwicklung dokumentiert werden.
* Das Verfahren demokratisiert die Gruppe, da zurückhaltende Teilnehmer die gleiche Chance haben, ihre Ideen einzubringen, wie weniger zurückhaltende Teilnehmer. Zudem anonymisieren sich die Ideen in der Diskussion.
* Bei der anonymisierten Durchführung der Gruppenphase werden die Ideen zusätzlich von Rang und Status der Ideengeber getrennt, was das Verfahren zusätzlich demokratisiert.

Literatur:

WikiBS: *Brainstorming* bei Wikipedia: http://de.wikipedia.org/wiki/Brainstorming
WikiBW: *Brainwriting* bei Wikipedia: http://de.wikipedia.org/wiki/Brainwriting

Burn-down-/up-Charts

Burn-down-Charts

Burn-down-Charts sind grafische Darstellungen, die den verbleibenden Umfang an Arbeitspaketen in Relation zur verbleibenden Zeit zeigen. Dabei wird üblicherweise in einem Liniendiagramm auf der y-Achse der noch zu erledigende Umfang des → *Product Backlog* oder → *Sprint Backlog* und auf der x-Achse die Zeit dargestellt. Mit diesem Diagramm kann prognostiziert werden, wann die Arbeit vollständig erledigt sein wird [WikiBDC].

Die Benennung mit *„Burn"* bezieht sich dabei auf das Abbauen (*„Abbrennen"*) von → *Story Points.*

Burn-down-Charts können für verschiedene Zeitbereiche erstellt werden, z.B. für den gesamten Entwicklungszeitraum eines Produktes (Abbildung 44) oder pro → *Sprint* (Abbildung 45).

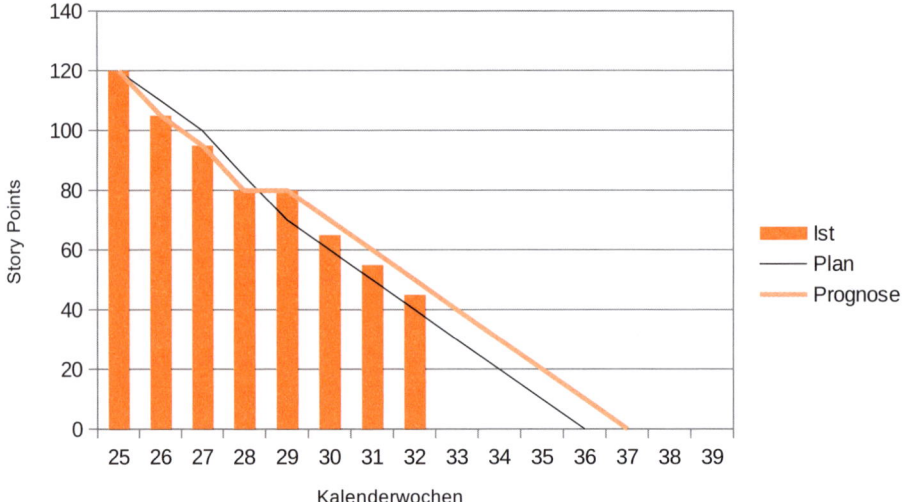

Abbildung 44: Burn-down-Chart *einer Produktentwicklung, Stand Ende KW 32. Die Entwicklung wird aufgrund von Problemen in KW29 nach aktuellem Stand (Prognoselinie) voraussichtlich in KW 37 – und damit eine Woche später als geplant – abgeschlossen werden.*

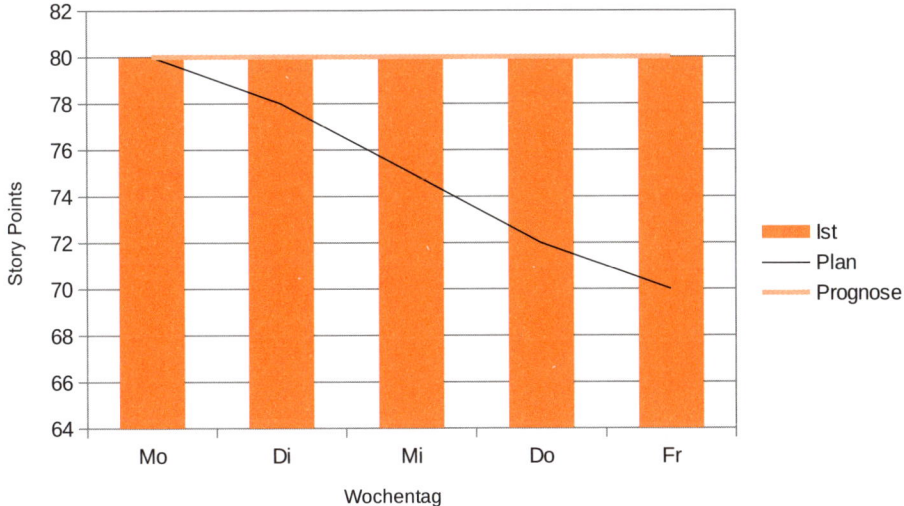

Abbildung 45: Burn-down-Chart *eines Sprints der Dauer von einer Woche für KW 29: Aufgrund von Blockierungen und Problemen konnten in dieser Woche keine Aufgaben erledigt, also „Story Points abgebaut" werden*

Burn-up-Charts

Das *Burn-up-Chart* zeigt ebenfalls wie das → *Burn-down-Chart* den Fortschritt der Produktentwicklung an, allerdings im Gegensatz zu diesen in einer *aufsteigenden* Linie.

Auch *Burn-up-Charts* können für verschiedene Zeitbereiche erstellt werden, z.B. für den gesamten Entwicklungszeitraum eines Produktes (Abbildung 46) oder pro Sprint (Abbildung 47).

Allgemein werden in der menschlichen Wahrnehmung Darstellungen mit einem Verlauf von links unten nach rechts oben mit einem *positivem Verlauf* assoziiert. Dieses bedienen *Burn-up-Charts*, sie wirken so gesehen als *„positive Darstellung"*.

Ein weiterer Vorteil der *Burn-up-Charts* besteht in ihrer Flexibilität bzgl. Veränderungen des Gesamtumfangs des Produktes. Da immer neue Produkteigenschaften dazukommen und andere wegfallen können, ändert sich der Gesamtumfang (in → *Story Points*) des Produktes entsprechend. Dies hat Einfluss auf die insgesamt benötigte Entwicklungszeit. Da in einem *Burn-down-Chart* der Gesamtumfang durch den Anfangswert definiert wird, sind Änderungen am Umfang nur schwierig abzubilden. In einem *Burn-up-Chart* ist dies deutlich einfacher über Veränderungen der Linie des Gesamtumfangs, gegen die alle anderen Linien streben (Linie „total" in Abbildung 48).

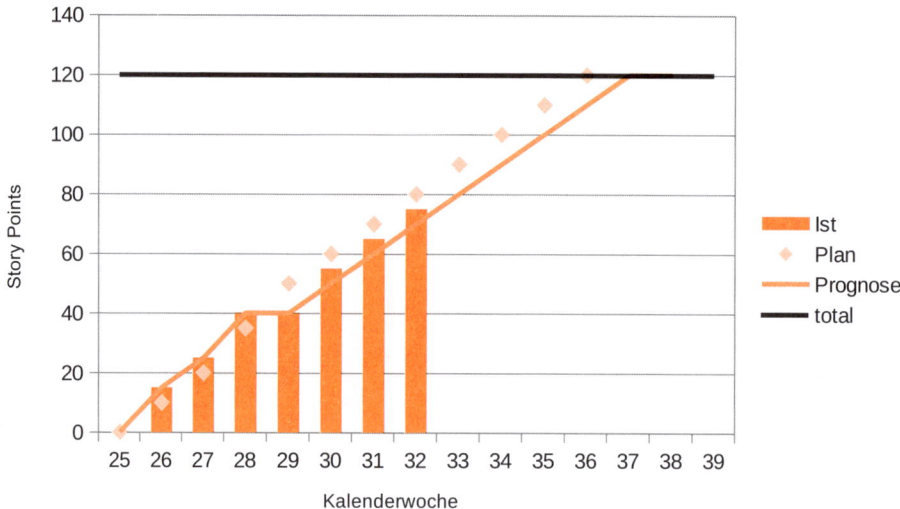

Abbildung 46: Burn-up-Chart *einer Produktentwicklung, Stand Ende KW 32. Die Entwicklung wird aufgrund von Problemen in KW29 nach aktuellem Stand (Prognose-Linie) voraussichtlich in KW 37 – und damit eine Woche später als geplant – abgeschlossen werden können. (Gleiche Datenbasis wie die Darstellung zum Burn-down-Chart)*

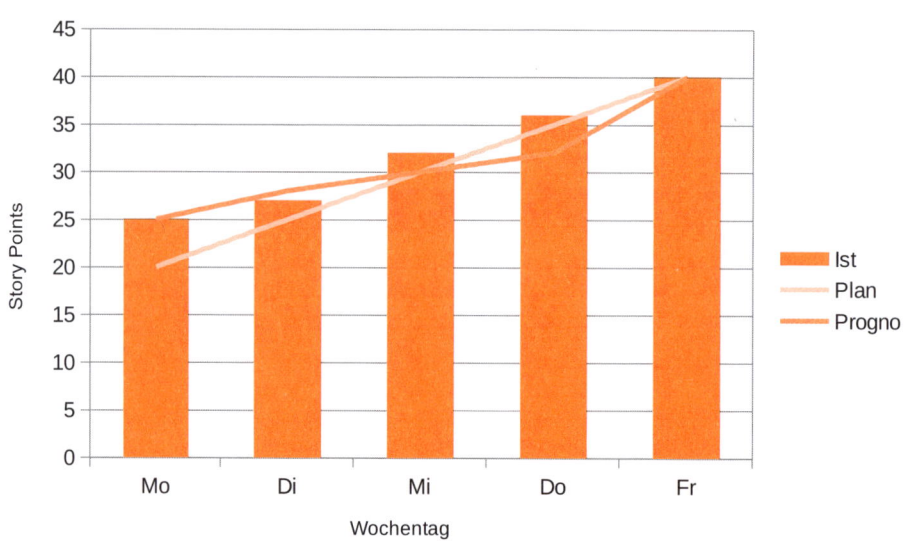

Abbildung 47: Burn-up-Chart *eines Sprints der Dauer von einer Woche für KW 27*

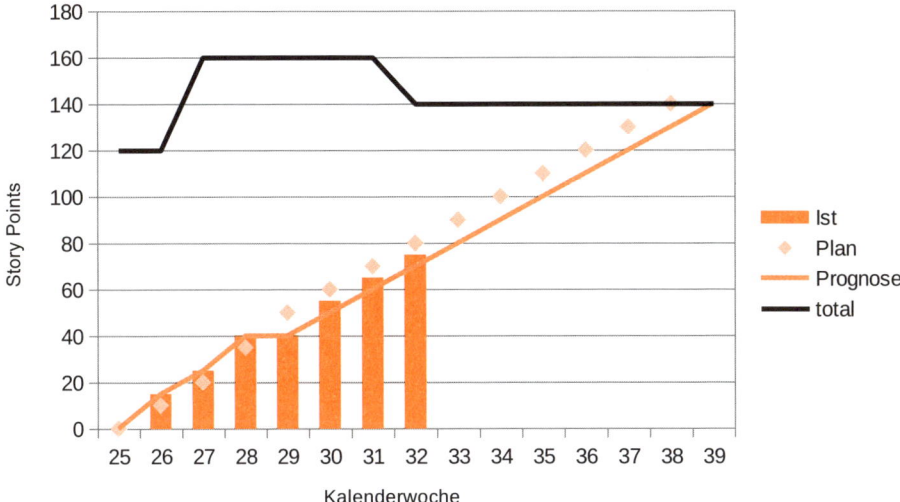

Abbildung 48: Burn-up-Chart *einer Produktentwicklung mit sich änderndem Gesamtumfang des Produktes: Aufgrund der Zunahme des Gesamtumfangs des Produktes um insgesamt 20 Story Points (Linie „total", +40 Story Points in KW27 und -20 Story Points in KW 32) wird die Entwicklung erst in KW 38 (geplant) bzw. KW 39 (prognostiziert) abgeschlossen werden können. Die Linien für Plan und Prognose ändern sich nicht, da die Veränderung des Gesamtumfangs des Produktes keinen Einfluss auf die Bearbeitungsgeschwindigkeit (→ Velocity) des Teams hat, die Entwicklung dauert dann einfach die Zeit länger, die das Team braucht, um die zusätzlichen Story Points abzuarbeiten.*

Check-in

Check-in ist ein Startritual für Meetings. Ziel ist es, schnell eine Verbindung zwischen den Teilnehmern herzustellen und eine vertrauensvolle Atmosphäre zu schaffen. Die Idee ist: *„Ich erzähle etwas von mir und erfahre etwas von anderen."*

Der Ablauf des Check-in ist sehr einfach: Jeder Teilnehmer beantwortet die beiden folgenden Fragen [Cob14, Pig, Röp12]:

- Wie geht es dir?
- Gibt es etwas, was dich bewegt und von dem die anderen im Raum wissen sollten?

Weiterhin können folgende Fragen [Cob14, Fen14, Jou11, Pig, Röp12] oder andere in das Ritual aufgenommen werden:

- Beschreibe in einem Wort, welche Erwartungen/Hoffnungen du an unser heutiges Meeting hast!
- Was hoffst du, dass in unserem Meeting heute erreicht wird? Was sind deine Erfahrungen mit [Thema auf der Agenda]?
- Lobe ein Teammitglied für seinen Beitrag im letzten Meeting!
- Erzähle uns etwas, was du mit uns teilen möchtest und das die meisten von uns wahrscheinlich noch nicht wissen.
- Was fandest du hilfreich in unserem letzten Meeting, das du gerne heute wiederholt sehen würdest?

Abgeschlossen wird das Statement über sich mit der Phrase „*I am in.*"

Literatur:

Cob14: Cobble, Kristin: How To Start a Meeting. 11.04.2014 Online: http://time.com/56823/how-to-start-a-meeting/

Fen14: Fenton, Amanda: Check-in Question Ideas. 12.04.2014. Online: http://amandafenton.com/2014/04/check-in-question-ideas/

Jou11: Jourdain, Kathy: Shaping Questions for Powerful Check-in and Check-out Processes. 16.11.2011. Online: http://shapeshiftstrategies.com/2011/11/16/shaping-questions-for-poweful-check-in-and-check-out-processes/

Pig: Pigeon, Yvette; Khan, Omar: Leadership Lesson: Tools for Effective Team Meetings – How I Learned to Stop Worrying and Love my Team. Online: https://www.aamc.org/members/gfa/faculty_vitae/148582/team_meetings.html

Röp12: Röpstorff, Sven; Wiechmann, Robert: Scrum in der Praxis: Erfahrungen, Problemfelder und Erfolgsfaktoren. dpunkt.verlag, 2012). Illustrationen online verfügbar: http://scrum-in-der-praxis.de/das-buch/illustrationen/5-15-check-in-runde/

CoLocation

Agile Teams (→ *crossfunktionale Teams*) sitzen üblicherweise zusammen in einem Raum, damit jeder mit jedem schnell in Kontakt treten kann und Informationen sich schnell und informell verbreiten können. Um eng eingebunden zu sein, sitzen darüber hinaus Unterstützer des Teams mit selben Raum, wie Scrum Master und Product Owner des Teams.

Crossfunktionales Team

Agile Methoden bauen auf Teamarbeit. Diese wird von c*rossfunktionalen Teams* ausgeführt. *Crossfunktional* meint dabei, dass alle Funktionen, die das Team braucht, um die Leistung/das Produkt zu erbringen/zu entwickeln, in einem Team zusammengefasst sind. Es gibt also nicht wie in klassischen Organisationen homogene Teams, in denen alle gleiche Funktionen ausführen, also alle Teammitglieder Entwickler, Business Analysten, Programmierer, o.Ä. sind, und die dann jeweils in unterschiedlichen Projekten arbeiten. In *crossfunktionalen Teams* sind dagegen alle Funktionen vorhanden, die das Team braucht, um seine Aufgaben vollständig zu erledigen, z.B. Entwickler *und* Business Analysten *und* Programmierer *und* weitere. Diese sind jedoch nicht wie in klassischen Organisationen ausschließliche Spezialisten auf ihrem Gebiet, sondern *T-Shaped Professionals*.

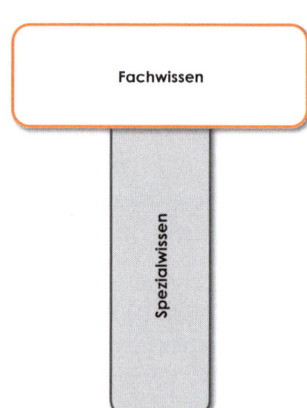

Ein *T-Shaped Professional* (Abbildung 49) vereint die Stärken eines Generalisten und eines Spezialisten: *breites Fachwissen (der Querbalken des T) und tiefes Spezialwissen auf einem Gebiet (der Längsbalken des T).*

Crossfunktionale Teams haben üblicherweise den Umfang von 7±2 Mitgliedern.

Abbildung 49: T-Shaped Professional *mit breitem Fachwissen und tiefem Spezialwissen auf einem Gebiet*

Crossfunktionale Teams als Teams aus *T-Shaped Professionals* (Abbildung 50) funktionieren sehr gut, da in ihnen:

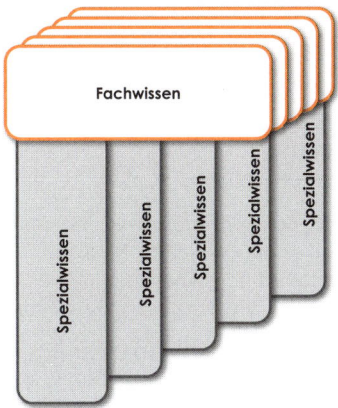

- aufgrund des *breiten Fachwissens* (Querbalken) alle Gruppenmitglieder sich über alle Themen – bis zu einer gewissen Tiefe – unterhalten und Probleme, Fragen und Sachverhalte verstehen können;
- aufgrund des *verschiedenen Spezialwissens* (Längsbalken) der einzelnen Gruppenmitglieder alle Themen – jeweils von einem oder mehreren – in der Tiefe bearbeitet werden können.

Der Vorteil dieser Teams:

Abbildung 50: Crossfunktionales Team *aus* T-Shaped Professionals *vereint die Vorteile von Generalisten und Spezialisten*

- *Wechselseitiges Lernen*: Die Teammitglieder lernen voneinander und entwickeln sich so weiter. Zudem werden die Experten eines speziellen Themas durch die Nichtexperten immer wieder aufgefordert, ihr Wissen darzustellen und zu überdenken – so wird ein „Einspinnen" der Experten und ihr Abkoppeln von der Realität (s. Darstellung zu *Gruppendenken* in Abschnitt III.2.6) verhindert.
- *Das gesamte Team hat die Verantwortung für alles, was es erstellt*: Es gibt kein Denken nach dem Motto: „Ich bin nur für das verantwortlich, was auf meinem Schreibtisch passiert." *Das Team als Ganzes muss eine Leistung liefern!* Das fördert und fordert gegenseitiges Vertrauen und Verantwortungsübernahme.

Im Gegensatz zu Teams im klassischen Projektmanagement werden Teams im Agilen *auf Dauer gebildet*. Dies hat den Vorteil, dass Lerneffekte besser greifen und das zu Beginn neuer Projekte erforderliche „Team Building" entfällt, da das Team bereits arbeitsfähig ist (s. Abschnitt III.2.6).

Daily Standups

Die einzelnen Aufgaben des → *Sprint Backlog* werden von verschiedenen Mitgliedern des → crossfunktionalen Teams ausgeführt und z.T. auch untereinander zur weiteren Bearbeitung übergeben. Um sich im Team auf dem Laufenden zu halten und ggf. gegenseitig zu unterstützen, finden täglich 15-minütige Meetings im Stehen vor dem → *Board* statt, die *Daily Standups*. Die Idee dabei ist, sich gegenseitig über ein kurzes tägliches Update auf dem Laufenden zu halten, um Probleme und Blockierungen frühzeitig erkennen und beheben zu können. Gleichzeitig ist eine gegenseitige Unterstützung und Motivation möglich. Viele Teams außerhalb des Agilen praktizieren heute bereits Meetings dieser Art, sie sind etwas, das natürlicherweise entsteht.

Das gesamte Team trifft sich einmal am Tag – meist am Morgen – idealerweise vor dem Team-Board (→ *Boards*) zu einem 15-minütigem Meeting im Stehen (daher *Standup*). Jedes Teammitglied beantwortet die folgenden drei Fragen:

- *Was habe ich gestern getan?*
- *Was werde ich heute tun?*
- *Was behindert mich gerade? Wobei brauche ich Unterstützung?*

Das Meeting soll

- die verschiedenen Aktionen synchronisieren,
- die Teamkollegen auf dem Laufenden halten, wer woran gerade arbeitet,
- frühzeitig auf Probleme, Blockierungen etc. aufmerksam machen.

In diesem Meeting wird nicht diskutiert! Wer mit jemandem etwas zu diskutieren hat, wird das *nach dem* Daily Standup tun.

Das Daily Standup ist erst mal ein weiteres Meeting – „… noch ein Meeting, wir haben schon genug Meetings …" –, doch wird der Nutzen oft schnell deutlich: gesteigerte Transparenz und weniger Koordinationsaufwand. Oft erübrigen sich dann weitere Meetings relativ schnell.

Daily Standups sind nach den → *Retrospektiven* die zweitwichtigsten Meetings im Agilen, denn sie schließen kurze 24h-Feedbackschleifen. Vom Prinzip her ist in den Daily Standups eine Mini-Retrospektive bzgl. des Zeitraums seit dem letzten Standup eingebaut. So können auf Abweichungen und Behinderungen schnell reagiert und Fehler korrigiert werden.

Empfohlene Literatur: Jedes bessere Buch über Scrum sollte ausführlich auf Daily Standups eingehen.

Definition of Done (DoD)

Am Ende einer Iteration (→ *Sprint*) erhält der Kunde ein „fertiges" Produkt(-Inkrement). Damit klar ist, was *„fertig"* bedeutet, legt das Team dies gemeinsam mit der Organisation in der *Definition of Done* einmal fest. So haben alle in der Organisation dasselbe Verständnis von *„fertig"*. Auch hier ist es empfehlenswert, diese Definition immer mal wieder zu überprüfen und anzupassen. Des Weiteren haben sich starke Definitionen bewährt.

Dot Voting

Dot Voting ist ein schnelles Verfahren zum Priorisieren – Abstimmung über die Wichtigkeit – von Themen in einer Gruppe oder in einem Team, z.B. über die Optionen in einer Veränderung in Lean Change Management oder die Themen in einem → *Lean Coffee*. Jeder Teilnehmer des Meetings darf in Summe drei Punkte an jene Themen vergeben, die er gut findet und aktiv unterstützt. Dazu kann er z.B. auf die Haftnotiz oder Themenauflistung mit einem Stift drei Punkte malen oder drei kleine runde Aufkleber aufkleben. Dabei darf er seine drei Punkte beliebig verteilen, z.B. einem Thema alle drei Punkte vergeben oder einem Thema zwei Punkte und einem weiteren einen Punkt oder alle drei Punkte verschiedenen Themen. Auf diese Art und Weise erhalten Sie schnell einen Überblick darüber, welche Themen (momentan) keine Unterstützung finden (null Punkte) und welche Themen von allgemeinem Interesse sind (viele Punkte).

Happiness Index

Laut einer Studie der Universität von Warwick [Osw14] sind glückliche Mitarbeiter um 12 % produktiver. Bevor Sie überhaupt etwas tun können, um Ihre Mitarbeiter und Kollegen glücklicher zu machen, müssen Sie erst einmal wissen, wo diese bzgl. Glücklichkeit überhaupt stehen.

Hier schafft der *Happiness Index* Transparenz.

Es gibt zwei verschiedene Möglichkeiten der Abfrage: anonym oder persönlich.

Was gemessen wird

Es geht darum, zu messen, wie es den Mitarbeitern und Kollegen geht, ob sie glücklich und zufrieden mit einem Thema, z.B. ihrer Tätigkeit und dem Umfeld sind.

Aspekte der Messung können z.B. sein:

- *Wie geht es dir heute?*
- *Wie zufrieden bist du mit dem Unternehmen? Glaubst du an das Unternehmen?*
- *Wie zufrieden bist du mit dem Produkt, zu dem du beiträgst? Glaubst du an das Produkt, zu dem du beiträgst?*
- *Was würde deine Glücklichkeit erhöhen?*

Anonyme Erfassung

Vielleicht wollen Sie erst einmal damit anfangen, überhaupt die Stimmung transparent zu machen. Hängen Sie dazu an einer frequentierten Stelle, die Anonymität sichert (z.B. eine Tür wie die Etageneingangstür), am Montag einen Erfassungsbogen für die laufende Woche (Abbildung 51) oder am 1. des Monats für den laufenden Monat (Abbildung 52) aus mit einem angehängtem Stift aus (der angehängte Stift senkt die Schwelle, an der Umfrage teilzunehmen). Und zwar so, dass er abends beim Heimgehen gesehen wird. Jeder Mitarbeiter kann – und muss nicht – in der jeweiligen Tagesspalte einen Strich entsprechend seinem Befinden machen.

TAG	Mo	Di	Mi	Do	Fr
☺					
☐					
☹					

Abbildung 51: Happiness Index: *wöchentliche anonyme Erfassung*

Sie sollten den *Happiness Index* einmal am Tag fotografieren, um Sabotage eingrenzen zu können.

Transparenz kann weh tun – insbesondere wenn sie Umstände ans Licht holt, denen bisher aus dem Weg gegangen oder die verschwiegen wurden. Wenn Sie den *Happiness Index* einmal eingeführt haben, müssen Sie das durchziehen. Nichts ist demotivierender und entzieht das letzte Vertrauen, als den *Happiness Index* bei einem unerwünschtem Ergebnis sang- und klanglos einfach einzustellen. Auch wenn das

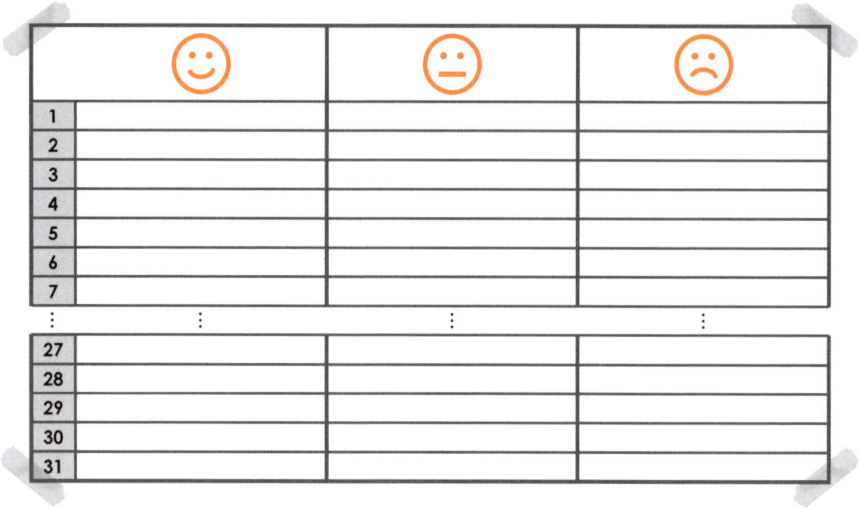

	☺	😐	☹
1			
2			
3			
4			
5			
6			
7			
⋮	⋮	⋮	⋮
27			
28			
29			
30			
31			

Abbildung 52: Happiness Index: *monatliche anonyme Erfassung*

Ergebnis bitter ist – und gerade dann erst recht – diskutieren Sie mit Ihren Kollegen und Mitarbeitern, was zu diesem Ergebnis geführt hat. Wenn dies nicht möglich ist, dann hängen Sie einen Briefkasten auf, in den anonym Antworten auf Ihre Fragen eingeworfen werden können. Setzen Sie sich dann damit auseinander – öffentlich und transparent. Diskutieren Sie mit Ihren Kollegen und Mitarbeitern die Inhalte und Ursachen der Meldungen ohne Schuldzuweisungen o.ä. *Und nehmen Sie die vorgebrachten Dinge ernst – diese sind Realität für diejenigen, die sie vorbringen.*

Personalisierte Erfassung

Der *Happiness Index* kann auch personalisiert erfasst werden. Dazu wird an einem langen Whiteboard oder in einem Bereich des → *Board* eine Darstellung vergleichbar zu Abbildung 53 gemacht. Der Erfassungszeitraum kann nach Wahl zwischen 1 Woche und 3 Monaten liegen. Jeder trägt seinen aktuellen Glücklichkeitszustand mit Whiteboardmarkern ein und versieht seine Kurve mit seinem Namen. So kann jeder sehen, wer in welcher Stimmungslage ist. Folgendes Vorgehen hat sich bewährt:

- Unter der Woche trägt jeder täglich seinen aktuellen Glücklichkeitszustand abends alleine ein.
- Am Freitagmittag treffen sich alle vor dem Board, deren Happiness an diesem erfasst wird, und jeder kann – wenn er mag – kurz seine Wochenkurve erklären und dann seinen Wert für Freitag eintragen. Hierbei besteht kein Zwang, sich zu offenbaren: *Privates sollte auch privat bleiben (dürfen).* Es reicht oft, zu sagen, dass private Gründe für Traurigkeit vorliegt. Sollte die Traurigkeit allerdings mit der Arbeit zu tun haben, dann sollte dies thematisiert werden. Dieses Treffen kann auch zur (informellen) → *Retrospektive* der Woche ausgebaut werden.

Oft liegen die Ursachen für „Schlecht-drauf-Sein" außerhalb der Arbeit. Allein dies zu wissen erleichtert den Umgang mit dem Betreffenden. Werden die privaten Gründe offenbart, können alle Anteil nehmen und vielleicht – zumindest im Arbeitskontext – dem Betreffenden das Leben leichter machen.

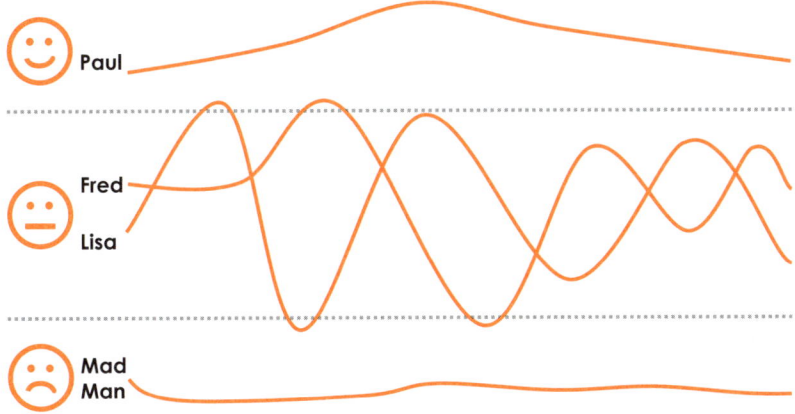

Abbildung 53: Happiness Index: *tägliche personalisierte Erfassung*

Die personalisierte Erfassung fördert außer Transparenz auch Vertrauen mit- und Verständnis füreinander.

Literatur:

Osw14: Oswald, Andrew J.; Proto, Eugenio; Sgroi, Daniel: Happiness and Productivity. University of Warwick, Department of Economics, 2014, URL: http://www2.warwick.ac.uk/fac/soc/economics/staff/eproto/workingpapers/happinessproductivity.pdf

Impediment Backlog

Das *Impediment Backlog* ist ein → *Backlog,* in dem alle Hindernisse/Probleme aufgelistet sind, die das Team daran hindern, effizient seine Aufgaben zu erledigen. Alle Hindernisse, die in den → *Daily Standups* und in den → *Retrospektiven* bekannt werden, werden in diesem Backlog gesammelt. Die Priorisierung der Hindernisse erfolgt dabei nach Dringlichkeit.

Das *Impediment Backlog* ist die Aufgabenliste für denjenigen, der dafür zu sorgen hat, dass das Team arbeitsfähig ist. In → *Scrum* ist dies der → *Scrum Master,* ggf. mit Unterstützung des Managers. In Lean Change Management ist dies der → *Lean Change Agent.*

Kanban-Board

Ein *Kanban-Board* (auch Kanban-Tafel) ist ein → *Board* zur Visualisierung des Bearbeitungsflusses („Workflow") in einem Team oder einer Abteilung. Es besteht meist aus einem einfachen Whiteboard und Haftnotizen. Jeder Zettel auf dem Board repräsentiert eine Aufgabe. Das Board zeigt die verschiedenen Zustände, in denen sich eine Aufgabe befinden kann. Für detaillierte Ausführungen s. Abschnitt IV.3.2.

Literatur:

Anderson, David J.: Kanban: Evolutionäres Change Management für IT-Organisationen. dpunkt, Heidelberg, 2011.

Lean Procrastination

Lean Procrastination meint das bewusste Aufschieben von Entscheidungen bis zum spätest verantwortbaren Moment. Die Idee ist, dass wir keine Entscheidungen „auf Vorrat" treffen können, da sich in der VUKA-Welt vieles noch ändern kann, bis die Entscheidung notwendigerweise getroffen sein muss. Optionen, zwischen denen wir uns entscheiden müssen, haben nicht nur einen Wert, sondern auch (versteckt) ein Verfallsdatum. Es könnte also passieren, dass wir uns für eine Option entscheiden, die zum Zeitpunkt der Inanspruchnahme gar nicht mehr existiert. Und dann wäre eine zu frühe Entscheidung Verschwendung gewesen [Lew12, Pop03].

Literatur:

Lew12: Lewitz, Olaf: Lean Procrastination – The Tutorial, online verfügbar: https://prezi.com/sml834zxccby/lean-procrastinationthe-tutorial/
Pop03: Poppendick, Mary; Poppendick, Tom: Lean Software Development: An Agile Toolkit for Software Development Managers, Addison-Wesley, 2003.

Mad – Sad – Glad

Dieses Format, das alternativ oder als Ergänzung zum Startritual → *Check-in* eingesetzt werden kann, dient dazu, der Gruppe den aktuellen „Gemütszustand" mitzuteilen:

- Etwas, das mich sauer/wütend gemacht hat (Mad).
- Etwas, das mich traurig gemacht hat (Sad).
- Etwas, das mich gefreut hat (Glad).

In IT-Teams wird manchmal auch nur eine Kurzform davon praktiziert, in dem der Mad-/Sad-/Glad-Zustand als Zahlenwert, vergleichbar den RGB-Farbwerten (Rot-Grün-Blau-Werte), angegeben wird. Dabei werden allerdings nur Werte im Bereich 0 (gar nicht vorhanden) und 10 (voll vorhanden) verwendet. Der Mad-/Sad-/Glad-Zustand

- 10-0-0 würde jemanden beschreiben, der vollkommen sauer/wütend ist,
- 0-10-0 würde jemanden beschreiben, der vollkommen traurig ist,
- 0-0-10 würde jemanden beschreiben, der vollkommen glücklich ist.

Wie beim → *Check-in* geht es darum, den anderen mitzuteilen, wie es einem selbst geht.

Mob Working (Mob Programming)

Mob Working (Mob Programming) ist eine extreme Variante des → *Pair Working (Pair Programming)*. Mob Programming ist ein Softwareentwicklungsansatz, bei dem das *gesamte* Team an der *gleichen* Aufgabe *gemeinsam gleichzeitig* in einem Raum vor *einem* Computer mit *einer* Tastatur arbeitet [Zui14, WikiMP].

Jedes Teammitglied sitzt jeweils für 10 Minuten an der Tastatur und tippt das ein, was die anderen ihm sagen, es bringt in dieser Zeit keine eigenen Ideen ein. Die Teammitglieder um den Computer diskutieren und entwickeln die Lösung, recherchieren und beschaffen Informationen, machen Pause etc. Nach 10 Minuten kommt ein Anderer an die Tastatur und tippt entsprechend weiter.

Bei → *crossfunktionalen Teams* entsteht so wechselseitiges Lernen und Know-how-Transfer. Und – ja, ALLE Teammitglieder setzen sich vor die Tastatur, auch wenn sie nicht programmieren können – was sie eintippen sollen, sagen ihnen ja die anderen.

Obwohl es auf den ersten Eindruck scheint, dass Teams mit Mob Programming weniger leisten, sind Qualität und Quantität der geschaffenen Lösungen deutlich höher. Mob Programming ist ein komplexes Vorgehen: Ein Team erbringt in Selbstorganisation immer die besten Leistungen.

Literatur:

WikiMP: *Mob programming* bei Wikipedia: https://en.wikipedia.org/wiki/Mob_programming

Zui14: Zuill, Woody: Mob Programming – A Whole Team Approach, 2014, online: http://www.agilealliance.org/wp-content/uploads/files/6214/0509/9357/ExperienceReport.2014.Zuill.pdf

Net Promoter Score (NPS)

Der *Net Promoter Score* ist ein Modell, um Erfolg zu messen. Dazu wird die (Weiter-)Empfehlungsrate gemessen: Kunden werden befragt, wie wahrscheinlich es auf einer Skala von 0 (unwahrscheinlich) bis 10 (sehr wahrscheinlich) ist, dass sie etwas (z. B. ein Unternehmen oder ein Produkt) einem Freund oder Bekannten weiterempfehlen. Die Annahme dahinter ist, dass Zufriedenheit sich in einer positiven Empfehlung und Unzufriedenheit in einer negativen Empfehlung ausdrücken. Zu beachten ist dabei, dass sich negative Empfehlungen 10 Mal schneller ausbreiten als positive.

Zur Berechnung des NPS werden die Nichtempfehlungen (Nennungen der Werte 0 bis 6) in % von den Empfehlungen (Nennungen der Werte 9 und 10) in % abgezogen (Nennungen mit Werten 7 und 8 werden als neutral angesehen und nicht berücksichtigt). Der Wertebereich des NPS kann dadurch zwischen +100 % und -100 % liegen (Abbildung 54).

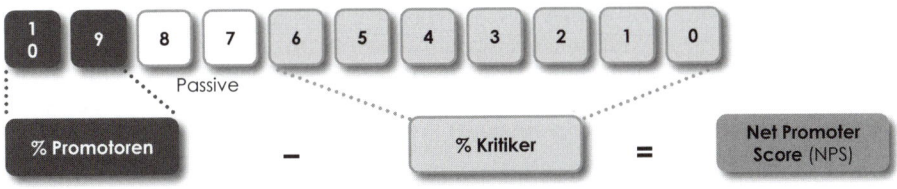

Abbildung 54: Der Net Promoter Score

Dieses Modell kann auch verwendet werden, um zu messen, wie zufrieden Kollegen und Mitarbeiter mit dem Vorgehen bei einer Veränderung waren und ob sie dieses Vorgehen anderen weiterempfehlen würden.

Den NPS können Sie schnell und einfach abfragen: Bitten Sie diejenigen, deren Meinung bzgl. Weiterempfehlung Sie wissen wollen, einfach ihren Empfehlungswert (0 bis 10) auf eine Haftnotiz oder einen kleinen Zettel zu schreiben und Ihnen verdeckt zu geben. Zählen Sie die Gesamtanzahl der Haftnotizen und sortieren diese anschließend in die drei Bereiche 0 bis 6, 7 bis 8 und 9 bis 10. Berechnen Sie nun den NPS mit folgender Formel:

$$\text{Net Promoter Score (NPS)} = \frac{\text{Nennungen (9–10) – Nennungen (0–6)}}{\text{Gesamtanzahl der Nennungen}} \times 100\%$$

Wie bei allen Messgrößen ist der absolute Wert nicht so wichtig – ohne Vergleichswert sagt er nichts aus. Und vergleichen können Sie nur Werte aus gleicher Umgebung, in Ihrem Fall mit Werten aus Ihrer Abteilung, bei nicht allzu großen Unternehmen vielleicht noch das gesamte Unternehmen. Richtig interessant wird der Wert bei nacheinander folgenden Messungen im gleichen Kontext, d.h. nach verschiedenen Iterationen bei Produktentwicklung oder Change Management. Dann sehen Sie, ob Sie in Ihrem Vorgehen besser werden oder nicht. Ihr Ziel muss eine Steigerung des NPS sein, dann werden Sie besser und besser!

Pair Working (Pair Programming, Paarprogrammierung)

Wenn einer von Euch etwas kann – dann tut es zu zweit.

– Boris Gloger

Pair Programming bedeutet, dass zwei Programmierer gemeinsam an *einer* Aufgabe vor *einem* Computer und mit *einem* Monitor arbeiten. Sie bearbeiten also das, was normalerweise einer alleine bearbeitet, zu zweit.

Nun lässt sich sofort einwenden, dass es Verschwendung ist, wenn zwei das tun, was einer alleine schaffen könnte. *Pair Programming* hat verschiedene Vorteile [WikiPP], u.a.:

- *Höhere Qualität*: Messungen haben gezeigt, dass die Qualität der Software deutlich besser ist, es entstehen weniger Fehler, besserer Code, bessere Strukturen im Programmcode und bessere Dokumentation dazu. Zudem ist der Code effizienter, d.h., die Programme sind bei gleicher Funktionalität messbar kürzer.
- *Höhere Motivation*: Programmierer berichten, dass Pair Programming für sie spannender und interessanter ist, als alleine zu programmieren. Das führt zu mehr Freude an der Arbeit – der Mensch ist eben auch ein soziales Wesen!
- *Wissensvermittlung zwischen den Mitarbeitern*: Da jeder Wissen hat, das andere nicht haben, ist die Zusammenarbeit durch Paar Programmierung eine Möglichkeit, dieses Wissen zu verteilen und voneinander zu lernen (→ *crossfunktionale Teams*). Dies erhöht nicht nur das Wissen im Team, sondern senkt gleichzeitig die Abhängigkeit des Teams von einzelnen Wissensträgern. Dazu sind regelmäßig die Paarungen zu wechseln.
- *Geringeres Risiko*: Arbeiten alle im Team in Paar Programmierung und wechseln sie ihre Programmierpartner oft, dann erhalten alle Wissen über das komplette Arbeitspaket (→ *Sprint Backlog*) des Teams. Dies senkt die Abhängigkeit von einzelnen Teammitgliedern und führt so zu einem geringerem Risiko des Scheiterns des aktuell bearbeiteten Arbeitspaketes – die *Truck Number*[11] sinkt.
- *Teambildung*: Die Teammitglieder lernen sich sich gegenseitig schneller kennen, was zu einer verbesserten Zusammenarbeit führen kann.

---

[11] *Truck Number* (auch *Bus-Faktor*) ist eine Kennzahl zur Abschätzung von Risiken in Softwareprojekten. Mit diesem Wert wird die Anzahl der Mitarbeiter in einem Projekt beschrieben, die ausfallen können, ohne das Projekt zu gefährden: *„Wie viele müssten von einem Lastwagen (Truck) überfahren werden, bis das Projekt lahmgelegt ist?"* [WikiTN]

Die gemeinsame Arbeit zweier Teammitglieder bringt deutlich mehr Nutzen, als es kostet!

Für Arbeitsgebiete außerhalb der Softwareentwicklung – dann *Pair Working* genannt – gilt dies gleichermaßen. Die Vorgehensweisen sind entsprechend anzupassen.

Eine extreme Form von Pair Working ist → *Mob Working* (Mob Programming).

Planning

Planung der nächsten Schritte, → *Sprint Planning*

Product Backlog

Das *Product Backlog* ist ein → *Backlog* für alle Eigenschaften, die ein Produkt haben/bekommen soll. Es ist dynamisch und wird permanent weiterentwickelt. Es enthält immer den aktuellen Stand der Anforderung an das Produkt, dabei können neue Themen hinzukommen und bisherige wegfallen oder weniger wichtig werden [WikiPB].

Im Product Backlog stehen keine technischen Anforderungen, sondern anwenderorientierte Anforderungen, also Produkteigenschaften aus Kundensicht, z.B. formuliert mittels → *User Storys*.

Die Pflege des Product Backlog liegt in der Hand eines Verantwortlichen, z.B. in → *Scrum* des *Product Owners*. Er bearbeitet das Product Backlog gemeinsam mit dem Kunden und erfasst, welche Produkteigenschaften für diesen am meisten Wert darstellen, daher also am wichtigsten sind und als Erstes realisiert werden müssen. Die Priorisierung der Items des Product Backlog nach der Reihenfolge der werthaltigsten Themen erfolgt also durch den Kunden. Im Ergebnis sind die Einträge im Product Backlog immer nach absteigendem Wert für den Kunden sortiert.

Aus dem Produkt Backlog wird für jede → *Iteration* (→ *Sprint*) das → *Backlog* für diese Iteration (→ *Sprint Backlog*) abgeleitet.

Retrospektiven

> *Regardless of what we discover, we understand and truly believe that everyone did the best job they could, given what they knew at time, their skills and abilities, the resources available, and the situation at hand.*
>
> – Norman L. Kerth [Ker01]

Die *Retrospektive* und der → *Review* schließen die → *Iteration* (→ *Sprint*) ab. Im Review bekommt das → *crossfunktionale Team* Feedback vom Kunden zum Produkt. Aus diesem lernt es und kann so das vorliegende Produkt verbessern. Damit schließt der Review die Lernschleife auf inhaltlicher Ebene.

In der *Retrospektive* wird das methodische Vorgehen reflektiert und verbessert und dadurch die *Lernschleife auf methodischer Ebene geschlossen*. Damit ist die Retrospektive das wichtigste Meeting! Denn hier findet Lernen und damit die Verbesserung der Vorgehensweise statt!

Zu einer agilen Vorgehensweise gehört immer eine Überprüfung des Vorgehens und eine entsprechende Verbesserung. Ziel ist, sein Vorgehen flexibel und adaptiv zu halten und an die gegebenen Notwendigkeiten anzupassen: Die Notwendigkeiten/Gegebenheiten können wir nicht ändern. Was wir ändern können, ist unser Umgehen damit und unsere Reaktion darauf. Das starre Anwenden einer Methode ist nicht agil!

Vorgehen

In der Retrospektive reflektiert das Team folgende Fragen:

1. *Was funktioniert gut?*
2. *Was muss verbessert werden?*
3. *Wie können wir uns verbessern? Was ist zu tun?*
4. *Wer macht was bis wann?*

in Bezug auf:

- Arbeitsabläufe
- Zusammenarbeit im Team
- Zusammenarbeit mit Stakeholdern etc.
- …

Dabei werden *alle Bereiche außer inhaltlichen Themen* besprochen. Aus den Ergebnissen der Retrospektive ergeben sich Verbesserungen im Vorgehen.

Retrospektiven können auf verschiedenen Ebenen durchgeführt werden:

- Team
- Abteilung
- Unternehmen

Die einzige Regel ist, dass ausschließlich diejenigen teilnehmen, die *in* der entsprechenden Ebene arbeiten, nicht *mit* ihr! Das heißt auf Teamebene nur die Teammitglieder, keine Manager und keine Gäste! Gleiches gilt für die Abteilungsebene, auch hier nehmen nur die Mitglieder der Abteilung teil, keine Vorgesetzten wie Abteilungsleiter und aufwärts.

Empfohlene Literatur:

Andresen, Judith: Retrospektiven in agilen Projekten: Ablauf, Regeln und Methodenbausteine. Carl Hanser Verlag, München, 2013
Dräther, Rolf: Retrospektiven – kurz & gut. O'Reilly Verlag, Köln , 2014
Löffler, Marc: Retrospektiven in der Praxis: Veränderungsprozesse in IT-Unternehmen effektiv begleiten. dpunkt.verlag, Heidelberg, 2014
Derby, Esther; Larsen, Diana: Agile Retrospectives: Making Good Teams Great (Pragmatic Programmers). The Pragmatic Programmers, 2006
Jedes bessere Buch über Scrum sollte ausführlich auf Retrospektiven eingehen.

Review

Der *Review* und die → *Retrospektive* schließen die → *Iteration* (→ *Sprint*) ab. In der Retrospektive wird das methodische Vorgehen reflektiert und verbessert und dadurch die Lernschleife auf methodischer Ebene geschlossen.

Im Review wird die inhaltliche Bearbeitung im letzten → *Sprint* reflektiert. Üblicherweise bekommt der Kunde das Produkt und gibt sein Feedback dazu ab. Aus diesem wird gelernt und so das vorliegende Produkt verbessert. Damit schließt der Review die *Lernschleife auf inhaltlicher Ebene*.

Sprint

Im agilen Vorgehensmodell → *Scrum* wird eine → *Iteration* als *Sprint* bezeichnet. Ein Sprint ist eine → *Timebox*, in der das → *crossfunktionale Team* an den Themen, die es sich für diese vorgenommen hat (→ *Sprint Backlog*), arbeitet. Der Sprint schützt das Team vor Störungen und Forderungen aus dessen Umwelt wie: „Könnt ihr hier schnell mal was entwickeln – der Chef trifft morgen einen Kunden und will da mal was zeigen …" Derartige Forderungen müssen sich dann „für das → *Product Backlog* anstellen" und können nur über diesen Weg in einer späteren Iteration/in einem späteren Sprint realisiert werden.

Der Sprint beginnt mit einer *Planung* (dem → *Sprint Planning*), in der die nächsten zu bearbeitenden Items aus dem → *Product Backlog* in das → *Sprint Backlog* gezogen, besprochen und beplant werden. Während des Sprint finden täglich → *Daily Standups* statt. Der Sprint endet mit der Vorführung der Arbeitsergebnisse im → *Review* (in der Regel erhält der Kunden diese) – diese Vorführung ist öffentlich – und mit der → *Retrospektive* (diese ist nur teamintern).

Sprint Backlog

Das *Sprint Backlog* enthält die durch das → *crossfunktionale Team* im aktuellem → *Sprint* zu bearbeitenden Themen und ist *„eine Prognose des Entwicklungsteams darüber, welche Funktionalität im nächsten Inkrement enthalten sein wird"* [DSG13d, e]. Das Sprint Backlog ist über den → *Sprint* fix und erfährt keine Veränderungen (außer Streichungen obsolet gewordener Themen). Es ermöglicht dem Team eine Planung seiner Tätigkeiten und schützt es gleichzeitig vor unvorhergesehenen Störungen von außen (z.B. den Versuch „schnell mal was außerhalb der Reihe machen zu lassen"). Es wird zu Beginn des Sprint im → *Sprint Planning* aus dem → *Product Backlog* abgeleitet. Alle Arbeit, die das Team erledigt, hat also ihren Ursprung im → *Product Backlog*.

Sprint Planning

Die allgemeine Auffassung, im Agilen werde nicht geplant, ist falsch – Es wird geplant:

- *exakt*: immer nur der nächste Schritt
- *grob*: die dann möglicherweise folgenden Schritte, allerdings wissen wir ja noch nicht, was das Ergebnis des nächsten Schrittes sein wird, daher verschwenden wir nicht zu viel in eine zu genaue Planung.

Der Sprint beginnt mit einem *Planungsmeeting*, in dem die nächsten zu bearbeitenden Items aus dem → *Product Backlog* in das → *Sprint Backlog* gezogen, besprochen und beplant werden. Dabei werden die Items in Teile zerlegt, die maximal so groß sind, dass sie eine Person an einem Tag komplett bearbeiten und abschließen kann. Hintergrund dazu ist, dass maximal die Arbeit von einem Personentag wiederholt werden muss, wenn diese Person im Laufe des Tages ausfällt.

Story Card

Eine *Story Card* ist die visuelle Repräsentation einer → *User Story*. Dabei stehen auf der Vorderseite die User Story, ihr Geschäftswert und ihre Größe in → *Story Points*. Auf der Rückseite werden Details aufgelistet, wie Abnahme- und Testkriterien, Ansprechpartner etc. Die Story Cards werden am → *Board* gesammelt und „wandern" bei ihrer Umsetzung über die verschiedenen Kategorien des Board, z.B. des → *Kanban-Board*.

Story Point

Für die Planung eines → *Sprint* muss die Größe der zu bearbeitenden Themen (Items) im → *Product Backlog* bekannt sein. Es muss für das → *crossfunktionale Team* abschätzbar sein, wie viele Product Backlog Items es in sein → *Sprint Backlog* übernimmt, um sich nicht zu viel (dann würde es nicht alles schaffen) und nicht zu wenig (dann hätte es Leerlauf im Sprint) vorzunehmen (denn der Sprint ist ja geschützt, es kommen keine (ungeplanten) Aufgaben dazu).

Da die Umsetzungsdauer einer Aufgabe stark von der Anzahl verfügbarer Personen, deren Erfahrungen und Fertigkeiten sowie den zur Verfügung stehenden Rahmenbedingungen (z.B. Werkzeuge) abhängt, kann die Umsetzungsdauer nicht als Beurteilungsgröße verwendet werden. Daher wird im Agilen mit der abstrakten Größe „Story Point" gearbeitet. Diese hat keinen absoluten, sondern einen relativen Wert, ist also nur im Vergleich zu anderen Product Backlog Items sinnvoll. Dieser relative Größenvergleich ermöglicht es, die Aufgaben entsprechend ihrer Größe einzuschätzen. Da das Team seine → *Velocity* in Story Points pro → *Sprint* kennt, kann es so viele Aufgaben in sein → *Sprint Backlog* ziehen, bis die Summe der gezogenen Aufgaben dieser Geschwindigkeit entspricht. Es ist dann zu erwarten, dass das Team unter normalen Umständen alle gezogenen Aufgaben bearbeiten und abschließen kann.

Ein Beispiel dazu: Es gibt drei Aufgaben A, B und C. So in etwa ist ein Gefühl für deren Größe da – und schwer vergleichbar. Werden nun z.B. Tiere als Größen den Aufgaben zugeordnet, z.B. A hat die Größe eines Pferdes, B die einer Katze und C die eines Esels, sind die relativen Verhältnisse für alle, die diese drei Tiere kennen, klar. Wenn die Bearbeitungsgeschwindigkeit des Teams *ein Pferd pro Sprint* entspricht, kann entweder nur Aufgabe A oder die Aufgaben B + C gezogen werden (in der Annahme, dass ein Esel + eine Katze maximal so groß sind wie ein Pferd). – Es gibt durchaus Unternehmen, die mit dieser Einschätzung auf Basis von bekannten Tieren arbeiten, für viele Anwendungsbereiche reicht eine Einschätzung in dieser Art völlig aus.

Manche Teams arbeiten auch mit T-Shirt-Größen (S, M, L, XL). Allerdings sind diese Größen recht nah beieinander, sodass Unterschiede in Größendimensionen nur schlecht deutlich werden.

Story Points sind hier abstrakter, da 1 Story Point keine konkrete Größe hat. Hier ist dann nur ein Vergleich, ein relativer Bezug sinnvoll: Eine Aufgabe mit 2 Story Points ist doppelt so groß wie eine Aufgabe mit 1 Story Point.

Festgestellt werden die Story Points zu jedem Product Backlog Item in einem Schätzmeeting. Dabei gibt jeder zunächst verdeckt seine Einschätzung ab. Danach werden die Abweichungen vom Mittelwert oder Median in einer → *Timebox* diskutiert und abschließend erneut abgestimmt. Nach einiger Erfahrung klappt das Abschätzen recht genau, wobei noch einmal betont werden soll, dass die von dieser Gruppe zur Einschätzung verwendete Basiseinheit 1 Story Point nur für diese Gruppe gilt. Eine andere Gruppe wird einen anderen Umfang als 1 Story Point definieren. Daher sind dann auch die geschätzten Größen nur innerhalb einer Gruppe vergleichbar, nicht zwischen verschiedenen Gruppen!

Sind sowohl der Umfang eines Produktes in *Story Points* (ΣP) sowie die → *Velocity* (V) der dieses Produkt entwickelnden Einheit (Team, Abteilung) bekannt, kann sehr einfach die für die Entwicklung dieses Produktes notwendige Zeit (T) berechnet werden:

$$T = \frac{\sum P}{V}$$

The Insights Door

The Insights Door [Lit14b] ist eine Möglichkeit, den Stand zu Verbesserungen sichtbar zu machen. Das Team zeigt so, welche Ideen es hat, welche es verfolgt und welche es momentan zurückstellt.

Gleichzeitig bietet *The Insights Door* die Möglichkeit, transparent Einsichten und Feedback zu sammeln:

- bei kleinen Veränderungen: Kollegen, die nicht im Veränderungsteam mitarbeiten, können – wenn sie wollen, gerne auch anonym – Feedback und Ideen geben.
- bei großen Veränderungen: Wer Hilfe braucht oder Bedenken hat, kann dies hier – auch anonym – kundtun.

Dazu wird an einem für alle Mitarbeiter zugänglichem Ort eine Tafel wie in Abbildung 55 ausgehängt, die vom Team aktuell gehalten wird. So können sich alle im Unternehmen informieren.

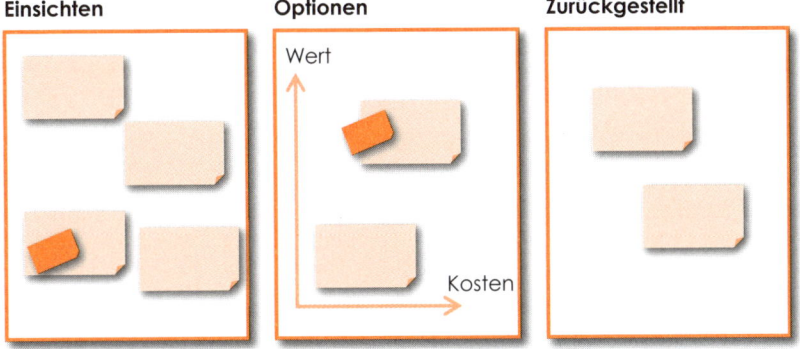

Abbildung 55: The Insights Door

Es werden zwei Farben von Haftnotizen direkt unter der Tafel zur Verfügung gestellt:

- eine Farbe für inhaltliche Themen:
  – neue Einsichten, die jemand mitteilen will,
  – neue Optionen, die jemand entwickelt hat, und

- eine Farbe für Feedback zu einer Einsicht oder Option. Diese Notiz wird direkt auf die betreffende Einsicht/Option geklebt.

Mit den heute verfügbaren Smartphones ist auch eine Kamera schnell griffbereit: Machen Sie (als Verantwortlicher für die Veränderung und das Team) nach jeder Änderung ein Foto zum Protokollieren. Da jeweils Datum und Uhrzeit automatisch mit vermerkt werden, können Sie Änderungen leicht nachvollziehen.

Der „Effekt" von *Insights Door* ist nicht nur die Information, sondern auch die Umsetzung völliger Transparenz. Es nimmt unheimlich viel Angst und schafft Vertrauen, wenn Ihre Kollegen sehen, was los ist, was auf sie zukommt. Kommunizieren Sie auch Fehlschläge und Misslungenes! Das sind wichtige Erfahrungen und sie machen das Veränderungsteam außerdem sehr menschlich.

Sollte es zu „anonymer Sabotage" der Tafel kommen, dann haben Sie als Backup die Fotos – das ist nicht das Problem. Das Problem ist dann, dass es versteckten Widerstand gibt. Thematisieren Sie dies! Kommunizieren Sie es offensiv (z.B. E-Mail-Rundschreiben) und lassen Sie sich das nicht gefallen. Informieren Sie Ihre Vorgesetzten und bitten Sie diese um Unterstützung. Sie haben einen offiziellen Auftrag zur Veränderung, damit handeln Sie im Auftrag Ihres Unternehmens. Es muss Sie und die Veränderung dann entsprechend schützen. Gleichzeitig sind derartige Vorfälle auch eine wunderbare Gelegenheit, um die Kultur im Unternehmen zu thematisieren und zu diskutieren.

Literatur:

Lit14b: Little, Jason: Lean Change Management. Innovative Practices for Managing Organizational Change. Happy Melly Express, 2014.

Timebox

Man kann über alles reden. Nur nicht über eine Stunde.

– Werner Gilde

Eine *Timebox* ist ein festes Zeitfenster, das unbedingt eingehalten werden muss. Im Agilen dauert jedes Meeting, jeder → *Sprint* eine (vorher selbst) definierte Zeitspanne, die *Timebox*.

Die Idee dahinter ist, dass Verschwendung vermieden und alle sich auf die wirklich wichtigen Dinge konzentrieren sollen.

Sollten am Ende der Timebox noch unbearbeitete Themen übrig sein, kann gemeinsam entschieden werden, nur mit den wirklich betroffenen Teilnehmern ein Folgemeeting einzuberufen bzw. diese Themen im nächsten Meeting oder Sprint – so es denn keine wichtigeren Themen gibt – zu bearbeiten [Drä13].

Testgetriebene Entwicklung (Test-driven Development (TDD)), auch Test-first-Entwicklung (Test-first Development)

Bei der *testgetriebenen Entwicklung* wird der Test, gegen den das Produkt getestet wird, VOR Beginn der Entwicklung definiert und beschrieben. Es werden also *zuerst* die Kriterien und die Vorgehensweise definiert, mit der der Kunde das Produkt abnimmt, und *dann* die Entwicklung gestartet. Dies ermöglicht dem Team eine Entwicklung des Produktes gegen diese Tests. Jede Produkteigenschaft kann dann bereits bei ihrer Entstehung gegen den Abnahmetest getestet werden. Durch den Test ist dann auch schon vordefiniert, „wo man mit der Produkteigenschaft hin muss". Testgetriebene Entwicklung ist damit *keine* Teststrategie, sondern eine *Designstrategie*!

Die Tests vor Beginn der Entwicklung zu definieren hat u.a. folgende Vorteile [Coh10, WikiTGE]:

- „*Qualität kann man nicht testen – man muss sie einbauen.*" Oft ist noch das Verständnis vorhanden, dass man einfach drauflos entwickelt und hinterher testet, um Fehler zu finden. Die Konsequenz ist, dass man möglicherweise Teile der Entwicklung dann neu aufrollen muss bzw. viel Aufwand in die Fehlersuche stecken muss und möglicherweise nicht alle Fehler findet.
  Qualität muss von Anfang an eingebaut werden. Dazu muss man die Produkteigenschaften in jedem Zustand testen können und wissen, „wo man hin muss".
- Mit dem Test nach Abschluss der Entwicklung wird oft lax umgegangen, weil „testen nicht sexy ist" und neue spannende Aufgaben warten.
  So sind die Tests von Anfang an klar und keiner kann sich mehr um sie drücken.
- Oft verzögert sich die Entwicklung und damit der Auslieferungstermin. Damit dieser doch noch so gut wie möglich eingehalten kann, werden Tests vernachlässigt bzw. unter Zeitdruck durchgeführt. Dies führt dazu, dass Fehler nicht erkannt werden (können), der Kunde ein fehlerhaftes Produkt erhält und es nachträglich zu einer teuren Fehlerbehebung mit einem hohen Serviceaufwand kommt.
- Ein Nachteil klassischer Tests, die nach dem Abschluss der Produktentwicklung definiert werden, besteht darin, dass die innere Struktur des Produktes und seine Eigenheiten bekannt sind. Daher kann es passieren, dass der Test dann „um die Fehler herum" definiert wird und daher diese nicht entdeckt.

Testgetriebene Entwicklung kann am Anfang etwas länger dauern, allerdings zeigen Studien, dass das Produkt dann weniger Fehler enthält und die Kundenanforderungen schneller getroffen werden [Coh10].

Use Case

Im Unterschied zur → *User Story,* die das Ergebnis, den Nutzen und Sinn einer Produkteigenschaft beschreibt, beschreiben *Use Case*s die Interaktion des Nutzers mit dem Produkt über verschiedene Szenarien (Hauptszenarien, alternative Szenarien und Ausnahmeszenarien) und gehen so auf die Realisierung/Umsetzung der User Story ein. Use Cases sind daher detaillierter und umfangreicher [Pic08, Boo12].

Literatur:

Boo12: Boost New Media: Use cases vs user stories in Agile development, Blog-Eintrag vom 18.01.2012, online verfügbar: http://www.boost.co.nz/blog/2012/01/use-cases-or-user-stories/

User Story

> *Wenn ich die Menschen gefragt hätte, was sie wollen,*
> *hätten sie gesagt, schnellere Pferde.*[12]
>
> – Henry Ford

Ziel agilen Vorgehens ist, das zu erstellen, was der Kunde als Wert einschätzt (und daher auch bereit ist, zu bezahlen). Dabei geht es allerdings nicht darum, dass er die Lösung vorgibt und wir diese nur noch umsetzen – dies wären dann *schnellere Pferde*. Sondern es muss *der Nutzen und der Sinn der Leistung für den Kunden* erfasst werden. *Wozu* braucht er unsere Leistung? Welches Bedürfnis steht dahinter? Was will er *eigentlich*? Was ist die eigentliche Absicht, der eigentliche Zweck? Kunden wollten ja – zumindest die meisten – kein Pferd kaufen, um *ein Pferd zu haben*, sondern weil sie schnell an verschiedene Orte kommen wollten (und es keine Alternative zu einem eigenen Pferd gab).

Im Agilen werden die Kundenanforderungen an das Produkt/die Leistung über *User Storys* („Anwendererzählungen" [WikiUS]) beschrieben. Diese sind kurze und prägnante Beschreibungen des Produktes bzw. einer Produkteigenschaft und zeigen dessen Wert aus der Sicht des Nutzers bzw. Käufers des Produktes[Drä13]. Dabei wird weder auf (technische) Realisierungen eingegangen noch auf die Interaktion des Kunden mit dem Produkt (vgl. → *Use Cases*).

User Storys haben das Format [WikiUS, Drä13, Amb09]:

> Als {*Rolle*} möchte ich {*Ziel/Wunsch*}, um {*Nutzen*} zu erreichen.

und werden auf → *Story Cards* notiert.

Dabei bedeuten [Drä13, Amb09, WikiUS]:

{*Rolle*}: Derjenige, aus dessen Sicht die User Story formuliert wird. Im Agilen wird mit Rollen gearbeitet und jeweils aus der Sicht dieser Rolle das Anliegen formuliert. Eine Person kann mehrere Rollen einnehmen, in jeder Rolle kann sie (sehr) unterschiedliche Bedürfnisse haben, daher wird mit Rollen gearbeitet.

{*Ziel/Wunsch*}: In der User Story geht es um die Beschreibung dessen, was {Rolle} haben will. Dies ist eine Formulierung aus Anwendersicht ohne technische Details. So beschreibt z.B. ein Computer-Nutzer keinen Login-Screen mit Anmeldemaske, sondern, wie er bequem schnell seinen Computer entsperren kann.

{*Nutzen*}: Hier geht es um das *Wozu* des {Ziel/Wunsch}. Worum geht es {Rolle} eigentlich, wenn sie {Ziel/Wunsch} formuliert, was steht dahinter?

Nehmen wir als Beispiel einen Gemüsehändler in einer mittleren Kleinstadt, der seine über die Stadt verteilten Kunden schnell, flexibel und zuverlässig mit seinen Waren beliefern will.

Dann sind

{*Rolle*}: der Gemüsehändler,

---

[12] Zumindest glauben viele, dass Ford dies gesagt haben soll. Belege lassen sich dafür bisher nicht finden, auch hat Ford dafür zu viel Text hinterlassen. Interessanterweise scheint dieses Zitat in den späten 2000ern verstärkt aufgekommen und populär geworden zu sein.

{*Ziel/Wunsch*}: sein Bedürfnis, seine über die Stadt verteilten Kunden schnell, flexibel und zuverlässig mit seinen Waren zu beliefern,

{*Nutzen*}: seine Kunden halten und neue zu gewinnen.

Die User Story ist dann: *„Als Gemüsehändler möchte ich meine über die Stadt verteilten Kunden schnell, flexibel und zuverlässig mit meinen Waren beliefern, damit meine Kunden mit mir zufrieden sind, mir treu bleiben und mich weiterempfehlen."*

Diese User Story sagt nichts über die technische Umsetzung aus! Also weder schnellere Pferde noch Autos noch etwas anderes. Die Beschreibung besagt nicht einmal, dass der Gemüsehändler selbst fahren muss, die User Story kann auch durch (Fahrrad)Kuriere erfüllt werden. Die konkrete technische Umsetzung wird dann aus dieser User Story schrittweise im Dialog mit dem Kunden erarbeitet und führt zum → *Use Case*.

Das eingangs genannte Zitat von Henry Ford macht deutlich, dass man einen Abstand von der aktuellen Lösung braucht. Herausragende neue technische Lösungen entstehen eben nicht in der Fortschreibung bisheriger Lösungen, sondern, indem man das Bedürfnis der Kunden auf der Nutzenebene analysiert und mit einem anderen, qualitativ neuem technischen Ansatz löst.

Literatur:

Amb09: Ambler, Scott W.: Introduction to User Stories. Initial User Stories (Formal). In: Agile Modeling. Online verfügbar: http://www.agilemodeling.com/artifacts/userStory.htm

User Story Mapping

Jeff Patton [Pat15] entwickelte das Konzept der → *User Storys* zum Ansatz *User Story Mapping* weiter. Dabei wird die Produktentwicklung am Arbeitsfluss des Nutzers ausgerichtet und in flexibel anpassbaren Story Maps geplant, dokumentiert und visualisiert. Dadurch entsteht ein besseres Verständnis vom Gesamtprozess des Nutzers und vom zu entwickelnden Produkt. Dies reduziert die Gefahr, sich in unwichtigen Details zu verlieren oder ein Produkt zu entwickeln, das an den Bedürfnissen des Nutzers vorbeigeht [Pat15].

Velocity

Im Agilen ist die Bearbeitungsgeschwindigkeit (*Velocity, V*) eine wichtige Größe. Sie wird in fertiggestellten → *Story Points* $\sum P$ pro *Zeiteinheit T* (pro → *Timebox*, z.B. pro → *Sprint*) gemessen

$$V = \frac{\sum P}{T}$$

Nach einigen Iterationen (*Sprints*) (typischerweise 5±2) ist die Geschwindigkeit eines Teams konstant. Anhand der Velocity kann das Team auch feststellen, ob Verbesserungen greifen – dann nimmt die Bearbeitungsgeschwindigkeit zu (→ *Velocity Tracking*).

Jedes Team ist ein eigenes, ein individuelles System und hat daher seine eigene Geschwindigkeit. Wird die Velocity nun verwendet, um Teams zu vergleichen und zu bewerten, hat man Agilität wirksam zerstört. Wettbewerb und wettbewerbsorientiertes Denken zerstören Kreativität (s. Abschnitt III.2.3), Vertrauen und das Arbeiten an einer gemeinsamen Sache. Werden Teams über ihre Bearbeitungsgeschwindigkeit miteinander verglichen, werden sie Mittel und Wege finden, die Velocity besser aussehen zu lassen – auf Kosten des Produktes und des Kunden.

Teams über ihre *relative* Verbesserung miteinander zu vergleichen, also öffentlich darzustellen, dass Team A um 15 % schneller geworden ist, Team B um 10 % und Team C um 20 %, funktioniert. Diese *relativen Verbesserungen* sagen nichts über die absolute Geschwindigkeit aus und haben daher nicht diesen Leistungsbewertungs-Charakter. Im Gegenteil, sie können den Austausch und das voneinander Lernen auf Basis eines „Wie macht ihr das?" befördern. Bei einem relativen Vergleich haben auch anfänglich schwächere Teams eine Chance, motivationsunterstützende Anerkennung zu bekommen – „Nichts macht erfolgreicher als Erfolg!" Anfangserfolge – gerade auf niedrigem Niveau – sind schnell gemacht, wahres Können zeigt sich in der Bewältigung der „Mühen der Ebene" (Brecht).

Velocity Tracking

Die → Velocity (Bearbeitungsgeschwindigkeit) eines Teams wird auf einem Chart über die Zeit festgehalten und dargestellt (Abbildung 56). So lässt sich prognostizieren, welchen Umfang von Arbeitspaketen (in → *Story Points)* das Team in zukünftigen → *Iterationen* (→ *Sprints)* oder bei der späteren Entwicklung anderer Produkte abarbeiten kann.

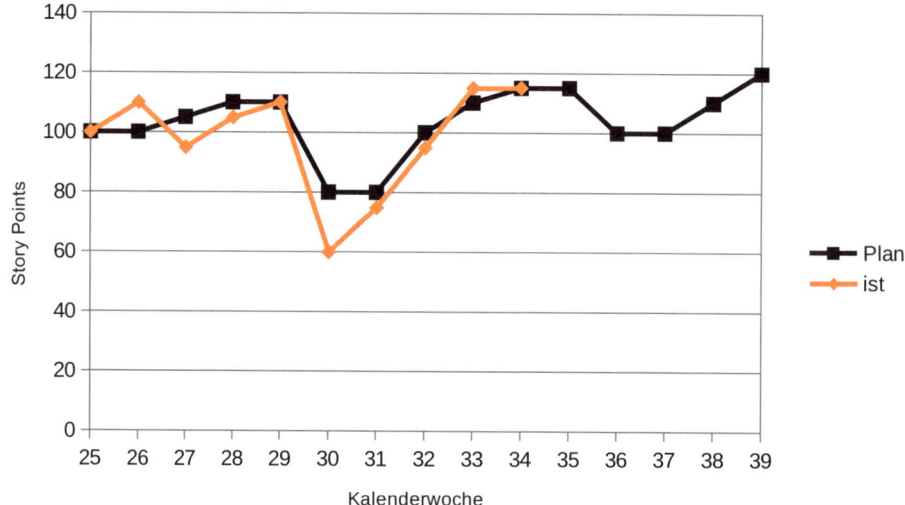

Abbildung 56: Velocity Tracking *mit Abwesenheiten in KW 30+31 sowie KW 36+37*

Auf Basis der bisherigen und geplanten Velocity kann abgeschätzt werden, wie lange die Entwicklung des Produktes noch dauern wird, da geplante Abwesenheiten (z.B. Urlaub) einkalkuliert werden können (→ *Burn-down-/up-Charts).*

3.2 Tools

Dieses Kapitel stellt erprobte Tools für die agile Praxis vor. Diese sollen einen Startpunkt und Ideen für eigene Tools geben. So wie Agilität und jede Veränderung individuell sind, muss jedes Tool zur Situation und zum Team passen. Entwickeln Sie Ihre eigenen Tools und bedenken Sie dabei:

Wer als Werkzeug nur einen Hammer hat,
sieht in jedem Problem einen Nagel.

– Paul Watzlawick

In diesem Kapitel erfahren Sie:

- welche Tools Sie bei Einsichten, Optionen und Experimente unterstützen,
- mit welchen Tools Sie eine Veränderung steuern können,
- Aufbau und Funktionsweise eines Change Canvas, und warum es einen Standard Change Canvas nicht geben kann,
- Aufbau und Funktionsweise eines Kanban-Board,
- Aufbau und Funktionsweise eines Change Board.

Die Reihenfolge der Darstellung orientiert sich nach der Reihenfolge des Einsatzes in Lean Change. Zuvor werden die Grundlagen für Boards und Canvases dargestellt.

Alle grafisch dargestellten Tools stehen unter www.agil-werden.de/buch zum Download zur Verfügung.

Boards

Boards sind große visuelle Darstellungen, die mindestens für alle Teammitglieder sichtbar und zugänglich sind. Sie sollen schnell und umfassend über den Stand der Aktivitäten informieren.

Boards enthalten:

- Informationen zu aktuell laufenden, geplanten zukünftigen und bereits abgeschlossen Aufgaben. Dies erfolgt meist in Form eines → *Kanban-Board*.
- Eine priorisierte Auflistung der zu bearbeitenden Themen → *Backlog*, z.B.
  - für alle Eigenschaften, die ein Produkt haben soll → *Product Backlog*
  - für alle in diesem Sprint zu bearbeitenden Themen → *Sprint Backlog*
- Eine visuelle Darstellung zur Fortschrittsanzeige → *Burn-down-/up-Charts*
- Kalender mit Eintragungen zu
  - geplanten Abwesenheiten einzelner Teammitglieder
  - geplanten Events des Teams/der Organisation

Oft werden auch weitere Informationen angezeigt:

- Auflistung der Teammitglieder und Status, woran sie gerade arbeiten bzw. Abwesenheiten
- Darstellung dazu, wie es den Teammitgliedern geht → *Happiness Index*
- Festlegung, wann etwas als fertig betrachtet wird → *Definition of Done (DoD)*
- Priorisierte Auflistung von Blockierungen → *Impediment Backlog*

- Beschreibung des Nutzen einzelner Produktmerkmale aus Sicht des Anwenders → *User Storys*
- Veränderung der Bearbeitungsgeschwindigkeit über die Zeit → *Velocity Tracking*

Boards werden kontinuierlich aktualisiert. Änderungen werden zum → *Daily Stand-up* bekannt gegeben und kurz dargestellt.

Oft haben – zumindest Teile eines – Boards die Struktur von Kanban-Boards. Im Weiteren erfahren Sie:

- Was ein Kanban-Board ist und wie es funktioniert
- Warum die Limitierung der Elemente pro Spalte in einem Kanban-Board so wichtig ist
- Den zeitlichen Durchlauf von Themen über das Kanban-Board

Kanban-Boards

Im Zusammenhang mit agilen Vorgehensweisen und Methoden werden oft Kanban-Boards eingesetzt. Mit diesen lassen sich Abläufe und der aktuelle Stand transparent machen und so z.B. die Aufgaben eines Teams oder die Entwicklung einer {Leistung} steuern.

Kanban

Kanban ist der japanische Begriff für „Signalkarte" und steht für eine Technik aus dem Toyota-Produktionssystem, mit der ein gleichmäßiger Fluss (*Flow*) der Produkte durch die Fertigung sichergestellt und so Lagerbestände reduziert werden sollen. Der Fokus liegt dabei auf *„one piece flow"*, d.h. der optimale Fluss eines jedes *einzelnen* Produktes durch die Fertigung [WikiKBI, WikiKB].

David Anderson [And11] adaptiere die Kanban-Idee für die IT. Dabei flossen grundlegende Prinzipien aus *Lean Production*, *Lean Development*, der *Theory-of-Constraints* und dem klassischen Risikomanagement zusammen [And11, Leo13, WikiKBSW, WikiKB].

Im Kontext agiler Methoden wird unter *Kanban* jeweils *Kanban in der IT* nach Anderson verstanden.

Ein einfaches Kanban-Board

Kanban-Boards (auch Kanban-Tafel) dienen zur Visualisierung des Bearbeitungsflusses („Workflow") in einem Team oder einer Abteilung. Meist besteht ein Kanban-Board aus einem einfachen Whiteboard und Haftnotizen. Jeder Zettel auf dem Board repräsentiert dabei eine Aufgabe. Das Board zeigt die verschiedenen Zustände, in denen sich eine Aufgabe befinden kann: Im Beispiel [WikiKBT] in Abbildung 57 sind dies

- *„Noch zu erledigen"*,
- *„In Bearbeitung"* und
- *„Erledigt"*.

Die Haftnotiz jeder Aufgabe befindet sich in der Spalte, die dem Zustand entspricht, in der sich die Aufgabe befindet. In Abbildung 57

- sind die Aufgaben *„Beschaffe Haftnotizen"* und *„Beschaffe Whiteboard"* bereits erledigt,
- wird die Aufgabe *„Lerne Kanban kennen"* gerade bearbeitet und
- ist die Aufgabe *„Benutze Kanban"* noch zu erledigen.

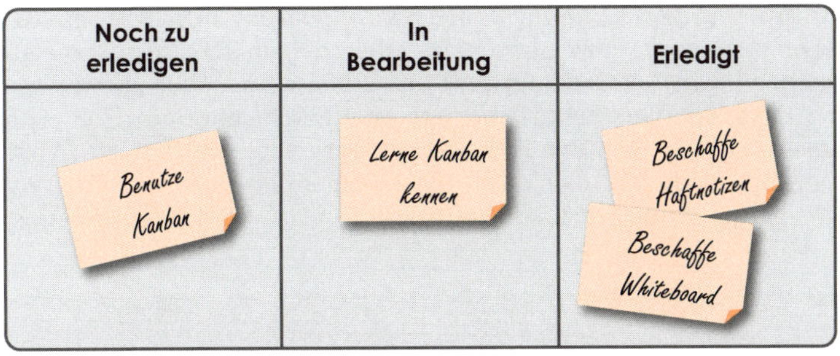

Abbildung 57: Ein einfaches Kanban-Board (nach [WikiKBT]): die Aufgaben „Beschaffe Haftnotizen" und „Beschaffe Whiteboard" sind bereits erledigt, die Aufgabe „Lerne Kanban kennen" wird gerade bearbeitet und die Aufgabe „Benutze Kanban" ist noch zu erledigen.

Entsprechend dem Bearbeitungsstand einer Aufgabe wandert dessen Haftnotiz von links nach rechts über das Board: Aus dem Vorrat der Aufgaben, die auf ihre Bearbeitung warten, („Noch zu erledigen") über die Bearbeitung („In Bearbeitung") in die Sammlung bereits erledigter Aufgaben („Erledigt").

Blockierungen sichtbar machen

Aufgaben, die – aus welchen Gründen auch immer – nicht weiter bearbeitet werden können, werden mit einer andersfarbigen Haftnotiz mit dem Text „blockiert" gekennzeichnet. Gleichzeitig kümmert man sich um die Lösung der Blockierung.

In der IT und Softwareentwicklung haben Kanban-Boards größere Umfänge mit mehr Spalten (Abbildung 58).

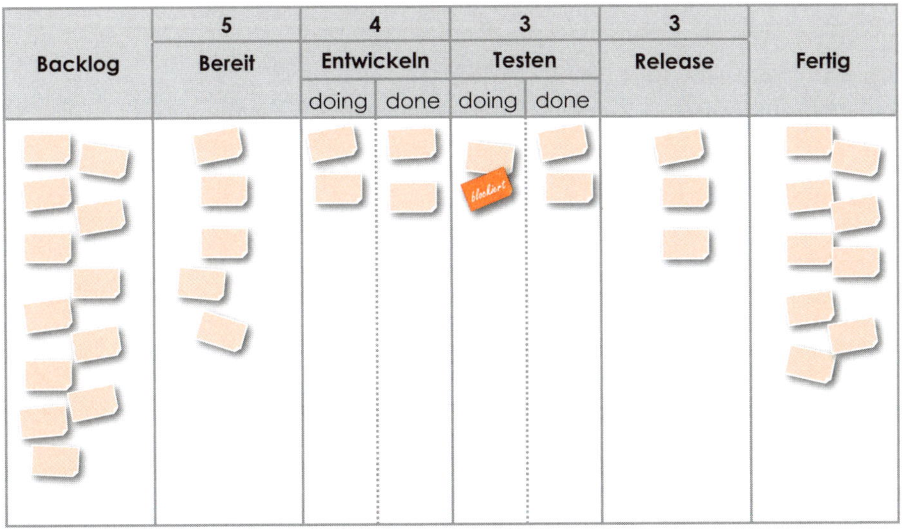

Abbildung 58: Beispiel für ein Kanban-Board aus der Softwareentwicklung mit einer Blockierung in der Spalte „doing" beim „Testen"

Bei der Einführung von Kanban(-Boards) kann es sehr hilfreich sein, die aktuell inaktive Arbeit transparent zu machen. Erfahrungsgemäß haben die meisten Teams zu viel gleichzeitig in Bearbeitung und betreiben damit eher „Staumanagement" [Kal16], als dass sie Wert schaffen – das ist Verschwendung. Hier hilft radikale Transparenz, indem inaktive Arbeit transparent gemacht wird (Abbildung 59 [Kal16]). Dahinter steht die Idee, dass Arbeitsergebnisse, die warten, „rosten". Das heißt, sie verlieren in der Wartezeit kontinuierlich an Wert bis sie wertlos sind.

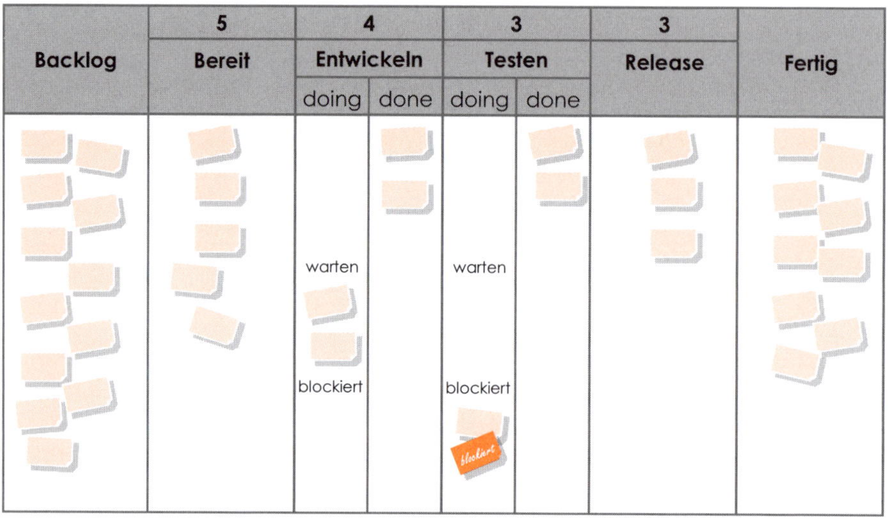

Backlog	5 Bereit	4 Entwickeln		3 Testen		3 Release	Fertig
		doing	done	doing	done		
		warten		warten			
		blockiert		blockiert			

Abbildung 59: Radikale Transparenz: *sichtbar machen von wartenden und blockierten Aufgaben [Kal16]*

Work-in-Progress-Limits (WIP-Limits)

Seine Wirkung entfaltet Kanban erst durch die Begrenzung der Anzahl an Aufgaben, die *gleichzeitig* bearbeitet werden, in den *Work-in-Progress-Limits* (*WIP-Limits*), dargestellt durch Zahlen in den jeweiligen Spalten (Abbildung 58 und 59). Diese begrenzen die maximale Anzahl von Aufgaben in der jeweiligen Spalte: In Abbildung 58 und 59 dürfen maximal 5 Aufgaben in „*Bereit*", 4 in „*Entwickeln*", 3 in „*Testen*" und 3 in „*Release*" sein.

Diese Begrenzungen dienen dazu, *Engpässe* zu erkennen. Ein *Engpass* ist eine Stelle, an der die Aufgaben langsamer bearbeitet werden (langsamer „fließen") als davor, daher stauen sich Aufgaben hier. Für Engpässe gibt es verschiedene Gründe: fehlende Ressourcen, Überlastung von Ressourcen, längere Bearbeitungsdauer als in den Stationen davor etc. Erst durch *Work-in-Progress-Limits* fallen Engpässe auf und können behoben werden. Nach der Beseitigung eines Engpasses wird an einer anderen Stelle ein Engpass auftreten, der dann gelöst werden muss. Engpässe treten so lange auf, bis ein Auftrag perfekt durch das System fließt. *Die permanente Beseitigung von Engpässen stellt daher eine kontinuierliche Verbesserung des Systems dar.*

Blockierte Aufgaben werden bei den WIP-Limits immer mitgezählt, d.h., blockierte Aufgaben verringern den Platz für „fließende Aufgaben". Daher müssen Blockierungen immer gelöst werden, um die vollständige Bearbeitungskapazität zu erhalten. Gerne wird hier einfach das WIP-Limit heraufgesetzt. Das löst jedoch keine Blockierungen, sondern ist Selbstbetrug! Erkannte Probleme müssen gelöst werden!

Kanban-Boards für mehrere Teams

Die bisher beschriebenen Kanban-Boards wurden von jeweils einem Anwender bzw. Team genutzt. Durch die Einführung mehrerer Zeilen (auch *swim lanes* genannt) können mehrere Teams an einem Board dargestellt werden (Abbildung 60).

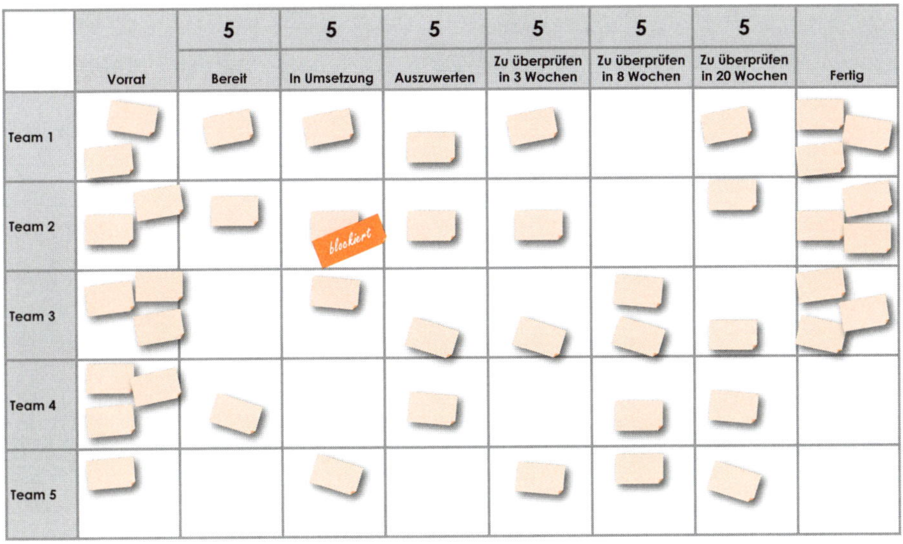

	Vorrat	Bereit (5)	In Umsetzung (5)	Auszuwerten (5)	Zu überprüfen in 3 Wochen (5)	Zu überprüfen in 8 Wochen (5)	Zu überprüfen in 20 Wochen (5)	Fertig
Team 1								
Team 2			blockiert					
Team 3								
Team 4								
Team 5								

Abbildung 60: Kanban-Board für mehrere Teams

Zusammenfassung der Kanban-Prinzipien

Die Kanban-Prinzipien zusammengefasst [And11, Boe11, Leo13, WikiKBT]:

- Visualisierung des Arbeitsprozesses durch Spalten
- Arbeit durchläuft diese Spalten
- Begrenzung unfertiger Arbeit in den Spalten (WIP-Limits)
- Überwachen, anpassen, verbessern

Beispiele für Boards

Die folgenden Darstellungen zeigen einige Beispiele für Boards. Auch hier gilt wieder: Fangen Sie mit etwas an, verbessern Sie, was funktioniert, und ändern Sie, was nicht funktioniert. Achten Sie auf schnelles Feedback und kurze Iterationen.

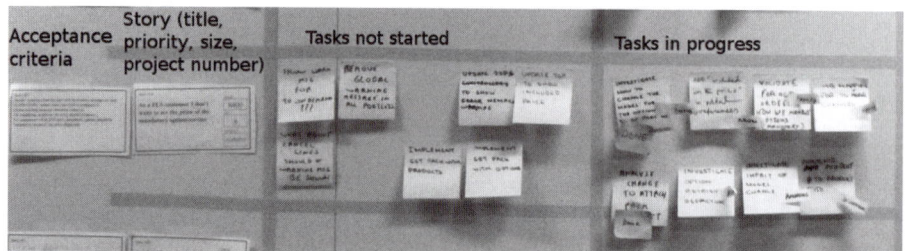

Abbildung 61: Teil eines Scrum-Board: Task Board (Quelle: http://agilebutpragmatic. blogspot.de/2012/03/visual-wall.html)

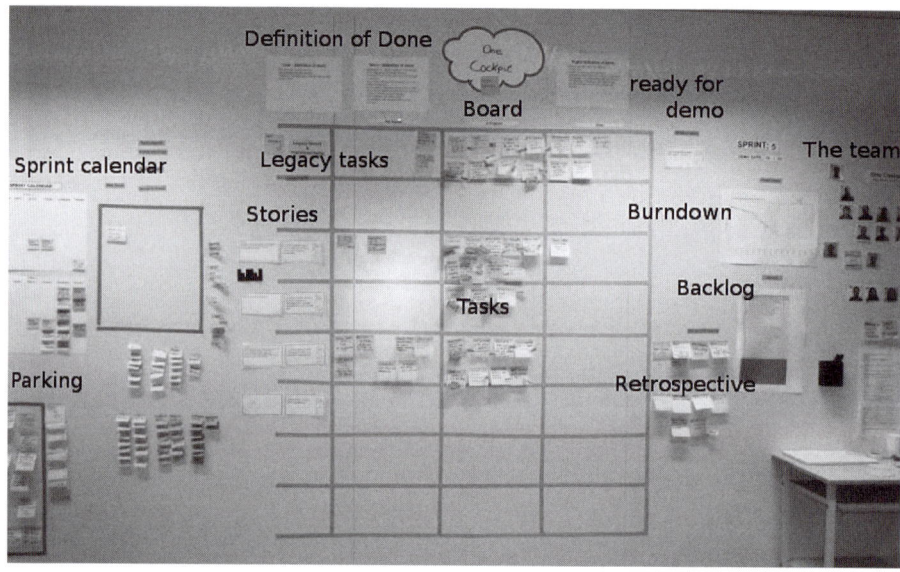

Abbildung 62: Beispiel eines Scrum-Board (Quelle: http://agilebutpragmatic. blogspot.de/2012/03/visual-wall.html)

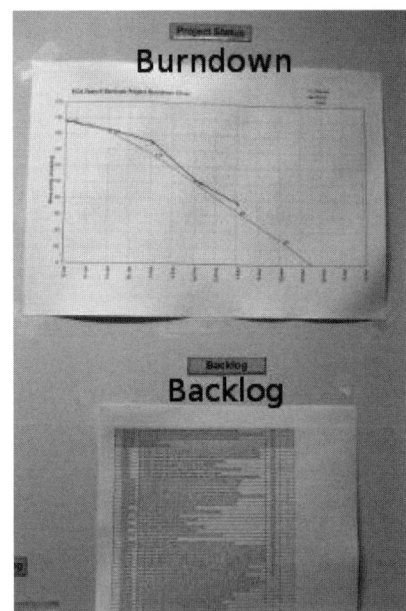

Abbildung 63: Teil eines Scrum-Board: Burn-down-Chart *und* Backlog *(Quelle: http:// agilebutpragmatic.blogspot.de/2012/03/ visual-wall.html)*

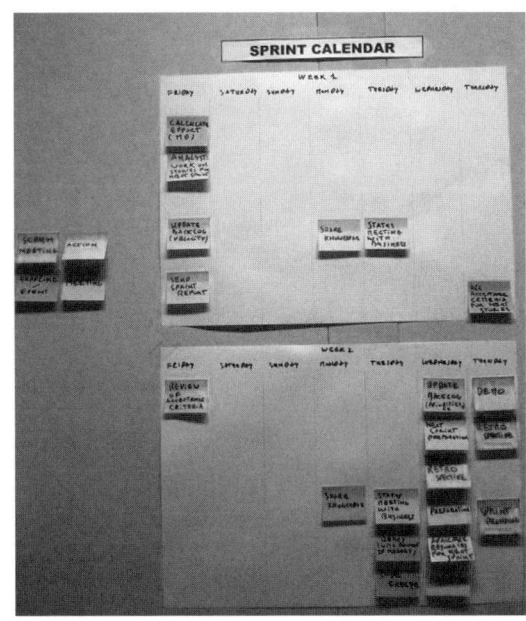

Abbildung 64: Teil eines Scrum-Board: Sprint Kalender *(Quelle: http://agilebutpragmatic.blogspot. de/2012/03/visual-wall.html)*

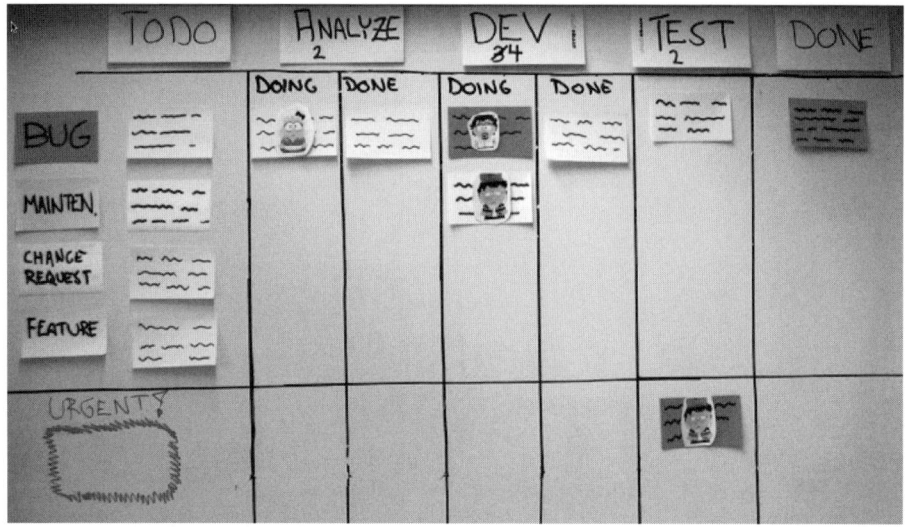

Abbildung 65: Beispiel eines Board (Quelle: http://www.agilebuddha.com/wp-content/uploads/2015/03/card-wall.png)

Abbildung 66: Der Fantasie sind keine Grenzen gesetzt: Auch LEGO kann in ein Board integiert werden (Quelle: http://www.wired.com/2013/10/a-brilliant-wall-mounted-lego-planner-that-syncs-with-google-calendar/)

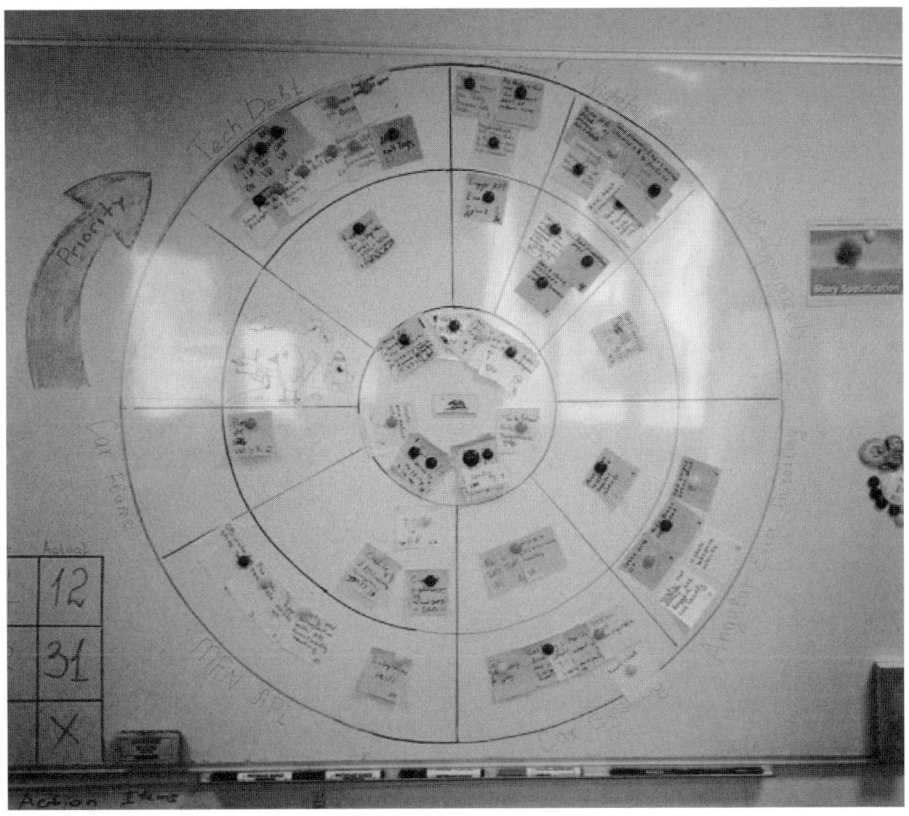

Abbildung 67: Boards müssen nicht immer eckig sein (Quelle: http://www. strongandagile.co.uk/index.php/super-hero-scrum-board/)

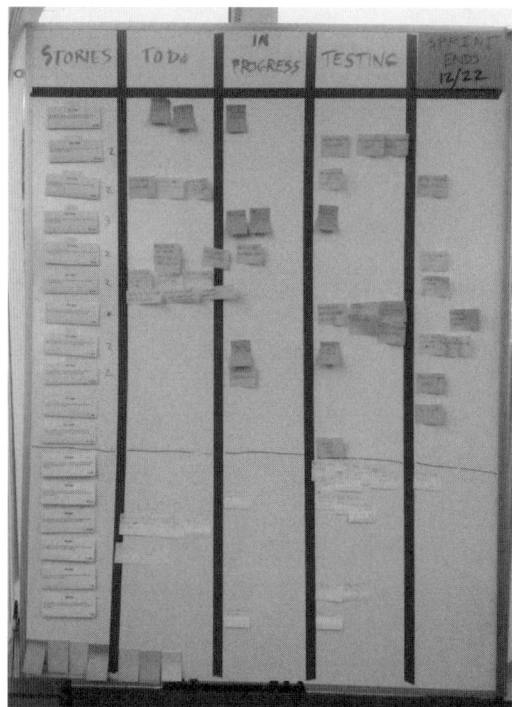

Abbildung 68: Beispiel eines Scrum Task Board (Quelle: https://en.wikipedia.org/ wiki/Scrum_%28software_ development%29)

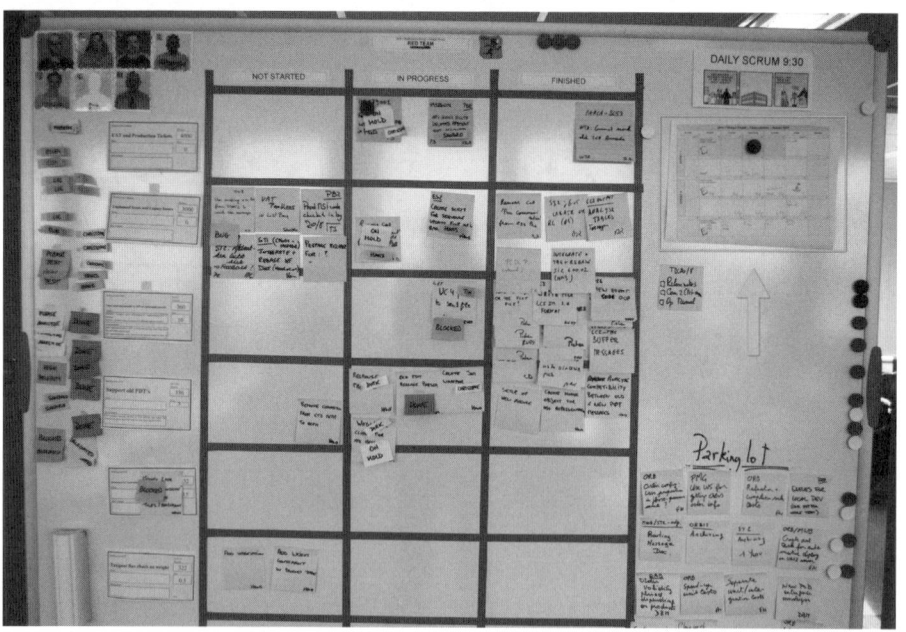

Abbildung 69: Board mit Kalender (Quelle: http://www.xqa.com.ar/ visualmanagement/wp-content/gallery/general-pictures/board_with_calendar.jpg)

Abbildung 70: Board an einer Trennwand (Quelle: http://ict.eu/2013/7331/)

Abbildung 71: Boards können überall entstehen (Quelle: http://www. agilebuddha.com/wp-content/uploads/2015/03/ IMG_42301.jpg)

Literatur:

And11: Anderson, David J.: Kanban: Evolutionäres Change Management für IT-Organisationen. Dpunkt, Heidelberg, 2011.

Boe11: Boeg, Jesper: Priming Kanban. A 10 step guide to optimzing flow in your software delivery system. InfoQ, 2011, URL: http://www.infoq.com/minibooks/priming-kanban-jesper-boeg

Burrows, Mike: Kanban. Verstehen, einführen, anwenden. dpunkt.verlag, Heidelberg, 2015; Original: Burrows, Mike: Kanban from the Inside. Understand the Kanban Method, connect it to what you already know, introduce it with impact. Blue Hole Press, Sequim, 2014.

Leopold, Klaus: Kanban in der IT: Eine Kultur der kontinuierlichen Verbesserung schaffen. Hanser Verlag, München, 2., überarbeitete Auflage, 2013.

Change Boards

Kanban-Boards werden auch in Lean Change Management vielseitig eingesetzt. Sie sind oft Bestandteil eines → *Change Canvas*, um die Reihenfolge der Experimente zu steuern.

Überdies können einzelne Abschnitte eines Veränderungsschrittes mit Kanban-Boards gesteuert werden. So können im Vorbereitungsmeeting (s. Abschnitt III.4.3) die Aufgaben mit einem Kanban-Board geplant, in der Umsetzung im Daily Standup-Meeting koordiniert und im Auswertungsmeeting in ihrer Durchführung überprüft werden. Um die Messkriterien zu jeder Aufgabe festzuhalten, werden diese zu der jeweiligen Aufgabe mit auf die Haftnotiz geschrieben.

Beispiel Umsetzungsboard

Die Abbildungen 72 bis 79 zeigen exemplarisch den zeitlichen Ablauf eines Kanban-Board zur Umsetzung der Aufgaben in einem Experiment (Umsetzungsboard). In diesem Board wurde z.B. für die Spalte *„In Umsetzung"* ein WIP-Limit von 5 definiert. Ein Grund dafür könnte z.B. sein, dass das Team, das mit diesen Board arbeitet, 10 Mitglieder hat und jeweils zwei von ihnen gemeinsam als „Tandem" immer nur eine Aufgabe bearbeiten sollen.

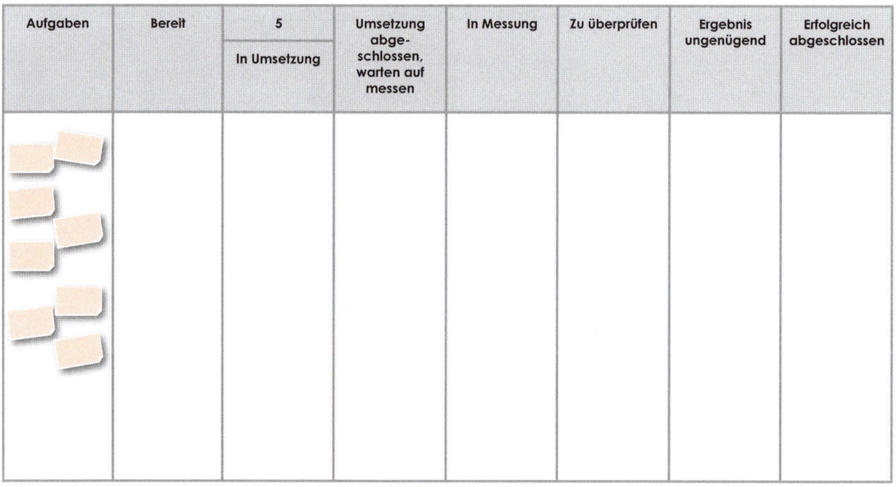

Abbildung 72: Beispiel für ein Umsetzungsboard: Ergebnis des Meetings Vorbereiten *– Alle Aufgaben sind mit Messkriterien definiert*

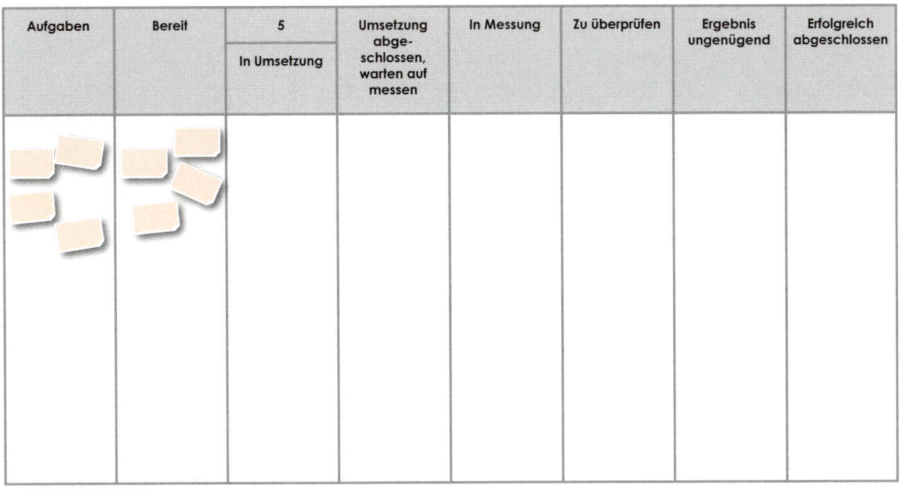

Aufgaben	Bereit	5	Umsetzung abge-schlossen, warten auf messen	In Messung	Zu überprüfen	Ergebnis ungenügend	Erfolgreich abgeschlossen
		In Umsetzung					

Abbildung 73: Beispiel für ein Umsetzungsboard: Für einige Aufgaben wurden die Vorbereitungen abgeschlossen und diese sind zur Umsetzung bereit

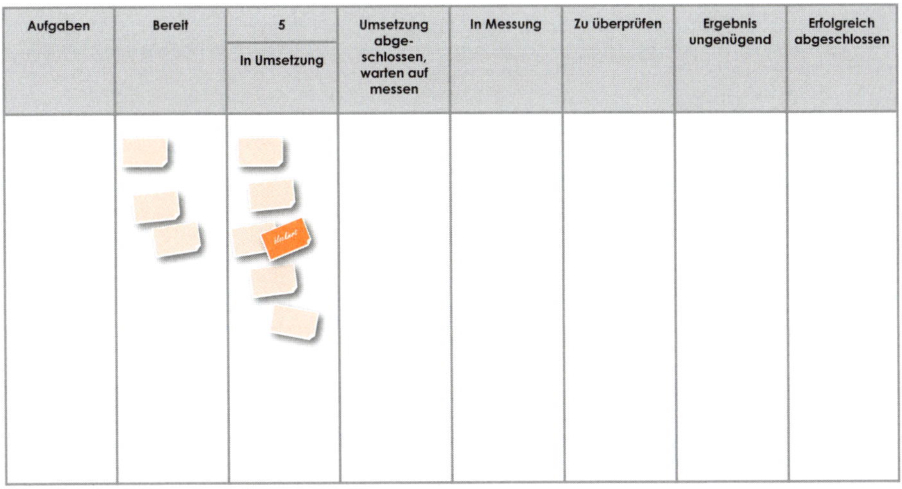

Aufgaben	Bereit	5	Umsetzung abge-schlossen, warten auf messen	In Messung	Zu überprüfen	Ergebnis ungenügend	Erfolgreich abgeschlossen
		In Umsetzung					

Abbildung 74: Beispiel für ein Umsetzungsboard: die maximale Anzahl an Aufgaben ist in der Umsetzung, eine Aufgabe ist blockiert

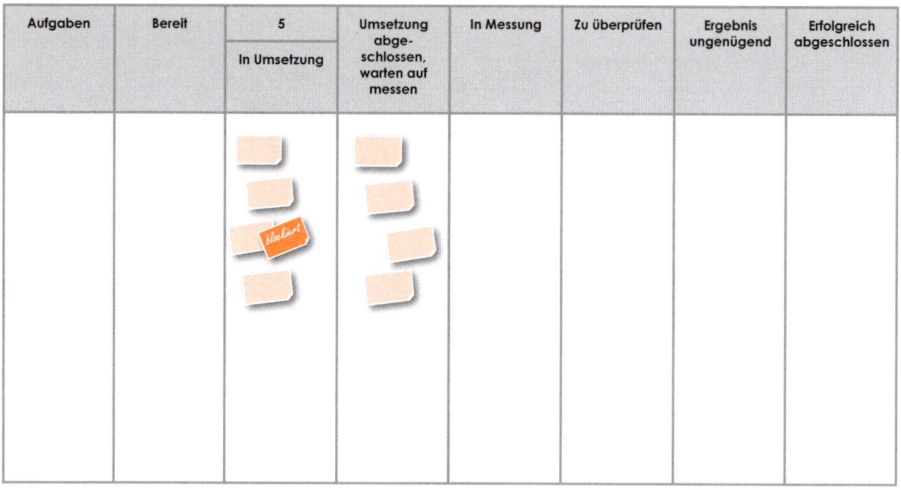

Abbildung 75: Beispiel für ein Umsetzungsboard*: Einige Aufgaben sind bereits abgeschlossen und warten auf Messergebnisse*

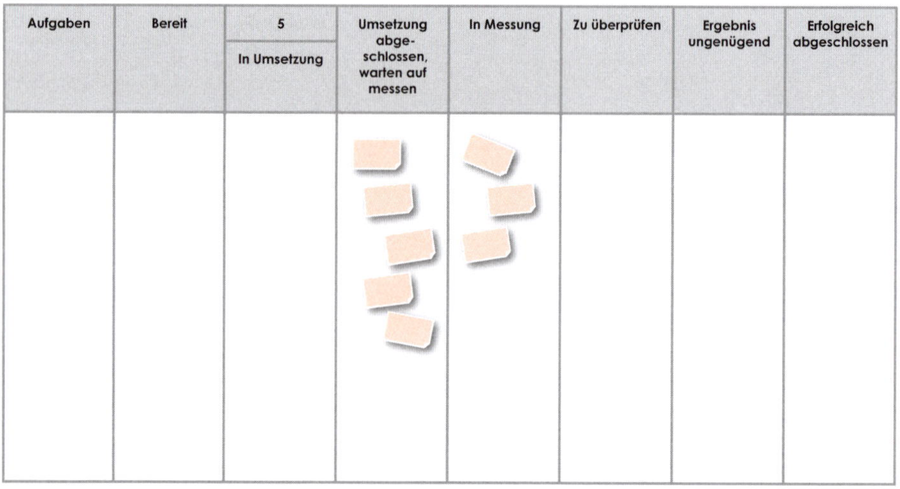

Abbildung 76: Beispiel für ein Umsetzungsboard*: Alle Aufgaben sind umgesetzt, einige in Messung, andere warten noch darauf, gemessen zu werden*

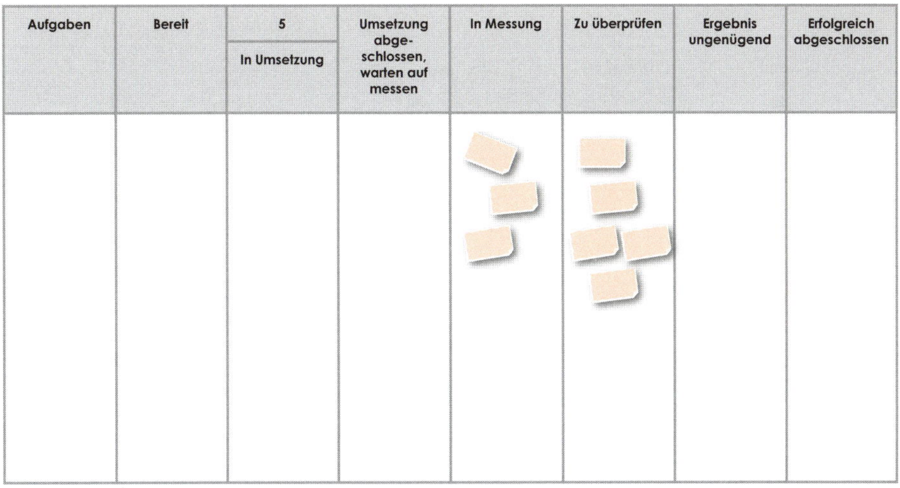

Aufgaben	Bereit	5	Umsetzung abge-schlossen, warten auf messen	In Messung	Zu überprüfen	Ergebnis ungenügend	Erfolgreich abgeschlossen
		In Umsetzung					

Abbildung 77: Beispiel für ein Umsetzungsboard: Einige Aufgaben sind bereit zur Überprüfung, während andere noch gemessen werden

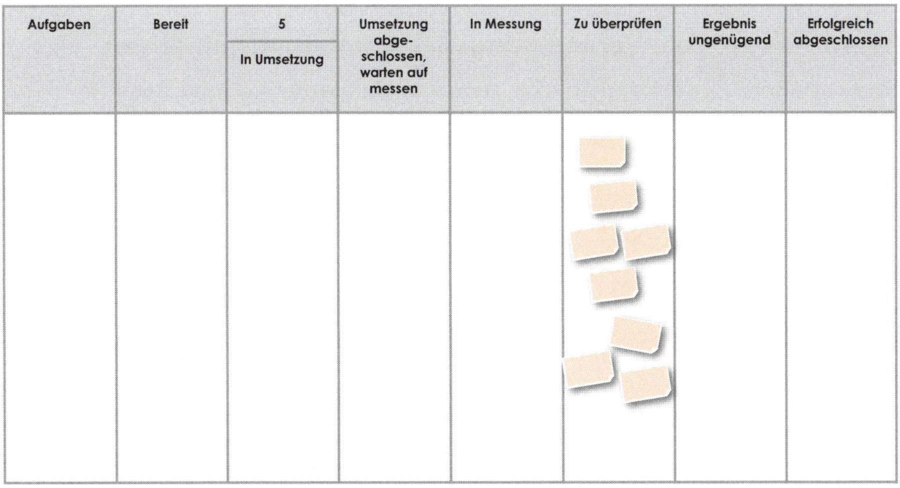

Aufgaben	Bereit	5	Umsetzung abge-schlossen, warten auf messen	In Messung	Zu überprüfen	Ergebnis ungenügend	Erfolgreich abgeschlossen
		In Umsetzung					

Abbildung 78: Beispiel für ein Umsetzungsboard: Alle Aufgaben sind bereit zur Auswertung/Überprüfung

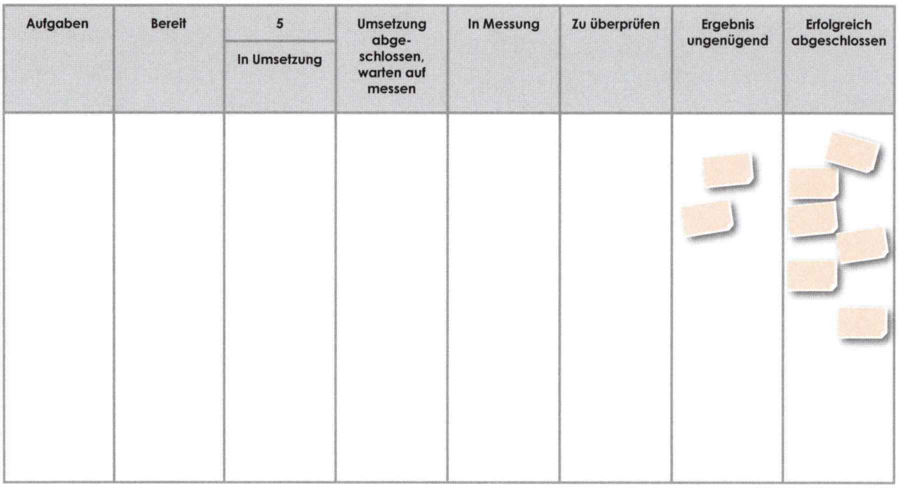

Aufgaben	Bereit	5	Umsetzung abge- schlossen, warten auf messen	In Messung	Zu überprüfen	Ergebnis ungenügend	Erfolgreich abgeschlossen
		In Umsetzung					

Abbildung 79: Beispiel für ein Umsetzungsboard: Ergebnis der Auswertung: bei einigen Aufgaben ist das Ergebnis ungenügend, während andere erfolgreich abgeschlossen werden konnten

Boards für größere Veränderungen/Veränderungsinitiativen

(Kanban-)Boards (s.o.) eignen sich auch zur Unterstützung und Steuerung von Veränderungen mit mehreren Teams. Sie schaffen Transparenz, was wo gerade umsetzt wird, was die nächsten Experimente sein werden und was dazu ggf. noch vorzubereiten ist. Im Unterschied zur umsetzenden Ebene ist der Fokus der Inhalte der Boards in diesem Bereich globaler und bezieht sich auf den jeweiligen Bereich des Unternehmens.

Experimente-Boards

Abbildung 80 zeigt ein Board zur Übersicht über die Experimente von 5 Teams. Es zeigt, welche Experimente in welchem Team in welchem Status sind und wo zusätzliche Unterstützung benötigt wird.

Experimente-Boards werden von den jeweiligen Teams geführt, diese sind dafür verantwortlich, dass ein Board immer den aktuellen Stand anzeigt.

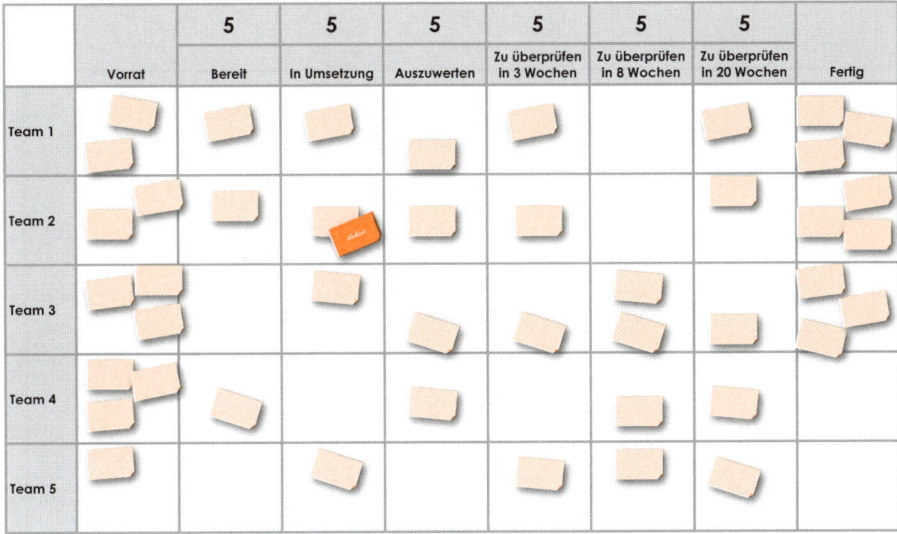

	Vorrat	5 Bereit	5 In Umsetzung	5 Auszuwerten	5 Zu überprüfen in 3 Wochen	5 Zu überprüfen in 8 Wochen	5 Zu überprüfen in 20 Wochen	Fertig
Team 1								
Team 2								
Team 3								
Team 4								
Team 5								

Abbildung 80: Kanban-Board für die Experimente von 5 Teams

Canvases

Business Model Canvas

Mit dem *Business Model Canvas* (Abbildung 81) stellte Alexander Osterwalder [Ost 04, 10] ein Tool vor, mit dem systematisch und vollständig eine Geschäftsidee entwickelt und in der Umsetzung gesteuert werden kann. Auf einer Seite fasst der Canvas alle Aspekte zusammen:

- *das Angebot*: Was das Produkt/der Service bietet
- *die Marktseite*: Kunden und der Zugang zu ihnen
- *die Gewinn-Verlust-Rechnung*: Kostenstruktur und Einnahmequellen
- *die Infrastruktur*: notwendige Aktivitäten, Ressourcen und Partner

Da die Struktur eines Business-Modells immer gleich ist, es immer auf denselben Bausteinen und Beziehungen zwischen diesen beruht und sich jeweils „nur deren Inhalt" ändert, lassen sich Business-Modelle mit einem Standard-Canvas entwickeln. Dieser Canvas ist *kein fester Plan*, sondern ein Arbeitsdokument, *falsche Annahmen sollen durch bessere ersetzt werden*.

Change Canvas

Die Idee und die Darstellungsform eines Canvas wurde auf andere Themen, u.a. auf Projekt- und Produktmanagement, angewandt. Entsprechend lag es nahe, Veränderungen damit zu steuern [And13, Lit13].

Es gibt methodische Unterschiede zwischen einem Canvas für die Entwicklung eines Business-Modells und einem für die Durchführung einer Veränderung. Auf diese soll explizit hingewiesen werden.

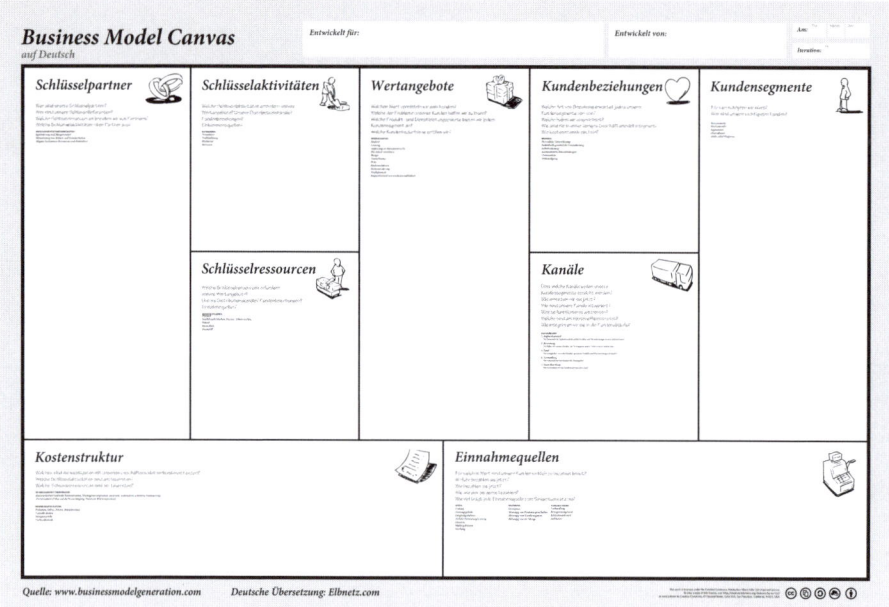

Abbildung 81: Der Business Model Canvas *[http://fa.ltings.de/files/ downloads/2014/01/geschaeftsmodellcanvasposter.pdf]*

Während die Struktur eines Business-Modells standardisierbar ist, da es immer auf denselben Bausteinen und Beziehungen zwischen diesen beruht und sich jeweils „nur deren Inhalt" ändert, haben Veränderungen jeweils ihre eigene Struktur, eigenen Bausteine und eigenen Inhalt. Daher lassen sich Business-Modelle mit einem Standard-Canvas entwickeln, doch Veränderungen nicht. In der Praxis hat sich gezeigt, dass Veränderungsprojekte scheitern können, wenn ein Standard-Canvas zum Einsatz kommt. Die Spezifika der jeweiligen Veränderung werden offensichtlich so nicht umfassend erfasst.

Kein Standard Change Canvas

Pläne sind nichts, Planung ist alles.

– Dwight D. Eisenhower

Es geht nicht um den perfekten Canvas (Plan) – vielmehr sind der Prozess (Planung) beim Erstellen eines Canvas und die daraus gewonnenen expliziten und impliziten Erkenntnisse wichtiger. Genau dadurch wird ein tieferes Verständnis der Veränderung und die sie auslösenden Themen erreicht, beides führt in der Konsequenz dann zu einer erfolgreicheren Umsetzung. Würde ein fertiger Change Canvas einfach übernommen, fehlten genau diese Erkenntnisse.

Hier schließt sich der Kreis zum erwähnten Scheitern eines zu planvollen Vorgehens: Wird ein Plan, erst recht ein Standardplan, starr umgesetzt, ist das Scheitern programmiert. Daher soll kein *„Standard Lean Change Canvas für jeden Einsatzfall"* vorgestellt werden, sondern Ideen, was ein Canvas beinhalten und wie er aussehen könnte. Dies ist zugleich ein Kritikpunkt am Lean Change Management-Ansatz von Jeff Anderson [And13]: Mit der detaillierten Vorgabe eines Change Canvas ist sein Ansatz zu sehr Following-a-Plan statt Anpassen an den konkreten Einsatzfall. Der Canvas muss zu den individuellen Besonderheiten der jeweiligen Organisation passen!

Funktion eines Change Canvas

Der Vorteil eines Canvas liegt gerade in seiner einfachen Veränderbarkeit und übersichtlichen Darstellung: *Canvases funktionieren, weil sie einfach und leicht an die jeweiligen Erfordernisse angepasst werden können.* Das Tool muss den Gegebenheiten angepasst werden und nicht umgekehrt!

Der Lean Change Canvas fasst auf einer Seite alle wichtigen Punkte einer Veränderung zusammen und dient so nicht nur der Steuerung der Veränderung, sondern ebenso der Kommunikation:

- *innerhalb des Veränderungsteams* durch das gemeinsame Erstellen des Canvas durch alle Beteiligten und
- *außerhalb des Veränderungsteams*, indem allen Nichtbeteiligten die Möglichkeit gegeben wird, sich zu informieren und ggf. einzubringen. Dazu wird der Canvas an einem unternehmensweit zugänglichen und stark frequentierten Platz für alle sichtbar ausgehängt.

Mit einem Change Canvas und seinem Erstellungsprozess wird die Beteiligung der Betroffenen erreicht und schnell Feedback eingeholt. Der Aufwand ist im Vergleich zu den umfangreichen Unterlagen des klassischen Change-Managements deutlich geringer.

Um es deutlich herauszustellen: *Ein Canvas ist ein Kommunikationstool.* Es geht darum, eine Veränderung strukturiert zu erfassen, sich dabei über die Veränderung auszutauschen, Feedback aufzunehmen und Experimente zur Umsetzung der Veränderung zu finden.

Inhalte eines Change Canvas

Ein Canvas soll u.a. folgende Aspekte der Veränderung beleuchten und darstellen:

- Das *WARUM + WOZU* der Veränderung
  - Warum machen wir die Veränderung? ⇒ *Welche Probleme sollen überwunden werden?*
  - Wozu ist die Veränderung gut? Wozu machen wir die Veränderung? ⇒ *Bedeutung der Veränderung für die Organisationen*
- Das *WIE* der Veränderung
  - Wie soll der Zielzustand aussehen? ⇒ *Vision für die Veränderung*
  - Wie wird die Veränderung kommuniziert?
  - Wie werden die Beteiligten unterstützt?
- Das *WAS* der Veränderung
  - Was wollen wir erreichen? Was wollen wir messen? ⇒ *Kriterien für Erfolg und Fortschritt*
  - Was soll gemacht werden? ⇒ *Aktionen*
  - Was könnte die Veränderung behindern oder verhindern? ⇒ *Risiken und Hindernisse*
- Das *WER* der Veränderung
  - Wer ist von der Veränderung betroffen? ⇒ *Personen, Prozesse*
- Das *WANN* der Veränderung
  - Wann wird was gemacht? ⇒ *Reihenfolge der Aktionen*

Aufbau eines Change Canvas

Für einen Change Canvas wird meist ein Whiteboard oder Flipchart benutzt. Die Inhalte zu den einzelnen Bereichen werden auf Haftnotizen geschrieben und an den Canvas gehängt, um sie leicht ändern zu können.

Im unteren Bereich haben Change Canvases oft ein Kanban-Board (s.o.), um die laufenden Aktionen zu dokumentieren.

Mit Fotos wird der Stand des Change Canvas dokumentiert. Über die zeitliche Abfolge der Fotos kann die Entwicklung der Inhalte des Change Canvas nachverfolgt werden.

Canvases gibt es in verschiedenen Umfängen, je nachdem, wie groß die Veränderung ist und was benötigt wird. Abbildung 82 zeigt als Beispiel einen Team Canvas z.B. für eine Veränderungsinitiative. Im weiteren Verlauf dieses Abschnittes werden weitere Change Canvases vorgestellt.

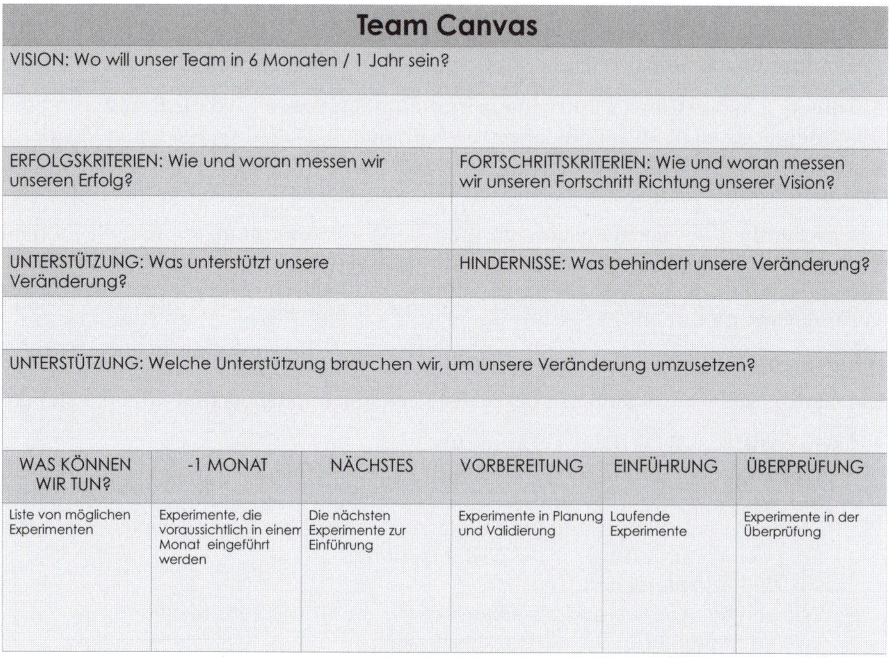

Team Canvas

VISION: Wo will unser Team in 6 Monaten / 1 Jahr sein?

ERFOLGSKRITERIEN: Wie und woran messen wir unseren Erfolg?	FORTSCHRITTSKRITERIEN: Wie und woran messen wir unseren Fortschritt Richtung unserer Vision?
UNTERSTÜTZUNG: Was unterstützt unsere Veränderung?	HINDERNISSE: Was behindert unsere Veränderung?

UNTERSTÜTZUNG: Welche Unterstützung brauchen wir, um unsere Veränderung umzusetzen?

WAS KÖNNEN WIR TUN?	-1 MONAT	NÄCHSTES	VORBEREITUNG	EINFÜHRUNG	ÜBERPRÜFUNG
Liste von möglichen Experimenten	Experimente, die voraussichtlich in einem Monat eingeführt werden	Die nächsten Experimente zur Einführung	Experimente in Planung und Validierung	Laufende Experimente	Experimente in der Überprüfung

Abbildung 82: Change Canvas: Team Canvas *[Lit14a,b]*

Überprüfung eines Change Canvas

Change Canvases werden bei jedem Durchlauf eines Lean Change-Zyklus im Einsichtenmeeting überprüft und aktualisiert.

Darüber hinaus kann es eine gute Idee sein, den Change Canvas immer mal wieder alleine, mit ein paar Betroffenen oder im ganzen Veränderungsteam durchzusehen, da sich Sichtweisen und Einschätzungen ändern und dadurch Änderungen in den Experimenten ergeben können. Oder auch mit bisher Unbeteiligten, um neue und andere Ansichten aufzunehmen.

Mit folgenden Fragen können die Eintragungen im Change Canvas auf Vollständigkeit und Plausibilität überprüft werden [Lit14b]:

- Welche Punkte haben wir bisher nicht berücksichtigt?
- Wie lauten unsere Annahmen/Hypothesen bzgl. der Strategie?
- Welches ist unsere riskanteste Annahme?
- Wie oft sollten wir diese Strategie überprüfen?
- Wie sammeln wir Feedback von den Mitarbeitern?
- Welche anderen wichtigen Informationen sollten auf den Canvas?

Regelmäßig ist zu überprüfen, ob der Change Canvas noch alle relevanten Aspekte einer Veränderung abdeckt, ggf. ist der Canvas weiterzuentwickeln.

Arten von Change Canvases

Alle vorgestellten Canvases stehen unter www.agil-werden.de/buch zum Download zur Verfügung.

Minimaler Change Canvas

Nachfolgend sind drei Beispiele (Abbildung 83, Abbildung 84 und Abbildung 85) für minimale Change Canvas angegeben. Diese können z.B. für kleine Veränderungen, die nur ein Team betreffen, eingesetzt werden.

<table>
<tr><th colspan="3">Minimaler Change Canvas I</th></tr>
<tr><th>WARUM?</th><th>WOZU?</th><th>WIE UND WORAN MESSEN WIR ERFOLG/FORTSCHRITT?</th></tr>
<tr>
<td>• Warum machen wir die Veränderung? => Welche Probleme sollen überwunde werden?</td>
<td>• Wozu ist die Veränderung gut? Wozu machen wir die Veränderung? => Bedeutung der Veränderung für die Organisation</td>
<td>• Wie soll der Zielzustand aussehen? => Vision für die Veränderung
• Wie wird die Veränderung kommuniziert?
• Wie werden die Beteiligten unterstützt?</td>
</tr>
<tr><th>WAS?</th><th>WER?</th><th>WANN?</th></tr>
<tr>
<td>• Was wollen wir erreichen? Was wollen wir messen? => Kriterien für Erfolg und Fortschritt
• Was soll gemacht werden? => Aktionen</td>
<td>• Wer ist von der Veränderung betroffen? => Personen, Prozesse</td>
<td>• Wann wird was gemacht? => Reihenfolge der Aktionen</td>
</tr>
</table>

Abbildung 83: Beispiel 1 für einen Minimalen Change Canvas

Minimaler Change Canvas II

WELCHES PROBLEM WOLLEN WIR LÖSEN UND WOZU?	WER IST VON DER VERÄNDERUNG BETROFFEN?	WIE UND WORAN MESSEN WIR ERFOLG/FORTSCHRITT?
• Problembeschreibung • Nutzen für die Organisation	• Direkt Betroffene • Indirekt Betroffene • Prozesse	• Was wollen wir erreichen? • Was wollen wir messen?

WELCHE OPTIONEN HABEN WIR?	WELCHE RISIKEN BESTEHEN FÜR WELCHE OPTION?	EINSICHTEN
• Optionen auflisten	• Risiken zu Optionen zuordnen	• Was funktioniert? • Was funktioniert nicht?

WAS MÜSSEN WIR WANN TUN? (AKTIONEN)		
• Was muss noch getan werden? • In welcher Reihenfolge?	• Aktuell in Bearbeitung	• Bereits erledigt

Abbildung 84: Beispiel 2 für einen Minimalen Change Canvas

Minimaler Canvas III

VISION: Wo will unser Team in 6 Monaten / 1 Jahr sein?

AKTUELLER ZUSTAND: Was ist die zu ändernde Situation?	ZIEL-ZUSTAND: Was soll erreicht werden?	BETEILIGTE: Wer ist von der Veränderung betroffen/an ihr beteiligt?

UNTERSTÜTZUNG: Was unter   stützt die Veränderung?   HINDERNISSE: Was behindert die Veränderung?

WAS KÖNNEN WIR TUN?	-1 MONAT	NÄCHSTES	VORBEREITUNG	EINFÜHRUNG	ÜBERPRÜFUNG
Liste von möglichen Experimenten	Experimente, die voraussichtlich in einem Monat eingeführt werden	Die nächsten Experimente zur Einführung	Experimente in Planung und Validierung	Laufende Experimente	Experimente in der Überprüfung

Abbildung 85: Beispiel 3 für einen Minimalen Change Canvas [Lit14a,b]

Team Canvas für größere Veränderungen

Sind Veränderungen größer, z.B. in Veränderungsinitiativen, kann es sinnvoll sein, den Zeithorizont in die Zukunft auszudehnen, um strategische und taktische Vorgaben für das Team zu erfassen. Abbildung 86 zeigt einen Team Canvas z.B. für eine Veränderungsinitiative.

Team Canvas

VISION: Wo will unser Team in 6 Monaten / 1 Jahr sein?

ERFOLGSKRITERIEN: Wie und woran messen wir unseren Erfolg?	FORTSCHRITTSKRITERIEN: Wie und woran messen wir unseren Fortschritt Richtung unserer Vision?
UNTERSTÜTZUNG: Was unterstützt unsere Veränderung?	HINDERNISSE: Was behindert unsere Veränderung?

UNTERSTÜTZUNG: Welche Unterstützung brauchen wir, um unsere Veränderung umzusetzen?

WAS KÖNNEN WIR TUN?	-1 MONAT	NÄCHSTES	VORBEREITUNG	EINFÜHRUNG	ÜBERPRÜFUNG
Liste von möglichen Experimenten	Experimente, die voraussichtlich in einem Monat eingeführt werden	Die nächsten Experimente zur Einführung	Experimente in Planung und Validierung	Laufende Experimente	Experimente in der Überprüfung

Abbildung 86: Change Canvas: Team Canvas

Improvement Canvas

Ein anderer Ansatz für einen Change Canvas ist die *Improvement Kata* von Mike Rother [Rot09, Rot]. Diese aus der Toyota/Lean-Production-Welt stammende Verbesserungsschrittfolge kann ebenfalls im Change Management eingesetzt werden.

Abbildung 87 zeigt die Improvement Kata [Rot09, Rot].

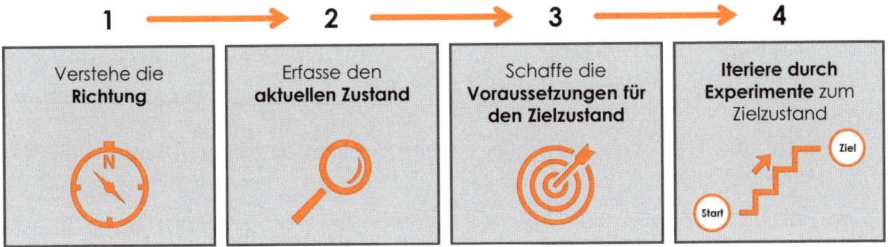

Abbildung 87: Improvement-Kata *[Rot09, Rot]*

Aus dieser Kata lässt sich ein *Improvement Canvas* mit folgenden Elementen (s. Abbildung 88) ableiten [Lit14a]:

- *Vision*: Wie lautet die Vision für die geplante Veränderung?
- *Aktuelle Situation*: Was ist der Ist-Zustand? (Quantitative Daten verwenden)
- *Zielzustand*: Was soll in der Zukunft sein?
- *Hindernisse*: Was kann uns daran hindern, den Zielzustand zu erreichen?
- *Hypothesen*: Wie lauten unsere Hypothesen zu dieser Veränderung?
- *Ergebnisse*: Was waren die Ergebnisse des Experiments? Vergleiche mit der Hypothese!

Improvement Canvas						
VISION						
Was ist die Vision für die geplante Veränderung?						
AKTUELLE SITUATION	ZIELZUSTAND	HINDERNISSE	HYPOTHESEN	ERGEBNISSE	EINSICHTEN	
Was ist der Ist-Zustand? (Quantitative Daten verwenden)	Was soll in der Zukunft sein?	Was kann uns daran hindern, den Zielzustand zu erreichen?	Was wollen wir tun und was soll passieren?	Was waren die Ergebnisse des Experiments? Vergleiche mit der Hypothese!	Was haben wir gelernt? Welche Einsichten haben wir in diesem Experiment gewonnen?	
			Was wollen wir als nächstes tun und was soll passieren?	Was waren die Ergebnisse des Experiments? Vergleiche mit der Hypothese!	Was haben wir gelernt? Welche Einsichten haben wir in diesem Experiment gewonnen?	
			Was wollen wir als nächstes tun und was soll passieren?	Was waren die Ergebnisse des Experiments? Vergleiche mit der Hypothese!	Was haben wir gelernt? Welche Einsichten haben wir in diesem Experiment gewonnen?	
			Was wollen wir als nächstes tun und was soll passieren?	Was waren die Ergebnisse des Experiments? Vergleiche mit der Hypothese!	Was haben wir gelernt? Welche Einsichten haben wir in diesem Experiment gewonnen?	

Abbildung 88: Improvement Canvas *mit 4 Zyklen für Experimente (Hypothesen – Ergebnisse – Einsichten)*

Die Inhalte werden direkt in den Canvas geschrieben oder auf Haftnotizen, die in die entsprechenden Felder gehängt werden.

Welchen Canvas sollen Sie verwenden?

Bzgl. der vorgestellten Canvases lässt sich festhalten [Lit14a]:

- Der Improvement Canvas funktioniert sehr gut, wenn die Unsicherheit ziemlich gering ist.
- Der minimale Canvas ist hilfreicher, wenn der Zielzustand aufgrund von hoher Unsicherheit unklarer ist.

Es ist unerheblich, welchen Canvas Sie einsetzen, solange dieser Struktur und Transparenz bzgl. der Veränderung gibt und so die Konversation über die Veränderung erleichtert. Das durch diese Konversationen beim Bearbeiten eines Canvas mit anderen entstehende Verständnis ist wichtiger als der Canvas, den Sie einsetzen. Denken Sie daran, ein Canvas ist ein Kommunikationstool.

Mit der Zeit sammeln Sie Erfahrungen, die Ihnen helfen, Ihren eigenen Canvas zu entwickeln.

Der schwerste Teil an der Benutzung eines Canvas ist ohnehin, die Messkriterien zu finden, die Fortschritt und Erfolg anzeigen.

Versehen Sie Ihre Canvases immer mit einer Versionsnummer, damit sichtbar wird, dass auch die Tools und das Vorgehen weiterentwickelt werden.

Change Canvases für größere Veränderungen

In größeren Veränderungsprojekten gibt es zwei Perspektiven auf die Veränderung:

- Das Veränderungsteam führt konkrete Aktionen durch, um die Veränderung umzusetzen (operative Ebene).
- Das Management und die Unternehmensleitung unterstützen die Veränderung durch Schaffen von Rahmenbedingungen und Beseitigung von Hindernissen (taktische und strategische Ebene).

Beide Sichtweisen führen zu je einem Change Canvas:

- Team Canvas für das Team,
- Taktischer Change Canvas für das Management
- Strategischer Change Canvas für die Unternehmensleitung

Die zugrunde liegenden Fragestellungen (s.o.) sind für alle gleich, lediglich die Perspektive ist jeweils eine andere.

Canvases für Teams wurden bereits vorgestellt, im Weiteren geht es hier um den taktischen und strategischen Change Canvas.

Der Aufbau beider Change Canvases ist gleich, nur der jeweilige Bezug ist anders:

- Der *taktische Change Canvas* bezieht sich auf den Unternehmensbereich und die dort laufenden Experimente auf der umsetzenden (operativen) Ebene.
- Der *strategische Change Canvas* bezieht sich auf das gesamte Unternehmen.

Wie alle Canvases müssen auch der taktische und der strategische Change Canvas sichtbar ausgehängt und zugänglich für alle sein.

Die bereits getroffenen allgemeinen Aussagen gelten auch für diese beiden Change Canvas. Die hier vorgestellten Canvases sollen Startpunkt und Anregung für eigene Change Canvases geben. So wie jede Veränderung und jedes Unternehmen individuell ist, muss jeder Canvas zur Veränderung und zum Unternehmen passen.

Der taktische Change Canvas und der strategische Change Canvas unterstützen die Veränderung, indem sie u.a. Antworten auf folgende Fragen [Lit14b] geben:

1. Wie lautet die Vision für unsere Organisation in Bezug auf diese Veränderung?
2. Warum ist diese Veränderung wichtig für unsere Organisation? (Vgl. Kotter Schritt 1: „Dringlichkeit erzeugen" (s. Abschnitt IV.3.3))
3. Wie messen wir Erfolg?
4. Wie messen wir Fortschritt? (s. „Messkriterien – Vorlaufindikatoren" in „Exkurs: messen und Messkriterien" im Abschnitt III.4.1, vgl. Kotter Schritt 6 „Kurzfristige Erfolge sichtbar machen" im Abschnitt IV.3.3)
5. Wer ist von der Veränderung betroffen und was müssen sie anders machen? (vgl. McKinsey 7S in Abschnitt IV.3.3)
6. Wie unterstützen wir die Menschen durch die Veränderung? Wie kommunizieren wir die Veränderung? Wie sammeln wir Feedback? (Das ist der Unterstützungs- und Kommunikationsplan.)

7. Was ist unser Plan? (Kanban-Board, um die Reihenfolge der Veränderungs-schritte (Experimente) zu planen. Dabei ist die Anzahl der aktuell laufenden Veränderungen („Work in Progress") zu begrenzen, um nicht in eine „Verände-rungserschöpfung" oder einen Change Burnout (s. Abschnitt IV.2.7) zu laufen.)
8. Welche Abteilungen/Teams/Mitarbeiter und/oder Prozesse in unserer Organi-sation unterstützen diese Veränderung?
9. Was in unserer Organisation könnte gegen die Veränderung sein/arbeiten?
10. Wie kann unser Team oder Bereich zu dieser Strategie beitragen?
11. Welche Hilfe brauchen wir, um diese Strategie umzusetzen?
12. Wie oft sollten wir diese Strategie überprüfen?
13. Wie sammeln/erhalten wir Feedback (von Mitarbeitern, Managern, Kunden etc.)?
14. Welche anderen wichtigen Informationen sollten auf den Canvas?

Abbildung 89 zeigt ein Beispiel für einen strategischen/taktischen Change Canvas.

Strategischer/Taktischer Change Canvas

VISION: Was ist die Vision für diese Veränderung?			BEDEUTUNG: Warum ist dies e Veränderung für die Organisation wichtig?		
ERFOLGSKRITERIEN: Wie und woran messen wir unseren Erfolg?			FORTSCHRITTSKRITERIEN: Wie und woran messen wir unseren Fortschritt in Richtung unserer Vision?		
WER UND WAS IST VON DIESER VERÄNDERUNG BETROFFEN?: Welche Personen, Abteilungen und Prozesse müssen sich ändern, um unsere Vision zu erreichen?					
WIE UNTERSTÜTZEN WIR DIE MENSCHEN?: Mit welchen Aktionen unterstützen wir (die Change-Sponsoren) die Menschen durch die Veränderung?					

WAS NOCH?	-1 MONAT	NÄCHSTES	VORBEREITUNG	EINFÜHRUNG	ÜBERPRÜFUNG
Liste von möglichen Experimenten	Experimente, die voraussichtlich in einem Monat eingeführt werden	Die nächsten Experimente zur Einführung	Experimente in Planung und Validierung	Laufende Experimente	Experimente in der Überprüfung

Abbildung 89: Beispiel für einen strategischen/taktischen Change Canvas

Weitere Tools

Tools für Einsichten

Auftrag zur Veränderung

Um die Erwartungen und Verpflichtungen bzgl. einer Veränderung festzuhalten, kann es – je nach Unternehmenskultur – hilfreich sein, einen „Auftrag zur Verän-derung" zu formulieren und ggf. schriftlich festzuhalten. Dieser kann z.B. folgende Punkte enthalten:

- *Fokus*:
  - Was genau soll geändert werden?
  - Was soll nicht geändert werden?
- *Begrenzungen*:
  - Was soll so bleiben, wie es ist?
  - Welche Abhängigkeiten müssen berücksichtigt werden?
  - Welche Reihenfolge ergibt sich aus den Abhängigkeiten?
  - Was darf nicht passieren?
- *Umfang*:
  - Wie stark soll etwas geändert werden?
  - In welcher Schrittgröße soll geändert werden?
- *Beteiligte*:
  - Veränderungsteam
  - Stakeholder
- *Ressourcen*:
  - Welche Ressourcen werden benötigt?
  - Welche Ressourcen können vom Unternehmen bereitgestellt werden?
- *Zeitrahmen*:
  - Was sollte bis wann abgeschlossen sein?

Ein Auftrag zur Veränderung kann formlos als Memo abgefasst werden oder formal mit Unterschrift – je nach Unternehmenskultur.

Hypothesen-Karte

Im Einsichtenmeeting treffen sich alle Beteiligten, um ihre Ideen, Hypothesen, Ansichten und Einschätzungen zur geplanten Veränderung zu sammeln. Für das Formulieren der Hypothesen bietet sich folgende Vorlage an [Lit14b]:

Wir vermuten/nehmen an, dass
wir durch <diese Veränderung>
<dieses Problem> lösen,
was uns <diesen Nutzen> bringt
was wir an <Messgröße> messen.

Ein Beispiel:

Wir vermuten/nehmen an, dass
wir durch „den Umzug zu einem anderen Internet-Provider"
die „Nichterreichbarkeit unserer Webseite" lösen,
was uns „Kunden erreichen uns immer zu 100 % und keine Interessenten
gehen mehr verloren" bringt,
was wir an „Verfügbarkeit des Servers" messen.

Auf einer Karte ausgedruckt, können Hypothesen so gesammelt und auf dem Lean Change Canvas gesammelt werden.

Die Karten helfen ebenfalls bei der Erstellung von passenden Optionen. Wichtig ist, dass – vergleichbar einer → *User Story* – das Mess- und Erfolgskriterium bereits enthalten ist.

Abbildung 90 zeigt ein Beispiel für eine Karte, die auch unter www.agil-werden.de/buch zum Download zur Verfügung steht.

> ### Hypothesen-Karte
>
> **Wir vermuten/nehmen an, dass**
> **wir durch** *<diese Veränderung>*
> *<dieses Problem>* **lösen,**
> **was uns** *<diesen Nutzen>* **bringt**
> **was wir an** *<dieser Messgröße>* **messen.**

Abbildung 90: Die Hypothesen-Karte

Das Blueboard

Das Blueboard [Bra14] setzt auf Selbstorganisation und Eigenverantwortung, indem es den Fokus der Teilnehmer auf ihre Möglichkeit lenkt, persönliche Beiträge zu leisten. Es geht beim Blueboard darum, selbstständig neue Ideen zu testen und konkrete Aktionen zu initiieren und zu fördern.

Das Change Team trifft sich, um herauszufinden, was die nächsten Veränderungen, Schritte oder Aktionen sein könnten. Die Kernfrage ist: Welche Ideen wollen wir weiterverfolgen? Wohin wollen wir unsere Ressourcen stecken? Was ist aus Sicht der Teilnehmer als Nächstes an der Reihe?

Auf großen weißen „Initiativkarten" schlägt jeder Teilnehmer konkrete Vorhaben vor. Dazu kommt je eine Idee auf eine Karte ohne Vermerk des Ideengebers. An einer großen Wand werden diese Themen aufgehängt, nachdem sie ggf. kurz vorgestellt wurden.

Anschließend schreibt jeder Teilnehmer auf blaue „Beitragskarten" ganz konkret, welchen Beitrag er zu dieser Idee anbieten möchte. Da er seinen Namen ebenfalls auf diese blaue Karte schreibt, erhält sein Angebot einen gewissen verpflichtenden Charakter (Commitment). Idealerweise ist die Wand zum Abschluss mit vielen blauen Beitragskarten übersät (daher der Name „Blueboard").

Dieses Vorgehen hat in gewisser Weise abstimmenden Charakter: In die Themen mit den meisten blauen Karten fließt die Energie der Teilnehmer. Ideen/Initiativen, die keine oder nur wenig blaue Karten erhalten, werden offensichtlich weniger stark unterstützt und werden als weniger dringend betrachtet. Allerdings bietet sich auch hier eine genaue Überprüfung durch das Change Team an, schließlich könnte die Gruppe wichtige Themen übersehen haben, die einem Einzelnen jedoch aufgefallen sind.

Alle Beitragsgeber zu einer Idee/Initiative bilden automatisch das Team, das sich um diese Idee kümmert. Daher sollen die Initiativkarten auch keine Namen tragen, damit diese Themen nicht zu persönlichen „Besitztümern" einzelner werden.

Das Blueboard kann auch stationär in einem öffentlichem Bereich betrieben werden. Jede Initiative, die nach einer gewissen Zeit (z.B. 14 oder 30 Tage) keinen Fortschritt durch neue Beitragskarten erfuhr, ist offensichtlich nicht mehr dringend und kann in ein „Blueboard-Archiv" übernommen werden. Hierzu sollten vorab in der Organisation entsprechende Regeln zum Umgang mit dem Blueboard festgelegt werden.

Tools für Optionen

Board zur Bewertung von Optionen

Optionen können bzgl. ihres Wertes/Nutzens und der bei ihrer Umsetzung entstehenden Kosten/Aufwände klassifiziert werden, z.B. mit einem Board zur Bewertung von Optionen (Abbildung 91) oder den aus der Übung bekannten Klassifizierungsdiagrammen (s. Abschnitt „Eine Übung zu Lean Change" in Abschnitt III.4.3). Dabei gibt es keine richtigen oder falschen Optionen, es gibt nur unterschiedliche Optionen. Je nach Organisation, aktueller Situation der Veränderung etc. kann es sinnvoll sein, auch die Optionen umzusetzen, die eigentlich als „unwirtschaftlich" erscheinen. Die Auswahl der umzusetzenden Option ist jeweils individuell zu treffen.

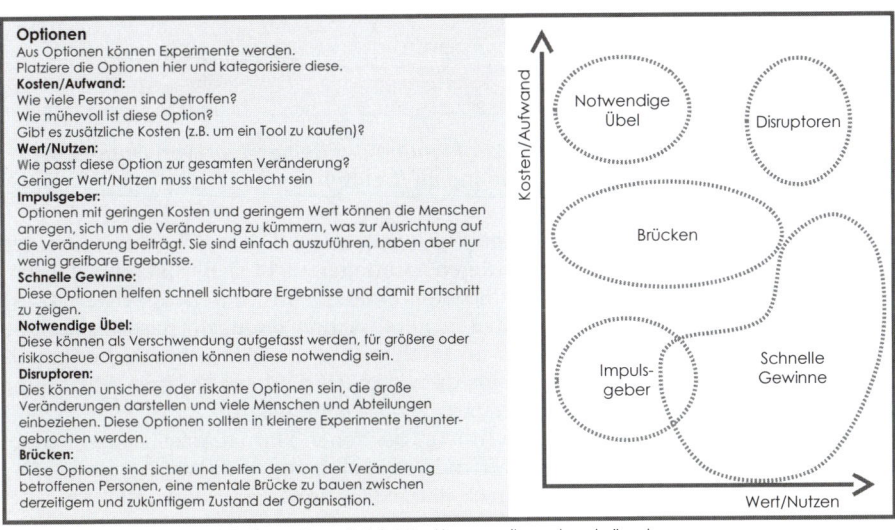

Lean Change Management Optionen Board V1.0: http://www.agil-werden.de/buch

Abbildung 91: Board zur Bewertung von Optionen

Board zur Planung der Reihenfolge von Optionen

Übersicht und Sortierung der vorhandenen Optionen erleichtert das *Optionenboard*, ein Board zur Planung der Reihenfolge von Optionen (Abbildung 92, in Anlehnung an [Lit14b]). In den Spalten ist die Zeitabfolge aufgelistet, in den Zeilen befinden sich verschiedene Kategorien von Themenbereichen, in denen Veränderungen angedacht sind. So können Lücken und Widersprüche in der Vorgehensweise erkannt werden.

Die Spalten der Zeitabfolge in Abbildung 92 bedeuten:

- *Jetzt*: Alle Optionen, die aktuell umgesetzt werden, werden hier auf Haftnotizen aufgebracht. Im Beispiel in Abbildung 92 sind dies „Lunch and Learn" (das Unternehmen spendiert Sandwiches oder Pizza zum Mittagessen, gleichzeitig wird ein Thema inhaltlich vorgestellt), „Kanban" (s.o.) und „Lean Coffee" (s. Abschnitt IV.3.3).
- *Später*: Diese Optionen werden anschließend umgesetzt, evtl. abhängig von den Ergebnissen der Optionen der *„Jetzt"*-Spalte. Im Beispiel in Abbildung 92 sind dies „Scrum" und „1 crossfunktionales Team als Pilot")

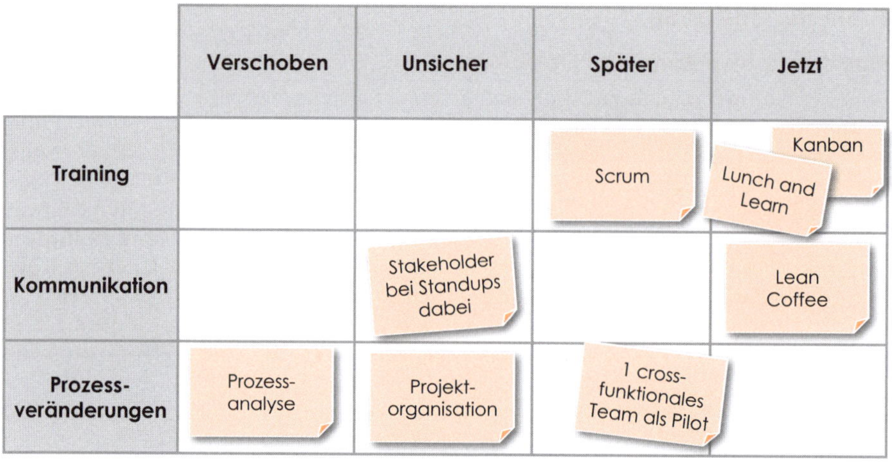

	Verschoben	Unsicher	Später	Jetzt
Training			Scrum	Lunch and Learn / Kanban
Kommunikation		Stakeholder bei Standups dabei		Lean Coffee
Prozess-veränderungen	Prozess-analyse	Projekt-organisation	1 cross-funktionales Team als Pilot	

Abbildung 92: Das Optionenboard *zur Planung der Reihenfolge von Optionen (in Anlehnung an [Lit14b])*

- *Unsicher*: In diese Kategorie fallen Optionen, die z.B. hohe Kosten und einen unsicheren Wert haben, oder Optionen, bei denen nicht sicher ist, ob sie (überhaupt/momentan) funktionieren und/oder einen positiven Beitrag leisten. Diese Optionen liefern wertvolle Einsichten allein schon dadurch, dass festgestellt wurde, dass sie (momentan) nicht umsetzbar sind. Im Beispiel in Abbildung 92 sind dies „Stakeholder bei Standups dabei" (basierend auf heftiger Ablehnung einiger Stakeholder = Einsichten!) und „Projektorganisation".
- *Verschoben*: Hier fallen Optionen hinein, bei denen klar ist, dass sie momentan (noch) nicht funktionieren, weil z.B. die Voraussetzungen dazu noch geschaffen werden müssen, die entweder durch andere Optionen als Nebeneffekt mit geschaffen werden oder eigene vorbereitende Experimente erfordern. Im Beispiel in Abbildung 92 ist dies „Prozessanalyse", hierzu sind noch Vorbereitungen notwendig.

Unsichere und verschobene Optionen werden immer mit am Board aufgelistet, damit sie zum einen nicht verloren gehen oder übersehen werden, zum anderen entstehen neue Ideen und Einsichten oft in Diskussionen mit anderen vor dem Board, wenn diese um Erklärungen zu diesen Optionen bitten. Durch ihre andere Sicht können diese Außenstehenden – außerhalb des Veränderungsteams Stehenden – neue Einsichten und Ideen bieten, die nicht nur die Bewertung, sondern auch die Option verändern können.

Tools für Experimente

Experimente Tracker

Ein Experimente Tracker [Lit15] im Stil eines Kanban-Board (s.o.) unterstützt die Erstellung, Umsetzung und Durchführung der einzelnen Experimente (Abbildung 93). Dabei ist es hilfreich, immer konkret am Experiment zu bleiben und sich auf klar messbare Ergebnisse zu fokussieren.

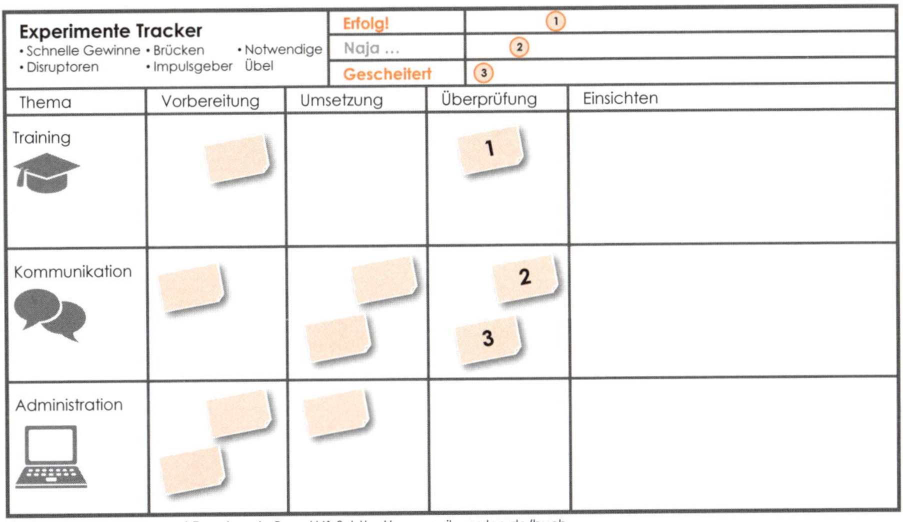

Lean Change Management Experimente Board V1.0: http://www.agil-werden.de/buch

Abbildung 93: Experimente Tracker

3.3 Methoden und Modelle

Dieser Abschnitt bietet eine Übersicht über einige in Lean Change bewährte Methoden und Modelle zum Gewinnen von Einsichten.

Methoden und Modelle	Kurzbeschreibung	Seite
7-S-Modell von McKinsey	Modell mit 7 Faktoren, die für die Gestaltung einer Organisation wesentlich sind und so Ansatzpunkte für Veränderungen bieten	538
ADKAR	einfaches Rahmenwerk um Veränderungen in kontrollierter Weise umzusetzen, für Agiles Change Management ist der Analyseteil zum Gewinnen von Einsichten interessant	540
Culture Hacking	Kulturveränderung über kleine Experimente	541
Die 12 Gallup-Fragen	Fragen zur Zufriedenheit von Mitarbeitern und ihrer Bindung an ihren Arbeitgeber	547
Kotter 8 Schritte	Modell bzgl. der Punkte, die bei einer Veränderung zu beachten und durchzuführen sind:	548
Kulturmodell von Laloux	Modell zum Klassifizieren von Organisationskulturen	s. Abschnitt IV.1.3
Lean Coffee	strukturiertes Format für unstrukturierte Meetings	549
Perspective Mapping	Methode, um Ansichten und Auffassungen aller Beteiligten transparent zu machen	553

Methoden und Modelle	Kurzbeschreibung	Seite
MINDPRACTICE®	Ein moderierter Gruppendialog zum kreativen Bearbeiten von Themen.	556
Schneider Kultur-matrix	Modell zum Klassifizieren von Organisations-kulturen	s. Abschnitt IV.1.3
SCARF-Modell	psychische Belohnungen und Bedrohungen rufen im Gehirn die gleichen Reaktionen hervor wie physische (körperliche) Belohnungen und Bedrohungen.	s. Abschnitt III.2.1

Tabelle 3: Übersicht über die in diesem Kapitel dargestellten Methoden und Modelle.

Lean Change macht keinerlei Vorschriften über die einzusetzenden Methoden und Modelle. Jede Methode und jedes Modell, ob agil oder nichtagil, kann eingesetzt werden, wenn es nützlich ist.

Wichtig ist nur, dass

- vor dem Einsatz einer Methode *Messkriterien für Fortschritt und Erfolg* definiert werden und nach dem Einsatz gemessen wird,
- Feedback eingeholt wird von denen, die diese Methoden „erfahren",
- in Retrospektiven (s.o. Abschnitt „Praktiken") das eigene methodische Vorgehen reflektiert, überprüft und angepasst wird.

Solange Sie inhaltlichen Fortschritt messen und basierend auf Feedback methodisch (im Vorgehen) besser werden, können Sie an Methoden einsetzen, was Sie wollen.

Bedenken Sie, dass – aus den gleichen Gründen wie Experimente (s. „Exkurs: Komplexität" in Kapitel I.1) – auch Managemententscheidungen *Experimente* sind!

Ein interessanter Ansatz für wissenschaftlich fundierte Managementmethoden ist *Evidenzbasiertes Management* (*Evidence-based management* [WikiEBM1, 2]).

Einen guten Einstieg in das Thema „Management & Komplexität" geben die beiden Bücher *Organisation für Komplexität: Wie Arbeit wieder lebendig wird – und Höchstleistung entsteht* und *Komplexithoden: Clevere Wege zur (Wieder)Belebung von Unternehmen und Arbeit in Komplexität.* von Niels Pfläging.

Praktische Hinweise zu Managementmethoden im Kontext *Komplexität* geben das „Management 3.0"-Konzept ([App10, App14] sowie Management 3.0-Workshops.

7-S-Modell von McKinsey

Das *7S-Modell* von McKinsey umfasst 7 Faktoren, die für die Gestaltung einer Organisation wesentlich sind und so Ansatzpunkte für Veränderungen bieten [Wiki7S]. Zudem bietet das Modell Hinweise auf die Faktoren einer Organisation, die bei einer Veränderung berührt werden und so Einfluss auf diese haben können.

Die Faktoren sind (Abbildung 94, [Wiki7S]):

- *Strategie* (strategy) muss einen nachhaltigen Wettbewerbsvorteil gewährleisten.
- *Struktur* (structure) ist das hierarchische Gerüst einer Organisation und definiert so grundlegende Rahmenbedingungen.

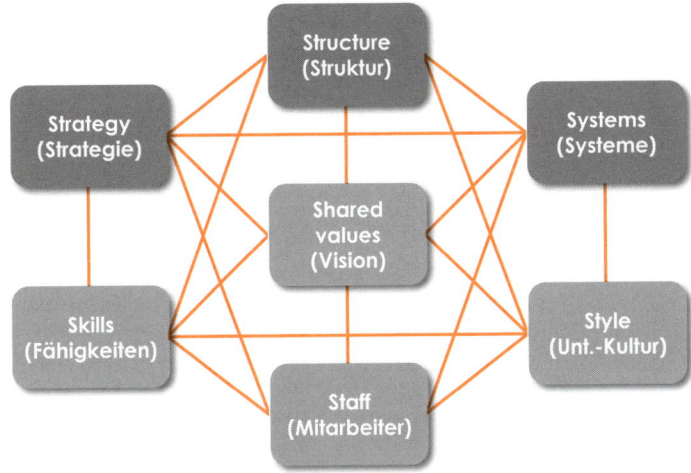

*Abbildung 94: Typische Anordnung der Variablen im 7-S-Modell [Wiki7S]
(dunkelgrau: „harte Faktoren", hellgrau: „weiche Faktoren" [Wiki7S])*

- *Systeme* (systems) bilden den Rahmen für weitere Prozesse.
- *Spezialfertigkeiten* (skills) sind charakteristische Fähigkeiten, die das Unternehmen als Ganzes am besten beherrscht (Corporate Skills).
- *Stammpersonal* (staff) sind die Menschen und Mitglieder der Organisation.
- *Stil* (style/culture) meint die Unternehmenskultur.
- *Selbstverständnis* (shared values/superordinate goals) vermittelt Werte und Normen (Corporate Identity).

Die Faktoren werden unterschieden in:

- *„harte Faktoren"*: Strategie, Struktur, Systeme – die leichter zu erfassen und zu beurteilen sind
- *„weiche Faktoren"*: Spezialfertigkeiten, Stammpersonal, Stil, Selbstverständnis – die zwar schwieriger zu erfassen, jedoch mindestens genauso wichtig für das Unternehmen sind.

Das 7S-Modell geht explizit von einer Vernetzung der einzelnen Faktoren aus.

Dieses Modell geht auf das *The Star Model*™ von Jay R. Galbraith [Gal] zurück (Abbildung 95). Mit diesem gab Galbraith die Komponenten an, die beim Auf- und Umbau einer Organisation zu berücksichtigen sind. Dabei bedeuten im Einzelnen

- *Strategy:* Die Strategie definiert Sinn, Vision, Mission, Ziele und Werte der Organisation und gibt so die Daseinsberechtigung sowie die Grundausrichtung der Organisation an.
- *Structure:* Die Struktur legt fest, wie die Strategie organisatorisch umgesetzt wird und wo Macht und Autorität in der Organisation angesiedelt sind.
- *Processes:* Die Prozesse legen die Abläufe in der Organisation fest und zeigen damit, wie die Strategie in der Struktur umgesetzt wird.
- *Rewards:* Das Belohnungssystem definiert Verfahren und Vorgehensweisen zu Gehalt, Bonus etc. Es soll Motivation und Anreize geben, die Strategie zu erfüllen.

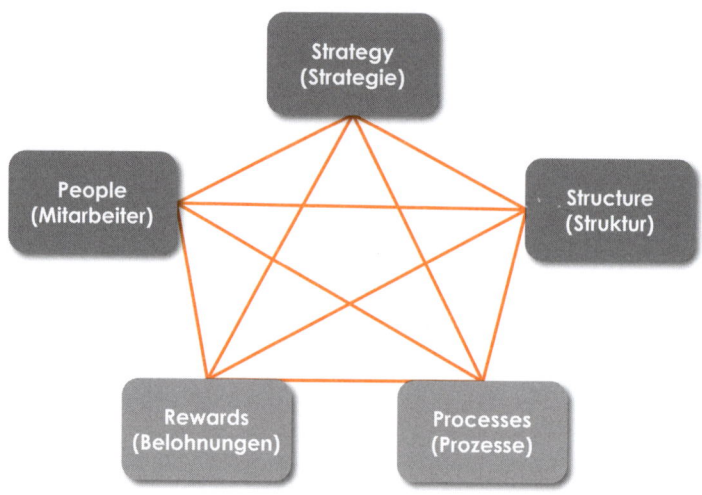

Abbildung 95: „The Star Model™" von Jay R. Galbraith [Gal]

- *People:* Durch Personalanwerbung, -auswahl, -wechsel, -training und -entwick-
lung sollen Talente mit den Fähigkeiten und Einstellungen bereitgestellt werden,
die notwendig sind, um die Strategie in der Struktur mit den Prozessen umzusetzen.

Literatur:

Gal: Galbraith, Jay R.: The Star Model™, online verfügbar unter http://www.jaygalbraith.
com/images/pdfs/StarModel.pdf (abgerufen am 28.09.2015)
Wiki7S: *7-S-Modell* bei Wikipedia: http://de.wikipedia.org/wiki/7-S-Modell

ADKAR Modell

Der Change-Management-Anbieter Prosci® veröffentlichte 1999 sein ADKAR® Modell. ADKAR steht für

A wareness of the need for change: Bewusstsein für die Notwendigkeit einer Veränderung

D esire to participate and support the change: Wunsch, an der Veränderung teilzunehmen und diese zu unterstützen

K nowledge on how to change: Wissen darüber, wie Veränderung geht

A bility to implement required skills and behaviors: Fähigkeit, die erforderlichen
Fertigkeiten und Verhalten einzuführen

R einforcement to sustain the change: Verstärkung, um Veränderung zu erhalten

ADKAR® besteht aus zwei Teilen: einem Analyse- und einem Durchführungsteil.
Während der Durchführungsteil die einzelnen Schritte als sequentiell aufeinander
aufbauend und entsprechend linear durchzuführen versteht (vgl. die Ausführungen
zum Pläne machen in diesem Buch), ist der Analyseteil für Agiles Change Manage-
ment/Lean Change interessant, um Einsichten darüber zu gewinnen, wie stark die
einzelnen Faktoren ausgeprägt sind, z.B. das Bewusstsein für die Veränderung in
verschiedenen Gruppen (Mitarbeiter, Manager, Geschäftsleitung) oder der Wunsch,
an der Veränderung teilzunehmen. Zur Durchführung der Analyse gibt es entsprechende Unterlagen von Prosci®.

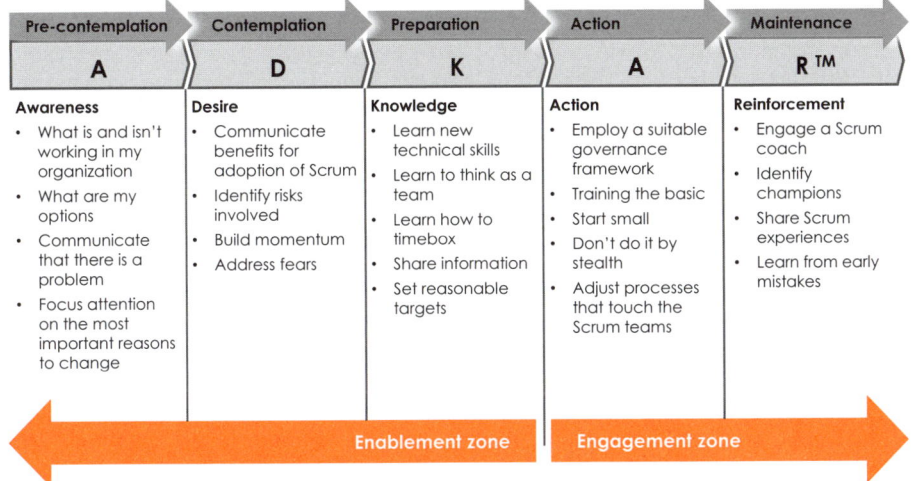

Abbildung 96: Das ADKAR-Modell

Culture Hacking[13]

Projektheld und sein Problem

Projektheld – so nennen wir mal den Protagonisten in der folgenden Geschichte – ist neu im Unternehmen und genervt: In diesem Unternehmen scheint es normal zu sein, dass Meetings immer 10 Minuten später anfangen und länger dauern als geplant. Oft müssen Teilnehmer Meetings dann vorzeitig verlassen, um rechtzeitig zu Anschlussterminen zu kommen. Und dann sind viele Meetings schlecht bis gar nicht vorbereitet. Dadurch sind die Ergebnisse sehr mager – oft war es einfach schade um die Zeit.

Projektheld will das ändern. Er hat bereits versucht, das Thema anzusprechen, allerdings ist es ihm nicht gelungen, bei den Beteiligten Bewusstsein dafür zu schaffen. Daher entschließt er sich, einen anderen Weg zu gehen: Er will die Meetingkultur des Unternehmens „hacken".

Kultur als „Betriebssystem" einer Organisation

Kultur wird als „das Betriebssystem" (Hof10) einer Organisation angesehen. Sie stellt damit die Basis dar, auf der „individuelle Anwendungssysteme" (Hof10) laufen. Diese technische Beschreibung wählte Hofstede als einfaches und allgemein verständliches Erklärungsmodell: Ein Betriebssystem erweckt einen Computer erst zum Leben und ermöglicht z.B. Darstellungen auf dem Bildschirm und Eingaben über Tastatur und Maus. Anwendungsprogramme des Nutzers, wie eine Textverarbeitung oder ein Internetbrowser, laufen nur auf dem Computerbetriebssystem, zu dem sie kompatibel sind. Ein Programm für einen Mac wird nie auf einem Windows-Computer laufen.

---

[13] Dieser Abschnitt basiert auf dem Artikel *Culture Hacking – Knacken Sie die Unternehmenskultur!* aus dem ProjektMagazin: https://www.projektmagazin.de/artikel/culture-hacking-knacken-sie-die-unternehmenskultur_1096665

Ebenso erweckt Kultur als „Betriebssystem" einer Organisation diese erst zum Leben und ermöglicht z.B. die Zusammenarbeit ihrer Mitglieder. Handlungen einer Person sind dann wie Anwendungsprogramme eines Nutzers zu verstehen: Es sind nur Handlungen möglich, die im Einklang mit dem „Betriebssystem" stehen und zu diesem kompatibel sind. Inkompatible Handlungen werden bestraft, von Anpassungsdruck auf den Handelnden bis zu seinem Ausschluss aus der Organisation.

Computer Hacking

Dieses Modell hat zugleich den Vorteil, dass *Culture Hacking* leicht am Beispiel von *Computer Hacking* erklärt werden kann. *Computer Hacking* meint das Eindringen in ein Computersystem (meist aus Spaß) und Verändern der Software von innen heraus – in Abgrenzung zu *Computer Cracking* allerdings ohne dabei Sicherheits- und Schutzsysteme anzugreifen und zu knacken. *Hacking* in technischen Sinne meint mittlerweile die Veränderung von Geräten in einer Art und Weise, dass diese völlig anders angewendet werden, als von den Herstellern ursprünglich beabsichtigt.

Analog dazu meint *Culture Hacking* das Eindringen in eine Kultur und das Verändern von innen heraus. Dabei wird in das „Betriebssystem" Kultur eingedrungen und durch Aktionen dieses dazu angeregt, sich zu verändern und anders zu agieren.

Culture Hacking

Ursprünglich ist *Culture Hacking* ein Begriff aus der Kunst und meint Provozieren des aktuellen kulturellen Standards, um Althergebrachtes aufzubrechen und Neues zu schaffen[Lie10]. Erfolgreiche Provokationen, wie z.B. Avantgarde, Punk, oder *Urban Art* [Lie10], sind mittlerweile Bestandteil der Kultur – zum Teil sogar schon Bestandteil dessen, was als „klassisch" bezeichnet wird.

Veränderungen in der Kultur folgen nie einem Plan – sie entstehen durch Opposition zum Bestehenden. Zu jeder Zeit kleidete sich Fortschritt in das Gewand der Provokation. Alles, was heute kultureller Standard ist, war zu früherer Zeit eine Provokation!

Mittlerweile ist der Begriff *Culture Hacking* in der Business-Welt angekommen, wo er die Veränderung der Kultur von Organisationen und Unternehmen meint.

Culture Hacking ist eine systemische Intervention, mit der das zu hackende System zu einer Veränderung angeregt werden soll. Es geht nicht um eine zielgerichtete Steuerung, sondern um eine Anregung zur Selbstveränderung, z.B. durch Sichtbarmachen von Einschränkungen, Fehlfunktionen und Problemen. Diese Anregung kann sichtbar und provokativ oder verdeckt und unscheinbar sein. Alles, was zur Veränderung anregt, ist erlaubt!

Eine Anregung zur Veränderung wird *Hack* genannt. Ihr Erfolg ist nicht garantiert, da nicht klar ist, wie die Organisation darauf reagieren wird. *Hacks sind daher Experimente*: Wir haben eine Idee, wie etwas zur Veränderung angeregt werden könnte. Doch haben wir keinerlei Garantie, dass dies auch wie gedacht funktioniert!

Hacks können auch scheitern – die gewünschte Veränderung findet nicht statt. Stattdessen kann es zu einer Veränderung in ungewollter Richtung oder keiner (sichtbaren) Veränderung kommen. Unbeabsichtigte Veränderungen gehören zum Risiko eines Culture Hack.

Keine oder nicht sichtbare Veränderungen können vorkommen, wenn der Hack sich von normalen Vorgängen in der Kultur zu wenig unterschied und daher keine Wirkung entfaltete. Oder die Organisation lernte bereits aus früheren ähnlichen Anregungen und ignorierte nun diesen Hack, weil er dem bereits Bekannten zu ähnlich war und sie sich bereits angepasst hat. So wie man nicht zweimal in denselben Fluss steigen kann, kann man nicht zweimal dasselbe (oder sehr ähnliche) Experiment mit dem gleichen Ergebnis machen. Auch wenn keine Veränderung sichtbar ist, hat das System sich verändert – und sei es nur, dass es „trainiert" wurde, auf bestimmte Anregungen nicht (mehr) zu reagieren. Aufgrund dieses „Trainingseffektes" kann jedes Experiment nur einmal durchgeführt werden.

Hacks sind zudem kontextabhängig, d.h., was in einem Unternehmen in einer Situation funktioniert hat, kann in einer anderen Situation eine ganz andere Wirkung ergeben – sogar im selben Unternehmen. Für jede Situation muss ein spezifischer Hack gefunden werden.

Ablauf von Culture Hacking

Allgemein läuft Culture Hacking in drei Phasen ab: Einsichten gewinnen, Optionen entwickeln und eine Option als Experiment durchführen:

1. *Einsichten*
   a) *Beobachten des Problems und sammeln von Informationen*: Wann tritt es auf? Wann nicht? Tritt das Problem immer gleich auf? Oder gibt es Unterschiede, und wenn ja, wann treten welche Unterschiede auf?
   b) *Beschreibung des Problems*: Was ist das Problem? Was genau soll verändert werden?
   c) *Hypothesen bilden*: Was ist das Problem am Problem? Wodurch wird das Problem zum Problem? Wozu ist das Problem vielleicht sogar nützlich?
   d) *Ansatzpunkt finden*: Wo kann geschickt angesetzt werden? Gibt es eine Schwachstelle im Problem?
2. *Optionen*
   a) *Entwickeln von Optionen*: Wie kann das Problem aufgedeckt werden? Wie kann das Problem verändert werden? Was kann getan werden, um das Problem zu stören? Wie kann das Problem richtig groß gemacht, übertrieben werden?
   b) *Bewerten der Optionen bzgl. Risiko und Auswahl einer Option*: Eine Option finden, die wirksam und nicht (allzu) gefährlich ist.
3. *Experiment*
   a) *Durchführen*: den *Hack* durchführen
   b) *Auswerten*: das Resultat beobachten und daraus lernen. Wenn Ziel nicht erreicht: Goto 1.

Vorbereitung

Zunächst muss Projektheld seinen Hack vorbereiten. Dazu beobachtet er (1a) zunächst die Meetingkultur im Unternehmen und stellt fest:

- unpünktlicher Beginn und Ende der meisten Meetings,
- viele ineffektive Meetings ohne Ergebnis,
- schlecht bis gar nicht vorbereitete Meetings,
- Pflichtteilnahme auch an Meetings, die für ihn irrelevant sind, diese Meetings sind für ihn Zeitverschwendung,
- viele Kollegen sitzen z.T. täglich stundenlang in Meetings und müssen dann Überstunden machen, weil sie ihre Aufgaben sonst nicht schaffen.

Als Problem (1b) formuliert Projektheld: In unserem Unternehmen wird zu viel Zeit durch zu viele ineffektive Meetings verschwendet.

Anschließend formuliert er folgende Hypothesen (1c):

• Durch die vielen Meetings wird Zeit verschwendet.
• Dadurch bleiben wichtige Aufgaben unerledigt oder Überstunden fallen an.
• Durch die Konzentration auf interne Meetings werden externe Aspekte (Kunden, Markt, Wettbewerb, technologische Entwicklung) vernachlässigt.

Nun geht es darum, herauszufinden, warum das Problem stabil ist, es also nicht von selbst wieder verschwindet. Und was am Problem nützlich für die Organisation und ihre Teilnehmer sein könnte und dadurch unbeabsichtigt am Leben gehalten wird (1c). All dies sind natürlich Vermutungen und Hypothesen. Projektheld hält fest: Das Unternehmen ist sehr stark nach innen fokussiert. Dies lenkt von Problemen am Markt ab und so muss es sich nicht mit – möglicherweise schmerzhaften – Themen auseinandersetzen.

Den Ansatzpunkt (1d) zu finden ist schwierig. Projektheld vermutet, dass es am geschicktesten ist, an der Stelle anzusetzen, wo es am deutlichsten wird: den Auswirkungen der Zeitverschwendung.

Optionen

Nun entwickelt Projektheld verschiedene Optionen (2a), wie er mit einer geschickten Aktion am Ansatzpunkt das Problem aufdecken kann. Dies ist der „künstlerische" Teil von *Cultural Hacking*. Bei der Entwicklung der Optionen ist Kreativität gefragt, um eine geeignete Intervention zu entwerfen, die präzise das aufzudeckende Problem deutlich macht.

Jede Option stellt einen potenziellen Hack dar. Projektheld geht an dieser Stelle brainstormingmäßig vor. Später bewertet er die einzelnen Optionen bzgl. des Risikos und wählt eine aus, die er dann durchführt.

Ein *Hack* ist eine absichtliche Aktion, in deren Wirkung sich die Kultur verändert. Dies kann, muss keine spektakuläre Aktion sein. Es kann eine der vielen kleinen alltäglichen Aktionen sein, die „ein klein wenig anders" gemacht wird und dadurch ihre Wirkung entfaltet.

Es ist wichtig, bei einem *Hack* mit der Organisation in einer guten Verbindung, im Rapport zu sein. So wird der *Hack* als „von innen heraus kommend" und nicht als „Aggression von außen" verstanden. Gegen eine Aggression von außen würde das System sich schützen, dies nicht als Anregung zur Veränderung auffassen. Daher ist ein *Hack* immer so zu gestalten, dass er eine gute Verbindung mit der Organisation herstellt und hält. Dies kann z.B. durch Wertschätzen der Organisation und Streben nach ihrer Weiterentwicklung geschehen. Fundamentalkritik dagegen würde die Organisation als Angriff von außen verstehen und sich dagegen wehren. Sie würde den Angreifer als nicht zu ihr zugehörig auffassen und ggf. ausscheiden.

Projektheld entwickelt als Optionen (2a):

A. Aushängen von Meetingregeln an den Wänden im Meetingraum, in der Erwartung, dass die Meetingteilnehmer sich daran halten werden.
B. Anmerkung im Rahmen der nächsten Mitarbeiterbefragung, dass die Meetingkultur schlecht ist, in der Hoffnung, die Personalabteilung nimmt sich des Themas an.

C. Abfrage von Feedback der Teilnehmer nach dem Meeting, wie zufrieden sie mit dem Meeting waren. Dies wird mindestens so lange durchgeführt, bis eine Problemlösung sichtbar wird, und kann nach einer Problemlösung auch ein dauerhaftes Feedbackinstrument sein. Durchgeführt werden kann dies:
1) Anonym über ein webbasiertes unternehmensexternes System, über das jeder Teilnehmer nach jedem Meeting eine Abfrage zur anonymen Bewertung mit „zufrieden" und „nicht zufrieden" erhält.
2) Über eine Strichliste an der Tür des Meetingraumes mit den Kategorien „zufrieden" und „nicht zufrieden", in die jeder Teilnehmer beim Verlassen des Meetingraumes anonym einen Strich entsprechend seiner Einschätzung macht.
3) Als letzter Agenda-Punkt in jedem Meeting wird eine Liste mit den Kategorien „zufrieden" und „nicht zufrieden" herumgereicht, in der jeder Teilnehmer anonym einen Strich macht, ob er mit dem Meeting zufrieden ist oder nicht. Der Teilnehmer, der als Letzter seinen Strich macht, zählt die Striche in beiden Kategorien und nennt die jeweilige Anzahl. Bei Bedarf können die Teilnehmer gleich an Ort und Stelle diskutieren, was sie zu ihrer Bewertung bewogen hat.
D. Einsatz einer Meetinguhr, die nicht nur die Zeit, sondern auch die Meeting-Kosten anzeigt. Mit einem Tool (z.B. Webseite wie www.meeting-counter.de oder ein Zählprogramm auf einem Notebook, Apps für Smartphones und Windows, als Ausführung in Hardware) werden zusätzlich zur abgelaufenen Zeit des Meetings die aufgelaufenen Meetingkosten auf Basis der Stundensätze der teilnehmenden Kollegen anzeigt.
E. Mit den Worten „Man darf über alles reden, nur nicht über eine Stunde!" verabschiedet sich Projektheld pünktlich nach 60 Minuten aus jedem Meeting, an dem er teilnimmt.
F. Projektheld sagt seine Teilnahme nur noch zu den Meetings zu, von denen er persönlich einen Nutzen erwartet.
G. Eine Option, die immer besteht, ist, das System zu verlassen. Projektheld könnte also kündigen und sich einen neuen Jobs suchen. Dies ist zugleich auch immer die risikoloseste Option.

Klassifizieren des Risikos der Optionen

Nun sind die Optionen bzgl. ihres Risikos zu bewerten (2b). Jede Option hat ihre eigene „Gefährlichkeit". Diese hat verschiedene Aspekte und bezieht sich sowohl auf das System (z.B. Störung des Geschäftsablaufs) als auch auf den Hacker persönlich (z.B. Entlassung, Strafanzeige). Gesucht ist daher eine Option, die hoch wirksam und gleichzeitig nicht allzu gefährlich ist.

Entsprechend dem Risiko werden drei Zonen (s. Abbildung 97) unterschieden:

- *grün:* ungefährlich, ohne große Auswirkungen
- *blau:* nachhaltige Auswirkungen
- *rot:* „Todeszone", sehr gefährlich, große Auswirkungen mit (ungeahnten) Konsequenzen

Culture Hacks sollen im blauen Bereich liegen, um einen nachhaltigen Effekt zu erzeugen ohne allzu gefährlich zu sein.

Projektheld klassifiziert seine Optionen entsprechend dem Risiko (2b, Abbildung 98).

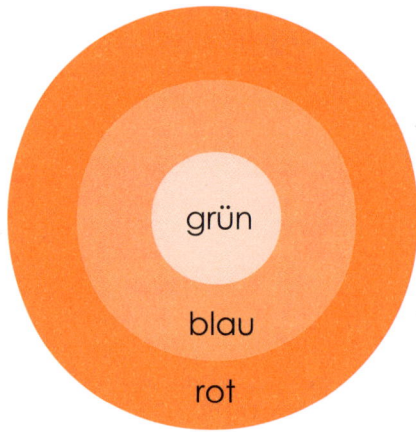

Abbildung 97: Risiko-Zonen beim
Culture Hacking

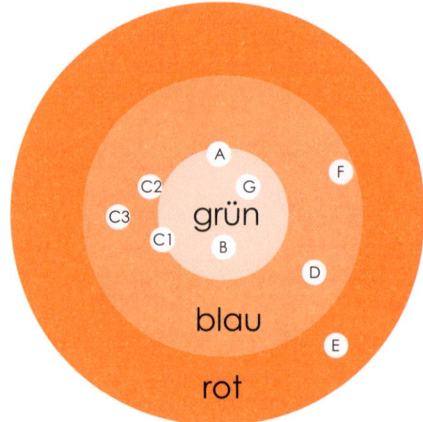

Abbildung 98: Klassifizierte Optionen

Durchführen des Hacks

Projektheld entscheidet sich für Option D: Diese macht die Kosten pro Meeting transparent und gleichzeitig deutlich, welchen Wert ein Meeting mindestens „erwirtschaften" muss. Multipliziert man diese Kosten mit der Umsatzrendite, dann wird deutlich, wie viel Umsatz gemacht werden muss, um sich dieses Meeting „zu leisten". Diese Zahlen schockieren oft die Mitarbeiter und offenbaren, wie viel tagtäglich durch ineffiziente Meetings verschwendet wird.

Projektheld entscheidet sich für die Variante mit der Webseite auf dem Notebook, da dadurch keine Kosten entstehen. Zur Durchführung des Hacks (3a) nimmt er sein Notebook zum nächsten Meeting mit, ruft die Webseite auf und dreht sein Notebook so, dass alle Meetingteilnehmer den Bildschirm sehen können. Dann erläutert er kurz, dass er nur die durch das Meeting entstehenden Kosten transparent machen will. Mehr muss er gar nicht machen, wenn das „Samenkorn seines Hacks auf fruchtbaren Boden fällt", wird sich alles Weitere entwickeln...

Zur Auswertung (3b) muss Projektheld schauen, ob sich nach einer von ihm gewählten Zeitspanne etwas ändert oder nicht. Sollte das Problem weiterhin bestehen, startet er einen neuen Hack mit den gewonnenen Einsichten über Problem und Unternehmen.

Literatur:

Hof10: Hofstede, G. & Hofstede, G.: Cultures and Organizations – Software of the Mind: Intercultural Cooperation and Its Importance for Survival. McGraw-Hill. 2010.
Lie10: Liebl, F.: Cultural Hacking als Kunst des strategischen Handelns – Mit Franz Liebl [Audio] – 16.04.2010. http://cdn-storage.br.de/mir-live/MUJIuUOVBwQIb71S/Mw1l-s6i6BU1S/_-Fg5A8H/100416_2030_Cultural-Hacking-als-Kunst-des-strategische.mp3
Lit14: Little, J. & Scheller, T.: Lean Change Workshop, unveröffentlichte Workshop-Unterlagen

Die 12 Gallup-Fragen

Gallup, ein weltweit führendes Markt- und Meinungsforschungsinstitut, erhebt seit vielen Jahren u.a. jährliche Umfragen zur Zufriedenheit von Mitarbeitern und ihrer Bindung an ihren Arbeitgeber.

Im Wesentlichen geht es dabei um die Frage: *„Wie zufrieden bin ich insgesamt damit, [bei Unternehmen] zu arbeiten?"*. Laut *Gallup* geben dabei hauptsächlich die folgenden 12 Fragen aus den Bereichen

- Unternehmen
- Vorgesetzte
- Team
- Kollegen und
- Zukunft

Aufschluss über die Motivation der Mitarbeiter.

Diese Fragen können verwendet werden, um Einsichten zu gewinnen, wie Stimmung und Lage im Unternehmen sind. Je nach Unternehmenskultur und Vertrauensgrad kann die Abfrage personalisiert oder anonymisiert erfolgen.

Die Fragen im Einzelnen mit Bemerkungen/Erläuterungen (vgl. [Lap08, Sch13]):

1. *Weiß ich, was von mir an meinem Arbeitsplatz erwartet wird?*

   Kenne ich die quantitativen und qualitativen Anforderungen an mich und habe ich diese verstanden?

2. *Habe ich das Material und die technische Ausstattung, die ich brauche, um meine Aufgaben richtig zu erledigen?*

   Sind die äußeren Voraussetzungen gegeben, um meine Arbeit zu leisten?

3. *Habe ich bei der Arbeit die Möglichkeit, jeden Tag das zu tun, was ich am besten kann?*

   Bin ich am richtigen Ort eingesetzt? Entspricht meine Qualifikation den Anforderungen? Bin ich weder unter- noch überqualifiziert?

4. *Habe ich in den letzten sieben Tagen Anerkennung oder Lob für gute Arbeit erhalten?*

   Wird meine Arbeit wahrgenommen und anerkannt? Bekomme ich Anerkennung?

5. *Kümmert sich mein/e Vorgesetzte/r oder eine andere Person um mich als Mensch?*

   Werde ich als Mensch wahrgenommen und wertgeschätzt? Oder bin ich „Headcount" oder Personalnummer?

6. *Gibt es jemanden, der meine berufliche Entwicklung fördert?*

   Sieht jemand eine Perspektive für mich in diesem Unternehmen? Und fördert er mich, diese umzusetzen?

7. *Wie wichtig ist meine Meinung? Werde ich gefragt?*

   Werde ich als Befehlsempfänger gesehen oder als Kompetenzträger? Zählt meine Kompetenz und Meinung? Wird meinem Urteil vertraut?

8. *Gibt die Zielsetzung des Unternehmens mir das Gefühl, dass meine Arbeit wichtig ist?*

Die Frage nach dem Sinn des eigenen Tuns. Ist mein Beitrag wichtig (zur Erreichung dieser Ziele)?

9. *Leisten meine Kollegen aus innerem Antrieb Arbeit von hoher Qualität?*

Wie sieht es mit dem Qualitäts- und Leistungsethos im Unternehmen aus? Bügelt jeder seine eigenen Fehler aus oder die der anderen?

10. *Habe ich innerhalb des Unternehmens einen sehr guten Freund/sehr gute Freundin?*

Persönliche vertrauensvolle Beziehung zu einem anderen Menschen im Unternehmen, der mich ebenfalls als Mensch wahrnimmt.

11. *Hat jemand in den letzten sechs Monaten mit mir über meinen persönlichen Fortschritt gesprochen?*

Meine persönliche Weiterentwicklung ist jemandem ein Anliegen.

12. *Habe ich in den letzten 12 Monaten Möglichkeiten gehabt, Neues zu lernen und mich weiterzuentwickeln?*

Habe ich Möglichkeiten, mich weiterzuentwickeln und in neue Aufgaben hineinzuwachsen?

Literatur:

Lap08: Lapenat, Stefan: 12 Fragen zur Motivation – die Gallup Q12. Blogeintrag vom 27.07.2008: http://blog.intelli-consult.de/2008/07/27/12-fragen-zur-motivation-die-gallup-q12/
Sch13: Schmitz: Die 12 Gallup-Fragen: http://sggg.ch/files/fckupload/file/5_Ueber_uns/ Arbeitsgemeinschaften/CHG/2013/College_M_Dr_Schmitz_Die_12_Gallup_Fragen. pdf

Kotter 8 Schritte

John P. Kotter beschrieb in seinem Buch *Leading Change* die 8 Phasen des Change Management. Diese geben einen guten Ansatz, welche Punkte bei einer Veränderung zu beachten und durchzuführen sind:

1. *Gefühl der Dringlichkeit vermitteln*: Zunächst ist immer die Dringlichkeit, die Notwendigkeit für die Veränderung, zu vermitteln. Aus dieser folgt der Sinn für die Veränderung. Ohne diesen wird sich nichts bewegen! Menschen brauchen einen Sinn, damit sie motiviert sind (s. Abschnitt III.2.3)! Die Dringlichkeit muss den Betroffenen aus ihrer Perspektive deutlich werden. Sie müssen den Sinn und die Notwendigkeit der Veränderung sehen.
2. *Führungskoalition aufbauen*: Veränderung braucht Führung! Führung, die den Sinn und die Notwendigkeit vermittelt, die die Überzeugung vermittelt, dass es gemeinsam leichter geht!
3. *Vision und Strategien entwickeln*: Die Vision stellt das zu Erreichende klar und verständlich dar. Die Vision als Ziel ist eng mit dem *Wozu* (Sinn) verknüpft. Aus der Differenz zwischen Vision und gegenwärtigem Zustand ergibt sich die Dringlichkeit und Notwendigkeit der Veränderung.

4. *Vision kommunizieren*: Die Vision muss klar kommuniziert werden, damit Sinn, Dringlichkeit und Notwendigkeit deutlich werden.
5. *Hindernisse aus dem Weg räumen*: Vergleichbar dem „Ebnen des Weges" im Modell des Elefanten (s. Abschnitt IV.2.3) muss es den Menschen leicht und einfach gemacht werden, Veränderungen zu erreichen. Hindernisse bzw. Angst oder Ohnmacht vor diesen blockieren und schüchtern die Menschen ein. Werden Hindernisse sichtbar beseitigt, zeigt dies den klaren Veränderungswillen, die klare Veränderungskompromisslosigkeit und macht den Menschen Mut, selbst anzupacken.
6. *Kurzfristige Erfolge sichtbar machen*: Nichts macht erfolgreicher als Erfolg! Erfolge zeigen, dass die Veränderung funktioniert, dass Veränderung erfolgreich möglich ist.
7. *Veränderung weiter antreiben, nicht nachlassen*: Trotz aller Zwischenerfolge muss eine Veränderung zu Ende gebracht werden. Nicht ist dauerhafter als ein Provisorium!
8. *Veränderungen in der (Unternehmens-)Kultur verankern*: Die Veränderung ist nur dann dauerhaft, wenn das, was sie geändert hat, „normal" geworden geworden ist, in die Routinen und Standardabläufe integriert ist.

Kotter sieht diese Phasen bzw. Schritte als sequentiell aufeinander folgend und aufbauend. Genau das ist ein Kritikpunkt: *Veränderung ist nichtlinear!* Sie folgt nicht einer sequenziellen Reihenfolge, sondern verläuft parallel, an vielen Stellen gleichzeitig. Daher lässt sie sich auch nicht planen.

Lean Coffee – Ein strukturiertes Format für unstrukturierte Meetings[14]

Kennen Sie das?

- Meetings, in denen Sie Ihre Themen nicht einbringen konnten?
- Meetings mit ausufernden Diskussionen, die nur wenige interessieren?
- Meetings mit Diskussionen, die durch eine oder zwei Personen dominiert wurden?
- Sie haben eine Idee, wollen dazu eine Initiative starten und suchen Unterstützer?
- Sie wollen sich mit anderen in der Art austauschen, wie Sie es in der Kaffeeküche tun – und diese ist zu klein für mehrere Personen?
- Sie suchen (im Unternehmen) Gleichgesinnte zum Austausch zu einem Thema und wissen nicht, wie sie diese finden können?

Dann könnte Lean Coffee für Sie interessant sein.

Lean Coffee (http://leancoffee.org/) ist ein 2009 von den beiden Agile Coaches Jim Benson und Jeremy Lightsmith entworfenes Format für ein Treffen ohne vorab definierte Agenda, zu dem jeder einfach mit einem Aushang einladen kann und bei dem die Teilnehmer zu Beginn die Themen selbst bestimmen. Um möglichst viele Themen besprechen zu können, wird die Zeit pro Thema limitiert.

[14] Dieser Abschnitt basiert auf dem Artikel aus dem ProjektMagazin *Lean Coffee – einfach strukturierte Besprechung in lockerer Atmosphäre*: https://www.projektmagazin.de/artikel/lean-coffee-einfach-strukturierte-besprechung-in-lockerer-atmosphaere_1093534

So funktioniert Lean Coffee

Lean Coffee ist ein strukturiertes Format für unstrukturierte Meetings:

- **Lean**, weil es den Prinzipien des *Lean Thinking* (u.a. Verschwendung vermeiden, Lernen verstärken, Eigenverantwortung, das Ganze sehen [Pop 03]) verpflichtet ist, und
- **Coffee**, weil eine lockere, informelle Atmosphäre wie in einem Coffee-Shop erreicht werden soll. Daher werden die Teilnehmer auch eingeladen, ihren Kaffee mitzubringen.

Bei einem Lean Coffee wird immer davon ausgegangen, dass die richtigen Leute anwesend sind, da nur diejenigen kommen, denen der angekündigte Gesprächsgegenstand wirklich wichtig ist.

Für Lean Coffee gibt es keine Zeitvorgaben oder -empfehlungen, üblich ist eine Dauer von 1 bis 1,5 Stunden.

Einladung: Aushang in der Kaffeeküche

Wer ein Lean Coffee veranstalten will, hängt dazu einfach Einladungen aus. Diese geben Ort und Zeit sowie grob den zu besprechenden Themenkomplex an. Durch die Einladung wird auch deutlich, dass es keine Agenda gibt, anhand deren vorab definierte Themen besprochen werden. Damit die Einladungen von vielen gelesen werden, hängt man diese am besten an stark frequentierten Orten aus, z.B. am Schwarzen Brett, in der Kaffeeküche bei der Kaffeemaschine oder an Durchgangstüren in den Fluren (Abbildung 99). Im Gegensatz zu formellen Meetings erfolgen keine direkten (persönlichen) Einladungen per E-Mail o.Ä.

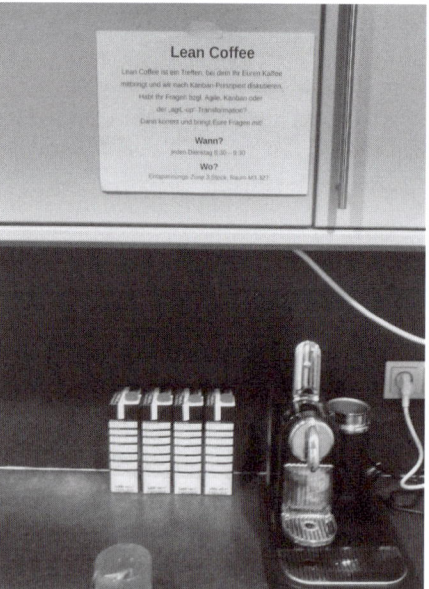

Abbildung 99: Beispiele für Einladungen zu einem Lean-Coffee-Meeting

Ablauf eines Lean Coffee

Zu Beginn des Lean Coffee sammeln die Teilnehmer die zu besprechenden Themen und priorisieren diese. Anschließend wird mit dem für alle Teilnehmer wichtigsten Thema begonnen und dieses eine festgelegte Zeit diskutiert. Nach Ablauf der Zeit entscheiden die Teilnehmer per einfachem Handzeichen, ob sie dieses Thema weiter diskutieren oder mit dem nächsten starten wollen.

Koordination der Themen mit einem Themenboard

Zunächst ist unter den Teilnehmern ein Koordinator zu finden. Dieser behält die Zeit pro Thema im Blick, koordiniert das Sammeln der Themen und führt das für alle einsehbare Themenboard.

Das Themenboard ist ein → *Kanban-Board* mit den drei Spalten *„zu diskutieren"*, *„in Diskussion"* und *„diskutiert"* und kann auf einem Flipchart oder Whiteboard geführt werden. Die einzelnen Spalten bedeuten dabei:

- Spalte *„zu diskutieren"*: Hier werden alle Themen gesammelt, die besprochen werden sollen.
- Spalte *„in Diskussion"*: Hier wird das aktuell besprochene Thema angezeigt.
- Spalte *„diskutiert"*: Hier werden die Themen gesammelt, die bereits besprochen wurden.

Auf Haftnotizen werden die einzelnen Themen angezeigt und „wandern" über das Themenboard von der Spalte *„zu diskutieren"* über die Spalte *„in Diskussion"* in die Spalte *„diskutiert"*.

Jeder bringt seine Themen ein

Jeder Teilnehmer, der ein Thema oder bestimmte Aspekte besprechen möchte, schreibt dies jeweils auf eine Haftnotiz und hängt diese an das Board in die Spalte „zu diskutieren". Es muss nicht jeder Teilnehmer ein Thema vorschlagen. Das Themensammeln ist abgeschlossen, wenn kein Teilnehmer mehr ein Thema anbietet. Üblicherweise dauert das Sammeln nur einige Minuten. Eventuell später während der Diskussionen neu entstehende Themen können – wenn nach Abschluss der Diskussion aller Themen noch Zeit ist – zum Schluss eingebracht werden.

Im Anschluss an das Sammeln bittet der Moderator jeden Themenanbieter sein Thema mit ein bis 2 Sätzen kurz vorzustellen.

Ein Beispiel: Ein Mitarbeiter möchte Agilität ausprobieren und sucht Unterstützer dafür. Dazu lädt er zu einem Lean Coffee ein. Von den Teilnehmern kamen u.a. als Unterthemen dazu „Was wird dann anders sein?", „Wie bekommen wir Management-Unterstützung?", „Welche agile Methode sollen wir anwenden?".

Priorisieren der Themen

Da die Zeit des Lean Coffee begrenzt ist, können nur die wichtigsten eingebrachten Themen besprochen werden. Daher müssen die Teilnehmer die vorgeschlagenen Themen priorisieren, um diese nach absteigender Wichtigkeit zu besprechen. Je nach Dauer der Diskussionen zu den Themen kann es passieren, dass Themen mit geringer Priorität, also wenig Interesse, aus Zeitgründen nicht mehr diskutiert werden können.

Das Priorisieren kann z.B. durch das sog. → *Dot-Voting* erfolgen: Dabei erhält jeder Teilnehmer drei kleine runde Aufkleber, die er auf die Themen, die ihn interessieren, kleben kann. Er verteilt die Punkte entsprechend der Wichtigkeit der Themen für ihn: Wenn ihn z.B. drei Themen gleich stark interessieren, dann erhalten alle drei Themen je einen Punkt; wenn ihn ein Thema besonders stark interessiert, dann vergibt er alle drei Punkte für dieses. Alternativ zu den Aufklebern können auch drei Striche mit Stiften gemacht werden. Die Themen werden anschließend nach absteigender Punktanzahl sortiert. Es wird mit dem Thema begonnen, das die meisten Punkte und damit das höchste Interesse hat.

Damit möglichst viele Themen bearbeitet werden können und die Zeitverteilung gerecht ist, bestimmt die Gruppe eine feste Zeitvorgabe pro Thema (→ *Timebox*). Nach dieser, z.B. 5 oder 10 Minuten, wird das nächste Thema gestartet. Wer mit seinem Thema schneller fertig wird, kann dieses vorzeitig beenden und so Themen mit niedriger Priorität Zeit schenken.

Diskussion und Verlängerung der Diskussionszeit

Wenn die Diskussion beginnt, hängt der Koordinator die Haftnotiz mit diesem Thema aus der Spalte *„zu diskutieren"* in die Spalte *„in Diskussion"*. Zu Beginn der Diskussion stellt der Teilnehmer, der dieses Thema einbrachte, es in wenigen Sätzen noch einmal kurz vor. Er ist auch für den Umgang mit den Ergebnissen verantwortlich.

Nach Ablauf der festgelegten Diskussionszeit lässt der Moderator die Gruppe abstimmen, ob sie dieses Thema weiter diskutieren möchte oder das nächste Thema an die Reihe kommen soll. Dazu ruft der Moderator jeden Teilnehmer dazu auf, per einfachem Handzeichen seine Meinung dazu kund zu tun:

- *„Daumen hoch"*: ich will dieses Thema weiter diskutieren,
- *„Daumen nach unten"*: für mich ist das Thema ausdiskutiert, ich will ein neues Thema diskutieren.

Die Gruppe sollte sich vorher einigen, wie sie mit dem Abstimmungsergebnis umgeht:

- entweder *Mehrheitsentscheid*: die einfache Mehrheit der Handzeichen entscheidet,
- oder *Veto-Entscheid*: Sobald auch nur ein *„Daumen nach unten"* gezeigt wird, wird dies als Veto interpretiert und das nächste Thema gestartet. (Der Koordinator darauf, dass die anderen Teilnehmer sich nicht beim Veto-Geber wegen dessen Entscheidung beschweren.)

Wird das Thema weiter diskutiert, sollte eine kürzere Zeitspanne (z.B. nur 3 Minuten) dafür zur Verfügung stehen. Nach Ablauf der Verlängerung wird wieder abgestimmt. Besteht dann immer noch Diskussionsbedarf, ist dieses Thema den Teilnehmern offenbar so wichtig, dass sich ein extra Meeting lohnt, in dem es komplett ausdiskutiert wird. Der Teilnehmer, der dieses Thema einbrachte, wird ein extra Meeting dazu ansetzen.

Ist die Diskussion zu diesem Thema beendet, wird seine Haftnotiz in die Spalte *„diskutiert"* gehängt und das nächste Thema startet, indem seine Haftnotiz in die Spalte *„in Diskussion"* gehängt wird.

Sollten nach Ablauf der Zeit noch hoch priorisierte Themen übrig sein, kann dies eine gute Motivation für weitere Lean Coffees sein. Allerdings ist dann darauf zu achten, dass nicht einfach mit der Themenliste weitergemacht wird, sondern das Format komplett wieder durchlaufen wird, also mit Themensammeln begonnen wird.

Modifikationen

Mit dem Lean Coffee-Format kann auch experimentiert werden, um die für sich passende Variante zu finden. So kann bei Lean Coffees, die nur dem Austausch von Informationen dienen sollen („Informationsaustausch-Lean Coffee"), die Priorisierung weggelassen werden und die Diskussionszeit auf z.B. 3 oder 5 Minuten verkürzt werden.

Auch kann – um erst mal einen Überblick über die Themenlandschaft zu bekommen – zunächst ein kurzes Informationsaustausch-Lean Coffee durchgeführt werden und anschließend z.B. per Dot-Voting entschieden werden, in welches Thema man tiefer einsteigen möchte.

Abgrenzung zu Open Space

Lean Coffee unterscheidet sich von *Open Space* dadurch, dass

- es nur eine Diskussion mit allen Teilnehmern gibt,
- die Diskussion zu einem Thema von vornherein zeitlich begrenzt ist und
- am Ende des Treffens nicht notwendigerweise ein Aktionsplan steht. Daher eignet sich Lean Coffee besser zum Erfahrungsaustausch.

Fazit

Lean Coffee ist ein strukturiertes agenda-loses Meetingformat, bei dem die Teilnehmer die Tagesordnung durch die Themen, die sie einbringen, bestimmen. Um möglichst viele Themen zu besprechen, wird die Länge der Diskussion pro Thema durch Zeitbegrenzung limitiert.

Lean Coffee unterscheidet sich von anderen Meetings dadurch, dass

- jeder formlos einladen kann,
- es ein hierarchiefreies Meeting ist,
- keine inhaltliche Vorbereitung notwendig ist,
- es durch Zeitbegrenzung und Abstimmungen keine ausufernden Diskussionen gibt,
- die Teilnehmer sich einbringen können, indem sie die ihnen wichtigen Themen adressieren,
- durch Priorisierung die Themen zuerst besprochen werden, die den meisten Teilnehmern am wichtigsten sind.

Lean Coffee lebt davon, dass jede Gruppe damit experimentiert und ausprobiert, was für sie am besten passt. Dies bezieht alle Komponenten von Lean Coffee ein: die Diskussionszeit, das Priorisierungsverfahren etc. Insofern ist diese Beschreibung ein Vorschlag für eigene Experimente.

Literatur:

[Pop 03]: Poppendieck, Mary und Poppendieck, Tom: Lean Software Development: An Agile Toolkit for Software Development Managers. Addison-Wesley. 2003

Perspective Mapping

Perspective Mapping [Lit15] ist eine Methode, um Ansichten und Auffassungen aller Beteiligten transparent zu machen. Dazu werden die in Interviews gewonnenen Aussagen anonymisiert, verdichtet und öffentlich zugänglich gemacht.

Um Veränderung erfolgreich durchzuführen, ist es wichtig, die Ansichten und Sichtweisen aller Beteiligten zu kennen. Diese Beteiligten sind

- das Veränderungsteam, das die Veränderung direkt durchführt,
- vor- und nachgelagerte Abteilungen, die indirekt von der Veränderung betroffen sind,
- Beobachter wie Management, Geschäftsleitung sowie nicht betroffene Abteilungen.

Mit Einzel- und Gruppen-Interviews werden die jeweiligen Sichtweisen und Ansichten gesammelt. Anschließend werden diese zusammengefasst und zur Überprüfung der jeweiligen Gruppe vorgestellt. Dieses Verfahren wird mit jeder Gruppe durchgeführt, um ein vollständiges Bild zu erhalten. Die Visualisierung erfolgt an einem Board (s. Abbildung 100).

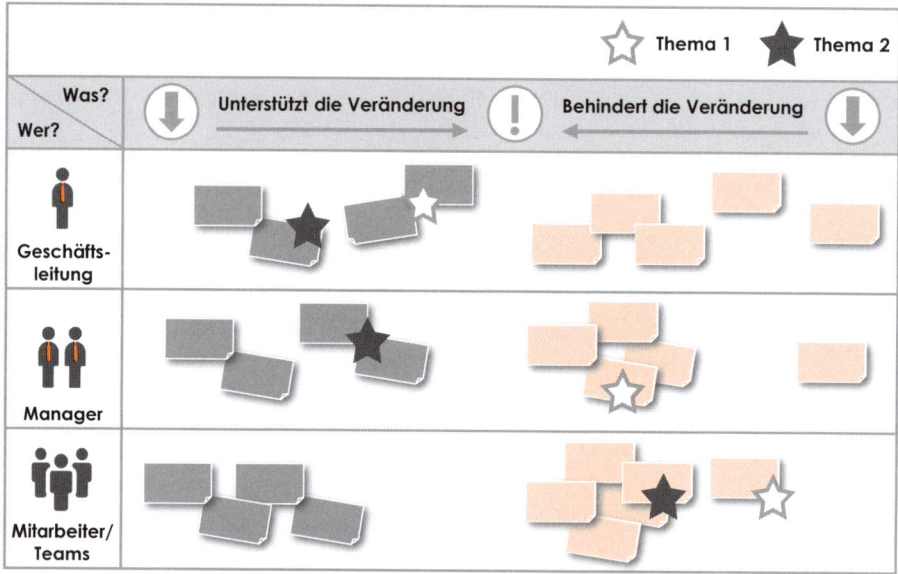

Abbildung 100: Perspective Mapping Board

Vorgehen im Detail:

1. Treffen der relevanten Personen, stellen u.g. Fragen
2. Sammeln aller Informationen durch Fragen, Diskussionen etc.
3. Clustern und Zusammenfassen der Informationen, Löschen von Mehrfachnennungen
4. Präsentieren der Ergebnisse den relevanten Personen, um zu überprüfen, ob alle wesentlichen Aspekte erfasst sind
5. Dot-Voting, um die Aspekte herauszufinden, die ihnen am besten helfen, Hindernisse zu überwinden
6. Persönliches Treffen mit jedem Manager einzeln. Abfragen der relevanten Aspekte und Präsentieren der Ergebnisse der Teambefragung. Dot-Voting durch die Manager über die wichtigsten Aspekte.

7. Zusammenfassen der Ergebnisse der Befragung der Manager mit den Ergebnissen der Teambefragung. Identifizieren neuer, durch die Manager eingebrachten Aspekte.
8. Persönliches Treffen mit dem Abteilungsmanager. Abfragen der relevanten Aspekte und Präsentieren der Ergebnisse der Team- und Managerbefragungen.
9. Wiederholen des Verfahrens für alle Abteilungen.
10. Persönliches Treffen mit dem zugehörigen Mitglied der Geschäftsleitung. Abfragen der relevanten Aspekte und Präsentieren der Ergebnisse der Abteilungsbefragungen.

Fragen können sein (am Beispiel einer agilen Transition):

Zur Stimmungslage und deren Auslöser (vgl. Praktik → *Mad – Sad – Glad*)

- Was macht euch als agiles Team wütend?
- Was macht euch als agiles Team unglücklich?
- Was macht euch als agiles Team glücklich?

Zur Anwendung agiler Methoden:

- Was macht euch als agiles Team beim Anwenden agiler Methoden wütend?
- Was macht euch als agiles Team beim Anwenden agiler Methoden unglücklich?
- Was macht euch als agiles Team beim Anwenden agiler Methoden glücklich?

Zur Zusammenarbeit mit agilen Coaches:

- Was macht euch in der Zusammenarbeit mit agilen Coaches wütend?
- Was macht euch in der Zusammenarbeit mit agilen Coaches unglücklich?
- Was macht euch in der Zusammenarbeit mit agilen Coaches glücklich?

Methodischer Hinweis zu den Fragen: Immer mit dem Negativem beginnen und dem Positiven beenden! So ist zum einen gleich zu Beginn „der Dampf raus", zum anderen bleibt zum Abschluss und im Nachgang ein positives Gefühl, da die positiven Aspekte noch nachklingen.

Zu allen Fragen:

- Zu allen Fragen mit „unglücklich" und „wütend": Was würdet ihr wie verbessern?
- Was würdet ihr beibehalten?

Insgesamt:

- Würdet ihr mit Agilität weitermachen, nachdem ihr seht, was euch unglücklich und wütend macht?

Dieses Vorgehen hat folgende Vorteile:

- Es ist eine einfache Überprüfung, ob
  - die Transition/Veränderung angenommen wird oder nicht,
  - die Mitarbeiter und Teams hinter dem stehen, was sie sagen und tun.
- Dieses Vorgehen zeigt den Befragten besser als eine Umfrage, dass die Ergebnisse dem Abfragenden wichtig sind, dass es um wirkliche Verbesserung geht, dass es ernst gemeint ist. Auch ist die Qualität der Ergebnisse deutlich besser als die einer (anonymen) Umfrage.
- Die nächsten Schritte lassen sich auf Basis der Ergebnisse leichter, einfacher und treffsicherer priorisieren.
- Management und Geschäftsleitung werden auf die wirklich benötigte Unterstützung sowie die wirklichen Herausforderungen ausgerichtet.

Hinweise:

- Geduld und Ausdauer sind notwendig, um alle Interviews zu führen, die Daten zu sammeln und aufzubereiten. Es lohnt sich.
- Es gibt keinen Grund, Abteilungsmanagern, Direktoren, Vice Presidents oder Mitgliedern der Geschäftsleitung nicht dieselben Fragen wie den Teams zu stellen. Die Antworten auf diese Fragen geben einerseits eine Sicht aus einer höheren Perspektive und decken andererseits auf, ob die Manager im Einklang mit ihren Teams sind.

Literatur:

Lit15: Little, Jason: Perspective Mapping in the Enterprise. Blogeintrag vom 11.05.2015, URL: http://leanchange.org/2015/05/perspective-mapping-in-the-enterprise/

MINDPRACTICE®

Große Gedanken brauchen nicht nur Flügel,
sondern auch ein Fahrgestell zum Landen.

– C. D. Jackson

MINDPRACTICE® ist ein ein moderierter Gruppendialog zur kreativen Bearbeitung von Themen. Es verbindet die neuesten Erkenntnisse aus Hirnforschung, Komplexitäts- und Systemtheorie mit spielerischen Aspekten und Kreativität. MINDPRACTICE® – das ist die Verbindung von Kreativität, Selbstorganisation, Emergenz und Freiheit.

Wozu MINDPRACTICE®?

Kreativität ist komplex – daher helfen Ihnen strukturierte Kreativitätstechniken (diese adressieren den Kontext *Komplixität*) nicht weiter. Kreativität lässt sich nicht in eine Struktur zwingen – sie muss frei fließen. Die Kybernetik lehrt: *Nur ein komplexes Vorgehen kann mit Komplexität umgehen.* (s. Darstellungen zum *Gesetz von Ashby* in „Exkurs: Komplexität" in Kapitel I.1 und in Abschnitt IV.1.1)

Durch die spielerische Verbindung von Kreativität mit Selbstorganisation, Emergenz und Freiheit entstehen unbegrenzte Einsatzmöglichkeiten in Unternehmen, Verbänden, Vereinen und Institutionen. *MINDPRACTICE®* ist u.a. geeignet:

- zum Finden kreativer Lösungen und als Brainstorming in neuer Form
- für Teambildung und -entwicklung sowie als Führungskräftetraining
- zur Organisations- und Strukturentwicklung
- für Wissens- und Ideenmanagement
- als Organisations- und Planungstool
- für den Einsatz in Change Management, Konfliktmanagement u.a.

Zu den Anwendern von *MINDPRACTICE®* gehören namhafte KMU, Großunternehmen, Behörden, Vereine, Verbände, NGOs ebenso wie Startups. Seit 2009 haben ca. 1600 Personen an über 300 *MINDPRACTICES®* teilgenommen.

Was ist MINDPRACTICE®?

MINDPRACTICE ist ein „Jahrhundertspiel" –
sozusagen die Mutter aller Spiele.

– Dr. Karsten Temme (*MINDPRACTICE®*-Spieler)

MINDPRACTICE® ist ein moderierter offener Dialog zur Lösungsfindung, der die Vorteile eines Spiels mit dem Kreativpotenzial der Gruppe verbindet. Die Innovation von *MINDPRACTICE®* liegt darin, statt fertige und vorgegebene Regeln abzuspielen, diese komplett neu durch die Teilnehmer erarbeiten zu lassen. Der Einsatz von *MINDPRACTICE®* eignet sich besonders in Teams und Gruppen von vier bis acht Personen.

Wie wirkt MINDPRACTICE®?

MINDPRACTICE® ermöglicht spielerisches Lernen durch selbstbestimmtes Handeln und Entscheiden mit unmittelbarem direktem Feedback. Jeder Teilnehmer erlebt und erfährt direkt die Auswirkungen seiner Entscheidungen und lernt dabei, sich und anderen darin zu vertrauen, dass die getroffenen Entscheidungen einen natürlichen Platz in dem sich entwickelnden Prozess einnehmen, der von allen Beteiligten respektiert wird.

Wenn Menschen mit „Freiraum" in Berührung kommen, entsteht oft Angst und Unsicherheit. Die Erfahrung, einen Schritt in den wirklich freien Raum zu machen, wo eine neue persönliche Wahrnehmung stattfindet – das ist *MINDPRACTICE®*. An den Ort zu kommen, wo noch keine „Konzepte" greifen, wo alles noch frisch und unbelastet ist – das ist *MINDPRACTICE®*. Das Ziel des eigentlich ziellosen Spieles: Jeder gewinnt – Kreativität regt Kreativität an und motiviert Menschen.

Für wen ist MINDPRACTICE®?

MINDPRACTICE® ist für jeden!

Sie brauchen in Ihrer Arbeit immer wieder neue, unkonventionelle und umsetzbare Ideen? Sie wollen konkrete und schnell umsetzbare Ergebnisse? Sie wollen nachhaltige Lösungen gleich im ersten Ansatz? Dann brauchen Sie *MINDPRACTICE®*!

Mit *MINDPRACTICE®* erhalten Sie unmittelbar

- neue, unkonventionelle und umsetzbare Ideen,
- konkrete und schnell umsetzbare Ergebnisse,
- nachhaltige Lösungen gleich im ersten Ansatz.

Weitere Informationen unter www.mindpractice.de.

3.4 Work Rules bei Google [Boc15]

1. *Der Arbeit einen Sinn geben*: Firmen sollten Arbeit mit einer Idee oder einem Wert verbinden, die ein ehrliches Abbild dessen sind, was sie tun.
2. *Den Mitarbeitern vertrauen*: Wer glaubt, dass seine Mitarbeiter gut sind, muss transparent und ehrlich sein und ihnen Mitbestimmung geben.
3. *Nur Personal einstellen, das besser ist als man selbst*: Ein Komitee sollte über Einstellungen entscheiden, objektiven Standards folgen und keine Kompromisse machen.
4. *Entwickeln – nicht Leistung managen*: Firmen sollten ein produktives Lernumfeld schaffen – etwa mittels kontinuierlicher Entwicklungsgespräche.
5. *Sich auf beide Extreme fokussieren*: Die besten Mitarbeiter sollten andere trainieren – für die schlechtesten müssen Alternativen gefunden werden.

6. *Gleichzeitig sparsam und großzügig sein*: Firmen sollten Mitarbeitern kostenneutrale Vergünstigungen bieten, jedoch nicht sparen bei Ereignissen wie Geburt oder Tod.

7. *Mitarbeiter unfair bezahlen*: Die Top-Performer machen den meisten Umsatz – deshalb sollten sie auch am besten bezahlt werden.

8. *Sanfte Anstöße nutzen* (englisch „nudging"): Bei Google gibt es viele kleine Anstöße, um das Mitarbeiterverhalten zum Besseren zu ändern – etwa per E-Mail.

9. *Gut mit steigenden Erwartungen umgehen*: Misserfolge gehören dazu. Wer offen zugibt, mit Ideen zu experimentieren, kann aus Kritikern Unterstützer machen.

10. *Genießen – und wieder bei Punkt 1 anfangen*: Eine gute Arbeitskultur und -umgebung verlangt ständiges Lernen und Erneuern – aber nicht alles auf einmal!

Literatur:

Boc15: Bock, Laszlo: *Work Rules!*, http://de.slideshare.net/lxbock/work-rules-48029695

3.5 Manifest für Agile Softwareentwicklung[15]

Wir erschließen bessere Wege, Software zu entwickeln, indem wir es selbst tun und anderen dabei helfen.

Durch diese Tätigkeit haben wir diese Werte zu schätzen gelernt:

> **Individuen und Interaktionen** mehr als Prozesse und Werkzeuge
> **Funktionierende Software** mehr als umfassende Dokumentation
> **Zusammenarbeit mit dem Kunden** mehr als Vertragsverhandlung
> **Reagieren auf Veränderung** mehr als das Befolgen eines Plans

Das heißt, obwohl wir die Werte auf der rechten Seite wichtig finden, schätzen wir die Werte auf der linken Seite höher ein.

Prinzipien hinter dem Agilen Manifest[16]

> *Wir folgen diesen Prinzipien:*
>
> Unsere höchste Priorität ist es,
> den Kunden durch frühe und kontinuierliche Auslieferung
> wertvoller Software zufriedenzustellen.
>
> Heiße Anforderungsänderungen selbst spät
> in der Entwicklung willkommen. Agile Prozesse nutzen Veränderungen
> zum Wettbewerbsvorteil des Kunden.
>
> Liefere funktionierende Software
> regelmäßig innerhalb weniger Wochen oder Monate und
> bevorzuge dabei die kürzere Zeitspanne.
>
> Fachexperten und Entwickler
> müssen während des Projektes
> täglich zusammenarbeiten.

---

[15] http://agilemanifesto.org/iso/de/
[16] http://agilemanifesto.org/iso/de/principles.html

Errichte Projekte rund um motivierte Individuen.
Gib ihnen das Umfeld und die Unterstützung, die sie benötigen,
und vertraue darauf, dass sie die Aufgabe erledigen.

Die effizienteste und effektivste Methode, Informationen
an und innerhalb eines Entwicklungsteams zu übermitteln,
ist im Gespräch von Angesicht zu Angesicht.

Funktionierende Software ist das
wichtigste Fortschrittsmaß.

Agile Prozesse fördern nachhaltige Entwicklung.
Die Auftraggeber, Entwickler und Benutzer sollten ein
gleichmäßiges Tempo auf unbegrenzte Zeit halten können.

Ständiges Augenmerk auf technische Exzellenz und
gutes Design fördert Agilität.

Einfachheit – die Kunst, die Menge nicht
getaner Arbeit zu maximieren – ist essenziell.

Die besten Architekturen, Anforderungen und Entwürfe
entstehen durch selbstorganisierte Teams.

In regelmäßigen Abständen reflektiert das Team,
wie es effektiver werden kann, und passt sein
Verhalten entsprechend an.

3.6 Manifesto for Software Craftsmanship[17]

Die Messlatte anheben.

Als engagierte Software-Handwerker heben wir die Messlatte für professionelle Softwareentwicklung an, indem wir üben und anderen dabei helfen, das Handwerk zu erlernen. Durch diese Tätigkeit haben wir diese Werte zu schätzen gelernt:

Nicht nur funktionierende Software,

sondern auch gut gefertigte Software

Nicht nur auf Veränderung zu reagieren,

sondern stets Mehrwert zu schaffen

Nicht nur Individuen und Interaktionen,

sondern auch eine Gemeinschaft aus Experten

Nicht nur Zusammenarbeit mit dem Kunden,

sondern auch produktive Partnerschaften

Das heißt, beim Streben nach den Werten auf der linken Seite halten wir die Werte auf der rechten Seite für unverzichtbar.

---

[17] http://manifesto.softwarecraftsmanship.org/#/de

3.7 Literatur

Weiterführende Literatur

zu Praktiken

- Meyer, Bertrand: Agile! – The Good, the Hype and the Ugly. Springer, 2014.
- Saddington, Peter: The Agile Pocket Guide – A Quick Start to Making Your Business Agile Using Scrum and Beyond, John Wiley & Sons, Hoboken, 2013.
- Hoogendoorn, Sander: Das kleine Agile-Buch. Pearson, München, 2012.
- Wirdemann, Ralf: Scrum mit User Stories, Hanser, München, 2011.

zu Kanban-Boards

- Anderson, David J.: Kanban: Evolutionäres Change Management für IT-Organisationen. Dpunkt, Heidelberg, 2011.
- Burrows, Mike: Kanban. Verstehen, einführen, anwenden. dpunkt.verlag, Heidelberg, 2015; Original: Burrows, Mike: Kanban from the Inside. Understand the Kanban Method, connect it to what you already know, introduce it with impact. Blue Hole Press, Sequim, 2014.
- Leopold, Klaus: Kanban in der IT: Eine Kultur der kontinuierlichen Verbesserung schaffen. Hanser Verlag, München, 2., überarbeitete Auflage, 2013.

Verwendete Literatur

Amb09: Ambler, Scott W.: Introduction to User Stories. Initial User Stories (Formal). In: Agile Modeling. Online verfügbar: http://www.agilemodeling.com/artifacts/userStory.htm

And11: Anderson, David J.: Kanban: Evolutionäres Change Management für IT-Organisationen. Dpunkt, Heidelberg, 2011.

App10: Appelo, Jurgen: Management 3.0: Leading Agile Developers, Developing Agile Leaders. Addison Wesley, Boston, 2010.

App14: Appelo, Jurgen: Management 3.0 #Workout: Games, Tools & Practices to Engage People, Improve Work, and Delight Clients, Happy Melly Express, online verfügbar: http://management30.com/about/list/

Boe11: Boeg, Jesper: Priming Kanban. A 10 step guide to optimzing flow in your software delivery system. InfoQ, 2011, URL: http://www.infoq.com/minibooks/priming-kanban-jesper-boeg

Boo12: Boost New Media: Use cases vs user stories in Agile development, Blog-Eintrag vom 18.01.2012, online verfügbar: http://www.boost.co.nz/blog/2012/01/use-cases-or-user-stories/

Bra14: Brandes, Ulf; Gemmer, Pascal; Koschek, Holger; Schültken, Lydia: Management Y – Agile, Scrum, Design Thinking & Co.: So gelingt der Wandel zur attraktiven und zukunftsfähigen Organisation. Campus Verlag Frankfurt/New York. 2014

Coh10: Cohn, Mike: Agile Softwareentwicklung – Mit Scrum zum Erfolg! Addison-Wesley, München, 2010.

Drä13: Dräther, Rolf; Koschek, Holger; Sahling, Carsten: Scrum – kurz & gut. O'Reilly, Köln, 2013.

DSG13d: Der Scrum Guide – Der gültige Leitfaden für Scrum: Die Spielregeln. Scrum.Org und ScrumInc., 2013, online verfügbar: http://www.scrumguides.org/docs/scrum-guide/v1/scrum-guide-us.pdf

DSG13e: The Scrum Guide – The Definitive Guide to Scrum: The Rules of the Game. Scrum.Org und ScrumInc., 2013, online verfügbar: http://www.scrumguides.org/docs/scrumguide/v1/scrum-guide-us.pdf

Kal16: Kaltenecker, Siegfried: Selbstorganisierte Teams führen – Arbeitsbuch für Lean & Agile Professionals, dpunkt, Heidelberg, 2016.

Ker01: Kerth, Norman L.: Project Retrospektives: A Handbook for team reviews. Dorset House Publishing, 2001.

Leo13:   Leopold, Klaus: Kanban in der IT: Eine Kultur der kontinuierlichen Verbesserung schaffen. Hanser Verlag, München, 2., überarbeitete Auflage, 2013.

Lew12: Lewitz, Olaf: Lean Procrastination – The Tutorial, online verfügbar: https://prezi. com/sml834zxccby/lean-procrastinationthe-tutorial/

Lit14a: Little, Jason: Creating Alignment for Agile Transformation with Canvases. Blogeintrag vom 25.02.2014, URL: http://leanchange.org/2014/02/how-to-create-alignment-for-agile-transformation-with-canvases/

Lit14b: Little, Jason: Lean Change Management – Innovative Practices for Managing Organizational Change. Happy Melly Express, 2014.

Pat15: Patton, Jeff: User Story Mapping. Die Technik für besseres Nutzerverständnis in der Agilen Produktentwicklung. O'Reilly, Köln, 2015.

Pic08: Pichler, Roman: Scrum – Agiles Projektmanagement erfolgreich einsetzen. Dpunkt, Heidelberg, 2008, korrigierter Nachdruck 2009.

Pop03: Poppendick, Mary; Poppendick, Tom: Lean Software Development: An Agile Toolkit for Software Development Managers, Addison-Wesley, 2003.

Rot09:   Rother, Mike: Toyota Kata: Managing People for Improvement, Adaptiveness and Superior Results. Mcgraw-Hill, New York, 2009.

Rot: Rother, Mike: The Improvement Kata, URL: http://www-personal.umich.edu/~mrother/The_Improvement_Kata.html

WikiEBM1: *Evidenzbasiertes Management* bei Wikipedia, URL: http://de.wikipedia.org/wiki/Evidenzbasiertes_Management

WikiEBM2: *Evidence-based management* bei Wikipedia, URL: http://en.wikipedia.org/wiki/Evidence-based_management

WikiKBSW: *Kanban (Softwareentwicklung)* bei Wikipedia, URL: *http://de.wikipedia.org/wiki/Kanban_%28Softwareentwicklung%29*

WikiKBT: *Kanban-Tafel* bei Wikipedia, URL: http://de.wikipedia.org/wiki/Kanban-Tafel

WikiKBI: *Kanban* bei Wikipedia, URL: http://de.wikipedia.org/wiki/Kanban

WikiPP: *Paarprogrammierung* bei Wikipedia: https://de.wikipedia.org/wiki/Paarprogrammierung, *positive Effekte*: https://de.wikipedia.org/wiki/Paarprogrammierung#Positive_Effekte

WikiTN: *Truck Number* bei Wikipedia: https://de.wikipedia.org/wiki/Truck_Number

WikiPB: *Product Backlog* bei Wikipedia: https://de.wikipedia.org/wiki/Scrum#Product_Backlog

WikiUS: *User Story* bei Wikipedia: https://de.wikipedia.org/wiki/User-Story

WikiTGE: *Testgetriebene Entwicklung* bei Wikipedia: https://de.wikipedia.org/wiki/Testgetriebene_Entwicklung

WikiBDC: *Burn-Down-Chart* bei Wikipedia, online: https://de.wikipedia.org/wiki/Burn-Down-Chart

WikiMoSCoW: *MoSCoW-Priorisierung* bei Wikipedia, online: https://de.wikipedia.org/wiki/MoSCoW-Priorisierung

WikiXP: *Extreme Programming* bei Wikipedia, online: https://de.wikipedia.org/wiki/Extreme_Programming

WikiASD: *Agile software development* bei Wikipedia, online: https://en.wikipedia.org/wiki/Agile_software_development#Agile_methods

WikiROWE: Results-Only Work Environment bei Wikipedia, online https://de.wikipedia.org/wiki/Results-Only_Work_Environment

WikiA: *Kanban (Softwareentwicklung)* bei Wikipedia, URL: *http://de.wikipedia.org/wiki/Kanban_%28Softwareentwicklung%29*

WikiB: *Kanban-Tafel* bei Wikipedia, URL: http://de.wikipedia.org/wiki/Kanban-Tafel

WikiC: *Kanban* bei Wikipedia, URL: http://de.wikipedia.org/wiki/Kanban

WikiE: *Paarprogrammierung* bei Wikipedia: https://de.wikipedia.org/wiki/Paarprogrammierung, *positive Effekte*: https://de.wikipedia.org/wiki/Paarprogrammierung#Positive_Effekte

WikiF: *Truck Number* bei Wikipedia: https://de.wikipedia.org/wiki/Truck_Number

WikiG: *Product Backlog* bei Wikipedia: https://de.wikipedia.org/wiki/Scrum#Product_Backlog

WikiH: Demingkreis bei Wikipedia: https://de.wikipedia.org/wiki/Demingkreis

WikiI: *PDCA* bei Wikipedia: https://en.wikipedia.org/wiki/PDCA

WikiJ: *User Story* bei Wikipedia: https://de.wikipedia.org/wiki/User-Story

WikiK: *Testgetriebene Entwicklung* bei Wikipedia: https://de.wikipedia.org/wiki/Test-getriebene_Entwicklung

WikiL: *Hawthorne-Effekt* bei Wikipedia: https://de.wikipedia.org/wiki/Hawthorne-Effekt

WikiM: *Burn-Down-Chart* bei Wikipedia, online: https://de.wikipedia.org/wiki/Burn-Down-Chart

WikiMoSCoW: *MoSCoW-Priorisierung* bei Wikipedia, online: https://de.wikipedia.org/wiki/MoSCoW-Priorisierung

Stichwortverzeichnis